HANDBUCH DER ANALYTISCHEN CHEMIE

HERAUSGEGEBEN
VON

W. FRESENIUS UND G. JANDER
WIESBADEN · BERLIN

DRITTER TEIL
QUANTITATIVE BESTIMMUNGS= UND
TRENNUNGSMETHODEN

BAND VIbα
ELEMENTE DER SECHSTEN NEBENGRUPPE
(CHROM)

BERLIN · GÖTTINGEN · HEIDELBERG
SPRINGER-VERLAG
1958

ELEMENTE DER SECHSTEN NEBENGRUPPE

CHROM

BEARBEITET

VON

DR. H. GARSCHAGEN
KREFELD

DR. W. KIMPEL
LEVERKUSEN

DR. J. WEISE
KREFELD

MIT 110 ABBILDUNGEN

BERLIN · GÖTTINGEN · HEIDELBERG
SPRINGER-VERLAG
1958

ISBN 978-3-642-48118-5   ISBN 978-3-642-48117-8 (eBook)
DOI 10.1007/978-3-642-48117-8

Inhaltsverzeichnis.

Inhaltsverzeichnis. IX

Verzeichnis der Zeitschriften und ihrer Abkürzungen.

Abkürzung	Zeitschrift
A.	LIEBIGS Annalen der Chemie; bis **172** (1874): Annalen der Chemie und Pharmacie.
Acc. Sci. med. Ferrara	Accadimie delle scienze mediche di Ferrara.
A. Ch.	Annales de Chimie; vor 1914: Annales de Chimie et de Physique.
Acta Comment. Univ. Tartu	Acta et Commentationes Universitatis Tartensis (Dorpatensis).
Acta med. Scand.	Acta Medica Scandinavica.
Agricultura	Agricultura.
Am. Chem. J. (Am. Ch.)	American Chemical Journal; seit 1917 vereinigt mit Am. Soc.
Am. Fertilizer	The American Fertilizer.
Am. J. Physiol.	American Journal of Physiology.
Am. J. Sci.	American Journal of Science.
Am. Soc.	Journal of the American Chemical Society.
Am. Soc. Test. Mater. (Am. Soc. Testing Materials)	American Society of Testing Materials.
Anal. Chem.	Analytical Chemistry, früher Ind. Eng. Chem. Anal. Edit.
Anal. chim. Acta	Analytica chimica acta.
Analyst	The Analyst.
An. Argentina	Anales de la asociación química Argentina.
An. Españ.	Anales de la sociedad espanola de física y química; seit 1941: Anales de fisica y quimica (Madrid).
An. Farm. Bioquim.	Anales de farmacia y bioquímica (Buenos Aires).
Angew. Ch.	Angewandte Chemie, vor 1932: Zeitschrift für angewandte Chemie.
Ann. Acad. Sci. Fenn.	Annales academiae scientiarum fennicae.
Ann. agronom.	Annales agronomiques.
Ann. Chim. anal.	Annales de Chimie analytique et de Chimie appliquée.
Ann. Chim. appl(ic).	Annali di chimica applicata.
Ann. Falsific.	Annales des Falsifications et des Fraudes.
Ann. Office nat. Combustibles liquides	Annales de l'Office National des Combustibles Liquides.
Ann. Phys.	Annalen der Physik (GRÜNEISEN und PLANCK).
Ann. Sci. agronom. Franç.	Annales de la Science agronomique française et étrangère; nach 1930: Annales agronomiques.
Ann. Soc. Sci. Bruxelles	Annales de la société scientifique de Bruxelles, Série A: Sciences mathématiques; Série B: physiques et naturelles.
Anz. Akad. Wiss. Wien, math.-naturwiss. Kl.	Anzeiger der Akademie der Wissenschaften in Wien, Mathematische-Naturwissenschaftliche Klasse.
Anz. Krakau. Akad.	Anzeiger der Akademie der Wissenschaften, Krakau.
Apoth.-Z.	Apotheker-Zeitung.
Ar.	Archiv der Pharmazie.
Arch. Eisenhüttenw.	Archiv für das Eisenhüttenwesen.
Arch. exp. Pathol.	Archiv für experimentelle Pathologie und Pharmakologie (NAUNYN-SCHMIEDEBERG).
Arch. Math. Naturvidensk (Arch. F. Mathem. og Naturvid.)	Archiv for Mathematik og Naturvidenskab.
Arch. Néerland. Physiol.	Archives Néerlandaises de Physiologie de l'Homme et des Animaux.
Arch. Phys. biol.	Archives de Physique biologique et de Chimie-Physique des Corps organisés.
Arch. Physiol.	Archiv für die gesamte Physiologie des Menschen und der Tiere (PFLÜGER).

Abkürzung	Zeitschrift
Arch. Sci. biol.	Archivio di science biologiche (Italy).
Arch. Sci. phys. nat. Genève	Archives des Sciences physiques et naturelles, Genève.
Atti Accad. Lincei	Atti della Reale Accademia nazionale dei Lincei.
Atti Accad. Sci. Torino	Atti della Reale Accademia delle Scienze di Torino.
Atti Congr. naz. Chim. pura applic.	Atti del congresso nazionale di chimica pura ed applicata.
Atti X Congr. int. Chim., Roma (Atti Congr. int. Chim. Roma)	Atti del X Congresso Internazionale di Chimica (Roma).
Austr. J. exp. Biol. med. Sci.	Australian Journal of Experimental Biology and Medical Science.
B.	Berichte der Deutschen Chemischen Gesellschaft.
Ber. dtsch. keram. Ges.	Berichte der Deutschen Keramischen Gesellschaft.
Ber. dtsch. pharm. Ges.	Berichte der Deutschen Pharmazeutischen Gesellschaft.
Ber. oberhess. Ges. Naturk.	Bericht der oberhessischen Gesellschaft für Natur- und Heilkunde.
Ber. Wien. Akad.	Sitzungsberichte der Akademie der Wissenschaften, Wien.
Betriebslab.	Betriebslaboratorium; russ.: Sawodskaja Laboratorija.
Biochem. J.	Biochemical Journal.
Biol. Bl.	Biological Bulletin of the Marine Biological Laboratory; seit 1930: Biological Bulletin.
Bio. Z.	Biochemische Zeitschrift.
Bl.	Bulletin de la Société chimique de France; vor 1907: Bulletin de la Société chimique de Paris.
Bl. Acad. Roum.	Bulletin de la section scientifique de l'Académie Roumaine.
Bl. Acad. Russie	Bulletin de l'Académie des Sciences de Russie; seit 1925: Bl. Acad. URSS.
Bl. Acad. Sci. Pétersb.	Bulletin de l'Académie impériale des Sciences, Pétersbourg; seit 1917: Bl. Acad. Russie.
Bl. Acad. URSS.	Bulletin de l'Académie des Sciences de l'U[nion des] R[épubliques] S[oviétiques] S[ocialistes].
Bl. Acad. URSS., Sér. chim.	Bulletin de l'Académie des Sciences de l'U[nion des] R[épubliques] S[oviétiques] S[ocialistes], Sér. chimique.
Bl. agric. chem. Soc. Japan	Bulletin of the Agricultural Chemical Society of Japan.
Bl. Am. phys. Soc.	Bulletin of the American Physical Society.
Bl. Assoc. techn. Fonderie (Bull. [Ass.] techn. Fonderie)	Bulletin de l'Association Technique de Fonderie.
Bl. Biol. pharm.	Bulletin des Biologistes pharmaciens.
Bl. Bur. Mines Washington	Bulletin, Bureau of Mines, Washington.
Bl. chem. Soc. Japan	Bulletin of the Chemical Society of Japan.
Bl. Chim. pura apl. Bukarest (B. Chim. pura aplicata Bukarest)	Buletinul de Chimie Pură si Aplicată (al Societăţii Romane de Chimie) Bukarest.
Bl. Inst. physic. chem. Res. (Abstr.) Tôkiô	Bulletin of the Institute of Physical and Chemical Research, Abstracts, Tôkyô.
Bl. Sci. pharmacol.	Bulletin des Sciences pharmacologiques.
Bl. Soc. chim. Belg.	Bulletin de la Société chimique Belgique.
Bl. Soc. Chim. biol.	Bulletin de la Société de Chimie biologique.
Bl. Soc. chim. Paris	Vgl. Bl.
Bl. Soc. Min.	Bulletin de la Société française de Minéralogie.
Bl. Soc. Mulhouse	Bulletin de la Société industrielle de Mulhouse.
Bl. Soc. Pharm. Bordeaux	Bulletin des Travaux de la Société de Pharmacie de Bordeaux.
Bl. Soc. Romậnia	Buletinul societatii de chimie din Romậnia.
Bodenkunde Pflanzen- ernähr.	Bodenkunde und Pflanzenernährung: 1. Folge (Band 1 bis 45) heißt: Zeitschrift für Pflanzenernährung, Düngung und Bodenkunde.
Boll. chim. farm.	Bolletino chimico-farmaceutico.
Branntwein-Ind. (russ.)	Branntwein-Industrie (russisch).
Brit. chem. Abstr.	British Chemical Abstracts.
Bur. Stand. J. Res.	Bureau of Standards Journal of Research.
C.	Chemisches Zentralblatt.
Canad. Chem. Metallurgy (Can. Chem. Met.)	Canadian Chemistry and Metallurgy; ab Bd. 22 (1938): Canadian Chemistry and Process Industries.

Abkürzung	Zeitschrift
Canadian J. Res.	Canadian Journal of Research.
Časopis českoslov. Lékárn.	Časopis československého Lékárnictva.
Cereal Chem.	Cereal Chemistry.
Chem. Abstr.	Chemical Abstracts.
Chem. Age	Chemical Age.
Chem. Apparatur	Chemische Apparatur.
Chem. eng. min. Rev.	Chemical Engineering and Mining Review.
Chem. Ind.	Chemistry and Industry.
Chemisat. soc. Agric. *(Chemisat. socialist. Agr.) (russ.)*	Chemisation of Socialistic Agriculture (russisch).
Chemist-Analyst	The Chemist-Analyst.
Chem. J. Ser. A	Chemisches Journal Serie A, Journal für allgemeine Chemie; russ.: Chimitscheski Shurnal Sser. A, Shurnal obschtschei Chimii.
Chem. J. Ser. B	Chemisches Journal Serie B, Journal für angewandte Chemie; russ.: Chimitscheski Shurnal Sser. B, Shurnal prikladnoi Chimii.
Chem. Listy	Chemické Listy pro vědu a průmysl.
Chem. Metallurg. Eng. *(Chem. Met. Engin.)*	Chemical and Metallurgical Engineering.
Chem. N.	Chemical News.
Chem. Obzor	Chemický Obzor.
Chem. Reviews	Chemical Reviews.
Chem. social. Agric.	Chemisation of socialistic Agriculture; russ.: Chimisazia sozialistitscheskogo Semledelija.
Chem. Trade J. chem. Engr. *(Chem. Trade J.)*	Chemical Trade Journal and Chemical Engineer.
Chem. Weekbl.	Chemisch Weekblad.
Ch. Fabr.	Die chemische Fabrik.
Chim. e Ind. (Milano)	Chimica e Industria (Milano).
Chim. Ind.	Chimie & Industrie.
Chim. Ind. 17. Congr. Paris	Chimie & Industrie, 17. Congrès, Paris.
Ch. Ind.	Die chemische Industrie.
Ch. Z.	Chemiker-Zeitung.
Ch. Z. Chem. techn. Übersicht	Chemiker-Zeitung, Chemisch-technische Übersicht.
Ch. Z. Repert.	Chemiker-Zeitung, Repertorium.
Coll. Trav. chim. Tchécosl.	Collection des Travaux chimiques de Tchécoslovaquie.
C. r.	Comptes rendus de l'Académie des Sciences.
C. r. Acad. URSS.	Comptes rendus (Doklady) de l'académie des sciences de l'U[nion des] R[épubliques] S[oviétiques] S[ocialistes].
C. r. Carlsberg	Comptes rendus des Travaux du Laboratoire de Carlsberg.
C. r. Soc. Biol.	Comptes rendus de la Société de Biologie.
Current Sci.	Current Science.
Dansk Tidsskr. Farm.	Dansk Tidsskrift for Farmaci.
Dingl. J.	DINGLERS Polytechnisches Journal.
Dtsch. med. Wschr.	Deutsche medizinische Wochenschrift.
Dtsch. tierärztl. Wschr.	Deutsche tierärztliche Wochenschrift.
Eng. Min. Journ.	Engineering and Mining Journal.
E. P.	Englisches Patent.
Erzmetall	Zeitschrift für Erzbergbau und Metallhüttenwesen; neue Folge von „Metall und Erz".
Fenno-Chem.	Fenno-Chemica.
Finska Kemistsamfundets Medd.	Finska Kemistsamfundets Meddelanden; fortgesetzt unter der Bezeichnung: Fenno-Chemica.
Fortschr. Chem. Physik physik. Chem.	Fortschritte der Chemie, Physik und physikalischen Chemie.
Fr.	Zeitschrift für analytische Chemie (FRESENIUS).
G.	Gazzetta chimica italiana.
Gas- und Wasserfach	Das Gas- und Wasserfach; vor 1922: Journal für Gasbeleuchtung sowie für Wasserversorgung.
Gen. electr. Rev. (General Electric Rev.)	General Electric Review.

Abkürzung	Zeitschrift
Giorn. Biol. appl. Ind. chim. aliment. (G. Biol. appl. Ind. chim.)	Giornale di Biologia Applicata alla Industria Chimica ed Alimentare; ab Bd. 5 (1935): Giornale di Biologia Industriale Agraria ed Alimentare.
Giorn. Chim. ind. ed applic. (Giorn. Chim. ind. appl.)	Giornale di Chimica Industriale ed Applicata.
Glastechn. Ber.	Glastechnische Berichte.
Glückauf	Glückauf, berg- und hüttenmännische Zeitschrift.
H.	Zeitschrift für physiologische Chemie (HOPPE-SEYLER).
Helv.	Helvetica chimica acta.
Ind. Chemist (chem. Manufacturer) (Ind. Chemist a. Chemical Manufacturer)	Industrial Chemist and Chemical Manufacturer.
Ind. chimica	L'Industria chimica, mineraria e metallurgica.
Ind. eng. Chem.	Industrial and Engineering Chemistry.
Ind. eng. Chem. Anal. Edit.	Industrial and Engineering Chemistry, Analytical Edition.
Ing. Chimiste (Bruxelles)	Ingénieur Chimiste (Bruxelles).
Internat. Sugar J.	International Sugar Journal.
J. agric. Sci.	Journal of Agricultural Science.
J. Am. ceram. Soc.	Journal of the American Ceramic Society.
J. Am. Leather Chem.	Journal of the American Leather Chemists' Association.
J. Am. med. Assoc.	Journal of the American Medical Association.
J. Am. pharm. Assoc.	Journal of the American Pharmaceutical Association.
J. Am. Soc. Agron.	Journal of the American Society of Agronomy.
J. Am. Water Works Assoc.	Journal of the American Water Works Association.
J. anal. appl. Chem.	Journal of Analytical and Applied Chemistry.
J. Assoc. offic. agric. Chem.	Journal of the Association of Official Agricultural Chemists.
J. Biochem.	Journal of Biochemistry (Japan).
J. biol. Chem.	Journal of Biological Chemistry.
Jbr.	Jahresberichte über die Fortschritte der Chemie (LIEBIG und KOPP), 1847—1910.
Jb. Radioakt.	Jahrbuch der Radioaktivität und Elektronik.
J. chem. Educat.	Journal of Chemical Education.
J. chem. Ind.	Journal der chemischen Industrie; russ.: Shurnal Chimitscheskoi Promyschlennosti.
J. chem. Physics (J. chem. Phys.)	Journal of Chemical Physics.
J. chem. Soc.	Journal of the Chemical Society of London.
J. chem. Soc. Japan	Journal of the Chemical Society of Japan.
J. Chim. appl. (J. chem. applic.) (russ.)	Journal de Chimie Appliquée (russisch).
J. Chim. phys.	Journal de Chimie physique; seit 1931:... et Revue générale des Colloides.
J. chos. med. Assoc.	Journal of the Chosen Medical Association (Japan).
Jernkont. Ann.	Jernkontorets Annaler.
J. ind. eng. Chem.	Journal of Industrial and Engineering Chemistry; seit 1923: Ind. eng. Chem.
J. Indian chem. Soc.	Journal of the Indian Chemical Society.
J. Indian Inst. Sci.	Journal of the Indian Institute of Science.
J. Inst. Brew.	Journal of the Institute of Brewing.
J. Inst. Petrol. Tech.	Journal of the Institution of Petroleum Technologists.
J. Iron Steel Inst.	Journal of the Iron and Steel Institute.
J. Labor clin. Med.	Journal of Laboratory and Clinical Medicine.
J. Landwirtsch.	Journal für Landwirtschaft.
J. of Hyg. (Brit.)	Journal of Hygiene (britisch).
J. opt. Soc. Am.	Journal of the Optical Society of America.
J. Pharm. Belg.	Journal de Pharmacie de Belgique.
J. Pharm. Chim.	Journal de Pharmacie et de Chimie.
J. pharm. Soc. Japan	Journal of the Pharmaceutical Society of Japan.
J. physic. Chem.	Journal of Physical Chemistry.
J. Physiol.	Journal of Physiology.
J. pr.	Journal für praktische Chemie.
J. Pr. Austr. chem. Inst.	Journal and Proceedings of the Australian Chemical Institute.

Abkürzung	Zeitschrift
J. Res. Nat. Bureau of Standards	Journal of Research of the National Bureau of Standards, früher: Bur. Stand. J. Res.
J. Russ. phys.-chem. Ges.	Journal der russischen physikalisch-chemischen Gesellschaft.
J. S. African chem. Inst.	Journal of the South African Chemical Institute.
J. Sci. Soil Manure	Journal of the Sciences of Soil and Manure (Japan).
J. Soc. chem. Ind.	Journal of the Society of Chemical Industrie (Chemistry and Industry).
J. Soc. chem. Ind. Japan (Suppl.)	Journal of the Society of Chemical Industry, Japan. Supplement.
J. Soc. Dyers Colourists	Journal of the Society of Dyers and Colourists.
J. Washington Acad. Sci.	Journal of the Washington Academy of Sciences.
J. Zucker-Ind.	Journal der Zuckerindustrie; russ.: Shurnal Sakharnoi Promyschlennosti.
Keem. Teated	Keemia Teated (Tartu).
Kem. Maanedsbl. nord. Handelsbl. kem. Ind.	Kemisk Maanedsblad og Nordisk Handelsblad for Kemisk Industri.
Klin. Wschr.	Klinische Wochenschrift.
Koks u. Chem. (russ.)	Koks und Chemie (russisch).
Kolloidchem. Beih.	Kolloidchemische Beihefte.
Kolloid-Z.	Kolloid-Zeitschrift.
Lantbruks-Akad. Handl. Tidskr.	Kungl. Lantbruks-Akademiens Handlingar och Tidskrift.
Lantbruks-Högskol. Ann.	Lantbruks-Högskolans Annaler.
L. V. St.	Landwirtschaftliche Versuchsstation.
M.	Monatshefte für Chemie.
Magyar Chem. Folyóirat	Magyar Chemiai Folyóirat (Ungarische chemische Zeitschrift).
Malayan agric. J.	Malayan Agricultural Journal.
Medd. Centralanst. Försöksväs. jordbruks., landwirtsch.-chem. Abt.	Meddelande från Centralanstalten för Försöksväsendet på Jordbruksområdet, landbrukskemi.
Medd. Nobelinst.	Meddelanden från K. Vetenskapsakademiens Nobelinstitut.
Med. Doswiadczalna i Spoleczna	Medycyna Doswiadczalna i Spoleczna.
Mem. Sci. Kyoto Univ.	Memoirs of the College of Science, Kyoto Imperial University
Metal Ind. (London)	Metal Industry (London).
Metallurgia ital. (Metallurg. Ital.)	Metallurgia Italiana.
Metallwirtschaft (Metallwirtsch., Metallwiss., Metalltechn.)	Metallwirtschaft, Metallwissenschaft, Metalltechnik.
Met. Erz	Metall und Erz.
Mikrochemie (Mikrochem.)	Mikrochemie, vereinigt mit Mikrochimica acta.
Mikrochim. A.	Mikrochimica acta.
Milchw. Forsch.	Milchwirtschaftliche Forschungen.
Mitt. berg- u. hüttenmänn. Abt. kgl. ung. Palatin-Joseph-Universität Sopron	Mitteilungen der berg- und hüttenmännischen Abteilung der königlich ungarischen Palatin-Joseph-Universität, Sopron.
Mitt. Forsch.-Anst. G. H. Hütte (Gutehoffnungshütte-Konzerns)	Mitteilungen aus den Forschungsanstalten des Gutehoffnungshütte-Konzerns.
Mitt. Geb. Lebensmitteluntersuch. Hyg.	Mitteilungen auf dem Gebiet der Lebensmitteluntersuchung und Hygiene.
Mitt. Kali-Forsch.-Anst.	Mitteilungen der Kali-Forschungsanstalt.
Mitt. K.W.I. Eisenforschg. (Düsseldorf)	Mitteilungen aus dem Kaiser-Wilhelm-Institut für Eisenforschung zu Düsseldorf.
Nachr. Götting. Ges.	Nachrichten der Kgl. Gesellschaft der Wissenschaften, Göttingen; seit 1923 fällt „Kgl." fort.
Nature	Nature (London).
Naturwiss.	Naturwissenschaften.
Natuurwetensch. Tijdschr.	Natuurwetenschappelijk Tijdschrift.
Nederl. Tijdschr. Geneesk.	Nederlandsch Tijdschrift voor Geneeskunde.
Neues Jahrb. Mineral. Geol.	Neues Jahrbuch für Mineralogie, Geologie und Paläontologie.

Abkürzung	Zeitschrift
New Zealand J. Sci. Tech.	New Zealand Journal of Science and Technology.
Öst. Ch. Z.	Österreichische Chemiker-Zeitung.
Onderstepoort J. Vet. Sci.	Onderstepoort Journal of Veterinary Science and Animal Industry.
P. C. H.	Pharmazeutische Zentralhalle.
Ph. Ch.	Zeitschrift für physikalische Chemie.
Pharm. Weekbl.	Pharmaceutisch Weekblad.
Pharm. Z.	Pharmazeutische Zeitung.
Phil. Mag.	Philosophical Magazine and Journal of Science.
Phil. Trans.	Philosophical Transactions of the Royal Society of London.
Phys. Rev.	Physical Review.
Phys. Z.	Physikalische Zeitschrift.
Plant Physiol.	Plant Physiology.
Pogg. Ann.	Annalen der Physik und Chemie, herausgegeben von POGGEN-DORF (1824—1877); dann Wied. Ann. (1877—1899); seit 1900: Ann. Phys.
Pr. Am. Acad.	Proceedings of the American Academy of Arts and Sciences, Boston.
Pr. Am. Soc. Test. Mater. (Pr. Am. Soc. for testing Materials)	Proceedings of the American Society for Testing Materials.
Pr. (chem. Soc.)	Proceedings of the Chemical Society (London).
Pr. Indian Acad. Sci.	Proceedings of the Indian Academy of Sciences.
Pr. internat. Soc. Soil Sci.	Proceedings of the International Society of Soil Science.
Pr. Leningrad Dept. Inst. Fert.	Proceedings of the Leningrad Departmental Institute of Fertilizers.
Pr. Roy. Soc. Edinburgh	Proceedings of the Royal Society of Edinburgh.
Pr. Roy. Soc. London Ser. A	Proceedings of the Royal Society (London). Serie A: Mathematical and Physical Sciences.
Pr. Roy. Soc. New South Wales	Proceedings of the Royal Society of New South Wales.
Pr. Soc. Cambridge	Proceedings of the Cambridge Philosophical Society.
Problems Nutrit.	Problems of Nutrition; russ.: Woprossy Pitanija.
Pr. Oklahoma Acad. Sci.	Proceedings of the Oklahoma Academy of Science.
Pr. Soc. exp. Biol. Med.	Proceedings of the Society for Experimental Biology and Medicine.
Pr. Utah Acad. Sci.	Proceedings of the Utah Academy of Sciences.
Przemysl Chem.	Przemysl Chemiczny.
Publ. Health Rep.	Public Heath Reports.
R.	Recueil des Travaux chimiques des Pays-Bas.
Radium	Le Radium, seit 1920: Journal de Physique et Le Radium.
Rep. Connecticut agric. Exp. Stat.	Report of the Connecticut Agricultural Experiment Station.
Repert. anal. Chem.	Repertorium der analytischen Chemie (1881—1887).
Répert. Chim. appl.	Répertoire de Chimie pure et appliquée (von 1864 ab: Bulletin de la Société chimique de France).
Rep. Invest. (Rep. Investig.)	United States Department Interior, Bureau of Mines, Report of Investigation.
Rev. brasil. chim. (Revista brasileira de chimica)	Revista Brasileira de Chimica (São Paulo).
Rev. Centro Estud. Farm. Bioquim.	Revista del centro estudiantes de farmacia y bioquímica.
Rev. Mét.	Revue de Métallurgie.
Rev. univ. des Min.	Revue universelle des Mines.
Roczniki Chem.	Roczniki Chemji.
Schweiz. Apoth. Z.	Schweizerische Apotheker-Zeitung.
Schweiz. med. Wschr.	Schweizerische medizinische Wochenschrift.
Schw. J.	SCHWEIGGERS Journal für Chemie und Physik (Nürnberg, Berlin 1811—1833, 68 Bde.).
Science	Science (New York).
Sci. Pap. Inst. Tôkyô	Scientific Papers of the Institute of Physical and Chemical Research Tôkyô.
Sci. quart. nat. Univ. Peking	Science Quarterly of the National University of Peking.

Abkürzung	Zeitschrift
Sci. Rep. Tôhoku (Imp. Univ.)	Science Reports of the Tôhoku Imperial University.
Skand. Arch. Physiol.	Skandinavisches Archiv für Physiologie.
Soc.	Journal of the Chemical Society of London.
Soc. chem. Ind. Victoria (Proc.)	Society of Chemical Industry of Viktoria, Proceedings.
Soil Sci.	Soil Science.
Spectrochim. Acta.	Spectrochimica Acta.
Sprechsaal	Sprechsaal für Keramik-Glas-Email.
Stahl Eisen	Stahl und Eisen.
Svensk Tekn. Tidskr.	Svensk Teknisk Tidskrift.
Sv. V.A.H. (SvVAH, Sv. Vet. Akad. Handl.)	Svenska Vetenskaps-Akademiens-Handlingar.
Techn. Mitt. Krupp	Technische Mitteilungen KRUPP.
Tôhoku J. exp. Med.	Tôhoku Journal of Experimental Medicine.
Trans. Am. electrochem. Soc.	Transactions of the American Electrochemical Society.
Trans. Am. Inst. min. metalling. Eng. (Trans. Am. Inst. Min. Eng.)	Transactions of the American Institute of Mining and Metallurgical Engineers.
Trans. Butlerov Inst. chem. Technol. Kazan	Transactions of the BUTLEROV Institute; (seit 1935: KIROV Institute) for Chemical Technology of Kazan.
Trans. ceram. Soc. England	Transactions of the Ceramic Society, England; ab Bd. **38** (1939): Transactions of the British Ceramic Society.
Trans. Dublin Soc.	Scientific Transactions of the Royal Dublin Society.
Trans. Faraday Soc.	Transactions of the FARADAY Society.
Trans. Roy. Soc. Edinburgh	Transactions of the Royal Society of Edinburgh.
Trans. sci. Inst. Fert.	Transactions of the Scientific Institute of Fertilizers and Insectofungicides (USSR.).
Trans. Sci. Soc. China	Transactions of the Science Society of China.
Trav. Inst. Etat Radium (russ.)	Travaux de l'Institut d'Etat de Radium (russisch).
Trav. Lab. biogéochim. Acad. Sci. URSS.	Travaux du laboratoire biogéochimique de l'académie des sciences de l'U[nion des] R[épubliques] S[oviétiques] S[ocialistes].
Uchen. Zapiski Kazan. Gosud. Univ.	Uchenye Zapiski Kazanskogo Gosudarstvennogo Universiteta (USSR.).
Ukrain. chem. J.	Ukrainian Chemical Journal (Journal chimique de l'Ukraine).
Union pharm.	Union pharmaceutique.
Union S. Africa Dept. Agric.	Union of South Africa. Department of Agriculture.
Univ. Illinois Bl.	University of Illinois, Bulletin.
U. S. Dep. Commerce Bur. Mines Bl. (U. S. Bur. Min. B.)	U. S. Department of Commerce, Bureau of Mines, Bulletin.
U. S. Dep. Interior Bur. (U. S. Mines Bull.)	United States Department of the Interior, Bureau of Mines, Bulletin.
U. S. Dept. Agric. Bl.	United States Department of Agriculture, Bulletins.
U. S. Geol. Surv. Bl.	United States Geological Survey Bulletin.
Verh. phys. Ges.	Verhandlungen der Deutschen physikalischen Gesellschaft.
Vorratspflege u. Lebensmittelforsch.	Vorratspflege und Lebensmittelforschung.
Washington Acad. Science	Journal of the Washington Academy of Sciences.
Wschr. Brauerei	Wochenschrift für Brauerei.
Wied. Ann.	Annalen der Physik und Chemie, herausgegeben von WIEDEMANN; s. Pogg. Ann.
Wien. klin. Wschr.	Wiener klinische Wochenschrift.
Wien. med. Wschr.	Wiener medizinische Wochenschrift.
Wiss. Nachr. Zucker-Ind.	Wissenschaftliche Nachrichten der Zuckerindustrie (ukrain.).
Wiss. Veröffentl. Siemens-Konzern	Wissenschaftliche Veröffentlichung aus dem SIEMENS-Konzern (seit 1935: aus den SIEMENS-Werken).
Z. anorg. Ch.	Zeitschrift für anorganische und allgemeine Chemie.
Zbl. Min. Geol. Paläont. Abt. A	Zentralblatt für Mineralogie, Geologie und Paläontologie, Abt. A.: Mineralogie und Petrographie.

Abkürzung	Zeitschrift
Z. Chem. Ind. Kolloide	Zeitschrift für Chemie und Industrie der Kolloide; seit 1913: Kolloid-Zeitschrift.
Z. Deutsch. Öl- u. Fettind.	Zeitschrift für Deutsche Öl- und Fettindustrie.
Z. El. Ch.	Zeitschrift für Elektrochemie.
Zentr. wiss. Forsch.-Inst. Leder-Ind.	Zentrales wissenschaftliches Forschungsinstitut für die Lederindustrie; russ.: Zentralny nautschno-issledowatelski Institut koshewennoi Promyschlennosti, Sbornik Rabot.
Z. ges. Brauw.	Zeitschrift für das gesamte Brauwesen.
Z. ges. Kältetechnik (-Industrie)	Zeitschrift für die gesamte Kältetechnik (-Industrie).
Z. Hygiene	Zeitschrift für Hygiene und Infektionskrankheiten.
Z. klin. Med.	Zeitschrift für klinische Medizin.
Z. Krist.	Zeitschrift für Kristallographie und Mineralogie.
Z. landw. Vers.-Wes. Österr.	Zeitschrift für das landwirtschaftliche Versuchswesen in Deutsch-Österreich; 1925—1933 genannt: Fortschritte der Landwirtschaft.
Z. Lebensm.	Zeitschrift für Untersuchung der Lebensmittel; bis 1925: Zeitschrift für Untersuchung der Nahrungs- und Genußmittel sowie der Gebrauchsgegenstände.
Z. Metallkunde	Zeitschrift für Metallkunde.
Z. Naturforschg.	Zeitschrift für Naturforschung.
Z. Oberschl. Berg- u. Hüttenmänn. Verb.	Zeitschrift des Oberschlesischen Berg- und Hüttenmännischen Verbandes.
Z. öffentl. Ch.	Zeitschrift für öffentliche Chemie.
Z. Pflanzenernähr. Düng. Bodenkunde	Vgl. Bodenkunde Pflanzenernähr.
Z. Phys.	Zeitschrift für Physik.
Z. pr. Geol.	Zeitschrift für praktische Geologie.
Zprávy česk. keram. společnosti	Zprávy československé keramické společnosti.
Z. techn. Phys. (russ.)	Zeitschrift für technische Physik (russ.).
Z. VDI (Z. Ver. dtsch. Ing.)	Zeitschrift des Vereins Deutscher Ingenieure.

Abkürzungen oft benutzter Sammelwerke.

Abkürzung	Sammelwerk
Berl-Lunge	Berl-Lunge: Chemisch-technische Untersuchungsmethoden, 8. Aufl. Berlin 1931—1934. Bis zur 7. Aufl. „Lunge-Berl" genannt.
G_M.	Gmelins Handbuch der anorganischen Chemie, 8. Aufl. Berlin.
Handb. Pflanzenanal.	Handbuch der Pflanzenanalyse (Klein).
Lunge-Berl	Vgl. Berl-Lunge.
Schiedsverfahren	Analyse der Metalle. Erster Band: Schiedsverfahren. 2. Aufl. Berlin-Göttingen-Heidelberg 1949.

Chrom.

Cr, Atomgewicht 52,01, Ordnungszahl 31.

Bestimmungsmöglichkeiten.

I. Die gravimetrische Bestimmung
  A. des 3 wertigen Chroms erfolgt in erster Linie durch
    1. Abscheidung als Chromoxydhydrat und Überführung in Chrom(III)-oxyd. Von den zahlreichen Abscheidungsmöglichkeiten ist die Fällung mit Ammoniak am gebräuchlichsten. Als weitere Fällungsmittel kommen u. a. insbesondere Ammoniumnitrit, Hexamethylentetramin sowie Gemische von Kaliumjodid-Jodat und Natriumazid-Nitrit in Frage. § 1, S. 19.
    2. Elektrolytische Abscheidung und Bestimmung als metallisches Chrom. § 1, S. 31.
  B. des 6 wertigen Chroms erfolgt durch
    1. Abscheidung und Bestimmung als schwerlösliches Metallchromat (z. B. Barium- oder Bleichromat). § 2, S. 34.
    2. Abscheidung als Quecksilber(I)-chromat und Bestimmung als Chrom(III)-oxyd. § 2, S. 40.
II. Maßanalytische Bestimmung
  A. des 6 wertigen Chroms:
    Reduktometrische Verfahren.
    1. Jodometrische Bestimmung. § 3, S. 43.
    2. Bestimmung mit Eisen(II)-überschuß und dessen Rücktitration mit Kaliumpermanganat, Kaliumbichromat oder Cer(IV). § 4, S. 66.
    3. Direkte Bestimmung mit Eisen(II). § 5, S. 95.
    4. Bestimmung mit arseniger Säure. § 6, S. 146.
    5. Bestimmung mit Zinn(II)-chlorid. § 7, S. 162.
    Nur in besonderen Fällen finden Anwendung:
    6. Bestimmung mit Titan(III)-salz. § 8, S. 174.
    7. Bestimmung mit Chrom(II)-sulfat. § 9, S. 182.
    Die weiteren, zur Verfügung stehenden reduktometrischen Bestimmungsverfahren (§ 10, S. 188) haben keine praktische Bedeutung.
    Fällungsanalytische Verfahren lassen sich mit chemischer und elektrometrischer Indizierung durchführen, § 11, S. 195.
  B. des 3 wertigen Chroms:
    Oxydationsverfahren.
    1. Bestimmung mit Kaliumpermanganat, § 12, S. 202.
    2. Bestimmung mit Kaliumhexacyanoferrat(III), § 13, S. 206.
    3. Bestimmung mit Cer(IV), § 14, S. 210.
    Fällungsanalytische und Komplexbildungsverfahren.
    4. Bestimmung mit Diammoniumphosphat, § 14, S. 212.
    5. Bestimmung mit Arsenat, § 14, S. 212.
    6. Bestimmung mit Komplexon(III), § 14, S. 216
    und andere.
  C. des 2 wertigen Chroms:
    durch oxymetrische Titration, § 15, S. 217.

III. Colorimetrische und photometrische Bestimmungen.
    1. Bestimmung als Diphenylcarbacidkomplex, § 16, S. 220.
    2. Bestimmung als Chromat und Dichromat, § 17, S. 253.
    Von weniger großer Bedeutung sind Farbreaktionen mit Chromotropsäure, Oxalsäure und anderen Reagenzien, § 18, S. 278.

IV. Die polarographische Bestimmung kann erfolgen
    1. durch Reduktion des Chrom(VI)-ions, § 20, S. 292,
    2. durch Reduktion des Chrom(III)-ions, § 20, S. 292.

V. Spektralanalytische Bestimmungsverfahren, § 21, S. 299.

VI. Die gasometrische Bestimmung ist ohne Bedeutung, § 19, S. 290.

Eignung der wichtigsten Verfahren.

Fast alle wichtigen Verfahren setzen voraus, daß sich das Chrom in der 6 wertigen Form befindet.

Für größere Chrommengen kommen heute im wesentlichen maßanalytische Methoden in Betracht. Alle gebräuchlichen titrimetrischen Methoden sind reduktometrische und beruhen auf dem Übergang $Cr(VI) \rightarrow Cr(III)$. Fällungsanalysen haben nur untergeordnete Bedeutung. Handelt es sich um die Untersuchung reiner Chromatlösungen, so kann man ferrometrische und jodometrische Verfahren gleich gut anwenden. Beide sind recht genau und ohne apparativen Aufwand durchzuführen. Jedoch sind die ferrometrischen Methoden, besonders bei Massenanalysen, schon aus wirtschaftlichen Erwägungen vorzuziehen. Für die Analyse von Erzen, Eisen, Stählen und Eisenlegierungen sind die jodometrischen weniger geeignet, weil sie eine Abtrennung von Eisen voraussetzen, was man im allgemeinen umgehen wird. Die direkten ferrometrischen Verfahren, die mit Redoxindicatoren oder elektrometrischer Endpunktsanzeige arbeiten, sind dann sehr geeignet, wenn gleichzeitig noch Legierungselemente, z. B. Mn und V, bestimmt werden sollen. In Legierungen unbekannter Zusammensetzung, insbesondere wenn über Gegenwart von V nichts Sicheres bekannt ist, wird man am einfachsten die Reduktion mit überschüssigem Eisen(II) vornehmen und mit Kaliumpermanganat zurücktitrieren. Die Rücktitration mit Kaliumdichromat oder mit Cer(IV) ist ebenfalls recht genau. Alle diese Methoden haben die direkte Titration unter Zuhilfenahme von Kaliumhexacyanoferrat(III) als Tüpfelindicator weitgehend ersetzt.

In speziellen Fällen, wo außer Chrom im gleichen Arbeitsgang andere Legierungselemente bestimmt werden sollen, können auch Titrationen mit Arsen(III), Zinn(II), Titan(III) oder Chrom(II) sehr zweckmäßig sein; ein gewisser apparativer Aufwand ist dabei allerdings erforderlich.

Maßanalytische Verfahren zur Bestimmung des 3 wertigen Chroms sind höchstens dann anzuwenden, wenn es sich um die Untersuchung von Chrom(III)-salzlösung handelt.

Gravimetrische Methoden dürften heute endgültig als überholt anzusehen sein.

Für die Bestimmung mittlerer Chromgehalte zieht man neben maßanalytischen Methoden in steigendem Maße optische Verfahren heran. Mit Hilfe der heute zur Verfügung stehenden Präzisionsmeßgeräte ist eine sehr genaue photometrische Bestimmung des Chromat- und Dichromations möglich. Für kleinere und kleinste Gehalte kommt vor allem die colorimetrische oder photometrische Bestimmung mit Diphenylcarbazid in Frage. Bei niedrigen Chromkonzentrationen ist die Auswahl des Meßinstrumentes von geringerer Bedeutung; notfalls sind schon durch visuellen Vergleich in NESSLER-Zylindern brauchbare Ergebnisse zu erzielen.

Unter Voraussetzung der nötigen apparativen Meßmittel lassen sich für kleine

Chrommengen sehr gut polarographische Methoden herausziehen. Sowohl Chrom(VI)- als auch Chrom(III)-ionen sind polarographisch bestimmbar, z. T. auch neben anderen Elementen.

Auflösung des Untersuchungsmaterials.

Das Auflösen von Chromsalzen [Cr(II), (III) und Chromate] bereitet im allgemeinen keine Schwierigkeiten. Zum Teil sind diese Verbindungen bereits wasserlöslich, in den meisten anderen Fällen durch verd. Säuren in Lösung zu bringen. Lediglich die wasserfreien Chrom(III)-halogenide, wasserfreies Chrom(III)-sulfat, das sogenannte Chrom(III)-heptasulfatdihydrat, $2\,Cr_2(SO_4)_3 \cdot H_2SO_4$, und das hochgeglühte Chrom(III)-phosphat sind in Wasser, Säuren und Alkalilaugen unlöslich. Diese Verbindungen sind am einfachsten durch einen oxydierenden alkalischen Schmelzaufschluß in Lösung zu bringen. Hierfür können die gleichen Verfahren angewendet werden, die für Chromerze, hochgeglühtes Chromoxyd usw. gebräuchlich sind. Der Aufschluß dieser Verbindungen gelingt oft bereits beim Schmelzen mit Alkalicarbonat oder Alkalihydroxyd an der Luft. Der Zusatz eines Oxydationsmittels führt jedoch schneller zum Ziel. Am sichersten erfolgt der Aufschluß mit Natriumperoxyd. Dies gilt besonders für Chromeisenstein, der mit Soda-Salpeter nur schwer aufgeschlossen wird. Eine größere Anzahl mehr oder weniger schnell aufschließender Gemische für schwerlösliche Chromverbindungen sind in § 24, *Bestimmung in Chromerzen und Schlacken,* angeführt; vgl. dort auch die Technik bei Ausführung des Schmelzaufschlusses. Ein großer Vorteil vieler dieser Verfahren ist die gleichzeitig mit dem Aufschluß des Untersuchungsmaterials erfolgende quantitative Überführung in Chrom(VI) [Näheres vgl. Abschnitt: *Überführung in Chrom(VI)!*]; ferner erreicht man eine Abtrennung von Metallhydroxyden, welche mit Lauge fällbar sind, vom Chromat, was für viele Bestimmungen sehr wichtig ist. Hier ist jedoch die mögliche Adsorption von Chromat an den Hydroxydniederschlag zu beachten [s. ebenfalls *Überführung in Cr(VI)*]. Der saure Schmelzaufschluß, z. B. mit Natriumpyrosulfat, ist wesentlich umständlicher und wenig gebräuchlich.

Wenn auch der alkalische, oxydierende Aufschluß von Chromverbindungen der universellste und wohl immer zum Ziel führende ist, wird man bei säurelöslichem Material davon absehen. Nach WILLARD und GIBSON werden Chrom(III)-oxyd und Chromit durch 70%ige Perchlorsäure gelöst. Auch durch siedende konz. Salpetersäure, der etwas Kaliumchlorat zugesetzt ist, läßt sich Chrom(III)-oxyd als Chromsäure in Lösung bringen, während Chromit nur unvollständig aufgeschlossen wird (GRÖGER). Unter den *Chromlegierungen* spielen die chromhaltigen Stähle die wichtigste Rolle. Es kommen für den Aufschluß hauptsächlich nasse Verfahren zur Anwendung, nur wenn diese versagen bzw. wenn die Chrombestimmung nach einer Methode erfolgen soll, welche die Abwesenheit von Eisen erforderlich macht, ist ein Schmelzaufschluß mit Natriumperoxyd angezeigt.

Einfache Eisensorten sowie Stähle mit niedrigem Chromgehalt lösen sich meistens in verd. Schwefelsäure (1 + 5 bis 1 + 3) (etwa 3 m bis 4,6 m). Ebenfalls ist Salzsäure (1 + 1) (etwa 6 n) geeignet. Oft verwendet wird eine Mischung von gleichen Raumteilen Schwefelsäure (1 + 5) (etwa 3 n) und Salpetersäure (1 + 1) (etwa 7 m). Für 1 g Stahl benötigt man etwa 20 ml. Hochlegierte Chromnickellegierungen löst man am besten in Königswasser. Bei Verwendung von Salpetersäure ist eine Entfernung der nitrosen Gase für die anschließende Weiterverarbeitung fast immer erforderlich. Sehr geeignet für wolframhaltige Stähle ist Phosphorsäure allein bzw. in Mischungen mit anderen Mineralsäuren, weil dadurch einmal ein leichtes Auflösen des Stahles erfolgt und andererseits die Abscheidung von Wolframsäure vermieden wird, weil sich komplexe lösliche Heteropolysäuren bilden (ASMUS). Besonders eingebürgert hat sich eine Mischsäure, die sogenannte SPEKKER-Säure, die 160 ml konz. Schwefelsäure und 80 ml Phosphorsäure (D 1,7) und Wasser zu 1000 ml enthält. Hochlegierte Stähle lösen sich oft auch vorzüglich in Perchlorsäure bzw. Gemische derselben mit anderen Mineralsäuren, insbesondere mit Phosphorsäure und Schwefelsäure. Stahl und Gußeisen mit hohem Kohlenstoffgehalt wird nicht mit konz. Perchlorsäure, sondern mit verd. Säure erhitzt und die Lösung bis zum Entwickeln von weißen Dämpfen eingekocht, da andernfalls die Reaktion zu heftig verläuft. Über Gefahren beim Arbeiten mit Perchlorsäure vgl. den folgenden Abschnitt.

Von Ferrochrom sind die niedriggekohlten Sorten in Salzsäure, verd. Schwefelsäure oder Mischungen von Schwefel-Phosphor-Säure löslich. Bei hohem Kohlenstoffgehalt ist der Aufschluß auf diese Weise nur unvollkommen. Nach SMITH und GETZ ist 85%ige Phosphorsäure bei Temperaturen von 180 bis 250° ein ausgezeichnetes Lösungsmittel für hoch- und niedriggekohlte Ferrochrome. Perchlorsäure ist ungeeignet, weil das entstehende, wenig lösliche Chrom(VI)-oxyd die unangegriffenen Teilchen umhüllt. Will man die Legierung vollkommen und möglichst schnell auflösen, so wird sie zunächst mit konz. Salzsäure 15 Min. gekocht, mit Perchlorsäure versetzt bis zum Vertreiben der Salzsäure und dann noch weitere 30 Min. gekocht. Nach dem Abkühlen gibt man etwas Wasser zur Auflösung des Chrom(VI)-oxyds hinzu, kocht wieder bis zum Erscheinen der Perchlorsäuredämpfe und wiederholt diese Operation bis zur vollständigen Auflösung (WILLARD und GIBSON).

Chrommetall (aluminothermisch hergestellt mit 99% Cr) ist in Salzsäure sowie in verd. Schwefelsäure löslich.

Zum Auflösen bzw. Oxydieren zahlreicher anderer Untersuchungsmaterialien vergleiche man die Überführung in Cr(VI) sowie die Spezialabschnitte, § 23 bis § 29.

Überführung des Chroms in verschiedene Wertigkeitsstufen, insbesondere in Chrom(VI).

Von den drei wichtigsten Chromwertigkeitsstufen II, III und VI spielt für die analytische Praxis die Chromatform die bei weitem überragende Rolle, da die Bestimmung des Chroms nach modernen Methoden fast ausnahmslos in dieser Form erfolgt. Die Überführung der Verbindungen niederer Wertigkeitsstufen in Chrom(VI) ist daher von grundlegender Bedeutung und in vielen Fällen der Hauptteil der gesamten Analyse.

Für einige Analysenmethoden, die heute jedoch zum größten Teil als überholt gelten können, muß das Chrom 3wertig vorliegen. Diese Forderung ist leicht zu erfüllen, da einmal bei jedem Lösevorgang chromhaltiger Legierungen ohne Komplikationen 3wertiges Chrom entsteht, zum anderen die Reduktion von Chrom(VI) zu Chrom(III) wesentlich einfacher ist als umgekehrt die Oxydation.

Die 2wertige Stufe, die nur bei energischer Reduktion erhalten wird, ist für die Chrombestimmung bedeutungslos. Dagegen besitzen Chrom(II)-salze eine gewisse Bedeutung als reduktometrisches Reagens in der Maßanalyse.

A. Überführung in Chrom(VI).

Die Überführung in Chrom(VI) erfolgt fast ausnahmslos aus der 3wertigen Stufe; in den Fällen, wo wie bei Legierungen vom Metall ausgegangen wird, erfolgt noch vor der eigentlichen Oxydation die Lösung zu Chrom(III), so daß also praktisch immer dieses vorliegt. Ausnahmen stellen die Verfahren dar, welche säureresistente, meist hochchromhaltige Materialien wie insbesondere Ferrochrom direkt in der Schmelze oxydieren. Da diese Oxydationsschmelzen aber sonst keinerlei Besonderheiten aufweisen, werden sie in diesem Abschnitt mitbehandelt, welcher im übrigen nach dem Gesagten nur der Überführung von Chrom(III) in Chrom(VI) gilt.

Ein für die quantitative Analyse brauchbares Oxydationsmittel muß folgende Forderungen erfüllen:

1. Schneller und quantitativer Umsatz bei nicht zu großen Überschüssen.

2. Es soll der Überschuß bei der anschließenden Bestimmung unschädlich oder leicht entfernbar sein, und

3. es muß diese Beseitigung ohne Veränderung des Chroms(VI) erfolgen. Bei denjenigen colorimetrischen Methoden, welche die Eigenfärbung des Chromats bestimmen, kann zwar meist auf die Beseitigung des Überschusses verzichtet werden; in den meisten anderen Fällen müssen jedoch alle obigen Bedingungen erfüllt sein, so daß dadurch die Auswahl der Oxydationsmittel schon stark beschränkt ist. Maßgebend für ihre Auswahl ist in erster Linie die Art der Probe, so daß für Einzelheiten der verschiedenen Methoden auf die speziellen Arbeitsvorschriften an zahlreichen Stellen dieses Bandes sowie besonders auch auf die Einleitungen einiger Spezialabschnitte (Eisenlegierungen, Leder, organische Substanzen, Erze usw.) verwiesen werden muß. Häufig bedingt die Art der Probe einen von der eigentlichen Oxydation unabhängigen Aufschluß, welcher im Interesse einer einfachen Arbeitsweise möglichst mit dieser in einem Arbeitsgang vereinigt oder doch zumindest so vorgenommen wird, daß sich die Oxydation ohne weiteres anschließen kann. Ferner werden Aufschluß und Oxydation zweckmäßig mit der etwa erforderlichen Abtrennung störender Beimengungen verbunden, wie es besonders bei der alkalischen Oxydation die Abtrennung der Metallhydroxyde darstellt. Auch für die hierbei ebenfalls auftretenden Komplikationen muß auf spezielle Arbeitsvorschriften, vor allem auf die Trennungen, verwiesen werden. Diesem Kapitel bleibt es lediglich vorbehalten, allgemeine Gesichtspunkte der verschiedenen Oxydationsmöglichkeiten zusammenzufassen.

Im Gegensatz zu den Titrationen [Chrom(III) $\rightarrow$ Chrom(VI)] erfolgen die Oxydationen meist mit einem deutlichen Überschuß an Oxydationsmitteln; man unterscheidet zweckmäßig

I. Oxydationen auf nassem Wege und

II. Oxydationen im Schmelzfluß.

Letztere bleiben ausschließlich den schwer aufschließbaren Produkten vorbehalten und werden durchweg mit alkalischen Mitteln vorgenommen; sie bieten nach Aufnehmen der Schmelze bezüglich Beseitigung des Überschusses und der Komplikationen bei etwaigen Trennungen dieselben Probleme wie die nassen alkalischen Verfahren.

Bei den nassen Oxydationen unterscheidet man

a) Oxydationen in alkalischer Lösung und

b) Oxydationen in saurer Lösung.

Die Wahl des alkalischen oder sauren Milieus wird sich danach richten, wie man am rationellsten die Bestimmungsform erreicht, gegebenenfalls unter gleichzeitiger Beseitigung störender Beimengungen. Für ältere Verfahren war im allgemeinen die Abtrennung des Eisens vor der Bestimmung erforderlich, weshalb der alkalische Aufschluß, welcher alle mit Lauge fällbaren Metallhydroxyde abtrennte, bevorzugt wurde. Nachdem heute jedoch genügend Verfahren vorliegen, welche die Bestimmung in Anwesenheit bzw. unter Maskierung des Eisens und anderer Störmetalle gestatten, entfällt in den meisten Fällen diese Notwendigkeit. Die unter a) geschilderten Störungen durch Adsorption bzw. Okklusion von Chromat an ausfallende Hydroxyde bzw. durch unvollständige Oxydation (FRIEDHEIM und BRÜHL) beeinträchtigen zwar die Anwendung der alkalischen Verfahren, lassen sich jedoch auf Grund der heutigen Kenntnisse auch ohne großen Aufwand vermeiden, so daß sowohl für saures wie auch für alkalisches Arbeiten genügend Möglichkeiten offen sind, Schnelligkeit und Einfachheit des Verfahrens also immer im Vordergrund stehen können. Somit ergibt sich fast durchweg die gute Löslichkeit der zu analysierenden Produkte in Alkalien oder Säuren als Leitprinzip, während die Beimengungen nur eine untergeordnete Rolle spielen.

I. Oxydationen auf nassem Wege.

a) In alkalischer Lösung.

1. Mit Natronlauge-Perhydrol bzw. mit Natriumperoxyd ist für alle bereits als Lösungen vorliegenden Produkte, insbesondere wenig verunreinigte Chrom(III)-lösungen sowie für alle leicht alkalilöslichen Stoffe geeignet. Sie ist bereits von v. WAGNER angegeben und stellt auch heute noch eines der wohlfeilsten und einfachsten Oxydationsverfahren dar, während die von demselben Autor vorgeschlagene Oxydation mit Hexacyanoferrat(III) in Lauge keine Bedeutung hat. Nach BOURION und SÉNÉCHAL ist die Oxydation in der Kälte selbst bei 20stündiger Einwirkung nur mit starkem Überschuß quantitativ zu gestalten. Nach MACQUERON sind bei handelsüblichen Chromsalzlösungen zur Oxydation von 0,5 g Cr_2O_3 etwa 2 bis 3 g Natriumperoxyd erforderlich. Eisen fällt immer mit den meisten anderen Metallen als Hydroxyd aus; der dadurch bedingte Fehler (Adsorption bzw. Okklusion) wurde von GARRATT auf etwa 5% geschätzt und bei der anschließenden colorimetrischen Bestimmung durch Verwendung von gleichbehandelten Teststählen bekannten und annähernd gleichen Chromgehalts so weitgehend kompensiert, daß sein Verfahren ohne merklichen Fehler arbeiten soll. Dagegen lehnen NORWITZ und CODELL aus diesem Grunde eine alkalische Oxydation, insbesondere bei Spurenbestimmungen, grundsätzlich ab. PIETERS, HANSSEN und GEURTS machen quantitative Angaben über die Chromverluste. Bei Anwesenheit anderer Fremdmetalle bedarf es gegebenenfalls grundsätzlich anderer Methoden (s. z. B. Bestimmung in Titanpigmenten nach FLATT und VOGT), wofür in den meisten Fällen das mehr oder weniger günstige Chrom-Fremdmetall-Verhältnis ausschlaggebend ist. Auch nach EWING und BANKS ist bei Anwesenheit von Thorium die alkalische Oxydation mit Peroxyd nicht zu empfehlen, da das Chromation beim Ansäuern wieder teilweise reduziert wird. Diese Nebenreaktion wird auf die Bildung von Thoriumperoxyd zurückgeführt, welches in saurer Lösung wieder Wasserstoffperoxyd abgibt. Die Adsorption von Chromat an Metallhydroxyde ist durch deren Umfällung einzuschränken; verschiedene Autoren (s. u. bei JÄRVINEN unter Oxydation mit Brom) empfehlen für diesen Zweck den Zusatz von Phosphat (vgl. auch Trennungen, insbesondere von Eisen). Da die jodometrische Chrombestimmung Abwesenheit von Eisen(III) erforderlich macht, ist diese Aufschlußmethode hierfür besonders geeignet.

Die Entfernung des Peroxydüberschusses ist für die Endbestimmung restlos erforderlich, da

α) durch einen noch vorhandenen Überschuß Titrationsmittel verbraucht werden kann,

β) beim Ansäuern wieder Chrom(VI) durch Peroxyd reduziert werden kann und schließlich

γ) durch das Oxydationsmittel auch eine Schädigung von Indicatoren oder colorimetrischen Reagenzien auftreten kann. Allgemein wird eine gründliche Verkochung des Sauerstoffs noch im alkalischen Gebiet für die restlose Zerstörung vorgeschlagen; jedoch weichen die Angaben über Art und Dauer des Kochens erheblich voneinander ab. Eine sichere Entfernung scheint nur durch halbstündiges Verkochen zu erfolgen. Man kann jedoch die Zersetzung des Peroxyds durch Zusätze wesentlich beschleunigen, wofür meist Schwermetallsalze dienen. Nach FEIGL und Mitarbeitern kommen hierfür Nickelsalze, nach LAPIN und Mitarbeitern Kupfersalze in Frage; auch Natriumsulfat soll sich günstig auswirken, während Alkalien angeblich die Peroxydzerstörung nicht fördern (BOURION und SÉNÉCHAL; l. c.). Nach verschiedenen Autoren, z. B. TROMP, kann man längeres Kochen zwecks Zerstörung des überschüssigen Peroxyds umgehen, wenn man zur alkalischen Chromatlösung etwas Mangan(II)-salzlösung zusetzt und kurz aufkocht. Die Zerstörung des Peroxyds erfolgt in diesem Fall durch den feinst verteilten Braunstein. Über die Beständigkeit von Thoriumperoxyd in alkalischer Lösung s. oben EWING und BANKS. Besonders schwierig kann die Entfernung des Peroxydüberschusses in Gegenwart organischer Verbindungen werden; bei Eiweißkörpern soll die vollständige Entfernung selbst durch Eindampfen bis zur Trockne nicht immer möglich sein, so daß in diesem Falle der Zusatz der eben genannten Katalysatoren zwingend notwendig ist. Viele Autoren bevorzugen für die Zerstörung größerer Mengen organischer Substanz wegen der genannten Schwierigkeiten andere Oxydationsmethoden (s. im Abschnitt: Leder, Abwasser und andere). OELSCHLÄGER hat jüngst festgestellt, daß für die anschließende colorimetrische Bestimmung nach dem Verkochen der alkalischen Lösung die letzten Reste Peroxyd (auch Persulfat) sich dann nicht mehr nachteilig auswirken, wenn die Zugabe des Diphenylcarbazidreagenses vor dem Ansäuern erfolgt; in diesem Fall bildet sich der Farbkomplex schon im alkalischen Medium und wird dann durch wenig freies Peroxyd im sauren Gebiet nicht mehr angegriffen. An Stelle von Natronlauge kann für die alkalische Peroxydmethode auch Ammoniak verwendet werden (z. B. BRINTZINGER und JAHN).

2. Oxydation mit Natronlauge und Brom. Dieses Verfahren wurde von JÄRVINEN eingeführt und später auch u. a. von HELLER und KRUMHOLZ sowie von MILLER übernommen; es eignet sich besonders wegen der von SCHULEK und DÓZSA eingeführten Entfernung des Überschusses mit Phenol, welche rasch und quantitativ erfolgt. In der Spurenanalyse sind Überschuß- und Phenolmenge so gering, daß sie ohne zu stören in Lösung verbleiben (s. GROGAN, CAHNMANN und LETHCO). Während JÄRVINEN ursprünglich zur Vermeidung der Adsorption an die auch hierbei anfallenden Hydroxydniederschläge einen Zusatz von Phosphat empfiehlt, kann dieser nach neueren Arbeitsvorschriften (z. B. URONE und ANDERS) auch unterbleiben, insbesondere wenn das Mengenverhältnis Chrom-Fremdmetall nicht zu ungünstig ist. HASLAM und MURRAY betonen jedoch, daß wegen Okklusion in Gegenwart von reichlich Eisen selbst bei doppelter Fällung das Chrom unvollständig wiedergefunden wird. ZIMMERMANN begnügt sich zur Entfernung des Bromüberschusses mit kurzem Verkochen, was bei der anschließenden photometrischen Chromatbestimmung auch unbedenklich sein dürfte. Auch die ältere Methode von KURTENACKER zur Entfernung des Bromüberschusses dürfte durchaus geeignet sein; nach der Oxydation vorhandenes Bromid und Bromat liefern in saurer Lösung Brom, das verkocht werden kann. Wegen der möglichen Reduktion des Chromats durch Bromwasserstoff nach

$$K_2Cr_2O_7 + 6\,KBr + 14\,HCl \longrightarrow 2\,CrCl_3 + 8\,KCl + 7\,H_2O + 3\,Br_2$$

muß jedoch ein geeigneter p_H-Wert gewählt werden, wozu 5 Min. Aufkochens mit 20 ml 30%iger Kaliumhydrogensulfatlösung geeignet sind.

3. Oxydation mit Natronlauge und Blei(IV)-oxyd ist in der älteren Literatur öfter beschrieben, hat jedoch heute nur noch untergeordnete Bedeutung, ebenso wie die Verwendung des Blei(IV)-oxydes zur Nachoxydation im sauren Medium. Der Überschuß, welcher unlöslich ist, braucht nicht zerstört zu werden und kann häufig sogar in der Lösung verbleiben. Von KLINGER und SCHIFFER wird diese Oxydation wegen der möglichen Bildung von schwerlöslichem Bleichromat abgelehnt.

4. Oxydation mit Permanganat in sodaalkalischer Lösung. Ebenso wie die unten beschriebene saure Oxydation mit Permanganat verläuft auch diejenige in alkalischer Lösung ohne Störungen schnell und quantitativ. Die nach kurzem Aufkochen verbleibende Permanganatrötung ist ein sicheres Maß für die beendete Oxydation des Chroms. Die alkalische Permanganatoxydation hat gegenüber der sauren den Vorteil, daß sie auch in Gegenwart von Fluorionen und Nitrat störungsfrei stattfinden kann. Die Entfernung des überschüssigen Permanganates geschieht meist in saurer Lösung mit den hierfür gebräuchlichen Zusätzen, wie Salzsäure, Alkohol, Methanol, Natriumazid u. dgl. (vgl. hierzu auch unten bei der sauren Permanganatoxydation).

Das Verfahren ist auch für Stähle dann anwendbar, wenn diese weder Nickel noch Kobalt enthalten (SCHIFFER und KLINGER). Da meist keine Entfernung der ausfallenden Hydroxyde stattfindet, sondern diese nach dem Ansäuern wieder in Lösung gehen, kann auch der zur Vermeidung der Chromatadsorption gelegentlich vorgenommene Zusatz von Phosphat unterbleiben (z. B. LEO und BRYLKA). Entfernt man jedoch wegen der anschließenden colorimetrischen Chromatbestimmung nach EVANS den Hydroxydniederschlag, so soll nach diesem Verfasser das Phosphat die Adsorption von Chromat verhindern; diese Verfahrensweise dürfte jedoch modernen Erfordernissen nicht mehr genügen.

5. Die alkalische Oxydation durch Elektrolyse s. Abschnitt 4; § 22.

6. Die Oxydation mit Persulfat in alkalischer Lösung wurde von OELSCHLÄGER erstmalig vorgenommen. JÄRVINEN hatte früher festgestellt, daß die Oxydation in der Kälte viel zu langsam erfolgt und in der Hitze schwankende Chromwerte liefert. Bei Einhalten der von OELSCHLÄGER gegebenen Vorschrift, welche vor allem durch genaue Dosierung der Lauge das Ausfallen von Chromhydroxyd vermeidet, werden jedoch zuverlässige Resultate erhalten. Der Zusatz von Silbersalzen, welcher bei der sauren Oxydation erforderlich ist, erübrigt sich. Mangan wird nach beendeter Oxydation durch Filtration als Oxyd entfernt.

b) Oxydation in saurer Lösung.

1. Mit Persulfat in Gegenwart eines Katalysators. Chrom(III) wird in schwefelsaurer oder salpetersaurer Lösung, die auch Phosphorsäure und Perchlorsäure enthalten kann, in der Hitze sowie bei Gegenwart von Silberionen zu Chrom(VI) oxydiert. Während die Oxydation ohne Silbersalz längeres Kochen erfordert, läuft sie mit diesem in wenigen Minuten ab. Die Silberionen sollen nach den folgenden beiden Reaktionsgleichungen die Rolle eines Sauerstoffüberträgers haben, wobei sich intermediär Silberperoxyd bildet:

$$2\,Ag^+ + S_2O_8^{--} + 2\,H_2O \longrightarrow Ag_2O_2 + 2\,SO_4^{--} + 4\,H^+;$$
$$2\,Cr^{+++} + 3\,Ag_2O_2 + 2\,H_2O \longrightarrow 2\,CrO_4^{--} + 6\,Ag^+ + 4\,H^+.$$

Unter Verwendung älterer Erfahrungen verschiedener Autoren (MARSHAL, IBBOTSON und HOWDEN, KLEINE, HERMS, WALTERS) hat PHILIPS diese Oxydation zu einer brauchbaren Methode entwickelt. Die Zerstörung des Überschusses, welche sonst erhebliche Kochzeiten erfordern kann, wird durch Kochen mit Salzsäure wesentlich beschleunigt, wobei eine Reduktion des Chroms normalerweise nicht zu erwarten ist; dagegen wird gleichzeitig etwa gebildetes Permanganat schnell zu Mangan(II)-salz reduziert, so daß auch zur einwandfreien Erkennung der beendeten Oxydation vorher Mangansalze zugesetzt werden können (z. B. JEAN). Andere Möglichkeiten zur Zerstörung von Permanganat vgl. weiter unten bei Permanganatoxydation. Die Beseitigung des Persulfatüberschusses mit Mangan(II)-salz (GREGORY und McCALLUM) hat dagegen ihrer Umständlichkeit wegen keine weite Verbreitung gefunden.

Die katalytische Wirkung des Silbers wird neuerdings von OELSCHLÄGER folgendermaßen erklärt: In stark saurer Lösung zerfällt Persulfat über Peroxydischwefelsäure und Peroxydmonoschwefelsäure unter teilweiser Bildung von Wasserstoffperoxyd. Die ungünstige Wirkung des Peroxyds in saurer Lösung, welches als Reduktionsmittel für Chromat dient, ist bekannt. Dieses Peroxyd ist auch nach längerem Kochen der sauren Lösung noch nachweisbar, verschwindet jedoch ebenso wie geringe Mengen gleichzeitig entstandenen Ozons bei Gegenwart von Silberionen innerhalb weniger Sekunden, so daß die Reduktion des Chroms verhindert wird. Während nach Oxydation mit Persulfat in schwefelsaurer Lösung von $10\,\mu g$ Chrom(III) sofort nur $9{,}6\,\mu g$ und nach $2^1/_2$ stündiger Wartezeit sogar nur $6{,}0\,\mu g$ als Cr(VI) wiedergefunden werden, erhält man auch diese kleinen Mengen quantitativ, wenn man in Gegenwart von Silber arbeitet. Damit werden auch andere Maßnahmen, welche zur Vervollständigung der Oxydation oder richtiger gesagt zur Vermeidung einer Reduktion des Chromats vorgenommen werden, wie z. B. eine Nachoxydation mit Permanganat (z. B. Standard Methods for the Examination of Water, Sewage and Industrial Wastes), hinfällig.

DÖRING hat den Einfluß der Schwefelsäurekonzentration auf den Ablauf der Oxydation genau festgelegt. Es war bereits bekannt, daß die beim Erhitzen der Lösungen auftretende Wasserstoffperoxydbildung mit steigender Säurekonzentration zunimmt. Nach DÖRING kann dies sogar in Gegenwart von Silberionen eintreten, so daß eine maximale Schwefelsäurekonzentration nicht überschritten werden darf. In 4,0 n Säure tritt bereits eine teilweise Reduktion auch in Gegenwart von Silberionen, in deren Abwesenheit schon in 2,5 n Lösung ein. In 3 n Lösung wird bereits keine quantitative Oxydation von Chrom(III) mit Persulfat-Silbernitrat erreicht. Die Modellversuche zeigen, daß die für eine quantitative Oxydation zulässige maximale Schwefelsäurekonzentration auch in Gegenwart von Silbersalz 2,4 n ist, was mit der von BRARD angegebenen 10%igen Säure übereinstimmt. Hält man diese Konzentration nicht ein, so ist auch bei wesentlicher Erhöhung der Menge des Oxydationsmittels eine quantitative Oxydation niemals zu erreichen. Die modernen Standardmethoden (z. B. Chemikerausschuß des Vereins deutscher Eisenhüttenleute) wenden das PHILIPS-Verfahren so an, daß die maximal zulässige Konzentration noch um ungefähr 50% unterschritten wird.

Für 0,1 g Chrom verwendet DÖRING etwa 6 g Ammoniumpersulfat, welche Menge ausreichend ist, jedoch ohne Bedenken überschritten werden kann. DAVIS und BACON haben gezeigt, daß die durch eine gegebene Persulfatmenge oxydierbare, maximale Chrommenge von der Silbernitratmenge abhängig ist; dieselben Autoren halten 0,5 n Schwefelsäure für die maximale Konzentration und stellen fest, daß phosphorsaure Lösung der schwefelsauren überlegen ist (vgl. ausführlich beim Diphenylcarbazid-Verfahren). Die Überlegenheit der phosphorsauren Lösung betonen auch GOTTLIEB und HECHT, da sich außerdem infolge Maskierung des Eisens dessen Abtrennung vor dem Colorimetrieren erübrigt.

DICKENS und THANHEISER hatten ursprünglich für die Bestimmung von Cr, Mn und V die Oxydation mit viel Ammoniumpersulfat in Gegenwart von Silbersulfat vorgenommen, beobachteten jedoch bei den dann notwendigen längeren Verkochungszeiten (ohne Salzsäure od. dgl.) eine teilweise Reduktion des Permanganats, wodurch eine Nachoxydation mit Blei(IV)-oxyd erforderlich wurde. Ihre Nachprüfung der von LANG und KURTZ mit geringeren Mengen Kaliumpersulfat durchgeführten Oxydation ergab später, daß Ammonium- und Kaliumsalz gleichwertig sind. 2 bis 4 g Persulfat reichen jedoch nur dann zur Oxydation einer bestimmten Menge aus, wenn das Eisen mit Salpetersäure (LANG und KURTZ) oder Perhydrol voroxydiert und ein Mangangehalt von 2 bis 3% nicht überschritten wird; beim Verkochen des dann nur noch geringen Überschusses tritt keine Reduktion des Permanganats mehr ein. Dies gilt — in Übereinstimmung mit den Feststellungen anderer Autoren — nur für die von LANG und KURTZ verwendete geringe Säurekonzentration; höhere Säurekonzentrationen, wie sie oft für anschließende Titrationen erforderlich sind, sind bei der vorhergehenden Oxydation zu vermeiden. Die zur Voroxydation des Eisens erforderliche Salpetersäure ist wegen der möglichen Störungen restlos zu entfernen.

Da ein Überschuß an Persulfat die titrimetrischen Chromwerte beeinträchtigt, muß dieser unbedingt entfernt werden. Wegen der Reduktion, welche durch entstehendes Wasserstoffperoxyd eintreten kann, ist die Entfernung des Überschusses auch in den Fällen notwendig, wo keine Titration, sondern eine colorimetrische Bestimmung erfolgt. Nur mit 30minütigem Kochen erreicht man nach PHILIPS die völlige Zerstörung; dagegen beseitigt kurzes Kochen mit Salzsäure nicht nur den

Persulfatüberschuß, sondern auch die Silberionen sowie etwa gebildetes Permanganat und greift das Chrom(VI) selbst nicht an. Die Entfernung des Silbers hat dabei noch den Vorteil, daß bei einer anschließenden alkalischen Hydroxydfällung Störungen infolge Bildung von Silberchromat vermieden werden. Hiltner und Marwan geben als sicheres Maß für die Erkennung der vollständigen Persulfatzerstörung den Zeitpunkt an, zu dem die gleichmäßige Entwicklung feiner Sauerstoffbläschen in ein stoßendes Sieden übergeht.

Infolge der beschriebenen Wirkung von Chlorionen auf das überschüssige Oxydationsmittel kann die Oxydation in deren Anwesenheit nicht erreicht werden; salzsaure Lösungen sind also zuvor durch Abdampfen mit Schwefelsäure von den Chlorionen zu befreien. Am sichersten geht man (z. B. Vorschrift des Chemikerausschusses des Vereins deutscher Eisenhüttenleute) so vor, daß die Lösung völlig abgeraucht wird. Chlor bzw. Chlorit, welche nach der Zerstörung des Oxydationsmittelüberschusses auftreten, müssen vor einer Titration ebenfalls entfernt werden, wozu nach Kelley und Mitarbeitern ein höchstens 10minütiges Kochen sicher ausreicht.

An Stelle von Silbernitrat haben z. B. Dickens und Thanheiser Silbersulfat herangezogen, da insbesondere bei der gleichzeitigen Bestimmung von Mn und V neben Cr Störungen durch Nitrat auftreten können. Auch Kupfer und Kobaltsalze begünstigen die Oxydation (Kusneca und Budanova). Die Verwendung von Kaliumpersulfat an Stelle des Ammoniumsalzes soll bei der Titration unter Verwendung von Redoxindicatoren gewisse Vorteile bieten. Da sich bei Gegenwart von Thorium mit Ammoniumpersulfat ein Niederschlag von Thoriumsulfat bildet, der die nachfolgende Titration stört (Ewing und Banks), ist in dessen Anwesenheit die Methode nicht anwendbar.

2. Oxydation mit Persulfat ohne Katalysator. Das vorstehend geschilderte Philips-Verfahren wurde mit der Zeit von verschiedenen Autoren so modifiziert, daß auch die anfänglichen Bedenken gegen seine Anwendung bei Gegenwart von Wolfram hinfällig wurden. So wird auch das von v. Knorre vorgeschlagene Oxydationsverfahren ohne Katalysator heute kaum noch angewandt. Dabei verläuft die Oxydation deutlich langsamer als in Gegenwart von Silbersalz. Außerdem wird vorhandenes Mangan hierbei in Braunstein übergeführt, welcher häufig so fein verteilt anfällt, daß er nicht filtrierbar ist. Seine Entfernung auf anderem Wege, z. B. mit Salzsäure, könnte bedenklich sein.

Kelley hat in Nachprüfung älterer Arbeiten bei der Oxydation ohne Katalysator beobachtet, daß nach einer Kochzeit von 10 Min. zu hohe, nach 15 Min. schon zu niedrige Werte an Chrom gefunden werden, während in Anwesenheit von Silber mit denselben Kochzeiten immer richtige Werte erhalten wurden.

3. Oxydation mit Permanganat. Chrom(III) läßt sich in schwach saurer Lösung durch Permanganatüberschuß in der Hitze quantitativ oxydieren, der Überschuß auf verschiedene Weise störungsfrei entfernen. Diese Oxydationsmethode ist wegen des Einschleppens relativ großer Manganmengen nicht allzu gebräuchlich, wird dagegen häufig zur Nachoxydation von solchen Aufschlüssen verwandt, die aus einer Natriumperoxydschmelze oder einer Perchlorsäureoxydation (z. B. Küntzel) stammen. Häufig wurde diese Oxydation in der Stahlanalyse angewandt, wobei anschließend das Eisen mit Lauge (Evans) oder Sodalösung (Agnew) gefällt wurde; bei Laugefällung bedurfte es, wie in ähnlichen Fällen zur Vermeidung von Adsorptionsfehlern, eines Zusatzes von Phosphat. Hild arbeitet auch nach Lösen in Salpetersäure-Schwefelsäure und nach Oxydation durch 4minütiges Kochen mit Permanganatlösung sowie nach Reduktion des Überschusses, der auch durch längeres Kochen ohne sonstigen Zusatz entfernt werden kann, mit einigen Millilitern 10%iger Mangan(II)-sulfatlösung sowie nach Filtrieren weiterhin in saurem Milieu; diese Arbeitsweise ist durch die anschließende Titration mit Fe(III) und Permanganat möglich, erfordert aber eindeutige Entfernung des Braunsteins. Saltzman gibt als günstige

Säurekonzentration für die Oxydation 0,5 n Schwefelsäure an; mit geringeren Konzentrationen kann Oxydfällung eintreten, bei höheren ist Permanganat unbeständiger.

Unter den sonstigen Möglichkeiten, welche zur Beseitigung des Permanganatüberschusses dienen können, seien folgende genannt: Natriumazid (WILLARD und YOUNG), Äthanol oder Methanol, Salzsäure bzw. Kochsalzlösung, arsenige Säure; letztere muß dann, wenn anschließend oxydimetrisch titriert werden soll, vorsichtig tropfenweise bis zur Entfärbung zugegeben werden, da ihr Überschuß die Resultate verfälschen würde; bei colorimetrischen Bestimmungen spielt der Überschuß von arseniger Säure keine Rolle. Die übrigen obengenannten Mittel sind entweder unschädlich oder werden in der Hitze schnell zerstört. JEAN, welcher Mangan(II) bei der Persulfatoxydation zusetzt, um den Endpunkt der Oxydation zu erkennen, hat in dem Ammoniumbenzoat ein neues unschädliches Mittel zur Beseitigung des Permanganats gefunden.

BERGER und Mitarbeiter reduzieren das Chromat durch tropfenweisen Zusatz von Natriumnitritlösung; dabei wird die mögliche schädliche Wirkung eines Nitritüberschusses durch vorherigen Zusatz des sonst völlig indifferenten Harnstoffs unterdrückt. Den Einfluß der beiden zuletzt genannten Reagenzien auf Mangan(VII) und Chrom(VI) haben DAVIS und BACON näher untersucht; danach wird bei Einhaltung der Bedingungen Chrom(VI) nicht angegriffen (Näheres s. Colorimetrische Bestimmung mit Diphenylcarbazid).

4. Oxydation mit Kaliumbromat. Durch 10 Min. langes Kochen mit Kaliumbromat und etwas Mn(II)-salz in einem Gemisch von Schwefel- und Phosphorsäure (1 bis 5 ml konz. Schwefelsäure und 1 bis 10 ml 85%ige Phosphorsäure je 100 ml) gelingt in Abwesenheit von Salzsäure die quantitative Oxydation zu Chromat nach KOLTHOFF und SANDELL. Im Gegensatz zu Chrom wird Vanadium auch in Anwesenheit von Salzsäure oxydiert [WILLARD und YOUNG (b)]. Die Zerstörung des Überschusses gelingt durch Kochen mit Ammoniumsulfat am besten in salzsaurer Lösung leicht und schnell.

HARRISON und STORR übernehmen, ebenso wie DE LIPPA (s. § 17), diese Oxydation und behandeln die Lösung zur Entfernung des Bromüberschusses mit Persulfat, anschließend zur gleichzeitigen Zerstörung von Permanganat mit Salzsäure nach, wobei jeweils Kochzeiten von 3 bis 5 Min. für vollständige Oxydation sowie Zerstörung der Überschüsse genügen.

5. Oxydation mit Perchlorsäure. Schon WILLARD und CAKE hatten 1919 die gute Oxydationswirkung der heißen, konzentrierten Perchlorsäure auf metallisches Chrom, Chromoxyd und seine Salze erkannt; jedoch verhinderte die schwere Zugänglichkeit der Säure längere Zeit ihre breitere Anwendung, bis WILLARD und GIBSON sowie anschließend zahlreiche Autoren sie nach gründlicher Aufklärung des komplizierten Reaktionsmechanismus einer breiteren Anwendung zuführten. Nach diesen Autoren sind verd. Perchlorsäurelösungen gegen die gebräuchlichen Reduktionsmittel beständig, und erst die durch Erhitzen auf 70 bis 72% konzentrierte und bei etwa 203° siedende Säure wirkt durch ihre Zersetzung gemäß der Gleichung:

$$4\,HClO_4 = 2\,Cl_2 + 7\,O_2 + 2\,H_2O$$

als kräftiges Oxydationsmittel. Da bereits durch Verdünnen mit Wasser die oxydierende Wirkung verschwindet (s. o.), braucht der Überschuß nicht entfernt zu werden, was einen erheblichen Vorteil gegenüber fast allen anderen Oxydationsmitteln darstellt. Das gebildete, die meisten der anschließenden Titrationen störende Chlor kann durch Kochen oder Durchleiten von Luft leicht entfernt werden, wobei es jedoch zweckmäßig ist, zum Schluß die Dämpfe mit Kaliumjodidstärkepapier auf völlige Abwesenheit von Chlor zu prüfen. Von Vorteil ist weiterhin, daß selbst Chromoxyd und Chromit, welche gegen andere Säuren praktisch völlig resistent sind, oxydiert werden und gleichzeitig Mangan in Abwesenheit von Phosphorsäure im 2 wertigen Zustand verbleibt; auch Kieselsäure wird gleichzeitig gut abgeschieden und kann unmittelbar im Anschluß an die Titration gravimetrisch bestimmt werden, während Perchlorsäure zur Abscheidung von Wolframsäure weniger geeignet ist.

Auch über die Menge der zu verwendenden Säure machen WILLARD und GIBSON genauere Angaben: Für 1 g Eisen sollen 20, für 5 g 60 ml im allgemeinen genügen; mit zu geringen Mengen kommt es zur Ausscheidung von Eisenperchlorat, was zu Minderbefunden Anlaß gibt. Die ziemlich plötzlich einsetzende Oxydation des Chroms soll in 10 bis 15 Min. beendet sein, so daß nach beginnendem Sieden meist 20 Min. weiteren gelinden Siedens genügen, wonach die Lösung eine reingelbe Farbe angenommen haben muß. Zum Verkochen des Chlors nach dem Verdünnen genügen 3 Min.; die Titration soll sofort anschließend erfolgen. Bei Gegenwart von Ammoniumsalzen werden zu niedrige Resultate erhalten; Halogenide und Nitrate werden beim Erhitzen zerlegt, stören also nicht; Sulfate können gegebenenfalls, weil unlöslich, lästiges Stoßen verursachen. Vanadium wird quantitativ, Wolfram unvollkommen zur Säure unter Okklusion von Chrom und Vanadium oxydiert. Reichliche Mengen an Phosphaten beeinträchtigen die quantitative Oxydation und verlangen erhöhte Perchlorsäuremengen. Nach beendeter Oxydation wird die konz. Säure mit dem gleichen Volumen Wasser verdünnt, 3 Min. gekocht und nach weiterem Verdünnen, um die für die anschließende Titration geeignete Säurekonzentration zu erhalten, nach WILLARD und GIBSON titriert (vgl. z. B. § 4 und § 5). Bei hohem Kohlenstoffgehalt empfiehlt sich vorheriges Lösen der Legierung in Salpetersäure; dieser und Graphit können wesentlich längere Erhitzungszeiten erforderlich machen. Wegen der Bildung von unlöslichem Chrom(VI)-oxyd und infolge Einschließens eignet sich Ferrochrom nicht zur direkten Oxydation; hier wird zum Lösen Salzsäure-Perchlorsäure verwendet und Chrom(VI)-oxyd durch kleine Zugaben von Wasser in Lösung gehalten; im übrigen wird entsprechend verfahren. Auch normale analytische Einwaagen von Chromoxyd werden in 15 Min., 0,5 g in $^1/_2$ bis 1 Stde. gelöst und oxydiert; Chromite benötigen 60 bis 90 Min. — Das in Gegenwart beträchtlicher Mengen Phosphorsäure in Mn(III) übergegangene Mangan wird durch Kochen mit etwas verd. Salzsäure ohne Angriff des Chromats reduziert. In Gegenwart von sehr viel Phosphorsäure ist das Aufschlußverfahren wegen der Bildung der löslichen komplexen Säuren auch für Wolframstähle geeignet.

Bei Cr_2O_3 u. ä. erreichen SMITH, McVICKERS und SULLIVAN eine wesentliche Verkürzung der Oxydationszeiten (3 Min. statt 15 bis 30 Min. bei WILLARD und GIBSON) durch Verwendung von Mischungen mit Schwefelsäure; die schädliche, reduzierende Wirkung von kleinen Mengen Wasserstoffperoxyds wird durch schnelles, anschließendes Abkühlen vermindert; dies genügt jedoch erst dann, wenn eine Mischung von 72%iger Perchlorsäure und 75- bis 85%iger Schwefelsäure (1 + 2 Vol.) verwendet wird, während bei Verwendung höher konz. (90 bis 96%) Schwefelsäure in demselben Volumenverhältnis der durch Peroxyd bedingte Fehler —0,6% beträgt (Entstehung und Einfluß des Peroxyds s. a. weiter unten!). Später empfehlen SMITH und GETZ zum Lösen von Chromit zunächst Schwefelsäure-Phosphorsäure und nehmen erst anschließend die Perchlorsäureoxydation vor (vgl. den Abschnitt: Chromerze und Schlacken), da nur so vollständiger Aufschluß und Oxydation erreicht werden.

Nach BOLIN, KING und KLOSTERMAN soll neben der Zerstörung der organischen Substanz die Oxydation von Chromoxyd besonders schnell gelingen, wenn man etwas Natriummolybdat zusetzt. DAY bemängelt an der Vorschrift der genannten Autoren das Fehlen von präzisen Angaben über Erhitzungstemperatur, -zeit und Acidität; er erinnert an die älteren Angaben von SMITH, nach denen, insbesondere bei erhöhter Temperatur und Konzentration, neben der obigen Hauptreaktion auch ein Zerfall nach der Gleichung:

$$2 HClO_4 = Cl_2 + 3 O_2 + H_2O_2$$

stattfinden soll, der das gebildete Perhydrol als Reduktionsmittel wirken läßt. Wegen der dehydratisierenden Wirkung der konz. Schwefelsäure tritt dieser Zerfall in deren Anwesenheit schon bei 180 bis 185° ein, weshalb zweckmäßig etwas weniger konz. Säure verwendet wird (s. o.). Da die genauen Bedingungen hierfür jedoch nicht bekannt sind, hat DAY empirisch festgestellt, daß an Kuhdung dann richtige Resultate mit nur $\pm 0{,}02\%$ Abweichung bei Gehalten von 0,3 bis 0,5% Chromoxyd erhalten werden, wenn man die Proben von 400 bis 500 mg so digeriert, daß nach 10 bis 12 Min. die reine Orangefärbung erhalten, anschließend schnell und stark gekühlt und dann verdünnt wird. Obwohl Peroxyd selbst nicht nachweisbar ist, ist doch die Reduktion des Chroms erwiesen (SMITH). Zu deren Vermeidung empfehlen verschiedene Autoren (WILLARD und YOUNG, SMITH und GETZ sowie PARKS und AGAZZI) eine kurze Nachbehandlung mit Kaliumpermanganat.

Minderbefunde von Chrom werden auch von vielen anderen Autoren bis in die allerneueste Zeit immer wieder in mehr oder weniger großem Umfange festgestellt, meist jedoch auf eine andere Ursache, nämlich auf die Verflüchtigung von Chromylchlorid, zurückgeführt. Wie in der Bestimmung nach Überführung in Chromylchlorid (§ 30) zu ersehen, sind Verluste dieser Art nicht nur klar erwiesen (z. B. HOFFMAN und LUNDELL oder KAHANE und BRARD), sondern können sogar nach DIETZ zur quantitativen Abtreibung des Chroms dienen. Zwar haben z. B. SCHULDINER und CLARDY wie auch EWING und BANKS ähnliche apparative Maßnahmen zur Vermeidung solcher Verluste angegeben, welche zwar Abschrecken, Permanganatzusatz usw. vermeiden, das Verfahren aber so komplizieren, daß es in dieser Modifikation keine breitere Anwendung findet. Zweckmäßiger scheinen diejenigen Verfahren, welche entweder durch Zusatz von Schwefelsäure den Siedepunkt so heraufsetzen, daß bei der Oxydationstemperatur von 205° noch kein Sieden erfolgt (SMITH und SMITH) oder das schädliche Sieden durch Einhalten einer konstanten Oxydationstemperatur (von $200 \pm 2°$) vermeiden (WEISS, SILER und BUECHLER). BRARD hält 195° für 0,3 g Cr mit Perchlorsäure-Schwefelsäure $(1+1)$ innerhalb 2 bis 4 Min. für genügend und weist auf mögliche Chromverunreinigungen der Säure hin.

Auch Arbeiten unter Rückflußkühlung wird zur Vermeidung dieser Verluste empfohlen (SMITH und GETZ).

Nach LYNN und MASON soll der quantitative Verlauf der Oxydation auch in einem Gemisch von Schwefel-Perchlorsäure in Gegenwart von etwas Silbernitrat besser gewährleistet sein, selbst wenn man bei Temperaturen von 200 bis 220° arbeitet. Allerdings werden auch hier noch Minderbefunde von 0,1 bis 0,8% angegeben, während nach SMITH und SMITH in Abwesenheit von Silbernitrat unter sonst gleichen Bedingungen Verluste bis zu 5,2% festgestellt werden können.

Zum Einfluß von Phosphorsäure stellt JABOULAY ergänzend zu den teilweise widerspruchsvollen Äußerungen von BERTIAUX und Mitarbeitern fest, daß größere Chrommengen in deren Gegenwart unvollständig oxydiert und Verflüchtigungsverluste dabei nicht, wohl aber bei geringen Mengen < 25 mg, vermieden werden; auch Eisen soll die Chromverluste verringern.

Besonders bedenklich dürfte die Oxydation mit Perchlorsäure in Gegenwart von organischen Substanzen sein. Zwar arbeiten verschiedene Methoden noch in Anlehnung an das Verfahren von BERGMANN und MECKE zum Aufschluß von Leder mit Perchlorsäure ohne weiteren Zusatz; jedoch sind neuere Verfahren von der Verwendung reiner Perchlorsäure für Leder und sonstige organische Substanzen weitgehend abgegangen. Maßgebend hierfür sind neben den bereits erwähnten Verlusten infolge Verflüchtigung vor allem auch die mit der Behandlung größerer Mengen organischer Substanz durch Perchlorsäure verbundenen Explosionsgefahren. So vermeiden die American Leather Chemist Association sowie auch WENGER und MONNIER den direkten Aufschluß mit Perchlorsäure, sie veraschen entweder vor der Perchlorsäureoxydation das Leder oder beginnen die Zerstörung zunächst mit Salpeter-Schwefelsäure-Gemisch. HUGHES schließt die Probe in Schwefelsäure auf, der nur tropfenweise Perchlorsäure nach und nach zugegeben wird. Die Verwendung von Perchlorsäure in der Lederanalyse zur quantitativen Verflüchtigung des Chroms nach SMITH vgl. § 27 bei Leder, sowie § 30, Verflüchtigung als Chromylchlorid.

Die Destillate, welche das übergangene Chromylchlorid enthalten, bedürfen wegen dessen teilweiser Reduktion in salzsaurer Lösung noch der Nachoxydation, welche am zweckmäßigsten nach DIETZ alkalisch mit Peroxyd erfolgt, wobei darauf zu achten ist, daß kein Chromhydroxyd ausfällt. Eine kritische Untersuchung von HERFELD und SCHUBERT über die Brauchbarkeit verschiedener Methoden zum Aufschluß von Leder und ähnlichen Substanzen zeigt beim Perchlorsäureverfahren sehr starke Streuungen der Chromwerte, so daß es für diesen Zweck abgelehnt wird.

HANSEN führt die Minderbefunde nach Oxydation des Chroms und Zerstörung der organischen Substanzen des Abwassers darauf zurück, daß in Gegenwart von viel organischer Substanz auch bei Anwendung von scheinbar reichlichem Oxydationsmittel die Oxydation in vielen Fällen nur unvollständig verläuft, so daß die von den amerikanischen Einheitsverfahren sowie von LICHTIN angegebenen Aufschlußmethoden mit Perchlorsäure in Zweifelsfällen abzulehnen sind (s. § 28 Bestimmung in Wasser und Abwasser). Die Nachteile bei gleichzeitiger Oxydation bzw. Aufschluß von organischer Substanz können jedoch ähnlich wie oben häufig dadurch ausgeschaltet werden, daß man entweder Mischungen mit Salpetersäure verwendet (z. B. BRARD), wobei von dieser die organische Substanz meist schon vor Einsetzen der Oxydationswirkung der Perchlorsäure weitgehend zerstört wird. Einem ähnlichen Zweck dient ein vorheriger getrennter Aufschluß mit Schwefelsäure, welcher die bekannten zum Aufschluß von organischen Substanzen gebräuchlichen Zusätze wie Perhydrol, Salpetersäure sowie auch Oxydationskatalysatoren wie Osmium- oder Vanadiumoxyde (SMITH und SULLIVAN) enthalten kann. Unter diesen Bedingungen dürfte die Verwendung von Perchlorsäure zur reinen Oxydation im Anschluß bzw. zur Vervollständigung des Aufschlusses auch wesentlich gefahrloser sein.

Zusammenfassend kann festgestellt werden, daß über den Reaktionsmechanismus der Oxydation, mögliche Nebenreaktionen unter Bildung von Reduktionsmitteln, und schließlich über die Verflüchtigung von Chromylchlorid so zahlreiche sich widersprechende Angaben vorliegen, daß es schwerfällt, ein abschließendes Urteil zu fällen. Es dürfte jedoch mit allen zu diesem Thema geäußerten Ansichten zu vereinen sein, wenn man die Verwendung von Perchlorsäure zum Aufschluß und zur gleichzeitigen bzw. anschließenden Oxydation der verschiedensten Materialien als die eleganteste zur Verfügung stehende Methode ansieht. Die Bedenken gegen ihre Verwendung bei Anwesenheit von organischer Substanz sind unter Berücksichtigung der im letzten Abschnitt angegebenen Ausweichmöglichkeiten weitgehend gegenstandslos.

Die Bedenken gegen die Verflüchtigung von Chromylchlorid lassen sich ebenfalls experimentell ausschalten; hierzu ist vor allem auf einen Punkt zu achten, welcher von den meisten Autoren zwar erwähnt, aber nur selten eindeutig genug hervorgehoben wird: Beim beginnenden und weiter fortgeführten Sieden der 70- bis 72%igen Säure ist durch vorsichtiges Erhitzen sorgfältig darauf zu achten, daß entweder keine Dämpfe das Reaktionsgefäß verlassen können oder, wo dies nicht zu ermöglichen ist, durch geeignete apparative Maßnahmen ein Verlust ausgeschlossen wird. Verwendung eines Sandbades und eines Erlenmeyerkolbens mit aufgesetztem, abgesprengtem Trichter (z. B. HASLAM und MURRAY) dürften diesen Forderungen meist vollkommen genügen.

6. Die Oxydation mit Chlor findet bei in Salzsäure löslichen Verbindungen besonders einfach durch den Zusatz von Kaliumchlorat statt.

Eine Variation dieses Verfahrens ist die alte, auch von Pawolleck übernommene Vorschrift von Storer, welche für den Aufschluß von Chromit Kaliumchlorat in Salpetersäure verwendet. Gröger hat dieses Verfahren zwar für Chromit abgelehnt, findet damit aber an Chromoxyd gute Ergebnisse.

7. Oxydation mit Blei(IV)-oxyd. Nach Terni geht diese früher nur in alkalischer Lösung durchgeführte Oxydation auch in saurer, am besten salpetersaurer Lösung glatt vor sich; Salzsäure und Schwefelsäure stören nicht. Müller und Messe halten jedoch den Blei(IV)-oxydrückstand, welcher in schwefelsaurer Lösung noch Bleisulfat enthält, auch nach gründlichem Auswaschen für eine derartige Fehlerquelle, daß sie die Oxydation in alkalischer Lösung vorziehen. Zur Nachbehandlung der Persulfatoxydation mit Blei(IV)-oxyd vgl. oben Dickens und Thanheiser.

8. Die Oxydation mit Cer(IV)-sulfat kann nach Willard und Young in saurer Lösung als titrimetrische Bestimmung vorgenommen werden [vgl. Titration des 3wertigen Chroms mit Cer(IV)-sulfat]. Dieselbe Methode kann auch zur Oxydation mit einem Überschuß benutzt werden. In schwefelsaurer, salpetersaurer oder perchlorsaurer Lösung wird die Lösung mit einem Überschuß von Cer(IV)-sulfatlösung oxydiert und dieser, der die anschließende oxydimetrische Titration des Chromats stören würde, unter potentiometrischer Endpunktsanzeige mit einer Silberchlorid-Platin-Elektrode bei 50 bis 55° mit Natriumnitritlösung reduziert, wobei das 6wertige Chrom nicht angegriffen wird. Hierzu ist jedoch ein unnötiger Überschuß von Nitrit zu vermeiden. Dieser kann auch durch sofortige Zugabe von Harnstoff zerstört werden. Gegebenenfalls kommt auch die Wegnahme des Cer(IV)-überschusses mit Natriumazid in Frage, wobei aber Minderbefunde an Chromat beobachtet wurden. Bei dieser Methode stört Eisen nicht; Vanadium wird wie bei den meisten übrigen Oxydationsverfahren mitoxydiert und bei der anschließenden ferrometrischen Titration miterfaßt; Permanganat wird durch Nitrit und Azid ebenfalls reduziert.

9. Oxydation mit Natriumwismutat. Dieses Verfahren wurde von Blum sowie von Cunningham und Coltman zur Manganoxydation verwendet. Steinhäuser hat es mit Erfolg zur Oxydation von Chrom und Mangan in den sauren Lösungen von Aluminiumlegierungen ebenfalls angewandt. Es kann in salpetersaurer, schwefel- oder phosphorsaurer Lösung Anwendung finden. Für einen Spezialfall in der Spurenbestimmung von Chrom im Urin ziehen es Urone und Anders wegen der leichten Entfernbarkeit des Überschusses durch Zentrifugieren ebenfalls anderen Oxydationsmethoden vor; hierbei müssen Chlorid und Fluorid abwesend sein. Von O'Leary und Papish wird diese Oxydation in der nach Bisulfatschmelze von Mineralien erhaltenen Aufschlußlösung zweckmäßig angewendet.

10. Oxydation mit Silberperoxyd. Dieses von Tanaka angegebene Verfahren arbeitet mit einer Aufschlämmung von Silberperoxyd in Wasser, welche der schwefelsauren Chromlösung zugegeben wird und diese schon in der Kälte oxydiert; der Überschuß wird durch kurzes Aufkochen zerstört. Dieses Verfahren dürfte jedoch nur theoretisches Interesse haben.

II. Oxydation im Schmelzfluß.

Das Oxydationsverfahren im Schmelzfluß wird man dann anwenden, wenn es sich um die Untersuchung von schwerlöslichen Chromverbindungen handelt, weil in deren Fall die Oxydation zu Chrom(VI) gleichzeitig mit dem Aufschluß verknüpft ist. Dies ist insbesondere bei Chromeisen, Ferrochrom, hochlegierten Stählen, chromhaltigen Schlacken und hochgeglühten Chrom(III)-oxyden der Fall. Beim oxydierenden Schmelzen mit Alkalien entsteht wasserlösliches Chromat, welches leicht von dem unlöslichen Rückstand getrennt und anschließend nach zahlreichen Methoden bestimmt werden kann. Für den vollständigen Aufschluß ist es meistens unerläßlich, das Probegut vorher möglichst fein zu zerkleinern. Bei älteren Schmelzverfahren benutzt man den Luftsauerstoff und erleichtert dessen Zutritt durch Zusatz sogenannter „Magerungsmittel", z. B. Kalk und Magnesia, welche die Schmelze auflockern. Zweckmäßig führt man den Sauerstoff in Form geeigneter Chemikalien zu, die bei höheren Temperaturen ihren Sauerstoff abgeben. Die Oxydation ist in diesem Fall viel wirksamer als durch Luftsauerstoff. Als Schmelzmittel kommen in erster Linie Natriumperoxyd, ferner Gemische von Natriumperoxyd mit Natriumcarbonat sowie solche mit Natriumcarbonat und Natriumnitrat in Frage. An Stelle von Natriumcarbonat kann auch Natriumhydroxyd oder Borax verwendet werden. Die Natriumverbindungen lassen sich auch durch Kaliumverbindungen ersetzen; jedoch ist das hierbei entstehende Kaliumchromat schwerer auswaschbar. Als Oxydationszusätze sind ferner noch Bariumperoxyd mit Kaliumchlorat vorgeschlagen worden. Für den Aufschluß werden etwa 0,2 bis 0,5 g der Probe mit ungefähr der 10fachen Menge des Schmelzmittels vermischt. Erfolgt der Aufschluß mit Natriumperoxyd oder in Gegenwart anderer oxydierender Stoffe, ist für die meisten Chromatbestimmungen eine restlose Zerstörung des überschüssigen Oxydationsmittels erforderlich. Genauere Angaben über Schmelztemperatur liegen kaum vor; jedoch arbeitet man im allgemeinen bei „Rotglut". Man wird sich hier nach dem vorliegenden Untersuchungsmaterial und nach dem verwendeten Schmelzmittel richten müssen. So schmilzt z. B. das Natriumcarbonat bei 852°, Borax bei 741° und das für Aufschlüsse am meisten benutzte Natriumperoxyd bei etwa 460°. Jedoch erfolgt bei Na_2O_2 die Sauerstoffabgabe erst weit oberhalb des Schmelzpunktes. Mit dem sehr leicht schmelzenden Ätznatron sollen die Aufschlüsse schon bei verhältnismäßig niedrigen Temperaturen möglich sein. Die Reaktionszeiten sind unterschiedlich; beim Natriumperoxyd ist der Aufschluß nach etwa 20 Min. beendet; dagegen erfordern Soda oder Gemische von Soda mit Natriumnitrat recht lange Glühzeiten (bis 8 Std.). Die Schmelztiegel bestehen meistens aus Nickel oder Eisen; aber auch solche aus Silber, Platin oder Porzellan sind verwendbar. Durch Na_2O_2 werden die Tiegel stark angegriffen; man kann die Korrosion durch Zusätze von Verdünnungsmitteln (z. B. Soda) herabsetzen. Nach SALTZMAN schließt man Chromit mit einer Mischung von Magnesia-Soda (4 + 1) bei 900° C auf. Nähere Einzelheiten über die Durchführung der Schmelzverfahren sind dem § 24 zu entnehmen.

Auch für manche organische Substanzen wird meist nach oder auch zusammen mit der Veraschung bzw. Mineralisierung alkalische Oxydation im Schmelzfluß verwendet. So werden nach LÜHRIG Leichenteile durch Soda-Salpeter-Schmelze, nach CAHNMANN und BISEN Blut nach Mineralisierung durch Soda-Kaliumchlorat-Schmelze aufgeschlossen. Auch HANSEN hält die Schmelze mit Soda-Salpeter (1 + 1) bei 500 bis 550° für das wirksamste Mittel zur Zerstörung gleichzeitig vorhandener, organischer Substanz, wobei nach Aufnehmen in Wasser etwa noch vorhandenes Nitrit gegebenenfalls durch Aufkochen mit etwas Kaliumchlorat beseitigt werden kann. Nach HERFELD und SCHUBERT werden nach Aufschluß von Lederasche mit Soda-Pottasche-Kaliumchlorat (5 + 3 + 2) wesentlich besser reproduzierbare Chromwerte als mit Perchlorsäureaufschluß (s. a. dort) erhalten. Sonstige Aufschlüsse organischer Materialien vgl. § 26 bis 28.

B. Überführung in Chrom(III).

Die Abscheidung und quantitative Bestimmung des Chroms aus Chrom(III)-salzlösungen hat nur untergeordnete Bedeutung gegenüber den maßanalytischen Verfahren, die von den 6wertigen Chromverbindungen ausgehen. Die bekannteste Methode, das Chrom aus Chrom(III)-lösungen abzuscheiden, ist die Fällung als Chromoxydhydrat. Voraussetzung für die quantitative Erfassung des Chroms in der 3wertigen Form ist vollständige Überführung von Chrom(VI) in Chrom(III). Die Oxydation von Chrom(II) zu Chrom(III) spielt in diesem Zusammenhang nur eine nebensächliche Rolle; desgleichen die Reduktion der neuerdings von SCHOLDER und KLEMM näher beschriebenen Chromate, die 4- und 5wertiges Chrom enthalten und in wäßriger Lösung kaum beständig sind.

1. Überführung von Chrom(II) in Chrom(III). Für die Chrom(II)-salze ist ihr großes Reduktionsvermögen charakteristisch; sie neigen sehr leicht dazu, in die 3wertige Form überzugehen. Das Reduktionspotential für das System Cr^{++}/Cr^{+++} beträgt $+0{,}4$ Volt. Für Eisen(II)-salze zum Beispiel liegt das Normalpotential bei $+0{,}75$ Volt. Beim Übergang von Chrom(II) zu Chrom(III) in neutraler oder saurer Lösung ist zu beachten, daß infolge Autoxydation (ABEGG sowie PICCARD) höhere Oxydationsstufen auftreten (CrO_2), die bis zur Bildung von Chromsäure führen können (Anwendungsbeispiele für die analytische Praxis sind jedoch nicht bekannt).

2. Überführung von Chrom(VI) in Chrom(III). Für die Bestimmung des Chroms in Chrom(III)-lösungen hat also ausschließlich die Überführung von Chrom(VI) in Chrom(III) Bedeutung. Bei der Auswahl der Reduktionsmittel (WILLARD und FURMAN) ist zu berücksichtigen, daß nascierender Wasserstoff bis zum Chrom(II) reduzieren kann. Von den zahlreichen zur Verfügung stehenden Reduktionsmitteln sind Alkohol (SOUCHY sowie HOGG, neuerdings auch SCHULEK und DÓZSA) und schweflige Säure (GMELIN) am gebräuchlichsten. Sie haben den Vorteil, daß sich ein angewandter Überschuß durch Kochen wieder entfernen läßt; außerdem geben sie keine störenden Oxydationsprodukte.

Die Reaktionen verlaufen bei Siedehitze in saurer Lösung, sie versagen im alkalischen Medium. Weitere Angaben zur Sulfitreduktion siehe HUNT und Mitarbeiter, CLARK sowie WALLER und VULTÉ. HERZ arbeitet mit Hydrazoniumsulfat; er sieht den Vorteil gegenüber SO_2 und Alkohol darin, daß das langwierige Vertreiben des im Überschuß angewandten Reduktionsmittels fortfällt. Ähnliche Vorteile bietet Hydroxylammoniumchlorid, welches von JANNASCH und RÜHL vorgeschlagen wird. Die Reduktion findet hier schon in der Kälte und in Gegenwart sehr geringer Säuremengen statt. SPÜLLER und KALMAN verwenden Kaliumnitrit; FRESENIUS arbeitet mit Schwefelwasserstoff. Jedoch macht der hierbei kolloidal ausfallende Schwefel Schwierigkeiten und verzögert die Aufarbeitung. Die Reduktion mit Nitrit (GIBBS) scheint sich nicht eingeführt zu haben.

C. Überführung in Chrom(II).

Chrom(VI)- und Chrom(III)-salze lassen sich in saurer Lösung durch energische Reduktion zu der äußerst oxydationsempfindlichen Chrom(II)-stufe reduzieren. Am gebräuchlichsten ist die Reduktion mit nascierendem Wasserstoff, wie es im § 9 beschrieben wird. Über Reduktion mit JONES-Reduktor und flüssigen Amalgamen vgl. § 15. Die dort beschriebenen Methoden sind für die praktische Chrombestimmung bedeutungslos.

Literatur.

ABEGG, R.: Handbuch der anorganischen Chemie IV/1. Abtlg., 2. Hälfte, S. 50. — AGNEW, W. J.: Analyst **56**, 24 (1931). — *American Leather Chemist Association:* J. Am. Leather Chem. **42**, 180 (1947); **40**, 342 (1945).

BERGER, A., J. PIROTTE, R. MUYLLE u. A. JULIARD: Bl. Soc. chim. Belg. **59**, 465 (1950); durch Fr. **135**, 133 (1952). — BERGMANN, M., u. F. MECKE: Collegium **1933**, 609. — BERTIAUX, L., R. CHATAIGNIER, B. EM. JABOULAY, A. LASSIEUR, G. LEMOINE u. J. MIEL: Chim. analytique **33**, 129 (1951). — BLUM, W.: Am. Soc. **34**, 1379 (1912). — BOLIN, D. W., R. P. KING u. E. W. KLOSTERMAN: Science **116**, 634 (1952). — BOURION, F., u. A. SÉNÉCHAL: C. r. **157**, 1528 (1913). — BRARD, D.: Ann. Chim. anal. [3] **17**, 257 (1935). — BRINTZINGER, H., u. E. JAHN: Angew. Ch. **47**, 456 (1934).

CAHNMANN, H. J., u. R. BISEN: Anal. Chem. **24**, 1341 (1952). — *Chemikerausschuß des Vereins deutscher Eisenhüttenleute:* Stahl Eisen **42**, 226 (1922). — CLARK, E.: Am. Soc. **17**, 327 (1895). — CUNNINGHAM, T. R., u. R. W. COLTMAN: Ind. eng. Chem. **16**, 58 (1924).

DAVIS, H. C., u. A. BACON: J. Soc. chem. Ind. **67**, 316 (1948). — DAY, K. M.: Science **120**, 717 (1954). — DICKENS, P., u. G. THANHEISER: Stahl Eisen **49**, 1870 (1929). — DIETZ, W.: Angew. Ch. **50**, 910 (1937). — DÖRING, TH.: Fr. **111**, 49 (1937/38).

EVANS, B. S.: Analyst **46**, 38, 285 (1921). — EWING, R. E., u. CH. V. BANKS: Anal. Chem. **20**, 233 (1948).

FEIGL, F., K. KLANFER u. L. WEIDENFELD: Collegium **1929**, 593. — FLATT, R., u. X. VOGT: Bl. [5] **2**, 1985 (1935). — FRESENIUS, R.: Quantitative Analyse, Bd. I, 246 (1875). — FRIED-HEIM, C., u. E. BRÜHL: Fr. **38**, 701 (1899).

GARRATT, F.: J. ind. eng. Chem. **5**, 298 (1913). — GIBBS, W.: Am. J. Sci. Arts.; durch Fr. **12**, 309 (1873). — GM., Bd. III/1, S. 337. — GOTTLIEB, A., u. F. HECHT: Mikrochemie **35**, 523 (1950). — GREGORY, A. W., u. M. McCALLUM: Soc. **91**, 1846. — GRÖGER, M.: Z. anorg. Ch. **81**, 233 (1913). — GROGAN, C. H., H. J. CAHNMANN u. E. LETHCO: Anal. Chem. **27**, 983 (1955).

HANSEN, A.: Fr. **134**, 427 (1951/52). — HARRISON, T. S., u. H. STORR: Analyst **74**, 502 (1949). — HASLAM, J., u. W. MURRAY: Analyst **59**, 609 (1934). — HELLER, K., u. P. KRUMHOLZ: Mikrochemie **7**, 220 (1929). — HERFELD, A., u. R. SCHUBERT: Collegium **1940**, 194. — HERMS: Iron Age **1906**, 667. — HERZ, W.: B. **35**, 949 (1902). — HILD, W.: Ch. Z. **55**, 895 (1931). — HILTNER, W., u. C. MARWAN: Fr. **91**, 401 (1933). — HOFFMAN, J. I., u. G. E. F. LUNDELL: J. Res. Nat. Bureau of Standards **22**, 465 (1939). — HOGG, T. W.: J. Soc. chem. Ind. **10**, 340 (1891). — HUGHES, E. B.: Analyst **60**, 309 (1935). — HUNT, A. E., G. H. CLAPP u. J. O. HANDY: Chem. N. **65**, 235 (1892).

IBBOTSON, F., u. R. HOWDEN: Chem. N. **90**, 320 (1904); durch Fr. **48**, 303 (1909).

JABOULAY, B. E.: Chim. analytique **34**, 131 (1952). — JÄRVINEN, K. K.: Fr. **75**, 1 (1928). — JANNASCH, P., u. F. RÜHL: J. pr. [2] **72**, 10 (1905). — JEAN, M.: Anal. chim. Acta **7**, 523 (1952).

KAHANE, E., u. D. BRARD: Bl. Soc. Chim. biol. **16**, 710 (1934). — KELLEY, O. J., A. S. HUNTER u. A. J. STERGES: J. ind. eng. Chem. **8**, 719 (1916). — KLEINE, A.: Stahl Eisen **25**, 1305 (1905); **26**, 396 (1906). — KLINGER, P., u. E. SCHIFFER: Arch. Eisenhüttenw. **5**, 7 (1930/31). — v. KNORRE, G.: Stahl Eisen **27**, 1215 (1907). — KOLTHOFF, I. M., u. E. B. SANDELL: Ind. eng. Chem. Anal. Edit. **2**, 140 (1930). — KÜNTZEL, A.: Collegium **1940**, 401. — KURTENACKER, A.: Fr. **52**, 401 (1913). — KUSNECA, V. I., u. L. M. BUDANOVA: Z. anal. Chem. **8**, 55 (1953).

LANG, R., u. F. KURTZ: Fr. **86**, 289 (1931). — LAPIN, L. N., W. O. HEIN u. A. P. Sorin: Z. Hygiene **117**, 171 (1935). — O'LEARY, W. J., u. J. PAPISH: Am. Mineralogist **16**, 34 (1931). — LEO, R., u. G. BRYLKA: Chem. Techn. **4**, 402 (1952). — LICHTIN, J. J.: Ind. eng. Chem. Anal. Edit. **2**, 126 (1930). — DE LIPPA, M. Z.: Analyst **71**, 34 (1946). — LÜHRIG, H.: Z. öffentl. Ch. **25**, 75 (1919). — LYNN, S., u. D. M. MASON: Anal. Chem. **24**, 1855 (1952).

MACQUERON, E.: Rev. Produits chim. **26**, 799 (1922); durch Fr. **88**, 460 (1932). — MARSHAL, H.: Chem. N. **83**, 76. — MILLER, C. F.: Chemist-Analyst **25**, 5 (1936). — MÜLLER, E., u. W. MESSE: Fr. **69**, 166 (1926).

NORWITZ, G., u. M. CODELL: Anal. chim. Acta **9**, 546 (1953).

OELSCHLÄGER, W.: Fr. **145**, 81 (1955); **144**, 27 (1955).

PARKS, T. D., u. E. J. AGAZZI: Anal. Chem. **22**, 1179 (1950). — PAWOLLECK, B.: B. **16**, 3008 (1883); durch Fr. **24**, 88 (1885). — PHILIPS, M.: Stahl Eisen **27**, 1164 (1907). — PICCARD, J.: B. **46**, 2477 (1913). — PIETERS, H. A. J., W. J. HANSSEN u. J. J. GEURTS: Anal. chim. Acta **2**, 377 (1948).

SALTZMAN, B. E.: Anal. Chem. **24**, 1016 (1952). — SCHOLDER, R., u. W. KLEMM: Angew. Ch. **66**, 461 (1954). — SCHULDINER, S., u. F. B. CLARDY: Ind. eng. Chem. Anal. Edit. **18**, 728 (1946). — SCHULEK, E., u. A. DÓZSA: Fr. **86**, 81 (1931). — SMITH, G. F.: Ind. eng. Chem. Anal. Edit. **6**, 229 (1934). — SMITH, G. F., u. C. A. GETZ: Ind. eng. Chem. Anal. Edit. **9**, 378 (1937). — SMITH, G. F., u. G. P. SMITH: J. Soc. chem. Ind. **54**, 185 (1935). — SMITH, G. F., u. V. R. SULLIVAN: J. Am. Leather Chem. **30**, 442 (1935). — SMITH, G. F., L. D. McVICKERS u. V. R. SULLIVAN: J. Soc. chem. Ind. **54**, 369T (1935). — SOUCHY: Fr. **4**, 66 (1865). — SPÜLLER, J., u. S. KALMAN: Ch. Z. **17**, 1208 (1893). — *Standard Methods for the Examination of Water, Sewage and Industrial Wastes*, 10. Edit. New York (1955). — STEINHÄUSER, K.: Angew. Ch. **50**, 609 (1937). — STORER, F. H.: Am. J. Sci. [2] **48**, 190 (1869).

TANAKA, M.: Bl. chem. Soc. Japan **26**, 299 (1953). — TERNI, A.: G. **43**, 63; durch Fr. **59**, 241 (1920). — TROMP, F. J.: J. chem. met. min. Soc. S. Africa **36**. 1 (1935); durch Fr. **109**, 437 (1937).

URONE, P. F., u. H. K. ANDERS: Anal. Chem. **22**, 1317 (1950).

v. WAGNER, R.: Dtsch. Industrie-Ztg. **19**, 114; durch Fr. **17**, 354 (1878). — WALLER, E., u. H. I. VULTÉ: Chem. N. **66**, 17 (1892). — WALTERS, H. E.: Am. Soc. **27**, 1550. — WEISS, H. V., V. E. SILER u. P. R. BUECHLER: Anal. Chem. **23**, 797 (1951). — WENGER, P. E., u. D. MONNIER: Chim. analytique **34**, 63 (1952). — WILLARD, H. H., u. W. E. CAKE: Ind. eng. Chem. **11**, 481 (1919). — WILLARD, H. H., u. N. H. FURMAN: Grundlagen der quantitativen Analyse, S. 166. — WILLARD, H. H., u. R. C. GIBSON: Ind. eng. Chem. Anal. Edit. **3**, 88 (1931). — WILLARD, H. H., u. PH. YOUNG: (a) Am. Soc. **51**, 139 (1929); (b) Ind. eng. Chem. Anal. Edit. **6**, 48 (1934); Ind. eng. Chem. **20**, 764 (1928).

ZIMMERMANN, M.: Photometrische Metall- u. Wasseranalysen. Stuttgart 1954.

§1. Gravimetrische Bestimmung des 3wertigen Chroms, insbesondere als Chrom(III)-oxyd.

A. Abscheidung als Oxydhydrat und Bestimmung als Chrom(III)-oxyd.

Allgemeines. Die Abscheidung des Chrom(III)-hydroxyds aus Chrom(III)-lösungen beruht auf einer Störung des Hydrolysengleichgewichtes durch die Neutralisation der Säure:

$$Cr_2(SO_4)_3 + 6\,H_2O \rightleftharpoons 2\,Cr(OH)_3 + 3\,H_2SO_4.$$

Als säurebindende Agenzien können z. B. Ammoniak, Natronlauge, Ammoniumnitrit, Pyridin und Hexamethylentetramin verwendet werden. Das Hydroxyd fällt in der Hitze als sehr voluminöser, stark wasserhaltiger Niederschlag aus. Es besitzt ein starkes Adsorptionsvermögen für Fremdstoffe und läßt sich verhältnismäßig schlecht auswaschen. Nach dem Trocknen und Glühen verliert es sein gesamtes Hydratwasser und geht schließlich in kristallisiertes Oxyd Cr_2O_3 über. Bei hohen Temperaturen (etwa 1000° C) reagiert das Chrom(III)-oxyd in sehr geringem Umfang mit dem Luftsauerstoff unter Bildung von höheren Wertigkeitsstufen [Cr(VI)].

Eigenschaften des Chrom(III)-oxyds. Das beständigste Oxyd ist das Chrom(III)-oxyd. Es bildet sich beim starken Erhitzen der Oxyde und Hydroxyde aller Oxydationsstufen des Chroms sowie aus den Chrom(III)-salzen flüchtiger Säuren. Ferner entsteht es durch thermische Zersetzung von Dichromaten, wie z. B. von Natrium- und Ammoniumdichromat. Aber aus Alkalichromaten ist es auch mit Hilfe von Reduktionsmitteln, wie z. B. Kohlenstoff, Schwefel, Phosphor, organischen Verbindungen, bei höherenTemperaturen zu erhalten. Das aus demHydroxyd gewonnene Oxyd Cr_2O_3 ist zuerst amorph, geht aber beim weiteren Erhitzen unter Verglimmen in den kristallisierten Zustand über. In Wasser, Säuren und Alkalien ist das Chromoxyd unlöslich. Es kristallisiert hexagonal-rhomboedrisch und schmilzt oberhalb 2000°. Es kommt in zwei Modifikationen vor; in einer grünen und in einer schwarzen; die letztere ist aber nur in Ausnahmefällen zu erhalten. Beim Erhitzen von Cr_2O_3 über den Schmelzpunkt bildet sich Cr_3O_4 als kubischer Spinell, in dem CrO durch MgO ersetzt werden kann.

Das System Cr_2O_3–H_2O. Zwischen Chromoxyd und Wasser existieren definierte Verbindungen. Die stöchiometrischen Verhältnisse von Cr_2O_3 zu H_2O bleiben über bestimmte Trocknungsintervalle konstant. In der Kälte gefällte Chromhydroxyde enthalten lufttrocken durchweg annähernd $9\,H_2O$ je Mol Cr_2O_3. HANTZSCH und TORKE haben gezeigt, daß zwei chemisch und physikalisch verschiedene Körper der Zusammensetzung $Cr_2O_3 + 9\,H_2O$ existieren. Der eine ist hellblaugrün und wird als instabiles A-Hydroxyd bezeichnet, während der andere, dunkelblaugrün gefärbte B-Hydroxyd genannt wird. Die Bezeichnung ,,stabil" und ,,instabil" bezieht sich nur auf die Löslichkeit und Reaktionsfähigkeit der Hydroxyde, nicht aber auf die Festigkeit der Wasserbindung.

Alterung. Das frisch gefällte Chromoxydhydrat ist in Säuren und Alkalien wieder löslich. Mit Alkalien bilden sich grüngefärbte Chromite, die in wäßriger Lösung weitgehend hydrolysiert sind. Wie viele Oxydhydrate zeigt auch das Chromhydroxyd in erheblichem Maße die Erscheinungen des ,,Alterns", d. h. die Veränderung verschiedener Eigenschaften, wie z. B. Löslichkeit, Reaktionsfähigkeit, Oberflächenbeschaffenheit usw., in Abhängigkeit von der Zeit. Im wesentlichen handelt es sich um den Übergang aus einer energiereicheren (labilen) in eine energieärmere (stabile) Form. Die Reaktionsfähigkeit und Löslichkeit der kalt gefällten Chromhydroxyde nimmt beim Lagern unter solchen Lösungsmitteln, die den Niederschlag nicht verändern, mit der Zeit stark ab, ohne daß der Wassergehalt des Niederschlags sich ändert. Der Alterungsvorgang braucht also nicht immer mit einem Wasserverlust verbunden zu sein. Die Struktur der Hydroxyde bleibt weitgehend erhalten. So löst sich das A-Hydroxyd in Salzsäure — wenn auch langsamer — immer noch mit violetter Farbe, während das B-Hydroxyd nach der gleichen Zeit des Alterns immer noch mit grüner Farbe löslich ist.

Der Einfluß der Temperatur auf den Alterungsvorgang ist beträchtlich, ebenso beschleunigend wirkt die Anwesenheit von Hydroxylionen in der Lösung. FRICKE und WINDHAUSEN haben das Altern des Chromhydroxyds in Gegenwart von Laugen eingehend untersucht. Sie stellen fest, daß der Wassergehalt der verschieden gealterten Präparate nach dem Trocknen immer gleichbleibend bei $9\,H_2O$ je Mol Cr_2O_3 liegt. Die über Schwefelsäure getrockneten Produkte entsprechen der Zusammensetzung $Cr_2O_3 \cdot 6\,H_2O$. Alle Präparate sind röntgenographisch amorph.

Die Alterserscheinungen zeigen sich aber nicht nur an den gefällten Produkten, sondern beginnen schon während der Fällung. Zum Beweis sei die spontane Abscheidung von Hydroxyd aus klaren Chromitlaugen angeführt. Aber auch die Hydrolysenuntersuchungen von BJERRUM (a) weisen deutlich auf das Vorhandensein gealterter „freier" Hydroxyde im gelösten Zustand hin.

Übergang von Chrom(III)-oxydhydrat in Cr_2O_3. Mit steigender Temperatur nimmt der Wassergehalt des Chromoxydhydrats ab. Je nach Versuchsbedingungen werden Hydrate verschiedener Zusammensetzung erhalten. Außer den bereits erwähnten Verbindungen mit 9 und $6\,H_2O$ je Mol Cr_2O_3 sind auch noch wasserärmere Oxyde dargestellt worden. So konnten HANTZSCH und TORKE durch Aufnahme der Entwässerungskurven vom A-Hydroxyd ein Penta- und ein Trihydrat nachweisen. Das letztere ist von 140 bis 160° beständig. Die in gleicher Weise vorgenommene Entwässerung der B-Präparate ergibt keine so ausgesprochenen Stufen. Neben dem 7-Hydrat scheint auch noch die Existenz eines 4-Hydrats möglich.

Ein röntgenographischer Nachweis gelang bisher nur für die Verbindung $HO-Cr=O$. Es scheint demnach, daß andere Verbindungen zwar existieren, aber gar keine oder nur sehr geringe Kristallisationsneigung besitzen. Neuerdings wiesen SHAFER und ROY eine weitere kristallisierte Phase röntgenographisch im System $Cr_2O_3-H_2O$ nach. Es handelt sich dabei um $Cr(OH)_3$.

Beim weiteren Erhitzen der Chromoxydhydrate an der Luft geben sie ihr Wasser vollständig ab und gehen in das Chrom(III)-oxyd über. Hierbei können durch Sauerstoffaufnahme vorübergehend Chrom(III)-chromate entstehen. ROTH-AUG hat nachgewiesen, daß die Luftoxydation beim frisch gefällten Chrom(III)-hydroxyd schon von 100° an wirksam wird und zur Bildung geringer Chromsäuremengen führt. Die Chromatbildung erreicht bei 300° ein Maximum und nimmt dann sehr rasch ab. Von 400° an ist die Abnahme innerhalb größerer Temperaturintervalle ziemlich konstant. Mit steigender Temperatur überwiegt die Zersetzungsreaktion: $Cr(VI) \longrightarrow Cr(III) + O_2$. Jedoch bleiben auch bei sehr hoher Temperatur (1020°) noch geringe Mengen an 6wertigem Chrom im Cr_2O_3.

Weitere Eigenschaften des Chrom(III)-hydroxyds. Wie die Chrom(III)-salze, so neigt auch das Chromhydroxyd zur Komplexsalzbildung. In wäßrigem Glykokoll, Leucin, in Glutaminsäure, Tryptophan oder Arginin löst sich frisch gefälltes Chrom(III)-hydroxyd mit roter Farbe. Bei Gegenwart von Alkalitartraten, überschüssiger Oxalsäure, Essigsäure oder Alkalicitrat ist die Fällung mit Ammoniak oder Ammoniumsulfid unvollständig. Infolge von Komplexbildung unterbleibt auch die hydrolytische Abscheidung von Cr(III) mit überschüssigem Alkaliacetat aus Chromacetatlösungen. Das frisch gefällte Hydroxyd ist in Säuren und Alkalien wieder löslich; in Wasser ist es praktisch unlöslich. Das Löslichkeitsprodukt bei 0° ist $L = 4{,}2 \cdot 10^{-32}$, bei 17°: $L = 54 \cdot 10^{-32}$ [BJERRUM (b)]. Nach LUTZ und JAKOBY gehört die Abscheidung des Chromhydroxyds mit Ammoniak oder mit Natronlauge in Gegenwart von Ammoniumsalzen mit zu den schärfsten Fällungsreaktionen des 3wertigen Chroms. Die nachgewiesene Menge beträgt $15 \cdot 10^{-7}$ g Chrom in 5 ml Lösung.

1. Fällung mit Ammoniak nach Rothaug.

Von den zahlreichen Abscheidungsmöglichkeiten für das Chrom(III)-hydroxyd ist wohl die Fällung mit Ammoniak die gebräuchlichste. Man verfährt hierbei so, daß die Chrom(III)-salzlösung in der Siedehitze so lange mit Ammoniak versetzt wird, bis das Chrom(III)-hydroxyd quantitativ gefällt ist. Nach dem Abfiltrieren und Auswaschen wird es getrocknet und durch Glühen in Cr_2O_3 übergeführt und gewogen. Das Bestimmungsverfahren wird schon in den Arbeiten von SOUCHAY als auch von WILM und von TREADWELL (a) erwähnt. Jedoch kommen diese Autoren zu recht unbefriedigenden Ergebnissen. Die gefundenen Chromoxydwerte liegen bis zu 6% über den berechneten. Später hat dann ROTHAUG die Ursachen der Abweichungen gefunden. Nach seiner Ansicht liegt die Hauptfehlerquelle beim Verglühen des Chrom(III)-hydroxyds zum Cr_2O_3. Hierbei besteht die Möglichkeit, daß durch Oxydation in geringen Mengen 6wertiges Chrom gebildet wird. Durch Anwesenheit von Spuren Alkali wird dieser Oxydationsvorgang noch gefördert. Um diese Nebenreaktion auszuschalten, soll der Glühprozeß unter Verwendung eines Schutzgases erfolgen.

Arbeitsvorschrift. 25 ml einer Chrom(III)-sulfatlösung mit etwa 0,25 g Cr_2O_3 werden auf 250 ml verdünnt und in der Siedehitze mit Ammoniak gefällt. Nachdem sich das Chromhydroxyd abgesetzt hat, wird einige Male mit heißem Wasser dekantiert, dann filtriert und mit heißem Wasser sulfatfrei gewaschen. Von dem getrockneten Niederschlag bringt man soviel wie möglich in einen ROSE-Tiegel und verascht das Filter getrennt. Den Rückstand vereinigt man mit der Hauptmasse im ROSE-Tiegel und glüht das Ganze etwa 1 Min. bei bedecktem Tiegel, um Verluste durch Verspritzen des Niederschlages zu vermeiden. Dann leitet man einen mäßigen Wasserstoffstrom durch den Tiegel und glüht über einem kräftigen Teclubrenner bis zur Gewichtskonstanz.

Bemerkungen. *I. Genauigkeit.* ROTHAUG findet bei seinen Analysenserien, für die er Chrom(III)-sulfat- bzw. Kaliumdichromatlösungen bekannter Konzentration verwendet, Abweichungen von etwa 0,1 mg Cr_2O_3. JANDER kommt immer dann zu Überwerten, wenn die Lösung Alkalien enthält. Im geglühten Chromoxyd läßt sich Kalium spektralanalytisch nachweisen.

II. Fällungsbedingungen. Nach LUX beginnt die Fällung des Chromhydroxyds bei p_H 4,5 und ist bei p_H 6,5 vollständig. TREADWELL (b) gibt für den Fällungsbeginn einen p_H-Wert von 5 bis 6 an. Ein Überschuß an Ammoniak ist ungünstig, da der Niederschlag im Fällungsmittel etwas löslich ist. Zweckmäßig setzt man so viel zu, bis der Geruch nach Ammoniak in der heißen Lösung eben wahrzunehmen ist. Hat man zuviel zugesetzt, kocht man das Filtrat bis zum Verschwinden des Ammoniakgeruches, wobei sich das gelöste Chromoxyd abscheidet, das nun abfiltriert wird.

III. Fällungsreagens. ROTHAUG als auch WILLARD und FURMAN verwenden für die Fällung recht konzentrierte Ammoniumhydroxydlösungen, während TREADWELL (b) mit einer 0,1 molaren Lösung arbeitet. Das Ammoniak soll frei von Carbonation sein, da sonst etwa vorhandene Erdalkalien als Carbonate mitfallen können. An Stelle von einer Ammoniaklösung läßt sich auch gasförmiges Ammoniak verwenden, welches z. B. aus konzentrierter Ammoniumchloridlösung und Magnesiumoxyd bei 40 bis 60° erzeugt wird. Das Gas leitet man mit Hilfe eines Stickstoffstromes von 4 bis 5 Blasen je Sekunde durch die heiße, schon zu Beginn der Fällung neutralisierte Chrom(III)-salzlösung. Auch Ammoniumsulfid ist mehrfach als Fällungsreagens empfohlen worden.

IV. Filtration. Nach dem Absitzen wird der Niederschlag zunächst mehrmals durch Dekantieren mit heißem Wasser gewaschen. Das Waschwasser soll auf 100 ml 1 g Ammoniumnitrat und eine Spur Ammoniak enthalten. Dann filtriert man und wäscht so lange, bis die löslichen Salze völlig entfernt sind. Obwohl mit steigender Temperatur die Löslichkeit des Chromhydroxyds geringfügig zunimmt, werden alle Operationen bei Siedehitze durchgeführt. Die Verunreinigungen sind dann leichter löslich und die Filtration geht infolge Verringerung der Viscosität der Lösung schneller vonstatten.

V. Überführung in Cr_2O_3. Man trocknet zunächst den Niederschlag und erhitzt ihn dann sehr vorsichtig, um Verluste durch Verspritzen zu vermeiden. Schaltet man den Luftsauerstoff beim nachfolgenden Glühen nicht aus, fallen die Chromoxydwerte infolge von Chromatbildung stets zu hoch aus. Es ist daher unbedingt notwendig, in einer reduzierenden Atmosphäre, am besten unter Wasserstoff, zu glühen.

VI. Trennungsmöglichkeiten und störende Stoffe. Da durch Ammoniak eine ganze Reihe anderer Metalle ebenfalls abgeschieden wird, sind die Trennungsmöglichkeiten sehr begrenzt. Folgende Elemente werden mitgefällt: Eisen, Aluminium, Titan, Beryllium, Zirkon, Hafnium, Thorium, Tantal, Niob, Uran, Gallium, Indium, Thallium(III), seltene Erden (einschließlich Scandium und Yttrium) und Zinn (vgl. Bd. IVb, S. 20). Nach RÂY und CHATTOPADHYA ist die Trennung des Chroms von Mangan, Zink, Kobalt und Nickel durch Fällung mit Ammoniak in Gegenwart von Ammoniumchlorid nicht quantitativ. Das Chromhydroxyd ist stets mehr oder weniger mit Mangan, Zink, Kobalt und Nickel verunreinigt. Die Fällung der Hydroxyde ist von den Wasserstoffionenkonzentrationen abhängig, während die p_H-Werte mit den entsprechenden Löslichkeitsprodukten parallel laufen. Die Mengen von Ammoniumchlorid und Hydroxylionen können aber bei der gewöhnlichen chemischen Analyse nicht so sorgfältig reguliert werden, daß z. B. die Fällung von Eisen, Chrom, Aluminium und Titan stattfindet, während die Fällung von Mangan, Zink, Kobalt und Nickel vollständig vermieden wird. Außerdem ist die Menge von Ammoniumchlorid, welche notwendig ist, um die Dissoziation von Ammoniumhydroxyd zurückzudrängen oder die p_H-Werte so zu erniedrigen, daß Zn, Co und Ni nicht gefällt werden, nach den Berechnungen von BRITTON außerordentlich hoch. So sind z. B. 380 Mole Ammoniumchlorid auf 1 Mol Ammoniumhydroxyd erforderlich, um die Fällung von Kobalt zu verhindern.

Da das Chromoxydhydrat ein starkes Adsorptionsvermögen besitzt, werden auch Alkalisalze und Kieselsäure leicht zurückgehalten. Sind größere Mengen an Alkalisalzen in der Lösung, muß die Fällung wiederholt werden. Phosphorsäure wird als Phosphat mit abgeschieden. TREADWELL (c) empfiehlt in diesem Fall, den getrockneten Niederschlag mit Soda und Salpeter im Platintiegel aufzuschließen. Aus der Lösung wird dann die Phosphorsäure mit Magnesiamixtur gefällt und im Filtrat das Chrom nach dem Ansäuern mit Essigsäure als Bariumchromat abgeschieden.

VII. Anwendungsmöglichkeiten.

a) Bestimmung von Chrom im Vanadiumstahl nach TRAUTMANN.

Eine Probe der Legierung (1,5 bis 2 g) wird mit einem Gemisch aus gleichen Teilen Soda und Natriumperoxyd aufgeschlossen. Nach dem Abtrennen des unlöslichen Rückstandes säuert man das Filtrat mit Schwefelsäure an und reduziert in der Hitze das gebildete Chromat mit schwefliger Säure zu Cr(III). Man fällt das Chrom in Gegenwart von Vanadium mit Ammoniak. Das Chromhydroxyd wird dann durch Auflösen in verdünnter Schwefelsäure vollkommen vanadiumfrei erhalten. Bei Anwesenheit von Aluminium muß die alkalische Aufschlußlösung zunächst angesäuert und durch eine Ammoniakfällung von Aluminium befreit werden.

b) Bestimmung von Chrom in einer Chrom-Aluminium-Legierung nach HUNT.

Die Legierung wird in der Hitze mit Kalilauge behandelt. Der verbleibende Filterrückstand (Cr, Fe, SiO_2, Ti, Al) wird geglüht und anschließend mit einem Gemisch an konz. H_2SO_4 und Flußsäure abgeraucht und unter Zusatz von Kaliumhydrogensulfat geglüht. Man schließt dann mit Na_2CO_3 und $NaNO_3$ auf, scheidet das Aluminium und die Kieselsäure mit NH_4Cl ab und bestimmt nach der Reduktion des Chromats das Cr(III) gravimetrisch als Cr_2O_3.

c) Bestimmung von Chrom in Eisen, Stahl und Ferrochrom.

Die nun folgenden Verfahren sind alle älteren Ursprungs und besitzen in der analytischen Praxis keine größere Bedeutung. Nach Aufschluß des Untersuchungsmaterials wird das Chrom in die 3wertige Form übergeführt, mit Ammoniak als Hydroxyd abgeschieden und als Cr_2O_3 bestimmt. Auf Einzelheiten des Trennungsganges, der Reduktion von Cr(VI) zu Cr(III) und der Bestimmungsmethode soll hier nicht näher eingegangen werden. Dagegen sind die angewandten Aufschlußverfahren von einigem Interesse, so daß sie kurz skizziert werden sollen.

Vorbereitung des Untersuchungsmaterials. α) **Alkalischer Aufschluß.** ZIEGLER (a) schlägt für den Aufschluß von Ferrochrom folgende Schmelzmittel vor: Natriumnitrat, ferner eine Mischung von 24 Teilen Natriumcarbonat und 16 Teilen Kaliumnitrat sowie ein Gemisch von 4 Teilen Natriumchlorid, 1 Teil Soda und 1 Teil Kaliumchlorat. Zu dem Natriumnitrat kann auch Ätznatron zugesetzt werden. An Stelle der Mischung aus $NaNO_3$ und $NaOH$ läßt sich auch eine solche von KNO_3 verwenden. Die Schmelze mit Ätznatron bzw. Ätzkali wird im Silbertiegel vorgenommen. Neben der gravimetrischen Bestimmungsmethode als Cr_2O_3 wird noch das maßanalytische Bestimmungsverfahren empfohlen [Oxydation von Chrom(III) zu Chromat in schwefelsaurer Lösung mit Permanganat und Titration mit Eisen(II)-ammoniumsulfat; vgl. § 4 und 5].

SPÜLLER und KALMAN sowie auch BEHRENS und VAN LINGE schließen den Chromstahl und auch Ferrochrom mit Natriumperoxyd auf. SPÜLLER und BRENNER modifizieren die Methode durch Zusatz von Ätznatron.

β) **Nasses Aufschlußverfahren.** BLAIR löst die Eisen- oder Stahlprobe in Salzsäure. Die gefällten Hydroxyde von Eisen und Chrom werden der Oxydationsschmelze mit Soda und Salpeter unterworfen. Nach dem Abtrennen der Chromatlösung reduziert man zum Chrom(III) und fällt mit Ammoniak. ARNOLD löst ebenfalls in Salzsäure und dampft dann zur Trockne. Die ausgeschiedenen Chloride werden mit einem Gemisch an Soda und Salpeter aufgeschlossen. SCHÖFFEL empfiehlt für die Chrombestimmung in Stählen eine Kupfer-Natriumchlorid- oder Kupfer-Ammoniumchlorid-Lösung als Aufschlußmittel. Beim Behandeln der zerkleinerten Probe mit dem Lösungsmittel geht der größte Teil von Eisen in Lösung, während das gesamte Chrom im Rückstand verbleibt. Durch eine Schmelze mit Soda und Kaliumnitrat führt man das Chrom in die Chromatstufe über. Nach dem Abscheiden der Kieselsäure und der Reduktion zu Chrom(III) wird mit Ammoniak gefällt und das Chrom als Cr_2O_3 bestimmt. [Bei Abwesenheit von Kieselsäure kann die Bestimmung auch als Quecksilber(I)-chromat erfolgen.] Höher legierte Stahlsorten ($>8\%Cr$) lösen sich in den Doppelsalzgemischen nur wenig. In diesem Fall behandelt man die Probe mit Salzsäure und schließt den ungelöst gebliebenen Teil mit Soda und Kaliumnitrat auf. Die beiden chromhaltigen Lösungen werden vereinigt, mit Natriumacetat und Kaliumpermanganat versetzt und gekocht. Die Oxydation kann auch mit Brom oder Chlor in Gegenwart von Alkalien erfolgen. Das gebildete Chromat wird wie oben weiterverarbeitet. Nach REINHARDT löst man die Stahl- oder Eisenprobe in Salzsäure und reduziert das Eisen(III) mit Natriumhypophosphit zu Eisen(II). Das Chrom(III) wird mit einer Zinkoxydaufschlämmung gefällt; Eisen(II) und Mangan(II) bleiben in Lösung. Nach dem Abtrennen und Auswaschen des Niederschlages löst man in Salzsäure und fällt das Cr(III) mit Ammoniak. PÉRILLON empfiehlt Salpetersäure als Lösungsmittel. 2 g Späne werden zusammen mit der Säure im Platintiegel zur Trockne gedampft und anschließend mit mindestens der

3 fachen Menge Soda aufgeschmolzen. Dann setzt man 1 g Kaliumnitrat in kleinen Anteilen zu und arbeitet die Oxydationsschmelze in bekannter Weise auf. Zum Lösen von Chromguß benutzt VIGNAL verd. Schwefelsäure. H. FRESENIUS und BAYERLEIN als auch ZIEGLER (a) lösen die Ferrochromprobe in Salzsäure und schließen den unlöslichen Rückstand durch Schmelzen mit Natriumperoxyd auf.

γ) Weitere Aufschlußverfahren. NAMIAS als auch ZIEGLER (b) führen den Aufschluß von Ferrochrom mit einer Bisulfatschmelze durch. Sehr hochprozentige Ferrochromsorten schließen R. FRESENIUS und HINTZ im Chlorgasstrom auf.

2. Fällung mit Ammoniak in Gegenwart von Hydroxylamin nach Jannasch.

Mit Ammoniak erzeugte Metallhydroxydfällungen werden durch die Anwesenheit von Hydroxylamin günstig beeinflußt. So kann bei gewissen Metallsalzen die Bildung der Niederschläge ganz unterbleiben, andererseits ist aber auch eine vollständige Ausfällung möglich. Chromhydroxyd wird durch Hydroxylamin quantitativ gefällt, ohne daß ein geringer Überschuß an Ammoniak lösend wirkt.

Arbeitsvorschrift. Man löst etwa 1 g Kaliumdichromat in 50 ml Wasser, fügt 10 ml konz. Salzsäure und 25 bis 30 ml Alkohol hinzu und erwärmt so lange, bis die Flüssigkeit eine grüne Farbe angenommen hat und der größte Teil des überschüssigen Alkohols verdampft ist. Darauf verdünnt man auf 300 ml, erhitzt zum Sieden und gibt zu der siedenden Flüssigkeit 2 g reines Hydroxylammoniumchlorid. Man fällt nun sofort mit einem mäßigen Überschuß an Ammoniak. Der violettgefärbte Niederschlag wird abfiltriert und mit heißem Wasser gründlich ausgewaschen. Nach dem Trocknen bringt man das Filter mit dem Rückstand in einen Platintiegel und erhitzt zunächst vorsichtig, später über freier Flamme bis zur Gewichtskonstanz.

Bemerkungen. *I. Beschaffenheit der Niederschläge.* Gegenüber der Ammoniakfällung sollen sich die Niederschläge leichter filtrieren und besser auswaschen lassen. Alkalisalze werden nicht so stark adsorbiert. Bei allzulangem Auswaschen geht das Chromhydroxyd in eine andere Form über und verliert seine analytisch wertvollen Eigenschaften.

II. Einfluß organischer Säuren. Bei Anwesenheit anorganischer Säuren, wie z. B. Schwefelsäure, Salzsäure und Salpetersäure, verlaufen die Fällungen reibungslos. Anders verhalten sich die organischen Säuren. Die Ameisensäure übt noch einen relativ günstigen Einfluß auf das Verhalten der Niederschläge aus. Die Fällung tritt zwar nicht sofort auf Zusatz von Ammoniak ein, sondern erst nach längerem Stehen auf dem Wasserbad. Die Gegenwart von Essigsäure beeinträchtigt die Fällung; ist zuviel Ammoniumacetat vorhanden, entstehen durch Ammoniakzusatz keine Niederschläge, sondern es bilden sich violettgefärbte trübe Flüssigkeiten. Geringe Essigsäuremengen wirken nicht störend. Dagegen bleibt die Fällung bei Anwesenheit von Weinsäure und Citronensäure ganz aus.

III. Trennungsmöglichkeiten.

Die Fällung in Gegenwart von Hydroxylamin bildet die Grundlage für die folgenden Trennverfahren. JANNASCH und RÜHL trennen auf diese Weise Chrom von Mangan, Zink, Nickel, Magnesium und Kupfer.

a) Trennung des Chroms von Mangan.

Arbeitsvorschrift. 0,3 bis 0,5 g Kaliumdichromat und etwa die gleiche Menge Manganammoniumsulfat werden in heißem Wasser unter Zusatz von 15 ml konz. Salzsäure gelöst. Dann fügt man zur Reduktion des Dichromats 3 bis 5 g Hydroxylamin und die entsprechende Menge Ammoniumchlorid hinzu und fällt in der Siedehitze mit 40 ml konz. Ammoniak das Chrom aus. Sobald sich der Niederschlag gut abgesetzt hat, filtriert man ab und bestimmt das Chrom als Oxyd.

Genauigkeit. Während JANNASCH und RÜHL auf diesem Wege eine vollständige Trennung erreichen, finden FRIEDHEIM und HASENCLEVER bis zu 31% Mangan im Chromoxydniederschlag. Nach neueren Erkenntnissen dürfte eine quantitative Trennung praktisch unmöglich sein.

b) Trennung des Chroms von Zink.

Arbeitsvorschrift. Je 0,2 bis 0,3 g Kaliumchromalaun und Zinksulfat werden in heißem Wasser gelöst, mit der üblichen Menge Hydroxylamin und Ammoniumchlorid versetzt, und es wird in der Siedehitze mit 30 ml konz. Ammoniak gefällt. Der filtrierte und gut ausgewaschene Niederschlag wird anschließend getrocknet, geglüht und gewogen.

Genauigkeit. Bei Anwesenheit von wenig Zink ist die Trennung nach zweimaliger Fällung quantitativ (JANNASCH und RÜHL; FRIEDHEIM und HASENCLEVER). Bei größeren Zinkmengen ist eine mehrmalige Umfällung notwendig.

c) Trennung des Chroms von Nickel.

Arbeitsvorschrift. Ein gewogenes Gemisch von Kaliumchromalaun und Nickel-ammoniumsulfat wird in heißem Wasser gelöst. Nach dem Zusatz von 7 bis 10 g Hydroxylamin und Ammoniumchlorid fällt man das Chrom mit 30 bis 40 ml Ammoniak.

Genauigkeit. Die Trennung ist erst nach mehrmaligem Umfällen vollständig.

d) Trennung des Chroms von Magnesium.

Die Trennung läßt sich mit Hilfe der Hydroxylaminmethode durchführen. FRIEDHEIM und HASENCLEVER weisen jedoch nach, daß eine einmalige Fällung nicht ausreicht; erst durch nochmaliges Umfällen ist die Trennung vollständig.

e) Trennung des Chroms von Kupfer.

Arbeitsvorschrift. Je 0,3 g Kaliumdichromat und Kupfersulfat werden in 400 ml Wasser gelöst. Die zum Sieden erhitzte Lösung versetzt man mit 3 ml konz. Salzsäure und 2,5 g Hydroxylammoniumchlorid. Nach kurzer Zeit ist die Reduktion beendet; die Lösung nimmt eine smaragdgrüne Farbe an. Bei zu wenig Säure bildet sich ein brauner Niederschlag, der sich nur schwer wieder auflöst. Dann fällt man mit 15 ml konz. Ammoniak das Chromhydroxyd in der Siedehitze aus. Den Niederschlag läßt man $1/_2$ Stde. auf dem Wasserbad absitzen und filtriert die klare Lösung ab. Der Rückstand wird mit ammoniumchloridhaltigem Wasser aufgeschlämmt, filtriert und mit heißem Wasser gut ausgewaschen.

Genauigkeit. Die Trennung ist vollständig.

3. Fällung mit Ammoniumnitrit nach Schirm.

Ammoniumnitrit reagiert mit Chrom(III)-salzen unter Abscheidung von Chromhydroxyd. Hierbei werden Stickoxyde frei:

$$2\,CrCl_3 + 6\,NH_4NO_2 + 3\,H_2O \longrightarrow 2\,Cr(OH)_3 + 6\,NH_4Cl + 3\,NO + 3\,NO_2.$$

Das Abscheidungsverfahren ist bereits von WYNKOOPS für die qualitative Trennung des Chroms von anderen Metallen vorgeschlagen worden.

Arbeitsvorschrift. Die Chrom(III)-salzlösung, die 0,1 bis 0,2 g Chrom enthalten soll, wird bei Gegenwart überschüssiger Säure mit Ammoniak neutralisiert und dann auf 250 ml verdünnt. Nun fügt man 20 ml einer 6%igen Ammoniumnitritlösung hinzu, bis der Geruch nach Stickoxyden verschwunden ist. Man läßt $1/_4$ bis $1/_2$ Stde. absitzen, dekantiert mehrmals mit heißem Wasser, filtriert und wäscht gründlich aus. Dann wird der Niederschlag wie üblich im Wasserstoffstrom geglüht.

Bemerkungen. *I. Genauigkeit.* Die Analysenresultate stimmen mit denen aus der Ammoniakfällung gut überein. Die Differenz beträgt 0,7 mg bei einer Auswaage von 0,2 g Cr_2O_3.

II. Fällungsbedingungen. Das Chromhydroxyd fällt in einer dichten, leicht filtrierbaren Form aus. Es läßt sich gut auswaschen. Enthält die Chrom(III)-salzlösung mehr als 1% Ammoniumsalze, so ist infolge hydrolytischer Spaltung die Fällung auch bei längerem Kochen nicht vollständig. Man fügt nach dem Verkochen der Stickoxyde tropfenweise Ammoniak zu der Flüssigkeit, bis eben der Geruch danach bestehenbleibt. Dann läßt man ihn auf dem Wasserbad absitzen und verfährt wie oben. Die Qualität des Niederschlages wird durch dieses nachträgliche Ausfällen in keiner Weise ungünstig beeinflußt.

III. Fällungsreagens. Statt Ammoniumnitrit ist nach TREADWELL (b) auch eine Lösung von 1 g Kaliumnitrit und 2 bis 3 g Ammoniumchlorid in 50 ml Wasser verwendbar.

IV. Störende Elemente. Es werden folgende Metalle mitgefällt: Al, Fe, Ti, Zr, Hf, Th, Be, V und W (MOSER und LIST).

V. Trennungsmöglichkeiten.

a) Trennung von Zink, Kobalt, Nickel und Mangan nach JÄRVINEN.

Das Nitritverfahren ist geeignet, um Chrom von Zink, Nickel, Kobalt und Mangan zu trennen. Eine Adsorption dieser Metalle findet immer dann statt, wenn das Filtrat längere Zeit oder auch nur vorübergehend alkalisch reagiert. Bei der Fällung mit Nitrit sollen diese p_H-Schwankungen nach der alkalischen Seite nicht auftreten.

Arbeitsvorschrift. Die etwa 100 ml betragende Lösung, welche etwa 0,2 g Cr und je 0,1 bis 0,2 g Zn, Ni, Co und Mn enthalten soll, wird mit 2 n Ammoniumcarbonatlösung neutralisiert. Zu der heißen Lösung fügt man allmählich eine genügende Menge Ammonium- oder Natriumnitritlösung hinzu (1 g Cr erfordert theoretisch etwa 4 g $NaNO_2$ oder NH_4NO_2). Ein geringer Über- oder Unterschuß wirkt nicht nachteilig. Nimmt man allzu wenig Nitrit, bleibt Chrom in Lösung. Bei zu großen Nitritmengen werden Spuren von Monoxyden eingeschlossen. Nach 15 Min. kühlt man ab und füllt auf 200 ml auf. Die Hälfte des Filtrats wird in einem Erlenmeyerkolben aufgekocht; eine gegebenenfalls auftretende Trübung wird wieder in möglichst wenig Salzsäure gelöst. Man setzt jetzt noch 0,5 bis 1,0 g Nitrit zur Lösung zu, läßt 15 Min. stehen, filtriert und wäscht mit Wasser in kleinen Portionen aus. Der Chromhydroxydniederschlag ist vollkommen frei von Monoxyden. Im Filtrat können in der Regel keine Cr(III)-ionen nachgewiesen werden. Auf Zusatz von Ammoniumcarbonat darf keine Fällung erfolgen. Die 2wertigen Metalle (Zn, Ni, Co und Mn) werden anschließend im Filtrat bestimmt.

Bemerkungen. *α) Genauigkeit.* Die Trennung ist im allgemeinen vollständig [JÄRVINEN, TREADWELL (b)]. Mangan ist leicht oxydierbar und kann als schwerlösliche manganige Säure, $MnO(OH)_2$, mit in den Niederschlag gehen.

β) Trennung bei Anwesenheit von Eisen, Aluminium und Phosphorsäure. Eisen und Aluminium fallen mit aus. Die Phosphorsäuremenge darf nicht zu groß sein (höchstens $^1/_5$ der Cr_2O_3-Menge).

b) Trennung von Thallium nach MOSER und REIF.

Eine vollständige Abtrennung des Chromhydroxyds von Thallium ist nur dann möglich, wenn der Niederschlag in dichter und wenig adsorbierender Form ausfällt. Bei Anwendung der Nitritmethode in Gegenwart von Methylalkohol sind diese Bedingungen erfüllt. Der Methylalkohol bewirkt, daß die bei der Reaktion gebildete salpetrige Säure sich rasch unter Bildung von Methylnitrit verflüchtigt und so die Bildung von Salpetersäure verhindert wird, die lösend auf das Hydroxyd einwirken würde. Bei einmaliger Fällung ist schon eine gute Trennung zu erreichen, die Ergebnisse sind zufriedenstellend.

Arbeitsvorschrift. Die saure Lösung wird mit Natriumcarbonat (nicht mit Ammoniak, da Tl_2CrO_4 in Ammoniumsalzen löslich ist) annähernd neutralisiert.

Dann fügt man 20 ml 7%ige Ammoniumnitritlösung und nach dem Erwärmen auf 40° 20 ml Methylalkohol hinzu und erhitzt 20 Min. auf Siedetemperatur. Durch erneuten Zusatz von Ammoniumnitrit und Methylalkohol überzeugt man sich davon, daß die Fällung vollständig ist. Nach dem Absitzen filtriert man heiß durch ein Papierfilter, wäscht mit ammoniumnitrithaltigem Wasser aus und verglüht zum Oxyd. Im Filtrat kann Tl als Chromat bestimmt werden.

4. Fällung mit Pyridin nach Ostroumow.

Auf die Verwendung von Pyridin als Fällungsreagens in der analytischen Praxis ist schon mehrfach hingewiesen worden (JEFFERSON; SANCHEZ; LUNDELL). In seiner Wirkung als schwache Base ähnelt es sehr dem Ammoniak. Aus schwach sauren Chrom(III)-salzlösungen kann mit Pyridin das Chrom quantitativ als blaugrüner Niederschlag abgeschieden werden.

Arbeitsvorschrift. Eine Chrom(III)-salzlösung, die etwa 0,1 g Chromoxyd in 100 ml enthalten soll, erwärmt man auf 60 bis 70° und fügt eine 20%ige Pyridinlösung hinzu bis zum Auftreten des Pyridingeruches (Umschlag von Methylrot nach Gelb). Nun gibt man noch weitere 10 bis 15 ml der Pyridinlösung zu, erhitzt zum Sieden und läßt dann auf dem Wasserbad den Niederschlag absetzen. Zum Dekantieren und Nachwaschen beim Filtrieren benutzt man eine heiße 2%ige Ammoniumnitrat- oder Ammoniumchloridlösung, der man einige Tropfen Pyridin zusetzt. Das ausgewaschene Chromhydroxyd wird wie üblich getrocknet und geglüht. Da sich der Niederschlag gut absetzt, dauert eine Fällung mit Auswaschen und Filtrieren nur etwa 15 Min.

Bemerkungen. *I. Genauigkeit.* Bei einer angewandten Menge von 0,02 g Cr_2O_3 beträgt die Abweichung etwa 0,1 mg.

II. Fällungsbedingungen. Wenn man einen gut filtrierbaren Niederschlag erhalten will, muß man das Pyridin zur heißen Chrom(III)-salzlösung geben. Setzt man es vor dem Erwärmen zu, fällt das Chromhydroxyd in feinflockiger Form aus und läßt sich schwer filtrieren und auswaschen. Eine längere Wärmebehandlung wirkt günstig auf die analytischen Eigenschaften des Chromhydroxyds. Eine Zugabe von Ammoniumchlorid beschleunigt das Zusammenballen des Niederschlages. Erfolgt die Fällung aus salpetersaurer Lösung, dann setzt man Ammoniumnitrat zu. Das im Überschuß zugegebene Pyridin kann sich bei längerem Stehen oder beim Erwärmen verflüchtigen. Der Indicator schlägt dann von Gelb nach Rot um. In diesem Falle gibt man vor dem Filtrieren noch etwas von der 20%igen Pyridinlösung hinzu. Das Auswaschen erfolgt zweckmäßig mit pyridinhaltigem Wasser. Bei größeren Niederschlagsmengen wäscht man mit einer 2%igen Ammoniumchlorid- oder Ammoniumnitratlösung aus, der einige Tropfen Pyridin zugesetzt werden.

III. Störende Stoffe. Die Anwesenheit größerer Mengen von Sulfaten (wie z. B. nach einer Hydrogensulfatschmelze) wirkt störend infolge Bildung von basischen Salzen. Der Niederschlag setzt sich dadurch schlecht ab und läuft teilweise durchs Filter. Es sollen nicht mehr als 3 g Kalium-, Natrium- oder Ammoniumsulfat in 200 ml Lösung vorhanden sein. Folgende Metalle werden durch Pyridin gefällt: Fe, Al, Ti, Zr, In, Ga und U(VI) (vgl. Bd. IVb, S. 31).

IV. Trennungsmöglichkeiten.

Trennung des Chroms von **Mangan, Kobalt** und **Nickel** nach OSTROUMOW.

Versetzt man eine salz- oder salpetersaure Lösung der obengenannten Metalle mit Pyridin, fällt das Chrom als Hydroxyd aus, während Mn, Co und Ni wahrscheinlich als komplexe Pyridinverbindungen in Lösung bleiben. Zink wird von Pyridin mitgefällt.

Arbeitsvorschrift. Die Lösung, die Cr(III) und irgendein Salz der 2wertigen Metalle (Mn, Co oder Ni) enthält, wird zum Sieden erhitzt und so lange mit 20%iger Pyridinlösung versetzt, bis Methylrot nach Gelb umschlägt. Dann fügt man noch 10 bis 15 ml Pyridinlösung hinzu, kocht nochmals auf und läßt den Niederschlag absitzen. Nach dem Auswaschen mit heißem, pyridinhaltigem Wasser wird der Niederschlag getrocknet und geglüht.

Genauigkeit. Die Trennung ist im allgemeinen nach einer Fällung vollständig. Nur bei Anwesenheit von größeren Nickel-, Kobalt- und Manganmengen ist eine zweite Fällung notwendig. Der Fehler beträgt $\pm 0,1$ mg. Von dem Hydroxydniederschlag werden weniger als 0,1 mg an Mangan-, Nickel- und Kobaltoxyd adsorbiert (Cr_2O_3-Einwaage: 0,1264 g; Monoxyd-Einwaage: 0,02 g). Durch Ammoniumchloridzusätze von 3,0 g wird die Genauigkeit nicht beeinträchtigt.

5. Fällung mit Hexamethylentetramin nach Rây.

Das Hexamethylentetramin, welches auch unter dem Namen Urotropin oder Hexamin bekannt ist, zerfällt in saurer Lösung langsam in Formaldehyd und Ammoniak:

$$(CH_2)_6N_4 + 6H_2O \longrightarrow 6CH_2O + 4NH_3.$$

Das frei gewordene Ammoniak bindet die Wasserstoffionen und bewirkt so die Fällung des Chromhydroxyds.

Arbeitsvorschrift. Man verdünnt die schwach saure Probelösung auf 300 ml, fügt 10 g Ammoniumchlorid hinzu, erhitzt zum Sieden und fällt unter ständigem Umrühren langsam durch tropfenweisen Zusatz einer 10%igen Hexaminlösung im Überschuß (2 bis 3 ml mehr, als zur vollständigen Fällung erforderlich sind). Der Niederschlag wird kurze Zeit aufgekocht und $^1/_2$ Stde. auf dem Wasserbad erhitzt. Dann filtriert man heiß und wäscht mit 2%iger Ammoniumnitratlösung nach. Das Oxydhydrat wird anschließend zu Cr_2O_3 verglüht.

Trennungsmöglichkeiten. Die Trennungsmöglichkeiten sind gering, da durch Hexamin folgende Elemente mehr oder weniger vollständig ausgefällt werden: Eisen, Aluminium, Titan, Zirkon, Thorium, Kupfer und Beryllium (vgl. Bd. IVb, S. 31). Außerdem ist eine Trennung von Mangan, Kobalt und Nickel praktisch unmöglich, da die kritischen p_H-Werte zu nahe beieinanderliegen. Auch durch Ammoniumchloridzusätze läßt sich die Trennung nicht quantitativ gestalten (RÂY und CHATTOPADHYA).

6. Fällung mit Natriumazid und Natriumnitrit nach Hahn.

Der Chromhydroxydniederschlag wird in analytisch wertvoller Form dann erhalten, wenn die Fällung allmählich vor sich geht und möglichst am iso-elektrischen Punkt beendet wird; am leichtesten erreicht man dies mit solchen Fällungsmitteln, die Wasserstoffionen zu binden vermögen, ohne selbst merklich alkalisch zu reagieren. Nach HAHN erfüllt ein Gemisch von Natriumazid und Natriumnitrit diese Voraussetzungen. Das Chrom(III)-hydroxyd fällt in sehr dichter, körniger Form aus, so daß es leicht ausgewaschen werden kann. Das Volumen des Niederschlages ist sehr klein im Verhältnis zu den sehr voluminösen Ammoniakfällungen. Das Fällungsreagens reagiert mit Wasserstoffionen wie folgt:

$$NO_2^- + N_3^- + 2H^+ = N_2 + N_2O + H_2O.$$

Fällungslösung. Die im Natriumnitrit stets vorhandene Kieselsäure muß vorher durch Zusatz von Eisen(III)-salz entfernt werden. Zu diesem Zweck löst man 15 g Natriumnitrit und 15 g Natriumazid in 250 ml Wasser und fügt 2 ml etwa 1 molare Eisen(III)-chloridlösung hinzu. Die Lösung färbt sich blutrot. Beim Erwärmen auf dem Wasserbad scheidet sich allmählich Eisenhydroxyd aus, das sich bald absetzt; dann wird filtriert und auf 500 ml aufgefüllt. 10 ml dieser Lösung binden reichlich 3 mval Säure, fällen also 1 mmol Salz. Die Lösung ist unbegrenzt haltbar.

Arbeitsvorschrift. Größere Mengen freier Säure werden mit Ammoniak gebunden; dann wird die Lösung auf 100 bis 150 ml je Millimol Metall verdünnt. Man fügt für jedes Millimol 2 bis 3 g Ammoniumchlorid und 10 ml Fällungslösung hinzu und erwärmt das Gemisch auf dem Wasserbad. Unter lebhafter Gasentwicklung trübt sich die Lösung; sobald sich der Niederschlag abgesetzt hat, kann er wie üblich weiterverarbeitet werden. Den ersten Waschwässern (heiß auswaschen) setzt man etwas Ammoniumchlorid und Fällungslösung zu.

Genauigkeit. Die Fällung ist vollständig; im Filtrat lassen sich auf colorimetrischem Wege höchstens 0,1 bis 0,2 mg Chrom je Liter nachweisen.

7. Fällung mit ammonbasischen Quecksilbersalzen nach Šolaja.

Die Fällungsmöglichkeit für Chromhydroxyd aus Chrom(III)-lösungen bei Anwendung des Nitrats der MILLONschen Base ist dadurch gegeben, daß eine Alkalisierung beim Zusatz von Ammoniumjodid etwa nach folgendem Schema eintritt:

$$O\underset{\diagdown Hg\diagup}{\overset{\diagup Hg\diagdown}{}}NH_2NO_3 + NH_4J = O\underset{\diagdown Hg\diagup}{\overset{\diagup Hg\diagdown}{}}NH_2J + NH_4NO_3;$$

$$O\underset{\diagdown Hg\diagup}{\overset{\diagup Hg\diagdown}{}}NH_2J + 3NH_4J = 2HgJ_2 + 4NH_3 + H_2O.$$

Bei Gegenwart von Chrom(III)-salzen vollzieht sich die Umsetzung etwa gemäß folgender Gleichung:

$$Cr(NO_3)_3 + O\underset{\diagdown Hg\diagup}{\overset{\diagup Hg\diagdown}{}}NH_2NO_3 + 4NH_4J + 2H_2O = Cr(OH)_3 + 2HgJ_2 + 4NH_4NO_3 + NH_3.$$

Arbeitsvorschrift. Man fügt zu der Chrom(III)-lösung das Nitrat der MILLONschen Base in feiner wäßriger Suspension und weiterhin aus einer Bürette tropfenweise 1,5%ige Lösung von reinstem Ammoniumjodid, bis die Chromfällung vollständig geworden ist. Im allgemeinen ist das bei einem p_H-Wert von 5,5 der Fall. Der Niederschlag wird 3mal dekantiert, in einen kleinen Filtertiegel filtriert, ausgewaschen und getrocknet. Dann wird anfangs in der Kälte, später auf allmählich vergrößerter Flamme trockener Wasserstoff übergeleitet. Das zurückbleibende Chromoxyd wird als solches gewogen.

Bemerkungen. *I. Genauigkeit.* Die Abscheidung des Chroms(III) ist quantitativ. Die Chromoxydwerte differieren um etwa 1 mg.

II. Anwendungsbereich. Das Verfahren ist nur dann anwendbar, wenn in der Lösung keine größeren Mengen solcher Ionen vorhanden sind, die mit Chrom zur Komplexbildung neigen. Hierzu gehören folgende: F^-, Cl^-, Br^-, SO_4^{--}, $CH_3CO_2^-$ und $C_2O_4^{--}$. Gegenüber den anderen ammoniakfreien Fällungsmethoden mit Jodid-Jodat und mit Natriumazidnitrit bietet das Verfahren keine Vorteile.

III. Trennungsmöglichkeiten. Das Verfahren ist geeignet, mit einer einmaligen Fällung das Chrom vom Mangan(II) zu trennen, wenn ein p_H-Wert von 5 bis 5,5 eingehalten wird. Die Beleganalysen von $CrCl_3$-$MnCl_2$-Gemischen zeigen Abweichungen von etwa 1 mg.

8. Fällung mit Anilin nach Schöller.

Das Anilin wurde bereits von ALLEN als Fällungsreagens für Chrom(III)-salze vorgeschlagen; das Bestimmungsverfahren stammt von SCHÖLLER und SCHRAUTH.

Arbeitsvorschrift. Eine neutrale Chrom(III)-salzlösung, welche 0,1 bis 0,2 g Metall enthält und auf etwa 300 ml verdünnt ist, wird zum Sieden erhitzt und in 3 Anteilen mit je 1 ml Anilin versetzt. Die gut durchgerührte Lösung bleibt noch 5 Min. im Sieden. Dann ist die Hydrolyse beendet, und man kann den feinkörnigen Niederschlag auf dem Wasserbad absitzen lassen. Nach 5 Min. langem Stehen wird er wie üblich dekantiert, filtriert und zum Chromoxyd verglüht.

Bemerkungen. *I. Genauigkeit.* Die Abweichungen gegenüber den Titrationswerten sind kleiner als 1 mg; die Werte nach dem Ammoniakfällungsverfahren liegen um 2 mg höher.

II. Trennungsmöglichkeiten. SCHÖLLER und SCHRAUTH empfehlen das Verfahren zur Trennung des Chroms(III) von Mangan(II)-salzen, welche beim Zusatz von Anilin in Lösung bleiben sollen. Nach neueren Erkenntnissen ist die Vollständigkeit der Trennung zweifelhaft.

9. Fällung mit Kaliumjodid-Jodat nach Stock.

Aus Chrom(III)-lösungen läßt sich das Hydroxyd mit einem Gemisch von Kaliumjodid und Kaliumjodat abscheiden:

$$Cr_2(SO_4)_3 + 5\,KJ + KJO_3 + 3\,H_2O = 2\,Cr(OH)_3 + 3\,K_2SO_4 + 6\,J.$$

Hierbei wird die freie Säure durch Kaliumjodid und -jodat gebunden und das gebildete Jod durch Thiosulfat entfernt. Die Reaktion erfordert in der Kälte sehr lange Zeit, um einigermaßen vollständig zu sein. In der Wärme vollzieht sie sich sehr rasch, und zwar auch dann, wenn die Lösungen verdünnt sind. Der Reaktionsverlauf wird noch begünstigt, wenn das ausgeschiedene Jod durch Thiosulfat sofort entfernt wird. Der Chromhydroxydniederschlag setzt sich infolge seiner flockigen Beschaffenheit schnell ab und läßt sich gut filtrieren und auswaschen.

Arbeitsvorschrift. Die Chrom(III)-salzlösung muß neutral oder schwach sauer sein. Enthält sie einen größeren Überschuß an Säure, neutralisiert man mit Natronlauge bis zur beginnenden Fällung und löst den Niederschlag mit einigen Tropfen verd. Säure wieder auf. Nun fügt man im Überschuß gleiche Teile einer etwa 25%igen Kaliumjodidlösung und einer gesättigten (etwa 7%igen) Kaliumjodatlösung hinzu. Nach ungefähr 5 Min. entfärbt man mit einer 20%igen Natriumthiosulfatlösung. Dann setzt man noch eine kleine Menge der Kaliumjodid-Jodat-Mischung hinzu. Tritt augenblicklich keine Jodabscheidung ein, war die zugesetzte Menge ausreichend. Hierauf läßt man noch 1 bis 2 ml der Natriumthiosulfatlösung zufließen und erwärmt $1/_2$ Stde. auf dem Wasserbad. Der sich gut absetzende Niederschlag wird abfiltriert, mit heißem Wasser gewaschen und nach dem Trocknen 1 Stde. im ROSE-Tiegel im Wasserstoffstrom geglüht.

Bemerkungen. *I.* Es wird eine *Genauigkeit* von durchschnittlich 0,2 mg Cr_2O_3 bei einer Auswaage von 0,2 g erreicht.

II. Trennungsmöglichkeiten. TREADWELL (b) empfiehlt die Methode, um Chrom von Zink, Nickel und Kobalt zu trennen. Für eine Abtrennung von den Erdalkalien ist das Verfahren nicht geeignet, da sich schwer lösliches Bariumjodat bildet.

III. Störende Stoffe. Organische Säuren (Weinsäure, Oxalsäure) dürfen nicht zugegen sein. Phosphor führt zur Bildung schwer löslicher Phosphate.

10. Fällung mit Kaliumcyanat nach Ripan.

Mit einer 2%igen Kaliumcyanatlösung läßt sich das Chrom(III)-hydroxyd in sehr feinkörniger Form abscheiden. Die Reaktion verläuft unter Kohlendioxydentwicklung.

Arbeitsvorschrift. Man fügt 2 g Ammoniumchlorid und 0,3 g Kaliumcyanat zu einer Chrom(III)-salzlösung, die 0,04 bis 0,05 g Chrom auf 200 bis 250 ml Wasser enthalten darf. Bei größeren Chrommengen wird der Niederschlag zu gelartig. Man erhitzt zum Sieden, bis die Gasentwicklung eintritt, und isoliert das ausfallende Chromhydroxyd wie üblich.

Trennungsmöglichkeiten. Das Verfahren soll geeignet sein, um das Chrom von Zink und Mangan zu trennen. Bei Anwesenheit von Ammoniumsalzen bleiben die letzteren in Lösung, da sie in der Hitze wie in der Kälte mit dem Kaliumcyanat stabile Verbindungen bilden. Im Filtrat läßt sich das Zink durch Pyridin als $(ZnPy_2)(CNO)_2$, genauer $[Zn(C_5H_5N)_2](OCN)_2$, ausfällen.

11. Fällung mit Natriumthiosulfat und Schwefelwasserstoff nach Krüger.

Auch hier wird wie bei den meisten Neutralisationsverfahren die durch Hydrolyse abgespaltene Säure gebunden. Verwendet man Natriumthiosulfat allein, dann kommt die Reaktion zum Stillstand, bevor das gesamte Chrom als Hydroxyd gefällt ist. KRÜGER reduziert die frei werdende schweflige Säure mit Schwefelwasserstoff und gestaltet dadurch die Umsetzung quantitativ. Der Vorgang läßt sich formelmäßig etwa wie folgt darstellen:

$$2\,CrCl_3 + 6\,H_2O \rightleftarrows 2\,Cr(OH)_3 + 6\,HCl;$$
$$6\,HCl + 3\,Na_2S_2O_3 \rightleftarrows 6\,NaCl + 3\,H_2O + 3\,SO_2 + 3\,S;$$
$$3\,SO_2 + 6\,H_2S \rightleftarrows 9\,S + 6\,H_2O.$$

Arbeitsvorschrift. Eine Lösung von 0,8 g Chrom(III)-chlorid mit 3 g Natriumthiosulfat werden in einer Druckflasche von 350 ml Inhalt mit Schwefelwasserstoff gesättigt und $^1/_2$ Stde. in siedendem Wasser erhitzt. Nach dem Öffnen der Flasche wird die Flüssigkeit in ein Becherglas gespült und einige Zeit erhitzt. Man trennt den Niederschlag ab und arbeitet ihn wie üblich auf. Im Filtrat ist kein Chrom mehr nachzuweisen.

Trennungsmöglichkeiten. Da das Chrom in einer sehr feinkörnigen Form ausfällt, ist das Verfahren besonders zur Trennung von den Erdalkalien und Magnesium geeignet. Außerdem ist die Bildung von Erdalkalicarbonaten ausgeschlossen.

B. Abscheidung und Bestimmung als Chromphosphat.

Auf Zusatz von Alkaliphosphat zu einer mit Natriumacetat abgestumpften Chrom(III)-salzlösung fällt beim Kochen das Chrom als Phosphat aus. Die Fällung gelingt bei den Sulfaten, Chloriden und Acetaten des 3 wertigen Chroms, versagt aber bei den Oxalaten. Der Niederschlag hat eine grüne Farbe und kann mit heißem Wasser, in dem er nahezu unlöslich ist, ausgewaschen werden. Zweckmäßig verwendet man zum Auswaschen zuerst eine Lösung von Ammoniumacetat, später eine solche von Ammoniumnitrat. Beim Glühen gibt der Niederschlag sein Wasser ab. Das Verfahren stammt von CARNOT; es ist aber praktisch bedeutungslos.

C. Abscheidung durch Elektrolyse an der Quecksilberkathode und Bestimmung als metallisches Chrom.

1. Verfahren nach Tutundžić.

Die Bestimmungsmethode beruht auf der elektrolytischen Abscheidung des metallischen Chroms an einer Quecksilberkathode. Das abgeschiedene Chrom wird von dem Quecksilber unter Amalgambildung aufgenommen und kann gewichtsanalytisch durch zwei Auswaagen bestimmt werden. Die Elektrolyse wird in schwach schwefelsaurer Lösung bei einer durchschnittlichen Spannung von 8 Volt und einer Stromstärke von 0,5 bis 1,5 Amp. durchgeführt. Um die verhältnismäßig langen Abscheidungszeiten zu verkürzen, benutzt TUTUNDŽIĆ eine rotierende Quecksilberelektrode (Abb. 1).

Die *Apparatur* besteht im wesentlichen aus einem Glasschälchen, das zur Aufnahme des Kathodenquecksilbers dient, und einem engen Glasrohr, welches in das Glasschälchen eingeschmolzen ist. Das Glasrohr bildet die Achse der Elektrode und enthält im Innern die Stromzuführung. Die Kathode ist an einem Elektrolysenstativ so befestigt, daß sie in rotierende Bewegung versetzt werden kann. Der am unteren Ende des Glasrohres heraustretende Platindraht wird in einigen Windungen um die Glasachse gelegt. Während der Elektrolyse müssen die Windungen mit Quecksilber bedeckt sein. Die Elektrode wiegt ohne Quecksilber etwa 15 g, mit Füllung etwa 27 bis 30 g. Demnach ist die rotierende Quecksilberelektrode mindestens um die Hälfte leichter als der „Glaslöffel" nach MOLDENHAUER. Durch das Rotieren der Elektrode wird der Elektrolyt kräftig gerührt und die Oberfläche des Quecksilbers ständig erneuert, wodurch der Fortgang der Elektrolyse günstig beeinflußt wird. Die Elektrode ist handlich, läßt sich schnell waschen und trocknen. Trotz der geringen Quecksilbermenge ist die Oberfläche schon im Ruhezustand relativ groß (350 mm²) und nimmt beim Rotieren noch zu. Die Elektrode muß gut zentriert werden, damit beim Schleudern des Quecksilbers keine Stromschwankungen auftreten können. Als Anode wird ein horizontales Platinnetz benutzt. Man kann so Kathode und Anode bequem gegeneinander verschieben. An der großen Oberfläche der Anode treten keine übermäßigen Stromdichten auf; die entstehenden Gasblasen können gut entweichen. Vor der Elektrolyse muß die Elektrode sorgfältig gereinigt und bis zur Gewichtskonstanz getrocknet werden. Zur Elektrolyse dienen hohe Bechergläser oder Zylinder. Die Entfernung der Anode von der Kathode beträgt etwa 2 cm.

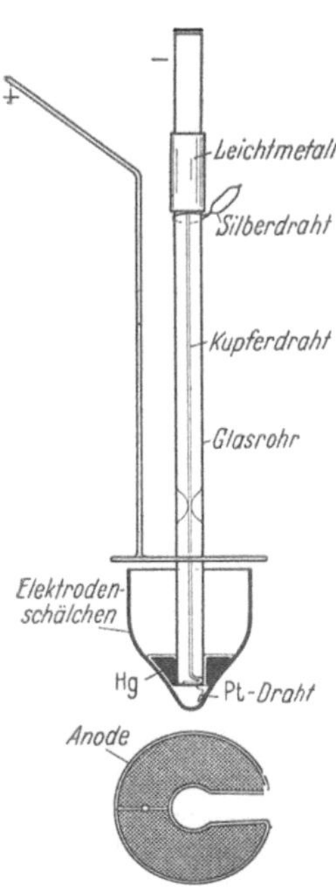

Abb. 1. Rotierende Quecksilberelektrode. (Nach TUTUNDŽIĆ.)

Arbeitsvorschrift. 75 bis 100 ml einer grünen oder violetten Chrom(III)-salzlösung werden mit 0,2 ml [bei grünem Chrom(III)-sulfat] bzw. 0,1 ml [bei violettem Chrom(III)-sulfat] konz. Schwefelsäure angesäuert. Man beschickt die Quecksilberelektrode für die Aufnahme von 0,1 g Cr mit 25 g, für 0,2 g Cr mit 40 bis 45 g Quecksilber. Dann taucht man sie unter Stromdurchgang in den Elektrolyten. Die Tourenzahl soll 150 Umdrehungen je Minute betragen. In den ersten 10 Min. schickt man einen Strom von 0,5 Amp. bei einer Anfangsspannung von 8 Volt hindurch. Dann erhöht man die Stromstärke auf 1,5 Amp. Dieser letztere Wert wird bis zum Ende der Elektrolyse beibehalten. Die Spannung steigt dabei auf 14 bis 16 Volt, fällt aber nachher wieder bis auf 8 Volt ab. Für jede Bestimmung ist frisches Quecksilber zu verwenden. Nach der Entfärbung des Elektrolyten verdünnt man mit dest. Wasser und elektrolysiert noch 15 bis 20 Min. weiter. Nach der Elektrolyse hebt man das Schälchen aus der Badflüssigkeit heraus, wäscht das Amalgam im Schälchen mit dest. Wasser, pipettiert das Wasser heraus und verfährt ebenso nacheinander mit Alkohol und Aceton. Beim Trocknen muß man die Elektrode schräg halten und drehen, damit auch der Platinkontakt am Grund des Schälchens vom Luftstrom getroffen wird. Zur Kontrolle kann man den Arbeitsgang wiederholen und nach dem Trocknen wieder auswägen. Wenn man schnell trocknet, geht kein Quecksilber verloren.

Bemerkungen. *I. Genauigkeit.* Die aufgeführten Belegwerte zeigen Abweichungen von höchstens $\pm 0{,}2$ mg vom Sollwert, entsprechend einem Fehler von 0,2%. Die höchste vorkommende Auswaage beträgt 0,2 g. BOCK und HACKSTEIN halten das Verfahren als Bestimmungsmethode für weniger bedeutungsvoll, da die ungünstige Auswaage der gesamten Amalgammenge herangezogen werden muß. Das Chromamalgam läßt sich nur schwer zersetzen, und eine Abtrennung des Quecksilbers durch Destillation ist unzweckmäßig.

II. Bei *Anwendung hoher Spannungen* erwärmt sich die Elektrolytflüssigkeit auf 85 bis 95° C. Dadurch wird die Abscheidung des Chroms begünstigt. Die auftretende starke Gasentwicklung macht aber einen entsprechenden Schutz gegen Verspritzen der Lösung notwendig. Bei allzu starker Gasentwicklung muß man die Stromzufuhr drosseln.

III. Die *Haltbarkeit des Chromamalgams* ist besser, wenn man es in der Hitze abscheidet. Im allgemeinen wird es in den ersten Stunden nach der Elektrolyse nicht angegriffen.

2. Ältere Abscheidungsverfahren.

I. Nach Myers. Die elektroanalytische Bestimmung des Chroms mit Hilfe der Quecksilberkathode ist zum ersten Male von MYERS ausgeführt worden. Er benutzt eine Chrom(III)-sulfatlösung, die mit H_2SO_4 schwach angesäuert wird und die etwa 0,1 bis 0,3 g Chrom enthält. Die Elektrolyse erfolgt bei 7,0 Volt und 0,3 bis 0,7 Amp. Eine Trennung des Chroms von Aluminium und Beryllium ist möglich.

II. Nach Kollock und Smith. Die Abscheidung des Chroms erfolgt am ruhenden Quecksilber bei rotierender Anode.

Apparatur und Arbeitsbedingungen. Das Elektrolysiergefäß besteht aus einem 3,5 cm breiten und 7,5 cm hohen Glasrohr, in dessen Boden ein 0,5 cm hineinragender Platindraht eingeführt ist. Als Anode dient ein 7,5 cm langer und 1 mm starker Platindraht, der zu einer Spirale von 1,5 cm Durchmesser gebogen ist. Die angewandte Quecksilbermenge beträgt 40 bis 50 g. Das Quecksilber wird vorher mit Alkohol und Äther gewaschen. Die Elektrolytlösung enthält etwa 0,12 g Cr und 3 Tropfen Schwefelsäure und besitzt ein Volumen von 5 bis 15 ml. Es wird bei einer Spannung von 6 Volt und einer Stromstärke von 4 bis 5 Amp. elektrolysiert, während die Anode mit 400 Umdrehungen je Minute rotiert. Nach erfolgter Abscheidung des Chroms füllt man die Zelle mit dest. Wasser auf, wäscht das Chromamalgam ohne Stromunterbrechung aus und spült wiederholt mit absolutem Alkohol und Äther nach. Nach kurzem Stehen im Exsiccator wird anschließend gewogen.

D. Mikrogravimetrische Chrombestimmung.

Für die analytische Untersuchung kleiner Substanzmengen scheiden die üblichen Bestimmungsverfahren im allgemeinen aus. Man wendet zweckmäßig mikroanalytische Bestimmungsmethoden an. Nach PREGL läßt sich der Chromgehalt sehr kleiner Substanzmengen ermitteln, wenn man die zu analysierende Verbindung mit Luft zu Cr_2O_3 oxydiert und den verbleibenden Rückstand gravimetrisch bestimmt. MEYER und HOÉHNE zersetzen die komplexen Chromsalze im Sauerstoffstrom und wägen ebenfalls das Chromoxyd. Sie verwenden hierfür eine Apparatur, die der PREGLschen „Mikromuffel" nachgebildet ist. Die Verbrennung erfolgt in einem Supremaxrohr von 30 cm Länge und von 1 cm Durchmesser. Es ruht auf einem einfachen Eisengestell und ist von einer verschiebbaren Kupferdrahtnetzrolle von 6 cm Länge umgeben. Für die Regulierung und Trocknung des Gasstromes werden die üblichen Geräte benutzt, wie MARIOTTEsche Flasche, Blasenzähler mit konz. Schwefelsäure und Feinregulierventil. MEYER und HOÉHNE bestimmen z. B. im Salz $[Cr(NH_3)_5Cl]Cl_2$ den Chromgehalt. Die Einwaage beträgt etwa 11 bis 26 mg. Es werden berechnet: 21,34% Cr. Die gefundenen Chromwerte liegen zwischen 21,21 und 21,34%.

Literatur.

ALLEN, E. T.: Am. Soc. **25**, 421 (1903). — ARNOLD, J. O.: Chem. N. 42, 285; durch Fr. **23**, 98 (1884).

BEHRENS, H., u. A. R. VAN LINGE: Fr. **33**, 530 (1894). — BJERRUM, N.: (a) Ph. Ch. **110**, 656 (1924); (b) **73**, 724 (1910). — BLAIR, A. A.: Am. J. Sci. Arts **113**, 421; durch Fr. **20**, 138 (1881). — BOCK, R., u. K.-G. HACKSTEIN: Fr. **138**, 356 (1953). — BRITTON: Soc. **127**, 2110, 2148 (1925).

CARNOT, A.: Bl. **37**, 482; durch Fr. **22**, 244 (1883).

FRESENIUS, H., u. H. BAYERLEIN: Fr. **37**, 31 (1898). — FRESENIUS, R., u. E. HINTZ: Fr. **29**, 28 (1890). — FRICKE, R., u. O. WINDHAUSEN: Ph. Ch. **113**, 248 (1924). — FRIEDHEIM, C., u. P. HASENCLEVER: Fr. **44**, 613 (1905).

HAHN, FR. L.: B. **65**, 64 (1932). — HANTZSCH, A., u. E. TORKE: Z. anorg. Ch. **209**, 60 (1932). — HUNT, A. E., G. H. CLAPP u. J. O. HANDY: J. anal. appl. Chem. **6**, 24; durch Fr. **45**, 253 (1906).

JÄRVINEN, K. K.: Fr. **66**, 81 (1925). — JANDER, G.: Fr. **61**, 160 (1922). — JANNASCH, P., u. MAI: B. **26**, 1786 (1893); durch Fr. **44**, 593 (1905). — JANNASCH, P., u. F. RÜHL: J. pr. **72**, 10 (1905); durch Fr. **47**, 675 (1908). — JEFFERSON, A. M.: Am. Soc. **24**, 540 (1902); durch Fr. **106**, 170 (1936).

KOLLOCK, L. G., u. E. F. SMITH: Am. Soc. **27**, 1255; **29**, 805 (1907). — KRÜGER, A.: Fr. **93**, 428 (1933).

LUNDELL, G. E. F., J. I. HOFFMAN u. H. A. BRIGHT: Chemische Analyse von Eisen und Stahl, S. 77 (1931); durch Fr. **106**, 170 (1936). — LUTZ, O., u. J. JAKOBY: Latvijas Augstskolas Raksti **3**, 109 (1922); durch Fr. **67**, 301 (1925/26). — LUX, H.: Praktikum der quantitativen anorganischen Analyse 1949.

MEYER, J., u. K. HOEHNE: Mikrochemie **16**, 187 (1934/35). — MOLDENHAUER, W.: Angew. Ch. **42**, 331 (1929); durch Fr. **83**, 133 (1931). — MOSER, L., u. F. LIST: M. **51**, 181 (1929). — MOSER, L., u. W. REIF: M. **52**, 346 (1929). — MYERS, R. E.: Am. Soc. **26**, 1126; durch Fr. **48**, 293 (1909).

NAMIAS, R.: Stahl Eisen **10**, 977; durch Fr. **31**, 560 (1892).

OSTROUMOW, E. A.: Fr. **106**, 170 (1936).

PÉRILLON: Berg- u. hüttenmänn. Z. **45**, 31; durch Fr. **32**, 512 (1893). — PREGL, F.: Quantitative org. Mikroanalyse 1947.

RÂY, P.: Fr. **86**, 13 (1931). — RÂY, P., u. A. K. CHATTOPADHYA: Z. anorg. Ch. **169**, 99 (1928). — REINHARDT, C.: Stahl Eisen **9**, 404; durch Fr. **29**, 338 (1890). — RIPAN, R.: Bl. Soc., Ştiinte Cluj **4**, 57 (1928); durch C. **99**, I, 2973 (1928). — ROTHAUG, G.: Z. anorg. Ch. **84**, 165 (1914).

SANCHEZ, J. A.: Bl. [4] **9**, 880 (1911); durch Fr. **52**, 48 (1913). — SCHIRM, E.: Ch. Z. **33**, 877 (1909). — SCHÖFFEL, R.: B. **12**, 1863 (1879). — SCHÖLLER, W., u. W. SCHRAUTH: Ch. Z. **33**, 1237 (1909). — SHAFER, M. W., u. R. ROY: Z. anorg. Ch. **276**, 275 (1954). — SOUCHAY, A.: Fr. **4**, 66 (1865). — ŠOLAJA, B.: Arh. Hemiju Farmaciju **8**, 35 (1934); durch Fr. **111**, 364 (1938). — SPÜLLER, J., u. A. BRENNER: Ch. Z. **21**, 3; durch Fr. **37**, 41 (1898). — SPÜLLER, J., u. S. KALMAN: Ch. Z. **17**, 881, 1207, 1360, 1412; **18**, 292; durch Fr. **34**, 72 (1895). — STOCK, A., u. C. MASSACIU: B. **34**, 467 (1901).

TRAUTMANN, W.: Stahl Eisen **30**, 1802; durch Fr. **51**, 261 (1912). — TREADWELL, F. P.: (a) B. **15**, 1392 (1882); (b) Tabellen zur quantitativen Analyse 1947; (c) Lehrbuch der quantitativen anorganischen Analyse 1941. — TUTUNDŽIĆ, P. S.: Z. anorg. Ch. **202**, 297 (1931); **215**, 19 (1933).

VIGNAL, H.: Bl. **45**, 434; durch Fr. **32**, 512 (1893).

WILLARD, H. H., u. N. H. FURMAN: Grundlagen der quantitativen Analyse 1950. — WILM, TH.: B. **12**, 2172, 2223 (1897). — WYNKOOPS, G.: Am. Soc. **19**, 434 (1897).

ZIEGLER, A.: (a) durch R. FRESENIUS u. E. HINTZ: Fr. **29**, 28 (1890); Dingl. J. **279**, 163; durch Fr. **31**, 558 (1892); (b) Dingl. J. **274**, 413; **275**, 91, 526; durch Fr. **30**, 54 (1891).

§ 2. Gravimetrische Bestimmung des 6wertigen Chroms durch Abscheidung als schwerlösliches Chromat.

A. Abscheidung und Bestimmung als Chromat.

Allgemeines. Die nun folgenden Methoden beruhen auf der Schwerlöslichkeit einiger Chromate, die aus den Alkalichromatlösungen durch Umsetzung mit den entsprechenden Metallsalzen zur Abscheidung gebracht werden:

$$CrO_4^{--} + Me^{++} \longrightarrow MeCrO_4.$$

Gleichzeitig entstehen die leichtlöslichen Neutralsalze, die sich bequem von den stark gefärbten Metallchromaten abtrennen lassen. Die Fällungsreaktionen sind sehr empfindlich; nach Messungen von KARAOGLANOV lassen sich z. B. noch $3{,}8 \cdot 10^{-6}$ g CrO_4^{--} in 10 ml Lösung als Silberchromat erfassen. Ähnlich liegen die Verhältnisse bei Barium- und Bleichromat.

Eigenschaften der Metallchromate. Bariumchromat. Das Bariumchromat existiert in einer amorphen und in einer kristallinen Form. Die amorphe Modifikation ist blaß citronengelb und wird beim Glühen dunkler. Die Werte für die Dichte werden mit 3,9 bis 4,49 angegeben. Das kristallisierte Bariumchromat gehört dem rhombischen System an und ist isomorph mit Bariumsulfat. Die Löslichkeit in Wasser ist sehr gering; aus Leitfähigkeitsmessungen ergibt sich ein Wert von 3,55 mg/l bei 18° C (KOHLRAUSCH). Mit steigender Temperatur nimmt die Löslichkeit stark zu, desgleichen wird sie durch die Anwesenheit von Ammoniumsalzen erhöht. Von 1%iger Essigsäure wird Bariumchromat etwas gelöst (0,27 g im Liter). Bei 10%iger Säure ist die gelöste Menge doppelt so groß. In Mineralsäuren ist es unter Dichromatbildung löslich. So lösen sich z. B. in einer 0,5 n HCl bei 18° C $5{,}48 \cdot 10^{-2}$ Mole $BaCrO_4$; bei 37° C beträgt der Wert $8{,}75 \cdot 10^{-2}$ Mole (BECK und STEGMÜLLER). Das Bariumchromat ist verhältnismäßig beständig; es zersetzt sich erst bei höheren Temperaturen unter Bildung von Chromoxyd.

Silberchromat. Das Silberchromat scheint in zwei verschiedenen Modifikationen aufzutreten. Am bekanntesten ist die rote Form, bei der Übergänge in der Farbe von orange bis rotbraun möglich sind. Bei der Zersetzung von Silberdichromat entsteht unter ganz bestimmten Bedingungen auch eine schwarzgrüne Phase (ABEGG). Die Dichte von Ag_2CrO_4 liegt bei 5,5 bis 5,6; es kristallisiert rhombisch. In 100 g Wasser lösen sich nur 2,52 mg bei 18° C (KOHLRAUSCH). Das Löslichkeitsprodukt ist $2{,}64 \cdot 10^{-12}$ bei 25° C (ABEGG und SCHÄFFER). In Mineralsäuren und in Essigsäure ist das Silberchromat merklich löslich, nicht aber in Eisessig.

Bleichromat. Das Bleichromat ist gelb bis rot gefärbt, es kristallisiert monoklin. Die verschiedenen Farbnuancen sind durch die Unterschiede in der Korngröße bedingt. Für die Dichte wird ein Bereich von 5,65 bis 6,29 für die verschiedenen Kristallformen angegeben. Die Löslichkeit in Wasser ist sehr gering. Es ist wohl das am schwersten lösliche aller bisher bekannten und untersuchten Bleisalze. In Wasser lösen sich $3 \cdot 10^{-7}$ Mole je Liter, das Löslichkeitsprodukt ist $1{,}8 \cdot 10^{-14}$ bei 18° C. JANDER hat durch Versuche nachgewiesen, daß die Löslichkeit von $PbCrO_4$ in natriumacetathaltigen oder schwach essigsauren Lösungen größer ist als in reinem Wasser. Sie nimmt mit steigender Essigsäure- als auch Natriumacetatkonzentration zu. In Mineralsäuren ist Bleichromat löslich. Einen Überblick über die Löslichkeitsverhältnisse gibt eine Zusammenstellung von BECK und STEGMÜLLER (Tab.1). Von Alkalien wird Bleichromat angegriffen; es bilden sich basische Bleichromate.

Tabelle 1. *Löslichkeit von Bleichromat in Salpeter- und Salzsäure*

Normalität der Säure	Mole $PbCrO_4$ im Liter bei 18° C	
	HNO$_3$	HCl
0,1	$1{,}29 \cdot 10^{-4}$	$1{,}86 \cdot 10^{-4}$
0,2	$2{,}27 \cdot 10^{-4}$	$3{,}93 \cdot 10^{-4}$
0,3	$3{,}12 \cdot 10^{-4}$	$6{,}54 \cdot 10^{-4}$
0,4	$4{,}01 \cdot 10^{-4}$	$10{,}70 \cdot 10^{-4}$
0,5	$4{,}98 \cdot 10^{-4}$	$15{,}60 \cdot 10^{-4}$
0,6	$5{,}98 \cdot 10^{-4}$	$22{,}50 \cdot 10^{-4}$

1. Bestimmung als Bariumchromat.

I. Verfahren nach Treadwell. Aus einer siedend heißen Alkalichromatlösung wird das Bariumchromat durch Zusatz von Bariumchlorid oder Bariumacetat abgeschieden. Es wird abgetrennt und nach dem Auswaschen, Trocknen und Glühen als $BaCrO_4$ gewogen.

Arbeitsvorschrift. Die neutrale oder schwach essigsaure Lösung wird bei Siedehitze tropfenweise mit einer Lösung von Bariumacetat gefällt und nach einigem Stehen durch einen Goochtiegel abfiltriert. Man wäscht den Niederschlag mit verd. Alkohol. Nach dem Trocknen erhitzt man den anfangs bedeckten Tiegel langsam über freier Flamme, später mit der vollen Flamme eines guten Bunsenbrenners. Nach etwa 5 Min. entfernt man den Deckel und setzt das Erhitzen fort, bis der Niederschlag gleichmäßig gelb erscheint, läßt erkalten und bestimmt das Gewicht.

Bemerkungen. a) Fällungsbedingungen. Das Bariumacetat darf nicht zu rasch zugesetzt werden, da es sonst vom Bariumchromat mitgerissen wird, wodurch die Resultate zu hoch ausfallen.

b) **Auswaschen der Niederschläge.** GRÖGER ist beim Auswaschen der Niederschläge zu unterschiedlichen Ergebnissen (Differenz von $\pm 2,4\%$) gekommen. Bei der Untersuchung über die Löslichkeit von reinem Bariumchromat in dest. Wasser und in verd. Ammoniumacetatlösungen zeigt sich, daß reines Wasser weniger $BaCrO_4$ löst als ammoniumacetathaltiges Wasser. Auch durch Zusatz von Ammoniak läßt sich die Löslichkeit nicht zurückdrängen. Es geht mehr Chromsäure in Lösung als dem gelösten Baryt äquivalent ist. Beim Auswaschen des Bariumchromatniederschlages mit bestimmten Anteilen dest. Wasser läßt sich erst im 23. Filtrat CrO_4^{--} mit Bleiacetat nachweisen. Die Chromoxydbestimmung entspricht etwa dem theoretischen Wert. Bei Anwendung von Ammoniumacetatlösung beträgt nach 20maligem Auswaschen der Chromoxydgehalt nur $99,3\%$, d. h. ein Teil des Chromats ist bereits entfernt. GRÖGER führt die befriedigenden Ergebnisse, die PEARSON beim Auswaschen des Bariumchromats mit Ammoniumacetatlösungen erhalten hat, auf die Kompensation zweier entgegengesetzter Fehler zurück; der Niederschlag hält einmal hartnäckig Bariumchlorid zurück, andererseits löst aber das ammoniumacetathaltige Wasser merkliche Mengen an Bariumchromat.

c) **Trocknen und Glühen.** Bei zu starkem Glühen des Niederschlages fallen die Werte mitunter zu niedrig aus, da dann das Bariumchromat bereits zersetzt wird. An der Tiegelwandung und an der Oberfläche des Chromats treten grüne Abscheidungen von Chromoxyd auf, die zum Teil wieder verschwinden können, wenn genügend Luft zutritt und das Chrom(III) wieder zum Chrom(VI) oxydiert wird. Die Verwendung von Filtern begünstigt die Chromoxydbildung, da die Filterasche reduzierend wirkt.

d) **Anwendung der Methode.** Bestimmung von Chrom in Chromoxyd nach FIELD.

Nach dem alkalischen Aufschluß von Chromoxyd wird der Chromgehalt im allgemeinen maßanalytisch bestimmt. Bei Abwesenheit von Sulfationen schlägt FIELD eine Kontrollbestimmung über die Bariumchromatfällung vor. Die alkalische Aufschlußlösung wird mit Eisessig neutralisiert und dann ein Überschuß von 0,5 ml hinzugegeben. Nach dem Verdünnen auf 400 ml fällt man mit einer verd. Bariumacetatlösung, filtriert durch einen GOOCH-Tiegel und wäscht mit verd. Alkohol nach. Das Bariumchromat wird nach dem Trocknen gewogen.

II. Verfahren nach Winkler. Das Bariumchromat wird mit Bariumchlorid in Gegenwart von etwas Natriumchlorid abgeschieden. Die Niederschläge fallen nicht in feinpulvriger, sondern in mehr körniger Form aus. Vor dem Auswägen wird bei $132°$ C getrocknet.

Arbeitsvorschrift. Die weder freie Säure noch freies Alkali enthaltende, 100 ml betragende und etwa $0,2\%$ starke Alkalichromatlösung wird mit 1 ml 0,1 n Essigsäure angesäuert. Nachdem man 1 g Natriumchlorid hinzugefügt hat, erhitzt man bis zum Sieden und versetzt tropfenweise mit 5 ml 10%iger Bariumchloridlösung. Dann hält man 2 bis 3 Min. auf Siedetemperatur. Nach längerem Stehen wird der Niederschlag abfiltriert, mit 50 ml kaltem Wasser ausgewaschen und 2 bis 3 Std. bei $132°$ C getrocknet.

Bemerkungen. a) **Genauigkeit.** WINKLER findet, daß das bei $132°$ C getrocknete Bariumchromat durch nachträgliches Glühen einen Gewichtsverlust von $0,25\%$ erleidet. Eine von ihm durchgeführte Versuchsreihe mit einer Kaliumchromatlösung bekannter Konzentration zeigt folgende Ergebnisse (Durchschnittswerte aus 6 Bestimmungen):

	Berechnet mg	Bei 132° C getrocknet mg	Schwach geglüht mg
$BaCrO_4$	327,45	327,45	326,66
$BaCrO_4$	32,75	31,68	31,58

b) Störende Stoffe. Die Bestimmung des Chroms als Bariumchromat kann natürlich nicht bei Gegenwart von Schwefelsäure erfolgen. Nitrate, Chlorate und Acetate erhöhen das Gewicht des getrockneten Niederschlages; dagegen haben die Chloride des Ammoniums, Kaliums, Natriums, Magnesiums und Calciums nur einen sehr geringen Einfluß auf das Ergebnis. Ein größerer Zusatz an 0,1 n Essigsäure wirkt lösend auf das Bariumchromat. Bei Gegenwart von Alkalicarbonaten versetzt man die etwa 50 ml betragende Lösung tropfenweise mit verd. Salpetersäure, bis die Farbe der Flüssigkeit eben in Rotgelb umgeschlagen ist. Dann fügt man Calciumcarbonat hinzu, vertreibt die Kohlensäure durch Kochen und verfährt wie oben.

c) Bestimmung von Pyrochromsäure. Um Pyrochromsäure nach diesem Verfahren zu bestimmen, gibt man zur Lösung von 0,1 bis 0,2 g Alkalipyrochromat in 50 ml etwas sulfatfreies gefälltes Calciumcarbonat und erhitzt 10 Min. lang zum Sieden. Nach einigen Stunden filtriert man die reingelb gewordene Flüssigkeit und wäscht mit ausgekochtem, erkaltetem, destilliertem Wasser nach, bis das Filtrat 100 ml beträgt. Nach Zugabe von 1 g NaCl und 1 ml 0,1 n Essigsäure nimmt man die Fällung in der oben beschriebenen Weise vor.

2. Bestimmung als Silberchromat.

I. Verfahren nach Winkler. Das Silberchromat wird aus einer kochend heißen Alkalichromatlösung durch Silbernitrat als flockiger, dunkelrotbrauner Niederschlag ausgefällt. Nach dem Abtrennen und Auswaschen wird es getrocknet und gewogen.

Arbeitsvorschrift. Die etwa 0,2% starke, 100 ml betragende Alkalichromatlösung, welche weder freie Säure noch freies Alkali enthalten darf, wird bis zum Sieden erhitzt und dann tropfenweise mit 5 ml 10%iger Silbernitratlösung (10 g $AgNO_3$ in 100 ml Wasser gelöst) versetzt. Man läßt längere Zeit stehen und filtriert den Niederschlag ab. Zum Auswaschen nimmt man 50 ml Wasser, welches mit Silberchromat gesättigt ist. Dann trocknet man einige Stunden bei 132° und bestimmt das Gewicht des Ag_2CrO_4.

Bemerkungen. a) Genauigkeit. Die Abweichung von den berechneten Werten ist kleiner als 1 mg Ag_2CrO_4.

b) Auswaschen der Niederschläge. Verwendet man zum Auswaschen nur dest. Wasser, dann fallen die Ergebnisse um etwa 3 mg zu niedrig aus.

c) Einfluß fremder Stoffe. Fremde Salze, wie z. B. die Nitrate des Ammoniums, Kaliums, Natriums, Magnesiums und des Calciums sowie Kaliumchlorat und Natriumacetat, beeinflussen die Genauigkeit der Bestimmung kaum. Bei Anwesenheit von Sulfationen wird von dem ausfallenden Silberchromat etwas Silbersulfat mitgerissen, welches durch Auswaschen nicht mehr entfernt werden kann. Der Gehalt an Silbersulfat im Niederschlag ist von der Sulfationenkonzentration und der Silberchromatmenge abhängig. Die jeweiligen Korrekturen müssen empirisch ermittelt werden. Sind Alkalicarbonate zugegen, versetzt man die etwa 50 ml betragende Lösung tropfenweise mit verd. Salpetersäure, bis die gelbe Flüssigkeit eben rotgelb geworden ist. Dann wird Calciumcarbonat hinzugefügt und durch Kochen die Kohlensäure vertrieben. Bei Anwesenheit von Chlorionen ist die Methode nicht anwendbar. Da Tageslicht die Zersetzung von Silbersalzen begünstigt, sind sämtliche Operationen bei künstlicher Beleuchtung vorzunehmen.

d) Bestimmung von Pyrochromsäure. Die Alkalipyrochromatlösung wird mit etwas sulfatfreiem, gefälltem Calciumcarbonat versetzt und 10 Min. lang gekocht. Dann wird filtriert, mit Wasser nachgewaschen und das Silberchromat wie üblich gefällt.

II. Verfahren nach Gooch und Weed. Im Gegensatz zu dem Verfahren nach WINKLER erfolgt die Fällung aus einer Alkalidichromatlösung. Das Silberchromat läßt sich nach AUTENRIETH nur dann abscheiden, wenn das Silbernitrat im Überschuß angewandt wird:

$$K_2Cr_2O_7 + 4\,AgNO_3 + H_2O = 2\,Ag_2CrO_4 + 2\,KNO_3 + 2\,HNO_3.$$

Die gebildete Salpetersäure wird mit Ammoniak neutralisiert.

Arbeitsvorschrift. Eine genau gewogene Menge (etwa 0,09 g) Kaliumdichromat wird in 80 ml Wasser gelöst, zum Sieden erhitzt und mit 30 ml einer 0,42 g Silbernitrat enthaltenden Lösung tropfenweise gefällt. In der Siedehitze wird dann so viel Ammoniumhydroxyd zugefügt, bis die Flüssigkeit farblos wird und Lackmuspapier blau färbt. Nach längerem Stehen ($^1/_2$ bis 1 Stde.) filtriert man den Niederschlag ab, wäscht zuerst mit einer verd. Lösung von Silbernitrat und dann mit 20 bis 30 ml dest. Wasser in kleinen Anteilen. Der Niederschlag wird unter schwachem Erwärmen auf 135° bis zur Gewichtskonstanz getrocknet.

Genauigkeit. Der Fehler beträgt 0,1 bis 0,2 mg bei einer Silberchromatmenge von 0,2 g. Auch beim schwachen Glühen des Niederschlages sind die Abweichungen nicht größer.

III. Radiochemisches Verfahren nach Govaerts und Barcia-Goyanes. Die Bestimmung als Silberchromat wird von GOVAERTS und BARCIA-GOYANES mit Hilfe des ^{110}Ag-Isotops als radioaktiven Indicator durchgeführt. Das Chromat wird nach dem Verfahren von GOOCH und WEED gefällt. Um Fehler infolge Löslichkeit des Niederschlages zu vermeiden, wird dieser mit 0,05%iger Lösung von inaktivem Silbernitrat gewaschen. Die Fällung wird dann auf einem Filter unter dem Zählrohr zur Messung gebracht. Die gemessene Silbermenge gibt die äquivalente Menge Chrom an.

Die Ergebnisse der Bestimmungen werden an Hand eines Diagramms aufgezeigt. In einem weiten Konzentrationsintervall entsprechen die gemessenen Aktivitäten gut den Mengen des gesuchten Elementes. Die Methode ist schnell und relativ empfindlich und soll besonders zur Durchführung von Serienanalysen (gegebenenfalls in der Metallindustrie) geeignet sein.

3. Bestimmung als Bleichromat.

Allgemeines. In älteren Veröffentlichungen (GIBBS; GRÖGER) wird die Bestimmung der Chromsäure über die Fällung als Bleichromat nicht empfohlen. Bei der Abscheidung aus essigsaurer Lösung fällt der Niederschlag in sehr feinkörniger Form aus, so daß er sich schlecht weiterverarbeiten läßt. Außerdem soll das Bleichromat nicht der formelmäßigen Zusammensetzung entsprechen, da es noch basische Bleichromate und Alkalichromat enthält.

Verfahren nach Tschawdarov. Die oben angeführten Fehlerquellen will TSCHAWDAROV dadurch ausschalten, daß er das Chromat aus salpetersaurer Lösung mit Bleinitrat ausfällt.

Arbeitsvorschrift. Die Lösung, in der die Chromsäure als Bleichromat bestimmt werden soll, wird mit 10 bis 15 ml 2 n Salpetersäure für je 200 ml der zu untersuchenden Lösung angesäuert, bis zum Sieden erhitzt und tropfenweise im Verlauf von 5 bis 10 Min. unter beständigem Umrühren mit 30 ml einer 3 bis 5 g Bleinitrat enthaltenden Lösung gefällt. Nach 6 bis 12 Std. wird der Niederschlag durch einen Jenaer Glasfiltertiegel 1 G 3 abfiltriert, dann einige Male mit kaltem Wasser und schließlich mit heißem Wasser gewaschen. Darauf wird bei 160 bis 180° bis zu konstantem Gewicht getrocknet.

Bemerkungen. *I. Genauigkeit.* Die Abweichungen von den berechneten Werten betragen höchstens 1,0 mg bei einer Auswaage von 1,0 g Bleichromat. Nach Untersuchungen von GROTE adsorbiert Bleichromat CrO_4^{--}. Die Adsorption steigt mit zunehmender Bleichromatbildung gleichmäßig an. GROTE hält daher einen Korrekturfaktor für angebracht.

II. Salpetersäuremenge. Zweckmäßig sollen 12 bis 20 ml 2 n Säure angewandt werden. Bei zu schwacher Ansäuerung fallen die Resultate zu hoch aus. Mit steigender Salpetersäurekonzentration nimmt die Löslichkeit des Bleichromats zu (WILLARD und KASSNER).

III. Einfluß des Bleinitrats. Die Löslichkeit des Bleichromats wird durch die Anwesenheit von Bleinitrat zurückgedrängt. Eine Übersicht über die Löslichkeitsverhältnisse gibt nachfolgende Tab. 2 (WILLARD und KASSNER).

Tabelle 2. *Löslichkeit von Bleichromat in Salpetersäure bei 25° in Gegenwart von Bleinitrat.*

	$PbCrO_4$ in 100 ml gelöst	
	g	Millimol
0,1 M HNO_3	0,0063	0,0195
0,1 M HNO_3 + 0,01 M $Pb(NO_3)_2$	0,000	0,000
0,5 M HNO_3	0,0177	0,0548
0,5 M HNO_3 + 0,01 M $Pb(NO_3)_2$	0,000	0,000
2,0 M HNO_3	0,0889	0,275
2,0 M HNO_3 + 0,25 M $Pb(NO_3)_2$	0,0002	0,0006
3,0 M HNO_3	0,1701	0,5265
3,0 M HNO_3 + 0,02 M $Pb(NO_3)_2$	0,0381	0,1177

IV. Fällungsbedingungen. Die Fällung muß in der Siedehitze und langsam durchgeführt werden. Bei zu rascher Fällung erhält man ungenaue Werte, desgleichen bei Raumtemperatur. Das Auswaschen des Niederschlages muß zuerst mit kaltem Wasser erfolgen, um die Hydrolyse des Bleinitrats zu vermeiden, jedoch ist ein Nachwaschen mit heißem Wasser notwendig, weil sonst die Resultate zu hoch sind.

V. Einfluß fremder Ionen. Die Gegenwart von Chlorionen bedingt zu hohe Resultate. Es zeigt sich, daß die Niederschläge chlorhaltig sind. Der Grund hierfür ist wahrscheinlich in der Bildung von Chlorochromat $(PbCl)_2CrO_4$ zu suchen. Der Fehler bei der Fällung in Gegenwart von Salzsäure erhöht sich mit der Zunahme der Salzsäurekonzentration und nimmt dann wegen der lösenden Wirkung der Salzsäure ab. Wird die Fällung aus essigsaurer Lösung mit Bleiacetat ausgeführt, so sind die Resultate ebenfalls zu hoch. Die Fehler betragen bis zu 1,0%. Außerdem sind die Niederschläge sehr feinkörnig. Die Gegenwart von Essigsäure übt keinen Einfluß auf die Resultate und die Struktur des Niederschlages aus, wenn die Fällung in Gegenwart von Salpetersäure und mit Bleinitratlösung ausgeführt wird. Praktisch sind nach Möglichkeit alle Anionen außer NO_3^- auszuschließen. Dagegen kann die Methode bei Anwesenheit bedeutender Konzentrationen folgender Kationen durchgeführt werden: NH_4^+, Na^+, K^+, Ca^{++}, Sr^{++}, Ba^{++}, Mg^{++}, Zn^{++}, Fe^{+++}, Al^{+++}, Cd^{++} und Cu^{++}. Die Ergebnisse sind gut, wenn die Fällung aus salpetersaurer Lösung erfolgt.

VI. Anwendungsmöglichkeiten. a) Bestimmung von Chrom in Chromstählen nach POND. Je nach Chromgehalt werden verschieden große Mengen der Probe in Salzsäure gelöst. Die Lösung wird nach Zusatz von Schwefelsäure (1 + 5), (etwa 3 m) durch Salpetersäure (1 + 1), (etwa 7 m) oxydiert, eingedampft und mit Wasser verdünnt. Zu dieser Lösung wird Natriumperoxyd in genügendem Überschuß vorsichtig in kleinen Mengen zugesetzt. Der sich rasch absetzende Niederschlag wird abfiltriert und ausgewaschen. Im Filtrat wird der Sauerstoff verkocht und nach dem Ansäuern mit Essigsäure das Chrom durch Zugabe von Bleiacetat als Bleichromat gefällt und als solches gewogen.

b) Trennung von Titan nach Chemists U.S. Steel Corporation. Zur Abtrennung von Chrom in titanhaltigen Stählen führt man das Metall durch Abrauchen mit Perchlorsäure in die 6wertige Verbindungsstufe über und scheidet es mit Bleiperchlorat ab. Nach Untersuchungen von WILLARD und KASSNER ist das

Bleichromat in 1 m Perchlorsäure, welche 0,01 molar an Bleiperchlorat ist, vollständig unlöslich. Aber auch von einer 5-m-Säure wird es praktisch nicht gelöst, wenn die doppelte Menge Bleiperchlorat anwesend ist.

Arbeitsvorschrift. Es werden 2 Proben zu je 2 g (für Titangehalte über 0,65% 1 g) in zwei 350-ml-Erlenmeyerkolben eingewogen und beide durch Erhitzen in 35 ml 55%iger Perchlorsäure gelöst. Zur Beschleunigung der Lösung können kleine Mengen Salz- oder Salpetersäure zugegeben werden. Nachdem alles gelöst ist, wird stärker erhitzt bis zum Auftreten dicker weißer Nebel und darauf bei bedecktem Kolben noch 10 Min. weitergekocht, wobei die Säure oben im Kolben kondensieren soll. Die Lösungen werden dann so schnell wie möglich abgekühlt, 40 ml Wasser zugesetzt und nochmals 3 Min. gekocht, worauf zur heißen Flüssigkeit genügend Bleiperchloratlösung (0,5 m) zugesetzt wird, um alles Chrom zu fällen. Die erforderliche Menge Bleiperchloratlösung beträgt 4 ml für je 100 mg Chrom und noch 1 ml zusätzlich. Die Lösungen werden unter Umschütteln auf Zimmertemperatur abgekühlt und in einem 100-ml-Meßkolben abfiltriert, wonach mit wenig Wasser ausgewaschen wird.

Herstellung der 0,5 m Bleiperchloratlösung. 166 g reines Bleinitrat werden in einer Kasserolle mit 50 ml Wasser versetzt, und darauf werden 110 ml 70%iger Perchlorsäure zugegeben. Das Gemisch wird auf dem Sandbad bis zum Rauchen der Perchlorsäure erhitzt, wobei sich das Bleinitrat löst. Die Gefäßwände werden darauf mit 30 ml Wasser abgespritzt und das Erhitzen wiederholt, wobei die Temperatur unter 100° C bleiben soll, da bei höheren Temperaturen Zersetzung des Bleiperchlorats stattfindet. Ein Tropfen der Lösung wird jetzt mit Diphenylamin auf Salpetersäure geprüft und nötigenfalls das Eindampfen mit 30 ml Wasser wiederholt. Zum Schluß wird die Lösung auf etwa 800 ml verdünnt, in einen 1-l-Kolben filtriert und aufgefüllt.

Bemerkungen. α) Störungen durch Chlorionen. Eine durch siedende Perchlorsäure oxydierte Lösung enthält stets geringe Mengen Chlorid, die auf die vollständige Abscheidung von Bleichromat etwas störend wirken. Diese Fehlerquelle kann durch Zusatz einiger Tropfen einer Lösung von Silberperchlorat, aus Silbernitrat analog dem Bleichromat hergestellt, behoben werden (WILLARD und KASSNER).

β) Anwendungsbereich und Genauigkeit. Das Trennverfahren ist für die Stahlanalyse von Bedeutung. Neben Titan können Nickel, Vanadium und Mangan anwesend sein. WILLARD und GIBSON bestimmen im abgeschiedenen Bleichromat den Chromgehalt maßanalytisch durch Titration mit Eisen(II)-sulfat oder arseniger Säure. Hier einige Beleganalysen von Chrom-Nickel-Stahl:

Vorhanden: 0,638% Cr; gefunden: 0,635% und 0,630% Cr.
Vorhanden: 13,93 % Cr; gefunden: 13,89 % und 13,88 % Cr.

Die Genauigkeit scheint von der Chromkonzentration abhängig zu sein. Bei einem Gehalt von 80 mg Cr in der Lösung werden die besten Ergebnisse erzielt.

B. Abscheidung als Quecksilber(I)-chromat und Bestimmung als Chromoxyd.

Allgemeines. Eigenschaften des Quecksilber(I)-chromats. Normales Quecksilber(I)-chromat erhält man bei der Umsetzung von Quecksilber(I)-nitrat mit Alkalichromaten als amorphen Niederschlag. Die Farbe des frischgefällten Niederschlages ist abhängig von den Fällungsbedingungen. Die hellsten Färbungen (gelb bis hellbraun) werden bei einem Überschuß von Alkalichromat in der Kälte, die dunkelsten (braun bzw. feuerrot) werden in der Hitze erhalten. Die amorphen Produkte sind nur vorübergehend beständig. Sie verwandeln sich ohne Änderung der Zusammensetzung besonders schnell in der Hitze in die kristallinische Form, die gelb, orange oder feuerrot gefärbt ist. Die Farbunterschiede werden durch die verschiedene Feinheit des Kornes bedingt. Ein basisches Quecksilber(I)-chromat $Hg_8Cr_3O_{13}$ (GMELINS Salz) bildet sich, wenn normales Chromat während des Überganges in die kristalline Form längere Zeit mit kaltem Wasser behandelt wird, wobei Hydrolyse eintritt. Es ist in der Farbe und im Aussehen von dem kristallisierten Salz Hg_2CrO_4 kaum zu unterscheiden. Eine stärker basische, mattrote Verbindung der Zusammensetzung $Hg_6Cr_2O_9$ bildet sich langsam in Gegenwart von überschüssigem Quecksilber(I)-nitrat oder in der Hitze bei der Fällung von $Hg_2(NO_3)_2$ mit überschüssigem Kaliumchromat (FICHTER und OESTERHELD). Bei der Umwandlung ist die Reduktion bis zum Chrom(III)-salz möglich. Die Quecksilberchromate sind bei höheren Temperaturen nicht beständig; sie zersetzen sich in Chromoxyd und Quecksilber.

Verfahren nach Treadwell. Das Bestimmungsverfahren wird schon in den Arbeiten von GIBBS erwähnt. Es beruht darauf, daß man aus Alkalichromatlösungen mit Quecksilber(I)-nitrat das schwerlösliche Salz Hg_2CrO_4 abscheidet, welches anschließend thermisch zersetzt wird. Das zurückbleibende Chrom(III)-oxyd wird bestimmt.

Arbeitsvorschrift. Die neutrale oder schwach salpetersaure Chromatlösung wird mit einer reinen Quecksilber(I)-nitratlösung versetzt, wobei braunes amorphes Quecksilberchromat ausfällt. Erhitzt man die Lösung zum Sieden, so wird der Niederschlag prächtig feuerrot. Er setzt sich rasch ab, und man erkennt an der Farblosigkeit der überstehenden Flüssigkeit das Ende der Fällung. Nach dem Erkalten wird der Niederschlag abfiltriert und mit quecksilber(I)-nitrathaltigem Wasser vollständig ausgewaschen. Nach dem Trocknen bringt man den Niederschlag in einen ROSE-Tiegel und erhitzt vorsichtig unter dem Abzug. Nachdem das Quecksilber vertrieben ist, glüht man das zurückbleibende Chromoxyd im Wasserstoffstrom bis zur Gewichtskonstanz.

Bemerkungen. *I. Fällungsmittel.* Das verwendete Quecksilber(I)-nitrat muß sehr rein sein. Eine Probe darf beim Glühen keinen Rückstand hinterlassen. Es soll sich in schwacher Salpetersäure vollständig lösen. Will man die Lösung aufbewahren, wird ein Tropfen Quecksilber hinzugegeben. Das Fällungsmittel muß frei von salpetriger Säure sein, weil sonst ein Teil des 6wertigen Chroms reduziert wird.

II. Fällungsbedingungen. Die Fällung ist bei Siedehitze vorzunehmen. Wenn man dem Waschwasser kein Quecksilber(I)-nitrat zusetzt, erhält man nach GIBBS schlechte Resultate. FICHTER und OESTERHELD stellten fest, daß der Niederschlag nicht mit einem Überschuß an $Hg_2(NO_3)_2$ gekocht werden darf, da sonst Verluste durch Reduktion zu Chrom(III) eintreten:

$$2CrO_4^{--} + 3Hg_2^{++} + 16H^+ = 2Cr^{+++} + 6Hg^{++} + 8H_2O.$$

III. Störende Stoffe. Bei Anwesenheit von Chloriden ist die Methode nicht anwendbar.

IV. Anwendungsmöglichkeiten. a) Abtrennung der Chromsäure von 3wertigem Chrom. WOGRINZ schlägt vor, das 6wertige Chrom aus schwach salpetersaurer Lösung mit Quecksilber(I)-nitrat zu fällen (vgl. § 3, Teil C). Das Verfahren ist für die Betriebskontrolle der elektrolytischen Verchromungsbäder von Bedeutung.

b) Trennung von Uran. Ältere Trennverfahren nach GIBBS. Liegt das Chrom neben Uranylnitrat als Chromat vor, fällt man es in der Siedehitze mit einer Quecksilber(I)-nitratlösung aus und filtriert den Niederschlag ab. Nach dem Auswaschen mit $HgNO_3$ enthaltendem Wasser führt man das Quecksilber(I)-chromat durch thermische Zersetzung in Cr_2O_3 über. Bei Anwesenheit von Phosphorsäure und größeren Mengen an Chlor- und Sulfationen ist das Verfahren nicht anwendbar.

Bei Anwesenheit von Chrom(III)-salzen oxydiert man in natronalkalischer Lösung zu Chromat, wobei das Uran als Natriumuranat mit etwas Chrom zusammen ausfällt. Man trennt den orangegefärbten Niederschlag ab und wäscht ihn mit Wasser, dem etwas Natronlauge zugesetzt wird, aus. Nach dem Lösen in heißer Salpetersäure kocht man einige Minuten, um die etwa vorhandene salpetrige Säure zu vertreiben, und fällt dann mit Quecksilber(I)-nitrat. Der Niederschlag wird später zusammen mit der Hauptmenge des Chroms verglüht, welches als Chromhydroxyd aus dem Filtrat der Uranfällung nach vorhergehender Reduktion abgeschieden worden ist.

c) **Bestimmung von Chrom neben Wolfram nach HINRICHSEN.** Sie beruht auf der Fällung der Wolframsäure durch Quecksilber(I)-nitrat in neutraler oder schwach alkalischer Lösung, wobei gleichzeitig die Chromsäure als Quecksilber(I)-chromat gefällt wird. Quecksilberwolframat und -chromat gehen beim Glühen in Wolframsäure und Chromoxyd über, welche gemeinsam gewogen werden. Chrom wird alsdann nach voraufgehendem, oxydierendem Schmelzen in bekannter Weise maßanalytisch bestimmt, die Menge der Wolframsäure aber aus dem Unterschied berechnet.

Arbeitsvorschrift. Man schmilzt 1 bis 1,5 g Stahlspäne mit Natriumperoxyd in einem dickwandigen eisernen Tiegel, filtriert die mit heißem Wasser ausgelaugte Schmelze und neutralisiert die filtrierte Lösung so gut wie möglich mit Salpetersäure mit Hilfe der Tüpfelprobe auf Lackmuspapier. Dann verdünnt man nötigenfalls auf 600 ml, erhitzt zum Sieden und fällt mit 2 bis 3 g Quecksilber(I)-nitrat, das man zuvor in einem Reagensglase in möglichst wenig Wasser unter Erwärmen gelöst hatte. Dann wird filtriert, mit heißem Wasser ausgewaschen, das Filter aber mit dem Niederschlag noch feucht in einen gewogenen Tiegel gebracht, vorsichtig getrocknet und geglüht, zunächst mäßig, schließlich aber sehr stark. Nach dem Erkalten wird der aus Wolframsäure und Chromoxyd bestehende Rückstand gewogen. Vorsichtshalber sollte man jedoch eine Prüfung auf Kieselsäure durch Abrauchen mit Flußsäure und Schwefelsäure im Platintiegel vornehmen.

Der gewogene Rückstand wird nun mit Natriumperoxyd im Nickel-, Eisen- oder Porzellantiegel geschmolzen (bei Benutzung eines Platintiegels mit Soda und Pottasche unter Zusatz einiger Körnchen von Salpeter), die alkalische Lösung der Schmelze mit Natriumphosphatlösung versetzt und nun das Chrom maßanalytisch bestimmt. Der Wolframgehalt wird aus dem Unterschied berechnet.

C. Weitere vorgeschlagene Verfahren.

1. Fällung als Chrom(III)-chromat und Bestimmung als Cr_2O_3 nach Faktor.

Wenn man eine Lösung von Kaliumdichromat mit einer solchen von Natriumthiosulfat in der Hitze umsetzt, scheidet sich ein brauner Niederschlag ab, der nach dem Trocknen und Glühen in grünes Chromoxyd übergeht. Bei Anwendung eines nicht zu großen Überschusses an Natriumthiosulfat nimmt die anfangs rote Flüssigkeit eine gelbe Farbe an. Die Farbänderung deutet darauf hin, daß das Dichromat in Monochromat übergegangen ist. Der Reaktionsverlauf läßt sich etwa wie folgt ausdrücken:

$$2 K_2Cr_2O_7 + Na_2S_2O_3 = Cr_2O_3 \cdot CrO_3 + K_2CrO_4 + K_2SO_4 + Na_2SO_3.$$

Der sich abscheidende Niederschlag ist Chrom(III)-chromat. Er ist in Säuren löslich und hinterläßt beim Glühen Chromoxyd.

FAKTOR versucht, die Umsetzung für eine quantitative Bestimmungsmethode nutzbar zu machen. Er findet, daß bei einem Überschuß an Natriumthiosulfat das 6 wertige Chrom vollständig gefällt wird:

$$3 K_2Cr_2O_7 + 3 Na_2S_2O_3 = 2 (Cr_2O_3 \cdot CrO_3) + 3 K_2SO_3 + 3 Na_2SO_3.$$

Arbeitsvorschrift. 25 ml (= 0,1273 g Cr_2O_3) einer Kaliumdichromatlösung werden zum Sieden erhitzt und mit einem Überschuß an konz. Natriumthiosulfatlösung versetzt. Nach längerem Kochen setzt sich der braune Niederschlag zu Boden. Die überstehende Flüssigkeit ist klar und farblos. Nach dem Auswaschen wird das Chrom(III)-chromat geglüht und gewogen.

Bemerkungen. *I. Genauigkeit.* Die Beleganalysen weichen um 0,3 mg vom Sollwert ab. Das Filtrat ist vollständig frei von Monochromat.

II. Störungen. Bei Verwendung von Kaliummonochromat versagt die Methode; es tritt keine Fällung auf. Durch Zusatz von Ammoniumchlorid kann aber auch in diesem Fall die Abscheidung von Chrom(III)-chromat erreicht werden. Wahrscheinlich spaltet das Ammoniumsalz HCl ab, wodurch die Bildung von Dichromat ermöglicht wird.

2. Chrombestimmung im Ammoniumchromat.

Das Ammoniumchromat bzw. -dichromat ist bei Temperaturen oberhalb 200° nicht mehr beständig; es zersetzt sich unter Bildung von Chrom(III)-oxyd, welches als voluminöses Pulver zurückbleibt. Diese Reaktion benutzt DOBROSERDOFF zur quantitativen Chrombestimmung.

Literatur.

ABEGG, R.: Handbuch der anorganischen Chemie IV, 1. Abtlg. — ABEGG, R., u. H. SCHÄFER: Z. anorg. Ch. **45**, 293 (1905). — AUTENRIETH, W.: B. **35**, 2057 (1902).

BECK, K., u. PH. STEGMÜLLER: Z. El. Ch. **17**, 846 (1911).

Chemists U.S. Steel Corporation: Sampling and Analysis of Carbon an Alloy Steels, New York, 1938 (vgl. Bd. IVb, S. 95).

DOBROSERDOFF, D.: J. Russ. phys.-chem. Ges. **35**, 408 (1903); durch C. **74**, II, 313 (1903).

FAKTOR, F.: Fr. **39**, 347 (1900). — FICHTER, F., u. G. OESTERHELD: Z. anorg. Ch. **76**, 347 (1912). — FIELD, A. J.: J. ind. eng. Chem. **8**, 238 (1916); durch Fr. **63**, 353 (1923).

GIBBS, Wo.: Am. J. Sci. Arts; durch Fr. **12**, 309 (1873). — GOOCH, F. A., u. L. H. WEED: Z. anorg. Ch. **59**, 94 (1908). — GOVAERTS, J., u. C. BARCIA-GOYANES: Anal. chim. Acta **6**, 121 (1952); durch Fr. **139**, 280 (1953). — GROTE, F.: Fr. **126**, 129 (1943). — GRÖGER, M.: Z. anorg. Ch. **81**, 234 (1913).

HINRICHSEN: durch A. LEDEBUR: Leitfaden für das Eisenhüttenlab. 12. Aufl. 1925, S. 124.

JANDER, G.: Fr. **61**, 169 (1922).

KARAOGLANOV, Z.: Fr. **115**, 316 (1938/39). — KOHLRAUSCH, F.: Ph. Ch. **64**, 129 (1908); durch Fr. **60**, 215 (1921).

PEARSON, A. H.: Am. J. Sci. [II] **45**, 298; durch Fr. **9**, 108 (1870). — POND, W. F.: Chemist-Analyst **18**, Nr. 3, 11 (1929); durch Fr. **84**, 451 (1931).

TREADWELL, W. D.: Lehrbuch der analytischen Chemie, Bd. II. — TSCHAWDAROV, D., u. N. TSCHAWDAROWA: Fr. **110**, 348 (1937).

WILLARD, H. H., u. R. C. GIBSON: Ind. eng. Chem. Anal. Edit. **3**, 88 (1931). — WILLARD, H. H., u. J. L. Kassner: Am. Soc. **52**, 2402 (1930). — WINKLER, L. W.: Z. angew. Ch. **31**, 46 (1918). — WOGRINZ, A.: Ch. Z. **56**, 571 (1932); durch Fr. **93**, 310 (1933).

§3. Jodometrische Bestimmung des Chroms.

A. Umsetzung mit Kaliumjodid und Rücktitration des Jods.

1. Allgemeines.

Das Kaliumdichromat wird in der analytischen Praxis als Urtitersubstanz für die Einstellung von Natriumthiosulfatlösungen benutzt. Hierbei läßt man eine bestimmte Menge des Oxydationsmittels auf eine Kaliumjodidlösung in Gegenwart von Säuren einwirken, wobei eine äquivalente Menge Jod in Freiheit gesetzt wird:

$$Cr_2O_7^{--} + 14\,H^+ + 6\,J^- = 3\,J_2 + 2\,Cr^{+++} + 7\,H_2O. \tag{I}$$

Das Jod wird mit Thiosulfatlösung unter Verwendung von Stärkelösung als Indicator titriert:

$$J_2 + 2\,S_2O_3^{--} \longrightarrow S_4O_6^{--} + 2\,J^-. \tag{II}$$

Aus dem Verbrauch ergibt sich der Titerwert der Thiosulfatlösung.

Umgekehrt läßt sich dieses Verfahren natürlich auch dazu benutzen, um mit einer eingestellten Natriumthiosulfatlösung den Chromatgehalt jodometrisch zu ermitteln. Die Methode, die zum ersten Male von ZULKOWSKY angewandt wurde, beruht darauf, daß die zu untersuchende Chromatlösung in Gegenwart einer ausreichenden Säuremenge mit überschüssigem Kaliumjodid versetzt wird. Der frei werdende Jodwasserstoff reduziert das Dichromat zum Chrom(III)-salz, wobei gleichzeitig Jod abgeschieden wird, welches mit Thiosulfat titriert wird. Aus dem Thiosulfatverbrauch läßt sich der Dichromatgehalt berechnen. Hierbei ist zu berücksichtigen, daß 1 Mol dieses Salzes 6 Oxydationsäquivalente enthält [Gl. (I)].

Reaktionsmechanismus. Das Bestimmungsverfahren erscheint auf den ersten Blick sehr einfach und übersichtlich, und man sollte, wenn man an die Genauigkeit der jodometrischen Titrationsmethoden denkt, ausgezeichnete Resultate erwarten. Aber schon ZULKOWSKY selbst findet etwas zu hohe Werte. In den folgenden Jahren ist die Methode wiederholt auf ihre Zuverlässigkeit überprüft worden, und man hat sich bemüht, durch Ermittlung der günstigsten Reaktionsbedingungen die Resultate reproduzierbar und genau zu gestalten. Es hat den Anschein, als wenn sich gleichzeitig — wenn auch nur in sehr begrenztem Umfange — Nebenreaktionen abspielen, die zu einem geringfügigen Mehrverbrauch an Natriumthiosulfat führen. Diese unerwünschten Begleitreaktionen lassen sich jedoch praktisch vollständig oder mindestens so weit zurückdrängen, daß sich nach dieser Bestimmungsmethode sehr gute Resultate erzielen lassen.

MEINECKE sowie WAGNER (b) und auch MEINDL geben als Ursache für den vielfach beobachteten Überwert des Dichromates die Oxydation des Jodwasserstoffs durch Luftsauerstoff an, wobei MEINDL die Ansicht vertritt, daß der Oxydationsvorgang durch die primäre Reaktion CrO_3 (Induktor) — HJ (Aktor) induziert wird. Auch K. und W. BÖTTGER führen den etwas zu hohen Thiosulfatverbrauch auf die Einwirkung des Luftsauerstoffs zurück. Sie beweisen ihre Annahme dadurch, daß sie bei mehreren Beleganalysen, die sie unter Ausschluß des Sauerstoffs in einer Kohlendioxydatmosphäre durchführen, zu sehr genauen Chromatwerten kommen. Der anfangs beobachtete Überwert tritt dann nicht mehr auf. Auch VOSBURGH hält die Beteiligung des Luftsauerstoffs bei der Umsetzung für wahrscheinlich. Durch Einhaltung einer bestimmten Salzsäurekonzentration drängt er diesen störenden Einfluß so weit zurück, daß die Titrationsergebnisse sehr zufriedenstellend ausfallen. Denselben Effekt erreicht er durch den völligen Ausschluß der Luft. SCHULEK und DÓZSA kommen zu fehlerhaften Titrationsergebnissen — besonders beim Arbeiten mit 0,01 n Lösungen —, wenn sie den Luftfehler nicht ausschalten. Sie verdrängen den Luftsauerstoff durch Kohlendioxyd, welches aus zugesetztem Kaliumhydrogencarbonat entwickelt wird.

FRIEDRICH und BAUER stellen die gewagte These auf, daß bei der Umsetzung des Chromats mit Jodwasserstoff in sehr geringem Umfange die Reduktion bis zum Chrom(II)-salz verläuft:

$$K_2CrO_4 + 4\,HCl + 4\,HJ = 2\,KCl + CrCl_2 + 4\,H_2O + 2\,J_2. \tag{III}$$

Nach ihrer Ansicht könnte dieses starke Reduktionsmittel den Luftsauerstoff aufnehmen und dadurch das niemals beobachtete Nachbläuen der Jod-Stärke-Lösung nach der Titration verhindern. Außerdem ist die in Freiheit gesetzte Jodmenge größer als nach der Gl. (I), womit sie das Auftreten des Überwertes erklären. Weiter halten FRIEDRICH und BAUER noch folgenden Reaktionsablauf für möglich:

$$2\,CrCl_2 + 2\,HCl + J_2 = 2\,CrCl_3 + 2\,HJ. \tag{IV}$$

Die Chrom(II)-salzbildung wäre nach ihrer Ansicht eine Erklärung für die unterschiedlichen Werte, die durch die mehr oder weniger langen Wartezeiten vor der Titration bedingt sind.

Gegen diese Behauptung, daß bei der Reduktion des Chromats auch etwas Chrom(II)-salz vorübergehend entstehen soll, wendet sich HAHN (a). Da die Umsetzung von Chromat mit Jodwasserstoffsäure durch das Reduktionsvermögen des Jodwasserstoffs und durch das Oxydationsvermögen des Jods bestimmt werden soll, kann man die Redoxpotentiale messen und hieraus die Lage des Gleichgewichtes berechnen.

$$E_0(2\,\mathrm{J^-/J_2}) = +0,335\ \text{Volt}; \quad E_0(\mathrm{CrII/CrIII}) = -0,695\ \text{Volt}.$$

Man kann nach den bekannten Ansätzen ausrechnen, daß nur sehr geringe Mengen des vorhandenen Chroms 2wertig sein können. Das Verhältnis von Chrom(II) zu Gesamtchrom soll im äußersten Fall wie $1:10^{18}$ sein.

Nach HAHN (a) ist der Überwert bei der jodometrischen Dichromatbestimmung durch zwei grundverschiedene Ursachen bedingt: starksaure Lösungen nehmen vor und während der Titration Luftsauerstoff auf. Der Mehrverbrauch an Thiosulfat steigt deshalb um so stärker an, je länger man mit der Titration wartet. Die austitrierten Lösungen bläuen nach. Im Gegensatz hierzu zeigen schwach saure Lösungen dann einen geringen Mehrverbrauch an Thiosulfat, wenn sie sofort nach dem Ansetzen und zu rasch titriert werden. Im austitrierten Zustand bläuen sie nicht nach. Sie müssen einen reduzierend wirkenden Stoff enthalten, der Thiosulfat verbrauchen kann. HAHN (b) hält diese Verbindung für einen Chrom-Thiosulfat-Komplex, in dem das Thiosulfat nur sehr langsam mit dem freien Jod reagiert. Der Einfluß des Luftsauerstoffs kann allein die Ursache des Mehrverbrauchs nicht sein; denn dieser ist nur erheblich bei sofortiger und schneller Titration; er wird geringer beim langsamen Titrieren und tritt überhaupt nicht auf, wenn man nach dem Ansäuern längere Wartezeiten einhält. Bereits vorhandenes Chrom(III) reagiert nicht mit Thiosulfat, sondern nur im Entstehungszustand, also während der Reduktion des Chromats.

Zum Beweis seiner Behauptung titriert HAHN (b) das ausgeschiedene Jod mit Zinn(II)-chlorid; die erhaltenen Werte sind nahezu theoretisch. Außerdem gelingt es, in der Titrationsflüssigkeit neben dem freien Jod das Thiosulfat mittels der Jod-Natriumazid-Reaktion nachzuweisen. Die Chromthiosulfat-Komplexbildung wird durch zunehmende Chromatkonzentration begünstigt. Steigende Wasserstoff- und Jodionenkonzentrationen bewirken das Gegenteil. HAHN (b) hat durch Versuche die Bildung des Komplexes und somit das Nebeneinanderbestehen von Thiosulfat und freiem Jod anschaulich gezeigt. Einzelheiten sind dem Original zu entnehmen.

BRUHNS ist der Ansicht, daß der Luftsauerstoff an der Reaktion nicht beteiligt ist. SEUBERT und HENKE haben den zeitlichen Verlauf der Oxydation von Kaliumjodid mit Dichromat in schwefelsaurer Lösung untersucht. Sie stellen fest, daß auch nach sehr langer Zeit kein vollständiger Ablauf erfolgt. Es stellt sich ein Gleichgewichtszustand ein, der maximal bei 90% liegt. Von der entgegengesetzten Seite läßt sich das Gleichgewicht nicht erreichen; mit Jod tritt keine Oxydation von Cr(III) zu Cr(VI) ein. Zunehmende Verdünnung der Lösungen bewirkt eine Verzögerung im Reaktionsablauf. Ein Überschuß an Säure und Kaliumjodid wirken günstig auf den Oxydationsvorgang. Nach SEUBERT und HENKE verläuft die Umsetzung ausschließlich nach den Gleichungen (I) und (II). Zu derselben Ansicht kommt auch KOLTHOFF (a), der erkannt hat, daß bei Anwendung einer genügend großen Salzsäure- und Kaliumjodidmenge die Nebenreaktionen kaum oder gar nicht in Erscheinung treten. Der Verlauf der Umsetzung wird im wesentlichen von der Säurekonzentration beeinflußt. Bei ungenügenden Säuremengen sind für den Reaktionsablauf längere Zeiten erforderlich, so daß vor der Titration bestimmte Wartezeiten eingehalten werden müssen, um genaue Resultate zu erhalten. Durch Temperaturerhöhung wird die Reaktionsgeschwindigkeit nur unwesentlich gesteigert. JANDER und BESTE (a) können im wesentlichen die Beobachtungen von KOLTHOFF (a) bestätigen. Nach ihrer Ansicht treten bei Einhaltung ausreichender Salz-

säure- und Kaliumjodidkonzentrationen und einer bestimmten Wartezeit vor der
Titration die Nebenreaktionen praktisch nicht in Erscheinung. Die Umsetzung vollzieht sich nach den beiden ersten Gleichungen quantitativ.

2. Erforderliche Lösungen.

Natriumthiosulfatlösung. Allgemeines. Mit ziemlich schwachen Oxydationsmitteln reagiert Natriumthiosulfat unter Bildung von Tetrathionat:

$$2\,S_2O_3^{--} - 2\,e \longrightarrow S_4O_6^{--}.$$

Das kristallisierte Salz hat die Formel $Na_2S_2O_3 \cdot 5\,H_2O$, sein Molgewicht beträgt
248,194. Ein Liter einer 0,1 n Lösung enthält 24,819 g. Die Lösung kann nicht
exakt durch Einwägen hergestellt werden, da das Salz verwittert und seine Zusammensetzung daher unsicher ist.

Mit stärkeren Oxydationsmitteln, wie Brom, Hypojodit oder Dichromat, kann
Thiosulfat weiter bis zum Sulfat oxydiert werden (TOPF):

$$S_2O_3^{--} + 4\,J_2 + 10\,OH^- \longrightarrow 2\,SO_4^{--} + 8\,J^- + 5\,H_2O.$$

Hydroxylionen begünstigen den Reaktionsverlauf; in stark alkalischen Lösungen
soll die Oxydation zum Sulfat nach ABEL sogar quantitativ sein. KOLTHOFF (b) hat
festgestellt, daß die Nebenreaktionen außerdem noch durch die Jod-Jodid-Konzen-
tration, Temperatur und durch Fremdstoffe beeinflußt werden.

Wie die meisten Reduktionsvorgänge ist die Umsetzung $J_2 + 2\,e \rightleftarrows 2\,J^-$ vollkommen umkehrbar. Das Normalpotential des Systems Jod-Jodid liegt bei 0,535 Volt;
es wird von kleinen p_H-Änderungen kaum beeinflußt. Durch die Einhaltung bestimmter H^+-Ionenkonzentrationen lassen sich die Nebenreaktionen weitgehend ausschalten.

Bei der Titration von:

0,1   n Jodlösung soll der p_H-Wert kleiner als 7,6 oder $[H^+] > 2,5 \cdot 10^{-8}$ sein,
0,01 n Jodlösung soll der p_H-Wert kleiner als 6,5 oder $[H^+] > 3 \quad \cdot 10^{-7}$ sein,
0,001 n Jodlösung soll der p_H-Wert kleiner als 5,0 oder $[H^+] > \quad\quad 10^{-5}$ sein.

Die Angaben stammen von KOLTHOFF (c).

Freie Thioschwefelsäure ist sehr unbeständig und zerfällt in Schwefel und schweflige Säure. Infolge dieser Zersetzung kann Thiosulfat zur Titration einer sauren
Jodlösung nur dann verwendet werden, wenn man durch intensives rasches Vermischen der Lösung für eine schnelle Umsetzung mit Jod sorgt. Ein örtlicher Thio-
sulfatüberschuß ist zu vermeiden. Thiosulfatlösungen sind stabil, wenn sie steril
aufbewahrt werden. Die Bakterien, welche eine Zersetzung bewirken, scheinen im
p_H-Bereich von 9 bis 10 weniger aktiv zu sein; daher wirkt der Zusatz einer geringen
Alkalimenge günstig; Sauerstoff ist auf die Lösung ohne Einfluß.

Herstellung einer 0,1 n $Na_2S_2O_3$-Lösung nach WILLARD-FURMAN. 24,85 g
$Na_2S_2O_3 \cdot 5\,H_2O$ werden in heißem, vorher durch Kochen sterilisiertem Wasser gelöst. Nachdem man 1 ml 0,1 n NaOH oder 0,1 g Na_2CO_3 zugesetzt hat, läßt man
abkühlen und füllt dann zu 1 l auf. Vor der Titerstellung bleibt die Lösung stehen.
Der Titerwert ist von Zeit zu Zeit nachzuprüfen, da er sich durch Bakterieneinwir-
kung verändern kann.

Titerstellung der $Na_2S_2O_3$-Lösung. Für die Einstellung der Thiosulfatlösung gibt
es eine ganze Reihe von Urtitersubstanzen. Für die Chromatbestimmung ist die
Einstellung gegen Kaliumdichromat am zweckmäßigsten, da auf diese Weise gegebenenfalls auftretende Abweichungen kompensiert werden können.

Einstellung gegen $K_2Cr_2O_7$, Äquivalentgewicht: 49,036. Das Salz $K_2Cr_2O_7$
wird von vielen Autoren [KOLTHOFF (c); JANDER und BESTE (a); LUX; WILLARD-
FURMAN] für die Titerstellung der Thiosulfatlösung vorgeschlagen. Das Arbeitsverfahren ist das gleiche wie bei der Bestimmung (vgl. S. 48).

Als sonstige, zuverlässige Urtitersubstanzen werden folgende Elemente bzw. Verbindungen empfohlen: Jod, Kaliumjodat- und Bijodat, Cyanjodid, Oxalsäure und Kaliumhexacyanoferrat(III) [KOLTHOFF (c)].

Einstellung gegen Jod nach KOLTHOFF (c); Äquivalentgewicht 126,91. Das nach TREADWELL sorgfältig gereinigte Jod wird in einem Wägegläschen mit gut eingeschliffenem Stopfen abgewogen; dann fügt man auf je 0,3 bis 0,4 g Jod 2 bis 3 g reines gepulvertes KJ und 0,5 ml H_2O hinzu und verschließt rasch wieder. In der konz. Kaliumjodidlösung löst sich das Jod schnell auf. Man verdünnt mit Wasser und spült möglichst rasch quantitativ in einen Erlenmeyerkolben über. Dann wird mit Thiosulfat titriert. In Gegenwart von überschüssigem Salz KJ ist der Dampfdruck des Jods nur gering, und beim schnellen Arbeiten geht praktisch nichts verloren. Grundsätzlich ist es noch besser, das geschlossene Wägegläschen nach Lösen des Jods in den Kolben einzubringen, unter der Flüssigkeit zu öffnen und dann zu titrieren.

Einstellung gegen KJO_3 nach WILLARD-FURMAN; Äquivalentgewicht: 35,668. Diese Substanz hat zwei Vorteile: Sie bildet ein farbloses Reduktionsprodukt und reagiert in schwach saurer Lösung mit Jodid fast momentan, so daß der „Luftfehler" vernachlässigt werden kann. Daher ist eine CO_2-Atmosphäre unnötig. Das Salz muß besonders gereinigt sein. Sein Äquivalent beträgt $^1/_6$ des Molgewichtes, so daß 3,567 g KJO_3 für 1 l einer 0,1 n Lösung benötigt werden. Die abgewogene Menge KJO_3 wird in Wasser gelöst und mit überschüssigem Salz KJ und mit einem geringen Überschuß an Salzsäure versetzt. Auf 0,15 g KJO_3 entfallen etwa 2 g KJ und 1 ml konz. HCl in 10 ml Wasser. Die Jodabscheidung erfolgt fast augenblicklich. Es wird mit Thiosulfatlösung in Gegenwart von Stärke sofort titriert.

Einstellung gegen Kaliumbromat und Kaliumpermanganat. Das Salz $KBrO_3$ ist weniger empfehlenswert, da es oft Spuren an Bromid enthält und außerdem das Salz KJ nicht genügend rasch oxydiert. Bei $KMnO_4$ sind die Ansichten über dessen Eignung nicht ganz eindeutig (HENDEL; POPOFF und WHITMAN; VOSBURGH).

Stärkelösung. Der große Vorteil der jodometrischen Bestimmung beruht auf dem scharfen Endpunkt, der erhalten werden kann. 1 Tropfen einer 0,1 n Jodlösung verleiht 200 ml Wasser eine erkennbare Farbe. Der Test kann durch Zugabe einer Stärkelösung noch viel empfindlicher gestalltet werden. Dabei entsteht eine dunkelblaue Adsorptionsverbindung, die Jod und Jodid enthält. Das Jod ist so locker adsorbiert, daß es sich wie das freie Element verhält. Über die Natur der Jodstärke existieren zahlreiche Veröffentlichungen [vgl. KOLTHOFF (c)].

Herstellung der Stärkelösung. 1 g lösliche Stärke und 5 mg Quecksilberjodid werden mit wenig Wasser zu einem dünnen Brei verrieben, und dieser wird anschließend unter Umrühren in $^1/_2$ l siedendes, dest. H_2O gebracht. Man kocht einige Minuten, bis die Lösung klar ist, läßt abkühlen und bewahrt die Stärkelösung in einer Flasche mit Schliffstopfen auf; man verwendet davon etwa 5 ml auf je 100 ml Lösung. Die klare Lösung ändert sich auch nach langem Stehen in farblosem Glas nicht. Wenn sie mit verd. Jodlösungen keine blaue Farbe, sondern einen mehr violetten Ton gibt, so ist sie unbrauchbar.

Anwendung der Stärkelösung. Die Stärkelösung soll frisch oder gut konserviert sein. Sie darf erst kurz vor Erreichung des Endpunktes zur Titrationslösung zugesetzt werden. Anderenfalls kann selbst im Endpunkt etwas Jod adsorbiert bleiben. In stark saurer Lösung kann Stärke infolge hydrolytischer Zersetzung nicht verwendet werden; ebensowenig läßt sie sich in alkoholischer Lösung benutzen. Bei höheren Temperaturen wird Stärke von Jod oxydiert. Da die blaue Adsorptionsverbindung Jodid und Jod enthält, sollte in der Stärkelösung je 100 ml mindestens 1 g KJ anwesend sein. Die Jod-Stärke-Reaktion ist sehr empfindlich; nach KOLTHOFF (c) ist die Blaufärbung eher sichtbar, wenn die Lösung $2 \cdot 10^{-5}$ n an Jod

(= 2,6 mg/Liter) und wenigstens $4 \cdot 10^{-5}$ n an Jodid ist. Säuren und Neutralsalze sollen die Empfindlichkeit noch steigern. Der Titrierfehler ist bei stärkeren als 0,01 n Lösungen zu vernachlässigen.

Bei vielen jodometrischen Titrationen beobachtet man nach dem Verschwinden der Jodstärkefarbe eine Wiederkehr des blauen Farbtons. Dieses sogenannte Nachbläuen beruht meistens auf der Einwirkung des Luftsauerstoffs.

Eine weitere Möglichkeit zur Erkennung des Endpunktes. Noch ehe man Stärke als Indicator in der Jodometrie benutzte, hat man bei der Titration mit Wasser nicht mischbare Flüssigkeiten, wie Benzol, Petroläther, Chloroform und Tetrachlorkohlenstoff, zugesetzt. Die Sichtbarkeitsgrenze der rotvioletten Jodfarbe in diesen Lösungsmitteln soll noch die Jod-Stärke-Reaktion übertreffen. Besonders zur Titration sehr verdünnter Jodlösungen sind diese organischen Flüssigkeiten sehr angebracht, zumal dann auch kein Titrierfehler in Frage kommt.

3. Bestimmungsverfahren.

Von den gegebenen Arbeitsvorschriften ist diejenige von KOLTHOFF (a) die gebräuchlichste.

Arbeitsvorschrift nach Kolthoff. 25,0 ml der zu untersuchenden Lösung, die in bezug auf $K_2Cr_2O_7$ etwa 0,1 n sein soll, werden in einem Erlenmeyerkolben mit 5 ml n KJ-Lösung und 20,0 ml 4 n HCl versetzt. Man mischt gut durch, verdünnt mit etwa 50 ml Wasser und titriert dann mit einer 0,1 n $Na_2S_2O_3$-Lösung unter dauerndem Umschwenken, bis die Lösung gelblichgrün erscheint. Jetzt setzt man Stärkelösung zu und titriert bis zum Umschlag von dunkelblau nach hellblaugrün.

Arbeitsvorschrift nach Schulek und Dózsa. 400 ml der zu untersuchenden Chromatlösung mit einem Cr-Gehalt von etwa 20 mg werden mit 4 g $KHCO_3$ versetzt. Nachdem sich das Salz gelöst hat, fügt man von 25 ml 50%iger Schwefelsäure so viel hinzu, bis die grünlichgelbe Farbe der Lösung in rot umschlägt. Nun gibt man in die Lösung 2 g KJ und läßt den Rest der Schwefelsäure zufließen. Der Erlenmeyerkolben wird sofort gut verschlossen, und es wird nach 5 Min. mit 0,1 n $Na_2S_2O_3$-Lösung unter Zusatz von Stärke titriert.

Arbeitsvorschrift nach Vosburgh. 4 g KJ und 2 g $NaHCO_3$ werden in einem 500-ml-Erlenmeyerkolben mit 100 ml kaltem Wasser, das vorher kurz aufgekocht wurde, in Lösung gebracht (Verdrängung des Sauerstoffs durch CO_2!). Nun fügt man langsam 5 bis 6 ml konz. Salzsäure zu. Dieses Säurevolumen entspricht einem Überschuß von etwa 3 ml (zur Erzeugung der CO_2-Atmosphäre kann auch an Stelle von $NaHCO_3$ ein CO_2-Strom aus einem KIPP-Apparat direkt in den Kolben eingeleitet werden). Die Lösung muß vollkommen farblos sein. Tritt beim Ansäuern eine schwache Gelbfärbung auf, die von freiem Jod herrührt, setzt man wenig einer 0,1 n $Na_2S_2O_3$-Lösung zu. Nun läßt man 45 ml der zu untersuchenden Dichromatlösung (die in bezug auf Dichromat etwa 0,1 n sein soll und deren Acidität unter 0,1 n liegen soll) einfließen. Man mischt gut durch, spült die Wände des Kolbens mit dest. ausgekochtem Wasser nach und läßt den gut verschlossenen Kolben 5 bis 6 Min. im Dunkeln stehen. Die Lösung wird zweckmäßig etwas gekühlt, um Jodverluste zu vermeiden. Dann verdünnt man auf 300 bis 400 ml und titriert unter beständigem Umschwenken mit Thiosulfat. Sobald das Jod fast ganz verschwunden ist und die Farbe der Lösung sich einem reinen Grün nähert, fügt man 1 bis 2 ml der Stärkelösung zu und spült die Wandungen des Kolbens ab. Die Farbe soll nach dunkelblau oder grünlichblau umschlagen, bis schließlich auf Zusatz eines Tropfens Thiosulfat eine reine grüne Farbe erscheint. Der Endpunkt ist bei gutem Licht gegen einen weißen Hintergrund sehr scharf, wenn die Lösung nicht zu konzentriert ist.

Berechnung: Das Milliäquivalent von $K_2Cr_2O_7$ ist gleich 0,049036 (VOSBURGH).

Bemerkungen. *I. Genauigkeit.* Die Methode ist von vielen Analytikern auf ihre Genauigkeit überprüft worden. Schon die große Zahl der Veröffentlichungen deutet darauf hin, daß dem Verfahren gewisse Schwierigkeiten anhaften. Der größte Teil der Autoren, die sich mit der Methode auseinandersetzen, sind jedoch zu einem positiven Ergebnis gekommen, d. h., sie halten das Bestimmungsverfahren für durchaus zuverlässig, wenn man sich an die von KOLTHOFF (a) angegebenen Arbeitsbedingungen hält.

Ältere Autoren (MEINDL; MEINECKE; WAGNER; ZULKOWSKY), welche ohne Kenntnis der genauen Reaktionsbedingungen arbeiteten, halten die Methode für nicht zuverlässig genug. Auch K. und W. BÖTTGER bestätigen den Überwert des Dichromats. Sie kommen jedoch dann zu genauen Ergebnissen, wenn der Luftsauerstoff bei der Titration ausgeschaltet wird. Als Urtitersubstanz lehnen sie das Dichromat ab. FRIEDRICH und BAUER halten ebenfalls die Methode für nicht exakt genug. BRAY und Mitarbeiter haben bei der Einstellung von Thiosulfatlösungen mit Dichromat Fehler bis zu 0,4% festgestellt.

Dagegen kommen sowohl BRUHNS als auch SEUBERT und HENKE zu sehr genauen und reproduzierbaren Titrationsergebnissen. KOLTHOFF (a) vergleicht das Kaliumdichromat mit anderen Urtitersubstanzen wie Jod, Cyanjodid, Kaliumbromat und Kaliumjodat und findet einen geringfügigen Mehrverbrauch an Thiosulfat, der aber immer noch unter 0,1% liegt.

Auch JANDER und BESTE (a) halten die Titrationsmethode für exakt und zuverlässig, wenn man die Fehlermöglichkeiten kennt und sie durch passende Gestaltung der Versuchsbedingungen ausschaltet. Die Beleganalysen von SCHULEK und DÓZSA zeigen ausgezeichnete Übereinstimmung mit der Theorie, wenn bei der Titration der Luftsauerstoff durch Kohlendioxyd verdrängt wird. Auch für die Bestimmung kleiner Chromatmengen ist die Genauigkeit des Verfahrens ausreichend. HAHN zieht jedoch in Erwägung, die jodometrische Methode grundsätzlich zu verlassen und das Chromat mit Eisen(II)-, Chrom(II)- oder Titan(III)-salz zu messen, wobei der Endpunkt potentiometrisch oder durch Redoxindicatoren festgelegt werden kann. Sowohl POPOFF und WHITMAN als auch BRAY sowie VOSBURGH stellen unabhängig voneinander bei der jodometrischen Chromatbestimmung einen Fehler von etwa 0,1% fest. Sie halten das Dichromat als Urtitersubstanz zur Einstellung von Thiosulfatlösungen für geeignet.

II. Säurekonzentration. Die Säurekonzentration hat einen erheblichen Einfluß auf den Reaktionsverlauf. Die Lösung muß verhältnismäßig stark sauer sein. In schwach sauren Lösungen ist die Oxydation unvollständig (SEUBERT und HENKE). Man muß vor der Titration längere Zeit (15 bis 30 Min.) warten, um zu richtigen Ergebnissen zu kommen. KOLTHOFF (a) empfiehlt mindestens 14 ml 4 n Salzsäure auf 100 ml Lösung, d. h. die Normalität ist ungefähr 0,6. VOSBURGH erhält bei einem Säuregehalt von 0,2 bis 0,4 Molen die besten Werte. Extrem hohe Säurekonzentrationen wirken ungünstig. Von DITZ wird darauf aufmerksam gemacht, daß in einer 20%igen salzsauren KJ-Lösung nach $^1/_4$ Stde. durch Luftoxydation eine deutliche Jodabscheidung erfolgt. VOSBURGH sowie POPOFF und WHITMAN halten es für zweckmäßig, die Chromatlösung zur sauren KJ-Lösung zu geben. Im allgemeinen ist es üblich, den umgekehrten Weg einzuschlagen. Die Verwendung von Salzsäure verdient im allgemeinen gegenüber Schwefelsäure und Essigsäure den Vorzug [KOLTHOFF (a)]. Nach POPOFF und WHITMAN soll die Endkonzentration an Salzsäure einer Konzentration von 0,2 m entsprechen. SCHULEK und DÓZSA führen die Titration mit sehr gutem Erfolg in schwefelsaurer Lösung durch.

III. Kaliumjodidkonzentration. Das Kaliumjodid muß im Überschuß vorhanden sein. Die Umsetzung wird durch die KJ-Konzentration nicht so wesentlich beeinflußt wie durch die Salzsäuremenge [KOLTHOFF a)]. Es empfiehlt sich, das verwandte Salz KJ auf die Anwesenheit von Jod zu prüfen. Die Endkonzentration an KJ soll gegen Ende der Titration 6% betragen (POPOFF und WHITMAN). LUX nimmt 2 g KJ auf 50 ml 0,1 n $K_2Cr_2O_7$-Lösung.

IV. Reaktionsdauer. Die Oxydation des Jodwasserstoffs mit Dichromat erfordert eine gewisse Zeit, bis sie vollständig ist. In schwachsauren Lösungen kann man den Überwert nur dann vermeiden, wenn man vor der Titration einige Minuten wartet [KOLTHOFF (a); HAHN]. Sind die zu titrierenden Lösungen stärker sauer, ist sofort zu titrieren (HAHN). JANDER und BESTE (a) halten eine Wartezeit von 15 Min. für am günstigsten, wenn man sich an die von KOLTHOFF (a) angegebenen Konzentrationsverhältnisse hält. K. und W. BÖTTGER finden einen um so größeren Überwert, je länger das Reaktionsgemisch vor der Titration stehenbleibt. VOSBURGH als auch POPOFF und WHITMAN sowie LUX schlagen den Mittelweg ein und geben in ihren Arbeitsvorschriften eine Wartezeit von 5 bis 10 Min. an, wobei sie eine HCl-Konzentration verwenden, die einer 0,3 bis 0,6 n Säure entspricht.

V. Einfluß des Luftsauerstoffs. Die Beteiligung des Luftsauerstoffs an dem Reaktionsvorgang ist fast von allen Autoren übereinstimmend festgestellt worden. Durch die Auswahl geeigneter Bedingungen, wie Säurekonzentration, Verweilzeiten und schließlich durch die völlige Verdrängung der Luft durch ein inertes Gas wie CO_2 läßt sich der Einfluß auf ein Minimum beschränken. Nach HAHN (a) soll der Luftsauerstoff zu Beginn der Oxydation wirksam sein, und zwar besonders in stark sauren Lösungen.

VI. Einfluß von Licht und Verunreinigungen. KOLTHOFF (a) hat festgestellt, daß durch Sonnenbestrahlung die Nebenreaktionen, insbesondere Luftoxydation, gefördert werden. Die Anwesenheit gewisser katalytisch wirkender Verunreinigungen, wie z. B. Spuren von Kupfer, Molybdat oder salpetriger Säure, begünstigen noch die Oxydation durch Luftsauerstoff. POPOFF und WHITMAN sowie VOSBURGH halten es daher für zweckmäßig, das Reaktionsgemisch im Dunkeln stehenzulassen.

VII. Überschreitung des Endpunktes. Wenn bei dem Verfahren nach VOSBURGH gegen Ende der Titration die blaue Jodstärkefarbe sofort wiederkehrt, ist weiter zu titrieren, bis jede Blaufärbung verschwunden ist. Falls der Endpunkt überschritten ist, muß die Titration verworfen werden. Es ist nicht möglich, Dichromat zuzusetzen und die Titration fortzuführen.

VIII. Störende Stoffe. Es sind im allgemeinen solche Elemente und Verbindungen auszuschließen, die auf Jodwasserstoff oxydierend wirken. Hierzu gehören Eisen(III)-, Kupfer(II), Molybdän(VI)-, Vanadium(V)- und Cer(IV)-ionen, ferner Salpetersäure und die Sauerstoffsäuren der Halogene. Entweder ist eine Abtrennung dieser Stoffe oder eine Maskierung der Ionen durch komplexbildende Verbindungen (vgl. Abschnitt C) notwendig. Auch Reduktionsmittel wirken störend, da sie mit dem Chromat reagieren können.

B. Bestimmung nach dem Destillationsverfahren.

1. Allgemeines.

Die Bestimmungsmethode, die auch für eine ganze Reihe anderer Oxydationsmittel, wie z. B. MnO_2, PbO_2, Pb_3O_4, angewandt werden kann, ist von BUNSEN entwickelt worden. Sie beruht darauf, daß das Dichromat mit Salzsäure in der Hitze zum Chrom(III)-salz reduziert wird, wobei Chlor entsteht:

$$K_2Cr_2O_7 + 14\,HCl \longrightarrow 2\,CrCl_3 + 2\,KCl + 3\,Cl_2 + 7\,H_2O. \tag{I}$$

Das Chlor wird in einer geeigneten Apparatur abdestilliert und in einer Kaliumjodidlösung aufgefangen. Die in Freiheit gesetzte äquivalente Jodmenge titriert man mit Natriumthiosulfat. Der Vorteil dieses Verfahrens gegenüber der direkten Titration im Reaktionsgemisch nach ZULKOWSKY besteht darin, daß durch die getrennte Erfassung des Jods gewisse Nebenreaktionen ausgeschaltet werden. Andererseits nimmt die Bestimmungsmethode mehr Zeit in Anspruch und ist komplizierter.

Die von BUNSEN entwickelte Apparatur ist von MARC und später von FARSÖE verbessert worden. Neu ist ferner das Überdestillieren im Kohlendioxydstrom, um ein Zurücksteigen der vorgelegten Kaliumjodidlösung zu vermeiden.

RUPP hat dann erkannt, daß die beobachteten Unstimmigkeiten beim Destillationsverfahren nicht ausschließlich durch apparative Mängel bedingt waren, sondern in der Methode selbst zu suchen sind. Die zu niedrigen Werte führt er darauf zurück, daß das mit den Wasserdämpfen übergehende Chlor zum Teil zu Chlorwasserstoff umgesetzt wird:

$$2\,H_2O + 2\,Cl_2 = 4\,HCl + O_2. \tag{II}$$

Hierdurch wird ein Teil des ursprünglich in Freiheit gesetzten Chlors unwirksam. Verwendet man an Stelle von Salzsäure die Bromwasserstoffsäure als Reduktionsmittel, ist der Bromverlust gemäß der Gleichung (II) nicht so groß. Gar nicht in Erscheinung tritt er, wenn man die Reduktion mit Kaliumjodid in saurer Lösung durchführt.

Ausschaltung der Fehlerquelle. Durch lange Verweilzeiten wird die Einstellung des DEACON-Gleichgewichtes [Gleichung (II)] begünstigt. Je länger die Reaktionspartner nebeneinander existieren, desto mehr Chlor geht der Umsetzung mit Kaliumjodid verloren. JANDER und BESTE (b) schalten erfolgreich diese Nebenreaktion dadurch aus, daß sie die Abmessungen des Kolbens und des Überganges möglichst klein gestalten. Das Chlor und der Wasserdampf sind dann nur verhältnismäßig kurze Zeit nebeneinander vorhanden, so daß sie kaum miteinander reagieren können. Das Halogen wird so verhältnismäßig rasch von der Kaliumjodidlösung absorbiert.

2. Verfahren nach Jander und Beste (b).

Apparatur. Ein kleines birnenförmiges Destillationskölbchen von 60 bis 80 ml Inhalt ist durch einen Schliff mit einem Tropftrichter verbunden, dessen mit Glashahn versehenes Abflußrohr in das Kölbchen hinabführt. Am oberen Teil des Kölbchens ist ein ziemlich kurz gehaltenes Ableitungsrohr angeschmolzen. Es führt bis auf den Boden des Erlenmeyerkolbens, an welchem ein Dreikugelrohr angeschlossen ist. Die beiden Vorlagen werden mit 40 ml 0,2 n KJ-Lösung beschickt und mit Eiswasser gut gekühlt. Eine zwischen Brenner und Vorlagen angebrachte Asbestpappe schirmt die Wärmestrahlen ab. Der Tropftrichter steht mit einem Kohlensäureapparat in Verbindung (vgl. Abb. 2).

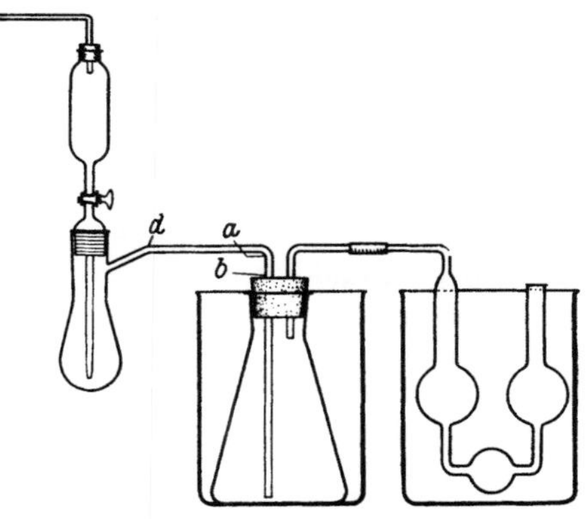

Abb. 2. Apparatur nach JANDER für das jodometrische Destillationsverfahren.

Arbeitsvorschrift. Nachdem man die Apparatur zusammengesetzt hat und die zu untersuchende Chromatprobe (etwa 0,2 g $K_2Cr_2O_7$) in das Destillationskölbchen gebracht hat, füllt man den Tropftrichter mit etwa 40 ml konz. Salzsäure. Dann drückt man mit Kohlendioxyd die Zersetzungssäure in das Kölbchen und reguliert den Gasstrom so, daß alle 2 bis 3 Sek. eine Gasblase durch das Dreikugelrohr perlt. Hierauf wird langsam erhitzt und 30 Min. auf Siedetemperatur gehalten. Die durch das übergehende Chlor ausgeschiedene Jodmenge wird dann mit eingestellter Natriumthiosulfatlösung titriert.

Bemerkungen. *I. Genauigkeit.* Der Fehler beträgt höchstens 0,2%.

II. Salzsäurekonzentration. Es ist zweckmäßig, die Zersetzung mit möglichst konz. Salzsäure vorzunehmen. Die Flüssigkeit im Zersetzungskölbchen soll einer ungefähr im Verhältnis 1 : 1 verd. Säure entsprechen.

III. Änderung der Apparatur. Zur Bestimmung des Oxydationswertes höherer Oxyde (z. B. MnO_2, PbO_2 und Pb_3O_4) benutzt LUX eine wesentlich einfachere Apparatur. Sie besteht aus einem 750-ml-Erlenmeyerkolben und einem 30-ml-Rundkölbchen, in welchem das zu untersuchende Oxydationsmittel mit konz. Salzsäure umgesetzt wird. Das gebildete Chlor gelangt über ein längeres Einleitungsrohr in die vorgelegte Kaliumjodidlösung. Die Entlüftung der Apparatur erfolgt über ein Glasrohr, welches mit RASCHIG-Ringen (aus Glas) beschickt ist (vgl. Abb. 3).

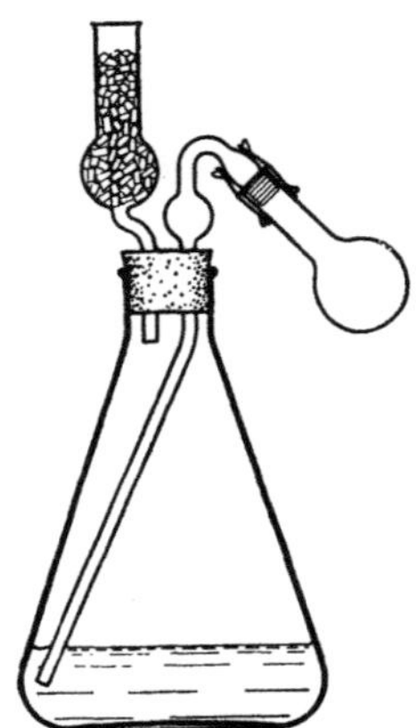

Abb. 3. Apparatur nach LUX für das jodometrische Destillationsverfahren.

C. Anwendung der jodometrischen Bestimmungsmethode.

1. Bestimmung von Chrom neben Eisen.

I. Verfahren nach LITTLE und COSTA.

Allgemeines. Für die maßanalytische Bestimmung des Chroms in Gegenwart größerer Eisenmengen ist im allgemeinen eine Abtrennung des Eisens als Hydroxyd notwendig. Dieser Weg ist zeitraubend, da zur vollständigen Trennung mehrere Umfällungen erforderlich sind. LITTLE und COSTA führen das Eisen in einen Eisen(III)-fluorid-Komplex über und bestimmen das Chromat jodometrisch. Eisen(III)- und Fluoridionen bilden einen ziemlich leichtlöslichen Komplex, der wahrscheinlich die Zusammensetzung $(FeF_6)^{---}$ besitzt. Mit Kaliumjodid reagiert er nicht unter Jodausscheidung. Durch einen großen Säure- oder Alkaliüberschuß wird er zerstört. Er ist jedoch bei denjenigen Säurekonzentrationen beständig, die zur maßanalytischen Bestimmung angewandt werden. Die Abwesenheit von Eisen(III)-ionen kann durch Tüpfelproben mit Kaliumhexacyanoferrat(II) kontrolliert werden. Gewöhnlich nimmt man Ammoniumfluorid, aber auch Kaliumfluorid ist brauchbar. Die Verwendung von Flußsäure hat sich nicht bewährt. Bei großen Eisenmengen fällt der Eisenfluoridkomplex aus und verleiht der Lösung eine undurchsichtige, weiße Färbung. Dadurch kommt bei der jodometrischen Endpunktbestimmung nicht die blaugrüne Farbe der Chrom(III)-salzlösung zum Vorschein, sondern der Farbwechsel erfolgt vom tiefen Blau zum undurchsichtigen Weiß.

Arbeitsvorschrift. 0,4 g eines Chromeisenerzes werden mit Natriumperoxyd aufgeschlossen (vgl. § 24 A). Die Aufschlußlösung (150 ml) wird abgekühlt und mit Salzsäure versetzt, bis das Eisenhydroxyd in Lösung gegangen ist. Auf 100 ml entfällt ein Überschuß von 5 ml konz. Säure. Nun fügt man so lange Ammoniumfluorid hinzu, bis das Eisen(III) mit Hexacyanoferrat(II) nicht mehr reagiert [Tüpfeln mit Kaliumhexacyanoferrat(II)]. Dann gibt man noch 1 g im Überschuß hinzu. Nachdem man 3 g Kaliumjodid hinzugefügt hat, läßt man die Lösung 3 Min. stehen und titriert mit eingestellter Thiosulfatlösung unter Verwendung von Stärke als Indicator.

Bemerkungen. a) *Genauigkeit.* Die Autoren vergleichen die Chromoxydwerte verschiedener Erze mit denjenigen, die sie erhalten, wenn sie das Chromat mit Eisen(II)-ammoniumsulfat reduzieren und den Überschuß mit Permanganat oder Dichromat zurücktitrieren. Die Differenz beträgt im Durchschnitt 0,04 bis 0,12% (als Cr_2O_3 berechnet).

b) Anwendung. Die Methode ist für die Analyse von Chromerzen geeignet.

II. Verfahren nach BARNEBEY.

Allgemeines. BARNEBEY hat gezeigt, daß eine Eisen(III)-salzlösung mit Kaliumjodid in Gegenwart von Phosphorsäure nur sehr langsam reagiert. Die Reaktionsgeschwindigkeit ist so gering, daß z. B. die Umsetzung zwischen Jodsäure und Jodid quantitativ gestaltet werden kann, ohne daß die Anwesenheit von Eisen(III)-ionen stört. Durch Phosphorsäure wird das Eisen(III) in ein lösliches, saures Phosphat übergeführt. Unter Zurückdrängung der Dissoziation tritt eine saure Komplexbildung ein, wodurch die Reaktion zwischen Eisen(III) und Jodid unterbunden wird. Auch Chromat läßt sich neben Eisen(III)-ionen jodometrisch erfassen, wenn man bestimmte Phosphorsäurekonzentrationen einhält. Zweckmäßig soll die Lösung in bezug auf Phosphorsäure etwa 3 n sein, während die Kaliumjodidmenge einer 0,1 n Lösung entsprechen soll.

Arbeitsvorschrift. Die Chromat und Eisen enthaltende Lösung wird mit einer ausreichenden Menge an Phosphorsäure versetzt, so daß gegebenenfalls ausfallendes Eisenphosphat wieder in Lösung geht. Der Zusatz an Säure ist so zu bemessen, daß die Lösung am Ende einer 3 n Phosphorsäure entspricht. Nun fügt man auf je 100 ml Lösung 10 ml n Kaliumjodidlösung hinzu und titriert das ausgeschiedene Jod mit eingestellter Thiosulfatlösung in Gegenwart von Stärke.

Bemerkungen. *a) Genauigkeit.* BARNEBEY führt eine Analysenserie unter Abtrennung des Eisen(III)-hydroxyds durch und kommt hierbei etwa zu den gleichen Werten, die er ohne Filtration erhält. Die Unterschiede betragen im Mittel etwa 0,05% Cr_2O_3.

b) Anwendung. Das Verfahren ist auch auf die Chrombestimmung in Erzen anwendbar (BARNEBEY; D'ANS).

2. Bestimmung von Chrom neben Kupfer(II)-, Eisen(III)-, Molybdän(VI)-, Vanadium(V)- und Cer(IV)-ionen.

Maskierung der Fremdmetalle durch Komplexon.

Die jodometrische Bestimmung von Chromat läßt sich weitgehend selektiv gestalten, wenn man nach PŘIBIL (a) die störenden Metallionen durch koordinative Bindung an Äthylendiamintetraessigsäure (Komplexon III) gegen Jodid unwirksam macht. Um die Metallkomplexonate nicht zu zersetzen, läßt man die Reduktion von Chromat durch Jodid in essigsaurer Lösung vor sich gehen. Der Reduktionsvorgang muß innerhalb von 5 Min. beendet sein, da sonst Chromat durch Komplexon in meßbaren Mengen reduziert wird. Es lassen sich höchstens 20 mg Chrom mit Stärke als Indicator bestimmen. Größere Mengen bilden am Ende der Titration ein so intensiv violett gefärbtes Chrom(III)-komplexonat, daß der Farbumschlag undeutlich ist. Man kann in diesem Fall den Endpunkt potentiometrisch feststellen.

Arbeitsvorschrift. 25 ml eines neutralen Gemisches von Dichromat und den oben angeführten Metallsalzen werden mit 25 ml einer 0,1 n Komplexon(III)-lösung (37,2 g je Liter) versetzt. Dann säuert man mit 10 ml Eisessig an, fügt sofort 1 g Kaliumjodid hinzu und läßt das Reaktionsgemisch 5 Min. verschlossen im Dunkeln stehen. Anschließend wird mit 0,1 n Thiosulfatlösung unter Zusatz von Stärke titriert.

Bemerkungen. *I. Genauigkeit.* Die Beleganalysen zeigen bei Chrommengen von 0,87 bis 13,9 mg relative Fehler zwischen $+2$ und $-0,75\%$.

II. Anwendung. Das Verfahren kann auch zur Chrombestimmung im Stahl angewendet werden. Bei den Begleitelementen dürfen folgende Höchstmengen nicht überschritten werden: 56 mg Fe(III), 13 mg Cu(II), 19 mg Mo(VI), 11 mg V(V) und 3,5 mg Ce(IV). Mangan(II) und Nickel stören nicht. Höhere Manganstufen müssen erst durch Salzsäure zu Mn(II) reduziert werden. Cer(IV) wird fast augenblicklich durch Komplexon reduziert. Die Wertigkeitsstufen der übrigen angeführten Elemente bleiben erhalten. Kobalt stört; denn Kobalt(II)-ion wird durch Chromat zu Kobalt(III)-komplexonat oxydiert, das durch Jodid nicht wieder reduziert wird.

III. Abänderung des Bestimmungsverfahrens. Gewisse Mängel des Verfahrens lassen sich nach PŘIBIL (b) dadurch abstellen, daß man zu der sauren Probelösung erst das Kaliumjodid gibt. Nachdem das Jod in Freiheit gesetzt ist, puffert man mit Acetat und fügt Äthylendiamintetraessigsäure (Komplexon III) hinzu. Diese bindet Cu^{++} und Fe^{+++} koordinativ so weitgehend, daß die Reaktionen: $2Cu^{++} + 4J^- \rightleftarrows 2CuJ + J_2$ und $2Fe^{+++} + 2J^- \rightleftarrows 2Fe^{++} + J_2$ glatt und quantitativ rückläufig werden. In der Jodlösung verbleiben nur die der Reduktion von Chromat entsprechenden Jodmengen, die mit Thiosulfat zu titrieren sind. Durch diese Änderung der Arbeitsweise erreicht man, daß Chromat nicht mehr von Komplexon(III) reduziert wird und daß kein intensiv violett gefärbtes Chrom(III)-komplexonat auftritt, welches die Erkennung des Farbumschlages stört. Außerdem dürfen jetzt auch Kobaltsalze zugegen sein.

3. Bestimmung von Chrom neben Mangan nach van der Meulen.

Mangan(II)-salze werden mit Kaliumpersulfat und Silbernitrat als Katalysator quantitativ in Übermangansäure übergeführt, wenn man die Oxydation in Gegenwart eines Gemisches an Phosphor- und Flußsäure vornimmt. In gleicher Weise läßt sich Chrom(III) zu Chromat oxydieren; jedoch ist hierbei die Anwesenheit der beiden Säuren ($H_3PO_4 + HF$) nicht erforderlich. Dieses unterschiedliche Verhalten der beiden Metalle gegenüber Kaliumpersulfat benutzt van der Meulen, um Chrom neben Mangan zu bestimmen. In einem Teil der Probe oxydiert man Cr(III) und Mn(II) und bestimmt die Summe an Chromat und Permanganat jodometrisch. In einem zweiten Teil der Lösung führt man die Oxydation ohne Zugabe von Phosphorsäure und Flußsäure durch. Das Chromat kann nach Abtrennung des Mangan(IV)-oxydniederschlages jodometrisch erfaßt werden. Der Mangangehalt ergibt sich aus der Differenz der beiden Titrationen.

Arbeitsvorschrift. Die zu untersuchende Lösung darf nur so viel Chrom und Mangan enthalten, daß sie nach der Oxydation höchstens einen Wirkungswert von 50 ml einer 0,1 n Lösung aufweist. 25 bis 50 ml einer derartigen Lösung werden mit 15 bis 20 ml 25%iger Phosphorsäure, 2,5 bis 3 ml starker Flußsäure und 10 ml 0,1 n Silbernitrat- oder Silbersulfatlösung versetzt. Man fügt nun 1,5 g reines Kaliumpersulfat hinzu und erhitzt auf dem Wasserbad. Je nach Chromgehalt färbt sich die Flüssigkeit gelb bis orange. Nachdem das Chrom(III) vollständig zu Chrom(VI) oxydiert ist, beginnt die Oxydation des Mangans. Die Flüssigkeit wird braun, dann braunrot und nimmt schließlich eine weinrote Farbe an. Bei sehr hohem Mangangehalt tritt sogar die violette Permanganatfarbe auf. Die Reaktion ist beendet, wenn kleine Gasblasen an die Oberfläche steigen. Jetzt beginnt die Zersetzung des überschüssigen Persulfats. Man erhitzt die Flüssigkeit noch etwa 5 Min. zum Sieden. Dann kühlt man ab und gibt 10 ml n Kaliumjodidlösung und 5 ml 5 n Salzsäure hinzu. Nach 2 bis 3 Min. verdünnt man mit 50 bis 100 ml Wasser und titriert das ausgeschiedene Jod mit 0,1 n Thiosulfatlösung (Cr + Mn).

Eine zweite Probe versetzt man mit 2 ml Silbernitrat, 2 g Zinksulfat, 2 g kristallisiertem Natriumsulfat, 25 ml Wasser, 1,5 g Kaliumpersulfat und erhitzt auf dem Wasserbad. Nachdem das Chrom(III) zu Chrom(VI) oxydiert ist, beginnt die Abscheidung von Mangan(IV)-oxyd. Gegen Schluß bildet sich eine kleine Menge Übermangansäure. Man erhitzt nun über freier Flamme, um das Persulfat vollständig zu zerstören. Dann gibt man 5 bis 10 ml einer Mangansulfatlösung (1 Mol $MnSO_4$ je Liter) hinzu und erhitzt weiter, bis die Flüssigkeit über dem Niederschlag nicht mehr trübe erscheint und eine rein gelbe Farbe angenommen hat. Dann wird der Niederschlag durch ein Schottsches Glasfilter G4 filtriert und mit wenig heißem Wasser ausgewaschen. Nach dem Abkühlen fügt man 10 ml n Kaliumjodidlösung und 5 ml 5 n Salzsäure hinzu und läßt einige Minuten stehen. Dann verdünnt man mit 50 bis 100 ml Wasser und titriert das ausgeschiedene Jod mit 0,1 n Thiosulfat (Cr).

Berechnung: 1 ml 0,1 n $Na_2S_2O_3$-Lösung entspricht 1,7337 mg Chrom und 1,0988 mg Mangan.

Bemerkungen. *I. Genauigkeit.* Die mit verschiedenen Gemischen von 0,1 n $Cr(NO_3)_3$- und $Mn(NO_3)_2$-Lösungen durchgeführten Analysenreihen zeigen, daß bei Anwesenheit von H_3PO_4 und HF fast der berechnete Thiosulfatverbrauch erreicht wird. Er liegt um etwa 0,05 ml unter dem Sollwert. Bei hohem Manganüberschuß ist die Abweichung größer, bis zu 0,2 ml einer 0,1 n $Na_2S_2O_3$-Lösung, d. h. 0,4%. Das Chrom wird mit einer Genauigkeit von 0,1% erfaßt.

II. Oxydation. Für die Bildung von 50 ml einer 0,1 n Permanganat- oder Chromsäurelösung sind 1,5 g Kaliumpersulfat völlig ausreichend. Um ein besseres Absitzen des Mangan(IV)-oxydniederschlages zu erreichen, setzt man etwas Natriumsulfat oder Zinksulfat zu. An Stelle des Mangansulfats kann man auch das Mangannitrat für die Reduktion des Permanganats benutzen. Ein kleiner Überschuß an Mangan(II)-salz stört nicht.

III. Filtration. Das Filtrieren der Chromsäurelösung erfolgt im Vakuum, da bei gewöhnlichem Druck nichts durchgehen würde. Ein SCHOTTsches Glasfilter G 4 hält den Niederschlag vollständig zurück. Es ist zweckmäßig, in der Hitze zu filtrieren und mit heißem Wasser auszuwaschen. Die Operationen lassen sich dann schneller durchführen.

IV. Anwendung der Methode bei Gegenwart von Eisen. Vorhandene Eisen(III)-ionen stören nicht, da sie mit Phosphorsäure und Flußsäure Komplexverbindungen eingehen und bei der nachfolgenden Titration nicht oxydierend auf Kaliumjodid einwirken. Bei der Chrombestimmung fällt das Eisen als Hydroxyd oder als basisches Salz zusammen mit dem Mangan(IV)-oxyd aus.

4. Bestimmung von Chrom neben Vanadium nach Edgar.

Allgemeines. Bereits FRIEDHEIM und EULER haben im Jahre 1895 auf die Möglichkeit einer Bestimmungsmethode hingewiesen, die auf der verschiedenen Reduktionswirkung der Brom- und Jodwasserstoffsäure gegenüber Vanadium- und Chromsäure beruht. EDGAR (a) griff die Idee auf und entwickelte ein jodometrisches Bestimmungsverfahren, dem folgende Reaktionsgleichungen zugrunde liegen:

$$x\,V_2O_5 + 2\,CrO_3 + 2(x+3)\,HBr \longrightarrow x\,V_2O_4 + Cr_2O_3 + (x+3)\,Br_2 + (x+3)\,H_2O \text{ für } x \geqq 0; \qquad (I)$$
$$V_2O_4 + 2\,HJ \longrightarrow V_2O_3 + J_2 + H_2O. \qquad (II)$$

Chromsäure wird sowohl durch Bromwasserstoff als auch durch Jodwasserstoff zum Cr(III) reduziert. Bei der Vanadiumsäure führt die Reduktion mit Bromwasserstoff zur 4wertigen Oxydationsstufe, während Jodwasserstoff das Vanadium(IV)-oxyd bis zum V_2O_3 reduziert. Aus Gleichung (II) ergibt sich die vorhandene Vanadiummenge und durch Differenzbildung gegenüber der Gleichung (I) läßt sich der Chromsäuregehalt berechnen.

Arbeitsvorschrift. In einer geeigneten Destillationsapparatur wird die Natriumvanadat- und Kaliumdichromatlösung (etwa 50 ml) mit 1 bis 2 g Kaliumbromid versetzt und nach Zugabe von 15 bis 20 ml konz. Salzsäure 10 Min. zum Sieden erhitzt. Die im Wasserstoffstrom übergetriebene Brommenge wird in einer alkalischen Kaliumjodidlösung aufgefangen und das in Freiheit gesetzte Jod mit Thiosulfat nach dem Ansäuern mit Salzsäure titriert [Gleichung (I)].

Nachdem man die Vorlagen neu mit alkalischer Kaliumjodidlösung beschickt hat, gibt man in das Reaktionsgefäß 1 bis 2 g Kaliumjodid, 10 bis 15 ml konz. Salzsäure und 3 ml konz. Phosphorsäure. Man erhitzt wieder so lange im Wasserstoffstrom, bis das Volumen im Reduktionsgefäß nur noch 10 bis 12 ml beträgt. Die Titration der Jodmenge in der Vorlage ergibt den Vanadiumgehalt gemäß Gleichung (II).

Bemerkungen. *I. Genauigkeit.* Die Fehlergrenze liegt bei 0,1 bis 0,3 mg V_2O_5 bzw. CrO_3.

II. Anwendung der Methode bei Anwesenheit von Eisen. EDGAR (b) erweitert das vorher beschriebene Verfahren für die gleichzeitige Bestimmung von 3 Komponenten (Cr, V und Fe). Bei Anwesenheit von Eisen erfolgt gemäß folgender Gleichung mit Jodwasserstoff Reduktion zu V_2O_3 und FeO:

$$xV_2O_4 + Fe_2O_3 + 2(1+x)HJ \longrightarrow xV_2O_3 + 2FeO + (1+x)H_2O + (1+x)J_2 \text{ für } x \geq 0. \quad (IIa)$$

Man hat dann noch einen der 3 Bestandteile getrennt zu bestimmen, um auf Grund der vorliegenden Titrationsergebnisse alle 3 Komponenten berechnen zu können. Zu diesem Zweck erfaßt man das Chromat in einem aliquoten Teil der Ausgangslösung durch Reduktion mit arseniger Säure.

Arbeitsvorschrift. Man führt zunächst die beiden oben beschriebenen Titrationen aus und säuert dann den 2. Teil der Ausgangslösung mit Schwefelsäure und 3 ml konz. Phosphorsäure an. Dann gibt man einen Überschuß an n Arseniklösung hinzu, läßt 15 bis 20 Min. stehen und macht natriumhydrogencarbonatalkalisch. Nun setzt man überschüssige n Jodlösung zu, läßt $^1/_2$ bis 1 Stde. stehen, entfernt das Jod mit arseniger Säure und titriert mit Jodlösung unter Verwendung von Stärkelösung als Indicator. Wird der ermittelte Wert von demjenigen aus Gleichung (I) abgezogen, erhält man die Vanadiummenge. Bei Abzug des Vanadiums von dem Titrationswert gemäß der Gleichung (IIa) ergibt sich der Eisengehalt.

Genauigkeit. Die Fehlergrenze liegt im Durchschnitt bei 0,1 bis 0,3 mg V_2O_5, CrO_2 und Fe_2O_3.

5. Bestimmung von Chrom in Legierungen, Stählen und Erzen.

I. In Ferrochrom.

Bestimmungsverfahren nach dem Chemikerausschuß des Vereins deutscher Eisenhüttenleute (a).

Allgemeines. Die Chrom-Eisen-Legierung wird mit Natriumperoxyd oder mit einem Gemisch an Soda, Pottasche und Natriumperoxyd aufgeschlossen. Das gebildete Chromat wird durch Herauslösen mit Wasser von dem Eisen(III)-hydroxyd getrennt und jodometrisch bestimmt. Im Prinzip ist es das gleiche Verfahren, wie es schon von HERWIG beschrieben wurde.

Arbeitsvorschrift. 0,5 g der auf das feinste gepulverten Probe werden in einem Eisen-, Nickel- oder Porzellantiegel mit etwa der 10fachen Menge Na_2O_2 oder einem Gemisch von etwa 3 g Na_2CO_3 und 5 g Na_2O_2 innig gemischt und zunächst über mäßiger, später über starker Flamme unter Umschwenken einige Minuten lang aufgeschlossen. Dann löst man die Schmelze in einem bedeckten Becherglas in Wasser und kocht die Lösung kurze Zeit auf. Nach dem Filtrieren in einen 1000-ml-Kolben wäscht man mit heißem Wasser mehrmals aus und verbrennt das Filter im vorher benutzten Tiegel. Der Verbrennungsrückstand wird im Tiegel verrieben und zum zweiten Male mit Na_2O_2 aufgeschlossen. Die Schmelze wird, wie oben beschrieben, weiterbehandelt. Die vereinigten Filtrate werden auf 1000 ml aufgefüllt: 200 ml (= 0,1 g Einwaage) werden abpipettiert, mit 1 g KJ versetzt und mit rund 25 ml HCl (1 + 1) angesäuert. Die Lösung mit dem ausgeschiedenen Jod läßt man 2 Min. lang stehen und titriert dann mit Natriumthiosulfatlösung von bekanntem Cr-Titer unter Benutzung von Stärke als Indicator. Die Einstellung der $Na_2S_2O_3$-Lösung erfolgt auf eine $K_2Cr_2O_7$-Lösung, die in 25 ml 0,1 g Cr enthält, wobei in der gleichen Weise verfahren werden muß wie bei der Titration. Der Chromgehalt kann gewichtsanalytisch durch Fällung mit Quecksilber(I)-nitrat kontrolliert werden.

Bemerkungen. a) Bei *Verwendung von Eisentiegeln,* die wegen ihrer Dauerhaftigkeit vielfach vorgezogen werden, ist es notwendig, die gelöste Schmelze beim Kochen mit einer geringen Menge $KMnO_4$ zu versetzen, um eine etwaige Reduktion des Chromates durch das Eisen zu verhindern. Der Permanganatüberschuß ist dann durch einige Tropfen Alkohol zu reduzieren und dieser durch Kochen zu vertreiben.

Auch ist es notwendig, das verwendete Natriumperoxyd durch eine blinde Bestimmung auf eine vorhandene Jodreaktion zu prüfen.

b) Liegt ein *in Salzsäure lösliches Ferrochrom* vor, so wird 1 g der Probe in einem Erlenmeyerkolben in etwa 50 ml HCl $(1+1)$ gelöst, mit 1 g $KClO_3$ versetzt und bis zum Verschwinden des Cl_2-Geruchs eingeengt. Ein etwa verbleibender Rückstand wird wie oben durch Schmelzen mit Na_2O_2 aufgeschlossen und die gelöste Schmelze mit dem Hauptfiltrat vereinigt. Dieses wird dann mit Na_2CO_3 übersättigt und mit 50 ml einer 5%igen $KMnO_4$-Lösung unter ständigem Schütteln 5 bis 10 Min. lang gekocht. Nachdem hierdurch alles Chrom in Chromat übergeführt ist, wird das überschüssige Salz $KMnO_4$ mit 2 ml Alkohol reduziert. Zur Vertreibung des Alkohols wird die Lösung abermals gekocht und nach dem Abkühlen in einen geeichten 1000-ml-Kolben gegeben und aufgefüllt. Dann wird durch ein Faltenfilter in einen trockenen Erlenmeyerkolben filtriert und 100 ml des Filtrats, entsprechend 0,1 g Einwaage, werden wie oben titriert.

c) Die *Genauigkeit* ist ausreichend, während die nach dem $FeSO_4$-$KMnO_4$-Verfahren ermittelten Werte um 1% zu niedrig liegen.

II. In Vanadium- und Molybdänstählen nach Erhard.

Prinzip. Die salpetersaure Lösung des Stahles wird mit Kaliumchlorat oxydiert. Nach Umwandlung der mineralsauren Lösung in essigsaure durch Zusatz von Natriumacetat wird in der Kälte mit Bleiacetat gefällt; die Chromsäure und die Molybdänsäure fallen als Bleisalze aus, während das Bleivanadat, sofern seine Menge in 1 g Einwaage nicht mehr als 0,043 g Vanadium entspricht, infolge der Gegenwart von Eisen(III)-acetat in Lösung bleibt. In dem abgetrennten Niederschlag kann das Chrom jodometrisch bestimmt werden; das Bleimolybdat wirkt nicht störend, falls nach dem Zusatz von Kaliumjodid sofort titriert und auf etwaiges Nachdunkeln der Lösung keine Rücksicht genommen wird.

Arbeitsvorschrift. 1 g Stahl wird in 30 bis 40 ml Salpetersäure (D 1,1 bis 1,2) gelöst; nach Aufhören der ersten heftigen Reaktion gibt man 6 g $KClO_3$ zu und dampft auf etwa 10 ml ein. In Salpetersäure unlösliche Stähle löst man in Salzsäure, verdampft zur Trockne und dampft nach jeweiligem Zusatz von verd. Salpetersäure noch 2mal ein. Dann nimmt man mit 20 ml Salpetersäure (D 1,2) auf, setzt 6 g $KClO_3$ zu und dampft wie oben auf etwa 10 ml ein. Falls Mangan ausgefallen ist, verdünnt man mit 50 ml Wasser, filtriert und wäscht mit Salpetersäure $(1+10)$ (etwa 1,3 m) aus. Das Filtrat — bei größeren Chrommengen ein aliquoter Teil des Filtrates — wird auf ein Volumen von etwa 110 bis 120 ml gebracht. Nach gutem Abkühlen versetzt man mit festem Natriumacetat oder einer gesättigten Lösung bis zum ersten Auftreten einer bleibenden tief dunkelroten Färbung; hierzu sind etwa 20 g Natriumacetat erforderlich. Man vermeide einen unnötigen Überschuß von Natriumacetat und auch von Bleiacetat. Wenn alles Natriumacetat in Lösung ist, fügt man unter gutem Umrühren 25 ml 10%ige Bleiacetatlösung zu. Nach 12stündigem Stehen wird der Niederschlag auf ein mit der Lösung A (die Lösung A enthält im Liter 35 g Eisen(III)-nitrat, 0,5 g Bleiacetat, 50 g Natriumacetat und 50 g Eisessig) befeuchtetes Asbestfilter unter Absaugen filtriert und zur Entfernung des Vanadiums 3- bis 4mal mit der Lösung A und danach zur Entfernung des Eisens mit der Lösung B (die Lösung B enthält im Liter 50 g Natriumacetat, 1 g Bleiacetat und 50 ml Eisessig) ausgewaschen (beim Verdünnen des Filtrates mit der Waschflüssigkeit B entsteht eine Trübung von Bleivanadat, das in der verd. Eisen(III)-acetatlösung nicht mehr löslich ist). Niederschlag samt Filter werden im Fällungsgefäß mit 15 ml Salzsäure $(1+1)$ und etwas Wasser versetzt; nach etwa 15 Min. werden 100 ml Wasser und eine Lösung von 1 g Kaliumjodid zugegeben; hierauf erfolgt die Titration mit Natriumthiosulfat.

Bemerkungen. *a) Anwendungsbereich.* Bei Gegenwart von Molybdän werden durch das ausfallende Bleimolybdat auch geringe Mengen (unter 0,1%) an Chrom mitgefällt und können nachher genau titriert werden. Ist der Stahl dagegen frei von Molybdän, so sind geringe Chromgehalte ($<$ 0,1%) bei Anwesenheit von Eisen(III)-acetat nicht mehr mit Sicherheit bestimmbar.

b) Abänderung des Verfahrens bei höheren Chromgehalten. Zu dem aliquoten Teil der Originallösung muß man so viel Eisen(III)-nitrat geben, daß der Eisengehalt schließlich annähernd 1 g beträgt.

III. In Stahl und Eisen.

Arbeitsvorschrift nach dem Chemikerausschuß des Vereins deutscher Eisenhüttenleute (c). Je nach dem zu erwartenden Chromgehalt werden 1 bis 2 g Probegut in einem 1-l-Erlenmeyerkolben mit 40 ml Salzsäure (2 + 1) erhitzt. Hat sich alles gelöst, wird durch Zugabe von 1 g Kaliumchlorat oxydiert und bis zur Vertreibung des Chlors eingedampft. Sodann kocht man die Lösung mit 180 ml Sodalösung und 15 ml Kaliumpermanganatlösung unter Umschütteln 5 Min. lang. Nach dem Kochen muß die über dem Niederschlag stehende Flüssigkeit noch durch überschüssiges Kaliumpermanganat gefärbt sein. Ist das nicht der Fall, so wiederholt man das Kochen mit weiteren 10 ml Kaliumpermanganatlösung. Den Überschuß an Kaliumpermanganat zerstört man durch erneutes 5 Min. langes Kochen mit 2 ml Alkohol, wobei ebenfalls zur Vermeidung von Spritzen und Stoßen der Kolben häufig umgeschüttelt werden muß. Danach läßt man die Lösung erkalten und spült sie in einen Meßkolben von 500 ml, füllt mit Wasser bis zur Marke auf, schüttelt und filtriert durch ein trockenes Faltenfilter. Vom Filtrat mißt man einen Anteil ab, der nach Maßgabe des Chromgehaltes 0,5 bis 1 g des Probegutes entspricht, und bestimmt das Chrom durch Zugabe von Kaliumjodid und Titrieren mit Natriumthiosulfatlösung.

Bemerkung. Bei *sehr hochlegierten Nickelstählen* ($\sim$ 30%) liefert das Verfahren keine guten Ergebnisse. Das ausfallende Nickelhydroxyd hält Chrom zurück, und man findet zu niedrige Werte. Dasselbe gilt für *Kobalt.* Schon bei Gehalten von mehr als 5% Co wird die Genauigkeit der Bestimmung beeinträchtigt. In beiden Fällen ist die Titration mit Eisen(II)-sulfat-Permanganat vorzuziehen (vgl. § 4, S. 66). *Wolfram* stört nicht, wenn man zur Oxydation genügend Kaliumpermanganat verwendet.

Bei *in Säure schwerlöslichen Proben* muß der Rückstand mit Natriumperoxyd aufgeschlossen und nach dem Auslaugen der Schmelze mit dem löslichen Teil vereinigt werden (Zerstörung des überschüssigen Natriumperoxyds durch Kochen). Erst nach dem Auffüllen im Meßkolben wird filtriert.

IV. Weitere Verfahren.

a) Verfahren nach FISCHBACH.

Prinzip. Nach dem Auflösen der Probe in Salzsäure reduziert man mit metallischem Zink und fällt das Chrom mit Zinkoxyd. Man verglüht den Niederschlag zu Cr_2O_3 und schließt dann mit einem Gemisch von Soda und Magnesiumoxyd auf. Die Chromatbestimmung erfolgt in der Lösung jodometrisch. Das Verfahren dürfte kaum noch Bedeutung haben.

Arbeitsvorschrift. 5 bis 10 g der Probe werden in Salzsäure gelöst; die Lösung, welche bei Roheisen filtriert werden muß, wird mit metallischem Zink reduziert und dann mit einer wäßrigen Aufschlämmung von ZnO in nicht zu großem Überschuß versetzt. Durch darauffolgendes schnelles Kochen wird das vorhandene Chrom ausgefällt und der Niederschlag nach dem Absitzen auf ein rasch ziehendes, kleines Filter filtriert. Wenn der Überschuß an ZnO etwas reichlich war, muß der Niederschlag in HCl gelöst und die Fällung wiederholt werden. Nach dem Auswaschen mit heißem Wasser trocknet und glüht man den Niederschlag, mischt ihn dann mit zwei Teilen Na_2CO_3 und drei Teilen gebranntem Magnesiumoxyd und glüht 1 Stde. in der Muffel. Die gesinterte Masse wird in heißem Wasser gelöst, die Lösung in einen Erlenmeyerkolben filtriert, nach dem Erkalten mit einigen Millilitern KJ-Lösung (1 + 15) versetzt, mit HCl angesäuert, nach einiger Zeit mit einigen Millilitern Stärkelösung versetzt und mit $Na_2S_2O_3$ bis zur Entfärbung titriert.

b) Verfahren nach TERNI und MALAGUTI (a).

Die Stahlprobe wird in verd. Salpetersäure gelöst und dann nach Zugabe von konz. Salpetersäure und PbO_2 gekocht. Man entfernt den größten Teil der freien Säure durch längeres Erhitzen und gibt dann Natronlauge hinzu. Nach dem Auffüllen titriert man jodometrisch.

c) Verfahren nach SPÜLLER und BRENNER.

Prinzip. Der Chromstahl wird in konz. Salzsäure gelöst, dann mit Schwefelsäure abgeraucht und der Rückstand mit Ätznatron und Natriumperoxyd aufgeschlossen. Das Chromat wird jodometrisch bestimmt.

Arbeitsvorschrift. 2 g der Probe werden in 20 ml konz. Salzsäure unter Erwärmen gelöst und anschließend mit 10 ml Schwefelsäure (1 + 1) abgeraucht. Der Rückstand wird in einer Silberschale mit 2 g gepulvertem, möglichst trockenem Ätznatron vermischt und mit 5 g Natriumperoxyd überschichtet. Dann erhitzt man zunächst vorsichtig und gibt dann unter stärkerem Erhitzen weitere 5 g Na_2O_2 hinzu. Nach 20 Min. ist die Oxydation beendet. Man löst die Schmelze in Wasser und verdünnt auf 500 ml. In 250 ml der Lösung wird der Chromgehalt auf jodometrischem Wege ermittelt (vgl. Abschnitt A).

V. In Erzen.

Bestimmungsverfahren nach dem Chemikerausschuß des Vereins deutscher Eisenhüttenleute (b).

Das Verfahren ist im *Prinzip* das gleiche wie beim Ferrochrom. Die angewandte Erzmenge ist etwas größer, 1 bis 2 g. Bei der nachfolgenden jodometrischen Bestimmung wird in schwefelsaurer Lösung titriert.

Arbeitsvorschrift. Je nach dem zu erwartenden Chromgehalt werden 1 bis 2 g der feingepulverten Erzprobe in einem Porzellan- oder chromfreien Eisentiegel mit der achtfachen Menge eines Gemisches von Natriumkaliumcarbonat und Natriumperoxyd (1 + 3) innig gemischt und zunächst über kleiner, dann über starker Flamme einige Minuten unter Umschwenken im Schmelzfluß aufgeschlossen. Die erkaltete Schmelze wird in einem bedeckten Becherglase mit etwa 200 ml siedend heißem Wasser übergossen und völlig ausgelaugt. Der ungelöst bleibende Anteil hält häufig Reste der alkalischen Lösung fest, die sich auch durch Auswaschen nicht entfernen lassen. Man filtriert ihn deshalb ab, wäscht ihn mit sodahaltigem Wasser aus, verascht ihn im Platintiegel und schließt den Rückstand nochmals mit der angegebenen Mischung auf. Ist der wäßrige Auszug der zweiten Schmelze noch deutlich gelb gefärbt, so muß unter Umständen zum drittenmal aufgeschlossen werden.

Die chromhaltigen Filtrate werden vereinigt, zur Zerstörung der letzten Reste von Natriumperoxyd kurz aufgekocht und in einen 1-l-Meßkolben gespült. Hat man in einem Eisentiegel geschmolzen, der den Vorzug größerer Dauerhaftigkeit hat, so ist es notwendig, die Lösung beim Kochen mit einer geringen Menge Kaliumpermanganat zu versetzen, um kleine, etwa durch das Eisen reduzierte Anteile des Chromats wieder zu oxydieren. Der Überschuß des Kaliumpermanganats wird durch einige Tropfen Alkohol zerstört und dieser durch Kochen vertrieben. Nach dem Abkühlen auf 20° wird bis zur Marke aufgefüllt, gut durchgeschüttelt und mit der Pipette nach dem Chromgehalt eine Menge, entsprechend 0,2 bis 1 g der Einwaage, abpipettiert, in einen 1-1-Erlenmeyerkolben übergeführt und auf etwa 350 ml verdünnt. Nach Zusatz von 1 g Kaliumjodid (das mit Salzsäure keine Jodabscheidung ergibt) wird mit verd. Schwefelsäure (1 + 4) angesäuert und mit 25 ml der gleichen Säure im Überschuß versetzt. Das ausgeschiedene Jod wird dann mit Natriumthiosulfatlösung unter Zusatz von Stärke als Indicator titriert. (Die Herstellung der Thiosulfatlösung erfolgt durch Auflösen von 29 g $Na_2S_2O_3 + 5H_2O$ in 1 l Wasser; ihre Titerstellung erfolgt gegen eine Kaliumdichromatlösung, die 0,002 g Chrom je Milliliter enthält.)

Arbeitsweise bei Anwesenheit von Vanadium. Bei *vanadiumhaltigen Erzen* wird nach diesem Verfahren das Vanadium zu Vanadiumsäure oxydiert, die in gleicher Weise wie Chromsäure, wenn auch langsamer, Jod aus Kaliumjodid in Freiheit setzt, so daß die Chrombestimmung zu hoch ausfällt. Will man daher in vanadiumhaltigen Erzen das Chrom durch Titrieren mit Thiosulfat bestimmen, so muß man es in alkalischer Lösung mit Kaliumpermanganat oxydieren, wobei die Vanadiumsäure als Manganvanadat gefällt und bei der nachfolgenden Filtration vom Chromat getrennt wird. Zweckmäßiger arbeitet man in diesem Falle nach dem Eisen(II)-sulfat-Permanganat-Verfahren (vgl. § 4, S. 66).

6. Bestimmung von Chrom neben oxydierenden Stoffen.

I. Neben Chlorsäure und Salpetersäure nach Gröger (b).

Allgemeines. Beim Aufschluß von Chrom(III)-verbindungen, wie z. B. von Cr_2O_3, mit Kaliumchlorat und Salpetersäure wird das 3wertige Chrom zu Chromsäure oxydiert. GRÖGER (b) bestimmt das Chromat in der Aufschlußlösung jodometrisch. Er hat nachgewiesen, daß eine Salpetersäure und Kaliumchlorat enthaltende Lösung auf Kaliumjodid praktisch ohne Wirkung ist.

Arbeitsvorschrift. 0,3 g Chrom(III)-oxyd werden in einem 300 ml fassenden Erlenmeyerkolben eingewogen und mit 10 ml Salpetersäure (D 1,4) übergossen. Man erhitzt auf dem Wasserbad und bedeckt den Hals des Kolbens mit einem Glastrichter. Im Verlaufe von 1 Stde. trägt man 1 g Kaliumchlorat ein und erhitzt dann den offenen Kolben noch 1 Stde. zur Vertreibung des Chlors. Nach dem Abkühlen füllt man in einen 250-ml-Meßkolben um und bestimmt in 50 ml der Lösung das Chromat jodometrisch in schwefelsaurer Lösung.

Bemerkungen. a) *Genauigkeit.* Die angegebenen Beleganalysen weisen etwas zu hohe Werte (etwa 0,2%) auf. Die geringe Abweichung ist wahrscheinlich durch die Anwesenheit von freiem Chlor in der Aufschlußlösung bedingt. Bei genügend großer Einwaage ist der Fehler bedeutungslos.

b) *Störende Stoffe.* Bei Gegenwart von Kupfer oder Eisen ist die Methode nicht ohne weiteres anwendbar, weil die Kupfer(II)- und Eisen(III)-salze aus Kaliumjodid Jod ausscheiden. In diesem Fall müssen die beiden Metalle durch Kochen mit Kalilauge ausgefällt werden, während die Chromsäure als Kaliumchromat in Lösung bleibt und im Filtrat jodometrisch bestimmt werden kann. Hierbei besteht allerdings die Gefahr, daß die Hydroxydniederschläge Spuren von Chromat zurückhalten. Auch bei Anwesenheit von Bleioxyd versagt das Verfahren infolge von Bleichromatbildung.

c) *Anwendungsbereich.* Das Verfahren kann bei folgenden Chromiten angewandt werden:

$$MgO \cdot Cr_2O_3; \quad ZnO \cdot Cr_2O_3; \quad CdO \cdot Cr_2O_3; \quad NiO \cdot Cr_2O_3.$$

Der Aufschluß geht langsam vonstatten; er kann aber durch einen erhöhten Zusatz von 1,5 g Kaliumchlorat etwas beschleunigt werden. Bei natürlich vorkommendem Eisen(II)-chromit, dem Chromeisenstein, versagt das Aufschlußverfahren.

II. Neben Permanganat nach Gélébart.

In einem Teil der Probe bestimmt man die Summe der Bestandteile auf jodometrischem Wege. Einen zweiten Teil der Probe (50 ml) neutralisiert man mit Sodalösung, setzt etwas Soda im Überschuß hinzu und gibt 5 bis 10 ml 95%igen Alkohol zu der Lösung. Man erhitzt dann 1 bis 2 Min. zum Sieden, wobei sich Braunstein abscheidet. Die abgekühlte Flüssigkeit wird zusammen mit dem Niederschlag in einen Meßkolben übergeführt und zur Marke aufgefüllt. Nach dem Filtrieren bestimmt man das Chromat in einem aliquoten Teil des Filtrates jodometrisch. Der Permanganatgehalt ergibt sich aus der Differenz.

7. Bestimmung von Chromat neben Dichromat.

Um Chromat neben Dichromat nach SCONZO und MARSENGO zu bestimmen, ermittelt man zunächst den Gesamtgehalt an Chrom auf jodometrischem Wege. Ein weiterer Teil der Lösung wird zum Sieden erhitzt, mit der dem Gesamtchrom entsprechenden Menge 0,1 n Bariumchloridlösung und dann mit 0,1 n Natronlauge bis zur vollständigen Entfärbung versetzt. Im Zweifelsfalle und bei nicht zu geringem Verhältnis von Dichromat zu Chromat gibt man die doppelte Menge der für reines Dichromat erforderlichen Menge an 0,1 n Natronlauge hinzu, filtriert und titriert im Filtrat den Alkaliüberschuß mit 0,1 n Salzsäure gegen Methylorange. Aus den Beleganalysen ist zu ersehen, daß die Resultate auch dann genau sind, wenn bei stark schwankendem Verhältnis $Cr_2O_7^{--} : CrO_4^{--}$ die theoretisch erforderliche Menge Bariumchlorid verwendet wird. Setzt man mehr Bariumchlorid zu, so reagiert dieses mit anwesendem Carbonation; setzt man zu wenig zu, so wird durch das in Lösung bleibende Chromat die Titration mit Salzsäure und Methylorange erschwert.

8. Bestimmung von Chrom in Gegenwart von Gelatine und Eiweißkörpern.

Allgemeines. Die Oxydation von Chrom(III)-salzen in alkalischer Lösung und die daran anschließende jodometrische Messung des Chromats bildet schon seit langem die Grundlage einer maßanalytischen Chrombestimmung. Als Oxydationsmittel haben sich Wasserstoffperoxyd oder Brom bewährt. Vor der Titration ist es unbedingt erforderlich, das überschüssige Oxydationsmittel vollständig zu entfernen. Beim Wasserstoffperoxyd entstehen bei der Entfernung besondere Schwierigkeiten, wenn gewisse organische Substanzen (Eiweißkörper) vorhanden sind. KUBELKA und WAGNER haben nachgewiesen, daß Gelatine sowie gelöste Hautsubstanz die Zersetzung einer alkalischen Wasserstoffperoxydlösung weitgehend zu hemmen vermögen. Bei Anwesenheit derartiger Stoffe gelingt es nicht, das überschüssige Wasserstoffperoxyd durch Kochen restlos zu entfernen, so daß bei der nachfolgenden jodometrischen Bestimmung Fehler entstehen. KUBELKA und WAGNER zerstören bei Gegenwart von Eiweißstoffen das Wasserstoffperoxyd mit Kaliumpermanganat. Sie benutzen eine n $KMnO_4$-Lösung, die sie der Analysenlösung zusetzen, wobei Braunstein entsteht, der abfiltriert werden muß. Ein etwa vorhandener Überschuß an Permanganat kann leicht durch Kochen mit Alkohol in alkalischer Lösung zerstört werden. Die Methode liefert ausgezeichnete Werte, ist aber durch die langwierige Filtration von MnO_2 sehr zeitraubend.

Verfahren nach FEIGL.

I. Oxydation von Chrom(III) mit Wasserstoffperoxyd.

Allgemeines. FEIGL, KLANFER und WEIDENFELD konnten nachweisen, daß alkalische Wasserstoffperoxydlösungen durch Nickelsalze weitgehend zerstört werden. Die restlose Zersetzung von H_2O_2 gelingt nach einmaligem Aufkochen, während bei Abwesenheit von $Ni(OH)_2$ mindestens $^1/_2$ stündiges Kochen erforderlich ist. Die erforderlichen Nickelsalzmengen sind außerordentlich gering; bereits 5 mg Nickel als Ni(OH)$_2$ zerstören nach 1 Min. 15 ml einer 3%igen Wasserstoffperoxydlösung vollständig; 8 mg bewirken dasselbe nach einmaligem Aufkochen. Wahrscheinlich handelt es sich hierbei um einen katalytischen Vorgang, in dem vorübergehend Nickel(III)-oxydhydrat gebildet wird, welches aber sofort durch das überschüssige Wasserstoffperoxyd unter Sauerstoffabgabe in Ni(OH)$_2$ übergeführt wird. Bemerkenswert ist nun, daß auch bei Anwesenheit gelöster Eiweißsubstanzen eine vollständige Entfernung von H$_2$O$_2$ durch Nickelsalze gelingt. So kann z. B. in einer verdünnten alkalischen Wasserstoffperoxydlösung (5 ml 30%ige Natronlauge, 10 ml 3%ige H$_2$O$_2$-Lösung und 300 ml Wasser), welche 85 mg Gelatine enthält, H$_2$O$_2$ vollständig zersetzt werden.

Arbeitsvorschrift. Die Lösung, welche 0,02 g bis 0,03 g Chrom [als Cr(III)-salz] enthält, wird mit 20 ml 2 n NaOH-Lösung alkalisch gemacht und mit etwa 30 ml 3%iger H$_2$O$_2$-Lösung versetzt. Es wird nun gekocht, bis die Lösung rein gelb ist. Dann fügt man 5 ml 5%iger Ni(NO$_3$)$_2$-Lösung langsam hinzu, wobei ein zu starkes Schäumen der Lösung verhindert werden muß. Nachdem die Zersetzung von H$_2$O$_2$ nachgelassen hat, kocht man noch 3 Min., kühlt ab und versetzt mit 2 ml n KJ-Lösung. Nach Zusatz von 10 ml konz. Salzsäure wird das ausgeschiedene Jod mit 0,1 n Thiosulfatlösung titriert. Der Zusatz der Säure darf erst nach dem Versetzen mit der KJ-Lösung erfolgen, weil sonst die Ausscheidung von Jod langsam vor sich geht und kein scharfer Endpunkt der Titration zu erzielen ist.

Genauigkeit. FEIGL benutzt für die Beleganalysen eine 0,1 n CrCl$_3$-Lösung, die je ml 0,001719 g Cr oder 0,00642 g K$_2$CrO$_4$ enthält und titriert mit 0,1 n Na$_2$S$_2$O$_3$-Lösung. Der Zusatz an Gelatine beträgt 0,2 bis 0,3 g bzw. 10 g Hautpulver. Die Abweichung von der berechneten Thiosulfatmenge liegt im Mittel bei 0,02 ml.

II. Oxydation von Chrom(III) mit Brom.

Allgemeines. Die Entfernung des überschüssigen Broms in alkalischer Lösung erfolgt schnell und vollständig durch Zusatz von KCNS, wobei gemäß der Gleichung:

$$\mathrm{KCNS + 4\,KOBr + 2\,KOH \longrightarrow KCNO + K_2SO_4 + 4\,KBr + H_2O}$$

das aus Brom und Alkali gebildete Hypobromit zerstört wird. Es genügen bereits 3 ml einer 0,1 n KCNS-Lösung, d. h. etwa 0,03 g KCNS, um 10 ml gesättigtes Bromwasser zu zersetzen. Die völlige Entfernung des Oxydationsmittels kann durch die KJ-Stärkereaktion nachgeprüft werden. In Gegenwart von Kaliumjodid wird Cr(VI) durch Rhodanid in saurer Lösung nicht reduziert. Nach Untersuchungen von WAGNER (a) steht fest, daß die Oxydation von Rhodaniden durch Chromate über freies Rhodan verläuft; dieses kann jedoch, solange überschüssiges Jodid vorhanden ist, von Chromat nicht in Freiheit gesetzt werden, da es ein stärkeres Halogen als Jod ist:

$$\mathrm{2\,J^- + (CNS)_2 = 2\,CNS^- + J_2.}$$

Durch Versuche haben FEIGL, KLANFER und WEIDENFELD nachgewiesen, daß eine bestimmte Chromatmenge unabhängig vom Rhodanidgehalt der Lösung stets dieselbe Jodmenge in Freiheit setzt.

Arbeitsvorschrift. Die Chrom(III)-salzlösung, welche 0,02 bis 0,03 g Cr enthält, wird mit 20 ml 2 n KOH-Lösung alkalisch gemacht, mit etwa 10 ml gesättigtem Bromwasser versetzt und bis zur vollständigen Gelbfärbung gekocht. Dann werden 3 ml etwa 0,1 n KCNS-Lösung hinzugefügt. Nach dem Abkühlen gibt man 2 ml KJ-Lösung hinzu und säuert mit etwa 60 ml 2 n Schwefelsäure an. Es wird wie üblich mit Thiosulfat titriert.

Genauigkeit. Der Fehler beträgt bei Verwendung von 0,2 bis 0,3 g Gelatine 0,1 bis 0,4%. Mit 0,2 n und 0,02 n CrCl$_3$-Lösungen wird die gleiche Genauigkeit erreicht.

9. Bestimmung von Chromsäure neben Chrom(III)-verbindungen

Betriebskontrolle der Chrombäder. Die Chrombäder werden im allgemeinen durch Auflösen von 50 bis 500 g Chromsäure (CrO_3) je Liter des Elektrolyten hergestellt. Zu dieser Lösung setzt man eine angemessene Menge Chrom(III)-chromat ($2 Cr_2O_3 \cdot 3 CrO_3$) und Schwefelsäure zu. Für die Betriebsüberwachung ist die Bestimmung von 3- und 6wertigem Chrom sowie von Schwefelsäure bedeutungsvoll. Die Chromsäure wird aus schwach salpetersaurer Lösung mit Quecksilber(I)-nitrat als Hg_2CrO_4 abgeschieden, welches anschließend thermisch zersetzt wird. Das erhaltene Chromoxyd schließt man dann mit Natriumperoxyd auf und bestimmt das Chrom jodometrisch. In einem zweiten Teil der Originallösung führt man das gesamte Chrom [Cr(III) und Cr(VI)] durch einen Natriumperoxydaufschluß in die Chromatstufe über und bestimmt es ebenfalls jodometrisch. Das Sulfat wird mit Bariumchlorid ausgefällt und als Bariumsulfat gewichtsanalytisch bestimmt.

Arbeitsvorschrift nach Wogrinz. I. Der Elektrolyt wird mit Wasser verdünnt (1 : 10). 10 ml dieser Lösung werden auf 200 ml weiter verdünnt. Diese Lösung wird mit 5 Tropfen Salpetersäure (D 1,4) sowie einem Überschuß an gesättigter Quecksilber(I)-nitratlösung versetzt und dann unter stetem Umrühren zum Sieden erhitzt. Über einem purpurroten, körnigen Niederschlag soll nunmehr eine wasserhelle, blanke Flüssigkeit stehen. Man filtriert durch ein Weißbandfilter, wäscht mit verd. Quecksilber(I)-nitratlösung und verascht das nasse Filter im Tiegel unter dem Abzug. Dann glüht man den Rückstand kräftig und mischt ihn nach dem Erkalten gut durch. Nun glüht man nochmals von neuem. Das Produkt muß reingrün sein ohne bräunlichen Rand. Anderenfalls ist das Durchmischen und Glühen zu wiederholen. Jetzt bringt man das leicht staubende Chromoxyd vorsichtig in eine Nickelschale und schließt mit Natriumperoxyd auf. Die Schmelze wird in Wasser gelöst und im Meßkolben auf 500 ml aufgefüllt. Man pipettiert 50 ml dieser trüben, gut durchgeschüttelten Flüssigkeit ab, verdünnt auf 200 ml und säuert mit Schwefelsäure stark an. Dann kocht man 5 Min., gibt nach dem Erkalten Kaliumjodid hinzu und titriert das ausgeschiedene Jod mit 0,1 n Thiosulfatlösung.

II. Man versetzt 5 ml des Elektrolyten mit einigen Linsen Ätznatron, dampft auf dem Drahtnetz über kleiner Flamme ein und schließt den Rückstand mit Natriumperoxyd auf. Die Schmelze wird in 200 ml Wasser gelöst und durch ein Weißbandfilter in einen 500-ml-Kolben filtriert. Das sorgfältig ausgewaschene Filter wird verascht und die Asche nochmals aufgeschlossen. Nach dem Auflösen der Schmelze wird wieder filtriert. Die beiden Filtrate werden im 500 ml Meßkolben vereinigt und das Chrom, wie unter I beschrieben, jodometrisch bestimmt.

Berechnung. Aus der Bestimmung des Chrom(VI)-oxyds (CrO_3) und des gesamten Chroms kann man die Mengen an freier Chromsäure und an der Verbindung $Cr_2O_3 \cdot CrO_3$ im Elektrolyten berechnen.

Bemerkung. Im Filterrückstand kann das Eisen maßanalytisch bestimmt werden. Bei der Sulfatbestimmung treten Schwierigkeiten auf, welche sich jedoch durch die Einhaltung besonderer Fällungsbedingungen weitgehend kompensieren lassen (vgl. Originalliteratur).

10. Chrombestimmung im Chromoxyd.

I. Verfahren nach Field.

Prinzip. Das Chromoxyd wird mit Natriumperoxyd aufgeschlossen und anschließend als Chromat jodometrisch erfaßt.

Arbeitsvorschrift. Ein inniges Gemisch von 0,5 g feingepulvertem Chromoxyd und 3 g Natriumperoxyd wird in einem Platintiegel (Vorsicht!) zum Schmelzen erhitzt. Beim Behandeln der Schmelze mit Wasser scheidet sich nach längerem Kochen

(20 Min.) das Eisen als Hydroxyd ab. Nach dem Abfiltrieren neutralisiert man mit Salzsäure und füllt auf 250 ml auf. In einem aliquoten Teil der Lösung wird das Chromat jodometrisch bestimmt.

II. Verfahren nach Gröger (c).

Prinzip. GRÖGER wendet das von STORER empfohlene Aufschlußverfahren (mit konz. Salpetersäure und Kaliumchlorat) an und bestimmt in der Lösung das Chrom jodometrisch.

Arbeitsvorschrift. Etwa 0,3 g Chromoxyd werden in einen 300-ml-Erlenmeyer-kolben eingewogen. Unter Erwärmen (Wasserbadtemperatur) fügt man im Laufe von 1 Stde. ein Gemisch von 10 ml konz. Salpetersäure (D 1,4) und 1 g Kalium-chlorat hinzu. Zur Vertreibung des gelösten Chlors wird noch eine weitere Stunde erhitzt. Dann füllt man auf 250 ml auf und verwendet 50 ml zur jodometrischen Bestimmung.

Störende Metalle. In Gegenwart von Eisen, Mangan, Kobalt, Kupfer und Blei ist die Methode nicht anwendbar.

11. Bestimmung der Chromsäure im Bleichromat nach Gröger (a).

Prinzip. Bei der jodometrischen Bestimmung des Chromsäuregehaltes von Blei-chromaten nach GRÖGER (a) löst man das zu untersuchende Bleichromat unter Er-wärmen in verd. Salzsäure. Beim Abkühlen der Lösung fällt Bleichlorid aus, welches die nachfolgende Titration des Jods mit Thiosulfat nicht stört. Jedoch muß der Kaliumjodidzusatz vor dem Verdünnen mit Wasser erfolgen, da sich sonst wieder unlösliches Bleichromat abscheidet, welches dann mit dem Kaliumjodid nur lang-sam unter Jodausscheidung reagiert.

Arbeitsvorschrift. Ungefähr 0,2 bis 0,3 g der zu untersuchenden Probe werden in 50 ml 1,25 n Salzsäure unter Erwärmen gelöst. Nach dem Erkalten gibt man 1 g Kaliumjodid hinzu und läßt die Flüssigkeit in einem mit einem Uhrglas bedeckten Kolben 10 Min. stehen. Dann verdünnt man mit 100 ml Wasser und titriert das frei gewordene Jod mit Natriumthiosulfatlösung in Gegenwart von Stärke als Indicator. Den auftretenden Niederschlag von Bleijodid läßt man unberücksichtigt. Die gegen Ende der Titration braungrüne Mischfärbung des gelben Bleijodids, der blauen Jodstärke und der grünen Chrom(III)-chloridlösung schlägt, sobald alles freie Jod verschwunden ist, in das schöne Goldgelb des Bleijodids um. Der Um-schlag ist, wenn man genügend Stärkelösung zugesetzt hat, bis auf einen Tropfen (etwa 0,03 ml) 0,1 n Thiosulfatlösung genau zu erkennen.

Bemerkungen. *I. Genauigkeit.* Die mitgeteilten Analysenergebnisse von ver-schiedenen Bleichromaten liegen etwas über den berechneten Werten. So liegt z. B. der gefundene Chromsäuregehalt bei 19,00%, während theoretisch ein Wert von 18,92% zu erwarten wäre.

II. Salzsäurekonzentration. Da stärkere Salzsäure von Chromsäure unter Chrom(III)-salzbildung oxydiert wird, ist die Einhaltung einer ganz bestimmten Salzsäure-konzentration beim Auflösen des Bleichromats notwendig. Es hat sich gezeigt, daß eine Säure, die 1,25 n oder schwächer ist, auch bei 3stündigem Erhitzen auf 100° keine Reduktion der Chromsäure bewirkt.

III. Endpunktbestimmung. Die Festlegung des Endpunktes bei der Titration mit Thiosulfat ist nicht ganz einfach, da nach erfolgter Reduktion in der Chromsäure durch den Jodwasserstoff später noch eine zusätzliche Jodausscheidung durch die Einwirkung des Luftsauerstoffes eintreten kann. Die Luftoxydation wird durch die Anwesenheit von Bleijodid katalytisch beschleunigt. Jedoch sind der Oxydation auch Grenzen gesetzt, da das freie Jod hemmend auf den Vorgang $2\,HJ + O = H_2O + J_2$ einwirkt. Um Störungen durch zusätzliche Jodausscheidung zu vermeiden, läßt man die Thiosulfatlösung möglichst rasch zulaufen und unterbricht sofort beim Auftreten der reingelben Färbung. Eine später einsetzende Jodausscheidung bleibt unberücksichtigt.

IV. Anwendungsbereich. Wie GRÖGER (a) zeigen konnte, läßt sich die Methode auch auf die Untersuchung solcher Bleichromatfarben anwenden, die noch Verdünnungsmittel, wie z. B. Bleisulfat, Schwerspat oder Gips, enthalten. Aus den Beleganalysen ist zu ersehen, daß die gefundenen Chromsäurewerte auch hier etwas über den berechneten liegen (z. B. 15,55% CrO_3 gegenüber 15,48%).

D. Weitere jodometrische Bestimmungsverfahren.

1. Verfahren nach Terni und Malaguti (b).

Prinzip. Das Chrom(III) wird mit Bleiperoxyd in salpetersaurer Lösung zu Chromsäure oxydiert und dann jodometrisch bestimmt.

Arbeitsvorschrift. Die Chrom(III)-salzlösung wird mit 20 ml konz. Salpetersäure und etwa 1 g Bleiperoxyd versetzt und auf 5 ml eingeengt. Man fügt dann so viel Natronlauge hinzu, bis das anfangs ausgefällte Bleichromat wieder gelöst ist. Das Volumen beträgt 50 ml. Nach dem Aufkochen und Filtrieren macht man nur noch schwach alkalisch. Zu der auf 200 ml verd. Lösung wird bis zur Lösung des gebildeten Bleichromats salpetrigsäurefreie Salpetersäure (D 1,2) zugesetzt. Nun fügt man Kaliumjodid hinzu und titriert das Jod mit Thiosulfat.

Bemerkung. Eisen, Aluminium und Mangan stören nicht.

2. Verfahren nach Müller und Messe.

Prinzip. Das Chrom(III) wird in alkalischer Lösung mit Bleiperoxyd zu Chromsäure oxydiert und dann jodometrisch bestimmt.

Arbeitsvorschrift. 20 ml der Chrom(III)-sulfatlösung werden mit 6 ml 8 n Natronlauge und 0,5 g Bleiperoxyd versetzt und 10 Min. zum Sieden erhitzt. Nach dem Filtrieren und Auswaschen versetzt man das Filtrat mit Kaliumjodid und säuert mit Salzsäure an. Das ausgeschiedene Jod wird nach einiger Zeit mit Thiosulfat unter Zusatz von Stärke titriert.

Bemerkungen. *I. Genauigkeit.* Es werden bei 4 Beleganalysen jeweils 0,0598 g Cr gefunden; berechnet: 0,060 g Cr.

II. Eine *vollständige Oxydation* ist nur dann möglich, wenn die Lauge mindestens 2 n ist. Es ist zweckmäßig, den Filterrückstand nochmals mit 4 ml 4 n NaOH in der Hitze zu behandeln. Tritt jetzt eine Gelbfärbung auf, gibt man die filtrierte Lösung zum ersten Filtrat.

III. Die *Anwesenheit von Chloriden* stört nicht.

Literatur.

ABEL, E.: Z. anorg. Ch. 74, 396 (1912). — D'ANS, J.: Fr. 96, 1 (1934).
BARNEBEY, O. L.: Am. Soc. 39, 604 (1917). — BÖTTGER, K. u. W.: Fr. 69, 145 (1926). — BRAY, W. C., u. H. EAST MILLER: Am. Soc. 46, 2204 (1924); durch Fr. 69, 148 (1926). — BRUHNS, G.: J. pr. 93, 312 (1916). — BUNSEN, R.: A. 86, 279 (1853).
Chemikerausschuß des Vereins deutscher Eisenhüttenleute: (a) Stahl Eisen 42, 226 (1922); durch Fr. 63, 413 (1923); (b) Handbuch für das Eisenhüttenlab. Bd. I, S. 88; (c) Handbuch für das Eisenhüttenlab. Bd. II, S. 90 (1939).
DITZ, H.: Fr. 72, 360 (1927).
EDGAR, GR.: (a) Z. anorg. Ch. 62, 344 (1909); (b) 61, 280 (1909). — ERHARD, W.: Mitt. Forsch.-Anst. G.H.Hütte (Gutehoffnungshütte-Konzerns) 2, Heft 10, S. 268 (1934); durch Fr. 99, 60 (1934).
FARSÖE, V.: Fr. 46, 308 (1907). — FEIGL, F., K. KLANFER u. L. WEIDENFELD: Fr. 80, 5 (1930). — FIELD, A. J.: J. ind. eng. Chem. 8, 238 (1916); durch Fr. 57, 112 (1918). — FISCHBACH, P.: Stahl Eisen 29, 248 (1909); durch Fr. 63, 349 (1923). — FRIEDHEIM, C., u. H. EULER: B. 28, 2067 (1895). — FRIEDRICH, A., u. E. BAUER: Fr. 97, 305 (1934).

GÉLÉBART, F.: Ann. pharmac. franç. 7, 136 (1949); durch Fr. 132, 139 (1951). — GRÖGER, M.: (a) Z. anorg. Ch. 108, 268 (1919); (b) 81, 236 (1913); (c) Ch. Z. 36, 697 (1912).

HAHN, FR. L.: (a) Fr. 98, 225 (1934); (b) Am. Soc. 57, 614 (1935). — HENDEL, J. M.: Fr. 63, 321 (1923). — HERWIG, W.: Stahl Eisen 36, 646 (1916).

JANDER, G., u. H. BESTE: (a) Z. anorg. Ch. 133, 73 (1924); durch Fr. 65, 259 (1924/25); (b) Z. anorg. Ch. 133, 46 (1924); durch Fr. 65, 188 (1924/25).

KOLTHOFF, I. M.: (a) Fr. 59, 401 (1920); (b) 60, 341 (1921); (c) Die Maßanalyse, 2. Teil. — KUBELKA, V., u. J. WAGNER: Kolloidchem. Beih. 1926.

LITTLE, E., u. J. COSTA: J. ind. eng. Chem. 13, 228 (1921). — LUX, H.: Praktikum der quantitativen anorganischen Analyse (1949).

MARC: Ch. Z. 26, 556 (1902). — MEINDL, O.: Fr. 58, 529 (1919). — MEINEKE, C.: A. 261, 339 (1891). — VAN DER MEULEN, J. H.: R. 51, 369 (1932); durch Fr. 118, 361 (1939/40). — MÜLLER, E., u. W. MESSE: Fr. 69, 165 (1926).

POPOFF, ST., u. J. L. WHITMAN: Am. Soc. 47, 2259 (1925); durch Fr. 68, 233 (1926). — PŘIBIL, R., u. J. SÝKORA: (a) Chem. Listy 45, 105 (1951); durch Fr. 137, 289 (1952/53); — PŘIBIL, R., V. SIMON u. J. DOLEŽAL: (b) Chem. Listy 46, 88 (1952); durch Fr. 138, 440 (1953).

RUPP, E.: Fr. 57, 226 (1918).

SCHULEK, E., u. A. DÓZSA: Fr. 86, 81 (1931). — SCONZO, A., u. L. MARSENGO: Ind. chimica 9, 1163 (1934); durch Fr. 104, 133 (1936). — SEUBERT, K., u. A. HENKE: Z. angew. Ch. 13, 1147 (1900). — SPÜLLER, J., u. A. BRENNER: Ch. Z. 21, 3; durch Fr. 37, 41 (1898). — STORER, F. H.: Pr. Am. Acad. 4, 342; J. pr. 80, 44; durch Fr. 9, 71 (1870).

TERNI, A., u. P. MALAGUTI: (a) Giorn. Chim. ind. ed applic. 2, 559 (1920); durch Fr. 63, 353 (1923); (b) G. 49, I, 251 (1919); durch Fr. 62, 232 (1923). — TOPF, G.: Fr. 26, 137 (1887). — TREADWELL, F. P.: Lehrbuch der analytischen Chemie, Bd. II (1941).

VOSBURGH, W. C.: Am. Soc. 44, 2120 (1922).

WAGNER, C.: (a) Z. anorg. Ch. 168, 279 (1928); durch Fr. 80, 10 (1930). — WAGNER, J.: (b) Maßanalytische Studien; durch Fr. 38, 455 (1899). — WILLARD, H. H., u. N. H. FURMAN: Grundlagen der quantitativen Analyse. 1950. — WOGRINZ, A.: Ch. Z. 56, 571 (1932); durch Fr. 93, 310 (1933).

ZULKOWSKY, K.: J. pr. 103, 351; durch Fr. 8, 74 (1869).

§ 4. Bestimmung mit Eisen(II) und Rücktitration.

Allgemeines. Wichtiger als die jodometrischen Verfahren sind die Methoden, welche auf der Reduktion von Chrom(VI) in saurer Lösung mittels Eisen(II)-salz beruhen. Diese ferrometrischen Methoden werden im Gegensatz zur jodometrischen Bestimmung nicht durch Eisen gestört, wodurch sie für die Praxis, welche Chrombestimmungen ja meistens in eisenhaltigem Material durchführen muß, von größter Bedeutung sind. Bei Serienanalysen spielt die Billigkeit der Methode eine nicht zu unterschätzende Rolle.

Der Äquivalenzpunkt der Reaktion:

$$Cr(VI) + 3\,Fe(II) \longrightarrow Cr(III) + 3\,Fe(III)$$

konnte früher nur dadurch festgestellt werden, daß die Chromatlösung mit einem gemessenen Überschuß Eisen(II) versetzt und dieser mit einem geeigneten Oxydationsmittel zurücktitriert wurde. Diese, in diesem § 4 besprochenen, indirekten Verfahren sind auch heute, wo einfache direkte ferrometrische Methoden zur Verfügung stehen, noch sehr verbreitet. In erster Linie wird Kaliumpermanganat zur Rücktitration herangezogen. Kaliumdichromat- und Cer(VI)-salzlösungen kommen trotz mancher Vorteile wesentlich geringere Bedeutung zu.

Über direkte ferrometrische Chromatbestimmungen vgl. § 5.

A. Rücktitration mit Kaliumpermanganat.

1. Allgemeines.

Die am weitesten verbreitete maßanalytische Chrombestimmungsmethode beruht darauf, daß eine schwefelsaure Chrom(VI)-lösung durch einen gemessenen Überschuß von Eisen(II)-sulfat bzw. Eisen(II)-ammoniumsulfat zu Chrom(III) reduziert und das überschüssige Reduktionsmittel mit Kaliumpermanganat zurücktitriert wird:

$$Cr_2O_7^{2-} + 6\,Fe^{2+} + 14\,H^+ \longrightarrow 2\,Cr^{3+} + 6\,Fe^{3+} + 7\,H_2O;$$
$$5\,Fe^{2+} + MnO_4^- + 8\,H^+ \longrightarrow 5\,Fe^{3+} + Mn^{2+} + 4\,H_2O.$$

Diese Methode wurde 1849 von SCHWARZ als erste maßanalytische Chrombestimmung beschrieben und von ihm zur Gehaltsbestimmung von Chromaten, Chrom(III)-salzen und Chromeisenstein herangezogen. Das Verfahren hat in der Folgezeit wegen seiner einfachen Durchführung, Billigkeit und Genauigkeit, insbesondere bei Serienanalysen, die gravimetrischen und auch später die jodometrischen Bestimmungsverfahren immer mehr zurückgedrängt und wird auch heute noch in den meisten Fällen die Methode der Wahl sein.

Die Eisen(II)-Permanganat-Methode ist von sehr vielen Forschern zur Chrombestimmung in den verschiedensten Ausgangssubstanzen herangezogen worden. Diese ganzen Arbeiten unterscheiden sich im wesentlichen nur in der Aufarbeitung des Untersuchungsmaterials; das Auflösen und Überführen in Chrom(VI) wird auf verschiedene Weise vorgenommen; die eigentliche Titration erfolgt jedoch im wesentlichen immer nach den gleichen Gesichtspunkten.

Im folgenden sollen deshalb die ganz allgemein geltenden Punkte der Fe(II)/KMnO$_4$-Methode näher beschrieben werden. Es ist dabei vorausgesetzt, daß das Chrom bereits 6wertig vorliegt bzw. daß es nach einer geeigneten Methode quantitativ in seine höchste Wertigkeitsstufe übergeführt worden ist. Spezielle Arbeitsvorschriften, die im wesentlichen auf die Stahl- und Eisenanalyse eingehen sowie die gleichzeitige Bestimmung von Legierungskomponenten vorsehen, werden in einem späteren Teil dieses § 4 beschrieben.

Allgemeine *Arbeitsvorschrift.* Etwa *0,1 n Eisen(II)-lösung* ist folgendermaßen anzusetzen: 28 g FeSO$_4$ · 7 H$_2$O oder 40 g (NH$_4$)$_2$Fe(SO$_4$)$_2$ · 6 H$_2$O werden in Wasser gelöst, mit 50 ml konz. Schwefelsäure versetzt und mit Wasser zu 1000 ml aufgefüllt.

Ferner: *0,1 n Kaliumpermanganatlösung.* Zur Einstellung vgl. Bemerkung III.

Ausführung des Verfahrens. Die zu untersuchende Chromatlösung wird in einem geräumigen Erlenmeyerkolben mit Wasser verdünnt, mit Schwefelsäure (1 + 3) (etwa 4,6 m) unter Kühlen (vgl. Bemerkung VIII) gerade angesäuert und mit 50 ml der gleichen Säure im Überschuß versetzt. Nach Verdünnen mit Wasser auf etwa 600 ml wird *sofort* durch Zugabe von Eisen(II)-lösung reduziert, bis die grüne Farbe des Chrom(III)-salzes erscheint. Die überschüssige Eisen(II)-sulfatmenge wird mit Kaliumpermanganatlösung zurücktitriert. Als Endpunkt der Titration ist der Umschlag der rein grünen Farbe ins Blaugraue anzusehen. Zweckmäßig gibt man die Eisen(II)-sulfatlösung aus einer Bürette zu, die man neben die Bürette mit der Kaliumpermanganatlösung stellt. Ist man nicht sicher, den richtigen Endpunkt getroffen zu haben, kann man wieder Eisen(II)-sulfatlösung zusetzen und die Endpunktsbestimmung beliebig oft wiederholen. Mit einiger Übung läßt sich der Umschlagspunkt genau treffen, besonders bei Verwendung einer weißen Unterlage. Zur leichteren Erkennung der Farbänderung wird ein Zusatz von 10 ml Phosphorsäure (D 1,7) empfohlen.

Einstellung der Eisen(II)-lösung. Der Wirkungswert der Eisen(II)-sulfatlösung wird unter denselben Bedingungen wie bei der eigentlichen Bestimmung ermittelt. Zu einer genau austitrierten Lösung gibt man die gleiche Menge Eisen(II)-sulfatlösung hinzu, die man für die Bestimmung verbraucht hat, und titriert mit Kaliumpermanganatlösung bis zum gleichen Umschlagspunkt. Von der dann verbrauchten Menge Kaliumpermanganatlösung zieht man die bei der Titration der Probe verbrauchte Menge ab. Der Unterschied entspricht dem Chromgehalt der Probe und ist mit dem Chromtiter zu multiplizieren.

Bemerkungen. *I. Genauigkeit und Anwendungsbereich.* Bei Einhaltung obiger Arbeitsbedingungen ist eine sehr hohe Genauigkeit zu erzielen. Der Chromgehalt kann innerhalb weiter Grenzen schwanken; jedoch wird man zweckmäßig nicht mehr als 40 ml Kaliumpermanganat verbrauchen (bei 0,1 n $KMnO_4$ etwa 70 mg Cr entsprechend). Lösungen höherer Chromgehalte werden vorher aufgefüllt oder mit stärkeren Maßlösungen titriert. Bei sehr niedrigen Chromatgehalten in Eisen und Stahl wird man geringfügige positive Korrekturen anbringen, vgl. S. 72.

Bei der Mikrotitration von Chrom(VI) können nach BRARD bei Anwendung von 0,005 n Eisen(II)-ammoniumsulfat- und 0,005 n Kaliumpermanganatlösung 0,3 mg Cr, selbst bei einer Acidität von 25% H_2SO_4 mit einem Fehler unter 1%, bestimmt werden (Bestimmungsgrenze 0,2 mg Cr).

Nach den heute vorliegenden Erfahrungen ist es sicher, daß bei genauem Befolgen der obigen Vorschrift die Titration streng stöchiometrisch verläuft und zur Berechnung des Ergebnisses der theoretische Umrechnungsfaktor anzuwenden ist. 1 ml 0,1 n $KMnO_4$ entspricht 1,7337 mg Cr. Früher glaubte man, mit empirischen Faktoren arbeiten zu müssen. FRANKE und DWORZAK, welche vergleichende Untersuchungen zwischen der Eisen(II)-sulfat-Permanganat- und der jodometrischen Methode durchführten, stellten in Übereinstimmung mit KOCH sowie mit DITTLER fest, daß empirische Faktoren, wie sie von HERWIG bzw. SCHUMACHER vorgeschlagen werden und auch in verschiedenen älteren Handbüchern Eingang gefunden haben, nicht berechtigt sind.

II. Endpunktserkennung bei der Titration. Wesentlich ist der Farbenumschlag, auf den titriert wird. Im Äquivalenzpunkt ergänzen sich die Permanganat- und die Chrom(III)-farbe komplementär zu weiß. Man darf daher, falls ein fehlerfreier stöchiometrischer Verlauf der Reaktion gewährleistet sein soll, *nicht* auf Rosafärbung, sondern auf die erste bemerkbare Farbenänderung der anfangs grünen Lösung titrieren. Titriert man auf grau bzw. rötlichgrau, so wird natürlich mehr $KMnO_4$ verbraucht. Auf diesen Umstand wird in der älteren Literatur viel zuwenig hingewiesen; nur LEDEBUR bzw. MEINDL machen diesbezügliche Angaben. Ganz besonders ist dieses bei hohen Chromgehalten zu beachten. Diese Schwierigkeiten bei der Endpunktserkennung veranlaßten noch 1922 den Chemikerausschuß des Vereins deutscher Eisenhüttenleute, bei der Chromeisensteinanalyse der jodometrischen Methode den Vorzug zu geben. Die Fehlerquellen bei der Endpunktserkennung lassen sich jedoch auf ein Minimum herabdrücken, wenn man die Einstellung der Permanganatlösung gegen Chromat vornimmt (vgl. Bemerkung III).

Nach Angaben von KIMBER sowie BRÜGGEMANN läßt sich der Endpunkt der Titration gegen eine schwarze Unterlage besser erkennen.

Über *Verbesserung* der Endpunktserkennung mit Hilfe von Redoxindicatoren vgl. S. 70.

III. Die Einstellung der Kaliumpermanganatlösung nimmt man zweifellos am zweckmäßigsten gegen Kaliumdichromat unter den in der Arbeitsvorschrift angegebenen Bedingungen vor. Die Dichromatmenge wird je nach Stärke der Maßlösungen so bemessen, daß etwa 20 bis 30 ml $KMnO_4$-Lösung hierfür verbraucht werden. Spezielle Angaben für die Stahlanalyse vgl. S. 71. Die sonst übliche Einstellung gegen Natriumoxalat, welche bei genauer Beachtung des unter II. Gesagten ebenfalls eine genaue Chrombestimmung ermöglicht, ist zumindestens für hohe Chromgehalte weniger zu empfehlen, da zusätzlich Fehlerquellen in die Methode eingehen. Bei geringeren Chrommengen, insbesondere in reinen Lösungen, ist die Art der Einstellung untergeordneter. Die Herstellung der $KMnO_4$-Lösung und die Maßnahmen zur Erreichung einer guten Titerfestigkeit sind an dieser Stelle als bekannt vorausgesetzt; vgl. aber S. 71.

IV. Die Konzentration der Eisen(II)-lösungen richtet sich nach den vorliegenden Chromgehalten. Am gebräuchlichsten ist die Verwendung von 0,05 bis 2 n Lösungen. Für Mikromethoden werden auch schwächere Lösungen vorgeschlagen. Aus der

Literatur geht nicht eindeutig hervor, ob die Verwendung von Eisen(II)-ammoniumsulfat gegenüber von Eisen(II)-sulfat Vorteile bringt. Beide Lösungen dürften gleich gut brauchbar sein.

V. Beständigkeit von Eisen(II)-lösungen. Bei Aufbewahrung in einer indifferenten Gasatmosphäre sind schwefelsaure Eisen(II)-lösungen recht beständig. PAWOLLECK stellte nach fünf Monaten bei einer etwa 0,2 n Eisen(II)-ammoniumsulfatlösung keine Abnahme im Titer fest, wenn man das Salz unter Durchleiten von CO_2 auflöst und die Vorratsflaschen ebenfalls mit CO_2 füllt. Ähnliche Angaben macht SCHÖNE. LANG und KURTZ geben an, daß schwefelsaure Eisen(II)-sulfatlösungen beständiger als MOHRsches Salz sind. Das früher vielfach übliche Überschichten der Eisen(II)-lösungen mit Benzol oder Petroleum kann in keiner Weise ein Inertgas ersetzen (PAWOLLECK). Am elegantesten vermeidet man eine Oxydation der Eisen(II)-lösung durch Verwendung von Reduktorbüretten (vgl. § 8). Für die Praxis der Chrombestimmung nach der Eisen(II)-Permanganat-Methode ist jedoch die Frage nach der Titerbeständigkeit der Eisen(II)-lösungen von geringerer Bedeutung. Um das Verfahren möglichst unkompliziert zu halten, wird man auf besondere Vorsichtsmaßnahmen bei der Aufbewahrung verzichten und den Wirkungswert der Eisen(II)-lösung lieber jedesmal neu feststellen. Bei Serienanalysen nimmt man die Einstellung vor und nach einer Bestimmungsreihe vor. Innerhalb dieser Zeit hat sich der Titer mit Sicherheit nicht verändert (FRANKE und DWORZAK).

VI. Die Einstellung der Eisen(II)-lösung erfolgt am sichersten in der oben beschriebenen Weise, weil so Eigenfärbungen der Probelösung leicht kompensiert werden. Für weniger genaue Ansprüche ist es jedoch ausreichend, unabhängig von der Probelösung die gleiche Menge Eisen(II)-lösung wie bei der Titration vorzulegen und mit $KMnO_4$ bis zur schwachen Rosafärbung zu titrieren.

VII. Die Schwefelsäurekonzentration der Eisen(II)-lösung wird von verschiedenen Bearbeitern sehr schwankend angegeben: 10 bis 200 ml konz. H_2SO_4/l. Im allgemeinen dürfte eine mittlere Säurekonzentration von 50 ml/l angebracht sein. Neutrale Eisen(II)-lösungen sind sehr unbeständig.

VIII. Die Schwefelsäurekonzentration sowie das Volumen bei der Titration kann ebenfalls innerhalb weiter Grenzen schwanken. So variierte MEINDL bei der Titration von 40 ml 0,1 n $K_2Cr_2O_7$-Lösung bei einem Gesamtvolumen von 500 ml den Schwefelsäurezusatz von 5 bis 100 ml (1 + 4), ohne eine Abweichung im Ergebnis festzustellen. Unterhalb 5 ml war lediglich ein unscharfer Umschlag festzustellen. Der gleiche Autor prüft auch, wieweit eine Änderung des Titrationsvolumens sich auf die Reproduzierbarkeit der Fe(II)/$KMnO_4$-Methode auswirkt und kommt zu dem Schluß, daß die Titration von 20 ml 0,1 n $K_2Cr_2O_7$ bei einer Säurekonzentration von 20 ml Schwefelsäure (1 + 3) mit dem gleichen Resultat durchzuführen ist, wenn das Gesamtvolumen auch von 100 bis 2000 ml geändert wird. Die wohl günstigsten Bedingungen bezüglich Volumen und Säurekonzentrationen sind in der Arbeitsvorschrift angegeben.

Von großer Wichtigkeit ist, daß sich die Chromatlösung beim Versetzen mit Schwefelsäure nicht wesentlich erwärmt, da nach SCHIFFER und KLINGER leicht eine geringe Reduktion zu Chrom(III) eintreten kann. Man wird deshalb immer mit verd. Säure versetzen und die Chromatlösung gegebenenfalls vorher verdünnen. Aus dem gleichen Grunde soll unmittelbar nach dem Ansäuern die Eisen(II)-lösung zugesetzt werden.

IX. Einfluß anderer Stoffe. Wie bereits erwähnt, ist *Eisen* im Gegensatz zur jodometrischen Bestimmungsmethode ohne störenden Einfluß. Um eine Beeinträchtigung der Endpunktserkennung durch die Eisen(III)-färbung zu vermeiden, setzt man zur Maskierung Phosphorsäure zu. Die Chrom(VI)-titration neben Eisen ist von größter Wichtigkeit bei der Analyse von Eisen, Stahl, Ferrolegierungen u. dgl.; vgl. unter 2. in diesem § 4.

Vanadium stört die Chrombestimmung nach der Fe(II)/$KMnO_4$-Methode nicht. 5 wertiges Vanadium wird zwar durch Fe(II) quantitativ zu Vanadium(IV) reduziert, verbraucht jedoch bei der Rücktitration wieder die äquivalente Menge Permanganat. Allerdings geht die Umsetzung des Vanadylsalzes mit $KMnO_4$ etwas langsamer vonstatten und der Endpunkt wird nur zögernd erreicht, so daß in solchen Fällen mit der Zugabe von Maßlösung erst aufgehört werden darf, wenn der violette Farbton nicht mehr verschwindet. Ist man sich dessen bei der Ausführung bewußt, so kann man bei einiger Übung den Endpunkt der Titration sehr sicher erkennen. Über die Bestimmung von Chrom und Vanadium mit Hilfe von Ferroin vgl. Bemerkung X.

Mangan, sofern es als Permanganat vorliegt, wie es ja bei der Oxydation in saurer Lösung meistens der Fall ist, wird vor der Chrom(VI)-titration nach den üblichen Methoden beseitigt, da es im anderen Falle mittitriert würde. Mangan(II), welches durch die Titration mit Permanganat in die Analysenlösung hereinkommt, ist ohne Einfluß und begünstigt nach Versuchen von MEINDL eine Rückoxydation von Cr(III) zu Cr(VI) in der sauren Lösung nicht. Größere Mengen dagegen sollen einen erhöhten $KMnO_4$-Verbrauch bedingen können.

Wolfram kann zwar im allgemeinen leicht als Wolframsäure vor der Chromtitration abgeschieden werden, stört jedoch, falls man es komplex in Lösung hält, die oxydimetrische Titration in keiner Weise. Über eine Beeinflussung der Endpunktserkennung bei gleichzeitiger Anwesenheit von Wolfram und Vanadium vgl. S. 73.

Kobalt stört durch seine Farbe nicht, wenn Phosphorsäure zugegen ist; *Molybdän* ist ebenfalls ohne Einfluß.

Von anderen Elementen sind *Nickel, Kupfer, Bor, Aluminium, Titan, Zirkon, Tantal, Uran* ohne störenden Einfluß auf die Methode.

X. Rücktitration mit Kaliumpermanganat unter Zuhilfenahme von Redoxindicatoren. Die Rücktitration des überschüssigen Eisens(II) mittels Kaliumpermanganat wird meistens ohne Redoxindicator vorgenommen. Gelegentlich wird jedoch auch Indicatorzugabe empfohlen, um die Endpunktserkennung zu erleichtern. So wird Ferroin relativ oft benutzt, insbesondere in der Stahlanalyse. Falls Vanadium zugegen ist, muß jedoch beachtet werden, daß bei den normalerweise relativ hohen Säurekonzentrationen bei der Rückoxydation mit $KMnO_4$ der Indicatorumschlag erfolgt, wenn das überschüssige Eisen(II) oxydiert ist, während bei Abwesenheit eines Redoxindicators die Permanganatrötung erst bestehenbleibt, wenn alles Vanadium(IV) reoxydiert ist. Man erfaßt also bei der Rücktitration bei Gegenwart von Ferroin ebenso wie bei der direkten ferrometrischen Bestimmung die Summe aus Chrom und Vanadium. Es resultiert hierbei ein ausgezeichneter Endpunkt, weil die Reaktion zwischen Vanadylionen und Permanganat eine Funktion der Wasserstoffionen wie auch der Temperatur ist und bei Zimmertemperatur und hoher Säurekonzentration verhältnismäßig langsam verläuft. (Aus dem gleichen Grund darf man bei der einfachen Rücktitration mit $KMnO_4$ bei Gegenwart von Vanadium erst dann mit der Zugabe von Maßlösung aufhören, wenn der violette Farbton nicht mehr verschwindet; vgl. Bemerkung IX, Vanadium.)

Um die dem Chrom allein entsprechende Menge Maßlösung zu erhalten, ist es nötig, nach der Rücktitration des Eisen(II)-überschusses den Säuregrad der Probelösung auf etwa 0,1 m zu vermindern und nun das 4 wertige Vanadium bei erhöhter Temperatur mit $KMnO_4$ zu titrieren, wobei Ferroin ein zweites Mal den Endpunkt der Rückoxydation anzeigt. Die Differenz zwischen zugefügter Eisen(II)-lösung und der gesamten zur Rücktitration verbrauchten Maßlösung entspricht dem vorhandenen Chrom. Ein auf diesem Prinzip beruhendes Verfahren beschreiben WILLARD und YOUNG zur gleichzeitigen Bestimmung von Chrom und Vanadium in wolframfreien Stählen.

Wird nach FURNESS die Rücktitration des Eisen(II)-überschusses mit Nitroferroin als Indicator vorgenommen, so tritt infolge des höheren Potentials dieses Indicators der Farbumschlag erst ein, wenn das 4wertige Vanadium wieder vollständig zu 5wertigem oxydiert ist; die Lösung darf jedoch in diesem Fall nicht mehr als 4 n schwefelsauer sein.

2. Anwendungen, insbesondere für die Stahl- und Eisenanalyse wie auch für Ferrochrom.

I. Oxydation in saurer Lösung mit Persulfat/Silbernitrat. a) Modifiziertes Verfahren nach PHILIPS. Das PHILIPS-Verfahren wurde schon frühzeitig von den Amerikanern als Standardverfahren für Stahl- und Eisenanalysen übernommen. 1930 wurde vom Chemikerausschuß des Vereins deutscher Eisenhüttenleute eine umfangreiche Überprüfung aller derzeitig wichtigen Chrombestimmungen in Stählen vorgenommen. Auf Grund eines von SCHIFFER und KLINGER erstatteten Berichtes wurde das PHILIPS-Verfahren als das beste der 1930 zur Verfügung stehenden Methoden bezeichnet. Es ist in Gegenwart sämtlicher in Stählen vorkommenden Legierungselemente durchführbar und läßt bei richtiger Ausführung an Genauigkeit nichts zu wünschen übrig. Es hat deshalb in dem Handbuch für das Eisenhüttenlaboratorium bevorzugte Aufnahme gefunden.

Erforderliche Sonderlösungen. Schwefelsäure-Phosphorsäure-Mischung. 320 ml Schwefelsäure (1 + 1) (etwa 9 m) und 80 ml Phosphorsäure (D 1,7) werden vermischt und mit Wasser zu 1 l aufgefüllt. Silbernitratlösung. 25 g Silbernitrat werden in Wasser zu 1 l gelöst. Ammoniumpersulfatlösung. 150 g Ammoniumpersulfat werden in Wasser zu 1 l gelöst. Natriumchloridlösung. 50 g Natriumchlorid werden in Wasser zu 1 l gelöst. Eisen(II)-sulfatlösung. 13,5 g Eisen(II)-sulfat-7-hydrat löst man in Wasser, setzt 50 ml Schwefelsäure (D 1,85) zu und verdünnt die Mischung auf 1 l.

Kaliumpermanganatlösung. 1,9 g Kaliumpermanganat werden in Wasser zu 1 l gelöst. Zur Oxydation der stets in der Lösung vorhandenen Spuren Kaliumpermanganat verbrauchender Substanzen läßt man die Lösung in einem verschlossenen Gefäß 8 bis 14 Tage stehen oder erhitzt sie 10 Min. lang zum Sieden, filtriert sie durch Glaswolle und füllt sie in eine saubere Vorratsflasche, die man sorgfältig verschließt. Die Konzentration der Lösung ist so gewählt, daß 1 ml 0,001 g Chrom entspricht. Zur genauen Einstellung wird eine Kaliumdichromatlösung hergestellt, die 0,002 g Chrom im Milliliter enthält. Man löst 5,6568 g reinstes sorgfältig getrocknetes Kaliumdichromat in Wasser und füllt auf 1 l auf. Von dieser Lösung werden genau 10 ml abpipettiert, mit 30 ml Eisen(II)-sulfatlösung versetzt und mit der einzustellenden Kaliumpermanganatlösung titriert, alles in derselben Weise, wie es weiter unten für die eigentliche Untersuchung der Probe vorgeschrieben ist. Diese 10 ml müssen 20 ml der Kaliumpermanganatlösung entsprechen; andernfalls ist die Konzentration der letzteren so zu ändern, daß sie dieser Anforderung genügt.

Arbeitsvorschrift. Von dem zu untersuchenden Probegut wird 1 g in einen 500 ml fassenden Erlenmeyerkolben gebracht und mit 60 ml der Schwefel-Phosphorsäure-Mischung unter Erwärmen gelöst. Die Lösung wird weiter erhitzt, bis die Schwefelsäure zu rauchen beginnt. Kurz vor Beginn des Rauchens oxydiert man mit einigen Tropfen Salpetersäure (D 1,4). Bei Stählen, die größere Mengen von Chromcarbiden enthalten, kann ein zu frühzeitiger Zusatz von Salpetersäure dazu führen, daß Reste der Carbide ungelöst bleiben. Nach dem Erkalten fügt man zunächst vorsichtig etwas kaltes Wasser zu, verdünnt dann die Lösung mit heißem Wasser auf etwa 300 ml, setzt 2 ml Silbernitratlösung zu und nach Aufkochen 25 ml Ammoniumpersulfatlösung. Nach dem Auftreten der Permanganatfarbe gibt man 5 ml Natriumchloridlösung zu und kocht 10 Min. Anschließend kühlt man den Kolben durch Einstellen in kaltes Wasser ab.

Einstellung der Eisen(II)-sulfatlösung. Man mißt 50 ml der Eisen(II)-sulfatlösung ab, titriert sie mit der eingestellten Kaliumpermanganatlösung und berechnet, wieviel Milliliter der letzteren einem Milliliter Eisen(II)-sulfatlösung entsprechen. Diese Zahl habe die Bezeichnung f. Die Einstellung muß sogleich vorgenommen werden.

Zu der erkalteten Probelösung gibt man jetzt so viel Eisen(II)-sulfat, daß man sicher ist, alles Chrom reduziert zu haben, was man daran erkennt, daß die entstehende grüne Farbe des Chrom(III)-salzes nicht mehr tiefer wird. Ein Überschuß von Eisen(II)-sulfat schadet nichts; jedoch wird man den Überschuß klein halten, um nicht zuviel Eisen(II)-sulfatlösung zu verbrauchen. Die zuzugebende Menge wird genau mit einer Pipette oder Bürette abgemessen. Sie sei mit a bezeichnet.

Im Anschluß daran wird sofort der Überschuß des Eisen(II)-sulfats durch Titration mit der eingestellten Kaliumpermanganatlösung ermittelt (weißer Untergrund). Sobald die grüne Farbe einen Stich ins Blaugrüne bekommt, muß man mit der Zugabe des Kaliumpermanganats aufhören. Die Anzahl der dazu nötigen Milliliter sei b. Ist b kleiner als 2, ist es nicht sicher, ob die zugesetzte Eisen(II)-sulfatmenge ausreichend war. Man setzt dann noch ein abgemessenes Volumen nachträglich zu, das man zu a hinzuzählt.

Das der vorhandenen Chrommenge entsprechende Volumen an Kaliumpermanganatlösung ist dann gleich $a \cdot f - b$.

Dieser Wert bedarf noch einer kleinen Korrektur. Es hat sich herausgestellt, daß man bei der Bestimmung kleiner Chrommengen, bei denen die zur Reduktion nötige Eisen(II)-sulfatmenge also auch klein ist, etwas zu viel Kaliumpermanganat verbraucht und man infolgedessen einen zu niedrigen Chromwert findet. Man zählt darum zu der Differenz $a \cdot f - b$ noch einen empirisch gefundenen Korrekturwert c hinzu, dessen Größe sich nach der angewendeten Menge Eisen(II)-sulfatlösung a, nicht nach dem Chromgehalt richtet und der um so größer ist, je geringer das Volumen a ist. Für

$$a = 10 \text{ ml ist } c = 0{,}4 \text{ ml},$$
$$a = 20 \text{ ml ist } c = 0{,}3 \text{ ml},$$
$$a = 30 \text{ ml ist } c = 0{,}2 \text{ ml},$$
$$a = 40 \text{ ml ist } c = 0{,}1 \text{ ml},$$
$$a = 50 \text{ ml ist } c = 0.$$

Somit erhält man den gesuchten Chromwert A nach der Formel:

$$A = (a \cdot f - b + c) \cdot 0{,}001.$$

b) **Arbeitsweise in besonderen Fällen.** α) Behandlung von Probegut mit mehr als 6% Chrom. Von Stählen, die mehr als 6% Cr enthalten, werden nur 0,5 g eingewogen; andernfalls ist die Lösung bei der Titration so dunkel, daß man den Umschlag nicht mehr erkennen kann. Solche Stähle lösen sich in Schwefelsäure-Phosphorsäure allein nicht auf; man setzt 80 ml Salzsäure (1 + 1) (etwa 6 n) zu; auch ist ein geringer Zusatz von Salpetersäure, wenn er nicht zu früh erfolgt, in manchen Fällen recht vorteilhaft. Dadurch erübrigt sich jedoch keineswegs der Salpetersäurezusatz kurz vor dem Rauchen der Schwefelsäure. Sobald der Chromgehalt 12% übersteigt, wird die doppelte Menge an Ammoniumpersulfat, Silbernitrat und Natriumchlorid zugegeben.

β) Behandlung von Chrom-Wolfram-Stählen. Aus der Lösung von Stählen, die mehr als 5% W enthalten, wird zweckmäßig zunächst die Wolframsäure abgetrennt. Erst dann erfolgt der Zusatz von Schwefel- und Phosphorsäure.

γ) Behandlung von siliciumreichem Probegut. Solches Material darf nicht mit starken Säuren behandelt werden, damit die Späne nicht von ausgeschiedener Kieselsäure umhüllt werden und sich nicht mehr lösen. Man verwendet 120 ml Salzsäure (1 + 1). Sobald sich darin alles gelöst hat, setzt man Schwefelsäure-Phosphorsäure-Mischung zu und raucht ein wie üblich. Wenn man zur Verwendung stärkerer Säure gezwungen ist, weil die Auflösung in verdünnter nicht gelingt, setzt man, wenn nötig, einige Tropfen Flußsäure zu.

δ) Titration bei Gegenwart von Vanadium. Vgl. Bemerkung IX auf S. 70.

ε) Behandlung von manganreichem Probegut. Das in jeder Probe vorkommende Mangan verbraucht, wie bekannt, auch Ammoniumpersulfat. Darum werden zur Oxydation manganreicher Stahlarten (z. B. Hartstahl) 75 ml Ammoniumpersulfatlösung und 6 ml Silbernitratlösung zugesetzt. Auch die Natriumchloridmenge wird erhöht; man nimmt 15 ml der Lösung. Die Titration solcher Proben hat möglichst schnell zu erfolgen und muß beim ersten Auftreten des Umschlages beendet werden, da größere Manganmengen in der Lösung bei längerer Einwirkung merkliche Mengen Kaliumpermanganat verbrauchen und zu Fehlern Anlaß geben.

Sollte eine manganreiche Probe Vanadium enthalten, was allerdings praktisch kaum vorkommen dürfte, untersucht man sie zweckmäßig nach § 3 beschriebenem Verfahren, bei dem das Vanadium vor der Titration von Chrom getrennt wird.

ζ) Behandlung von säureunlöslichem Probegut. Von Stählen, die sich in Säuren nicht völlig lösen, z. B. hochgekohlten Chromstählen, wird der unlösliche Teil abfiltriert, ausgewaschen, das Filter verascht und der Rückstand mit der 8 fachen Menge Natriumperoxyds im Eisen- oder Nickeltiegel geschmolzen. Die erkaltete Schmelze wird in Wasser gelöst, mit Schwefelsäure angesäuert und zu dem löslichen Teil der Stahlprobe gegeben. Die Weiterbehandlung ist die gewöhnliche.

Bemerkungen. aa) Die A. S. T. M. Methods for Chemical Analyses of Metals (1950) haben das PHILIPS-Verfahren in ähnlicher Form wie vorstehend für die Stahlanalyse übernommen.

bb) Einfluß anderer Stoffe. Nach den sehr gründlichen Untersuchungen des Chemikerausschusses des Vereins deutscher Eisenhüttenleute (SCHIFFER und KLINGER) sind sämtliche gebräuchlichen Legierungselemente ohne wesentlichen Einfluß. Geprüft wurden Stähle in Gegenwart von W, V, Mo, Co, Ni, Cu, B, Al, Ti, Zr, Ta, Nb. Bei Anwesenheit von Co ist die Endpunktserkennung durch die Kobaltfärbung etwas erschwert. Im Gegensatz zu diesem Bericht steht eine Angabe von HILD, welcher in Chrom-Nickel-Stählen nach der Persulfatmethode durchweg um 0,2% zu niedrige Chromwerte findet, die er auf das vorhandene Nickel zurückführt.

cc) Beeinflussung des PHILIPS-Verfahrens durch gleichzeitige Anwesenheit von Vanadium und Wolfram. Nach SLAWIK tritt bei wolframhaltigen Schnelldrehstählen, die gleichzeitig mit Vanadium legiert sind, beim Versetzen mit überschüssigem Eisen(II) eine schwarze bis rotbraune Färbung auf, die beim Zurücktitrieren mit Kaliumpermanganat in Gelb übergeht und den Endpunkt der Titration schwieriger erkennen läßt. Bei der Neigung von Vanadium-, Wolfram- und der bei der Chrombestimmung zugesetzten Phosphorsäure zur Komplexbildung lag es nahe, die Ursachen der beschriebenen Erscheinung in der Entstehung einer komplexen Heteropolysäure zu suchen. Der Verfasser konnte durch Versuche die Richtigkeit dieser Vermutung bestätigen und zeigen, daß die störende Erscheinung auf die *gleichzeitige* Anwesenheit der drei Säuren zurückzuführen ist. Sie kommt wahrscheinlich dadurch zustande, daß die komplex gebundene Vanadiumsäure zur 4 wertigen Stufe reduziert wird.

Will man die Störung ganz vermeiden, so muß man entweder das Vanadium oder das Wolfram entfernen. Da das letztere dabei am wenigsten Schwierigkeiten macht, hat der Verfasser vergleichende Chrombestimmungen in Schnelldrehstählen ausgeführt, bei denen er das eine Mal das Wolfram vor der Oxydation als WO_3 abschied, das andere Mal die Probe in Schwefelsäure-Phosphorsäure löste, mit Salpetersäure oxydierte, mit Schwefelsäure abdampfte und nach dem Aufnehmen mit Wasser wie üblich mit Silbernitrat und Persulfat oxydierte. Die Titration erfolgte dann nach Zerstörung des überschüssigen Persulfats und dem Abkühlen bei Gegenwart des Wolframs. Im ersteren Falle blieb die Braunfärbung aus, im zweiten trat sie auf. Trotzdem ergaben die beiden Bestimmungsverfahren übereinstimmende Werte für Chrom. Es geht daraus hervor, daß das Auftreten der braunen Färbung bei gleichzeitiger Anwesenheit von Wolfram und Vanadium die Chrombestimmung *nicht* beeinflußt. Die einzige Schwierigkeit besteht in der Erkennung des Endpunktes, da dieser nicht wie sonst im Auftreten einer Rosafärbung besteht, sondern sich durch eine Gelbbraunfärbung zu erkennen gibt, was jedoch für die Praxis ohne wesentliche Bedeutung ist.

Es folgen einige ältere Modifikationen des Philips-Verfahrens, die im Prinzip der vorstehenden Methode sehr ähnlich sind.

c) Bestimmung in hochlegierten Stählen nach MENDE.

Arbeitsvorschrift. 1 g Stahl, bei mehr als 10% Chrom nur 0,5 g, wird in 125 ml Schwefelsäure (1 + 4) (etwa 3,7 m) gelöst. Bei Gegenwart von Wolfram setzt man gleichzeitig 25 ml 10%ige Natriumphosphatlösung hinzu. Man erhitzt, bis die Gasentwicklung aufhört, und fügt 20 ml 50%ige Ammoniumpersulfatlösung hinzu; sämtlicher Kohlenstoff wird dadurch oxydiert, und man erhält eine klare Lösung, die man mit 50 ml Wasser sowie mit 5 ml einer 0,2 n Silbernitratlösung versetzt und 30 Min. lang unter Zusatz einiger Stückchen Bimsstein kocht. Die entstehende Permanganatrötung zeigt das Ende der Oxydation an. Tritt keine Rötung ein, so kocht man nach Zugabe von 20 ml Persulfatlösung nochmals 30 Min. Dann gibt man einige Milliliter verd. Salzsäure zu, kocht zur Zerstörung der Permangansäure noch 10 Min., kühlt schnell ab, setzt Wasser zu und titriert mit Eisen(II)-sulfat- und Permanganatlösungen.

Bei stark chromhaltigen Stählen muß man die Schwefelsäure so weit eindampfen lassen, bis der schwarze Rückstand leicht flockig geworden ist. Man erreicht dies, wenn noch $^1/_3$ der angewandten verd. Schwefelsäurelösung vorhanden ist. Man setzt dann zu der Lösung wieder vorsichtig Wasser hinzu und wiederholt dies mehrere Male, wobei sämtliche unlöslichen Metalle nicht mehr als feinkörniger Rückstand vorhanden sind, sondern als Flocken sich ausscheiden. Darauf oxydiert man wie oben mit Ammoniumpersulfat und erhält dadurch eine vollkommen klare Lösung, die nach Zugabe von Wasser mit Eisen(II)-sulfat und Permanganat titriert wird. Etwa ausgeschiedene Wolframsäure stört beim Titrieren nicht.

Bemerkung. Die Methode ist in hochlegierten Stählen bei Gegenwart von Ni, Co, W, Mn, V, Mo anwendbar.

d) Bestimmung in Schnellarbeitsstählen nach BRÜGGEMANN. Unter Schnellarbeitsstähle rechnet der Verfasser bei seinem Analysengang auch einfachere, mit W, V oder Cr legierte Edelstähle, nicht aber solche, die bei etwa 2% C auch einen hohen Cr-Gehalt aufweisen. Wegen der Anwesenheit großer Mengen schwer zerstörbarer Carbide müssen diese Stähle nach anderen Methoden untersucht werden.

Um W, Cr, V in einem Arbeitsgang bestimmen zu können, zum anderen, um die Unsicherheiten bei der Endpunktsbestimmung, welche durch komplexgebundene Wolframsäure bei Gegenwart von V auftreten (SLAWIK, l. c.), zu vermeiden, scheidet der Verfasser vor der Chrombestimmung die Wolframsäure ab.

Arbeitsvorschrift. α) Wolframhaltige Stähle. 1 bis 5 g Stähle (bei > 8% W 1 g) werden in verd. Salzsäure in der Wärme gelöst, nach starkem Einengen in üblicher Weise mit Salpetersäure oxydiert und WO_3 abgeschieden. Das Filtrat wird in einem Meßkolben aufgefüllt. Ein aliquoter, nach dem Cr- bzw. V-Gehalt des Stahles bemessener Teil wird in einem 750- bis 1000-ml-Erlenmeyerkolben mit 10 ml H_2SO_4 (D 1,84) sowie 10 ml H_3PO_4 (D 1,7) versetzt und bis zum beginnenden Rauchen erhitzt. Man verdünnt mit Leitungswasser zu etwa 500 ml, fügt 5 ml 0,5%ige $AgNO_3$-Lösung und je nach Chromgehalt bis zu 10 g festem Ammoniumpersulfat hinzu und bringt zum Kochen. Das Auftreten der Permanganatrötung ist ein Maß für beendete Oxydation, da die in Lösung befindlichen Metalle in der Reihe Cr, V, Mn oxydiert werden. Tritt bei Stählen mit geringem Mn-Gehalt keine erkennbare Rötung auf, dann setzt man einige Körnchen $MnSO_4$ zu und kocht, nötigenfalls nach Zugabe von noch etwas Persulfat und Silbernitrat, nochmals auf. Durch längeres Kochen zerstört man das überschüssige Persulfat, versetzt mit 5 ml HCl (1 + 1) und kocht weiter bis zur vollständigen Zerstörung des Permanganats und Vertreibung des Chlors. Findet bei stark manganhaltigen Stählen während der Oxydation eine Abscheidung von Mangan(IV)-oxydhydrat statt, so wird dieses vor der Zugabe von HCl durch Filtrieren entfernt. Die anschließend oxydimetrische Bestimmung des Chroms folgt nach den allgemeinen Angaben gemäß S. 67.

Zur anschließenden V-Bestimmung versetzt man mit überschüssiger Fe(II)-lösung, oxydiert den Überschuß an Eisen in der Kälte durch kräftiges Umschwenken mit etwa 10 g Persulfat und titriert dann mit $KMnO_4$ das Vanadium.

β) Wolframfreie Stähle werden unmittelbar in je 10 ml obiger Schwefelsäure ünd Phosphorsäure und etwa 150 ml Wasser gelöst. Bei einfachen Stählen ist ein Erhitzen bis zum Rauchen nicht erforderlich. Rostsichere wie auch mit Cr hochlegierte Stähle müssen jedoch noch mit HNO_3 versetzt und zwecks völliger Zersetzung der Chromcarbide bis zum Rauchen erhitzt werden. Die weitere Verarbeitung ist wie bei wolframhaltigem Stahl.

Bemerkung. Bei Beachtung der vom Verfasser zwecks Rationalisierung gemachten Angaben läßt sich die Cr-Bestimmung einschließlich Abscheidung von WO_3 in 90 Min. durchführen. Die Fehlergrenzen sind für etwa 2% Cr etwa —0,02%, bis etwa 4% —0,025% und bei höheren —0,03%.

e) **Bestimmung in Roheisen, Gußeisen und Stahl nach** WALTERS.

Arbeitsvorschrift. 2 g Probe werden in 60 ml Schwefelsäure (1 + 5) in der Wärme gelöst. Man oxydiert das Eisen durch Zugabe von 6 ml Salpetersäure (D 1,20) und 2 Min. langes Erhitzen, filtriert und wäscht mit heißem Wasser mehrmals nach, bis das Volumen der Flüssigkeit etwa 125 ml beträgt. Nach Zusatz von 5 ml 0,5%iger Silbernitratlösung und etwa 5 g Ammoniumpersulfat wird gekocht und das zunächst entstehende Permanganat unter Bildung von MnO_2 zersetzt. Das Kochen wird noch 5 Min. lang fortgesetzt, hierauf das überschüssige Persulfat durch Versetzen mit 2 ml konz. Salzsäure und durch abermaliges 10 Min. dauerndes Kochen unter Austreibung des gebildeten Chlors zersetzt, nach Abkühlung die Flüssigkeit mit etwa 400 ml H_2O verdünnt und in der üblichen Weise mit Eisen(II)-ammoniumsulfat- und $KMnO_4$-Lösung titriert. Bei größerem Siliciumgehalt der Probe werden bei der Auflösung einige Tropfen Fluorwasserstoffsäure zugesetzt.

Bemerkung. Es ist aus der Beschreibung nicht zu ersehen, wie das gebildete Oxyd MnO_2 entfernt wird; daß es durch das Kochen mit 2 ml konz. Salzsäure in 125 ml Flüssigkeit vollkommen zerstört wird, muß bezweifelt werden, besonders, da die Salzsäure sich schon mit dem überschüssigen Persulfat umsetzt.

f) **Bestimmung von Chrom und Vanadium in Stahl nach** RICH und WHITTAM.

Arbeitsvorschrift. 1 bis 2 g des Chromvanadiumstahls werden in 40 bis 60 ml verd. Schwefelsäure (1 + 5) (etwa 3 m) gelöst; die Lösung wird mit 4 bis 6 ml Salpetersäure (D 1,20) oxydiert, nach dem Verdünnen auf 170 bis 180 ml mit 20 ml Silbernitratlösung (1,33 g im Liter) versetzt und unter allmählichem Zufügen von Ammoniumpersulfat erhitzt, bis das Chrom vollständig oxydiert ist. Nach erfolgter Oxydation tritt entweder eine Abscheidung von Mangan(IV)-oxyd oder bei größerem Mangangehalt die Permanganatfärbung auf. Zur Zersetzung des überschüssigen Persulfats wird dann noch einige Minuten erhitzt und das Erhitzen nach Zusatz von einigen Millilitern Salzsäure bis zum völligen Vertreiben des Chlors fortgesetzt. Zu einem abgemessenen Volumen der auf 400 ml gebrachten Lösung wird nun Eisen(II)-sulfatlösung zugesetzt und mit 0,1 n $KMnO_4$ zurücktitriert, wobei sich das Chrom ergibt. *Nachdem man die geringe Permanganatfärbung durch Eisen(II)-sulfatlösung weggenommen hat, gibt man wieder eine gemessene Menge Eisen(II)-sulfatlösung hinzu und titriert mit Kaliumdichromatlösung zurück, wobei die Endreaktion durch Tüpfeln mit Hexacyanoferrat(III)-lösung festgestellt wird. Die letztere Titration ergibt das Vanadium.*

g) Bestimmung von Chrom und Mangan in Eisen und Stahl nach DANIELS.

Arbeitsvorschrift. 1 g der Probe wird in 100 ml HNO_3 (D 1,135) unter Erwärmen gelöst, die Lösung nach Austreibung der nitrosen Dämpfe mit 75 ml Silbernitratlösung (2 g je Liter) und mit 5 g kristallisiertem Ammoniumpersulfat versetzt. Man bringt vorsichtig zum Kochen und hält noch 1 Min. im Sieden. Dann zerstört man das entstandene Permanganat durch tropfenweise Zugabe von verd. HCl, kocht noch 1 Min. lang, titriert nach Abkühlen und Zugabe überschüssiger 0,1 n Eisen(II)-ammoniumsulfatlösung mit 0,1 n $KMnO_4$-Lösung und findet so den Chromgehalt. Mit einer weiteren Probe verfährt man wie oben, erhitzt aber nach Zugabe des Ammoniumpersulfats nur gerade bis zum Sieden, kühlt sofort ab und titriert wie vorher unter Zugabe einer Eisen(II)-ammoniumsulfatmenge, die mehr als hinreicht, um die Summe Mn + Cr zu reduzieren. Aus dem Eisen(II)-ammoniumsulfatverbrauch, vermindert um den bei der Cr-Bestimmung festgestellten Verbrauch, ergibt sich das vorhandene Mangan.

Bemerkung. Es erscheint mindestens unwahrscheinlich, daß das überschüssige Persulfat bei der zweiten Oxydation durch Erhitzen bis gerade zum Sieden vollkommen zerstört wird.

h) Bestimmung in Ferrochrom nach USSATENKO.

Arbeitsvorschrift. 0,2 g Ferrochrom werden in 10 ml Phosphorsäure und 3 bis 5 ml konz. Schwefelsäure durch Kochen gelöst. Die mit Wasser zu 300 ml verd. Lösung wird mit 1 bis 2 Tropfen 50%iger Mangansulfatlösung, 20 ml 1%iger Silbernitratlösung und 4 bis 5 g Ammoniumpersulfat bis zum Auftreten einer Rosafärbung erwärmt. Nach Zusatz von 10 ml 5%iger Natriumchloridlösung erhitzt man bis zum Verschwinden der Rosafärbung und dann noch 10 Min. lang. Nach Abkühlen unter fließendem Wasser bestimmt man Chrom mit Eisen(II) und Permanganat.

Der Zeitbedarf beträgt 50 Min.

i) Bestimmung von Chrom und Silicium in Ferrochrom nach BABAJEW.

Arbeitsvorschrift. 0,2 g Ferrochrom werden in Schwefelsäure (1 + 3) gelöst, die Lösung mit 2 bis 3 Tropfen Salpetersäure angesäuert und bis zum Auftreten von Schwefelsäuredämpfen eingedampft. Nach dem Abkühlen verdünnt man mit Wasser und löst die ausgefallenen Salze in der Wärme. Nachdem die ausgefallene Kieselsäure abfiltriert und in bekannter Weise zur Wägung gebracht worden ist, versetzt man das Filtrat mit 20 ml 2%iger Silbernitratlösung, 40 ml 20%iger Ammoniumpersulfatlösung und erhitzt zum Sieden. Nach Zusatz von 5 bis 10 ml 3,5%iger Natriumchloridlösung kocht man nochmals 20 Min. Nach Erkalten wird in üblicher Weise mit Eisen(II) und Permanganat titriert.

Die Methode soll für niedrig- und hochgekohlte (bis 6% C) Ferrochromsorten geeignet sein.

k) Kombination mit der Arsenitmethode zwecks gleichzeitiger Bestimmung von Mangan.

Die PHILIPS-Methode zur Chrombestimmung kann durch eine geringfügige Abänderung mit einer gleichzeitigen Manganbestimmung verbunden werden. Hierzu wird die mit Persulfat-Silbernitrat oxydierte Lösung nicht zur Zersetzung des Permanganats mit Chlor-Ionen erhitzt, sondern vorher das Mangan durch Titration mit arseniger Säure bis zum Umschlag nach rein Gelb bestimmt. Anschließend oxydiert man durch Erhitzen wieder zur höchsten Wertigkeitsstufe auf und bestimmt das Chrom wie sonst, nachdem man vorher mit Chlorid das Permanganat zerstört hat. Die Manganbestimmung erfordert allerdings etwas Übung. Durch weiteren Zusatz von arseniger Säure wird das Chrom(VI) reduziert [über die Titration von Chrom(VI) mit As(III) vgl. § 6].

α) Bestimmung von Chrom und Mangan in Stahl nach KUGEL. Die Methode ist geeignet für Stähle mit nicht mehr als 1,5% Mangan und Chrom gemäß folgender

Arbeitsvorschrift. In einem 500-ml-Kolben löst man 1 g Stahlspäne in 30 ml Schwefelsäure-Phosphorsäure [200 ml Schwefelsäure (D 1,84), 100 ml Phosphorsäure (D 1,70), 600 ml Wasser]. Nach erfolgter Lösung oxydiert man mit 5 ml Salpetersäure (D 1,40) und verkocht die Stickoxyde. Anschließend versetzt man mit 100 ml heißem Wasser, 10 ml 8%iger Silbernitratlösung, 15 ml 20%iger Ammoniumpersulfatlösung und erhitzt zum Sieden. Nach Zugabe von 150 ml kaltem Wasser kühlt man auf Zimmertemperatur ab und titriert sofort mit einer um das 3- bis 5fache stärkeren Natriumarsenitlösung bis zur reingelben Farbe. Beim Zögern mit der Titration werden die Manganwerte zu hoch. Die austitrierte Lösung wird abermals zum Sieden erhitzt und bei ausbleibender Rötung mit 2 bis 3 ml Ammoniumpersulfatlösung versetzt. Man gibt 5 ml 2,5%ige Natriumchloridlösung zu, kocht bis zum Verschwinden der Rötung, kühlt innerhalb 5 Min. ab und titriert das Chromat mit MOHRschem Salz und Permanganat.

β) Bestimmung von Chrom und Mangan in Schnelldrehstahl (neben Wolfram) nach WARD.

Arbeitsvorschrift. 0,5 g Späne werden im Becherglas mit 50 ml einer Mischung von 3 l konz. Schwefelsäure, 15 l Wasser und 27 g Silbernitrat unter Erwärmen gelöst. Nach vollendeter Lösung gibt man 5 ml einer Mischung gleicher Teile Salpetersäure und Phosphorsäure hinzu. Wenn die Wolframsäure nicht sogleich verschwindet, kocht man, bis eine klare grüne Lösung entsteht. Man verdünnt zu 200 ml und oxydiert Chrom, Vanadium und Mangan in der Siedehitze durch Zugabe von 1 g Ammoniumpersulfat in kleinen Anteilen. Nach Erkalten titriert man das Mangan mit eingestellter arseniger Säurelösung (Vorratslösung: 4 g As_2O_3 und 16 g Na_2CO_3 auf 1 l; Gebrauchslösung: 100 ml Vorratslösung + 900 ml H_2O). Der Inhalt des Becherglases wird nach dem Verdünnen auf 500 ml zum Kochen gebracht, worauf man einige Tropfen Salzsäure zusetzt und das Sieden zur Zerstörung des Persulfatüberschusses noch etwa 10 Min. fortsetzt. Nach dem Erkalten wird das Chrom in bekannter Weise mit Eisen(II)-sulfat und Permanganat bestimmt.

γ) Bestimmung von Chrom und Mangan in Stählen nach WALTERS.

Arbeitsvorschrift. 1,25 bis 5 g Chromstahl werden in 35 ml Schwefelsäure (1 + 5) gelöst und das Eisen sowie die kohlehaltigen Substanzen mit einer kleinen Menge Ammoniumpersulfat oxydiert. Nach Verdünnen zu 100 ml versetzt man mit 40 ml 0,4%iger Silbernitratlösung, 5 bis 7 g Ammoniumpersulfat und erhitzt 5 Min. zum Sieden. Nach Erkalten füllt man in einem Meßkolben zu 500 ml mit Wasser auf. In 400 ml dieser Auffüllung bestimmt man die Summe von Chrom und Mangan durch Titration mit Eisen(II)-sulfat und Kaliumpermanganat, während man in den restlichen 100 ml das Mangan durch Titration mit Natriumarsenitlösung ermittelt.

II. Oxydation in saurer Lösung mit Persulfat ohne Katalysator. a) Die folgenden Oxydationsmethoden ohne Katalysator haben heute stark an Bedeutung verloren. α) Bestimmung in Chrom-Wolfram-Stahl nach v. KNORRE.

Arbeitsvorschrift. Man löst 1 g des zu untersuchenden Stahls in 20 ml Schwefelsäure (1 + 3) (etwa 4,6 m), bis keine Wasserstoffentwicklung mehr wahrzunehmen ist. Dann wird mit 5 ml Salpetersäure (D 1,2) oxydiert und so lange erhitzt, bis das ganze, ungelöst gebliebene Wolfram in Wolframsäure umgewandelt ist. Nun kühlt man ab, gibt vorsichtig konzentrierte Kali- oder Natronlauge bis zur alkalischen Reaktion hinzu, wonach alle Wolframsäure sich in Lösung befindet, und darauf 10 ml Natriumphosphatlösung. Nunmehr säuert man wieder mit 25 ml verd. Schwefelsäure an, setzt 100 ml 6%ige Ammoniumpersulfatlösung oder 6 g festes Salz hinzu und verdünnt erforderlichenfalls auf 200 bis 250 ml.

Man erhitzt 20 bis 30 Min. zum Sieden, filtriert bei manganhaltigem Proben von ausgeschiedenem Mangan(IV)-oxydhydrat ab und bestimmt im Filtrat das Chrom in bekannter Weise mit Fe(II) und $KMnO_4$. Ein Filtrieren ist jedoch im allgemeinen nicht erforderlich, da Chrom-Wolfram-Stähle nur unbedeutende Mengen Mangan zu enthalten pflegen.

Von wolframfreiem Material löst man 1 bis 5 g in 20 bis 30 ml Schwefelsäure $(1+3)$ (etwa 4,6 m), von reichen Ferrochromlegierungen 0,2 g in konz. Schwefelsäure unter Erwärmen auf. Nach Oxydation mit konz. HNO_3 verdünnt man zu 200 ml mit Wasser und behandelt nach Erhitzen mit Persulfat weiter wie oben beschrieben wurde.

β) Bestimmung in Chrom-Wolfram-Stahl nach BOGOLUBOFF. Nach einer Mitteilung von WDOWISZEWSKI hat BOGOLUBOFF die Chrombestimmung nach v. KNORRE für Chrom-Wolfram-Stahl folgendermaßen vereinfacht.

Arbeitsvorschrift. Man übergießt 1 bis 2 g Späne, die sich in einem 500 bis 600 ml fassenden Erlenmeyerkolben befinden, zuerst mit 10 bis 15 ml (auf 1 g Einwaage berechnet) 15%iger Natriumphosphatlösung und fügt dann 7 bis 8 ml (auf 1 g Einwaage) Schwefelsäure (D 1,65) und 5 ml Wasser hinzu. Die sogleich beginnende Lösung ist bei mäßigem Erwärmen nach einer Viertelstunde beendigt. Erwärmt man dann stärker und fügt 2 ml HNO_3 (D 1,4) hinzu, so wird das zuerst ausgeschiedene metallische Wolfram zu WO_3 oxydiert, welches gleichzeitig durch das vorhandene Natriumphosphat in Phosphorwolframsäure übergeführt und in Lösung gehalten wird. Die so erhaltene klare Flüssigkeit verdünnt man mit 300 bis 500 ml heißem Wasser, gibt 3 bis 5 g Ammoniumpersulfat in festem Zustande zu und hält in mäßigem Sieden. Nach vollständiger Zerstörung des überschüssigen Persulfats und nach Erkalten wird mit Eisen(II) und $KMnO_4$ titriert.

Bemerkungen. Das ganze Verfahren soll nicht mehr als 2 Std. in Anspruch nehmen. Die mitgeteilten Beleganalysen zeigen zwischen Gehalten von 4 bis 6% gute Übereinstimmung mit der ursprünglichen KNORREschen Methode (max. Abweichung $+0,04$ und $-0,06\%$). Die Schwefelsäuremenge ist von BOGOLUBOFF so bemessen, daß nicht zuwenig Säure, aber auch kein beim Kochen schädlich wirkender Überschuß vorhanden ist. Es empfiehlt sich deshalb, vor dem Titrieren noch einige Milliliter Säure hinzuzugeben. Die Bildung der löslichen Phosphorwolframsäure erfolgt bei dieser Ausführungsweise der Bestimmung leichter als bei der v. KNORREschen, weil die Wolframsäure schon bei ihrer Entstehung die zur Komplexbildung nötige Phosphorsäure vorfindet.

γ) Schnellbestimmung in Eisen und Stahl nach TUSKER. Die im folgenden beschriebene Methode der Chrombestimmung ergibt bei niedrigen Mangangehalten schnelle und genaue Resultate, ist aber auch für höhere Mangangehalte zu empfehlen.

Arbeitsvorschrift. 2 g Späne werden in 50 ml Schwefelsäure $(1+5)$ (etwa 3 m) in einem Erlenmeyerkolben von 1 l Inhalt gelöst. Man verdünnt mit Wasser auf 300 ml, versetzt mit 8 g Ammoniumpersulfat und kocht so lange, bis entweder deutlich Übermangansäure oder Mangan(IV)-oxydhydrat sich ausscheidet. (Bei Mangangehalten über 0,30% scheidet sich das Mangan fast immer als Peroxydhydrat aus.) Hat sich nur Übermangansäure gebildet, so gibt man 5 ml verd. Salzsäure hinzu und kocht ungefähr 5 Min. lang stark. Diese Zeit genügt, um das Permanganat und das überschüssige Ammoniumpersulfat zu zerstören. Die Lösung darf nicht mehr nach Chlor riechen. Man verdünnt auf ungefähr 500 ml, läßt erkalten und titriert das Chrom mit Eisen(II)-sulfat und Kaliumpermanganat in der üblichen Weise.

Wie schon erwähnt, scheidet sich bei einem Mangangehalt von über 0,30% das Mangan meistens als Peroxydhydrat aus. In diesem Falle kocht man nach dem Ammoniumpersulfatzusatz ungefähr 10 Min., um den Überschuß von Persulfat zu zerstören und die Lösung auf ein kleineres Volumen zu bringen. Erst dann setzt man 5 ml konz. Salzsäure zu und kocht so lange, bis die Flüssigkeit klar geworden ist. Eine schwache Trübung beeinträchtigt das Resultat nicht. Ebenso ist durch das Kochen mit Salzsäure eine Reduktion der Chromsäure nicht zu befürchten. Die Rosafärbung nach Beendigung der Titration bleibt lange Zeit bestehen und ist auch zur Genüge deutlich. Ein Zusatz von Mangansulfat ist infolgedessen nicht nötig.

Die Methode von KLEINE, der in Stählen zuerst eine Ausätherung des Eisens vornimmt und anschließend mit Persulfat oxydiert, sei nur erwähnt.

b) **Oxydation in saurer Lösung mit Persulfat und Permanganat, Bestimmung in Chrom-Nickel- und Chrom-Molybdän-Stählen nach CRAMER.** CRAMER nimmt die Bestimmung von Chrom in Chrom-Nickel- und Chrom-Molybdän-Stählen, die weniger als 2% Chrom enthalten und schwefelsäurelöslich sind, durch Oxydation mit Persulfat und Permanganat unter Rücktitration mit Eisen(II)-sulfat und Permanganat in 10 Min. vor.

Arbeitsvorschrift. 1 g der Probe löst man in 50 ml Schwefelsäure $(1 + 5)$ (etwa 3 m) und oxydiert mit 5 ml Salpetersäure (D 1,2). Darauf setzt man 20 ml 20%ige Ammoniumpersulfatlösung und nach dem Verdünnen mit heißem Wasser auf 150 ml 5%ige Permanganatlösung zu, bis die entstehende Rötung noch nach 2 Min. langem Kochen bestehenbleibt. Hierauf kocht man nochmals 3 Min. nach Zusatz von 5 ml Salzsäure $(1 + 1)$ (etwa 6 n), um das Permanganat zu zerstören. [War nur ein geringer Überschuß davon vorhanden, so scheidet sich hierbei kein Mangan(IV)-oxyd aus.] Nach Verdünnen mit kaltem Wasser auf 500 ml reduziert man mit Eisen(II)-ammonsulfat und titriert dessen Überschuß mit Permanganat zurück.

III. Oxydation in saurer Lösung mit Permanganat. a) **Bestimmung in Stählen und Ferrochrom nach KOPMAN.** Nach den Angaben des Verfassers erhält man nach folgender Methode noch in Stählen, die 4% Chrom enthalten, gute Werte; bei höheren Gehalten ist die Einwaage zu reduzieren. Enthalten die Stähle neben Chrom noch Wolfram, so kann man es entweder als Wolframsäure ausscheiden und im Filtrat dann das Chrom bestimmen oder man löst die Späne in einem Gemisch von gleichen Teilen Schwefel- und Phosphorsäure und verfährt dann wie weiter unten angegeben. Ebenfalls gute Resultate wurden mit der Methode im Vergleich mit der Persulfatmethode bei Ferrochrom erhalten.

Arbeitsvorschrift. Man löst 1 g Späne in 50 ml Schwefelsäure $(1 + 4)$ (etwa 3,7 m), setzt darauf 10 ml Salpetersäure (D 1,18) hinzu und erwärmt, bis alle Stickoxyde entfernt sind. Hierauf gibt man zur heißen Lösung 20 ml 0,5%ige Permanganatlösung oder so viel, daß die Lösung noch nicht dunkelrot gefärbt ist, sich aber Mangan(IV)-oxyd abzuscheiden beginnt. Bei Stählen mit 2% Chrom genügen 20 ml der Permanganatlösung. Es ist nicht ratsam, zu viel Permanganat zuzusetzen. Gleich nach Zugabe der Permanganatlösung erhitzt man die Flüssigkeit und fügt nach Beendigung der Mangan(IV)-oxydabscheidung 30 bis 35 ml einer 5%igen Natriumchloridlösung hinzu, erhitzt weiter bis zur Aufhellung und darauf noch 3 Min., um alles Chlor zu entfernen. Hierauf kühlt man ab, verdünnt die Flüssigkeit mit Wasser, gibt eine gemessene Menge einer Lösung von MOHRschem Salz hinzu und titriert dessen Überschuß mit Permanganatlösung zurück.

b) **Halbmikrochemische Bestimmung in Chromstahl nach SLJAPIN und PEVNEVA.**

Arbeitsvorschrift. Man löst 0,2 g Stahl in 10 ml Salpetersäure (D 1,13), übergießt dann die Lösung mit 10 ml heißem Wasser, gibt 2 ml 2,5%ige Permanganatlösung zu und kocht 2 Min. Aus einer Bürette werden 2 ml Salzsäure (D 1,12) zugegeben und das Kochen bis zum Verschwinden von MnO_2 fortgesetzt. Nach Zugabe von 10 ml kaltem Wasser wird abgekühlt; 5 ml 10%ige Trinatriumphosphatlösung, 10 ml 0,02 n Eisen(II)-ammoniumsulfatlösung werden zugegeben und der Überschuß des letzteren mit 0,02 n Permanganatlösung titriert.

Die Bestimmung dauert 8 Min., die Genauigkeit beträgt 0,02 bis 0,03%.

c) Bestimmung in Chrom-Nickel-Stahl nach HILD.

Arbeitsvorschrift. 2 g Stahl werden in 10 ml Salpetersäure (D 1,2), 20 ml Schwefelsäure (1 + 1) (etwa 9 m) und 150 ml heißem Wasser gelöst. Zu der Lösung gibt man 20 ml 0,8%ige Kaliumpermanganatlösung, dann weitere 150 ml warmes Wasser und kocht 4 Min. Hierbei wird das Chrom zu Chromsäure oxydiert; der Überschuß des Permanganats wird durch 8 bis 10 ml Mangansulfatlösung reduziert (100 g $MnSO_4$ auf 1 l). Nun kocht man kurz auf und filtriert schnell durch ein Doppelfilter in einen 1-l-Erlenmeyerkolben, wobei das erste Filtrat zurückgegossen wird, da zunächst etwas feinverteiltes Mangan(IV)-oxyd durch das Filter geht. Dann wäscht man mit heißem Wasser gründlich aus, kühlt das Filtrat durch Schütteln unter fließendem Wasser und titriert es in üblicher Weise mit Eisen(II)-sulfat und Kaliumpermanganat. Der Zeitbedarf beträgt etwa 15 Min. Geringe Mengen Wolfram stören nicht.

d) Bestimmung in Chrom-Wolfram-Stahl nach STAHL und BISCHOF.

Arbeitsvorschrift. Etwa 1 g Späne — die Einwaage richtet sich nach dem Gehalt des zu untersuchenden Materials — erwärmt man mit 100 ml Wasser in einem 1000-ml-Erlenmeyerkolben, gibt dann vorsichtig 10 ml konz. Schwefelsäure hinzu und erhitzt bis zum Auftreten von Schwefelsäuredämpfen. Der mit 250 ml heißem Wasser versetzte Aufschluß wird zum Sieden erhitzt und zur Oxydation so lange mit jedesmal 10 ml 4%iger Permanganatlösung versetzt, bis die Rosafärbung durch 5 Min. langes Kochen nicht mehr verschwindet. Das überschüssige Permanganat wird durch Zugabe von etwas Mangansulfat zerstört. Dann filtriert man die Lösung durch einen Goochtiegel aus Glas in einen Bunsenschen Filtrierkolben (Saugflasche, 1 l) und wäscht den Niederschlag eisenfrei. Unter Zusatz von 1 bis 2 ml Phosphorsäure wird das Chrom in der Saugflasche titriert.

Der Rückstand im Goochtiegel kann zur Wolframbestimmung verwendet werden.

e) Bestimmung in Stählen nach JABOULAY.

Arbeitsvorschrift. Man löst 1 g Stahl in einer Mischung von 10 ml Schwefelsäure (D 1,84) und 40 ml H_2O unter Erhitzen bis beinahe zum Sieden. Hierbei bleibt ein aus den Carbiden von V, Cr und W bestehender schwarzer Rückstand, den man durch tropfenweisen Zusatz von Salpetersäure und darauf von $KMnO_4$-Lösung bei Siedehitze oxydiert. Nachdem man die $KMnO_4$-Lösung tropfenweise allmählich in geringem Überschuß zugegeben hat, verdünnt man mit 200 ml Wasser. Zur besseren Abscheidung von MnO_2 wird noch 10 Min. gekocht und dieses sowie etwa vorhandene Wolframsäure abfiltriert. Nach dem Erkalten gibt man aus einer Bürette so viel 0,1 n $FeSO_4$-Lösung zur Reduktion zu, daß einige Milliliter im Überschuß vorhanden sind, und titriert mit 0,1 n $KMnO_4$-Lösung zurück. Letztere wird gegen die $FeSO_4$-Lösung eingestellt.

Eine Methode von CAMPAGNE, welcher Chrom und Vanadium nach Ausäthern der Hauptmenge Eisens nebeneinander bestimmt, ist bedeutungslos.

IV. a) Oxydation mit Perchlorsäure. α) Bestimmung in Stählen (auch wolframhaltige) nach JABOULAY. Bei folgender Arbeitsvorschrift sollen die gelegentlich beobachteten Minderbefunde an Chrom, welche auf Verluste durch Verflüchtigung als Chromylchlorid zurückgeführt werden, verhindert werden.

Arbeitsvorschrift für wolframfreie Stähle. Die zum Lösen verwendete Säure besteht aus einer Mischung von 500 ml Perchlorsäure (D 1,60), 25 ml Salpetersäure (D 1,33) und 475 ml Wasser. Bei Stählen bis 3% Chrom nimmt man 1 g Einwaage und 80 ml Mischsäure, bei 12 bis 14% Chrom 0,5 g Einwaage und 40 ml Säure, bei 17 bis 22% 0,35 g Einwaage und 28 ml Säure. Man erhitzt in einem 500-ml-Erlenmeyerkolben bis nahe zum Sieden; wenn hierbei keine Lösung eintritt, fügt man einige Tropfen Salzsäure zu. Etwa ungelöst bleibenden Kohlenstoff oxydiert man nach Möglichkeit schon jetzt durch längeres Kochen. Dann erhitzt man stärker, bis Perchlorsäuredämpfe entweichen, sich anschließend eine Gasentwicklung bemerkbar macht und die Farbe der Lösung sich verändert. Man erhitzt nun etwas schwächer, aber so, daß noch Gasentwicklung stattfindet. Nach 3 bis 5 Min. läßt man etwas erkalten, fügt 200 ml Wasser zu und erhitzt einige Minuten zum Sieden. Nach dem Erkalten gibt man Eisen(II)-sulfatlösung im Überschuß zu und titriert mit 0,1 n Kaliumpermanganatlösung zurück. Bei Gegenwart von Vanadium muß die Permanganatfärbung mindestens 1 Min. bestehenbleiben. Die erhaltenen Werte sind etwas zu hoch und müssen bei Stählen bis 10% Chrom um 0,03%, bis 13% um 0,02%, bis 18% um 0,01% vermindert werden. Bei hohem Nickelgehalt zieht man außerdem für je 0,1 g Nickel 0,05 ml 0,1 n Permanganatlösung ab. Durch hohen Kobaltgehalt verursachte Rosafärbung der Lösung nach dem Eisensulfatzusatz kompensiert man durch je 2 mg Nickel (als Sulfat) auf 1 mg Kobalt.

Arbeitsvorschrift für wolframhaltige Stähle. Von wolframhaltigen Stählen wägt man 0,500 g ein und löst in 40 ml einer Mischung von 500 ml Perchlorsäure (D 1,60), 125 ml Phosphorsäure (D 1,62), 25 ml Salpetersäure (D 1,33) und 350 ml Wasser. Wenn zurückbleibender Kohlenstoff erst beim beginnenden Weggehen von Perchlorsäuredämpfen oxydiert wird, setzt man nochmals 40 ml Wasser zu und erhitzt etwa 1 Stde. zum Sieden. Nach der Perchlorsäureeinwirkung läßt man etwas erkalten, fügt 150 ml 0,1 vol.-%ige Salzsäure zu und erhitzt zum Sieden. Ist die Lösung orangegelb (Chromgehalt etwa 4%, Mangangehalt bis 0,3%), läßt man 3 bis 6 Min., ist sie bräunlich-orangegelb (Chromgehalt etwa 4%, Mangangehalt 0,4 bis 0,6%), 12 Min. im Sieden. Darauf wird sofort abgekühlt. Durch diese Behandlung wird sowohl das Mangan(III)-phosphat als auch das durch die Perchlorsäure entstandene Oxydationsmittel reduziert.

β) Schnellbestimmung in hochlegierten Chromnickelstählen nach Analyse der Metalle. Folgendes in erster Linie auf Schnelligkeit ausgerichtete Verfahren (I. Teil, S. 322) (Zeitbedarf: 40 Min.) läßt sich für hochprozentige Chrom-Nickel-Stähle, die sich nur in Mischungen von Salz- und Salpetersäure lösen, mit einer für Betriebsanalysen ausreichenden Genauigkeit anwenden.

Arbeitsvorschrift. 0,15 g Späne werden in 5 ml konz. Salzsäure, 3 ml konz. Salpetersäure und 15 ml Perchlorsäure (D 1,59) im 500-ml-Erlenmeyerkolben durch Erhitzen auf dem Sandbad gelöst. Man erhitzt die Lösung rasch weiter, um die Salz- und Salpetersäure zu verflüchtigen; bevor aber die Perchlorsäuredämpfe zu entweichen beginnen (die Lösung ist noch blaugrün gefärbt), muß die Erhitzungstemperatur herabgesetzt werden, um die Bildung flüchtigen Chromchlorids zu vermeiden. Nun wird weiter unter öfterem Umschütteln des Kolbens stärker erhitzt und dieses, nachdem sich die Lösung unter Bildung von Chromsäure orangerot gefärbt hat, noch etwa 5 Min. weiter fortgesetzt. Dann läßt man die Lösung schnell abkühlen, verdünnt sie mit Wasser auf ungefähr 300 ml, gibt REINHARDTsche Lösung (s. unten) hinzu und titriert nach Zusatz von Eisen(II)-sulfatlösung deren Überschuß mit Kaliumpermanganat in üblicher Weise zurück.

Lösung nach REINHARDT: 70 g Mangansulfat ($MnSO_4 \cdot 4\,H_2O$) werden in etwa 500 ml Wasser gelöst und mit 140 ml Phosphorsäure (D 1,7) und 130 ml Schwefelsäure versetzt. Sodann wird auf 1 l mit Wasser verdünnt.

Fehlerquellen. Die bei diesem Verfahren auftretenden Minderbefunde von etwa 1% des wahren Chromgehaltes stammen vermutlich von kleinen Mengen entstandenen Chromylchlorids her. Ferner kann bei nicht genügend raschem Abkühlen nach der Oxydation mit Perchlorsäure etwas Wasserstoffperoxyd entstehen, das dann einen entsprechenden Teil des Chromats zu Perchromsäure oxydiert, welche sich schnell zu Chrom(III)-salz zersetzt, so daß zu wenig Chromat gefunden wird. Man rechnet daher statt mit dem theoretischen Chromäquivalentgewicht mit einem empirischen (1 ml 0,1 n Kaliumpermanganatlösung entspricht 0,00175 g Cr).

γ) Bestimmung in Chrom-Nickel-Legierungen nach SCOTT.

Arbeitsvorschrift. Die mit etwas Wasser angefeuchtete Legierung (1 g) wird mit 20 ml 70%iger Perchlorsäure versetzt und dann über das Auftreten von Perchlorsäuredämpfen hinaus noch etwa $^1/_4$ Stde. weiter erhitzt. Nach Verdünnen mit Wasser kocht man zur Entfernung vorhandenen Chlors kurz auf und titriert in einem Volumen von 300 ml das Chrom mit Eisen(II)-sulfat- und Permanganatlösungen.

δ) Bestimmung in Chrom-Nickel-Stählen und rostfreien Stählen nach JAMES.

Arbeitsvorschrift. 1 g Chrom-Nickel-Stahl oder 0,2 g rostfreien Stahl löst man in 20 ml eines Säuregemisches [250 ml Salpetersäure (D 1,42), 750 ml Salzsäure (D 1,19), 1000 ml Wasser] unter Erhitzen. Man gibt 20 ml 60%ige Perchlorsäure zu, kocht, bis Perchlorsäuredämpfe entweichen, die Lösung sich aufhellt und die Farbe wechselt. Von diesem Zeitpunkt ab kocht man noch weitere 10 Min. Nach dem Abkühlen fügt man 100 ml Wasser zu, kocht nochmals 2 Min. und kühlt wieder. Hierauf gibt man 25 ml Schwefelsäure (D 1,22) und einen Überschuß von 0,1 n Eisen(II)-sulfatlösung zu. Der Überschuß wird mit 0,1 n Permanganatlösung zurücktitriert.

Die Berechnung des Chroms geschieht nach der folgenden Formel, die eine Titrationskorrektur von 0,2 ml 0,1 n Permanganatlösung einschließt.

$$\% \ Cr = \frac{[(A \cdot B) - C + 0,2] \cdot 0,174 \cdot D}{\text{Einwaage}}$$

Hierin bedeuten:
$A =$ ml 0,1 n Eisen(II)-sulfatlösung; $B =$ Quotienten der Titer aus Eisen(II)-sulfat- und Permanganatlösung; $C =$ ml 0,1 n Permanganatlösung; $D =$ Normalitätsfaktor der 0,1 n Permanganatlösung.

b) **Oxydation mit Perchlorsäure, Nachoxydation mit Persulfat-Silbernitrat.** Schnellbestimmung in Ferrochrom nach Analyse der Metalle.

Arbeitsvorschrift. 1 g Probe wird in einem 750-ml-Erlenmeyerkolben mit 20 ml konz. Salzsäure (D 1,19) in der Wärme gelöst; hierauf werden 30 ml Überchlorsäure (D 1,59) zugefügt. Nun dampft man auf der Heizplatte oder auf dem Sandbad ein. Um Verluste an Chrom durch Bildung von Chromylchlorid zu vermeiden, muß man vor Beginn des Entweichens von Überchlorsäuredämpfen langsam erhitzen, dann allmählich die Temperatur steigern und öfters umschütteln. Die Oxydation des 3wertigen Chroms zu 6wertigem ist beendet, wenn sich starke Überchlordämpfe bilden, die sich etwa 3 cm über dem Kolbenboden an der Wandung zu Tröpfchen kondensieren und wenn die Lösung eine orangerote Farbe angenommen hat. Nach dem Erkalten wird mit etwa 100 ml Wasser aufgenommen, von der Kieselsäure in einem 500-ml-Meßkolben abfiltriert und diese mit 1%iger Schwefelsäure gewaschen. Um noch vorhandene kleine Reste von 3wertigem Chrom zu oxydieren, pipettiert man 25 ml aus dem abgekühlten und aufgefüllten Meßkolben in einen 500-ml-Erlenmeyerkolben, fügt 10 ml konz. Schwefelsäure (D 1,84), 5 ml 1%ige Silbernitratlösung und 30 ml 20%ige Ammoniumperoxydisulfatlösung hinzu und bringt zum Kochen. Wenn letzteres zersetzt ist, wozu etwa 20 Min. langes Erhitzen erforderlich ist, fügt man 4 ml Salzsäure (1 + 1) (etwa 6 n) hinzu und läßt noch ungefähr 5 Min. kochen, bis alles Chlor entwichen ist. Man kühlt nun ab und titriert nach Zufügen von 15 ml REINHARDTscher Lösung (S. 81) wie üblich mit Eisen(II)-sulfat- und 0,1 n Kaliumpermanganatlösung auf den Umschlag.

Fehlerquellen. Das Erhitzen auf der Kochplatte muß in der oben beschriebenen Weise geschehen, da sich sonst Chromylchlorid bilden kann, was zu Minderbefunden an Chrom führt. Wenn man mit dem theoretischen Cr-Äquivalentgewicht rechnet, erhält man zu niedrige Werte. Man verwendet daher ein empirisches (1 ml 0,1 n $KMnO_4$-Lösung entspricht 0,00175 g Cr), das richtige Resultate ergibt.

SCHULDINER und CLARDY sowie EWING und BANKS haben die Arbeitsweise zur Oxydation mit Perchlorsäure apparativ modifiziert. Diese Verfahren werden in § 30 beschrieben.

V. Aufschluß und Oxydation durch Peroxydschmelze. Bestimmung in Ferrochrom nach A. S. T. M. 0,5 g Ferrochrom werden in einem 30-ml-Eisentiegel innig mit 8 g Natriumperoxyd gemischt, die Mischung mit 1 bis 2 g Peroxyd überschichtet und nach Bedecken mit einem Nickeldeckel vorsichtig auf 600 bis 700° erhitzt. Durch 5 Min. langes Schmelzen bei dunkler Rotglut, wobei man den Tiegel vorsichtig umschwenkt, ist der Aufschluß beendet. Nach Erkalten löst man den Tiegelinhalt in einem 600 ml fassenden, bedeckten Becherglas mit 150 ml Wasser, entfernt den Tiegel nach gründlichem Abspülen und versetzt die Lösung mit 60 ml Schwefelsäure (1 + 1) sowie 5 ml konz. Salpetersäure. Durch kurzes Kochen wird alles gelöst, worauf man mit 5 bis 10 ml 0,5%iger Silbernitratlösung, 2 bis 4 Tropfen 2,5%iger Kaliumpermanganatlösung sowie mit 3 bis 5 g Ammoniumpersulfat versetzt und 10 Min. kocht. Durch 3 bis 5 ml Salzsäure (1 + 3) wird das Permanganat zerstört, und es wird 5 bis 10 Min. gekocht. Nach Abkühlen auf Zimmertemperatur, Verdünnen zu 350 ml und Zugabe von 3 bis 5 ml 85%iger Phosphorsäure versetzt man in bekannter Weise mit Eisen(II)- im Überschuß und titriert mit 0,1 n $KMnO_4$-Lösung zurück. Für 70%iges Ferrochrom wird etwa 8 g kristallisiertes Eisen(II)-ammoniumsulfat benötigt. Die Einstellung der Eisen(II)-lösung erfolgt zur Vermeidung einer Korrektur gegen Dichromat.

VI. Sonstige Oxydationsverfahren. a) Oxydation in saurer Lösung mit Wismutat. α) Bestimmung in Roheisen nach MILLER.

Arbeitsvorschrift. 2 g der Probe werden durch Erwärmen mit 50 ml Salpetersäure (D 1,13) gelöst; die Lösung wird filtriert und der Rückstand mit heißem Wasser ausgewaschen. Das Filter wird im Platintiegel verascht, der Rückstand mit 3 g Soda und etwas Salpeter geschmolzen; die Schmelze wird mit verd. Salpetersäure unter Erwärmen ausgelaugt; nun wird filtriert und das Filtrat zur Hauptlösung gegeben, die dann auf 50 ml eingedampft wird. Nach dem Abkühlen auf 80° C werden 2 bis 3 g Natriumwismutat allmählich in kleinen Anteilen zugefügt. Man kocht etwa 10 Min., bis sämtliches Permanganat zu Mangan(IV)-oxyd reduziert ist. Nach Zusatz von 50 ml 2%iger Salpetersäure filtriert man nach einigen Minuten durch Asbest, wäscht mit derselben Salpetersäure nach, verdünnt auf 400 ml, gibt 10 ml Schwefelsäure (1 + 1) (etwa 9 m) zu, läßt abkühlen, versetzt mit einem Überschuß von 0,033 n Eisen(II)-ammoniumsulfatlösung und titriert mit 0,033 n Permanganatlösung zurück. Die nach diesem Verfahren erhaltenen Resultate weichen nicht mehr als 0,02% vom genauen Wert ab.

β) Schnellbestimmung in Stahl nach RANDALL.

Arbeitsvorschrift. 1 g Stahl wird in 25 ml einer Mischung von 300 ml Salpetersäure (D 1,42), 300 ml Schwefelsäure (1 + 3) (etwa 4,6 m), 100 ml 85%iger Phosphorsäure, 1,5 g Mangansulfat und 300 ml Wasser in der Wärme gelöst. Danach fügt man unter Umrühren auf einmal 1 g Natriumwismutat zu der in einem Becherglas befindlichen Lösung und fährt noch einige Sekunden fort zu rühren. Sodann wird zu starkem Kochen erhitzt; dabei wird das entstandene Permanganat schnell durch das überschüssige Natriumwismutat zerstört, so daß zuletzt eine klare, von Manganmetaphosphat violett gefärbte Lösung zurückbleibt. Durch weiteres Kochen wird alles Chrom zu Chromsäure oxydiert. Den Überschuß des Manganmetaphosphats zersetzt man durch Zugabe von 0,5 ml oder etwas mehr verd. Salzsäure, kocht 1 Min. auf und kühlt etwas ab. Die mit kaltem Wasser auf etwa 200 ml verd. Lösung versetzt man mit Eisen(II)-lösung im Überschuß, den man mit $KMnO_4$ zurücktitriert. Ob die Methode bei Gegenwart von W und Mo brauchbar ist, wurde nicht festgestellt.

Die den vorstehenden Methoden sehr ähnlichen Chrombestimmungen von DEMOREST, GREGORY und GALLUM sowie von IBBOTSON und HOWDEN seien nur erwähnt.

b) Oxydation mit Salpetersäure und Kaliumchlorat. Gleichzeitige Bestimmung von Chrom und Silicium in Ferrochrom nach DOLINSKI.

Arbeitsvorschrift. 0,2 g Legierung werden in heißer Schwefelsäure (1 + 2) (etwa 6 m) unter Erwärmen gelöst. Zu dieser Lösung werden 30 ml Salpetersäure (1 + 2) (etwa 5 m) und 3 bis 5 g Kaliumchlorat gegeben. Nach Abspülen der Glaswand erhitzt man zur vollständigen Oxydation und zur Entfernung des Chlors auf dem Sandbad, bis eben Schwefelsäuredämpfe entweichen. Um eine Reduktion des Chromations zu verhüten, entfernt man dann sogleich das Becherglas vom Sandbad. Die abgekühlte Lösung wird mit Wasser auf etwa 200 ml verdünnt, zur Auflösung der Sulfate kurze Zeit gekocht und, nach dem Abkühlen unter fließendem Wasser, titriert.

Die Kieselsäure wird aus der gleichen Lösung abfiltriert und gravimetrisch bestimmt.

c) **Oxydation mit Silberperoxyd.** Bestimmung von Chrom und Mangan nach TANAKA.

Allgemeines. Für die volumetrische Bestimmung von Mangan und Chrom schlägt TANAKA das schon zur colorimetrischen Analyse dieser Elemente verwendete Silberperoxyd vor. Mn und Cr werden damit zur 7- bzw. 6wertigen Stufe oxydiert und können dann mit geeigneten Reduktionsmitteln titriert werden.

Arbeitsvorschrift. Zur Bestimmung des Chroms wird die n schwefelsaure Lösung, die höchstens 2 mg Cr enthält, unter Rühren mit einer Aufschlämmung von Ag_2O_2 in Wasser versetzt. Der Überschuß wird durch kurzes Erhitzen auf dem Wasserbad zerstört. Bei Gegenwart von Fe(III) wird die Lösung mit 85%iger Phosphorsäurelösung versetzt. Anschließend wird die gekühlte Lösung mit eingestellter $FeSO_4$-Lösung reduziert und der Überschuß daran mit Permanganatlösung zurücktitriert, bei einem mittleren Fehler von 0,005 mg Cr.

Zur Bestimmung von Mangan oxydiert man die n schwefelsaure Lösung in gleicher Weise. Nach vollständiger Oxydation wird mit so viel Schwefelsäure (1 + 1) (etwa 9 m) versetzt, daß die Lösung nunmehr 3 n ist. Man erhitzt 2 Min. auf dem siedenden Wasserbad, um das überschüssige Oxydationsmittel zu zerstören. Dann fügt man einen Überschuß an 0,01 n Natriumoxalatlösung hinzu und titriert mit 0,01 n $KMnO_4$-Lösung zurück. Der Fehler beträgt im Mittel 0,003 mg Mn.

Da durch Natriumoxalat nur das Permanganat, nicht aber das Chromat reduziert wird, können die *beiden* Elemente nach dieser Methode auch *nebeneinander* bestimmt werden. Das Verfahren kann in der Stahlanalyse Anwendung finden.

VII. Rücktitration unter Zuhilfenahme von Redoxindicatoren. a) **Bestimmung in Chrom-Nickel-Stählen nach A.S.T.M. (c).**

Arbeitsvorschrift. 0,5 g Legierung werden mit 10 ml 70%iger Perchlorsäure und 10 ml 85%iger Phosphorsäure in der Wärme gelöst, bis zum Entweichen von weißen Dämpfen und nach vollständigem Lösen noch 3 bis 5 Min. erhitzt. Nach dem Abkühlen versetzt man mit etwa 100 ml heißem Wasser und kocht einige Minuten. Anschließend fügt man 20 ml Schwefelsäure (1 + 1) (etwa 9 m), 5 ml konz. Salpetersäure und heißes Wasser bis 250 ml hinzu. Nach Zugabe von 5 ml 0,5%iger Silbernitratlösung, 3 g Ammoniumpersulfat und 5 Tropfen 2,5%iger Kaliumpermanganatlösung kocht man 8 bis 10 Min., nach anschließender Zugabe von 20 ml 10%iger Natriumchloridlösung nochmals 7 Min., nachdem die Lösung gelb geworden ist. Nach Abkühlen und Verdünnen zu 400 ml titriert man mit 0,1 n Eisen(II)-lösung bis zur Grünfärbung, gibt 5 ml im Überschuß zu und titriert nach Zugabe von 2 Tropfen Ferroin mit 0,1 n Permanganatlösung zurück.

b) **Bestimmung geringer Chromgehalte in Stahl nach PAVLISH und SULLIVAN.**

Zur Untersuchung kommen Stähle, deren Chromgehalt in der Größenordnung von 0,005 bis 0,1% liegt.

Arbeitsvorschrift. Eine Probe von 10 g wird in einem Becherglas mit 110 ml 10 vol.-%iger Salzsäure oder Schwefelsäure versetzt und auf einer Heizplatte erhitzt,

bis sie vollständig gelöst ist. Die Lösung wird mit Wasser auf 200 ml verdünnt und mit
8%iger Natriumhydrogencarbonatlösung versetzt, bis ein Niederschlag auszufallen
beginnt. Darauf werden weitere 4 g Natriumhydrogencarbonat zugegeben, und nun
wird 1 Min. gekocht. Der Niederschlag wird abfiltriert oder abzentrifugiert, das Filtrat
weggegossen und der Rückstand in das Lösegefäß zurückgegeben, worauf er mit
15 ml 10 vol.-%iger Schwefelsäure erhitzt wird, bis reichlich weiße Nebel entweichen. Nötigenfalls wird diese Behandlung wiederholt, um die Hydroxyde vollständig umzusetzen; darauf wird gekühlt. Die Sulfate werden mit 100 ml Wasser
versetzt und gekocht, bis sie gelöst sind. Die Lösung wird auf 300 ml verdünnt,
mit 5 ml Phosphorsäure (D 1,70) versetzt und zum Sieden erhitzt. Darauf werden
10 ml 0,25%ige Silbernitratlösung und 10 ml frisch bereitete 15%ige Ammoniumpersulfatlösung zugegeben. Die Lösung wird erhitzt und bis 5 Min. nach dem Auftreten einer Violettfärbung (durch Permanganat) im Sieden gehalten. Nach Zugeben
von 5 ml Salzsäure (1 + 3) (etwa 3 n) wird sie weitere 15 Min. gekocht, gekühlt und mit
10 ml Phosphorsäure-Mangan(II)-sulfatgemisch [320 g Mangan(II)-sulfat-4-hydrat,
640 ml Schwefelsäure (D 1,84), 660 ml Phosphorsäure (D 1,70) und 2500 ml Wasser]
sowie einer gemessenen überschüssigen Menge 0,01 n Eisen(II)-sulfatlösung versetzt.
Der Überschuß wird unter Anwendung von 3 Tropfen Ferroinlösung mit 0,01 n Kaliumpermanganatlösung zurücktitriert. Eine Indicatorkorrektur ist zu berücksichtigen.

c) **Halbmikrochemische Bestimmung von Chrom in Stählen nach
BIRCKEL.**

Arbeitsvorschrift. Eine fein zerteilte Probe von 0,2 g Stahl wird in einem Pyrex-
glaskolben mit 1 ml 60%iger Perchlorsäure unter vorsichtigem Erwärmen gelöst.
Dann wird erhitzt und 3 Min. so im Sieden gehalten, daß kondensierte Perchlorsäure an der Kolbenwandung zurückfließt. Anschließend wird die Probe gekühlt,
wobei sie erstarrt. Das Salz wird mit 10 ml Wasser aufgenommen und seine Lösung
zur Entfernung des Chlors gekocht, gekühlt, mit 0,2 ml Schwefelsäure (D 1,84)
versetzt, mit Wasser wieder auf 10 ml verdünnt und mit einem gemessenen Überschuß 0,004 n Eisen(II)-sulfatlösung versetzt. Der Überschuß wird mit 0,004 n
Kaliumpermanganatlösung unter Anwendung von 1 Tropfen 0,04 m Ferroinlösung
titriert. Eine Indicatorkorrektur wird vom Verbrauch abgezogen.

d) **Bestimmung von Chrom und Vanadium nebeneinander in wolframfreien Stählen nach WILLARD und YOUNG.** Über Bestimmung von Chrom neben
Vanadium mit Hilfe von Ferroin vgl. S. 70. WILLARD und YOUNG haben zwei Verfahren ausgearbeitet, von denen das Perchlorsäureverfahren am schnellsten durchführbar ist.

α) ***Arbeitsvorschrift zur Oxydation mit Perchlorsäure.*** Die Probe (0,25 g bei
chromreichen, bis 2 g bei chromarmen Stählen) wird in einem bedeckten Becherglas (hohe Form) mit 20 bis 25 ml 70%iger Perchlorsäure vorsichtig so erwärmt,
daß keine heftige Reaktion eintritt. Wenn sie gelöst ist — im allgemeinen nach 3
bis 5 Min. — wird die Lösung 15 bis 20 Min. gekocht, darauf einen Augenblick an
der Luft und dann unter fließendem Wasser gekühlt, mit 25 ml Wasser versetzt
(dabei das Deckglas abgespült) und zur Entfernung des gebildeten Chlors wieder
3 Min. gekocht. Nun wird die Lösung mit Wasser auf 250 bis 300 ml verdünnt,
gekühlt und, wenn mehr als Spuren Vanadium vorhanden sind, mit 15 ml Phosphorsäure (D 1,37) versetzt. Schließlich werden bei Zimmertemperatur eine gemessene
überschüssige Menge 0,1 n Eisen(II)-sulfatlösung und 2 bis 3 Tropfen 0,025 m Ferroinlösung zugefügt. (Ein Teil des Indicators fällt als schwer lösliches Perchlorat aus;
es bleibt jedoch genügend in Lösung, so daß der Endpunkt noch gut zu erkennen
ist.) Darauf wird sofort mit 0,1 n Kaliumpermanganatlösung bis zum Farbumschlag
von Rosa nach Hellgrün titriert.

Anschließend wird die freie Säure mit Natriumacetat abgestumpft, dessen Menge
folgendermaßen abzuschätzen ist: von je 1 g Stahl werden 5,4 ml 70%iger Perchlor-

säure verbraucht, und zum Abstumpfen von je 1 g unverbrauchter Säure sind 1,6 g kristallisiertes Natriumacetat erforderlich.

Das Natriumacetat wird unter Erwärmen der Lösung in kleinen Mengen zugegeben, bis die Bildung eines bleibenden Niederschlags von Eisen(III)-phosphat gerade noch nicht eintritt. Dann wird auf 50° C erhitzt, mit 1 Tropfen 0,025 m Ferroinlösung versetzt und sofort mit 0,1 n Kaliumpermanganatlösung bis zum Farbumschlag von Rosa nach Hellgrün titriert. Die Rosafärbung darf innerhalb 1 Min. nicht wieder erscheinen.

Die Eisen(II)-sulfatlösung wird in Gegenwart von Perchlorsäure mit 0,1 n Kaliumpermanganatlösung und Ferroin als Indicator eingestellt. Zu 35 bis 50 ml der Lösung werden 10 bis 15 ml 70%ige Perchlorsäure gegeben; dann wird mit Wasser auf 250 ml verdünnt, mit 2 Tropfen 0,025 m Ferroinlösung versetzt und titriert.

Berechnung. Bei Zugabe von a ml 0,1 n Eisen(II)-sulfatlösung und einem Verbrauch von m ml 0,1 n Kaliumpermanganatlösung bis zum ersten sowie n ml derselben Lösung bis zum zweiten Endpunkt beträgt der Chromgehalt bei einer Einwaage von p Gramm

$$\frac{0,17337 \cdot (a - m - n)}{p} \%$$

und der Vanadiumgehalt

$$\frac{0,5095 \cdot n}{p} \% .$$

β) Arbeitsvorschrift zur Oxydation mit Permanganat. Je nach dem Chromgehalt des zu untersuchenden Stahles werden Proben von 0,25 bis 2 g genommen. Die Probe wird mit 15 ml Wasser, 15 ml Phosphorsäure (D 1,37) und so viel Schwefelsäure (D 1,84) versetzt, daß auf 1 g Stahl 1,5 ml und außerdem für die ganze Probe ein Überschuß von 3 ml vorhanden ist. Darauf wird der Stahl unter mäßigem Erwärmen vollständig zersetzt, die Lösung bis zu einer reichlichen Salzabscheidung eingedampft und das Salz durch Erhitzen mit 30 bis 40 ml Wasser wieder gelöst. Das 2wertige Eisen wird durch Kochen mit Salpetersäure (D 1,4), die vorsichtig und unter Vermeidung eines größeren Überschusses zugefügt wird, oxydiert. Die gebildeten Stickoxyde werden, nachdem auf 300 ml verdünnt worden ist, durch Kochen entfernt. Zu der Lösung werden einige Siedesteinchen gegeben. Dann wird sie kochend bis zur bleibenden Rotfärbung mit Kaliumpermanganatlösung versetzt und 2 Min. im Sieden gehalten. Darauf wird tropfenweise unter fortgesetztem Sieden 0,1 m Natriumazidlösung zugefügt, um zunächst den Permanganatüberschuß und dann das ausgeschiedene Mangan(IV)-oxyd zu reduzieren. Wenn die Lösung klar geworden ist, werden noch 2 bis 3 Tropfen Natriumazidlösung zugegeben. Darauf wird die nicht verbrauchte Stickstoffwasserstoffsäure durch 5 Min. langes Kochen entfernt. Schließlich wird die Lösung gekühlt.

Sind *Chrom und Vanadium als Summe* zu bestimmen, so muß auf eine Temperatur von höchstens 50° C abgekühlt werden. Nach Zufügen einer gemessenen überschüssigen Menge 0,1 n Eisen(II)-sulfatlösung und nach Versetzen mit 2 Tropfen 0,025 m Ferroinlösung wird die Lösung sofort mit 0,05 n Kaliumpermanganatlösung titriert. Der Farbumschlag ist scharf; die Indicatorfarbe erscheint aber nach kurzer Zeit wieder. Der Verbrauch an Eisen(II)-sulfatlösung ist der Summe des Chroms und Vanadiums äquivalent. Die austitrierte Lösung wird nun mit 10 ml Ammoniaklösung (D 0,91) und 20 g kristallisiertem Natriumacetat versetzt [Eisen(III)-phosphat darf nicht ausfallen], auf 50° C erhitzt, mit einem weiteren Tropfen 0,025 m Ferroinlösung versetzt und langsam mit 0,05 n Kaliumpermanganatlösung bis zum erneuten Verschwinden der Indicatorfarbe titriert. Der Verbrauch der zweiten Titration entspricht unmittelbar dem vorhandenen Vanadium; der Chromgehalt ergibt sich aus der Differenz der angewandten Menge Eisen(II)-sulfatlösung und dem Gesamtverbrauch an Kaliumpermanganatlösung. Über die Berechnung des Chrom- (und des Vanadium-) Gehaltes vgl. Arbeitsvorschrift α).

Die Lösung kann auch nach dem Entfernen der Stickstoffwasserstoffsäure bei Zimmertemperatur mit 35 ml Schwefelsäure (D 1,5) versetzt und dann zur Bestimmung von Chrom und Vanadium wiederum wie oben titriert werden. Die Erscheinungen beim Indicatorumschlag sind die gleichen. Anschließend werden in diesem Fall 25 ml Ammoniaklösung (D 0,91) und 30 g kristallisiertes Natriumacetat zugefügt, bevor wie oben das Vanadium titriert wird.

Ist nur *Chrom* zu bestimmen (vanadiumfreie Proben), so wird mit Schwefelsäure versetzt, gekühlt, mit Natriumacetat, 0,1 n Eisen(II)-sulfatlösung und Ferroin versetzt und der Überschuß des 2wertigen Eisens bei Zimmertemperatur mit 0,05 n Kaliumpermanganatlösung titriert. Der Endpunkt ist scharf, wenn kein Vanadium vorhanden ist. Zur Kontrolle wird auf 50° C erhitzt; dabei darf die Indicatorfarbe nicht wieder erscheinen.

Liegen *wolframhaltige* Stähle vor, so ist Ferroin als Indicator unbrauchbar und es wird statt dessen Diphenylaminsulfonsäure benutzt.

e) **Bestimmung von Chrom und Vanadium in Schnelldrehstahl (wolframhaltig) nach RAAB.** Das vorstehend genannte Verfahren von WILLARD und YOUNG wird von RAAB so abgewandelt, daß es auch für wolfram- und molybdänhaltiges Material angewandt werden kann.

Arbeitsvorschrift. Eine Stahlprobe von 1 bis 2 g wird in 40 ml Salzsäure (D 1,19) gelöst, die Lösung mit Wasser auf 60 bis 70 ml verdünnt und das 2wertige Eisen mit Salpetersäure oxydiert. Um geringe Mengen Vanadium, die in ausgeschiedener Wolframsäure enthalten sind, in Lösung zu bringen, werden 15 bis 20 Tropfen verd. Perhydrol (1 + 3) zugefügt. Die Lösung wird mit dem Rückstand zur Trockne eingedampft, der Trockenrückstand mit 30 ml Salzsäure (D 1,19) versetzt, erwärmt und die erhaltene Lösung schließlich mit Wasser auf 100 ml verdünnt. Darauf wird kurz aufgekocht, mit einigen Tropfen Wasserstoffperoxyd versetzt und zur Abtrennung von Kieselsäure und Wolframsäure durch ein Blaubandfilter filtriert. Der Rückstand wird 4- bis 5mal mit heißem, salzsäurehaltigem Wasser und 3- bis 4mal mit heißem Wasser ausgewaschen. Kieselsäure und Wolframsäure werden in der üblichen Weise bestimmt.

Das Filtrat und die Waschwässer werden eingedampft; der Rückstand wird in 10 ml Salzsäure (D 1,19) aufgenommen, die Lösung wieder eingedampft und der Rückstand erneut mit 10 ml Salzsäure (D 1,19) aufgenommen. Nun wird die Lösung in einen 300-ml-Erlenmeyerkolben gespült, mit Wasser auf 150 ml verdünnt und $^1/_2$ bis 1 Stde. lang mit Schwefelwasserstoff gesättigt. Das ausgefallene Molybdänsulfid wird abfiltriert und ausgewaschen. Dem Filtrat werden 20 bis 30 ml 70%ige Perchlorsäure zugefügt. Darauf wird es bis zum Auftreten weißer Nebel eingeengt und anschließend zur vollständigen Oxydation des Chroms und Vanadiums 10 bis 15 Min. gekocht. Nach dem Erkalten werden 150 bis 200 ml heißes Wasser zugegeben. Darauf wird die Lösung 5 Min. gekocht, um das Chlor zu entfernen. Sie enthält 6wertiges Chrom und 5wertiges Vanadium, die nach Zugeben von 10 ml Phosphorsäure (D 1,70) nacheinander titriert werden.

VIII. Bestimmung des Chroms in Legierungen der Nichteisenmetalle. a) **Bestimmung in Zinn und Kupfer enthaltenden Bronzen nach SCHILLING.**

Arbeitsvorschrift. 2 g möglichst feine Späne werden durch Erwärmen mit 25 ml Königswasser ($1 HNO_3 + 4 HCl$) gelöst; hierauf wird die Lösung mit 40 ml Schwefelsäure (1 + 1) (etwa 9 m) versetzt und bis zum starken Abrauchen der Schwefelsäure erhitzt. Die erkaltete Salzmasse wird durch Kochen mit 200 ml Wasser in Lösung gebracht, Kupfer und Antimon durch etwa 2 g Eisendraht gefällt und filtriert; dann wird das Filtrat auf ein Volumen von etwa 500 ml gebracht und kochend nach Zusatz einiger Tropfen Silbernitratlösung (1 + 20) (etwa 0,4 m) mit 10 ml kaltgesättigter

Ammoniumpersulfatlösung oxydiert. Das überschüssige Persulfat wird durch starkes Kochen, anwesende Übermangansäure durch Kochen nach Zusatz von 5 ml Salzsäure (D 1,12) entfernt. Nach dem Erkalten wird eine gemessene Menge einer Eisen(II)-sulfatlösung zugefügt und der Überschuß der letzteren mit Permanganat in bekannter Weise titriert. Ein vorhandener Zinngehalt ist bei dieser Ausführung von keinerlei Einfluß auf das Resultat.

b) Bestimmung in Aluminiumlegierungen nach A.S.T.M. (d).

Arbeitsvorschrift. 1 g Probe wird in einem 400-ml-Becherglas mit 30 ml Misch-säure (400 ml konz. Schwefelsäure und 400 ml. konz. Salpetersäure werden zu 2 l mit Wasser verdünnt) sowie mit 20 ml 0,8%iger Silbernitratlösung versetzt und unter vorsichtigem Erwärmen gelöst, bei Gegenwart von Kieselsäure unter Zusatz einiger Tropfen Flußsäure. Man kocht so lange, bis keine braunen Dämpfe mehr entweichen, verdünnt zu 300 ml mit heißem Wasser und erhitzt nach Zugabe von 2 g Ammoniumpersulfat erneut zum Sieden. Nach erfolgter Oxydation kocht man noch 10 Min., zerstört dann unter fortwährendem Sieden durch anteilsweisen Zusatz von je 0,5 ml Salzsäure (1 + 1) (etwa 6 n) das gebildete Permanganat und hält nach der letzten Salzsäurezugabe noch 15 Min. am Kochen. Nach dem Abkühlen titriert man in bekannter Weise mit 0,1 n Eisen(II)- und 0,1 n $KMnO_4$-Lösungen.

c) Bestimmung in Chrom-Aluminium-Legierungen nach HANDY.

Arbeitsvorschrift. 1 g Chrom-Aluminium wird in konz. Salzsäure gelöst; die Lösung wird mit 50 ml konz. Schwefelsäure bis zum Auftreten weißer Dämpfe er-hitzt, nach dem Erkalten mit 60 ml Wasser verdünnt und zum Kochen erhitzt. Nachdem sich das Aluminiumsulfat gelöst hat, gibt man gepulvertes Kalium-permanganat bis zur bleibenden schwachen Rotfärbung hinzu, kocht zur Zerstörung des überschüssigen Permanganats, filtriert durch Asbest und bestimmt im Filtrat die Chromsäure mit Eisen(II) und Permanganat.

B. Rücktitration mit Kaliumdichromat.

Allgemeines. Zwar haben diese Verfahren bei Verwendung von Indicator oder potentiometrischer Anzeige den Vorteil einer eindeutigeren Endpunktbestimmung als die Kaliumpermanganatverfahren; jedoch kann man sie bei der genannten Indikation insofern als überholt ansehen, als mit dieser Anzeige auch ohne weiteres direkte Titration (s. d.) möglich ist. Im Gegensatz zur Permanganatmethode wird ferner Vanadium miterfaßt, was bei dessen Anwesenheit immer von Nachteil ist; es sei denn, man strebt nur die Summenbestimmung an. Die große Reinheit des käuf-lichen Dichromats sowie die Titerbeständigkeit seiner Lösungen sind ein nicht zu unterschätzender Vorteil der Methode. Beide Eigenschaften machen auch besondere Vorschriften für Herstellung und Aufbewahrung der Lösung überflüssig. Jedoch muß auf die Feststellungen von FURNESS hingewiesen werden, daß für die Einstellung der Eisen(II)-sulfatlösungen nur Dichromat unter denselben Titrationsbedingungen verwendet werden darf, wie sie für die Bestimmung selbst benützt werden.

1. Verfahren zur Bestimmung neben Eisen, Aluminium und Phosphorsäure nach Haslam und Murray.

Die Verfasser haben besonders die Bestimmung in Gegenwart der obigen Ele-mente untersucht: Die Oxydation mit Natronlauge und Brom nach JÄRVINEN er-gibt bei Anwesenheit von reichlich Eisen ungenügende Werte für Chromat selbst bei doppelter Fällung, weil das Eisenoxyd Chrom zurückhält, während Aluminium und Phosphorsäure hier nicht stören. Bei Verwendung von Perchlorsäure nach LICHTIN sowie WILLARD und GIBSON wird diese Schwierigkeit vermieden.

Arbeitsvorschrift. Die Chrom(III)-lösung wird in einem Erlenmeyerkolben mit 5 ml 60%iger Perchlorsäure versetzt, mit abgesprengtem Trichter bedeckt und auf dem Sandbad erhitzt. Nach der durch reine Dichromatfärbung gekennzeichneten

Beendigung der Oxydation wird die Flüssigkeit noch 5 Min. erhitzt, abgekühlt, mit 100 ml Wasser verdünnt und das gebildete Chlor durch Kochen vertrieben. Dann wird sie wieder kalt auf 150 ml verdünnt, mit 0,1 n Eisen(II)-ammoniumsulfatlösung im Überschuß versetzt und mit 0,1 n Kaliumdichromatlösung und Diphenylamin als Indicator zurücktitriert.

Bemerkungen. *I. Anwendungsbereich und Genauigkeit.* An einfachen Lösungen bekannten Gehalts, bei denen eine gegebene Dichromatmenge mit Schwefeldioxyd reduziert und dann nach der Arbeitsvorschrift behandelt wurde, wurden sowohl in Abwesenheit wie bei Vorhandensein von Eisen, Aluminium und Phosphorsäure Werte gefunden, die bei 2 Milliäquivalent höchstens um $-0{,}3\%$ vom Sollwert differieren. Ferrochrom läßt sich ebenfalls mit Perchlorsäure behandeln, während Chromeisenstein einer Bisulfatschmelze, Schwefelwasserstoffällung und in deren Filtrat einer Ammoniakfällung bedarf. Der Ammoniakniederschlag wird dann mit Perchlorsäure behandelt.

II. Salzsäure. Deren Anwesenheit führt infolge Chromylchloridbildung zu Verlusten bei der Oxydation [s. ausführlich im Abschnitt: Überführung in Chrom(VI)].

III. Mangan stört und wird am besten vor der Oxydation abgetrennt, indem Chrom, Eisen und Aluminium in Gegenwart von Ammoniumchlorid mit Ammoniak gefällt werden.

2. Verfahren nach Mehlig für Ferrochrom.

Dieses geht im Prinzip auf das viel ältere Verfahren von ALLISON zurück.

Arbeitsvorschrift. 0,25 g feingepulvertes Material werden mit 5 g Natriumperoxyd geschmolzen, die erkaltete Schmelze nach Aufnehmen in Wasser kräftig gekocht, mit 25%iger Schwefelsäure angesäuert und nochmals gekocht; nun wird die Flüssigkeit mit einer Lösung von MOHRschem Salz im Überschuß sowie mit 30 ml eines Säuregemisches [180 ml konz. Schwefelsäure, 150 ml Phosphorsäure (D 1,7) mit Wasser auf 1000 ml aufgefüllt] versetzt und gegen Diphenylamin als Indicator mit eingestellter Kaliumdichromatlösung zurücktitriert.

3. Verfahren nach Kelley, Wiley, Bohn und Wright (a) zur Bestimmung von Chrom und Vanadium in Chrom-Vanadium-Stählen.

Die Vorbereitung für die Summenbestimmung von Chrom und Vanadium erfolgt in gleicher Weise wie nach anderen Verfahren von KELLEY [s. direkte Bestimmung mit Eisen(II)-sulfat]. Während nach diesen aber die Bestimmung des Vanadiums meist in derselben Einwaage mit Permanganat vorgenommen wird, wird es hier nach selektiver Oxydation durch Kochen mit mäßig konz. Salpetersäure oxydiert und ferrometrisch bestimmt. Obwohl unter den angegebenen Bedingungen 99%ige Oxydation erreicht und mit dem entsprechenden Äquivalentgewicht gute Resultate erhalten werden, hat sich diese Vanadiumbestimmung nicht verbreitet. Dagegen ist die Summenbestimmung auch heute noch gut brauchbar.

Reagenzien. 1. Eisen(II)-ammoniumsulfatlösung. 23 g Salz und 100 ml Schwefelsäure werden mit Wasser auf 1 l gebracht und dann so weiter verdünnt, daß 1 ml der Lösung genau 1 ml der Dichromatlösung und damit bei einer Einwaage von 1 g genau 0,1% Chrom entspricht (häufig einstellen!).

2. Kaliumdichromatlösung. 2,829 g reines Kaliumdichromat auf 1 l.

Arbeitsvorschrift. 1 g wird in 70 ml Schwefelsäure (D 1,2) gelöst, die Lösung zur Zersetzung von Carbiden etwas eingeengt, vorsichtig auf 75 ml verdünnt und nach Zusatz von 2 ml konz. Salpetersäure 5 Min. gekocht; dann wird sie mit heißem Wasser auf 250 bis 300 ml verdünnt und wieder zum Sieden erhitzt; nach Zusatz von 10 ml Silbernitratlösung (2,5 g/l) und 20 ml Ammoniumpersulfatlösung (100 g/l) wird sie noch 8 Min. gekocht; danach versetzt man sie mit 5 ml Salzsäure (1 + 3) (etwa 3 n) und kocht noch 5 Min. Nun wird abgekühlt und die Summe von Chrom und

Vanadium durch Titration mit obiger Eisen(II)-ammoniumsulfatlösung und durch Rücktitration mit der Dichromatlösung bei potentiometrischer Anzeige bestimmt. Zwecks Vanadiumbestimmung s. folgendes Verfahren 4.

4. Verfahren nach Kelley, Wiley, Bohn und Wright (b) für Ferrovanadium.

Allgemeines. Da im Ferrovanadium der Vanadium- den Chromgehalt sehr erheblich übertrifft, bedurfte es einer besonderen Präzisierung der Bestimmungen für die Summe aus Chrom und Vanadium. Der Potentialsprung für Vanadium ist am besten bei 50 mV, wenn 300 ml Lösung 50 ml der angegebenen Schwefelsäure enthalten; 0,05 ml der Eisen(II)-lösung bewirken dann im Endpunkt einen Sprung von 50 mV, während der Umschlag bei Titration des Vanadiums mit Permanganat erst bei einem Überschuß von 0,2 bis 0,25 ml sichtbar wird. — Chrom wird bei der angegebenen Oxydation mit Salpetersäure nicht oxydiert und kann aus der Differenz gut bestimmt werden. Da unter den gegebenen Bedingungen nur 99,5% des Vanadiums durch die Salpetersäure oxydiert werden, ist dies bei der Berechnung (s. d.) zu berücksichtigen.

Reagenzien. 1. Silbernitratlösung, 0,25%ig;

2. Ammoniumpersulfatlösung, 10%ig;

3. Kaliumdichromatlösung, enthaltend 2,8285 g im Liter; 1 ml entspricht 1 mg Chrom oder 2,939 mg Vanadium;

4. Eisen(II)-ammoniumsulfatlösung, wie nach 3. 1 ml entspricht genau 1 ml Dichromatlösung;

5. Schwefelsäure (D 1,58).

Arbeitsvorschrift. 3 g Ferrovanadium werden in 75 ml Salpetersäure (D 1,13) gelöst und gegen Ende 10 ml konz. Salzsäure zugegeben, bei Anwesenheit von Silicium zweckmäßig auch einige Tropfen Flußsäure; schließlich engt man mit 50 ml Schwefelsäure zur Zerstörung der Carbide und zur Vertreibung der Salz- und Salpetersäure bis zum Rauchen ein. Der im allgemeinen nur aus Aluminiumoxyd bestehende Rückstand wird abfiltriert und ausgewaschen, das Filtrat auf 1000 ml aufgefüllt. Von der Auffüllung werden 100 ml mit 25 ml Schwefelsäure und Wasser auf etwa 300 ml gebracht, heiß mit 20 ml Persulfatlösung und 10 ml Silbernitratlösung versetzt und 10 Min. gekocht. Nach Zusatz von 5 ml Salzsäure (1 + 3) wird das gebildete Permanganat durch weiteres Kochen (5 bis 10 Min.) zerstört und 25 ml Schwefelsäure zugesetzt. Nach Abkühlen auf etwa 5° wird, wie oben bei KELLEY (a), elektrometrisch mit Eisen(II)- und Dichromatlösung die Summe aus Chrom und Vanadium titriert.

Für die Vanadiumbestimmung werden 100 ml der noch nicht oxydierten Auffüllung zur Reduktion etwaiger Spuren von Chromat mit etwas Eisen(II)-lösung versetzt, mit Salpetersäure selektiv oxydiert (Einzelheiten s. Original!) und das Vanadium wie vorstehend titriert.

Berechnung. Entsprechend der Einstellung der Dichromatlösung (s. o.) und der genauen Einstellung der Eisen(II)-lösung auf diese [1 ml Eisen(II) = 1 ml Dichromat] ergibt die Summenbestimmung:

$$\text{verbrauchte Milliliter} \cdot \frac{2{,}939}{3} = A = \% \text{ Vanadium und Chrom (berechnet nur als Vanadium!).}$$

Die mit 99,5% ablaufende Salpetersäureoxydation ergibt

$$\text{verbrauchte Milliliter} \cdot \frac{1000 \cdot 2{,}939}{995 \cdot 3} = B = \% \text{ Vanadium}$$

und daraus $A - B = C = \%$ Chrom (berechnet als Vanadium!)

$$\frac{C}{2{,}939} = \% \text{ Chrom effektiv.}$$

Bemerkungen. *I. Anwendungsbereich und Genauigkeit.* Die besonders für hohe Vanadium- und niedrige Chromgehalte geeignete Methode liefert z. B. mit 1,61 und 2,80% an Ferrovanadium Chromwerte, welche mit den Werten von 1,59 bis 1,62 bzw. 2,77 bis 2,79% hervorragend übereinstimmen; die Werte werden nach selektiver Oxydation des Vanadiums mit Salpetersäure, nach Fällung des Chroms(III) mit Soda und nach Wiederholung von Oxydation und Fällung in der Lösung des Niederschlages erhalten, in der sicherheitshalber der geringfügige Vanadiumgehalt von maximal 0,4% auch noch bestimmt wurde.

II. Rückstandsuntersuchung. Die nach dem angegebenen Löseverfahren noch im Rückstand verbleibenden Chrom- und Vanadiummengen sind so geringfügig, daß sie normalerweise vernachlässigt werden können.

In Zweifelsfällen kann er mit Natriumperoxyd aufgeschmolzen und die nach Auflösen der Schmelze, Verkochen und Ansäuern erhaltene Lösung mit dem Hauptfiltrat vereinigt werden.

III. Permanganationen. Wenn sich diese nicht aus dem Produkt (bei der Oxydation) bilden, wird zweckmäßig etwas Mangansalz zugesetzt, da das Auftreten von Permanganat ein sicheres Zeichen für die Beendigung der Oxydation von Chrom und Vanadium ist.

5. Verfahren nach British Standards Institution zur Bestimmung in Ferrochrom.

Reagenzien. 1. Kaliumpermanganatlösung, 0,5%ig;

2. Silbernitratlösung, 1%ig;

3. Eisen(II)-ammoniumsulfatlösung, etwa 0,2 n, unter den Bedingungen der Titration gegen die Dichromatlösung eingestellt;

4. Kaliumdichromatlösung, 0,1 n;

5. Indicatorlösung enthält 0,37 g Bariumdiphenylaminsulfonat; ferner: Schwefelsäure (1 + 1) (etwa 9 m); Phosphorsäure (D 1,75); konz. Salpetersäure; Salzsäure (1 + 3) (etwa 3 n); Ammoniumpersulfat.

Arbeitsvorschrift. 0,4 g zerkleinerte Probe werden mit 25 ml Schwefelsäure im bedeckten 800-ml-Becher 20 Min. lang vorsichtig so erwärmt, daß die ganze Probe von der Säure bedeckt ist, keine Teilchen an der Wand des Becherglases hängenbleiben und keine Schwefelsäure verdampft. Nach beendeter Reaktion fügt man 20 ml 1:1 verd. Phosphorsäure (etwa 8 m) zu, verdampft bei bedecktem Becher bis zum Rauchen, kühlt, verdünnt mit 40 ml Wasser, erhitzt zum Kochen, fügt 1 ml Salpetersäure zu, kocht 2 Min., verdünnt mit Wasser auf 400 ml, versetzt mit 1 ml Kaliumpermanganatlösung, 25 ml Silbernitratlösung, 6 g Ammoniumpersulfat und einigen Siedesteinchen. Man erhitzt zum Sieden und erhält nach Entwickeln der Permanganatfarbe noch 10 Min. im Kochen (s. Bemerkungen). Dann fügt man 15 ml Salzsäure (1 + 3) zu, kocht 5 Min., kühlt auf Raumtemperatur, titriert mit etwa 0,2 n Eisen(II)-ammoniumsulfatlösung, bis ein Überschuß von wenigstens 5 ml vorhanden ist, fügt 5 Tropfen Indicatorlösung zu und titriert tropfenweise mit 0,1 n Kaliumdichromatlösung bis zur tiefvioletten Farbe.

Bemerkungen. *I. Anwendungsbereich und Genauigkeit.* Bei Ferrochromen mit 60 bis 70% Chrom, die nicht mehr als 4% Silicium enthalten, ist die Bestimmung mit $\pm 0,25\%$ reproduzierbar.

II. Vorbehandlung der Probe. Das Material soll in einem Mörser aus gehärtetem Stahl so fein pulverisiert werden, daß es ein 60-, besser ein 90-Maschen-Sieb passiert, während für kohlenstoffarme Produkte auch ein 30-Maschen-Sieb genügt.

III. Permanganationen. Falls nach 5 Min. Kochens mit Persulfat keine Rosafärbung erhalten bleibt, muß noch etwas Persulfat nachgegeben werden.

IV. Salzsäure dient zum Zerstören des Permanganats und muß ebenfalls eventuell noch nachgegeben werden.

V. Vanadium wird bei der Dichromattitration miterfaßt, so daß diese bei seiner Anwesenheit nur für die Summenbestimmung angebracht ist; will man Chrom bei Anwesenheit von Vanadium allein erfassen, so titriert man mit 0,1 n Permanganatlösung ohne Indicator, wobei allerdings der Endpunkt etwas weniger scharf ist.

C. Rücktitration mit Cer(IV)-sulfat.

Allgemeines. Das folgende Verfahren mit Cer(IV)-salz hat den Vorteil gegenüber Dichromat, daß Vanadium nicht miterfaßt wird, ähnelt also mit Ausnahme der Indicatorverwendung der Permanganatmethode. Trotz sorgfältiger Ausarbeitung scheint es keine breite Anwendung zu finden, was darauf beruhen dürfte, daß ausschlaggebende Vorteile, welche den hohen Preis gerechtfertigen würden, gegenüber Permanganat nicht bestehen.

1. Verfahren nach G. F. Smith und G. P. Smith zur Chrombestimmung in nichtrostenden Stählen.

Allgemeines. Infolge Passivierung ist die in anderen Fällen sehr zweckmäßige Mischung von Schwefelsäure-Perchlorsäure zum Lösen von Chromstahl, Chrom-Nickel-Stählen, anderen nichtrostenden Stählen, Schnelldrehwolframstählen, metallischem Wolfram und ähnlichen Materialien meist ungeeignet; dagegen sind diese in einem Gemisch von 72%iger Perchlorsäure und 85%iger Phosphorsäure (1 + 2 Vol.) hervorragend löslich zwischen 175 und 190°, wobei in diesem Gemisch die Oxydation des Kohlenstoffs weniger heftig als in Perchlorsäure allein verläuft. Anschließend wird mit einem Gemisch von Perchlorsäure und 80%iger Schwefelsäure (1 + 2 Vol.) innerhalb 8 Min. bei 203 bis 205° alles Chrom oxydiert und bei dieser Temperatur die Bildung von unlöslichen Sulfaten vermieden sowie etwa anfänglich noch ungelöst gebliebene Bestandteile, z. B. Wolframcarbid, in Lösung gebracht; hierbei geht Wolfram in Phosphorwolfram- bzw. gegebenenfalls in Silicowolframsäure über; nur Ferrowolfram erfordert etwas längere Aufschlußzeiten.

Reagenzien. 1. Aufschlußsäure. 1 Vol. 72%ige Perchlorsäure und 2 Vol 85%ige Phosphorsäure;

2. Oxydationssäure. 1 Vol. 72%ige Perchlorsäure und 2 Vol. 80%ige Schwefelsäure;

3. 0,025 m Ferroinlösung;

4. 0,1 n Eisen(II)-sulfatlösung in verd. Schwefelsäure, eingestellt mit Cer(IV)-lösung gegen Ferroin und zweckmäßig unter Wasserstoff aufbewahrt; sie ist dann titerkonstant.

5. 0,01 n Cer(IV)-sulfatlösung, mit vorgelegtem Natriumoxalat, Cer(IV)-überschuß und dessen Rücktitration mit Eisen(II) und Ferroin eingestellt.

Arbeitsvorschrift. 0,5 g sorgfältig zerkleinerter Stahl werden in einem 500-ml-Duran-Erlenmeyerkolben mit 10 ml der Aufschlußsäure 3 bis 5 Min. mit Heizplatte oder kleinem Brenner auf 175 bis 185° erhitzt, wobei die Lösung eine grüne Farbe annimmt; dann werden 15 ml Oxydationssäure zugegeben und 7 bis 8 Min. auf 203 bis 205° erhitzt. Die heiße Lösung wird mit 10 bis 20 mg festem Kaliumpermanganat versetzt, vorsichtig, jedoch schnell 6 bis 8 Sek. in Eiswasser abgekühlt und sofort mit Wasser auf 60 bis 70 ml gebracht. Dann werden 0,5 ml konz. Salzsäure zugegeben und durch 5minütiges Kochen das gebildete Chlor vertrieben; nun verdünnt man mit Eiswasser auf 250 ml, gibt 2 Tropfen Ferroinlösung und Eisen(II)-sulfatlösung mit 2 bis 3 ml Überschuß hinzu und titriert die rosagefärbte Lösung mit Cer(IV)-sulfat auf Grün zurück.

$$\text{Berechnung:} \qquad \% \text{ Chrom} = \frac{0{,}17337 \cdot (a - 0{,}1 \cdot b)}{p},$$

wobei a = ml 0,1 n Eisen(II)-lösung, b = ml 0,01 n Cer(IV)-lösung und p = Einwaage ist.

Bemerkungen. *I. Genauigkeit.* Obwohl an Kaliumdichromat sowohl direkt als auch nach Reduktion und Reoxydation gemäß der vorliegenden Methode in bester Übereinstimmung (maximaler Fehler 0,2 mg bei 65 mg Chrom) Werte von etwa 101% der Theorie gefunden wurden und diese Unstimmigkeit nicht aufgeklärt werden konnte, beträgt an vier verschiedenen Stahlproben bei 18 Einzelanalysen die Abweichung der Durchschnittswerte von den zertifizierten Standardwerten sowie den nach WILLARD und GIBSON erhaltenen nie mehr als 0,1%, die Abweichung in Einzelwerten gelegentlich bis 0,2%. Die Tendenz zu leicht erhöhten Werten wird auf unvollständig verkochtes Chlor zurückgeführt, obwohl längere Kochzeiten zu dessen Vertreibung hieran nichts ändern. Die Empfehlung der Methode durch die Autoren erscheint trotzdem berechtigt.

II. Oxydation. Während der Oxydation wird der Kolben in geeigneter Weise bedeckt und so sorgfältig erhitzt, daß keine siedende Säure (Chromylchloridverluste!!) austreten kann. In Perchlorsäure allein soll infolge Nebenreaktion [Bildung von Perhydrol; vgl. Überführung in Chrom(VI)] die Oxydation nur zu 99,5 bis 99,9% verlaufen. Die Perhydrolwirkung wird durch schnelles Abkühlen unterbunden. Im Gemisch bei 203° ist die Nebenreaktion stärker, weshalb außer der schnellen Abkühlung auch noch Permanganatzusatz erfolgen muß. Das Abschrecken erfordert bruchsichere Gefäße; sicherheitshalber wird das Gefäß zunächst etwa $^1/_4$ Sek. in Eiswasser abgeschreckt, wieder herausgenommen und dann 6 bis 7 Sek. eingetaucht. Anschließend wird es durch die Wasserzugabe wieder so erwärmt, daß der Salzsäurezusatz restliches Permanganat zerstört.

III. Wolfram und Vanadium. Bis zu 15 bis 20% Wolfram sind zulässig und werden durch die Phosphorsäure in Lösung gehalten. Etwa vorhandenes Vanadium wird zwar durch Eisen(II) mitreduziert, jedoch durch Cer(IV) wieder oxydiert, so daß es nicht stört.

IV. Zeitbedarf. Alle untersuchten Produkte sind in spätestens 20 Min. fertig zur Titration, während nach WILLARD und GIBSON längere Zeit benötigt wird.

2. Verfahren nach Banks und O'Laughlin zur Bestimmung von Chrom und Cer in Cer-Chrom-Uran-Gemischen.

Allgemeines. BANKS und O'LAUGHLIN benutzen das selektive Oxydationsvermögen der Perchlorsäure, welche in der Hitze nur Chrom in die 6 wertige Stufe überführt, während Cer 3 wertig verbleibt und so die anschließende ferrometrische Chromsäuretitration nicht beeinträchtigt. Oxydiert man in einem anderen Teil der Probe Chrom und Cer mittels Peroxydisulfat und Silbernitrat gemeinsam zu ihren höchsten Wertigkeitsstufen und titriert ebenfalls mit Eisen(II), so läßt sich aus der Differenz beider Titrationen der Cergehalt errechnen. Unter den von den Verfassern angegebenen Bedingungen sind Verluste durch Bildung von Chromylchlorid nicht zu befürchten. Für die Abwesenheit von Chlorid vor der Perchlorsäureoxydation muß Sorge getragen werden, weil sonst eine teilweise Reduktion des gebildeten Chromats erfolgt.

Arbeitsvorschrift. Die Uran-Chrom-Cer-Legierung wird in verd. Salz- oder Salpetersäure gelöst und in einem Meßkolben aufgefüllt. Zur *Chrombestimmung* entnimmt man einen etwa 2 bis 50 mg Cr enthaltenden Teil, den man, falls eine salzsaure Lösung vorliegt, mehrere Male mit Salpetersäure abdampft. Die salpetersaure Lösung erhitzt man mit 10 ml 72%iger Perchlorsäure bis zum beginnenden Rauchen, welches man anschließend zur Vervollständigung der Chromoxydation unter Verwendung eines Rückflußaufsatzes noch 3 bis 5 Min. fortsetzt. Man kühlt sofort zuerst mit heißem, dann mit kaltem Wasser ab, verdünnt möglichst schnell zu 100 bis 150 ml und erhitzt nach Zugabe von 2 bis 3 g Natriumhydrogencarbonat zum Sieden, bis durch angefeuchtetes Kaliumjodidstärkepapier kein freies Chlor mehr nachweisbar ist (10 bis 15 Min.). Nach dem Erkalten gibt man 5 ml konz. Schwefelsäure zu, versetzt mit einem gemessenen Überschuß von Eisen(II)-ammoniumsulfat- und titriert nach Zugabe von 1 ml 0,001 m Ferroinlösung mit einer eingestellten 0,1 n Cer(IV)-sulfatlösung zurück. — Zur *Bestimmung der Summe aus Chrom und Cer* erhitzt man einen anderen aliquoten Teil der Auffüllung mit 5 bis 10 ml konz. Schwefelsäure bis zum Auftreten von weißen Dämpfen, verdünnt nach dem Abkühlen zu 250 ml und erhitzt nach Zugabe von 0,05 g Silbernitrat und 2 g Kaliumperoxydisulfat 20 Min. zum gelinden Sieden. In der abgekühlten Lösung bestimmt man wie beschrieben den Gehalt an Chrom(VI) und Cer(IV). — Die angeführten Beleganalysen zeigen, daß bei der Chrombestimmung auch in Gegenwart von Cer und Uran selten ein relativer Fehler von $\pm 0,2\%$ überschritten wird. Auch die sich aus der Differenz errechnenden Cer-Gehalte weisen keine größeren Abweichungen auf.

Literatur.

ALLISON, A.: Chem. N. **96**, 1; durch Fr. **48**, 380 (1909). — Analyse der Metalle, s. Schiedsverfahren, II. Band, Betriebsanalysen S. 322, 313. — A.S.T.M.: Methods for Chemical Analysis of Metals **1950**, (a) S. 105, (b) S. 156, (c) S. 183, (d) S. 323.

BABEJEW, W. M.: Betriebslab. (russ.) **7**, 601 (1938). — BANKS, CH. V., u. I. W. O'LAUGHLIN: Anal. Chem. **28**, 1338 (1956). — BIRCKEL, J.: Ann. Chim. anal. [4] **24**, 170 (1942); durch C. **113, II**, 2621 (1942). — BOGOLUBOFF, durch WDOWISZEWSKI (s. unten). — BRARD, D.: Ann. Chim. anal. [3] **17**, 201 (1935). — *British Standards Institution:* J. Iron Steel Inst. **163**, 307 (1949). — BRÜGGEMANN, W.: Ch. Z. **53**, 949 (1929); **53**, 927, 947 (1929).

CAMPAGNE, EM.: Bl. (3. ser.) **31**, 962. — *Chemikerausschuß des Vereins deutscher Eisenhüttenleute:* Stahl Eisen **42**, 226 (1922). — CRAMER, CH. H.: Chemist-Analyst **43**, 16 (1925); durch Fr. **84**, 450 (1931).

DANIELS, F. C. T.: Chem. N. **112**, 191 (1915); durch Fr. **63**, 352 (1923). — DITTLER, E.: Z. angew. Ch. **39**, 279 (1926). — DOLINSKI, P. I.: Betriebslab. (russ.) **6**, 225 (1937).

EWING, R. E., u. CH. V. BANKS: Anal. Chem. **20**, 233 (1948).

FRANKE, H., u. R. DWORZAK: Z. angew. Ch. **39**, 642 (1926). — FURNESS, W.: Analyst **75**, 2 (1950).

GREGORY, A. W., u. M. McCALLUM: Am. Soc. **91**, 1846.

HANDY, J. O.: Am. Soc. 18, 766. — HASLAM, J., u. W. MURRAY: Analyst **59**, 609 (1934). — HERWIG, W.: Stahl Eisen **36**, 646 (1916). — HILD, W.: Ch. Z. **46**, 702 (1922); **55**, 895 (1931).

IBBOTSON, F., u. R. HOWDEN: Chem. N. **90**, 320 (1904).

JABOULAY, B. E.: Rev. Mét. **46**, 710 (1946); **17**, 627 (1920). — JAMES, L. H.: Ind. eng. Chem. Anal. Edit. **3**, 258 (1931). — JÄRVINEN, K. K.: Fr. **75**, 1 (1928).

KELLEY, G. L., J. A. WILEY, R. T. BOHN u. W. C. WRIGHT: (a) J. ind. eng. Chem. **11**, 632 (1919); (b) **13**, 939 (1921). — KLEINE, A.: Stahl Eisen **25**, 1305 (1905); **26**, 396 (1906). — KIMBER, H. P.: Chemist-Analyst **42**, 12 (1925); durch Fr. **84**, 450 (1931). — v. KNORRE, G.: Stahl Eisen **27**, 1251 (1907); vgl. auch Leitfaden für Eisenhüttenlaboratorien, 12. Aufl. 1925, S. 124. — KOCH, P.: Ch. Z. **41**, 64 (1917). — KOPMAN, A.: Betriebslab. (russ.) **5**, 464 (1934); durch Fr. **100**, 132 (1935). — KUGEL, A. W.: Betriebslab. (russ.) **5**, 1245 (1936); durch C. **108, I**, 4537 (1937).

LANG, R., u. F. KURTZ: Fr. **86**, 289 (1931). — LEDEBUR, A.: Leitfaden für Eisenhüttenlaboratorien, 8. Aufl. 1909, S. 56. — LICHTIN, J. J.: Ind. eng. Chem. Anal. Edit. **2**, 126 (1930).

MEHLIG, J. P.: J. chem. Educat. **13**, 324 (1936); durch Fr. **111**, 366 (1937/38). — MEINDL, O.: Fr. **58**, 537 (1919). — MENDE, H.: Ch. Z. **53**, 178 (1929). — MILLER, H. J.: Analyst **47**, 4 (1926).

PAVLISH, A. E., u. J. D. SULLIVAN: Iron Age **143**, 38 (1939). — PAWOLLECK, B.: B. **16**, 3008 (1883); durch Fr. **24**, 88 (1885). — PHILIPS, M.: Handbuch für Eisenhüttenlaboratorium.

RAAB, A.: Angew. Ch. **50**, 327 (1937). — RANDALL, N. M.: Chem. Met. Engin. **8**, 17 (1910). — RICH, C. H., u. G. C. WHITTAM: Chem. Met. Engin. **13**, 238 (1915).

SCHIFFER, E., u. P. KLINGER: Arch. Eisenhüttenw. **4**, 11 (1930/31); **4**, 7—15 (1930/31). — SCHILLING, H.: Ch. Z. **36**, 697 (1912). — SCHÖNE, E.: Fr. **18**, 137 (1879). — SCHULDINER, S., u. F. B. CLARDY: Ind. Eng. Chem. Anal. Edit. **18**, 728 (1946). — SCHUMACHER, G.: Stahl Eisen **42**, 226 (1922). — SCHWARZ, H.: A. **69**, 209 (1849). — SCOTT, FR. W.: Analyst **25**, 4 (1935). — SLAWIK, P.: Ch. Z. **44**, 633 (1920). — SLJAPIN, B. P., u. Z. P. PEVNEVA: Betriebslab. (russ.) **16**, 661 (1950). — SMITH, G. F., u. G. P. SMITH: J. Soc. chem. Ind. **54**, 185 T (1935). — STAHL, L., u. FR. BISCHOF: Arch. Eisenhüttenw. **9**, 499 (1936).

TANAKA, M.: Bl. chem. Soc. Japan **26**, 299 (1953). — TUSKER, H.: Ch. Z. **39**, 122 (1915). USSATENKO, J. u. I.: Betriebslab. (russ.) **7**, 532 (1938).

WALTERS, H. E.: Chem. Met. Engin. **12**, 310 (1914); Z. angew. Ch. **27, II**, 5 (1915); Am. Soc. **27**, 1550. — WARD, H. O.: Chem. Met. Engin. **23**, 28 (1920); durch Fr. **63**, 357 (1923). — WDOWISZEWSKI, H.: Ch. Z. **34**, 1265 (1910). — WILLARD, H. H., u. R. C. GIBSON: Ind. eng. Chem. Anal. Edit. **3**, 88 (1931). — WILLARD, H. H., u. PH. YOUNG: Ind. eng. Chem. Anal. Edit. **7**, 57 (1935).

§5. Direkte Bestimmung mit Eisen(II)-sulfat.

Allgemeines. Die bekanntesten und wichtigsten Methoden der maßanalytischen Chrom(VI)-bestimmung beruhen auf der Reduktion mit Eisen(II)-sulfat. Ursprünglich war hierbei eine direkte Endpunktserkennung nur mit Hilfe der relativ umständlichen *Tüpfelmethode* möglich. Deshalb haben sich die indirekten Methoden der Rücktitration durchgesetzt, insbesondere die Permanganatmethode, welche zu einem der exaktesten Chrombestimmungsverfahren überhaupt ausgearbeitet worden ist. Die direkte ferrometrische Titration ist in den letzten 40 Jahren jedoch sehr erleichtert worden, und zwar insbesondere durch Verwendung von Redoxindicatoren sowie durch Anwendung potentiometrischer Verfahren.

Über eine direkte ferrometrische Bestimmung, welche die quantitative Umsetzung Cr(VI) → Cr(III) mit Hilfe der verschiedenen Lichtabsorption bei 350 mμ feststellt, vgl. § 17.

A. Anwendung von Redoxindicatoren.

Allgemeines. Die direkte Chromatbestimmung mit Hilfe von Redoxindicatoren ist sehr elegant und schnell durchführbar und wird in vielen Fällen großen Nutzen mit sich bringen, insbesondere wenn es sich um die Untersuchung reiner Chrom(VI)-lösungen handelt. Es ist jedoch zu beachten, daß die mit Redoxindicatoren indizierte direkte Titration ebenso wie die direkte potentiometrische Bestimmung *nicht* die hohe Selektivität der Permanganatmethode besitzt. So wird insbesondere Vanadium(V) quantitativ miterfaßt. Je nach der Fragestellung kann diese Tatsache von Nachteil oder Vorteil sein. Falls in einem Material nur die Chrombestimmung interessiert und die Abwesenheit von Vanadium nicht absolut sicher ist, wird man die direkte Methode zweckmäßig nicht einschlagen. Ist jedoch, insbesondere in Stählen, zusätzlich zur Chrombestimmung auch die Ermittlung des Vanadiumgehaltes erforderlich, so kann man die gemeinsame Titration vorteilhaft ausnutzen, wie unter „Anwendungen" noch ausführlicher beschrieben wird. Das gleiche gilt für die potentiometrische Titration.

Wenn auch bei der ferrometrischen Bestimmung von Chrom(VI) das Hauptanwendungsgebiet von Redoxindicatoren bei der *direkten* Titration liegt, so gibt es auch verschiedene wichtige Verfahren, welche die Reduktion mit überschüssigem Eisen(II) vornehmen und letzteres unter Zuhilfenahme eines geeigneten Redoxindicators mit einem Oxydationsmittel zurücktitrieren, z. B. mit Kaliumdichromat oder Cer(IV)-salz, aber auch mit Kaliumpermanganat. Diese Verfahren sind jedoch bereits in vorstehendem § 4 besprochen worden.

Eine ausführliche Zusammenfassung über Redoxindicatoren für volumetrische Analysen befindet sich in den „Neueren maßanalytischen Methoden" von BRENNECKE, FAJANS, FURMAN, LANG und STAMM sowie in der „Cerimetrie und Anwendung der Ferroine als maßanalytische Redoxindicatoren" von PETZOLD.

1. Wichtige Redoxindicatoren für die Bestimmung von Chrom(VI) mit Eisen(II).

Für die Chromsäuretitration mit Eisen(II)-sulfat haben im wesentlichen folgende Redoxindicatoren Bedeutung gewonnen: Diphenylamin, Diphenylbenzidin, Diphenylaminsulfonsäure, Diphenylamin-o-carbonsäure (N-Phenylanthranilsäure) und Tri-o-Phenanthrolin-Eisen(II)-sulfat (Ferroin).

Im *Diphenylamin* fand KNOP den ersten Indicator, der den Anforderungen für Oxydations- und Reduktionstitrationen weitgehend entspricht. Das farblose Diphenylamin wird in saurer Lösung durch stärkere Oxydationsmittel zu farblosem Diphenylbenzidin oxydiert. Diesem irreversibel verlaufenden Vorgang folgt eine weitere, reversible Oxydation zu blauviolettem Diphenylbenzidinviolett, das während der

Reaktion schwer lösliche, grüne, als Anlagerungsprodukte mit Diphenylbenzidin gedeutete Zwischenprodukte bilden kann. Überschüssige Oxydationsmittel führen Diphenylbenzidinviolett besonders bei einem niedrigen Gehalt der Lösungen an freier Säure in gelb bis rot gefärbte Verbindungen unbekannter Zusammensetzung über. Das Umschlagspotential des Diphenylbenzidin/Diphenylbenzidinviolett-Systems liegt bei $+0{,}76$ Volt (gegen die Normal-Wasserstoffelektrode). Indicatorkorrekturen sind erforderlich.

Diphenylbenzidin verhält sich als Oxydationsprodukt des Diphenylamins ebenso wie dieses, erfordert jedoch weniger hohe Indicatorkorrekturen.

Diphenylaminsulfonsäure zeichnet sich durch gute Wasserlöslichkeit aus; sie kommt in Form ihres Barium- oder Natriumsalzes zur Anwendung. Der Mechanismus der Oxydationsreaktion entspricht wahrscheinlich dem der Diphenylaminoxydation; der Farbwechsel vollzieht sich schärfer und brillanter nach Rotviolett und bei einem Potential von $+0{,}83$ bis $0{,}84$ Volt. Im Gegensatz zum Diphenylamin läßt sich die Sulfonsäure auch in Gegenwart von Wolframsäure als Indicator benutzen.

Die von SYROKOMSKY und STIEPIN als Redoxindicator in die analytische Chemie eingeführte *Diphenylamin-o-carbonsäure* (N-Phenylanthranilsäure) ist wasserlöslich, gibt mit starken Oxydationsmitteln einen scharfen reversiblen Farbumschlag von farblos nach rosa bis rotviolett; der Indicator ist in Gegenwart eines Überschusses von Oxydationsmitteln stabiler als Diphenylamin und seine Derivate; er kann nach LANG und FAUDE auch bei Gegenwart von Wolfram benutzt werden. Das Normalpotential des Indicators beträgt $+1{,}08$ Volt, so daß bei der Titration von Chrom(VI) mit Eisen(II)-sulfat ein Zusatz von Phosphorsäure nicht notwendig ist (vgl. später!).

Tri-o-phenanthrolin-Eisen(II)-sulfat (Ferroin) wurde von BLAU entdeckt und von WALDEN, HAMMETT und CHAPMAN als Indicator in die Volumetrie eingeführt. In dem Komplex treten je 3 Moleküle der organischen Verbindung in die innere Sphäre, um das Eisen(II)-ion als Zentralatom, während das Anion des Eisensalzes ionogen gebunden bleibt. Starke Oxydationsmittel rufen dadurch einen Farbumschlag von rot nach blau hervor, daß sie das Eisen in die 3wertige Stufe überführen:

$$[\text{Fe}(\text{C}_{12}\text{H}_8\text{N}_2)_3]^{2+} \; \rightleftarrows \; [\text{Fe}(\text{C}_{12}\text{H}_8\text{N}_2)_3]^{3+} + \ominus \cdot$$
tiefrot   blaßblau

Dieser einfache Oxydationsvorgang im Zusammenhang mit der großen Festigkeit des Komplexes erklärt die sehr gute Reversibilität des Farbumschlages und die außerordentliche Beständigkeit des Indicators gegen Zerstörung durch Oxydationsmittel.

Das Oxydationspotential des Indicators in m Schwefelsäure beträgt nach HUME und KOLTHOFF $+1{,}06$ Volt. Da die Reduktionsstufe bedeutend intensiver farbig ist als die Oxydationsstufe, tritt der Farbumschlag bei 90%iger Oxydation ein, d. h. bei $+1{,}12$ Volt. Das Potential sinkt mit steigender Säurekonzentration, und zwar nach SMITH und RICHTER auf $+0{,}89$ Volt in 6 m Schwefelsäure. Mit der Höhe des Umschlagpotentials steht die Tatsache im Zusammenhang, daß die Phenanthrolin-Eisen(II)-lösung gegen Luftsauerstoff vollständig widerstandsfähig ist und der Umschlag nur mit starkem Oxydationsmittel eintritt. Ein Zusatz von Phosphorsäure bei der Chromsäuretitration (vgl. später!) erübrigt sich infolge des hohen Normalpotentials des Indicators.

2. Herstellung der Indicatorlösungen.

Diphenylamin. Am gebräuchlichsten ist die von KNOP vorgeschlagene Lösung von 1 g Diphenylamin in 100 ml konz. Schwefelsäure („1%ige Lösung"). Gelegentlich werden auch auf das 5- oder 10fach verd. Lösungen empfohlen, z. B. von KOLTHOFF und SARVER eine $0{,}01$ m Lösung ($1{,}69$ g Diphenylamin in 1000 ml konz. H_2SO_4). Um den Zeitaufwand bei der Herstellung von schwefelsauren Diphenylaminlösungen herabzusetzen, schlägt STATE vor, das Amin zunächst zu schmelzen (Smp. 52,9°). Diese klare Schmelze löst sich daraufhin unter Schütteln in wenigen Sekunden in konz. Schwefelsäure auf. Nach LANG verwendet man an Stelle von Schwefelsäure 85%ige Phosphorsäure. Nach WILLARD und YOUNG (a) verwendet man zur Verringerung der Indicatorkorrektur oxydiertes Diphenylamin, welches man aus einer Lösung von 0,1 g Diphenylamin, gelöst in 10 ml konz. H_2SO_4 und mit Eisessig zu 100 ml verdünnt, folgendermaßen herstellt: Die zur Titration benötigte Indicatormenge versetzt man in einem kleinen Bechergläschen mit 5 ml Phosphorsäure (D 1,37), 3 bis 4 Tropfen 0,1 n $K_2Cr_2O_7$-Lösung und titriert vorsichtig mit verd. $FeSO_4$-Lösung bis zum Farbumschlag.

Die Indicatorlösungen können bei längerer Aufbewahrung bräunliche Verfärbungen aufweisen; die Verwendbarkeit wird dadurch nicht beeinträchtigt.

Diphenylbenzidin wird in konz. Schwefelsäure ebenso wie Diphenylamin angesetzt. KOLTHOFF und SARVER stellen eine 0,005 m Lösung durch Lösen von 1,68 g Substanz in 1 l einer Mischung aus 1 Teil konz. Schwefelsäure und 9 Teilen Eisessig her. Die Diphenylbenzidinlösung verfärbt sich beim Stehen, selbst wenn von einem reinen Präparat ausgegangen wurde.

Diphenylaminsulfonsäure. Für die Titration kann man direkt eine wäßrige Lösung des Barium- oder Natriumsalzes verwenden. Eine 0,005 m Lösung enthält 3,17 g wasserfreies Barium- oder 2,71 g wasserfreies Natriumdiphenylaminsulfonat im Liter. Bei Anwendung des Bariumsalzes kann durch Zugeben einer Lösung von 5 g Natriumsulfat das Barium ausgefällt und abgetrennt werden.

WILLARD und YOUNG (a) verwenden oxydiertes Diphenylaminnatriumsulfonat, wodurch die Indicatorkorrektur geringer wird. Zur Darstellung löst man 3,2 g des käuflich erhältlichen Bariumsalzes in 1 l Wasser, versetzt mit Natriumsulfat in geringem Überschuß und entfernt das abgeschiedene Bariumsulfat. Von dieser Ausgangslösung kann man sich einen Vorrat an gebrauchsfertiger (oxydierter) Indicatorlösung bereiten, indem man in einem 1000-ml-Meßkolben 100 ml der Ausgangslösung mit 25 ml konz. Schwefelsäure versetzt und mit Wasser auf 900 ml verdünnt. Dann fügt man 25 ml 0,1 n $K_2Cr_2O_7$-Lösung langsam unter fortgesetztem Umschwenken zu und anschließend auf die gleiche Weise 0,1 n $FeSO_4$-Lösung, bis durch einen Tropfen eine sichtbare Änderung der Lösungsfarbe von blaugrün nach rein dunkelgrün (im Kolbenhals bemerkbar) erfolgt. Man verbraucht etwa 6,5 ml Eisen(II)-sulfatlösung. Diese 0,01 m Lösung muß vor Gebrauch jedesmal durchgeschüttelt werden, weil sich der Indicator mit der Zeit absetzt. Um dies zu vermeiden und außerdem von der genauen Zugabe der Eisen(II)-sulfatlösung unabhängig zu sein, wäscht man besser den abgesetzten Niederschlag, wie nachstehend, frei von Säuren und Salzen; man rührt ihn dann mit reinem Wasser aus, in dem er kolloidal gelöst bleibt.

100 ml der Ausgangslösung versetzt man mit 5 ml konz. Schwefelsäure, verdünnt auf etwa 300 ml, fügt 25 ml 0,1 n $K_2Cr_2O_7$-Lösung langsam zu und darauf 8 ml 0,1 n Eisen(II)-sulfatlösung. Diese grüne Lösung läßt man so lange (3 bis 4 Tage) stehen, bis 100 ml der überstehenden Flüssigkeit, zu 100 ml Wasser gegeben, die 2 ml 0,1 n $K_2Cr_2O_7$-Lösung und 5 ml konz. Schwefelsäure enthalten, keine Farbe mehr hervorrufen. Dann hebert man die überstehende Flüssigkeit ab, ohne den Niederschlag aufzuwirbeln, gibt zu diesem nochmals 300 ml Wasser und 15 ml konz. Schwefelsäure, läßt absitzen und hebert wieder sorgfältig ab. Besser und schneller kommt man durch Zentrifugieren zum Ziel. Zu dem ausgewaschenen Niederschlag gibt man jetzt 100 ml Wasser, in dem er sich kolloidal löst und bei Abwesenheit von Salzen nur noch unwesentlich wieder abscheidet; dann schüttelt man bisweilen um. 0,5 ml dieser Indicatorsuspension erzeugt dann dieselbe Farbstärke wie 0,3 ml der oxydierten Ausgangslösung, ist aber ungleich bequemer zu handhaben.

Diphenylamin-o-carbonsäure (N-Phenylanthranilsäure). LYONS und APPLEYARD haben eine Vorschrift zur Herstellung von N-Phenylanthranilsäure mitgeteilt.

Die Indicatorlösung ist 0,005 molar (etwa 0,1%ig). KIRSSANOW und CHERKASSOV lösen 1,07 g der Säure in 20 ml 5%iger Natriumcarbonatlösung und verdünnen dann auf 1 l. LYONS und APPLEYARD nehmen die 3fache Menge Natriumcarbonat.

Nach BISHOP und CRAWFORD läßt sich die Säure nach der Originalvorschrift nur schwer in Lösung bringen. Auch nehmen derartige mit Natriumcarbonat hergestellte Lösungen rasch eine dunkle Färbung an und neigen außerdem zu starker Schimmelbildung. Werden jedoch 0,25 g Säure mit 12,0 ml 0,1 n Natronlauge erwärmt, so lösen sie sich rasch auf und die auf 250 ml verdünnte Lösung bleibt mehrere Monate farblos. Ein geringfügiges Schimmelwachstum tritt erst nach längerer Zeit auf. Durch Zufügung einer Spur Thymol läßt sich die Schimmelbildung vollständig vermeiden. 3 bis 5 Tropfen der Indicatorlösung genügen für eine Titration. Die Indicatorkorrektur ist sehr gering und kann vernachlässigt werden.

Tri-o-phenanthrolin-Eisen(II)-sulfat (Ferroin). In der amerikanischen Literatur werden vorzugsweise 0,025 m, in der deutschen auch häufig 0,01 m Lösungen angeführt.

Eine gebrauchsfertige 0,025 m Lösung des Indicators ist unter dem Handelsnamen „Ferroin" bei Merck zu beziehen. Um die Indicatorlösung selbst zu bereiten, versetzt man eine wäßrige, säurefreie 0,025 m Lösung von Eisen(II)-sulfat mit der berechneten Menge o-Phenanthrolin (oder ihres Hydrochlorids).

Die Ferroinlösung ändert sich innerhalb eines Jahres nicht merklich. Ein Tropfen der Lösung genügt für eine Titration. Zur vollständigen Oxydation des Indicators ist weniger als 0,01 ml 0,1 n Oxydationsmittel erforderlich, weshalb sich eine Indicatorkorrektur erübrigt. Die beste Farbstärke erhält man etwa bei Zusatz von 1 Tropfen zu 200 ml Lösung.

3. Allgemeine Anweisungen bei Verwendung von Redoxindicatoren.

Reagenzien. *0,1 n Eisen(II)-sulfatlösung.* 28,5 krist. Eisen(II)-sulfat werden in 200 ml Wasser, die 10 ml H_2SO_4 (D 1,84) enthalten, gelöst und zu 1000 ml verdünnt. Ebenfalls kann man von MOHRschem Salz ausgehen (für 0,1 n Lösung 40 g/l), obwohl nach LANG und KURTZ solche Lösungen ihren Titer schneller ändern sollen. Schwächere Lösungen werden durch geeignetes Verdünnen erhalten, so z. B. eine 0,02 n Lösung, indem 200 ml 0,1 n Lösung mit Wasser unter Zugabe von 8 ml Schwefelsäure (D 1,84) auf 1 l verdünnt werden.

Falls die Maßlösungen nicht unter Luftausschluß aufbewahrt werden, ist ihr Wirkungswert täglich zu kontrollieren.

Die Titerstellung und Kontrolle geschieht am einfachsten mit Hilfe von 0,1 n und 0,02 n Kaliumdichromatlösungen. Zu diesem Zwecke verdünnt man 40 bis 45 ml der aus einer Bürette abgelassenen Dichromatlösung auf 150 bis 200 ml und behandelt in der gleichen Weise wie bei Ausführung der Analyse (siehe unten).

Schwefelsäure-Phosphorsäure-Mischung. 150 ml Schwefelsäure (D 1,84) und 150 ml Phosphorsäure (D 1,7) werden mit Wasser zu 1000 ml verdünnt.

Arbeitsvorschrift. Die Chrom(VI) enthaltende Lösung wird mit 20 bis 25 ml Schwefelsäure (1 + 4) (etwa 3,7 m) angesäuert und auf 150 bis 200 ml verdünnt. Bei Verwendung von Diphenylamin, Diphenylbenzidin und Diphenylaminsulfonsäure versetzt man mit 15 ml Schwefelsäure-Phosphorsäure-Mischung. Dieser Zusatz erübrigt sich, falls gegen Ferroin oder Phenylanthranilsäure titriert wird. Nach Zugabe von 2 bis 3 Tropfen Indicatorlösung titriert man mit einer eingestellten Eisen(II)-lösung bis zum Farbenumschlag, und zwar bei Verwendung von

Diphenylamin, Diphenylbenzidin, Diphenylaminsulfonsäure: von violett nach grasgrün;

Ferroin: von bläulich-grün nach bräunlich-grün;

Phenylanthranilsäure: von kirschrot nach grün.

Bemerkungen. *I. Genauigkeit.* Die direkte Titration mit Redoxindicatoren liefert bei Beachtung des unter II. Gesagten gute Ergebnisse. Es ist für genaue Analysen unerläßlich, die Einstellung der Eisen(II)-lösung gegen Kaliumdichromat vorzunehmen. Stellt man die Eisen(II)-lösung gegen Permanganat ein, so erhält man nach FURNESS, unabhängig von der Art des Indicators, bis über 0,3% zu hohe Resultate. In analoger Weise liefert auch die direkte potentiometrische Bestimmung mit Eisen(II) zu hohe Werte, falls man nicht die Einstellung gegen Dichromat vornimmt.

II. Indicatorkorrektur für Diphenylamin, Diphenylbenzidin, Diphenylaminsulfonsäure. Beim Arbeiten mit 0,1 n Eisen(II)-lösungen kann eine Korrektur vernachlässigt werden. Bei Titration mit 0,02 n Eisen(II)-lösungen ist nach LANG und KURTZ bei Diphenylamin eine Korrektur von + 0,06 ml 0,02 n Lösung anzubringen. FURMAN ermittelt bei dem gleichen Indicator für die Titration von 0,1 n Dichromatlösung mit 0,02 n Eisen(II)-sulfatlösung durch Vergleich mit der potentiometrischen Titration eine Korrektur von + 0,07 ml. Die Indicatorkorrektur von Diphenylbenzidin ist in guter Übereinstimmung mit der Theorie etwa halb so groß wie die von Diphenylamin; Diphenylaminsulfonsäure verursacht eine etwas größere Korrektur, vgl. Tab. 3, aus der auch die Abhängigkeit der Korrektur von der Indicatorkonzentration ersichtlich ist. Die Tab. 3 gilt für 0,17%ige (d. i. 0,01 bzw. 0,005 molare) Lösungen von Diphenylamin und Diphenylbenzidin und für 0,32%ige (d. i. 0,005 molare) Bariumdiphenylaminsulfonatlösung.

Tabelle 3. *Indicatorkorrekturen* (nach KOLTHOFF und SARVER) *für die Titration von Dichromat mit Eisen(II):* $10\ ml\ 0{,}01\ n\ K_2Cr_2O_7 + 10\ ml\ H_3PO_4\ (25\%ig) + 1{,}2\ ml$ *konz.* $H_2SO_4 + 15\ ml\ H_2O$, *titriert mit* $0{,}1\ n\ FeSO_4$.

Indicatorlösung in ml	Zuwenig verbrauchte $FeSO_4$-Lösung in ml		
	Diphenylamin	Diphenylbenzidin	Diphenylaminsulfonat
0,02	0,04	0,02	0,05
0,04	—	0,04	0,13
0,10	0,24	0,10	0,31
0,20	—	0,17	0,56
0,30	0,63	0,24	0,95
0,50	—	0,36	0,95

Bei Verwendung von oxydierten Indicatorlösungen (vgl. S. 97) kann auch bei 0,02 n Eisen(II)-lösungen eine Korrektur vernachlässigt werden.

Korrektur für Ferroin, Diphenylamin-o-carbonsäure. Da von beiden Indicatoren 2 bis 3 Tropfen für eine Titration völlig ausreichend sind, ist auch beim Arbeiten mit verd. Lösungen eine Korrektur im allgemeinen überflüssig.

III. Indicatorumschlag. Die Indicatoren der Diphenylaminreihe werden von Dichromat zunächst nur schmutzigbraun gefärbt, und die Violettfärbung tritt erst nach Zusatz der Eisen(II)-lösung hervor. Dies beruht darauf, daß die freiwillige Oxydation des Indicators durch Dichromat zum blauen Farbstoff nur langsam verläuft, wobei Mißfarben auftreten. Fügt man jedoch Eisen(II) hinzu, dann erfolgt durch die unbeständigen Zwischenstufen Cr(IV), (V) und Fe(IV), die bei der Reaktion durchlaufen werden (WAGNER), eine rasche induzierte Oxydation zu Diphenylbenzidinviolett. Im Endpunkt schlägt die Farbe stets genau um. Beim Titrieren mit 0,02 n Eisen(II)-lösung erscheint vor dem Ende ein grauer Übergangston, der mit dem letzten Tropfen in ein reines Grün übergeht.

Ein wesentlicher Vorzug des Bariumdiphenylaminsulfonats gegenüber Diphenylamin und Diphenylbenzidin besteht in der Schärfe des Farbumschlages. Dieser Umstand macht das Diphenylaminsulfonat vor allem für Titrationen geeignet, bei denen die Erkennung des Umschlages durch besondere Umstände erschwert ist, also bei stark farbigen Lösungen, bei der Mikrotitration und bei schlechter Beleuchtung.

Die Farbänderung des Ferroins von blau nach rot ist so deutlich, daß sie auch neben den bei der Chromsäuretitration sich bildenden grünen Chrom(III)-ionen gut beobachtet werden kann. Im Äquivalenzpunkt erfolgt ein Umschlag von einem schwer zu definierenden bläulich-grün nach gelb bis bräunlich-grün. Ohne Einfluß ist es, ob der Indicator zu Beginn der Titration oder erst gegen Ende zugesetzt wird, selbst in dem Fall, daß Dichromat in salzsaurer Lösung zu titrieren ist. Bei der umgekehrten Titration tritt der Umschlag meist verzögert ein. WALDEN und Mitarbeiter empfehlen, in diesem Falle nach jedem Zusatz von Oxydationsmitteln einige Sekunden zu warten. Nach BRENNECKE ist es sicherer, stets mit der Eisen(II)-sulfatlösung auszutitrieren. Der Umschlag tritt dann selbst bei sehr kleinen Zusätzen augenblicklich ein und ist recht beständig. Das Intervall zwischen der ersten deutlich erkennbaren Farbänderung und einer starken Verfärbung beträgt etwa 0,01 ml 0,1 n Eisen(II)-sulfatlösung. Der Widerspruch zwischen der sehr guten Brauchbarkeit dieses Indicators für die Eisen-Dichromattitration und der Angabe von BLAU, nach welcher Chromsäure keinen Einfluß auf das Phenanthrolin-Eisen(II)-ion hat, erklärt sich offenbar dadurch, daß der Farbumschlag bei der Titration durch die Eisen-Dichromatreaktion induziert wird (vgl. die entsprechende Deutung beim Diphenylamin). Über die Farbbeeinflussung bei Gegenwart von Wolframsäure vgl. V.

IV. Bedeutung des Phosphorsäurezusatzes. Da die Umschlagspotentiale von Diphenylamin, Diphenylbenzidin und Diphenylaminsulfonsäure in der Nähe des Normalpotentials Fe(III)/(II) ($E = +0,75$ Volt) liegen, muß bei der Titration bei Benutzung dieser Indicatoren der Eisen(III)-ionenkomplex gebunden werden, um damit das Eisenpotential unter das Umschlagspotential des Indicators zu bringen. Dies geschieht mit Hilfe von Phosphorsäure. Als Komplexbildner für das Eisen(III)-ion kann man auch Ammoniumfluorid zusetzen.

Ferroin und Diphenylamin-o-carbonsäure werden infolge ihrer höheren Redoxpotentiale nicht durch das System Eisen(III)/(II) beeinflußt und bedürfen deshalb keines Phosphorsäurezusatzes.

V. Störende Stoffe. Vanadium(V) wird bei der direkten Bestimmung quantitativ miterfaßt. Es kann jedoch anschließend nach bekannten Methoden selektiv aufoxydiert werden, wobei sich das Chrom aus der Differenz berechnen läßt (S. 70).

Mangan, welches als Permanganat vorliegt, muß vor der Chromtitration reduziert werden, falls man es nicht gemeinsam ferrometrisch miterfassen will (vgl. S.70).

Wolframsäure, die komplex in Lösung gehalten wurde, läßt eine einwandfreie Endpunktserkennung nur bei Verwendung von Diphenylaminsulfonsäure zu. Die anderen Redoxindicatoren können nur Anwendung finden, wenn die Wolframsäure vor der Titration abgeschieden wurde, da im anderen Falle der Farbumschlag zum Teil vollständig verhindert wird. Nach FILIPOVIC soll zwar auch Diphenylbenzidin bei Gegenwart von sehr viel Phosphorsäure einen scharfen Endpunkt ergeben; jedoch wird man bei der Analyse von wolframhaltigen Stählen stets die Diphenylaminsulfonsäure vorziehen. Schließlich ist noch erwähnenswert, daß die Säurekonzentration der zu titrierenden Lösungen bei Sulfonat in weiteren Grenzen geändert werden kann als bei Diphenylamin und Diphenylbenzidin.

B. Elektrometrische Endpunktanzeige.

Allgemeines. Die für die Vorbereitung der Probe durch Lösen und anschließende Oxydation, insbesondere bei der Stahlanalyse, charakteristischen speziellen Verfahrensmerkmale werden bei diesem Hauptanwendungsgebiet (s. unter D, Anwendungen) näher besprochen.

Während HILDEBRAND nach der Reaktion:

$$HCrO_4^- + 7H^+ + 3Fe^{++} \longrightarrow Cr^{+++} + 4H_2O + 3Fe^{+++}$$

vorgelegtes Eisen mit Platinindicator- und Kalomelvergleichselektrode zuerst potentiometrisch bestimmte, gaben FORBES und BARTLETT auch für die Chromattitration eine einfache Apparatur mit rotierender Platinblechelektrode (s. Abb. 4) an und zeigten bereits den später immer wieder bestätigten anfänglich anormalen Potentialverlauf sowie die Überlegenheit der Endpunktanzeige über das Tüpfeln mit Hexacyanoferrat(III); während bei gleicher Chromatvorlage nach anfänglichem Potentialanstieg der eindeutige Potentialsprung, entsprechend dem Effektivgehalt, zwischen dem dritten und vierten Tropfen Eisen(II)-maßlösung erfolgt (s. Abb. 5), tritt die Färbung mit Hexacyanoferrat(III) erst nach dem fünften Tropfen ein; ebenso liegen

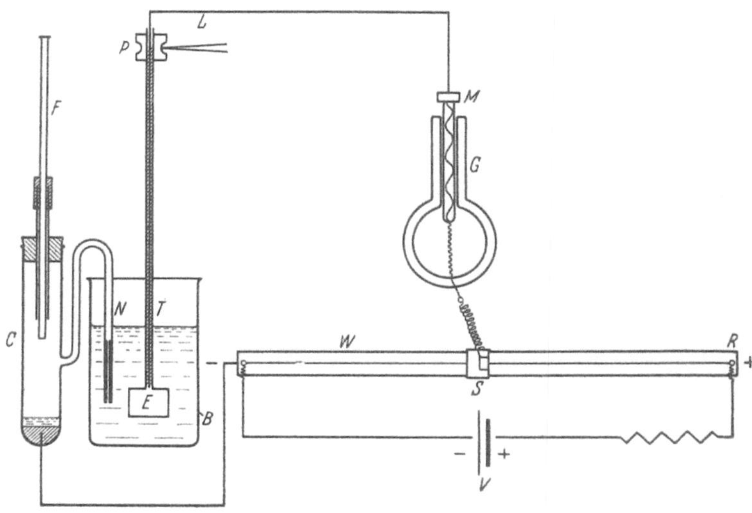

Abb. 4. Titrationsapparatur. (Nach FORBES und BARLETT.)

bei der Rücktitration mit Dichromat beide Punkte an der gleichen Stelle. KELLEY und Mitarbeiter (a bis d) wandten das Verfahren auf eine Reihe von Problemen der Stahlanalyse an (s. d.) und bauten die Methode weiter aus. Das später u. a. auch von WERZ verwendete, gegengeschaltete Umschlagspotential, also die Verwendung einer genau austitrierten Lösung mit eintauchendem Platindraht als Vergleichselektrode gegenüber einem einfachen Platindraht als Indicatorelektrode, welche, gegeneinander geschaltet, die Erreichung des Endpunktes durch Verschwinden des Galvanometerausschlags erkennen lassen, wurde für diese Reaktion von TREADWELL und WEISS eingeführt. Die von HOSLETTER und ROBERTS angegebenen zulässigen Konzentrationen von 17 bis 67% konz. Schwefelsäure für 0,005 bis 0,1 n

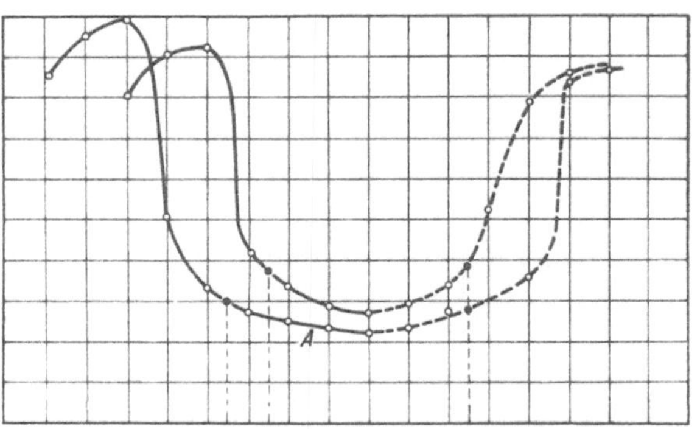

Abb. 5. Lage verschiedener Umschlagspunkte.

Dichromatlösungen, bei niedrigeren Konzentrationen am besten 25% Säure, dürften durch die Feststellungen von EPPLEY und VOSBURGH teilweise überholt sein. Diese haben die von KELLEY (a bis d) angegebenen potentiometrischen Methoden ausführlicher überprüft und dabei festgestellt, daß der Verbrauch an Maßlösung mit der Dichromatkonzentration etwas wechselt, zunächst also empirisch ist; aus diesem Grunde ist eine genauere Festlegung der Titrationsbedingungen erforderlich. Ein konstanter Endpunkt wird nur bei einer Säurekonzentration von 0,4 bis 2,5 m HCl oder über 0,4 m Schwefelsäure möglich, da in stärker verdünnten Säuren die Potentialeinstellung zu langsam erfolgt. Zusatz von Fluorid und Phosphat sind praktisch ohne Einfluß auf das Titrationsergebnis (max. Fehler 0,1%). Auch das Einleiten von Luft beeinträchtigt die Titrationsergebnisse nicht. Schwankungen von höchstens $+0,5\%$ sind jedoch bei unterschiedlichen, vorgelegten Chrommengen möglich; so liefert eine und dieselbe gegen Natriumoxalat über Permanganatlösung eingestellte Eisen(II)-sulfatlösung bei gleichbleibender Säurekonzentration mit 0,01 n Dichromatlösung als Vorlage bis zu 0,4% zu hohe Chromwerte; bei 0,003 n Lösungen geht dieser Fehler auf $+0,1\%$ zurück; daß es sich hierbei nicht um einen Fehler in der Bestimmung des Umschlagpunktes handelt, geht daraus hervor, daß die umgekehrte Titration die gleichen Werte liefert. Ähnliche Unregelmäßigkeiten veranlaßten schon WILLARD und GIBSON zu der Feststellung, daß die Einstellung der Eisenlösung unter genau den gleichen Bedingungen wie die Titration selbst durchgeführt werden muß. Neuerdings hat FURNESS festgestellt, daß dieser Fehler bei Verwendung von Indicatoren ebenso auftritt wie bei der potentiometrischen Endpunktanzeige. Auch er fordert daher die Einstellung unter den gleichen Bedingungen und geht sogar so weit, im Interesse möglichst gleicher Bedingungen die direkte Endpunktanzeige wieder zu verlassen und die Chromatlösungen grundsätzlich mit einem Überschuß von 100 ml 0,1 n Eisen(II)-lösung zu versetzen; die Titration erfolgt dann in etwa 400 ml 2 n Schwefelsäure unter Zusatz von 25 ml Phosphorsäure (D 1,75) mit 0,1 n Dichromatlösung; unter diesen Bedingungen beträgt der maximale Fehler 0,04%.

Von EPPLEY und VOSBURGH wird Aufbewahrung der Platinelektrode in Salzsäure empfohlen; ferner soll im Interesse der Potentialkonstanz das Rühren mit Gasen unterlassen werden. STEUER, welcher auch die Titration mit Zinn(II)-chlorid und Titan(III)-chlorid untersuchte, führt die potentiometrische Chromattitration mit der Platinelektrode gegen die Silberchloridvergleichselektrode so durch, daß 200 ml mit reichlich konz. Schwefelsäure versetzt und nach Oxydation mit Eisen(II)-sulfat titriert werden, wobei Mangan und Vanadium in bekannter Weise stören. SMITH, McVICKERS und SULLIVAN (s. unten auch deren Verfahren!) geben für das Platin-Kalomel-Elektrodenpaar ein Ausgangspotential von 1,0 bis 1,1 V und einen Potentialsprung von 5 bis 600 mV an; gelegentlich ist jedoch kein höheres Anfangspotential als 700 mV zu erreichen; diese Störung wird auch nicht immer durch eine gründliche Reinigung des Platindrahtes behoben, aber durch Verwendung einer Platin-Rhodium-Legierung $(90+10)$ verbessert; zurückgeführt werden muß sie auf eine Passivierung der Elektroden infolge der erheblichen Perchlorsäurekonzentration.

Auch die von NIEZOLDI (a) beschriebene Methode, welche im übrigen von den unten beschriebenen praktisch nicht abweicht, bedient sich der Kalomelvergleichselektrode. DICKENS und THANHEISER verwenden dagegen als Vergleichselektrode eine schwefelsaure Cer(IV)-sulfatlösung, deren Potential je nach Bedarf durch verschieden große Zusätze von Chlorionen auf Werte zwischen 900 und 1200 mV eingestellt werden kann. Bei HECZKO findet sich neben sonstigen Angaben zur Apparatur eine Vergleichselektrode, welche aus einem Filterstäbchen improvisiert ist; ursprünglich nur zur Vanadiumbestimmung benutzt, wird sie nach SPINDECK mit Schwefelsäure $(1+5)$ (etwa 3 m), enthaltend 0,1 mol Ammoniumvanadat und 0,05 mol Eisensulfat je Liter, gefüllt. Um die gelegentlich an Kalomelelektroden beobachteten Schwankungen in der Potentialeinstellung zu vermeiden, empfiehlt NIEZOLDI (b) die Verwendung einer Kaliumsulfatbrücke an Stelle des üblichen Kaliumchlorids und häufige Nachfüllung. BURRIEL-MARTI und SUÁREZ-ACOSTA verwenden neuerdings die auch schon von CHITAROW benutzten Platin-Wolfram-Elektroden, welche auch den Potentialsprung beim Zurücktitrieren des Permanganats mit Natriumoxalat gut erkennen lassen.

Zur ferrometrisch-potentiometrischen Bestimmung von Chrom(VI) kann man auch die Methode von WILLARD und YOUNG (f) zählen, welche mit überschüssiger, gemessener und titerbekannter Cer(IV)-sulfatlösung nach Wegnahme des Überschusses durch Nitrit- oder Oxalattitration zusätzlich das so schon erhaltene Chrom(VI) noch mit Eisen(II)-lösung zu titrieren gestattet. Diese nur selten benutzte Möglichkeit stellt jedoch mehr eine Ergänzung des zur Ermittlung von Chrom(III) durch die genannte Differenzmethode dienenden Verfahrens dar und wird deshalb zweckmäßig dort abgehandelt.

Wie in dem unten wiedergegebenen Verfahren von KOLTHOFF und MAY verwenden auch BUTENKO und BERLEŠOVA an Stelle der potentiometrischen die amperometrische Titration, wobei mit rotierender Platinelektrode gearbeitet wird und bei einer angelegten Spannung von 1,0 Volt der erste Überschuß an Eisenlösung einen steilen Anstieg der Stromkurve bewirkt; abgesehen von der Endpunktanzeige bietet dieses Verfahren, welches wie alle Normalverfahren Vanadium miterfaßt, keinerlei Besonderheiten. Mit derselben Indikation können nach PARKS und AGAZZI auch Chrom und Vanadium gemeinsam (s. d.) bestimmt werden. Ferner gehören sowohl zu den elektrometrischen wie auch zu den ferrometrischen Methoden diejenigen der elektrolytischen bzw. coulometrischen Titration, bei denen das zur Reduktion des Chromats erforderliche Eisen(II)-ion aus Eisen(III)-salz in der Lösung elektrolytisch erzeugt, seine genaue Menge durch Strom- und Zeitmessung ermittelt und der Endpunkt in ganz normaler Weise potentiometrisch bestimmt wird. Einzelheiten vergleiche man unten bei den Verfahren von OELSEN und Mitarbeitern sowie von COOKE und FURMAN. Eines davon findet sich auch unter den Anwendungen bei der gemeinsamen Bestimmung mit Vanadium wieder, wo auch das strenggenommen nicht dahingehörige, methodisch aber am zweckmäßigsten dort abzuhandelnde Verfahren von MEIER und Mitarbeitern erscheint, welches an Stelle des elektrolytisch in der Lösung selbst erzeugten und gemessenen Eisen(II)- ebenso Kupfer(I)-ion verwendet.

Die konduktometrische Bestimmungsmethode schließlich spielt wie bei den meisten anderen Ionen bzw. Elementen nur in der Fällungsanalyse des Chromats (s. d.) eine gewisse Rolle. Von SHUTTLEWORTH wurde sie auch für verschiedene Bestandteile von Chrombrühen vorgeschlagen, hat sich dort aber auch nicht weiterverbreiten können.

Wie alle unter D. wiedergegebenen Verfahren sind auch die meisten der nachstehenden an Eisenlegierungen entwickelt worden; letztere werden hier jedoch besonders herausgestellt, da der gesamte Arbeitsgang in klar übersichtlicher Reaktion und Arbeitsweise erfolgt und somit eine Übertragung auf andere Analysenmaterialien ohne oder mit nur geringfügigen Variationen möglich sein dürfte.

1. Verfahren nach Niezoldi (b).

Arbeitsvorschrift. 1 g Späne werden in einem 600-ml-Becherglas, dessen Boden zweckmäßig einen Siedestein eingeschmolzen enthält, in 50 ml 15%iger Schwefelsäure gelöst. Man oxydiert mit einigen Millilitern konz. Salpetersäure, verkocht die Stickoxyde, verdünnt mit Wasser auf etwa 200 ml und fügt 50 ml 0,02 n Silbernitrat- und 35 ml 10%ige Ammoniumpersulfatlösung hinzu. Nach dem Zerkochen des überschüssigen Persulfats wird die entstandene Übermangansäure durch langsames Zugeben einer 0,1 n Natriumoxalatlösung in der Hitze zerstört. Nach Erreichen eines reingelben Farbtones wird ein weiterer Überschuß von etwa 1 ml Oxalatlösung hinzugefügt. Man kühlt ab, bringt die Elektroden (Platin-Kalomel) in die Lösung und titriert unter Umschütteln mit 0,1 n auf Normalstahl (Materialprüfungsamt, Dahlem) gestellter Eisen(II)-sulfatlösung, auf den deutlich erkennbaren Sprung.

Bemerkung. Die Reduktion von Permanganat durch Oxalsäure verläuft so langsam, daß die Zugabe, besonders zum Schluß, sehr vorsichtig erfolgen muß.

2. Verfahren nach Heczko.

Da der Hauptwert auf Beschreibung und Verwendung der damals in Deutschland noch wenig bekannten Apparatur gelegt wird, sind die übrigen Angaben, ebenso wie fast gleichzeitig bei SPINDECK, nur allgemein gehalten.

Arbeitsvorschrift. Das Material wird nach PHILIPS durch Lösen in Schwefelsäure, Oxydieren mit Persulfat unter Zugabe von etwas Silbersulfat, Zerkochen der Permgansäure und des Persulfatüberschusses mit Salzsäure vorbereitet. Dann wird eingestellte Eisen(II)-lösung anteilweise zugegeben, nach jedem Zusatz 30 bis 60 Sek. gewartet, der Stromschlüssel niedergedrückt und der Galvanometerausschlag abgelesen.

Bemerkungen. *I. Genauigkeit.* Nach 14 Beleganalysen von Legierungen mit 0,4 bis 65,4% Chrom beträgt die Abweichung von den gleichzeitig ermittelten jodometrischen Werten maximal 0,15%.

II. Anwendungsbereich. Nur Vanadium wird mitbestimmt (0,51% V entsprechen 0,173% Cr), alle sonstigen Legierungselemente stören nicht; z. B. können bis zu 30% Kobalt und bis 12,5 Atom-% Nickel anwesend sein. Auch höhere Nickelgehalte stören nicht, machen aber Lösen in Königswasser, Abrauchen mit Schwefelsäure, Erwärmen der schwerlöslichen Sulfate mit Natronlauge und erneutes Lösen in Schwefelsäure erforderlich. Andere Lösungsrückstände können auch durch Schmelze mit Natriumperoxyd aufgeschlossen werden.

III. Silbersulfat. Dessen Verwendung soll gegenüber Nitrat nicht näher bezeichnete Vorteile bieten.

IV. Salzsäure. Konzentrierte Salzsäure kann bis zu 20% des Gesamtlösungsvolumens zugesetzt werden; der Potentialsprung wird dadurch erhöht.

V. Permanganat. Bei Abwesenheit von Mangan werden vor der Oxydation 0,5 ml 0,1 n Kaliumpermanganatlösung zugesetzt, da die Beständigkeit der Permanganatfarbe die vollständige Oxydation des Chroms anzeigt. Höhere Mangangehalte ($> 0,5\%$) erfordern den Zusatz von 5 ml Phosphorsäure vor der Oxydation.

3. Verfahren nach Chlopin (a) zur Schnellbestimmung in Ferrochrom.

Speziell für Ferrochrom ausgearbeitet; es verwendet Platin-Wolfram-Elektroden und dürfte auf alle ohne Schwierigkeiten löslichen Produkte übertragbar sein.

Arbeitsvorschrift. 0,2 g feingepulvertes Ferrochrom werden mit 100 ml Wasser und 40 ml Schwefelsäure (D 1,84) bis zur Auflösung erwärmt und auf etwa 100 ml eingeengt; dann versetzt man mit Salpetersäure (D 1,4), kocht bis zur Entfernung der Stickoxyde, kühlt ab, verdünnt mit 150 ml heißem Wasser, gibt 20 ml 1,7%ige Silbernitratlösung und 1 Tropfen REINHARDT-Mischung hinzu und erwärmt auf 70 bis 80°. Nach Zugabe von 6 bis 8 g Ammoniumpersulfat wird 20 Min. und nach Zugabe von 10 ml 5%iger Kochsalzlösung nochmals 10 Min. gekocht; das entstandene Chromat wird dann mit einer Eisen(II)-ammoniumsulfatlösung bis zum maximalen Potentialsprung titriert.

4. Verfahren nach Eisenhüttenhandbuch.

Reagenzien. 1. Silbersulfatlösung; 5 g in Wasser zu 1 l gelöst;
2. Ammoniumpersulfatlösung; 500 g in Wasser zu 1 l gelöst;
3. Natriumchloridlösung; 50 g zu 1 l;
4. Eisen(II)-sulfatlösung; 7 g Eisen(II)-sulfat werden unter Zusatz von 40 ml Schwefelsäure (D 1,84) in 1 l Wasser gelöst; mit 0,02 n Kaliumpermanganatlösung wird potentiometrisch der Titer bestimmt.

Arbeitsvorschrift. 1 g der Probe wird in 60 ml Schwefelsäure (1 + 4) (etwa 3,7 m) heiß gelöst, kurz vor Beginn des Rauchens mit etwas konz. Salpetersäure oxydiert und anschließend eingeraucht. Die klare Lösung darf nunmehr nur noch einige Flocken

Kieselsäure enthalten. Sie wird nach dem Abkühlen auf 100 ml verdünnt, mit 10 ml Silbersulfatlösung und 30 ml Ammoniumpersulfatlösung unter Kochen oxydiert und nach Auftreten der Permanganatfarbe diese durch Zugabe von 5 ml Natriumchloridlösung und 10 Min. Kochen entfernt. Dann wird abgekühlt und mit Eisen(II)-lösung bis zum Potentialsprung titriert.

Bemerkung. Bei Anwesenheit von Vanadium, Mangan u. a. siehe oben und unter D, Anwendungen.

5. Verfahren nach Kolthoff und May zur amperometrischen Mikrotitration.

Das von LAITINEN und KOLTHOFF beschriebene Prinzip der amperometrischen Titration mit rotierender Platinelektrode wird auf die Titration verdünnter, saurer Chromatlösungen übertragen. Der Endpunkt wird graphisch ermittelt als Schnittpunkt der Reststromlinie vor dem Endpunkt und der Anodendiffusionsstromlinie des überschüssigen Eisen(II)-salzes (s. Abb. 6). Eisen(II)-ionen ergeben durch ihre Oxydation einen wohldefinierten Diffusionsstrom. Bei einem Potential der Platinelektrode von 1,0 Volt gegen gesättigte Kalomelbezugselektrode ist dieser Strom absolut proportional der vorhandenen Eisen(II)-menge, so daß die nebenstehende graphische Auswertung exakt ist. Bei derselben Spannung bewirken weder Chrom(VI)- noch Chrom(III)-, noch Eisen(III)- verbindungen einen Stromfluß, so daß der erste Galvanometerausschlag mit Eisen(II)-überschuß erhalten wird; zwei Strommessungen bei zwei verschiedenen Überschüssen ergeben zwei Punkte für die Diffusionsstromlinie (s. Abb. 6).

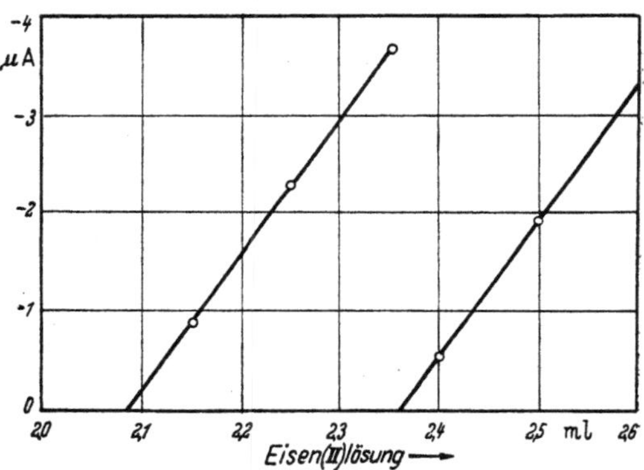

Abb. 6. Amperometrische Titration von Chromat in 0,1 m Perchlorsäure.

Arbeitsvorschrift. In einem Becherglas, das mit rotierender Platinelektrode und Bezugselektrode versehen ist, wird die an Mineralsäure 0,1 m gestellte Lösung nach Anlegen von 1,0 Volt Spannung mit 0,01 n Eisen(II)-ammoniumsulfatlösung, die außerdem 0,05 m an Schwefelsäure ist, aus einer Mikrobürette bis zum ersten am Mikroamperometer beobachteten Stromfluß versetzt; nach dem Nachspülen der Wände des Becherglases werden Bürette und Strom genau abgelesen. Dann werden noch 2- bis 3mal 0,2 ml Lösung zugegeben und jedesmal erneut abgelesen. Die graphisch aufgetragenen Punkte (vgl. Abb. 6) liegen auf einer Geraden, die die normalerweise bei 0 verlaufende Reststromgerade genau im Äquivalenzpunkt schneidet.

Bemerkungen. *I. Genauigkeit und Anwendungsbereich.* Das Verfahren kann bis herunter zu Konzentrationen von $1 \cdot 10^{-4}$ Mol Chromat angewandt werden, wobei (6 Beleganalysen) keine größeren relativen Abweichungen als 0,5% auftreten.

II. Anwendung des Verfahrens s. u. PARKS und AGAZZI.

6. Verfahren zur coulometrischen (elektrolytischen) Titration mit elektrolytisch erzeugtem Eisen(II)-ion.

Die Auswertung des FARADAYschen Gesetzes für Strommengenmessungen sowie auch für Äquivalentgewichtsbestimmungen von eindeutig abscheidbaren Metallen (z. B. QUINN und HULETT) ist seit langem bekannt. Die erste Anwendungsmöglichkeit für analytische Zwecke wurde von SZEBELLÉDY und SOMOGYI in mehreren

Arbeiten erschlossen. Infolge Mangels an einfachen Coulometern genügender Genauigkeiten haben sich Methoden, welche definierte Reaktionen bei definiertem Potential durchführen [z. B. LINGANE (b)] und zeitunabhängige genaue Strommengenmessungen erfordern, nicht weiter durchgesetzt. Dagegen findet neuerdings die von MYERS und SWIFT als coulometrische bezeichnete Titration breitere Anwendung, wobei durch einen konstant gehaltenen Strom, der mit einer Stoppuhr gekoppelt ist, in der zu titrierenden Lösung eine durch die Stromstärken- und Zeitmessung exakt ermittelte Menge des Titrationsmittels, also z. B. Eisen(II)-ion, elektrolytisch erzeugt wird. So sind auch Bestandteile, welche wie Chromat (GLASSTONE und HICKLING) elektrolytisch nicht stöchiometrisch reduziert werden können, einer exakten elektrolytischen Bestimmung in Gegenwart von reichlich Eisen(III)-salz zugänglich; als Endpunktanzeige dient zweckmäßig die potentiometrische, da der Stromkreis einer amperometrischen Anzeige durch den getrennten Elektrolysenstromkreis gestört werden kann. Nachdem OELSEN und GOEBELS zunächst Permanganat und Vanadat auf diesem Wege mit Eisen(II)-ion titrierten, haben COOKE und FURMAN (s. u.) das Verfahren auf einfache Chromatlösungen übertragen und OELSEN, HAASE und GRAUE im Stahl die Elemente Mangan, Chrom und Vanadium ebenso bestimmt (s. u.). Weiteres zur Theorie des Verfahrens vgl. man z. B. bei SCHLEICHER.

7. Verfahren nach Cooke und Furman für Chromatlösungen.

Zur Vermeidung von Polarisation ist die Eisen(III)-konzentration genügend hoch zu halten. Kleine Mengen Phosphorsäure sind erforderlich für 100% Stromausbeute.

Apparatur. Der einer 40-Volt-Batterie entnommene Strom von höchstens 100 mA wird durch laufende Beobachtung konstant gehalten; jedoch können hierfür auch Vorrichtungen verwendet werden, wie sie z. B. von LINGANE (a) oder MEIER und Mitarbeitern angegeben werden. Die Strommessung erfolgt potentiometrisch, die Zeitmessung über elektrischen Zeitnehmer, der häufig gegen ein Chronometer eingestellt wird. Für die potentiometrische Endpunktanzeige dienen Platin- und Wolframelektrode (Abb. 7) mit einem BECKMAN-G-Voltmeter, das erst bei Annäherung an den Endpunkt bei den zugehörigen Unterbrechungen des Elektrolysestroms, entsprechend den Teilzugaben von Titrierlösung bei einer normalen potentiometrischen Titration, abgelesen wird. Generatorelektroden sind eine etwa 10 cm² große Platinkathode (Abb. 7) und eine isolierte Anode; diese befindet sich in einem 1 cm weiten, unten mit Glasfritte verschlossenen Glasrohr, das mit 5%iger Natriumsulfatlösung gefüllt ist; die Anode selbst ist so groß, daß Blasenbildung keine Widerstandsveränderungen des Systems bewirken kann. Rührung erfolgt mit Magnetrührer.

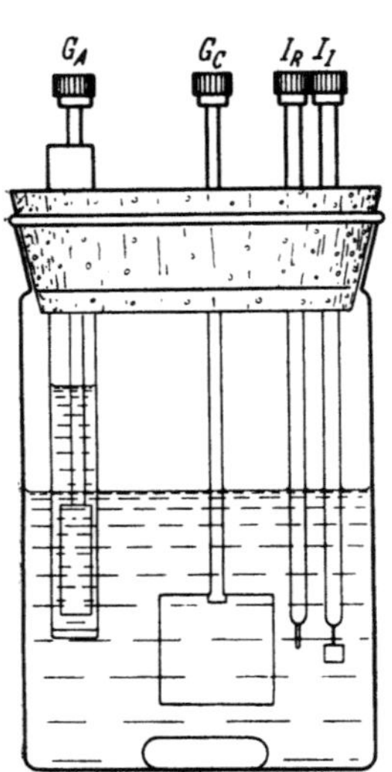

Abb. 7. Titrationsgefäß. (Nach COOKE und FURMAN.)

G_A und G_C = Generatorelektroden; I_R und I_I = Indicatorelektroden.

Reagenzien. 1. 0,6 n Eisen(III)-ammoniumsulfatlösung mit Schwefelsäure 4 n gestellt. In der Analysenlösung muß die Konzentration an Eisen(III)-ionen die des zu titrierenden Ions stark überschreiten. Anwesenheit von Eisen(II)-ion führt zu negativen Fehlern, die entweder bestimmt und herausgerechnet, besser durch Behandeln der Lösung mit Mangan(IV)-oxyd und Filtrieren beseitigt werden können. Die Lösung ist dann titerkonstant.

2. Reinstes Kaliumdichromat,

Arbeitsvorschrift. Die zu analysierende Lösung wird mit 2 ml konz. Schwefelsäure und 1 ml 85%iger Phosphorsäure in das Titrationsgefäß gebracht. Je nach zu verwendender Stromstärke (s. d.) werden 15 bis 30 ml Eisen(III)-lösung zugegeben und die Lösung verdünnt, bis die Elektroden bedeckt sind. Unterhalb 2 mg Chrom muß zur Vermeidung von Sauerstoffeinwirkung in inertem Gasstrom gearbeitet werden, mit dem die Lösung vor Beginn der Titration gespült wird. Nun wird die Stromstärke auf den erforderlichen Wert (s. u.) eingestellt und die Elektrolyse begonnen, wobei der Strom durch häufiges Nachregulieren konstant gehalten wird. Bei Annäherung an den Endpunkt wird häufiger unterbrochen und nach konstanter Potentialeinstellung das Potential in Abhängigkeit von der am Zeitnehmer abgelesenen Zeit ermittelt.

Wie die Kurven (Abb. 8) zeigen, ist der Potentialsprung bis herab zu einer Stromstärke von 20 mA so ausgeprägt, daß sich eine graphische Auswertung erübrigt; bei geringeren Stromstärken ist sie angebracht (s. dritte Kurve).

Berechnung. 1 Coulomb entspricht 0,180 mg Chrom.

Bemerkungen. *I. Genauigkeit und Anwendungsbereich.* Die nur an bekannten Dichromatmengen vorgenommenen Messungen

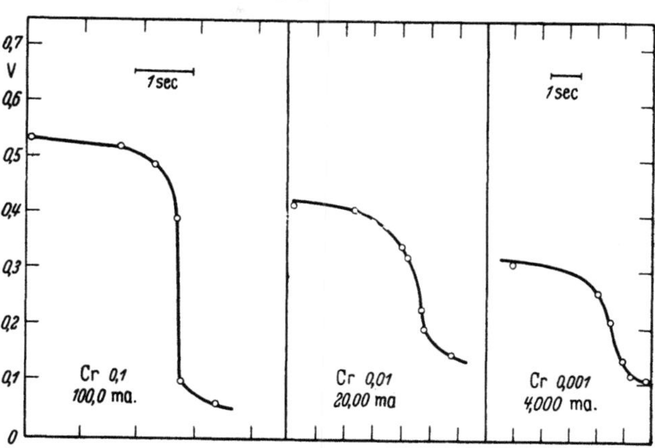

Abb. 8. Potential-Zeit-Kurven. (Nach COOKE und FURMAN.)

zeigen oberhalb 200 Sek. bei 15 Messungen einen maximalen Fehler von 0,4%, der bei kürzeren Zeiten auf 2,3% ansteigen kann.

II. Stromstärkeeinfluß. Die Titrationszeit soll im Interesse der genauen Messung über 200 Sek. liegen; für etwa 1 mg Kaliumdichromat sind daher 20 mA, für größere und geringere Mengen entsprechend variierte Stromstärken zu verwenden. Oberhalb 30 mA entsprechend etwa 1,5 mg Dichromat sind 30 ml, darunter 15 ml Eisen(III)-lösung einzusetzen.

8. Verfahren nach Oelsen, Haase und Graue zur elektrolytischen Bestimmung im Eisen ohne äußere Stromquelle.

Prinzip. Das Verfahren arbeitet ohne äußere Stromquelle durch ein kurzgeschlossenes Element. Voraussetzung für quantitative Ausbeute der Reduktionsreaktion ist große wirksame Kathodenoberfläche und Anwesenheit von reichlich Eisen(III)-ion (s. oben unter Allgemeines). Nebenreaktionen, wie Chlorentwicklung, müssen ausgeschaltet werden. Endpunktanzeige erfolgt potentiometrisch.

Apparatur (Abb. 9). Die blanke Zinkelektrode *(3)* taucht in ein kleines mit verd. Schwefelsäure beschicktes Elektrodengefäß *(2)*, das unten durch ein Kollodiumdiaphragma gegen die Reaktionslösung abgeschlossen ist. Zum Fließen des durch die Eintauchtiefe der Elektrode von 1 bis 500 mA regulierbaren Stromes bedarf es lediglich des Kurzschlusses mit der Platinnetzelektrode *(4)* über ein Amperemeter; eine äußere Stromquelle wird überflüssig. Weiteres s. Abbildung.

Reagenzien. 1. Schwefelsäure (1 + 3) (etwa 4,6 m);

2. Phosphorsäure (D 1,7);

3. Silbersulfatlösung; 5 g im Liter;

4. Ammoniumpersulfatlösung; 500 g im Liter;

5. Kochsalzlösung; 50 g im Liter.

Arbeitsvorschrift. Die Probe wird in 40 ml Schwefelsäure und 10 ml Phosphorsäure gelöst, die Lösung auf 200 ml verdünnt und nach Zugabe von 10 ml Silbersulfatlösung und 30 ml Persulfatlösung nochmals auf 300 ml verdünnt; dann wird sie zum Sieden erhitzt und 10 Min. im Kochen gehalten. Nun werden 10 ml Kochsalzlösung zugesetzt und zur Reduktion des Permanganats bis zum Verschwinden der Rotfärbung erhitzt. Nach schnellem Abkühlen wird dann bei 25° C elektrolytisch titriert. Dabei wird der Strom zur Vermeidung des Übertitrierens schon vor Erreichen des Umschlagpunktes abgeschaltet, dann für wenige Sekunden wieder eingeschaltet und dies so oft wiederholt, bis der Potentialsprung eintritt. Hierfür ist die Benutzung einer Additionsstoppuhr ratsam. Diese Art der elektrolytischen Titration entspricht dem vorsichtigen Zugeben weniger Tropfen eines Reduktionsmittels in der Nähe des Umschlagpunktes bei der Maßanalyse. Der Verlauf einer so aufgenommenen Potentialkurve ist in Abb. 10 dargestellt, und zwar a) mit scharfem Sprung bei Anwesenheit von Phosphorsäure, während b) zeigt, daß ohne diesen Zusatz der Sprung mehr gleitend einsetzt.

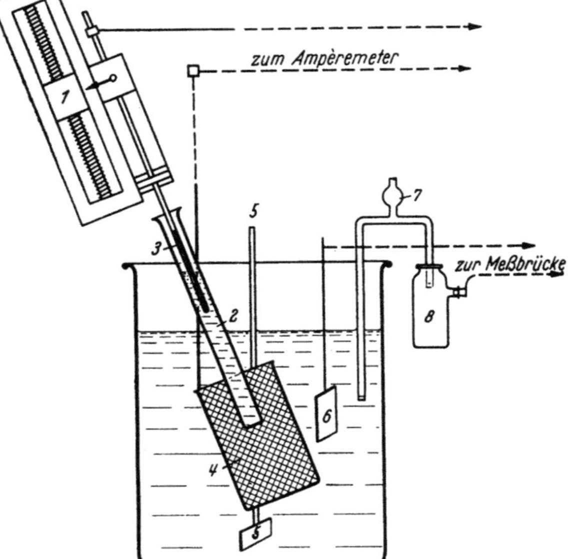

Abb. 9. Apparatur. (Nach OELSEN, HAASE und GRAUE.)
1 Stellschraube für Lösungselektrode; *2* Elektrodenraum mit Diaphragma; *3* Zinkelektrode; *4* Platin-Netz-Elektrode; *5* Rührer; *6* Platin-Indicator-Elektrode; *7* Stromschlüssel mit Diaphragmen; *8* Bezugselektrode.

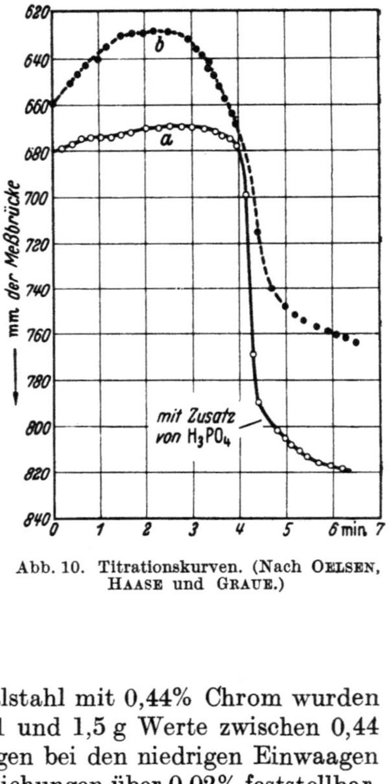

Abb. 10. Titrationskurven. (Nach OELSEN, HAASE und GRAUE.)

Bemerkungen. *I. Genauigkeit.* In einem Normalstahl mit 0,44% Chrom wurden bei 13 Bestimmungen mit Einwaagen zwischen 0,1 und 1,5 g Werte zwischen 0,44 und 0,51% erhalten, wobei die größten Abweichungen bei den niedrigen Einwaagen auftreten; oberhalb 0,5 g Einwaage sind keine Abweichungen über 0,02% feststellbar.

II. Phosphorsäure und Wolfram. Die zur Lösung der Wolframsäure bei Wolframstählen zuzusetzende Phosphorsäure setzt die Konzentration an freien Eisen(III)-ionen so herab, daß die Stromausbeute unter 100% absinkt. Durch Zusatz von Eisen(III)-sulfat wird dieser Fehler beseitigt.

9. Verfahren nach Meier, Myers und Swift zur coulometrischen Titration mit elektrolytisch erzeugtem Kupfer(I)-ion und amperometrischer Endpunktanzeige.

Das hier aus methodischen Gründen eingeordnete Verfahren benutzt Kupfer(II)-salzlösung, weil nur das elektrolytisch erzeugte und zur Titration von Chromat und Vanadat benutzte Kupfer(I)-ion die folgenden notwendigen Bedingungen erfüllt:

schnelle Bildung durch kathodische Reduktion bei sicher 100%iger Stromausbeute; schnelle und stöchiometrische Reaktion mit den zu bestimmenden Oxydantien und schließlich für die amperometrische Endpunktanzeige lineare Abhängigkeit des an den Indicatorelektroden zu erzeugenden Stromes von der Konzentration des überschüssigen Reduktionsmittels.

Apparatur, im wesentlichen nach MYERS und SWIFT mit einigen Abänderungen; das umfangreiche, hauptsächlich der Konstanthaltung des Stroms dienende Schaltschema vgl. man im Original. Die Generatoranode ist jetzt isoliert in einem mit Glasfritte mittlerer Porosität abgeschlossenen und mit 3 n Schwefelsäure gefüllten Glasrohr, dessen Spiegel zur Vermeidung von Diffusion der Analysenlösung über deren Spiegel liegen soll. Die Indicatorelektroden sind 1,5 · 1,5 und 2 · 2 cm² groß und werden unter 200 mV Spannung gesetzt, wobei die geringsten Störungen des Indicatorstroms auftreten. Die Titrationen erfolgen in 40 · 80-mm-Wägegläsern, die mit 45 ml Lösung gefüllt werden. Die Elektroden werden nach Gebrauch kurzgeschlossen und in einer Lösung aus 10 ml 0,2 n Kupfersulfatlösung in 12 n Salzsäure und 35 ml Wasser aufbewahrt. Für Einzelheiten der sehr sorgfältigen Strommessung muß auf das Original verwiesen werden. Es wird nur mit einer Stromstärke von 10 mA, entsprechend etwa 10 · 10⁻⁸ Äquivalenten je Sekunde gearbeitet.

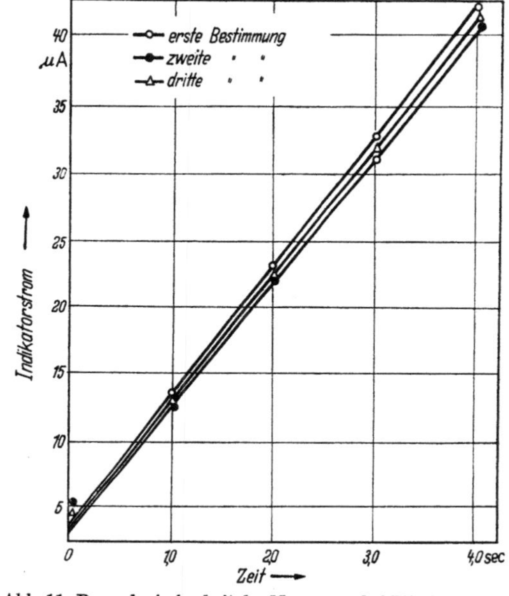

Abb. 11. Reproduzierbarkeit der Messungen bei Blindwerten. (Nach MEIER, MYERS und SWIFT.)

Reagenzien. 1. Dichromatlösung; durch Auflösen des analysenreinen Salzes;

2. Natriumvanadatlösung, nach RAMSAY eingestellt;

3. Thiosulfatlösung, in Wägebüretten gegen Dichromat eingestellt;

4. Destilliertes Wasser wurde nur nach nochmaligem Auskochen im Luftstrom benutzt, da es sonst Spuren von Oxydationsmitteln enthalten kann.

5. Kupfersulfat wird durch zweimaliges Umkristallisieren aus Wasser gereinigt, wobei jeweils die ersten und letzten Kristallanteile verworfen und vor der ersten Kristallisation kurz mit etwas Perhydrol aufgekocht wird. Nach Trocknen wird die einer 0,2 n Lösung entsprechende Menge in 12 m Salzsäure gelöst; diese Lösung zeigte, offenbar aus der Salzsäure stammend, noch 2 · 10⁻⁶ Äquival./10 ml an reduzierender Substanz, welche durch Zugabe einer entsprechenden Menge einer Lösung von Chlor in Salzsäure beseitigt wurde; nur mit den genannten Maßnahmen erhält man eine Lösung, die auch bei längerem Stehen keine Zunahme an reduzierender Substanz aufweist.

6. Blindwerte der Kupferlösung werden durch Verdünnen von 5 ml der Lösung auf 45 ml und fünf aufeinanderfolgende Titrationen von je 1 Sek. ermittelt. Die Reproduzierbarkeit der Messungen — mit Ausnahme einer geringfügigen Abweichung beim Nullpunkt — zeigt obenstehende Abb. 11, aus der also Zuverlässigkeit von Apparatur und Grundlösung hervorgehen.

Arbeitsvorschrift. Die genaue Einhaltung von Kupfer- und Salzsäurekonzentrationen ist unbedingt erforderlich (s. Bemerkungen). Die Lösung wird 0,02 n an Kupfer und 1,3 n an Salzsäure gestellt, wobei zu 5 ml Grundlösung die zu analysierende Lösung gegeben und dann auf 45 ml gebracht wird. Diese Lösung wird durch Ingangsetzen von Strom (10 mA) und Stoppuhr elektrolytisch titriert, und es werden beim Stromanstieg einige Ablesungen gemacht. Die so erhaltenen Punkte liefern die Überschußlinie, welche sich mit der Nullstromlinie im Äquivalenzpunkt schneidet (s. die ausgezogene Kurve in nebenstehender Abb. 12).

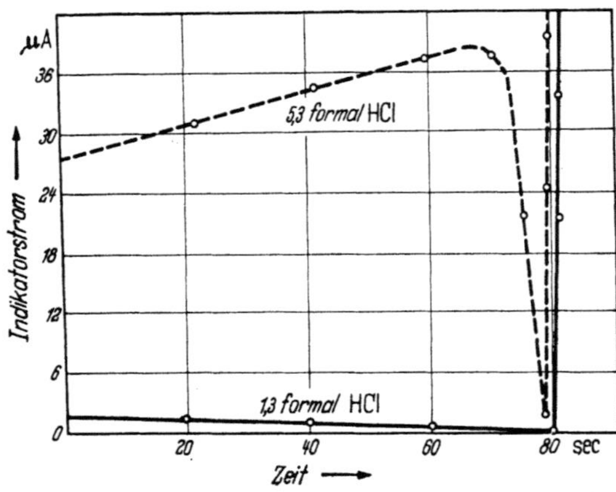

Abb. 12. Normale und durch zu hohe Salzsäurekonzentration gestörte Strom-Zeit-Kurve der amperometrischen Chromat-titration. (Nach MEIER, MYERS und SWIFT.)

Bemerkungen. *I. Genauigkeit.* Bei reinen Chromatlösungen bekannten Gehaltes mit 17,8 bis 1784 μg steigt zwar der absolute Fehler in diesem Bereich von 0,18 auf 2,0 μg im Durchschnitt an, der relative sinkt jedoch damit von 1% auf 0,1% ab.

II. Konzentration. Für 0,02 n Kupfer- muß die HCl-Konzentration über 0,6 n liegen, weil sich sonst Kupfer auf der Kathode ausscheiden kann; mit 0,6 n Säure tritt diese Ausscheidung auch bei 0,16 n Kupfer-konzentration noch nicht ein, wohl dagegen in 0,3 n Säure. Bei stärker als 2,4 n Säure kann diese vom Chromat oxydiert werden. Daß das in solchen Fällen beobachtete Ansteigen des Indicatorstroms auf dem Auftreten von freiem Chlor beruht, kann durch Umpolen der Indicatorelektroden leicht gezeigt werden. Die gestrichelte Kurve in Abb. 12 zeigt den abnormalen Verlauf bei zu hoher Säure-konzentration.

C. Tüpfelverfahren mit Kaliumhexacyanoferrat(III).

Allgemeines. Diese Methode wurde von NYDEGGER für die Analyse von Chrom-erzen angewandt. Die Endpunkterkennung beruht darauf, daß die noch nicht aus-titrierte Lösung beim Tüpfeln mit einer Indicatorlösung von Kaliumhexacyano-ferrat(III) reine Gelbfärbung zeigt, während ein geringer Überschuß von Eisen(II)-sulfat mit dem Indicator eine grünlichblaue Färbung (TURNBULLS Blau) ergibt. Schon FORBES und BARTLETT hatten festgestellt (s. oben unter B, „Allgemeines"), daß der Umschlag beim Tüpfeln deutlich später als bei der potentiometrischen End-punktanzeige erfolgt. Dieser Fehler steht in Übereinstimmung mit den üblichen Fehlern bei Tüpfelmethoden, welche grundsätzlich einen leichten Überschuß an Reagens erfordern; führt man jedoch die Einstellung der Eisen(II)-lösung unter den gleichen Acidität- und Konzentrationsbedingungen sowie mit annähernd der gleichen Menge vorgelegten Dichromats wie bei der Analyse selbst aus und hält man auch die sonstigen für jedes Tüpfelverfahren gültigen Vorsichtsmaßnahmen (nicht zu frühzeitiger Beginn des Tüpfelns, Entnahme möglichst kleiner Tropfen usw.) ein, so erweist sich diese Methode für die in Erzen vorliegenden hohen Chrom-gehalte und deren serienmäßige Bestimmung als gut brauchbar. Vor mancher anderen Methode hat sie den Vorteil, daß auch größere Eisenmengen hier nicht störend wirken. Die Annäherung an den Endpunkt gibt sich durch den Übergang der reinen Gelbfärbung in Grünfärbung durch Cr(III) zu erkennen; danach ist der geeignete Zeitpunkt für den Beginn des Tüpfelns mit einiger Erfahrung leicht zu bestimmen. Die vorliegenden Verfahren beschränken sich auf die Anwendung für Chromerze (NYDEGGER sowie SPECHT) sowie für Lederaschen und Chrombrühen (SCHOR-LEMMER). Die hierfür erforderlichen Aufschluß- und Oxydationsmethoden sind bei den entsprechenden Spezialverfahren (s. Abschnitt: Chromerze bzw. Bestimmung in Leder) angegeben. Im folgenden finden sich nur die für die eigentliche Ausführung der Titration wichtigen Angaben.

Indicatorlösung. 3,5 g Kaliumhexacyanoferrat(III) werden in Wasser zu 1 l gelöst.

Einstellung der Eisen(II)-sulfatlösung. 70 g Eisen(II)-sulfat-7-hydrat, $FeSO_4 + 7 H_2O$ p. a., werden unter Zusatz von 20 ml konz. Schwefelsäure in Wasser gelöst und auf 1 l aufgefüllt. Die Einstellung der Eisen(II)-sulfatlösung geschieht gegen reinstes Kaliumdichromat (Merck), das vor Verwendung 2 Std. bei 105° C getrocknet werden muß. Man ermittelt rechnerisch die Menge Kaliumdichromat, die angenähert der Menge Eisen(II)-salzlösung entspricht, die bei der Analyse verbraucht wurde, wägt diese Menge Kaliumdichromat ein, löst in Wasser und säuert mit 120 ml verdünnter Schwefelsäure an; man sorgt also dafür, daß dieselben Volumverhältnisse wie bei der Analyse vorliegen. Man titriert so lange mit Eisen(II)-salzlösung, bis ein Tropfen Kaliumhexacyanoferrat(III)-lösung, der auf einer Tüpfelplatte vorgelegt wird, mit einem Tropfen der zu titrierenden Lösung eine Grün-Blau-Färbung ergibt.

Arbeitsvorschrift nach Specht. Nach Durchführung des Aufschlusses des Chromerzes durch Natriumperoxydschmelze (s. Abschnitt: Chromerz) wird die schwefelsaure Lösung mit der Eisen(II)-sulfatlösung unter Tüpfeln, genau wie bei der Einstellung beschrieben, titriert. Da die Lösung auch bei Einhaltung der Aufschlußbedingungen trotz des Abfiltrierens von MnO_2 noch Mangan enthalten kann, wird die bei der ersten Titration erhaltene Lösung zur Ausschaltung einer solchen Störung durch Mangan nochmals aufoxydiert und titriert: Nach Zusatz von 5 Tropfen 0,1 n Silbernitratlösung und 10 g Ammoniumpersulfat wird bis zum Aufhören der Gasentwicklung gekocht und die bei Anwesenheit von Mangan gelbrote Lösung zur Zerstörung des Permanganats mit 20 ml verd. Salzsäure (1 + 3) (etwa 3 n) versetzt, bis zum Auftreten einer reinen Gelbfärbung gekocht und nach dem Erkalten wie oben mit Eisen(II)-lösung titriert. Falls der so erhaltene Wert mit dem zuerst erhaltenen nicht übereinstimmt, ist der Verbrauch bei der zweiten Titration maßgebend.

Arbeitsvorschrift nach Nydegger. Die nach Aufschluß mit Boraxschmelze (s. „Chromerze") erhaltene Lösung wird ebenfalls mit Schwefelsäure sauer gestellt und unter Zusatz von 0,2 g Kaliumpersulfat gekocht, wobei sich kleine Mengen Mangan als Dioxyd ausscheiden können. Zur Zerstörung des überschüssigen Persulfats wird weitere 30 bis 40 Min. gekocht und anschließend filtriert. Zu dem Filtrat wird so viel Eisen(II)-sulfatlösung hinzugegeben, daß die Farbe der Lösung fast rein hellblau erscheint und dann unter Tüpfeln mit der Indicatorlösung bis zum Auftreten einer deutlichen Blaufärbung weitertitriert. Auch hier erfolgt die Titerstellung gegen reines Dichromat unter denselben Bedingungen wie die Titration selbst. Um Blindwerte der Boraxschmelze und der sonstigen Chemikalien auszuschalten, wird zweckmäßig ein Blindversuch mit allen Chemikalien durchgeführt.

D. Anwendungen zur direkten Bestimmung mit Eisen(II)-sulfat.

Allgemeines. Die direkte ferrometrische Bestimmung hat besonders die Analyse von Eisenlegierungen um wertvolle Verfahren bereichert, vor allem in den sehr häufig vorkommenden Fällen, wo eine gleichzeitige Bestimmung von Legierungselementen — am häufigsten Vanadium und Mangan — erfolgen soll. Unter diesem Gesichtspunkt, der in diesem Abschnitt D meistens hervortritt, dürfte die direkte Titration mit Eisen(II)-lösung bezüglich Schnelligkeit in der Ausführung, Genauigkeit und Billigkeit für Serienanalysen im Eisenhüttenlaboratorium besonders geeignet sein. Auch bei der Analyse von Material, welches mit Sicherheit kein Vanadium enthält, z. B. Ferrochrom, ist die direkte Bestimmung zweckmäßiger und eleganter als die übliche indirekte Chrombestimmung. Die Anordnung der zahlreichen Verfahren in den Unterabschnitten dieses Abschnittes D kann wegen ihrer häufig recht großen Ähnlichkeit nicht frei von Willkür sein, da eine Reihe von Ordnungsprinzipien denkbar sind.

Da, wie bereits erwähnt, in der Mehrzahl andere Elemente mitbestimmt werden sollen, wurde bewußt von einer Anordnung nach verschiedenen Löse-, Aufschluß- bzw. Oxydationsmethoden abgesehen. Da die Probleme des Lösens, Aufschließens und Oxydierens an anderer Stelle bereits ausführlich behandelt sind, ermöglicht die Kenntnis dieser Kapitel jedem Benutzer des Handbuches die Wahl der für seine Zwecke günstigsten Vorbereitung. Hierzu stehen in den meisten Fällen mehrere einwandfreie Methoden zur Auswahl, die es gestatten, von den hier folgenden Arbeitsvorschriften abzugehen.

Weiterhin wird man in sehr vielen Fällen, soweit die Verfasser selbst dies nicht schon zur Wahl stellen, die Endpunktanzeige mit Indicator oder die elektrometrische gegeneinander vertauschen können.

Zur Sichtung des umfangreichen Materials, das sich mit geringfügigen Ausnahmen nur auf die Analyse von Eisenlegierungen bezieht, wurde folgende Einteilung gewählt:

1. Bestimmung des Chroms in Ferrochrom,
2. gemeinsame Bestimmung von Chrom und Vanadium in Eisenlegierungen,
3. Chrombestimmung neben anderen Elementen,

wobei im Unterabschnitt 3. sowohl An- wie Abwesenheit von Vanadium möglich ist. Die Unterabschnitte 2. und 3. überschneiden sich dabei insofern, als das fast immer anwesende und nach der Oxydation als Permanganat vorliegende Mangan bei den Verfahren unter 2. nur zerstört, unter 3. jedoch fast immer in demselben Arbeitsgang mitbestimmt wird. Erweisen sich daher die Verfahren unter 2. im Prinzip als zweckmäßiger, soll jedoch außerdem Mangan bestimmt werden, so wären für die Manganbestimmung die entsprechenden Methoden heranzuziehen. Bei Eignung eines Verfahrens unter 3. und bei Abwesenheit von Mangan oder, falls dessen Bestimmung überflüssig ist, können sinngemäß die einfachen Mittel zu seiner Beseitigung nach 2. auch auf 3. angewandt werden.

Bei den Verfahren in den Unterabschnitten erscheinen zunächst diejenigen mit Indicator, dann diejenigen mit elektrometrischer Anzeige.

1. Bestimmung in Ferrochrom.

Unabhängig von den methodisch an anderer Stelle dieses Bandes (s. z. B. Jodometrische Verfahren, § 3, C, 5, S. 56) angeordneten Bestimmungsverfahren für Ferrochrom werden die folgenden hier wegen der praktisch gleichen Endbestimmung zusammengefaßt. Diese erfolgt durchweg direkt ferrometrisch und kann wahlweise, unabhängig von den Angaben der vier Autoren mit Indicator oder potentiometrisch durchgeführt werden, wobei lediglich auf die Wahl der für jede von beiden Methoden günstigsten Verdünnungs- und p_H-Bedingungen zu achten ist. Der wesentliche Unterschied der Verfahren beruht in den verschiedenen Aufschluß- und Oxydationsmethoden durch

I. Phosphorsäure, anschließend Perchlorsäure-, Schwefelsäure und Nachoxydation mit Permanganat oder Persulfat;

II. Salzsäure, anschließend Perchlorsäure;

III. Natriumperoxyd, gegebenenfalls anschließend Persulfat;

IV. Schwefelsäure, anschließend Persulfat,

so daß sich ihre Anwendung im wesentlichen nach den Löslichkeitsbedingungen richten wird.

I. Verfahren nach Smith und Getz (Ferroin).

Apparatur. Smith und Getz benutzen zur Chrombestimmung in Ferrochrom 85%ige Phosphorsäure als Aufschlußmittel, welche bei Temperaturen von 180 bis 250° C ein ausgezeichnetes Lösungsmittel für hoch- und niedriggekohlte Ferrochrome darstellt. Nur eine geringe Menge Kohlenstoff und ein Teil des Siliciums als ausgeflockte Kieselsäure können zurückbleiben. Die Eisen- und Chromphosphate sind dagegen in der heißen Phosphorsäure leicht löslich. Anschließend wird die Lösung mit einer Mischung von Perchlorsäure und Schwefelsäure oxydiert. Da aber durch die Einwirkung dieser beiden Säuren bei 200° C Wasserstoffperoxyd entsteht, bedarf es zusätzlicher Maßnahmen, um der reduzierenden Wirkung des Wasserstoffperoxyds auf Chrom(VI) entgegenzuwirken. Die eigentliche Bestimmung erfolgt gegen Ferroin als Indicator. Zur schnellen Durchführung der Methode ist eine gleichmäßige Temperaturkontrolle unbedingt erforderlich. Die Verfasser empfehlen für diese Arbeiten einen besonders konstruierten Brenner, der eine genaue Temperatureinstellung (auf 1 bis 2°) erlaubt. Da bei der Ausführung der Analyse krasse Temperaturdifferenzen auftreten, empfehlen die Verfasser als Reaktionsgefäße 500-ml-Pyrex-Erlenmeyerkolben oder auch Quarzgefäße. Während des Lösens und Oxydierens soll ein Rückflußkühler aus Pyrexglas auf den Kolben gesetzt werden (Abb. 13).

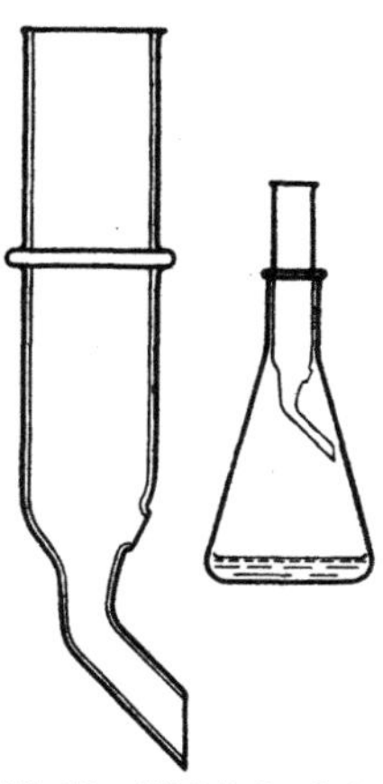

Abb. 13. Rückflußaufsatz für Chromoxydationen mit Perchlorsäure. (Nach Smith und Getz.)

Arbeitsvorschrift zur Nachoxydation mit Permanganat. Die etwa 100 mg betragende Ferrochromprobe wird in einem 100-ml-Erlenmeyerkolben mit etwa 5 ml 85%iger Phosphorsäure versetzt. Man erhitzt und treibt die Temperatur auf etwa 250° C (Rückflußkühler!). In der hierzu erforderlichen Zeit (8 bis 10 Min.) hat sich nahezu die gesamte Probe gelöst. Feine, noch ungelöste Ferrochromteilchen geben sich durch starke lokale Gasentwicklung zu erkennen. Nach Beendigung jeder Gasentwicklung werden 15 ml Oxydationsgemisch (gleiche Volumina 70%ige Perchlorsäure und 80%ige Schwefelsäure) zugegeben, wobei die Temperatur auf etwa 160° fällt. Der Kolbeninhalt wird wieder auf 210° erhitzt und 5 Min. auf dieser Temperatur gehalten; sodann läßt man ihn auf 205° abkühlen. Nach Entfernung des Kühlers werden bei dieser Temperatur 35 bis 40 mg feingepulvertes Kaliumpermanganat hinzugefügt. Die Flüssigkeit wird unter dauerndem kräftigem Schütteln durch Eintauchen des Kolbens in kaltes Wasser gekühlt, nach 10 Sek. mit 100 ml Wasser verdünnt, weiterhin mit 10 ml Salzsäure (1 + 4) (etwa 2,5 n) versetzt und 5 Min. gekocht. Die siedende Flüssigkeit wird abermals unter fließendem Wasser gekühlt, mit 20 ml Schwefelsäure (1 + 1) (etwa 9 m) versetzt und mit 0,05 n Eisen(II)-sulfatlösung bis zur gelblichgrünen Färbung titriert, die einer etwa 90%igen Reduktion entspricht. Nun erst gibt man 3 Tropfen Ferroinlösung hinzu, verdünnt auf 400 ml und titriert mit der Eisenlösung bis zum Farbumschlag nach Rosa.

1 ml 0,05 n Eisen(II)-sulfatlösung entspricht 0,867 mg Chrom.

Bemerkungen. Der wesentlichste Punkt des Verfahrens liegt in der raschen Abkühlung und dem schnellen Verdünnen nach dem Permanganatzusatz. Erfordern diese Operationen mehr als 10 Sek., so sind zu niedrige Ergebnisse zu erwarten. Es empfiehlt sich deshalb, die Arbeitstechnik durch einige Vorversuche zu üben.

Arbeitsvorschrift zur Nachoxydation mit Persulfat. Man verfährt genau wie oben bis zum Abkühlen und Verdünnen der heißen Lösung. Bei der Persulfatmethode kann das Abkühlen und Verdünnen jedoch langsam geschehen, so daß ein Bruch der Gefäße nicht zu befürchten ist. Man kühlt, indem man das Reaktionsgefäß 15 bis 20 Sek. in kaltes Wasser taucht, verdünnt anschließend mit 100 ml Wasser und erhitzt 1 Min. zum Sieden, um die Hauptmenge des Chlors zu vertreiben. Dann fügt man 1 ml 0,1 n Silbernitratlösung und 2,5 g Ammoniumpersulfat hinzu und kocht nach Zugabe von Filterschnitzeln 10 Min., um den Überschuß an Persulfat zu zerstören. Man gibt 10 ml Salzsäure (1 + 4) (etwa 2,5 n) zu, kocht 5 Min., kühlt unter Leitungswasser ab und versetzt mit 20 ml Schwefelsäure (1 + 1) (etw 9 m). Jetzt wird aus einer 100-ml-Bürette mit 0,05 n Eisen(II)-sulfatlösung titriert, bis ungefähr 90% des Chromats reduziert sind. Dann erst gibt man 3 Tropfen Indicatorlösung hinzu und titriert bis zum Farbumschlag nach Rosa.

Bemerkungen. Die Persulfatmethode dauert 10 bis 15 Min. länger als das erste Verfahren; die erhaltenen Ergebnisse liegen jedoch bei beiden Methoden durchweg in den Grenzen weniger Zehntelprozente.

Eine Indicatorkorrektur ist bei beiden Methoden nicht erforderlich. Nach DIETZ ist beim Phosphorsäureaufschluß von Ferrochromen mit Schwierigkeiten zu rechnen. Einerseits lösen sich nach seinen Erfahrungen hochgekohlte Materialien (z. B. mit 9% Kohlenstoff) selbst in sehr fein gepulvertem Zustand erst nach stundenlangem Erhitzen unter den von SMITH und GETZ angegebenen Bedingungen vollständig auf, und andererseits lassen sich Ferrochrome mit niedrigem Kohlenstoffgehalt kaum pulvern. Als gut löslich werden Ferrochrome mit einem Kohlenstoffgehalt bis zu 2% angesprochen. DIETZ zieht alkalische Schmelzaufschlüsse vor.

<h3 align="center">II. Verfahren nach WILLARD und GIBSON.</h3>

Die von diesen Verfassern für zahlreiche andere Legierungen erfolgreich verwendete Perchlorsäure ist für Ferrochrom und ähnliche Legierungen deshalb ungeeignet, weil Chrom(VI)-oxyd in der heißen Säure ziemlich unlöslich ist. Durch vorheriges Lösen in Salzsäure und späteren Zusatz von Wasser während der Perchlorsäureoxydation ist diese Schwierigkeit zu umgehen.

Arbeitsvorschrift. 0,2 g gepulvertes Ferrochrom werden mit 20 ml konz. Salzsäure 15 Min. erhitzt, 15 ml 70%ige Perchlorsäure zugegeben und 30 Min. gekocht, nachdem alle Salzsäure ausgetrieben ist. Nach kurzem Abkühlen wird durch etwas Wasser das Chrom(VI)-oxyd in Lösung gebracht und nach Vertreiben des Wassers nochmals 15 Min. gekocht. Wenn bei erneuter Wasserzugabe kein unlöslicher Rückstand mehr feststellbar ist, so wird zur Entfernung des Wassers und nochmaliger Nachoxydation wieder 5 Min. gekocht, dann mit reichlich Wasser verdünnt und das gebildete Chlor verkocht. Nach Zugabe von 25 bis 30 ml Schwefelsäure (D 1,5) wird in bekannter Weise elektrometrisch das Chromat mit Eisen(II)-sulfatlösung titriert.

Bemerkungen. *a) Genauigkeit.* Bei einem Ferrochrom mit 67,9% Chrom liegen die elektrometrisch sowie auch mit Redoxindicator erhaltenen Werte zwischen 67,78 und 67,81%.

b) Rückstanduntersuchung. Je nach Größe und Art des nach der ersten Oxydation noch verbleibenden Rückstandes wird dieser durch erneute Perchlorsäurezugabe und Aufkochen der Lösung oder nach Abdekantieren getrennt ebenso behandelt.

c) Vanadiumeinfluß. Dieser wird wie bei jeder ferrometrisch-potentiometrischen Titration miterfaßt und muß gegebenenfalls nach einer der im Unterabschnitt 2 folgenden Methoden bestimmt werden.

d) Redoxindicator. Bei dem von den Verfassern wahlweise zur Titration vorgeschlagenen Diphenylbenzidin sind die hierfür notwendigen p_H-Bedingungen zu beachten (WILLARD und GIBSON im folgenden Unterabschnitt 2).

<h3 align="center">III. Verfahren nach KELLEY und WILEY (d).</h3>

Obwohl die Verfasser bemerken, daß nach Stehenlassen der Titrationslösung Minderbefunde auftreten können, welche auch durch längeres Kochen der Aufschlußlösung zwecks Zersetzung von Peroxyd nicht behoben werden, dürfte dieses ältere Verfahren bei genauer Einhaltung der Vorschrift wegen seiner einfachen Ausführung und nicht zu großen Zeitbedarfs auch heute noch in den meisten Fällen zu emp-fehlen sein.

Es wurde ohne wesentliche Abänderungen auch vom Eisenhüttenhandbuch sowie von MÜLLER und auch von WERZ übernommen, ohne daß diese späteren Angaben wesentliche Variationen bringen.

Reagenzien. 1. Eisen(II)-ammoniumsulfatlösung. 47 g des Salzes werden gelöst und zusammen mit 100 ml Schwefelsäure (D 1,58) zu einem Liter aufgefüllt. Die Lösung ist bei jedesmaligem Gebrauch potentiometrisch auf die Dichromatlösung einzustellen; ihr Titer wird zweckmäßig in Millilitern der Dichromatlösung an-gegeben (s. d.).

2. Kaliumdichromatlösung; 5,657 g reines Kaliumdichromat werden zu einem Liter aufgefüllt; 1 ml dieser Lösung entspricht bei genauer Einhaltung der Mengen der Arbeitsvorschrift genau 2% Chrom im Produkt.

3. Ammoniumpersulfatlösung; 100 g im Liter.

4. Silbernitratlösung; 2,5 g im Liter.

5. Ferner Natriumcarbonat, Natriumperoxyd, verd. Salzsäure (1 + 3) (etwa 3 n) und verd. Schwefelsäure (D 1,58).

Arbeitsvorschrift. Ein Nickeltiegel, der zweckmäßig durch Umschwenken einer Sodaschmelze mit einer dünnen Schutzschicht versehen ist, wird mit 16 g Natrium-peroxyd und 1 g der feingepulverten, durch ein 100-Maschen-Sieb gegebenen Ferro-chromprobe beschickt und beides gut vermischt. Dann wird unter gelegentlichem Umschwenken so vorsichtig erhitzt, daß die Auskleidung nicht schmilzt, und dies so lange fortgesetzt, bis 3 Min. lang eine klare Schmelze erhalten wird. Nach dem Erkalten wird der von außen gesäuberte Tiegel in ein Becherglas gestellt, die Schmelze durch Erwärmen mit 300 ml Wasser gelöst und die Lösung nach Entfernen und Abspülen des Tiegels 30 Min. kräftig gekocht. Nach dem Abkühlen wird langsam mit 80 ml verd. Schwefelsäure versetzt, nochmals 5 Min. gekocht, durch ein Asbest-polster filtriert und auf 1000 ml aufgefüllt. 100 ml dieser Auffüllung versetzt man mit 25 ml Schwefelsäure und titriert dann potentiometrisch mit der Eisen(II)-ammoniumsulfatlösung, wobei man einen Überschuß mit der Dichromatlösung zurücknehmen kann. Die insgesamt verbrauchten Milliliter Eisen(II)-lösung werden in den entsprechenden Millilitern obiger Dichromatlösung ausgedrückt; diese Zahl, mit 2 multipliziert, liefert unmittelbar den Chromgehalt.

Bemerkungen. *a) Genauigkeit.* Das Verfahren wurde an Eisen mit bekannten Dichromatzusätzen getestet, wobei sich keine nennenswerten Abweichungen ($<0,1\%$) von den Sollwerten ergaben. Bei Ferrochrom selbst beträgt die Abweichung zwischen indirekter Permanganattitration und direkter elektrometrischer Titration maximal 0,22%.

Nachoxydation mit Persulfat (s. d.) liefert keine abweichenden Werte.

b) Nachoxydation mit Persulfat. Diese wurde zur Ausschaltung von Fehlern an einigen der untersuchten Proben folgendermaßen vorgenommen: 100 ml Lösung werden mit 25 ml verd. Schwefelsäure, 10 ml Silbernitrat- und 10 ml Persulfatlösung bis 10 Min. nach Auftreten der Permanganatfärbung gekocht; es werden 5 ml verd. Salzsäure zugegeben, nochmals 5 Min. gekocht und nach Abkühlen wie oben titriert. Da sich hierbei jedoch keine Mehrbefunde ergeben (s. o.), dürfte die Nachoxydation im allgemeinen überflüssig sein.

c) Vanadiumeinfluß. Bei Anwesenheit von Vanadium muß dieses, z. B. nach KELLEY, WILEY, BOHN und WRIGHT (b) (s. auch weiter unten) unter selektiver Oxydation mit Salpetersäure, getrennt bestimmt werden und von der nach der Arbeitsvorschrift erhaltenen Summe aus Chrom und Vanadium in Abzug gebracht werden.

d) Mangan wird als Dioxyd durch Filtration entfernt, da es mit Eisen(II)-sulfat reagieren würde.

8*

IV. Verfahren nach CHLOPIN (a) zur Bestimmung von Eisen und Chrom im Ferrochrom.

Prinzip. Durch einfaches Lösen in Schwefelsäure — wobei offen bleibt, ob alle in Frage kommenden Produkte sich hierin zur Genüge lösen — wird eine Lösung erhalten, in der direkt Eisen und nach Persulfatoxydation Chrom titriert werden kann. Zu dem hier beschriebenen Lösen des Ferrochroms vgl. man auch DICKENS und THANHEISER (s. a. „Bestimmung mit Titan(III)-chlorid").

Arbeitsvorschrift. 0,2 g feingepulvertes Ferrochrom werden mit 100 ml kaltem Wasser und anschließend vorsichtig mit 40 ml konz. Schwefelsäure übergossen und bis zur Auflösung erwärmt; nach dem Abkühlen wird die Lösung mit 50 ml Wasser und 5 ml Phosphorsäure (D 1,1) versetzt und das Eisen in üblicher Weise mit Dichromat titriert.

Zur Chrombestimmung wird die obige Lösung mit Salpetersäure (D 1,4) versetzt, die Stickoxyde durch Kochen vertrieben, und nach Abkühlen werden 150 ml Wasser, 20 ml 1,7%iger Silbernitratlösung und 1 Tropfen REINHARDT-Mischung zugegeben; nun wird sie auf 70 bis 80° erwärmt, 6 bis 8 g festes Ammoniumpersulfat eingetragen und 20 Min. kräftig gekocht. Nach dem Abkühlen wird in üblicher Weise das Chrom durch Titration mit MOHRschem Salz potentiometrisch bestimmt.

2. Gemeinsame Bestimmung von Chrom und Vanadium insbesondere in Eisenlegierungen.

Allgemeines. Bei chrom- und vanadiumhaltigen Stählen geht man oft so vor, daß man beide Elemente gemeinsam in ihre höchsten Wertigkeitsstufen überführt und durch gemeinsame ferrometrische Titration mit Indicator oder elektrometrisch die Summe aus Chrom und Vanadium bestimmt. Zur Berechnung des Chromgehaltes zieht man den gesondert zu ermittelnden Vanadiumwert von der Summe ab. Diese indirekten Verfahren der Chrombestimmung geben natürlich dann keine genauen Werte, wenn geringe Mengen Chrom neben viel Vanadium vorliegen, z. B. in Ferrovanadium.

I. Verwendung von Redoxindicatoren.

a) Bestimmung in wolframhaltigen Stählen mit Diphenylaminsulfonsäure als Indicator nach Willard und Young (c). Indicatorlösung. Herstellung der oxydierten Diphenylaminsulfonsäure vgl. S. 97.

Einstellen der Eisen(II)-sulfatlösung. In ein 600-ml-Becherglas wägt man so viel reinstes Kaliumdichromat, in wenig Wasser gelöst, ein oder legt so viel einer 0,1 n $K_2Cr_2O_7$-Lösung vor, daß ungefähr 35 bis 50 ml 0,05 n Eisen(II)-sulfatlösung verbraucht werden. Man fügt 5 ml Schwefelsäure (D 1,5) sowie 5 ml Phosphorsäure (D 1,37) hinzu und verdünnt auf 300 ml. Nun versetzt man mit 0,3 ml Indicator und titriert mit der ungefähr 0,05 n Eisen(II)-lösung. Die Indicatorkorrektur braucht hier nicht berücksichtigt zu werden.

Arbeitsvorschrift. In einem Becherglas versetzt man 1 g Stahl mit 25 bis 30 ml Wasser sowie mit 5 ml konz. Schwefelsäure und erwärmt gelinde bis zur vollständigen Zersetzung und bis zum Aufhören der Wasserstoffentwicklung. Man reibt das an der Gefäßwand sitzende schwarze Wolframpulver lose, fügt dann zu der kochenden Lösung 5 ml 48%ige Flußsäure, dann zur Oxydation langsam konz. Salpetersäure und schließlich noch 5 ml davon im Überschuß. Hierauf kocht man 2 Min., wonach im allgemeinen eine klare grüne Lösung entsteht. Bei schwer zersetzbaren Stählen muß man etwas länger kochen, bis die Lösung klar wird. Die so erhaltene Lösung verdünnt man auf ungefähr 300 ml, erhitzt auf mindestens 60°, fügt 10 ml 0,25%ige Silbernitratlösung und 5 g Ammoniumpersulfat hinzu und hält 10 Min. nach Zusatz von Siedesteinchen im Kochen. Nun kann zur Zerstörung des während des Oxydationsprozesses gebildeten Permanganats eine der drei folgenden Methoden angewendet werden. Die Verfasser bevorzugen die Methode aa).

aa) Man gibt tropfenweise aus einer Pipette 0,1 m Natriumazidlösung zu der kochend heißen Lösung, bis das gesamte Permanganat reduziert ist, und dann noch einen Überschuß von 1 bis 2 Tropfen. Zur Zerstörung der Stickstoffwasserstoffsäure kocht man anschließend 1 bis 2 Min.

bb) Zu der kochend heißen Lösung läßt man aus einer Pipette tropfenweise 0,05 m Natriumnitritlösung zufließen, bis das gesamte Permanganat reduziert ist und gibt anschließend noch einen Überschuß von 1 bis 2 Tropfen hinzu. Nun versetzt man die Lösung mit 1 g Harnstoff, schwenkt gut um und kocht 5 Min.

cc) Man fügt 5 ml Salzsäure $(1 + 3)$ (etwa 3 n) zu der heißen Lösung und kocht energisch 10 Min. lang, um das Permanganat zu reduzieren und das gebildete Chlor zu entfernen.

Die auf eine der drei Arten erhaltene Lösung wird auf Zimmertemperatur abgekühlt, mit 3 ml 48%iger Flußsäure und 0,3 ml Indicator versetzt und sofort mit 0,05 n Eisen(II)-sulfatlösung titriert wie bei der Stellung. Nach Zugabe des Indicators wird die Lösung bräunlichgelb. Diese Farbe schlägt bei Zugabe der Eisen(II)-sulfatlösung allmählich über Purpurrot in reines Purpur um und wird beim Endpunkt reingrün.

Die Indicatorkorrektur beträgt $-0,30$ ml 0,05 n $FeSO_4$-Lösung.

Bemerkungen. α) *Genauigkeit.* Die angeführten Beleganalysen sind sehr zufriedenstellend.

β) Alle drei Methoden zur *Zerstörung des Permanganats* sind einander gleichwertig; jedoch ist der Zeitaufwand für eine Analyse bei Verwendung der Azid- oder Nitritmethode geringer als bei Verwendung von Salzsäure. Ferner fällt bei Anwendung dieser beiden Reduktionsmittel kein Silberchlorid aus, so daß der Indicatorumschlag scharf bleibt. Ein 15 Min. langes Stehenlassen bei der Nitritmethode, wie es LANG und KURTZ empfehlen, ist nach Angaben von WILLARD und YOUNG nicht nötig, wenn die angegebenen Bedingungen eingehalten werden.

γ) Versuche der Verfasser, die *Oxydation von Chrom und Vanadium* in wolframhaltigem Stahl *mit Permanganat* an Stelle von Persulfat vorzunehmen und den Überschuß mit Natriumazid zu zerstören, führten zu keinem quantitativ auswertbaren Ergebnis. Es entstand zwar kein Mangan(IV)-oxyd; aber wegen der Anwesenheit von Fluorid mußte angenommen werden, daß 3wertiges Mangan in komplexer Form in Lösung war, so daß man unmöglich die genau benötigte Menge Azid zufügen konnte.

δ) *Vergleich mit der direkten Chrombestimmung.* Die Verfasser versuchten auch, das Chrom in Wolframstählen gesondert zu bestimmen durch Oxydation mit Persulfat, Zugabe eines Überschusses an Eisen(II)-lösung, der dann zurücktitriert wurde, und anschließend durch Titration des Vanadiums(IV) mit Permanganat. Sie kamen jedoch zu dem Schluß, daß diese direkte Chrombestimmung selbst in der Hand eines geübten Analytikers nicht so genaue Werte ergeben kann wie die indirekte Methode, wenn hier geeignete Korrekturen angebracht werden.

b) *Bestimmung in wolframfreien Stählen.*

α) **Verfahren nach** WILLARD **und** YOUNG (c).

Indicatorlösung. Herstellung von oxydiertem Diphenylamin vgl. S. 97. Die Einstellung der Eisen(II)-sulfatlösung erfolgt, wie bei wolframhaltigem Stahl beschrieben; vgl. S. 116.

Arbeitsvorschrift. Je nach dem Chromgehalt wägt man in ein 600-ml-Becherglas 2 g bis herab zu 0,25 g der Probe ein, gibt 15 ml Wasser und 15 ml Phosphorsäure (D 1,3) und aus einer Bürette für je 1 g Stahl 1,5 ml Schwefelsäure (D 1,83) und außerdem 3 ml im Überschuß hinzu. Durch gelindes Erwärmen zersetzt man die Probe vollständig; dann dampft man zur Zerstörung von Carbiden weiter bis zu kräftiger Salzabscheidung ein. Hierauf erhitzt man mit 30 bis 40 ml Wasser bis zur Wiederauflösung der Salzmasse und oxydiert die kochende Lösung vor sichtig ohne größeren Überschuß mit konz. Salpetersäure (2 bis 3 ml). Nach dem Wegkochen der Stickoxyde verdünnt man sie auf 300 ml, erhitzt sie zum Sieden, versetzt sie mit 10 ml 0,25%iger Silbernitratlösung und Ammoniumpersulfat, bis beim Kochen die Permanganatfarbe erscheint. Mehr als 2,5 g Persulfat sind nicht erforderlich. Zur Zerstörung des überschüssigen Oxydationsmittels wird die Lösung 10 Min. gekocht. Die Entfernung des Permanganats kann nach einer der auf S. 117 beschriebenen drei Methoden vorgenommen werden.

Die so vorbereitete Lösung wird auf Zimmertemperatur abgekühlt. Man versetzt sie für je 1 ml überschüssige konz. Schwefelsäure mit 4,8 g kristallisiertem Natriumacetat. Sobald dieses gelöst ist, setzt man die Indicatorlösung zu und titriert mit 0,05 n Eisen(II)-sulfatlösung bis zum Farbumschlag.

Bemerkungen. Die vorstehende Vorschrift lehnt sich weitgehend an die ältere Methode der gleichen Verfasser an, nur daß dort Diphenylbenzidin verwendet und bei Gegenwart von Wolfram eine vorhergehende Abscheidung als Wolframsäure vorgenommen wurde. Natürlich kann man für wolframfreie Stähle an Stelle von oxydiertem Diphenylamin auch Diphenylaminsulfonsäure wie bei wolframhaltigem Material verwenden.

Bei der Analyse von 0,25 g rostfreiem Stahl erhielten die Verfasser beim Kochen nach dem Zusatz von Natriumazid bisweilen eine rötlich gefärbte Lösung. Wenn Natriumnitrit und Harnstoff verwendet wurden, so mußte die Lösung mindestens 5 Min. vor der Weiterverarbeitung gekocht werden; andernfalls nahm die Lösung bei der Titration nach anscheinender Erreichung des Endpunktes wieder eine tiefblaue Färbung an, die ein schnelles Austitrieren erschwerte. Bisweilen wurde diese Lösung beim Kochen auch tieforange; in beiden Fällen war aber der Farbumschlag auf grün beim Endpunkt scharf zu erkennen. Wurde in normal erhaltenen Lösungen das überschüssige Permanganat nach Zusatz von Salzsäure (1 + 1) (etwa 6 n) zerstört, so fielen die Resultate um etwa 0,1% zu niedrig aus.

Es ist wichtig, daß die Lösung während der Zugabe von Azid kochendheiß ist, besonders wenn Mangan(IV)-oxyd zugegen ist.

Die Verfasser bevorzugen Natriumazid als Reduktionsmittel nach der Persulfatoxydation, weil es in heißer Lösung weniger auf Chromsäure wirkt als Nitrit und weil die Azidmethode weniger Zeit als die Salzsäuremethode benötigt.

β) Verfahren nach Willard *und* Gibson.

Indicatorlösung: 0,1% Diphenylbenzidin in Phosphor- oder Essigsäure, vgl. S. 114.

Arbeitsvorschrift. Je nach dem Chromgehalt werden 0,5 bis 2 g mit 20 bis 25 ml 70%iger Perchlorsäure versetzt und vorsichtig erhitzt. Die Lösung wird 15 bis 20 Min. gekocht; wenn die Chromatfärbung auftritt, wird das Kochen noch mindestens 10 Min. fortgesetzt. Nach dem Erkalten fügt man die gleiche Menge Wasser zu und kocht nochmals 3 Min., um das gebildete Chlor zu entfernen. Die abgekühlte Lösung wird mit Wasser auf 200 bis 400 ml gebracht. Nun fügt man 15 ml Phosphorsäure (D 1,37) und unter beständigem Umschwenken die der Perchlorsäure äquivalente Menge kristallisierten Natriumacetats hinzu. 1 g Eisen benötigt zur Überführung in Eisen(III)-perchlorat ungefähr 5,4 ml 70%iger Perchlorsäure; 1 ml dieser Säure enthält 1,17 g Perchlorsäure, die 1,58 g kristallisiertem Natriumacetat äquivalent sind. Wenn 20 ml Säure zugefügt werden, braucht man demnach für den Überschuß ungefähr 23 g Acetat. Nun setzt man 0,6 bis 0,8 ml Indicatorlösung hinzu und wartet 5, höchstens 10 Min., bis die Purpurfarbe sich entwickelt hat. Tritt keine Färbung auf, so setzt man zweckmäßig einige Tropfen verd. Schwefelsäure zu. Dann wird mit Eisen(II)-sulfatlösung bis zum Umschlag nach Grün titriert.

Für je 0,5 ml des Indicators muß eine Korrektur von 0,04 ml 0,1 n Eisen(II)-sulfatlösung angebracht werden.

Bemerkungen. Näheres über das Lösen und Oxydieren mit Perchlorsäure vgl. Bemerkungen zu dem elektrometrischen Verfahren der Verfasser, II, g.

γ) Verfahren nach FURMAN. Bei der Vorbereitung der Stahllösung geht FUR-MAN auf die Angaben von LUNDELL, HOFFMAN und BRIGHT zurück.

Indicatorlösung. 0,1%ige Diphenylaminlösung in konz. Schwefelsäure vgl. S. 96.

Arbeitsvorschrift. In einem 600-ml-Becherglas werden 2 g Probe mit 60 ml Schwefel-Phosphorsäure-Mischung [320 ml H_2SO_4 (1 + 1) (etwa 9 m), 80 ml sirupöse Phosphorsäure und 600 ml H_2O] versetzt. Man erhitzt, bis jede Reaktion aufgehört hat, fügt 10 ml Salpetersäure (D 1,20) hinzu und kocht, bis alle Carbide gelöst und die Stickoxyde vertrieben sind. Nun werden so viel Milliliter 2,5%ige Silbernitratlösung zugegeben, daß ungefähr auf je 1,5% Chrom 0,3 g Silbernitrat entfallen. Man verdünnt mit kochendem Wasser auf 300 ml, erhitzt bis nahe zum Sieden und versetzt mit 8 ml 15%iger Ammoniumpersulfatlösung. Falls keine Permanganatfarbe entsteht, gibt man noch mehr Persulfat hinzu. Nun kocht man die Probe 1 bis 2 Min. und fügt 5%ige Natriumchloridlösung hinzu. Man hält die Lösung so lange am Sieden, bis die rosa Farbe verschwunden ist und erhitzt dann weitere 5 Min. Falls die Permanganatfarbe durch 10 Min. anhaltendes Kochen nicht zerstört ist oder falls ein Niederschlag von Braunstein entsteht, versetzt man die Lösung mit 1 bis 3 ml Salzsäure (1 + 3) (etwa 3 n) und setzt das Kochen der Lösung wie oben fort. Insgesamt soll man nach der Persulfatzugabe mindestens 15 Min. kochen; auch eine 30 Min. lange Kochdauer schadet nicht. Nun kühlt man die Lösung ab, filtriert vom abgeschiedenen Silberchlorid ab, versetzt mit Phosphorsäure und titriert nach Zusatz von Diphenylaminlösung mit Eisen(II)-sulfatlösung.

Bemerkungen. aa) Genauigkeit. Die aus der Summenbestimmung indirekt ermittelten Werte stimmen in Stählen gut mit den angegebenen Standardwerten überein. Bei Ferrovanadium treten größere, aber noch tragbare Abweichungen auf: 0,47% Cr gefunden bei einem angegebenen Cr-Gehalt von 0,58%.

bb) Indicatorkorrektur. Durch Vergleich mit der potentiometrischen Titration ermittelte FURMAN bei Zugabe von 0,2 ml Indicatorlösung an reinen Dichromatlösungen einen Zuvielverbrauch von 0,07 ml 0,02 n $FeSO_4$-Lösung. Die Gesamtkorrektur, welche durch die bei der Stahlanalyse vorhandenen Reagenzien angebracht werden muß, stellt der Verfasser empirisch fest. Die Korrektur schwankt zwischen 0,05 bis 0,15 ml.

cc) Der Phosphorsäurezusatz muß je nach dem Eisengehalt 2 bis 5% (D 1,71), bezogen auf das Vorliegen der Lösung, betragen.

dd) Bei wolframhaltigen Stählen muß nach dem Lösen der Stahlprobe und nach Abscheidung der Wolframsäure der Überschuß an Salz- und Salpetersäure durch Eindampfen mit Schwefelsäure vertrieben werden.

ee) Ein Abfiltrieren des Silberchlorids vor der Titration erwies sich nach Versuchen des Verfassers als notwendig, weil sich ein Teil des Blaukörpers sonst daran abscheidet und den Endpunkt unscharf macht.

II. Elektrometrische Endpunktanzeige.

a) Verfahren nach Kelley und Conant (a) zur potentiometrischen Bestimmung von Chrom und Vanadium in Stahl. Allgemeines. Dieses älteste Verfahren zur potentiometrischen Stahlanalyse hat die Angaben von HILDEBRAND sowie von FORBES und BARTLETT über Potentialverlauf, Endpunkt usw. bestätigt und für diese Anwendung ausgebaut. Die Angaben älterer Autoren zur Oxydation mit Persulfat (TUSKER; WALTERS; RICH) wurden sorgfältig nachgeprüft und präzisiert [s. u. sowie Abschnitt: Überführung in Chrom(VI)]. Anomalien des Potentialverlaufes, wie sie auch bei großen Eisenüberschüssen auftreten können, sind ohne negativen Einfluß auf den scharfen Sprung im Endpunkt. Wie bei allen potentiometrischen Verfahren wird Vanadium zusammen mit Chrom erfaßt; im Gegensatz zu späteren Verfahren wird das Vanadium hier zuerst mit Permanganat titriert, dann erst oxydiert und die Summe bestimmt. Bei Abwesenheit von Vanadium kann direkt nach der Lösung mit Persulfat oxydiert und sonst weiter wie unten verfahren werden. Zur Bestimmung des Vanadiums, die allerdings nicht in der gleichen Einwaage möglich ist, kann auch nach KELLEY, WILEY, BOHN und WRIGHT (b) durch selektive Oxydation mit Salpetersäure verfahren werden [vgl. hierzu dieses Verfahren im Abschnitt: Bestimmung mit Eisen(II) und Rücktitration.

Arbeitsvorschrift. 2 bis 3 g Stahl werden je nach Bedarf in bis zu 100 ml Schwefelsäure (D 1,2) gelöst und die Lösung bis zur Salzabscheidung eingeengt; sie wird wieder auf etwa 60 ml verdünnt und heiß nach Zusatz von Salpetersäure unter nochmaligem Einengen oxydiert. Nach Verdünnen auf etwa 200 ml wird sie auf 80° erwärmt, 5 g Natriumphosphat zugegeben und es wird mit 0,1 n Kaliumpermanganatlösung auf Grau titriert; dann wird mit Eis auf 10 bis 20° abgekühlt und nach nochmaliger Zugabe von Schwefelsäure potentiometrisch mit Eisen(II)-sulfat titriert.

Nun wird die Lösung aufgefüllt, eine 1 g Einwaage entsprechende aliquote Menge entnommen, diese auf etwa 300 ml verdünnt und zum Sieden erhitzt; nach Zugabe von 10 ml Silbernitratlösung (2,6 g im Liter) und 5 g Ammoniumpersulfat wird die Flüssigkeit 10 Min. in kräftigem Kochen gehalten und nach Zugabe von 5 ml Salzsäure (1 + 3) (etwa 3 n) nochmals 5 Min. gekocht. Nach Zugabe von etwas Schwefelsäure und Abkühlen wird dann die Summe aus Chrom und Vanadium mit Eisen(II)-sulfatlösung potentiometrisch bis zum größten Potentialsprung titriert.

Bemerkungen. α) Genauigkeit und Anwendungsbereich. Aus 42 Beleganalysen an fünf verschiedenen Stählen geht hervor, daß bei Gehalten von 1,5 bis 3,5% Chrom die maximale Abweichung 0,06% vom Sollwert beträgt und bei niedrigeren Gehalten noch geringer ist; auch die Vanadiumwerte zeigen keine größeren Streuungen. An reinen Chromatlösungen werden nach Reduktion und Reoxydation die ursprünglichen Werte wiedergefunden. Anwendungsbereich s. o.

β) Das Einengen dient der Zersetzung von etwa vorhandenen Carbiden, die an der nach Verdünnen klar bleibenden Lösung kenntlich ist. Falls die angegebene Behandlung hierzu nicht ausreicht, müssen Salz- und Salpetersäure beim Lösen zu Hilfe genommen werden, die anschließend durch starkes Einengen mit Schwefelsäure wieder zu entfernen sind.

γ) Chloride stören infolge Bildung von Silberchlorid und möglicher Reaktion mit Permanganat die Oxydation und müssen gegebenenfalls entfernt werden.

δ) Phosphatzusatz. Der Zusatz von Phosphat verhindert die bei der Permanganattitration störende Färbung durch Eisen(III)-salz und unterbleibt daher bei Abwesenheit von Vanadium.

ε) Endpunkt der Permanganattitration. Da Permanganat in heißer, saurer Lösung auch etwas Chrom oxydieren kann, ist der Endpunkt etwas fließend; mit einiger Übung ist der Übergang vom reinen Grün (Chrom) zu der Mischfarbe Grau (Chrom und Permanganat) bei den angegebenen Verhältnissen recht gut zu erkennen; notfalls kann durch geringe Rücktitration mit Eisen(II) der Endpunkt erneut mit Permanganat bestimmt werden.

ζ) Oxydation mit Persulfat und dessen Zerstörung [vgl. auch Überführung in Chrom(VI)]. Durch Nachprüfung aller Versuchsbedingungen wurde das Oxydationsverfahren gegenüber früheren Angaben präzisiert; es wird nachgewiesen, daß unter den angegebenen Bedingungen eine quantitative Erfassung des Chroms gewährleistet ist, wie an Chromatlösung nach Reduktion und Reoxydation gezeigt wurde. Das Auftreten der Permanganatfärbung dient als sicheres Zeichen für die Vollständigkeit der Oxydation. Die anschließende Kochzeit von 10 Min. genügt zur Zerstörung des Persulfatüberschusses. Die zur selektiven Reduktion des Permanganats benutzte Salzsäure greift Chromat nicht an; die klare Gelbfärbung zeigt die vollendete Zerstörung von Permanganat und damit auch Persulfat an. Das gebildete Chlor wird durch das nochmalige Kochen entfernt.

b) Verfahren nach Kolthoff und Tomiček zur potentiometrischen Bestimmung von Chrom und Vanadium nebeneinander. Während nach KELLEY und CONANT Vanadium(V) mit Eisen(II)-salz zu Vanadium(IV) titriert werden kann, wobei hohe Säurekonzentrationen bei 10° die günstigsten Titrationsbedingungen darstellen, hat TREADWELL Vanadium(IV) mit Permanganat potentiometrisch titriert. Auch MÜLLER und JUST verwenden diese Titration und finden als günstigste Titrationstemperatur 70 bis 80° C. Zur Bestimmung beider Metalle nebeneinander stellen nun KOLTHOFF und TOMIČEK fest, daß sowohl Vanadat und Bichromat zusammen, selbst bei einem 1000fachen Überschuß an Eisen, mit Eisen(II) gut potentiometrisch titrierbar sind, wie auch Vanadium(IV) mit Permanganat bei 80° ohne negative Beeinflussung durch Chrom(III)-salz quantitativ erfaßt wird (s. Abb. 14). Beide Titrationen verlaufen auch bei Anwesenheit von Mangan einwandfrei; nur muß in diesem Falle das Permanganat zuerst titriert werden, und der letzte Sprung bei der Oxydation des Vanadiums fällt etwas kleiner aus. Ein älteres Verfahren von WILLARD und FENWICK (s. u.) bedient sich der umständlichen Methode der quantitativen Oxydation des Vanadiums mit mäßig konz. Salpetersäure, wobei anschließend eine partielle Reduktion des Chroms in essigsaurer Lösung mit

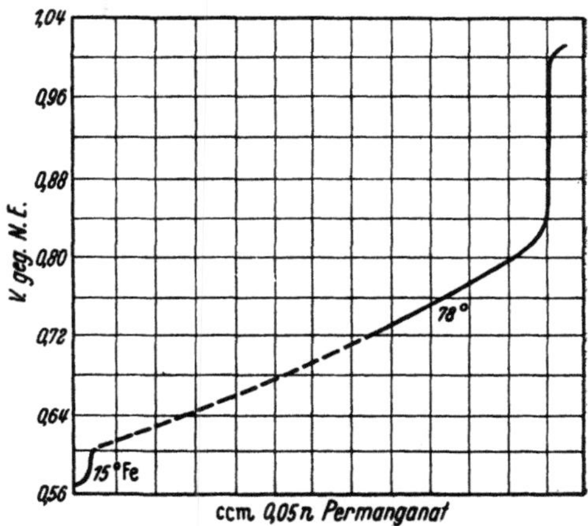

Abb. 14. Titration von Fe(II) und V(IV) mit Permanganat. (Nach KOLTHOFF und TOMIČEK.)

Perhydrol erfolgt. Demgegenüber weist das vorliegende Verfahren eine wesentliche Vereinfachung auf. Ein später von SINGLETON angegebenes Verfahren stellt nur eine Übernahme des vorliegenden dar.

Arbeitsvorschrift. 2 bis 5 g des Chrom und Vanadium enthaltenden Stahles (bei Gehalten über 2% entsprechend weniger) werden mit Salpetersäure (D 1,18) wiederholt eingedampft, anschließend mit Schwefelsäure bis zur Entfernung der gesamten Salpetersäure erhitzt; der Rückstand wird in Wasser und Schwefelsäure aufgenommen und filtriert. Das klare Filtrat, welches einen geringen Überschuß an Eisen(II)-salz enthalten muß — das Potential gegenüber einer Normal-Kalomel-Elektrode darf 0,5 V nicht übersteigen (vgl. Abb. 14) — wird aufgefüllt und ein aliquoter Teil mit Wasser und Schwefelsäure so auf 150 bis 200 ml verdünnt, daß die Endlösung n an Säure ist. Nun wird potentiometrisch mit 0,05 n Kaliumpermanganatlösung bei Zimmertemperatur bis zum ersten Sprung das vorhandene Eisen(II) titriert und dann nach Erwärmen auf 75 bis 80° mit derselben Lösung bis zum zweiten Sprung der Vanadiumgehalt ermittelt (s. Abb. 14).

Ein anderer aliquoter Teil wird mit Wasser auf etwa 150 ml gebracht, nach Zugabe von 1 bis 5 g Kaliumpersulfat 15 Min. gekocht, gegebenenfalls von ausgeschiedenem Braunstein abfiltriert, und es wird nach Ansäuern mit 20 ml 4 n Schwefelsäure potentiometrisch mit 0,05 n Eisen(II)-lösung die Summe von Chrom und Vanadium bestimmt. Der Chromgehalt ergibt sich aus der Differenz beider Bestimmungen.

Bemerkungen. α) Genauigkeit. Die wenigen, von den Verfassern angeführten Beleganalysen an Stählen zeigen praktisch keine Abweichungen von den Sollwerten.

β) Salpetersäure. Wegen der selektiv oxydierenden Wirkung auf Vanadium und anderer Störungsmöglichkeiten muß diese restlos entfernt werden, wozu andere Autoren ausdrücklich Abrauchen vorschreiben.

γ) Rückstand. Ob ein bei der Filtration erhaltener Rückstand vernachlässigt werden kann, hängt von den Mengenverhältnissen sowie von seinem Aussehen ab. Gegebenenfalls muß er durch Peroxydschmelze aufgeschlossen werden. Auch beim Aufnehmen und Weiterverarbeiten der Schmelze ist auf Nitratfreiheit der mit dem obigen Hauptfiltrat zu vereinigenden Endlösung zu achten.

δ) Mangan. Bei Vorhandensein von Mangan wird das nach der Oxydation gebildete Permanganat, am besten bei 75 bis 80°, bis zum ersten Sprung mit der Eisen(II)-lösung reduziert und anschließend bei Zimmertemperatur die Summe von Chrom und Vanadium wie oben bestimmt.

c) Verfahren nach Werz. Dieses arbeitet mit gegengeschaltetem Umschlagpotential (s. oben, spezielle Vorbemerkungen unter B), wobei für den Umschlag Chrom(VI)/Chrom(III) sowie Vanadium(V)/Vanadium(IV) 620 mV, für den Umschlag Vanadium(IV)/Vanadium(V) bei der Rücktitration mit Permanganat 1050 mV gegengeschaltet werden. Da letzteres in Schwefelsäure nicht eindeutig, in Phosphorsäure dagegen gut feststellbar ist, wird ein günstiges Gemisch beider Säuren angewandt. Der notwendige Überschuß an Phosphorsäure wird jedoch erst nach Beendigung der Oxydation mit Persulfat und Zersetzung des Permanganats mit Kochsalz zugegeben, da mit zuviel Phosphorsäure beim Zerstören des Permanganats Störungen auftreten. Zur Anwesenheit anderer Metalle vergleiche man unten die Bemerkungen.

Arbeitsvorschrift. 1 g Späne wird mit 10 ml konz. Schwefelsäure, 5 ml Phosphorsäure (D 1,7), 10 ml Salpetersäure (D 1,2), 5 ml 1%iger Silbernitratlösung und 30 ml Wasser gelöst und bis zum beginnenden Rauchen eingeengt. Nach dem Abkühlen wird die Lösung mit 150 ml Wasser verdünnt, mit etwa 5 g Ammoniumpersulfat versetzt und 10 bis 12 Min. gekocht. Mit einigen Millilitern 2%iger Kochsalzlösung wird dann das Permanganat bis zum Verschwinden der Färbung in der Hitze zerstört, und es werden nach Überspülen in das Titrationsgefäß 50 ml Phosphorsäure (D 1,70) zugegeben. Nach Abkühlen auf etwa 25° wird die Summe aus Chrom und Vanadium gegen 620 mV mit 0,05 n Eisen(II)-sulfatlösung titriert. Das Vanadium erhält man, wenn man anschließend gegen 1050 mV mit Kaliumpermanganatlösung titriert.

Bemerkungen. *α) Anwendungsbereich.* Verschiedene Spezialstähle benötigen eine Sonderbehandlung; vgl. hierzu die folgenden Bemerkungen. Keines der normalen Begleitelemente stört die Chrombestimmung; sie wird bei Abwesenheit von Vanadium ohne den zweiten Phosphorsäurezusatz durch einmalige direkte Titration durchgeführt. Näheres zu Vanadium und Wolfram s. unten.

β) Genauigkeit. Selbst bei Anwesenheit von reichlich Titan, Kobalt, Nickel, Kupfer und Molybdän liegen die absoluten Fehler in gestellten Lösungen sowohl bei Chrom wie Vanadium immer unter 0,1 mg, die prozentualen (auf Einwaage = 100% bezogenen) Fehler bei verschiedenen Stählen mit Chromgehalten zwischen 0,04 und 63,5% (Ferrochrom) nie über ±0,25%, meist wesentlich niedriger, bei Vanadiumgehalten von 0,3 bis 59,5% (Ferrovanadium) nicht über 0,04%. Wolfram s. unten.

γ) Lösen. Einige rostfreie Stähle sind in silbernitrathaltiger Salpetersäure schwer löslich, so daß diese erst nach Lösen in Schwefelsäure-Phosphorsäure zugegeben wird.

δ) Das Einengen erfolgt zur Entfernung der Nitrate und Zersetzung von Chromcarbid; bei hochkohlehaltigen Stählen wird zwecks stärkeren Abrauchens der Phosphorsäurezusatz auf 10 ml erhöht.

ε) Kochsalz. Wegen der möglichen Einwirkung auf Vanadat ist ein Kochsalzüberschuß bei der Permanganatreduktion zu vermeiden.

ζ) Wolfram. Bei dessen Anwesenheit sind die Abweichungen der Chromwerte unbedeutend, während die Vanadiumwerte bei beträchtlichem Wolframüberschuß unbrauchbar werden. Gehalte von 0,3 bis 1,6% Vanadium werden jedoch bei Gehalten bis zu 3,1% Wolfram mit der erträglichen Abweichung von 0,03% gefunden, so daß für die technische Analyse bis zu 5% Wolfram für zulässig gehalten werden. Im Gegensatz zu den Feststellungen anderer Autoren werden jedoch nach Abscheidung der Wolframsäure in salpetersaurer Lösung nicht nur gute Chrom-, sondern auch einwandfreie Vanadiumwerte in stärker wolframhaltigen Stählen erhalten.

η) Mangan kann bei dem vorstehenden Verfahren zwar einwandfrei entfernt, wegen mangelhafter Potentialeinstellung jedoch nicht titriert werden.

d) Verfahren nach Parks und Agazzi zur amperometrischen Titration kleiner Mengen. Das Verfahren von KOLTHOFF und MAY zur Chromatbestimmung (s. o. unter B) wurde in leicht geänderter Form auf die Summenbestimmung übertragen. Mit 0,001 n Eisen(II)-lösung können bis herab zu etwa 5 μg Vanadium und Chrom bestimmt werden. Vorherige Oxydation erfolgt in bekannter Weise mit Perchlorsäure und etwas Permanganat. Nach der Summenbestimmung wird Vanadium in verdünnter Lösung selektiv mit Permanganat oxydiert und ebenso wie die Summe mit Eisen(II)-salz amperometrisch titriert.

Die *Apparatur* besteht nach LAITINEN, JENNINGS und PARKS aus einer FISHER-Elektropode, Kalomelbezugselektrode, Salzbrücke, rotierender Platinelektrode und Rührmotor.

Reagenzien. 1. Perchlorsäure, 60 bis 72%;

2. 0,1 m Kaliumpermanganatlösung;

3. Eisen(II)-ammoniumsulfatlösungen. 39 g des Hexahydrates werden in 1 l n Schwefelsäure zu einer etwa 0,1 n Lösung gelöst und davon 0,01 und 0,001 n Lösungen hergestellt, die alle unmittelbar vor Gebrauch amperometrisch gegen Dichromatlösungen eingestellt werden.

Durch Verwendung eines Reduktors nach SCHÄFER können die Lösungen titerkonstant gehalten werden.

4. 4%ige Natriumazidlösung.

Arbeitsvorschrift. Die in einem 50-ml-Kolben aus Borsilicatglas befindliche Lösung wird mit 2 bis 3 ml konz. Schwefelsäure und 3 ml 72%iger Perchlorsäure bis zum Rauchen oder bis zur klaren Orangefärbung und anschließend weitere 2 bis 3 Min. erhitzt. Durch blitzschnelles Eintauchen und anschließend nochmaliges Eintauchen für 6 bis 7 Sek. in Eiswasser wird die Lösung schnell gekühlt, dann mit 10 bis 15 ml Wasser verdünnt, wieder gekocht, und es wird 0,1 m Kaliumpermanganatlösung tropfenweise bis zur bleibenden Färbung zugegeben. Nach Zusatz von 1 Tropfen konz. Salzsäure wird die Flüssigkeit noch 3 Min. gekocht, nach Abkühlen unter die rotierende Platinanode gesetzt, auf 30 bis 40 ml (s. Bemerkung δ) gebracht und 1,0 Volt Spannung angelegt. Nun wird unter dauernder Beobachtung des Galvanometers die Eisen(II)-lösung langsam so lange zugegeben, bis der Strom ansteigt, Bürette und Galvanometer abgelesen und diese Ablesungen nach Zugabe von 4- bis 5mal je 0,05 ml wiederholt. Die graphische Ermittlung des Endpunktes als Schnittpunkt der Nullstrom- und der Überschußlinie erfolgt in bekannter Weise, wobei die Summe aus Chrom und Vanadium erhalten wird.

Nun wird an der rührenden Elektrode 0,1 m Permanganatlösung tropfenweise bis zur 2 Min. andauernden Färbung zugegeben und der leichte Überschuß mit 2 ml Azidlösung weggenommen; wenn nach 5 Min. Rühren die Färbung noch nicht verschwunden ist, wird noch 1 ml Azid nachgegeben. Dann wird das Vanadium genau wie die Summe oben titriert und das Chrom aus der Differenz errechnet.

Bemerkungen. α) **Anwendungsbereich und Genauigkeit.** Stahl wird zweckmäßig vor der Oxydation zunächst mit Schwefelsäure, gegebenenfalls unter Zusatz von Salpetersäure, gelöst; letztere ist dann durch Abrauchen zu entfernen. Bei vier untersuchten Stählen betrug die Abweichung im Bereich von 0,2 bis 3,5% Chrom einmal 0,07% (Differenzbestimmung bei 50% Vanadium und 0,7% Chrom!), war meist aber wesentlich geringer, 16,9% Chrom wurden mit 16,8 und 16,5% wiedergefunden. Verschiedene Erdölprodukte wurden ebenfalls im Anschluß an Verbrennen, Glühen, Salpetersäurebehandlung und Abrauchen mit Schwefelsäure nach diesem Verfahren untersucht. Gehalte bis herab zu $0,1 : 10^6$ Teilen können ausgehend von 60 g mit befriedigender Sicherheit bestimmt werden, wobei sich in den meisten Ölen unbedeutende Chrom-, jedoch erhebliche Vanadiumgehalte (bis $270 : 10^6$) ergeben. — An reinen Dichromat- und Vanadatlösungen und ihren Mischungen liegt die Erfassungsgrenze bei etwa $5\,\mu g$. Die Genauigkeit liegt bis zu $100\,\mu g$ bei 2 bis $3\,\mu g$ absolut, darüber auch nur bei ungünstigen Verhältnissen etwas schlechter.

β) **Fremdmetalle.** Kleine Mengen Aluminium, Barium, Cadmium, Calcium, Chlor, Kupfer, Eisen, Blei, Magnesium, Mangan, Nickel, Phosphor, Zinn, Titan, Wolfram und Zirkon stören nicht.

γ) **Der Zeitbedarf** nach dem Lösen beträgt $^1/_2$ Stde.

δ) **Volumen, Galvanometerempfindlichkeit sowie Normalität der Lösungen.** Die optimalen Bedingungen hierfür bei verschiedenen Konzentrationen ergeben sich aus folgender Aufstellung:

Gesamtmilliäquivalente, Cr + V	<0,01	0,01 bis 0,1	0,1 bis 1,0
Volumen der Lösung, ml	30	30	40
Galvanometerempfindlichkeit in μA je mm	0,02	0,20	0,50
Normalität der Eisen(II)-lösung	0,001	0,01	0,1

e) Verfahren nach Hiett und Kobetz zur amperometrischen Bestimmung von Chrom und Vanadium in Krackkatalysatoren. Allgemeines. Für die überwiegend aus Kieselsäure-Tonerde bestehenden Katalysatoren wurde das Verfahren von PARKS und AGAZZI durch Schwefelsäure-Flußsäure-Aufschluß zur Entfernung der Kieselsäure dem Material angepaßt und im übrigen nur unbedeutend variiert.

Apparatur. Polarograph SARGENT-Modell XXI mit gesättigter Kalomel-Bezugs- und rotierender Platin-Indicator-Elektrode sowie Salzbrücke.

Reagenzien. 1. 0,1 n Eisen(II)-ammoniumsulfatlösung in Schwefelsäure (1 + 9) (etwa 1,8 m); hieraus werden 0,01- und 0,001 n Lösungen durch Verdünnen hergestellt.

2. Etwa 0,1 n Kaliumpermanganatlösung.

3. Natriumazidlösung, 10%ig; täglich frisch herzustellen.

Arbeitsvorschrift. 1 bis 2 g des Kieselsäure-Tonerde-Katalysators werden zur Entfernung organischer Substanz in der Platinschale langsam auf 650° erhitzt und 30 Min. bei dieser Temperatur gehalten. Nach dem Abkühlen wird der Rückstand mit Wasser getränkt, dann 5 ml konz. Schwefelsäure und schließlich 15 ml 50%ige Flußsäure vorsichtig anteilsweise hinzugegeben und bis zum Auftreten von Schwefelsäurenebeln erhitzt. Flußsäurezusatz und Einengen werden nochmals wiederholt, dann die Schalenwände mit 15 ml Wasser abgespült und wieder bis zum Rauchen erhitzt. Nun werden 13 ml 72%iger Perchlorsäure zugegeben und nach Überführung in ein mit Siedesteinchen versehenes Becherglas bedeckt bis zum Rauchen erhitzt; nach Auftreten einer klaren Dichromatfärbung wird die Lösung noch 10 Min. auf derselben Temperatur gehalten, 6 bis 8 Sek. durch Eintauchen in Eiswasser gekühlt und nach Zugabe von 15 ml Wasser und Abspülen der Wände 3 Min. gekocht; nach Abkühlen wird amperometrisch mit Eisen(II)-lösung titriert (Chrom + Vanadium). Nun wird die Lösung auf etwa 75 ml verdünnt, aufgekocht und Permanganatlösung so lange tropfenweise hinzugegeben, bis die Rosafärbung 1 Min. bestehenbleibt; dann wird zu der kochenden Lösung tropfenweise Nitritlösung bis zur Zerstörung des Permanganatüberschusses und 1 ml Überschuß gegeben. Nach 30 Sek. wird die Lösung in Eiswasser gekühlt und das Vanadium wie die Summe oben titriert. Chrom ergibt sich aus der Differenz.

Bemerkungen. Anwendungsbereich und Genauigkeit. Das Verfahren ist ausgearbeitet zur Bestimmung der beiden Elemente in Krackkatalysatoren, wo sie trotz ihres geringen Gehaltes wegen ihrer häufig entgegengesetzten katalytischen Wirkung wichtig sind. Die Genauigkeit wurde durch die Analyse synthetischer Gemische mit 0 bis 0,50% Chrom und 0,14 bis 0,50% Vanadium ermittelt und mit derjenigen ähnlicher Methoden verglichen. Die Bestimmung nach elektrolytischer Abtrennung (Johnson, Weaver und Lykken) ist sehr genau, aber wegen des Zeitbedarfs unterlegen. Die direkte Rücktitration des Vanadiums mit Permanganat nach Willard und Young (f) liefert wegen des schlecht erkennbaren Umschlags von o-Phenanthrolin für die vorliegenden Mengen zu große Abweichungen. Gegenüber Parks und Agazzi, von denen das vorliegende Verfahren nur wenig abweicht, besteht der Vorteil schnellerer Ausführung. Aus etwa 100 Analysen ergibt sich mit 95%iger Sicherheit (vgl. hierzu Dixon und Mason) bei Gehalten unter 0,005% eine absolute Abweichung von $\pm 0,0003\%$, bei Gehalten bis 0,01% $\pm 0,0005\%$, bei Gehalten bis 0,1% $\pm 0,001$ und darüber $\pm 1\%$ relative Abweichung.

f) Verfahren nach Willard und Young (e) zur potentiometrischen Summenbestimmung in wolframhaltigen Chrom- und Vanadiumstählen. Prinzip. Wie das folgende Verfahren beruht dieses u. a. darauf, daß in Lauge gelöste Wolframsäure bei Zugabe zur sauren Hauptlösung dann restlos in Lösung bleibt, wenn die Hauptlösung vorher mit genügend Eisen(III)-salz versetzt wird. Auch die Oxydation des Vanadiums und seine potentiometrische Titration werden unter diesen Bedingungen nicht beeinträchtigt.

Reagenzien. 1. Eisen(III)-ammoniumsulfatlösung. 345 g des Salzes werden unter Zusatz von 40 ml konz. Schwefelsäure mit Wasser zu 1000 ml gelöst; 25 ml dieser Lösung enthalten 1 g Eisen.

2. Silbernitratlösung, 0,25%ig;

3. 0,1 n Eisen(II)-sulfatlösung; weiterhin: konz. Salpetersäure, konz. Schwefelsäure, Schwefelsäure (D 1,50), Salzsäure (1 + 3) (etwa 3 n) und 4%ige Natronlauge.

Arbeitsvorschrift. Man erwärmt 1 bis 1,5 g Stahl in einem 400-ml-Becherglas mit 40 ml Wasser und 10 ml konz. Schwefelsäure gelinde, bis die H_2-Entwicklung vorüber ist, und dampft die Lösung zur Zerstörung von Carbiden über freier Flamme bis zur Salzabscheidung ein. Man verdünnt auf 50 ml, kocht auf, oxydiert tropfenweise mit konz. Salpetersäure, gibt nach Abklingen der Reaktion 5 bis 6 ml davon im Überschuß zu und dampft ein, bis sich reichlich Wolframsäure abscheidet. Man verdünnt dann auf 60 bis 70 ml, läßt gut absitzen, filtriert, bringt die Wolframsäure mit heißer 1%iger Schwefelsäure aufs Filter und wäscht aus. Die Wolframsäure wird nach Durchstoßen des Filters durch im ganzen 15 ml heiße 4%ige Natronlauge, mit der auch Fällungsgefäß und Filter nachgespült werden, in einem 150-ml-Becherglas gelöst. Zu dem sauren Hauptfiltrat der Wolframsäure gibt man 25 ml Eisen(III)-lösung und gießt dann unter fortgesetztem Umrühren die Natriumwolframatlösung hinzu. Es entsteht eine klare Lösung, die auf 300 ml verdünnt, zum Kochen erhitzt, mit 10 ml Silbernitratlösung und mit 5 g Ammoniumpersulfat versetzt wird. Bei genauer Befolgung der Angaben über Zusatz von Schwefelsäure und Salpetersäure muß jetzt Permanganatrötung auftreten; ist dies nicht der Fall, so fügt man noch etwas Persulfat zu, kocht 10 Min. zur Zerstörung des Persulfatüberschusses und nach Zusatz von 5 ml Salzsäure (1 + 3) (etwa 3 n) nochmals kräftig 10 Min., um Permanganat und freies Chlor zu entfernen. Die Lösung wird nun in Eiswasser abgekühlt und mit 25 ml eiskalter Schwefelsäure (D 1,50) versetzt. Die Summe von Vanadium und Chrom wird elektrometrisch mit 0,1 n Eisen(II)-sulfatlösung titriert.

Bemerkung. Anwendungsbereich und Genauigkeit. Bei Gehalten von 1 bis 4 g Chrom in Wolframstählen wurden Abweichungen an Doppelbestimmungen oder zur Indicatormethode derselben Verfasser (s. o.) von maximal 0,05% beobachtet.

g) Verfahren nach Willard und Gibson. Allgemeines. Die Arbeit der Verfasser über dieses Verfahren dient vor allem der Festlegung der günstigsten Oxydationsbedingungen mit Perchlorsäure [s. a. Abschnitt: Überführung in Chrom(VI)]. Die schon von WILLARD und CAKE vorgeschlagene, aber früher schwer zugängliche Säure wird jetzt für die Oxydation einer ganzen Reihe chromhaltiger Produkte benutzt (s. a. weiter vorn unter 1, Ferrochrom, und in diesem Unterabschnitt das mit Redoxindicator arbeitende Verfahren derselben Verfasser). Die für Ferrochrom angegebene Vorschrift kann auch für die Summenbestimmung von Chrom und Vanadium in Gußeisen sowie nickel- und wolframhaltigen Stählen herangezogen werden. Einfache wolframarme Stähle werden nach der Arbeitsvorschrift (s. u.) behandelt und entweder wie dort mit Indicator oder potentiometrisch titriert. Zum Aufschluß von geglühtem Chromoxyd und Chromit werden 30 bis 60 bis 90 Min. benötigt. Auch Wolframstähle können untersucht werden; die sonst für Inlösunghalten der Wolframsäure benützte Phosphorsäure verfälscht Chrom- und Vanadiumwerte, so daß die schon von WILLARD und YOUNG (e) (s. o.) festgestellte Tatsache benützt wird, daß in Gegenwart von genügend Eisen(III)-salz in eine Säurelösung große Mengen Wolframat eingegossen werden können, ohne daß ein Niederschlag entsteht. Die beim Lösen primär ausgefallene Wolframsäure muß zur Vermeidung von Chromfehlern (Reduktion durch Filtersubstanz) mit Peroxyd aufgeschlossen, gelöst und der Sauerstoff verkocht werden; diese Lösung wird zu der mit Eisen(III)-salz versetzten Hauptlösung gegeben, wo sie die elektrometrische Titration nicht stört.

Arbeitsvorschrift für Wolframstähle. 1 bis 1,5 g werden in 10 ml Wasser und 30 ml konz. Salzsäure durch Erhitzen zersetzt, vorsichtig 8 bis 10 ml konz. Salpetersäure zugegeben; unter gelegentlichem Umschwenken wird die Lösung leicht gekocht, bis alle dunklen Teile zu Wolframsäure oxydiert sind, und auf 20 ml eingedampft. Gegebenenfalls wird die Behandlung mit 10 ml Salz- und 3 ml Salpetersäure wiederholt. Nach Verdünnen mit 50 ml Wasser wird die Lösung der Salze aufgekocht, filtriert und die Wolframsäure mit heißer 2%iger Salzsäure und, nach Wechseln der Vorlage, mit 1%iger Ammoniumnitratlösung ausgewaschen, die zweiten Waschwässer verworfen. Zu dem Filtrat gibt man bei 1 g Stahl 1 g Eisen als Eisen(III)-chlorid oder -nitrat, bei 1,5 g Einwaage nur 0,5 g Eisen. Nach Zusatz von 25 ml 70%iger Perchlorsäure wird bis zum Auftreten von Perchlorsäuredämpfen eingedampft und noch 20 Min. gelinde gekocht.

Die in einem Eisen- oder Platintiegel veraschte Wolframsäure wird mit 1,5 g Natriumperoxyd 5 Min. geschmolzen und die in Wasser gelöste Schmelze zur Zerstörung des Peroxyds gekocht.

Die mit demselben Volumen Wasser verdünnte Hauptlösung wird zur Entfernung des Chlors 3 Min. gekocht und in die heiße Lösung unter Umschwenken die gesamte Natriumwolframatlösung langsam eingegossen.

Die so erhaltene Lösung wird entweder

aa) mit Eisen(II)-salzüberschuß versetzt und dieser mit Permanganatlösung zurücktitriert (s. d.) oder,

bb) wie oben S. 118 beschrieben, nach Zugabe von Phosphorsäure mit Natriumacetat essigsauer gestellt und mit Diphenylbenzidin als Indicator titriert oder

cc) nach KOLTHOFF und SANDELL in Gegenwart von Salzsäure und einer Spur Jod mit überschüssiger arseniger Säure versetzt und diese mit Permanganat zurücktitriert oder schließlich

dd) wie folgt weiterbehandelt. Die Lösung wird mit 30 ml Schwefelsäure (D 1,5) versetzt und bei 5° Chrom- und Vanadiumsäure mit Eisen(II)-sulfat elektrometrisch titriert.

Bemerkungen. α) Anwendungsbereich und Genauigkeit. In Stahl war bei Gehalten zwischen 0,24 und 0,91% nur eine geringfügige Abweichung in der dritten Stelle, bei Stahl mit 14 und Ferrochrom mit 68% nur solche in der zweiten

Stelle nach dem Komma zwischen Soll-, Indicator- und potentiometrischem Wert festzustellen. Bei Chromoxyd und Chromit sind diese einem Fehler von etwa 0,1% relativ entsprechenden Abweichungen nicht größer. Modellversuche an Stählen mit bekannten Dichromatzusätzen liegen in demselben Rahmen.

β) **Wolfram.** Da dieses durch Perchlorsäure ungenügend angegriffen wird, löst man bei seiner Anwesenheit die Probe erst in Salzsäure, oxydiert mit konz. Salpetersäure und dampft dann erst mit Perchlorsäure ein; im übrigen behandelt man weiter wie oben. Obwohl die Wolframsäure sowohl Chrom wie Vanadium einschließt, sind diese bei 1 mg liegenden Mengen nicht sehr bedeutend. Phosphorsäure (s. d.) kann nicht zum Löslichmachen der Wolframsäure dienen.

γ) **Phosphorsäure** verhindert hier die vollständige Oxydation größerer Chrommengen und führt zu Minderbefunden von bis zu 50%; infolge dieser und anderer Komplikationen wird die sonst für das Inlösunghalten der Wolframsäure benutzte Phosphorsäure bei diesem Verfahren ausgeschaltet.

δ) **Mangan** wird bei Oxydation mit Perchlorsäure in Gegenwart von Phosphorsäure quantitativ zu Mangan(III)-salz oxydiert, welches vor der Chromattitration reduziert werden muß; hierzu genügen 10 ml Salzsäure $(1 + 4)$ (etwa 2,5 n), die das Chromat nicht angreifen.

ε) **Vanadium** wird bei gleichzeitiger Anwesenheit von Phosphorwolframsäure infolge Komplexbildung [s. WILLARD und YOUNG (e)] immer zu niedrig gefunden, was ebenfalls die Anwesenheit von Phosphorsäure unerwünscht macht.

ζ) **Sonstiges.** Weitere Chrom- und Vanadiumbestimmungsmethoden von untergeordneter Bedeutung, z. B. quantitative Abscheidung des Chromats als Bleisalz u. a., vergleiche man im Original.

h) Verfahren nach Willard und Fenwick (a) zur elektrometrischen Bestimmung von Vanadium neben Chrom und Eisen. Allgemeines. Nach Prüfung der Bedingungen, unter denen Chromat durch Behandlung mit Perhydrol bzw. Perborat in essigsaurer Lösung quantitativ in Chrom(III) übergeht, ohne daß dabei Vanadium(V) reduziert wird, arbeiteten die Verfasser diese Methode aus. Dabei wird mit konz. Salpetersäure, zum Schluß mit etwas Permanganat oxydiert, Chromat wie angegeben reduziert und dann Vanadat elektrometrisch mit Eisen(II)-sulfat titriert. Zur Ermittlung von Chrom muß dann nochmals mit Persulfat oxydiert und die Summe in bekannter Weise bestimmt werden. Das vorzugsweise für die Vanadiumbestimmung bestimmte Verfahren hat sich wegen seiner Umständlichkeit und einiger Unsicherheitsfaktoren für die Chrombestimmung nicht weiter eingeführt.

Arbeitsvorschrift. 1 g Stahl wird mit 20 bis 30 ml Wasser und 5 ml konz. Schwefelsäure bis zur Zersetzung gelöst und die Lösung bis zur Salzbildung eingeengt. Dann nimmt man in 20 ml heißem Wasser auf, kocht mit 4 bis 5 ml konz. Salpetersäure und vervollständigt die Oxydation durch etwas Permanganatlösung. Nun gibt man für je 1 g angewandte Schwefelsäure 4,8 g Natriumacetat, insgesamt 50 ml Eisessig und eine neutralisierte Lösung von 0,5 g Natriumperborat hinzu, verdünnt auf 200 ml und kocht 20 Min. Nach Abkühlen wird die Lösung mit 30 ml konz. Salzsäure versetzt und mit 0,02 n Eisen(II)-sulfatlösung unter Verwendung eines früher beschriebenen [s. WILLARD und FENWICK (b)] polarisierten Platinelektrodensystems elektrometrisch titriert. Oxydation mit Persulfat in bekannter Weise und erneute Titration liefert die Summe aus Chrom und Vanadium; Chrom ergibt sich aus deren Differenz gegenüber dem ersten Wert.

i) Verfahren nach Oelsen, Haase und Graue zur elektrometrischen Bestimmung von Chrom und Vanadium im Stahl. Einzelheiten zu Prinzip, Apparatur usw. vergleiche man oben bei der Chrombestimmung derselben Verfasser in Abschnitt B.

Da Chlorid die Vanadiumbestimmung stört, kann auch das meist nach der Oxydation gebildete Permanganat nicht wie bei der Chrombestimmung mit Kochsalz zerstört werden. Bei Abwesenheit von Mangan wird die Summe aus Chrom und

Vanadium wie bei der Chrombestimmung elektrolytisch titriert, das Vanadium mit Permanganat wieder oxydiert, nach Zurücknahme des Überschusses mit Oxalsäure etwas Mangansulfat zugesetzt und das Vanadium erneut elektrolytisch titriert. Auch an bekannten Chrom-Vanadium-Lösungen ist eine deutliche Tendenz zu etwas erhöhten Vanadium- und infolgedessen etwas zu niedrigen Chromwerten feststellbar. Wegen dieser Mängel bedarf das Verfahren noch entsprechender Verbesserung.

III. Verfahren nach LINDEMANN zur Bestimmung von Chrom und Vanadium nebeneinander nach der Tüpfelmethode.

Prinzip. Nach Lösen in Schwefelsäure, Voroxydation mit Salpetersäure und deren Vertreiben erfolgt die Oxydation mit Persulfat und etwas Permanganat und die Titration der gebildeten Chrom- und Vanadiumsäure mit Eisen(II)-sulfat, wobei unter Verwendung von Tüpfelindicator der geringe Überschuß durch Dichromat entfernt wird; anschließend wird das Vanadium mit Permanganat titriert; es wird bei der beschriebenen Arbeitsweise durch die Rücktitration mit Dichromat nicht oxydiert.

Arbeitsvorschrift. 1 g Substanz wird in einem mit Uhrglas bedeckten, niedrigen, mit Ausguß versehenen Becherglas von 250 ml Inhalt mit 15 ml einer Lösung erhitzt, die aus 250 ml konz. Schwefelsäure, 750 ml Wasser und 2 g Silbernitrat hergestellt wird. Wenn die Wasserstoffentwicklung aufhört, nimmt man das Glas von der Flamme und gibt durch den Ausguß des Becherglases, das immer bedeckt bleiben muß, bei gewöhnlichen Stählen 2 ml, bei Schnelldrehstählen 3 ml Salpetersäure (D 1,2) tropfenweise zu und kocht 3 Min. Nach Wegnahme des Uhrglases dampft man die Lösung vorsichtig bis zum Entweichen von Schwefelsäuredämpfen ein. Darauf kühlt man ab, spült an den Gefäßwänden mit 25 ml Wasser herunter, gibt 2 g Ammonium- oder Kaliumpersulfat zu, bedeckt und kocht 2 Min. lang. Hat sich kein Permanganat gebildet, so gibt man 4%ige Permanganatlösung tropfenweise bis zur schwachen Rötung zu, außerdem 25 ml Wasser und zerstört die Persäuren durch 5 bis 10 Min. langes Kochen. Nach Abkühlen und Absitzen filtriert man durch einen Trichter, in dessen Hals sich 0,5 cm Glaswolle und darüber ebensoviel Asbest befinden, und wäscht mit kalter, etwa 1%iger Schwefelsäure nach, bis das Volumen des Filtrates 150 ml beträgt. Darauf titriert man mit 0,067 bis 0,056 n Eisen(II)-sulfatlösung bis Grün und dann weiter 1 bis 0,5 milliliterweise unter Tüpfeln mit 2%iger Kaliumhexacyanoferrat(III)-lösung, bis ein kleiner Überschuß von Eisen(II)-sulfat vorhanden ist; diesen mißt man mit einer 0,00578 n Dichromatlösung (0,2834 g $K_2Cr_2O_7$/1000 ml) zurück, bis mit 5 Tropfen der Lösung beim Tüpfeln nach 30 Sek. keine Bläuung mehr auftritt. Darauf titriert man das Vanadium(IV) mit eingestellter Permanganatlösung, bis die Rötung 3 Min. bestehenbleibt, und nimmt den Permanganatüberschuß durch Zusetzen einer eingestellten Arsenitlösung weg, bis die Farbe nach Hellgrün umschlägt.

Bemerkungen. *a) Säuren.* Salz- und Salpetersäure müssen ebenso wie Chlor abwesend sein, weshalb die zugesetzte Salpetersäure durch starkes Eindampfen entfernt wird.

b) Rückstand. Bleibt nach dem Kochen mit Salpetersäure ein dunkler Rückstand, der Chromcarbid enthalten kann, so ist er abzufiltrieren; nach Aufschluß, z. B. mit Soda-Salpeter-Schmelze, ist seine Lösung mit der Hauptlösung zu vereinigen.

c) Persulfat. 2 g genügen für Stähle mit höheren Gehalten; für gewöhnliche Stähle kommt man mit 1 g aus.

d) Permanganat wird nur bei kleinen Gehalten schon durch Kochen zerstört; andernfalls gibt man zur schnellen Zerstörung einige Tropfen Mangansulfat hinzu oder bedient sich der zahlreichen, in neuerer Zeit von anderen Autoren angegebenen Reagenzien (s. d.).

e) Eisen(II)-sulfat- und Arsenitlösungen müssen vor oder nach der Titration mit Permanganat auf denselben Farbton wie bei der Titration eingestellt werden. Die Eisenlösung wird zweckmäßig unter Schutzgas aufbewahrt.

f) Rücktitration ist deshalb vorzuziehen, weil ein geringer Dichromatüberschuß nicht, wohl dagegen ein Eisen(II)-überschuß bei der anschließenden Permanganattitration des Vanadiums stört.

3. Chrombestimmung neben anderen Elementen.

I. Verfahren zur Bestimmung von Chrom, Vanadium und Mangan nebeneinander nach LANG und KURTZ.

Verfahren a für schwefelsaure, chloridfreie Lösungen. Prinzip. Man titriert zunächst in einer und derselben Probe nach Oxydation mit Kaliumpersulfat in Gegenwart von Silbernitrat die Summe von Chromat, Vanadat und Permanganat und dann nach entsprechend durchgeführter Reoxydation mit Kaliumpersulfat bei Gegenwart von Salzsäure, wobei Mangan(II) nicht oxydiert wird, die Summe von Chrom(VI) und Vanadium(V). Schließlich oxydiert man mit wenig überschüssigem Kaliumpermanganat in der Kälte das Vanadium(IV) selektiv zu Vanadium(V). Permanganat, Mangan(III)-salz und Chlor werden durch Nitrit beseitigt. Dieses wird durch Harnstoff zerstört und das Vanadat ferrometrisch gegen Diphenylamin titriert. Die Differenz der ersten beiden Titrationen entspricht dem Permanganat, die der zweiten und dritten Titration dem Chromat, während das Vanadat unmittelbar durch die dritte Titration erfaßt wird.

Arbeitsvorschrift. Das chloridfreie Lösungsgemisch des Chrom(III)-, Vanadium(IV)- und Mangan(II)-salzes versetzt man mit 20 ml 5 n Schwefelsäure, dann mit 6 bis 10 g glasiger Phosphorsäure und erhitzt, bis diese gelöst ist. Dann bringt man mit Wasser auf 200 ml, fügt 3 bis 5 ml 0,1 n Silbernitratlösung und 2 g Kaliumpersulfat, in Wasser gelöst, hinzu, erhitzt und läßt 20 bis 25 Min. kochen; man kühlt auf Zimmertemperatur ab und titriert mit 0,1 n Eisen(II)-sulfatlösung, bis zunächst das Permanganatrot verblaßt ist. Hierauf fügt man 3 Tropfen Diphenylaminlösung hinzu und titriert bis zum Farbenwechsel aus (Titration I).

Nun gibt man neuerdings 2 g Kaliumpersulfat zu der Probe, erhitzt, kocht 5 Min., fügt 15 bis 20 ml Salzsäure (1 + 1) (etwa 6 n) hinzu und kocht weiter, bis kein Chlorgeruch mehr wahrzunehmen ist und bis das Silberchlorid sich grobflockig zusammengeballt hat (erforderliche Kochdauer: 5 bis 10 Min.). Dann kühlt man ab, fügt 3 Tropfen Diphenylaminlösung hinzu und titriert wieder mit 0,1 n Eisen(II)-sulfatlösung (Titration II).

Jetzt läßt man Permanganatlösung von etwa 0,1 n Konzentration in geringem Überschuß bei gewöhnlicher Temperatur zur Probe fließen, so daß diese deutlich dauernd rot gefärbt bleibt. Die Rotfärbung bringt man durch einige Tropfen 0,5 m Natriumnitritlösung wieder fort und trägt sofort 3 bis 5 g Harnstoff ein. Nach 15 Min. fügt man neuerdings 3 Tropfen Diphenylaminlösung hinzu und titriert zum dritten Male mit der Eisen(II)-sulfatlösung (Titration III).

Berechnung. Bei Verwendung von 0,1 n $FeSO_4$-Lösung erhält man:

$$\text{mg Mn} = (\text{I} - \text{II}) \cdot 1{,}099,$$
$$\text{mg Cr} = (\text{II} - \text{III}) \cdot 1{,}7337,$$
$$\text{mg V} = \text{III} \cdot 5{,}095.$$

Bemerkungen. α) Genauigkeit. Die erreichbare Genauigkeit liegt nach Angaben der Verfasser innerhalb der Grenzen der Ablesefehler; vgl. Tab. 4.

β) Einfluß von Silberchlorid auf den Farbumschlag. Nach LANG und MESSINGER beeinträchtigt feinverteiltes Silberchlorid die Indikation mit Diphenylbenzidinviolett infolge Adsorption dieses Farbstoffes. Ist jedoch das Silberchlorid

Tabelle 4. *Titration nach Lang und Kurtz.*

Angewendet ml 0,1 n Lösung			Verbraucht ml I (Mn + Cr + V)		0,1 n FeSO$_4$-Lösung für II (Cr + V)		III (V)	
KMnO$_4$	K$_2$Cr$_2$O$_7$	NH$_4$VO$_3$	gefunden	berechnet	gefunden	berechnet	gefunden	berechnet
10,10	10,05	10,02	30,20	30,17	20,05	20,07	10,02	10,02
5,05	30,10	5,00	40,18	40,15	35,12	35,10	5,01	5,00
30,03	5,02	4,98	40,10	40,03	10,00	10,00	5,00	4,98
5,03	20,06	20,10	45,25	45,19	40,10	40,16	20,10	20,10
20,05	20,12	5,03	45,19	45,20	25,13	25,15	5,02	5,03
20,00	5,00	20,10	45,15	45,10	25,13	25,10	20,08	20,10

in so grobteiliger Form vorhanden, daß die Lösung ganz klar bleibt und nicht im mindesten milchig trüb erscheint, dann ist der Farbwechsel im Titrationsendpunkt genügend scharf. Bleibt die Flüssigkeit nach dem Kochen milchig getrübt, dann filtriert man besser vor der zweiten Titration das Silberchlorid ab.

γ) Bedeutung des Metaphosphatzusatzes. Der Metaphosphatzusatz hat den Zweck, das Ausfallen von Mangan(IV)-oxydhydrat zu vermeiden, das sich dann kaum mehr in Lösung bringen und darum nicht weiter oxydieren lassen würde.

δ) Eine Reduktion von Vanadat durch Nitrit ist nach Versuchen der Verfasser unter den herrschenden Bedingungen nicht zu befürchten.

Verfahren b für salzsaure oder chloridhaltige Lösungen. Prinzip. In der schwach sauren bis fast neutralen Lösung, die Chrom(III), Vanadium(IV) und Mangan(II) enthält, werden die beiden ersteren mittels Permanganat oxydiert. Nach Zugabe von Silberionen und Salzsäure kocht man danach auf, um die höheren Oxyde des Mangans unter der katalytischen Wirkung von Silberchlorid schnell zu reduzieren (LANG), wobei das Chromat keine Reduktion erfährt (PHILIPS, vgl. auch S. 71). Man titriert nun mit Eisen(II)-sulfat die Summe von Chromat und Vanadat. In der austitrierten sauren Lösung oxydiert man selektiv das Vanadium(IV)-salz mit Kaliumpermanganat, dessen Überschuß dann mit arseniger Säure unter Verwendung der Jodkatalyse (LANG) entfernt wird, und titriert anschließend das Vanadat mit Eisen(II)-sulfat allein. In einer zweiten Probe titriert man die Summe von Vanadium(V)- und Mangan(III)-salz nach induzierter Oxydation mit Chromsäure und arseniger Säure bei Gegenwart von Flußsäure. Die Differenz der ersten beiden Titrationen entspricht dem Chrom(VI), die der dritten und zweiten Titration dem Mangan(III), während die zweite Titration unmittelbar das Vanadium(V) angibt.

Arbeitsvorschrift. Die salzsaure Lösung der drei Metallsalze versetzt man mit Natriumcarbonat, bis eben ein bleibender Niederschlag entsteht. Sodann gießt man 70 bis 100 ml 0,1 n KMnO$_4$-Lösung ein, bringt mit Wasser auf 200 ml und erhitzt bis zum beginnenden Sieden. Nun fügt man 3 bis 5 ml 0,1 n AgNO$_3$-Lösung und 20 ml Salzsäure (1 + 1) (etwa 6 n) hinzu und kocht, bis kein Chlorgeruch mehr wahrzunehmen und das Silberchlorid grobflockig geworden ist. Die Kochdauer beträgt etwa 5 Min. Nach dem Abkühlen gibt man 5 ml sirupöse Phosphorsäure und 3 Tropfen Diphenylaminlösung hinzu und titriert mit 0,1 n Eisen(II)-sulfatlösung (Titration I). Zu der austitrierten Lösung fügt man 0,1 n KMnO$_4$-Lösung bis zur dauernden deutlichen Rötung, sodann 2 Tropfen 0,0025 m KJO$_3$-Lösung und etwas 0,1 n As$_2$O$_3$-Lösung zur Entfernung des Permanganatüberschusses. Nach $^1/_2$ bis 1 Min. fügt man wieder 3 Tropfen Diphenylaminlösung hinzu und titriert neuerdings mit der Eisen(II)-lösung (Titration II). Eine zweite Probe der Lösung der drei Metallsalze stumpft man zunächst mit Natriumcarbonat bis zur reichlichen Niederschlagsbildung ab, fügt 7 ml Flußsäure (oder 5 g NaF und 25 ml 5 n H$_2$SO$_4$) und 10 ml sirupöse Phosphorsäure, dann 30 ml 0,3 n K$_2$Cr$_2$O$_7$-Lösung und 35 ml 0,3 n As$_2$O$_3$-Lösung (diese absatzweise) hinzu. Nach 2 bis 3 Min. gibt man 3 Tropfen Diphenylaminlösung hinzu und titriert mit 0,1 n Eisen(II)-sulfatlösung (Titration III).

Berechnung. Bei Verwendung von 0,1 n $FeSO_4$-Lösung und gleichen Einwaagen erhält man:

$$mg\ Mn = (III - II) \cdot 5{,}494,$$
$$mg\ Cr = (I - II) \cdot 1{,}7337,$$
$$mg\ V = II \cdot 5{,}095.$$

Bemerkungen. α) Genauigkeit. Die Reproduzierbarkeit der Ergebnisse ist genausogut wie bei Methode a).

β) Theoretische Erklärungen. Die Bestimmung des Mangans erfolgt mit Hilfe des von den Verfassern an anderer Stelle (vgl. auch § 6) beschriebenen Verfahrens, nach welchen man Mangan(II)-salz durch induzierte Oxydation mittels Chromsäure und arseniger Säure in Mangan(III)-salz überführt, das nun durch Titration mit Eisen(II)-sulfat gemessen werden kann. Das Vanadium(IV)-salz wird dabei mitoxydiert und mittitriert. Mangan(II)-salz wird von Chromsäure im allgemeinen nicht oxydiert (LANG). Tritt jedoch arsenige Säure hinzu, so wird die Oxydation des Mangan(II)-salzes induziert (LANG und ZWEŘINA). Der verfügbare Sauerstoff der Chromsäure verteilt sich dabei im Verhältnis 1:2 zwischen Mangan(II)-salz und arseniger Säure, so daß die induzierte Oxydation des Mangan(II)-salzes nach dem Schema:

$$Mn(II) + Cr(VI) + As(III) \longrightarrow Mn(III) + Cr(III) + As(V) \tag{I}$$

vor sich geht.

Dieser Vorgang verläuft aber nur dann glatt, wenn das Mangan(III)-salz durch Flußsäure in einen praktisch undissoziierten Komplex übergeführt wird. Man erreicht dadurch einerseits, daß die im Überschuß anzuwendende arsenige Säure nicht in merklicher Weise auf das Mangan(III)-salz reduzierend wirkt, andererseits, daß das Mangan(III) nicht weiter zu Mangan(IV) oxydiert wird. Dies beruht darauf, daß das Gleichgewicht:

$$[MnF_5]^{--} \rightleftarrows Mn^{+++} + 5\,F^- \tag{II}$$

stark nach der linken Seite verschoben ist und deshalb auch die Disproportionierung:

$$2\,Mn^{+++} \rightleftarrows Mn^{++} + Mn^{++++} \tag{III}$$

wenig begünstigt ist.

Die Lage des Gleichgewichtes (II) und damit auch die Bildung von Mangan(IV)-salz hängt aber auch von der Acidität der Lösung ab, da die Beziehung gilt:

$$2\,F^- + 2\,H^+ \rightleftarrows H_2F_2. \tag{IV}$$

In Lösungen, die außer freier Fluß- und Phosphorsäure auch etwas neutrales Fluorid und Phosphat enthalten, sind die Bedingungen für eine quantitative Oxydation zu Mangan(III)-salz erfahrungsgemäß gegeben.

Die Phosphorsäure bewirkt außerdem die Bildung von hellgrün gefärbten Chrom(III)-komplexen, wodurch der Farbumschlag von Blau nach Hellgrün besonders scharf wird.

Auf Vanadium(IV)-salz allein angewendet, ergibt das Verfahren keineswegs quantitativ Vanadat; erst durch das Hinzutreten von Mangan(II)-salz, wenn auch nur einer Spur, wird auch Vanadium(IV) durch Chrom(VI) vollständig zu Vanadium(V) oxydiert, ebenso Arsen(III) zum Arsen(V). Dies erklärt sich folgendermaßen:

Vanadiumsäure, die unter geeigneten Bedingungen durch arsenige Säure nicht reduziert wird, erleidet sehr wohl eine geringe Reduktion, wenn in ihrer Gegenwart Chromsäure auf arsenige Säure einwirkt. ZINTL und ZAIMIS führen diese Reduktion der Vanadiumsäure darauf zurück, daß die bei der Reduktion der Chromsäure auftretenden Zwischenstufen Cr(V) oder Cr(IV) reduzierend auf Vanadiumsäure wirken. Es kann darum andererseits Vanadium(IV)-salz durch die induzierte Oxydation mittels Chromsäure und arseniger Säure nicht vollständig in Vanadat übergeführt werden. Immerhin überwiegt die oxydierende Wirkung der Zwischenstufen Cr(IV), (V) auf Vanadium(IV)-salz, deren reduzierende Wirkung auf Vanadat, so daß auch bei Abwesenheit von Mangan(II)-salz eine weitgehende induzierte Oxydation von Vanadium(IV)-salz erreicht wird. Bei der gemeinsamen induzierten Oxydation von Vanadium(IV)- und Mangan(II)-salz betätigt sich aber das entstehende Mangan(III)-salz als schnell und, da es immer wieder vollständig regeneriert wird, auch als beständig wirkender Sauerstoffüberträger gegenüber Vanadium(IV). Die Folge dieser Wechselwirkung von Katalyse und Induktion ist schließlich die quantitative Oxydation des Vanadium(IV)- und Mangan(II)-salzes.

Nach Versuchen der Verfasser kann bei der Summenbestimmung von Mangan(III) und Vanadium(V) in der schwach sauren, das Vanadat weitgehend als Komplex enthaltenden Lösung selbst ein großer Arsenitüberschuß längere Zeit wirken, ohne daß Vanadat wieder reduziert wird. Die Komplexbildung, auch die von Mangan(III)-salz, kann übrigens, wenn man zu stark alkalisch gestellt hatte, eine so weit gehende sein, daß zu Ende der Titration der Indicator zu langsam mit Vanadium(V) und Mangan(III) ins Gleichgewicht kommt. Zweckmäßig säuert man daher gegen Ende der dritten Titration mit 25 ml 5 n Schwefelsäure nochmals an. Eine dann neuerdings auftretende Blaufärbung ist in die Titration mit einzubeziehen.

Verfahren c für schwefelsaure, chloridfreie Lösungen. Prinzip. Man titriert in der gleichen Probe mit 0,1 n Eisen(II)-sulfatlösung zuerst die Summe von Chrom(VI) und Vanadium(V), sodann nach induzierter selektiver Reoxydation des Vanadium(IV)-salzes das Vanadium(V) und schließlich nach der induzierten Reoxydation des Vanadiums(IV)- und Mangan(II)-salzes die Summe von Vanadat- und Mangan(III)-salz.

Arbeitsvorschrift. Die Lösung der drei Metallsulfate versetzt man mit 20 ml 5 n Schwefelsäure, 3 bis 5 ml 0,1 n Silbernitratlösung, 2 g festem Kaliumpersulfat und bringt mit Wasser auf etwa 120 ml. Dann erhitzt man, kocht 5 Min., fügt 10 ml Salzsäure (1 + 1) (etwa 6 n) zu und kocht weiter, bis kein Chlor mehr entweicht und die Lösung klar erscheint. Man kühlt ab, fügt 3 Tropfen Diphenylaminlösung und 5 ml sirupöse Phosphorsäure zu und titriert mit 0,1 n Eisen(II)-sulfatlösung (Titration I). Alsdann fügt man 20 ml 0,3 n $K_2Cr_2O_7$-Lösung, ferner 25 ml 0,3 n As_2O_3-Lösung und nach 1 Min. 1 Tropfen 0,0025 m KJO_3-Lösung zu. Nach einer weiteren Minute titriert man mit der Eisen(II)-lösung (Titration II).

Nun trägt man 8 g Natriumfluorid ein, schwenkt bis zur möglichst vollständigen Lösung des Salzes um und fügt wieder 20 ml 0,3 n $K_2Cr_2O_7$-Lösung und absatzweise 20 ml 0,3 n As_2O_3-Lösung zu. Nach 2 bis 3 Min. titriert man mit der Eisen(II)-lösung (Titration III).

Berechnung. Bei Verwendung von 0,1 n $FeSO_4$-Lösung erhält man:

$$\text{mg Mn} = (\text{III} - \text{II}) \cdot 5{,}494,$$
$$\text{mg Cr} = (\text{I} - \text{II}) \cdot 1{,}7337,$$
$$\text{mg V} = \text{II} \cdot 5{,}095.$$

Bemerkungen. α) Genauigkeit und Zeitbedarf. Das Verfahren liefert, wie die angeführten Beleganalysen zeigen, genau so zufriedenstellende Ergebnisse wie die Methoden a und b.

Von allen drei Verfahren ist es das am raschesten ausführbare. Die selektive, induzierte Oxydation des Vanadium(IV)-salzes ist mit Rücksicht auf das früher Gesagte (S. 131) verständlich. Das zunächst mitoxydierte Mangan(II)-salz wird nach Zusatz der Jodspur schnell wieder reduziert. In Gegenwart des Natriumfluorids erhält man durch die induzierte Oxydation quantitativ die Summe von Vanadium(V)- und Mangan(III)-salz, da komplexes Mangan(III)-fluorid durch arsenige Säure selbst unter der katalytischen Wirkung einer Jodspur nicht merklich reduziert wird. Der Indicator braucht bei diesem Verfahren nur einmal hinzugefügt zu werden, da er im weiteren Verlaufe nicht zerstört wird.

β) Anwendungen der vorstehend beschriebenen Methoden für die Stahlanalyse. aa) Analyse von wolframfreiem Stahl. Auf Lösungen von wolframfreiem Stahl lassen sich die Verfahren a, b und c unverändert anwenden. Zwecks Ermittlung des meist sehr geringen Vanadiumgehaltes titriert man jedoch besser mit 0,02 n Eisen(II)-sulfatlösung.

Arbeitsvorschrift nach Verfahren a. Man löst 1,5 bis 2 g Stahl in 20 ml Schwefelsäure (1 + 4) (etwa 3,7 m), oxydiert mit 2 ml Salpetersäure und kocht die Stickoxyde fort. Dann trägt man 10 g glasige Phosphorsäure ein und verfährt weiter nach Methode a, wie auf S. 129 beschrieben wurde.

Bemerkungen. Meist fällt beim Erhitzen der Lösung weißes Eisen(III)-metaphosphat aus, das jedoch weiter nicht stört. Zweckmäßig filtriert man vor der zweiten Titration diesen Niederschlag samt dem Silberchlorid ab. Stoßen beim Sieden verhindert man durch Zugabe von Bimssteinstückchen oder von käuflichen Siedesteinchen.

Ein von MUCHINA und SOLOTAREWA beschriebenes Verfahren zur Bestimmung von Chrom, Mangan und Vanadium in Stählen entspricht fast vollständig dieser Methode. Nach Angaben letzterer Autoren stören Eisen, Kupfer, Zink, Kobalt, Nickel, Titan und Molybdän nicht. Statt Kaliumpersulfat darf in keinem Falle Ammoniumpersulfat angewendet werden, da dasselbe die Verfärbung des Indicators beeinflußt.

Arbeitsvorschrift nach Verfahren b. Man löst 2,5 bis 3,5 g Stahl in 50 ml Salzsäure (1 + 1) (etwa 6 n), oxydiert mit 10 ml 30%igem Wasserstoffperoxyd nach (das Nachoxydieren kann man auch mittels Kaliumchlorats bewirken), zerstört dessen Überschuß durch Kochen, kühlt ab und füllt im Meßkolben auf 250 ml auf. Man pipettiert zwei Proben von je 100 ml ab und bestimmt nach dem Verfahren b in der beschriebenen Weise (S. 130) in einer Probe Chrom und Vanadium und in der anderen Probe Mangan.

Bei geringeren Chromgehalten führt man alle drei Titrationen mit 0,02 n Eisen(II)-sulfatlösung aus; sonst verwendet man zur Titration I 0,1 n Eisen(II)-sulfatlösung und nur bei Titration II und III 0,02 n Eisen(II)-sulfatlösung.

Bemerkung. Auch die vorstehende Arbeitsvorschrift wurde von MUCHINA und SOLOTAREWA praktisch wörtlich übernommen.

Arbeitsvorschrift nach Verfahren c. Man löst 1 bis 2 g Stahl in 20 ml Schwefelsäure (1 + 4) (etwa 3,7 m), oxydiert mit 2 ml Salpetersäure und verkocht die Stickoxyde. Anschließend verfährt man genau nach der Arbeitsvorschrift c weiter (vgl. S. 132). Die induzierte Oxydation des Vanadium(IV)-salzes sowie die des Vanadium(IV)- und Mangan(II)-salzes führt man jedoch, abweichend von der Vorschrift, immer mit 30 ml 0,1 n $K_2Cr_2O_7$-Lösung und 40 ml 0,1 n As_2O_3-Lösung durch. Diese Mengen genügen für einen Mangangehalt von 1,8% und einen Vanadiumgehalt von 0,6%. Die Titrationen führt man mit 0,02 n Eisen(II)-sulfatlösung durch.

Bemerkungen. Indicatorkorrektur und Genauigkeit. Bei dem vorstehenden Verfahren c ist die Indicatorkorrektur für die Titration I eine positive, für die Titrationen II und III dagegen eine negative. Der durch Nichtberücksichtigung der Korrektur verursachte Fehler beträgt bei einer Einwaage von 1 g für Vanadium und Mangan lediglich 0,005%, für Chrom noch weniger.

Die Verfasser fanden bei der Analyse eines Stahles mit 0,60% Mn, 1,00% Cr und 0,20% V nach den vorstehenden drei Methoden genau die gleichen Ergebnisse.

Auch das Verfahren c wurde sinngemäß von MUCHINA und SOLOTAREWA für Chrom- und Vanadiumbestimmungen im Stahl angegeben.

bb) Analyse von wolframhaltigem Stahl. Allgemeines. Wie schon mehrfach festgestellt wurde, stört Wolframsäure bzw. Phosphorwolframsäure die Endpunktanzeige bei einer Titration mit Diphenylamin als Indicator. Die Wirkung der Wolframsäure beruht nach Angaben von LANG und KURTZ wahrscheinlich darauf, daß die Diphenylaminblaubase unter Farbänderung von der Wolframsäure in eigentümlicher Weise gebunden wird. Die Verfasser fanden nun, daß Diphenylaminblau von Wolfram, das an Fluor gebunden ist, nicht im mindesten verändert wird, und daß dann auch die Titration mit Eisen(II)-sulfat ohne Störung durchführbar ist. Führt man daher die beim Lösen von Wolframstahl resultierende Wolframsäure in Wolframfluorid über, so kann man Titrationen mit Eisen(II)sulfat und Diphenylamin als Indicator ausführen. Es genügt keineswegs, einfach von der Wolframsäure abzufiltrieren, was ja zwecks gleichzeitiger Bestimmung der Wolframsäure erforderlich ist. Es bleibt immer eine geringe Menge Wolframsäure in Lösung, welche die Diphenylaminblauindikation verhindern würde. Erst der Zusatz von Alkalifluorid bewirkt ein tadelloses Ansprechen dieser Indikation.

Einen glatten Aufschluß von wolframreichem Stahl erzielt man auf nassem Wege am einfachsten durch Verwendung von Königswasser. Deswegen kann hier nur das Verfahren b, das jedoch wegen des anwesenden Wolframs etwas abzuändern ist, zur Anwendung kommen. Bei genauen Analysen ist auch zu beachten, daß eine geringe Menge Vanadiumsäure mit der Wolframsäure ausfällt und sich dadurch der Bestimmung entzieht. Nach der folgenden Methode kann auch diese Vanadiumsäure in einfacher Weise ferrometrisch bestimmt werden.

Arbeitsvorschrift. 2 bis 2,5 g Stahlspäne werden unter Erhitzen in etwa 40 ml Königswasser (32 ml konz. HCl $+$ 8 ml konz. HNO_3) gelöst. Nach vollendetem Aufschluß verdünnt man mit Wasser auf 150 ml, filtriert von der abgeschiedenen Wolframsäure ab und wäscht mit salzsäurehaltigem Wasser aus. Zum Filtrat fügt man zwecks Zerstörung niederer Stickoxyde 10 ml 30%iges Wasserstoffperoxyd zu und kocht bis zum Aufhören der Sauerstoffentwicklung. Man spült die Lösung nun in einen 250-ml-Meßkolben, füllt zur Marke auf, pipettiert 100 ml in einen 500 ml fassenden Kolben, woselbst man mit festem Natriumcarbonat bis zur beginnenden Fällung abstumpft. Dann fügt man etwa 70 ml 0,1 n $KMnO_4$-Lösung und 30 ml Wasser hinzu, erhitzt zum Sieden, fügt 3 bis 5 ml 0,1 n $AgNO_3$-Lösung und 20 ml Salzsäure $(1+1)$ (etwa 6 n) hinzu und kocht, bis kein Chlorgeruch mehr wahrzunehmen und das Silberchlorid grobflockig geworden ist. Nun kühlt man ab, trägt 3 bis 4 g NaF oder KHF_2 ein, fügt 3 Tropfen Diphenylaminlösung zu und titriert mit 0,1 n Eisen(II)-sulfatlösung (Titration I). Nun fügt man 0,1 n $KMnO_4$-Lösung bis zur deutlichen Rotfärbung hinzu, bringt die Rotfärbung mit wenig überschüssiger 0,5 m Natriumnitritlösung wieder weg und trägt 5 g Harnstoff ein. Nach 15 Min. fügt man 3 Tropfen Diphenylaminlösung zu und titriert mit 0,02 n Eisen(II)-sulfatlösung (Titration II).

Man pipettiert jetzt aus dem Meßkolben weitere 100 ml ab, die man wieder mit Natriumcarbonat bis zur Niederschlagsbildung abstumpft. Hierauf trägt man 5 g Natriumfluorid und 25 ml 5 n Schwefelsäure ein und schwenkt bis zur Lösung des Salzes um. Dann gibt man 5 bis 10 ml sirupöse Phosphorsäure, ferner 30 ml 0,1 n $K_2Cr_2O_7$-Lösung und absatzweise 45 ml 0,1 n As_2O_3-Lösung hinzu. Nach 3 Min. werden 3 Tropfen Diphenylaminlösung zugefügt und mit 0,02 n Eisen(II)-sulfatlösung titriert (Titration III).

Die bei der Wolframsäure verbliebene Vanadiumsäure bestimmt man wie folgt:

Die Wolframsäure löst man in 10 ml 2,5 n Natronlauge (unter Erhitzen, wenn die Wolframsäure vorher geglüht wurde), fügt 3 bis 4 g Natriumfluorid, in Wasser gelöst, sodann etwa 40 ml 5 n Schwefelsäure und 3 Tropfen Diphenylaminlösung hinzu, wartet das Eintreten der Violettfärbung ab und titriert mit 0,02 Eisen(II)-sulfatlösung (Titration IV).

Bemerkungen. Genauigkeit. Die nach der angegebenen Methode erhaltenen Chrom- und Vanadiumwerte stimmen sehr gut mit dem von LANG und ZWEŘINA angegebenen potentiometrischen Verfahren überein (vgl. S. 162). Bei einem Wolframgehalt von 25% enthielt der zu untersuchende Stahl 4,50% Cr, 1,15% V und 0,15% Mn. Von dem Gesamtvanadiumgehalt von 1,15% fanden sich 0,04% als Rückstand in der Wolframsäure.

Geringe Mengen Molybdän haben keinen nachteiligen Einfluß auf die beschriebenen Verfahren.

II. Verfahren nach LANG und FAUDE zur Bestimmung von Chrom, Vanadium, Mangan und Cer nebeneinander.

Prinzip. Die Bestimmung aller vier Metalle erfolgt in der Weise, daß zunächst nach Oxydation mit Persulfat bei Gegenwart von Silbersalz die Summe von Cr(VI), Mn(VII), V(V) und Ce(IV) mit Eisen(II)-sulfatlösung titriert wird (Titration I). Die im Anschluß vorgenommene induzierte Oxydation mit Dichromat und arseniger Säure und die sodann folgende Titration mit Eisen(II)-lösung gibt die Summe von Ce(IV), Mn(III) und V(V) (Titration II).

In einer zweiten Probe der Lösung der vier Salze wird Vanadium(IV)-salz durch überschüssiges Permanganat selektiv oxydiert. Man beseitigt den Permanganatüberschuß durch arsenige Säure unter katalytischer Mitwirkung von Osmium(VIII)-oxyd nach GLEU. Das Vanadat wird sodann mit Eisen(II)-lösung titriert (Titration III). Im Anschluß hieran wird die Silbersalz-Persulfat-Methode angewendet, worauf man durch Zugabe von etwas Salzsäure Ce(IV)-salz und Permanganat reduziert. In der Lösung verbleiben sodann Chromat und Vanadat, deren Summe durch neuerliche Titration mit Eisen(II)-sulfat zu bestimmen ist (Titration IV).

Bezeichnet man die dem Ce, Mn, V und Cr entsprechenden Oxydationsäquivalente der Reihe nach mit a, b, c und d, dann werden bei Titration I: $a + 5b + c + 3d$, bei Titration II: $a + b + c$, bei Titration III: c und bei Titration IV: $c + 3d$ Äquivalente umgesetzt. Danach berechnen sich bei Verwendung von 0,1 n Eisen(II)-sulfatlösung:

$$\text{g Ce} = \frac{(5 \cdot \text{II} - 5 \cdot \text{III} - \text{I} + \text{IV}) \cdot 140{,}13}{40\,000};$$

$$\text{g Mn} = \frac{(\text{I} - \text{II} - \text{IV} + \text{III}) \cdot 54{,}94}{40\,000};$$

$$\text{g V} = \frac{\text{III} \cdot 50{,}95}{10\,000};$$

$$\text{g Cr} = \frac{(\text{IV} - \text{III}) \cdot 52{,}01}{30\,000}.$$

Diese Beziehungen zeigen, daß nur Vanadium unabhängig von den anderen Bestandteilen zu bestimmen ist. In die Chrombestimmung gehen die Fehler von zwei Titrationen, in die des Mangans und Cers die Fehler von allen vier Titrationen ein, allerdings mit verschiedenen Koeffizienten. Die erreichbare Genauigkeit ist dementsprechend für die einzelnen Metalle auch verschieden.

Arbeitsvorschrift. Das etwa 5 ml konz. H_2SO_4 enthaltende, chloridfreie Lösungsgemisch versetzt man mit 6 bis 10 g gelöster Metaphosphorsäure (glasige Phosphorsäure), 2 g Kaliumpersulfat und 2 bis 3 ml 0,1 n Silbernitratlösung. Man verdünnt auf 200 ml, erhitzt und hält 20 Min. im Sieden, wobei man darauf achtet, daß die Lösung nicht unter 150 ml eindampft. Zweckmäßig gibt man beim Kochen kleine Glasperlen zu. Bimsstein soll nicht verwendet werden, da an diesem etwas Mangansalz adsorbiert wird. Während des Erhitzens fällt gewöhnlich Cer(IV)-metaphosphat aus, weil sich ein Teil der Metaphosphorsäure, in der Cer(IV)-metaphosphat löslich ist, in Orthophosphorsäure umwandelt. Nach Unterbrechung des Kochens fügt man neuerdings Metaphosphorsäure hinzu, wodurch Cer(IV)-salz wieder vollständig in Lösung geht. Nach Abkühlen auf Zimmertemperatur titriert man mit manganfreier 0,1 n Eisen(II)-sulfatlösung zunächst auf rosa, gibt dann 3 Tropfen Diphenylaminlösung (1 g Diphenylamin in 100 ml sirupöser Phosphorsäure gelöst) zu und titriert scharf bis zum Umschlag von blau nach grasgrün.

Unmittelbar nach dieser Titration werden 55 ml 0,3 n Dichromat- und 60 ml 0,3 n Arsenitlösung unter Umschwenken eingegossen (die Arsenitlösung tropfenweise!); es wird kurz nachgespült und nach $^1/_2$ Min. neuerdings mit der Eisen(II)-sulfatlösung titriert. In einer zweiten (gleich großen) Probe wird das chloridfreie, etwa 5 ml konz. Schwefelsäure enthaltende Lösungsgemisch von Ce(III)-, Mn(II)-, Cr(III)- und V(IV)-salz bei einem Volumen von etwa 100 ml mit 0,1 n Permanganat-lösung bis zur deutlich bleibenden Rotfärbung versetzt. Die Rotfärbung beseitigt man mit arseniger Säure und fügt von dieser noch einen kleinen Überschuß hinzu. Man versetzt außerdem mit 2 bis 3 Tropfen einer 0,01 molaren Osmium(VIII)-oxydlösung, wodurch die Reduktion des entstandenen Mn(III)- und etwa gebildeten Ce(IV)-salzes katalytisch beschleunigt wird. Nach etwa 1 Min. fügt man 2 g Natrium-fluorid oder Ammoniumhydrogenfluorid und 3 Tropfen Diphenylaminlösung zu und titriert mit 0,1 n Eisen(II)-lösung das Vanadat.

Hierauf gibt man 3 g kristallisierte Borsäure hinzu, um das Fluorid unschädlich zu machen, sodann 2 g Persulfat und 2 bis 3 ml 0,1 n Silbernitratlösung, verdünnt auf etwa 200 ml und erhitzt zum Sieden. Beim Auftreten der von Permanganat herrühren-den Rotfärbung gießt man 10 ml Salzsäure $(1 + 1)$ (etwa 6 n) zu und kocht weiter, bis kein Chlorgeruch mehr wahrzunehmen ist und das Silberchlorid sich grobflockig zusammengeballt hat. Die erkaltete Probe titriert man nach Zugabe von 2 g Meta-phosphorsäure und 3 Tropfen Diphenylaminlösung mit Eisen(II)-sulfatlösung.

Indicatorkorrektur. Die Indicatorkorrektur beträgt bei Titration I, III und IV: $+ 0,07$ ml, bei Titration II dagegen: $-0,015$ ml 0,1 n Eisen(II)-sulfatlösung.

Bemerkungen. Genauigkeit. 12 Beleganalysen der Verfasser zeigen bei Be-rücksichtigung der Indicatorkorrekturen annähernd theoretische Ergebnisse.

Bei der ersten Titration darf man das Diphenylamin erst nach der Reduktion des Permanganats zu Mangan(III)-salz zusetzen, da sonst der Indicator durch Mangan(VII) irreversibel oxydiert würde.

Bei der Vanadiumtitration darf an Stelle von Fluorid keine Phosphorsäure ver-wendet werden, da sich sonst bei den nachfolgenden Operationen das Cer(IV)-salz durch Salzsäure sehr schlecht reduzieren läßt.

Arbeitsvorschrift bei Gegenwart von Eisen und Wolfram. Bei Gegenwart von Eisen ist zu beachten, daß Eisen(III) Metaphosphorsäure komplex bindet (LANG) und daß infolgedessen die anzuwendende Menge HPO_3 entsprechend vermehrt werden muß, um zur quantitativen Bildung von Mn(III)-salz ausreichend zu sein. Da ein Teil Eisen etwa 10 Teile Metaphosphorsäure bindet, ist um diesen Betrag Metaphosphorsäure mehr anzuwenden als in eisenfreier Lösung. Bei Gehalten über 0,6 g Eisen empfiehlt sich die gleichzeitige Anwendung von Orthophosphorsäure, um das Eisen in Lösung zu erhalten.

Anwesendes Wolfram läßt zwar die Titrationen I und II zu, vorausgesetzt, daß man als Indicator Diphenylaminsulfonsäure oder Diphenylamin-o-carbonsäure ver-wendet. Dagegen sind die Titrationen III und IV in Gegenwart von Wolfram nicht ausführbar (statt dieser müßte ein potentiometrisches Verfahren angewendet wer-den, vgl. Abschnitt B). Am einfachsten ist es aber, in Gegenwart von Wolframsäure eine Trennung in einen alkalilöslichen und einen unlöslichen Teil in Gegenwart eines Oxydationsmittels vorzunehmen. Der alkaliunlösliche Teil enthält dann $Fe(OH)_3$, $Ce(OH)_4$, $Mn(OH)_4$. Nach Auflösen des Niederschlags in Schwefelsäure und Reduktion des Ce(IV)- und Mn(III)-salzes mit wenig Oxalsäure können Cer und Mangan nach der angegebenen Methode, wobei nur die ersten beiden Titrationen notwendig sind, bestimmt werden.

Im alkalilöslichen Teil befinden sich Wolframat, Chromat und Vanadat, welche nach Zusatz von Alkalifluorid und Ansäuern mit Salz- oder Schwefelsäure nach dem Verfahren von LANG und KURTZ (s. S. 129) ferrometrisch zu bestimmen sind. Für den Fall der Analyse eines wolfram- und cerhaltigen Stahls entspricht den ge-forderten Bedingungen der Trennung durch Alkali und Oxydation am besten das Aufschlußverfahren mit Natriumperoxyd im Nickeltiegel nach ZINTL und ZAIMIS (s. S. 158).

III. Verfahren nach Kulberg, Molot und Grigoreva zur Bestimmung von Mangan und Chrom (Kombination mit der Arsenitmethode).

Arbeitsvorschrift. Man löst 0,5 g Stahl oder 0,2 g Gußeisen in 25 ml Schwefelsäure (1 + 3) (etwa 4,6 m), oxydiert mit einigen Tropfen konz. Salpetersäure, kocht die Lösung bis zur Vertreibung der Stickstoffoxyde, verdünnt mit 150 ml heißem Wasser und gibt gleichzeitig 10 ml Kobalt-Nickel- oder Kobalt-Kupfer-Katalysator zu (Kobalt-Nickel-Lösung ist eine wäßrige Lösung von 0,5% $CoSO_4 \cdot 7 H_2O$ und 1,5% $NiSO_4 \cdot 7 H_2O$; Kobalt-Kupfer-Lösung ist eine wäßrige Lösung von 0,5% $CoSO_4 \cdot 7 H_2O$ und 2% $CuSO_4 \cdot 5 H_2O$). Das Gemisch wird zum Sieden erhitzt. Zur siedenden Lösung gibt man vorsichtig 15 bis 20 ml 25%ige Ammoniumpersulfatlösung und kocht 2 bis 3 Min. Man kühlt auf Zimmertemperatur ab, gibt 10 ml Schwefelsäure (1 + 3) (etwa 4,6 m) zu und titriert zur Bestimmung von Mangan mit Natriumarsenitlösung bis zur Farbänderung von violett nach gelb. Zu der gelben Lösung werden 4 bis 5 Tropfen Phenylanthranilsäurelösung (0,2 g Säure werden in 100 ml siedendem Wasser in Gegenwart von 0,2 g Na_2CO_3 gelöst) zugegeben, und nach 1 Min. wird zur Bestimmung von Chrom mit einer Maßlösung von Mohrschem Salz bis zum Übergang von kirschrotviolett nach grün titriert.

Bemerkung. Die modifizierte Methode gibt gut übereinstimmende Werte mit der Persulfat-Silbermethode.

IV. Verfahren nach Gauchman, Reznik und Ganzburg zur Bestimmung von Mangan und Chrom (Kombination mit der Arsenitmethode).

Arbeitsvorschrift. Man übergießt 0,2 g Stahl mit 30 ml Wasser, versetzt mit 10 ml Schwefelsäure (D 1,84) (bei wolframhaltigen Stählen auch mit 10 ml Phosphorsäure) und gibt zum Schluß der Reaktion einige Tropfen konz. Salpetersäure zu. Hierauf kocht man bis zum Entweichen der Stickoxyde, verdünnt mit 20 ml heißem Wasser, versetzt mit 25 ml 0,45%iger Silbersulfatlösung und erhitzt erneut zum Sieden. Nach Zugabe von 30 ml 25%iger Ammoniumpersulfatlösung erhitzt man bis zum Auftreten der Permanganatfärbung, kocht noch 1 Min., kühlt nach 3 Min. ab, überführt in einen 200-ml-Meßkolben, verdünnt bis zur Marke und entnimmt 50 ml Lösung in eine Photocolorimetrierküvette. Mangan wird mit 0,0005 n Natriumarsenitlösung bis zur konstanten Galvanometeranzeige titriert; danach werden zur Chrombestimmung einige Tropfen 0,2%ige Phenylanthranilsäurelösung zugegeben, und es wird rasch mit einer 0,02 n Mohrschen Salzlösung bis zum deutlichen Ausschlag (40 bis 50 Skalenteile) des Galvanometers in Richtung abnehmender Lichtabsorption titriert.

Bemerkungen. Genauigkeit und störende Stoffe. Der mittlere Bestimmungsfehler für Mangan beträgt bei einem Gehalt von 0,4 bis 1,2% Mn 0,02%, für Chrom beim Gehalt von 15 bis 30% Cr 0,22%. Die Bestimmungsdauer beträgt 25 Min. Bis 20% Nickel und bis 9% Wolfram stören die Bestimmung nicht. Vanadium wird zusammen mit Chrom titriert und muß aus einer getrennten Probe bestimmt werden.

V. Verfahren nach Dickens und Thanheiser (b) zur potentiometrischen Bestimmung von Chrom, Mangan und Vanadin nebeneinander in Stählen.

Allgemeines. Unter Berücksichtigung der Vorarbeiten, insbesondere amerikanischer Autoren (Kelley u. a.; vgl. oben unter B, Allgemeines), hatten Dickens und Thanheiser (a) (vgl. dort im Original auch die gesamte Vorliteratur) ein potentiometrisches Verfahren entwickelt, bei dem nach der Oxydation Permanganat mit Oxalsäure, die Summe aus Chrom und Vanadium mit Eisen(II)-sulfat und das dann gebildete Vanadium(IV)-salz mit Permanganat titriert wurde; auch bei Anwesenheit von Wolfram ergab sich unter Zusatz von Phosphorsäure eine einwandfreie Bestimmung der drei Komponenten; jedoch war die angewandte Oxydation [Persulfat und anschließend Blei(IV)-oxyd] zu umständlich (Filtration!) und veranlaßte die Verfasser unter Verwendung der Erfahrungen von LANG und KURTZ zur genauen Nachprüfung aller die Oxydation beeinflussenden Faktoren [s. ausführlich: Überführung in Chrom(VI)]. Die als zweckmäßig erkannte Voroxydation des Eisens mit Salpetersäure, deren notwendige Entfernung, die dann nur noch erforderliche geringere Persulfatmenge sowie die für optimale Oxydations- und Titrationsbedingungen notwendigen *verschiedenen* Säurekonzentrationen ergaben die untenstehenden Arbeitsvorschriften. Bei Anwesenheit von Wolfram ist die Arbeitsweise von LANG und KURTZ wegen der Abscheidung der Wolframsäure und deren getrennter Verarbeitung auf Vanadium als Schnellverfahren ungeeignet; um aber die einfachere Oxydation beizubehalten, wurde diese mit der alten Vorschrift von DICKENS und THANHEISER (a) unter Verwendung von Phosphorsäure zur Löslichmachung der Wolframsäure kombiniert (s. Arbeitsvorschrift b). Durch den für Lösung der Wolframsäure und quantitative Erfassung des Vanadiums notwendigen erheblichen Zusatz von Phosphorsäure wird der Mangansprung so mäßig, daß dieses zweckmäßig in einem getrennten Teil der Lösung ohne Phosphorsäurezusatz titriert wird. Der Zusatz muß vor der Persulfatoxydation erfolgen, weil er sonst unwirksam ist und die Chrom- und Vanadiumwerte erniedrigt.

a) Arbeitsvorschrift für wolframfreie Stähle. 2 g Stahl werden in 20 ml Schwefelsäure (1 + 4) (etwa 3,7 m) und 10 ml Phosphorsäure (D 1,7) gelöst. Nach dem Lösen wird mit 2 bis 4 ml konz. Salpetersäure oxydiert und die Lösung abgeraucht. Sodann wird sie abgekühlt, zunächst mit wenig Wasser unter Rühren aufgenommen; ist alles gelöst, dann wird sie auf 300 ml verdünnt und mit 10 ml Silbersulfat (5 g/1000 ml) sowie 2 bis 4 g festem Kalium- oder Ammoniumpersulfat versetzt. Nach vorheriger Zugabe einiger Siedesteinchen wird die Lösung langsam erhitzt und 15 Min. lang zum Vertreiben des überschüssigen Persulfats, ohne nennenswertes Eindampfen, gekocht. Zu der heißen Lösung werden dann noch 100 ml Schwefelsäure (1 + 4) (etwa 3,7 m) zugegeben. Nun wird die Lösung bei 70° mit Oxalsäure genau bis zum potentiometrischen Sprung titriert, nach Beendigung der Titration abgekühlt und mit Eisen(II)-sulfatlösung bis zu dem gut erkennbaren starken Potentialsprung bei Zimmertemperatur titriert. Anschließend wird die Lösung wieder auf 70° erwärmt und das entstandene Vanadium(IV)-salz mit Kaliumpermanganat titriert.

Bemerkungen. α) Genauigkeit. Bei Mangangehalten zwischen 0,2 und 1,7% betragen die Abweichungen (8 Beleganalysen) von anderen Verfahren maximal 0,04%; bei 0,03 bis 20% Chrom (5 Beleganalysen) maximal 0,01% und bei 0,15 bis 0,25% Vanadium 0,02%.

β) Der Anwendungsbereich gilt für wolframfreie Stähle auch bei Anwesenheit von Nickel (bis 11,0%) und Molybdän (bis 3%), Kobalt, Kupfer sowie den sonstigen Stahlbegleitern: C, Si, P und S. Wolframstähle (s. Bem. ε und folgende Arbeitsvorschrift).

γ) Die Persulfatverkochung ist so durchzuführen, daß Eindampfen und die durch zu starkes Kochen bedingte Permanganatzersetzung vermieden werden. Die von HILTNER und MARWAN zum gleichen Zweck angegebene genaue Beobachtung der Lösung, welche nach Beendigung der Zersetzung von der Entwicklung kleiner Sauerstoffbläschen zum Stoßen übergeht, setzt eine völlig klare, nach dem Lösen von Kieselsäure und Kohlenstoff abfiltrierte Lösung voraus, bietet also gegenüber der ursprünglichen Nachoxydation mit Blei(IV)-oxyd keine Vorteile, gegenüber dem vorliegenden Verfahren aber Nachteile (Filtration!).

δ) Die Mangantitration muß bei 70° erfolgen und sofort an die Oxydation angeschlossen werden, weil das Wiedererwärmen der einmal abgekühlten Lösung bei der veränderten Säurekonzentration Fehlwerte ergeben kann, weshalb auch nach Zugabe des zweiten Säureanteils nicht mehr aufgekocht werden soll.

ε) Wolframeinfluß. Die Abscheidung der Wolframsäure (z. B. LANG und KURTZ) und die Bestimmung der anderen Elemente im Filtrat sowie die getrennte

Bestimmung des in der Wolframsäure enthaltenen Vanadiums ist für Schnellanalysen zu umständlich. Wird in obiger Arbeitsvorschrift die Phosphorsäuremenge von 10 auf 20 ml erhöht, so genügt diese auch bei Anwesenheit von bis zu 40% Wolfram bei 1 g bzw. 20% bei 2 g Einwaage unter der Voraussetzung, daß Vanadium abwesend ist.

ζ) Phosphorsäurezusatz. 20 ml Säure (D 1,7) genügen bei 1 g Einwaage für 40% Wolfram (s. d.); vollständige Oxydation und alle Titrationswerte werden durch diese Säuremenge nicht beeinträchtigt.

b) Arbeitsvorschrift für vanadiumhaltige Wolframstähle. 2,5 g Stahl werden in 20 ml Schwefelsäure (1 + 4) (etwa 3,7 m) und 20 ml Phosphorsäure (D 1,7) gelöst, mit 4 bis 5 ml konz. Salpetersäure oxydiert und abgeraucht. Nach kurzem Abkühlen wird im Meßkolben auf 500 ml gebracht und zwei aliquote Teile von je 200 ml entnommen. Die ersten 200 ml oxydiert man *ohne* Phosphorsäurezusatz und titriert das Mangan wie oben mit Oxalsäure. Zu den zweiten 200 ml aus der Auffüllung setzt man 40 ml Phosphorsäure zu, verdünnt mit heißem Wasser auf 300 ml und erhitzt nach Zugabe von 10 ml Silbersulfatlösung (5 g/1000 ml) und 3 bis 4 g festem Ammoniumpersulfat langsam bis zum Sieden. Bei kleiner Flamme zerkocht man das überschüssige Persulfat in etwa 15 Min. Zur heißen Lösung gibt man 100 ml Schwefelsäure (1 + 4) (etwa 3,7 m) und die aus der Mangantitration bekannte Oxalsäuremenge bei etwa 80° hinzu. Nun wird die Summe aus Chrom und Vanadium, ohne abzukühlen, mit Eisen(II)-sulfat bis zum Sprung titriert (ein etwaiger geringer Überschuß mit Permanganat zurücktitriert).

Das Vanadium(IV) wird bei 70 bis 80° ebenfalls elektrometrisch mit Permanganat bis zum deutlichen Sprung titriert. Chrom ergibt sich dann aus der Differenz der beiden Titrationen.

Bemerkungen. α) Genauigkeit. Bei sechs verschiedenen Wolframstählen mit Gehalten von 2,5 bis 5,0% Chrom betragen die größten Abweichungen 0,12%. Vanadium- und Manganwerte stimmen noch besser mit den Sollwerten überein (6 Gesamtanalysen).

β) Umschlagselektroden. Die ausführlichen Darlegungen zu diesem Punkt (s. Original) sind für die jetzt zur Verfügung stehenden Elektroden überholt.

VI. Verfahren nach HILTNER und MARWAN (a) zur Bestimmung von Mangan, Chrom und Vanadium nebeneinander in Sonderstählen.

Allgemeines. Mit dem gleichen Elektrodenpaar Platin/Silberjodid, wobei die durch Aufschmelzen von Silberjodid auf Silber hergestellte Elektrode sich als dauerhafter erweist als die elektrolytisch hergestellte, werden nacheinander in der in üblicher Weise oxydierten Lösung zuerst das Mangan mit Natriumoxalat, dann die Summe aus Chrom und Vanadium mit Eisen(II)-sulfat und schließlich nach Erwärmen der Lösung auf 70 bis 80° das gebildete Vanadium(IV) durch Titration mit Permanganat bestimmt, das Chrom also auch hier aus der Differenz ermittelt. Bei Anwesenheit von Wolfram wird eine besondere Arbeitsvorschrift benutzt, welche eine gesonderte Behandlung der ausgefällten Wolframsäure erforderlich macht. Diese letztere Verfahrensweise ist durch verschiedene zweckmäßigere Verfahren, welche in Gegenwart von Phosphorsäure die Wolframsäure in Lösung zu halten gestatten, überholt [s. z. B. DICKENS und THANHEISER (b)] und daher heute von untergeordneter Bedeutung.

Reagenzien. 1. Silbersulfatlösung; 5 g auf 1000 ml Wasser;
2. Ammoniumpersulfatlösung; 500 g auf 1000 ml Wasser;
3. 0,02 n Natriumoxalatlösung;
4. 0,02 n Eisen(II)-sulfatlösung oder bei höheren Gehalten 0,1 n Lösung;
5. 0,02 n Kaliumpermanganatlösung.

Arbeitsvorschrift für wolframfreie Stähle. 1,0 g Stahl wird in 45 ml Schwefelsäure (1 + 4) (etwa 3,7 m) unter Erwärmen gelöst, die Lösung von dem aus Kohlenstoff und Kieselsäure bestehenden Rückstand filtriert und der Rückstand mit 50 ml heißem, schwefelsäurehaltigem Wasser ausgewaschen. Das Filtrat wird mit 10 ml Silbersulfatlösung und 30 ml Persulfatlösung versetzt, zum Sieden erhitzt und nach dem die Beendigung der Oxydation anzeigenden Auftreten der Permanganatfärbung zur Zerstörung des Persulfatüberschusses noch so lange weitererhitzt, bis die Sauerstoffentwicklung beendet ist und die Lösung zu stoßen beginnt. In die heiße Lösung taucht man das Elektrodenpaar Platin/Silberjodid und titriert mit 0,02 n Natriumoxalatlösung vorsichtig, bis das Potential sich nicht mehr ändert (s. Bemerkungen!). Nun kühlt man die Lösung auf Zimmertemperatur ab und titriert anschließend mit 0,02 n Eisen(II)-sulfatlösung die Summe aus Chrom und Vanadium bis zum maximalen Potentialsprung, wobei man einen gegebenenfalls geringfügigen Überschuß mit etwas 0,02 n Permanganatlösung zurücknehmen kann. Nun wird die Lösung wieder auf 70 bis 80° erwärmt und sofort das Vanadium(IV) mit 0,02 n Kaliumpermanganatlösung titriert. Auch hier wird der Äquivalenzpunkt durch die maximale Potentialänderung mit demselben Elektrodenpaar angezeigt. Aus der Differenz der Summenbestimmung und des durch den Permanganatverbrauch erhaltenen Vanadiumgehaltes ergibt sich der Gehalt an Chrom.

Bemerkungen. *a) Anwendungsbereich.* Das Verfahren gilt naturgemäß auch für vanadiumfreie Stähle zur gleichzeitigen Bestimmung von Mangan und Chrom. Bei Anwesenheit von Wolfram siehe die folgende Arbeitsvorschrift.

b) Genauigkeit. Diese ist nur mit 5 Analysen eines und desselben Stahls (1,00% Chrom; 0,18% Vanadium) belegt, wobei die Chromwerte um maximal 0,01%, die Vanadiumwerte überhaupt nicht vom Soll abweichen; auch die Manganwerte (0,70 und 0,29%) zeigen nur 0,01% Abweichung.

c) Silbersulfateinfluß. Bei dessen Verwendung erübrigt sich die Entfernung von Salpetersäure, welche die Vanadiumbestimmung stört.

d) Ammoniumpersulfatüberschuß. Dessen Zerstörung wird zweckmäßig in der angegebenen Weise (Aufhören der gleichmäßigen Sauerstoffentwicklung, beginnendes Stoßen) festgestellt, da bei zu langen Kochzeiten, wie sie von anderer Seite zur Zerstörung vorgeschlagen werden, teilweise Reduktion des Permanganats eintreten kann, die dann eine Reoxydation [z. B. nach DICKENS und THANHEISER (a) mit Blei(IV)-oxyd] erfordern würde. Voraussetzung für die gute Beobachtung des Übergangs zum Stoßen ist eine klare Lösung, weshalb Kohlenstoff und Kieselsäure vorher abfiltriert werden müssen.

e) Endpunkt der Permanganattitration. Da Oxalat bei 70 bis 80° nicht auf Chromat einwirkt und selbst keine charakteristische Potentialbildung bewirkt, ist der Endpunkt dann erreicht, wenn bei weiterem Oxalatzusatz keine Potentialänderung mehr eintritt, also kein Permanganat mehr verschwindet. Da die Reaktion mit Permanganat etwas langsam verläuft, muß vorsichtig titriert und besonders gegen Schluß nach jeder Zugabe die endgültige Potentialeinstellung abgewartet werden.

Arbeitsvorschrift für wolframhaltige Stähle. 1 g Stahl wird in 45 ml Schwefelsäure (1 + 4) (etwa 3,7 m) in der Hitze gelöst. Wenn die Gasentwicklung beendet ist, läßt man die Lösung etwas abkühlen und oxydiert anschließend mit 2 ml konz. Salpetersäure, die man vorsichtig hinzufügt. Zur vollständigen Oxydation, und um die Stickoxyde zu vertreiben, kocht man die Lösung 10 bis 15 Min. lang. Dann verdünnt man etwas, filtriert noch heiß vom Rückstand, der aus Kieselsäure, etwas Kohlenstoff und Wolframsäure besteht und außerdem etwas Vanadiumsäure enthält. Der Rückstand wird mit heißem, schwefelsaurem Wasser ausgewaschen und später weiterverarbeitet.

Zu dem Filtrat (etwa 200 ml) gibt man 30 ml Ammoniumpersulfat- und 10 ml Silbernitratlösung und erhitzt zum Sieden. Ist die Oxydation so weit beendet, daß die Sauerstoffentwicklung aufgehört hat, so läßt man die Lösung etwas abkühlen, fügt nochmals 30 ml der Ammoniumpersulfatlösung hinzu und erhitzt wieder zum Sieden. Man kocht die Lösung so lange, bis sie zu stoßen beginnt, und titriert dann bei 70 bis 80° das Permanganat mit Natriumoxalatlösung in der gleichen Weise wie beim wolframfreien Stahl. Darauf kann die Lösung erkalten.

In der Zwischenzeit wird das auf dem Filter zurückgebliebene Wolframoxyd mit 10 ml heißer 2,5 n Natronlauge auf dem Filter gelöst und mit heißem Wasser ausgewaschen. Auf dem Filter bleibt eine ganz geringe Menge von Eisenhydroxyd zurück. In das Filtrat gibt man etwa 5 g Ammonium- oder Natriumfluorid, schüttelt kräftig um und läßt etwa 5 Min. stehen. Darauf säuert man mit 5 ml 50%iger Schwefelsäure an und gibt das so behandelte Filtrat zu der ursprünglichen Lösung, zu der man vorher noch etwa 2 g Ammonium- oder Natriumfluorid zugesetzt hatte. Dann erfolgt die Titration der Summe von Chromat und Vanadat mit Eisen(II)-sulfatlösung in der Kälte (vgl. oben).

Die Oxydation des Vanadiums(IV) erfolgt darauf durch Zugabe von 0,1 n Kaliumpermanganatlösung unter Umschütteln bis zur deutlichen Rotfärbung. Nach etwa 2 Min. wird das überschüssige Kaliumpermanganat durch vorsichtiges Eintropfen von Natriumnitritlösung (0,5 m) zerstört. Das überschüssige Natriumnitrit wiederum beseitigt man anschließend durch Versetzen der Lösung mit 5 g Harnstoff. Darauf bleibt die Lösung $^1/_4$ Stde. stehen. Dann wird das Vanadat erneut mit Eisen(II)-sulfat in der Kälte titriert. Die erste Titration mit Eisen(II)-sulfat ergibt die Summe von Chrom und Vanadium, während durch die zweite Titration mit Eisen(II)-sulfat das Vanadium allein bestimmt wird. Das Chrom berechnet man also aus der Differenz der beiden Titrationen.

VII. Verfahren nach SILVERMAN und GATES zur Bestimmung von Mangan, Chrom (und Nickel) in einer Einwaage.

Prinzip. Die Titration des Mangans mit der von SANDELL, KOLTHOFF und LINGANE angegebenen Arsenit-Nitrit-Lösung ermöglicht nach der anschließend in üblicher Weise potentiometrisch vorgenommenen Chrombestimmung auch noch die nachfolgende Bestimmung des Nickels durch Titration mit Natriumcyanid, welche bei anderweitiger Bestimmung der anderen Elemente nicht durchführbar ist. Nach Lösen in Königswasser und Oxydation mit Perchlorsäure fällt außerdem allenfalls vorhandenes Silicium als Kieselsäure quantitativ an.

Reagenzien. 1. 0,1 n-Arsenit-Nitrit-Lösung. 4,95 g Arsentrioxyd werden in etwa 20 ml 20%iger Natronlauge gelöst, und es wird bis zur Entfärbung von Phenolphthalein verd. Schwefelsäure zugegeben; dann fügt man 500 ml Wasser und 20 bis 25 g Natriumhydrogencarbonat hinzu (gegebenenfalls mit etwas Säure bis zur Entfärbung des Indicators versetzen). Nach Zugabe von 7 g Natriumnitrit in 200 ml Wasser verdünnt man zu 2 l. Diese Lösung ist 0,1 normal. Zum Gebrauch wird sie auf 0,02 n verdünnt und mit einem Stahl bekannten Mangangehalts (etwa 1%), dem 20% Chrom zugegeben wurden, eingestellt.

2. Eisen(II)-ammoniumsulfatlösung. 46,0 g (0,115 n) Eisen(II)-ammoniumsulfat werden in 500 ml Wasser, die etwa 5 ml konz. Schwefelsäure enthalten, gelöst und auf 1000 ml aufgefüllt.

3. Silbernitratlösung; 2,885 g Silbernitrat im Liter;

4. Mischsäure (Königswasser); 900 ml konz. Schwefelsäure werden mit 300 ml konz. Salpetersäure und 1000 ml Wasser gemischt.

5. Citronensäurelösung, aus 380 g Ammoniumsulfat, 270 ml konz. Ammoniak, 1430 ml Wasser, 5 g Ammoniumchlorid und 240 g Citronensäure hergestellt.

6. Cyanidlösung; 7,5 g Natriumcyanid und 7 g Ätznatron werden in 1000 ml Wasser gelöst und je nach Erfordernis verdünnt.

7. Kaliumjodidlösung; 200 g auf 1000 ml Wasser.

Arbeitsvorschrift. 2 g der Probe werden in einer ausreichenden Menge Mischsäure gelöst, wozu meist 20 ml genügen. Dann erhitzt man mit 18 ml 70%iger Perchlorsäure zum Rauchen, um Chloride und Nitrate zu entfernen. Nach dem Abkühlen versetzt man mit etwa 80 ml Wasser, vertreibt durch Kochen das Chlor und filtriert in einen Meßkolben. Der mit schwach schwefelsaurem Wasser ausgewaschene Rückstand enthält die Kieselsäure. Vom Filtrat entnimmt man einen 0,2 g Einwaage entsprechenden, aliquoten Teil in ein Becherglas und versetzt mit 5 ml Silbernitratlösung, 5 ml Schwefelsäure (1 + 1) (etwa 9 m), 0,3 ml sirupöser Phosphorsäure und 20 ml Ammoniumpersulfatlösung. Nach Verdünnen mit Wasser auf etwa 100 ml erhitzt man einige Zeit, ohne daß die Lösung ins Sieden gerät. Nach Abkühlen auf 5 bis 10° titriert man langsam (s. u.) mit 0,1 n Arsenit-Nitrit-Lösung bis zur Entfärbung des Permanganats, wobei man zur besseren Endpunkterkennung eine weiße Unterlage benutzt. Man verdünnt nun auf 200 ml mit kaltem Wasser und titriert nach Zugabe von 5 ml Schwefelsäure (1 + 1) (etwa 9 m) potentiometrisch das Chromat mit 0,1 n Eisen(II)-ammoniumsulfatlösung unter Verwendung der üblichen Platin- und Kalomelelektroden.

Die austitrierte Lösung wird zur Bestimmung des Nickels mit 50 ml Citronensäurelösung versetzt, das ausfallende Silberchlorid mit etwas Ammoniak gelöst und die Lösung nach Zugabe von 2 ml Kaliumjodidlösung mit der Natriumcyanidlösung bis zum Endpunkt für Nickel titriert.

Bemerkungen. *a) Anwendungsbereich.* Das Verfahren ist besonders geeignet für Stähle mit 10 bis 30% Chrom neben 7 bis 20% Nickel und 0,3 bis 1,7% Mangan.

b) Genauigkeit. An 12 verschiedenen Stählen mit 17 bis 19% Chrom und 8 bis 12% Nickel weichen die gefundenen Chromwerte einmal um 0,6, ein zweites Mal um 0,4, der Rest nicht mehr als 0,3% von anderen Angaben ab. Bei Mangangehalten zwischen 0,3 und 1% beträgt die größte Abweichung 0,07, zwischen 1 und 1,7% höchstens 0,1%; die zwischen 8,3 und 12,5% liegenden Nickelgehalte differieren in einem Fall um 0,7, sonst nicht mehr als 0,4%.

c) p_H-Einfluß. Da nach Latimer Dichromat in molarer Säure nur ein geringfügiges Oxydationspotential aufweist, wurde diese Säurekonzentration angewendet, während Sandell und Mitarbeiter noch 3 molare Säure verwenden.

d) Silbereinfluß. Die von Sandell (l. c.) verwendete Abscheidung des Silbers als Chlorid ist beim vorstehenden Verfahren überflüssig geworden, da die in der Kälte durchgeführte Titration des Mangans mit Arsenit durch Silberionen der angewandten Menge nicht gestört wird.

e) Arsenit-Nitrit-Verhältnis. Bei den obigen Konzentrationen reagiert ein Überschuß der Arsenitlösung bis zu 0,4 ml nicht mit der Eisenlösung. Bei dieser, aus anderen Gründen (s. o.) zweckmäßigen Titration in der Kälte muß so langsam titriert werden, daß für die ersten 5 ml mindestens 1 Min., für jede weiteren 5 ml mindestens eine halbe Minute benötigt wird.

f) Andere Stahlbegleiter. In der obigen Auffüllung können ferner noch Molybdän und Phosphor bestimmt werden (s. Original).

VIII. Verfahren nach Kjerrman und Baeckström zur kombinierten potentiometrischen Chrom- und Manganbestimmung im Stahl.

Arbeitsvorschrift. Ungefähr 1 g Stahlspäne werden im 400-ml-Becherglas in 20 ml Säuregemisch [100 ml Wasser, 25 ml konz. Schwefelsäure und 25 ml Phosphorsäure (D 1,71)] gelöst. Die Lösung wird mit 100 ml Wasser verdünnt und mit 10 ml Kaliumfluoridlösung (200 g/l), 20 ml Silbernitratlösung (1,33 g/l) und 15 ml Ammoniumpersulfatlösung (230 g/l) versetzt. Bei Voroxydation mit Salpetersäure wird weniger Ammoniumpersulfat, bei einem Mangangehalt von 1% oder mehr ein Zusatz von 5 ml Phosphorsäure angewandt. Die Lösung wird 5 bis 6 Min. gekocht, ungefähr $^1/_4$ Stde. an der Luft und sodann in Wasser abgekühlt. Es folgt die potentiometrische Titration mit Eisen(II)-sulfat zur Ermittlung von Chromat und Permanganat (Potentiometereinstellung 200 mV, Rücktitration gegebenenfalls mit einigen Tropfen Permanganatlösung bei 350 mV). Chromat wird dann durch 5 Min. Kochens mit 5 ml Ammoniumpersulfatlösung zurückgebildet und nach Zusatz von 15 bis 20 ml 2%iger Kochsalzlösung und etwas Bimssteinpulver 10 Min. gekocht, um Permanganat zu zerstören. Sodann wird das Chromat mit Eisen(II)-sulfat wie oben titriert.

Bemerkung. Das Verfahren soll zwar etwas teuer, aber genauer und weniger zeitraubend als die gebräuchlichen Methoden sein.

IX. Verfahren nach CHLOPIN (b) zur Bestimmung von Mangan, Chrom und Vanadium in Stählen.

Prinzip. Hiernach löst und oxydiert man in bekannter Weise; nach Titration des gebildeten Permanganats mit arseniger Säure wird die Summe aus Chrom und Vanadium ferrometrisch titriert, Vanadium selektiv mit Permanganat rückoxydiert und getrennt ebenfalls ferrometrisch bestimmt.

Arbeitsvorschrift. Die Metallprobe wird in Schwefelsäure und Phosphorsäure gelöst, dann mit Salpetersäure oxydiert, die Stickoxyde durch kräftiges Verkochen entfernt, die Lösung nach Zugabe von Silbernitrat und Persulfat durch Kochen oxydiert und durch weiteres Verkochen der Persulfatüberschuß zerstört. Nun wird das gebildete Permanganat mit arseniger Säure bis zur Entfärbung titriert und anschließend durch potentiometrische Titration mit Eisen(II)-sulfatlösung das Chromat bestimmt. Bei Anwesenheit von Vanadium wird dieses hierbei miterfaßt und anschließend durch Zugabe einiger Tropfen Kaliumpermanganatlösung bis zur bleibenden Rötung selektiv oxydiert; ein kleiner Permanganatüberschuß wird mit Oxalsäure entfernt und dann erneut das Vanadium(V) allein durch potentiometrische Titration mit Eisen(II)-sulfat bestimmt. Die Differenz zwischen erstem und zweitem Eisen(II)-verbrauch entspricht dem vorhandenen Chrom.

Bemerkung. Mangan. In einem sonst völlig gleichen Verfahren entfernen FOGELSSON und KALMYKOWA das Permanganat lediglich qualitativ durch Zugabe von Kaliumnitrit; um einen störenden Nitritüberschuß auszuschalten, wird noch mit Harnstoff versetzt und anschließend wie oben erst die Summe aus Chrom und Vanadium, dann Vanadium allein bestimmt.

X. Verfahren nach BURRIEL-MARTI und SUÁREZ-ACOSTA zur potentiometrischen Bestimmung von Chrom, Mangan und Vanadium im Stahl in einer Einwaage.

Prinzip. Dieses verwendet nach der in üblicher Weise durchgeführten Mangan- und Summenbestimmung von Chrom und Vanadium zur selektiven Oxydation des 4- zu 5wertigem Vanadium Wasserstoffperoxyd bei genauem p_H-Wert 5,2, wobei in der Hitze Chrom(III) nicht, das Vanadium dagegen quantitativ oxydiert wird.

Arbeitsvorschrift. Man löst 1 g Stahl in 20 ml Schwefelsäure (1 + 4) (etwa 3,7 m), filtriert, versetzt das Filtrat mit 30 ml 50%iger Ammoniumpersulfatlösung und 10 ml 5%iger Silbersulfatlösung, erhitzt bis zum Aufhören der Gasentwicklung und titriert Permanganat mit 0,02 n Natriumoxalatlösung potentiometrisch unter Verwendung von Platin-Wolfram-Elektroden und unter Vermeiden eines Oxalatüberschusses genau bis zum Potentialsprung. Hierauf gibt man 8 ml sirupöse Phosphorsäure zu und titriert mit 0,02 n Lösung von MOHRschem Salz bis zum neuen Potentialsprung, welcher der Summe aus Chrom und Vanadium entspricht. Die zurückbleibende, wenn nötig, auf 100 ml eingeengte Lösung wird unter Verwendung der Glaselektrode mit konz. Ammoniak auf $p_H = 5,2$ neutralisiert. Dann fügt man 30 ml 40%iges Wasserstoffperoxyd zu, stellt, wenn nötig, wieder auf $p_H = 5,2$ ein und erhitzt zum regelmäßigen Sieden. Nach Entfernen des Peroxydüberschusses säuert man mit 10 ml Schwefelsäure (1 + 4) (etwa 3,7 m), an und titriert von neuem mit der 0,02 n Lösung von MOHRschem Salz. Dieser Verbrauch entspricht der Vanadiummenge.

XI. Verfahren nach Grenberg und Genis zur amperometrischen Bestimmung von Chrom, Mangan und Vanadium in hochlegierten Stählen.

Allgemeines. Das von Butenko und Beklešova früher angegebene Verfahren wird unter Verwendung bekannter Lösungs- und Oxydationsvorschriften näher präzisiert; dabei wird, ähnlich wie bei anderen obenstehenden Verfahren, nach der Oxydation und Entfernung des Permanganats die Summe aus Chrom und Vanadium und nach Rückoxydation des Vanadiums dieses ebenfalls mit Eisen(II)-salz titriert. Mangan ergibt sich aus der Differenz des ersten Wertes gegenüber der nach der Persulfatoxydation vorgenommenen Titration mit Eisen(II)-salz, welche die Summe der drei Elemente Mangan, Chrom und Vanadium erfaßt.

Reagenzien. 1. 1%ige Silbernitratlösung;
2. 20%ige Ammoniumpersulfatlösung;
3. Eisen(II)-sulfatlösung;
4. 5%ige Natriumchloridlösung;
ferner: verd. Schwefelsäure (1 + 5) (etwa 3 m), Phosphorsäure (D 1,7), konz. Salpetersäure und Kaliumpermanganat.

Arbeitsvorschrift. 0,2 bis 0,5 g Stahl werden in einem Gemisch von 25 ml verd. Schwefelsäure und 5 ml Phosphorsäure unter Erwärmen gelöst und nach Zugabe von etwas Salpetersäure bis zum beginnenden Rauchen eingedampft. Dann werden 50 ml Wasser und 5 ml Silbernitratlösung zugegeben, zum Sieden erhitzt und 10 ml Persulfatlösung zugefügt. Nach Auftreten der Rosafärbung wird die Lösung noch 4 Min. gekocht und nach Abkühlen mit Eisen(II)-lösung an der rotierenden Platinanode gegen gesättigte Kalomelelektrode bei einer angelegten Spannung von 1,0 Volt bis zum Ausschlag des Galvanometers die Summe aus Chrom, Mangan und Vanadium titriert. Dann wird die Lösung nach nochmaliger, völlig gleicher Oxydation zur Zersetzung des Permanganats mit 5 ml Kochsalzlösung aufgekocht und genau wie oben die Summe aus Chrom und Vanadium amperometrisch titriert. Nun wird durch Zugabe von Permanganatlösung das Vanadium(IV) oxydiert und auf dieselbe Weise mit Eisen(II)-lösung titriert.

Bemerkungen. *a) Elektrode.* Es empfiehlt sich, besonders bei der Analyse von wolframhaltigen Stählen, die Elektrode öfter mit warmer Salzsäure (1 + 1) (etwa 6 n) zu waschen.

b) Apparatur und Auswertung; vgl. oben bei anderen amperometrischen Verfahren unter B und D 2.

Literatur.

Bishop, E., u. A. B. Crawford: Analyst 74, 365 (1949). — Blau, Fr.: Wien. Monatshefte 19, 647 (1899). — Brennecke, E., K. Fajans, N. H. Furman, R. Lang u. H. Stamm: Neuere maßanalytische Methoden, 3. Aufl. 1951; S. XXXIII in: W. Böttger, Die chemische Analyse. — Burriel-Marti, F., u. R. Suárez-Acosta: Inform. quim. Anal. 5, 159 (1951). — Butenko, G. A., u. G. E. Beklešova: Betriebslab. (russ.) 16, 650 (1950); durch Fr. 137, 211 (1952/53). Chitarow, P. I.: Chem. J. Ser. B. (russ.) 6, 1159 (1933); durch C. 105, II, 1811 (1934). — Chlopin, N. J.: (a) Betriebslab. (russ.) 5, 580 (1936); (b) 5, 939 (1936); durch Fr. 114, 232 (1938). — Cooke, W. D., u. N. H. Furman: Anal. Chem. 22, 896 (1950). Dickens, P., u. G. Thanheiser: (a) Stahl Eisen 49, 1870 (1929); Arch. Eisenhüttenw. 3, 277 (1929); (b) Mitt. K.W. I. Eisenforschg. (Düsseldorf) 12, 203 (1930); 14, 179 (1932); 20, 35 (1938). — Dietz, W.: Angew. Ch. 53, 409 (1940). — Dixon, W. J., u. F. J. Mason: Introduction to Statistical Analysis, New York 1951. *Eisenhüttenhandbuch:* Handbuch für Eisenhüttenlaboratorium, Bd. 2: Die Untersuchung der metallischen Stoffe, Düsseldorf 1941. — Eppley, M., u. W. C. Vosburgh: Am. Soc. 44, 2148 (1922). Filipovic, I.: Kem. Vjestnik 17, 106 (1943); durch Chem. Abstr. 40, 5351 (1946). — Fogelsson, Je. I., u. N. W. Kalmykowa: Betriebslab. (russ.) 5, 1305 (1936); durch Fr. 123, 423 (1942). — Forbes, G. Sh., u. E. P. Bartlett: Am. Soc. 35, 1527 (1937). — Furman, N. H.: Ind. eng. Chem. 17, 314 (1925). — Furness, W.: Analyst 75, 2 (1950).

GAUCHMAN, M. S., B. E. REZNIK u. G. M. GANZBURG: Betriebslab. (russ.) **16**, 1045 (1950); durch Fr. **140**, 219 (1953). — GLASSTONE, S., u. A. HICKLING: Elektrolyt. Oxidation and Reduction, New York 1936. — GLEU, K.: Fr. **95**, 305 (1933). — GRENBERG, E. I., u. M. JA. GENIS: Betriebslab. (russ.) **16**, 1003 (1950); durch Fr. **140**, 137 (1953).

HECZKO, TH.: Z. angew. Ch. **44**, 992 (1931). — HIETT, T. A., u. P. KOBETZ (KOBERTZ): Anal. Chem. **28**, 1945 (1956). — HILDEBRAND, J. H.: Am. Soc. **35**, 847 (1913). — HILTNER, W., u. C. MARWAN: (a) Fr. **91**, 401 (1933); (b) Ausführung potentiometrischer Analysen, Berlin 1935. — HOSLETTER, J. C., u. H. S. ROBERTS: Am. Soc. **41**, 1337 (1919). — HUME, D. N., u. I. M. KOLTHOFF: Am. Soc. **65**, 1895 (1943); durch Fr. **129**, 268 (1949).

JOHNSON, H. O., J. R. WEAVER u. L. LYKKEN: Anal. Chem. **19**, 481 (1947).

KELLEY, G. L., u. J. B. CONANT: Am. Soc. **38**, 341 (1916); (a) J. ind. eng. Chem. **8**, 719 (1916). — KELLEY, G. L., J. A. WILEY, R. T. BOHN u. W. C. WRIGHT: (b) J. ind. eng. Chem. **11**, 632 (1919); (c) **13**, 1053 (1921). — KELLEY, G. L., u. J. A. WILEY: (d) J. ind. eng. Chem. **13**, 1053 (1921). — KIRSSANOW, W., u. V. M. CHERKASSOV: Bl. [5] 3817 (1936). — KJERRMAN, B., u. S. BAECKSTRÖM: Jernkont. Ann. **117**, 178 (1933). — KNOP, J.: Am. Soc. **46**, 263 (1924); Fr. **63**, 81 (1923). — KOLTHOFF, I. M., u. D. R. MAY: Ind. eng. Chem. Anal. Edit. **18**, 208 (1946); durch Fr. **128**, 317 (1948). — KOLTHOFF, I. M., u. L. A. SARVER: Am. Soc. **52**, 4179 (1930). — KOLTHOFF, I. M., u. O. TOMIČEK: R. **43**, 447 (1924). — KULBERG, L. M., L. A. MOLOT u. L. F. GRIGOREVA: Z. anal. Chim. **8**, 370 (1953). — KUSNECOV, V. I., u. L. M. BUDANOVA: Z. anal. Chim. **8**, 55 (1953).

LAITINEN, H. A., u. I. M. KOLTHOFF: J. physic. Chem. **45**, 1079 (1941); durch Fr. **128**, 316 (1948). — LANG, R.: B. **60**, 1389 (1927); Z. anorg. Ch. **152**, 197 (1926); durch Fr. **69**, 348 (1926); Fr. **102**, 8 (1935). — LANG, R., u. E. FAUDE: Fr. **108**, 189 (1937). — LANG, R., u. F. KURTZ: Fr. **86**, 289 (1931). — LANG, R., u. J. MESSINGER: B. **63**, 1429 (1930). — LANG, R., u. J. ZWEŘINA: Z. anorg. u. org. Ch. **170**, 389 (1930). — LATIMER: Oxidation Potentials, New York 1938, S. 223. — LINDEMANN, L.: Ind. eng. Chem. **16**, 1271 (1924); durch Fr. **84**, 449 (1931). — LINGANE, J. J.: (a) Ind. Chemist **21**, 497 (1949); (b) **21**, 1119 (1949). — LUNDELL, G. E. F., J. I. HOFFMAN u. H. A. BRIGHT: Ind. eng. Chem. **15**, 1067 (1923). — LYONS, C. G., u. F. N. APPLEYARD: Quart. J. Pharmac. Pharmacol. **10**, 348 (1937).

MEIER, D. J., R. J. MYERS u. E. H. SWIFT: Am. Soc. **71**, 2340 (1949). — MUCHINA, C. S., u. M. G. SOLOTAREWA: Betriebslab. (russ.) **3**, 881 (1934); durch Fr. **104**, 46 (1936). — MÜLLER, E., u. H. JUST: Z. anorg. Ch. **125**, 155 (1922). — MYERS, R. J., u. E. H. SWIFT: Am. Soc. **70**, 1047 (1948).

NIEZOLDI, O.: (a) Rheinmetall-Borsig Mitt. **1938**, 43; durch C. **109**, II, 3280 (1938); (b) Arch. Metallkunde **3**, 309 (1949). — NYDEGGER, O.: Z. angew. Ch. **24**, 1163 (1911).

OELSEN, W., u. P. GOEBELS: Stahl Eisen **69**, 33 (1949). — OELSEN, W., H. HAASE u. G. GRAUE: Angew. Ch. **64**, 76 (1952).

PARKS, T. D., u. E. J. AGAZZI: Anal. Chem. **22**, 1179 (1950). — PETZOLD, W.: Cerimetrie und Anwendung der Ferroine als maßanalytische Redoxindikatoren, Darmstadt 1951. — PHILIPS, M.: Stahl Eisen **27**, 1164 (1907).

QUINN, E. J., u. G. A. HULETT: J. physic. Chem. **17**, 770 (1914).

RICH, C. H.: Chem. Met. Engin. **13**, 239 (1915).

SANDELL, E. B., I. M. KOLTHOFF u. J. J. LINGANE: Ind. eng. Chem. Anal. Edit. **7**, 256 (1935). — SCHLEICHER, A.: Fr. **140**, 326 (1953). — SCHORLEMMER, K.: Collegium **1917**, 371; durch Fr. **58**, 309 (1919). — SHUTTLEWORTH, S. G.: J. Int. Lea. **24**, 115 (1940); durch Fr. **123**, 378 (1942). — SILVERMAN, L., u. O. GATES: Ind. eng. Chem. Anal. Edit. **12**, 518 (1940). — SMITH, G. F., u. C. A. GETZ: Ind. eng. Chem. Anal. Edit. **9**, 378 (1937). — SMITH, G. F., L. D. MCVICKERS u. V. R. SULLIVAN: J. Soc. chem. Ind. **54**, 369T (1935). — SMITH, G. F., u. F. P. RICHTER: Ind. eng. Chem. Anal. Edit. **16**, 580 (1944). — SPECHT, F.: Quantitative anorganische Analyse in der Technik. Verlag Chemie 1953, S. 128. — SPINDECK, F.: Ch. Z. **54**, 890 (1930). — STATE, H. M.: Ind. eng. Chem. Anal. Edit. **8**, 259 (1936). — STEUER, H.: Fr. **118**, 385 (1939/40). — SYROKOMSKY, W. S., u. V. V. STIEPIN: Am. Soc. **58**, 928 (1936). — SZEBELLÉDY, L., u. Z. SOMOGYI: Fr. **112**, 313, 323, 332, 385, 391, 395, 400 (1938).

TREADWELL, W. D.: Helv. **2**, 680 (1919). — TREADWELL, W. D., u. L. WEISS: Helv. **2**, 680 (1919). — TUSKER, H.: Ch. Z. **39**, 122 (1915); durch Fr. **55**, 349 (1916).

WAGNER, C.: Z. anorg. Ch. **168**, 265, 279 (1928). — WALDEN, G. H., L. P. HAMMETT u. R. P. CHAPMAN: Am. Soc. **53**, 3908 (1931); **55**, 2649 (1933). — WALTERS, H. E.: Chem. Met. Engin. **12**, 310 (1914). — WERZ, W.: Fr. **86**, 335 (1931). — WILLARD, H. H., u. F. FENWICK: (a) Am. Soc. **45**, 84 (1923); (b) **44**, 2516 (1922). — WILLARD, H. H., u. R. C. GIBSON: Ind. eng. Chem. Anal. Edit. **3**, 88 (1931). — WILLARD, H. H., u. PH. YOUNG: (a) Ind. eng. Chem. Anal. Edit. **5**, 154 (1933); (b) Ind. eng. Chem. **20**, 769 (1928); (c) Ind. eng. Chem. Anal. Edit. **5**, 158 (1933); (d) Ind. eng. Chem. **20**, 764 u. 769 (1928); (e) Am. Soc. **51**, 139 (1929); durch Fr. **82**, 47 (1930); (f) Ind. eng. Chem. Anal. Edit. **6**, 48 (1934).

ZINTL, E., u. P. ZAIMIS: Z. angew. Ch. **41**, 543 (1928).

§ 6. Bestimmung mit arseniger Säure.

Allgemeines. Die Verwendung von arseniger Säure zur Titration von Chromat ist mehrfach in der Literatur beschrieben, da das Arsen(III) in der Lage ist, Chrom(VI) in saurer und alkalischer Lösung zu Chrom(III) zu reduzieren.

Die Bestimmungsverfahren lassen sich in drei Gruppen einteilen:

A. Mangels eines geeigneten Indicators zur direkten Endpunkterkennung gibt man zu der Chrom(VI)-lösung einen gemessenen Überschuß an arseniger Säure. Der Überschuß wird mit einem geeigneten Oxydationsmittel zurücktitriert.

B. Unter Verwendung eines geeigneten Redoxindicators wird die direkte Titration mit arseniger Säure durchgeführt, ein Verfahren, welches jedoch erst in neuerer Zeit entwickelt wurde.

C. Die Titration von Chrom(VI) mit arseniger Säure wird potentiometrisch durchgeführt.

Obschon arsenige Säure als Maßflüssigkeit bestechende Eigenschaften hat — man kann reines Arsen(III)-oxyd als Urtiter verwenden, und die in geeigneter Weise hergestellten Lösungen sind beständig —, haben diese Verfahren für sich allein weniger Bedeutung erlangt, da andere einfachere zur Verfügung stehen. In der Stahlanalyse ist jedoch die Titration mit Arsen(III) von einer gewissen Wichtigkeit, da sie eine schnelle Bestimmung des Chroms neben Vanadium(V) gestattet. Mangan(VII) wird durch arsenige Säure ebenfalls reduziert, weshalb dieses vor der Chrombestimmung nach den üblichen Methoden beseitigt werden muß, falls man es nicht gemeinsam mit dem Chrom bestimmt.

Herstellung der Maßlösung. Eine Lösung genau bekannten Gehaltes kann durch direktes Einwägen von reinem Oxyd As_2O_3 erhalten werden. Unreines Arsen(III)-oxyd kann nach KOLTHOFF durch Umkristallisation aus heißer 20%iger Salzsäure und dann durch wiederholtes Umkristallisieren aus Wasser (bis das Filtrat nicht mehr sauer gegen Dimethylgelb reagiert) gereinigt werden. Das so erhaltene Kristallpulver wird im Exsiccator über Schwefelsäure bis zur Gewichtskonstanz getrocknet. Die Reinigung von handelsüblichem Arsenik kann auch erfolgen, indem man kleine Mengen, 2 bis 3 g, aus einer trockenen Porzellanschale, auf das ein trockenes Uhrglas gelegt wird, durch Erhitzen umsublimiert (Abzug!). Anschließend trocknet man es im Exsiccator.

Die gebräuchlichste Art zur Herstellung einer 0,1 n As_2O_3-Lösung ist die folgende: 4,9455 g (= 0,025 Mol) reines getrocknetes Oxyd As_2O_3 werden in 10 g NaOH und 30 ml Wasser unter leichtem Erwärmen gelöst. Die erkaltete Lösung wird in einem 1000-ml-Meßkolben auf etwa 500 ml verdünnt, durch Zugabe von 21 ml konz. Salzsäure neutralisiert und mit 10 g Natriumhydrogencarbonat versetzt. Die Lösung wird bei 20° genau zu 1000 ml verdünnt und gründlich gemischt. Eine so hergestellte Lösung ist auch in größerer Verdünnung über mehrere Monate beständig und titerkonstant.

Nach Angaben von anderen Autoren verzichtet man auf den Natriumhydrogencarbonatzusatz. Man stellt nach dem Lösen in Natronlauge mit Salz- oder Schwefelsäure schwach sauer und füllt dann mit Wasser auf; oder man übersäuert die alkalische Lösung so stark mit Salzsäure, daß die Lösung nach dem Auffüllen mit Wasser etwa 0,2 n an Säure ist. Auch diese Lösungen sind lange Zeit beständig.

Will man den Titer einer Arsenigsäurelösung überprüfen, so versetzt man eine geeignete Menge mit so viel Salzsäure, daß der Gehalt daran etwa n ist, gibt 1 bis 2 Tropfen 0,0025 n Kaliumjodidlösung hinzu und titriert langsam mit einer eingestellten Kaliumpermanganatlösung, bis die Lösung ganz schwach rot erscheint.

A. Maßanalytische Verfahren mit Rücktitration des Überschusses an arseniger Säure.

Allgemeines. Als erster benutzt NAMIAS die arsenige Säure zur volumetrischen Bestimmung der Chromsäure, indem er diese in salzsaurer Lösung mit überschüssigem Reduktionsmittel [Arsen(III)-oxyd in Ammoniumacetatlösung] versetzt und den Überschuß in mit Ammoniumacetat gepufferter Lösung mit Jod zurücktitriert. Die so hergestellte Maßlösung ist jedoch nur wenig haltbar. REICHARD verwendet eine alkalische Lösung von arseniger Säure und führt auch die Reduktion der Chromsäure in alkalischem Medium in der Hitze durch. Den Überschuß an Arsen(III) bestimmt er entweder mit Jod oder mit Permanganat zurück. Im ersteren Falle wird die neutralisierte und mit Natriumhydrogencarbonat versetzte Lösung vor der Titration von teilweise ausgeschiedenen Chromoxydhydrat filtriert, während man bei Anwendung von Permanganat die Lösung mit Schwefelsäure ansäuert und unmittelbar titriert. Die Bestimmungsverfahren in alkalischer Lösung besitzen jedoch nur untergeordnete Bedeutung.

LANGER hat das Verfahren von REICHARD dahingehend abgeändert, daß er bei der Analyse des Ammoniumdichromats die Reduktion des 6wertigen Chroms mit arseniger Säure in saurer Lösung in der Kälte durchführt. Nach dem Verdünnen mit Wasser wird überschüssiges Natriumhydrogencarbonat zugesetzt und dann unter Einleiten von Kohlendioxyd mit Jod zurücktitriert. SPITALSKY verfährt ähnlich, titriert jedoch den Überschuß von arseniger Säure mit Kaliumbromat und Methylorange als Indicator nach dem Verfahren von GYÖRY zurück.

Nach FERRUCIO DE BACHO wird das Verfahren von SPITALSKY dahin abgeändert, daß die Chromatlösung mit überschüssiger 0,1 n Arsenitlösung und Salzsäure zersetzt wird und 5 bis 10 Min. im verschlossenen Kolben sich selbst überlassen bleibt. Anschließend gibt der Verfasser 0,1 n Kaliumbromatlösung bis zur Gelbfärbung hinzu, entfärbt vorsichtig mit der Arsen(III)-lösung und titriert anschließend nach Zugabe von Methylorange mit Kaliumbromat bis zur Entfärbung des Indicators.

R. LANG verbessert die Methode der Rücktitration mit Permanganat, indem er sie bei Gegenwart einer ausreichenden Menge Chlorionen mit einer Spur Kaliumjodat oder -jodid katalytisch beschleunigt. MANCHOT und OBERHAUSER empfehlen, die Reduktion von Chromat in saurer Lösung mit arseniger Säure und Bromwasserstoffsäure auszuführen, weil dann die Reduktion noch schärfer und schneller verläuft. Den Überschuß an arseniger Säure titrieren sie mit Brom unter Zusatz einiger Tropfen wäßriger Indigocarmin-Trinitroresorcin-Lösung als Indicator zurück.

JELLINEK und KÜHN reduzieren Chromat sowie andere starke Oxydationsmittel in saurer Lösung mit As(III) und titrieren mit Natriumhypochlorit gegen Kaliumjodidstärke zurück.

1. Reduktion mit arseniger Säure in saurer Lösung.

I. Rücktitration mit Kaliumpermanganat in Gegenwart eines Katalysators.

Allgemeines. Von den Verfahren der Chromatbestimmung, welche den Überschuß an arseniger Säure zurücktitrieren, hat die Bestimmung mit Permanganat nach LANG die größte Bedeutung.

Während die Reduktion von Chrom(VI) mit Arsen(III) in saurer Lösung stöchiometrisch gemäß:

$$2\,CrO_4^{2-} + 3\,AsO_3^{3-} + 10\,H^+ \longrightarrow 2\,Cr^{3+} + 3\,AsO_4^{3-} + 5\,H_2O$$

verläuft, erfolgt die Oxydation der überschüssigen arsenigen Säure mit Permanganat nur dann glatt nach der Bruttogleichung:

$$5\,AsO_3^{3-} + 2\,MnO_4^- + 6\,H^+ \longrightarrow 2\,Mn^{2+} + 5\,AsO_4^{3-} + 3\,H_2O,$$

wenn ein Katalysator zugegen ist. Der Prozeß verläuft nämlich in Teilreaktionen, bei denen intermediär Mn(III)- und Mn(IV)-salze gebildet werden, welche selbst bei erhöhter Temperatur nur langsam weiter reagieren. Die Gegenwart eines die Gesamt-reaktion erzwingenden Katalysators muß also die Teilreduktion von Mn(III) und Mn(IV) zu Mn(II) beschleunigen.

R. LANG kommt nach Prüfung der von Č. LANG gemachten Vorschläge bezüg-lich reaktionsfördernder Substanzen (Chlorid, Bromid, Jodid) zu dem Ergebnis, daß Jod in jeder beliebigen Oxydationsstufe einen äußerst wirksamen Katalysator darstellt („Jodkatalyse"). Der zugesetzte Katalysator kann in der verwendeten Menge (1 Tropfen einer 0,0025 m Kaliumjodid- oder Kaliumjodatlösung), auch wenn er quantitativ zu Jodmonochlorid oxydiert (aus KJ) bzw. reduziert (aus KJO_3) wird, keinen störenden Fehler verursachen. Übrigens katalysiert noch 1 Tropfen einer 0,00025 m Jodid- oder Jodatlösung in 100 ml der zu titrierenden Flüssigkeit in brauchbarer Weise.

In sehr salzsauren Lösungen $(1+1)$ (etwa 6 n) versagt die Jodkatalyse; die Flüssigkeit bleibt nach dem jedesmaligen Permanganatzusatz längere Zeit braun. Dies läßt sich dadurch erklären, daß hier schon das Arsen(III) schwerer zu oxy-dieren ist, da die Gegenwirkung:

$$AsCl_5 \longrightarrow AsCl_3 + Cl_2$$

einen beträchtlichen Umfang annimmt.

GLEU schlägt als Katalysator für die Oxydation von arseniger Säure durch Per-manganat das Osmium(VIII)-oxyd vor (3 Tropfen einer 0,01 m OsO_4-Lösung in 0,1 n H_2SO_4 bei einem Titrationsvolumen von 100 bis 200 ml). Dieser Katalysator hat sich für schwefelsaure Lösungen bewährt, während in salzsauren Lösungen die Verwendung von Jodverbindungen vorteilhafter ist.

a) Verfahren nach R. Lang.

Arbeitsvorschrift. Die etwa n salz- oder schwefelsaure Lösung, welche in 100 ml etwa 1 g Natriumchlorid enthalten soll, wird mit überschüssiger arseniger Säure versetzt und nach 1 Min. langem Stehen mit Kaliumpermanganat unter Zusatz eines Tropfens 0,0025 m Kaliumjodid- oder Kaliumjodatlösung als Katalysator zurücktitriert.

Bemerkungen. α) Genauigkeit. Bei Anwendung von 25 ml 0,1 n Kalium-dichromatlösung findet der Verfasser sowohl in salzsaurer als auch in schwefelsaurer Lösung praktisch theoretische Werte.

β) Säurekonzentration. Chromat wird durch arsenige Säure schnell reduziert, wenn genügend Salzsäure vorhanden ist. Ohne Salzsäure ist der Chrombefund zu niedrig. 0,05 g HCl in 50 ml sind schon ausreichend. Der Endpunkt wird noch gut erkannt bis zu einem Gehalt an 2 n Salzsäure; bei hohem Salzäuregehalt wird der Endpunkt unscharf. Die Acidität der Lösung kann aber ohne Schaden bis auf 6 n erhöht werden.

γ) Einfluß von Eisen und Vanadium. Bei Gegenwart von Eisen muß zwecks Erreichung eines scharfen Endpunktes Phosphorsäure zugesetzt werden. Auch Vanadium stört nicht, selbst wenn die Rücktitration mit Permanganat nach dem Zusatz überschüssiger Lösung von arseniger Säure erst mehrere Stunden später erfolgt. Die Farbänderung bei der Titration mit Permanganat geht von bläulich-grün nach blau. Das Dunklerwerden der Farbe zeigt den Endpunkt an, der mit 1 Tropfen 0,1 n Kaliumpermanganatlösung angezeigt wird. Eine minimale Korrektur ist für die gefärbte Originallösung erforderlich. Man ermittelt sie durch einen Blind-versuch mit der gleichen Chrommenge.

δ) Einfluß von Mangan. Sind neben der Chromsäure große Mengen von Mangan in Lösung, so nimmt die Lösung bald nach Beginn der Zugabe von arseniger Säure trotz der Anwesenheit von Kaliumjodid einen bräunlichen Farbton an, der einige Zeit bestehenbleibt, besonders wenn Eisen zugegen ist. Ungefähr 1 Min., nachdem die erforderliche Menge der Lösung von arseniger Säure zugesetzt ist, verschwindet aber die Mißfärbung wieder und die Lösung nimmt die normale blaugrüne Farbe an. Ohne Kaliumjodid als Katalysator verschwindet die braune Mißfärbung, die auf der Bildung von 3wertigem Mangan beruht, nur äußerst langsam.

b) Verwendung von Redoxindicatoren bei der Rücktitration der überschüssigen arsenigen Säure mit Kaliumpermanganat.

Allgemeines. Obwohl die Rücktitration der überschüssigen arsenigen Säure mit Kaliumpermanganat unter den vorstehend angegebenen Bedingungen leicht durchführbar ist, untersuchten KOLTHOFF und SANDELL die Anwendbarkeit einiger Redoxindicatoren, die von KNOP beschrieben wurden. Nach ihren Angaben wird bei Gegenwart der Triphenylmethanfarbstoffe Eriogrün-B, Erioglaucin-A und Setopalin der Endpunkt bei der Titration von Arsen(III) mit Kaliumpermanganat noch verschärft. Man beobachtet einen Farbwechsel von Grün nach Bläulich. Allerdings ist es erforderlich, daß die Säurekonzentration niedriger als 0,5 n ist.

Es ist jedoch bei der Chrombestimmung gebräuchlicher, ohne Redoxindicatoren zu arbeiten.

c) Anwendungen des Verfahrens für die Stahlanalyse.

α) **Bestimmung von Chrom und Vanadium nebeneinander in Stahl.** Die Methode von LANG kann vorteilhaft für die gleichzeitige Bestimmung von Chrom(VI) und Vanadium(V) herangezogen werden und kann als Schnellmethode bei der Untersuchung von Chrom-Vanadium-Stählen Anwendung finden. In saurer Lösung wird nämlich Chromat durch überschüssige arsenige Säure selektiv reduziert, während Vanadium unverändert 5wertig verbleibt. Die Titration des Überschusses an arseniger Säure durch Permanganat gibt die Menge des vorhandenen Chroms an. Vanadium kann anschließend in der gleichen Lösung mit Eisen(II)-sulfat bestimmt werden, entweder potentiometrisch oder unter Verwendung eines Redoxindicators. Derartige Verfahren zur gleichzeitigen Bestimmung von Chrom und Vanadium in Stahl werden von KOLTHOFF und SANDELL sowie von WILLARD und GIBSON mitgeteilt.

aa) Arbeitsvorschrift nach Kolthoff und Sandell für wolframfreie Stähle. Je nach Chromgehalt nimmt man bei 1%igem Stahl 2 bis 3 g, bei höherprozentigem entsprechend weniger; man gibt in einem 250-ml-Erlenmeyerkolben zu der Einwaage 25 ml Wasser, für je 1 g Stahl 1,5 ml konz. Schwefelsäure und 1 bis 2 ml davon im Überschuß sowie 3 bis 4 ml 85%ige Phosphorsäurelösung. Zur Beschleunigung der Lösung erhitzt man die Flüssigkeit zum Kochen und oxydiert nach erfolgter Lösung des Stahls durch tropfenweisen Zusatz von konz. Salpetersäure, wozu etwa 1 ml für je 1 g Stahl genügt. Man vertreibt die nitrosen Gase durch Kochen, verdünnt auf etwa 100 ml, setzt 1 bis 2 g reines Kaliumbromat zu und kocht 5 Min. lang. Jetzt werden 5 g Ammoniumsulfat vorsichtig in kleinen Anteilen zu der Lösung gegeben, die wieder auf etwa 100 ml verdünnt und gekocht wird, bis der größte Teil des Broms vertrieben ist. Nach Zusatz von 10 ml n Salzsäure kocht man noch weiter, bis Kaliumjodidstärkepapier nicht mehr gebläut wird. Man kühlt nun auf Zimmertemperatur ab, fügt 5 bis 8 ml 85%ige Phosphorsäure und 1 bis 2 Tropfen 0,0025 m Kaliumjodidlösung zu und läßt 0,1 n Arsenitlösung langsam zufließen, bis die Lösung blaugrün wird; dann gibt man noch 2 bis 3 ml davon im Überschuß hinzu. Wenn viel Mangan vorhanden ist, bildet sich eine braune Mißfärbung, die aber bald wieder verschwindet; 5 Min. nach dem Arsenitzusatz nimmt man den Überschuß an Reduktionsmittel durch langsames Zulaufenlassen von 0,025 n Permanganatlösung zurück, bis eine plötzliche Farbendunklung von Chromgrün nach Blaugrün entsteht. Mit 1 bis 2 Tropfen Permanganatlösung ist der Endpunkt festzustellen, wenn nicht mehr als 0,05 g Chrom in 100 ml Lösung vorhanden sind.

Um das Vanadat anschließend an die Chromtitration zu bestimmen, nimmt man den geringen Permanganatüberschuß mit 1 Tropfen Arsenitlösung weg und titriert anschließend das Vanadium(V) mit 0,025 n Eisen(II)-lösung bei Anwendung von

Diphenylbenzidin als Indicator, wobei man genau die Angaben von WILLARD und YOUNG zu befolgen hat.

Bemerkungen. $\alpha\alpha$) *Genauigkeit.* Eine Überprüfung der vorstehenden Methode mit einigen vom „Bureau of Standards" analysierten Stahlproben fiel sehr zufriedenstellend aus; vgl. Tab. 5.

Tabelle 5. *Titration von Stahlproben.*

Bureau of Standards		KOLTHOFF und SANDELL	
% Cr	% V	% Cr	% V
1,35	0,21	1,343	0,220
		1,353	0,214
1,04 *a*	0,21	1,005	0,207
1,01 *b*		0,998	0,212
1,03	0,208	0,99	0,206
0,89	—	0,930	0,018
		0,941	

a = Oxydation mit Persulfat,
b = Oxydation mit Kaliumpermanganat.

$\beta\beta$) *Oxydation zu Chrom(VI) und Vanadium(V).* Die Oxydation von Vanadium(IV) und Chrom(III) mit Kaliumbromat wird am besten in einer Lösung, die genügend Schwefel- und Phosphorsäure enthält, ausgeführt. Bei geringen Säurekonzentrationen verläuft die Oxydation zu langsam. Die Verfasser fanden, daß geringe Mengen von Mangan die Reaktion beschleunigen. Besonders bei Gegenwart von Phosphorsäure katalysieren Salze des 3- und 4wertigen Mangans die Oxydation von Chrom(III) und Vanadium(IV). Nach der Oxydation ist es notwendig, die höheren Manganphosphate und den Überschuß an Bromat zu zerstören, was am besten durch Kochen mit Ammoniumsulfat und zuletzt unter Zusatz von etwas Salzsäure geschieht. Wenn viel Mangan vorhanden ist, so soll bei der Oxydation die Phosphorsäurekonzentration nicht zu gering sein, um das Ausfallen von Mangan(IV)-oxydhydrat zu verhindern, welches sich beim Kochen mit Ammoniumsulfat nur langsam wieder löst.

$\gamma\gamma$) Eine geringfügige *Reduktion des Vanadats durch den Überschuß der Arsenitlösung* wirkt sich auf das Endergebnis nicht aus, da das Vanadium(IV)-salz durch Permanganat wieder oxydiert wird.

$\delta\delta$) *Einfluß von Chlorid.* Die Verfasser bestätigten die Angaben von LANG, daß die Rücktitration von As(III) mit Permanganat bei Gegenwart von Chlorid vor sich gehen muß. Bei Abwesenheit von Chlorid liegen die Ergebnisse zu niedrig. Für 50 ml Lösung genügen 0,05 bis 0,10 g NaCl.

$\varepsilon\varepsilon$) *Säurekonzentration.* Bei sehr hohen Säurekonzentrationen wird zu wenig Chrom gefunden, weil die Chromsäure durch Chlorionen bei Gegenwart von arseniger Säure zum Teil reduziert wird.

$\zeta\zeta$) *Einfluß anderer Stoffe.* Eisen und Mangan stören bei den beschriebenen Verfahren nicht; Wolfram stört bei der Titration des Vanadiums nach der Methode von KOLTHOFF und SANDELL, weil die blaue Farbe des Redoxindicators nicht erscheint, und muß deshalb vorher nach den üblichen Methoden entfernt werden, oder man muß es elektrometrisch bestimmen (vgl. weiter unten).

bb) *Arbeitsvorschrift nach Willard und Gibson für wolframhaltige Stähle.* 1 bis 1,5 g Stahl werden in einem Gemisch von 10 ml Wasser und 30 ml Salzsäure (D 1,18) unter Erhitzen vollständig zersetzt. Zur heißen Lösung gibt man vorsichtig 8 bis 10 ml Salpetersäure (D 1,42) und erhitzt unter gelegentlichem Umschwenken gelinde, bis alle dunklen Teilchen zur gelben Wolframsäure oxydiert sind; man dampft auf 20 ml ein. Nötigenfalls setzt man nochmals 10 ml Salzsäure und 3 ml Salpetersäure zu und dampft wieder auf 20 ml ein. Nun wird mit 50 ml Wasser verdünnt, kurze Zeit bis zur Lösung der Salze gekocht und filtriert. Die Wolframsäure wird mit heißer, 2%iger Salzsäure und nach Wechseln der Vorlage mit 1%iger Ammoniumnitratlösung ausgewaschen. Die Waschwässer werden verworfen, da Ammoniumsalze die vollständige Oxydation des Chroms verhindern. Zu dem Filtrat fügt man bei einer Einwaage von 1 g Stahl 1 g Eisen als Eisen(III)-chlorid oder

-nitrat, nicht aber als -sulfat, hinzu, bei 1,5 g Einwaage nur 0,5 g Eisen. Nach Zusatz von 25 ml 70%iger Perchlorsäure wird bis zum Auftreten von Perchlorsäurenebeln eingedampft und noch 20 Min. gekocht.

Die in einem Eisen- oder Platintiegel veraschte Wolframsäure wird entweder mit 1,5 g Soda unter Luftzutritt oder mit Natriumperoxyd etwa 5 Min. geschmolzen. Die in Wasser gelöste Schmelze wird zur Zerstörung des Peroxyds gekocht.

Unterdessen wird die mit dem gleichen Volumen Wasser verdünnte Hauptlösung zur Entfernung des Chlors etwa 3 Min. zum Sieden erhitzt. In die noch heiße Lösung gießt man unter stetigem Umschwenken die Natriumwolframatlösung zusammen mit dem in ihr suspendierten, geringen Eisenniederschlag. In der erhaltenen klaren Lösung bestimmt man nach dem Erkalten das Chrom in der gleichen Weise wie es in der Arbeitsvorschrift nach KOLTHOFF und SANDELL angegeben worden ist.

Zur Bestimmung des Vanadiums(V) nimmt man nach der Chromsäuretitration den geringen Permanganatüberschuß mit einem Tropfen Arsenitlösung weg und titriert das Vanadium mit Eisen(II)-sulfat auf elektrometrischem Wege.

Bemerkung. Die Verfasser haben gezeigt, daß man große Mengen Natriumwolframat zu einer Säurelösung zugeben kann, ohne daß ein Niederschlag von Wolframsäure entsteht.

β) Bestimmung von Mangan und Chrom nebeneinander in Stahl nach FORSYTH und BARFOOT.

Allgemeines. FORSYTH und BARFOOT haben bei Untersuchungen über die Bestimmung von Mangan und Chrom in Stahl die Persulfat-Arsenit-Methode herangezogen und die Bedingungen ausgearbeitet, unter denen die Methode einwandfreie und leicht reproduzierbare Werte liefert. Sie legen besonderes Gewicht auf die Wahl eines geeigneten Katalysators für die Reduktion des 7wertigen Mangans durch das Arsenit und verwenden das von GLEU vorgeschlagene Osmium(VIII)-oxyd in 0,01 m Lösung. Da dieses aber nach Feststellung des Verfassers einen Verbrauch von arseniger Säure für unzersetztes Persulfat veranlaßt, muß das Persulfat vor der Titration restlos zerstört werden, was durch längeres Kochen geschieht. Wenn man die Konzentration der Reagenzien in der Lösung in den in folgenden angegebenen Höhen einhält, wird das Permanganat durch dieses starke Erhitzen nicht beeinträchtigt.

Reagenzien. 0,0316 n Arsenitlösung. 1,56 g As_2O_3 werden in 4,5 g NaOH und einer ausreichenden Menge Wasser gelöst und mit Wasser zu 1000 ml aufgefüllt.

Schwefelsäure-Phosphorsäure-Mischung. 100 ml konz. H_2SO_4, 30 ml H_3PO_4 (D 1,75), 600 ml Wasser werden vermischt.

Außerdem werden benötigt: Eingestellte Kaliumpermanganatlösung, 0,01 m Osmium(VIII)-oxydlösung, 0,0025 m Kaliumjodatlösung, 1%ige Silbernitratlösung, 50%ige Ammoniumpersulfatlösung, Salpetersäure (D 1,20) und Salzsäure (1 + 3) (etwa 3 n).

Arbeitsvorschrift. 1 g Stahlspäne werden in 50 ml Schwefelsäure-Phosphorsäure gelöst und das Eisen durch 5 ml Salpetersäure oxydiert. Nach Vertreiben der Stickoxyde gibt man 50 ml Wasser und 5 ml Silbernitratlösung zu. Man erhitzt die Lösung wieder zum Sieden, versetzt sie mit 5 ml Ammoniumpersulfatlösung und kocht weitere 4 bis 6 Min. Darauf wird die Lösung möglichst schnell auf 25° abgekühlt, mit 3 Tropfen Osmium(VIII)-oxydlösung und Natriumarsenitlösung in einem Überschuß von etwa 5 ml versetzt. Der Überschuß an Arsen(III) wird mit Kaliumpermanganatlösung bis zur schwachen Rosafärbung zurücktitriert. Die daraus berechneten Milliliter Arsenitlösung ergeben den Mangan- und Chromgehalt. Um letzteren zu bestimmen, erhitzt man die austitrierte Lösung wieder zum Sieden und gibt 5 ml Persulfatlösung hinzu. Darauf wird die Lösung 8 bis 10 Min. zum Sieden erhitzt und mit 4 bis 5 ml Salzsäure versetzt. Nach Verschwinden der Rotfärbung wird die Lösung zunächst noch 5 Min. im Sieden gehalten und dann auf 25° abgekühlt. Nach Zusatz von 3 Tropfen Kaliumjodatlösung läßt man Arsenitlösung in geringem Überschuß zufließen und titriert mit Kaliumpermanganat bis zur schwachen Rosafärbung zurück. Der nach Abzug der dem Kaliumpermanganat entsprechenden Menge verbleibende Verbrauch an Arsenitlösung ist dem Chromgehalt äquivalent.

In der austitrierten Lösung kann anschließend Vanadium mit Eisen(II)-lösung bestimmt werden.

Bemerkungen. aa) Genauigkeit. Bei Berücksichtigung des Verdünnungseffektes (Bemerkung bb) ist die Methode sehr genau; vgl. Tab. 6.

Tabelle 6.
Titration von Mangan und Chrom.

Vorhanden [1]		Gefunden	
% Mn	% Cr	% Mn	% Cr
7,68	3,54	7,71	3,51
5,42	8,61	5,32	8,50

[1] Zur Untersuchung gelangten Standardstähle.

bb) Verdünnungseffekt. Für genaue Arbeiten müssen der Verdünnungseffekt und der Farbeinfluß berücksichtigt werden. Der hierdurch verursachte Fehler beträgt bei 1% Chrom etwa 0,2 bis 0,3 ml und muß bei beiden Titrationen berücksichtigt werden. Zu seiner Bestimmung erhitzt man die Lösung nach Beendigung der Titrationen 10 Min. lang zum Sieden, kühlt ab und stellt die zur Erreichung einer schwachen Rosafärbung erforderliche Menge Kaliumpermanganatlösung fest.

cc) Katalysator. Kaliumjodid oder -jodat als Katalysator ist bei der ersten Titration wegen der Fällung der entsprechenden Silbersalze unwirksam. Erst nach der Ausfällung des Silbers durch den Überschuß an Salzsäure kann Kaliumjodat als Katalysator angewendet werden. Dies ist sogar notwendig, weil in salzsaurer Lösung die Osmium(VIII)-oxydkatalyse weniger wirksam ist.

II. Rücktitration mit Kaliumbromat nach SPITALSKY.

Allgemeines. SPITALSKY bestimmt nach der Chromatreduktion mit arseniger Säure diese mit Kaliumbromat zurück:

$$3\,AsO_3^{3-} + BrO_3^- \longrightarrow 3\,AsO_4^{3-} + Br^-.$$

Für die Erkennung des Äquivalentpunktes macht man von der Einwirkung der ersten überschüssigen Bromationen auf die in der Lösung während der Titration entstandenen oder bereits vorher absichtlich hinzugesetzten Bromionen Gebrauch; sie besteht darin, daß unter Mitwirkung von Wasserstoffionen eine Oxydation zu elementarem Brom einsetzt:

$$BrO_3^- + 5\,Br^- + 6\,H^+ = 3\,H_2O + 3\,Br_2.$$

Sobald der Endpunkt überschritten wird, färbt sich die zunächst farblose Lösung unter Ausscheidung von Brom schwachgelb. Da aber das Brom in geringen Konzentrationen an seiner eigenen Farbe nur schlecht zu erkennen ist, setzt man als Indicatoren gewisse Farbstoffe, z.B. Methylorange, hinzu, die durch das erste auftretende Brom entfärbt werden.

Reagenzien. 1. 0,1 n As$_2$O$_3$-Lösung, vgl. S. 146.

2. 0,1 n KBrO$_3$-Lösung. Kaliumbromat läßt sich durch mehrfaches Umkristallisieren und Trocknen bei 180° in genügender Reinheit gewinnen und kann als Urtitersubstanz verwendet werden. Das Salz darf keine Bromionen enthalten, da Bromat- und Bromionen für sich in saurer Lösung bereits freies Brom bilden würden. Zur Reinheitsprüfung werden 5 ml 1%iger Kaliumbromatlösung mit 2 ml 4 n Schwefelsäure und 1 Tropfen 0,1%iger Methylorangelösung versetzt. Die rosa Farbe darf noch nach 2 Min. nicht verschwunden sein (KOLTHOFF).

3. 2,7836 g (=$^1/_{60}$ Mol) werden zu 1000 ml in Wasser gelöst.

4. Kaliumbromatlösungen sind auch in schwächeren Konzentrationen gut haltbar. Methylorangelösung, 0,1%ig in Wasser.

Arbeitsvorschrift. Zu der verdünnten salzsauren Chromatlösung gibt man einen geringen Überschuß an arseniger Säure. Nach 20 bis 25 Min. stellt man mit Salzsäure stark sauer (1 bis 2 n an Säure) und titriert nach Zugabe von 1 bis 2 Tropfen Methylorangelösung mit der Kaliumbromatlösung bis zur Entfärbung. Man muß dabei ständig kreisend umschwenken, die Bromatlösung gegen Ende der Titration nur langsam zutropfen lassen und kurz vor dem Endpunkt noch 1 Tropfen Indicatorlösung hinzusetzen.

Bemerkungen. *a) Genauigkeit und Erfassungsgrenze.* Die Reaktion zwischen arseniger Säure und Kaliumbromat verläuft in stark salzsaurer Lösung auch bei Anwendungen von sehr verdünnten Maßlösungen (etwa 0,004 molar) schnell und quantitativ, so daß der Endpunkt der Reaktion bei einiger Übung mit einer Genauigkeit bis 0,01 ml erkannt werden kann. Nach dieser Methode können noch Chromatgehalte, deren Konzentration weniger als 0,01 Mol/l betragen, genau ermittelt werden, im Gegensatz zum jodometrischen Verfahren, welches bei derartig kleinen Gehalten versagt. Hierzu kommt noch der Vorzug der Billigkeit.

b) Säurekonzentration. Es ist zweckmäßig, die Reduktion von Chrom(VI) mit As(III) in schwach salzsaurer Lösung vorzunehmen (0,05 g HCl in 50 ml genügen), um eine etwaige Reduktion von Chromat durch die Salzsäure zu vermeiden. Erst vor der Bromattitration gibt man eine größere Säuremenge hinzu.

c) Indigolösung als Indicator an Stelle von Methylorange kann ebenfalls verwendet werden.

III. Rücktitration mit Bromlösung nach MANCHOT und OBERHAUSER.

Reagenzien. 1. 0,1 n Arsenitlösung. Es wird eine Lösung verwendet, die 0,2 n an Salzsäure ist; vgl. S. 146.

2. Bromlösung. Für die Praxis am besten geeignet ist eine 0,1 n Bromlösung (durch Einwägen von reinem Brom herstellbar), die außerdem etwa 2 n an Kaliumbromid und n an Salzsäure ist. Die Einstellung erfolgt gegen As_2O_3. Der Wirkungswert muß wöchentlich 1- bis 2mal nachgeprüft werden.

3. Indicatorlösung. 0,2 g Indigocarmin (Natriumsalz der Indigosulfonsäure-5,5′) und 0,2 g Dinitroresorcin (Styphninsäure) werden in 100 ml Wasser gelöst.

Arbeitsvorschrift. Die salzsaure Chromatlösung wird mit einer ausreichenden Menge Kaliumbromid und überschüssiger Arsenitlösung versetzt. Der Überschuß an As(III) wird mit Brom unter Zusatz einiger Tropfen Indicatorlösung zurücktitriert. Im Äquivalenzpunkt beobachtet man einen gut erkennbaren Umschlag von Blauviolett nach Grün bis Gelbgrün.

Bemerkungen. *a) Genauigkeit.* 5 Beleganalysen der Verfasser zeigen befriedigende Übereinstimmung mit der jodometrischen Methode; die Abweichung liegt unterhalb 1%.

b) Die *Reduktion von Chromat mit Bromwasserstoffsäure* allein geht zu langsam vor sich, um direkt analytisch verwendet werden zu können. In der Kombination Cr(VI), As(III), Br⁻ verläuft die Reduktion schärfer als bei Abwesenheit von HBr. Eine Reduktion der Arsensäure durch Bromwasserstoffsäure erfolgt erst unter extremen, leicht zu vermeidenden Bedingungen (vgl. c).

c) Salzsäurekonzentration. Beträgt der Gehalt an freiem Chlorwasserstoff mehr als 26%, so entsteht aus einem äquivalenten Gemisch von Kaliumbromid und Natriumarsenat freies Brom, welches aber beim Verdünnen der Lösung wieder verschwindet, indem das Gleichgewicht:

$$As_2O_3 + 2\,Br_2 + 2\,H_2O \;\rightleftharpoons\; As_2O_5 + 4\,HBr$$

wieder nach rechts verschoben wird. Eine so starke Wasserstoffionenkonzentration kommt aber praktisch nicht vor oder läßt sich durch Verdünnen leicht vermeiden.

d) Umschlag des Indicators. Indigocarminlösung allein ist nicht anwendbar, weil die grüne Chrom(III)-farbe stört. Erst durch Zugabe eines gelben Farbstoffes wird der Umschlag erkennbar. Pikrinsäure soll sich etwas weniger gut als Zusatz eignen.

e) Fehlerquellen. Die hauptsächlichste Fehlerquelle beim Titrieren ist in der Flüchtigkeit des Broms zu suchen. Diese Fehlermöglichkeit kann jedoch auf ein Minimum reduziert werden, indem man immer die Bromlösung zufließen läßt, in kleinen Stöpselflaschen mit ziemlich enger Öffnung titriert und dem Reaktionsgemisch, in welchem Brom auftritt, von vornherein Salzsäure oder Kaliumbromid zufügt.

f) Einfluß anderer Stoffe. Alle Substanzen, die unter den angewendeten Bedingungen mit Arsen(III) und Brom reagieren, verursachen Fehler.

g) Anwendung der Methode zur indirekten Bleibestimmung. Man versetzt die saure Bleilösung mit Natriumacetat und einer gemessenen Menge eingestellter Kaliumdichromatlösung, filtriert den Niederschlag von Bleichromat ab, wäscht ihn aus und titriert im Filtrat die unverbrauchte Chromsäure nach dem obigen Verfahren zurück; oder man löst das Bleichromat in verd. Salzsäure und bestimmt in dieser Lösung die an Blei gebundene Chromsäure, wobei man die Reduktion in der Wärme vornimmt. Barium kann in analoger Weise bestimmt werden.

IV. Rücktitration mit Natriumhypochlorit nach Jellinek und Kühn.

Herstellung von 0,1 n NaOCl. In eine 0,1 n NaOH leitet man langsam Chlor ein und überzeugt sich in Abständen von etwa 15 Min. durch eine jodometrische Titration davon, ob die Lösung bereits annähernd 0,1 n an Hypochlorit ist. Man fügt dann zu der Lösung überschüssige Natronlauge bis zur stark alkalischen Reaktion; der Titer bleibt mehrere Wochen völlig konstant.

Arbeitsvorschrift. Die Chromatlösung wird mit einem Überschuß angesäuerter 0,1 n Arsenitlösung versetzt und 5 Min. zum gelinden Sieden erhitzt. Nach Abkühlen auf 40 bis 45° versetzt man mit 10 Tropfen 1%iger KJ-Lösung und Stärke und titriert mit 0,1 n NaOCl-Lösung bis zur Blaufärbung.

Bemerkung. *Genauigkeit.* 4 Beleganalysen der Verfasser sind mit je etwa 0,25% Fehler behaftet.

2. Reduktion mit arseniger Säure in alkalischer Lösung.

Allgemeines. Alkalische Lösungen von arseniger Säure wirken in der Wärme ebenfalls auf Chromatlösung reduzierend ein und führen das 6wertige Chrom in Chromoxydhydrat über, welches sich zum größten Teil als unlöslicher Niederschlag abscheidet.

Arbeitsvorschrift nach Reichard. Man versetzt die zu untersuchende Chromatlösung mit einem Überschuß an eingestellter, alkalischer Arsenitlösung, die man am besten durch Lösen einer abgewogenen Menge Arsen(III)-oxyds in 10%iger Natronlauge herstellt. Die Reduktion wird durch Erhitzen beschleunigt. Zuerst bleibt die rotgelbe Farbe unverändert bestehen; dann färbt sich die Lösung allmählich grün. Diese Veränderung ist die Folge von entstehendem Chromoxydhydrat, welches zum Teil durch die überschüssige Natronlauge in Lösung bleibt, zum Teil sich jedoch in Form einer gallertartigen Masse abscheidet. Der Überschuß an Arsenit kann entweder mit Jod oder mit Permanganat zurückgemessen werden.

I. Jodometrische Bestimmung.

Die alkalische Lösung wird mit Salz- oder Schwefelsäure neutralisiert, mit Natriumhydrogencarbonat versetzt und filtriert. Das Filtrat muß wasserhell sein; das Auswaschen des Niederschlages erfolgt mit heißem Wasser. Nach Zugabe von Stärkelösung titriert man mit eingestellter Jodlösung bis zur Blaufärbung.

II. Manganometrische Bestimmung.

Bei der Titration mit Permanganat kann man sich die etwas zeitraubende Filtration ersparen. Man trennt von dem Chromhydroxydniederschlag durch Dekantieren mit heißem Wasser, säuert mit Schwefelsäure an und titriert mit Permanganat die überschüssige arsenige Säure zurück. Die Oxydation zu Arsensäure ist dann vollständig, wenn die hellgrüne Farbe der Chrom(III)-salzlösung mit dem Permanganat einen charakteristischen violetten Farbton annimmt. Zur besseren Bestimmung des Umschlagpunktes benutzt man gegen Ende der Titration stark verdünnte Permanganatlösung oder Mikrobüretten.

Bemerkungen. *Genauigkeit und Anwendungsbereich.* Wie die Beleganalysen zeigen, fallen die Resultate um einen geringen Betrag zu hoch aus. REICHARD führt diese Ungenauigkeit auf die Tatsache zurück, daß vom ausfallenden Chromhydroxyd etwas Arsenit adsorbiert wird. Die Methode soll auch auf die Bestimmung des Chroms in schwer löslichen oder unlöslichen Metallchromaten anwendbar sein.

B. Direkte maßanalytische Bestimmung unter Verwendung von Diphenylamin als Redoxindicator nach Szabó und Csányi.

Allgemeines. Nachdem JELLINEK und KÜHN erfolglos versucht hatten, Chromat mit Arsenitlösung unter Verwendung von Eisen(III)-rhodanid als Indicator direkt zu bestimmen, gelang es SZABÓ und CSÁNYI eine direkte Bestimmung unter Verwendung von Diphenylamin als Redoxindicator bei Gegenwart eines geeigneten Katalysators zu ermöglichen. Fügt man zu einer schwefelsauren Chrom(VI)-lösung Diphenylamin, so beobachtet man eine braunrote Färbung, die nach Zugabe von arseniger Säure blau bis violett wird. Bei Zugabe von überschüssiger Arsenitlösung tritt jedoch keine Farbänderung ein, weshalb in der vorliegenden Anordnung die beendete Reduktion des Chroms(VI) zu Chrom(III) nicht angezeigt werden kann. Im Gegensatz hierzu schlägt der Indicator nach Grün um, wenn z. B. eine Chromatlösung mit Eisen(II) oder schwefliger Säure reduziert wird. Mit arseniger Säure wird auch kein Farbwechsel bewirkt, wenn man geringe Mengen Eisen(II) zugibt. Einen geeigneten Katalysator für die Indikationsreaktion fanden die Verfasser im Kaliumjodid, welches schon in Spuren einen reversiblen Farbwechsel des Diphenylamins bei der Titration von Chrom(VI) mit Arsen(III) hervorruft. Da die Reaktion zwischen Arsenit- und Chromationen allein zu langsam verläuft, um zur direkten volumetrischen Bestimmung anwendbar zu sein, fügen die Verfasser nach den Angaben von ZINTL und ZAIMIS (vgl. S. 156) noch Mangan(II)-sulfat als Katalysator hinzu. Es ist für die Bestimmung von Vorteil, daß dieser Katalysator seine optimale Wirkung bei der gleichen Schwefelsäurekonzentration entfaltet, die auch für einen scharfen Indicatorumschlag am günstigsten ist. Das Potential des Redoxindicators am Endpunkt der Titration ist weitgehend von der Chromkonzentration unabhängig, weshalb es möglich ist, Gehalte von 0,01 bis 1,0 g Chrom mit gleichbleibender Genauigkeit zu titrieren.

Reagenzien. 1. 0,1 n Arsenitlösung. 4,9455 g As_2O_3 p. a. werden in einer Lösung von 5 g NaOH in wenig Wasser gelöst, falls erforderlich, gekocht und mit Wasser verdünnt. Nach Zugabe von 10 ml konz. Schwefelsäure füllt man zu 1000 ml mit Wasser auf.

2. Katalysatorlösung. 0,021 g Kaliumjodid und 0,05 g Mangansulfat werden in 250 ml Wasser gelöst.

3. Indicatorlösung. 1 g Diphenylamin werden in 100 ml konz. Schwefelsäure gelöst.

1. Arbeitsvorschrift für Chromatlösungen. Die zu untersuchende Chromatlösung, deren Volumen 50 ml betragen soll, wird mit 5 bis 6 ml konz. Schwefelsäure versetzt. Nach dem Abkühlen gibt man 5 ml Katalysatorlösung sowie 1 Tropfen Indicatorlösung hinzu und titriert mit der arsenigen Säure bis zum Farbumschlag blau–hellgrün. Bildet sich die blaue Farbe innerhalb 5 Min. zurück, so gibt man noch 1 Tropfen Maßlösung hinzu.

Bemerkungen. *I. Genauigkeit.* Bei Einwaagen von 0,01 bis 0,118 g $K_2Cr_2O_7$ erhielten die Verfasser Fehler von höchstens 0,1%.

II. Auf Grund verschieden gefärbter *Aquokomplexe des Chrom(III)-ions* kann sich die Farbe der Lösung am Endpunkt ändern. Der Bildung von Aquokomplexen wird durch Kühlen und Neutralsalzzusatz entgegengewirkt, so daß dann der Endpunkt leichter erkannt werden kann. Der Zusatz von Neutralsalz bewirkt jedoch, daß die blaue Farbe nach der Titration wiederkehrt, so daß man zweckmäßig hierauf verzichtet und nur bei Zimmertemperatur arbeitet.

III. Der *Indicatorfehler*, der durch die Oxydation des Diphenylamins verursacht wird, kann experimentell bestimmt werden. Er beträgt etwa $+ 0,05$ ml einer 0,1 n Natriumarsenitlösung.

IV. Störende Stoffe. Quecksilbersalze und Rhodanide stören bei der Bestimmung, weil sie den Indicatorumschlag beeinflussen.

2. Anwendung der Methode für die Stahlanalyse.

Prinzip. Bei Anwendung des Verfahrens zur Chrombestimmung im Stahl muß die Hauptmenge des Eisens, welche die Reaktion mit dem Indicator stören würde, durch Zugabe von Natrium- oder Ammoniumfluorid maskiert werden. Um 1 g Eisensulfat komplex zu binden, genügen 0,5 g Fluorid.

Arbeitsvorschrift für die Chrombestimmung in Stahl. In einem Erlenmeyer-kolben werden 0,3 bis 1,0 g der Probe mit 30 bis 35 ml Wasser und 5 bis 6 ml konz. Schwefelsäure versetzt und über kleiner Flamme bis zur vollständigen Lösung gekocht. Nach Beendigung der Wasserstoffentwicklung versetzt man die Lösung so lange tropfenweise mit Permanganatlösung, bis das Chrom in die 6 wertige Stufe übergeführt ist. Dieses erkennt man daran, daß die Permanganatfarbe über dem sich absetzenden Mangan(IV)-oxydhydratniederschlag bestehenbleibt. Der Überschuß des Oxydationsmittels wird durch Kochen zerstört. Anschließend wird auf Zimmertemperatur abgekühlt und filtriert. Der Rückstand wird mit 20 ml heißem Wasser ausgewaschen; zu dem Filtrat gibt man 0,5 bis 1 g Natrium- oder Ammoniumfluorid und nach 1 Min. 5 ml der Katalysatorlösung. Nach Zugabe eines Tropfens Indicatorlösung titriert man mit einer 0,05 n Arsenitsäurelösung bis zum Farbwechsel nach Hellgrün.

Bemerkungen. *I. Genauigkeit.* 10 Analysen der Verfasser von der gleichen Stahlprobe ergaben bei variierenden Einwaagen (0,2 bis 1 g) Chromgehalte von 0,68 bis 0,99%; der Mittelwert beträgt 0,84% Cr.

II. Einstellung der Arsenitlösung. Die Arsenitlösung wird gegen Kaliumdichromat bei Gegenwart der gleichen Menge Fluorid, wie bei der Analyse verwendet wird, eingestellt.

III. Untersuchung von Stählen mit carbidisch gebundenem Chrom. Falls ein Teil des Chroms im Stahl carbidisch gebunden vorliegt, ist der beschriebene Aufschluß mit Schwefelsäure nicht vollständig. In diesem Falle gibt man zu der Schwefelsäure noch 1 bis 2 ml konz. Salzsäure hinzu und dampft die Lösung bis zur Trockne. Anschließend nimmt man mit Wasser und Schwefelsäure auf und verfährt genau wie oben angegeben wurde.

C. Potentiometrische Bestimmung des Chroms.

Allgemeines. Die potentiometrische Titration von Chrom(VI) mit arseniger Säure wurde ziemlich gleichzeitig von ZINTL und ZAIMIS sowie von LANG und ZWEŘINA untersucht. Die ersten Autoren fanden, daß die Reaktion in stark schwefelsaurer Lösung bei Gegenwart von Spuren Mangan so schnell verläuft, daß man Chrom(VI) bei gewöhnlicher Temperatur direkt mit arseniger Säure potentiometrisch titrieren kann. Die Konzentration an Schwefelsäure beträgt zweckmäßig nicht unter 20%, damit die Ablesung der Potentiale auch in der Gegend des Endpunktes sofort vorgenommen werden kann. Der Sprung beträgt durchschnittlich mehr als 100 mV je Tropfen 0,1 n Arsenitlösung. Zu Beginn der Titration steigt in der Regel das Potential, anstatt zu fallen, um dann bis kurz vor dem Umschlag nahezu konstant zu bleiben. In ganz manganfreien Lösungen geht die Reduktion nur sehr zögernd zu Ende; potentiometrisch findet man unter diesen Umständen immer etwas zuwenig Chrom. In Gegenwart von 0,05 bis 0,08 mg Mangan verläuft die Reaktion aber rasch und quantitativ, vermutlich weil unter der katalytischen Einwirkung dieses Metalls die Reduktion der Chromsäure durch arsenige Säure unter Zwischenbildung von Cr(V) vor sich geht. Letzteres unterliegt nach Ansicht der Verfasser auf dem Umweg über höhere Oxydationsstufen des Mangans einer Disproportionierung zu Cr(III) und Cr(VI). Zuviel Mangan darf jedoch nicht anwesend sein, weil das von Cr(V) höher oxydierte Mangan durch arsenige Säure sehr langsam reduziert wird und man deshalb zuwenig Chrom findet. Die angegebene Menge von 0,05 bis 0,08 mg Mangan bedingt keine merkbaren Fehler. ZINTL und ZAIMIS ziehen ihre Methode zur Untersuchung von Stahlhärtungsmetallen und Spezialstählen heran, indem sie die Chrombestimmung mit einer anschließenden elektrometrischen Vanadiumbestimmung kombinieren, und zwar ohne Anwendung von Restverfahren. Die Auflösung des Materials muß durch alkalischen Oxydationsaufschluß erfolgen, damit störendes Mangan in einfacher Weise vor der Chrombestimmung abgetrennt wird.

LANG und ZWEŘINA führen die direkte potentiometrische Titration mit arseniger Säure unter Zuhilfenahme der „Jodkatalyse" durch, wodurch ein störender Einfluß von Mangan vermieden wird. Bei der Übertragung dieser Methode auf Chrom-Vanadium-Stähle ist daher eine Abscheidung von Mangan nicht erforderlich, sondern Aufschluß und Oxydation können in saurer Lösung vorgenommen werden.

1. Verfahren nach Zintl und Zaimis.

Apparatur und Reagenzien. Elektroden. Der als Indicatorelektrode dienende Platindraht wird zweckmäßig vor jeder Titration in heiße Chromschwefelsäure getaucht und mit Wasser abgespült.

Statt der gesättigten Kalomelelektrode verwendet man eine Vergleichselektrode mit Quecksilber, Quecksilber(I)-sulfat und 2 n Schwefelsäure. Der elektrolytische Heber enthält ebenfalls 2 n Schwefelsäure statt Kaliumchloridlösung, damit kein Chlorid in die zu titrierende Lösung kommt.

0,1 n Arsenitlösung wird durch Lösen von As_2O_3 in NaOH und Ansäuern mit Schwefelsäure bereitet (vgl. S. 146).

Mangansulfatlösung. 120 mg $MnSO_4 + 7H_2O$ werden in 1000 ml Wasser gelöst.

I. *Arbeitsvorschrift für Chromatlösungen.* Die salzsäurefreie Lösung, die das Chrom als Chromat enthält, wird mit 50%iger Schwefelsäure versetzt, bis sie mindestens 20% Schwefelsäure enthält. Eine größere Säurekonzentration schadet nicht; bei geringerer Acidität verlangsamt sich die Einstellung der Potentiale am Endpunkt. Nach Zugabe von 2 bis 3 ml Mangansulfatlösung titriert man mit arseniger Säure bis zum Potentialsprung.

Bemerkungen. a) *Einfluß von Mangan.* Mangan darf nur in Spuren vorhanden sein, weil sonst zu niedrige Chromwerte gefunden werden. Die zugesetzte Menge von 0,05 bis 0,08 mg bedingt keinen merkbaren Fehler.

b) Einfluß anderer Stoffe. Eisen, Nickel, Molybdänsäure, Wolframsäure, Phosphorsäure und nicht zu große Mengen Salpetersäure sind ohne Einfluß auf die Titration. Über die Bestimmung in Gegenwart von Vanadium vgl. c.

c) Reaktionsmechanismus bei der potentiometrischen Bestimmung von Chrom und Vanadium. Wird bei Abwesenheit von Mangan die Chromsäure in Gegenwart von

Vanadiumsäure mit arseniger Säure titriert, so wird auch etwas Vanadiumsäure reduziert. Diese Nebenreaktion kann nicht durch lokale Einwirkung überschüssiger arseniger Säure erklärt werden, denn diese reagiert zu langsam mit Vanadiumsäure. Diese Nebenreaktion tritt auch nicht auf, wenn Chromsäure und Vanadiumsäure nacheinander [in Gegenwart von Mn(II)] mit überschüssiger arseniger Säure und Eisen(II)-sulfat titriert werden. Wahrscheinlich wirkt auch hier Cr(V) beim Übergang in Cr(VI) stärker reduzierend als Cr(III), und da das Potential Cr(VI)/Cr(III) nicht viel größer ist als das von V(V)/V(IV), so kann auch Vanadiumsäure zum Teil durch wenig Cr(V) reduziert werden.

Diese durch Cr(V) vermittelte Reduktion der Vanadiumsäure macht auch die Schutzwirkung des Mangans erklärlich; denn einerseits oxydieren die aus Cr(V) und Mn(II) entstehenden höheren Oxydationsstufen des Mangans das V(IV) rasch wieder zu V(V), und andererseits wird durch Mn(II) die Umsetzung von Cr(V) beschleunigt und dadurch die Reduktionswirkung von Cr(V) auf V(V) verringert.

Bei Anwesenheit von größeren Manganmengen nimmt die Lösung zuerst eine braune, in der Gegend des Sprunges eine rötlich-violette Farbe an, die von 3- oder 4wertigem Mangan herrührt. Während die Chromsäure in 20%iger Schwefelsäure auf Mangan(II)-salz direkt nicht einwirkt, wird also das 2wertige Mangan oxydiert, wenn gleichzeitig das Chrom(VI) durch Arsen(III) reduziert wird. Auch hier ist es nach Zintl und Zaimis wieder das als Zwischenprodukt gebildete Chrom(V), welches das Mangan(II) zu höheren Mangansalzen oxydiert, die durch arsenige Säure nur langsam reduziert werden. Damit erklären sich der Minderverbrauch an Arsenitlösung bei der Titration und die zu niedrigen Chromwerte.

Ähnlich dem Mangan verhält sich das Kobalt; jedoch ist der durch Kobalt bedingte Fehler sehr klein im Verhältnis zu dem durch Mangan verursachten, vermutlich infolge der geringeren Beständigkeit des 3wertigen Kobalts unter den angegebenen Bedingungen.

Zusammenfassend lassen sich die bei der Einwirkung von arseniger Säure auf eine Lösung von Chrom(VI), Vanadium(V) und Spuren von Mangan(II) in 20%iger Schwefelsäure ablaufenden Reaktionen durch folgendes Schema wiedergeben:

$$2\,Cr(VI) + As(III) \longrightarrow 2\,Cr(V) + As(V) \qquad \text{schnell;}$$
$$Cr(V) + As(III) \longrightarrow Cr(III) + As(V) \qquad \text{langsam;}$$
$$Cr(V) + 2\,Mn(II) \longrightarrow Cr(III) + 2\,Mn(III) \qquad \text{sehr schnell;}$$
$$Cr(V) + Mn(III) \longrightarrow Cr(VI) + Mn(II) \qquad \text{sehr schnell;}$$
$$2\,Mn(III) + As(III) \longrightarrow 2\,Mn(II) + As(V) \qquad \text{sehr langsam;}$$
$$Cr(V) + V(V) \rightleftharpoons Cr(VI) + V(IV);$$
$$V(IV) + Mn(III) \longrightarrow V(V) + Mn(II) \qquad \text{sehr schnell.}$$

Die höheren Oxydationsstufen des Mangans sind durch Mn(III) dargestellt; natürlich könnte auch 4wertiges Chrom die oben dem Cr(V) zugeschriebene Rolle spielen.

II. Bestimmung in Chrom-Vanadium-Stählen nach Zintl und Zaimis.

Allgemeines. Zintl und Zaimis führen die beiden Elemente in ihre höchsten Wertigkeitsstufen über, titrieren das Chrom mit arseniger Säure und anschließend das Vanadium mit Eisen(II)-sulfat bis zum zweiten Potentialsprung. Da Mangan die Bestimmung von Chrom und Vanadium stört und außerdem der Potentialsprung am Endpunkt der Vanadiumtitration um so besser ausgeprägt ist, je weniger Eisen in der Lösung ist, schlagen die Verfasser vor, die Stahlproben nicht in Säure zu lösen, sondern durch Schmelzen mit Natriumperoxyd aufzuschließen, weil auf diese Weise am einfachsten eine Abtrennung von Mangan und Eisen erreicht werden kann. Die Schmelze weicht man mit verd. Natronlauge auf und wäscht auch den unlöslichen Teil damit aus. Das in geringer Menge vorhandene Ferrat und Manganat reduziert man mit etwas Wasserstoffperoxyd, von dem ein Überschuß durch Kochen schnell zerstört wird. Nach dem Filtrieren enthält das alkalische Filtrat quantitativ Chrom, Vanadium und Molybdän in den höchsten Oxydationsstufen, außerdem Wolframat, falls Wolfram vorhanden war. Es hat sich herausgestellt, daß das Aufweichen der Schmelze wie auch das Auswaschen mit verd. Natronlauge erfolgen muß; bei Verwendung von reinem Wasser hält das Unlösliche, namentlich bei höheren Vanadiumgehalten, merkliche Mengen von Vanadium hartnäckig zurück. Durch die Behandlung mit Natronlauge wird der in körniger Form vorhandene, leicht filtrierbare Eisenoxydniederschlag nach eingehenden Versuchen der Verfasser absolut frei von Chrom, Vanadium oder Molybdän in einer einzigen Bearbeitung erhalten, wenn der Aufschluß der Probe vollständig war.

Arbeitsvorschrift. Der Aufschluß der in möglichst feinkörniger Form vorliegenden Proben erfolgt am besten in einem Eisentiegel von 50 bis 100 ml Fassungsraum durch Schmelzen mit 6 bis 10 g Natriumperoxyd für je 1 g Einwaage. Bei sehr feinkörnigen Proben mischt man dem Peroxyd zur Abschwächung der Reaktion etwa die gleiche Menge wasserfreier Soda ein. Die Einwaage (0,5 bis 5 g) richtet sich nach dem Gehalt der Proben und kann aus der Tab. 7 ersehen werden.

Das Material wird mit der nötigen Menge Peroxyd bzw. dem Peroxyd-Soda-Gemisch in dem Eisentiegel gut vermischt und zunächst langsam über kleiner Flamme erhitzt, bis alles geschmolzen ist. Dann erhitzt man den bedeckten Tiegel unter häufigem Umschwenken über voller Flamme, bis in der Schmelze (nach etwa 10 Min.) keine größeren Teilchen mehr wahrzunehmen sind. Nach dem Erkalten, das man durch Einstellen in kaltes Wasser beschleunigt, wird in einem bedeckten Becherglas von 500 ml Inhalt mit 100 ml heißer 2 n Natronlauge über kleiner Flamme digeriert, bis die Schmelze vollständig aufgeweicht ist; dann nimmt man den Tiegel heraus und spült ihn mit möglichst wenig Lauge ab. Bei größeren Einwaagen (über 3 g) bleibt bisweilen hierbei ein kleiner Teil der Probe unaufgeschlossen auf dem Tiegelboden festhaften; in diesem Fall gibt man nochmals etwas Peroxyd in den getrockneten

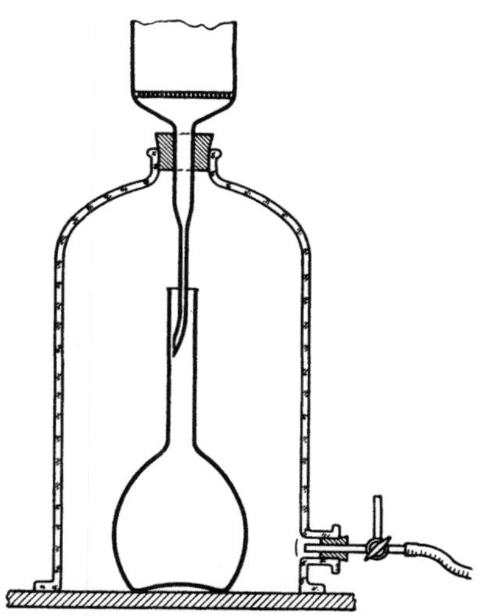

Abb. 15. Absaugvorrichtung. (Nach Zintl und Zaimis.)

Tiegel, schmilzt kurze Zeit über der Flamme und weicht mit der schon verwendeten Flüssigkeit auf, um das Volumen der Lösung nicht zu sehr zu vergrößern.

Zu der über dem Niederschlag stehenden Lösung, die gewöhnlich grün oder rot gefärbt ist, setzt man unter Umrühren einige Milliliter 3%igen Wasserstoffperoxyds, kocht 10 Min. unter Umrühren und filtriert dann durch einen Glasfiltertiegel von etwa 9 cm Dmr. in einen 500 ml fassenden Meßkolben. Papierfilter halten oft hartnäckig Chromat zurück. Als Filtriervorrichtung benutzen die Verfasser einen geräumigen, auf einer Platte luftdicht sitzenden Saugbehälter ohne Boden, in welchem sich der Meßkolben befindet, in dessen Hals die unten ausgezogene und schwach umgebogene Röhre der Glasnutsche hineinragt (Abb. 15). Der in dünner Schicht auf der großen Filterfläche befindliche Niederschlag wird mehrfach mit 2 n Natronlauge nachgewaschen, wozu etwa 2 Min. erforderlich sind. Der Meßkolben wird auf Zimmertemperatur abgekühlt und zur Marke aufgefüllt. Je nach den vorhandenen Chrom- und Vanadiummengen pipettiert man 20 bis 100 ml der Lösung in das zur Titration dienende, 500 ml fassende Becherglas ab. Zu diesem aliquoten Teil gibt man vorsichtig (CO_2!) reinste, kalte Schwefelsäure $(1+1)$ (etwa 9 m), ferner 2 bis 3 ml Mangan(II)-sulfatlösung $(120\ mg\ MnSO_4 + 7\ H_2O/1000\ ml)$, wenn nötig, noch Wasser bis zu etwa 200 ml und titriert potentiometrisch in der Kälte zuerst mit arseniger Säure und dann mit Eisen(II)-sulfat. Die Arsenitsäurelösung soll bei kleineren Chrommengen 0,02 n, bei Gehalten bis zu 3% Chrom 0,1 n sein. Für die Vanadiumtitration verwendet man eine 0,025 n $FeSO_4$-Lösung.

Bemerkungen. *a) Genauigkeit und Anwendungsbereich* vgl. Tab. 7.

Tabelle 7. *Titration nach Zintl und Zaimis.*

Nr.	Ein- waage g	As_2O_3-Lsg.[1]		% Cr		% V		% Ni	% W
				gefunden	angegeben	gefunden	angegeben		
1	0,48 0,59	$^1/_{10}$	0,1 n	65,3 65,1	65,2	—	—	—	—
2	1,72 1,72	$^1/_{10}$	0,1 n	12,90 12,89	12,9	—	—	—	—
3	0,58 0,59		0,1 n	4,13 4,16	4,15	—	—	—	—
4	1,76 1,77	$^3/_{10}$	0,02 n	1,020 1,027	1,02	—	—	—	—
5	0,49 0,36	$^1/_{10}$	0,02 n	18,56 18,48	18,5	—	—	8,10	—
6	2,63 1,72	$^1/_5$ $^2/_5$	0,02 n 0,02 n	0,357 0,358	0,35	—	—	—	8,13
7	4,95 5,07	$^1/_{10}$	0,02 n	3,55 3,54	3,52 bis 3,60	0,769 0,764	0,757 bis 0,803	—	17,56
8	5,11 5,13	$^1/_5$	0,02 n	1,01 1,02	1,02 bis 1,04	0,218 0,216	0,207 bis 0,218	—	—

[1] Zur Titration gelangt ein aliquoter Teil der Einwaage, bei Versuch 1 z. B. $^1/_{10}$.

b) Zeitbedarf. Die gleichzeitige Bestimmung von Chrom und Vanadium in Stählen kann nach Angaben der Verfasser leicht in $^5/_4$ Std. ausgeführt werden; die eigentliche Titration nimmt etwa 10 Min. in Anspruch. Bei Serienanalysen läßt sich die Zeitdauer entsprechend verkürzen.

c) Säurekonzentration bei der Titration. Zum Ansäuern der alkalischen Lösung darf man keine konz. Schwefelsäure nehmen, weil sonst infolge der starken Erwärmung etwas Chromsäure zerfallen kann. Die titrationsfertige Lösung muß in jedem Fall 25 Vol.-% konz. Schwefelsäure enthalten. Um dem Einfluß der verwendeten konz. Schwefelsäure Rechnung zu tragen, macht man am besten einen Blindversuch unter Verwendung einer eingestellten Kaliumdichromatlösung. Frisch über Chromsäure destillierte Schwefelsäure ergab stets theoretische Werte.

d) Ausführung der Titration. Die Titrationen werden immer bei Zimmertemperatur ausgeführt. Das Anfangsvolumen der zu titrierenden Lösung beträgt am besten 200 ml; man kann aber noch 2 mg Chrom oder Vanadium in einem Volumen von 500 ml titrieren; nur erfolgt hier die Einstellung der Potentiale etwas langsamer, und die Korrektur für die verwendete Schwefelsäure wird entsprechend größer. 40 ml reine konz. Schwefelsäure des Handels bewirkten nach Angaben der Verfasser einen Minderverbrauch von 0,025 ml 0,1 oder 0,12 ml 0,02 n As_2O_3-Lösung.

2. Verfahren nach Lang und Zweřina.

Prinzip. Nach LANG und ZWEŘINA liefert das vorstehende Verfahren nur dann zufriedenstellende Ergebnisse, wenn der Vanadiumgehalt im Verhältnis zur Chromsäure klein ist, wie es ja auch bei den von ZINTL und ZAIMIS untersuchten Proben (vgl. Tab. 7) der Fall ist. Die Trennung Chrom-Vanadium gelingt in der stark sauren Lösung jedoch nicht, wenn viel Vanadium vorhanden ist. Die Lösung eines solchen Problems ist nach LANG und ZWEŘINA nur dann möglich, wenn man bei einer geringeren Säurekonzentration arbeitet. In mäßig saurer Lösung verläuft nun aber die Reaktion zwischen Chromsäure und Arsenit viel zu langsam, um für eine direkte Titration brauchbar zu sein. Aber schon in n mineralsaurer Lösung genügt ein geringer Arsen(III)-überschuß, um Chrom(VI) schnell zu reduzieren.

Beide Prinzipien, nämlich Arsen(III)-überschuß und gleichzeitig direkte Chromsäuretitration, lassen sich vereinigen, wenn man den Reaktionsverlauf bei Gegenwart von Mangan(II)-salz berücksichtigt. Da die Reaktion zuerst etwa nach der Gleichung:

$$Cr(VI) + As(III) + Mn(II) \longrightarrow Cr(III) + As(V) + Mn(III)$$

verläuft, ist bei Zugabe von einem Äquivalent arseniger Säure zu einem Äquivalent Chromsäure die erstere gegenüber der letzteren bereits im Überschuß vorhanden, da ein Teil des Chromates bereits durch Mangan(II) reduziert wurde. Die Reaktion muß deshalb auch in schwach saurer Lösung quantitativ verlaufen.

Wenn nun die Neben- und Folgereaktion:

$$2\,Mn(III) + As(III) \longrightarrow 2\,Mn(II) + As(V)$$

durch eine Jodspur (LANG) beschleunigt wird, geht der *Gesamtprozeß* über den Umweg der Mangan(III)-reduktion zu Ende:

$$2\,Cr(VI) + 2\,As(III) + 2\,Mn(II) \longrightarrow 2\,Cr(III) + 2\,As(V) + 2\,Mn(III);$$
$$As(III) + 2\,Mn(III) \longrightarrow As(V) + 2\,Mn(II);$$
$$\overline{2\,Cr(VI) + 3\,As(III) \longrightarrow 2\,Cr(III) + 3\,As(V).}$$

Die Durchführung der Chromsäuretitration neben Vanadium(V) in schwach saurer Lösung kann unter Berücksichtigung des Dargelegten nach folgender **Arbeitsvorschrift** geschehen.

I. Der Katalysator wird gegen Ende der Chrom(VI)-titration zugesetzt.

Man titriert in salzsaurer Lösung bei Gegenwart von Mangansulfat anteilweise mit 0,1 n Arsenitlösung unter Verfolgung des Potentials, bis dasselbe, nachdem es zunächst stark angestiegen ist, eine sinkende Tendenz annimmt. Hiernach fügt man 1 Tropfen 0,0025 m KJ-Lösung hinzu und titriert tropfenweise weiter bis zum Potentialsprung. Die Potentialeinstellung ist verzögert, solange der Katalysator nicht zugesetzt wird. Erst nach 15 Sek herrscht hinreichende Potentialkonstanz.

II. Der Katalysator wird schon vor der Titration zugefügt.

Dieses Verfahren, das auch ganz geringe Chrommengen zu bestimmen gestattet, erfordert eine Konzentration von 5 bis 7 ml konz. Schwefelsäure und 10 ml konz. Salzsäure auf ein Volumen von 100 ml, wobei gleichzeitig Mangansulfat und 1 Tropfen des Katalysators anwesend ist. Man titriert bis zum Potentialsprung, muß jedoch in der Nähe des Äquivalenzpunktes die Maßlösung langsam zusetzen. Daß auch bei dieser Methode das Prinzip des Arsen(III)-überschusses wirksam ist, zeigt sich darin, daß bei Weglassen von Mangansulfat eine Direkttitration unter sonst gleichen Bedingungen nicht möglich ist. Das Verfahren beruht offenbar auf einer Beschleunigung der Chromatreduktion durch Erhöhung der H- und Cl-Ionenkonzentration, während durch die gleichen Bedingungen die katalytische Wirkung des Jods auf die Mangan(III)-reduktion gehemmt wird.

III. Am schnellsten und sichersten arbeitet man so, daß man zunächst in einer Vorprobe den Chromgehalt durch das Arsenitrestverfahren ermittelt, indem man nach Zufügen eines Arsen(III)-überschusses und des Katalysators 0,1 n Kaliumpermanganatlösung bis zur bleibenden Rotfärbung zufließen läßt, worauf man mit der arsenigen Säure bis zum Potentialsprung austitriert. Die Hauptprobe wird dann durch Direkttitration in der Weise ausgeführt, daß in n bis 2 n schwefelsaurer, chloridhaltiger (1 bis 2 g NaCl oder 2 bis 5 ml konz. Salzsäure in 100 ml) Lösung in Gegenwart von Mangansulfat fast die ganze nötige Arsenitmenge (mindestens $^4/_5$ dieser Menge) auf einmal zugefügt wird. Man wartet zur sicheren Reduktion der

Chromsäure 2 Min., fügt dann 1 Tropfen des Katalysators zu und titriert tropfenweise bis zum Potentialsprung.

Bestimmung von Chrom und Vanadium in Stahl. Da bei dem Verfahren von LANG und ZWEŘINA Mangan nicht stört, kann man bei der Untersuchung von Eisen und Stahl von einer in üblicher Weise bereiteten sauren Aufschlußlösung ausgehen.

Arbeitsvorschrift. Man löst etwa 1 g Stahl in Königswasser, stumpft mit Natriumcarbonat bis zur Niederschlagsbildung ab, fügt 70 ml 0,1 n Kaliumpermanganatlösung zu, ergänzt mit Wasser auf 200 ml, erhitzt zum Sieden, fügt 3 ml 0,1 n Silbernitratlösung und 20 ml Salzsäure $(1 + 1)$ (etwa 6 n) zu und kocht, bis kein Chlor mehr entweicht. Nun filtriert man von der Wolframsäure und vom Silberchlorid in den Titrierbecher ab und wäscht nach. Den Niederschlag behandelt man auf dem Filter mit 10 ml warmer 2,5 n Natronlauge und fängt die gelöste Wolframsäure gesondert auf. Zu dieser alkalischen Lösung, die auch Vanadatspuren enthält, werden 3 g Natriumfluorid und 30 ml 5 n Schwefelsäure zugegeben. Die im Titrierbecher befindliche Lösung versetzt man mit 30 ml 5 n Schwefelsäure und titriert nun potentiometrisch mit 0,1 n Arsenitlösung derart, daß man die zur Reduktion der Chromsäure nötige Menge arsenige Säure fast ganz zufließen läßt; man wartet 2 Min., fügt 2 Tropfen 0,0025 m Kaliumjodatlösung zu und titriert nun tropfenweise bis zum Potentialsprung. Hierdurch wird das Chrom bestimmt.

Nun trägt man in den Titrierbecher 5 g Natriumfluorid ein, gießt die Wolframatlösung zu und titriert mit 0,02 n Eisen(II)-sulfatlösung unter Kontrolle des Potentials. Hierdurch wird das gesamte Vanadium bestimmt.

Bemerkung. *Genauigkeit.* 2 Beleganalysen mit 4,49% Cr und 1,14% V stimmen genau mit Werten überein, welche nach der Methode von LANG und KURTZ (vgl. S. 134) ermittelt wurden.

Literatur.

FERRUCIO DE BACHO: Ann. Chim. appl. 12, 153; durch Fr. 68, 117 (1926). — FORSYTH, R. P., u. W. F. BARFOOT; Ind. eng. Chem. Anal. Edit. 11, 625 (1939).

GLEU, K.: Fr. 95, 305 (1933). — GYÖRY, ST.: Fr. 32, 415 (1893).

JELLINEK, K., u. W. KÜHN: Z. anorg. Ch. 138, 81 (1924).

KOLTHOFF, I. M.: Die Maßanalyse II, 2. Aufl. (1931). — KOLTHOFF, I. M., u. E. B. SANDELL: Ind. eng. Chem. Anal. Edit. 2, 140 (1930).

LANG, Č.: S.-B. Königl. Böhm. Ges. Wissensch., math.-naturwiss. Kl. 1904, XX. — LANG, R.: Z. anorg. Ch. 152, 197 (1926). — LANG, R., u. F. KURTZ: Fr. 86, 302 (1931). — LANG, R., u. J. ZWEŘINA: Z. El. Ch. 34, 364 (1928); durch Fr. 82, 54 (1930). — LANGER: 41. Jahresbericht der gr.-or. Oberrealschule in Czernowitz für 1904—1905; durch C. 76, II, 445 (1905).

MANCHOT, W., u. F. OBERHAUSER: B. 57, 29 (1924); Z. anorg. Ch. 139, 40 (1924).

NAMIAS, R.: G. 22, 508; durch Fr. 33, 351 (1894).

REICHARD, C.: Ch. Z. 24, 563 (1900).

SPITALSKY, E.: Z. anorg. Ch. 69, 181 (1911). — SZABÓ, Z., u. L. CSÁNYI: Anal. Chem. 21, 1144 (1949).

WILLARD, H. H., u. R. C. GIBSON: Ind. eng. Chem. Anal. Edit. 3, 88 (1931). — WILLARD, H. H., u. PH. YOUNG: Ind. eng. Chem. 20, 764 (1928).

ZINTL, E., u. PH. ZAIMIS: Z. angew. Ch. 41, 543 (1928); durch Fr. 82, 54 (1930).

§7. Bestimmung mit Zinn(II)-chlorid.

Allgemeines. Das Zinn(II)-chlorid besitzt Eigenschaften, die es als reduktometrisches Reagens in der Maßanalyse sehr geeignet erscheinen lassen. Das Oxydationspotential $Sn^{+2} \rightleftarrows Sn^{+4} + 2\,e$ beträgt $+0,14$ Volt, liegt also relativ niedrig. Das Zinn(II) ist deshalb in der Lage, eine große Anzahl von Stoffen mit höherem Redoxpotential zu reduzieren, so auch Chrom(VI) quantitativ zu Chrom(III), wobei die Oxydation in jedem Falle eindeutig zu Zinn(IV) verläuft. Die Reaktion erfolgt ohne Katalysator und kann in den meisten Fällen bei Zimmertemperatur ausgeführt werden.

Daß sich die „Stannometrie" trotzdem etwas langsam durchsetzte, hängt einmal mit der Unbeständigkeit der Lösung an der Luft zusammen, wodurch sich besondere Vorsichtsmaßnahmen bei der Aufbewahrung der Maßlösung ergeben, zum anderen mit der etwas schwierigen Endpunkterkennung. Eine elegante, visuelle Endpunkterkennung war erst nach Einführung von Redoxindicatoren möglich. In immer stärkerem Maße hat sich jedoch bei stannometrischen Titrationen die potentiometrische Indizierung eingebürgert.

Die Chrombestimmung verläuft in saurer Lösung nach folgender Gleichung:

$$2\,HCrO_4^- + 3\,Sn^{2+} + 14\,H^+ \longrightarrow 2\,Cr^{3+} + 3\,Sn^{4+} + 8\,H_2O.$$

A. Maßanalytische Bestimmung.

Allgemeines. Als erster verwendete CHALMERS HARVEY das Zinn(II)-chlorid zur Bestimmung von Chromsäure. Die Schwierigkeit einer direkten Endpunkterkennung umgeht er dadurch, daß er das Zinn(II)-chlorid im Überschuß zusetzt, der nach Zugabe von Eisen(III) mit Kaliumdichromat zurückgemessen wird. Da man den Wirkungswert der Zinn(II)-lösung jedesmal durch eine Vergleichtitration ohne Chrom(VI) feststellt, wird keine genau eingestellte Zinn(II)-lösung benötigt. Das Verfahren ist jedoch sehr umständlich.

Ebenfalls ohne Bedeutung ist die Arbeitsweise nach YOUNG, der im Überschuß zugesetztes Zinn(II)-chlorid jodometrisch zurückbestimmt. Nach neueren Untersuchungen von SZABÓ und SUGÁR wird eine direkte Titration von Chrom(VI) mit Zinn(II)-chlorid ermöglicht, wenn man Diphenylamin als Redoxindicator verwendet. (Über die Wirkungsweise von Diphenylamin und anderen Redoxindicatoren vgl. S. 95.)

Das von KARANTASSIS und CAPATOS zur Titration von $KMnO_4$ und J_2 vorgeschlagene Kaliumtetrachlorostannat(II), welches leicht in stöchiometrischer Zusammensetzung hergestellt werden kann, wird von IRRERA zur Gehaltsbestimmung von Chromaten herangezogen:

$$3\,(K_2SnCl_4 \cdot 2\,H_2O) + K_2Cr_2O_7 + 14\,HCl \longrightarrow 3\,SnCl_4 + 8\,KCl + 13\,H_2O + 2\,CrCl_3.$$

Das Salz wird im Überschuß zugesetzt und mit Kaliumpermanganat zurücktitriert:

$$5\,(K_2SnCl_4 \cdot 2\,H_2O) + 2\,KMnO_4 + 16\,HCl \longrightarrow 5\,SnCl_4 + 12\,KCl + 2\,MnCl_2 + 18\,H_2O.$$

1. Verfahren nach Szabó und Sugár.

Apparatur. Die von den Verfassern für stannometrische Titrationen entwickelte Apparatur (Abb. 16) besteht aus einer 1-l-Flasche, die mit einem 3fach durchbohrten Gummistopfen verschlossen ist. Durch die erste Bohrung führt ein Glasrohr, das fast bis zum Boden der Flasche reicht, über einen Seitenarm mit der Bürette verbunden ist und zum Füllen derselben dient. Durch die zweite Bohrung steht das obere Ende der Bürette in Verbindung mit der Kohlendioxydatmosphäre der Flasche. Die dritte Bohrung verbindet das Vorratsgefäß mit einem kleinen Gasentwickler, der mit Marmorstückchen und Salzsäure gefüllt ist. Wenn der Druck in der Flasche durch das Sinken des Flüssigkeitsspiegels abnimmt, steigt die Salzsäure in die Kugel mit Marmor und entwickelt Kohlendioxyd, das den Überdruck wieder auf die alte Höhe von etwa 30 bis 40 mm Wassersäule im Ausgleichsrohr bringt.

Herstellung der Zinn(II)-chloridlösung. In das Vorratsgefäß der Titrationsapparatur gibt man 80 ml konz. Salzsäure, vertreibt durch Zugabe von 4 bis 5 g Calciumcarbonat mittels des entstehenden, heftigen Kohlendioxydstroms die Luft aus der Flasche nebst Lösung und gibt schnell die benötigte Menge kristallisierten

Zinn(II)-chlorids hinzu. Nach dem Lösen füllt man mit ausgekochtem, destilliertem Wasser auf und verbindet nach dem Mischen die Vorratsflasche mit Bürette und CO_2-Entwickler. Es ist zu beachten, daß die Gasentwicklung in der Flasche während des ganzen Vorganges nicht aufhört. Durch diese Maßnahmen erreicht man, daß die Lösung nur sehr wenig mit der Luft in Berührung kommt.

Einstellung der Zinn(II)-chloridlösung. Die Verfasser, welche die Maßlösung zur Bestimmung verschiedener Oxydationsmittel heranziehen, empfehlen zur Titerstellung der Zinn(II)-chloridlösung Kaliumbromat mit Rubrophen (Trimethoxy-dioxy-oxotriphenylmethan) oder Kaliumjodat mit Stärke als Indicator zu verwenden. Falls man die Zinn(II)-chloridlösung nur zur Chromatbestimmung benötigt, dürfte es vorteilhafter sein, die Einstellung gegen reines Dichromat unter den gleichen Bedingungen wie bei der Probelösung vorzunehmen[1].

Beständigkeit der Zinn(II)-chloridlösung. Wenn die Zinn(II)-chloridlösung vorschriftsmäßig hergestellt und aufbewahrt wird

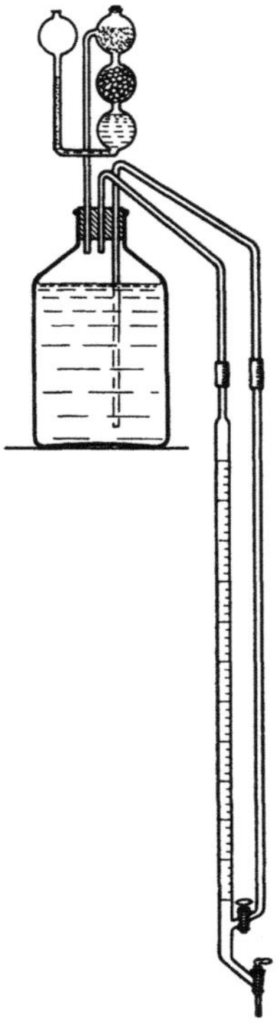

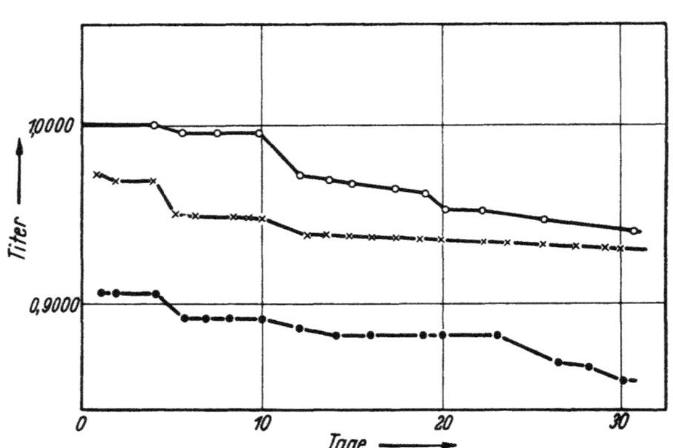

Abb. 16. Apparatur für stannometrische Titration. (Nach Szabó und Sugár.)

Abb. 17. Titerbeständigkeit der Zinn(II)-chloridlösung. (Nach Szabó und Sugár.)

ist die Titerbeständigkeit so groß, daß sich eine *tägliche* Kontrolle erübrigt. Der Wirkungswert nimmt nur langsam ab, wie aus Abb. 17 ersichtlich ist.

Arbeitsvorschrift. Man verdünnt in einem Enghalskölbchen die zu bestimmende Chrom(VI)-lösung auf 20 ml, versetzt mit 8 ml konz. Salzsäure und titriert nach Zugabe von 3 Tropfen Diphenylaminlösung (1% in konz. Schwefelsäure!) und einigen Stückchen Marmor bis zum Farbumschlag nach Grün.

1 ml 0,1 n Zinn(II)-chloridlösung entspricht 4,9036 mg $K_2Cr_2O_7$.

Bemerkungen. *I. Genauigkeit.* Die von den Verfassern angebenen Beleganalysen zeigen, daß bei Gehalten von 50 bis 100 mg $K_2Cr_2O_7$ praktisch keine Abweichung von Werten auftreten, die nach der jodometrischen Methode ermittelt wurden. Unterhalb 50 mg treten Fehler bis zu etwa $+3\%$ auf. Gehalte über 150 mg zu bestimmen, empfiehlt sich nicht, da der Verbrauch an Maßlösung zu groß ist. In diesem Falle verdünnt man zweckmäßig so weit, daß man in den günstigsten Bereich von 50 bis 100 mg kommt.

II. Die Säurekonzentration bei der Titration muß genügend hoch sein. In 2 n Salzsäure beobachten die Verfasser Fehler von 2 bis 8%.

---

[1] Bemerkung des Bearbeiters (H. G.).

2. Verfahren nach Chalmers Harvey.

Reagenzien. 1. Kaliumdichromatlösung: 15 g $K_2Cr_2O_7$/1000 ml (1 ml entspricht 0,0102 g CrO_3);

2. Zinn(II)-chloridlösung: 330 g $SnCl_2 \cdot 2 H_2O$/1000 ml;

3. Eisen(III)-chloridlösung: 32 g Fe/1000 ml; die Lösung muß frei von Fe(II) und freiem Chlor sein.

Arbeitsvorschrift. Man mißt zwei gleiche Mengen an Zinn(II)-chloridlösung ab, versetzt die eine mit überschüssiger Eisen(III)-chloridlösung, erhitzt kurze Zeit und titriert das gebildete Eisen(II) durch Tüpfeln gegen Kaliumhexacyanoferrat(III)-lösung mit eingestellter Kaliumdichromatlösung. In die zweite abgemessene Probe Zinn(II)-chlorid bringt man das zu untersuchende Chromat, fügt etwas Salzsäure hinzu und erhitzt. Nach beendeter Reaktion setzt man Eisen(III)-chlorid im Überschuß hinzu, erhitzt wieder 1 bis 2 Min. und titriert das gebildete Eisen(II) wie oben mit Kaliumdichromatlösung.

Die Differenz der beiden Dichromattitrationen entspricht dem Chromgehalt der Probe.

3. Verfahren nach Irrera.

Herstellung von $K_2SnCl_4 + 2 H_2O$. Eine klare Lösung von 14,9 g $SnCl_2$ in Wasser und Salzsäure wird mit 15,5 g KCl, in wenig Wasser gelöst, versetzt. Nach Erhitzen auf dem Wasserbad kristallisiert beim Abkühlen das Salz aus, welches zur Reinigung aus warmer Salzsäure umkristallisiert wird. Das Salz ist nicht hygroskopisch.

Arbeitsvorschrift. 200 ml destilliertes Wasser werden mit 20 ml konz. HCl versetzt, 2 g $NaHCO_3$ zugefügt und während der CO_2-Entwicklung eine genau abgewogene Menge von etwa 0,5 g $K_2SnCl_4 \cdot 2 H_2O$ (Überschuß) in die Lösung gebracht. Nach vollständiger Auflösung wird ein genau abgemessenes Volumen Chromatlösung zugegeben, wobei augenblicklich Reduktion zu Cr(III) erfolgt. Der Überschuß an Reduktionsmittel wird mit 0,1 n $KMnO_4$-Lösung zurücktitriert.

B. Potentiometrische Bestimmung.

Allgemeines. Die Brauchbarkeit von Zinn(II)-chlorid bei der potentiometrischen Chromsäurebestimmung wurde mehrfach beschrieben. HOSTETTER und ROBERTS sowie PINKHOF übten als erste die Zinn(II)-titration elektrometrisch aus. Sie führten die Bestimmung in saurer Lösung bei erhöhter Temperatur durch. Umgekehrt bestimmte FLEYSHER Zinn(II)-chlorid mit Chrom(VI) durch potentiometrische Titration. Bedeutung erlangte die potentiometrische Stannometrie für die technische Analyse vor allem dadurch, daß sie in eleganter Weise eine gleichzeitige Bestimmung von Chrom und Eisen, z. B. in Verchromungsbädern (MÜLLER und HAASE), sowie von Chrom, Molybdän und Vanadium gestattet. Die letztere Trennung wird bei der Untersuchung von Sonderstählen angewandt (TRZEBIATOWSKI).

Untersuchungen über den Verlauf der Titrations-Potentialkurven wurden von MÜLLER und GÖRNE durchgeführt; diese fanden, daß in salzsaurer Lösung ein bedeutender Sprung resultiert. Eine Änderung der Säurekonzentration hat auf die Größe des Potentialsprunges praktisch keinen Einfluß; selbst in wäßrigen Lösungen beobachtet man das gleiche Umschlagpotential (vgl. Abb. 18). Es ist jedoch nicht zu empfehlen, ohne Säurezusatz zu arbeiten, weil die Reaktion:

$$2 HCrO_4^- + 14 H^+ + 3 Sn^{2+} \longrightarrow 2 Cr^{3+} + 3 Sn^{4+} + 8 H_2O$$

Wasserstoffionen verbraucht und Hydrolyse eintreten kann, wenn die Zinn(II)-chloridlösung nicht genügend stark sauer ist. Zuviel Salzsäure ist jedoch wegen der Gefahr einer Chlorentwicklung ebenfalls bedenklich. MÜLLER arbeitet mit einer Lösung, die 25 Vol.-% konz. Salzsäure enthält, TRZEBIATOWSKI verwendet sogar bis zu 50 Vol.-% konz. Salzsäure und beobachtet auch unter diesen Bedingungen keine Reduktion der Chromsäure (das gleiche geht aus Angaben von BOBTELSKY hervor). Die Potentiale stellen sich in salzsaurer Lösung prompt ein; nur in der Gegend des Sprunges ist die Potentialeinstellung etwas rückläufig, was aber bei der Größe desselben die schnelle Ablesung nicht stört. In schwefelsaurer Lösung ist der Potentialsprung bedeutend kleiner (vgl. Abb. 18), wahrscheinlich weil unter diesen Bedingungen Zinn(IV)-salz hydrolysiert und die Elektrode überzieht.

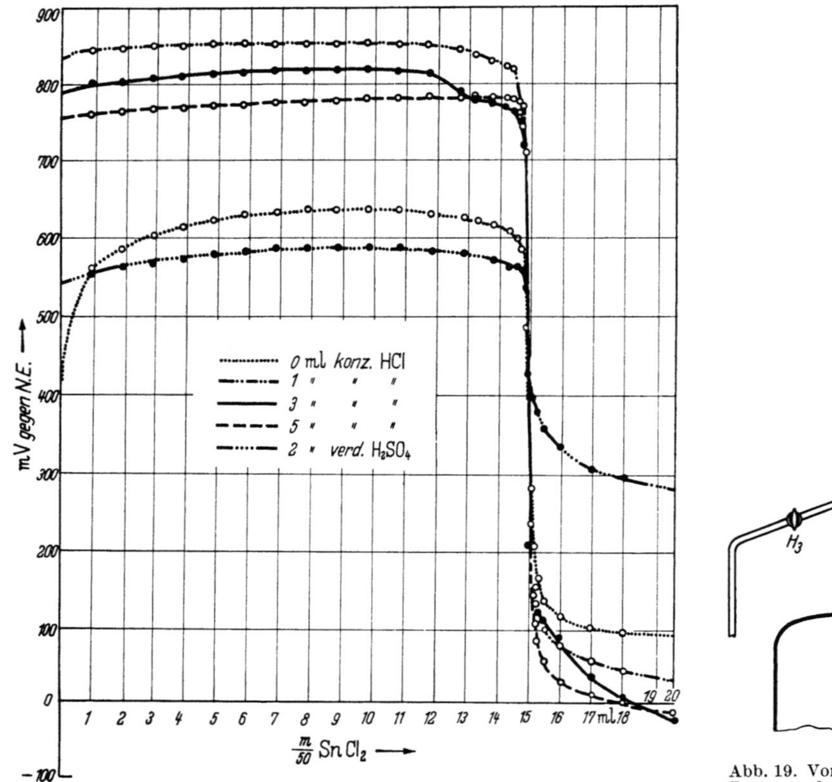

Abb. 18. Potentiometrische Titration von Chrom(VI) mit Zinn(II)-chlorid. (Nach MÜLLER und GÖRNE.)

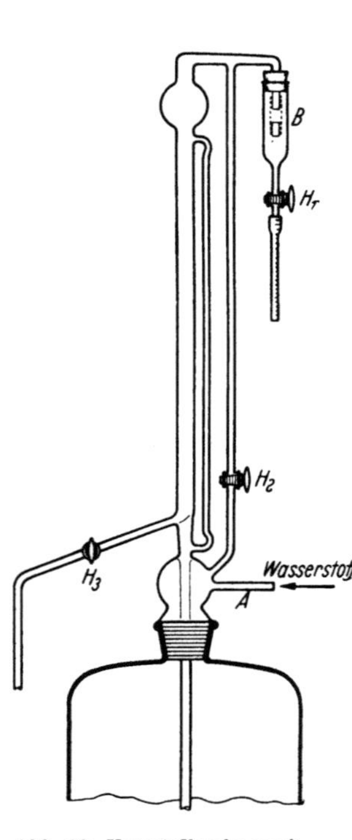

Abb. 19. Vorratsflasche nach ZINTL und RIENÄCKER für luftempfindliche Lösungen. (Nach BRENNECKE.)

1. Apparatur.

Vorratsflasche für die Maßlösung. Besonders zweckmäßig ist eine von ZINTL und RIENÄCKER konstruierte, von BRENNECKE noch etwas verbesserte Apparatur, die in ihren wesentlichen Bestandteilen in Abb. 19 dargestellt ist. Die Lösung wird stets unter Wasserstoff aufbewahrt. Die Verwendung von Kohlendioxyd ist nicht zu empfehlen, da sich dann leicht infolge Übersättigung der Lösung im Ausfluß-rohr der Bürette Gasblasen bilden.

Eine andere Vorrichtung, die Zinn(II)-chloridlösung vor Luftzutritt geschützt aufzubewahren, wurde bereits auf S. 163 beschrieben.

Titrationsgefäß. Ein zur Ausführung der potentiometrischen Titration geeignetes Gefäß, welches heute allerdings etwas überholt sein dürfte, ist ebenfalls von ZINTL und RIENÄCKER angegeben worden (Abb. 20). Ein 400-ml-Becherglas ist mit einer 4fach durchbohrten Gummikappe, die vor Gebrauch mit verd. Salzsäure auszukochen ist, verschlossen. Durch die zentrale Bohrung geht ein als Rührerführung und Gasauslaß dienendes Glasrohr, an dem mit Gummistopfen ein Röhrchen be-

festigt ist; letzteres dient zum Auffangen des durch den Gasstrom mitgenommenen Kondenswassers. Durch die drei exzentrischen Bohrungen der Gummikappe werden die Bürettenspitze, der Heber der Kalomelelektrode und ein T-Stück eingeführt, das als Einleitungsrohr für ein Inertgas und gleichzeitig als Träger der Indicatorelektrode dient. Statt einer Gummikappe ist auch ein Uhrglas oder eine plangeschliffene Glasplatte mit Bohr-
löchern auf einem am oberen Rande plangeschliffe-
nen Becherglas verwendbar; es kommen hierbei weniger leicht störende Verunreinigungen in die Flüssigkeit. Ein Uhrglas hat den Vorteil, daß das kondensierte Wasser sich in der Mitte ansammelt und wieder hinuntertropft, wodurch Verluste vermieden werden (KLINGER, STENGEL und KOCH).

Neuerdings werden von verschiedenen Firmen sehr zweckmäßige Titriergefäße mit Schliffzusatz in den Handel gebracht, welche in einfacher Weise das Arbeiten unter Luftabschluß gestatten. Die notwendige Vermischung bei der Titration wird durch Magnetrührer erreicht.

Abb. 21 zeigt eine komplette Apparatur von METROHM zur potentiometrischen Titration unter Luftausschluß.

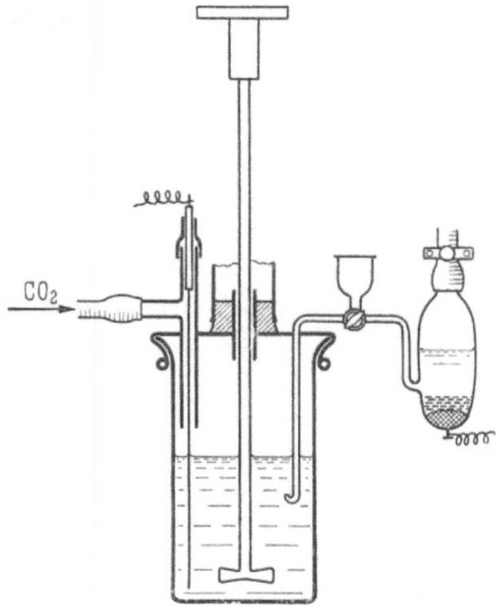

Abb. 20. Titrationsgefäß nach ZINTL und RIENÄCKER. (Nach BRENNECKE.)

Ein einfacheres Arbeitsverfahren schlägt STEUER vor, der eine CO_2-Atmosphäre dadurch erzeugt, daß er in die salzsaure Chromatlösung Marmorstückchen einwirft. Das hat außerdem den Vorteil, daß die

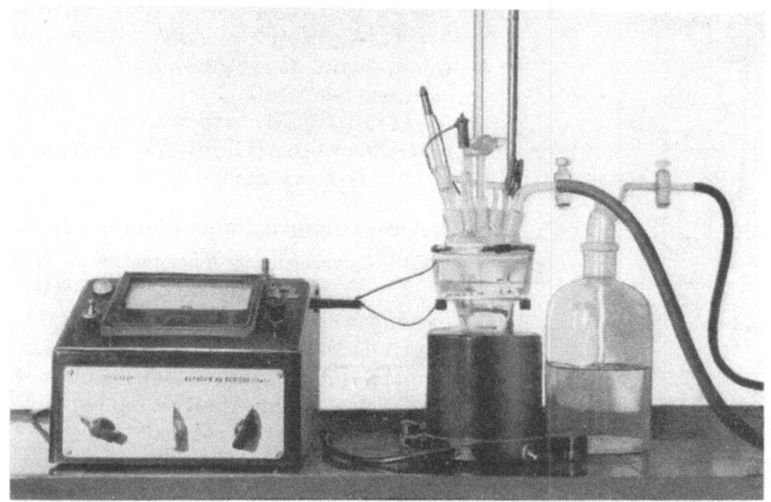

Abb. 21. Moderne Apparatur zur potentiometrischen Titration unter Luftausschluß.

lebhafte Blasenentwicklung ein Durchmischen der Lösung herbeiführt, was wiederum ein schnelles Titrieren ohne Gebrauch eines Rührers ermöglicht.

Elektroden. Man verwendet als Indicatorelektrode einen Platindraht oder eine Platinspirale, als Bezugselektrode die n Kalomelelektrode. Nach TRZEBIATOWSKI ist es empfehlenswert, die Indicatorelektrode einer sorgsamen Vorbehandlung zu unterwerfen. Sie soll stets in Chromschwefelsäure aufbewahrt, vor der Benutzung ausgeglüht und ihre Aktivität durch Eintauchen in eine alkalische Wasserstoffperoxydlösung, aus welcher sie lebhaft Sauerstoff entwickeln soll, geprüft werden.

Herstellung der Zinn(II)-chloridlösungen. 1. Nach TRZEBIATOWSKI. 12 g chemisch reines Zinn löst man in 100 ml konz. Salzsäure unter Luftabschluß und verdünnt bis zur gewünschten Normalität und einem Gehalt an 10 Vol.-% konz. Säure.

2. Nach MÜLLER und GÖRNE. Kristallisiertes Zinn(II)-chlorid wird unter Stickstoff in 0,5 n Salzsäure zu etwa 0,1 m gelöst.

Der Titer der Zinn(II)-chloridlösung wird potentiometrisch gegen Kaliumdichromatlösung eingestellt, und zwar unter gleichen Bedingungen wie bei der Analyse.

Arbeitsvorschrift nach Steuer. Die zu untersuchende Chromatlösung wird mit 50 ml konz. Salzsäure versetzt und zu 200 ml mit ausgekochtem Wasser verdünnt. Zur schnellen Potentialeinstellung wird bei 50° und in CO_2-Atmosphäre, welche man durch Einwerfen von Marmorstücken erzeugt, bis zum Potentialsprung titriert.

Arbeitsvorschrift nach Trzebiatowski. Die chromsäurehaltige Lösung wird auf 25 ml eingeengt, mit dem gleichen Volumen an konz. Salzsäure versetzt und bei einer Temperatur von 30 bis 35° in einer geeigneten Apparatur unter Durchleiten von CO_2 bis zum Potentialsprung titriert.

Bemerkungen. *I. Genauigkeit.* Nach beiden Methoden erhält man zufriedenstellende Ergebnisse. Nach Angaben von TRZEBIATOWSKI beträgt die Genauigkeit der Bestimmung bei einem Verbrauch bis zu 25 ml Titrierflüssigkeit bei Verwendung einer 0,1 n $SnCl_2$-Lösung $\pm 0,09$ mg Cr, bei 0,04 n $SnCl_2$-Lösung $\pm 0,04$ mg Cr. Bei der Titration sehr verdünnter Dichromatlösungen (0,009 n) mit Zinn(II)-chlorid treten nach MÜLLER Unregelmäßigkeiten auf, die jedoch bei langsamer Titration bei 50° beim Zusatz von Chrom(III)-chlorid verschwinden.

II. Die *Bestimmung in Gegenwart von Eisen(III), Molybdat und Vanadat* ist möglich, wenn man die weiter unten genannten Maßnahmen beachtet.

III. Einfluß anderer Stoffe. Mangan(VII) und Quecksilber(II) dürfen nicht zugegen sein; Uran(VI) stört nicht.

2. Anwendungen der potentiometrischen Titration.

I. Gleichzeitige potentiometrische Bestimmung von Chrom(VI) und Eisen(III).

Allgemeines. MÜLLER und HAASE haben gezeigt, daß man Chrom(VI) und Eisen(III) mit Zinn(II)-chlorid potentiometrisch nebeneinander bestimmen kann. Hierbei hat es sich als zweckmäßig erwiesen, zunächst bei 18° C bis zum ersten Sprung, bei dem die Reaktion:

$$2\,HCrO_4^- + 3\,Sn^{2+} + 14\,H^+ \longrightarrow 2\,Cr^{3+} + 8\,H_2O + 3\,Sn^{4+}$$

beendet ist, zu titrieren. Anschließend titriert man bei 75° C bis zum zweiten Sprung, der den Äquivalenzpunkt der Reaktion:

$$2\,Fe^{3+} + Sn^{2+} \longrightarrow 2\,Fe^{2+} + Sn^{4+}$$

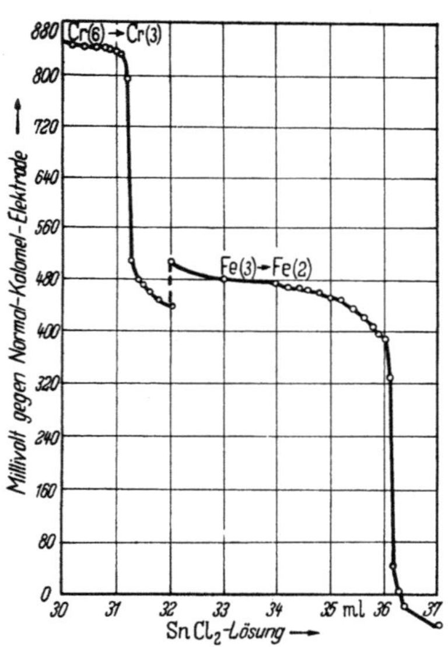

Abb. 22. Potentiometrische Titration von Chrom(VI) und Eisen(III) mit Zinn(II)-chlorid, bis zum 1. Sprung bei 18° C, bis zum 2. Sprung bei 75° C. (Nach MÜLLER und HAASE.)

anzeigt, weil bei 18° C der zweite Vorgang zu träge verläuft, andererseits die Reduktion von Chrom(VI) zu Chrom(III) bei 75° C einen kleineren Sprung veranlaßt als bei 18° C (Abb. 22).

Arbeitsvorschrift nach Müller und Haase. 10 ml der verd. Chromatlösung werden nach Zusatz von 5 ml konz. Salzsäure mit Wasser zu 100 ml verdünnt und bei Zimmertemperatur mit 0,1 n Zinn(II)-chloridlösung bis zum ersten Sprung titriert [Chrom(VI) zu Chrom(III)]. Anschließend titriert man bei 75° weiter, bis der Potentialsprung das Ende der Reduktion Eisen(III) zu Eisen(II) anzeigt.

a) Untersuchung von Verchromungsbädern. Das vorstehende Verfahren eignet sich gut zur Bestimmung von Chromsäure und Eisen in Verchromungsbädern. Diese enthalten in der Regel rund 10 Oxydationsäquivalente CrO_3 im Liter. Um etwa 20 ml einer 0,1 n $SnCl_2$-Lösung zu deren Titration verwenden zu können, entnimmt man zweckmäßig 20 ml des Bades und verdünnt auf 1 l. Von dieser Lösung A benutzt man 10 ml zur Titration, nachdem 5 ml Salzsäure und 90 ml Wasser zugesetzt wurden.

Bemerkungen. Genauigkeit und Anwendungsbereich. Die zu erzielenden Resultate sind sehr genau, wenn das Verhältnis Fe zu CrO_3 so groß ist, daß von den insgesamt verbrauchten Millilitern $SnCl_2$-Lösung eine hinreichende Anzahl auf das Eisen entfällt. In dem Maße aber, wie das Verhältnis Fe : CrO_3 kleiner wird, wird auch die Genauigkeit verringert. Sind z. B. 5,6 g Fe auf 100 g CrO_3 vorhanden, so entfallen, wenn bis zum ersten Sprung 20 ml $SnCl_2$-Lösung benötigt werden, auf den zweiten nur weitere 0,66 ml, bei einem Verhältnis von 0,56 g Fe zu 100 g CrO_3 nur 0,066 ml.

Bei immer kleiner werdendem Volumen der für das Eisen verbrauchten Titerlösung wird aber der prozentuale Fehler immer erheblicher. Würde man, um dem zu begegnen, größere Mengen des Chrombades zur Analyse nehmen, so würde die für Chrom(VI) verbrauchte $SnCl_2$-Lösung zu groß werden. Will man also kleine Mengen Eisen genau bestimmen, so muß man das Eisen in einer größeren Badprobe nach vorheriger Reduktion der Chromsäure besonders bestimmen.

b) Untersuchung von Verchromungsbädern mit wenig Eisen. Ist die Differenz zwischen 2. und 1. Sprung kleiner als 2 ml oder überhaupt nicht erkennbar, so verdünnt man 10 ml des unverdünnten Verchromungsbades mit Wasser zu 100 ml und erhitzt mit 10 ml konz. Salzsäure und 10 ml Alkohol so lange zum Sieden, bis der Aldehydgeruch verschwunden und eine reingrüne Lösung entstanden ist. Nach Zugabe von 10 ml konz. Salzsäure verdünnt man mit Wasser auf 100 ml und titriert bei 75° bis zum Sprung. War die Reduktion der Chromsäure vollständig, so tritt der ihr zukommende erste Sprung nicht mehr auf.

Bemerkungen. Sind z. B. im Verchromungsbad auf 100 g CrO_3 0,56 g Fe vorhanden, dann würden nach entsprechender Verdünnung auf diese Weise 3,3 ml 0,1 n $SnCl_2$-Lösung für das Eisen gebraucht werden. Ist der Eisengehalt noch geringer, so müssen noch entsprechend größere Badproben in Arbeit genommen werden.

Bei der Reduktion der Chromsäure mit Alkohol und Salzsäure brauchen 100 g CrO_3, einerlei ob der Alkohol zu Aldehyd oder zu Essigsäure oxydiert wird, nach den Gleichungen:

$$4\,CrO_3 + 3\,C_2H_5OH + 12\,HCl \longrightarrow 4\,CrCl_3 + 3\,CH_3COOH + 9\,H_2O,$$
$$2\,CrO_3 + 3\,C_2H_5OH + 6\,HCl \longrightarrow 2\,CrCl_3 + 3\,CH_3CHO + 6\,H_2O$$

109,4 g HCl. Da ein Überschuß verdampft, muß bei der anschließenden Titration erneut Salzsäure zugegeben werden, da das Eisen andernfalls komplex gebunden bleibt, vermutlich als

$$\left[\begin{array}{c} Cr_2Fe(OCOCH_3)_6 \\ (OH)_2 \end{array}\right] Cl,$$

in dem das Eisen völlig verkappt ist (WEINLAND und GUSSMANN). 10 ml konz. Salzsäure auf die zu 100 ml verdünnte Lösung genügen, um dies zu verhindern.

Im allgemeinen besteht in der Technik kein Interesse, kleine Eisenmengen in den Verchromungsbädern genau zu bestimmen, da erst sehr beträchtliche Konzentrationen an Eisen schädlich sind. Deshalb wird man in der Regel schon bei einer einzigen Titration von 10 ml der Lösung A aus der Differenz des zweiten und ersten Sprunges ein hinreichendes Urteil bekommen.

II. Gleichzeitige potentiometrische Bestimmung von Chrom(VI) und Molybdän(VI).

Allgemeines. Bei der potentiometrischen Verfolgung der stannometrischen Reduktion von Chrom- und Molybdänsäure enthaltenden Lösungen beobachtet man nach TRZEBIATOWSKI unter geeigneten Bedingungen zwei scharfe Potentialsprünge, welche die Beendigung der Reduktion von Chrom(VI) zu Chrom(III) sowie von Molybdän(VI) zu Molybdän(V) anzeigen. Die Titration von Molybdat muß zur Vermeidung von Hydrolyse in stark saurer Lösung erfolgen; ferner muß zur schnellen Potentialeinstellung Eisen(II) als Katalysator zugegeben sein.

Arbeitsvorschrift nach Trzebiatowski. Die 50 bis 100 ml betragende Lösung mit einem Salzsäuregehalt von etwa 50 Vol.-% wird mit $SnCl_2$-Lösung, deren Titer in Gegenwart von Ammoniummolybdat gestellt wurde (vgl. Bemerkung b), bis zum ersten Potentialsprung titriert; dann gibt man 0,05 g MOHRsches Salz hinzu und titriert weiter bis zum zweiten Potentialsprung, bei welchem der Säuregehalt nicht merklich unter 50 Vol.-% fallen darf, was durch eine gegebenenfalls erneute Säurezugabe erreicht wird. Die Temperatur bei beiden Titrationen soll 30 bis 35° betragen.

Bemerkungen. *a) Genauigkeit.* Die Bestimmung von Chrom erfolgt bei Beachtung des unter b) Gesagten mit derselben Genauigkeit wie bei Abwesenheit von Molybdän; der maximale Fehler des Molybdäns beträgt bei 0,1 n $SnCl_2$-Lösung ±0,50 mg Mo, bei 0,04 n $SnCl_2$-Lösung ±0,35 mg Mo.

b) Beeinflussung der Chromsäurebestimmung durch Gegenwart von Molybdat. Obwohl sich die Reduktion von Chrom(VI) zu Chrom(III) und von Molybdän(VI) zu Molybdän(V) in zwei exakt getrennten Sprüngen äußert, fällt die Chrombestimmung von molybdathaltigen Chromatlösungen nach TRZEBIATOWSKI immer etwas zu niedrig aus, wenn man nicht bei der Einstellung der Zinn(II)-chloridlösung zur Dichromatlösung ebenfalls etwas Molybdän(VI) zugibt. Zur Titerstellung werden 25 ml 0,1 n $K_2Cr_2O_7$-Lösung mit 25 ml konz. Salzsäure versetzt und nach Zugabe von 1 ml 1%iger Ammoniummolybdatlösung potentiometrisch titriert. Auf diese Weise werden jegliche Minderbefunde bei Gegenwart von Molybdat eliminiert. Eine so eingestellte Zinn(II)-chloridlösung kann nach TRZEBIATOWSKI auch bei der Untersuchung von reinen Chrom(VI)-lösungen verwendet werden, wenn man der Chromatlösung ebenfalls 1 ml Ammoniummolybdatlösung zusetzt.

III. Gleichzeitige potentiometrische Bestimmung von Chrom(VI) und Vanadium(V).

Allgemeines. Die Trennung von Chrom und Vanadium mittels Zinn(II)-chlorids wird nach TRZEBIATOWSKI durch das Auftreten von zwei Potentialsprüngen ermöglicht. Der erstere entspricht der Reduktion von Chrom(VI) zu Chrom(III) sowie von Vanadium(V) zu Vanadium(IV) [V(V) $\longrightarrow$ V(IV) $\cong$ +1,0 Volt]. Bei Gegenwart von Molybdat als Katalysator wird in stark saurer, heißer Lösung das Vanadium(IV) anschließend weiter zu Vanadium(III) reduziert [V(IV) $\longrightarrow$ V(III) $\cong$ +0,4 Volt]. Man erhält also noch einen zweiten Sprung, der dem Übergang von V(IV) zu V(III) sowie von Mo(VI) zu Mo(V) entspricht. Die Menge des als Katalysator zugegebenen Molybdats muß deshalb genau bekannt sein und bei der Rechnung berücksichtigt werden. Die katalytische Wirkung des Molybdats beruht nach TRZEBIATOWSKI darauf, daß das Gleichgewicht der Reaktion:

$$V(IV) + Mo(V) \rightleftharpoons V(III) + Mo(VI)$$

praktisch vollkommen zugunsten der linken Seite verschoben ist. Wirkt jedoch gleichzeitig Zinn(II)-chlorid ein, so verschiebt sich das Gleichgewicht von links nach rechts, da das 6wertige Molybdän durch Zinn(II) sofort reduziert wird.

Arbeitsvorschrift nach Trzebiatowski. Die 25 bis 50 ml betragende Lösung wird mit dem gleichen Volumen Schwefelsäure (1 + 1) (etwa 9 m, frei von reduzierend auf Chromsäure einwirkenden Substanzen, vgl. Bemerkung c) versetzt und 1 ml Ammoniummolybdatlösung (8,82 g reines aus schwach ammoniakalischem Wasser umkristallisiertes Ammoniummolybdat zu 1000 ml in Wasser gelöst) zugefügt. Man titriert bei 10 bis 18° mit Zinn(II)-chloridlösung, die bei Gegenwart von Molybdat eingestellt worden ist, bis zum ersten Potentialsprung; man setzt so viel konz. Schwefelsäure hinzu, daß ihr Gehalt beim zweiten Potentialsprung noch 35 bis 40 Vol.-% konz. Säure beträgt, gibt 0,05 g Mohrsches Salz hinzu und titriert bei 90 bis 100° bis zum zweiten Sprung.

Berechnung.

$$\text{mg Cr} = M \cdot \left(a - b + \frac{0,05}{M} \right) \cdot 17{,}337;$$

$$\text{mg V} = M \cdot \left(b - \frac{0,05}{M} \right) \cdot 51.$$

a entspricht den zum ersten Potentialsprung, b den zwischen dem ersten und zweiten Potentialsprung verbrauchten Millilitern Zinn(II)-chloridlösung von der Normalität M. Die Zahlen 0,05, 17,337 und 51 errechnen sich aus den Äquivalentgewichten von Molybdän, Chrom und Vanadium.

Bemerkungen. *a)* Die *Genauigkeit* der Bestimmung beläuft sich bei Benutzung von 0,01 n $SnCl_2$-Lösung auf $\pm 0,20$ mg Cr und $\pm 0,50$ mg V; bei Benutzung von 0,04 n $SnCl_2$-Lösung auf $\pm 0,15$ mg Cr und $\pm 0,40$ mg V.

b) Da die *Molybdatzugabe* für die gleichzeitige Bestimmung von Chrom und Vanadium unentbehrlich ist, gilt für die Titerstellung der Zinn(II)-chloridlösung ebenfalls das unter II., Bemerkung b, Gesagte.

c) Eine *von reduzierenden Substanzen freie Schwefelsäure* erhält man, indem man handelsübliche Säure mit dem gleichen Volumen Wasser vermischt und unter Zugabe einer kleinen Menge Kaliumpermanganats einige Minuten sieden läßt. Der Überschuß an Permanganat wird durch etwas H_2O_2 und erneutes Sieden zerstört. Die Anwesenheit kleiner Mengen des Mangan(II)-salzes übt auf die Titrationen keinen Einfluß aus.

IV. Gleichzeitige potentiometrische Bestimmung von Chrom(VI), Molybdän(VI) und Vanadium(V).

Allgemeines. Eine elektrometrische Trennung der drei Metalle wird nach Trzebiatowski erreicht, indem man zuerst die Lösung bis zum Überschreiten beider Potentialsprünge titriert:

1. Sprung: Cr(VI) $\longrightarrow$ Cr(III); V(V) $\longrightarrow$ V(IV);
2. Sprung: V(IV) $\longrightarrow$ V(III); Mo(VI) $\longrightarrow$ Mo(V).

In der reduzierten Lösung kann das Vanadium mittels Kaliumbromat in Gegenwart von Ammoniumsulfat selektiv zu Vanadat aufoxydiert werden (Willard und Young), während Chrom und Molybdän 3- bzw. 5wertig bleiben. Das entstandene Vanadium(V) wird nach Vertreiben des überschüssigen Broms mit Zinn(II)-chloridlösung titriert. Auf diesem Wege erhält man den zur Berechnung nötigen dritten Potentialsprung V(V) $\longrightarrow$ V(IV).

Arbeitsvorschrift nach Trzebiatowski. Man folgt zuerst genau den unter III. beschriebenen Angaben über die gleichzeitige Bestimmung von Chrom und Vanadium, nur daß die Zugabe von Ammoniummolybdatlösung unterbleibt. Die austitrierte Lösung wird nach Abkühlung in einen Meßkolben von 100 oder 200 ml Inhalt übergeführt. 50 bzw. 100 ml werden abpipettiert und in einem Erlenmeyerkolben mit 20 ml 25%iger Ammoniumsulfatlösung und mit 50 ml einer 4%igen Kaliumbromatlösung (frei von $KClO_3$) versetzt. Darauf gibt man so viel Wasser hinzu, daß ein endgültiges Volumen von mindestens 60 ml für jede 5 ml enthaltener konz. Schwefelsäure resultiert. Man erhitzt während 10 bis 15 Min. bis auf 60°, leitet Kohlendioxyd in die Lösung und erhitzt 5 Min. lang zum Sieden, um das ausgeschiedene Brom zu vertreiben. Die auf 40 bis 50° abgekühlte Lösung wird mit 25 ml konz. Schwefelsäure versetzt und das gebildete Vanadat bei 60° potentiometrisch titriert. Falls 0,04 n $SnCl_2$-Lösung benutzt wird, muß man eine Titerkorrektur einführen. Man titriert 10 ml 0,04 n $K_2Cr_2O_7$-Lösung in einem Volumen von 200 ml bei Einhaltung der gewöhnlichen Versuchsbedingungen (50 Vol.-% konz. Salzsäure und Molybdatzugabe). Wurde 0,1 n $SnCl_2$-Lösung gebraucht, so ist eine Korrektur nur in dem Fall nötig, daß infolge eines geringen Vanadiumgehaltes der Verbrauch an Maßlösung kleiner als 5 ml war. In diesem Fall titriert man, wie gewöhnlich, 5 ml 0,1 n $K_2Cr_2O_7$-Lösung.

Berechnung.

$$\mathrm{mg\ Cr} = M \cdot \left(a - \frac{2cM'}{M} \right) \cdot 17{,}337;$$

$$\mathrm{mg\ V} = 102\,M'c;$$

$$\mathrm{mg\ Mo} = M \cdot \left(b - \frac{2cM'}{M} \right) \cdot 96.$$

c entspricht den Millilitern an $SnCl_2$, die bei der Titration des zu Vanadat oxydierten Vanadiums verbraucht wurden, M' ist der in einigen Fällen neu bestimmte Titer der Zinn(II)-chloridlösung. Die anderen Bezeichnungen sind dieselben, wie auf S. 171 angegeben.

Bemerkungen. *Genauigkeit und Potentialverlauf.* Aus der Tab. 8 geht hervor, daß die Genauigkeit der Bestimmung von Chrom und Vanadium den bei ihrer Trennung angegebenen Fehlergrenzen entspricht; die Bestimmung von Molybdän ist infolge seines größeren Atomgewichts mit einem größeren Fehler behaftet. Der Potentialverlauf bei der Titration ist aus Abb. 23 ersichtlich.

Tabelle 8. *Titration nach Trzebiatowski.*

Chrom mg		Differenz	Vanadium mg		Differenz	Molybdän mg		Differenz	Normalität von $SnCl_2 \sim$
angewendet	gefunden	mg	angewendet	gefunden	mg	angewendet	gefunden	mg	
34,56	34,49	− 0,07	50,49	50,19	− 0,30	47,04	48,02	+ 0,98	0,1 n
3,46	3,38	− 0,08	101,80	101,70	− 0,10	95,43	96,48	+ 1,05	0,1 n
44,98	44,94	− 0,04	30,60	30,40	− 0,20	4,80	5,56	+ 0,76	0,1 n
25,94	25,60	− 0,34	20,40	20,20	− 0,20	191,40	192,20	+ 0,80	0,1 n
34,64	34,30	− 0,34	10,20	9,70	− 0,50	76,23	77,18	+ 0,95	0,1 n
17,30	17,21	− 0,09	20,86	20,98	+ 0,12	19,12	19,26	+ 0,14	0,04 n
10,37	10,26	− 0,11	12,24	12,34	+ 0,10	3,84	3,80	− 0,04	0,04 n
1,38	1,33	− 0,05	41,81	41,65	− 0,16	38,24	37,69	− 0,55	0,04 n
6,92	6,88	− 0,04	10,45	10,35	− 0,10	95,70	96,03	+ 0,33	0,04 n
20,75	20,64	− 0,11	4,18	4,38	+ 0,20	57,38	57,92	+ 0,54	0,04 n

V. Potentiometrische Bestimmung von Chrom, Vanadium und Molybdän nebeneinander in Stahl.

Allgemeines. Die angegebene Methode der Bestimmung und Trennung dieser Elemente mittels Zinn(II)-chloridlösung eignet sich nach Trzebiatowski ohne weitere Veränderungen zur Ausführung von Stahlanalysen. Der Aufschluß von Stahl ist in der Weise zu führen, daß endgültig eine von Wolfram und anderen Schwermetallen freie Chrom(VI)-, Vanadium(V)- und Molybdän(VI) enthaltende Lösung resultiert. Die im folgenden beschriebene Methode stellt eine Kombination mehrerer Verfahren dar, die von Lundell und Mitarbeitern, Willard und Young sowie von Zintl und Zaimis angegeben wurden.

Arbeitsvorschriften nach Trzebiatowski. *a) Bei wolframfreiem Stahl.* Eine entsprechend gewählte Einwaage wird in einem Eisentiegel durch Schmelzen mit der 5- bis 10fachen Gewichtsmenge Natriumperoxyd aufgeschlossen. Den mit Wasser abgekühlten Tiegel erwärmt man mit 2 n Natronlauge und laugt die Schmelze aus. Um die gebildeten Ferrate und Manganate zu zerstören, setzt man einige Milliliter 3%iges Wasserstoffperoxyd hinzu und erhitzt 10 Min. lang zum Sieden. Die Hydroxyde werden auf einer *Jenaer* Glasnutsche abgesaugt und mit warmer 2 n Natronlauge nachgewaschen; in dieser Weise ausgeschiedene Hydroxyde filtrieren sehr

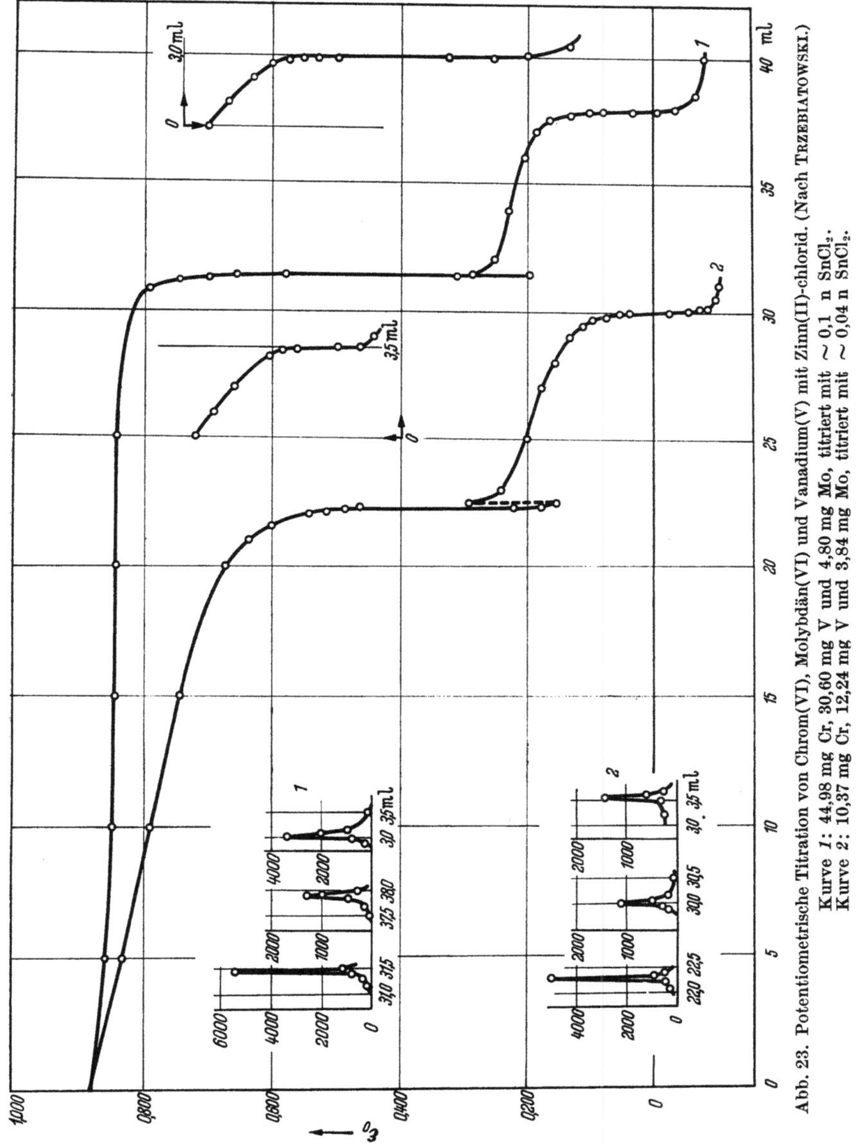

Abb. 23. Potentiometrische Titration von Chrom(VI), Molybdän(VI) und Vanadium(V) mit Zinn(II)-chlorid. (Nach TRZEBIATOWSKI.)
Kurve 1: 44,98 mg Cr, 30,60 mg V und 4,80 mg Mo, titriert mit $\sim$ 0,1 n $SnCl_2$.
Kurve 2: 10,37 mg Cr, 12,24 mg V und 3,84 mg Mo, titriert mit $\sim$ 0,04 n $SnCl_2$.

schnell und zeichnen sich durch geringe Adsorptionsfähigkeit aus. Das Filtrat wird bis zu einem Volumen von 80 bis 90 ml abgedampft, mit Schwefelsäure (1 + 1) (etwa 9 m)[1] neutralisiert (10 bis 15 ml) und mit einem gleichen Volumen dieser Säure versetzt; dann wird es in einen Meßkolben von 200 ml Inhalt übergeführt und mit 25 vol.-%iger Schwefelsäure[1] bis zur Marke aufgefüllt. Zur Titration werden 50 oder 100 ml abpipettiert und wie auf S. 171 behandelt.

[1] Vgl. III, Bemerkung c.

b) Bei wolframhaltigem Stahl. Die Stahlprobe wird in einem Becherglas mit 40 ml Salzsäure (3 + 1) (etwa 9 n) bis zum Ausscheiden des Wolframs als schwarzes Pulver erwärmt. Zu der heißen Lösung setzt man langsam 8 ml Salpetersäure (D 1,40) hinzu und erhitzt zum Sieden, bis im Niederschlag die schwarzen Flecken der unzersetzten Carbide verschwinden, gegebenenfalls unter erneuter Zugabe von 10 ml konz. Salzsäure und 3 ml Salpetersäure. Man dampft bis auf 20 ml ein und verdünnt dann mit heißem Wasser bis etwa 600 ml. Nach Absitzen des Niederschlages wird von der Wolframsäure durch ein gehärtetes Filter abgesaugt und mit 2%iger Salzsäure nachgewaschen. Das Filtrat dampft man auf dem Wasserbad möglichst weit ein und bringt den Rückstand von Sirupkonsistenz in einen eisernen Tiegel, der 2 bis 3 g Ätznatronplättchen enthält. Den Rest bringt man mittels möglichst kleiner Mengen Salzsäure und Wasser in den Tiegel. Der Tiegelinhalt wird im Wasserbad abgedampft, im Trockenschrank getrocknet und dann schwach ausgeglüht. Anschließend schmilzt man mit etwa 10 g Natriumperoxyd und behandelt die Schmelze genau so, wie für wolframfreie Stähle beschrieben wurde.

Bemerkungen. *Genauigkeit.* Der Verfasser teilt die Resultate von zwei wolframhaltigen, nach dem obigen Verfahren ausgeführten Stahlanalysen mit; vgl. Tab. 9.

Tabelle 9. *Untersuchung von Stählen nach Trzebiatowski.*

	Einwaage g	Entnommenes Flüssigkeitsvolumen ml	$\sim$ 0,05 n SnCl$_2$					
			Cr gefunden %	Cr angegeben %	V gefunden %	V angegeben %	Mo gefunden %	Mo angegeben %
I	2,000	100 100	3,53 3,52	3,54	1,29 1,26	1,20	—	—
II	2,000	100 100	4,24 4,26	4,28	1,79 1,83	1,90	2,72 2,64	2,64

Literatur.

BOBTELSKY, M.: Z. anorg. Ch. **189**, 214 (1930).
CHALMERS HARVEY, J.-W.: Chem. N. **47**, 86 (1883).
FLEYSHER, M. H.: Am. Soc. **46**, 2725 (1924).
HOSTETTER, J. C., u. H. S. ROBERTS: Am. Soc. **41**, 1337 (1919).
IRRERA, L.: Ann. Chim. appl. **23**, 346 (1933); durch C. **104**, II, 2709 (1933).
KARANTASSIS, T., u. L. CAPATOS: C. r. **194**, 1938 (1932); durch C. **103**, II, 1478 (1932). — KLINGER, P., E. STENGEL u. W. KOCH: Arch. Eisenhüttenw. **8**, 433 (1934/35).
LUNDELL, G. E. F., J. I. HOFFMAN u. H. A. BRIGHT: J. ind. eng. Chem. **15**, 1064 (1923).
MÜLLER, E.: Elektrometrische Maßanalyse, 6. Aufl. 1942. — MÜLLER, E., u. J. GÖRNE: Fr. **73**, 389 (1928). — MÜLLER, E., u. G. HAASE: Fr. **91**, 241 (1933).
PINKHOF, J.: Dissertation, Amsterdam 1919.
STEUER, H.: Fr. **118**, 386 (1939/40). — SZABÓ, Z. G., u. S. SUGÁR: Anal. chim. Acta **6**, 302 (1952).
TRZEBIATOWSKI, W.: Fr. **82**, 45 (1930).
WEINLAND, R., u. E. GUSSMANN: B. **42**, 3881 (1909). — WILLARD, H. H., u. PH. YOUNG: Ind. eng. Chem. **20**, 764, 769, 972 (1928).
YOUNG, S. W.: Am. Soc. **1897**, 809.
ZINTL, E., u. G. RIENÄCKER: Z. anorg. Ch. **161**, 375 (1927). — ZINTL, E., u. PH. ZAIMIS: Z. angew. Ch. **41**, 543 (1928); durch Fr. **82**, 54 (1930).

§ 8. Bestimmung mit Titan(III)-salzlösung.

Allgemeines. Nach KNECHT und HIBBERT sind Titan(III)-salzlösungen ausgezeichnete Maßlösungen für eine große Anzahl von Stoffen, die einer energischen Reduktion zugänglich sind, darunter auch für Chromat. Da aber Titan(III)-salze bereits vom Luftsauerstoff angegriffen werden — das Normalpotential der Reaktion: Ti^{3+} $\rightleftarrows$ Ti^{4+} + e beträgt —0,04 Volt —, muß man sie unter indifferenter

Gasatmosphäre aufbewahren und auch die Titration unter ähnlichen Vorsichtsmaßnahmen ausführen. Deshalb hat sich die titanometrische Bestimmung von
Chrom(VI) nicht eingebürgert, da hierfür wesentlich einfachere Methoden zur Verfügung stehen. Lediglich bei Serienanalysen, welche eine gleichzeitige Bestimmung
von Chrom und Eisen erforderlich machen sollten, z. B. von Chromerzen, dürfte
die Titan(III)-salzreduktion Vorteile bringen, so daß der verhältnismäßig große Aufwand gerechtfertigt ist. Im übrigen hat durch die noch nicht lange bekannten
Reduktorbüretten die Titanometrie in vielen Punkten eine wesentliche Vereinfachung
erfahren (s. u.). Als Titan(III)-salz verwendet man das Chlorid oder das Sulfat.
Die Endpunkterkennung bei titanometrischen Titrationen kann mit Hilfe von
Indicatoren oder physiko-chemisch, insbesondere potentiometrisch, erfolgen, wobei
man im allgemeinen dem letzten Verfahren den Vorzug geben wird.

Herstellung und Aufbewahrung von Titan(III)-salzlösungen. Für die sorgfältige
Handhabung der luft- und lichtempfindlichen Titan(III)-maßlösungen bedarf es
geeigneter Apparaturen, in denen unter völligem Luftabschluß die Maßlösung aufbewahrt und der Bürette zugeführt werden kann. Näheres hierzu vgl. § 7.

Titan(III)-chloridlösung. Am einfachsten und zweckmäßigsten ist es, käuf-
liche (z. B. von Kahlbaum), 15%ige, eisenfreie Titan(III)-chloridlösung auf das
10fache zu verdünnen und auszukochen. Die Lösung ist dann etwa 0,1 n und soll
etwa 3% Salzsäure enthalten. Da der Säuregehalt der käuflichen, 15%igen Lösung
beträchtlich schwankt, wird er zweckmäßig in jeder Lösung durch Zugabe eines
Laugenüberschusses, Kochen bis zur Entfärbung und Rücktitration mit Salzsäure
neu bestimmt und beim Bereiten der Maßlösung berücksichtigt (KOLTHOFF). Ein
Gehalt von 3% Salzsäure ist zur Vermeidung einer hydrolytischen Abscheidung von
Titansäure vollständig ausreichend. Die Aufbewahrung muß unter einer Wasser-
stoffatmosphäre erfolgen.

Die Haltbarkeit der Lösungen ist entscheidend von ihren Verunreinigungen abhängig. Gewöhnliche Lösungen enthalten häufig mehr als 1% des gesamten Reduk-
tionswertes an Eisen; zwar kann man den Eisengehalt bestimmen und rechnerisch
berücksichtigen; jedoch werden viele Bestimmungen hierdurch kompliziert, so daß
man nach Möglichkeit immer auf die im Handel befindliche eisenfreie Titan(III)-
chloridlösung zugreifen wird. Falls eine solche Lösung nicht zugänglich ist, kann
nach POLIDORI aus einer eisgekühlten und mit HCl gesättigten unreinen $TiCl_3$-
Lösung durch 1- bis 2tägige Kristallisation Titan(III)-chlorid-6-hydrat gewonnen
werden, welches zwar nur zu etwa 30% Ausbeute anfällt, jedoch vollständig eisenfrei ist und mit ausgekochtem Wasser, ähnlich wie oben, zu einer 0,1 n Lösung verarbeitet wird. Unterläßt man das Auskochen, so wird erst nach längerer Zeit ein
konstanter Wirkungswert erhalten.

Titan(III)-sulfatlösung. Nach SOMEYA wird reinstes Titan(IV)-oxyd mit Kaliumhydrogensulfat geschmolzen, die Schmelze in 15%iger Schwefelsäure aufgelöst und
mit derselben Säure zu 1 l verdünnt. Dann gibt man die Lösung anteilsweise in
einen großen Scheidetrichter und schüttelt sie nach Füllung des Gasraumes mit
Kohlendioxyd so lange mit Zinkamalgam (vgl. auch S. 218), bis die Farbintensität
der violetten Titan(III)-salzlösung nicht mehr zunimmt. Auch diese Lösung wird
möglichst umgehend in eine geschlossene Apparatur unter CO_2 überführt.

Haltbarkeit der Titan(III)-salzlösungen. Bei genügender Sauerstofffreiheit des
verwendeten Schutzgases und bei Aufbewahrung im Dunkeln ist die Haltbarkeit
der Titan(III)-lösung recht gut; innerhalb von acht Tagen wurde von ZINTL und
RAUCH ein Abfall von etwa 1% beobachtet. Es ist lediglich zu beachten, daß die
Titerabnahme rascher wird, wenn die Vorratslösung zum größten Teil verbraucht
wurde; dann gelangen die oberen, dauernd mit dem Schutzgas in Berührung stehenden Schichten in die Bürette. KOLTHOFF und TOMIČEK stellten nach 23 Tagen nur
einen Abfall des Titers um 0,5% fest; nach 14 Tagen hatte sich die Lösung noch

nicht verändert. An 0,05 n Lösungen trat jedoch häufig ein stärkerer Abfall ein, so daß man zweckmäßig den Titer jedesmal am Tage des Gebrauches neu bestimmen sollte.

Arbeiten mit Reduktorbüretten. Einen erheblichen Fortschritt für die Anwendung der Titan(III)-maßlösungen bringt die von FLASCHKA (a, b) eingeführte Reduktorbürette. Diese ist mit den dazu geeigneten Reduktoren gegebenenfalls auch für andere oxydationsempfindliche Maßlösungen geeignet; sie stellt im einfachsten Falle eine gewöhnliche 50-ml-Bürette dar, welche an der Verjüngung mit einem lockeren

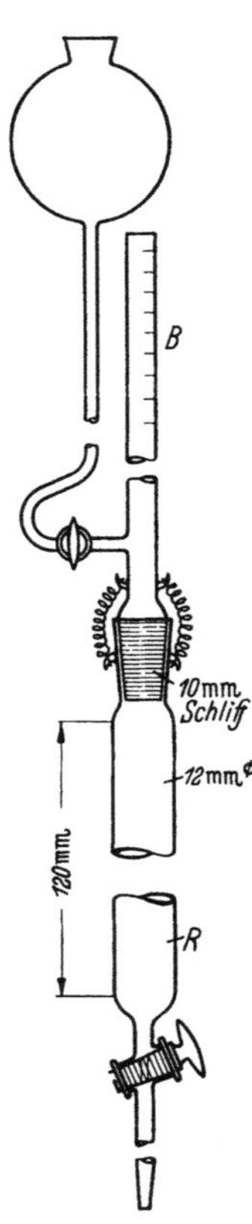

Abb. 24. Mikro-
Reduktor-Bürette.
(Nach FLASCHKA.)

Glaswollestopfen versehen wird, auf den dann der Reduktor bis etwa zur 35-ml-Marke aufgeschichtet wird. Die in Abb. 24 wiedergegebene Mikro-Reduktor-Bürette [FLASCHKA (b)] enthält den Reduktorraum getrennt vom eigentlichen Bürettenraum und ist von jedem Glasbläser mit Leichtigkeit aus einer gewöhnlichen Mikrobürette und einem Schliffpaar herzustellen. Für die Füllung der R-Büretten ist zu beachten, daß der Reduktor keinerlei Luftblasen enthalten darf, welche zu Meniscusverschiebungen Anlaß geben würden. Um dies zu erreichen, kann man entweder durch Saugen am oberen Bürettenende die Bürette durch den Hahn und damit den Reduktor von unten mit Flüssigkeit füllen oder, was sich besonders gut bei dem abnehmbaren Teil der Mikro-R-Bürette durchführen läßt, den Reduktorteil mit etwas Maßlösung füllen und das Reduktorpulver so einrieseln, daß es im Bürettenteil dauernd mit Flüssigkeit bedeckt ist. Als günstigstes Material für den Reduktor gilt Blei. Die Bildung von Sulfat aus schwefelsäurehaltigen Lösungen kann nach COOKE, HAZEL und MCNABB durch genügend hohe Salzsäurekonzentration vermieden werden. Durch einen Zusatz von Ammoniumsulfat soll ferner nach SYROKOMŚKIJ und SILAEVA ein Titan(III)-komplex gebildet werden, der wesentlich weniger luftempfindlich als gewöhnliche Titan(III)-lösungen ist, so daß auch besondere Vorsichtsmaßnahmen im Titrationsgefäß wegfallen können. Aus diesen Erfahrungen ergibt sich untenstehende Vorschrift zur Einstellung und Titration.

Herstellung des Bleireduktors nach Flaschka (a). Eine wäßrige und filtrierte Lösung von Bleiacetat oder -nitrat wird mit Salpetersäure leicht angesäuert. Dann werden Stangen von reinem Zink eingestellt, und man läßt sie unter zeitweiligem Umrühren einige Tage bis zur Beendigung der Reaktion stehen. Eine gelegentlich beobachtete Trübung der Lösung erschwert die Abscheidung und ist durch erneuten, geringen Säurezusatz wieder zu beseitigen. Der ausgeschiedene lockere Bleiklumpen wird erst mit verd. Salzsäure, dann mit Alkohol dekantierend gewaschen, bei 110° getrocknet, in einer Reibschale gepulvert und sorgfältig verschlossen aufbewahrt. Bei Gebrauch wird das Pulver mit Maßlösung bedeckt und in den unten mit Glaswollepfropfen versehenen Reduktor eingerieselt. Nach Trockenwischen und hauchfeinem Fetten des Schliffes wird die Mikrobürette aufgesetzt, mit Federn befestigt und mit Maßlösung durchgespült, wonach sie gebrauchsfertig ist.

Titan(III)-lösungen für R-Bürette. a) Für etwa 0,01 n Chloridlösung. Etwa 5 ml der käuflichen, 15%igen Titan(III)-chloridlösung werden mit 125 ml konz. Salzsäure kurz aufgekocht und kalt in eine Lösung von 40 g Ammoniumsulfat in 400 ml Wasser gegossen. Die Titerstellung erfolgt nach einer der unten angegebenen Methoden; bei Verwendung der R-Bürette ist der Titer völlig konstant.

b) Für Titan(III)-sulfatlösung. Mit reinem Titan(IV)-oxyd läßt sich eine faktorfreie Lösung herstellen; 0,3995 g werden mit 3 ml Flußsäure und 1 ml konz. Schwefelsäure in üblicher Weise durch Erhitzen in der Platinschale aufgeschlossen; nach Abkühlen und vorsichtigem Verdünnen wird die Lösung in einen 500-ml-Meßkolben gegossen, in dem sich 125 ml konz. Salzsäure und 40 g Ammoniumsulfat befinden, und nach Temperaturausgleich zur Marke aufgefüllt.

Zur *Einstellung der Titan(III)-salzlösung* werden verschiedene Oxydationsmittel empfohlen, wobei man den Endpunkt mit chemischen Indicatoren oder potentiometrisch feststellen kann. Zweckmäßig wird man die Einstellung der späteren Bestimmung bei der Wahl der Endpunktanzeige angleichen. Am verbreitetsten ist bei den visuellen Verfahren die Einstellung gegen Eisen(III) mit Hilfe von Rhodanid oder von Methylenblau. SOMEYA schlägt Kaliumdichromat als Urtitersubstanz und Diphenylamin als Redoxindicator vor. Die potentiometrische Einstellung erfolgt auch am besten gegen Eisen(III); ferner werden von KOLTHOFF und TOMIČEK Kaliumdichromat, Kaliumhexacyanoferrat(III), von ZINTL und WATTENBERG Kupfersulfat mit Erfolg herangezogen.

Auch für die Einstellung und das sonstige Titrieren mit der Lösung ist die möglichst weitgehende Abwesenheit von Sauerstoff angebracht. Aus diesem Grunde wird am zweckmäßigsten in mäßig sauren Lösungen titriert und durch Zugabe von festem Hydrogencarbonat über diesen Lösungen eine CO_2-Atmosphäre hergestellt (H. BILTZ und W. BILTZ). Aus demselben Grunde taucht die Bürettenspitze möglichst weit in das Titriergefäß ein. Das Hydrogencarbonat kann auch durch Einleiten von gasförmigem Kohlendioxyd (geeignete Apparatur für potentiometrische Titration unter Luftabschluß vgl. S. 167) oder durch kleine Mengen Trockeneis ersetzt werden. Bei nicht zu kleinen Verbräuchen und genügend schneller Titration genügt jedoch im allgemeinen ein wiederholter kleiner Zusatz von Hydrogencarbonat.

Die Einstellung der Titan(III)-salzlösung erfolgt, nachdem sie mindestens 24 Stdn. in der Apparatur gestanden hat.

Einstellung gegen Eisen(III) und Kaliumrhodanid nach Biltz. Man verwendet eine Lösung von Eisenchlorid in verd. Salzsäure (etwa 28 g $FeCl_3 + 6H_2O/l$) oder eine solche von reinem Eisen oder Fe_2O_3 als Ursubstanz, deren Gehalt dann gravimetrisch genau ermittelt wird.

25 ml der Eisenlösung werden mit konz. Salzsäure versetzt, bis der HCl-Gehalt doppelt normal ist, wozu 5 bis 10 ml Säure erforderlich sind. Dann wird auf 60 bis 70° erwärmt, zweimal eine Messerspitze Natriumhydrogencarbonatpulver hinzugegeben, und es wird bis zum annähernden Verschwinden der Gelbfärbung titriert. Nun werden 1 bis 2 ml 10%ige Kaliumrhodanidlösung hinzugegeben, und es wird wieder unter gelegentlichem Hydrogencarbonatzusatz bis zum Verschwinden der Rotfärbung tropfenweise weitertitriert. Das Verschwinden der Färbung muß 2 Min. anhalten. Aus den verbrauchten Millilitern Titan(III)-salzlösung und dem bekannten Eisengehalt der Vergleichslösung wird der Wirkungsfaktor der Titan(III)-salzlösung berechnet. Sind E mg Eisen in der titrierten Flüssigkeit vorhanden und wurden a ml $TiCl_3$-Lösung verbraucht, so entspricht

$$1 \text{ ml } TiCl_3\text{-Lösung}: \frac{E}{a} \text{ mg Fe}.$$

Bemerkungen. I. Statt Rhodanid kann man als Indicator vorteilhaft auch eine wäßrige Lösung von Methylenblau verwenden. Die grüne Mischfarbe der Eisen(III)-salz- und der Methylenblaulösung wird kurz vor dem Endpunkt reinblau und geht im Endpunkt selbst in farblos über.

II. Die Titration läßt sich sowohl in salzsaurer als auch in schwefelsaurer Lösung durchführen; die Acidität spielt keine große Rolle; jedoch soll sie ungefähr 2 n sein. In einer sehr viel stärker sauren Lösung geht die Reduktion in der Nähe des Endpunktes langsamer vor sich.

III. Die zu titrierende Lösung muß frei von Salpetersäure sein, weil diese durch $TiCl_3$, teilweise bis zu Ammoniumsalz, reduziert werden kann.

IV. Auch Titration bei Zimmertemperatur ist möglich, jedoch verläuft die Reaktion dann sehr langsam, so daß der Luftfehler merklich wird. Am besten ist eine Temperatur der Titrierflüssigkeit von etwa 60°.

Potentiometrische Einstellung. 25 ml 0,1 n Eisen(III)-ammoniumsulfatlösung (0,4 n an Schwefelsäure) und 25 ml Wasser werden unter CO_2 ausgekocht und gegen das Elektrodenpaar Platin-Kalomel unter Luftausschluß potentiometrisch bei etwa 60° mit einer eisenfreien Titan(III)-salzlösung titriert (KOLTHOFF und TOMIČEK). ZINTL und RAUCH stellen gegen Eisen(III) in einer 10% Salzsäure enthaltenden Lösung ein.

Bei der Einstellung der Titerlösung gegen Kaliumdichromat in salzsaurer Lösung ist nach ZINTL und RAUCH eine unregelmäßige und langsame Potentialveränderung feststellbar, die auch bei 50 bis 60° nicht besser wird; höhere Temperaturen sind wegen der dann erfolgenden Chlorentwicklung nicht möglich. Merkwürdigerweise wurden mit nichtgereinigtem Titan(III)-chlorid bei der direkten potentiometrischen Titration von Dichromat gute Ergebnisse erhalten. Die Titrationskurve zeigt zwei Wendepunkte, von denen der erste die vollendete Reduktion des Dichromats, der zweite die des als Eisen(II)-salz mit der Maßlösung eingeschleppten Eisen(III)-salzes anzeigt. Die Berechnung des Titers ist also dann davon abhängig, ob das zu bestimmende Oxydationsmittel Eisen(II)-salz oxydiert oder nicht. Bei sorgfältigem Arbeiten erhält man gut reproduzierbare Werte; jedoch erfordert die langsame Potentialeinstellung in der Nähe des Endpunktes nach Zusatz jeden Tropfens ein 2 Min. langes Warten. Außerdem versagt diese Methode völlig bei Titerlösungen aus reinem Titan(III)-chlorid. Die auch von anderer Seite beobachtete starke Polarisierbarkeit der Elektroden ist ebenfalls ein Hinderungsgrund für die Dichromattitration. Da mit Dichromatlösung, der etwas reines Eisensalz zugesetzt war, auch keine besseren Resultate erhalten wurden, dürfte die bessere Potentialeinstellung bei der unreinen Titanlösung auf einer noch unbekannten Verunreinigung beruhen. — Diese Schwierigkeiten werden von KOLTHOFF und TOMIČEK nicht angegeben.

A. Maßanalytische Bestimmung von Chrom(VI) mit Titan(III)-salz.

1. Endpunkterkennung mittels Eisen(III) und Kaliumrhodanid.

Allgemeines. Die erste maßanalytische Bestimmung der Chromsäure mit Titan(III)-salz geht auf IATAR zurück. Die Reaktion verläuft nach folgender Gleichung:

$$Cr_2O_7^{2-} + 6\,Ti^{3+} + 14\,H^+ \longrightarrow 2\,Cr^{3+} + 6\,Ti^{4+} + 7\,H_2O$$

oder in Teilgleichungen ausgedrückt:

$$2\,Cr^{3+} + 7\,H_2O \rightleftharpoons Cr_2O_7^{2-} + 14\,H^+ + 6\,\ominus,$$
$$Ti^{3+} \rightleftharpoons Ti^{4+} + \ominus.$$

Als Indicator wird eine frische, verdünnte Lösung von reinem Fe(II)-salz in abgekochtem Wasser mit einigen Tropfen Kaliumrhodanidlösung benutzt, mit der noch ein Teil Chrom als Chromat in 10^6 facher Verdünnung nachweisbar ist. Die Titration ist nach drei verschiedenen Methoden durchführbar:

I. Kann nach Abblaßen der Chromatfärbung der Endpunkt durch Tüpfeln mit Indicatorlösung ermittelt werden.

II. Kann ein Überschuß von Eisen(II)-ammoniumsulfatlösung hinzugegeben werden und die daraus gebildete, dem Chromat äquivalente Menge Fe(III)-salz mit Titanlösung und einigen Tropfen Kaliumrhodanidlösung als Indicator bis zum Verschwinden der Rotfärbung titriert werden.

III. Kann die Lösung nur mit einer kleinen Menge Eisenammoniumsulfatlösung versetzt werden, wobei dieses in Eisen(III)-salz übergeht. Dann wird Titansalzlösung bis zur vollständigen Reduktion des Dichromates hinzugegeben, einige Tropfen Rhodanidlösung zugefügt, und es wird bis zum Verschwinden der roten Farbe titriert.

Das unter III. genannte Verfahren kann auch dazu dienen, in *Chromeisenstein* Fe(III) neben Chromat titrimetrisch mit Titansalz zu bestimmen.

Arbeitsvorschrift nach Iatar. 0,5 g des gut zerkleinerten und gesiebten Erzes werden mit einem Gemisch von Ätznatron und Natriumperoxyd in üblicher Weise im Silbertiegel aufgeschlossen, gelöst und die Lösung zur Zerstörung des Peroxydes gekocht; dann wird sie nach Ansäuern mit verd. Schwefelsäure und nochmaligem Kochen auf 500 ml aufgefüllt. In 50 ml dieser Auffüllung wird zunächst die Summe von Fe(III) und Cr(VI) mit Ti(III) bestimmt, wobei man ganz zuletzt einige Tropfen Rhodanidlösung zugibt und bis zum Verschwinden der Rotfärbung titriert. In weiteren 50 ml obiger Auffüllung wird durch Zugabe von Wasserstoffperoxyd und 10 bis 15 Min. Erhitzens alles Chrom reduziert und nach Abkühlen das verbliebene Eisen(III) wie oben titriert.

Bemerkungen. Da Chromsäure mit Rhodanid reagiert, darf man den Indicator erst nach der vollkommenen Reduktion von Cr(VI) zugeben.

KNECHT und HIBBERT führen in Anlehnung an die IATARsche Methode die titanometrische Chromatbestimmung derart durch, daß sie zu der Probe eine bekannte Menge eines Eisen(III)-salzes geben, nach der vollständigen Reduktion des Ions $CrO_4{}^{2-}$ die Lösung mit KCNS versetzen und weiter bis zur Entfärbung titrieren. Der Chromgehalt kann auf diese Weise indirekt berechnet werden. Weitere titanometrische Bestimmungsmethoden werden von HIBBERT zur Bestimmung von Chrom, Eisen und Kupfer nebeneinander ausgearbeitet.

I. Bestimmung von Kupfer, Chrom(VI) und Eisen(III). In einem Teil der Lösung werden alle drei Metalle zusammen mit Ti(III) titriert, wobei man das Kaliumrhodanid erst nach der Reduktion des Chromats zugibt. Aus einem anderen Teil der Lösung entfernt man das Kupfer als Sulfid und titriert im Filtrat nach Verkochung des Schwefelwasserstoffs das Eisen nach Oxydation mit Kaliumchlorat und Salzsäure. In einem dritten Anteil reduziert man das Chromat mit SO_2, oxydiert darauf das Eisen(III) mit Kaliumchlorat und Salzsäure und bestimmt die Summe von Kupfer und Eisen.

II. Bestimmung von Kupfer, Chrom(III) und Eisen(III). In einem Teil der Lösung titriert man Kupfer und Eisen gemeinsam; nach Entfernung des Kupfers aus einem anderen Teil der Lösung wird das Eisen wie oben oxydiert und titriert; aus einem dritten Anteil fällt man Kupfer durch H_2S, entfernt im Filtrat nach der Oxydation mit Natriumperoxyd den Überschuß an Wasserstoffperoxyd durch Kochen, gibt Salzsäure zu und bestimmt die Summe von Eisen und Chrom.

Die angeführten Beleganalysen für vorstehende Verfahren zeigen keine größere Abweichung als 0,5%.

HIBBERT schlägt diesen Weg ein bei der Untersuchung von Aschen gebeizter Stoffe.

2. Direkte Endpunkterkennung mittels Diphenylamins nach Someya.

Wesentlich einfacher als die vorstehenden Verfahren ist die Arbeitsweise von SOMEYA, der Diphenylamin (1 g Diphenylamin in 100 ml konz. Schwefelsäure) als inneren Indicator verwendet. Dabei soll der Endpunkt so scharf sein, daß er auch für die Titerstellung geeignet ist (Umschlag von Blau nach Grün). Die an reinem Salz $K_2Cr_2O_7$ erhaltenen Titrationsergebnisse zeigen keine größere Abweichung als 0,2%. Nitrat muß abwesend sein.

Das Verfahren, welches leider in bezug auf experimentelle Einzelheiten nur mangelhaft beschrieben wird, ist auch geeignet für die Bestimmung von Chromat und Eisen(III) nebeneinander. Dabei wird zuerst die Chromsäure reduziert, wobei man mit Diphenylamin als Indicator einen sehr scharfen Endpunkt erhält. Nach der vollkommenen Reduktion der Chromsäure kann als Indicator für die Eisentitration Kaliumrhodanid zugegeben werden. Auch der zweite Endpunkt ist zufriedenstellend, so daß die gleichzeitige Bestimmung der beiden Komponenten ebenfalls gute Ergebnisse mit geringfügigen Abweichungen liefert (vgl. Tab. 10).

Tabelle 10. *Titration nach Someya.*

Nr.	Angew. $K_2Cr_2O_7$ g	Gef. $K_2Cr_2O_7$ g	Fehler in $K_2Cr_2O_7$ g	Angew. Fe_2O_3 g	Gef. Fe_2O_3 g	Fehler in Fe_2O_3 g
1	0,04903	0,04913	+ 0,00010	0,1597	0,1582	— 0,0015
2	0,04903	0,04899	— 0,00004	0,1597	0,1597	0,0000
3	0,04903	0,04897	— 0,00006	0,1597	0,1597	0,0000
4	0,09806	0,09806	0,00000	0,1597	0,1592	— 0,0005
5	0,09806	0,09801	— 0,00005	0,3184	0,3189	+ 0,0005
6	0,09806	0,09802	— 0,00004	0,3184	0,3181	— 0,0003
7	0,09806	0,09793	— 0,00013	0,3184	0,3185	— 0,0001

Das Verfahren ist also geeignet für die Bestimmung beider Bestandteile im Stahl; allerdings soll der Endpunkt bei großen Eisenmengen nicht sehr klar sein, läßt sich aber beim Schütteln an der scharf grünlichen Farbe der Blasen erkennen. Es soll bei einiger Übung gelingen, Chrommengen von weniger als 1% zu bestimmen.

Vom gleichen Verfasser wird auch angegeben, daß die zu titrierende Flüssigkeit mit einem Überschuß der Maßlösung versetzt werden kann und dann ebenfalls unter Verwendung von Diphenylamin als Indicator mit eingestellter Dichromatlösung dieser Überschuß zurücktitriert werden kann.

B. Potentiometrische Bestimmung von Chrom(VI) mit Titan(III)-salz.

Allgemeines. Als erste haben HENDRIXSON und VERBECK Chromat mit Titan(III)-lösung potentiometrisch bestimmt. Das Verfahren hat den Vorteil einer einfachen Endpunktanzeige auch in gefärbten Lösungen; ferner ist der Potentialsprung so groß, daß meist auch die Bestimmung von zwei Oxydationsmitteln verschiedener Normalpotentiale möglich ist. Die Autoren verwenden eisenfreie Titan(III)-sulfatlösungen in verd. Schwefelsäure, welche sie zur Vermeidung von Nebenreaktionen den salzsauren Lösungen vorziehen.

STEUER hat später die potentiometrische Bestimmung von Chrom(VI) mit Titan(III) nachgeprüft und gezeigt, daß man mit gleichem Erfolg eine Titan(III)-chloridlösung verwenden kann.

1. Arbeitsvorschrift nach Steuer. Die zu titrierende Chromatlösung wird mit 50 ml konz. Salzsäure versetzt und auf 200 ml verdünnt. An der Platinelektrode und einer Silberjodidvergleichselektrode wird dann bei 50° unter Einleiten von Kohlendioxyd titriert, welches durch kleine Marmorstücke in der Lösung erzeugt wird. Durch die lebhafte Gasentwicklung wird gleichzeitig ein schnelleres Durchmischen und damit auch ein schnelleres Titrieren ermöglicht. Im übrigen ist das Titriergefäß mit den üblichen Vorrichtungen zum Schutze der Titerflüssigkeit gegen Luftsauerstoff zu versehen.

Wie schon eingangs in diesem Abschnitt, S. 175, erwähnt wurde, besitzt die Bestimmung nur von Chrom mit Titan(III) auch bei der potentiometrischen Ausführungsart wenig Bedeutung. Interessant ist jedoch die potentiometrische Titration von Chromat neben Eisen, welche auch schon von HENDRIXSON und VERBECK sowie von TOMIČEK untersucht wurde. Bei Reihenanalysen dürfte das nachstehende Verfahren, welches H. und S. BOZON für Chromit angeben, zur gleichzeitigen Bestimmung von Chrom und Eisen von Interesse sein.

2. Potentiometrische Bestimmung von Chrom und Eisen nebeneinander in Chromiten nach H. und S. Bozon.

Arbeitsvorschrift. Das fein gepulverte Mineral wird mit Natriumperoxyd aufgeschlossen, wobei man einen Platintiegel benutzen kann, wenn man nicht bis zum Schmelzpunkt erhitzt, sondern eine Temperatur von 510 bis 520° C einhält. Man gibt in den Tiegel 2 bis 3 g $KNaCO_3$, bringt darin eine Vertiefung an und füllt diese mit dem innigen Gemisch aus 0,5 g Chromit und 1 g Na_2O_2. Nach 1stündigem Erhitzen wird mit 200 ml H_2O aufgenommen, mit Schwefelsäure $(1 + 2)$ (etwa 6 m) angesäuert, bis die Oxyde gelöst sind, und dann noch ein Überschuß von 10 ml hinzugegeben. Um gegebenenfalls vorhandenes Permanganat zu reduzieren, gibt man 1 ml einer gesättigten NaCl-Lösung hinzu und kocht 2 Min. Zur Bestimmung von Cr und Fe titriert man potentiometrisch mit 0,2 n $TiCl_3$-Lösung bis zum ersten Potentialsprung, der das Ende der Reaktion $Cr(VI) \longrightarrow Cr(III)$ anzeigt. Dann gibt man weiter $TiCl_3$ hinzu bis zum zweiten Potentialsprung und noch 1 bis 2 ml Überschuß. Diese Menge braucht nicht abgemessen zu werden, da das Eisen durch Rücktitration mit 0,05 n $K_2Cr_2O_7$-Lösung bestimmt wird. Die für die Oxydation des Eisens verbrauchte Menge $K_2Cr_2O_7$ liegt zwischen dem Potentialsprung, der nach der Oxydation von Ti(III), und demjenigen, der nach der Oxydation von Fe(II) auftritt. Da das Natriumperoxyd häufig Eisen enthält, wird ein Leerversuch durchgeführt.

C. Polarometrische Bestimmung von Chrom (VI) mit Titan (III)-salz.

Die Endpunkterkennung bei der Titration von Chromat mit Titan(III) kann auch polarometrisch erfolgen, wie aus Arbeiten von STRUBL sowie von SPÁLENKA hervorgeht. Vor allem bei großen Verdünnungen ist die Genauigkeit größer als bei der potentiometrischen Titration.

Die polarographische Reduktionsstufe von $TiCl_4$ zu $TiCl_3$ liegt bei $-0,98$ Volt [Ti(III) wird bis zum Alkalisprung nicht weiterreduziert], die umgekehrte Oxydationsstufe bei $-0,18$ Volt. Der Vorgang ist also irreversibel. In Gegenwart eines Überschusses von Wein- oder Citronensäure liegen jedoch beide Stufen bei $-0,48$ Volt. Bei der Chromattitration gibt man in das Elektrolysengefäß 2 ml 2 n Salzsäure, 2 ml gesättigte Weinsäurelösung, 5 ml Wasser und 5 ml einer 0,7- bis 0,02%igen $TiCl_3$-Lösung. Diese vorgelegte Lösung, welche sauerstofffrei gemacht werden muß, wird aus einer Bürette mit der zu untersuchenden, ebenfalls sauerstofffreien Chromatlösung bei einer angelegten Spannung von $-0,2$ Volt titriert, wobei im Äquivalenzpunkt der anodische Strom der Ti(III)-oxydation durch den Nullpunkt in den kathodischen der Cr(VI)-reduktion übergeht.

Literatur.

BILTZ, H., u. W. BILTZ: Ausführung quantitativer Analyse, 6. Aufl. 1953. — BOZON, H., u. SUZANNE BOZON: Bl. 1953, 172.

COOKE, W. D., F. HAZEL u. W. M. McNABB: Anal. Chem. 22, 654 (1950).

FLASCHKA, H.: (a) Anal. chim. Acta 4, 242 (1950); (b) Mikrochemie 36/37, 269 (1951); (c) Fette u. Seifen 52, 681 (1950).

HENDRIXSON, W. S., u. L. M. VERBECK: Am. Soc. 44, 3282 (1922). — HIBBERT, EVA: J. Soc. chem. Ind. 28, 190 (1909).

LATAR, S. B.: J. Soc. chem. Ind. 27, 673 (1908).

KNECHT, E., u. EVA HIBBERT: B. 36, 1550 (1903); New Reduktionsmethods in Volumetric Analysis, London 1925. — KOLTHOFF, I. M., u. O. TOMIČEK: R. 43, 775 (1924).

POLIDORI, E.: Z. anorg. Ch. 19, 306 (1899).

SOMEYA, K.: Z. anorg. Ch. 152, 386 (1926). — SPÁLENKA, M.: Coll. Trav. chim. Tchécosl. 11, 146 (1939); durch C. 110, II, 1447 (1939). — STEUER, H.: Fr. 118, 385 (1939/40). — STRUBL, R.: Coll. Trav. chim. Tchécosl. 10, 475 (1938); durch C. 110, I, 4442 (1939). — SYROKOMSKIJ, V. S., u. E. V. SILAEVA: Betriebslab. 15, 1049 (1950); durch Chem. Abstr. 1950, 1357.

TOMIČEK, O.: R. 43, 808 (1924).

ZINTL, E., u. A. RAUCH: Z. anorg. Ch. 146, 288 (1925). — ZINTL, E., u. H. WATTENBERG: B. 55, 3366 (1922).

§ 9. Potentiometrische Bestimmung mit Chrom(II)-sulfat[1].

Allgemeines. Die Bedeutung der Chrom(II)-salzlösungen für die Maßanalyse beruht auf ihrer großen Reduktionskraft, die diejenige der Titan(III)-chloridlösungen noch merklich übertrifft. Nach ZINTL und RIENÄCKER wird der Titrationsbereich in 5%iger Salzsäure bei Chrom(II)-salzlösungen im Vergleich zur Titan(III)-chloridlösung um etwa 300 mV vergrößert, was ungefähr dem Unterschied der Normalpotentiale entspricht:

$$Cr^{3+} + e \rightleftarrows Cr^{2+}; \qquad E_0 = -0,41 \text{ Volt};$$
$$Ti^{4+} + e \rightleftarrows Ti^{3+}; \qquad E_0 = -0,04 \text{ Volt}.$$

Ein weiterer Vorteil von Chrom(II)-salzlösungen ist ihre Eigenschaft, viel schneller als Titan(III)-lösungen zu reagieren. Außerdem lassen sie sich leichter rein herstellen.

Infolge ihres stark reduzierenden Charakters sind Chrom(II)-salzlösungen sehr luftempfindlich. Sie müssen daher mit besonderer Sorgfalt hergestellt und aufbewahrt werden. Bei der Titration ist eine Berührung der Lösung mit Luftsauerstoff soweit wie möglich zu vermeiden (vgl. Abschnitt über Apparatur!).

Da das Normalpotential des Systems Chrom(II)/Chrom(III) um 0,4 Volt negativer als das des Wasserstoffs ist, müßten zum mindesten saure Chrom(II)-salzlösungen elementaren Wasserstoff entwickeln. Wie aber DÖRING, ASMANOW sowie TRAUBE, BURMEISTER und STAHN nachgewiesen haben, ist eine Wasserstoffentwicklung selbst bei längerem Kochen in stark mineralsauren Chrom(II)-salzlösungen minimal, wenn gewisse katalytisch wirkende Stoffe (Platinmetalle, Gold, Kupfersalze, Arsen- und Antimonsulfide, gewisse Formen der Kieselsäure) abwesend sind. Aus diesen Angaben folgt, daß es bei der Herstellung einer zuverlässigen und möglichst beständigen Lösung von Wichtigkeit ist, reines Ausgangsmaterial zu verwenden.

Herstellung, Haltbarkeit und Einstellung der Chrom(II)-sulfatlösung. Die Chrom(II)-sulfatlösung wird nach folgenden Angaben hergestellt (ZINTL und RIENÄCKER, vgl. auch BRENNECKE).

Reines, umkristallisiertes Kaliumdichromat wird mit konz. Salzsäure zunächst vorsichtig, dann stärker erhitzt, bis die Chlorentwicklung beendet ist. Nach Abkühlen wird mit reinem Zink versetzt und die Lösung sich selbst mehrere Stunden überlassen, bis sie eine reinblaue Farbe angenommen hat als Kennzeichen dafür, daß alles Chrom als Chrom(II)-salz vorliegt. Der Kolben ist hierbei durch einen Stopfen verschlossen[2], der ein Bunsenventil zum Entweichen des Wasserstoffs und ein Heberrohr, das zunächst mit einem Quetschhahn verschlossen ist, trägt. Die Chrom(II)-salzlösung wird danach mit Wasserstoff, der mittels $CrCl_2$-Lösung von Sauerstoff befreit wurde, durch ein Glaswollefilter in einen zweiten Kolben übergedrückt, der Kohlendioxyd und ausgekochte konzentrierte Natriumacetatlösung enthält. Das gefällte, rote Chrom(II)-acetat setzt sich gut ab. Es muß so viel Natriumacetat zugegen sein, daß die überstehende Lösung nicht mehr blau ist. Man kann jetzt die überstehende Flüssigkeit in inerter Atmosphäre abhebern und den Niederschlag etwa 7- bis 10mal mit ausgekochtem und unter CO_2 abgekühltem Wasser durch Dekantieren auswaschen[3]. BRINTZINGER und RODIS empfehlen, das ausgefällte Chrom(II)-acetat unter Kohlendioxydatmosphäre auf einen BÜCHNER-Trichter abzusaugen und durch gründliches Auswaschen mit ausgekochtem Wasser zu reinigen. Man erhält auf diese Weise eine Lösung von größerer Titerbeständigkeit.

---

[1] Eine ausführliche Zusammenstellung über chromometrische Methoden findet sich in: E. BRENNECKE, N. H. FURMAN, K. FAYANS, R. LANG: Neuere maßanalytische Methoden (1951).

[2] Man verwende keine Gummistopfen, bei denen die Gefahr besteht, daß Schwefelwasserstoff in die Lösung gelangt, sondern (z. B. mit Picein) abgedichtete Korkstopfen.

[3] Man prüfe im Waschwasser mit Silbernitrat und Salpetersäure auf Chlorion.

Der Niederschlag von Chrom(II)-acetat wird jetzt in luftfreier 2%iger Schwefelsäure gelöst[1]. Zur Vermeidung eines größeren Überschusses an Schwefelsäure gibt man nur so viel hinzu, daß noch eine geringe Menge Salz zurückbleibt. Die blaue Lösung wird dann mittels Wasserstoffs oder Kohlendioxyds in die mit Kohlendioxyd gefüllte Vorratsflasche übergedrückt. Nachdem noch wenige Milliliter 2%ige Schwefelsäure zum Lösen etwa mitgerissener, kleiner Mengen Chrom(II)-acetat zugesetzt worden sind, füllt man mit ausgekochtem Wasser bis zum gewünschten Volumen auf.

Eine auf diese Weise hergestellte Chrom(II)-lösung ändert ihren Titer innerhalb von acht Tagen praktisch nicht. Es ist jedoch darauf zu achten, daß die Lösung nach der Einstellung nicht mehr durchgeschüttelt und nicht bis auf den letzten Rest verbraucht wird. Wesentlich unbeständigere Lösungen erhält man, wenn das Chrom(II)-salz nicht über das Acetat gereinigt wird (RIENÄCKER).

LINGANE und PECSOK geben neuerdings eine Vorschrift an, wobei die salzsaure oder schwefelsaure Chrom(II)-lösung hergestellt wird durch Kochen einer Lösung von reinstem Kaliumdichromat mit Wasserstoffperoxyd und darauffolgende Reduktion mit reinem amalgamiertem Zink. Auch diese Lösungen sollen eine Haltbarkeit von etwa acht Tagen haben.

Zur Einstellung der Chrom(II)-sulfatlösung verwendet man reinstes Kaliumdichromat, wobei man genauso wie in der Arbeitsvorschrift S. 184 vorgeht.

Apparatur. Beim Arbeiten mit so luftempfindlichen Lösungen, wie es diejenigen von Chrom(II)-salz sind, ist es von Bedeutung, eine geeignete Apparatur zu verwenden, die ein bequemes Arbeiten ermöglicht. Eine zur Aufbewahrung der Maßlösung geeignete Vorratsflasche wurde § 6, S. 166, beschrieben, ebenfalls ein Titriergefäß zum Arbeiten unter Luftabschluß.

Der als Indicatorelektrode verwendete mehrere Zentimeter lange Platindraht darf nicht zu stark sein, da es bei den Titrationen, bei denen Metallabscheidung eintritt (vgl. S. 187), erforderlich ist, die Elektrode am Rührer schleifen zu lassen, um sie durch die Dauer der Erschütterung von starker Bedeckung mit Metall frei zu halten. Für eine gute Potentialeinstellung ist es weiterhin notwendig, den Draht vor jeder Titration mit heißer Chromschwefelsäure zu reinigen und nach dem Abspülen auszuglühen. Abgeschiedene Metalle sind zuvor mit konz. Salpetersäure zu beseitigen. ZINTL empfiehlt, die Elektrode gelegentlich auch mit feinem Schmirgelpapier abzureiben. Als Vergleichselektrode wird eine Quecksilber(I)-sulfatelektrode mit 0,1 n Schwefelsäure unter Zuhilfenahme von gesättigter Kaliumsulfatlösung als Zwischenflüssigkeit verwendet.

Zum Fernhalten der Luft während der Titration dient am besten CO_2, das einer Bombe entnommen und mit einer $CrCl_2$-Lösung gewaschen wird (am besten unter Zuhilfenahme von 2 bis 3 *Jena*er Fritten-Waschflaschen, die das Gas sehr fein zerteilen).

A. Verfahren nach Zintl und Zaimis.

Allgemeines. Als erste verwenden ZINTL und ZAIMIS Chrom(II)-sulfat zur potentiometrischen Bestimmung von Chromsäure. Ihre Methode beruht darauf, daß Chromat in schwefelsaurer Lösung von Chrom(II)-sulfat momentan zu Chrom(III)-salz reduziert wird:

$$HCrO_4^- + 7H^+ + 3Cr^{2+} \longrightarrow 4Cr^{3+} + 4H_2O.$$

Der Endpunkt ist an einem sehr großen Potentialsprung zu erkennen. Der gelöste Sauerstoff, der zu hohe Ergebnisse vortäuschen würde, wird durch einmaliges kurzes Aufkochen unter Kohlendioxydatmosphäre praktisch vollständig entfernt, wobei ein merklicher Zerfall des Chromats nicht eintritt, wenn die Lösung nicht

---

[1] Für 2 l 0,1 n Lösung sind etwa 730 ml erforderlich.

mehr als 5% Schwefelsäure enthält. Längeres Kochen und eine höhere Schwefelsäurekonzentration sollten daher vermieden werden.

Die Bestimmung läßt sich sowohl bei gewöhnlicher Temperatur als auch in der Hitze mit gleich gutem Erfolg ausführen. Wesentlich für die schnelle Einstellung der Potentiale ist eine Schwefelsäurekonzentration von mehr als 3%.

Arbeitsvorschrift. Man versetzt die Lösung, die das Chrom als Chromat enthält, mit so viel 40%iger Schwefelsäure, bis sie 3 bis 5% davon enthält, kocht zur Entfernung des gelösten Sauerstoffs unter Kohlendioxyd kurz auf und titriert nach kurzem Abkühlen bis zum Sprung.

Bemerkungen. *1. Genauigkeit.* Die Abweichungen vom theoretischen Wert überschreiten nach Angaben der Verfasser selten den Ablesefehler von etwa 0,03 ml.

2. Ausführung der Titration. Nach BRENNECKE ist es ratsam, nicht zu schnell zu titrieren und besonders in der Nähe des Potentialsprunges nach jedem Zusatz der Maßlösung das Potential kurze Zeit zu beobachten.

3. Störungen. Nitrat- und Chloridion stören bei der Titration mit Chrom(II)-sulfat und müssen zuvor beseitigt werden.

B. Anwendungen der potentiometrischen Bestimmung mit Chrom(II)-sulfat.

1. Potentiometrische Bestimmung von Chrom, Vanadium und Eisen nebeneinander.

Allgemeines. Die gleichzeitige Bestimmung von Chrom, Vanadium und Eisen läßt sich nach der Methode von ZINTL und ZAIMIS ausführen. Wird eine Lösung, die gleichzeitig Chrom(VI), Vanadium(V) und Eisen(III) enthält, mit Chrom(II)-

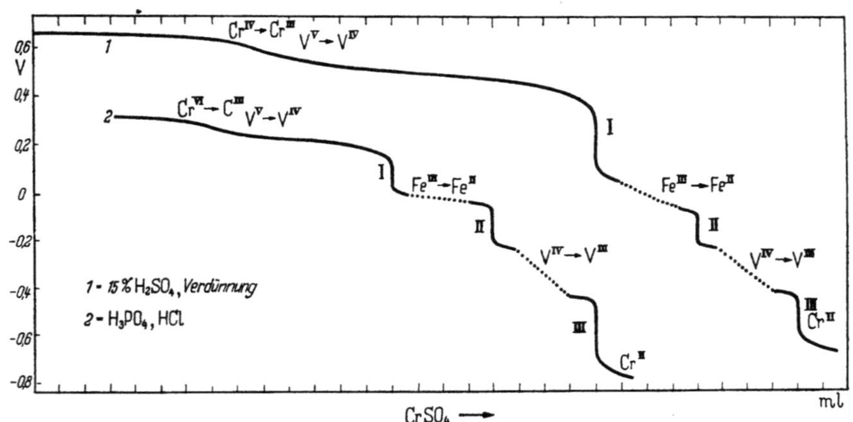

Abb. 25. Potentiometrische Titration von Chrom(VI), Vanadium(V) und Eisen(III) mit Chrom(II)-sulfat. (Nach ZINTL und ZAIMIS.)

sulfat titriert, so beobachtet man drei Potentialsprünge, vgl. Abb. 25. Bis zum ersten Sprung wird Chrom(VI) zu Chrom(III) sowie Vanadium(V) zu Vanadium(IV) reduziert und die bis dahin verbrauchte Menge Chrom(II)-salzlösung (v_1 ml) entspricht der Summe von Chrom und Vanadium. Zwischen den Sprüngen I und II (v_2 ml) wird das Eisen(III)-salz zur 2wertigen Stufe, zwischen II und III (v_3 ml) das Vanadium(IV) zu Vanadium(III) reduziert.

Es verbrauchen also:

$$\begin{aligned}
\text{Chrom} &= (v_1 - v_3) \text{ ml Chrom(II)-sulfatlösung,}\\
\text{Eisen} &= v_2 \quad\text{ml} \qquad\qquad \text{,,}\\
\text{Vanadium} &= v_3 \quad\text{ml} \qquad\qquad \text{,,} \quad .
\end{aligned}$$

Chromat und Vanadat werden also aus der ersten Titrationsstufe nur als Summe erfaßt. Das Chromat wirkt aber etwas stärker oxydierend als das Vanadat, was sich in den Titrationskurven darin äußert, daß eine Andeutung eines Wendepunktes auftritt, sobald ungefähr die dem Chrom(VI) entsprechende Menge Maßlösung zugesetzt ist. Dieser Wendepunkt ist aber für analytische Zwecke viel zu unscharf und tritt außerdem immer etwas zu spät ein, weil Chrom(VI) und Vanadium(IV) zu langsam miteinander reagieren, so daß bei vollendeter Reaktion des Chromats immer etwas Vanadium(IV)-salz vorhanden ist.

Arbeitsvorschrift nach Zintl und Zaimis. *Bestimmung in schwefelsaurer Lösung.* Die nahezu neutrale oder mit einigen Tropfen Ammoniak versetzte Lösung, die Chrom(VI), Vanadium(V) und Eisen(III) enthält, wird zur Entfernung des gelösten Sauerstoffs unter Kohlendioxyd kurz ausgekocht, abgekühlt und mit kalter, luftfreier, 40%iger Schwefelsäure auf einen Säuregehalt von 15% gebracht. Man darf das Auskochen nicht in stark saurer Lösung vornehmen, da sonst Chromat und Vanadat in merklicher Menge zerfallen, und zwar hat es den Anschein, als ob dieser Zerfall beträchtlicher wäre, wenn Chrom- und Vanadiumsäure gleichzeitig zugegen sind. Deshalb wird das Auskochen in nahezu neutraler Lösung vorgenommen. Nun wird mit Chrom(II)-sulfat bis zum Sprung I titriert, dann mit ausgekochtem Wasser auf das 3fache Volumen verdünnt und die Titration in der Hitze beendet. Die Veränderung des Säuregehaltes der Lösung während der Titration ist deshalb notwendig, weil eine mittlere Säurekonzentration, bei der alle drei Sprünge brauchbar ausgebildet sind, nicht existiert.

Bestimmung in phosphor-salzsaurer Lösung. Etwas bequemer läßt sich die Bestimmung in schwach phosphorsaurer Lösung ausführen. Nachdem die fast neutrale Lösung wie vorher kurz ausgekocht und wieder abgekühlt worden ist, versetzt man mit 1 bis 2 ml Phosphorsäure (D 1,7) und titriert bis zum ersten Sprung. Dann wird so viel Salzsäure zugegeben, daß die Lösung 1 bis höchstens 5% HCl enthält. Man erhitzt und titriert bis zum Sprung 3. Zu große Mengen Salzsäure bewirken eine Verflachung des zweiten Sprunges.

Bemerkungen. *I. Genauigkeit und Potentialverlauf.* Sofern Chrom, Vanadium und Eisen in etwa äquivalenten Mengenverhältnissen vorliegen, liefern beide Vorschriften gute Ergebnisse. Die Abweichung vom wahren Verbrauch betrug bei Beleganalysen der Verfasser maximal 0,03 ml 0,1 n $CrSO_4$-Lösung. Der Potentialverlauf ist aus Kurve *1* und *2* in Abb. 25 ersichtlich.

II. Bestimmung von Chrom und Vanadium in Gegenwart großer Eisenmengen. Die oben beschriebene Methode zur gleichzeitigen Bestimmung von Chrom und Vanadium in Gegenwart von Eisen läßt sich nur dann anwenden, wenn die Menge des Eisens nicht zu groß ist im Verhältnis zu der des Chroms und Vanadiums, da der Sprung 2 mit zunehmender Eisenmenge flacher wird. In Lösungen, in denen z. B. das Verhältnis $4\,Fe : V = 50$ ist, kann keine Andeutung eines Wendepunktes 2 mehr wahrgenommen werden. Chrom-Vanadium-Stähle können deshalb nach der obigen Methode nur nach Entfernung der Hauptmenge des Eisens etwa nach der Äthermethode analysiert werden. Dagegen läßt sich die Summe von Chrom und Vanadium auch in Gegenwart von viel Eisen genau bestimmen, weil der Sprung 1, der die vollständige Reduktion der Chrom- und Vanadiumsäure anzeigt, nicht merklich verschlechtert wird, falls die Bestimmung in stark schwefelsaurer Lösung durchgeführt wird.

Die gemeinsame Reduktion von Chrom(VI) und Vanadium(V) mit Chrom(II)-sulfat bis zum ersten Sprung und die selektive Oxydation des Vanadium(IV)-salzes mit Permanganat nach KOLTHOFF und TOMIČEK kann nach Angaben der Verfasser zur quantitativen Bestimmung von Chrom und Vanadium neben viel Eisen nicht benutzt werden, da immer etwas Chrom(III)-salz unter den herrschenden Bedingungen oxydiert wird.

2. Potentiometrische Bestimmung von Ferrochrom.

BRINTZINGER und ROST übertragen die von ZINTL und ZAIMIS angegebene Vorschrift auf die Ferrochromanalyse und bestimmen Chrom und Eisen nebeneinander.

Arbeitsvorschrift nach Brintzinger und Rost. 0,1 g fein gepulvertes Ferrochrom wird mit Natriumperoxyd gemischt und die Mischung in einem Natriumcarbonatbett im Nickeltiegel geschmolzen. Die Schmelze wird in einer Porzellankasserolle oder einem Becherglas mit wenig Wasser ausgelaugt. Die erhaltene Lösung wird nun mit der in ihr enthaltenen Eisenhydroxydaufschlämmung bis zur völligen Zerstörung des Peroxyds gekocht, hierauf mit Schwefelsäure (1 + 1) (etwa 9 m) neutralisiert und dann die klare Lösung mit etwa 2 n Schwefelsäure im Meßkolben auf 250 ml aufgefüllt.

Zur Titration werden 25 ml dieser Lösung mit 2 n Schwefelsäure im Titrierbecher auf 50 ml aufgefüllt. Die Lösung wird kurz aufgekocht und unter Überleiten von sauerstofffreiem Kohlendioxyd bei einer konstanten Temperatur von 85° mit etwa 0,1 n Chrom(II)-sulfatlösung titriert. Bei Legierungen mit unbekanntem Chromgehalt führt man am besten eine Vortitration aus, bei der die Maßflüssigkeit in Mengen von je 0,5 ml zugegeben wird, um die ungefähre Lage der Potentialsprünge festzulegen. Bei der nun folgenden Haupttitration wird bis kurz vor dem ersten Potentialsprung mit je 0,5 ml titriert; dann gibt man in Mengen von je 0,5 ml bzw. tropfenweise weiter die Maßflüssigkeit zu; nach dem erfolgten ersten Sprung kann bis kurz vor dem zweiten Sprung wieder rascher titriert werden; der zweite Sprung ist ebenfalls wieder sorgfältig auszutitrieren. Die Resultate werden am genauesten, wenn man nach jeder Maßflüssigkeitszugabe genau 2 Min. bis zur Potentialeinstellung wartet. Der erste Potentialsprung zeigt die völlige Reduktion von Chrom(VI) zu Chrom(III), der zweite Potentialsprung die von Eisen(III) zu Eisen(II) an.

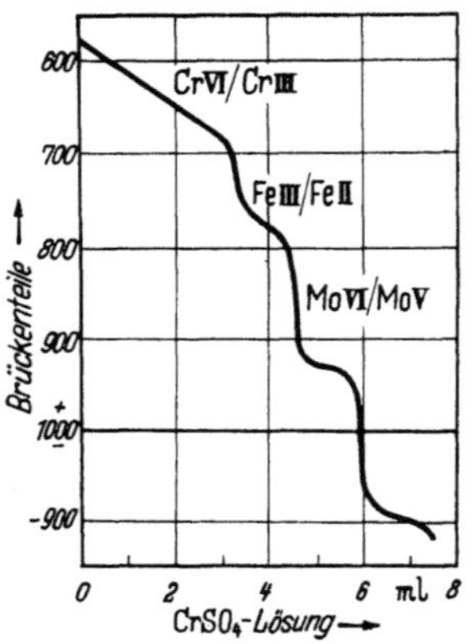

Abb. 26. PotentiometrischeTitration von Chrom(VI), Eisen(III) und Molybdän(V) mit Chrom(II)-sulfat. (Nach BRINTZINGER und ROST.)

3. Potentiometrische Bestimmung von Chrom(VI), Eisen(III) und Molybdän(VI) nebeneinander.

Allgemeines. BRINTZINGER und ROST geben weiterhin die Simultanbestimmung von Chrom(VI), Eisen(III) und Molybdän(VI) mittels Chrom(II)-sulfat an. Bei der Titration in schwefelsaurer Lösung treten drei sehr deutliche Potentialsprünge auf (vgl. Abb. 26): Der erste nach der Reduktion von Chrom(VI) zu Chrom(III), der zweite nach der Reduktion von Eisen(III) zu Eisen(II) und der dritte nach der Reduktion von Molybdän(VI) zu Molybdän(V).

I. Arbeitsvorschrift nach Brintzinger und Rost. Die zu bestimmende Lösung, welche die drei Metalle in ihren höchsten Wertigkeitsstufen enthält, soll einen Schwefelsäuregehalt von 8% besitzen. Nach kurzem Aufkochen unter Kohlendioxyd wird bei einer konstanten Temperatur von 85° mit etwa 0,1 n Chromsulfatlösung titriert.

Die *Genauigkeit* ersieht man aus Tab. 11.

Tabelle 11. *Titration nach Brintzinger und Rost.*

1. Probe		2. Probe	
gewichtsanalytisch bestimmt	potentiometrisch gefunden	gewichtsanalytisch bestimmt	potentiometrisch gefunden
48,28 % Mo	48,32 % Mo	57,48 % Mo	57,49 % Mo
27,05 % Fe	26,86 % Fe	27,42 % Fe	27,30 % Fe
21,84 % Cr	21,72 % Cr	13,00 % Cr	12,97 % Cr

II. Analyse von Chrom-Molybdän-Stahl.

Arbeitsvorschrift nach Brintzinger und Rost. 0,5 g des Stahls werden mit Brom unter Zugabe von wenig Wasser gelöst; das Reaktionsprodukt wird mit Schwefelsäure eingedampft. Hierauf wird der Rückstand mit Wasser bzw. etwa 8%iger Schwefelsäure längere Zeit erwärmt, bis die gesamte Molybdänsäure in Lösung gegangen ist. Die Lösung wird im 500-ml-Meßkolben mit etwa 4%iger Schwefelsäure zur Marke aufgefüllt. Diese Lösung enthält Chrom(III), Eisen(III) und Molybdän(VI). Um vor der Titration Chrom(III) in Chrom(VI) überzuführen, wird die zu titrierende Flüssigkeitsmenge — 25 ml — mit Natronlauge schwach alkalisch gemacht und nun mit einem kleinen Überschuß von 0,1 n Kaliumpermanganatlösung versetzt. Hierauf wird mit etwa 8%iger Schwefelsäure vorsichtig neutralisiert und dann so viel 50%ige Schwefelsäure zugegeben, daß etwa 60 ml einer 5- bis 8%igen schwefelsauren Lösung erhalten werden. Dann wird mit etwa 0,1 n Chrom(II)-sulfatlösung bei der konstanten Temperatur von 85° titriert.

Unter diesen Bedingungen erfolgen vier Potentialsprünge: der erste nach der Reduktion von Mangan(VII) zu Mangan(II) — da ja ein kleiner Kaliumpermanganatüberschuß in der Lösung ist — der zweite nach der Reduktion von Chrom(VI) zu Chrom(III), der dritte nach der Reduktion von Eisen(III) zu Eisen(II) und der vierte nach der Reduktion von Molybdän(VI) zu Molybdän(V). Unter Umständen kann beim Weitertitrieren auch noch ein fünfter, die Überführung von Molybdän(V) zu Molybdän(III) anzeigender Potentialsprung beobachtet werden.

Genauigkeit. Bei einem Chrom-Molybdän-Stahl, der 4,00% Mo und 1,05% Cr enthielt, fanden die Verfasser nach der beschriebenen Vorschrift 1,04% Cr, 4,00% Mo und 93,79% Fe.

4. Potentiometrische Bestimmung von Chrom(VI), Eisen(III) und Kupfer nebeneinander nach Zintl und Schloffer.

Chromat, Eisen und Kupfer lassen sich in schwefelsaurer Lösung nach ZINTL und SCHLOFFER mit Chrom(II)-sulfat potentiometrisch in einer Operation titrieren. Man erhält dabei drei Sprünge; den ersten Sprung bei der Reduktion von Chrom(VI) zu Chrom(III), den zweiten Sprung bei der Reduktion von Eisen(III) zu Eisen(II) und den dritten Sprung bei der Reduktion des Kupfer(II) zu metallischem Kupfer. Die Entfernung des gelösten Luftsauerstoffs erfolgt durch kurzes Aufkochen. Da bei längerem Kochen, besonders in stärker sauren Lösungen, die Chromsäure merklich zerfällt, so darf die Säurekonzentration 5% nicht überschreiten. Unter diesen Umständen zersetzt sich die Chromsäure bei 2 bis 3 Min. dauerndem Kochen praktisch nicht.

Natürlich lassen sich auch Chromat und Kupfer bei Abwesenheit von Eisen in gleicher Weise nebeneinander bestimmen.

Literatur.

ASMANOW, A.: Z. anorg. Ch. **160**, 209 (1927).

BRENNECKE, E., N. H. FURMAN, K. FAYANS u. R. LANG: Neuere maßanalytische Methoden, 1951. — BRINTZINGER, H., u. F. RODIS: Z. anorg. Ch. **166**, 56 (1927). — BRINTZINGER, H., u. B. ROST: Fr. **115**, 244, 250 (1938/39).

DÖRING, TH.: J. pr. **66**, 65 (1902).

KOLTHOFF, I. M., u. O. TOMIČEK: R. **43**, 447 (1924).

LINGANE, J. J., u. R. L. PECSOK: Anal. Chem. **20**, 425 (1948).

RIENÄCKER, G.: Diss. München 1926.

TRAUBE, W., E. BURMEISTER u. R. STAHN: Z. anorg. Ch. **147**, 50 (1925).

ZINTL, E., u. G. RIENÄCKER: Z. anorg. Ch. **161**, 374 (1927). — ZINTL, E., u. F. SCHLOFFER: Z. angew. Ch. **41**, 959 (1928); durch Fr. **76**, 372 (1929). — ZINTL, E., u. P. ZAIMIS: Z. angew. Ch. **40**, 1286 (1927); durch Fr. **76**, 55 (1929).

§ 10. Sonstige reduktometrische Bestimmungsverfahren.

A. Bestimmung mit Kaliumhexacyanoferrat(II).

Allgemeines. Chrom(VI) wird in saurer Lösung durch Kaliumhexacyanoferrat(II)
quantitativ zu Chrom(III) reduziert:

$$3[Fe(CN)_6]^{4-} + CrO_4^{2-} + 8 H^+ = 3[Fe(CN)_6]^{3-} + Cr^{3+} + 4 H_2O.$$

Von dieser Reaktion machte zuerst RUBE Gebrauch, der eine salzsaure Chromatlösung mit Kaliumhexacyanoferrat(II) titrierte, wobei er den Endpunkt der Umsetzung am positiven Ausfall der Berliner-Blau-Reaktion beim Tüpfeln gegen eine
stark salzsaure Eisen(III)-lösung erkannte. Die augenscheinlichen Nachteile dieser
Tüpfelmethode werden bei der potentiometrischen Titration nach SOMEYA vermieden. Bei der elektrometrischen Titration von Chromat erhält man genau im
Äquivalenzpunkt einen deutlichen Potentialsprung. Aus der Tab. 12 ist ersichtlich,
daß die Temperatur für einen raschen Verlauf der Reaktion höher als 30° sein muß,
während über 70° infolge Zersetzung von Dichromat durch Salzsäure die Werte
zu niedrig werden. Die günstigste Temperatur liegt zwischen 40 und 65°. Der Gehalt
an konzentrierter Salzsäure muß zwischen 5 bis 10 ml auf 60 ml Gesamtvolumen
liegen. Bei Einhaltung dieser Versuchsbedingungen resultiert ein scharfer Potential-
abfall von etwa 250 mV.

Tabelle 12. *Titrationen mit $K_4[Fe(CN)_6]$-Lösung nach Someya.*

Angew. H_2O ml	Zugesetzte konz. HCl ml	Versuchs-temperatur ° C	Verbr. $K_4[Fe(CN)_6]$ ml	Bemerkung
45	5	30	10,25	Potentialsprung nicht gut
48	2	40	10,35	Potentialsprung nicht gut
45	5	40	10,03	Potentialsprung gut
45	5	40	10,02	Potentialsprung gut
45	5	50	10,01	Potentialsprung gut
45	5	60	9,98	Potentialsprung gut
45	5	60	10,05	Potentialsprung gut
45	5	60	10,04	Potentialsprung gut
45	5	70	9,85	Potentialsprung gut
45	5	70	9,95	Potentialsprung gut
45	5	70	9,87	Potentialsprung gut
45	5	80	9,85	Potentialsprung gut
40	10	50	9,90	Potentialsprung gut
50	20	40	9,95	Potentialsprung gut
30	20	40	9,70	Potentialsprung gut
30	20	40	9,65	Potentialsprung gut

Angew. $K_2Cr_2O_7$-Lösung 10,00 ml; $K_4[Fe(CN)_6]$-Lösung, Theorie, 10,00 ml.

1. Potentiometrisches Verfahren nach Someya.

Apparatur und Maßlösung. I. Ein übliches Potentiometer und die Elektrodenkombination Platin-Kalomel finden Anwendung.

II. Die Kaliumhexacyanoferrat(II)-lösung wird durch genaues Einwägen des
reinsten Salzes bereitet.

Arbeitsvorschrift. Die zu bestimmende Chromatprobe wird mit 5 bis 10 ml konz.
Salzsäure versetzt, auf 60 ml mit Wasser verdünnt und mit 0,1 n Kaliumhexacyano-
ferrat(II)-lösung bei 40 bis 65° potentiometrisch titriert.

Bemerkungen. *a) Genauigkeit.* Wie Tab. 12 zeigt, sind die Ergebnisse unter
den vorstehenden Bedingungen zufriedenstellend.

b) Die umgekehrte Titration von Kaliumhexacyanoferrat(II) mit Bichromat ist
nach Angaben des Verfassers nicht genau durchführbar.

2. Tüpfelverfahren nach Rube.

Arbeitsvorschrift. 0,7 bis 0,8 g des in Wasser gelösten, zu untersuchenden Chromates bzw. eine entsprechende Menge der in Chrom(VI) übergeführten Probe wird mit Salzsäure versetzt und bei einem Gesamtvolumen von etwa 150 ml mit Kaliumhexacyanoferrat(II)-lösung (40 g/l) bis zur vollständigen Reduktion zu Chrom(III) titriert. Gegen Ende der Titration tüpfelt man des öfteren einen Tropfen der Flüssigkeit mit einem Tropfen einer stark sauren Eisen(III)-chloridlösung. Solange sich noch Chromat in der Lösung befindet, wird das Eisensalz braun gefärbt. Der erste Überschuß an Maßlösung bewirkt jedoch eine grünliche Verfärbung durch Bildung von löslichem Berliner-Blau und zeigt hiermit das Ende der Reaktion an.

Die Einstellung der Kaliumhexacyanoferrat(II)-lösung erfolgt zweckmäßig gegen eine Chromatlösung von bekanntem Gehalt.

Bemerkungen. Wie bei jedem Tüpfelverfahren ist es auch hier ratsam, zuerst eine Vortitration zur Ermittlung des ungefähren Verbrauches vorzunehmen. Die vom Verfasser mitgeteilten Analysen ergaben bei der Untersuchung von reinem Kaliumdichromat 99,8 und 100,1%.

B. Bestimmung mit Uran(IV)-sulfat.

VORTMANN und BINDER führten das Uran(IV)-sulfat in die Maßanalyse ein und verwendeten es u. a. auch zur Bestimmung von Chromat. In stark salzsaurer Lösung wird Chrom(VI) glatt zu Chrom(III) reduziert. Wegen der Schwierigkeit einer direkten Endpunkterkennung versetzen VORTMANN und BINDER die Probe mit einem Überschuß an Uran(IV)-lösung und titrieren diesen nach Zusatz von Kaliumrhodanid mit einer eingestellten Eisen(III)-chloridlösung zurück. Am Äquivalenzpunkt erscheint in der genügend verdünnten Lösung ein Farbwechsel von Grün nach Gelbrot.

Reaktionsgleichung:

$$Cr_2O_7{}^{2-} + 3\,U^{4+} + 2\,H^+ \longrightarrow 2\,Cr^{3+} + 3\,UO_2{}^{2+} + H_2O;$$
$$U^{4+} + 2\,Fe^{3+} + 2\,H_2O \longrightarrow UO_2{}^{2+} + 2\,Fe^{2+} + 4\,H^+.$$

Erst in neuester Zeit wurde die Reduktion mit Uran(IV)-sulfat von BELCHER, GIBBONS und WEST sowie von ISSA und EL SHERIF auch potentiometrisch mit Erfolg durchgeführt. Obwohl Uran(IV)-salze als mittelmäßige Reduktionsmittel relativ beständig sind, bieten sie für die maßanalytische Chromatbestimmung keine besonderen Vorteile.

1. Verfahren nach Belcher, Gibbons und West.

Herstellung und Einstellung von Uran(IV)-sulfatlösung. Man läßt eine Lösung von 43 g Uranylacetat in 500 ml 4 n Salzsäure durch einen Silberreduktor fließen (5 ml/min) und verdünnt sie dann auf 2 l. Um die Lösung vor Luftoxydation zu schützen, wird sie mit einer Schicht von Petroläther bedeckt. Für die Einstellung werden 20 ml 0,1 n $K_2Cr_2O_7$-Lösung, die mit 10 ml 2 n Salzsäure versetzt sind, mit der U(IV)-lösung bei 60° C titriert.

Arbeitsvorschrift. Die zu untersuchende Chromatlösung wird genauso behandelt, wie bei der Einstellung der Maßlösung beschrieben wurde.

Bemerkungen. *I. Bestimmung neben Eisen.* In gleicher Weise kann Eisen(III) bestimmt werden; nur muß man in der Nähe des Endpunktes die Maßlösung langsam zugeben (0,1 ml/min). Da die Potentialbereiche für die Reduktion von Eisen(III) und Dichromat genügend weit auseinander liegen, können die beiden Ionen nebeneinander erfaßt werden.

II. Nähere Angaben über die *Genauigkeit* des Verfahrens werden nicht gemacht.

2. Verfahren nach Issa und El Sherif.

Nach diesen Autoren läßt sich die Titration mit brauchbarer Geschwindigkeit auch in der Kälte durchführen, wenn man eine niedrige Säurekonzentration einhält, z. B. 0,7 n Schwefelsäure und etwas Eisen(III) als Katalysator zusetzt. Die potentiometrische Trennung von Cr(VI) und Fe(III) ist gut möglich, während bei Gegenwart von Cer(IV), Vanadium(V) und Permanganat nur ein Potentialsprung auftritt.

3. Verfahren nach Vortmann und Binder.

Reagenzien. 1. 0,1 n Uran(IV)-sulfatlösung. 50 g Uranylsulfat werden in 200 ml Wasser gelöst, stark schwefelsauer gemacht und bei Wasserbadwärme mit granuliertem Zink reduziert. Nach 40 Min. ist die Reaktion beendet. Man filtriert nach dem Erkalten von überschüssigem Zink ab und verdünnt mit Wasser so weit, daß der Wirkungswert der Lösung ungefähr einer 0,1 n $KMnO_4$-Lösung entspricht. Den Titer der Lösung stellt man mit Permanganat von bekanntem Gehalt durch Titration bis zur deutlich wahrnehmbaren Rotfärbung fest. Die im Dunkeln aufbewahrte Lösung ändert ihren Titer nur wenig. Eine in geringem Maße erfolgende Reduktion zu Uranverbindungen niedrigerer Wertigkeit als 4 ist ohne Bedeutung.

2. 0,1 n Eisen(III)-chloridlösung. Der Wirkungswert der Eisenlösung wird durch Titration mit der Uranlösung festgestellt, indem man eine geeignete Menge nach Zugabe von 10 Tropfen 10%iger Kaliumrhodanidlösung bei etwa 60° bis zum Verschwinden der Rotfärbung titriert.

Arbeitsvorschrift. Eine etwa 1 g Kaliumdichromat entsprechende Probemenge wird in Wasser gelöst und im 100-ml-Meßkolben zur Marke aufgefüllt. 10 ml dieser Lösung werden mit 50 ml Wasser verdünnt, mit 5 ml konz. Salzsäure und 30 ml 0,1 n Uran(IV)-sulfatlösung versetzt und auf 60° erwärmt. Der Überschuß der Uranlösung wird mit Eisen(III)-chloridlösung bis zum Farbumschlag von Grün nach Gelbrot zurücktitriert.

Bemerkung. *Genauigkeit.* Zwei vom Verfasser angegebene Beleganalysen stimmen gut mit der Theorie überein.

C. Potentiometrische Bestimmung mit Vanadium(IV)-sulfat in alkalischer Lösung.

Allgemeines. Chromate werden in stark alkalischer Lösung durch Vanadium(IV)-sulfat quantitativ zu Chrom(III) reduziert:

$$CrO_4^{2-} + 3\,VO^{2+} + 7\,OH^- \longrightarrow Cr(OH)_3 + 3\,VO_3^- + 2\,H_2O.$$

Die Reaktion kann nach DEL FRESNO und MAIRLOT potentiometrisch verfolgt und zur genauen quantitativen Bestimmung von Chrom(VI) herangezogen werden.

Herstellung einer ∼0,1 n Vanadium(IV)-sulfatlösung. 17,8 g Ammoniummetavanadat, welches nach VANINO gereinigt und bei 40° getrocknet wurde, versetzt man mit 27 ml Schwefelsäure (D 1,84) und dann mit etwa 500 ml Wasser. Die Lösung wird gekocht und mittels SO_2 zum Vanadium(IV)-sulfat reduziert, wobei sich die Farbe in Grün und dann in Blau umwandelt. Noch vorhandenes Schwefel(IV)-oxyd wird mittels eines CO_2-Stromes aus der Lösung ausgetrieben. Nach Erkalten füllt man zu 100 ml mit Wasser auf. Die Einstellung erfolgt potentiometrisch mit 0,1 n $KMnO_4$-Lösung. Die Maßlösung ist auch in Gegenwart von Luftsauerstoff sehr haltbar.

Apparatur. Da in alkalischer Lösung das 4wertige Vanadium sehr oxydabel ist, muß die Titration im Stickstoffstrom vorgenommen werden. Hierfür geeignete Apparaturen wurden auf S. 166 beschrieben. Der Stickstoff wird einer Bombe entnommen, über rotglühendes Kupfer geleitet und anschließend noch mit alkalischen Pyrogallol- und Dithionitlösungen gewaschen. Als Meßelektrode dient ein Platindraht; Bezugselektrode ist die n Kalomelelektrode.

1. Arbeitsvorschrift nach del Fresno und Mairlot. Die zu untersuchende Chromatlösung wird mit so viel 50%iger Natronlauge versetzt, daß sie bei einem Gesamtvolumen von etwa 150 ml 15% NaOH enthält. Man erwärmt auf 70°, leitet unter Rühren Stickstoff durch und titriert mit der Vanadium(IV)-sulfatlösung bis zum Potentialsprung.

Bemerkungen. *I. Genauigkeit.* Unter den angegebenen Bedingungen ist der Fehler geringer als 0,5%.

II. Einfluß von Natronlaugekonzentration und Temperatur. Bei kleinen OH-Konzentrationen sind die Resultate zu hoch, vermutlich weil das Chromhydroxyd — das bei größerem Alkaligehalt löslich ist — sich niederschlägt und $VOSO_4$-Lösung adsorbiert. Bei niedriger Temperatur fallen infolge des gleichen Effektes die Ergebnisse ebenfalls zu hoch aus.

2. Gleichzeitige potentiometrische Bestimmung von Cyanoferrat(III) und Chrom(VI) nach del Fresno und Mairlot. Der große Unterschied zwischen dem Umschlagpotential der Reduktionen von Cyanoferrat(III) und Chromat in alkalischer Lösung mit Vanadium(IV)-sulfat bei mittlerem Alkalitätsgrad (in 20%iger NaOH-Lösung etwa —0,4 bzw. —0,8 Volt) ermöglicht eine gleichzeitige Bestimmung beider Substanzen durch Titration mit $VOSO_4$.

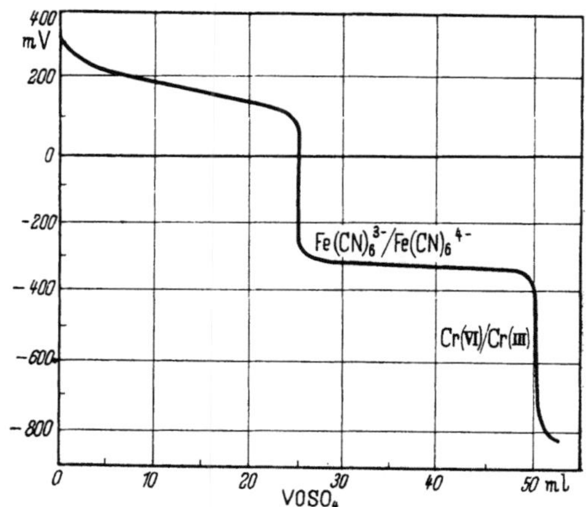

Abb. 27. Gleichzeitige potentiometrische Titration von Chromat und Cyanoferrat(III) mit Vanadium(IV)-sulfat. (Nach DEL FRESNO und MAIRLOT.)

Führt man die Bestimmung in der gleichen Weise wie in vorstehender Arbeitsvorschrift durch, so laufen die Reaktionen:

$$[Fe(CN)_6]^{3-} + VO^{2+} + 4\,OH^- \longrightarrow [Fe(CN)_6]^{4-} + VO_3^- + 2\,H_2O$$

und:

$$CrO_4^{2-} + 3\,VO^{2+} + 7\,OH^- \longrightarrow Cr(OH)_3 + 3\,VO_3^- + 2\,H_2O$$

nacheinander ab (vgl. Abb. 27), und die Reduktion des Cr(VI) durch $VOSO_4$ beginnt nicht eher, bevor alles $[Fe(CN)_6]^{3-}$ reduziert ist. Im anderen Falle würde Cr(III) im alkalischen Medium das Cyanoferrat(III) reduzieren [auf diese letztere Reaktion hat HAHN eine potentiometrische Bestimmung von Cr(III) gegründet, vgl. § 13].

Während die Bestimmung des Cyanoferrats(III) selten mit einem Fehler über 0,5% behaftet ist, fallen die Chromwerte im allgemeinen um 1 bis 2% zu hoch aus.

D. Bestimmung mit Vanadium(II)-salzlösung nach Maaß.

Allgemeines. Die stark reduzierende Wirkung von Vanadium(II)-salzlösungen kann nach MAASS auch zur potentiometrischen Bestimmung von Chrom(VI)-lösungen herangezogen werden. Da die zur Titration benutzten Maßlösungen praktisch neben V(II) immer etwas V(III) enthalten, so ist auf dessen Anwesenheit Rücksicht zu nehmen. Doch stört der Gehalt an V(III) in keinem Falle, wenn man die Titerstellung in entsprechender Weise vornimmt. Eine visuelle Chrombestimmung mit Vanadium(II)-sulfat beschreibt CHANDRA BANERJEE; dieser versetzt eine schwach schwefelsaure Chromatlösung mit einem Überschuß von $VSO_4 \cdot (NH_4)_2SO_4 \cdot 6\,H_2O$ (hergestellt durch elektrolytische Reduktion) und titriert diesen mit einer eingestellten Eisen(III)-ammoniumsulfatlösung gegen Kaliumrhodanid als Indicator zurück.

Apparatur. Die Aufbewahrung der sehr luftempfindlichen Vanadium(II)-salzlösungen erfordert die gleichen Maßnahmen (Vorratsflasche, H_2), wie bei Chrom(II)-

sulfat beschrieben wurde. Die Titration erfolgt in einer geeigneten Apparatur unter Luftausschluß (CO_2). Als Indicatorelektrode dient ein mit rauchender Salpetersäure gereinigter und anschließend ausgeglühter Platindraht; innerhalb der Bezugselektrode findet Quecksilber(I)-sulfat Anwendung.

Herstellung der Vanadium(II)-salzlösung. Reines Oxyd V_2O_5 (gewonnen aus mehrfach umkristallisiertem Ammoniummetavanadat) wird in Schwefelsäure unter Durchleiten von SO_2 gelöst und bei 4 bis 5 Volt an einer glatten Platinkathode reduziert (vgl. PICCINI und MARINO). Die Lösung wird unmittelbar in das Vorratsgefäß einer ZINTLschen Bürette (vgl. S. 166) übergeführt, in das gleichzeitig luftfreies Wasser einströmt. Die Verdünnung wird so geregelt, daß die Lösung etwa 0,1 Grammatom V/l sowie etwa 0,4% H_2SO_4 enthält. Der Titer der Lösung, der potentiometrisch gegen Eisen(III) gestellt wird, ist bei Luftausschluß ebenso beständig wie derjenige einer Chrom(II)-salzlösung. Man prüft ihn zweckmäßig in kurzen Abständen nach.

Titration von Chrom(VI). Chromsäure oxydiert in schwefelsaurer Lösung alles Vanadium zur 5wertigen Stufe, wobei nacheinander folgende Reaktionen ablaufen:

$$\text{I.} \quad Cr(VI) + V(II) \longrightarrow Cr(III) + V(V)$$
$$\text{Ia.} \quad 2\,Cr(VI) + 3\,V(III) \longrightarrow 2\,Cr(III) + 3\,V(V) \quad \left.\right\} \text{ es folgt 1. Sprung;}$$

$$\text{II.} \quad 2\,V(V) + V(II) \longrightarrow 3\,V(IV)$$
$$\text{IIa.} \quad V(V) + V(III) \longrightarrow 2\,V(IV) \quad \left.\right\} \text{ es folgt 2. Sprung;}$$

$$\text{III.} \quad V(IV) + V(II) \longrightarrow 2\,V(III) \qquad \text{es folgt 3. Sprung.}$$

Anschließend an die Hauptreaktion: $Cr(VI) \longrightarrow Cr(III)$ folgt also die stufenweise Reduktion zu niederen Wertigkeitsstufen des Vanadiums, vgl. Abb. 28.

Für die Bestimmung der Chromsäure empfiehlt es sich, den scharf ausgeprägten zweiten Sprung zu benutzen, der die Beendigung der Reaktion $V(V) \longrightarrow V(IV)$ anzeigt. Hat man die Maßlösung gegen Eisen(III) eingestellt, so entspricht einem Atom Eisen $^1/_3$ Atom Chrom. Die Titration wird bei 100° unter Durchleiten von CO_2 ausgeführt. Die Konzentration der Schwefelsäure kann in weiten Grenzen schwanken. Zusätze von K_2SO_4 und $CdSO_4$ verbessern den ersten Sprung. In essigsaurer Lösung erleidet der erste Sprung Störungen, während der zweite fehlerfrei ist. Zwei angeführte Beleganalysen zeigen einen Fehler von —1,1 und +0,6%.

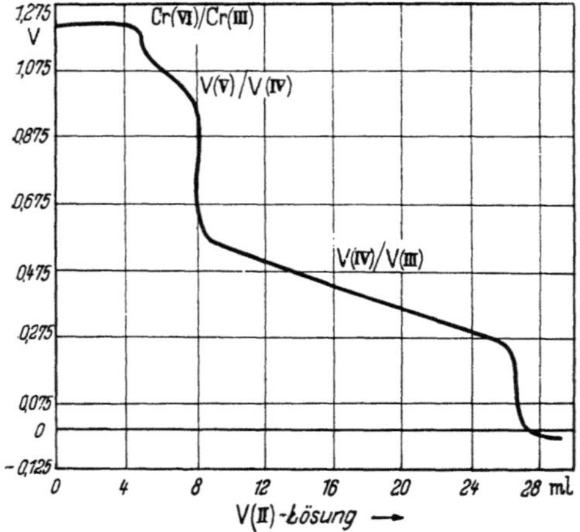

Abb. 28. Potentiometrische Titration von Chromat mit Vanadium(II)-sulfat. (Nach MAASS.)

E. Titration mit Wasserstoffperoxyd.

Allgemeines. Die beim Versetzen einer schwach sauren Chromatlösung mit Wasserstoffperoxyd kurze Zeit beständige Blaufärbung durch entstandenes Chromperoxyd wurde von CARNOT zur maßanalytischen Bestimmung herangezogen. Der Vorteil des Verfahrens liegt nach CARNOT darin, daß in die Analyse keine Körper eingeschleppt werden, welche die gegebenenfalls anschließende Bestimmung von anderen Stoffen bei der Weiterverarbeitung der Lösung stören könnten. Nach MULLER ist der volumetrischen Chromsäurebestimmung mit Wasserstoffperoxyd allerdings keine Bedeutung beizumessen, da sie nur bei genauer Einhaltung der gleichen Verhältnisse durchführbar ist und die Ergebnisse mit der Konzentration, dem Säuregrad und der Temperatur wechseln. Hierzu kommt die schwierige Erkennung des Endpunktes und die geringe Haltbarkeit der Titerlösung.

Eine indirekte Chromatbestimmung mit Wasserstoffperoxyd ist nach JABOULAY möglich, indem man in salpetersaurer Lösung mit überschüssigem Wasserstoffperoxyd versetzt, wodurch Reduktion von Chrom(VI) zu Chrom(III) erfolgt und der Überschuß des Wasserstoffperoxyds manganometrisch zurücktitriert.

Arbeitsvorschrift nach Carnot. Die zu untersuchende Chromatlösung wird in einem Erlenmeyerkolben mit Wasser auf mindestens 50 ml verdünnt und mit Ammoniak bzw. Schwefel- oder Salzsäure schwach sauer gestellt· Man titriert mit einer verd. Wasserstoffperoxydlösung unter öfterem Schütteln, bis der letzte Tropfen in der je nach der vorhandenen Chrommenge mehr oder weniger stark grün gefärbten Flüssigkeit keine blaue Farbe mehr hervorruft.

Bemerkungen. Die erforderliche Maßlösung erhält man durch Verdünnen des käuflichen Wasserstoffperoxyds mit der 5- bis 20fachen Menge Wasser. In dieser Verdünnung soll die Lösung längere Zeit beständig sein. Der Wirkungswert der Wasserstoffperoxydlösung wird mit einer bekannten Kaliumdichromatlösung unter den gleichen Bedingungen festgestellt. Die Probelösung soll in 100 ml nicht mehr als 0,4 bis 0,6 g CrO_3 enthalten, weil sonst die Blaufärbung zu schlecht erkennbar ist.

Arbeitsvorschrift nach Jaboulay für säurelöslichen Stahl. 1 g Stahl wird in 40 ml HNO_3 (D 1,2) gelöst und so lange mit konzentrierter Permanganatlösung erhitzt, bis auch nach 2 Min. langem Kochen eine Ausscheidung von Braunstein bestehenbleibt. Die zu 200 ml verdünnte und durch Asbest filtrierte Lösung wird mit überschüssiger H_2O_2-Lösung versetzt, die man so eingestellt hat, daß sie einer Lösung von 1,5 g $KMnO_4$/l möglichst genau entspricht. Man gibt aus einer Bürette so viel hinzu, bis die Lösung blaugrün wird, anschließend noch 1 bis 2 ml im Überschuß, den man mit der genannten $KMnO_4$-Lösung zurücktitriert. — Zur Einstellung versetzt man das gleiche Volumen H_2O_2, wie bei der Titration verbraucht wurde, mit 25 ml HNO_3 (D 1,33), 250 ml Wasser und etwas Mangannitrat und titriert mit der $KMnO_4$-Lösung bis zur Rosafärbung. In gleicher Weise titriert man eine Lösung von 2,829 g $K_2Cr_2O_7$/l (1 ml entspricht 1 mg Cr) nach Reduktion mit H_2O_2 und erhält so den Titer der $KMnO_4$-Lösung.

F. Mikromaßanalytische Bestimmung mittels katalytischer Reaktion.

Prinzip. ALMASSY und KOVÁCS stellten fest, daß Chrom(VI) in Gegenwart von Oxalationen Farbstoffe — am besten Methylorange — oxydiert. Die Reaktion wird durch Licht und Eisen(III)-ionen beschleunigt.

Arbeitsvorschrift. 2 ml einer höchstens 0,1 n sauren, etwa 1 bis 15 μg Chrom(VI)/ml enthaltende Lösung werden mit 0,1 ml 10%iger Sodalösung, 0,1 ml 5%iger $FeCl_3$-Lösung, 0,5 ml konz. Phosphorsäure und 0,5 ml gesättigter Natriumoxalatlösung versetzt. Titriert wird mit einer 0,00025 n Methylorangelösung (0,1 g/l) bei Tageslicht oder unmittelbar vor einem Glühlicht, da die Reaktion im Dunkeln nicht erfolgt. Mangan- und Vanadationen stören. — Chrom(III)-lösungen (höchstens 10 ml 0,5 n sauer) oxydieren die Verfasser in einem 25-ml-Meßkolben, indem sie zur Lösung 0,5 ml 5%ige $FeCl_3$-Lösung und 1 Tropfen 5%ige Mangansulfatlösung zugeben, mit 10%iger Sodalösung alkalisieren, den Niederschlag in konz. Phosphorsäure auflösen, den Kolben in ein siedendes Wasserbad stellen und tropfenweise 0,1 n $KMnO_4$-Lösung zugeben. Die heiße Lösung wird mit 10%iger Sodalösung wieder alkalisch gemacht und der Überschuß des Permanganats mit 1%iger Wasserstoffperoxydlösung zersetzt. Hierauf gibt man wieder so viel $KMnO_4$-Lösung zu, bis dessen Farbe eben sichtbar bleibt, läßt noch 5 Min. im siedenden Wasserbade stehen, füllt die erkaltete Lösung auf, filtriert und titriert 2 ml des Filtrates wie oben. Die Maßlösung wird mit 0,001 n Kaliumdichromatlösung eingestellt.

G. Bestimmung mit Leukomethylenblau nach Atack.

Nach ATACK läßt sich Chromat in CO_2-Atmosphäre mit Methylenblau in Leukoform (Methylenweiß) gut titrieren. Als angemessene Stärke der Farbstofflösung wird eine solche von 4 g Hydrogenchlorid (frei von Zn) in 1 l empfohlen; diese annähernd 0,02 n Lösung wird am besten mit Kaliumchlorat eingestellt; ein abgemessener Raumteil wird dann mit verd. HCl in einem CO_2-Strom zum Kochen erhitzt und in der Wärme (über 40°) mit Titan(III)-chlorid bis zur Entfärbung titriert. Der Endpunkt ist infolge der Farbkraft des Methylenblaus noch scharf zu erkennen, wenn selbst 0,002 n Lösungen verwendet werden. Zu der so erhaltenen Farbstofflösung sind dann unmittelbar die zu bestimmenden Chromatlösungen zu setzen, derart, daß ein Überschuß an Methylenweiß verbleibt. Das gebildete Methylenblau wird mit Titan(III)-chlorid zurücktitriert.

Zur *Ausführung der Bestimmung* wird Chrom durch Oxydieren mit Natriumperoxyd in Chromat übergeführt. Bei Gegenwart von Cr und Fe wird ebenso verfahren und nach dem Kochen zur Zersetzung des Überschusses des Peroxyds der Niederschlag mit verd. H_2SO_4 gelöst; dann wird die Summe beider Metalle in einem Teil der Lösung bestimmt; in einem anderen Teile wird das Chromat durch Kochen mit konz. HCl zerstört und Fe für sich bestimmt; die Menge des Chroms folgt aus der Differenz. Das Verfahren eignet sich zur Untersuchung von Chromeisen und Chromstahl.

Bei Gegenwart von Cr, V und Fe wird von der mit verd. Schwefelsäure angesäuerten, auf ein bestimmtes Volumen aufgefüllten Lösung in einem Teile die Summe der drei Metalle bestimmt, in einem anderen die Menge Fe nach dem Reduzieren der Chromate und Vanadate mit konz. HCl; in einem dritten Teile wird die Summe aus V und Fe nach Reduktion mit SO_2, Aufkochen, Entfernen des Hauptteiles von SO_2 durch einen CO_2-Strom und nach Oxydieren mit Permanganat bis zur schwachen Rotfärbung bestimmt.

Bei der Untersuchung von Chromvanadiumstahl gelingt es, Fe völlig abzuscheiden durch Schmelzen des Bormehles mit NaOH und Natriumperoxyd; die Schmelze wird mit Wasser ausgelaugt, und im Filtrat wird die Menge des Vanadats und Chromats wie angegeben bestimmt. Gegenwart von Wolfram und Molybdän wirkt störend.

H. Bestimmung mit Askorbinsäure nach Erdey und Bodor.

Askorbinsäure, welche zur Bestimmung verschiedener Oxydationsmittel dienen kann, soll nach ERDEY und BODOR zur titrimetrischen Chromatbestimmung herangezogen werden können. Die Bestimmung kann elektrometrisch oder mit Indicatoren erfolgen. Nähere Angaben über die Chromattitration werden nicht gemacht.

I. Indirekte Bestimmung mit Chloramin T nach Singh und Rehmann.

Nach SINGH und REHMANN läßt man in schwefelsaurer Lösung Chromat auf Kaliumjodid einwirken und titriert das überschüssige Jodid mit Chloramin T (Natriumsalz des p-Toluolsulfochloramids) bei 15° potentiometrisch in CO_2-Atmosphäre zurück (Elektroden-Platin-Kalomel).

Literatur.

ALMÁSSY, GY., u. E. KOVÁCS: Magyar Chem. Folyóirat **60**, 182 (1954); durch **Fr. 145**, 72 (1955). — ATACK, F. W.: Analyst **38**, 99 (1913).
BELCHER, R., D. GIBBONS u. T. S. WEST: Anal. Chem. **26**, 1025 (1954).
CARNOT, A.: Bl. (3. sér.) 1, 275. — CHANDRA BANERJEE, P.: J. Indian. chem. Soc. **12**, 198 (1935); durch **C. 107**, II, 1392 (1936).
ERDEY, L., u. A. BODOR: **Fr. 133**, 266 (1951).

DEL FRESNO, C., u. E. MAIRLOT: Z. anorg. Ch. **212**, 331 (1933).
HAHN, F. L.: Z. angew. Ch. **40**, 349 (1927).
ISSA, I. M., u. J. M. EL SHERIF: Anal. chim. Acta **14**, 474 (1956).
JABOULAY, E.: Rev. gén. chimie pure appl. **6**, 468 (1903); durch C. **75**, I, 318 (1904).
MAASS, K.: Fr. **97**, 241 (1934). — MULLER, J. A.: Bl. [4] **3**, 1133 (1908).
PICCINI, A., u. L. MARINO: Z. angew. Ch. **32**, 55 (1902).
RUBE, C.: J. pr. **95**, 53 (1865).
SINGH, B., u. A. REHMANN: J. Indian chem. Soc. **17**, 173 (1940). — SOMEYA, K.: Z. anorg.
Ch. **159**, 158 (1927); vgl. auch: E. MÜLLER: Elektrometrische Maßanalyse, 6. Aufl. 1942, S. 189.
VANINO, L.: Präparative Chemie, Anorg. Teil, 3. Aufl., S. 672. — VORTMANN, G., u. F. BINDER: Fr. **67**, 269 (1925/26).

§ 11. Bestimmung des Chroms durch Fällungstitration.

A. Bestimmung durch Fällungstitration mit chemischer Indizierung.

1. Titration von Chromat mit Bariumsalzlösungen.

I. Verfahren nach LE GUYON.

Prinzip. Das Verfahren beruht auf der Schwerlöslichkeit des Bariumsalzes. Beim Zusatz von Bariumnitrat zur Chromatlösung fällt das Bariumchromat aus. Die Umsetzung ist dann vollständig, wenn äquimolare Mengen beider Komponenten in der Lösung vorhanden sind. Der Endpunkt wird durch das Verschwinden der gelben Farbe des CrO_4^{--}-Ions angezeigt.

Arbeitsvorschrift. Aus einer Mikrobürette läßt man eine eingestellte Bariumnitratlösung zu einer abgemessenen Menge der Kaliumchromatlösung fließen, die in einem Standgefäß von 80 ml vorgelegt wird. Das Bariumchromat setzt sich rasch ab, und man erkennt sofort, ob die klare Flüssigkeit noch gelb gefärbt ist. In diesem Fall fährt man mit dem Zusatz der Bariumnitratlösung fort, bis die gelbe Farbe verschwunden ist. Der Umschlag vollzieht sich bei $^1/_2$ Tropfen und die Titration erfordert 3 bis 5 Min.

Bemerkungen. *a) Genauigkeit.* Die Methode ist sehr genau und um so rascher ausführbar, je kleiner das angewandte Flüssigkeitsvolumen ist (5 bis 6 ml). Man kann bis zu 2,49 mg Chrom in 2 ml Lösung bestimmen.

b) Fällungslösung. Man fällt mit 0,1 n, 0,05 n oder 0,02 n $Ba(NO_3)_2$-Lösungen je nach Konzentrationsverhältnissen.

c) Abänderung des Verfahrens. Die Empfindlichkeit der Methode läßt sich wesentlich steigern, wenn man die „Zentrifugo-Volumetrie" zur Anwendung bringt. Das von LE GUYON so genannte Verfahren ist schon von VOGEL angewandt worden. Ein nach dem Zentrifugieren zu der klaren Lösung zugegebener Tropfen vom Fällungsreagens zeigt bei ausbleibender Fällung die Endreaktion an. Diese Eigenschaft eignet sich sehr gut zur Bestimmung von Chrom. Falls das wiederholte Zentrifugieren zu viel Zeit erfordert, kann das Verfahren dahin abgewandelt werden, daß man den Niederschlag in kleinen Gläsern absitzen läßt. Die Endreaktion kann dann in zweifacher Hinsicht festgestellt werden: einmal durch das Ausbleiben einer Fällung und zweitens durch das Verschwinden der gelben Chromatfarbe. In kleinen Zentrifugierröhrchen von 5 ml bestimmt man leicht 0,498 mg Chrom in 1 ml etwa 0,02 n Lösung.

II. Verfahren nach SOLTSIEN.

Die Alkalichromatlösung wird mit überschüssiger, eingestellter Bariumchloridlösung versetzt, wobei sich Bariumchromat abscheidet. Das nicht umgesetzte Bariumchlorid titriert man mit einer Kaliumchromatlösung bekannter Konzentration zurück und verwendet Hämatoxylinlösung als Indicator. Der Endpunkt ist erreicht, wenn der Indicator durch einen Tropfen der Fällungslösung in der Wärme blauschwarz gefärbt wird (Tüpfeln!). Aus der verbrauchten Kaliumchromatlösung ergibt sich die Menge des Bariumsalzes (1 Mol $BaCl_2$ entspricht 1 Mol Chromat).

III. Verfahren nach Tsatsa.

Aus Alkalibichromatlösungen fällt man in Gegenwart von Natriumacetat das Bariumchromat aus. Die frei werdende Essigsäure wird mit 0,1 n Kalilauge titriert.

Genauigkeit. Die nach diesem Verfahren erzielte Genauigkeit soll so zufriedenstellend sein, daß die Methode auch zur Titereinstellung von Alkalilösungen in der Acidimetrie vorgeschlagen wird. Es muß aber auch auf die Möglichkeit des Mitfallens saurer Bariumchromate hingewiesen werden, wodurch trotz guter Umschlagschärfe ein Minderverbrauch an Lauge bedingt ist [KOLTHOFF (c)].

IV. Komplexometrisches Verfahren nach Isagai und Takeshita.

Die zu untersuchende Lösung wird mit einem gemessenen Überschuß einer eingestellten Bariumchloridlösung versetzt, um das Chromat quantitativ auszufällen. Die ausgefallene Bariumchromatmenge wird durch Rücktitration des Bariumchloridüberschusses mit einer eingestellten Lösung von KomplexonIII (= Dinatriumsalz der Äthylendiamintetraessigsäure) bestimmt. Eisen, Kupfer und andere störende Ionen werden zuvor durch einen Kationenaustauscher entfernt. Die Methode ist zur Chrombestimmung in Edelstählen gut geeignet.

2. Titration von Chromat mit Silbernitrat nach Richter.

Prinzip. Aus einer neutralen Alkalichromatlösung fällt man mit Silbernitratlösung das Silberchromat aus und titriert mit einer eingestellten Natriumchloridlösung den Überschuß zurück.

Arbeitsvorschrift. Die zu untersuchende Chromatlösung wird in einem Meßkolben mit überschüssiger Silbernitratlösung versetzt. Dann füllt man zur Marke auf, schüttelt gut durch und filtriert durch ein trockenes Filter. Im Filtrat titriert man das Silbernitrat mit eingestellter Natriumchloridlösung.

Die *Genauigkeit* ist ausreichend.

3. Fällung als Quecksilber(I)-chromat und indirekte Bestimmung über die Quecksilbernitroprussidnatriumverbindung nach Ionesco-Matiu.

Allgemeines. Beim Zusatz von Nitroprussidnatrium $Na_2[Fe(CN)_5NO] + 2\,H_2O$ zu einer Quecksilber(II)-nitratlösung scheidet sich bei Abwesenheit von Chlorionen das Quecksilber(II)-nitroprussiat als deutlich weiße Trübung oder als Niederschlag aus. Die Fällung ist in Wasser und in verd. Salpetersäure unlöslich. Beim Hinzufügen von Natriumchlorid geht das Quecksilber(II)-nitroprussiat wieder vollständig in Lösung. Bei der Bestimmung nach VOTOČEK und KAŠPÁREK ermittelt man die zur Auflösung des Niederschlages erforderliche Natriumchloridlösung bekannten Titers und berechnet daraus die Quecksilbermenge:

$$Hg^{++} + 2\,Cl^- \rightarrow HgCl_2.$$

Da gleichzeitig — wenn auch nur in sehr geringem Umfange — folgende Nebenreaktion:

$$Hg^{++} + Cl^- = HgCl^+$$

abläuft, ist bei der Berechnung ein empirisch ermittelter Faktor zu berücksichtigen.

Das Verfahren nach IONESCO-MATIU beruht auf der Schwerlöslichkeit der Quecksilber(II)-nitroprussiat-Verbindung und ihrer Titration mit eingestellter Natriumchloridlösung. Das in 6wertiger Form vorliegende Chrom wird in bekannter Weise mit Quecksilber(I)-nitrat gefällt. Den Niederschlag von Quecksilber(I)-chromat isoliert man durch Zentrifugieren und löst ihn dann in Salpetersäure wieder auf. Nach dem Zusatz von Schwefelsäure und wenig Permanganat fällt man mit Nitroprussidnatrium die unlösliche Quecksilberverbindung aus und titriert dann mit eingestellter Natriumchloridlösung bis zum Verschwinden der Trübung. Der Quecksilber(I)-chromatniederschlag enthält zwar immer die gleiche Menge Quecksilber, aber mehr als im normalen Chromat enthalten ist. Die Methode ist rein empirisch.

Arbeitsvorschrift für die Chrombestimmung. *I. Im Monochromat* 0,3 bis 4 ml einer 0,3 n Kaliumchromatlösung werden in einem Zentrifugenglas mit 5 bis 12 ml einer Quecksilber(I)-nitratlösung [5 g $Hg_2(NO_3)_2$ + 15 ml Salpetersäure auf 100 ml] versetzt. Nach dem Abzentrifugieren des braunroten Niederschlages gießt man die klare und farblose Flüssigkeit ab, wobei ein schwaches, an der Oberfläche der Flüssigkeit bleibendes Häutchen vernachlässigt werden kann. Nun wäscht man den Niederschlag mit dest. Wasser durch dreimaliges Zentrifugieren aus und löst ihn dann in der Kälte mit 1 bis 4 ml Salpetersäure. Die klare, gelbe Lösung wird in einen Erlenmeyerkolben übergespült, mit 8 ml Schwefelsäure versetzt und nach dem Abkühlen mit Wasser auf 100 ml verdünnt. Darauf rötet man leicht mit Permanganatlösung an und fällt das Quecksilber(II)-ion mit 15 bis 20 Tropfen einer 10%igen Nitroprussidnatriumlösung. Die entstandene milchige Trübung wird tropfenweise unter Verwendung einer Mikrobürette mit 0,1 n Natriumchloridlösung titriert. Der Endpunkt ist erreicht, wenn die Trübung restlos verschwunden ist.

Berechnung. Aus dem Verbrauch an Natriumchloridlösung, deren Wirkungswert durch jodometrisch nachgeprüftes Kaliumdichromat auf die gleiche Weise ermittelt worden ist, wird der Chromgehalt errechnet. So entspricht 1 m l0,1 n Natriumchloridlösung empirisch 0,004481 g K_2CrO_4 gegenüber dem theoretischen Wert von 0,004855 g.

II. Im Kaliumdichromat. Die Bestimmung erfolgt mit einer 0,2 n Lösung in der gleichen Weise wie oben.

Berechnung. Der praktisch ermittelte Titer ist für 1 ml 0,1 n NaCl-Lösung 0,003395 g $K_2Cr_2O_7$ gegenüber dem theoretischen Wert 0,003678 g.

III. In Chrom(III)-salzen. Bei der Chrombestimmung in Chrom(III)-salzen, im vorliegenden Fall Chromalaun, muß das Chrom(III) erst in Chromat übergeführt werden. 1 bis 4 ml einer 2%igen Chromalaunlösung werden im Zentrifugenglas mit 1 bis 4 ml 20%iger Ammoniumnitratlösung versetzt, zum Sieden erhitzt und dann mit Ammoniak schwach alkalisch gemacht. Durch weiteres Erhitzen auf dem Wasserbad vertreibt man das Ammoniak vollständig und trennt dann den Niederschlag durch Zentrifugieren. Nun wäscht man mit einer heißen 10%igen Ammoniumnitratlösung, zuletzt mit heißem Wasser. Hierauf werden 5 bis 10 Tropfen Kaliumhydroxydlösung und 1 bis 2 ml einer 10%igen Wasserstoffperoxydlösung hinzugefügt und anschließend $^1/_4$ Std. erhitzt. Innerhalb dieser Zeit erfolgt die vollständige Auflösung des Niederschlages und die Zersetzung des überschüssigen Peroxyds. Nach Zugabe eines Tropfens Phenolphthaleinlösung wird das überschüssige Alkali durch Salpetersäure neutralisiert und dann die Chromatbestimmung wie vorher ausgeführt.

Berechnung. Der praktische, ermittelte Titer ist für 1 ml einer 0,1 n NaCl-Lösung, entsprechend

0,004481 g K_2CrO_4, 0,001753 g Cr_2O_3 oder 0,011523 g $K_2SO_4 \cdot Cr_2(SO_4)_3 \cdot 24 H_2O$.

Bemerkungen. *a) Genauigkeit.* Für die Kaliummonochromatbestimmung geben die Verfasser einige Beleganalysen, deren Resultate aus folgender Zusammenstellung (Tab. 13) zu entnehmen sind.

Tabelle 13. *Titrationen nach Ionesco-Matiu.*

K_2CrO_4 angew. mg	$Hg_2(NO_3)_2$- Lösung ml	0,1 n NaCl-Lösung ml	K_2CrO_4 gefunden mg	%
6,47	5	1,44	6,45	99,7
12,95	5	2,90	12,95	100,0
21,58	12	4,84	21,69	100,5
43,06	12	9,66	43,29	100,5
64,74	12	14,50	64,97	100,3
86,32	12	19,32	86,57	100,3

Bei der Titration des Kaliumdichromates werden noch etwas bessere Ergebnisse erzielt. Die durchschnittliche Fehlergrenze liegt bei 0,1%. Ähnlich sind die Streuungen bei den Beleganalysen von Kaliumchromalaun; die gefundenen Werte liegen im allgemeinen etwas tiefer als der Sollwert.

b) Abänderung der Bestimmungsmethode. Das als Chromat vorliegende Chrom kann auch indirekt bestimmt werden, indem man das an der Fällung nicht beteiligte Quecksilber der gemessenen Quecksilbernitratlösung bestimmt. Zur Titerstellung versetzt man 1 ml HgNO$_3$-Lösung in einem Erlenmeyerkolben mit 5 ml Schwefelsäure. Durch Erhitzen bringt man das basische Quecksilbersulfat in Lösung. Nach dem Abkühlen fügt man 100 ml Wasser hinzu, rötet mit Permanganat an und gibt 20 Tropfen Nitroprussidnatriumlösung zu. Dann titriert man mit Natriumchloridlösung bis zum Verschwinden der Trübung. Bei den Chromatbestimmungen sammelt man nun die Zentrifugate und bestimmt das überschüssige Quecksilber in gleicher Weise. Aus der Differenz läßt sich das für die Chromatfällung benötigte Quecksilber und damit das Chromat leicht berechnen. Nach dieser Methode werden bei einer angewandten Kaliumchromatmenge von 22 bis 86 mg durchschnittlich 0,2 mg zuviel gefunden.

4. Titration von Alkalichromaten mit Bleinitrat.

Nach einer älteren Veröffentlichung von SCHWARZ und PASTROVICH entstehen bei der Elementaranalyse organischer Alkalisalze quantitativ Alkalichromate, wenn man die Verbrennung in Gegenwart von Chromoxyd durchführt. Die Bestimmung der Chromatmenge kann durch Titration mit einer 0,1 n Bleinitratlösung erfolgen. Der Endpunkt ist dann erreicht, wenn 1 Tropfen Silbernitratlösung nicht mehr rot gefärbt wird.

B. Bestimmung durch Fällungstitration mit elektrometrischer Indizierung.

Allgemeines. Die fällungsanalytische Bestimmung des Chrom(VI) mit verschiedenen Metallionen kann wesentlich vereinfacht werden, wenn man physikalische Methoden bei der Ermittlung des Äquivalenzpunktes heranzieht. Am gebräuchlichsten ist die potentiometrische Endpunktserkennung, aber auch konduktometrische und polarometrische Methoden werden in der Literatur beschrieben.

1. Die Endpunktserkennung erfolgt potentiometrisch.

I. Potentiometrische Titration von Chromat mit Bariumchlorid unter Verwendung von Chrom als Indicatorelektrode nach BRINTZINGER und JAHN.

Allgemeines. Für fällungsanalytische potentiometrische Titrationen lassen sich bekanntlich die verschiedenartigsten Umsetzungen verwerten, sofern nur wenigstens ein Teilvorgang konzentrationsrichtig durch eine Elektrode angezeigt wird. Nach BRINTZINGER und JAHN (a) kann für die fällungsanalytische Chromatbestimmung gemäß:

$$CrO_4{}^{2-} + Ba^{2+} \rightarrow BaCrO_4$$

als Indicatorelektrode ein verchromter Stahldraht angewendet werden. Diese Metallelektrode ist nämlich in der Lage, die Konzentrationen des Anions richtig anzusprechen. Über das Wesen einer derart indizierten Reaktion bestehen verschiedene Auffassungen, vgl. MÜLLER und MEHLHORN.

Meßanordnung und Maßlösung. Als Indicatorelektrode dient ein Draht aus verchromtem V$_4$A-Stahl (entweder *matt* verchromt oder nach einem *Siemens- und Halske*-Verfahren *schwarz* verchromt). Als Vergleichselektrode findet die n Kalomelelektrode unter Zuhilfenahme von Kaliumchlorid als Stromschlüssel Verwendung. Der Titrierkolben wird elektrisch geheizt und mittels Kontaktthermometer auf konstante Temperatur gehalten. Titriert wird mit 0,1 n BaCl$_2$-Lösung aus einer Mikrobürette.

Arbeitsvorschrift. Die neutrale Chromatlösung wird bei etwa 90° unter dauerndem Rühren mit Bariumchloridlösung tropfenweise bis zum Potentialsprung titriert.

Bemerkungen. *a) Genauigkeit.* 4 Beleganalysen der Verfasser zeigen bei CrO_4-Gehalten von 10 bis 20 mg keine Abweichungen vom theoretischen Wert.

b) Eine gute *Temperaturkonstanz* ist für eine scharfe Potentialeinstellung unerläßlich.

II. Anwendungen.

Potentiometrische fällungsanalytische Trennung von Chromat und Wolframat durch Verwendung verschiedener Indicatorelektroden.

Allgemeines. Die gleichen Verfasser (b) bestimmen Wolframat in analoger Weise durch potentiometrische Fällungstitration unter Verwendung eines Wolframdrahtes, welcher die Reaktion indiziert. Da Bariumchromat schwerer löslich als Bariumwolframat ist, gelingt es, eine gleichzeitige potentiometrische Bestimmung von CrO_4^{2-} und WO_4^{2-} dadurch zu erreichen, daß die zur Anzeige der Reaktion: $CrO_4^{2-} + Ba^{2+} \rightarrow BaCrO_4$ dienende Chromelektrode nach dem ersten Potentialsprung gegen einen Wolframdraht, den man vorher schwach ausgeglüht hat, ausgetauscht wird, der seinerseits auf die Reaktion: $WO_4^{2-} + Ba^{2+} \rightarrow BaWO_4$ anspricht und mit dem die Titration bis zum zweiten Sprung festgesetzt wird. Noch bequemer ist die Möglichkeit, beide Elektroden gleichzeitig in die Flüssigkeit eintauchen zu lassen, vgl. Abb. 29. Günstigste Meßtemperatur ist 80 bis 85° (Temperaturkonstanz einhalten!). Bei beiden Arten der

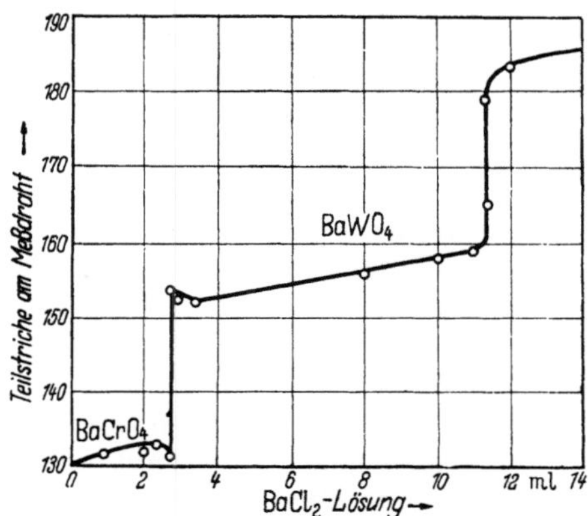

Abb. 29. Gleichzeitige potentiometrische Titration von CrO_4^{2-} und WO_4^{2-} mit $BaCl_2$ bei gleichzeitiger Anwendung einer Chrom- und einer Wolframelektrode. (Nach Brintzinger und Jahn.)

Titration sind die Potentialsprünge, die die quantitative Ausfällung von $BaCrO_4$ sowie von $BaWO_4$ anzeigen, sehr deutlich; die Genauigkeit ist gut, vgl. Tab. 14.

Tabelle 14. *Titration von* CrO_4^{--} *neben* WO_4^{--}.

Vers.-Nr.		1	2	3	4	5	6	7	8
Vorhanden	mg Cr:	5,20	5,20	5,20	5,20	10,40	10,40	20,80	20,80
	mg W:	36,80	36,80	73,60	73,60	18,40	18,40	18,40	18,40
Gefunden	mg Cr:	5,19	5,19	5,18	5,19	10,40	10,38	20,81	20,78
	mg W:	36,65	36,72	73,63	73,63	18,33	18,39	18,33	18,33

Das vorstehende Verfahren wurde von Brintzinger und Jahn zur Analyse von Chrom-Wolfram-Stahl herangezogen.

Arbeitsvorschrift für Chrom-Wolfram-Stähle. Die Lösung der Stahlprobe in Salzsäure und Wasserstoffperoxyd oder in Königswasser wird eingeengt, um die Säuremenge zu verringern; sie wird nach dem Erkalten samt den in der Flüssigkeit gegebenenfalls vorhandenen Flocken von Wolfram- oder Kieselsäure zu einer Mischung von Ammoniak und Wasserstoffperoxyd gegeben. Der Niederschlag (Eisen, Mangan, Kieselsäure) wird abfiltriert, ausgewaschen, wieder gelöst und erneut mit Ammoniak und Wasserstoffperoxyd gefällt, wodurch die letzten noch zurückgehaltenen Chromat- oder Wolframspuren in Lösung gehen. Die vereinigten, Chromat und Wolframat enthaltenden Filtrate werden zur Zerstörung des Wasserstoffperoxyds und zum Vertreiben des Ammoniaküberschusses kurz erhitzt, im Meßkolben zur Marke aufgefüllt und aliquote Teile davon, wie oben angegeben, titriert; hierbei ist es vorteilhaft, die Flüssigkeit vor dem Titrieren mit einigen Kubikzentimetern Alkohol zu versetzen. Es ist zweckmäßig, zuerst eine Vortitration zur Ermittlung der ungefähren Lage der Potentialsprünge auszuführen, wobei jeweils Anteile von 0,5 ml der BaCl$_2$-Lösung zugegeben werden. Dann wird mit Zugabe von 0,01 ml BaCl$_2$-Lösung in der Nähe der Äquivalentpunkte fein austitriert.

Bemerkung. *Genauigkeit.* Die Verfasser haben nach ihrer Analysenmethode mehrere Stähle mit Erfolg untersucht; ein Beispiel wird angeführt: Vorhanden 4,47% Cr und 16,24% W; gefunden 4,47% Cr und 16,31% W.

III. Fällung mit Quecksilber(I)-nitrat und potentiometrische Rücktitration mit Ammoniumoxalat.

Allgemeines. Nach MAYR und BURGER fällt man eine neutrale Chromatlösung mit schwach salpetersaurer Quecksilber(I)-nitratlösung und titriert überschüssiges Fällungsmittel mit Ammoniumoxalat potentiometrisch unter Verwendung einer amalgamierten Platinelektrode zurück. Die Fällung verläuft nicht nach der Gleichung: $CrO_4^{2-} + Hg_2^{2+} \rightarrow Hg_2CrO_4$. Ausgehend von bekannten Chromatlösungen errechnet sich bei den vorliegenden Versuchsbedingungen aus den erhaltenen Quecksilberwerten im Niederschlag ein Verhältnis Hg : Cr von 7 : 3, was etwa der Zusammensetzung $(Hg_2O \cdot 6\,Hg_2CrO_4)$ entspricht. Die Verfasser bestimmen unter Zugrundelegung dieses Zahlenverhältnisses den Chromgehalt von Chromat, Dichromat und Chromeisenstein.

Arbeitsvorschrift für Chromeisenstein nach Mayr und Burger. 0,0595 g feinstgepulverten und gebeutelten Chromeisenstein schließt man mit 1 g Natriumperoxyd unter Einhaltung der bekannten Vorsichtsmaßregeln auf; den Aufschluß digeriert man mit etwa 80 ml heißem Wasser, filtriert vom Eisenhydroxyd ab und dampft das Filtrat zur feuchten Salzmasse ein. Darauf wird der Rückstand mit wenig Wasser aufgenommen und mit Salpetersäure bis zum Farbumschlag (auf Dichromat) neutralisiert. Anschließend wird die Lösung nochmals auf ein kleines Volumen eingeengt, um die Kohlensäure möglichst vollständig zu entfernen, und man filtriert in einen 200-ml-Meßkolben. Diese Lösung, die 15 ml nicht überschreiten soll, wird mit 20 ml Quecksilber(I)-nitratlösung (enthaltend 0,9182 g Hg) versetzt, kräftig geschüttelt, damit sich der dunkelrote, körnige Niederschlag rasch zu Boden setzt, mit Wasser bis zur Marke aufgefüllt und durch ein trockenes Filter filtriert. In 100 ml des Filtrates wird das restliche Quecksilber potentiometrisch bestimmt. Als Elektroden dienen eine amalgamierte Platin- sowie die gesättigte Kalomelelektrode.

Bemerkungen. *a) Genauigkeit.* Eine angeführte Beleganalyse stimmt gut mit der gravimetrischen Bestimmung überein. Desgleichen ist bei zwei Analysen von Kaliumchromat- und -bichromatlösungen Übereinstimmung mit der Theorie gegeben.

b) Die *Herstellung von 0,1 n Ammoniumoxalatlösung* erfolgt durch genaues Einwägen des reinsten Salzes und Überprüfung des Titers mit Kaliumpermanganat.

c) Eine höhere Säurekonzentration als angegeben wirkt sich auf den Potentialverlauf ungünstig aus, da die Titrationskurve flacher wird.

IV. Potentiometrische Bestimmung von Chromaten und Chloriden nebeneinander mit Silbernitrat nach SCHTSCHIGOL und BIRNBAUM (a).

Nach SCHTSCHIGOL und BIRNBAUM treten bei der Titration von Chromat in ammoniakalischer Lösung mit Silbernitrat drei Potentialsprünge auf, die auf die Bildung folgender Komplexe schließen lassen $[Ag(NH_3)_2(CrO_4)_2]^{3-}$ mit der Koordinationszahl 6 des Silberatoms, $[Ag(NH_3)_2CrO_4]^-$ mit der Koordinationszahl 4 und $[Ag(NH_3)_2]_2CrO_4$ mit der Koordinationszahl 2. Zur Bildung dieser Komplexe ist die Anwesenheit der stöchiometrisch notwendigen Menge an Ammoniak erforderlich. Zur Bildung des löslichen Komplexes $[Ag(NH_3)_2Cl_2]^-$ in chloridhaltigen Lösungen mit Silbernitrat ist dagegen ein 20facher molarer Überschuß an Ammoniak notwendig. Bei gleichzeitiger Anwesenheit von Chlorid und Chromat können daher bei einer bestimmten Ammoniakkonzentration, die nur zur Bildung des Chromatkomplexes ausreicht, die Fällung der Chlorionen als Silberchlorid aber nicht verhindert, beide Anionen nacheinander potentiometrisch titriert werden. Dabei zeigt der erste Potentialsprung die Menge des Chlorids, der zweite die Menge des Chromats an. Um das Auftreten eines störenden kleinen Potentialsprungs zu verhindern, der durch Adsorption von Chromationen an dem Silberchloridniederschlag erklärt wird, setzt man Ammoniumnitrat zu. So können z. B. 10 ml einer 0,1 n Chloridlösung und 4,9 ml 0,1 n Chromatlösung in Gegenwart von 20 ml 0,1 n Ammoniaklösung mit 0,05 n Silbernitratlösung titriert werden. Die Einstellung des Potentials erfordert in der Nähe des Äquivalenzpunktes etwa 4 Min. Das Material der Indicatorelektrode (vermutlich Silber) wird in der Arbeit nicht genannt.

V. Potentiometrische Bestimmung von Chromaten und Bichromaten nebeneinander mit Lauge und Silbernitrat nach SCHTSCHIGOL und BIRNBAUM (b).

Titriert man eine Dichromatlösung mit Alkalilauge, so ist der Laugeverbrauch bis zu 5% höher, als dem berechneten Wert entspricht. Dagegen ergibt die umgekehrte Titration von Alkalilauge mit Dichromatlösung genau den berechneten Verbrauch. Diese Titration läßt sich scharf ausführen; der erste überschüssige Tropfen Dichromatlösung verursacht eine starke Änderung des Elektrodenpotentials, und die Titrationskurve unterscheidet sich nicht von der Titrationskurve einer starken Base mit einer starken Säure. Als Indicatorelektrode dient ein mit einer dünnen Schicht von Platinschwarz versehenes Platinblech. Zur Dichromatbestimmung in einer Probe legt man also eine gemessene Menge Alkalilösung vor und titriert mit der Probelösung. 1 Mol Lauge entspricht 1 Mol Dichromat. — Zur Bestimmung der Summe aus Chromat und Dichromat versetzt man 5 ml der zu untersuchenden Lösung mit 20 ml 0,1 n Ammoniak, füllt mit Wasser auf 50 ml auf und titriert mit 0,05 n Silbernitratlösung an einer Silberelektrode. Die $CrO_4{}^{2-}$-Menge ergibt sich aus der Differenz. — In einem Gemisch von Dichromat und Schwefelsäure ist die verbrauchte Laugemenge äquivalent der Summe von Schwefelsäure und Dichromat; der Silbernitratverbrauch entspricht dem vorhandenen Dichromat, und die Menge Schwefelsäure errechnet sich aus der Differenz.

2. Die Endpunkterkennung erfolgt konduktometrisch.

Die Fällung von Chrom mittels Silbernitrats wurde bereits 1912 von GUERINI als Leitfähigkeitstitration durchgeführt. Nach Untersuchungen von KOLTHOFF ist eine neutrale Chromatlösung mit Silbernitrat und Bariumchlorid auch in sehr verdünnten Lösungen gut bestimmbar.

3. Die Endpunkterkennung erfolgt polarometrisch.

Chromationen lassen sich gut durch polarometrische (amperometrische) Fällungstitration bestimmen, indem man zur Fällung ein polarographisch gut erfaßbares Metallion verwendet. Man wird deshalb die polarometrische Chromatbestimmung zweckmäßig mit Bleisalzen vornehmen. Die starke Seite der polarometrischen Titration ist die Möglichkeit, Stoffe in sehr großer Verdünnung bestimmen zu können, wobei die Genauigkeit dann größer ist als die mit anderen Methoden erreichbare. LANGER und STEVENSEN titrieren eine 0,001 m Chromatlösung in essigsaurer Lösung mit 0,01 m Bleinitratlösung und schlagen zur Auswertung ein besonderes graphisches Verfahren vor. Eine 0,001 m Pb-Lösung ist mit Chromat noch auf 0,3% genau zu titrieren (KOLTHOFF und PAN).

Literatur.

BRINTZINGER, H., u. E. JAHN: (a) Fr. **94**, 396 (1933); (b) Angew. Ch. **47**, 456 (1934).
GUERINI: Diss. Lausanne 1912. — LE GUYON, R. F.: C. r. **184**, 945 (1927); durch Fr. **72**, 386 (1927).
IONESCO-MATIU, A., u. S. HERSCOVICI: Bl. [4] **53**, 1032 (1933); durch Fr. **104**, 129 (1936). — ISAGAI, K., u. N. TAKESHITA: Jap. Analyst (japanisch) **4**, 222 (1955); durch Fr. **150**, 362 (1956).
KOLTHOFF, I. M.: (a) Fr. **61**, 236 (1922); (b) **61**, 442 (1922); (c) Die Maßanalyse II. — KOLTHOFF, I. M., u. Y. D. PAN: Am. Soc. **61**, 3402 (1939).
LANGER, A., u. D. P. STEVENSEN: Ind. eng. Chem. Anal. Edit. **14**, 770 (1942).
MAYR, C., u. G. BURGER: M. **53/54**, 493 (1929). — MÜLLER, E., u. K. MEHLHORN: Fr. **96**, 173 (1934).
RICHTER, M.: Ch. Z. **5**, 851; durch Fr. **21**, 269 (1882).
SCHTSCHIGOL, M. B., u. S. M. BIRNBAUM: (a) Betriebslab. (russ.) **31**, 1027 (1949); durch Fr. **132**, 128 (1951); (b) Betriebslab. (russ.) **16**, 150 (1950); durch Fr. **137**, 290 (1952/53). — SCHWARZ, H., u. P. PASTROVICH: B. **13**, 1641 (1880). — SOLTSIEN, P.: Pharm. Z. **35**, 372; durch Fr. **33**, 362 (1894).
TSATSA, G.: Praktika **10**, 235 (1935); durch Fr. **111**, 363 (1937/38).
VOGEL, J.: M. **46**, 266 (1925). — VOTOČEK, E., u. L. KAŠPÁREK: Bl. [4] **33**, 110 (1923); vgl. auch Handbuch der analytischen Chemie, Teil III, Bd. IIb, S. 501.

§ 12. Bestimmung mit Kaliumpermanganat.

Allgemeines. Die Eigenschaft der Chrom(III)-salze, in schwach saurer, neutraler oder alkalischer Lösung in der Wärme mit Kaliumpermanganat zu Chrom(VI) oxydiert zu werden, ist mehrfach für maßanalytische Chrombestimmungen verwertet worden. DONATH läßt in eine durch Natriumcarbonat und etwas Natronlauge stark alkalisch gemachte Permanganatlösung bei der Siedehitze die neutrale Chrom(III)-salzlösung einfließen, bis die Flüssigkeit über dem sich rasch absetzenden Niederschlage die rein gelbe Chromatfarbe und nicht den geringsten Stich mehr ins Gelbrote zeigt. Die Gegenwart selbst größerer Mengen Eisen(III) und Aluminium soll die Anwendbarkeit der Methode nicht beeinträchtigen, da die heißgefällten Hydroxyde sich mit dem gebildeten Braunstein schnell zu Boden setzen. Die DONATHsche Methode wurde von GIORGIS in der Art modifiziert, daß die Chromlösung in eine mit Kaliumcarbonat und Kaliumhydroxyd alkalisch gemachte kochende Permanganatlösung eingegossen und der Überschuß der letzteren nach Filtration in einem aliquoten Teil des Filtrats mit einer Chromsulfatlösung zurückbestimmt wird. Nach DONATH entsteht bei der Umsetzung von Chrom(III) mit Permanganat Mangan(IV)-oxyd, nach GIORGIS Mangan(IV)-hydroxyd, nach CLASSEN wahrscheinlich ein Gemenge mehrerer Oxydationsstufen des Mangans. Keinesfalls läßt sich dabei der Wirkungswert der Permanganatlösung aus dem Oxalat- oder Eisenfaktor berechnen, sondern er muß *empirisch* mit einer Chrom(III)-salzlösung von bekanntem Gehalt bestimmt werden. Dieser Methode liegt also keine zahlenmäßig faßbare Reaktionsgleichung zugrunde, was für das Arbeiten in alkalischer Lösung charakteristisch ist.

Nach BOLLENBACH wird das 3wertige Chrom in schwach salpetersaurer, stark verdünnter Lösung bei Gegenwart von viel Kaliumnitrat und Bariumsulfat mit Kaliumpermanganat zu Chromsäure oxydiert, welche durch vorhandenes überschüssiges Bleinitrat als in verd. Salpetersäure unlösliches Bleichromat gefällt wird.

$$2\,KMnO_4 + Cr_2(SO_4)_3 + 4\,H_2O \longrightarrow 2\,H_2CrO_4 + 2\,H_2SO_4 + 2\,MnO_2 + K_2SO_4;$$
$$2\,H_2CrO_4 + 2\,Pb(NO_3)_2 \rightleftharpoons 2\,PbCrO_4 + 4\,HNO_3.$$

Die ganze Titration wird in der Siedehitze durchgeführt und der Endpunkt an der bleibenden Rosafärbung erkannt. Halogenide dürfen bei dieser Bestimmung nicht anwesend sein. Auch wird die Einstellung des Wirkungswertes der Kaliumpermanganatlösung auf gewichtsanalytisch nachgeprüfte Chrom(III)-salzlösungen unter den gleichen Verhältnissen wie bei der Titration gefordert.

Ein Nachteil dieser Methode ist der träge Reaktionsverlauf, dessen Ursache nach Reinitzer und Conrath in der hohen, während der Reaktion noch beträchtlich wachsenden Wasserstoffionenkonzentration zu suchen ist (s. Reaktionsgleichung). Die Autoren konnten jedoch zeigen, daß die Oxydation von Chrom(III) zu Chrom(VI) dann schnell und stöchiometrisch nach der angegebenen Gleichung verläuft, wenn man die hohe Acidität der Lösung dadurch herabsetzt, daß man die ursprünglich vorhandene und bei der Reaktion entstehende Mineralsäure durch Abstumpfen mit Natriumacetat in die nur wenig dissoziierte Essigsäure überführt, deren Dissoziation durch überschüssige Acetationen ebenfalls noch zurückgedrängt wird. In der Siedehitze bleiben wäßrige Lösungen von Chrom(III)-acetat vollkommen klar; es ist also nicht zu befürchten, daß infolge Hydrolyse basische Chromacetate ausfallen. Ein weiterer Vorteil des Natriumacetats liegt darin, daß es die Bildung eines Niederschlages von Chrom(III)-chromat ($Cr_2O_3 \cdot CrO_3$) verhindert, welcher sonst aus neutralen Lösungen von Chrom(III)-salz und Chromat entsteht.

Für einen möglichst raschen Verlauf der Reaktion sind ein gegenüber dem vorliegenden Chrom(III)-salz unverhältnismäßig großer Natriumacetatüberschuß und außerdem eine hohe Verdünnung erforderlich. Da die Intensität der entstehenden Chromatfarbe die Erkennung des Umschlages am Äquivalenzpunkt erschwert, entfernen die Verfasser das Chrom(VI) als in Essigsäure unlösliches Bariumchromat. Bariumsalze sind gegenüber Permanganat indifferent, was bei den von Bollenbach verwendeten Bleisalzen im vorliegenden Falle nicht zutrifft, da in essigsaurer Lösung eine Oxydation zu Blei(IV)-oxyd erfolgt. Um zu verhindern, daß gegen Ende der Titration die Reaktion träge verläuft, muß bei 90 bis 100° titriert werden. Die Bestimmung von salzsauren Chromlösungen ist bei Anwendung einer ausreichenden Menge Natriumacetat und hinreichender Verdünnung im Gegensatz zur Methode von Bollenbach ebenfalls durchführbar.

Die *potentiometrische Bestimmung* von 3 wertigem Chrom mit Permanganat in alkalischer Lösung wurde von I. M. Issa, Abdul Azim und R. M. Issa im Anschluß an frühere Arbeiten untersucht. Die Bestimmung kann genau ausgeführt werden, wenn man die Permanganatlösung mit der Chrom(III)-lösung in Gegenwart von Bariumionen titriert. Die Ergebnisse sind bei Anwendung von 0,13 n $KMnO_4$-Lösung und 0,03 bis 0,16 n Cr^{3+}-Lösung am besten (Fehler $\pm 0,3\%$), wenn die Lösung 0,8 bis 1,5 n in bezug auf NaOH ist und wenn 1 bis 1,5 Äquiv. Ba^{2+} im Verhältnis zu dem gebildeten Manganat und Chromat vorhanden sind. In Abwesenheit von Bariumsalz geht die Reduktion bis zu MnO_2. Die Titration liefert auch in diesem Falle gute Werte, wenn die NaOH-Konzentration 0,5 bis 2 n beträgt. Man kann 3 wertiges Chrom auch bestimmen, wenn man die Lösung tropfenweise unter ständigem Rühren in Permanganatlösung einfließen läßt, die in Abwesenheit von Ba^{2+} 2,5 n NaOH oder in Anwesenheit von Ba^{2+} 1 n NaOH enthält. Permanganat wird zu Manganat reduziert. Der unverbrauchte Permanganatrest kann mit Ameisensäure (I. M. Issa und R. M. Issa) oder auch mit Bleilösung (I. M. Issa, R. M. Issa und Abdul Azim) zurücktitriert werden. Auf die erste Art können noch 0,6 mg Cr auf etwa 0,7% genau bestimmt werden. Bei der Rücktitration mit Bleisalz arbeitet man am besten unter Zugabe der zur Chromatfällung hinreichenden Menge Bariumsalz in n Natronlauge.

Mangan(II)-salze stören bei sämtlichen vorstehend beschriebenen Verfahren, da sie ebenfalls quantitativ zu Mangan(IV) oxydiert werden. Bei Anwesenheit von Mangan muß dieses also gesondert bestimmt und in Abzug gebracht werden.

A. Verfahren nach Reinitzer und Conrath.

Reinheit der verwendeten Reagenzien. Natriumacetat. Die meisten Handelssorten Natriumacetats reduzieren Permanganat in der Hitze; nach Reinitzer und Conrath ist das Präparat von Merck p. a. rein genug; sie geben folgende Prüfungsmethode an: 300 ml siedendes destilliertes Wasser werden mit 0,1 n Permanganat versetzt. Wenn die Flüssigkeit nach mindestens 5 Min. langem Sieden klar und blaßrosa bleibt, setzt man 5 g Natriumacetat zu. Ist das Salz wirklich rein, so bleiben Wasserklarheit und deutliche Färbung auch nach weiteren 5 Min. Aufkochens noch bestehen.

Unreines Natriumacetat kann nach REINITZER und CONRATH folgendermaßen gereinigt werden: 30 bis 40 g Natriumacetat werden in 500 bis 600 ml kochendem Wasser so lange mit 0,1 n Permanganatlösung versetzt, bis nur noch langsame Entfärbung erfolgt, was nach einigen Stunden erreicht wird. Eine zum Schluß womöglich zurückbleibende, schwache Rosafärbung verschwindet beim Filtrieren der heißen Lösung (am besten durch Glasfiltertiegel). Das vollständig klare Filtrat wird auf dem Wasserbade bis zur Trockne eingedampft. Die Lösung als solche kann nicht lange aufbewahrt werden, da die nach einiger Zeit auftretenden Pilzkulturen Zersetzungen hervorrufen, die erneut zu Permanganatverbrauch führen.

In entsprechender Weise müssen alle anderen bei der Titration verwendeten Reagenzien in der Siedehitze gegen Permanganat indifferent sein.

1. *Arbeitsvorschrift für Chromsalzlösungen.* Eine abgemessene Menge Chrom(III)-salz wird in einem Kolben auf 400 bis 500 ml verdünnt und nach Zusatz von 2 g Natriumacetat (für 10 ml 0,1 n Permanganat) und einem Überschuß an Barium-nitrat zum Sieden erhitzt. Die vollständig klar gebliebene Lösung wird bei Siedehitze mit 0,1 n Kaliumpermanganatlösung titriert, wobei durch beständiges, kräftiges Schütteln ein rasches Absitzen des entstehenden Mangan(IV)-oxyds erreicht wird. Der Endpunkt wird am Umschlag der bald rein hellgelben Chromatfarbe nach Goldgelb (erster unverbrauchter Permanganattropfen!) wahrgenommen. Am sichersten fährt man dabei, wenn man erst die Vertiefung der Permanganatfärbung als Kennzeichen für die beendete Reaktion ansieht.

Bemerkungen. *I. Genauigkeit.* Die mit Chromalaun und Chromchlorid durchgeführten zahlreichen Beleganalysen lassen erkennen, daß der Verbrauch an Permanganat proportional der Chrommenge ist und die Reaktion in essigsaurer Lösung stöchiometrisch verläuft. Die Abweichungen von den theoretischen Chromgehalten sind nur sehr gering; bei Gehalten von 5 bis 20 mg Chrom liegt der Fehler immer unter 1%.

II. Erforderliche Menge an Natriumacetat. Der Natriumacetatzusatz kann innerhalb weiter Grenzen liegen; mit 2 bis 3 g für einen Verbrauch von 10 ml 0,1 n Permanganatlösung kommt man vollständig aus.

III. Verdünnung. Eine Verdünnung von 500 ml je 10 ml 0,1 n Permanganatverbrauch ist ausreichend. Die Titration konzentrierter Lösungen ist nicht zu empfehlen; leicht werden zu niedrige Resultate erhalten, weil gegen Ende hin das Permanganat immer träger reagiert.

IV. Organische Substanzen, schon in geringer Menge, verhindern nach CLASSEN in neutraler Lösung das Zusammenballen des Mangan(IV)-oxydniederschlages und somit die Klärung der Flüssigkeit. Hierzu genügen schon Mengen, die aus Papierfiltern ins Filtrat gelangen. Ist ein schnelles Absitzen des entstehenden Braunsteins nicht erreichbar, so hilft ein Zusatz von 4 bis 6 g Bariumsulfat je Titration. Dieses fördert bei feinverteilten Niederschlägen ein Absetzen derselben.

2. *Bestimmung in Gegenwart von Eisen.* Es ist bekannt, daß Chrom(III) in essigsaurer Lösung bei Gegenwart von Eisen in der Siedehitze mit letzterem in wechselnden Mengen zur Ausscheidung kommt. Deshalb scheint es zuerst nicht möglich zu sein, Chrom nach der beschriebenen Methode neben Eisen zu bestimmen. REINITZER und CONRATH zeigten jedoch, daß es nur einiger kleinerer Abänderungen an ihrer Methode bedarf, um Chrom neben Eisen zu ermitteln, weil auch die von dem ausgefallenen basischen Eisenacetat mitgerissenen Chrommengen bei der Titration zu Chromsäure oxydiert werden. Die leichte Oxydierbarkeit des Niederschlages scheint mit seiner Beschaffenheit zusammenzuhängen. Er ist gallertartig, voluminös und stark wasserhaltig, enthält also das Chrom in leicht angreifbarer Form. Bei einem großen Eisenüberschuß wird allerdings prozentual viel Chrom mitgefällt. Dieses hat eine bedeutende Verzögerung der Reaktion zur Folge. Die Autoren fanden, daß die Titration von Chrom(III) neben Eisen bei einem Chromgehalt von 5% aufwärts ohne nennenswerte Verlängerung der Titrationsdauer und ohne Beeinflussung der Genauigkeit stattfinden kann. Gehalte von 2 bis 5% Chrom können mit starker Verlängerung der Titrationszeit noch bestimmt werden; Chromgehalte unter 1% jedoch erst nach vorhergehender Abtrennung des Eisens mittels Bariumcarbonat (vgl. § 22, S. 306).

Salzsäure soll nicht zugegen sein, besonders bei größeren Eisenmengen, da man zu hohe, mit dem Salzsäuregehalt ansteigende Chromwerte findet. Bei der Titration des Chroms in Gegenwart von Eisen(III)-sulfatlösungen, die mit Natriumacetat versetzt und zum Sieden erhitzt wurden, treten insofern oft Störungen auf, als das ausfallende basische Eisenacetat sich schlecht absetzt, wodurch die Beurteilung der überstehenden Flüssigkeit sehr erschwert wird. Man kommt jedoch auch hier zum Ziel, wenn man die neutralisierte Eisenlösung in siedende Natriumacetatlösung eingießt.

3. Bestimmung in Ferrochrom und Chromstählen. *Arbeitsvorschrift für Ferrochrom.* Ferrochrom wird in Schwefelsäure (1 + 2,5) (etwa 5,3 m) unter Vermeidung jeden Überschusses gelöst, da sonst bei der Titration zu viel Bariumsulfat entsteht. Nach Oxydation mit Salpetersäure (D 1,2) verkocht man die Stickoxyde, spült die Lösung in einen Meßkolben über und füllt zur Marke auf. Aliquote Anteile werden mit Soda neutralisiert. Die Titration wird in der Weise durchgeführt, daß in die siedendheiße Natriumacetatlösung die neutralisierte Eisen-Chrom-Lösung eingegossen wird, wobei sich nach einigem Umschwenken das basische Eisenacetat absetzt. Nach Zugabe der nötigen Menge Bariumnitrat wird die Titration mit Kaliumpermanganat in der bekannten Weise durchgeführt.

Der gesondert zu bestimmende Mangangehalt muß bei der Berechnung des Chroms berücksichtigt werden.

Bemerkungen. *I. Genauigkeit.* Die von den Verfassern mitgeteilten Werte stimmen mit denen nach der Persulfatmethode erhaltenen überein. Mittelwert nach der Permanganatmethode: 64,2% Cr, Mittelwert nach der Persulfatmethode: 64,5% Cr.

II. Einfluß von Ammoniumsalzen. Zur Neutralisation der sauren Chrom(III)-lösungen darf kein Ammoniak verwendet werden, da Ammoniumsalze in der Siedehitze von Kaliumpermanganat teilweise oxydiert werden (Beckurts).

Arbeitsvorschrift für Chromstähle. Chromstähle mit mehr als 10% Chrom werden, sofern sie in verd. Schwefelsäure nicht löslich sind, in Salzsäure (D 1,12) gelöst, mit Salpetersäure oxydiert und in einem Meßkolben übergeführt. Die Weiterverarbeitung erfolgt wie unter Ferrochrom.

Bei Chromgehalten unter 10% ist es zweckmäßig, nach dem Lösen der Probe in Salzsäure Salpetersäure (D 1,2) zuzugeben und bis zur Entfernung der Salzsäure einzudampfen, so daß sowohl Eisen als auch Chrom nur als Nitrat vorhanden sind. Die Weiterverarbeitung erfolgt wie vorher.

Bemerkungen. *I. Genauigkeit.* Die Beleganalysen zeigen selten eine größere Abweichung als 0,1%.

II. Bestimmung bei Gegenwart von Wolfram. Auch bei Rapidstählen mit 10 bis 20% Wolfram liefert das angegebene Verfahren gute Resultate. Die nach der Oxydation mit Salpetersäure entstehende Wolframsäure muß vor der Titration abfiltriert werden.

B. Verfahren nach Bollenbach.

Arbeitsvorschrift. 10 bis 15 g Kaliumnitrat, 2 bis 5 g Bleinitrat und 4 bis 5 g Bariumsulfat werden in einem 500-ml-Erlenmeyerkolben in 100 ml heißem Wasser gelöst. Man gibt tropfenweise etwas Permanganatlösung hinzu, bis die Farbe eben bestehenbleibt, bringt die verbrauchte Menge bei der Titration jedoch nicht in Rechnung. Dann fügt man die zu untersuchende Chrom(III)-salzlösung hinzu und verdünnt auf etwa 400 ml. Die Flüssigkeit darf nur schwach salpetersauer sein, Halogenide und sonstige reduzierende Körper nicht enthalten. Liegt das Chrom(III)-salz als Sulfat vor, so fällt Bleisulfat aus, welches ebenso wie das zugesetzte Bariumsulfat das Absetzen des bei der Titration sich bildenden Niederschlages beschleunigt. Man erhitzt zum Sieden und titriert unter kräftigem Schütteln so lange mit Permanganatlösung, bis eine deutliche Violettfärbung auftritt, die auch bei 15 bis 30 Min. langem Erhitzen auf dem Wasserbad nicht verschwinden darf. Die Temperatur im Kolben muß bei der ganzen Titration 90 bis 100° betragen.

Die Einstellung der Permanganatlösung erfolgt in der gleichen Weise mit einer Chromlösung bekannten Gehaltes.

Bemerkung. *Genauigkeit.* Bei einer Chrommenge von über 25 mg Cr betrug der Fehler maximal $-0,6\%$; bei 1 mg Chrom tritt eine Abweichung von maximal $+2,2\%$ auf.

Literatur.

BECKURTS, H.: Die Methoden der Maßanalyse S. 510 (1913). — BOLLENBACH, H.: Ch. Z. **31**, 760 (1907).
CLASSEN, A.: Theorie und Praxis der Maßanalyse, Leipzig 1912.
DONATH, E.: B. **14**, 982 (1881).
GIORGIS, G.: Atti Accad. Lincei [5] **1**, II, 451 (1892).
ISSA, I. M., A. A. ABDUL AZIM u. R. M. ISSA: Anal. chim. Acta **12**, 92 (1955). — ISSA, I. M., u. R. M. ISSA: Anal. chim. Acta **11**, 192 (1954). — ISSA, I. M., R. M. ISSA u. A. A. ABDUL AZIM: Anal. chim. Acta **10**, 474 (1954).
REINITZER, B., u. P. CONRATH: Fr. **68**, 81 (1926).

§ 13. Bestimmung mit Kaliumhexacyanoferrat(III).

A. Durch Titration des gebildeten Kaliumhexacyanoferrats(II) mit Kaliumpermanganat.

Allgemeines. Nach einer zuerst von BOLLENBACH und LUCHMANN beschriebenen Methode wird Chrom(III)-salz mittels eines großen Überschusses einer stark alkalischen Kaliumhexacyanoferrat(III)-lösung zu Chromat oxydiert, welches mit Bariumhydroxyd als schwerlösliches Bariumchromat ausgefällt wird. In der filtrierten, salzsauer gestellten Lösung titriert man das bei der Reaktion entstandene Kaliumhexacyanoferrat(II) mit Permanganat. Aus dem Permanganatverbrauch kann der Chromgehalt berechnet werden, da die Reaktion stöchiometrisch nach den folgenden Gleichungen verläuft:

$$Cr^{3+} + 3[Fe(CN)_6]^{3-} + 8\,OH^- \longrightarrow CrO_4^{2-} + 3[Fe(CN)_6]^{4-} + 4\,H_2O;$$
$$CrO_4^{2-} + Ba^{2+} \longrightarrow BaCrO_4;$$
$$5[Fe(CN)_6]^{4-} + MnO_4^- + 8\,H^+ \longrightarrow 5[Fe(CN)_6]^{3-} + Mn^{2+} + 4\,H_2O.$$

Hiernach sind 3 Mol Kaliumpermanganat 5 Molen CrO_4^{2-} äquivalent. Die direkte Titration des gebildeten Kaliumhexacyanoferrats(II) mit Kaliumpermanganat bis zur schwachen Rosafärbung ist etwas schwierig durchführbar, weil während der Titration ein Niederschlag von $K_2Mn[Fe(CN)_6]$ entsteht, der die Endpunkterkennung erschwert (GRÜTZNER). Da der Niederschlag jedoch im Überschuß von Permanganat löslich ist, verfährt man zweckmäßigerweise so, daß man die Maßlösung bis zur deutlichen Rotfärbung zufließen läßt und den Überschuß nach Zugabe von etwas Eisen(III)-salz mit Kaliumhexacyanoferrat(II) zurücktitriert, bis die Berliner-Blau-Färbung bestehenbleibt.

Die Oxydation von Chrom(III) zu Chrom(VI) mit Kaliumhexacyanoferrat(III) verläuft nur dann in dem gewünschten Sinne, wenn ein großer Überschuß an Oxydationsmittel vorhanden ist. Zur Oxydation von 0,0263 g Cr sind theoretisch 0,5 g $K_3[Fe(CN)_6]$ erforderlich. Nach BOLLENBACH und LUCHMANN muß aber mindestens ein 4- bis 6facher Überschuß genommen werden, damit die Umsetzung quantitativ wird (vgl. Tab. 15). PALMER erhöht die Kaliumhexacyanoferrat(III)-menge sogar auf das 15fache des theoretisch erforderlichen Verbrauches.

Tabelle 15.

Angew. Cr g	Angew. $K_3Fe(CN)_6$ g	Verbrauch $KMnO_4$-Lösung ml
0,0255	0,5	11,02
0,0255	1,0	11,94
0,0255	1,5	12,80
0,0255	2,0	13,95
0,0255	2,5	14,02
0,0255	3,0	14,05
0,0255	4,0	14,00
0,0255	6,0	14,10

Berechneter Verbrauch: 14,09 ml $KMnO_4$-Lösung.

1. Verfahren nach Bollenbach und Luchmann.

Arbeitsvorschrift. Die zu untersuchende Chrom(III)-lösung wird in eine frisch bereitete Lösung von 4 bis 12 g Kaliumhexacyanoferrat(III) und 50 ml 2 n Natronlauge eingegossen und nach kräftigem Umrühren so lange mit Barytlauge versetzt, bis alles Chromat ausgefällt ist. Man spült in einen 500-ml-Meßkolben über, füllt zur Marke auf und filtriert partiell 250 ml ab, die man mit verd. Salzsäure ansäuert. Man versetzt mit Kaliumpermanganat bis zur deutlichen Rotfärbung und titriert mit einer 0,05 n Kaliumhexacyanoferrat(II)-lösung bei Gegenwart von etwas Eisen(III) bis zur bestehenbleibenden Grünblaufärbung zurück.

Die Kaliumpermanganatlösung wird gegen Oxalsäure eingestellt. 1 ml 0,1 n $KMnO_4$ entspricht 0,00173 g Cr.

Bemerkungen. *I. Genauigkeit.* Nach den Beleganalysen treten Fehler von —1,3 bis +1,1% auf. Nach PALMER ist es erforderlich, eine Korrektur für den durch das Kaliumhexacyanoferrat(III) bedingten Kaliumpermanganatverbrauch anzubringen.

II. Zur Fällung des Chromats ist *Bariumhydroxyd* den Bariumsalzen vorzuziehen, weil der Niederschlag sich schneller absetzt und besser filtrierbar als bei Verwendung von Bariumchlorid oder -nitrat ist.

III. Es ist nicht zweckmäßig, das Ansäuern des Filtrates mit *Schwefelsäure* vorzunehmen, weil das entstehende Bariumsulfat das Erkennen des Endpunktes erschwert. Die Titration von Kaliumhexacyanoferrat(II) mit Kaliumpermanganat verläuft jedoch im Gegensatz zur Eisentitration auch in salzsaurer Lösung ohne Störung. Die Verfasser verbrauchten bei der Titration bekannter Mengen Kaliumhexacyanoferrats(II) in salz- und in schwefelsaurer Lösung die gleichen Mengen Permanganat.

IV. Einfluß von Vanadium. Vanadium(IV) wird durch eine alkalische Kaliumhexacyanoferrat(III)-lösung *quantitativ* zu Vanadium(V) oxydiert. Wenn also Chrom(III) und Vanadium(IV) nebeneinander vorliegen, erfaßt man stets die Summe an Vanadium und Chrom. In einem solchen Falle ermittelt man den Vanadiumgehalt gesondert und bringt ihn bei der Titration in Rechnung (siehe weiter unten).

V. Einfluß anderer Stoffe. Die Probelösung darf keine Metalle der Schwefelwasserstoffgruppe, kein Kobalt-, Nickel-, Mangan- und Eisen(II)-salz enthalten und muß frei sein von reduzierenden Substanzen wie Schwefelwasserstoff, Schwefeldioxyd und organische Verbindungen. Chloride stören den Reaktionsverlauf nicht.

Ebenfalls ist die Gegenwart von Ammoniumsalzen nicht nachteilig, sofern nur ein reichlicher Überschuß an Natronlauge vorhanden ist. Auch Aluminiumsalze stören nicht. Dagegen fallen die Resultate etwas zu niedrig aus, wenn bei einem Gehalt von 0,025 g Chrom die Eisen(III)-menge größer als 0,05 g ist. Das Eisenhydroxyd schließt dann immer etwas Chrom ein, welches dadurch der Oxydation entzogen wird. Größere Eisenmengen müssen also vorher entfernt werden.

2. Bestimmung von Chrom und Vanadium nach Palmer.

Arbeitsvorschrift. Die zu untersuchende Lösung, welche Chrom und Vanadium in ihren höchsten Wertigkeitsstufen enthalten soll, wird in zwei gleiche Teile geteilt:

I. Bestimmung von Cr und V. Nach schwachem Ansäuern mit Salzsäure reduziert man durch Einleiten von Schwefeldioxyd zu Chrom(III) und Vanadium(IV); durch Kochen im Kohlendioxydstrom wird der Überschuß an SO_2 vollständig entfernt. Die abgekühlte Lösung versetzt man mit mindestens dem 10fachen der theoretisch erforderlichen Menge an Kaliumhexacyanoferrat(III) und mit 6 g Kaliumhydroxyd, beide in hinreichend konzentrierter Lösung, so daß das Gesamtvolumen 100 bis 125 ml beträgt. Man fällt mit Bariumhydroxydlösung, saugt den Niederschlag nach dem Absitzen durch einen Glasfiltertiegel ab und säuert Filtrat und Waschwasser mit Salzsäure an. Nun wird mit einer bekannten Menge Kaliumpermanganats im Überschuß versetzt und dieser mit 0,2 n Kaliumhexacyanoferrat(II)-lösung bei Gegenwart von Eisen(III) zurücktitriert.

II. Bestimmung von V. Die Lösung wird zu etwa 100 ml mit Wasser verdünnt und nach Zugabe von 10 bis 15 ml Eisessig und einer ausreichenden Menge Wasserstoffperoxyd zum Sieden erhitzt, wodurch das Chrom(VI) zu Chrom(III) reduziert wird, während das Vanadium 5wertig bleibt. Die etwas verdünnte Lösung fällt man mit Bleiacetat, erhitzt sie zum Sieden, filtriert sie durch einen Glasfiltertiegel und wäscht sorgfältig aus. Das Bleivanadat wird in Kalilauge gelöst, die Lösung mit Schwefelsäure stark angesäuert (Bleisulfat fällt aus!), durch schweflige Säure reduziert und nach Entfernung der letzteren mit Permanganat titriert. Diese Titration ergibt den vorhandenen Vanadiumgehalt, und durch Subtraktion der hierfür verbrauchten Permanganatmenge von dem bei der ersten Titration ermittelten Verbrauch erhält man die dem Chrom äquivalente Menge an Maßlösung.

B. Durch direkte Titration mit potentiometrischer Endpunkterkennung nach Hahn.

Allgemeines. HAHN beschreibt als erster die potentiometrische Endpunkterkennung bei der direkten Titration von Chrom(III)-salz mit Kaliumhexacyanoferrat(III) in stark alkalischer Lösung. Da die Reaktion selbst bei erhöhter Temperatur zu langsam verläuft, muß man als Katalysator einen Stoff verwenden, der vom Kaliumhexacyanoferrat(III) schnell oxydiert wird und seinerseits wieder das Chrom(III) sofort oxydiert. Als geeignet erwies sich eine Spur Thalliumsalz. Bruchteile eines Milligrammes genügen, um die Reaktion unmeßbar schnell ablaufen zu lassen. Es ist dabei nicht erforderlich, ja nicht einmal günstig, bei jeder Bestimmung von neuem Thallium zuzugeben; die Mengen, die vermutlich als Tl_2O_3 am Becherglas und Rührer hängenbleiben, genügen vollauf. Titriert man eine Chrom(III)-salzlösung in warmer überschüssiger Natronlauge mit 0,1 n Kaliumhexacyanoferrat(III)-lösung unter Verwendung eines Platindrahtes als Indicatorelektrode gegen die Hilfselektrode $Hg/Hg_2Cl_2/n$ KCl, so erhält man genau im Äquivalenzpunkt einen deutlichen Potentialsprung, was aus den folgenden Zahlen hervorgeht:

Reagenszusatz	ml	0	4,6	4,7	4,8	4,9	5,1
Ausschlag	mV	−320	−255	−235	+170	+210	+240
Änderung	mV			20	405	40	

Man sieht, daß in unmittelbarer Nähe des Endpunktes die Potentialdifferenz ihr Vorzeichen ändert. Da die durch 0,1 ml Reagens bewirkte Potentialänderung hier außerordentlich groß ist, ist es belanglos, ob das Umschlagspotential genau 0 oder um einige Millivolt davon verschieden ist. Man kann die Kalomelelektrode einfach als Umschlagselektrode verwenden.

Das Verfahren wurde in neuerer Zeit von STEUER überprüft und als eines der geeignetsten potentiometrischen Chrombestimmungsverfahren bezeichnet, nicht zuletzt wegen der schnellen Durchführung und geringen Störanfälligkeit gegen andere Stoffe.

Apparatur. Ein übliches Potentiometer und die Elektrodenkombination Platin-Kalomel (nach STEUER Platin–Silberjodid) finden Anwendung. Es ist zweckmäßig, als Diaphragma Glasfilterplatten zu benutzen, weil anderes Material — z. B. Papierpfropfen — durch die starke Lauge sehr schnell stromundurchlässig wird.

Reagenzien. 1. Natronlauge. Man löst 500 g NaOH und 50 g KCl in 500 ml Wasser und fügt auf dem Wasserbad so lange Kaliumhexacyanoferrat(III)-lösung hinzu, bis eine deutlich gelbrote Farbe bestehenbleibt. Dann erhitzt man weiter einige Stunden auf dem Wasserbad oder kurz über freier Flamme, wodurch der Überschuß an Cyanoferrat(III) zerstört wird. Zum Gebrauch läßt man die Lauge auf dem Wasserbad stehen und gießt die benötigten Mengen vom Bodensatz ab.

2. 0,1 n Kaliumhexacyanoferrat(III)-lösung wird durch genaues Einwägen des reinen Salzes hergestellt. Zur etwaigen Einstellung verwendet man entweder Chromalaun oder besser noch Kaliumdichromat, das man in schwefelsaurer Lösung mit Wasserstoffperoxyd reduziert. Gibt man dieses vorsichtig zu, so daß sich die Farbe der Perchromsäure in der Kälte hält, dann ist die Lösung bereits nach einmaligem Eindampfen brauchbar. Bei Reihenanalysen kann jede einmal analysierte Chrom(III)-lösung als Urmaß dienen.

3. Thalliumsulfat-, -nitrat- oder -chloridlösung. 0,1 bis 1 mg in 1 ml, in einem Tropffläschchen aufzubewahren.

Arbeitsvorschrift. Man bringt in das Titriergefäß so viel der warmen Lauge, daß der Platindraht und der Stromschlüssel zur Kalomelelektrode eintauchen, fügt einige Tropfen Thalliumlösung und nun so lange 0,1 n Kaliumhexacyanoferrat(III)-lösung hinzu, bis der Ausschlag am Galvanometer nahezu verschwunden ist. Im Falle, daß zu viel Cyanoferrat(III) hineingekommen ist, nimmt man den Ausschlag durch Zugabe von noch etwas Thallium- oder sehr verdünnter Chrom(III)-lösung weg, die man am besten in kleinen Tröpfchen mit einem fein ausgezogenen Glasstab zugibt. Dann fügt man 5 ml der zu analysierenden, nicht zu verdünnten Chrom(III)-lösung hinzu und läßt die Maßlösung zufließen. Zunächst bleibt der Anschlag unverändert, dann wird er größer, ein Zeichen, daß man sich dem Endpunkt nähert. Beginnt der Ausschlag wieder kleiner zu werden, so läßt man das Reagens langsamer zufließen und titriert tropfenweise zu Ende, bis 1 Tropfen die Richtung des Ausschlages umkehrt.

Für die nächste Chrombestimmung ist es nur nötig, einen Teil des Becherinhaltes abzuhebern und etwas Natronlauge nachzufüllen. Der Galvanometerzeiger wird dann so unmittelbar in der Nähe des Nullpunktes stehen, daß man sofort die Probelösung zugeben und titrieren kann. Hat man die Natronlauge nicht in der obigen Weise oxydiert, so muß man vor jeder Titration durch Zugabe von Cyanoferrat(III) den Galvanometerzeiger in unmittelbare Nähe des Nullpunktes bringen.

Bemerkungen. *1. Genauigkeit.* Nach den Beleganalysen von STEUER, der die Methode in Anwesenheit von Aluminium, Eisen, Titan und Uran erprobte, ist die Genauigkeit der Methode sehr groß. Bei einem Chromgehalt von 17,8 mg betrug bei Gegenwart der vorstehenden Elemente die größte Abweichung −0,2 mg.

2. Bedeutung des Kaliumchloridzusatzes. Der Zusatz von KCl bewirkt ein Ansteigen des Galvanometerausschlags etwas vor dem Endpunkt und beseitigt die Gefahr des Übertitrierens vollkommen.

3. Erforderliche Temperatur. Nach STEUER titriert man bei 40° in einer CO_2-Atmosphäre.

4. Einfluß von Vanadium. Nach STEUER ist Vanadium ohne störenden Einfluß auf die Chrombestimmung, da die Oxydation von V(IV) → V(V) und von Cr(III) → Cr(VI) sich in zwei getrennten Potentialsprüngen äußert. Die zuerst erfolgende Oxydation von Vadium findet jedoch nach DEL FRESNO zu früh statt, so daß eine gleichzeitige Bestimmung von Chrom und Vanadium nicht genau durchführbar ist, sondern nur die Summe aus Cr und V bestimmt werden kann.

5. Einfluß anderer Metalle. Es stören nicht: Uran, Eisen, Aluminium, Titan, Mangan, Wismut, Kupfer, Arsen, Antimon, Quecksilber.

Literatur.

BOLLENBACH, H., u. E. LUCHMANN: Z. anorg. Ch. **60**, 452 (1908).
DEL FRESNO, C., u. L. VALDÉS: Z. anorg. Ch. **183**, 255 (1929).
GRÜTZNER, B.: Ar. **240**, 69 (1902); durch C. **73**, I, 500 (1902).
HAHN, F. L.: Z. angew. Ch. **40**, 349 (1927).
PALMER, H. E.: Z. anorg. Ch. **67**, 448 (1910).
STEUER, H.: Fr. **118**, 387 (1939/40).

§ 14. Sonstige maßanalytische Bestimmungsverfahren des Chrom(III).

A. Oxydationsverfahren.

1. Cerimetrische Bestimmung von Chrom(III) und deren Anwendung auf die Bestimmung von Chrom(III) neben Chrom(VI) nach Willand und Young.

Allgemeines. WILLARD und YOUNG (a) haben die früher von ihnen (b) für andere Zwecke benutzte Cer(IV)-sulfatlösung, welche sich durch hervorragende Titerkonstanz auszeichnet, auch für die Bestimmung von Chrom(III) herangezogen. Hierzu werden drei verschiedene Möglichkeiten angegeben, von denen jedoch die nach der Oxydation mit Cer(IV) erfolgende Wegnahme des Überschusses durch Nitrit oder Azid und anschließende ferrometrische Titration des Chromats nur einen Spezialfall der Chromatbestimmung darstellt und sich wegen ihrer Umständlichkeit und fehlender Vorteile gegenüber der Oxydation mit Persulfat oder Perchlorsäure nicht eingeführt hat. Es wird daher auch weder hier noch im Abschnitt: Ferrometrische Bestimmung auf diese beiden Methoden näher eingegangen.

Demgegenüber stellt die dritte Variation, nämlich die Titration des Cer(IV)-überschusses mit Nitrit oder Oxalat, ein Verfahren zur indirekten Bestimmung von 3wertigem Chrom dar, welches sich besonders für die Anwendung auf solche Fälle empfehlen dürfte, wo Chrom(III) neben Chromat zu bestimmen ist. In galvanischen Verchromungsbädern und anderen Chromlösungen, welche beide Wertigkeitsstufen nebeneinander enthalten können, wurde es von denselben Autoren [WILLARD und YOUNG (c) bzw. YOUNG] später mit unbedeutenden Abänderungen angewandt; hierdurch wird die Trennung der beiden Wertigkeitsstufen des Chroms durch Fällung des Quecksilber(I)-chromats, Verglühen, Peroxydschmelze und jodometrische Chromatbestimmung für ursprüngliches Chromat und Gesamtchrombestimmung durch Peroxydschmelze usw. nach WOGRINZ (vgl. Abschnitt: Jodometrische Bestimmung unter Anwendungen) vermieden, die Analyse der Chrombäder also wesentlich vereinfacht. Da die Bestimmung völlig unabhängig von Anwesenheit von Chromat ist, stellt sie in diesem Falle das schnellste und sicherste Verfahren zur Chrom(III)-bestimmung dar, weil die Oxydation mit stöchiometrischer Menge des Oxydationsmittels verläuft.

Reagenzien. 1. 0,1 n Cer(IV)-sulfatlösung, 0,5 m an Schwefelsäure. Die angegebene Darstellung aus dem Oxyd erübrigt sich, da das Produkt heute allgemein handelsüblich ist. 1 ml entspricht 1,7337 mg Chrom.

2. 0,1 n Natriumnitritlösung, auf die Cer(IV)-lösung eingestellt; der Titer nimmt während mehrerer Wochen nur um 0,1% ab.

Arbeitsvorschrift. Eine etwa 45 mg Chrom entsprechende Menge der Chrom(III)-salzlösung wird mit 15 ml Schwefelsäure (D 1,5) oder 5 ml 70%iger Perchlorsäure sowie mit 40 ml 0,1 n Cer(IV)-lösung versetzt, auf etwa 150 ml gebracht und 20 Min. bei 100° gehalten. Dann wird die Flüssigkeit auf 200 ml verdünnt und nach 5 Min. bei 60° der Cer(IV)-überschuß elektrometrisch mit Natriumnitritlösung zurücktitriert, wobei die Bürettenspitze eben in die Lösung eintauchen soll.

Bemerkungen. *I. Genauigkeit.* Bei Einhaltung der Bedingungen sind die Ergebnisse ausgezeichnet; von vielen Beleganalysen weicht keine um mehr als 0,2% von den Sollwerten ab.

II. Cer(IV)-lösung. Bei der vorgelegten Chrommenge (45 mg) reichen 40 ml Lösung, welche etwa 12 ml Überschuß entsprechen, völlig aus zur quantitativen Oxydation in der angegebenen Zeit.

III. Säuren. Eine Veränderung der Säuremengen ist ohne wesentlichen Einfluß auf die Ergebnisse. In salpeter- und perchlorsaurer Lösung verläuft die Oxydation zwar wegen höherer Cerpotentiale etwas rascher; jedoch scheint schwefelsaure Lösung manche Vorteile zu bieten, welche aber aus den in dieser und anderer Hinsicht recht verworrenen Angaben der Autoren nicht deutlich ersichtlich sind.

IV. Vanadium. Bei dessen Anwesenheit wird die Summe von Chrom(III) und Vanadium(IV) erhalten.

V. Mangan stört in Mengen bis zu 0,1 g nicht; jedoch soll in seiner Anwesenheit, insbesondere bei Bildung eines Mangan(IV)-oxydniederschlages, die Titration mit Nitrit besonders langsam erfolgen, wozu bis zu 20 Min. erforderlich sein können. Hier wirkt sich Salpetersäure ungünstig aus.

VI. Elektroden und Potential. Es werden Platin- und Silberchloridelektroden verwendet. Bei 50 bis 60° beträgt der Potentialsprung je 0,05 ml Nitritlösung 150 bis 200 mV. YOUNG verwendet später auch zwei Platinelektroden, von denen die eine zweckmäßig bei eintauchender Bürettenspitze in das Ablaufrohr der Bürette unterhalb des Hahnes eingeführt ist.

VII. Chromateinfluß. Da die Chrom(III)-bestimmung durch ursprünglich vorhandenes Chromat nicht beeinträchtigt wird, findet das Verfahren nach WILLARD und YOUNG (c) besonders vorteilhaft Anwendung für die Bestimmung von Chrom(III) in Chromsäurelösungen und anderen Verchromungsbädern, wo es die umständlichere Gesamtchrombestimmung zur Ermittlung von Chrom(III) aus der Differenz gegenüber Chromat ersetzt.

2. Bestimmung mit Jodid und Jodat nach Moody.

Bei der Einwirkung eines Gemisches von Kaliumjodid und Kaliumjodat auf Chrom(III)-salze werden diese unter Bildung einer äquivalenten Menge Jod hydrolysiert:

$$Cr_2(SO_4)_3 + 5\,KJ + KJO_3 + 3\,H_2O = 2\,Cr(OH)_3 + 3\,K_2SO_4 + 6\,J.$$

Das ausgeschiedene Jod wird im Wasserstoffstrom in eine mit Kaliumjodid beschickte Vorlage übergetrieben und dort mit einer eingestellten Natriumthiosulfatlösung bestimmt. Die Methode soll sich insbesondere für die Untersuchung von Chromalaunen eignen. Das in Freiheit gesetzte Jod ist ein Maß für die bei der Hydrolyse gebildete Schwefelsäuremenge. Die im Chromalaun vorhandene Chromoxydmenge läßt sich nach dieser Methode nur dann berechnen, wenn die Zusammensetzung des Salzes genau den stöchiometrischen Mengenverhältnissen entspricht. Bei basischen Chrom(III)-sulfaten fallen die Werte zu niedrig aus, da Cr_2O_3 im Überschuß vorhanden ist.

B. Fällungsanalytische und Komplexbildungsverfahren.

1. Bestimmung durch Fällungstitration mit Arsenat nach Valentin.

Allgemeines. Die Arsensäure bildet mit der Mehrzahl der Schwermetallionen unlösliche oder sehr wenig lösliche Salze, die durch Fällung der entsprechenden Metallsalzlösungen mit Alkaliarsenaten leicht zu erhalten sind. Aus einer Chrom(III)-salzlösung scheidet sich auf Zusatz von Arsenatlösung das neutrale Chrom(III)-arsenat $CrAsO_4$ ab. Das Bestimmungsverfahren beruht nun darauf, daß das $CrAsO_4$ mit genau eingestellter überschüssiger Arsenatlösung gefällt wird. Nach dem Abtrennen des Niederschlages wird der Arsenatüberschuß auf jodometrischem Wege zurückgemessen:

$$1\,Cr^{+++} \text{ entspricht } 1\,AsO_4^{---} \text{ oder } 2\,J \text{ oder } 2\,S_2O_3^{--}.$$

Arbeitsvorschrift. I. Gehaltsbestimmung der Monokaliumarsenatlösung. 10 ml einer 1%igen Monokaliumarsenatlösung werden in einer Flasche mit 20 ml 25%iger Salzsäure, 20 ml Wasser und 1 g Kaliumjodid versetzt. Nach 15 Min. wird das ausgeschiedene Jod mit 0,1 n $Na_2S_2O_3$-Lösung ohne Anwendung von Stärke titriert:

$$H_3AsO_4 + 2\,HJ \rightleftharpoons H_3AsO_3 + H_2O + J_2.$$

Die Titerbeständigkeit der Alkaliarsenatlösung soll ausgezeichnet sein.

II. Ausführung der Fällungstitration einer Chrom(III)-salzlösung. Die neutrale oder saure Chrom(III)-salzlösung, die bis zu 0,1 g Chrom(III) enthält, wird zunächst ammoniakalisch gemacht. Nach dem Auflösen des Niederschlages in möglichst wenig Essigsäure fügt man 50 ml einer heißen 1%igen Arsenatlösung hinzu und erhitzt 10 Min. lang zum Sieden. Nach dem Erkalten füllt man auf 100 ml auf, schüttelt gut durch und trennt den Niederschlag durch Filtration. Im allgemeinen läßt sich der Arsenatniederschlag gut filtrieren. In einzelnen Fällen empfiehlt es sich, etwas Kieselgur oder Talkum aufs Filter zu geben. 50 ml des Filtrates versetzt man in einer Glasstopfenflasche mit 40 ml 25%iger Salzsäure und 1 g Kaliumjodid. Nach 15 Min. titriert man mit 0,1 n Thiosulfatlösung wie bei I. beschrieben zurück. 1 ml 0,1 n $Na_2S_2O_3$-Lösung entspricht 0,002601 g Cr.

Genauigkeit. Die in Gegenwart von bestimmten Zusätzen an Schwefelsäure, Salzsäure und Salpetersäure durchgeführten Beleganalysen zeigen Abweichungen bis zu 1% gegenüber der Theorie.

2. Bestimmung durch Titration mit Diammoniumhydrogenphosphat nach Krause.

Allgemeines. KRAUSE bestimmt Chrom(III) sowie verschiedene andere Metallsalze durch Umsetzung mit einem bekannten großen Überschuß einer genau eingestellten Lösung von Diammoniumhydrogenphosphat in der Siedehitze, wobei Chrom(III)-phosphat ausfällt. Im Filtrat wird der Überschuß an Phosphatlösung in essigsaurem Medium mittels eingestellter Zinklösung zurücktitriert. In der essigsauren, Ammoniumacetat enthaltenden Lösung bildet sich Zinkammoniumphosphat, welches in der *kochend* heißen Lösung schnell kristallin wird und sich absetzt. Den Endpunkt erkennt man am Ausbleiben eines Trübungswölkchens beim Zutropfen der Zinklösung zur klar gewordenen Phosphatlösung. Es ist dabei zu beachten, daß stets die Zinklösung zur Phosphatlösung fließt, weil sonst der Umschlag nicht so scharf zu erkennen ist. Aus der Mengendifferenz der Phosphationen in der Lösung vor und nach der Fällung des Chroms kann dessen Menge berechnet werden.

Reagenzien. 1. Diammoniumhydrogenphosphatlösung; 0,2 Mol = 26,412 g reinstes Diammoniumhydrogenphosphat werden im Wasser gelöst und nach Zugabe von 8 bis 10 g Phenol (Verhütung von Pilzbefall) zu 1000 ml aufgefüllt. Der genaue Phosphatgehalt wird gravimetrisch festgelegt.

2. *Zinkchloridlösung.* Zweckmäßig geht man von einer bei 18 bis 20° gesättigten Lösung von reinstem Zinkchlorid in Wasser aus und versetzt 23,5 g dieser Lösung mit 2 ml Eisessig und füllt zu 1000 ml auf. 1 ml enthält etwa 20 mg $ZnCl_2$. Der genaue Gehalt wird gewichtsanalytisch bestimmt.

3. *Ammoniumacetatlösung.* Man stellt durch Neutralisation von Essigsäure mit Ammoniak gegen Lackmus und Verdünnen mit Wasser eine 50%ige Ammoniumacetatlösung her.

Arbeitsvorschrift. 10,00 ml Phosphatlösung werden in einem 50 ml fassenden Becherglas zum gelinden Sieden erhitzt; unter fortgesetztem schwachem Kochen läßt man in etwa 1 Min. 10,00 ml der neutralen, etwa 0,1 m Chrom(III)-salzlösung zufließen. Man kocht noch 5 Min. weiter, kühlt dann rasch auf 50° ab, saugt durch einen Glasfiltertiegel I G 4 und wäscht 6mal mit je 3 ml einer kalten oder schwach lauwarmen 2%igen Lösung von Ammoniumacetat nach. Mitunter zeigt nach dem Abkühlen des Vorstoßes auch das siebente Waschwasser noch eine ganz schwache Molybdänreaktion. Das Waschen geht etwas langsam; Absaugen und Waschen erfordern zusammen etwa 15 Min. Zeit. Nachdem man etwa $^1/_6$ des Gesamtfiltrats an Ammoniumacetatlösung und 10 bis 15 Vol.-% der Flüssigkeit an Essigsäure zugesetzt hat, titriert man die überschüssige Phosphorsäure mit der Zinklösung heiß zurück. Gegen Ende der Titration läßt man den rasch kristallin werdenden Niederschlag absitzen und titriert unter Umschwenken bis zum Ausbleiben der Trübungswölkchen beim Zugeben eines Zinktropfens. Die ganze Analyse dauert etwa 45 Min.

Berechnung. Aus den zur Rücktitration verbrauchten Millilitern Zinklösung errechnet man die noch vorhandene überschüssige PO_4-Menge und subtrahiert diese von der vorgelegten Menge PO_4^{3-}. Durch Multiplikation der erhaltenen, dem Chrom(III)-gehalt äquivalenten PO_4-Differenz mit dem Faktor 0,5476 erfährt man die vorhandene Chrommenge in 10 ml Ausgangslösung.

Bemerkungen. *I. Genauigkeit.* Das Ausbleiben des Trübungswölkchens beim Zugeben der Zinklösung zur klar gewordenen Phosphatlösung gegen Ende der Titration ist sehr scharf, innerhalb von 1 bis 2 Bürettentropfen, gleich 0,025 bis 0,05 ml, zu erkennen. Zur vollen Ausnutzung der Meßgenauigkeit ist daher die Verwendung genauer Büretten unbedingte Voraussetzung. Die größte Abweichung vom theoretisch zu erwartenden Chromgehalt betrug bei fünf vom Verfasser mitgeteilten Beleganalysen $+0,6\%$, die mittlere Abweichung 0,3%.

II. Erforderliche Phosphatkonzentration. Die Phosphattitration soll in nicht zu verdünnter Lösung erfolgen; enthält die Lösung weniger als 2 mg PO_4 in 1 ml der zu untersuchenden Probe, so bleibt die Fällung ganz aus.

III. Das *Auswaschen des Phosphatniederschlages* darf nicht mit heißem Wasser erfolgen, weil dann oft trübe Filtrate anfallen. Das gleiche ist der Fall, wenn man nur mit kaltem Wasser ohne Zusatz von Ammoniumacetat wäscht.

IV. Störungen und Anwendungsbereich. Es stören alle Metalle, die bei den vorliegenden Bedingungen Phosphatniederschläge hervorrufen. Aus diesem Grunde dürfte der praktische Wert der Methode gering sein; lediglich für die Gehaltsbestimmung in reinen Chrom(III)-salzlösungen könnte das Verfahren von Interesse sein.

3. Bestimmung durch heterometrische Titration nach Bobtelsky und Bar Gadda.

Allgemeines. BOBTELSKY und BAR-GADDA bestimmen Chrom(III)-salze mit Kaliumphthalat durch heterometrische Titration in alkoholischer Lösung. Sie verwenden als Maßlösung eine 0,1 m Kaliumphthalatlösung in 90%igem Alkohol. Das Chrom(III)-salz wird ebenfalls in 90%igem Alkohol gelöst, der auch zur Verdünnung der Analysenprobe verwendet wird. Zur Untersuchung gelangen 0,1 bis 0,025 m Lösungen.

Apparatur. Zur Messung der Trübungen verwenden BOBTELSKY und Mitarbeiter ein einfaches, „Heterometer" genanntes Photometer. Das Titrationsphotometer hat etwa 3,6 cm Durchmesser und 1 cm (in einzelnen Fällen 2 cm) Schichtdicke. Das Licht tritt senkrecht durch die getrübte Lösung auf die Selenzelle, die mit einem empfindlichen Mikroamperemeter (1 mA = 16 cm) verbunden ist. Die Suspension muß während der Titration stark gerührt werden. WICKBOLD verwendet das KORTÜM-sche Graukeilphotometer zur Trübungstitration.

I. Titration von Chrom(III). Die heterometrische Titration von Chrom(III)-salz mit Kaliumphthalat (abgekürzt: K_2Phth) wird unter Verwendung eines Grünfilters ausgeführt. Titriert man eine vorgelegte Menge Chrom mit alkoholischer Kaliumphthalatlösung, so erhält man zunächst eine klare Lösung. Genau bei dem Verhältnis $1[Cr(III)]:2[Phth]$ $(=[Cr(III)Phth_2]^-)$ entsteht eine Trübung, die steil

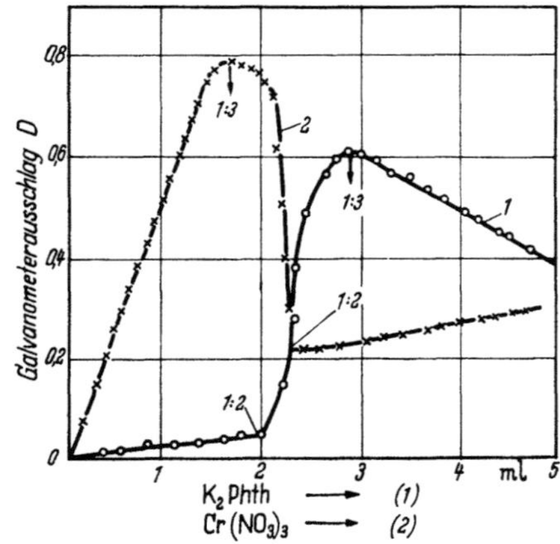

Abb. 30. Heterometrische Titration einer Cr(III)-salz-lösung. (Nach BOBTELSKY und BAR-GADDA.)
Kurve *1*: 4 ml 0,025 m $Cr(NO_3)_3$ in 90% Alkohol + X ml 0,1 m K_2Phth in 90% Alkohol.
Kurve *2*: 2 ml 0,1 m K_2Phth in 90% Alkohol + X ml 0,05 m $Cr(NO_3)_3$ in 90% Alkohol.

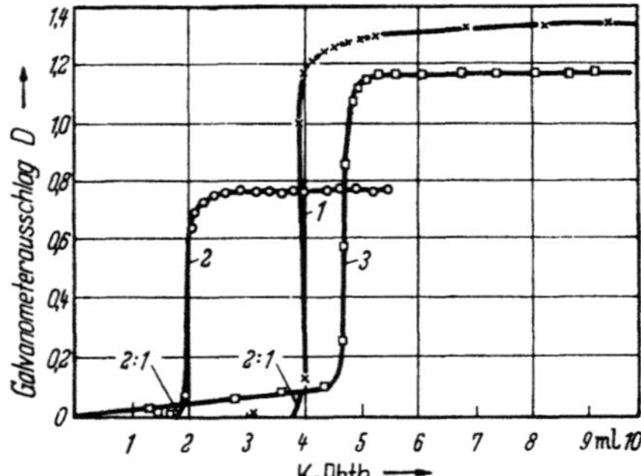

Abb. 31. Heterometrische Titration einer Cr(III)-Al-salz-lösung. (Nach BOBTELSKY und BAR-GADDA.)
Kurve *1*: 6 ml 0,05 m $AlCl_3$ in 50% Alkohol + 2 ml 0,05 m $Cr(NO_3)_3$ in 50% Alkohol + 2 ml 50% Alkohol + X ml 0.2 m K_2Phth in 50% Alkohol.
Kurve *2*: 2 ml 0,05 m $AlCl_3$ in 50% Alkohol + 2 ml 0,05 m $Cr(NO_3)_3$ in 50% Alkohol + 6 ml 50% Alkohol + X ml 0,2 m K_2Phth in 50% Alkohol.
Kurve *3*: 2 ml 0,1 m $AlCl_3$ in 50% Alkohol + 2 ml 0,1 m $Cr(NO_3)_3$ in 50% Alkohol + 6 ml 50% Alkohol + X ml 0,2 m K_2Phth in 50% Alkohol.

bis zum Maximum ansteigt, welches beim Verhältnis $1[Cr(III)]:3[Phth]$ $(= [Cr(III)Phth_3]^{-3}$ oder $K_3[Cr(III)Phth_3)$ erreicht ist. Ein Überschuß an Phthalat scheint den Niederschlag wiederum zu lösen (vgl. Abb. 30, Kurve *1*). Bei der umgekehrten Titration nimmt die Trübung linear bis zum Maximum zu, das bei einem Verhältnis $1[Cr(III)]:3[Phth]$ liegt. Ein Überschuß von Chrom löst den Niederschlag wieder auf (vgl. Abb. 30, Kurve *2*).

II. Titration von Chrom(III) und Aluminium. In Mischungen von Aluminium und Chrom kann nur die *Summe* beider Metalle ermittelt werden. Man erhält auch hier bei der Titration mit Phthalat zunächst eine klare Lösung. Genau an dem Punkt, wo das molare Verhältnis von Phthalat zu der Summe [Aluminium + Chrom] 2:1 beträgt, steigt die Trübung plötzlich an (vgl. Abb. 31), und es bildet sich ein weißer Niederschlag. Dies geschieht aber nur, wenn die Aluminiumkonzentration gleich oder größer als die des Chroms ist. Die Titrationen gehen sehr schnell vonstatten, und man erhält momentan konstante Galvanometerausschläge.

III. Titration von Chrom(III), Eisen(III) und Aluminium. Bei der Titration einer Lösung, die Eisen(III), Aluminium und Chrom(III) enthält, resultiert zunächst eine gesättigte, klare Lösung. An einer bestimmten Stelle beginnt dann die Fällung des Eisens, die Trübung verstärkt sich, bis das erste Maximum bei einem molaren Verhältnis $2[Phth]:1[Fe(III)]$ erreicht ist (vgl. Abb. 32). Genau an dieser Stelle beginnt eine neue Reaktion zwischen dem Chrom und Aluminium und dem neu zugegebenen Phthalat. Bis zum nächsten Knick wird quantitativ Al_2Phth_3 und Cr_2Phth_3 gebildet, welche beide in Lösung bleiben. Der nächste Anstieg der Kurve wird durch die folgenden Reaktionen wiedergegeben:

$$K[Fe(III)Phth_2] \downarrow \; + K_2Phth \longrightarrow K_3[Fe(III)Phth_3] \downarrow , \qquad (1)$$

$$Al_2Phth_3 \uparrow \qquad + K_2Phth \longrightarrow 2K[AlPhth_2] \downarrow \qquad (2)$$

$$Cr_2Phth_3 \uparrow \qquad + K_2Phth \longrightarrow 2K[CrPhth_2] \downarrow . \qquad (3)$$

Dieser Teil der Titration erfordert verhältnismäßig viel Zeit (60 bis 90 Min.), wahrscheinlich wegen der heterogen verlaufenden Reaktion (1). Das letzte Maximum wird erreicht, wenn diese drei Reaktionen beendet sind.

Nach dieser Methode kann neben dem Eisen nur die Summe von Chrom und Aluminium ermittelt werden. Man erhält aber nur dann auswertbare Kurven, wenn 1. die molare Konzentration des Eisens (oder Chroms) weniger oder gleich der Konzentration des anderen Metalls ist und 2. das molare Verhältnis Eisen : Aluminium 1 : 1 bis 1 : 3 beträgt; Lösungen von höherer Eisenkonzentration lassen nur die Eisenkurve [Bildung von $Fe(III)_2Phth_3$] erkennen, während die des Aluminiums praktisch nicht auftritt.

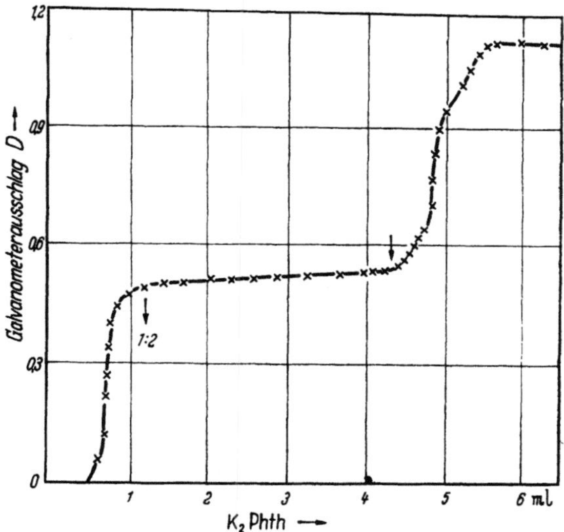

Abb. 32. Heterometrische Titration einer Cr(III)-Fe(III)-Al-salzlösung. (Nach BOBTELSKY und BAR-GADDA.)
1 ml 0,05 m $FeCl_3$ in 50% Alkohol + 2 ml 0,05 m $Cr(NO_3)_3$ in 50% Alkohol + 2 ml 0,05 m $AlCl_3$ in 50% Alkohol + 5 ml 50% Alkohol + X ml 0,1 m K_2Phth in 50% Alkohol.

4. Indirekte Bestimmung über die Fällung mit Mangancarbonat nach Bacoveseu und Vlahuta.

Allgemeines. Behandelt man eine Chrom(III)-salzlösung mit einem geringen Überschuß an frisch gefälltem Mangancarbonat, so fällt das Chrom als Hydroxyd aus, während gleichzeitig eine äquivalente Menge Mangan als lösliches Salz frei wird:

$$Cr_2(SO_4)_3 + 3MnCO_3 + 3H_2O = 2Cr(OH)_3 + 3MnSO_4 + 3CO_2.$$

Nach dem Abfiltrieren des Chrom(III)-hydroxyds und des überschüssigen Mangancarbonats läßt sich das gelöste Mangan titrimetrisch bestimmen und die in der Ausgangslösung vorhandene Chrom(III)-menge berechnen. Das zu analysierende Chrom(III)-salz darf nur die der Formel entsprechende Säuremenge enthalten. Sollte die Lösung zu sauer sein, so neutralisiert man vorsichtig mit verd. Natronlauge, bis ein geringer Niederschlag entsteht, den man hierauf mit wenig Salzsäure unter Erwärmen wieder löst. Die Umsetzung ist erst nach ¹/₂stündigem Erhitzen vollständig. An Stelle des Mangancarbonats läßt sich auch das Manganhydroxyd verwenden.

Arbeitsvorschrift. Man gibt zu einem Gemisch gleicher Volumenteile der annähernd normalen Lösungen von Mangansulfat und Kaliumcarbonat oder Kaliumhydroxyd 1 bis 2 Tropfen verd. Salpetersäure bis zur schwach sauren Reaktion und schüttelt gut um. Nach dem Absitzen dekantiert man die überstehende Flüssigkeit und bringt den Niederschlag auf ein Filter, wo man ihn mehrmals mit Wasser gründlich auswäscht. Die Farbveränderung des Manganhydroxydniederschlages, die durch Sauerstoffaufnahme bedingt ist, soll die Resultate nicht beeinflussen. Den ausgewaschenen Niederschlag bringt man in einen Erlenmeyerkolben und setzt die zu untersuchende Chrom(III)-salzlösung hinzu. Man kocht einige Minuten, filtriert und wäscht mit Wasser aus. In dem mit dem Waschwasser vereinigten Filtrat wird das Mangan durch Titration mit Permanganatlösung nach VOLHARD bestimmt (vgl. TREADWELL).

Bemerkungen. *I.* Es ist notwendig, einen *Überschuß an Mangancarbonat* oder Manganhydroxyd anzuwenden, damit nicht unzersetztes Chrom(III)-salz in Lösung bleibt. Zweckmäßig nimmt man die doppelte der theoretisch erforderlichen Manganmenge.

II. Lösungen. Die Permanganatlösung muß genau eingestellt sein; dagegen brauchen die Lösungen von Mangansulfat und Kaliumcarbonat bzw. Kaliumhydroxyd nur annäherungsweise titriert zu sein.

5. Bestimmung mit Komplexon III nach Doppler und Patzak zur komplexometrischen Titration des Chroms.

Allgemeines. Das folgende Verfahren dient der indirekten Bestimmung durch potentiometrische Rücktitration eines Komplexonüberschusses; andere titrimetrische Verfahren haben bisher keine größere Bedeutung erlangt. Die Färbung des Äthylendiamintetraessigsäure-Chrom-Komplexes kann auch zur colorimetrischen Bestimmung verwendet werden (s. § 18).

Dieses soll die schon von SCHWARZENBACH und Mitarbeitern (a, b, c) vorgeschlagene Neutralisationstitration (b) bzw. Substitutionstitration mit Magnesiumkomplexonat (a) ersetzen, welche wegen ihrer Umständlichkeit keine breitere Anwendung gefunden haben. Es arbeitet mit der Rücktitration eines Komplexonüberschusses mit Eisen(III)-lösung, die wegen der starken Eigenfarbe des Chromkomplexes nicht mit Indicatoren, sondern mit potentiometrischer Endpunktanzeige nach PŘIBIL und Mitarbeitern vorgenommen wird. Die schon von SCHWARZENBACH angegebenen Beständigkeitsbereiche der drei verschiedenen Chromkomplexe mit Äthylendiamintetraessigsäure, insbesondere das von p_H 2 bis 7,5 beständige Ion $(CrH_2OY)^-$, ließen große Stabilität und damit die Möglichkeit einer einwandfreien Rücktitration erwarten, während die große Trägheit bei der Umsetzung des Komplexons mit Chrom(III)-salzen in der Nähe der Zimmertemperatur [SCHWARZENBACH (b)] eine Direkttitration wenig aussichtsreich machte. Oberhalb 80° und zwischen p_H 3 und 5 ist jedoch nach den Feststellungen von DOPPLER und PATZAK die Bildung des Komplexes innerhalb 5 Min. quantitativ und dieser dann noch bei 70° und p_H 1,5 bis 4,5 so stabil, daß weder Zerfall noch Austausch des gebundenen Chroms gegen Eisen stattfindet; demnach kann im Interesse einer schnellen Potentialeinstellung die Rücktitration mit Eisen(III)-maßlösung ohne Bedenken bei 40 bis 45° erfolgen.

Reagenzien. 1. n Essigsäure und

2. n Natriumacetatlösung zur p_H-Einstellung;

3. 0,01 n Komplexon-III-Lösung. 3,721 g des bei 80° getrockneten Dinatriumdihydrogenäthylendiamintetraacetats (= Triplex III, MERCK) werden mit redestilliertem Wasser zu 1 l gelöst.

4. 0,1 m Eisen(III)-chloridlösung. 7,985 g Fe_2O_3 p. a. werden in 40 ml konz. Salzsäure p. a. unter Kochen gelöst und mit redestilliertem Wasser zu 1 l aufgefüllt; eine 0,01 m Lösung an $FeCl_3$ wird hieraus durch Verdünnung unter Zusatz von konz. Salzsäure p. a. hergestellt. p_H-Messungen erfolgen mit Glaselektrode, die Rücktitration mit blanker Platinelektrode gegen gesättigte Kalomelelektrode.

Arbeitsvorschrift. Die schwach sauer gestellte Probelösung wird mit 10 ml Essigsäure-Natriumacetatpuffer (1 + 1) vom p_H-Wert 4,7 und mit einem Überschuß an Komplexon-III-Lösung versetzt. Das Titrationsvolumen soll 30 bis 100 ml, der Chromgehalt der Titrationslösung 10 bis 200 μg/ml betragen. Die Lösung wird 5 Min. im Sieden gehalten und nach dem Abkühlen für die Rücktitration auf 40 bis 45° gebracht. Der Überschuß an Komplexon wird mit 0,1 oder 0,01 m Eisen(III)-chloridlösung potentiometrisch zurücktitriert.

Bemerkungen. *I. Anwendungsbereich.* Es können sowohl die grünen wie die violetten hydratisomeren Chrom(III)-salzlösungen mit der in der Arbeitsvorschrift angegebenen Konzentration verarbeitet werden. Nur diese Lösungen, aus Kaliumdichromat p. a. durch Reduktion mit Perhydrol in schwefelsaurer bzw. mit Äthanol in salzsaurer Lösung hergestellt, wurden eingesetzt.

II. Genauigkeit. Nach Bildung des Komplexes entsprechend der Arbeitsvorschrift ist die Rücktitration mit 0,1 m Eisenlösung und damit das Gesamtergebnis zwischen 40 und 70° sowie bei einem p_H-Wert von 1,5 bis 5,0 unabhängig von den Titrationsbedingungen; aus 10 Beleganalysen ergibt sich dabei ein maximaler Fehler von + 0,77 oder − 0,36% des vorhandenen (3,5 bis 7,0 mg) Chroms, der unter den gleichen Bedingungen bei der Rücktitration mit 0,01 m Eisenlösung auf ± 1,43% ansteigen kann.

III. Visuelle Rücktitration. Zur Vermeidung der potentiometrischen wurde auch eine visuelle Titration ausgearbeitet, wobei man wegen der wesentlich schwächeren Farbintensität des oberhalb p_H 8 beständigen $(CrOHY)^{2-}$-Komplexes bei $p_H = 10$ mit Zinknitrat in bekannter Weise mit Eriochromschwarz T als Indicator zurücktitriert und die störende blaue Eigenfarbe des Komplexes vorher durch Zugabe von Eriogrün-B und Kongorot auf Grau kompensiert.

IV. Störende Metalle. Während 1 wertige und Erdalkaliionen nicht stören, ist eine Ausschaltung der bekannten Störung durch Blei, Zink, Kobalt, Eisen usw. noch nicht gelungen.

Literatur.

Bacovescu, A., u. E. Vlahuta: B. **42**, 2638 (1909). — Bobtelsky, M., u. J. Bar-Gadda: Anal. chim. Acta **9**, 446 (1953); Bl. **1953**, 276, 382, 687.

Doppler, G., u. R. Patzak: Fr. **152**, 45 (1956).

Krause, H.: Fr. **126**, 411 (1943); **128**, 18, 103 (1948).

Moody, S. E.: Z. anorg. Ch. **51**, 121 (1906).

Přibil, R., Z. Koudela u. B. Matyska: Coll. Czechoslov. Chem. Comm. **16**, 80 (1951); durch Fr. **135**, 360 (1952).

Schwarzenbach, G.: (a) Die komplexometrische Titration, Stuttgart 1955. — Schwarzenbach, G., u. W. Biedermann: (b) Helv. **31**, 459 (1948). — Schwarzenbach, G., R. Gut u. G. Anderegg: (c) Helv. **37**, 937 (1954).

Treadwell, W. D.: Lehrbuch der analytischen Chemie, Bd. II.

Valentin, J.: Fr. **54**, 76, 88 (1915).

Wickbold, R.: Fette u. Seifen **54**, 394 (1952); Angew. Ch. **65**, 159 (1953). — Willard, H. H., u. Ph. Young: (a) Am. Soc. **51**, 139 (1929); (b) **50**, 1322 (1928); (c) Trans. electrochem. Soc. **67** (1935), Preprint 7; durch Fr. **109**, 437 (1937). — Wogrinz, A.: Ch. Z. **56**, 571 (1932).

Young, Ph.: Metal Cleaning Finishing **8**, 397, 473 (1936); durch Fr. **111**, 365 (1937/38).

§ 15. Reduktion zu Chrom(II) und anschließende oxydimetrische Bestimmung.

Allgemeines. Zimmermann reduzierte Chrom(III)-sulfat und -chloridlösungen mit Zink bei Gegenwart von Salz- oder Schwefelsäure in mit Bunsenventil verschlossenem Kölbchen und gelangt nach längerer Einwirkung quantitativ zu 2 wertigem Chrom, wie er mit guter Reproduzierbarkeit durch die anschließende manganometrische Titration zu Chrom(III) beweisen konnte. Er empfiehlt deshalb für nicht zu große

Mengen Chrom (schlechte Endpunkterkennung) diese Methode zur quantitativen Bestimmung. In dem Falle, wo Salzsäure verwendet wird, verhindert ein Zusatz von Mangan(II)-salz bei der Titration eine störende Chlorentwicklung.

GLASMANN verwendet eine Abänderung des vorstehenden Verfahrens zur Bestimmung von Chrom und Eisen. Die Chrom(III) und Eisen(III) enthaltende schwefelsaure Lösung wird mit SO_2 behandelt, wobei Eisen reduziert und nach Durchleiten von CO_2 mit Permanganat titriert wird. Die austitrierte Lösung wird mit Zink und Schwefelsäure in der Wärme reduziert und durch erneute manganometrische Titration die Summe beider Metalle erfaßt. Nach den Beleganalysen ist das Verfahren brauchbar.

KNECHT und HIBBERT dagegen fanden bei Nachprüfung der ZIMMERMANNschen Methode der Chromreduktion mit Zink und Salzsäure höchstens 97% des angewandten Chrom(III)-salzes zurück. LUNDELL und BRIGHT erwähnen, daß WITMER mit Erfolg Chrom(III)-salzlösung unter Anwendung der JONESschen Reduktion reduzierte und die resultierende Lösung mit Permanganat titrierte. Detaillierte Beschreibungen dieser Versuche liegen nicht vor. VAN BRUNT gebrauchte eine von außen elektrisch geheizte Form des Reduktors von JONES, hielt 10 bis 20 Min. lang die Chrom(III)-salzlösung beinahe auf Siedetemperatur, ließ die reduzierte Chromlösung in einen Überschuß von Eisen(III)-ammoniumsulfat einfließen und titrierte die resultierende Lösung mit Kaliumpermanganat. Der Verfasser gibt Werte an, welche mit den theoretischen gut übereinstimmen.

Die Anwendung von flüssigen Amalgamen, welche von NAKAZONO in die analytische Chemie eingeführt wurden, hat KANO u. a. auch zur Chromreduktion herangezogen. Ausführliche Untersuchungen über die Amalgame, insbesondere für die Chrombestimmung, stammen von SOMEYA (a).

Mit Hilfe von Zinkamalgam kann das Chrom in einer verdünnt salzsauren Chrom(III)-chloridlösung in CO_2-Atmosphäre bei Zimmertemperatur leicht und rasch vollständig zu Cr(II) reduziert werden. Als günstigste HCl-Konzentration hat sich eine solche von 0,3 bis 2,5 n erwiesen, da bei höherem HCl-Gehalt die Reduktion der Wasserstoffionen durch das 2wertige Chrom bemerkbar wird, die zugleich einen die Titration störenden Wasserstoffüberdruck im Reduktor veranlaßt. Das Zugegensein beträchtlicher Mengen von Alkali-, Erdalkali- und Schwermetallchloriden hat keinen Einfluß; dagegen vermögen freie Schwefelsäure und Sulfate die Reduktion unvollständig zu machen [SOMEYA (a) sowie POPOW und NECHAMKINA]. Nach SOMEYA (b) erfordert die Cr-Bestimmung besonders reines Zinkamalgam.

Bleiamalgam vermag ebenfalls Chrom(III)-chlorid quantitativ zu reduzieren, jedoch nur in stark konzentrierter HCl-Lösung. Über die beim Arbeiten mit flüssigen Amalgamen zweckmäßige Apparatur und Technik vgl. die umfassende Übersicht von BRENNECKE.

Verfahren nach Someya.

Herstellung von Zinkamalgam. 3 bis 4 g reines, gekörntes Zink oder Zinkspäne werden gut mit verd. Schwefelsäure gewaschen und dann auf dem Wasserbad mit etwa 100 g Quecksilber und etwas verd. Schwefelsäure bis zur vollständigen Auflösung erhitzt. Das Amalgam wird dann wiederholt mit etwas Schwefelsäure enthaltendem Wasser gewaschen und nach dem Erkalten in einem Scheidetrichter von festen Anteilen getrennt, die weiterhin zur Erhöhung der Zn-Konzentration von wiederholt verwendetem und an Zn verarmtem Amalgam dienen. Das so erhaltene flüssige Amalgam reagiert nur äußerst langsam mit verd. Schwefelsäure und kann daher lange Zeit aufbewahrt werden. Über die elektrolytische Herstellung von Zinkamalgam siehe SOMEYA (b).

Arbeitsvorschrift. *A. Reduktion Cr(III) → Cr(II).* Die zu untersuchende Dichromatlösung wird in einem Becherglas mit konz. Salzsäure eingedampft, bis alles Chrom 3wertig ist. Die noch vorhandene Salzsäure wird mit Ammoniak neutralisiert und die Lösung wieder mit Salzsäure angesäuert. Die HCl-Konzentration soll 0,3 bis 2,5 n betragen. Man wäscht im Amalgamreduktor mit Wasser und schüttelt in der Kälte in einer CO_2-Atmosphäre.

B. Oxydation Cr(II) → Cr(III). Nach erfolgter Reduktion kann die anschließende Titration unmittelbar im Reduktor ausgeführt werden, nachdem man das Amalgam abgelassen hat. Zur Bestimmung sind verschiedene Titrationsmethoden geeignet, die jedoch alle auf der Überführung in Chrom(III) beruhen.

1. Titration mit Eisen(III) [SOMEYA (a)]. Nach vollständiger Reduktion fügt man 10 ml n Kaliumrhodanid hinzu und schüttelt die Lösung noch einige Minuten. Nach Abtrennung des Amalgams titriert man mit Eisen(III)-chlorid oder Eisen(III)-ammoniumsulfat bis zur Rotfärbung.

2. Titration mit Kaliumpermanganat [SOMEYA (a)]. Man kann unmittelbar mit $KMnO_4$ titrieren, wobei ein scharfer Endpunkt resultiert. Mangan(II)-salz braucht nicht zugegen sein, stört jedoch auch nicht.

3. Titration mit Kaliumdichromat [SOMEYA (a)]. In Gegenwart von einigen Tropfen Diphenylaminlösung (1 g in 100 ml konz. H_2SO_4) resultiert bei der Titration ein scharfer Umschlag. Eine Endpunktkorrektur erübrigt sich.

4. Titration mit Methylenblau [SOMEYA (a)]. Der leicht zugängliche Farbstoff kann nach BERNTHSEN über das Jodid umgefällt und nach mehrmaligem Umkristallisieren aus Wasser und Trocknen bei 100° rein erhalten werden. 0,7 g werden zu 1000 ml gelöst. Die Einstellung erfolgt gegen reines Dichromat, das genau wie in der Arbeitsvorschrift zu Cr(II) reduziert wurde. Der Endpunkt ist an der sehr scharfen Blaufärbung zu erkennen.

5. Titration mit Jod [SOMEYA (c)]. Vor der Abtrennung des Amalgams fügt man Stärkelösung zu und schüttelt 5 Min. Dann titriert man mit 0,1 n Jodlösung bis zur Blaufärbung.

Bei einem Verbrauch von 20 ml Maßlösung ist keine Korrektur erforderlich. Bei größeren Mengen ist eine Korrektur von $+ 0,05$ bis 0,15 ml anzubringen, um den Effekt auf den Luftsauerstoff in der Titrationsflüssigkeit zu kompensieren.

6. Titration mit Kaliumbromat [SOMEYA (c)]. Nach erfolgter Reduktion schüttelt man 2 ml 10%ige Kaliumjodidlösung und 1 ml Stärkelösung einige Minuten mit der Chrom(II)-lösung in dem Reduktor, trennt ab und titriert mit 0,1 n $KBrO_3$-Lösung vorsichtig bis zur Blaufärbung.

7. Titration mit Kaliumjodat [SOMEYA (c)]. Man verfährt genauso wie vorstehend.

Bemerkung. *Genauigkeit.* Die angeführten zahlreichen Beleganalysen zu jedem der vorstehenden Titrationsmethoden stimmen ausgezeichnet mit den eingesetzten Chrommengen überein. Ein Fehler von 0,3% wird nie überschritten.

8. Differentialtitration von Chrom und Eisen [SOMEYA (a)]. Das Gemisch von Eisen(III)- und Chrom(III)-chlorid wird mit Zinkamalgam reduziert und die erhaltene Lösung mit Eisen(III)-ammoniumsulfat und Rhodanid als Indicator titriert (Cr). In einer zweiten reduzierten Probe titriert man die Summe aus Cr und Fe mit Kaliumdichromat und Diphenylamin als Indicator. Bei dem Verfahren ist eine Indicatorkorrektur erforderlich.

9. Bestimmung von Chrom in Stahl nach SOMEYA (b). Es ist erforderlich, Zinkamalgam von großer Reinheit zu verwenden. Eine geeignete Probemenge (für 10% Cr etwa 1 g Stahl) wird in Salzsäure gelöst. Man dampft bis zur feuchten Salzmasse ein, nimmt sie mit Wasser auf und versetzt sie mit Zinkoxydaufschlämmung, bis ein geringer Niederschlag übrigbleibt. Dann gibt man 20 bis 30 ml n Salzsäure zu, filtriert und verascht den Rückstand. Anschließend schmilzt man ihn mit wenig Natriumcarbonat und Natriumperoxyd, löst die Schmelze in Wasser, säuert mit n Salzsäure an und vereinigt die Lösung mit der Hauptlösung. Man wäscht in den Reduktor ein und schüttelt in CO_2-Atmosphäre. Nach 3 Std. trennt man das Amalgam

ab und titriert nach Zugabe von 2 ml gesättigter Kaliumrhodanidlösung mit Eisen(III)-ammoniumsulfatlösung, die mittels der Amalgammethode auf Permanganat eingestellt wurde.

Bemerkungen. *I. Genauigkeit.* Nach den Beleganalysen ist die Übereinstimmung mit dem Silbernitrat-Persulfatverfahren gut.

II. Anwendungsbereich. Besonders bei Stahlsorten mit relativ kleinem (1 bis 10%) Chromgehalt arbeitet nach SOMEYA die vorstehende Methode äußerst schnell und einfach. Vanadium und Molybdän müssen abwesend sein.

Literatur.

BERNTHSEN, A.: B. **16**, 1027 (1883). — BRENNECKE, E., N. H. FURMAN, K. FAYANS, R. LANG: Neuere maßanalytische Methoden, 3. Aufl. 1951, S. 186, flüssige Amalgame als Reduktionsmittel; durch BRENNECKE. — VAN BRUNT, C.: Am. Soc. **36**, 1426 (1914).

GLASMANN, B.: Fr. **43**, 506 (1904).

KANO: J. chem. Soc. Japan **43**, 333 (1922); durch Chem. Abstr. **16**, 2818 (1922). — KNECHT, E., u. EVA HIBBERT: New Reduction Methods in Volumetric Analysis 1910, S. 103.

LUNDELL, L., u. H. BRIGHT: Ind. eng. Chem. **15**, 1067 (1923).

NAKAZONO, T.: J. chem. Soc. Japan **42**, 526 (1921); durch Chem. Abstr. **16**, 1543 (1922).

POPOW, P. G., u. M. A. NECHAMKINA: Ukrain. chem. J. (russ.) **10**, 187 (1935); durch Fr. **111**, 363 (1937/38).

SOMEYA, K.: (a) Z. anorg. Ch. **160**, 355 (1927); (b) **175**, 352 (1928); (c) **169**, 297 (1928).

ZIMMERMANN, CL.: A. **213**, 322 (1882).

§ 16. Colorimetrische und photometrische Bestimmung des Chroms mit Diphenylcarbazid.

A. Grundlage des Verfahrens und Geschichtliches.

CAZENEUVE, welcher im Jahre 1900 die Farbreaktionen zwischen Diphenylcarbazid $CO(NHNHC_6H_5)_2$ und einigen Schwermetallen entdeckte, fand auch die Reaktion desselben Reagenses mit Chromaten: sowohl die charakteristische violette Färbung, welche bei Zugabe von Diphenylcarbacid zu Chromatlösungen auftritt, wie auch die Beständigkeit der Färbung in stark saurem Milieu und schließlich die Unlöslichkeit des Farbkomplexes in Kohlenwasserstoffen unterscheiden die Reaktion spezifisch von der mit Kupfer, Quecksilber und anderen Metallen. CAZENEUVE hat bereits festgestellt, daß zweckmäßig nur ein gut gereinigtes, weißes Produkt als Reagens verwendet wird, welches aus Eisessig oder besser noch aus Aceton umkristallisiert und vom Lösungsmittel durch Trocknung bei 60° befreit wurde. Beim qualitativen Nachweis mit festem Reagens in 10 ml der mit Essigsäure oder Salzsäure stark angesäuerten Lösung von Kaliumdichromat ($1:10^6$) wird noch eine deutliche und genügend beständige Färbung hervorgerufen; bei einer $1:10^7$ verdünnten Lösung müssen jedoch zur Erzielung einer genügenden Schichtdicke 500 ml mit 0,1 bis 0,2 g Reagens und 2 ml konz. Salzsäure versetzt werden. Mit Vergleichslösungen bekannten Gehaltes und bei genügenden Schichtdicken gestattet schon dieses einfache Verfahren eine annähernd quantitative Bestimmung; eine Störung durch andere Metalle ist bei dieser Acidität ausgeschlossen; die erst durch die 10^4-fache Menge Zink oder Blei hervorgerufene kupferähnliche Färbung läßt sich auf anderem Wege leicht unterscheiden.

Verfahren nach MOULIN. Dieser (a) entwickelte im Anschluß an die Arbeiten von CAZENEUVE 1904 eine quantitative Methode, welche unter einfacheren Verhältnissen heute noch gut brauchbar ist.

Reagens. 2 g Diphenylcarbazid werden in 100 ml 90%igem Alkohol und 10 ml Eisessig unter Erwärmen gelöst und mit demselben Alkohol auf 200 ml aufgefüllt.

Vergleichslösung. 0,5 g CrO_3 werden in Wasser gelöst und zu 1000 ml aufgefüllt; 100 ml dieser Lösung werden nochmals auf das Zehnfache verdünnt, so daß man eine Lösung von 50 μg CrO_3 entsprechend 26 μg Cr je Milliliter erhält.

Arbeitsvorschrift. Je nach Chromgehalt werden 0,25 bis 0,5 g des zu analysierenden Produktes gelöst und die Lösung nach bekannten Methoden oxydiert; am zweckmäßigsten, insbesondere bei Gegenwart von Eisen, erfolgt die Oxydation mit Wasserstoffperoxyd in alkalischer Lösung; nach Abfiltrieren des Oxydniederschlages wird das Filtrat mit Essigsäure neutralisiert und auf 100 oder 200 ml aufgefüllt. Dann bringt man in eine Reihe von 100-ml-Meßzylindern zu je 2 ml Reagens 70 ml Wasser, verschiedene Mengen Analysenlösung und in einer anderen Reihe verschiedene Mengen der obigen Vergleichslösung, füllt beide Reihen auf 100 ml auf, mischt gut durch und läßt etwa 20 Min. stehen. Durch Vergleich der beiden Reihen, am besten im DUBOSQ-Colorimeter, findet man in bekannter Weise den Gehalt der Probe.

Bemerkungen. 1. Im Interesse der Genauigkeit wird die Analysenlösung zweckmäßig vor der Reaktion so verdünnt, daß beide Reihen im Bereich annähernd gleicher Farbintensität liegen, also während der Messung keine Verdünnung bzw. wesentliche Schichtdickenveränderungen mehr notwendig sind.

2. Bei nicht genügend vollständiger Entfernung des überschüssigen Wasserstoffperoxyds ist dessen Verwendung bedenklich, was aber erst spätere Autoren erkannten (vgl. weiter unten!).

3. Zur Erzielung eines gleichbleibenden violetten Farbtones ist ein genügender Überschuß an Reagens erforderlich, da andernfalls Nebenreaktionen auftreten. Wie MOULIN (b) festgestellt hat, werden beim Umsatz von 20 g Chromsäure in 1 l Wasser mit 400 ml obiger Reagenslösung unter Gasentwicklung und Bildung eines Aldehyds zwei Produkte erhalten, welche aus dem nach einiger Zeit abgesetzten braunen Niederschlag durch Umkristallisation aus Alkohol gewonnen werden. Das erste, kastanienbraune Produkt unterscheidet sich in der Elementarzusammensetzung erheblich von dem zweiten; dieses zweite ist granatrot gefärbt und ähnelt mit Ausnahme des wesentlich niedrigeren Chromgehaltes in seiner elementaren Zusammensetzung dem normalen, bei Reagensüberschuß sich bildenden violetten Körper, welcher durch Extraktion mit Chloroform und Umfällen mit Wasser aus Alkohol erhalten wird; er wurde schon von CAZENEUVE beschrieben, kristallisiert in glänzenden Blättchen und ist in Chloroform, Alkohol, Eisessig und Schwefelsäure löslich, in Salzsäure unlöslich. Obwohl schon CAZENEUVE sowie MOULIN die elementare Zusammensetzung des Farbkomplexes bestimmten, blieb seine Konstitution bis vor kurzem unbekannt. Neuerdings hat BOSE festgestellt, daß Chrom(VI) sowohl mit Diphenylcarbazid wie mit seinem Oxydationsprodukt Diphenylcarbazon, Chrom(III) mit keinem der beiden und Chrom(II) nur mit dem Carbazon unter Bildung desselben Farbkomplexes reagieren; nach den stöchiometrischen Verhältnissen ergeben sich folgende Reaktionen:

$$2\,Cr^{6+} + 3\,CO\!\!\begin{array}{l} \diagup NH\!-\!NHC_6H_5 \\ \diagdown NH\!-\!NHC_6H_5 \end{array} \rightleftharpoons 2\,[Cr^{2+}\text{-carbazon}^{2-}] + CO\!\!\begin{array}{l} \diagup N\!=\!NC_6H_5 \\ \diagdown N\!=\!NC_6H_5 \end{array} + 12\,H^+;$$

Diphenylcarbazid   Diphenylcarbodiazon

$$Cr^{6+} + 3\,CO\!\!\begin{array}{l} \diagup N\!=\!NC_6H_5 \\ \diagdown NH\!-\!NHC_6H_5 \end{array} \rightleftharpoons [Cr^{2+}\text{-carbazon}^{2-}] + 2\,\text{Diphenylcarbodiazon} + 6\,H^+;$$

Diphenylcarbazon

$$Cr^{2+} + CO\!\!\begin{array}{l} \diagup N\!=\!NC_6H_5 \\ \diagdown NH\!-\!NHC_6H_5 \end{array} \rightleftharpoons [Cr^{2+}\text{-carbazon}^{2-}] + 2\,H^+;$$

Diphenylcarbazon

$$\left[\text{-carbazon}^{2-} = C\!\!\begin{array}{l} \diagup N\!=\!NC_6H_5 \\ -O \text{——————} \\ \diagdown N\!-\!\overline{N}\!-\!C_6H_5 \end{array} \right].$$

Danach ist das Chrom im Komplex 2 wertig, was von BOSE durch die Bestimmung der magnetischen Suszeptibilität sichergestellt wird; auch das Verhalten des Komplexes als Nichtelektrolyt steht im Einklang mit dieser Formulierung.

B. Allgemeines über die verschiedenen Diphenylcarbazidverfahren.

(Vorbemerkung. Bei der Fülle der vorliegenden Verfahren wurde folgende Stoffeinteilung für zweckmäßig gehalten. Alle Arbeiten, bei denen in der nach Aufschluß und Oxydation erhaltenen, noch weiterzuverarbeitenden Lösung die Anzahl der vorhandenen anorganischen Fremdelemente und deren Konzentration auf ein Minimum beschränkt bleibt, lassen sich in den Störungsmöglichkeiten so eindeutig übersehen, daß für deren sichere Ausschaltung meist die Kenntnis der Einzelvorschrift, gegebenenfalls in Zusammenhang mit den folgenden allgemeinen Bemerkungen, vollauf genügt; diese Verfahren sind daher auch im Interesse einer besseren Übersichtlichkeit in besonderen Kapiteln des vorliegenden Bandes abgehandelt, wie z. B. Bestimmung des Chroms in Leder, Blut usw.; diese Einteilung ist ferner dadurch gerechtfertigt, daß in den genannten Fällen die Vorbereitung des Materials meist für dieses spezifisch ist. Andererseits erfordern die in den folgenden Unterabschnitten dieses Kapitels abgehandelten Analysenverfahren für meist rein anorganische Produkte eine gemeinsame Behandlung, weil die häufig notwendigen Abtrennungen und Maskierungen der Fremdmetalle eine subtilere Kenntnis des gesamten Verfahrens einschließlich aller Störungsmöglichkeiten und deren Beseitigung wünschenswert erscheinen lassen.)

Infolge der großen Spezifität der Methode hat sie sich, besonders in den vergangenen zwei Jahrzehnten, auf vielen Gebieten eingeführt und muß heute für die Mikro- und Spurenbestimmung im allgemeinen als die Methode der Wahl angesehen werden, wird aber auch gelegentlich für etwas größere Gehalte, ja bis herauf zu mehreren Prozenten Chrom mit Erfolg herangezogen. Bei den annähernd 50 bisher erschienenen Veröffentlichungen ist besonders nach folgenden Gesichtspunkten zu unterscheiden:

1. Die Vorbereitung des Analysenmaterials richtet sich zunächst nach dem Produkt; sie hat jedoch die Verflüchtigung des Chroms zu berücksichtigen, welche eventuell in stark salzsaurer Lösung und nachweislich besonders in hocherhitzten Lösungen von Perchlorsäure auftreten kann. Angestrebt wird im allgemeinen, die nachfolgende Oxydation schon mit dem Lösen bzw. sonstigen Aufschluß zu verbinden, wobei auf die Eignung der Oxydationsmittel zu achten ist. Für solche Aufschlußverfahren, welche besonders der Eigenart des Materials, wie z. B. dem Leder, Blut, Stahl, angepaßt sind, muß auf die entsprechenden Abschnitte verwiesen werden.

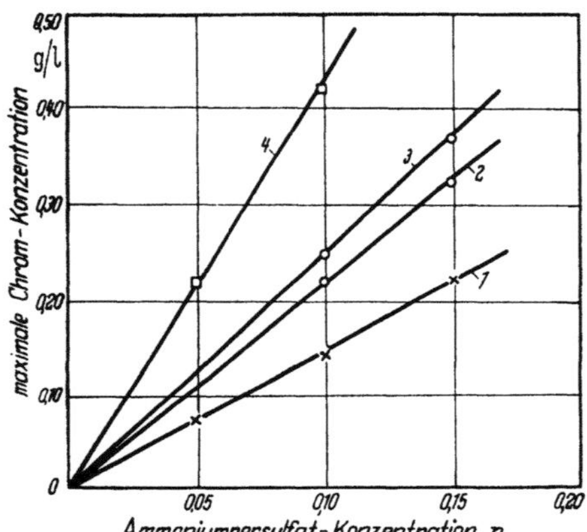

Abb. 33. Einfluß des Silbernitrats auf die Persulfatoxydation in 2 n Schwefelsäure nach 3 Min. Kochzeit. (Nach DAVIS und BACON.)
Silbernitratzusatz: Kurve *1*: —
Kurve *2*: 0,0001 n
Kurve *3*: 0,001 n
Kurve *4*: 0,004 n

2. Zur Oxydation wird häufig alkalisches Milieu bevorzugt, welches das anschließende Abfiltrieren der meisten Metallhydroxyde gestattet. Neben Natriumperoxyd oder Wasserstoffperoxyd in Natronlauge kommt hier noch Brom in Frage, für die Schmelze auch ein Natriumcarbonat-Kaliumnitrat-Gemisch, am besten 10:1, da neben zu hohen Temperaturen auch ein Zuviel an Nitrat Platintiegel angreifen kann. Für Mineralien genügt gelegentlich die Sodaschmelze. Sehr häufig wird bei Lösungen auch Ammoniumpersulfat benutzt. In einer ausgezeichneten Untersuchung über die optimalen Bedingungen und die Reproduzierbarkeit einiger colorimetrischer Verfahren haben DAVIS und BACON gezeigt, wie die maximale Chrommenge, welche in 2 n Schwefelsäure (Abb. 33) oder in n Phosphorsäure (Abb. 34) durch eine gegebene

Menge Persulfat oxydiert wird, von der zugesetzten Menge Silbernitrat abhängig ist; der Vergleich beider Kurvenscharen zeigt die Überlegenheit der phosphorsauren Lösung als Oxydationsmilieu. Abb. 35 zeigt dies nochmals sowie die Tatsache, daß in phosphorsaurer Lösung die p_H-Abhängigkeit der Oxydationswirkung unbedeutend, in schwefelsaurer dagegen so beträchtlich ist, daß Aciditäten über 0,5 n vermieden werden müssen. Bei Phosphorsäure sind ferner die Kochzeiten von geringerem Einfluß.

3. Überschuß von Oxydationsmitteln. Den meisten Bedenken, die immer wieder gegen fast jedes Oxydationsmittel vorgebracht werden, ist gemeinsam, daß überschüssiges Oxydationsmittel nicht immer sicher entfernt werden und daher u. U. den Farbkomplex schädigen kann; bei Wasserstoffperoxyd und seinen Salzen ist außerdem häufig die Reduktion von Cr(VI) zu Cr(III) nach dem Ansäuern eine erhebliche Fehlerquelle. OELSCHLÄGER hat jüngst viele Störungsmöglichkeiten

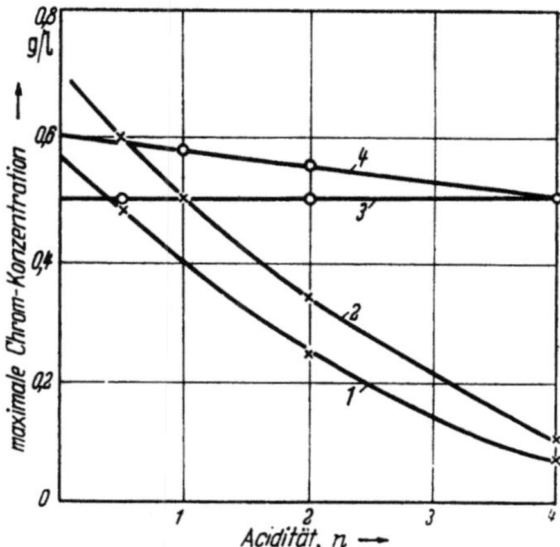

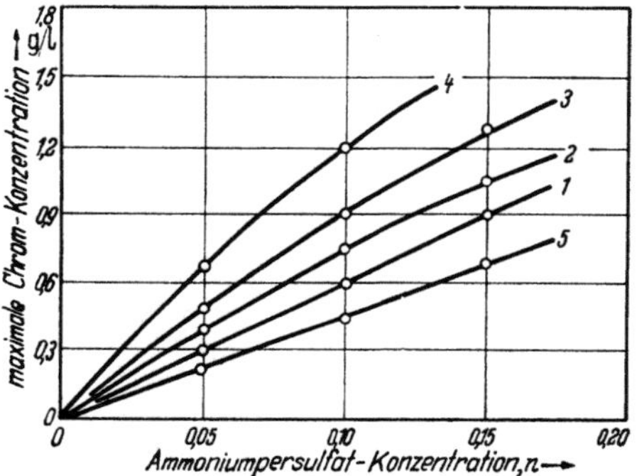

Abb. 34. Einfluß des Silbernitrats auf die Persulfatoxydation in n Phosphorsäure.
(Nach DAVIS und BACON.)

Silbernitratzusatz: Kurve *1*:   —
　　　　　　　　Kurve *2*: 0,0001 n
　　　　　　　　Kurve *3*: 0,001 n
　　　　　　　　Kurve *4*: 0,004 n
　　　　　　　　Kurve *5*: 0,001 n + Schwefel-
　　　　　　　　　　　　　　　säure (1 n)

Abb. 35. Einfluß der Acidität auf die Persulfatoxydation in Gegenwart von Silbernitrat (0,001 n).
(Nach DAVIS und BACON.)

Kurve	*1*	*2*	*3*	*4*
Persulfat (n)	0,10	0,10	0,05	0,05
Min. Kochzeit	3	10	3	10

Kurve *1* und *2*: Schwefelsäure.
Kurve *3* und *4*: Phosphorsäure.

des Verfahrens ausführlich untersucht und dabei festgestellt, daß die Störungen durch die meisten Oxydationsmittel, insbesondere Wasserstoffperoxyd sowie Persulfat, auch bei nicht restloser Entfernung des Überschusses, vermieden werden, wenn die Zugabe des Diphenylcarbazids vor dem Ansäuern erfolgt; in diesem Falle bildet sich unmittelbar der Farbkomplex, der gegen die meisten Oxydationsmittel in geringer Konzentration so beständig ist, daß bei Messung innerhalb von 30 bis 60 Min. keine Minderbefunde mehr auftreten. Ohne Kenntnis dieser Tatsachen bemühte man sich früher meist, den Peroxydüberschuß durch mehr oder weniger langes Kochen oder sogar durch Einengen der schwefelsauren Lösung bis zum Auftreten von Schwefelsäuredämpfen (HUGHES) zu zerstören. Nach dem Aufschluß mit Natriumperoxyd erfolgt meist noch eine weitere Nachbehandlung, so daß die Fehlerquellen dadurch ausgeschaltet werden; jedoch hat man neuerdings die Verwendung von Peroxyd verlassen. Die schon von JÄRVINEN vorgeschlagene Oxydation mit Brom in alkalischer Lösung wird wegen der leichten Entfernung des Überschusses nach SCHULEK und DÓZSA mit Phenol gern angewandt (z. B. URONE und ANDERS). Diese Verfasser benutzen bei Urin das Natriumwismutat, welches sich für Spezialzwecke empfiehlt, da sein Überschuß durch Zentrifugieren zu entfernen ist. Bei Verwendung von Permanganat bzw. bei dessen Bildung gelten die unten bei Mangan gemachten Angaben. Seine Reduktion mit Nitrit muß bei Gegenwart von Harnstoff vorgenommen werden (z. B. BERGER, PIROTTE, MUYLLE und JULIARD). Nach DAVIS und BACON beseitigt dieser gleichzeitig die Störung durch ein bei der Persulfatoxydation

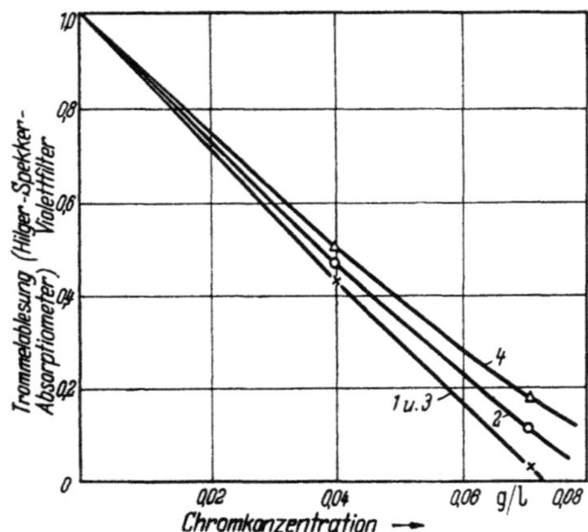

Abb. 36. Harnstoff unterdrückt die Reduktion von Chromat durch Nitrit (in n Schwefelsäure). (Nach DAVIS und BACON.)

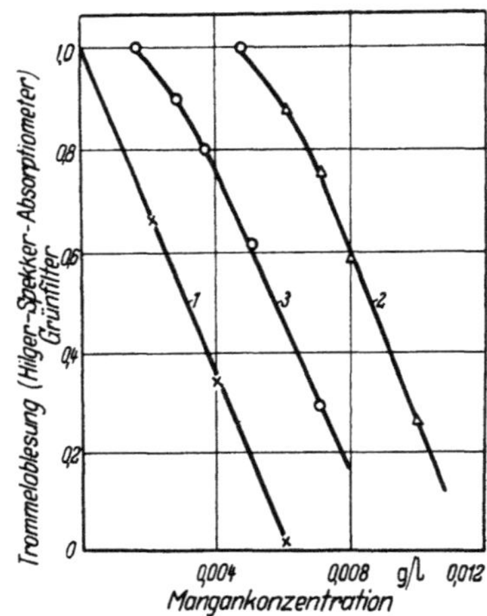

Abb. 37. Harnstoff unterdrückt nur unbedeutend die Reduktion von Permanganat durch Nitrit (in n Schwefelsäure). (Nach DAVIS und BACON.)

Kurve	1	2	3	4
Natriumnitrit (n)	0	0,001	0,004	0,020
Harnstoff (g/l)	0	0	10	10

Kurve	1	2	3
Natriumnitrit (n)	0	0,0005	0,0005
Harnstoff (g/l)	0	0	10

gebildetes Silbersalz und verhindert die sonst nicht ganz zu vermeidende partielle Reduktion von Cr(VI) (Abb. 36); allerdings darf die Nitritmenge nicht übermäßig

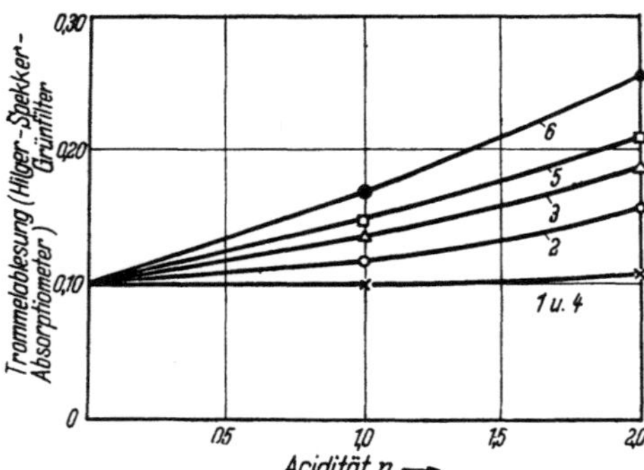

Abb. 38. Einfluß der Acidität auf die Absorption (0,002 g Chrom und 0,2 g Diphenylcarbazid pro Liter). (Nach DAVIS und BACON.)

Kurve	Lösungsmittel	Säure	Minuten
1	Aceton	Phosphor-	5
2	Aceton	Schwefel-	5
3	Alkohol	Schwefel-	5
4	Aceton	Phosphor-	35
5	Aceton	Schwefel-	35
6	Alkohol	Schwefel-	35

ansteigen. Die Reduktion von Mn(VII) wird durch Harnstoff wesentlich weniger gehemmt (Abb. 37), so daß dessen Verwendung bei der selektiven Reduktion unbedenklich ist; schwefelsaure Lösung ist hierfür besser geeignet als phosphorsaure.

4. *Der* p_H-*Wert der Meßlösung.* Nach PIETERS, HANSSEN und GEURTS fällt der Extinktionskoeffizient einer mit Diphenylcarbazid versetzten und bei 546 mμ mit Ilfordfilter 605 im Leifo gemessenen Chromatlösung (0,04 mg Cr bei Anwesenheit von 5 mg Fe in 100 ml) sowohl in 0,2 n Salz- wie Schwefelsäure von anfänglich 0,273 innerhalb einer Stunde kaum (0,270), in 40 Min. überhaupt nicht ab, während der Abfall in 0,08 n Lösung (0,268) unbedeutend, in n Lösung sehr stark (0,223 bzw. 0,218) ist. DAVIS und BACON zeigen, daß in Phosphorsäure mit einer acetonischen Reagenslösung die Acidität bis zu 2 n Lösung ohne Einfluß, selbst bei Wartezeiten von 35 Min., ist, während in Schwefelsäure die höhere Acidität deutlichen Abfall der Werte schon bei 5 Min., besonders aber bei längerer Wartezeit, bedingt (Abb. 38). Meßwerte unter n Lösung sind nicht angegeben. Von der überwiegenden Mehrzahl

der Autoren wird 0,2 n schwefelsaure Lösung als das günstigste Milieu für die Ent-
wicklungsgeschwindigkeit des Farbstoffes sowie für dessen Beständigkeit angesehen;
meist wird festgestellt, daß in diesem Bereich geringe Schwankungen des p_H-Wertes
ohne Nachteil für Intensität und Dauer
der Färbung sind. Häufig enthalten diese
Lösungen von der Aufarbeitung her noch
zusätzlich Phosphorsäure. OELSCHLÄGER,
der auch die Frage des p_H-Wertes untersuchte, verwendet hauptsächlich Salzsäure. Die zuverlässige Einstellung des
p_H-Wertes kann auch mit einer entsprechenden Pufferlösung vorgenommen
werden (WEISS und Mitarbeiter).

    5. Das Reagens wird entweder in alko-
holischer Lösung oder in Aceton-Wasser
$(1 + 1)$ in verschiedenen zwischen 0,1 und
1% schwankenden Konzentrationen angewandt. Gelegentlich werden die Lösungen mit Essigsäure oder auch Schwefelsäure angesäuert, ohne daß dadurch die
Beständigkeit zunimmt. STOVER sowie
ROWLAND bemerkten schon, daß Lösungen mit Eisessig wenig beständig sind und
sowohl langsame Farbentwicklung wie
schnelles Ausbleichen zeigen. Fast immer

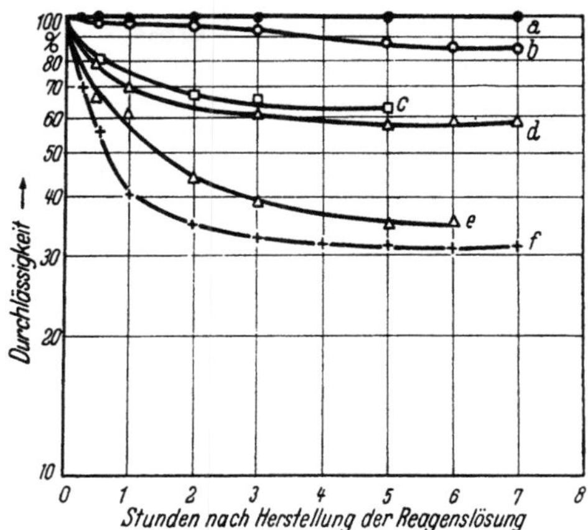

Abb. 39. Stabilitätskurven, bei 540 mμ gemessen. (Nach
EGE und SILBERMAN.)

a Reagens mit Phthalsäureanhydrid; *b* Reagens mit
Essigsäure (CAZENEUVE); *c* Reagens mit Aceton (SAN-
DELL); *d* Reagens 0,25% in Methanol; *e* Reagens, gesättigt in 95%igem Alkohol (ROWLAND); *f* Reagens
1%ig (nach FEIGL).

wird empfohlen, die Lösungen vor Gebrauch frisch herzustellen. Als stabil wird von
AUBRY und LAPLACE eine gesättigte Acetonlösung, von EGE und SILVERMAN eine
0,25%ige Lösung mit 4% Phthalsäureanhydrid in 95%igem Äthanol angegeben. Abb. 39

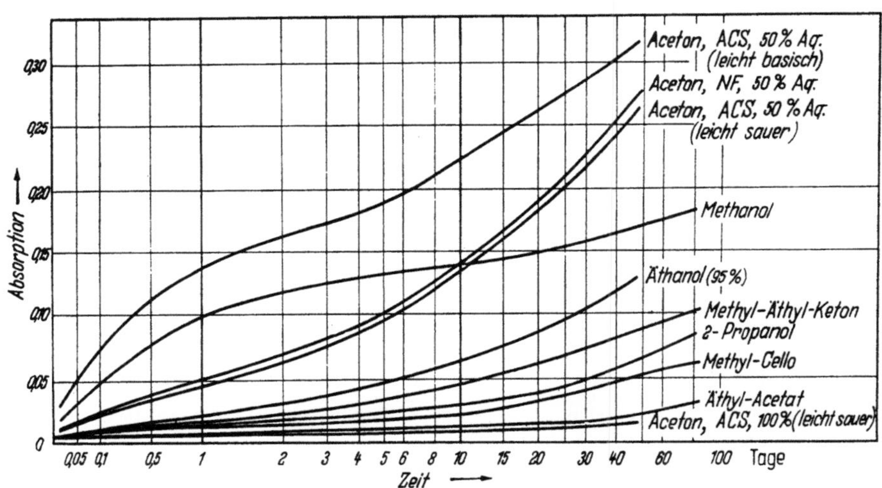

Abb. 40. Verfärbung von Diphenylcarbazid in verschiedenen Lösungsmitteln. (Nach URONE.)

zeigt die gute Beständigkeit dieser Lösung im Vergleich mit anderen Reagenslösungen
nach 7 Std.; nach 7 Tagen ist zwar die Durchlässigkeit um 25% abgesunken; alle
anderen Reagenzien zeigen aber stärkeren Abfall. Den Einfluß einer größeren Anzahl
von Lösungsmitteln auf die Beständigkeit der Reagenslösung hat kürzlich URONE
untersucht. Alle Lösungen sind ursprünglich wasserklar und verfärben sich mehr

oder weniger schnell über Gelb nach Gelbbraun oder Orangerot, wobei wahrscheinlich Oxydation zum Carbazon auftritt. Das Ausmaß der Verfärbung in verschiedenen Lösungsmitteln zeigen die in vorstehender Abb. 40 wiedergegebenen Kurven. Danach ist ein schwach saures, Spuren von Propion-, Essig- oder Ameisensäure enthaltendes Aceton neben Essigester das günstigste Lösungsmittel, während die bisher häufig benutzten Aceton-Wasser-Gemische ziemlich unabhängig davon, ob sie durch

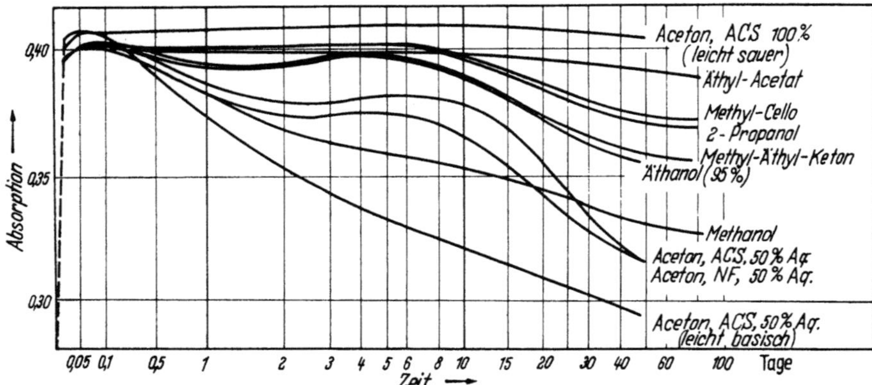

Abb. 41. Empfindlichkeitsabnahme der Reagenslösungen (0,5 ml Lösung + 5 μg Chrom(VI) auf 10 ml; 0,2 n Schwefelsäure). (Nach URONE.)

die genannten Säuren schwach sauer oder durch Ammoniakspuren schwach basisch reagieren, schon in kürzester Zeit unbrauchbar werden. Parallel hiermit geht die nachlassende Empfindlichkeit; bei gleicher Acidität (0,2 n Schwefelsäure) und Chrommenge [5 μg Chrom(VI) in 10 ml] läßt die durch die gleiche Menge (0,5 ml) der Reagenslösung hervorgerufene Farbtiefe etwa in demselben Maße (s. Abb. 41) nach,

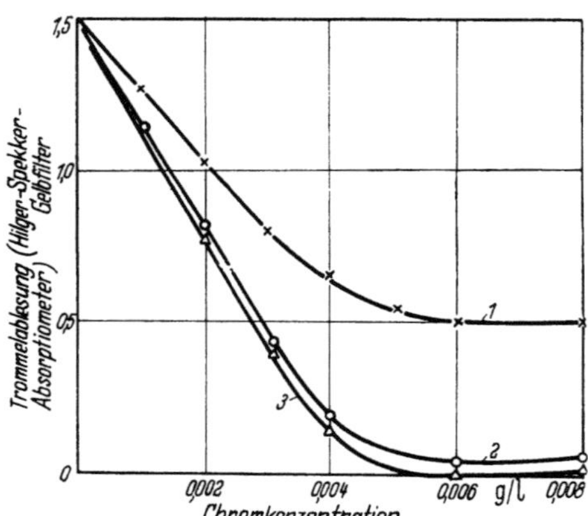

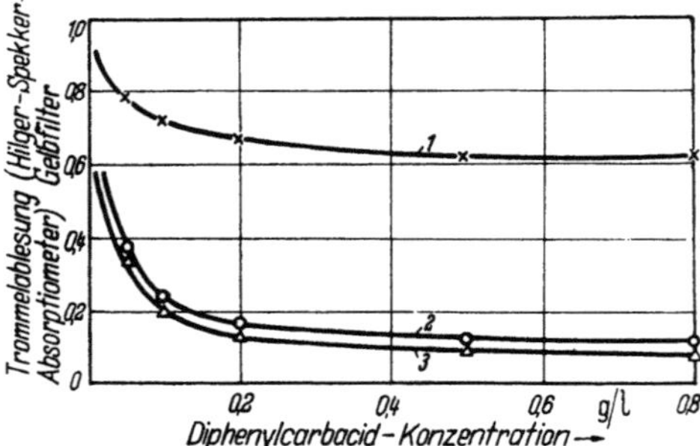

Abb. 42. Empfindlichkeit verschiedener Diphenylcarbazidmuster (0,04 g/l; 0,06 n Schwefelsäure; 0,03 n Phosphorsäure). (Nach DAVIS und BACON.) Alter: 1. 4 Jahre, 2. 18 Monate, 3. frische Lieferung.

Abb. 43. Maximale Absorption verschiedener Diphenylcarbazidmuster (0,003 g Chrom/l; Schwefelsäure 0,06 n; Phosphorsäure 0,03 n). (Nach DAVIS und BACON.) Alter: 1. 4 Jahre, 2. 18 Monate, 3. frische Lieferung.

wie die Eigenfärbung der Lösungen zunimmt. In Übereinstimmung mit DAVIS und BACON kann der Empfindlichkeitsverlust selbst durch Reagensüberschüsse nicht wieder ausgeglichen werden, so daß verfärbte Lösungen besser verworfen werden. Nach den Kurven kommen also für Lösungen mit einer Beständigkeit von einigen Monaten nur reines Aceton und Essigester in Frage; bei genügendem Ausschluß von Wasser, Basen und Oxydationsmitteln können aber wahrscheinlich auch Methyläthylketon, 2-Propanol und ähnliche Lösungsmittel genügend beständige Lösungen liefern. Wasser und Spuren basischer Verunreinigungen sollten in allen Fällen vermieden werden. Aufbewahrung in der Kälte erhöht die Beständigkeit; doch ist dieser Effekt wesentlich geringer als der durch die Art des Lösungsmittels bedingte. — Auf die notwendige Reinheit des festen Reagenses hat bereits CAZENEUVE hingewiesen. Diese scheint jedoch beim Lagern erheblich abzunehmen, da nach DAVIS und BACON ein beträchtlicher Rückgang in der Wirksamkeit feststellbar ist (Abb. 42). — Bei gegebener Chrommenge (Abb. 43) können selbst erheblich größere Zusätze von älterem Reagens nicht dieselbe Farbtiefe auslösen wie kleinere Mengen von frischem Reagens. — Schon MOULIN (s. o.) hatte auf den notwendigen Reagensüberschuß hingewiesen. PIETERS und Mitarbeiter fanden, daß innerhalb 50 Min. die Konstanz des Extinktionskoeffizienten (0,271) einer Lösung von 0,04 mg Cr und 0,4 mg Fe in 100 ml 0,2 n Schwefelsäure am besten (0,263) ist, wenn 2 ml 1%ige Reagenslösung (in Aceton) zugesetzt werden; mit 1 oder 3 ml der gleichen Lösung werden etwas niedrigere Werte (0,258) erhalten, während mit 4 ml Kristallausscheidung eintritt. Bei den relativ geringen Mengen Reagens, wie sie bei der Mikrobestimmung nach CAHNMANN und BISEN Verwendung finden, ist ebenfalls auf eine ausreichende Dosierung zu achten, da die maximale Endextinktion sonst mit großer Verzögerung eintritt (Abb. 44).

6. Störende Stoffe. Bei Anwesenheit größerer Mengen von Fremdmetallen wird man trotz gewisser Bedenken die alkalische Oxydation in Lösung oder Schmelze vielen anderen Verfahren vorziehen, weil dabei die meisten Metalle, unter ihnen I. das störende Eisen, als Hydroxyde gefällt werden; bleibt dagegen das Eisen, wie bei der überwiegend mit sauren Aufschlüssen arbeitenden Stahlanalyse, in Lösung

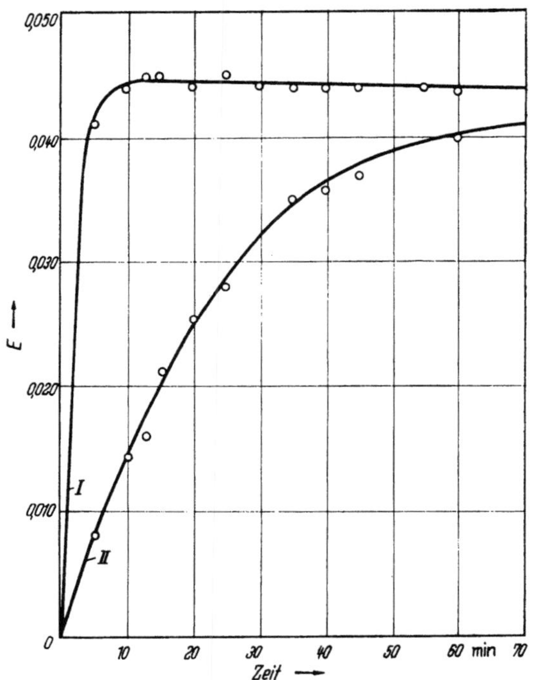

Abb. 44. Einstellgeschwindigkeit der Endextinktion in Abhängigkeit von der Reagensmenge (0,08 µg Chrom und 0,04 ml (*I*) bzw. 0,01 ml (*II*) Reagens; λ = 543 mµ). (Nach CAHNMAN und BISEN.)

und ist dessen Fällung wegen der möglichen Chromadsorption bei ungünstigen Mengenverhältnissen nicht zweckmäßig, so wird es mit Phosphorsäure maskiert. Nach PIETERS und Mitarbeitern schließen 15 mg Fe bei der Fällung als Hydroxyd aus einer Lösung von 0,04 mg Chrom/100 ml so viel Chrom ein, daß der Extinktionskoeffizient statt 0,275 nur noch 0,251 beträgt. Nach diesen Autoren wird aber in einer Chromatlösung (0,06 mg Chrom; 0 bis 5 mg Eisen in 100 ml) der Extinktionskoeffizient von anfänglich 0,435 durch Eisenzusatz herabgesetzt, und zwar in 0,2 n Schwefelsäure bis zu 0,224 herab, dagegen in 0,2 n Phosphorsäure nur auf höchstens 0,420. Da dieses Absinken in Phosphorsäure aber bei 1 bis 5 mg Eisen konstant ist (0,422 bis 0,424), wird bei Fehlen sowie unbekannten Gehalten an Eisen 1 mg/100 ml zugegeben und eine unter demselben Eisenzusatz aufgestellte Eichkurve verwendet; diese zeigt die lineare Konzentrationsabhängigkeit des Extinktionskoeffizienten; seine Berechnung ergibt:

$$\varepsilon = 6{,}60\,x - 0{,}007 \quad \text{bzw.} \quad x \text{ mg Cr} = \frac{\varepsilon + 0{,}007}{6{,}60}.$$

15*

Die hiernach gefundenen Chromwerte weichen um maximal $\pm 3\%$ von den gegebenen ab; bei den von den Verfassern eingesetzten Mengen von 0 bis $60\,\mu g$ Chrom ist diese Genauigkeit sehr gut. — Noch besser photometriert man nach NORWITZ und CODELL bei $580\,m\mu$; die geringere Empfindlichkeit bei dieser Wellenlänge (s. unten Absorptionskurve) nimmt man in Kauf, um die bei $540\,m\mu$ sich noch auswirkenden Störungen durch den bei $380\,m\mu$ maximal absorbierenden Eisenkomplex zu vermeiden. DAVIS und BACON zeigen an chromfreier Reagenslösung, daß die starke Braunfärbung durch wenig Eisen in schwefelsaurer Lösung durch Übergang zu phosphorsaurer Lösung selbst bei wesentlich größeren Eisenmengen erheblich vermindert wird und bei kurzen Wartezeiten nur ein unbedeutender Blindwert auftritt (Abb. 45). Auch durch Ausschütteln der salzsauren Lösung mit Äther können sowohl Eisen wie Molybdän vom Chrom abgetrennt werden (s. ferner unter „D, 4, Bestimmung in Eisen und Stahl").

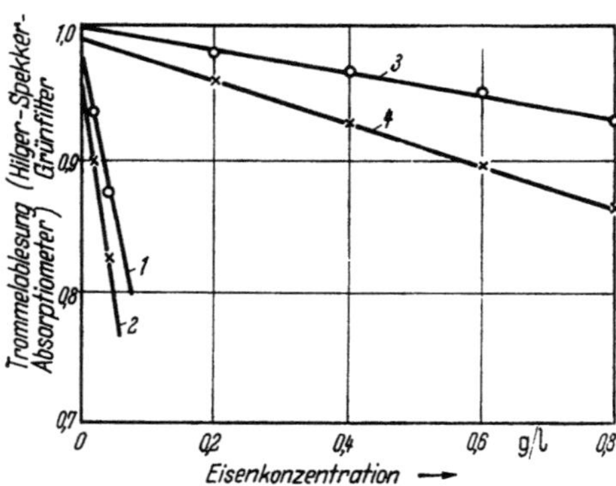

Abb. 45. Ausschaltung der Eisenstörung durch Phosphorsäure (Reagens 0,2 g/l; Kurve *1 — 2*: n Schwefelsäure; Kurve *3 — 4*: n Phosphorsäure; Kurve *1 + 3*: 5 Min., Kurve *2 + 4*: 35 Min. Wartezeit). (Nach DAVIS und BACON.)

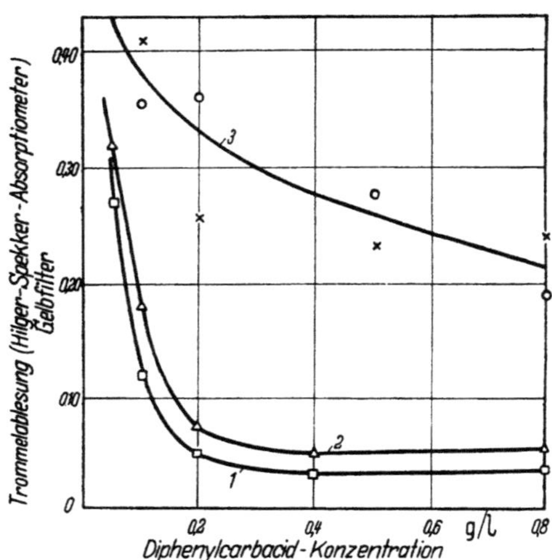

Abb. 46. Empfindlichkeitsverlust infolge Oxydation des Reagenses durch Permanganat (0,003 g Chrom/l in n Schwefelsäure; 1—3: 0; 0,00022 und 0,0011 g Mangan/l). (Nach DAVIS und BACON.)

II. Mangan wird nur bei einigen Aufschlüssen mit den anderen Metallen gefällt; in den meisten Fällen, auch bei vielen alkalischen Aufschlüssen, besonders aber bei den sauren Lösungen der Stahlanalyse fällt es zunächst als Permanganat, seltener als Manganat an; infolge Oxydation stört das Permanganat beträchtlich die Empfindlichkeit der Chrombestimmung (Abb. 46) und wird entweder mit Alkohol oder mit Salzsäure reduziert; da man beide Reduktionsmittel nicht für unbedenklich bezüglich ihrer Reduktionswirkung auf Cr(VI) hält, wird jetzt meist das in dieser Hinsicht unbedenkliche Natriumazid verwendet. JEAN schlägt neuerdings Ammoniumbenzoat zur Reduktion vor. Eine häufig angewandte Methode, die auch zur gleichzeitigen Bestimmung des Mangans dient (s. dort), besteht in der Titration mit eingestellter arseniger Säure. — Von den sonstigen meist in Lösung verbleibenden Elementen sind III. Aluminium, Arsen und Phosphor ohne störenden Einfluß; bei dem extremen Aluminium-Chrom-Verhältnis in Aluminiumlegierungen (s. d.) empfehlen jetzt ERDEY und INCZÉDY zur Erhöhung der Empfindlichkeit bei Gehalten im Bereich von 0,001% Chromabtrennung vom Aluminium durch alkalische Fällung des Chroms, gegebenenfalls unter Zusatz von Eisen(II)-sulfat als Kollektor. Man kann in diesem Falle auch (vgl. JEAN) in Anwesenheit des Gesamtaluminiums, also bei etwa 10^5-fachen Überschuß, photometrieren, wenn die Eichkurve mit der gleichen Aluminiummenge aufgenommen wird.

IV. Uran beeinträchtigt nur die Chromatdirektcolorimetrie, nicht aber das Diphenylcarbazidverfahren. — V. Molybdän in kleineren Mengen stört nicht.

PIETERS und Mitarbeiter haben auch den Einfluß des Molybdäns neben dem anderer Störelemente untersucht und finden für Lösungen mit 40 μg Chrom und 5 mg Eisen (s. auch dort) mit bis zu 1 mg Ni, Mn, Mo, Co oder Si, bis zu 0,2 mg W und bis zu 0,1 mg Al, V, Ti oder Ca nur Abweichungen im Chromgehalt von maximal 2%, meist nur 0,25% oder weniger. Für den Fall des Vorliegens größerer Mengen wird das Molybdän entweder durch Fällung oder neuerdings (GOTTLIEB und HECHT) durch Zusatz von Oxalsäure maskiert; da bei Mengen bis zu 0,1 g Molybdän/ml die der Chromverbindung ähnliche Färbung kaum wahrnehmbar ist, ist der Zusatz erst oberhalb dieser Konzentration erforderlich. OELSCHLÄGER gibt an, daß erst die 300fache Menge Molybdän stört und dann als Rhodanidkomplex aus salzsaurer Lösung mit Äther extrahiert werden kann. — VI. Vanadium stört nach GOTTLIEB und HECHT sowie OELSCHLÄGER und anderen Autoren nur, wenn das Vanadium-Chrom-Verhältnis 1:1 überschreitet. Dann wird man am zweckmäßigsten das Vanadium durch Ausschütteln des Oxinates mit Chloroform bei p_H 4 abtrennen (z. B. AUBRY). Neben Vanadium trennt DE SAINT RAT auch Fe, Cd, Hg, Ag, Pb, Ni, Co und Mg bei der Analyse von Mineralien ab, indem die von SiO_2 befreite Asche nach PINKUS und MARTIN in salzsaurer Lösung mit Kupferron behandelt und die ausfallenden Kupferronate nach MEUNIER bei $p_H = 1,8$ mit Chloroform extrahiert werden, wobei in der so von Fremdmetallen befreiten Lösung nach erneuter Mineralisierung und Oxydation noch 0,1 μg Chrom bestimmbar sein soll. Umgekehrt erfolgt neuerdings auch eine Abtrennung des Chroms vom Vanadium, indem bei 10° und $p_H = 1,7$ die mit Wasserstoffperoxyd gebildete Perchromsäure mit Essigester ausgeschüttelt und durch dessen Ausschütteln mit Lauge wieder in Chromat überführt wird (z. B. BROOKSHIER und FREUND). — VII. Titan, welches meist in der alkalischen Oxydationslösung mit abgetrennt wird, muß wegen der Gefahr des Einschlusses von Chrom bei Vorliegen größerer Mengen, wie z. B. in Titan(IV)-oxydpigmenten, durch eine besondere Methode als Kaliumtitanfluorid entfernt werden (FLATT und VOGT). — VIII. Vom Kobalt, welches DAVIDSON und MITCHELL ebenso wie Chrom als Spurenelement in Böden nach Sodaaufschluß, Aufnehmen in Salpetersäure und Abscheidung der Kieselsäure durch Abrösten bestimmen, trennen sie durch Erhitzen der Lösung mit Natriumperoxyd; der so erhaltene Niederschlag wird auf Kobalt, das Filtrat auf Chrom verarbeitet. — IX. Nickel wird von GINZBURG und LIVŠIC auch bei stärksten Überschüssen in der Meßlösung belassen; BRARD hält die 10^4-fache Menge für zulässig. — X. Silber, welches als Nitrat von KUTSCHINSKY und KALMYKOWA als Oxydationskatalysator des Persulfats in die Diphenylcarbazidmethode eingeführt wurde, wird von diesen noch durch Natriumchloridzugabe ausgefällt, von HUGHES durch Salzsäure, jedoch nach vorheriger Reduktion des Chromats zu Cr(III). GOTTLIEB und HECHT befürchten bei der Mikrobestimmung Okklusion von Chrom durch Silberchlorid und stellen fest, daß Silber bei der Filtercolorimetrie nicht stört. — XI. Auch Blei sowie Gold sind nach diesen Autoren ohne störende Wirkung, entgegen den Angaben von LANGE und THIEL. — Einige quantitative Angaben über die Zulässigkeit einer Reihe von Störelementen macht BRARD; bei 1 Teil Chrom sollen bis zu 10000 Teilen Cu, Ni, Co oder Hg, bei Oxalsäurezusatz bis 7000 Teilen Mo, unter Maskierung mit Phosphorsäure 3500 Teile Fe und nach Reduktion mit Salzsäure 700 Teile Mn bis zur Bestimmungsgrenze von etwa 1 μg Chrom zulässig sein. — XII. Im Gegensatz zu SANDELL findet OELSCHLÄGER sogar durch Zusatz von 5% Natriumsulfat leichte Minderwerte; diese werden weitgehend vermieden, wenn man dafür Sorge trägt, daß die Salzmenge in allen Proben sowie den Eichlösungen annähernd gleich ist, also besonders auch gleiche Menge der verschiedenen Reagenzien wie Persulfat, Lauge usw. verwendet werden. — XIII. Von den meisten Anionenbildnern wird Cr am besten nach Reduktion durch Fällung als $Cr(OH)_3$ abgetrennt, gegebenenfalls mit Eisen(III)-salz als Sammler.

7. Verluste von Chrom sind bei alkalischem Aufschluß im allgemeinen nicht zu befürchten; es sei denn, daß ein dabei ausfallendes Fremdmetall in großem Überschuß vorhanden ist und somit beträchtliche Mengen Chrom einschließt (s. o. Titan). Auch unlösliche Rückstände bei Silicataufschlüssen mit Soda enthalten im allgemeinen kein Chrom; dagegen soll die Ammoniakfällung von Eisen- und Aluminiumhydroxyd nur in Gegenwart von genügend Phosphat unbedenklich sein (JÄRVINEN). Allgemein läßt sich feststellen, daß die Gefahr von Chromminderbefunden bei Entfernung von Fremdionen um so größer wird, je ungünstiger das Fremdion-Chrom-Verhältnis wird, also besonders bei der Spurenanalyse; im übrigen wird hierzu auch auf den vorstehenden Absatz verwiesen. — Der beim Lösen von Edelstählen in Schwefelsäure-Salpetersäure gelegentlich hinterbleibende Oxydrückstand soll auch Chromoxyd enthalten können (JOHNSON) und muß dann nach Entfernung der Kieselsäure erneut aufgeschlossen werden. — Auf die Möglichkeit der Verflüchtigung von Chromylchlorid bei der Behandlung mit siedender Perchlorsäure wurde oben bereits hingewiesen. Diese soll nach WEISS, SILER und BUECHLER vermieden werden, wenn man bei der Oxydation mit 70- bis 72%iger Perchlorsäure eine Temperatur von $(200 \pm 2)°$ C einhält.

Tabelle 16 *[auszugsweise nach Sandell (b)]*.

(Alle Lösungen sind 0,2 n an Schwefelsäure und enthalten 1 ml 0,25%iger Diphenylcarbazidlösung je 25 ml; sie werden photometriert mit Grünfilter Cenco Nr. 2.)

Zusatz in Teilen je 10^6 Teile Lösung	Chrom gegeben	Chrom gefunden	Bemerkungen
		in Teilen je 10^6 Teile Lösung	
	0,800	(Standard)	
	0,800	0,800	2 ml Reagens
	0,405	0,410	0,5 n Säure
	0,405	0,413	2 Min. nach Mischen
	0,405	0,410	10 Min. nach Mischen
	0,405	0,403	20 Min. nach Mischen
	0,405	0,388	2 Std. nach Mischen
Mo(VI) 200	0,405	0,409	2 Min. nach Mischen
Mo(VI) 200	0,405	0,402	10 Min. nach Mischen
Hg(II) 200	0,405	0,405	—
Fe(III) (als FeCl₃) 200	0,405	0,51	2 Min. nach Mischen
Fe(III) (als FeCl₃) 200	0,405	0,46	5 Min. nach Mischen
Fe(III) (als FeCl₃) 200	0,405	0,445	10 Min. nach Mischen
Fe(III) [als Eisen(III)-ammoniumsulfat] 200	0,405	0,413	2 Min. nach Mischen
Fe(III) [als Eisen(III)-ammoniumsulfat] 200	0,405	0,385	5 Min. nach Mischen
Fe(III) [als Eisen(III)-ammoniumsulfat] 200	0,405	0,37	10 Min. nach Mischen
Fe(III) [als Eisen(III)-ammoniumsulfat] 200	0,200	0,24	2 Min. nach Mischen
Fe(III) [als Eisen(III)-ammoniumsulfat] 200	0,405	0,409	2 Min. nach Mischen
[Lösung enthält außer Schwefelsäure noch 1 ml Phosphorsäure (1+5)]			
Fe(III) [als Eisen(III)-ammoniumsulfat] 200	0,405	0,425	5 Min. nach Mischen
Fe(III) [als Eisen(III)-ammoniumsulfat] 200	0,405	0,45	15 Min. nach Mischen
Fe(III) [als Eisen(III)-ammoniumsulfat] 200	0,080	0,089	3 Min. nach Mischen
Fe(III) [als Eisen(III)-ammoniumsulfat] 200	0,080	0,11	7 Min. nach Mischen
V(V) 4	0,405	0,44	2 Min. nach Mischen
V(V) 4	0,405	0,425	5 Min. nach Mischen
V(V) 4	0,080	0,104	2 Min. nach Mischen
[Lösung enthält außer Schwefelsäure noch 1 ml Phosphorsäure (1+5)]			
V(V) 4	0,080	0,088	20 Min. nach Mischen

Die vorstehende Tab. 16 nach SANDELL faßt die von diesem beschriebenen Störungsmöglichkeiten bezüglich Konzentrationen, Wartezeiten, störender Metalle und deren Maskierung nochmals zusammen.

8. Absorptionskurve und Messung. Die von ROWLAND aus einer größeren Anzahl von Meßpunkten ermittelte Absorptionskurve (Abb. 47) ist identisch mit der von SANDELL (b) angegebenen, welche sich aus neueren Meßwerten von PIETERS und Mit-

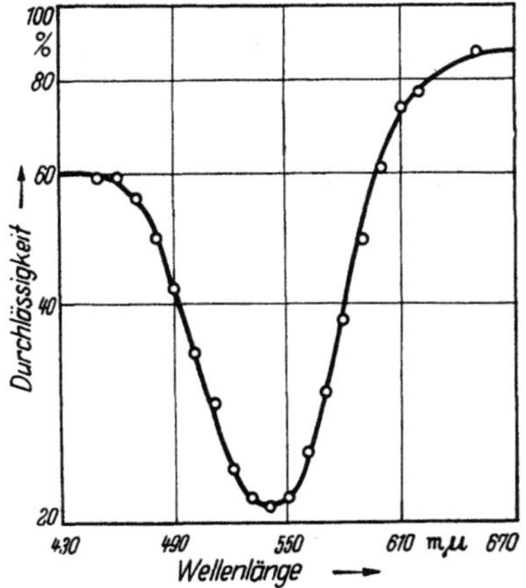

Abb. 47. Absorptionsspektrum; $2,06 \cdot 10^{-5}$ molare Kaliumdichromatlösung in 0,2 n Schwefelsäure mit 1 ml alkoholischer gesättigter Reagenslösung pro 100 ml. (Nach ROWLAND.)

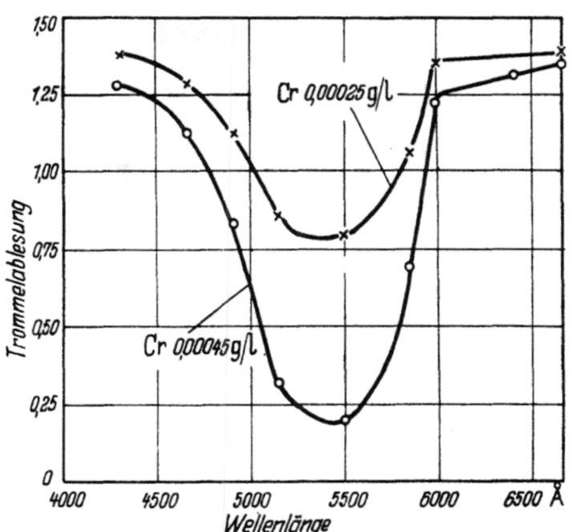

Abb. 48. Durchlässigkeitskurve; Schwefelsäure 0,2 n; Phosphorsäure 0,8 n; Diphenylcarbazid 0,2 g/l. (Nach DAVIS und BACON.)

arbeitern errechnet; die Abweichungen, welche sich gegenüber der Kurve von DAVIS und BACON (Abb. 48) zeigen, dürften auf etwas anderer Meßtechnik beruhen, sind jedoch für die praktische Messung ohne Belang, da beide Kurven in der Nähe des Maximums völlig gleich sind. Für die schon von DINGWALL, CROSEN und BEANS festgestellte breite Bande im Grün ist nach ROWLAND ein Sextant-Grün-Filter zweckmäßig, mit dem der Extinktionskoeffizient dem BEERschen Gesetz bis herauf zu $7,21 \cdot 10^{-6}$ molarer Lösung $= 375\ \mu g$ Chrom/l folgt (vgl. Abb. 49); aus der oben angewandten Lösung errechnet sich für 540 mμ ein molarer Extinktionskoeffizient von $8,14 \cdot 10^4$. Die Angabe, daß die Grenze des verwendeten Grünfilters bei 460 mμ liegt und Lösungen mit dem Diphenylcarbazidkomplex des Eisens bei 500 mμ 100% Durchlässigkeit aufweisen sollen, das Filter also zur Ausschaltung aller Störungen durch Eisen genügt, stimmt nicht mit allen Angaben anderer Autoren über diese Störung (s. o. bei Eisen) überein. URONE und ANDERS errechnen einen Extinktionskoeffizienten von $8,32 \cdot 10^4$ und finden Gültigkeit des BEERschen Gesetzes bis etwa 10 μg in 10 ml; bei der Mikrobestimmung mit Grünfilter VG 9 im LANGE-Colorimeter nach

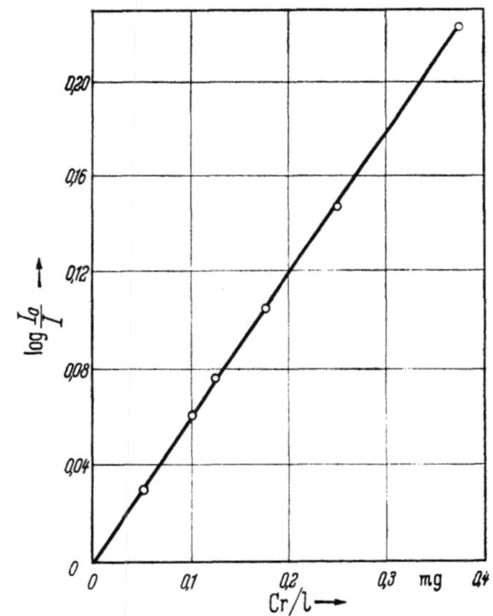

Abb. 49. Konzentrationsabhängigkeit der Extinktion (Grünfilter). (Nach ROWLAND.)

GOTTLIEB gilt das Gesetz bis zu 3 μg/ml exakt, darüber wird eine Eichkurve vorgezogen. Auch alle anderen Autoren verwenden Grünfilter oder benutzen zur Messung Wellenlängen zwischen 540 und 550 mμ; lediglich NORWITZ und CODELL messen zur sicheren Ausschaltung der Eisenstörung (s. d.) bei 580 mμ. — Während zur visuellen

Colorimetrie sonst allgemein Standardlösungen verwendet werden, welche den Probelösungen in der Konzentration an Chrom möglichst ähnlich, in derjenigen der Reagenzien gleich sein sollen, ist als Besonderheit zu erwähnen, daß LAPIN, HEIN und SORIN mit 0,01 n Kaliumpermanganatlösung vergleichen.

C. Photometrische Standardverfahren für wenig verunreinigte Chromlösungen.

Allgemeines. Die beiden folgenden Verfahren können immer dann ohne Bedenken angewandt werden, wenn solche Chromlösungen vorliegen, in denen die Konzentration der zu Störungen Anlaß gebenden Fremdelemente gering ist. Während SANDELL wie meist üblich in schwefelsaurer Lösung arbeitet und Chromat voraussetzt, ist das Verfahren von OELSCHLÄGER auch für Cr(III)-verbindungen geeignet, für deren Oxydation genaue, dem letzten Stand entsprechende Arbeitsbedingungen angegeben werden; er geht ferner von der beim Lösen beliebiger Materialien häufig anfallenden, salzsauren Lösung aus.

1. Verfahren nach Sandell (b).

Reagenzien. 1. 6 n Schwefelsäure muß frei sein von reduzierenden Substanzen; hierzu wird zu der heißen Säure so lange verd. Permanganatlösung gegeben, bis eine ganz schwache Rosafärbung bleibt.

2. Reagenslösung: 0,25%ig in Aceton-Wasser-Gemisch (1 + 1); die Lösung wird beim Stehen braun und wird täglich frisch hergestellt.

Arbeitsvorschrift. Die Lösung soll 20 bis 500 μg Cr/l enthalten. 10 bis 20 ml werden mit so viel Schwefelsäure versetzt, daß nach weiterem Verdünnen die Lösung etwa 0,2 n ist; nach Durchmischen wird 1 ml Reagenslösung zugegeben und die Lösung zu 25 ml aufgefüllt. Die Durchlässigkeit wird möglichst bald nach der Zugabe des Reagenses gemessen, wobei man ein Grünfilter verwendet, welches sein Durchlässigkeitsmaximum bei 540 mμ hat.

Bemerkungen. I. Um Fehler durch vorhandene Eigenfärbung des Reagenses auszuschalten, wird die Durchlässigkeit gegen die Reagenslösung als Blindwert gemessen. II. Bei Verwendung eines DUBOSQ-Colorimeters ist die geeignete Konzentration 500 μg/l.

2. Verfahren nach Oelschläger.

Allgemeines. Der Verfasser hat jüngst umfangreiches experimentelles Material über die Beeinflussung der Bestimmung durch verschiedene Faktoren (s. o. unter B) geliefert. Da nur 20 μg Chrom eingesetzt werden, sind alle auftretenden Fehler stark ins Gewicht fallend; die äußerst schwierige Entfernung des Wasserstoffperoxyds und die darauf beruhenden Fehlermöglichkeiten werden geklärt und letztere dadurch ausgeschaltet, daß genügend lange in alkalischer Lösung erhitzt und die Zugabe des Reagenses *vor* dem Ansäuern vorgenommen wird. Unter dieser Bedingung ist auch das Arbeiten mit Persulfat gefahrlos, so daß dessen Verwendung in *alkalischer* Lösung erstmalig vorgeschlagen wird. Dadurch kann auch der Zusatz von Silbernitrat unterbleiben, welcher aus ungeklärten Gründen eine schnellere Abschwächung des Farbkomplexes bedingt. Auch Mangan stört bei dieser Arbeitsmethode nicht. Da beim Lösen vieler Materialien salzsaure Lösung erhalten wird, wird von dieser ausgegangen, jedoch die Salzsäure durch Einengen entfernt.

Reagenzien. 1. Waschlösung. 5 ml 2 n Natronlauge werden mit 500 ml Wasser verdünnt. 2. Reagenslösung. 0,25 g Diphenylcarbazid werden in 100 ml Aceton-Wasser (1 + 1) gelöst und diese Lösung täglich frisch zubereitet. 3. Standardlösung. 0,9603 g Kaliumchromsulfat [KCr(SO$_4$)$_2$ + 12 H$_2$O] werden im 1000-ml-Meßkolben in Wasser gelöst und bis zur Marke aufgefüllt (1 ml enthält 100 μg Cr). Von dieser Lösung pipettiert man 10 ml in einen 1000-ml-Meßkolben und füllt mit Wasser bis zur Marke auf (1 ml enthält 1 μg Cr). Außerdem werden benötigt:

2 n Natronlauge, 2 n Schwefelsäure, 10%ige Ammoniumpersulfatlösung, 30%iges Wasserstoffperoxyd, 0,1%ige Lösung von Phenolphthalein in Aceton.

Arbeitsvorschrift. Einen aliquoten Teil der salzsauren Lösung, in dem bis zu 20 μg Chrom enthalten sind, pipettiert man in eine Porzellanschale oder eine Veraschungsschale nach NEUBAUER. Die Lösung wird auf dem Wasserbad bis zur Trockne eingedampft, der Rückstand mit 1 ml Persulfatlösung oder mit 1 bis 2 ml Wasserstoffperoxyd benetzt und mit 10 ml 2 n Natronlauge versetzt. Dann zerkleinert man den Rückstand etwas mittels eines Glasstabes, dampft erneut bis zur Trockne ab und gibt 50 ml Wasser hinzu. Unter gelegentlichem Rühren läßt man die Schale etwa 1 Std. auf dem lebhaft siedenden Wasserbad stehen. Hierauf wird die Lösung durch ein mit heißer Waschlösung gewaschenes Filter in ein 100-ml-Erlenmeyerkölbchen filtriert; Schale, Filter und Filterrückstand werden mit heißer Waschlösung ausgewaschen. Das Filtrat wird mit 1 Tropfen Phenolphthaleinlösung und hierauf mit so viel 2 n Schwefelsäure versetzt, daß die rote Farbe des Phenolphthaleins eben verschwindet. Nach sofortiger Zugabe von 2 ml Reagenslösung und 5 ml 2 n Schwefelsäure schüttelt man die Lösung gut um (CO_2!). Schließlich gießt man sie in ein 50-ml-Meßkölbchen, füllt sie mit Wasser bis zur Marke auf, durchmischt sie und mißt die Farbintensität der Lösung in einer 2-cm-Küvette bei 540 mμ, am besten im ZEISS-Spektralphotometer.

Eichkurve. Von der 1 μg Cr/ml enthaltenden Standardlösung werden 1, 3, 6, 10, 15 und 20 ml entnommen und genau nach der Arbeitsvorschrift behandelt.

Bemerkungen. *I. Erfassungsgrenze.* 1 μg Cr wird sicher erfaßt.

II. Genauigkeit. Die getrennt unter Verwendung von Persultat oder Peroxyd hergestellten Eichlösungen zeigen gegeneinander eine maximale Abweichung von 0,3% der Durchlässigkeit (bei 540 mμ). Bei Prüfung an einer synthetischen Heuasche, deren Zusammensetzung 2,5% K_2O, 1,2% CaO, 0,6% P_2O_5, 0,3% MgO, 0,1% Na_2O, 0,02% Fe_2O_3, 0,02% Al_2O_3 und 0,01% MnO im Heu entspricht, zeigen sich um durchschnittlich 0,66 μg zu hohe Chromwerte, was auf der Verunreinigung der hierzu eingesetzten p.a.-Chemikalien beruht.

III. Die Oxydation mit Persulfat verläuft nur dann quantitativ, wenn durch Einhalten der Laugekonzentration das Ausfallen von Chromhydroxyd vermieden wird; hierzu soll die Oxydationslösung 2 n an Lauge sein.

IV. Die Lichtempfindlichkeit des Farbkomplexes muß berücksichtigt werden, falls die Messung nicht sofort stattfinden kann; die Meßlösungen sind in diesem Falle im Dunkeln aufzubewahren, müssen jedoch auch dann nach spätestens 1 Std. gemessen werden.

V. Mangan wird in der alkalischen Lösung nur langsam oxydiert und tritt daher kaum als Mn(VI) oder Mn(VII) auf; falls diese Oxydationsstufen sich infolge ungenügender Alkalität doch bilden sollten, so genügt Zusatz einiger Tropfen Äthanol; das ausfallende Oxyd wird im normalen Verlauf des Arbeitsganges abfiltriert.

Bei Vorliegen von Molybdän oder Vanadium vgl. a. a. O.

VI. Auf die Entfernung des *Kohlendioxyds* nach dem Ansäuern ist zu achten, damit bei der Messung keine Fehler durch Bläschen auftreten.

VII. Um den möglichen Einfluß von *Neutralsalzen* und *Verunreinigungen der Reagenzien* auszuschalten, müssen die Vergleichslösungen für die Eichkurve unter sämtlichen Bedingungen der Arbeitsvorschrift hergestellt werden.

D. Anwendungen.
1. Ältere colorimetrische Verfahren.

Allgemeines. Diesen ist die Entfernung des Eisens durch Carbonat- oder Laugefällung und die nur wenig variierte Endmessung sowie häufig auch die Oxydation mit Permanganat gemeinsam. Soweit außer Eisen und Mangan, welche gefällt werden, keine nennenswerten Mengen von Störelementen vorkommen, können die verschiedensten Materialien diesen Methoden unterworfen werden. Während EVANS der Oxydationslösung noch Ammoniumphosphat zugibt und anschließend durch Eingießen in heiße Natronlauge das Eisen fällt, wobei durch den Phosphatzusatz das Mitfällen von Chrom verhindert wird, fällen spätere Autoren entweder nach der Oxydation (AGNEW) oder vor derselben (LEO und BRYLKA) das Eisen mit Sodalösung aus.

I. Verfahren nach EVANS.

Die Lösung des Produktes wird heiß mit Kaliumpermanganat in Gegenwart von Diammoniumphosphat oxydiert, anschließend noch warm in heiße Natronlauge gegossen, nach Abkühlen im Meßkolben aufgefüllt, filtriert und in einem aliquoten Teil das Chrom durch Vergleich mit Lösungen bekannten Gehalts bestimmt. Während EVANS (a) sich hierzu bei höheren Gehalten der Chromatfärbung bedient, verwendet er für niedrige Gehalte die Diphenylcarbazidmethode (b), mit der ihm die Bestimmung von Mengen bis herab zu 0,0017% Dichromat gelingt.

Arbeitsvorschrift nach Agnew. 1 g Stahl wird in 15 ml Schwefelsäure (1 + 3) (etwa 4,6 m), 20 ml Wasser und 5 ml Salpetersäure (D 1,2) unter Kochen gelöst und nach Abkühlen auf 200 ml gebracht. Von dieser Auffüllung werden 40 ml mit 3 Tropfen Kaliumpermanganatlösung einige Minuten gekocht und der Überschuß des Permanganats durch tropfenweisen Zusatz von Salzsäure (D 1,2) bis zur klaren Lösung zerstört. In der abgekühlten Lösung wird das Eisen durch Natriumcarbonatlösung in geringem Überschuß gefällt und nach Verdünnen auf 100 ml abfiltriert. 50 ml des Filtrats (= 0,1 g Einwaage) werden mit 20 ml verd. Schwefelsäure angesäuert und mit 5 ml 0,1%iger Diphenylcarbazidlösung versetzt. Man bringt diese Lösung in einen NESSLER-Zylinder und vergleicht mit einer Lösung, welche aus 20 ml derselben Schwefelsäure und 5 ml Diphenylcarbazidlösung hergestellt und bis zur Farbgleichheit mit 0,001 n Dichromatlösung versetzt wurde.

Bemerkungen. *a) Erfassungsgrenze* und *Genauigkeit.* Die Beleganalysen zeigen, daß 0,0017 bis 0,087% Chrom ohne merklichen Fehler bestimmt werden können. PORTEVIN und LEROY haben das Verfahren übernommen und bestimmen damit in einer Einwaage von wenigen Milligrammen geringste Chromgehalte mit einem absoluten Fehler von 0,04 µg.

b) Kupfer, Nickel, Kobalt, Molybdän und Wolfram sollen die Bestimmung nicht beeinträchtigen.

c) Nach Vergleichsversuchen des Verfassers zur Klärung des *Salzsäure*einflusses wird Dichromat selbst von 15%iger Säure nicht reduziert unter der Voraussetzung, daß nicht zu lange gekocht wird.

d) Nach Angaben von JOHNSON hinterbleibt beim Auflösen von Edelstahlproben unter den obigen Bedingungen gelegentlich ein *unlöslicher Rückstand*, welcher neben Silicium-, Aluminium- und Titanoxyden auch Chromoxyd enthalten kann; dieser muß dann nach Abfiltrieren in üblicher Weise von Kieselsäure befreit und weiter aufgeschlossen werden, um wie oben das Chrom colorimetrisch zu bestimmen.

II. Verfahren nach LEO und BRYLKA.

Allgemeines. Das für geringe Gehalte in Temperguß unter leichter Abwandlung des vorstehenden, kürzlich entwickelte Verfahren dürfte unter einfachen Verhältnissen in kürzester Arbeitszeit gute Resultate liefern; für die Manganreduktion und die Reagenslösung findet Methanol Verwendung; oxydiert wird in alkalischer Lösung.

Reagenzien. 1. Verd. Schwefelsäure (1 + 3) (etwa 4,6 m);

2. konz. Salpetersäure (D 1,4);

3. Kaliumpermanganatlösung, kaltgesättigt;

4. Natriumcarbonatlösung, kaltgesättigt;

5. Reagenslösung. Aus einer Stammlösung von 1% Diphenylcarbazid in Methanol wird nach Bedarf 0,2%ige Gebrauchslösung ebenfalls in Methanol hergestellt.

6. **Kaliumdichromatlösung:** 0,02121 g reinstes Kaliumdichromat in 1 l. Der Verbrauch von 1 ml dieser Lösung in der Arbeitsvorschrift entspricht 0,01% Chrom.

Arbeitsvorschrift. 0,3 g der Probe löst man in 10 ml Schwefelsäure, oxydiert sie mit konz. Salpetersäure und verkocht die nitrosen Gase. Nach Verdünnen mit 20 ml Wasser macht man mit Natriumcarbonatlösung schwach alkalisch, gibt Kaliumpermanganatlösung bis zur Rotfärbung hinzu und erhitzt; bei Entfärbung erfolgt allmähliche weitere Zugabe von Permanganat bis zur bleibenden schwachen Rotfärbung. Nach weiteren 5 Min. Kochens wird tropfenweise Methanol zugegeben, bis die über dem Niederschlag stehende Lösung farblos erscheint, auf 200 ml aufgefüllt und filtriert. Vom klaren Filtrat werden 10 ml (bei Gehalten unter 0,1% 50 ml) in einem 100-ml-Meßzylinder mit Glasstopfen mit 20 ml Schwefelsäure angesäuert und mit 5 ml Diphenylcarbazidlösung versetzt. Nach etwa 30 Sek. wird auf 100 ml aufgefüllt. In einem zweiten Meßzylinder werden 10 ml Wasser, 20 ml Säure und 5 ml Reagens zusammengegeben, mit Wasser auf etwa 85 ml verdünnt, und es wird so lange mit Kaliumdichromatlösung titriert, bis in beiden Zylindern etwa gleicher Farbton herrscht. Nach 30 Sek. füllt man knapp bis zur Marke auf und läßt, falls zur Erzielung der Farbgleichheit erforderlich, noch etwas Dichromatlösung zutropfen. Bei Einhaltung der Einwaage, der Auffüllungen und der aliquoten Entnahme von 10 ml gilt folgende *Berechnung*:

$$\% \text{ Cr} = \text{Verbrauch in ml Dichromatlösung} \cdot 0{,}01 \cdot 5.$$

Bemerkung. Der Zeitbedarf für die gesamte Analyse beträgt höchstens 30 Min.

III. Verfahren nach Kutschinsky und Kalmykowa.

Zur Bestimmung von etwa 0,03% Chrom in Schmiedeeisen wird wegen Bedenken gegen die Permanganatoxydation mit Persulfat oxydiert; das als Katalysator verwendete Silbersalz wird mit Kochsalz gefällt.

Arbeitsvorschrift. Man löst 0,2 g der Probe in 10 ml 10%iger Schwefelsäure, gibt noch 8 bis 10 Tropfen konz. Salpetersäure zu und verkocht die Nitrosen. Dann setzt man 2 ml 0,6%ige Silbernitrat- und 2 ml 15%ige Ammoniumpersulfatlösung, alsdann 4 ml 0,2%ige Natriumchloridlösung zu und kocht zur Zerstörung des überschüssigen Persulfats. Durch Zugabe von 40 ml 75%iger Natriumcarbonatlösung wird das Eisen als Hydroxyd ausgefällt. Darauf füllt man auf 100 ml auf, filtriert und versetzt 50 ml des Filtrats mit 20 ml Schwefelsäure (1 + 3) (etwa 4,6 m) und 5 ml 0,1%iger Diphenylcarbazidlösung; man füllt auf 100 ml auf und vergleicht die Färbung mit derjenigen einer ebenso mit Diphenylcarbazid versetzten 0,001 n $K_2Cr_2O_7$-Lösung.

IV. Verfahren nach Lukaschewitsch-Duwanowa und Pivadjan.

Nach Überprüfung an ähnlich zusammengesetzten synthetischen Gemischen wird für Schlackeneinschlüsse folgende Methode entwickelt, wobei man mit Wasserstoffperoxyd oxydiert. Nach Entfernung der Kieselsäure durch Abrauchen mit Schwefelsäure und Flußsäure und nach Aufschluß des Rückstandes nach bekannten Methoden wird das gelöste Chrom mit Wasserstoffperoxyd oxydiert, die Lösung mit Schwefelsäure angesäuert und im Meßkolben zur Marke aufgefüllt. Eine geeignete Menge dieser Lösung wird nach Zugabe von 5 ml einer 0,1%igen alkoholischen Diphenylcarbazidlösung je nach Färbung auf 100 bis 250 ml verdünnt und mit einer gleichbehandelten Dichromatlösung colorimetrisch verglichen, welche 25 μg Chrom/ml enthält.

V. Verfahren nach Brard.

Durch Überprüfung am qualitativen Nachweis werden die zulässigen Beimengungen ermittelt (s. o. unter B). Für die quantitative Mikrobestimmung wird die Lösung mit Phosphorsäure und Schwefelsäure — bei Anwesenheit von Mangan mit Salzsäure — und anschließend mit 1 ml Reagens (0,2%ig in Alkohol) versetzt. Dann wird im DUBOSCQ-Colorimeter mit Standardlösungen verglichen. Mengen von 1 bis 2 μg und darunter vergleicht man zweckmäßig mit einer Probiergläschenreihe. Die Bestimmungsgrenze liegt unter 1 μg.

VI. Verfahren nach KARCHMER und GUNN.

Für die verlustfreie Spurenbestimmung in Erdölprodukten bedarf es sorgfältiger Veraschung (ausführliche Einzelheiten s. Original). Die Asche wird gelöst, die saure Lösung in mit Natriumperoxyd versetzte Lauge gegossen, filtriert, der Niederschlag umgefällt und in den vereinigten Filtraten — gegebenenfalls nach Ausschüttlung störenden Vanadiums (s. u.) — wie oben das Chrom bestimmt.

2. Bestimmung in vanadiumarmen Silicatgesteinen, Böden und Gläsern.

Allgemeines. Hier findet das Diphenylcarbazidverfahren im allgemeinen nur bei Gehalten unter 0,1% Chrom Anwendung, für höhere Gehalte zweckmäßig die Chromatcolorimetrie. Daher genügt auch meist der Sodaaufschluß. Die Verfahren gelten nur für günstige Chrom-Vanadium-Verhältnisse von höchstens 1:10; für höhere Vanadiummengen s. u. unter 3.

I. Verfahren nach SANDELL (b).

Arbeitsvorschrift. 0,25 bis 0,5 g gut gemahlene Probe mit 10^{-4} bis 10^{-1}% Cr werden mit der 5fachen Menge Natriumcarbonat gut gemischt und 20 Min. im Platintiegel — bei schwer aufschließbaren Mineralien entsprechend länger — geschmolzen; der Schmelzkuchen wird unter Zerdrücken und Rühren in heißem Wasser aufgenommen, genügend eingeengt und durch tropfenweise Zugabe von Alkohol vorhandenes Manganat in der Hitze reduziert. Dann wird die Lösung durch ein sehr kleines Filter in einen kleinen Meßkolben filtriert, mit heißem Wasser, das etwas Carbonat enthält, der Rückstand nachgewaschen und so viel Schwefelsäure zugegeben, daß nach dem folgenden Auffüllen die Lösung etwa 0,2 n sauer ist. Zur Entfernung des gebildeten Kohlendioxyds wird sie kräftig geschüttelt und nach Zugabe von 1 bis 2 ml Reagenslösung (0,25% in Aceton-Wasser) auf 25 oder 50 ml aufgefüllt. Nach Durchmischen wird sie entweder im DUBOSCQ-Colorimeter mit Standardlösung verglichen oder die Durchlässigkeit bestimmt.

Bemerkung. Über günstige Meßkonzentration, Blindwert und Filter siehe oben unter C bei SANDELL. — Bei geringen Vanadiumgehalten, die sich durch rotbraune Färbung der Meßlösung bemerkbar machen, genügt eine Wartezeit von 10 bis 15 Min. bis zum Verschwinden der störenden Färbung; bei höheren Gehalten muß das Vanadium abgetrennt werden (s. u.).

II. Verfahren nach DAVIDSON und MITCHELL für die Spurenbestimmung von Chrom und Kobalt in Böden.

Allgemeines. Diese bevorzugen die Abtrennung der Kieselsäure unter Abrösten mit Salpetersäure; auch die Metalloxyde werden durch alkalische Fällung entfernt. In dieser Fällung kann die Kobaltbestimmung durchgeführt werden; im Filtrat erfolgt die Chrombestimmung in Anlehnung an eine bereits von VAN DER WALT und VAN DER MERWE angegebenen Methode im Filter-Photometer.

Arbeitsvorschrift. 1 g Bodenprobe wird mit Natriumcarbonat geschmolzen; nach Aufnehmen der Schmelze in Salpetersäure wird diese zweimal abgeraucht und nach Abfiltrieren der Kieselsäure das Filtrat auf 100 bis 150 ml eingeengt; zum heißen Filtrat wird dann bis zur neutralen Reaktion 15%ige Natronlauge gegeben und die erhaltene Lösung in kaltes Wasser gegossen, in dem vorher 2 g Natriumperoxyd gelöst wurden. Der gebildete Niederschlag wird abfiltriert und nach Waschen und Aufnehmen in Salzsäure gegebenenfalls zur Kobaltbestimmung benutzt. Das Filtrat wird wieder auf etwa 150 ml eingeengt und nach Neutralisieren mit Salpetersäure auf 500 ml aufgefüllt. Von dieser Auffüllung wird eine 5 bis 15 µg Cr entsprechende Menge abpipettiert, auf etwa 60 ml gebracht und mit 5 Tropfen konz. Salpetersäure sowie 1 ml 2,5%iger Ammoniumpersulfatlösung 10 Min. kräftig gekocht. Nach Abkühlen werden 10 ml Schwefelsäure (1 + 1) (etwa 9 m) und 2,5 ml einer 0,2%igen Lösung von Diphenylcarbazid in Alkohol-Eisessig (9 + 1) zugesetzt, die Lösung auf 80 ml gebracht und nach Durchmischen in der 4-cm-Zelle des photoelektrischen HILGER-SPEKKER-Absorptiometers unter Verwendung des Grünfilters Nr. 5 gemessen. — Die *Eichkurve* wird mit Dichromatlösungen, welche 1 bis 15 µg Cr je 80 ml sowie dieselbe Säure- und Reagensmenge enthalten, aufgestellt; sie verläuft in diesem Bereich geradlinig.

III. Verfahren nach GOTTLIEB und HECHT zur Spurenbestimmung in Gläsern.

Allgemeines. Auf Grund ausführlicher Modellversuche, deren Ergebnisse weitgehend oben unter B „Allgemeines" angeführt und in der untenstehenden Tab. 17 nochmals übersichtlich zusammengefaßt sind, haben GOTTLIEB und HECHT ein auch für die Spurenbestimmung in kleinen Einwaagen sehr zuverlässiges Verfahren ausgearbeitet, das durch geeignete Wahl der Bedingungen störungsfrei arbeitet, selbst bei Anwesenheit größerer Mengen derjenigen Fremdmetalle, mit denen bei unbekannter Zusammensetzung des zu untersuchenden Glases gerechnet werden muß. Der Eisenfehler kann durch gleichmäßige größere Eisenzugaben in Probe- und Eichlösungen völlig kompensiert werden, da er oberhalb einer Menge von 5 mg nicht mehr zunimmt. Molybdän wird gegebenenfalls mit Oxalsäure maskiert; Vanadium

Tabelle 17 *(nach Gottlieb und Hecht).*
Lange-Colorimeter, Filter VG 9 Grün; 100-ml-Küvette; 20 µg Cr; verschiedene Zusätze.

	E ohne Zusatz	Zusatz	In µg	E mit Zusatz	Bemerkungen
1.	0,250	Mn	100	0,240	} 5 ml Schwefelsäure-Phosphorsäure
2.	0,250	Mn	200	0,228	
3.	0,250	Mn	500	0,205	
4.	0,250	Mn	100	0,252	} 5 ml Schwefelsäure-Phosphorsäure und Permanganatentfärbung mit Acid
5.	0,250	Mn	200	0,250	
6.	0,250	Mn	500	0,250	
7.	0,228	Säuregemisch	1 ml	0,231	} Säuregemisch, wie oben
8.	0,228	Säuregemisch	5 ml	0,228	
9.	0,228	Säuregemisch	20 ml	0,210	
10.	0,228	Fe	2000	0,222	} 3 Min. Kochzeit
11.	0,228	Fe	5000	0,218	
12.	0,228	Fe	10000	0,218	
13.	0,239	Fe	10000	0,225	} 1/2 Std. Kochzeit + 4 ml Phosphorsäure (1 + 2)
14.	0,240	Fe	2000	0,232	
15.	0,240	Fe	10000	0,221	
16.	0,242	Fe	10000	0,224	4 ml Säuregemisch
17.	0,239	Fe	10000	0,220	3 ml Phosphorsäure (D 1,83)
18.	0,242	Cu	100	0,234	} 10 ml Schwefelsäure (1 + 5)
19.	0,242	Cu	5000	0,229	
20.	0,242	Ni	5000	0,244	
21.	0,242	Co	5000	0,244	
22.	0,242	U	10000	0,243	
23.	0,243	Mo	1000	0,235	
24.	0,243	Mo	10000	0,227	
25.	0,243	Mo	10000	0,230	4 ml Phosphorsäure (1 + 2)
26.	0,240	Pb	4000	0,241	—
27.	—	Schwefelsäure	1 ml	0,245	—
28.	—	(1 + 5)	5 ml	0,244	—
29.	—	(1 + 5)	10 ml	0,243	—
30.	—	(1 + 5)	20 ml	0,240	—
31.	—	(1 + 5)	50 ml	0,168	—

muß bei einem 1:1 überschreitenden Vanadium-Chrom-Verhältnis abgetrennt werden. Es wird schließlich erstmalig festgestellt, daß die gemessenen Extinktionen zwischen 10 und 40° praktisch temperaturunabhängig sind.

Reagenzien. 1. Standardlösung: 3,734 g Kaliumchromat p. a. MERCK werden zu 1 l gelöst und aus dieser Lösung je nach Bedarf Verdünnungen hergestellt, welche zwischen 0,1 und 100 μg je 100 ml enthalten.

2. Phosphorsäure (1 + 2) (etwa 5 m);

3. Schwefelsäure-Phosphorsäure: 4 ml konz. H_2SO_4 + 4 ml sirupöser Phosphorsäure + 50 ml Wasser;

4. 2%ige Silbernitratlösung;

5. Ammoniumpersulfat;

6. Eisensulfatlösung: 5 mg Fe/ml;

7. Natriumazid;

8. Reagenslösung: 1 g Diphenylcarbacid, gelöst in 100 ml 96%igem Alkohol.

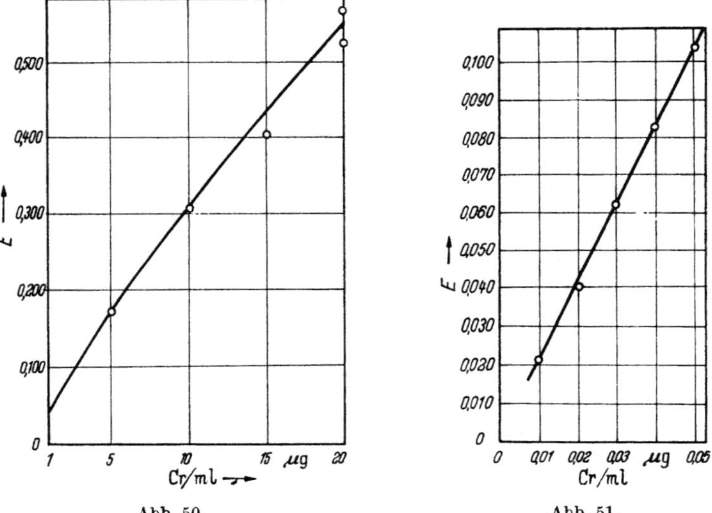

Abb. 50.   Abb. 51.

Abb. 50 und 51. Eichkurven zum Verfahren nach GOTTLIEB und HECHT.

Als *Colorimeter* werden das lichtelektrische Universal-Colorimeter von LANGE mit Grünfilter VG 9 und 100-ml-Küvetten verwendet.

Arbeitsvorschrift. Etwa 0,5 g Glas werden in einem Platintiegel mit Fluß- und Schwefelsäure bis zur Lösung der Probe und Auftreten der Schwefeltrioxyddämpfe aufgeschlossen. Der abgekühlte Tiegelinhalt wird nun mit Wasser aufgenommen, in einen 100-ml-Meßkolben filtriert und auf 100 ml aufgefüllt. 20 bis 25 ml dieser Lösung werden in einen zweiten 100-ml-Meßkolben einpipettiert, nach Zusatz von 4 ml Phosphorsäure (1 + 2) (etwa 5 m), 1 ml Eisensulfatlösung, 5 ml Silbernitratlösung und etwa 1 g Ammoniumpersulfat 3 Min. gekocht und möglichst heiß unter Umschütteln mit einer Spur Natriumazid versetzt. Die Probe wird nun unter der Wasserleitung abgekühlt, auf 100 ml aufgefüllt, in eine 100-ml-Küvette gegossen und diese in das Colorimeter eingesetzt. Nach der Einstellung des Instrumentes wird in die Küvette 1 ml Reagens einpipettiert, mit einem Kugelrührer gut durchgerührt und die Extinktion abgelesen.

Die *Eichkurve.* Entsprechende Mengen der Standardlösung werden mit 1 ml Eisensulfatlösung, 4 ml Phosphorsäure (1 + 2) (etwa 5 m), 5 ml Silbernitratlösung und 1 g Persulfat versetzt und unter den gleichen Bedingungen wie die Probe in der Arbeitsvorschrift weiterbehandelt und mit 1 ml Reagens versetzt. Eine geradlinige Kurve dient für gewöhnliche Gehalte, Abb. 50 für höhere; Abb. 51 zeigt, daß selbst Mengen bis herab zu 0,01 μg/ml gut erfaßbar sind.

Bemerkungen. *a) Erfassungsgrenze* und *Genauigkeit.* Die dritte der vorstehenden Eichkurven zeigt, daß 0,01 μg/ml, entsprechend $10^{-3}\%$, gut erfaßbar sind. Bei Gläsern mit derartigen Gehalten sind die Werte in der ersten Zahlenstelle sicher reproduzierbar. Auch bei bekannten Chromzugaben zu Gläsern werden nur Abweichungen in der 4. Dezimale festgestellt.

b) Das LAMBERT-BEERsche Gesetz gilt nur bis etwa 3 μg; unterhalb dieser Menge genügt also eine beliebige Extinktionsmessung; darüber muß die im gleichen Gerät ermittelte, nicht ganz lineare Eichkurve (s. Abb. 50) verwendet werden.

c) Natriumazid wird in kleinsten Anteilen bis zur Entfärbung zugegeben; der Überschuß muß verkocht werden, da andernfalls beim Abkühlen eine leichte Trübung auftreten kann.

3. Bestimmung in vanadiumhaltigen Gesteinen und Erzen.

Allgemeines. Auch hier handelt es sich meist um die Bestimmung von Mengen der Größenordnung 10^{-3} bis $10^{-2}\%$. Zur Trennung von Vanadium und Chrom stehen zwei verschiedene Methoden zur Verfügung; das Ausschütteln des Vanadiums als Oxinat mit Chloroform (SANDELL sowie AUBRY und Mitarbeiter) dürfte erprobter sein als die Abtrennung des Chroms als Perchromsäure in Essigester (BROOKSHIER und FREUND). Obwohl sich die beiden ersten Verfahren ähneln, werden beide angeführt, da wahrscheinlich die von AUBRY benutzte Abtrennung der Kieselsäure gelegentlich von Vorteil ist. Das von SANDELL entwickelte Verfahren gestattet die gleichzeitige Bestimmung kleinster Mengen von Chrom, Vanadium und Molybdän in demselben Aufschluß, die hier ebenfalls kurz beschrieben werden.

I. Verfahren nach SANDELL (a, b) zur Spurenbestimmung von Vanadium, Chrom und Molybdän.

Aufschluß. Dieser kann wegen der sehr niedrigen Gehalte aller drei Spurenelemente ebenso wie oben unter 2 (SANDELL) nur mit Natriumcarbonat durchgeführt werden. Es wird genauso wie dort verfahren; lediglich wird das Filter zum Abfiltrieren des Unlöslichen vorher mit heißer, 20%iger Carbonatlösung gewaschen und der Rückstand anschließend mit heißer, 1%iger Natriumcarbonatlösung gut nachgewaschen, wozu im allgemeinen 4- bis 5mal 5 ml genügen. Filtrat und Waschflüssigkeit werden dann noch alkalisch in einem 100-ml-Meßkölbchen aufgefüllt.

a) Vanadiumbestimmung. Reagenzien. 8-Oxychinolinlösung: 2,5 g 8-Oxychinolin werden fein gepulvert und in 100 ml 2 n Essigsäure gelöst. Natriumwolframatlösung: 5 g $Na_2WO_4 + 2H_2O$ werden in 100 ml Wasser gelöst. Vanadiumstandardlösung: Eine stärkere Lösung von Ammoniummetavanadat oder einem anderen Alkalivanadat, welche durch Reduktion mit schwefliger Säure und Permanganattitration eingestellt ist, wird so verdünnt, daß man die Standardlösung mit 0,01 mg V_2O_3 je Milliliter erhält.

Arbeitsvorschrift. Je nach Gehalt werden 10 bis 50 ml der obigen, aus dem Aufschluß stammenden Auffüllung mit 1 Tropfen Methylorange versetzt, und es wird aus einer Bürette sorgfältig 4 n Schwefelsäure bis zum Umschlag zugegeben. Dann wird zur Entfernung des Kohlendioxyds geschüttelt und in einem Scheidetrichter mit 2 ml Chloroform und 0,1 ml Oxychinolinlösung mittelstark 1 Min. geschüttelt. Nach dem Absetzen wird das Chloroform in einen Platintiegel abgelassen, der Trichter mit 1 ml Chloroform nachgespült und diese Ausschüttelung je nach Bedarf noch mindestens zweimal wiederholt; der letzte Auszug darf nur schwach gelblich gefärbt sein. Die vereinigten Extrakte werden nach Zusatz von 0,1 g Natriumcarbonat im Platintiegel vorsichtig zur Trockne eingedampft, erhitzt und schließlich 1 bis 2 Min. geglüht. Nach Abkühlen wird der Rückstand in 1 bis 2 ml Wasser aufgenommen und im Farbvergleichsröhrchen von höchstens 1,5 cm Durchmesser mit dem zum Überspülen des Tiegelinhalts verwendeten Waschwasser auf 8 bis 10 ml gebracht. Ein weiteres Röhrchen wird mit 0,1 g Natriumcarbonat und Wasser gefüllt und zu beiden Röhrchen nacheinander unter jeweiligem gutem Durchmischen 1 ml 4 n Schwefelsäure (frei von reduzierenden Substanzen!), 0,1 ml 85%iger Phosphorsäure und 0,2 ml Wolframatlösung gegeben. Zum Vergleichsröhrchen wird dann bis zur annähernden Farbgleichheit Standardvanadiumlösung zugefügt und mit Wasser in beiden Röhrchen gleiche Färbung bei möglichst gleichem Volumen hergestellt.

b) Chrombestimmung. Allgemeines. Bei deutlicher Gelbfärbung der Aufschlußlösung wird das Chromat direkt colorimetrisch bestimmt, unter etwa 0,1% jedoch folgendermaßen verfahren.

Reagenzien. 1. Diphenylcarbazidlösung: 0,05 g pulverisiertes Diphenylcarbazid werden in 10 ml Aceton gelöst und mit 10 ml Wasser verdünnt. 2. Standardchromlösung: Eine stärkere, durch Einwägen von reinstem Kaliumdichromat hergestellte Lösung wird so verdünnt, daß 1 ml der Verdünnung 1 μg Cr_2O_3 je ml enthält.

Arbeitsvorschrift. 10 ml der vom Aufschluß stammenden Lösung werden in einem kleinen Scheidetrichter ohne Anwendung eines Indicators mit der zur Neutralisation erforderlichen Menge an 4 n Schwefelsäure versetzt, die man bereits von der obigen Vanadiumbestimmung her kennt oder in einem parallelen Blindversuch ermittelt. Nach Schütteln zur Entfernung des Kohlendioxyds fügt man weiterhin 0,1 ml Oxinlösung hinzu und extrahiert so oft je $^1/_2$ bis 1 Min. mit jeweils 2 ml Chloroform, bis der letzte Auszug farblos ist, mindestens jedoch dreimal; die Chloroformauszüge werden verworfen. Zur Entfernung der letzten Anteile Chloroforms aus der wäßrigen Schicht filtriert man durch ein kleines, feuchtes Filter in ein 25-ml-Meßkölbchen, wäscht Scheidetrichter und Filter nach, wobei die gesamte Flüssigkeitsmenge ein Volumen von 20 ml nicht übersteigen soll; hierzu wird die Mischung aus 1 ml Diphenylcarbazidlösung, 1 ml 6 n Schwefelsäure und 2 bis 3 ml Wasser gegeben, gut durchgemischt, mit Wasser zur Marke aufgefüllt und im Colorimeter mit Standardchromatlösung verglichen, welche mit gleicher Reagens- und Säuremenge behandelt wurde; für Mengen bis zu 0,02% werden zweckmäßig 0,01 mg Cr in 25 ml Vergleichslösung verwendet. Bei Mengen unter 0,003% wird der genaue Gehalt wie bei Vanadium beschrieben, in Farbvergleichsröhrchen durch colorimetrische Titration ermittelt.

c) Molybdänbestimmung. Reagenzien. 1. Kaliumrhodanidlösung, 5%ig. 2. Zinn(II)-chloridlösung: 10 g $SnCl_2 + 2 H_2O$ in 100 ml Salzsäure (1+9) (etwa 1,3 n) frisch hergestellt. 3. Standardmolybdänlösung: Eine gravimetrisch eingestellte stärkere Lösung von Ammoniummolybdat wird so verdünnt, daß 1 ml genau 0,05 mg MoO_3 je ml enthält. 4. Äther: Reiner Äther wird kurz vor Gebrauch mit $^1/_{10}$ seines Volumens von gleichen Mengen Rhodanid- und Zinn(II)-lösung geschüttelt.

Arbeitsvorschrift. 50 ml der obigen Auffüllung aus dem Sodaaufschluß werden in einem Scheidetrichter langsam unter Umschwenken mit 8 ml konz. Salzsäure versetzt, zur Entfernung des Kohlendioxyds geschüttelt und auf 20° gekühlt. Unter jedesmaligem Mischen werden dann 3 ml Rhodanidlösung und 3 ml Zinn(II)-chloridlösung zugegeben. Nach 30 bis 45 Sek. werden 6 bis 7 ml Äther hinzugegeben und 30 Sek. kräftig geschüttelt; nach Absitzen und Abziehen der wäßrigen Schicht wird der Äther in ein Farbvergleichsrohr von etwa 10 mm Durchmesser gebracht; die wäßrige Lösung wird nochmals mit 2 bis 3 ml Äther ausgeschüttelt und dieser ebenfalls in das Rohr gebracht. Je nach Gehalt wird das Ausschütteln noch zum dritten Male wiederholt. Zum Vergleich läßt man in einem zweiten Rohr zu vorgelegtem Äther aus einer Mikrobürette so viel Milliliter der ätherischen Molybdänrhodanidlösung zulaufen, bis in beiden Röhrchen Farbgleichheit erreicht wird. In einem dritten Röhrchen wird außerdem noch ein Blindwert angesetzt, welcher durch alle Stufen des Verfahrens hindurch gelaufen ist. Die Molybdänrhodanidlösung wird folgendermaßen hergestellt: 5 ml der obigen Standardmolybdatlösung werden zusammen mit 50 ml 5%iger Natriumcarbonatlösung in einem Scheidetrichter sorgfältig mit 8 ml konz. Salzsäure versetzt, zur Entfernung des Kohlendioxyds geschüttelt und auf 20° gekühlt. Dann erfolgen die Zugabe von Rhodanid- und Zinn(II)-chloridlösung und die weitere Verarbeitung wie bei der Probe. Die vier Ätherextrakte von je 5 ml, von denen der letzte nahezu farblos sein muß, werden auf 25 ml aufgefüllt. Die Lösung enthält 10 μg MoO_3/ml und muß gegen Verdunstung geschützt werden.

Bemerkung zur Chrombestimmung. Bei Verwendung von reinen Reagenzien liegt auch nach der Extraktion des Vanadiums noch das gesamte Chrom als Cr(VI) vor; ist dies jedoch nicht sicher, so wird die Lösung nach der Extraktion 0,5 n schwefelsauer gemacht und mit 1 ml 1%iger Silbernitratlösung sowie mit 0,5 g Ammoniumpersulfat je 25 ml Lösung 10 Min. kräftig gekocht und nach Abfiltrieren etwa ausgefallenen Silberchlorids in üblicher Weise weiterbehandelt.

II. Verfahren nach AUBRY und LAPLACE für Eisenerze.

Allgemeines. Die schon von SANDELL (c) vorgeschlagene Kombination des Peroxydaufschlusses bei Eisenerzen mit der Extraktion des Vanadiums, wie sie derselbe Verfasser in vorstehendem Verfahren für Silicatgesteine beschrieben hat, wurde von AUBRY und LAPLACE sowie auch von AUBRY, TURPIN und LAPLACE nur unwesentlich modifiziert; jedoch schließt die zusätzliche Entfernung der Kieselsäure durch Abrauchen mit Schwefelsäure eine Störmöglichkeit aus.

Arbeitsvorschrift. 1 g Erz wird mit 10 g Natriumperoxyd im chromfreien Nickeltiegel geschmolzen und nach dem Aufnehmen der Schmelze in Wasser das gebildete Manganat und überschüssiges Peroxyd durch kräftiges Kochen zerstört. Dann wird nach Filtrieren und Zugabe überschüssiger Schwefelsäure diese abgeraucht, und es wird von der ausgeschiedenen Kieselsäure filtriert. Das Filtrat wird nach Auffüllen in einem aliquoten Teil mit Soda auf $p_H = 4$ eingestellt, mit 1 ml einer Lösung von Oxin in 1%iger Schwefelsäure versetzt und das störende Vanadium als Oxinat durch erschöpfende Extraktion mit Chloroform entfernt. Zur Oxydation von teilweise reduziertem Chrom wird die Lösung in 0,5 n Schwefelsäure mit etwas Silbernitratlösung und Persulfat gekocht und der Persulfatüberschuß sowie etwa gebildetes Permanganat durch weiteres Kochen und Zugabe von wenig Natriumazid in der Kälte beseitigt; ein etwaiger Überschuß von Acid wird wieder durch kurzes Aufkochen entfernt und die Lösung anschließend auf 100 ml aufgefüllt. Die Chrombestimmung wird dann in 0,2 n schwefelsaurer Lösung unter Zusatz von 1 ml gesättigter Acetonlösung von Diphenylcarbazid durch Photometrieren bei 540 mμ unter Benutzung einer auf dieselbe Weise aus reinsten $K_2Cr_2O_7$-Lösungen bekannten Gehalts hergestellten Eichkurve durchgeführt.

Bemerkungen. *a) Erfassungsgrenze* und *Genauigkeit.* Gehalte zwischen 0,0065 und 0,014% Chrom sollen mit guter Genauigkeit bestimmbar sein.

b) Bei unerwartet hoher Chromkonzentration kann das Chromat unmittelbar im Anschluß an den Aufschluß direkt colorimetriert werden (s. Chromatcolorimetrie).

c) SANDELL (c) füllt nach dem Aufnehmen der Schmelze die Lösung noch alkalisch auf und filtriert sie anschließend durch Asbest; dies dürfte sich immer dann empfehlen, wenn nicht einwandfrei sichergestellt ist, daß das Papierfiltermaterial keine organischen Substanzen an die Lösung abgibt, welche die colorimetrische Bestimmung beeinträchtigen können. Bei den meisten Vorschriften zur Weiterverarbeitung für die Diphenylcarbazidmethode ist allerdings die Entfernung bzw. Zerstörung solcher Substanzen ziemlich sicher gewährleistet; in den Fällen aber, wo nach Bemerkung b) das Chromat direkt colorimetriert wird, muß auf diesen von mehreren Autoren erwähnten Umstand geachtet werden.

d) SANDELL empfiehlt für die Zerstörung des Peroxyds an Stelle der Reoxydation auch halbstündiges Kochen der alkalischen Lösung.

III. Verfahren nach BROOKSHIER und FREUND.

Allgemeines. Die geringe Stabilität der blauen Perchromsäure ist durch Anwesenheit organischer Lösungsmittel zu erhöhen (BOBTELSKY, GLASNER und BOBTELSKY-CHAIKIN). So hat schon FOSTER vorgeschlagen, die Persäure mit Essigester auszuschütteln; doch reichten die Angaben der früheren Autoren nicht für ein allgemein anwendbares Analysenverfahren aus, weshalb BROOKSHIER und FREUND dessen Bedingungen genau festlegten. Der Aufschluß kann mit Natriumperoxyd wie im vorstehenden Verfahren erfolgen, wobei fast alle anderen Störelemente entfernt werden.

Reagenzien. Essigester, destilliert, absolut; Wasserstoffperoxyd, 1 molare Lösung.

Arbeitsvorschrift. Die nach Filtrieren und Ansäuern der Aufschlußlösung erhaltene schwefelsaure Lösung oder gegebenenfalls ein aliquoter Teil davon, welcher etwa 0,1 g Probe entspricht, wird auf etwa 15 ml eingeengt und auf genau $p_H = 1,7$ eingestellt; nach Überführen in einen Scheidetrichter wird die Lösung auf 50 ml verdünnt, 75 ml Essigester zugegeben und so lange gekühlt, bis die Temperatur des Gemisches unter $+10°$ gefallen ist. Dann wird 1 ml Wasserstoffperoxyd hinzugegeben, und es wird kräftig geschüttelt; die wäßrige Phase wird abgelassen und noch 2 mal mit je 15 ml Essigester ausgeschüttelt. Die vereinigten, von Perchromsäure blau gefärbten Essigesterauszüge werden mit 1 ml 10%iger Kalilauge bis zum Verschwinden der Blaufärbung und Auftreten der reingelben Chromatfarbe geschüttelt und dann mit Wasser das Chromat extrahiert. Zur Entfernung der letzten Spuren von Sauerstoff und Lösungsmittel werden anschließend die vereinigten wäßrigen Extrakte 10 Min. gekocht und nach Abkühlen auf 50 ml aufgefüllt. Ein geeigneter aliquoter Teil dieser Auffüllung wird mit etwa 50 ml Wasser verdünnt, mit 1 ml 0,25%iger alkoholischer Diphenylcarbazidlösung versetzt, unter gutem Schütteln auf 100 ml aufgefüllt und nach 5 bis 8 Min. im BECKMAN-DU-Spektrophotometer gegen dest. Wasser bei 540 mμ mit einer Spaltbreite von 0,04 mm gemessen; die Chromwerte werden einer entsprechend hergestellten Eichkurve entnommen.

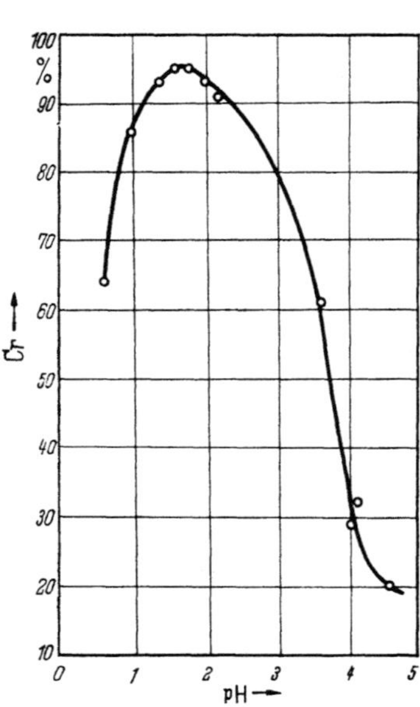

Abb. 52. Wirkung des p_H-Wertes auf die Chromausbeute bei der Einzelextraktion. (Nach BROOKSHIER und FREUND.)

Bemerkungen. *a)* Das Verfahren ist auch auf Vanadiumoxyde anwendbar; wegen des dort besonders ungünstigen Chrom-Vanadium-Verhältnisses dürfte es hierbei dem Oxinverfahren vorzuziehen sein. Vanadiumoxyde können einfach in Lauge gelöst und dann mit Peroxyd oxydiert werden.

b) Der angegebene p_H-Wert ist so genau wie möglich einzuhalten und darf höchstens um $\pm 0,2$ Einheiten schwanken; die Kurve der Chromatausbeute in Abhängigkeit vom p_H-Wert zeigt bei $p_H = 1,7$ ein sehr steiles Maximum (s. Abb. 52) von **93 bis 96%.**

c) Die Ausbeute ist innerhalb der Grenzen von 0,4 bis 4,0 mg Chrom praktisch unabhängig von der absoluten Chrommenge.

d) Bei einer H_2O_2-Konzentration von 0,02 Mol/l liegt das Maximum der Ausbeute, die mit höheren und besonders geringeren Peroxydkonzentrationen stark abfällt.

e) Die zweite Ausschüttelung erhöht die Chromerfassung um 1 bis 3%, so daß insgesamt 98 bis 100% erreicht werden. An synthetischen Proben von V_2O_3 mit Zusätzen zwischen 0,1 und 1% Chrom wird eine maximale Abweichung von $-0,03\%$, zwischen 1 und 3% eine solche von $-0,13\%$ Cr absolut gefunden.

f) Unterhalb 10° C beträgt die Ausbeute 98 bis 100% und fällt darüber zufolge der Instabilität der Persäure deutlich ab (25°: 96%; 35,4°: 74%).

g) Während in wäßriger Lösung auch bei 10° von der gebildeten Persäure schon nach 10 Min. 50% zerfallen sind, ist die Lösung in Essigester $^1/_2$ Std. völlig stabil.

h) Fe, Hg, Ti, Ni, Mo stören ebensowenig wie Vanadium, da sie in der wäßrigen Lösung verbleiben.

4. Photometrische Bestimmung des Chroms in Aluminiumlegierungen.

I. Verfahren nach A. S. T. M.

Reagenzien. 1. Aluminium oder eine Aluminiumlegierung mit unter 0,005% Chrom.

2. Chrom-Standardlösung: 0,2263 g Kaliumdichromat werden in Wasser gelöst und unter gutem Durchmischen zu 1 l aufgefüllt: 1 ml enthält 0,08 mg Chrom.

3. Natriumchloridlösung: 2 g im Liter;

4. Diphenylcarbacidlösung, enthaltend 10 g im Liter: 0,2 g Diphenylcarbazid werden in 20 ml Methanol gelöst; wegen der in wenigen Stunden eintretenden Zersetzung soll die Lösung immer frisch hergestellt werden.

Eichkurve. 1,0; 2,0; 5,0; 10,0; 15,0 und 20,0 ml der Chrom-Standardlösung werden mit je 20 ml Wasser versetzt, 0,500 g Aluminium (s. Reagenzien) zugegeben und im weiteren völlig gleich wie das Untersuchungsmaterial nach der Arbeitsvorschrift behandelt. Ebenso wird eine Blindprobe von 0,500 g desselben Aluminiums ohne Chromzusatz nach Versetzen mit 20 ml Wasser völlig gleich behandelt. Nach Fertigstellung der Farblösungen wird zunächst die Blindlösung in eine 2-cm-Küvette des Photometers gesetzt und unter Verwendung einer Bande mit Maximum bei 540 mμ das Instrument auf Nullstellung justiert. Anschließend werden mit dem so justierten Instrument die vorstehenden Vergleichslösungen gemessen und aus diesen Werten und den zugehörigen Chrommengen ($^1/_{20}$ der eingesetzten Menge) die Eichkurve ermittelt.

Arbeitsvorschrift. 0,500 g Probe werden in einem 300-ml-Erlenmeyerkolben zunächst mit 20 ml Wasser, dann mit 7 ml Perchlorsäure und 10 ml Schwefelsäure versetzt; nach Abklingen der Reaktion und Abspülen der Kolbenwände mit wenig Wasser werden noch 5 ml Salpetersäure und 2 ml Flußsäure zugegeben; zur Vervollständigung der Lösung wird diese nun erhitzt und dies bis zum Auftreten von Perchlorsäurenebeln fortgesetzt. Dann kühlt man sie etwas, gibt 30 ml Wasser hinzu und löst die Salze durch Erwärmen. Zur Lösung und Reduktion von Manganoxyden werden 5 ml Kochsalzlösung zugegeben; es wird 5 Min. zur Entfernung des Chlors gekocht, gekühlt und die Lösung unter Durchmischen zu 100 ml aufgefüllt. 5 ml dieser Auffüllung werden in einem zweiten Meßkolben mit Wasser auf etwa 90 ml verdünnt, 1 ml Diphenylcarbazidlösung zugegeben, die Lösung auf 100 ml aufgefüllt und gut durchmischt.

Gegen die Blindlösung als Nullwert wird dann, wie oben unter Eichkurve beschrieben, in der 2-cm-Küvette photometriert und aus der Eichkurve die gefundenen Milligramm Chrom abgelesen. Der Prozentgehalt errechnet sich nach der Formel:

$$\% \text{ Chrom} = \frac{A}{B \cdot 10},$$

wobei A die Chrommenge in mg in der Endlösung und B die in 100 ml Endlösung vorhandene Einwaage der Probe in g bedeuten.

16*

Bemerkungen. *a) Anwendungsbereich.* Er erstreckt sich auf Aluminium-legierungen mit bis zu 14% Silicium, 12% Kupfer, 12% Magnesium, 7,0% Zink, 4,0% Nickel, 2,0% Eisen, 1,5% Mangan, 1,0% Zinn, 1,0% Blei, 1,0% Chrom, 0,6% Wismut und 0,5% Titan. Bei Verwendung der 2-cm-Küvette liegt der günstigste Konzentrationsbereich bei 0,004 bis 0,08 mg Chrom in 100 ml Lösung.

b) Lösen. Die Reihenfolge der Reagenzien muß unbedingt eingehalten werden, da keinesfalls die Perchlorsäure unverdünnt mit Aluminium in Berührung kommen darf.

c) Farbbeständigkeit. Wegen des möglichen Ausbleichens der Farblösungen soll innerhalb 5 Min. nach Zugabe des Diphenylcarbazids photometriert werden. Oxydationsmittel sollen abwesend sein, da sie stark ausbleichend wirken.

<h3 style="text-align:center">II. Verfahren nach JEAN (a).</h3>

Allgemeines. Die vor einiger Zeit von britischen und amerikanischen Industrie-instituten veröffentlichten Untersuchungsmethoden für Aluminiumlegierungen (s. Literatur) bedienen sich nach Ansicht des Verfassers unzweckmäßiger Lösungs- und Oxydationsverfahren; insbesondere soll die Verwendung von Perchlorsäure die Ausbildung der Färbung in verschiedener Weise beeinträchtigen können; im Gegensatz dazu sind Schwankungen in der Acidität des Schwefelsäure-Phosphorsäure-Gemisches ohne wesentlichen Einfluß. Eine vom *Centre Technique des Industries de la Fonderie* angegebene Methode liefert zwar gute Ergebnisse, erfordert aber umständliche Trennungen. JEAN fand im Ammoniumbenzoat ein gutes und spezifisches Reduktionsmittel für Permanganat, welches Chromat im Gegensatz zu der häufig verwendeten Salzsäure nicht angreift.

Reagenzien. 1. Schwefelsäure-Phosphorsäure: 150 ml konz. Schwefelsäure und 150 ml Phosphorsäure (D 1,7) werden mit Wasser auf 500 ml aufgefüllt.

2. Verd. Schwefelsäure (1 + 3 Vol.) (etwa 4,6 m);

3. verd. Phosphorsäure (1 + 4 Vol.) (etwa 3 m);

4. 0,1 n Silbernitratlösung;

5. Mangansulfatlösung (10 g/l);

6. Ammoniumbenzoatlösung (2 g/l);

7. Ammoniumpersulfatlösung (100 g/l);

8. 0,001 n Dichromatlösung: 4,9036 g Kaliumdichromat werden zu 1000 ml gelöst und hiervon 10 ml nochmals zu 1000 ml aufgefüllt; 1 ml enthält 17,3 μg Chrom.

9. Reagenslösung. 1 g Diphenylcarbazid wird in 75 ml 95%igem Alkohol gelöst und nach Zugabe von 6 Tropfen konz. Schwefelsäure mit demselben Alkohol auf 100 ml aufgefüllt.

Photometer; vgl. JEAN (b).

Arbeitsvorschrift. 0,5 g Metall werden mit 25 ml Schwefelsäure-Phosphorsäure erwärmt, nach beendeter Reaktion auf etwa 100 ml gebracht, die Lösung über ein Blaubandfilter filtriert, die Kieselsäure mit warmem Wasser ausgewaschen und die vereinigten Filtrate auf 200 ml aufgefüllt. 10 ml hiervon werden — nur in Abwesenheit von Mangan — mit 1 Tropfen Mangansulfatlösung versetzt und dann 20 ml verd. Schwefelsäure, 5 ml verd. Phosphorsäure, 1 ml Silbernitratlösung und 20 ml Persulfatlösung hinzugegeben; man erhitzt und hält zur Zerstörung des Persulfatüberschusses einige Minuten im Sieden; dann wird das gebildete Permanganat zerstört, indem noch in der Wärme alle 2 bis 3 Min. tropfenweise Ammonium-benzoatlösung bis zur endgültigen Entfärbung zugesetzt wird. Nach Abkühlen und Verdünnen werden 5 ml Reagens zugegeben und die Lösung unter gutem Mischen auf 300 ml aufgefüllt. Dann wird im Photometer bei 525 mμ gemessen und aus der Eichkurve der Chromgehalt abgelesen. Die *Eichkurve* wird erhalten, indem chromfreies Aluminium unter Zusatz von solchen Mengen obiger Dichromatlösung, welche einem Gehalt von 0 bis 0,69% Cr entsprechen, genauso wie die Analysenprobe im folgenden behandelt wird (Abb. 53); bei Einsatz von Chromalaun wird dieselbe Eichkurve erhalten.

Bemerkungen. *a) Genauigkeit.* Ein relativer Fehler von $\pm\,3\%$ soll nicht überschritten werden.

b) Die Identität der mit Cr(VI) und mit Cr(III) erhaltenen Eichkurven zeigt, daß das gesamte Chrom erfaßt wird.

c) Die üblichen Legierungsbestandteile Zink und Nickel stören nicht.

III. Verfahren nach ERDEY und INCZÉDY.

Arbeitsvorschrift. 1 g Aluminium wird in 50 ml Wasser, 3 ml konz. Schwefelsäure und 1 ml konz. Phosphorsäure unter Erwärmen und Zusatz von 3 ml 0,5%iger Quecksilber(II)-sulfatlösung gelöst, die Lösung zur Sirupdicke eingeengt, in Wasser aufgenommen und nach Erwärmen 10 Min. Schwefelwasserstoff eingeleitet. Nach Absitzen, Verkochen von H_2S, Abkühlen und Auffüllen auf 100 ml werden 50 ml filtriert und mit 1 ml 1%iger Silbernitratlösung und 4 ml 5%iger Ammoniumpersulfatlösung 15 Min. verkocht; dann wird zur Zerstörung des Permanganates wenig Natriumazid zugegeben und nach Abkühlen 2 ml einer täglich frisch herzustellenden Diphenylcarbazidlösung in Wasser-Aceton (1 + 1) zugesetzt. Die Lösung wird auf 50 ml aufgefüllt und bei 530 und 550 mμ gemessen. Die *Eichkurve* wird mit steigenden Mengen einer Chrom(III)-sulfatlösung, welche 0 bis 20 μg Cr enthalten, und je 1 g reinstem Aluminium unter den gleichen Arbeitsbedingungen aufgestellt.

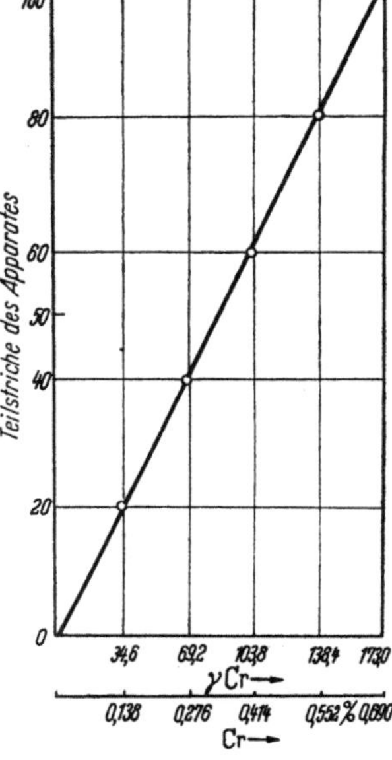

Abb. 53. Eichkurve zur Chrombestimmung in Aluminiumlegierungen. (Nach JEAN.)

Bemerkungen. *a) Erfassungsgrenze* und *Genauigkeit.* Bei Chromgehalten von 0,001% beträgt der Fehler etwa $\pm 2\%$.

b) Bei *Eisen*gehalten über 0,5% wird zur Kompensation bei der Eichung ebenfalls eine entsprechende Eisenmenge verwendet.

c) Falls die Empfindlichkeit gesteigert werden soll, wird die Probe zur Abtrennung von Aluminium in Natronlauge gelöst, bei Abwesenheit von Eisen 10 ml 0,01 m Eisen(II)-sulfatlösung zugegeben und nach Aufkochen, Absitzen, Filtrieren und Waschen Filter und Niederschlag mit 4 ml 6 n Schwefelsäure und 20 ml konz. Salpetersäure abgeraucht. Nach Aufnehmen in 50 ml Wasser werden 0,5 ml Phosphorsäure, 1 ml Silbernitrat- und 4 ml Persulfatlöung zugegeben und wie oben weiterverarbeitet. Die Eichkurve hierfür wird wie oben, nur unter Eisenzugabe wie bei der Probe, hergestellt.

5. Colorimetrische und photometrische Bestimmung kleiner Chromgehalte in Titanlegierungen und -pigmenten.

Allgemeines. Beim Vorliegen von hochprozentigen Titan(IV)-oxydpigmenten ist nach FLATT und VOGT ein Aufschluß mit Flußsäure zweckmäßig; da für diese Chrom-Titan-Mengenverhältnisse die spätere alkalische Fällung des Titans wegen der Gefahr der Adsorption von Chrom ausscheidet, wird dieses durch Fällung als Kaliumhexafluorotitanat(IV) in flußsaurer Lösung entfernt. NORWITZ und CODELL vermeiden bei der Analyse von Titanlegierungen ebenfalls das alkalische Gebiet und führen die photometrische Bestimmung des Chroms in Gegenwart des Titans und einiger Störelemente durch, wobei die Störungen durch geeignete Aufarbeitung mit Maskierung und Wahl des geeigneten Spektralgebietes umgangen werden.

I. Verfahren von FLATT und VOGT für Titanpigmente.

Reagenzien. 1. 40%ige Flußsäure;

2. 2%ige Flußsäure;

3. konz. Kaliumfluoridlösung: 30,6 g Kaliumfluorid in 100 ml Wasser;

4. Hexafluorosilicium(IV)-säure: 1 Teil reine Kieselsäure wird in 7 Teilen konz. Flußsäure gelöst.

5. Ammoniumhydrogenfluorid;

6. Kaliumcarbonat-Kaliumchlorat $(2 + 1)$;

7. verd. Schwefelsäure $(1 + 20)$ (etwa 0,9 m);

8. Reagenslösung: 1%ige alkoholische Diphenylcarbazidlösung;

9. Vergleichslösung: Kaliumchromatlösung mit $10\,\mu g$ Cr/ml.

Arbeitsvorschrift. 10 g Pigment werden allmählich in 50 g 40%ige Flußsäure eingetragen; nach Beendigung des Aufschlusses wird von einem etwaigen geringen Rückstand abfiltriert, das Filtrat mit einem geringen Überschuß (etwa 50 ml) Kaliumfluoridlösung allmählich versetzt und 15 Min. auf dem Wasserbad erhitzt; die ausgefallenen Kaliumhexafluorotitanat(IV)-kristalle werden abfiltriert, diese mit etwa 20 ml Wasser nachgewaschen, und im Filtrat wird durch wiederholtes Einengen, tropfenweise, erneute Zugabe von Kaliumfluorid, Filtrieren durch einen Platinsiebtiegel und Nachwaschen der Kristalle weiteres Salz ausgeschieden. Das Endfiltrat wird nach Eindampfen auf 15 ml heiß mit 7 ml Hexafluorosilicium(IV)-säure versetzt, vom ausgeschiedenen Salz abfiltriert und das Filtrat auf dem Sandbad zur Trockne eingeengt. Der Rückstand wird mit 2 g Ammoniumhydrogenfluorid geschmolzen, mit etwas Schwefelsäure abgeraucht, geglüht und mit 2 g Carbonat-Chlorat geschmolzen. Die Schmelze wird in so viel verd. Schwefelsäure aufgenommen, daß die Lösung eben lackmussauer ist; sie wird filtriert, mit 5 bis 10 Tropfen Reagens versetzt und nach 3 bis 4 Min. mit einer ebenso mit Reagens und Säure versetzten Vergleichslösung colorimetrisch verglichen.

Bemerkungen. *a) Erfassungsgrenze* und *Genauigkeit.* 0,1 μg in 1 g Pigment sollen noch bestimmbar sein (= 0,00001% Cr), wobei die relative Genauigkeit 15% beträgt.

b) Rückstand beim Aufschluß und *ausfallende Salze* enthalten im allgemeinen bei Einhaltung der Arbeitsvorschrift kein Chrom mehr, sind aber zweckmäßig hierauf zu prüfen und gegebenenfalls entsprechend aufzuarbeiten.

II. Verfahren von NORWITZ und CODELL für Titanlegierungen.

Allgemeines. Alle alkalischen Aufschlüsse bzw. Oxydationen sowie auch die saure Oxydation mit Wismutat scheiden wegen der Adsorption bzw. Okklusion von Chrom durch ausfallendes Oxyd aus. Perchlorsäure empfiehlt sich nicht wegen des engen Temperaturbereichs, in dem bereits vollständige Oxydation und noch ausbleibende Verflüchtigung gewährleistet sind. Zur Lösung der Legierung sind Salzsäure wegen der Komplikationen bei der anschließenden Oxydation, Phosphorsäure wegen Ausfallens von Titanphosphat ungeeignet.

Reagenzien und Apparatur. 1. Wasserstoffperoxyd: 15 ml 30%iges Wasserstoffperoxyd werden auf 100 ml aufgefüllt.

2. Ammoniumpersulfatlösung: 37,5 g Persulfat werden gelöst und mit Wasser auf 250 ml aufgefüllt.

3. Silbernitratlösung: 10 g $AgNO_3$ werden nach Lösen zu 1000 ml aufgefüllt.

4. Kaliumpermanganatlösung: 30 g $KMnO_4$ werden zu 1000 ml aufgefüllt.

5. Verd. Salzsäure: 100 ml Salzsäure (D 1,18) werden mit 300 ml Wasser verdünnt.

6. Verd. Schwefelsäure: 25 ml Schwefelsäure (D 1,84) werden auf 500 ml aufgefüllt.

7. Reagens: 0,125 g Diphenylcarbazid werden in 95%igem Alkohol gelöst und mit diesem auf 50 ml aufgefüllt; die Lösung ist täglich frisch herzustellen.

8. Standardlösung: 2,8285 g $K_2Cr_2O_7$ werden nach Lösen auf 1000 ml aufgefüllt und 20 ml hiervon nochmals auf 2 l gebracht; 1 ml enthält 10 μg Cr.

Für alle Messungen wird ein COLEMAN-Universal-Spektrophotometer, Modell 14, mit optisch überprüften Küvetten (105×13×13 mm) und PC-4-Filter verwendet.

Eichkurve. Verschiedene, zwischen 0,5 und 10 ml liegende Mengen der Standardlösung werden mit je 5 ml verd. Schwefelsäure versetzt, auf etwa 40 ml mit Wasser verdünnt, mit 2 ml Reagens gut durchmischt, auf 50 ml aufgefüllt und diese Lösungen nach 10 bis 40 Min. gegen eine gleichhergestellte, aber chromfreie Lösung als Blindwert im Photometer bei 580 mμ gemessen (s. Abb. 54).

Arbeitsvorschrift. 1 g Legierung wird in 25 ml verd. Schwefelsäure und 160 ml Wasser unter Erwärmen gelöst und nach Abkühlen auf etwa 300 ml verdünnt. Dann fügt man bis zur eben auftretenden schwachen Titanperoxydgelbfärbung tropfenweise Wasserstoffperoxyd hinzu und erhitzt 1 bis 2 Min. zum Sieden. Anschließend werden 20 ml Persulfatlösung, 10 ml Silbernitratlösung und dann tropfenweise Permanganatlösung bis zur deutlichen Rosafärbung zugegeben. Nun kocht man 10 Min. und gibt bei Verschwinden der Rosafärbung noch Permanganat nach, fügt dann 3 ml Salzsäure zu und kocht weitere 10 Min.; wenn die Färbung nicht gleich verschwindet, werden noch 2 ml Salzsäure nachgegeben. Nach dem Abkühlen füllt man auf 500 ml auf und läßt das Silberchlorid 30 Min. absitzen. Nun werden je nach Chromgehalt 1 bis 5 ml in einen 50-ml-Meßkolben gegeben, mit verd. Schwefelsäure auf 5 ml ergänzt, mit Wasser auf 40 ml verdünnt; dann werden 2 ml Reagens zugesetzt, die Lösung zur Marke aufgefüllt und gut durchmischt. Die Messung bei 580 mμ wird gegen denselben Blindwert wie bei der Eichkurve durchgeführt und soll 10 bis 40 Min. nach der Reagenszugabe beendet sein.

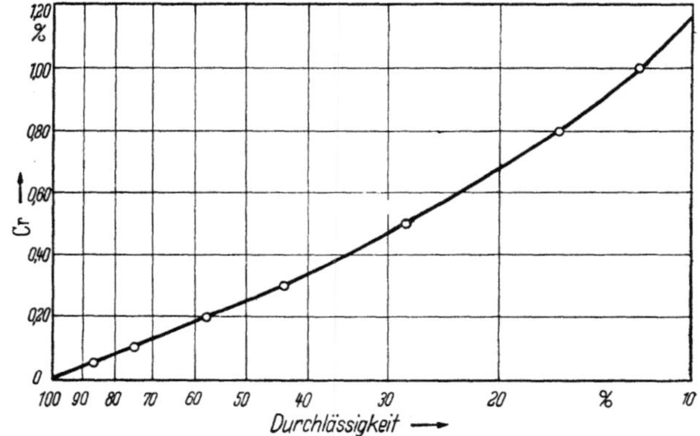

Abb. 54. Eichkurve zur Chrombestimmung in Titanlegierungen (5 ml). (Nach NORWITZ und CODELL.)

Bemerkungen. a) *Erfassungsgrenze* und *Genauigkeit*. Die Methode ist geeignet für Gehalte von 0,02 bis 4% Cr; die von den Verfassern angegebenen Tabellen der Analysenergebnisse lassen erkennen, daß bei Gehalten unter 1% auch bei Gegenwart der unten genannten Störelemente der maximale Fehler $\pm$0,02%, bei Gehalten bis zu 2% der Fehler 0,044 und darüber 0,105% betragen kann.

b) Für die *Oxydationslösung* ist das angegebene Verhältnis von 25 ml Schwefelsäure auf 300 ml Lösung als das günstigste erprobt; bei geringerer Acidität hydrolysieren die Titansalze; bei höherer besteht die Gefahr unvollständiger Oxydation des Chroms.

c) *Persulfat* und *Silbernitrat* müssen in der angegebenen Reihenfolge zugesetzt werden, da andernfalls ein schwefelhaltiger Silberniederschlag ausfallen kann.

d) *Acidität der Meßlösung.* 0,2 n Schwefelsäure soll das günstigste Medium sein, da bei niedrigeren Aciditäten und anderen Säuren Fremdmetalle stören können, bei höheren die Färbung instabiler ist. Diese Acidität wird nur erreicht, wenn man vor der letzten Auffüllung, anstatt nach der Arbeitsvorschrift mit einer variablen Säuremenge auf 5 ml zu ergänzen, grundsätzlich immer 5 ml zugibt.

e) *Störelemente.* Bei Einhaltung der Bedingungen sollen Gehalte bis zu 10% *Fe, Mn* und *Mo* sowie bis zu 5% *W, V, Cu, Co, Ni, Al, Si, Ca, Mg* und *Sn* nicht stören, ebensowenig P und bis zu 1% B; bei höheren P-Gehalten ist die Menge der bei der Oxydation zugesetzten Silbernitratlösung zu erhöhen, da diese sonst durch ausfallendes Silberphosphat unwirksam wird. Der gelbbraune Vanadiumkomplex ist infolge seiner Unbeständigkeit beim angewandten p_H-Bereich bereits verschwunden, wenn die Wartezeit von mindestens 10 Min. eingehalten wird. Die rötliche Farbe des Molybdänkomplexes ist bei den üblichen Gehalten der Titanlegierungen so schwach, daß sie vernachlässigt werden kann.

f) Meßbereich. Das Absorptionsmaximum des Chromkomplexes liegt bei 540 mμ; man mißt jedoch bei 580 mμ und nimmt die etwas geringere Empfindlichkeit in Kauf, da bei dieser Wellenlänge etwaige Störungen durch den Eisenkomplex, welcher sein Maximum bei 380 mμ hat, sicher vermieden werden.

6. Photometrische Bestimmung in Eisen und Stahl.

Allgemeines. Für die Lösung der Probe, für die Oxydation sowie zur Entfernung oder Maskierung des Eisens muß zunächst auf die Ausführungen in dem § 23 „Bestimmung in Eisen und Stahl" verwiesen werden; ferner sind diese Maßnahmen, soweit erforderlich, bei dem entsprechenden Abschnitt der Direktcolorimetrie als Chromat erwähnt, welcher eine größere Anzahl geeigneter Verfahren enthält. Da die Chromatcolorimetrie ohne weiteres bis herab zu Chromgehalten von 0,1%, ja sogar bei sorgfältig ausgearbeiteten Verfahren bis 0,01% angewendet werden kann, bleibt in der Eisenanalyse für das Diphenylcarbazidverfahren nur der Bereich unterhalb dieser Gehalte oder die Mikrobestimmung höherer Gehalte in Mikroeinwaagen als zweckmäßige Methode übrig, woraus sich die geringe Anzahl der Verfahren erklärt. Bezüglich Maskierung vergleiche auch oben unter B, „Allgemeines" bei Eisen; auf die sowohl von PIETERS und Mitarbeitern wie auch von DAVIS und BACON nachgewiesene ausgezeichnete Maskierung des Eisens durch genügende Mengen Phosphorsäure und die Möglichkeit, Eisen(III)-chlorid mit Äther auszuschütteln, sei nochmals kurz hingewiesen, ebenso auf die Anregung von NORWITZ und CODELL, durch Messung bei 580 mμ die Eisenstörung auszuschalten. — Von den älteren colorimetrischen Verfahren (s. o. unter D, 1.) ist eine Anzahl gut ausgearbeitet und auch heute noch für normale Ansprüche durchaus geeignet (z. B. AGNEW sowie LEO und BRYLKA). Die dort verwendete Oxydation mit Permanganat, die auf EVANS zurückgeht, ist wegen der klar erkennbaren Entfernung des Überschusses sehr zweckmäßig (s. u. BERGER und Mitarbeiter), verbietet sich aber, wenn gleichzeitig Mangan bestimmt werden soll; diese Bestimmung führen LAVIGNE und GUERRERO mit Arsenit durch. Die von SANDELL übernommene Methode nach LUNDELL, HOFFMAN und BRIGHT bietet den großen Vorteil, durch Fällen mit Bicarbonat aus der noch nicht oxydierten schwefelsauren Lösung, welche unmittelbar nach dem Lösen auch nur wenig Eisen(III) enthält, das Chrom quantitativ von annähernd dem gesamten Eisen abzutrennen. Dies dürfte der früher üblichen Fällung (AGNEW u. a.) des Eisen(III) aus der Chromatlösung vorzuziehen sein (Okklusion bzw. Adsorption). Die anschließende Oxydation des Chron(III)-niederschlages durch Peroxydschmelze wird von KLINGER und Mitarbeitern sowie KOCH direkt am feingepulverten Material vorgenommen.

I. Verfahren nach LUNDELL, HOFFMAN und BRIGHT (vgl. auch SANDELL).

Arbeitsvorschrift. Man löse 1 bis 5 g [s. Bemerkung a)] in Schwefelsäure (10 Vol.-%), wobei man für je 1 g 10 ml und außerdem noch 10 ml im Überschuß verwendet. Dann kocht man bis zur Lösung, verdünnt mit kochendem Wasser auf 100 ml und gibt aus einer Bürette 8%ige Natriumhydrogencarbonatlösung bis zum Auftreten eines bleibenden Niederschlages hinzu. Nach Zugabe von 4 ml Bicarbonatlösung im Überschuß wird 1 Min. gekocht; man läßt den Niederschlag absitzen und filtriert ihn unter 2- bis 3maligem Nachwaschen mit heißem Wasser durch ein schnellaufendes

Filter ab. Der Niederschlag wird in einem Tiegel aus chromfreiem Nickel verascht und mit etwa der 10fachen Menge an Natriumperoxyd geschmolzen. Die kalte Schmelze wird in Wasser aufgenommen, diese Lösung 5 Min. gekocht und durch Asbest filtriert; dann wird mit kalter 2%iger Natronlauge, welche noch 1% Natriumsulfat enthält, nachgewaschen. Die vereinigten Filtrate werden mit Schwefelsäure angesäuert und unter Zusatz von Silbernitratlösung sowie Persulfat oxydiert [vgl. jedoch Bemerkung b)] und in üblicher Weise (siehe z. B. Verfahren nach SANDELL, unter C oder D, 2) nach Zusatz von Diphenylcarbazidreagens colorimetrisch oder photometrisch gemessen.

Bemerkungen. *a)* Eine Einwaage von 1 g gilt für etwa 0,05% Chrom, für welche im allgemeinen zur Endbestimmung noch die Chromatmethode herangezogen werden kann. Für die mit Diphenylcarbazid zu bestimmenden Gehalte von 0,01 bis herunter zu 0,001% werden 5 g und mehr eingewogen.

b) Bei der Veröffentlichung der Methode waren die Fehlermöglichkeiten noch nicht hinreichend bekannt; nach dem heutigen Stand muß folgendes angenommen werden (vgl. oben OELSCHLÄGER unter B, Überschuß von Oxydationsmittel): Nach obiger und ähnlicher Behandlung enthalten die Lösungen immer noch Spuren von Wasserstoffperoxyd, welches zwar die colorimetrische Chromatdirektbestimmung nicht stört, bei dem für das Diphenylcarbazidverfahren notwendigen Ansäuern jedoch teilweise Reduktion des Chromats zu Cr(III) zur Folge hat, was unter Umständen zu erheblichen Minderbefunden Anlaß geben kann; diese sind bei gleichbleibender Peroxydmenge naturgemäß um so erheblicher, je kleiner die absolute Chrommenge in der Endlösung ist. Unterwirft man aber die Lösung vor der Zugabe von Diphenylcarbazid nochmals der „Oxydation" mit Persulfat in Gegenwart von Silbernitrat, so kann zwar die Menge des Chroms(VI) nicht erhöht werden; es wird aber noch vorhandenes und aus Persulfat sich bildendes Peroxyd beim Kochen in Gegenwart von Silbernitrat durch dessen katalytische Wirkung so restlos zerstört, daß keine Fehler mehr möglich sind. Nach dieser von OELSCHLÄGER experimentell belegten Auffassung dürfte es daher genügen, die Zugabe der Diphenylcarbazidreagenslösung im Gegensatz zu sonstigen Angaben nicht *nach,* sondern *unmittelbar vor dem Ansäuern* vorzunehmen, da dann die Bildung des Farbkomplexes so schnell erfolgt, daß selbst bei Anwesenheit von etwas Peroxyd keine Reduktion des Chroms mehr eintritt.

c) Das Filtrieren durch Papierfilter wird vermieden, weil diese unter Umständen geringe Mengen von leicht gefärbter, organischer Substanz abgeben können, welche zwar bei der Diphenylcarbazidcolorimetrie im allgemeinen unwesentlich ist, bei höheren Chromgehalten und damit bei Anwendung der Direktcolorimetrie des Chromats aber zu störenden Verfärbungen führen kann (s. a. o. 3).

II. Verfahren nach KOCH.

Allgemeines. Je nach dem sich aus der Färbung der Aufschlußlösung ergebenden ungefähren Gehalt wird diese anschließend entweder zur direkten colorimetrischen Bestimmung des Chromats verwendet oder mit Diphenylcarbazid umgesetzt. Beide Bestimmungen erfolgen photometrisch im „Polaphot" von ZEISS; die hier nur kurz gestreifte direkte Chromatbestimmung erfolgt unter Verwendung des Filters Hg 436, welches die violette Linie von 4358,6 Å der Quecksilberlampe verwendet und damit in unmittelbare Nähe des bei etwa 4000 Å liegenden günstigsten Meßbereiches für die alkalische Chromatfärbung gelangt. — Das Verfahren ist von ZEISS übernommen worden.

Arbeitsvorschrift. 200 mg (bzw. bei Chromgehalten über 1% entsprechend weniger) des feingepulverten Probegutes werden mit 1 g Natriumcarbonat und 2 g Natriumperoxyd in einem Porzellantiegel aufgeschlossen; darauf übergießt man den erkalteten Tiegel samt Inhalt in einem bedeckten Becherglas mit 100 ml Wasser von 50°, das 1 ml einer gesättigten Ammoniumchloridlösung und etwa 30 mg Ammoniumphosphat gelöst enthält. Man gibt eine Messerspitze Tierkohle zu, kocht die Flüssigkeit kurz auf und füllt sie in einem Meßkolben auf 200 ml auf (Temperatur 20°). Nun filtriert man einen Teil der Lösung durch ein vorher mit warmer, 10%iger Natronlauge und heißem Wasser gut gewaschenes Filter in eine 150 cm lange Küvette und photometriert sofort. Aus der Extinktion wird der Chromgehalt mit Hilfe einer geradlinigen Eichkurve ermittelt, die unter Verwendung von je 200 mg chromfreiem Stahl durch Zusatz der entsprechenden Mengen an Kaliumchromatlösung aufgestellt wurde, wobei man das gesamte Material wie vorstehend behandelt. Bei sehr geringem Chromgehalt kann bei Abwesenheit von Vanadium und Molybdän die Färbung mit Diphenylcarbazid vertieft werden, indem man 50 ml der filtrierten Chromatlösung mit 15 ml Schwefelsäure (1 + 3) (etwa 4,6 m) ansäuert und 1 ml 1%iger alkoholischer Diphenylcarbazidlösung zusetzt. Nach Auffüllen auf 100 ml wird die starke Färbung mit Hilfe des Filters S 53 in einer 50-mm-Küvette photometriert (Eichkurve, s. Abb. 55).

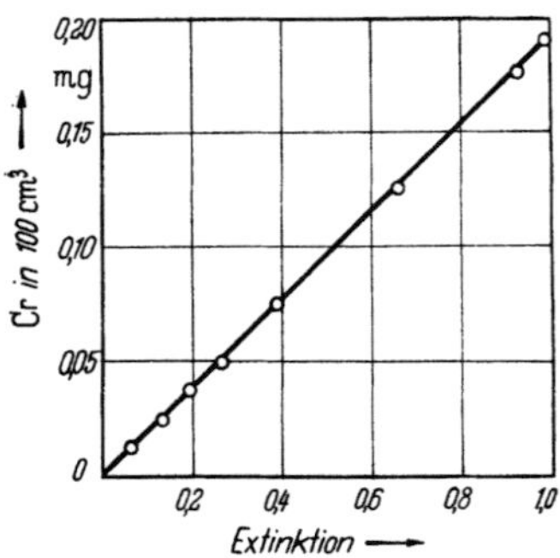

Abb. 55. Photometrische Chrombestimmung im Stahl mit Diphenylcarbazid. Küvette 20 mm, Filter S 53.

Bemerkungen. *a)* Die direkte Colorimetrie des Chromats ist auch bei Ferrovanadium mit bis zu 1000fachem Vanadiumüberschuß anwendbar; der Zeitbedarf ist in allen Fällen etwa 15 Min.

b) Durch die Behandlung, entsprechend der Arbeitsvorschrift, wird alles Eisen entfernt; der Zusatz von Ammoniumsalzen und von Phosphat sowie das Aufkochen der alkalischen Lösung verhindern das Auftreten von kolloidalem Eisen im Filtrat des Aufschlusses.

c) Auch sonst einwandfreie Filter können beim Filtrieren der alkalischen Lösung eine schwach gelbliche Färbung ergeben, welche jedoch durch das vorherige Auswaschen des Filters mit Lauge vermieden wird. Die Verwendung von anderen Filtrationsgeräten, wie Sintertiegeln, ist wegen der ungenügenden Filtrationsdauer unzweckmäßig.

d) Bei hochkohlenstoffhaltigen Stählen kann, wahrscheinlich durch Reaktion des Alkalis mit dem Kohlenstoff, ebenfalls eine leichte Gelbfärbung des Filtrats auftreten; diese wird durch den Zusatz von Tierkohle beseitigt.

e) Die bei beiden photometrischen Verfahren erhaltenen Chromwerte zeigen bis zu einem Gehalt von 20% einwandfreie Übereinstimmung mit dem Jod- oder Eisen(II)-sulfatverfahren; die maximalen Abweichungen von diesen Verfahren betragen ±0,25%.

f) Die Meßtemperatur von 20° soll möglichst genau eingehalten werden.

g) Die Art des verwendeten Alkalis ist auf die Bestimmung ohne Einfluß; Ammoniak und Soda geben dieselben Resultate wie Lauge.

III. Verfahren von KLINGER, KOCH und BLASCHCZYK zur Mikroanalyse.

Allgemeines. Die Verfasser haben die Arbeitsbedingungen der vorstehenden Methode beibehalten und lediglich die Einwaage so herabgesetzt, daß die Methode auch zur Mikroanalyse herangezogen werden kann. Hierfür ist allerdings die Abwesenheit von Vanadium und von größeren Mengen Molybdän Voraussetzung.

Arbeitsvorschrift. 20 mg feingepulvertes Probegut werden mit 0,1 g Natriumcarbonat und 0,5 g Natriumperoxyd aufgeschlossen; metallische Proben müssen vorher in Säure gelöst werden. Die Schmelze wird in 15 ml gesättigter Ammoniumchloridlösung gelöst, welche 1 ml gesättigte Ammoniumphosphatlösung in 100 ml enthält; dann wird mit 10 ml Schwefelsäure (1 + 3) (etwa 4,6 m) angesäuert, 1 ml 1%ige alkoholische Diphenylcarbazidlösung zugegeben, die Lösung auf 50 ml aufgefüllt und unter Verwendung des Filters S 53 in einer 50-mm-Küvette photometriert. Der Gehalt errechnet sich nach der Formel:

$$c = 0{,}095 \cdot k \text{ mg Cr in 50 ml.}$$

Diese entstammt der geradlinigen Eichkurve (Abb. 55).

Bemerkungen. *a)* Einwaage und Menge an Aufschlußmittel entsprechen einem sehr niedrigen Chromgehalt. Bei höheren Chromgehalten werden sowohl die Menge des Aufschlußmittels wie auch diejenige der zur Aufnahme der Schmelze benötigten Lösung entsprechend verändert. Das Original enthält hierzu weitere Einzelheiten, welche hier jedoch nicht von Interesse sind, da für diesen Zweck andere Analysenverfahren zur Verfügung stehen.

b) Drei Beleganalysen mit Gehalten zwischen 0,1 und 0,9% zeigen, daß die Abweichungen in diesem Bereich nicht größer als 0,02% sind. Die Kontrolle erfolgte durch jodometrische Titration.

c) Vgl. auch die Bemerkungen zum vorstehenden Verfahren.

IV. Verfahren nach BERGER, PIROTTE, MUYLLE und JULIARD.

Allgemeines. Das Verfahren ist erwähnenswert, weil hier mit Permanganat oxydiert wird und dessen Überschuß durch Natriumnitrit in Gegenwart von Harnstoff entfernt wird. Bei gefärbten Ausgangslösungen wenden die Verfasser die Chromotropsäuremethode (s. dort) an. Stahl wird in einem Schwefelsäure-Phosphorsäure-Gemisch gelöst.

Arbeitsvorschrift. 1 ml Lösung wird mit 1 ml 0,1 n Kaliumpermanganatlösung versetzt, 2 Min. gekocht, und es werden 3 ml 25%ige Phosphorsäure hinzugegeben. Anschließend wird unter Umrühren 3 ml 10%ige Harnstofflösung hinzugefügt und schließlich eine 0,2%ige Natriumnitritlösung in kleinen Anteilen von je etwa 10 Tropfen bis zur endgültigen Entfärbung hinzugegeben. Dann wird die Lösung gut durchmischt, auf 15 ml aufgefüllt und die farblose Lösung mit 1,5 ml Reagenslösung versetzt, welche 0,5% Diphenylcarbazid in 25%igem Aceton gelöst enthält. Die Lösung wird nun in üblicher Weise bei 545 mμ photometriert.

Bemerkung. Über die Zweckmäßigkeit der Verwendung von Kaliumpermanganat, Harnstoff und Nitrit vgl. oben im Abschnitt B, ,,Allgemeines''.

V. Verfahren von LAVIGNE und GUERRERO zur gleichzeitigen Bestimmung von Mangan und Chrom.

Die Titration des Permanganats in der mit Persulfat-Silbernitrat oxydierten Lösung wird den A. S. T. M.-Vorschriften entnommen; die Chrombestimmung geht auf MALZEW und TEMIRENKO zurück.

Reagenzien. 1. Mischsäure aus 100 ml konz. Schwefelsäure, 125 ml konz. Phosphorsäure, 250 ml konz. Salpetersäure und 525 ml Wasser;

2. Silbernitratlösung: 0,8%ig;

3. Ammoniumpersulfatlösung: 25%ig, frisch hergestellt;

4. Arsenitlösung: 8 ml einer Stammlösung, welche 15 g As_2O_3 und 45 g Na_2CO_3 im Liter enthält, werden zu 1000 ml aufgefüllt und der Titer mit einem Stahl von bekanntem Mangangehalt entsprechend der Arbeitsvorschrift eingestellt.

5. Reagenslösung. 0,15 g Diphenylcarbazid werden in 5 ml Äthanol gelöst und mit Wasser auf 100 ml aufgefüllt.

Arbeitsvorschrift. Man löst 0,25 g Stahl in 15 ml Mischsäure, verdünnt mit 50 ml heißem Wasser, fügt 5 ml Silbernitratlösung und 5 ml Ammoniumpersulfatlösung zu, erhitzt 1 bis $1^1/_2$ Min., kühlt, gibt 37,5 ml Wasser zu und titriert mit Arsenitlösung bis zum Verschwinden der violetten Farbe. Beim 4 Min. langen Wiedererhitzen erscheint die violette Farbe wieder, worauf man mit Arsenitlösung bis zur Gelbfärbung weitertitriert. Zur Chrombestimmung bringt man die austitrierte gekühlte Lösung im Meßkolben auf 250 ml und entnimmt je nach Chromgehalt aliquote Teile von 5, 10 oder 50 ml. Man versetzt sie mit 5 ml im Verhältnis 1 : 12 verd. Phosphorsäure, verdünnt gegebenenfalls mit Wasser und gibt dann 10 ml Reagens-lösung zu. Nach dem Ergänzen mit Wasser auf 100 ml mißt man die Farbe im licht-elektrischen Colorimeter bei 550 mμ gegen die gleichartig hergestellte Lösung eines chromfreien Stahls. Die *Eichkurve* wird ebenfalls mit einem chromfreien Stahl unter Zusatz bekannter Chrommengen gewonnen.

Bemerkung. Das Verfahren eignet sich nur für Gehalte unter 3,5% Chrom.

7. Colorimetrische Bestimmung von Chrom in Nickelelektrolyten nach Ginzburg und Livšic.

Arbeitsvorschrift. 25 ml Elektrolytlösung werden mit 6 ml Schwefelsäure (1 + 1) (etwa 9 m) bis zur Bildung von Schwefeltrioxyddämpfen abgedampft, in 50 ml Wasser aufgenommen und mit 1 ml Salpetersäure (D 1,4), 5 ml Phosphorsäure (1 + 1) (etwa 7,4 m) und 5 ml 0,1 n Silbernitratlösung auf 80° erwärmt; schließlich wird sie noch mit 15 ml 15%iger Ammoniumpersulfatlösung 5 Min. gekocht. Nach Abkühlen und Auffüllen auf 100 ml werden 20 ml dieser Lösung mit 1,5 ml Schwefel-säure (1 + 9) (etwa 1,8 m) und 0,5 ml Phosphorsäure (1 + 1) (etwa 7,4 m) mit Wasser auf etwa 75 ml verdünnt, 2 ml 1%ige Diphenylcarbazidlösung hinzugegeben. Man füllt zu 100 ml auf und colorimetriert nach 5 Min. unter Verwendung eines zwischen 520 und 560 mμ durchlassenden Grünfilters.

Literatur.

AGNEW, W. J.: Analyst **56**, 24 (1931). — Alum. Res. Inst.: Analytical Methods fcr Alum. Alloys, Chicago 1948. — A. S.T.M.: Methods for chemical. analysis of metals. Am. Soc. Testing Materials, Philadelphia 1950. — AUBRY, J., u. G. LAPLACE: Bl. **1951**, 204. — AUBRY, J., G. TUR-PIN u. G. LAPLACE: Rev. Mét. **49**, 737 (1952).

BERGER, A., J. PIROTTE, R. MUYLLE u. A. JULIARD: Bl. Soc. chim. Belg. **59**, 465 (1950); durch Fr. **135**, 133 (1952). — BOBTELSKY, M., A. GLASNER u. L. BOBTELSKY-CHAIKIN: Am. Soc. **67**, 966 (1945). — BOSE, M.: Nature **170**, II, 213 (1952). — BRARD, D.: Ann. Chim. anal. [3] **17**, 201 (1935). — The British Alum. Co.: Chem. Analysis of Alum. and its Alloys, London 1949. — BROOKSHIER, R. K., u. H. FREUND: Anal. Chem. **23**, 1110 (1951).

CAHNMANN, H. J., u. R. BISEN: Anal. Chem. **24**, 1341 (1952). — CAZENEUVE, P.: Bl. [3] **23**, 701 (1900); **29**, 758.

DAVIDSON, M. M., u. R. L. MITCHELL: J. Soc. chem. Ind. **59**, 232 (1940). — DAVIS, H. C., u. A. BACON: J. Soc. chem. Ind. **67**, 316 (1948). — DINGWALL, A., R. G. CROSEN u. H. T. BEANS: Amer. J. Cancer **21**, 606 (1934); durch C. **106**, I, 3800 (1935).

EGE, J. F., u. L. SILVERMAN: Ind. eng. Chem. Anal. Edit. **19**, 693 (1947). — ERDEY, L., u. J. INCZÉDY: Acta Chim. Acad. Sci. Hung. **4**, 289 (1954). — EVANS, B. S.: (a) Analyst **46**, 38 (1921); durch Fr. **63**, 353 (1923); (b) Analyst **46**, 285 (1921); durch Fr. **105**, 38 (1936).

FLATT, R., u. X. VOGT: Bl. [5] **2**, 1985 (1935). — FOSTER, M. D.: U.S. Geol. Surv. Bl. **950**, 15 (1946).

GINZBURG, L. B., u. L. ST. LIVŠIC: Betriebslab. (russ.) **16**, 918 (1950). — GOTTLIEB, A., u. F. HECHT: Mikrochemie **35**, 523 (1950).

HUGHES, E. B.: Analyst **60**, 309 (1935); durch Fr. **105**, 38 (1936).

JÄRVINEN, K. K.: Fr. **75**, 1 (1928); durch Fr. **86**, 81 (1931). — JEAN, M.: (a) Anal. chim. Acta **7**, 523 (1952); (b) **6**, 157 (1952). — JOHNSON, C. M.: Iron Age **132**, 24, 60, 62 (1933).

KARCHMER, J. H., u. E. L. GUNN: Anal. Chem. **24**, 1733 (1952). — KLINGER, P., W. KOCH u. G. BLASCHCZYK: Angew. Ch. **53**, 537 (1940). — KOCH, W.: Arch. Eisenhüttenw. **12**, 69 (1938/ 1939). — KUTSCHINSKY, P. K., u. H. W. KALMYKOWA: Betriebslab. (russ.) **1932**, 20.

LANGE, B.: Kolorimetrische Analyse, 5. Aufl., Berlin 1956. — LAPIN, L. N., W. O. HEIN u. A. P. SORIN: Z. Hygiene **117**, 171 (1935). — LAVIGNE, B. E., u. A. H. GUFRRERO: An. Argen-tina **39**, 18 (1951); durch Fr. **138**, 221 (1953). — LEO, R., u. G. BRYIKA: Chem. Techn. **4**, 402 (1952). — LUKASCHEWITSCH-DUWANOWA, J. T., u. T. M. PIVADJAN: Betriebslab. (russ.) **4**, 499 (1935). — LUNDELL, G. E. F., J. I. HOFFMAN u. H. A. BRIGHT: Chemical Analysis of Iron and Steel, New York 1931, S. 300.

MALZEW, W. F., u. T. P. TEMIRENKO: Betriebslab. (russ.) **10**, 357 (1941). — MEUNIER, P.: C. r. **199**, 1250 (1934). — MOULIN, A.: (a) Bl. **31**, 295 (1904); (b) **31**, 296 (1904).

NORWITZ, G., u. M. CODELL: Anal. chim Acta **9**, 546 (1953).

OELSCHLÄGER, W.: Fr. **145**, 81 (1955).

PIETERS, H. A. J., W. J. HANSSEN u. J. J. GEURTS: Anal. chim. Acta **2**, 377 (1948). — PINKUS, A., u. F. MARTIN: J. Chim. phys. **24**, 137 (1927). — PORTEVIN, A., u. A. LEROY: C. r. **206**, 518 (1938).

ROWLAND, G. P.: Ind. eng. Chem. Anal. Edit. **11**, 444 (1939).

SANDELL, E. B.: (a) Ind. eng. Chem. Anal. Edit. **8**, 336 (1936); (b) Colorimetric Determination of Traces of Metals, 2. Ed., New York 1950, S. 205; (c) S. 267/268. — DE SAINT RAT, L.: C. r. **227**, 150 (1948). — SCHULEK, E., u. A. DÓZSA: Fr. **86**, 81 (1931). — STOVER, N. M.: Am. Soc. **50**, 2363 (1928).

THIEL, A.: Absolutkolorimetrie, Berlin 1939.

URONE, P. F.: Anal. Chem. **27**, 1354 (1955). — URONE, P. F., u. H. K. ANDERS: Anal. Chem. **22**, 1317 (1950).

VAN DER WALT, C. F. J., u. A. J. VAN DER MERWE: Analyst **63**, 809 (1938); durch C. **110**, I, 739 (1939). — WEISS, H. V., V. E. SILER u. P. R. BUECHLER: Anal. Chem. **23**, 797 (1951).

ZEISS, C.: Absolutkolorimetrische Metallanalysen mit dem PULFRICH-Photometer, 2. Aufl., Jena 1950, S. 28 ff.

§ 17. Colorimetrische und photometrische Bestimmung als Chromat oder Dichromat.

A. Allgemeines.

Diese Bestimmungsmethode weist wegen ihrer Einfachheit und der geringen Störungsmöglichkeiten in vielen Fällen große Vorteile gegenüber anderen Bestimmungen auf. Sie wird im allgemeinen dort die Methode der Wahl sein, wo ohne besondere Vorbereitung oder nach alkalischem Aufschluß Chromatlösungen mittleren und niedrigen Gehalts bis herab zu 0,01% vorliegen. Durch einen alkalischen Aufschluß bzw. Oxydation in Lösung werden mit Ausnahme des Urans, mit dessen Anwesenheit naturgemäß selten zu rechnen ist, alle die colorimetrische Messung störenden Bestandteile entfernt. Die mögliche Adsorption von Chromat an Fällungen von Eisen- und Aluminiumhydroxyd, die von JÄRVINEN durch Phosphatzusatz vermieden wird, scheint hier infolge der meist günstigeren Mengenverhältnisse nicht so stark in Erscheinung zu treten wie bei der für noch geringere Mengen angewandten Diphenylcarbazidmethode. Als Oxydationsmittel kommen alle überhaupt verwendbaren in Betracht [vgl. Überführung in Chrom(VI)] einschließlich der in saurem Medium arbeitenden, so daß man die Wahl des Mittels weitestgehend dem Probematerial anpassen kann. Ein ganz besonderer, für die Schnelligkeit häufig ausschlaggebender Vorteil liegt darin, daß der Überschuß des Oxydationsmittels nicht wie bei allen Titrations- und bei fast allen sonstigen colorimetrischen Methoden quantitativ entfernt werden muß. Die Entfernung des häufig vorkommenden Mangans bietet keinerlei Schwierigkeiten. Da also das Oxydationsmittel nach dem Untersuchungsmaterial gewählt werden kann, findet man zahlreiche Beispiele für alkalischen Aufschluß unter den Anwendungen für Mineralien (s. C1), für den sauren Aufschluß bei den Eisenlegierungen (s. C2). Die wenigen abzutrennenden Verbindungen werden meist nach der Oxydation beseitigt; die Fällung als Chrom(III)-hydroxyd zur Abtrennung von einigen störenden Anionen wird nur selten in Spezialfällen angewandt; wichtig ist, daß das störende Uran bei Fällung mit Soda in Lösung bleibt. Auch andere Trennungsverfahren, wie sie u. a. für die Diphenylcarbazidmethode wichtig sind (s. d.), sind hier fast immer überflüssig.

Ob zur Messung saure oder alkalische Lösung benutzt wird, hängt fast immer von der Vorbehandlung ab. Jedoch wird auch bei Erhalt einer sauren Lösung diese häufig alkalisch gestellt, da die alkalische Lösung außer den sich aus Aufschluß und Vortrennung ergebenden noch einige andere Vorteile bietet; bei kleinen Chromgehalten stören Eisen und andere Metalle in saurer Lösung; sie müssen erst maskiert bzw. entfernt werden. Nach KORTÜM ist ferner der molare Extinktionskoeffizient beim Maximum der Absorption (366 mμ) noch bei $2,66 \cdot 10^{-3}$ Mol/l in einer Kaliumchromatlösung in 0,005 n Natronlauge praktisch konstant, während Kaliumdichromat in 0,005 n Schwefelsäure schon bei $8,5 \cdot 10^{-5}$ Mol/l stärker abweicht, das BEERsche Gesetz also in saurer Lösung schlechter befolgt wird (Tab. 18).

Tabelle 18. *Abweichungen vom Beerschen Gesetz nach Kortüm (l. c.); Sandell.*

K_2CrO_4 in Lauge		$K_2Cr_2O_7$ in Säure	
C (Mol/l)	ε	C (Mol/l)	ε
$1,38 \cdot 10^{-4}$	4609	$2,38 \cdot 10^{-5}$	2581,6
$4,92 \cdot 10^{-4}$	4608	$8,50 \cdot 10^{-5}$	2596,2
$2,66 \cdot 10^{-3}$	4617	$2,25 \cdot 10^{-4}$	2629,9
		$4,59 \cdot 10^{-4}$	2687,1
		$8,04 \cdot 10^{-4}$	2751,2
		$4,35 \cdot 10^{-3}$	3172,4

Um aus den von KORTÜM angegebenen, scheinbaren Extinktionskoeffizienten die Absorption des Dichromations zu berechnen, bedarf es der Kenntnis der Gleichgewichtskonstanten zwischen Chromat- und Dichromationen. Unter Zugrundelegung eines von TONG und KING für diese Konstante ermittelten Wertes hat kürzlich KOBSA die Koeffizienten beider Ionen für

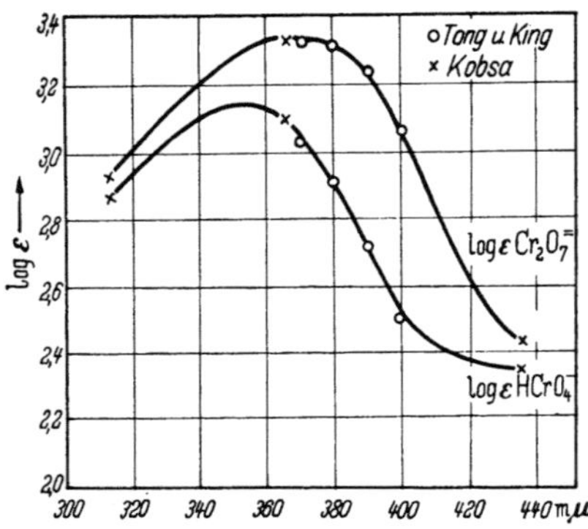

Abb. 56. Extinktionskoeffizienten (log ε) der Ionen Cr₂O₇⁼ und HCrO₄⁻ zwischen 313 und 436 mμ.

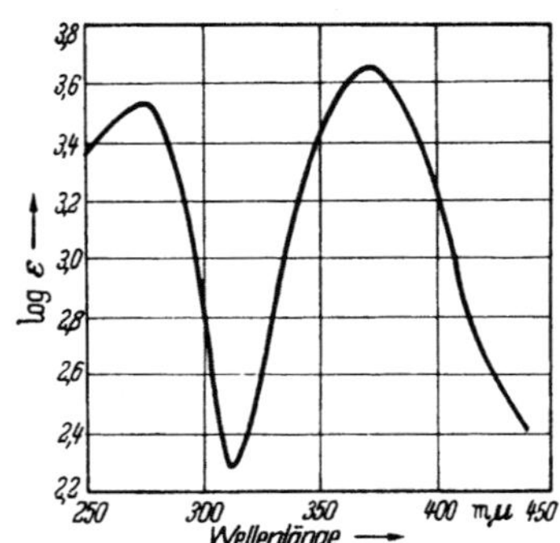

Abb. 57. (Nach SANDELL.)

verschiedene Wellenlängen errechnet; diese passen sich den von TONG und KING für andere Wellenlängen ermittelten Werten gut an und ergeben für beide Ionen die obenstehenden Kurven (s. Abb. 56). Die Abweichung der von LINGANE und COLLAT (s. d. unter C 2) angegebenen Absorptionskurve für saure Chromatlösungen dürfte auf deren verbesserter Meßtechnik beruhen.

Die für Chromat berechnete Kurve steht auch in hinreichender Übereinstimmung mit der von RÖSSLER bzw. SANDELL angegebenen Absorptionskurve für Kaliumchromat in 0,05 n Kalilauge (Abb. 57). Wegen des relativ steilen Abfalls auf

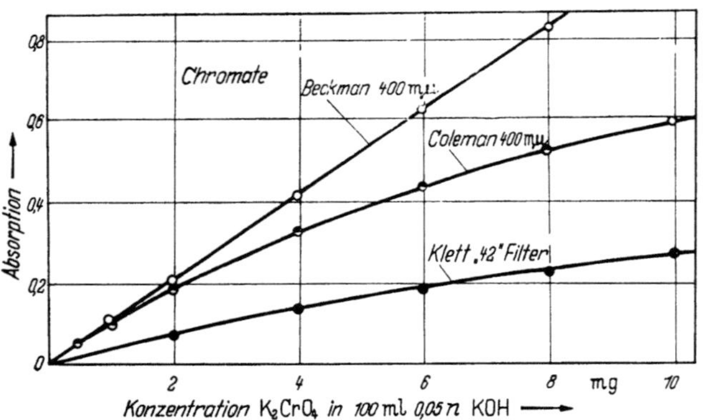

Abb. 58. Absorption alkalischer Chromatlösungen in Abhängigkeit von der Konzentration. (Nach GOLDENBERG.)

beiden Seiten des Maximums ergibt sich, daß bei Verwendung von nicht genügend selektiven Filtern die optische Dichte nicht in jedem Fall der Chromkonzentration exakt proportional zu sein braucht. Beispiele für diese Tatsache gibt neuerdings GOLDENBERG; nur das mit Licht einer definierten Wellenlänge arbeitende BECKMAN-Spektrophotometer liefert eine exakte Gerade (Abb. 58) für die Abhängigkeit der Absorption von der Konzentration, während zwei andere Geräte infolge der ungleichen Absorptionskurven von Lösung einerseits und verwendetem Filter andererseits leicht gekrümmte Kurven zeigen.

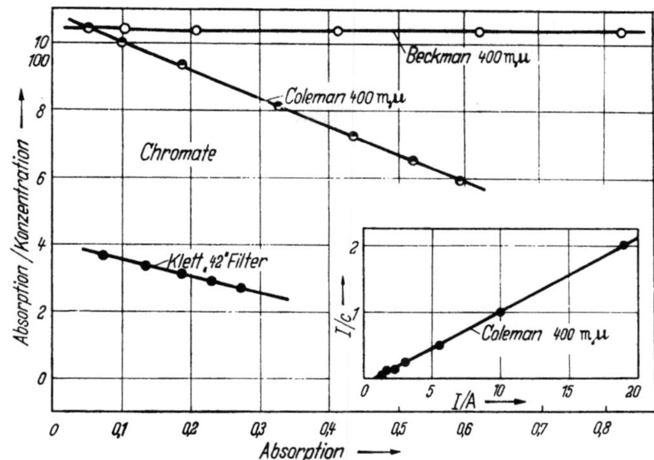

Abb. 59. Absorption: Konzentration alkalischer Chromatlösungen in Abhängigkeit von der Absorption. (Nach GOLDENBERG.)

Hierauf ist bei Aufstellung einer Eichkurve zu achten; es müssen entweder genügend viele Meßpunkte zur Festlegung des ganzen Kurvenbereichs ermittelt werden oder man kann sich so helfen, daß man den Wert Absorption/Konzentration gegen Absorption aufträgt, wobei alle Kurven einen geraden Verlauf annehmen (s. Abb. 59). Denselben Effekt erhält man beim Auftragen der reziproken Werte, wie ebenfalls aus Abb. 59 hervorgeht. Schließlich bestätigt diese nochmals, daß nur mit dem BECKMAN-Gerät die Absorption völlig konzentrationsunabhängig ist.

Für die Behauptung SANDELLS (l. c.), daß in Dichromatlösungen weniger Abweichungen von der Linearität auftreten, lassen sich keine Beweise anführen. Dagegen weist dieser Autor selbst auf die Messungen von KITSON und MELLON hin, welche den starken Einfluß des p_H-Wertes besonders im sauren Gebiet zeigten (Abb. 60 und Abb. 61). Auch DAVIS und BACON haben den wechselnden Einfluß von Phosphor- und Schwefelsäure bei verschiedenen Aciditäten auf die Absorption gezeigt (s. Abb. 62).

Nach CHRISTOW ist der Extinktionskoeffizient des Chromats innerhalb einer Abweichung von höchstens 1% unabhängig von der Anwesenheit von höchstens 10% Alkalichloride, während schon über 4% Alkalinitrat Minderbefunde ergeben können.

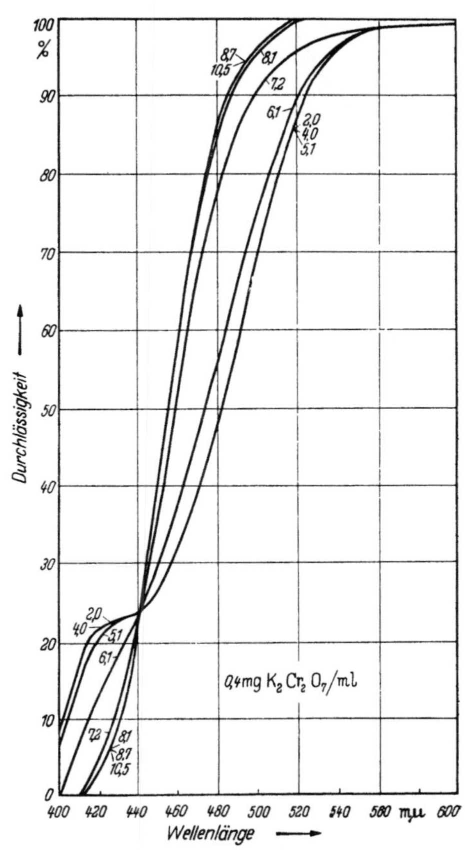

Abb. 60. Einfluß des p_H auf die Farbe von Kaliumdichromatlösung (p_H-Bezeichnung an den Kurven). (Nach KITSON und MELLON.)

— Da Alkali aus Filtrierpapier schwach gelb gefärbte Substanzen extrahieren kann, ist hierauf besonders bei der Spurenanalyse zu achten.

Für die optische Auswertung der Endlösungen können alle colorimetrischen und photometrischen Methoden, sowohl die subjektiv als auch die objektiv messenden, in ihrer verschiedensten Form herangezogen werden. Einzelheiten hierzu vgl. in den zahlreichen Lehr- und Praktikumsbüchern der Colorimetrie (z. B. . SANDELL, THIEL, LANGE u. a.). Der Ausdruck „colorimetrische Titration", welche ebenso auch als „photometrische Titration" denkbar ist, sollte zweckmäßig den Methoden vorbehalten werden, bei welchen durch Zugabe von bekannten Mengen des zu messenden Stoffes aus einer Bürette zu einer das Reagens (falls erforderlich; bei direkter Chromatcolorimetrie aber überflüssig!) enthaltenden Blindlösung diese auf denselben Farbton bzw. gleiche Absorption wie die Analysenlösung gebracht wird. Die von MILES und ENGLIS als spektrophotometrische Titration bezeichnete Chrombestimmung benutzt dagegen alsTitrationsmittel Eisen(II)-sulfat; man erhält

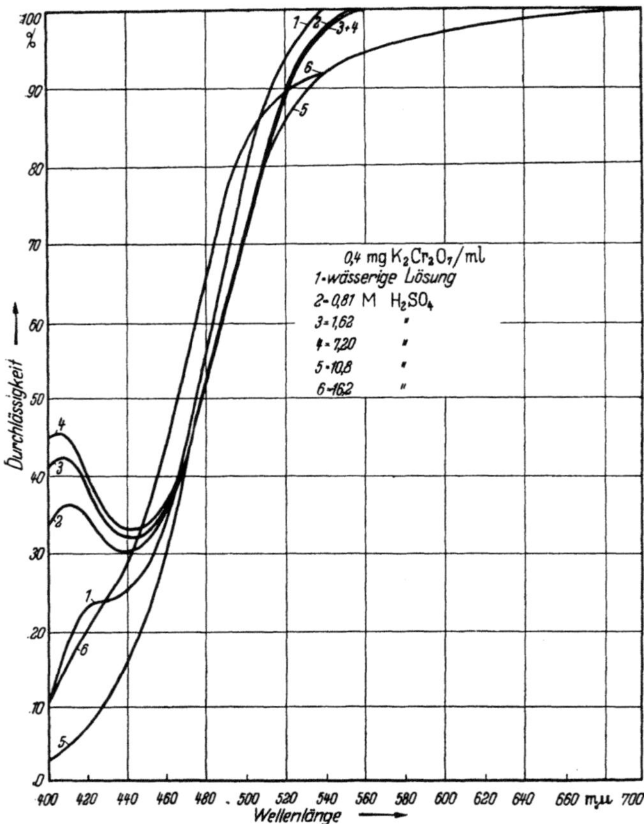

Abb. 61. Einfluß von Schwefelsäure auf die Farbe von Kaliumdichromatlösungen. (Nach KITSON und MELLON.)

durch laufende optische Messung der Lösung eine mit dem Verschwinden des Chromats abfallende Gerade und nach Überschreiten des Endpunktes eine Waagerechte; der Schnittpunkt beider Linien ergibt den Äquivalenzpunkt. Da hier also eine oxydimetrische Titration mit optischer Endpunktanzeige vorliegt, wird sie unten auch entsprechend bezeichnet, jedoch wegen der photometrischen Technik in diesem Abschnitt abgehandelt.

B. Colorimetrische und photometrische Standardverfahren.

1. Verfahren nach Sandell zur photometrischen Bestimmung.

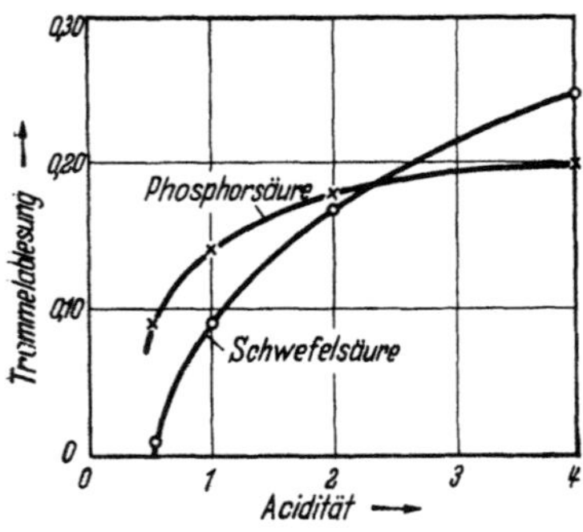

Abb. 62. (Nach DAVIS und BACON.)

Arbeitsvorschrift. Die in beliebiger Weise alkalisch oxydierte Probelösung, in der gegebenenfalls Manganat in der Hitze durch Zugabe von etwas Alkohol reduziert wurde, wird so verdünnt, daß die Chromkonzentration zwischen 5 und 100 : 10⁶ Teilen Lösung liegt. Mit einem violetten Filter, dessen Durchlässigkeitsmaximum etwa bei 370 mµ liegt, wird dann die Durchlässigkeit photometrisch bestimmt und der Chromgehalt aus einer Eichkurve abgelesen, welche mit bekannten Chromatlösungen derselben Alkalität und möglichst gleichen Fremdsalzgehaltes hergestellt wurde. Auch der einfache colorimetrische Vergleich mit einer Standardreihe, die colorimetrische Titration oder ein einfaches Colorimeter, z. B. nach Dubosq, können für die Vergleichsmessung herangezogen werden.

2. Verfahren nach Thiel für alkalische Chromatlösungen.

Allgemeines. Dieses ist für alle Lösungen geeignet, in denen Chrom in beliebiger Wertigkeitsstufe vorliegt. Sowohl Thiel wie auch Lange haben dieses auf die ältesten Arbeiten mit den verschiedensten Anwendungen zurückgehende Verfahren in einfachster Form in ihre Leitfäden der Colorimetrie übernommen. Da es in dieser vereinfachten Form zwar immer noch weitgehend störungsfrei arbeitet, in Spezialfällen aber doch gewisse Störungen aufweisen kann, muß für diese auf die folgenden speziellen Anwendungen verwiesen werden.

Reagenzien. 1. Ammoniumpersulfatlösung, 10%ig;
2. Silbernitratlösung, 2%ig.

Arbeitsvorschrift. Die nicht mehr als 30 mg Chrom enthaltende schwefelsaure Lösung wird im 100-ml-Meßkolben mit 10 ml Persulfat- und 5 ml Silbernitratlösung 30 Min. durch Erhitzen im siedenden Wasserbad oxydiert, mit 10 ml 10%iger Salzsäure versetzt und dann mit Natronlauge gerade alkalisch gestellt; nach Abkühlen auf Zimmertemperatur werden 15 ml 2 n Natronlauge zugegeben und bis zur Marke aufgefüllt. Nach gegebenenfalls eintretendem Absetzen oder Filtrieren wird die klare Lösung colorimetriert.

Bemerkungen. *I. Erfassungsgrenze.* Bei absolut-colorimetrischen Messungen gegen Graulösung (vgl. hierzu ausführlich bei Thiel) können bei etwa 500 mm Schichtdicke noch 0,2 mg Chrom in 100 ml Lösung quantitativ bestimmt, $^1/_{10}$ davon noch sicher qualitativ nachgewiesen werden.

II. Absolutcolorimetrie. Die nach der Arbeitsvorschrift erhaltene Lösung ist jeder beliebigen colorimetrischen Messung zugänglich. Für die Absolutcolorimetrie nach Thiel wird Quecksilberlicht und Filter QF 430 oder 430a verwendet.

III. Lauge. Da die Laugekonzentration immer konstant sein soll, ist sie so einzustellen, daß die Endlösung etwa 0,1 n an Natronlauge ist.

IV. Mangan ist in kleinen Mengen durch Salzsäure (s. o.) oder Alkohol leicht zu entfernen; für seine gleichzeitige Bestimmung arbeiteten Malzew und Dawidow nach demselben Prinzip eine Bestimmungsmethode für Chrom in Stählen aus.

3. Verfahren nach Thiel für saure Dichromatlösungen.

Obwohl hier von Stahl ausgegangen wird und das Verfahren strenggenommen schon zu den Anwendungen gehört, wird es hier zur Kenntnis des Prinzips angeführt.

Arbeitsvorschrift. Die Metallspäne, welche insgesamt nicht mehr als 30 mg Chrom enthalten sollen, werden in 25 ml 1 : 1 verd. Schwefelsäure und 20 ml Wasser heiß gelöst und die Lösung nach Zusatz von 10 ml gesättigter Ammoniumpersulfatlösung bis zum Auftreten der Permanganatfärbung (s. Bemerkung III) weitergekocht. Dann gibt man zur Beseitigung der Eisen(III)-salzfärbung 10 ml Phosphorsäure (D 1,7) hinzu, läßt abkühlen und füllt mit Wasser auf 100 ml auf. Falls die Lösung nicht völlig klar ist, wird sie filtriert. Nun kann in beliebiger Weise colorimetriert werden.

Bemerkungen. *I. Erfassungsgrenze.* Die noch faßbaren Mengen sind etwa 1,5 mal so groß wie bei alkalischen Chromatlösungen.

II. Absolutcolorimetrie. Da nach der Arbeitsvorschrift das Permanganat nicht entfernt wird, muß dieses zunächst mit Quecksilberlicht und Filter QF 579 ermittelt werden. 12% der dabei gefundenen Graulösungsschichthöhe sind als Permanganatextinktion bei 436 mμ vom Meßwert für Dichromat, der ebenso wie derjenige des Permanganats bei 15,4 mm Schichthöhe ermittelt wird, abzuziehen; letzteres wird ebenfalls mit Quecksilberlicht, jedoch mit Filter QF 436 gemessen (Näheres vgl. bei THIEL).

III. Mangan. Da die auftretende Permanganatfärbung die Beendigung der Chromatbildung anzeigt, sollen in Abwesenheit von Mangan einige Milligramme als Sulfat zugesetzt werden; dessen von THIEL nicht angegebene Zerstörung nach der Oxydation, wie sie von fast allen Autoren weiter unten beschrieben ist, ermöglicht die Bestimmung des Dichromats ohne Störung oder (nach THIEL) die mehr oder weniger zuverlässige rechnerische Berücksichtigung des Permanganats (s. Bemerkung II).

4. Verfahren nach Miles und Englis zur ferrometrischen Titration mit photometrischer Anzeige.

Prinzip. Die bereits oben (s. A.) erwähnte Endpunktanzeige einer ferrometrischen Dichromattitration beruht darauf, daß bei 350 mμ Dichromatlösungen eine beträchtliche Absorption aufweisen, während das entstehende Chrom(III)-salz sowie Eisen(III)-salz in phosphorsaurer Lösung bei derselben Wellenlänge nicht absorbieren (Abb. 63).

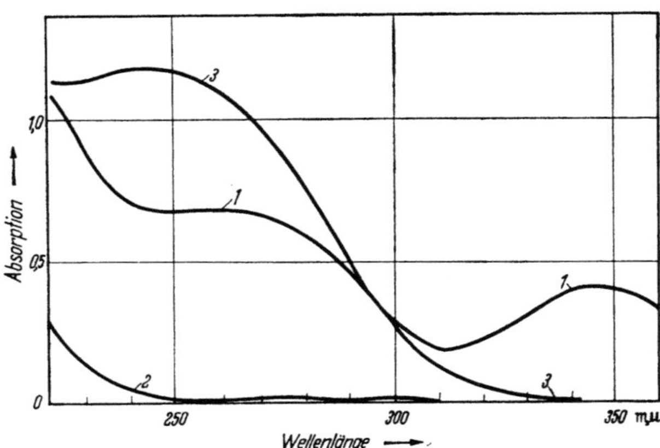

Abb. 63. Absorptionskurven. (Nach MILES und ENGLIS.)
1 0,001 n Kaliumbichromat.   *2* 0,001 n Chrom(III)-sulfat.
3 0,0002 n Eisen(III) in 5 n Phosphorsäure und n Schwefelsäure.

Die *Apparatur* ist ein BECKMAN-DU-Spektrophotometer mit Wasserstoff-UV-Lampe und 150-ml-Quarzzelle mit Aluminiumspezialrahmen zum Einpassen an Stelle der üblichen Zelle, wozu der übliche Zellenträger entfernt werden muß. Die Zelle ist mit 2fach durchbohrtem Gummistopfen zur Aufnahme der Bürettenspitze und eines Rührers versehen. Alle Teile der Zelle, mit Ausnahme des Lichtdurchlasses, werden mit schwarzem Lack überzogen. Zur Titration wird eine in 0,01 ml geteilte 5-ml-Bürette verwendet.

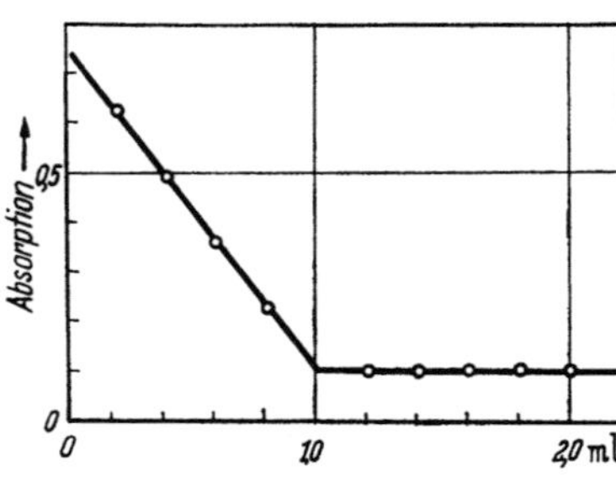

Abb. 64. Titration von 0,0020 n Kaliumdichromatlösung mit 0,1 n Eisen(II)-sulfatlösung in 5 n Phosphorsäure bei 350 mμ. (Nach MILES und ENGLIS.)

Arbeitsvorschrift. Die Dichromatlösung wird in die Meßzelle pipettiert und mit 3 ml 85%iger Phosphorsäure und 25 ml 2 n Schwefelsäure versetzt. Nach Anbringen von Gummistopfen, Rührer und Bürette, deren Spitze eben in die Lösung eintauchen soll, wird der Monochromator auf 350 mμ, die Absorption auf $A = 2$ (bei sehr verdünnten Lösungen $A = 1$) gestellt und der Zeiger durch Regulierung von Schlitzbreite und Empfindlichkeit auf Nullstellung gebracht. Dann wird 0,1 n Eisen(II)-sulfatlösung in Anteilen von 0,200 ml zugegeben und nach Rühren jedesmal die Absorption abgelesen. Durch graphische Auswertung entsprechend nebenstehender Abb. 64 ergibt sich der Endpunkt.

Bemerkung. Die Verfasser wandten das Verfahren nur für reine Lösungen bekannten Gehalts an, um seine grundsätzliche Eignung zu erweisen und es in etwas abgeänderter Form auf die gleichzeitige Bestimmung von Chrom und Vanadium in Stählen (s. unten unter C.) zu übertragen; da deren Bestimmung nacheinander durch ferrometrische Titration wie bei allen anderen, so auch bei der hier gewählten optischen Endpunktanzeige undurchführbar ist und sich in diesem Fall nur die Summe ergibt, wurde hierfür die selektive Reduktion des Chroms mit arseniger Säure herangezogen (s. d.).

C. Anwendungen.
1. Bestimmung in Mineralien und Erzen.

Allgemeines. Die zuerst von HILLEBRAND für Mineralien und Erze angegebene Methode wurde von HACKL für noch kleinere Mengen ausgebaut; die für diese Mengen von HILLEBRAND angegebene Anreicherung durch Fällung mit Quecksilber(I)-nitrat dürfte demgegenüber insofern überholt sein, als man erstens heute genügend empfindliche und mit Küvetten geringster Größe arbeitende Colorimeter bzw. Photometer zur Verfügung hat und zweitens bei zu geringen Gehalten jederzeit mit derselben Analysenlösung zu der noch ein bis zwei Zehnerpotenzen empfindlicheren Diphenylcarbazidmethode übergehen kann. Die älteren Angaben von DITTRICH, welcher zur Abtrennung des Mangan(IV)-oxyds sowie des zur Persulfatoxydation verwendeten Silbers mit Kochsalzlösung eine zweimalige Filtration benötigt, werden ebenfalls häufig modernen Genauigkeitsansprüchen nicht genügen. Je nach der Zusammensetzung des Minerals wird jedoch gelegentlich der von diesem Autor mit Flußsäure-Schwefelsäure eingeleitete Aufschluß angebracht sein. Neben dem vorwiegend verwendeten Carbonataufschluß kann in einigen Fällen, z. B. bei Eisenerz (SANDELL), zweckmäßig auch mit Natriumperoxyd gearbeitet werden.

I. Verfahren nach HACKL.

Vergleichslösung. 0,0511 g reinstes Kaliumchromat wird unter Zusatz von etwas Soda auf genau 200 ml aufgefüllt. 1 ml entspricht 0,1 mg Chromoxyd.

Arbeitsvorschrift. 1 g feingepulvertes Mineral wird mit der 8fachen Menge Natrium-Kaliumcarbonat gemischt und im Platintiegel aufgeschlossen. Nach dem Abkühlen wird die Schmelze im Becherglas mit wenig Wasser ausgelaugt und nach dem Loslösen der Schmelze Tiegel und Deckel abgespült und entfernt. Nach dem Zerfall der Schmelze versetzt man mit einigen Tropfen Alkohol und erwärmt zur Reduktion und Abscheidung des vorhandenen Mangans. Nun wird die Lösung durch Weißbandfilter filtriert und der Rückstand etwas nachgewaschen (bei sehr schwachen Färbungen nicht notwendig). Das Filtrat wird in einer Porzellanschale auf dem Wasserbad so weit eingedampft, daß noch keine Salze auskristallisieren; diese werden gegebenenfalls durch vorsichtigen Wasserzusatz wieder in Lösung gebracht. Ein während des Eindampfens manchmal noch gebildeter geringer Niederschlag wird durch Filtrieren entfernt. Anschließend wird das Filtrat in einem Meßkolben geeigneter Größe (s. Bemerkung b) aufgefüllt, gut gemischt und in beliebiger Weise colorimetriert. Dabei kann man z. B. die Probelösung in das eine Colorimetergefäß bringen, in das andere mit Pipette oder Bürette eine bestimmte Menge obiger Vergleichslösung, die man bei gleichbleibender Schichtdicke bis zur Farbgleichheit beider Lösungen verdünnt. *Oder* man führt eine colorimetrische Titration durch, indem man zu bekanntem Wasservolumen im Vergleichsrohr so lange aus einer Bürette Vergleichslösung zugibt, bis wieder Farbgleichheit mit der Meßlösung erreicht ist. Aus den bekannten Volumina beider Lösungen und der Menge zugesetzter Vergleichslösung errechnet sich in einfacher Weise der Chromgehalt.

Bemerkungen. *a) Genauigkeit.* Bei 1 g Einwaage sind 0,004% Chromoxyd sicher bestimmbar, 0,003% noch nachweisbar; während HILLEBRAND also als absolute Nachweisbarkeitsgrenze 2 mg ansah, liegt sie hier bei 40 μg. Geringe Prozentgehalte können durch entsprechende Erhöhung der Einwaage oder durch Anreicherung (s. folgendes Verfahren) noch erfaßt werden. Nach HORN liegt die höchste Empfindlichkeit bei Lösungen, welche 0,004 bis 0,008 n an Chrom sind. 13 μg Chrom sollen noch deutlich erkennbar sein, während bei der Konzentration der höchsten Empfindlichkeit auch noch eine Differenz von 1 μg feststellbar ist.

b) Eindampfen und Lösungsvolumen. Die Menge wird durch Eindampfen reguliert und richtet sich nach dem Gehalt; bei höherem genügt eine 50-ml-Auffüllung (0,05%), darunter bis etwa 0,01% 25 ml, bei noch kleineren Gehalten nach Angaben des Verfassers 20 ml. Mit modernen Geräten sind auch noch kleinere Mengen sowohl gut dosierbar wie auch in Colorimetern meßbar. Die für die richtige Auffüllung zweckmäßige Mengenschätzung kann leicht mit der Vergleichslösung vorgenommen werden, von der je 1 ml 0,1 mg Chromoxyd = 0,01% bei 1 g Einwaage entspricht und auf das Volumen der Analysenlösung zu verdünnen ist.

c) Gefäße. Die ausführlichen Darlegungen des Verfassers hierzu sind angesichts der heute allgemein bekannten colorimetrischen Technik und guter Geräte überholt.

II. Verfahren nach HILLEBRAND.

Allgemeines. Für Gehalte bis herab zu 0,2% hat HILLEBRAND die Grundlage für die von HACKL noch verfeinerte Methode gegeben. Für kleinere Gehalte wird die folgende Anreicherung empfohlen, welche jedoch in Anbetracht anderer, für kleinste Spuren zur Verfügung stehender Methoden nur noch geringes Interesse hat.

Arbeitsvorschrift. 5 g der Probe werden mit 20 g Natriumcarbonat und 3 g Natriumnitrat über dem Gebläse geschmolzen. Man behandelt die Schmelze mit Wasser, reduziert vorhandenes Manganat durch Alkohol, versetzt das Filtrat mit Salpetersäure bis zur schwach alkalischen Reaktion und verdampft fast zur Trockne. Da die sich abscheidende Kieselsäure und Tonerde etwas Chromsäure zurückhält, muß der abfiltrierte Niederschlag mit Flußsäure und Schwefelsäure abgeraucht und der Rückstand mit etwas Soda geschmolzen werden. Die wäßrige Lösung dieser Schmelze wird wieder mit Salpetersäure nahezu neutralisiert, ausgekocht und das Filtrat der Hauptlösung zugefügt. Hierauf fällt man die alkalische Lösung mit Quecksilber(I)-nitrat, glüht den ausgewaschenen Niederschlag im Platintiegel und schmilzt ihn mit sehr wenig Natriumcarbonat. Nach Behandlung mit Wasser und nachdem man die filtrierte Lösung auf ein entsprechendes Volumen gebracht hat, wird das Chromoxyd wie oben bei HACKL colorimetrisch bestimmt.

Dieselbe Lösung kann dann weiter auf Molybdän geprüft und etwa vorhandenes Vanadium in bekannter Weise titrimetrisch bestimmt werden.

III. Verfahren nach SANDELL für Eisenerz.

Allgemeines. Das für Silicate angegebene Verfahren ist weitgehend identisch mit den Angaben von HILLEBRAND sowie HACKL, so daß sich eine gesonderte Wiedergabe erübrigt; lediglich das Auswaschen des Filters vor und nach der Filtration mit heißer Sodalösung ist als zusätzliche Sicherheitsmaßnahme zu erwähnen. Dagegen wird für Eisenerz eine besondere Vorschrift gegeben, deren Anwendung gelegentlich auch für andere Produkte von Interesse sein dürfte.

Arbeitsvorschrift. 0,5 g Probe werden im Nickel- oder Eisentiegel mit 5 g Natriumperoxyd sorgfältig bis zu vollständigem Schmelzen erhitzt. Nach Erkalten wird die Schmelze mit Wasser ausgelaugt und in einen Meßkolben geeigneter Größe überführt; die Lösung wird aufgefüllt und gut durchmischt. Nun wird sie über trockenen Asbest filtriert und das klare Filtrat mit Standardlösungen verglichen.

2. Bestimmung in Stahl und Eisen.

Allgemeines. Da einige Verfasser bei völlig gleicher Vorbereitung der Analysenlösung erst nach deren Fertigstellung sich je nach Gehalt für die Direktcolorimetrie oder die Diphenylcarbazidmethode entscheiden, sind diese Verfahren hier nicht nochmals aufgeführt, sondern ausschließlich im vorhergehenden § 16 behandelt (s. d. z. B. KOCH sowie KLINGER, KOCH und BLASCHCZYK).

Die für Stahl von EVANS nach Oxydation mit Permanganat in Gegenwart von Phosphat mit Natronlauge vorgenommene Fällung des Eisens, in dessen Filtrat dann in üblicher Weise durch visuellen Vergleich colorimetriert wird, dürfte wegen der auch in Anwesenheit von Phosphat nicht unbedenklichen Adsorptionsmöglichkeiten heute bei Präzisionsanalysen keine Rolle mehr spielen. Auch die dabei meist notwendige Filtration kompliziert die Arbeitsweise; trotzdem ist diese noch von AUERBACH sowie von ENDRASS übernommen worden. Die von EVANS benutzte Oxydation mit Permanganat ist dagegen bei Weglassen der alkalischen Hydroxydfällung wohl unbedenklich und findet sich dementsprechend auch noch in neueren Arbeitsvorschriften (z. B. LENNARD). Die Beseitigung von Permanganat kann auf verschiedene Weise vorgenommen werden; neuestens werden dosierte Nitritmengen vorgezogen (WOOD). Perchlorsäure setzt sich auch hier immer mehr als ideales Oxydationsmittel durch; doch ist auch die Verwendung von Bromat (z. B. DE LIPPA) und Perjodat (LACROIX und LABALADE) in neueren Arbeiten erwähnenswert. — Trotz der Erkenntnis, daß die Absorptionskurve im alkalischen Bereich vom p_H-Wert unabhängig, im sauren Bereich jedoch deutlich vom p_H-Wert abhängig ist (vgl. oben Abschnitt A), wird fast ausschließlich die nach der Oxydation erhaltene saure Lösung direkt gemessen; als Ausnahme ist die A.S.T.M.-Vorschrift zu erwähnen, deren Bicarbonatfällung des Chroms(III) ebenfalls noch von Interesse ist. — Nur das neueste Verfahren (WOOD) gestattet, den Bereich von 0,01 bis 30% zu erfassen, während mit Ausnahme der gleichfalls recht universellen Methode von ASMUS meist nur geringere Gehalte bestimmt werden.

Zur Einordnung des Verfahrens von MILES und ENGLIS vgl. unter Abschnitt A dieses § 17.

I. Verfahren nach A.S.T.M. zur colorimetrischen Bestimmung.

Apparatur. Beliebige Geräte, wie einfache NESSLER-Röhren oder Colorimeter nach DUBOSQ oder PULFRICH, letztere auch mit Filter, können verwendet werden.

Reagenzien. 1. Waschlösung. 20 g Ätznatron und 10 g wasserfreies Natriumsulfat werden in 1 l Wasser gelöst.

2. Standard-Dichromatlösung. Kaliumdichromat wird zweimal umkristallisiert, zunächst bei 110° und nach Pulverisieren nochmals bei 180° gewichtskonstant getrocknet. Hiervon werden 0,283 g im Meßkolben gelöst und auf 1000 ml aufgefüllt. 1 ml enthält 0,1 mg Cr.

3. Farb-Standardlösungen werden vor Gebrauch aus der Standard-Dichromatlösung frisch hergestellt und sollen annähernd dieselbe Chromat- und Alkalikonzentration wie die zu bestimmende Lösung haben; im allgemeinen sind Lösungen mit 2 bis 10 g Ätznatron und 1 mg Chrom je 100 ml geeignet.

4. Schwefelsäure (1 + 9) (etwa 1,8 m);

5. Bicarbonatlösung; 80 g Natriumhydrogencarbonat im Liter.

Arbeitsvorschrift. 10 g Probe werden in einem 500-ml-Erlenmeyerkolben mit 110 ml verd. Schwefelsäure bis zur Lösung erhitzt und mit 100 ml kochendem Wasser verdünnt; aus einer Bürette wird Bicarbonatlösung bis zum Auftreten eines bleibenden Niederschlages zugegeben — bei kohlenstoffhaltigen Stählen etwa 36 ml; dann werden noch 4 ml Bicarbonat im Überschuß zugesetzt, die Lösung 1 Min. gekocht und nach Absitzen über ein schnellaufendes Filter filtriert; der Rückstand wird schnell 2- oder 3mal mit heißem Wasser nachgewaschen (s. Bemerkung), in einem chromfreien Nickel- oder Eisentiegel verascht und mit dem 10- bis 12fachen seines Volumens an Natriumperoxyd geschmolzen. Die abgekühlte Schmelze wird in 100 ml kaltem Wasser gelöst, nach Entfernen des Tiegels und Zugabe von 1 g Natriumperoxyd 5 bis 10 Min. gekocht, durch ein Asbestpolster filtriert (s. Bemerkung) und mit kalter Waschlösung gewaschen. Dann wird das Filtrat aufgefüllt und seine Färbung mit der einer Standardlösung (s. d.) ähnlicher Konzentration an Chrom und Alkali verglichen.

Bemerkungen. *a)* Der *Anwendungsbereich* erstreckt sich auf Eisen- und Stahlsorten mit bis zu 0,15% Chrom. Bei höherem Gehalt und dementsprechend zu tiefer Färbung der Endlösung wird diese nach Zerkochen des Peroxyds und Ansäuern titrimetrisch bestimmt.

b) Die *Säuremenge* richtet sich nach der Einwaage und muß bei deren Veränderung auch variiert werden; 1 g Stahl erfordern etwa 1 ml konz. Säure; außerdem soll etwa 1 ml Säure im Überschuß vorhanden sein.

c) Die Menge des *Niederschlages* ist bei richtiger Arbeitsweise nicht größer, als auf einem 11-cm-Filter bequem gehandhabt werden kann. Die durch Oxydation und Hydrolyse einsetzende Trübung des Filtrats ist ohne Belang.

d) *Asbestpolster* ist Papier unbedingt vorzuziehen; wegen der möglichen Abgabe organischer Produkte muß Papier vorher erst mit 5%iger Lauge gewaschen werden.

II. Verfahren nach MISSON zur colorimetrischen Schnellbestimmung in legierten Stählen.

Allgemeines. Die vom Verfasser benutzte Entfernung des bei der Persulfatoxydation mitgebildeten Permanganats durch Titration mit arseniger Säure dürfte im allgemeinen unbedenklich sein. Die Entfernung überschüssigen Silbers durch Fällung mit Kochsalz und anschließende Filtration ist etwas umständlich. Mögliche Fehler der Arbeitsweise werden dadurch kompensiert, daß die Lösungen bekannten Gehaltes für den colorimetrischen Vergleich ebenso wie die Analysenprobe behandelt werden.

Reagenzien. 1. Salpetersäure, D 1,2;

2. Silbernitratlösung, 17 g/l;

3. Ammoniumpersulfatlösung, 150 g/l;

4. Arsenitlösung, 0,60 g Arsen(III)-oxyd werden mit 0,50 g Ätznatron und 1 g Natriumhydrogencarbonat zu 1 l gelöst.

5. Kochsalzlösung 3,5 g/l.

Arbeitsvorschrift. 0,5 g Stahl werden in 20 ml Salpetersäure und 10 ml Wasser gelöst, die Lösung mit 5 ml Silbernitratlösung versetzt, nach Verdünnen mit heißem Wasser auf 130 ml mit 10 ml Ammoniumpersulfatlösung oxydiert und auf 220 ml verdünnt; eine etwa auftretende Färbung durch Permanganat wird durch Titration mit Arsenitlösung beseitigt und das überschüssige Silber mit 12 ml Kochsalzlösung gefällt. Im Filtrat erfolgt die colorimetrische Bestimmung durch Vergleich mit Lösungen bekannten Gehaltes, welche völlig gleich behandelt werden.

Bemerkungen. *a)* *Anwendungsbereich.* Das Verfahren soll mit Ausnahme hochgekohlter für alle legierten Stähle anwendbar sein.

b) Der *Zeitbedarf* soll normalerweise nicht mehr als 10 Min. betragen.

c) Bei Anwesenheit von Nickel müssen die Vergleichslösungen mit der gleichen Menge versetzt werden.

III. Verfahren nach WOOD zur absorptiometrischen Bestimmung.

Allgemeines. Bei Verwendung von Perchlorsäure-Phosphorsäure zum schnellen Lösen von beliebigen Legierungen mit Spuren oder bis zu 30% Chrom wird durch die Phosphorsäure die Eisenperchloratfärbung unterdrückt, Wolfram in Lösung gehalten und eine zu hohe Perchlorsäurekonzentration vermieden. Die selektive Reduktion von Permanganat erfolgt zur Vermeidung von Störungen mit minimalen Mengen Nitrit. Die selektive Reduktion des Chromats mit schwefliger Säure zur Herstellung der Vergleichslösung, welche die Blindwerte aller anderen absorbierenden Ionen kompensiert, ist wegen der Selektivität anderen Reduktionsmitteln überlegen. Die Meßtechnik macht die Untersuchung von Legierungen mit 0,01 bis 30% Chrom-

gehalt möglich. Die Auswahl einer Filterkombination für 436 mμ erfolgt auf Grund
von Meßergebnissen, weil damit die Störung durch Eisenperchlorat völlig verschwindet.

Apparatur und Eichkurve. Das SPEKKER-Absorptiometer H 760 mit Quecksilberlampe und Filter Wratten Nr. 50 und Chance Nr. OB2 sowie 0,5-, 1-, 2- oder
4-cm-Küvetten dient als Appara-
tur. Für die Eichkurve wurden
Standardstähle oder chromfreies
Eisen mit bekannten Chrommengen versetzt und genau nach
der Arbeitsvorschrift verarbeitet.
Auswahl von Zellen, Verdünnung
und Nitritmenge erfolgt nach
nebenstehender Tab. 19.

Tabelle 19. *Verfahren nach Wood.*

Zelle cm	Verdünnung ml	Tropfen Nitritlösung	% Chrom
4	100	4	1,7
2	100	2	3,5
1	100	1	7
0,5	100	1	14
0,5	200	1	25

Reagenzien. 1. Perchlorsäure-Phosphorsäure. 300 ml Phosphorsäure (D 1,75)
werden zu 600 ml Perchlorsäure (D 1,54) gegeben und mit Wasser auf 1 l verdünnt.

　　2. Perchlorsäure (D 1,54);

　　3. Natriumnitritlösung; 0,5 g in 100 ml;

　　4. schweflige Säure, gesättigte wäßrige Lösung.

Arbeitsvorschrift. 0,5 g Stahl bzw. Legierung werden mit 20 ml Perchlorsäure-
Phosphorsäure und 10 ml Perchlorsäure langsam zum Lösen erhitzt, unter einem
Uhrglas weiter bis zur beginnenden Oxydation des Chroms (Farbe!) und dann noch
3 Min. gekocht. Nun wird die Lösung schnell gekühlt, verdünnt, nochmals gekühlt,
mit Wasser zu 100 ml aufgefüllt und auf (20 $\pm$ 5)° eingestellt. Die mit Lösung
gespülte Meßzelle wird mit der nötigen Menge (s. o.) Nitrit und Lösung beschickt
und die Absorption des Chromats zusammen mit den anderen gefärbten Ionen bei
436 mμ gemessen; deren Färbung wird durch eine zweite Messung nach Zugabe von
4 Tropfen schwefliger Säure gemessen; die Differenz ergibt den dem Chromgehalt
proportionalen Absorptionswert.

Bemerkungen. *a) Anwendungsbereich und Genauigkeit.* An 29 Stählen, Nickel-
und Kobaltlegierungen mit Gehalten von etwa 0,01 bis 30% Chrom betrug der
maximale Fehler $\pm$ 2%, die mittlere Abweichung unter 1% des Meßwertes; besonders
bei Gehalten unter 0,5% sind die mittleren Abweichungen mit 0,6% sehr gering.
Die in den untersuchten Legierungen enthaltenen Mengen von höchstens 1,6%
Mangan, 78% Nickel, 15,8% Molybdän, 1% Kupfer, 1,5% Vanadium, 20% Wolfram
und 55% Kobalt beeinträchtigen die Genauigkeit nicht.

　b) Auflösen. Schwer lösliche Legierungen, wie z. B. Stellite, erfordern meist noch
Zusatz von Salzsäure.

　c) Oxydation. Bei geringen Gehalten ist der Beginn der Oxydation an der Farbänderung kaum zu erkennen; sie beginnt etwa mit der Schaumentwicklung der
Lösung. Falls die sich abkühlenden Dämpfe Gelbfärbung zeigen, müssen einige Milliliter Wasser schnell eingespritzt werden.

　d) Nitrit. Die angegebenen Nitritmengen reichen auch für 1,5% Mangan noch aus.

IV. Verfahren nach Asmus für wolframhaltige Stähle.

Allgemeines. Die für wolframhaltige Stähle bisher allgemein angewandte Filtration
wurde überprüft und bei verschiedenen Filtern verschiedene Fehlerquellen durch
Porenverstopfung und Adsorption ermittelt; sie gestatten nur empirisch die wahren
Werte zu erreichen, so daß die Filtration grundsätzlich wegen der damit verbundenen
Unsicherheit zu verwerfen ist. Das von DIETRICH verwendete Königswasser wird
vermieden, ebenso zur Schonung der Küvetten der Zusatz von Fluorid nach PINSL.
Durch reichlich Phosphorsäure wird das Wolfram maskiert, die Oxydation mit Per-
chlorsäure durchgeführt und entstehendes Permanganat durch Oxalsäure beseitigt.

Da Dichromat nicht mit der Oxalsäure reagiert, ist auch ein größerer Überschuß unschädlich (s. Abb. 65). Die Phosphorsäure verhindert Bildung des störenden Eisenoxalatkomplexes.

Reagenzien. 1. Mischsäure. 300 ml Phosphorsäure p. a. (D 1,7) und 150 ml konz. Schwefelsäure p. a. werden unter den üblichen Vorsichtsmaßnahmen mit Wasser auf 1 l aufgefüllt.

2. Perchlorsäure reinst, 70%ig;

3. Oxalsäurelösung; 1 g kristallisierte Oxalsäure im Liter;

4. Salpetersäure, konz.

Als *Apparatur* dient das LEITZ-Kompensationsphotometer mit Quecksilberlicht und Filter Hg 436.

Arbeitsvorschrift. In einem 300-ml-Erlenmeyerkolben werden 250 mg Stahl unter Erwärmen in 30 ml Mischsäure gelöst. Die ausgeschiedene Kohle oxydiert man mit einigen Tropfen konz. Salpetersäure und setzt der auf ein Volumen von etwa 10 ml eingeengten klaren Lösung 10 ml 70%iger Perchlorsäure (reinst) hinzu; bei Zugabe der Perchlorsäure nehme man den Erlenmeyerkolben von der Flamme. Es wird nun weiter erhitzt, bis die Oxydation des Chroms beendet ist. Die Flüssigkeit beginnt stark zu rauchen und die ursprünglich grünliche Farbe

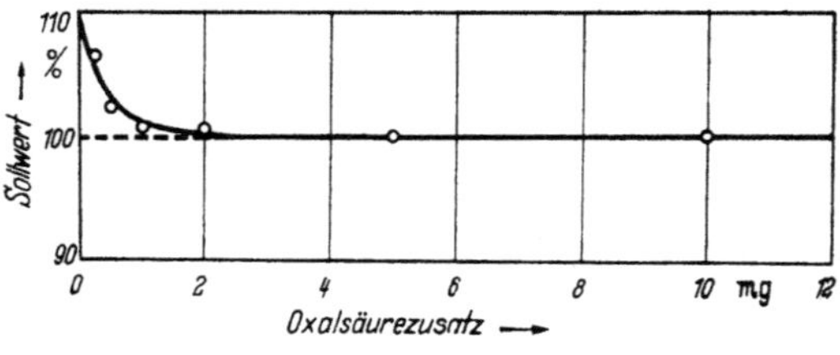

Abb. 65. Einfluß eines Oxalsäurezusatzes auf den nach der angegebenen Vorschrift ermittelten Chromgehalt einer Stahlprobe. (Nach ASMUS.)

der Lösung wechselt hierbei nach Rotorange, wobei gleichzeitig ein gleichmäßiges Sieden einsetzt. Nach diesem Zeitpunkt lasse man noch 1 Min. kochen, nehme

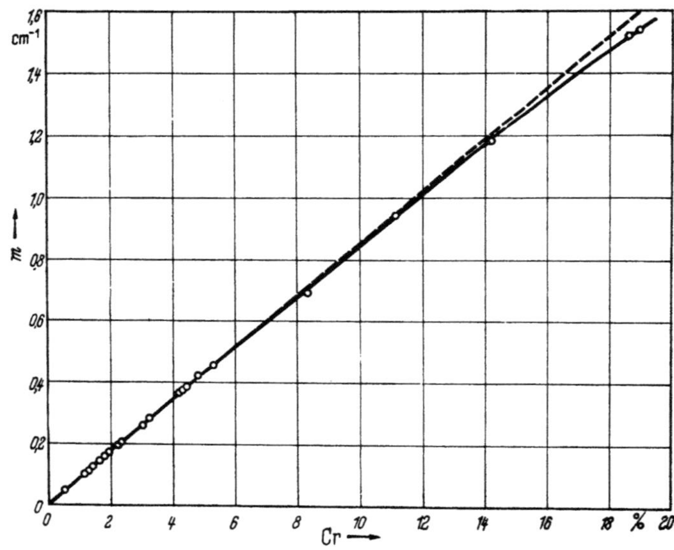

Abb. 66. Abhängigkeit des Extinktionsmoduls einer nach der angegebenen Vorschrift erhaltenen Dichromatlösung von dem Chromgehalt einer Stahlprobe. Stahleinwaage 250 mg/100 ml. (Nach ASMUS.)

dann den Kolben von der Flamme, lasse etwas abkühlen und spüle die Lösung in einen 100-ml-Meßkolben. Nun werden in die noch gut warme, aber nicht mehr heiße Lösung 10 ml Oxalsäurelösung gegeben. Man kühle darauf den Meßkolben unter fließendem Wasser und fülle ihn zur Marke auf. Nach Durchmischen photometriert man anschließend die klare Lösung. Der Chromgehalt errechnet sich aus der Extinktion bzw. dem Extinktionsmodul m (E/cm) nach folgenden Formeln:

für Gehalte von 0,2 bis 5% Chrom: % Chrom = 11,67 $(m - 0,006)$;
  5 bis 10% Chrom: % Chrom = 23,34 $(m - 0,003)$;
  10 bis 20% Chrom: % Chrom = 58,35 $(m - 0,0012)$.

Diese Berechnungsformeln ergeben sich aus den mit Stählen bekannten Chromgehalts ermittelten Eichkurven (s. Abb. 66 und 67); da diese nicht exakt durch den Nullpunkt gehen, ergeben sich obige Korrekturen.

Bemerkungen: *a) Anwendungsbereich und Genauigkeit.* Die Arbeitsvorschrift gilt für Gehalte bis zu 5% Chrom; bei Gehalten bis zu 10% ist die Einwaage auf 125 mg herabzusetzen und bei Gehalten zwischen 10 und 20% außerdem die Auffüllung der Endlösung in einem 250-ml-Meßkolben vorzunehmen. 32 Beleganalysen zeigen, daß unter 12% Chrom die größte absolute Abweichung 0,04%, bei Gehalten bis zu 18,9% 0,06% beträgt.

b) Einwaage und Auffüllung (vgl. auch Bemerkung α). Da die Eichkurven oberhalb 6% Chrom stärkere Abweichungen vom geradlinigen Verlauf zeigen, sind durch Verkleinerung der Einwaage und Verwendung größerer Auffüllungen alle Werte auf einen Bereich unter 5% anzugleichen.

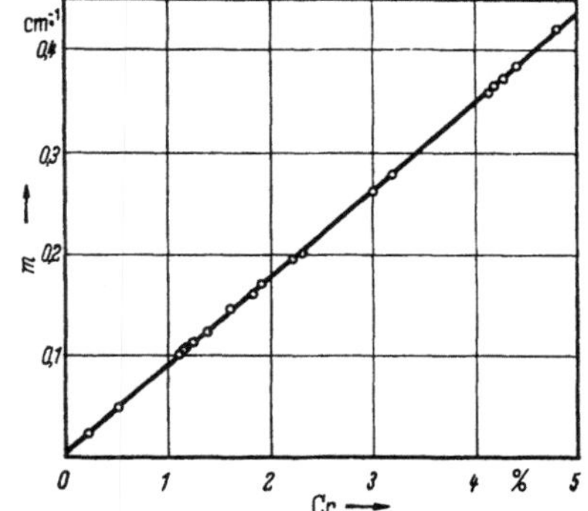

Abb. 67. Eichkurve zur Bestimmung von Chrom im Gebiete 0 bis 5% Cr. (Nach ASMUS.)

c) Nickel und Kobalt bewirken je 1% Gehalt eine 0,05% Chrom entsprechende Extinktion, so daß die gefundenen Werte dementsprechend korrigiert werden müssen.

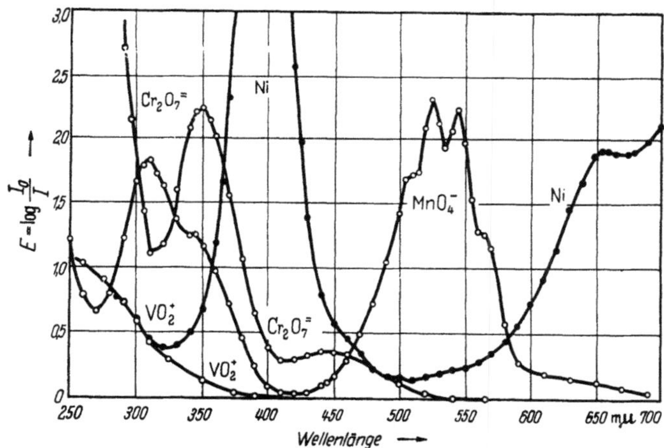

Abb. 68. Absorptionsspektren: Dichromat, Permanganat und Vanadat 1,0 millimolar; Nickel(II) 100 millimolar. Alle in 1 m Schwefelsäure + 0,7 m Phosphorsäure. (Nach LINGANE und COLLAT.)

V. Verfahren nach LINGANE und COLLAT zur gleichzeitigen spektrophotometrischen Bestimmung von Chrom und Mangan in Eisenlegierungen.

Allgemeines. Die genaue Bestimmung der Absorptionskurven von Dichromat, Permanganat und den in Frage kommenden Störelementen (s. Abb. 68) zeigte, daß bei Messung mit zwei geeigneten Wellenlängen und geeigneter Berücksichtigung der Störelemente für das früher von SILVERTHORN und CURTIS angegebene spektrophotometrische Verfahren die empirische Kalibrierung mit Standardstählen vermieden werden kann; bei Verwendung von Korrekturfaktoren für die Störelemente wird die Genauigkeit des älteren Verfahrens nicht beeinträchtigt. Die Verwendung der Korrekturfaktoren für die Störelemente setzt allerdings die Kenntnis von deren Gehalt voraus. — Geringe Abweichungen der Absorptionskurve für Chromat von früher angegebenen Kurven (s. Einleitung dieses Abschnittes) dürften auf der verbesserten Meßtechnik des BECKMAN-Photometers beruhen.

Apparatur, Absorptionskurve und Berechnung der Ergebnisse. Es wird ein BECK-MAN-DU-Quarzspektrophotometer mit 1 cm langen Quarzzellen verwendet. Die Schlitzbreiten werden so eingestellt, daß die Bandenbreite bei allen Wellenlängen geringer als 5 mμ ist; zwischen 300 und 700 mμ können normalerweise Bandenbreiten von etwa 1 mμ verwandt werden. Die Blindwerte von Schwefelsäure-Phosphorsäure-Gemischen sind in diesem Spektralbereich praktisch gleich Null, so daß auch Wasser als Blindwert verwendet werden kann. Die Dichromateichlösungen werden aus reinstem Kaliumdichromat hergestellt. Der Vergleich der Absorptionskurven (s. Abb. 68) zeigt, daß für reine Dichromatlösungen das Maximum bei 350 mμ liegt; jedoch absorbiert auch in Gegenwart von Phosphorsäure das Eisen unterhalb 425 mμ so stark, daß niedrigere Wellenlängen für Stahlanalysen grundsätzlich ungeeignet sind. Deshalb ist für die Chrombestimmung das schwächere Maximum bei 440 mμ besser geeignet; hierbei beträgt die für 1% Eisen notwendige Korrektur nur 0,0005% Cr, also für die meisten Stähle 0,03 bis 0,05% Cr. An sich wäre die Messung bei 425 mμ auch deshalb besser, weil die Absorption des Permanganats bei dieser Wellenlänge ihr Minimum hat; jedoch wird wegen der Störung durch Eisen zweckmäßiger bei 440 mμ gearbeitet. SILVERTHORN und CURTIS messen die Extinktion für Permanganat bei 575 mμ, da die Chromatextinktion bei dieser Wellenlänge vernachlässigt werden kann. Von den Verfassern wird jedoch die Messung bei 545 mμ bevorzugt, da die Absorption für Permanganat bei dieser Wellenlänge ein starkes Maximum aufweist; dabei wird allerdings eine geringe Korrektur für Chromat erforderlich. Wegen der Abhängigkeit der gemessenen Extinktionen von der Banden- bzw. Schlitzbreite müssen die Messungen unter völlig konstanten Bedingungen der Breiten durchgeführt werden

Tabelle 20. *Additivität von Dichromat-Permanganat-Mischungen bei 440 mμ.*
(Gemessene Extinktion der reinen Dichromatlösung 0,627, der reinen Permanganatlösung 0,376; beide Lösungen m an Schwefelsäure.)

Dichromat-lösung ml	Permanganat-lösung ml	$\log \frac{I_0}{I}$ beobachtet	$\log \frac{I_0}{I}$ berechnet
50	5	0,607	0,604
25	5	0,588	0,585
25	10	0,558	0,555
25	25	0,502	0,502
10	25	0,448	0,448
5	50	0,397	0,399

(s. Bemerkung d). Zur exakten Auswertung der Messung bei 440 mμ war die einfache Additivität der Extinktionskoeffizienten von Dichromat und Permanganat sicherzustellen; sie wird durch Tab. 20 belegt.

Da die Absorptionskurven für Nickel, Kobalt, Vanadium und Eisen im Meßbereich mehr oder weniger starke Extinktionen aufweisen (s. Abb. 68), müssen sowohl bei den Chrom- wie den Manganwerten entsprechende Korrekturen angebracht werden, welche sich aus dem getrennt bestimmten Gehalt an diesen Metallen und den in Tab. 21 und 22 aufgeführten Korrekturfaktoren ergeben.

Da die Verfasser weiterhin beobachteten, daß mit verschiedenen Spektrophotometern desselben Types leichte Schwankungen in den Extinktionskoeffizienten selbst unter völlig gleichen, experimentellen Bedingungen festzustellen sind, ist es erforderlich, das zur Messung benutzte Instrument mit bekannten Dichromat- und Permanganatlösungen bei den Wellenlängen 440 und 545 mμ zu eichen. Für die Berechnung der Korrekturfaktoren für die anderen Metalle ist wegen ihres geringen Wertes eine Eichung nicht erforderlich.

Die Berechnung des Chrom- und Mangangehaltes erfolgt nach folgenden Formeln:

$$\% \text{ Mangan} = \frac{0{,}00549\ V}{W}\,(0{,}426 \cdot D_{545} - 0{,}013 \cdot D_{440}),$$

$$\% \text{ Chrom} = \frac{0{,}01040\ V}{W}\,(2{,}71 \cdot D_{440} - 0{,}110 \cdot D_{545}).$$

<table>
<tr><td colspan="3">

Tabelle 21.
Chromkorrekturen bei 440 mμ.
(Die aufgeführten Korrekturwerte sind die Prozente Chrom, welche für je 1% des betreffenden Elementes von dem aus der Extinktion berechneten Chromwert abgezogen werden müssen.)

</td><td colspan="3">

Tabelle 22.
Mangankorrekturen bei 545 mμ.
(Die aufgeführten Korrekturwerte sind die Prozente Mangan, welche für je 1% des betreffenden Elementes von dem aus der Extinktion berechneten Manganwert abgezogen werden müssen.)

</td></tr>
</table>

Substanz	ε	Korrektur in %	Substanz	ε	Korrektur in %
$Cr_2O_7^{--}$	0,369	0	MnO_4^-	2,35	0
MnO_4^-	0,095	0,490	$Cr_2O_7^{--}$	0,011	0,0025
VO_2^+	0,00482	0,0266	Co^{++}	0,0027	0,0011
Co^{++}	0,0015	0,0072	Ni^{++}	0,0002	0,0001
Ni^{++}	0,0008	0,0039	VO_2^+	Spuren	0
Fe^{+++}	0,0001	0,0005	Fe^{+++}	Spuren	0

Hierin bedeuten V das zur Messung angewandte Lösungsvolumen, W die Einwaage, D_{545} bzw. D_{440} die bei den beiden Wellenlängen gemessenen Extinktionskoeffizienten.

Arbeitsvorschrift. 1 g Probe wird im KJELDAHL-Kolben mit 30 ml Wasser und 10 ml konz. Schwefelsäure — bei Anwesenheit von Wolfram zusätzlich 10 ml 85%iger Phosphorsäure — vorsichtig bis zur völligen Zersetzung erwärmt und insgesamt 5 ml konz. Salpetersäure in kleinen Anteilen zugegeben. Beim Auftreten von kohlenstoffhaltigen Rückständen werden weitere 5 ml Salpetersäure verwendet und zwischendurch abgeraucht. Anschließend wird die Flüssigkeit auf 100 ml verdünnt, zwecks Lösung der Salze erwärmt und dann kalt im 250-ml-Meßkolben aufgefüllt. Nach erforderlichem Zentrifugieren oder Filtrieren werden 25 oder 50 ml dieser Lösung mit 5 ml konz. Schwefelsäure, 5 ml 85%iger Phosphorsäure und 1 bis 2 ml 0,1 n Silbernitratlösung versetzt, zu 80 ml verdünnt; nach weiterem Zusatz von 5 g Kaliumpersulfat wird dieses durch Umschütteln gelöst, die Lösung erhitzt und 5 bis 7 Min. im Sieden gehalten. Dann wird sie etwas abgekühlt und nach Zusatz von 0,5 g Kaliumperjodat (s. Bemerkung c) wiederum 5 Min. zum Sieden erhitzt. Die abgekühlte Lösung wird auf 100 ml aufgefüllt, von dieser Auffüllung ein Teil in eine 1-cm-Küvette gebracht und die Extinktion bei 440 und 545 mμ gemessen. Die Gehalte an Chrom und Mangan werden wie oben beschrieben berechnet.

Bemerkungen. *a) Anwendungsbereich und Genauigkeit.* Bei genügender Variierung von Einwaage und Endvolumen der Oxydationslösung ist das Verfahren für Legierungen mit Mangangehalten von 0,1 bis 5% und Chromgehalten von etwa 0,2 bis 20% oder mehr geeignet. Die Konzentrationen sollen so gewählt werden, daß bei der Messung die Extinktionen zwischen 0,1 und 1,5 liegen. An der Analyse von 13 Legierungen mit teilweise hohen Nickel-, Vanadium-, Molybdän- und Wolframgehalten wird gezeigt, daß die Chromwerte maximal 0,09%, die Manganwerte maximal 0,022% vom Sollwert abweichen. Dies gilt selbst in den ungünstigsten Fällen, wo die Korrekturen für die Fremdmetalle größer als der eigentliche Chromgehalt sind, z. B. 0,68% Chrom neben 50,2% Vanadium; in letzterem Fall beträgt die Korrektur des Chromwertes (s. Tab. 21) etwa 1,4%!

b) Auflösung der Probe. Hierzu wird auf LUNDELL, HOFFMAN und BRIGHT verwiesen. Im allgemeinen kann heiße, verd. Schwefelsäure oder diese im Gemisch mit Salpeter- bzw. Perchlorsäure angewandt werden; bei Anwesenheit von Wolfram ist ein Zusatz von Phosphorsäure erforderlich. Wenn ein größerer kohlenstoffreicher

Rückstand beim Lösen verbleibt, so muß er zur Zersetzung etwa vorhandener Chromcarbide bis zum Auftreten von Schwefelsäuredämpfen abgeraucht werden.

c) Da die *Oxydation* des Mangans zu Permanganat, welche vorzugsweise mit Persulfat erfolgt, u. U. hierbei unvollständig sein kann und da die erhaltenen Permanganatlösungen mit Persulfat nicht genügend beständig sind, wurde zusätzlich noch Perjodat als Oxydationsmittel verwandt, das erstmalig von WILLARD und GREATHOUSE für diese Zwecke eingesetzt wurde. Da es jedoch Chrom nicht immer quantitativ oxydiert, muß die Verwendung von Persulfat gleichzeitig beibehalten werden. Die erhaltenen Lösungen sind unter diesen Bedingungen völlig beständig.

d) Abhängigkeit der Extinktion von den Meßbedingungen. Bei 545 mμ und einer Schlitzbreite von 0,2 mm ist die Extinktion 2,4% niedriger als bei 0,01 mm Breite; die Unterschiede in der Schlitzbreite entsprechen einer Bandenbreite von 5,3 bzw 0,8 mμ.

Nach KORTÜM gehorchen die Dichromatlösungen in sehr verd. (0,005 n) Schwefelsäure nicht dem BEERschen Gesetz, sondern zeigen mit steigender Konzentration auch steigende Extinktionskoeffizienten; dies beruht höchstwahrscheinlich auf einer Verschiebung des Chromat-Dichromat-Gleichgewichtes. Bei hohen Wasserstoffionenkonzentrationen wird jedoch das BEERsche Gesetz völlig erfüllt (s. Tab. 23). Die Abweichungen liegen unterhalb 0,5%.

Tabelle 23.
Extinktionskoeffizienten ε des Dichromations.
(Gemessen bei 440 mμ in einer 1-cm-Zelle, mit einer Bandenbreite von 0,5 mμ. Die Lösungen sind m an Schwefelsäure und 0,7 m an Phosphorsäure.)

Millimolar an Dichromat	$E = \log \dfrac{I_0}{I}$	ε
0,166	0,062	0,373
0,417	0,153	0,367
0,833	0,308	0,370
1,250	0,459	0,367
1,662	0,609	0,367
4,17	1,544	0,370

Durchschnitt: 0,369; $\varDelta = 0,002$

Jedoch sind auch in diesem Bereich die Extinktionen des Dichromates noch abhängig von der Säurekonzentration; mit 0,5 bzw. 1,0, 2,0 und 3,0 m Schwefelsäure betragen sie bei 440 mμ 0,611, 0,610, 0,604 und 0,597.

VI. Verfahren nach CULBERTSON und FOWLER zur photometrischen Schnellbestimmung von Chrom, Nickel und Mangan in Edelstählen.

Allgemeines. Unter Verwendung bekannter Methoden wird die Vorbereitung der Probe auf Grund eigener Untersuchungen so abgewandelt, daß ohne Beeinträchtigung der Genauigkeit schnellstens eine Stammlösung erhalten wird, in der Chrom, Nickel sowie Mangan einzeln direkt photometrisch bestimmt werden können.

Reagenzien. 1. Perchlorsäure, 70%ig;

2. Phosphorsäure, 85%ig;

3. Flußsäure, 48%ig;

4. Mischsäure aus gleichen Teilen konz. Schwefel- und 70%iger Perchlorsäure;

5. verd. Phosphorsäure (1 + 1) (etwa 7,4 m);

6. konz. Salzsäure

Eichkurve und Apparatur. Mit dem BECKMAN-Spektrophotometer wird für die hier in Frage kommenden Stähle zur weitestmöglichen Ausnutzung der Empfindlichkeit die Eichkurve so aufgestellt, daß das Gerät mit einer genau 15% Chrom enthaltenden, nach der Arbeitsvorschrift bearbeiteten Probe auf 100% Durchlässigkeit eingestellt und ein weiterer Punkt der in diesem Gebiet geradlinien Kurve mit einem zweiten Stahl genau bekannten Gehaltes (möglichst 21%) erhalten wird.

Arbeitsvorschrift. 1 g Probe wird mit 3 bis 4 Glasperlen im 750-ml-Erlenmeyerkolben nach Zugabe von 30 ml Perchlorsäure, 10 ml Phosphorsäure und 0,5 ml Flußsäure bis zur völligen Lösung erhitzt und anschließend nach weiterer Zugabe von 20 ml Mischsäure durch starkes Erhitzen oxydiert. Nach beendeter Oxydation, d.h. wenn die Lösung reine Dichromatfärbung angenommen hat, wird sie noch 30 Sek.

weitererhitzt, sofort kräftig umgeschwenkt, und es werden 30 ml verd. Phosphorsäure vorsichtig in die Mitte der rotierenden Flüssigkeit eingegossen. Bei vollständiger Oxydation des Chroms erscheint jetzt Permanganatfärbung. Unter ständigem weiteren kräftigen Schütteln werden vorsichtig 5 ml Wasser am Kolbenhals eingespritzt und nach Aufhören der Blasenentwicklung 250 ml Wasser, die etwa 0,25 ml konz. Salzsäure enthalten, zugegeben; nun wird die Flüssigkeit mindestens 5 Min. zur Zerstörung des Permanganats gekocht. Nach Abkühlen wird sie auf 500 ml aufgefüllt und gründlich gemischt. Diese Stammlösung kann auch zur Bestimmung von Nickel, Mangan und Molybdän dienen.

Nun wird die Durchlässigkeit dieser Lösung in der 1-cm-Zelle des BECKMAN-Spektrophotometers mit blauempfindlicher Photozelle bei 450 mμ und 0,13 mm Schlitzweite bestimmt und aus der Eichkurve der Chromgehalt abgelesen.

Bemerkungen. *a) Anwendungsbereich und Genauigkeit.* Die Verfasser überprüften das Verfahren an fünf verschiedenen Edelstählen mit etwa 18% Chrom in 11 Einzelbestimmungen; von dem amtlich testierten Wert betrug die mittlere bzw. maximale Abweichung höchstens 0,12 bzw. 0,20%, die mittlere Abweichung vom eigenen Mittelwert betrug maximal 0,08%.

b) Flußsäure. Deren Mitverwendung dient der Zersetzung von Carbiden und der Auflösung etwa vorhandenen Columbiums.

c) Phosphorsäure. Der nachträgliche Zusatz der verd. Säure bezweckt neben der Abkühlung eine Inhibierung einsetzender Reduktion des Chroms, die bekanntlich bei den hohen Temperaturen des Säuregemisches infolge geringer Persäurebildung eintreten kann. Da bei den dann erhaltenen Phosphorsäurekonzentrationen auch etwas Mangan zu Permanganat oxydiert wird, muß dieses anschließend (s. δ, Salzsäure) wieder zerstört werden.

d) Salzsäure. Die Reduktion des Permanganats kann schneller mit einer größeren Menge (3 bis 5 ml) Salzsäure vorgenommen werden. Da aber durch eine größere als die angegebene Menge Salzsäure die Manganbestimmung gestört wird, kann nur dann so verfahren werden, wenn Mangan nicht bestimmt werden muß.

VII. **Verfahren nach** DE LIPPA **zur absorptiometrischen (photometrischen) Bestimmung in Stählen.**

Allgemeines. Das bei der Persulfatoxydation benötigte Silbernitrat kann infolge Chloridbildung aus der Laborluft zu schädlichen Trübungen führen; die gleichzeitige Permanganatbildung und dessen notwendige Entfernung beeinträchtigen ebenfalls diese Oxydationsmethode, die in Abwesenheit von Silberionen zu langsam verläuft. Bei Verwendung von Perchlorsäure sind konstante Säurekonzentrationen und Meßtemperaturen einzuhalten, so daß die Verfasser das von KOLTHOFF und SANDELL vorgeschlagene Kaliumbromat zur Oxydation benutzen; damit wird kein Permanganat gebildet; auch werden andere der angeführten Nachteile vermieden. Bei Verwendung der aus Schwefel- und Phosphorsäure zusammengesetzten SPEKKER-Säure verläuft die Oxydation des Chroms auch bei Gegenwart von Mangan sehr gut, während letzteres nur zu Mangan(IV) oxydiert wird, also nicht stört. Das Säuregemisch ermöglicht gleichzeitig die Herstellung einer Auffüllung, in der auch noch Mangan, Nickel, Kobalt, Molybdän sowie Vanadium bestimmt werden können.

Als *Apparatur* dient ein photoelektrisches SPEKKER-Absorptiometer mit Quecksilberlampe und ILFORD-Spektral-Violettfilter 601.

Die *Eichkurve* wird mit reinem Eisen und einem Stahl bekannten, niedrigen Chromgehaltes (0,014%), welche genau nach der Arbeitsvorschrift behandelt und mit bekannten Dichromatmengen versetzt werden, hergestellt (Abb. 69).

Reagenzien. 1. SPEKKER-Säure. 150 ml Phosphorsäure (D 1,75) und 150 ml konz. Schwefelsäure werden mit Wasser zu 1000 ml verdünnt.

2. Salpetersäure, 1 Vol. konz. Säure (D 1,42) und 1 Vol. Wasser;

3. Kaliumbromatlösung, 6%ig;

4. Ammoniumpersulfatlösung, 20%ig;

5. Salzsäure aus 1 Vol. konz. Säure (D 1,19) und 4 Vol. Wasser.

Arbeitsvorschrift. 1 g Späne werden in 40 ml SPEKKER-Säure zum Lösen erhitzt; es wird tropfenweise Salpetersäure zugegeben und anschließend die nitrosen Gase verkocht; nach Abkühlen wird die Lösung auf 100 ml aufgefüllt und 25 ml dieser Auffüllung mit 5 ml Bromatlösung 2 bis 3 Min. und nach Zusatz von 2,5 ml Persulfatlösung nochmals 5 Min. gekocht; dann wird sie mit 2 ml Salzsäure versetzt, nochmals 3 bis 4 Min. unter Nachgeben des verkochten Wassers erhitzt und nach Abkühlen auf unter 19° auf 50 ml gebracht.

Je nach dem Gehalt wird dann in einer 1-, 2- oder 4-cm-Zelle des Photometers die Absorption mit Filter 601 gegen Wasser gemessen. Der Chromgehalt wird dann aus der Eichkurve (s. d.) abgelesen.

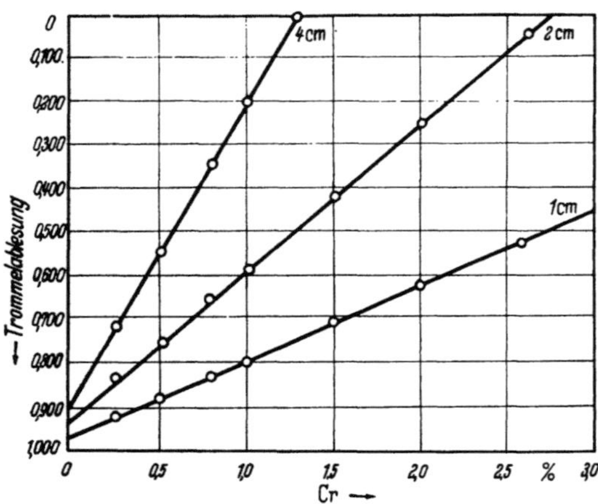

Abb. 69. Eichkurve nach DE LIPPA für 1-, 2- und 4-cm-Zellen.

Bemerkungen. *a) Anwendungsbereich und Genauigkeit.* Für Gehalte zwischen 0,11 und 0,97% ergibt sich aus 17 Beleganalysen eine maximale Abweichung von höchstens −0,011 bis + 0,007% absolut, wobei eine relative Genauigkeit von ±1% meist eingehalten wird. — Für höhere Gehalte vgl. man das folgende Verfahren.

b) Bromat. 0,3 g Bromat = 5 ml obiger Lösung c) genügen zur Oxydation von 3,5% Chrom; 0,5 g sind unschädlich.

c) Persulfat. Dessen Zusatz dient der schnelleren Entfernung des Broms.

d) Die *Kochzeiten* genügen zur Oxydation und zur anschließenden Entfernung überschüssigen Broms. Einengen muß wegen der möglichen Reduktion des Chromats vermieden werden.

e) Temperatur. Während eine gegebene Menge von 0,855% Chrom zwischen 16 und 19° exakt wiedergefunden wird, erhält man bei 26 bis 28° schon 0,90%; die Meßtemperatur ist also unter 19° zu halten.

f) Färbung. Die Chromatfärbung ist 3 Std. stabil.

g) Vanadium, Molybdän und *Titan* stören nicht.

h) Zeitdauer für die Gesamtanalyse beträgt nicht mehr als 20 Min.

VIII. Verfahren nach HARRISON und STORR.

Allgemeines. Die Verfasser verwenden das vorstehende Verfahren allgemein für Roheisen, Gußeisen, Stähle und Ferrochrom, wobei im Interesse einer vollständigen Erfassung auch größerer Chromgehalte die Oxydation etwas variiert wird; bei sehr hohen Gehalten wird gegebenenfalls ferrometrisch titriert.

Apparatur und Reagenzien vgl. oben bei DE LIPPA.

Arbeitsvorschrift. Bis zum Verkochen der nitrosen Gase wird genau wie bei DE LIPPA verfahren. Dann wird ein gegebenenfalls verbliebener Rückstand abfiltriert, mit heißem Wasser ausgewaschen und das Filtrat heiß mit 20 ml Bromatlösung versetzt und 5 Min. in schwachem Sieden gehalten; nun fügt man Persulfatlösung zu, kocht 10 Min., versetzt die Lösung mit 8 ml 20%iger Salzsäure, kocht sie weitere 10 Min. unter Ersatz der verdampfenden Flüssigkeit durch Wasser, kühlt sie unter 19°, bringt sie mit Wasser auf 120 ml und mißt die Lichtabsorption in einer 2-cm- oder 4-cm-Küvette mit ILFORD-Violettfilter Nr. 601. Nach Ablesung wird der Chromgehalt der Eichkurve entnommen.

Eichkurve. Die Eichkurven wurden genau wie bei DE LIPPA aus nach der Arbeitsvorschrift behandelten Stählen mit bekannten Dichromatzusätzen erhalten.

Bemerkungen. *a) Anwendungsbereich und Genauigkeit.* Besonders geeignet ist das Verfahren für niedrige Gehalte bis zu 0,1%, weil es der Diphenylcarbazidmethode an Schnelligkeit überlegen ist; für diese Gehalte nimmt man 2 g Einwaage. Bei höheren Gehalten bis zu 70% setzt man die Einwaage bis auf 0,35 g bei Ferrochrom herab und erhöht die Kochzeiten und Mengen an Bromat, Persulfat und Salzsäure um 50%. Diese hohen Gehalte werden durch Titration mit Eisen(II)-sulfat- und Kaliumpermanganatlösung mit einem maximalen Fehler von 0,22% ermittelt. Weitere 25 Beleganalysen für Gehalte zwischen 0,4 und 1,4% Chrom zeigen 0,05% maximale Abweichung von den nach anderen Methoden ermittelten Werten.

b) Sonstiges s. o. bei DE LIPPA.

IX. Verfahren nach LACROIX und LABALADE.

Allgemeines. Die von den Autoren gewählte Oxydation mit Perjodat bietet gegenüber anderen Oxydationsmitteln gewisse Vorteile; Chrom wird hierbei erst bei einem p_H-Wert oberhalb 2,1 oxydiert, während das von Perchlorsäure fast überhaupt nicht oxydierte Mangan schon in stark saurer Lösung (2 n) in Permanganat überführt wird; durch zwei Messungen derselben Lösung bei verschiedenen Wellenlängen können beide Metalle auch nebeneinander bestimmt werden. Dabei wird im Anschluß an die schwach saure

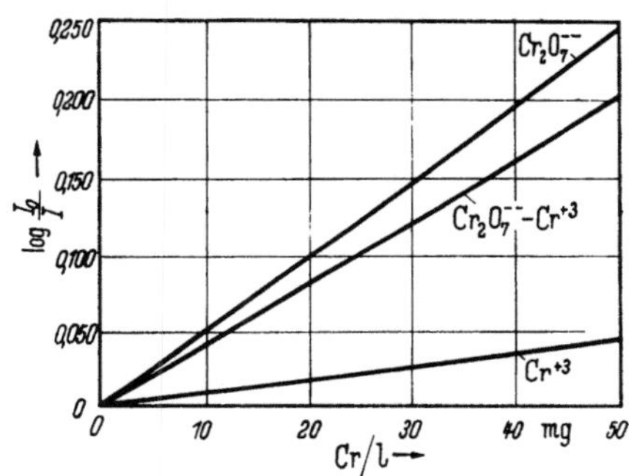

Abb. 70. Eichkurve zur Dichromatbestimmung. (Nach LACROIX und LABALADE.)

Oxydation stark sauer gestellt. Alle störenden farbigen Ionen werden durch Messung vor der Oxydation eliminiert. Da hierbei Chrom(III) miterfaßt wird, liefert die Subtraktion des Extinktionswertes dieser Lösung von dem der chromathaltigen Endlösung die Differenz: $Cr_2O_7^{--} - Cr^{+++}$ (s. a. Abb. 70), welche wegen der notwendigen Eliminierung der anderen Elemente als Meßwert benutzt werden muß.

Als *Apparatur* dient das JOUAN-Photocolorimeter mit Filter Nr. 11 (= Wratten-Filter 47).

Arbeitsvorschrift. Zur Chrombestimmung werden 25 ml einer Lösung, die weniger als 180 mg Cr/l enthält, mit 400 mg Kaliumperjodat versetzt und zum Kochen erhitzt. Dann wird so viel Alkalilauge zugesetzt, daß der p_H-Wert zwischen 2 und 3 liegt (Indicatorpapier). Hierbei fällt etwa vorhandenes Eisen als Perjodat aus. Man läßt die Lösung 5 Min. schwach sieden, setzt 5 ml 9 n Schwefelsäure und 1 ml konz. Phosphorsäure (45 n) zu und kocht, bis das ausgeschiedene Eisenperjodat wieder gelöst ist; man läßt die Flüssigkeit erkalten und füllt sie im 100-ml-Meßkolben auf; dann wird in einer 2-cm-Küvette photometriert. Als Vergleichslösung dient eine unter sonst gleichen Bedingungen behandelte, nichtoxydierte Chromsalzlösung. Die Differenz der beiden Extinktionen ergibt aus der mittleren Eichkurve den Chromgehalt (Abb. 70).

Bemerkungen. *a) Anwendungsbereich und Genauigkeit.* Dichromatlösungen bis 45 mg Cr/l weichen maximal um 0,5% vom BEERschen Gesetz ab. In Übereinstimmung damit wird eine Genauigkeit von etwa 0,6% angegeben; die Erfassungsgrenze soll bei 0,5 mg Cr/l liegen.

b) Bestimmung in Aluminium. Hierzu wird 1 g Metall in 5 ml Wasser und 18 ml 9 n Schwefelsäure gelöst und nach Filtrieren und Auffüllen auf 100 ml 25 ml der Auffüllung genau nach der Arbeitsvorschrift behandelt.

c) Gleichzeitige Manganbestimmung. Hierbei wird die oxydierte Lösung zunächst
bei 520 mμ gemessen (Meßwert a); dann wird Permanganat mit Oxalsäure reduziert
und nochmals bei 520 mμ gemessen (b); die Differenz der beiden Meßwerte (a—b)
entspricht dem Mangangehalt. Nun wird diese Lösung bei 440 mμ gemessen (c) und
schließlich die nichtoxydierte Ausgangslösung bei derselben Wellenlänge photometriert (d); c—d ergibt dann den Chromgehalt. Die Wellenlängen sind nach den
mit demselben Photometer ermittelten Absorptionskurven beider Komponenten
ausgewählt.

X. Verfahren nach SINGER und CHAMBERS mit lichtelektrischem Colorimeter.

Allgemeines. Es wird festgestellt, daß die Anwesenheit des an sich farblosen
Eisen(III)-perchlorats die Dichromatfärbung erheblich vertieft, so daß 0,5 g Eisen
die Colorimeterablesung für 0,95 mg Chrom schon verdoppeln. Der Einfluß aller
gefärbten Fremdionen wird dadurch ausgeschaltet, daß in deren Anwesenheit die
Lösung zunächst mit Perchlorsäure oxydiert, dann das gebildete Dichromat durch
Zugabe einiger Eisen(II)-sulfatkriställchen selektiv reduziert wird und mit dieser

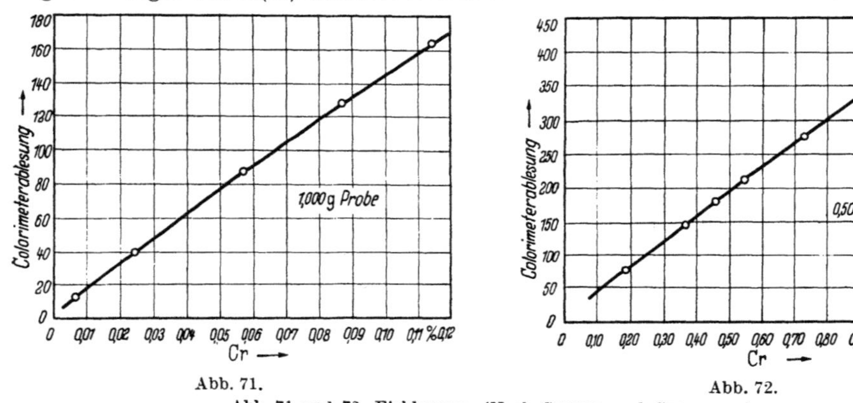

Abb. 71.   Abb. 72.
Abb. 71 und 72. Eichkurven. (Nach SINGER und CHAMBERS.)

Lösung das Gerät auf Null eingestellt wird; ein Teil derselben Oxydationslösung
ohne Eisen(II)-zusatz ergibt in dem so auskompensierten Gerät den der Chrommenge entsprechenden Ausschlag.

Apparatur und Eichkurve. Im photoelektrischen Colorimeter mit logarithmischer
Skala nach KLETT-SUMMERSON mit Küvetten von 12,5 mm Durchmesser und einem
zwischen 410 und 480 mμ durchlässigen Filter werden für geringe und mittlere Gehalte zwei Eichkurven an Stählen mit bekanntem Chromgehalt bzw. -zusatz aufgenommen, welche dem gesamten folgenden Arbeitsgang unterworfen wurden. Die
Kurven (s. Abb. 71 und Abb. 72) zeigen nur eine unbedeutende Abweichung von
der Geraden.

Arbeitsvorschrift. 1 g Probe werden in 10 ml Salpetersäure (1 + 1) (etwa 7 m) und
20 ml 70- bis 72%iger Perchlorsäure gelöst. Anschließend wird die Lösung bis zum
Auftreten von dichten Nebeln eingeengt und 5 Min. in leichtem Sieden gehalten. Dann
wird sie schnell abgekühlt, die Salze durch Zugabe von 20 ml Wasser gelöst und
nach Abkühlen auf Raumtemperatur in 50-ml-Meßkölbchen aufgefüllt. Ein aliquoter
Teil der Lösung wird in die Küvette überführt, mit einem kleinen Kristall (10 bis
20 mg) Eisen(II)-ammoniumsulfat reduziert und nun das Colorimeter in Nullstellung
gebracht. Dann wird die reduzierte Lösung durch einen weiteren aliquoten Teil der
Oxydationslösung ersetzt und erneut abgelesen. Die zweite Ablesung bzw. die Differenz zwischen 1. und 2. Ablesung ergibt die aus obigen Eichkurven abzulesende
Chrommenge. Bei Abwesenheit von anderen färbenden Ionen kann die Rückstellung
des Colorimeters auf Null unterbleiben.

Bemerkungen. *a) Anwendungsbereich und Genauigkeit.* An 30 verschiedenen Standardstählen, welchen z. T. andere Metalle zugesetzt wurden, ist die Abweichung vom amtlich zertifizierten Gehalt maximal 0,02%; unterhalb von 0,01% Gehalt ist sie nicht größer als 0,001%. Bis zu 3% Kupfer, 3% Nickel, 1,4% Molybdän, 1% Kobalt und 1,5% Titan beeinträchtigen diese Genauigkeit nicht. Die bei Anwesenheit von Silicium zu beobachtenden Störungen werden durch Verwendung siliciumhaltiger Stähle für die Eichkurve beseitigt; bei deren Messung muß das Absitzen der Kieselsäure in den Meßrohren abgewartet werden. Die untersuchten Stähle wiesen Gehalte zwischen 0,007 und 0,9% auf.

b) Einwaage. Die Vorschrift gilt für Gehalte bis 0,1% und für die zugehörige Eichkurve; bei höheren Gehalten genügen 0,5 g Einwaage mit derselben Menge Salpetersäure und 15 ml Perchlorsäure.

XI. Verfahren nach LENNARD zur photometrischen Bestimmung in Schnellarbeitsstählen.

Allgemeines. Die in hochlegierten Stählen bei der Persulfatoxydation störende Bildung des gelben Phosphor-Vanadium-Wolframat-Komplexes wird durch Oxydation mit Permanganat vermieden, Wolfram durch Filtration entfernt.

Apparatur und Eichung. Das verwendete SPEKKER-Absorptiometer mit ILFORD-Violettfilter Nr. 601 wird nach VAUGHAN oder HAYWOOD und WOOD kalibriert.

Arbeitsvorschrift. 0,5 g Probe werden in 50 ml 20%iger Schwefelsäure gelöst, mit 5 ml konz. Salpetersäure in der Wärme oxydiert und die Lösung bis zur Zersetzung der Carbide im leichten Sieden gehalten; anschließend wird auf etwa 90 ml verdünnt, nochmals zum Sieden erhitzt und tropfenweise 2,5%ige Kaliumpermanganatlösung bis zur vollständigen Oxydation des Chroms sowie einige Tropfen Überschuß hinzugegeben; zur Zersetzung dieses Überschusses, welche man durch Zugabe einiger Milligramme Mangansulfat beschleunigen kann, wird nochmals 10 bis 15 Min. gekocht, die Lösung nach Abkühlen auf 100 ml aufgefüllt und nach Filtration die Absorption in einer 1-cm-Zelle gemessen.

Bemerkung. *Anwendungsbereich.* Stähle mit höchstens 6% Chrom können verarbeitet werden, wobei ein Gehalt an Wolfram, Vanadium, Kobalt und Molybdän nicht stören soll.

XII. Verfahren nach DIETRICH zur photometrischen Schnellbestimmung in Stahl.

Allgemeines. Diese auch von LEITZ übernommene Methode arbeitet zur Beschleunigung der Lösung mit Königswasser, oxydiert mit Perchlorsäure und maskiert das Eisen durch Fluoridzusatz. Die von PINSL angegebene Oxydation durch Persulfat mit anschließendem Fluoridzusatz empfiehlt sich nicht wegen der dabei meist auftretenden Trübungen unbekannter Art.

Als *Apparatur* dient das Polarisationsphotometer „Leifo" mit Hg-Dampflampe und Filter Hg 436.

Arbeitsvorschrift. 0,5 g Probe werden in einer Mischung von 5 ml konz. Salpetersäure und 10 ml konz. Salzsäure gelöst. Die klare Lösung wird etwas eingeengt und nach Zugabe von 15 ml 70%iger Perchlorsäure bis zum Auftreten weißer Nebel erhitzt; darauf wird das Abrauchen noch genau 3 Min. fortgesetzt. Man läßt etwas abkühlen, bringt mit wenig Wasser etwa ausgefallene Salze in Lösung und spült die Flüssigkeit in einen 200-ml-Meßkolben über. Nach Zugabe von 1 g gelöstem Natriumfluorid wird sie aufgefüllt. Die Lösung wird nun im „Leifo" photometriert und aus einer mit Normalstählen festgelegten Eichkurve der Gehalt abgelesen.

Bemerkung. *Anwendungsbereich und Genauigkeit.* Da das BEERsche Gesetz unter den Arbeitsbedingungen nur bis herauf zu etwa 1% Chrom gilt, ist bei höheren Gehalten die Einwaage entsprechend zu erniedrigen. 12 Beleganalysen zeigen für Gehalte von 0,06 bis 2,17% einen maximalen Fehler von $\pm 0,03\%$. Hochchromhaltige Stähle sind wegen ihres normalerweise vorhandenen Wolframgehaltes nicht zu verarbeiten, da der zur Lösung des Wolframs erforderliche Phosphorsäurezusatz zu stärkeren Trübungen führt.

XIII. Verfahren nach AUERBACH zur Bestimmung mit dem PULFRICH-Photometer in Guß und Chromstählen.

Zu der von diesem Autor angewandten Hydroxydfällung des Eisens vergleiche man Einleitung dieses Abschnittes, C 2.

Als *Apparatur* dient das PULFRICH-Photometer mit Hg-E-Lampe und Filter Hg 436.

Arbeitsvorschrift. 0,3 g einer Schaufelprobe oder dünne Bohrspäne werden im 200-ml-Meßkolben in genau 10 ml Schwefelsäure gelöst, wobei verkochendes Wasser ersetzt wird. Dann gibt man 25 ml Silbernitratlösung und 25 ml Ammoniumpersulfatlösung hinzu und kocht etwa 4 Min. lang. Nach dem Wegnehmen vom Brenner läßt man den Kolben etwa 1 Min. stehen, bringt mit 25 ml Kalilauge unter Umschütteln langsam das Eisen zum Ausfällen und gibt dann sofort in kleinen Mengen von etwa 0,2 g etwa 1 g Natriumperoxyd zu (8 bis 10 Bestimmungen können gleichzeitig nebeneinander behandelt werden). Zuletzt wird das im Kolbenhals haftende Natriumperoxyd mit Wasser herabgespült und die Lösung nach Abkühlen auf 20°, Auffüllen zur Marke und Umschütteln durch ein Faltenfilter von 15 cm Durchmesser (Schleicher & Schüll Nr. 605 hart) filtriert. Bei Chromgehalten von 0,07 bis 1% photometriert man in 15-cm-Absorptionsrohren, über 1 bis 3% in 5-cm-Küvetten gegen destilliertes Wasser.

Berechnung.

$$C_{15} = 0{,}7678 \cdot E\% \text{ Chrom,}$$
$$C_5 = 2{,}3034 \cdot E\% \text{ Chrom.}$$

Bemerkungen. *a) Anwendungsbereich und Genauigkeit.* Neben Grau- und Temperguß können die meisten Chromstähle auch bei gleichzeitiger Anwesenheit von Molybdän, Nickel, Titan und Vanadium analysiert werden. Wegen der Gültigkeit des BEERschen Gesetzes in diesem Bereich beträgt der Fehler für Chromgehalte von 0,07 bis 3,0% nicht mehr als $\pm 0{,}03\%$, während bis zu 17,5% mit einer Abweichung von 0,3% vom wahren Wert gerechnet werden muß.

b) Der *Zeitbedarf* beträgt etwa 25 Min.

XIV. Verfahren nach ENDRASS zur lichtelektrischen Colorimetrie in der Stahlanalyse.

Allgemeines. Wie auch KLINGER, KOCH und BLASCHCZYK (s. § 16, Diphenylcarbazid) zieht dieser Verfasser die Extinktionsmessung in deutlich alkalischer Lösung vor, da deren Extinktion unabhängig von der Laugenstärke ist und zudem die saure Lösung eine flachere Extinktionskurve aufweist (Abb. 73), welche neben der p_H-Abhängigkeit (Abb. 73) auch noch durch anwesendes Nickel gestört werden kann. Wegen der einfacheren Berechnung der Ergebnisse wird der sonst nur selten gebrauchte Extinktionsfaktor ε verwendet, welcher als die Extinktion einer Lösung von 10 mg Chrom in 100 ml Endlösung definiert ist, die in 1 cm Schichtdicke gemessen wird; dies entspricht bei 1 g Einwaage — oder wie in der Arbeitsvorschrift bei 0,5 g und 2 cm Schichtdicke — in 100 ml Endlösung genau einem Gehalt von 1% Chrom. Für das verwendete lichtelektrische Gerät nach HIRSCHMÜLLER-BECHSTEIN mit einem bei 436 $m\mu$ maximal absorbierenden Filter beträgt für die alkalische Lösung: $\varepsilon = 0{,}575$. Definitionsgemäß liefert dann die Division der gemessenen Extinktion durch ε unmittelbar den Prozentgehalt. Bedenken gegen alkalische Eisenfällung s. a. bei Überführung in Chrom(VI).

Arbeitsvorschrift. Je nach dem Chromgehalt werden 0,25 bis 0,5 g Stahl in etwa 5 bis 10 ml 30%iger Schwefelsäure unter Erwärmen gelöst, wobei zum Schluß

5 ml konz. Salpetersäure zugegeben werden; dann wird die Lösung nach Zusatz
von 2 Tropfen 10%iger Silbernitratlösung und 1 g Kaliumpersulfat gekocht, etwas
abgekühlt, die Säure größtenteils durch Natronlauge abgestumpft und die Flüssigkeit schließlich in 30 ml 10%ige Lauge ein-
gegossen; nun wird mit wenigen Tropfen
Perhydrol nochmals aufgekocht, auf 100 ml
aufgefüllt und nach Filtrieren in der 2-cm-
Küvette die Extinktion bestimmt; der Chromgehalt wird der Eichkurve entnommen (s.
Abb. 73) bzw. wie oben angegeben errechnet.

Bemerkung. *Anwendungsbereich und Genauigkeit.* Es wurden nur Stähle mit 0,2 bis
1,9% Chrom untersucht. Bei 0,2% (1 Beleganalyse!) ist keine, bei 0,71 und 1,92% (2 Beleganalysen) nur eine maximale Abweichung
von 0,02% gegenüber den anderweitig ermittelten Gehalten festzustellen (3 Beleganalysen erscheinen für die generelle Angabe:
Genauigkeit $\pm$ 0,02% etwas wenig!).

XV. Verfahren nach MILES und ENGLIS zur gleichzeitigen oxydimetrischen Titration von Chrom und
Vanadium in Stahl mit photometrischer Anzeige.

Allgemeines. Dieses Verfahren beruht auf
der Titration von Chromat mit arseniger
Säure nach KOLTHOFF und SANDELL und anschließender ferrometrischer Titration des
Vanadats, wobei in beiden Fällen die Endpunktanzeige optisch erfolgt; bei 350 mμ
zeigen Chromat und Vanadat, nicht dagegen
die sich bildenden Reaktionsprodukte deut-

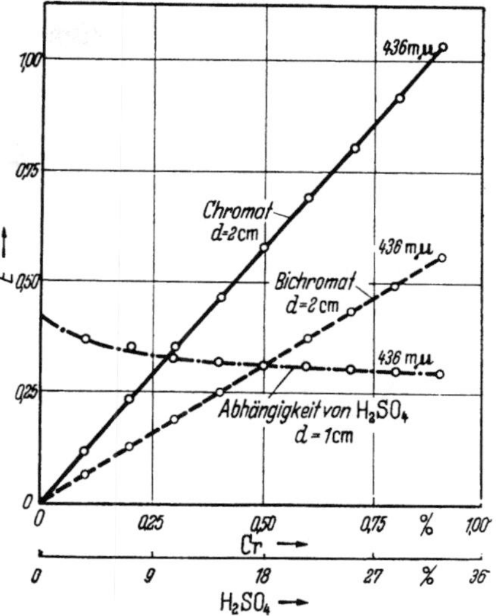

Abb. 73. (Nach ENDRASS.)
Eichkurve für Chrom als Chromat: Cr-Konzentration: 1 bis 10 mg/100 cm³, Schichtdicke
$d = 2$ cm. – Eichkurve für Chrom als Bichromat:
Cr-Konzentration: 1 bis 10 mg/100 cm³, H_2SO_4-
Konzentration: 18 g/100 cm³, Schichtdicke $d =$
2 cm. – Abhängigkeit der Bichromatextinktion
vom H_2SO_4-Gehalt: Cr-Konzentration: 10 mg/
100 cm³, H_2SO_4-Konzentration: 0 bis 27 g/
100 cm³, Schichtdicke $d = 1$ cm. – Wellenlänge
für alle 3 Kurven: 436 mμ.

liche Absorption, deren Verschwinden zur optischen Anzeige benutzt wird (Näheres
s. bei demselben Verfahren der Verfasser zur Chromattitration unter B). Zur Abtrennung von störenden Elementen wird vor der Bestimmung das Chrom mit
Bicarbonat als Hydroxyd abgetrennt.

Als *Apparatur* dienen Photometer, Zelle und Zubehör gemäß MILES und ENGLIS;
vgl. oben in Abschnitt B.

Arbeitsvorschrift. 1 g Probe wird in 10 ml verd. Salzsäure (2 + 1) (etwa 8 n) durch
leichtes Erwärmen gelöst und dann mit kochendem Wasser auf 200 ml verdünnt. Aus
einer Bütte wird Natriumhydrogencarbonatlösung (80 g/l) bis zur Bildung des ersten
bleibenden Niederschlags und dann noch 3 ml im Überschuß hinzugegeben. Nun wird
1 Min. gekocht und durch Asbest filtriert. Der Niederschlag mit dem Asbest wird
mit 25 ml Wasser und 2 ml konz. Schwefelsäure gelöst und bei Anwesenheit von
kohlenstoffhaltigem Material, das beim ersten Lösen zurückblieb, nach Zusatz von
1 ml konz. Salpetersäure gekocht und bis zum Vertreiben der Stickoxyde weiter
erhitzt. Nach Zusatz von 1 g Kaliumbromat wird nochmals 5 Min. gekocht; dann
wird mit 3 g Ammoniumsulfat durch weiteres Kochen das überschüssige Brom entfernt. Nach Zusatz von 5 ml n Salzsäure kocht man weiter, bis mit Kaliumjodidstärkepapier kein Brom mehr in den Dämpfen nachweisbar ist. Nun wird die Lösung
durch eine Glasfilternutsche filtriert, 5 ml 85%ige Phosphorsäure zugegeben und
die Flüssigkeit auf etwa 50 ml verdünnt. Die Lösung wird in die Quarzzelle gebracht,
und bei aufgesetztem Gummistopfen wird bei 350 mμ und Absorption $A = 2,0$
durch Schlitzbreitenregulierung das Instrument auf Null gestellt. Nun wird 0,1 n

arsenige Säure in Anteilen von 0,200 ml zugegeben und nach jeder Zugabe die Absorption abgelesen. Da die Reaktion besonders gegen den Endpunkt langsam verläuft, muß vor jeder Ablesung die Gleichgewichtseinstellung abgewartet werden. Nach Erreichen des Chromatendpunktes, der an dem Knick der Titrationskurve (s. Abb. 74) kenntlich ist, wird noch 1 ml überschüssige Arsenitlösung zugegeben und dann diese durch 0,1 n Eisen(II)-sulfatlösung ersetzt; hiermit wird unter Verwendung derselben Ablesetechnik zur Erfassung des Vanadiums weitertitriert. Da Vanadium durch Arsenit nicht nennenswert reduziert wird (vgl. jedoch Bemerkung a), wird der Vanadiumgehalt entsprechend nebenstehender Kurve (Abb. 74) vom Beginn der Titration mit Eisen(II)-sulfat an berechnet.

Bemerkungen. *a) Anwendungsbereich und Genauigkeit.* In reinen Lösungen bekannten Gehalts werden 1,7 bis 17,3 mg Chrom mit einem durchschnittlichen Fehler von $+0,44\%$ (9 Beleganalysen) und bis zu 4,8 mg Vanadium mit einem solchen von $-0,60\%$ wiedergefunden, woraus auf eine sehr geringe Reduktion des Vanadats durch Arsenit geschlossen werden kann. In Stählen muß trotz der minimalen Absorption des Eisen(III)-phosphats bei $350\ m\mu$ wegen seines großen Überschusses das Eisen erst durch die Bicarbonatfällung nach CAIN im Filtrat als Eisen(II)-salz abgetrennt werden. Für einen Stahl mit 1,15% Chrom und 0,19% Vanadium betragen die maximalen Fehler $+0,004$ oder $-0,006\%$ Chro mund $-0,010$ bzw. $+0,002\%$ Vanadium.

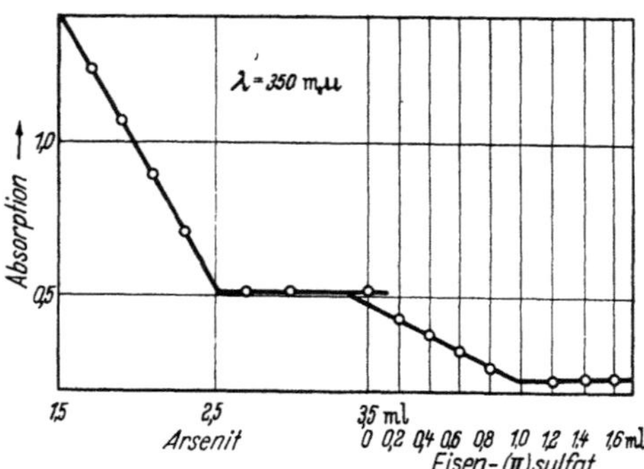

Abb. 74. Titration von Dichromat-Vanadat mit Arsenit und Eisen(II)-sulfat. (Nach MILES und ENGLIS.)

b) Oxydation. Mit Persulfat werden fehlerhafte Vanadiumwerte erhalten, weshalb die Oxydation durch Bromat vorgezogen wird.

3. Bestimmung in sonstigem Material.

Allgemeines.. Hierunter sind noch zwei ältere Methoden aufgeführt, welche vorzugsweise historisches Interesse beanspruchen. Die Methodik dürfte jedoch für gewisse Fälle, insbesondere bei Fehlen moderner Apparaturen, auch heute noch gelegentlich anwendbar sein. Im übrigen können praktisch alle Materialien nach geeignetem Aufschluß den meisten Analysenverfahren unterworfen werden, wie sie sich in den vorhergehenden Abschnitten und den einschlägigen Handbüchern (z. B. SANDELL, LEITZ, THIEL u. a.) in genügender Auswahl finden.

I. Verfahren nach RICHARDSON, MANN und HANSON zur tintometrischen Bestimmung geringer Mengen in Gewebeproben.

Arbeitsvorschrift. Die Probe wird im Platintiegel verascht und anschließend mit 0,5 g eines Gemisches aus gleichen Teilen Kaliumcarbonat und Kaliumchlorat bei bedecktem Tiegel 3 bis 4 Min. geschmolzen; nach Abkühlen wird die Schmelze in kochendem Wasser aufgenommen, filtriert und mit Standardlösungen bekannten Gehaltes colorimetrisch verglichen. Hierzu können entweder gewöhnliche NESSLER-Röhren oder ein LOVIBOND-Tintometer verwandt werden. Zur Entfernung des schwachen Rotgehaltes reiner Chromat-Standardlösungen sind diese vor dem Farbvergleich mit etwas Alkalicarbonat oder -hydroxyd zu versetzen. Bei der Verwendung des Tintometers ist zu beachten, daß die Ablesungen beim Vergleich derselben Lösung in verschiedenen Schichtdicken mit verschieden starken Gläsern nicht proportional sind. Deshalb wird die Konzentration der Lösungen so gewählt, daß die Ablesung nicht mehr als 4 bis höchstens 5 Einheiten für jede Zelle beträgt.

Bemerkung. *Genauigkeit.* Bei Testversuchen an Filtrierpapieren, welche mit bekannten Mengen Chromat getränkt und verascht wurden, ergaben sich, wahrscheinlich infolge teilweiser Reduktion des Chromats, Minderbefunde bis zu 18%, welche jedoch nach Angaben der Verfasser durch mehrfaches Schmelzen der Asche vermieden werden können. Die Erfassungsgrenze soll unter 0,5 mg Chromat liegen.

II. Verfahren nach HAHN und KLOCKMANN (a, b) zur colorimetrischen Titration in technischen Chrombrühen.

Arbeitsvorschrift. Ein Schaublock (z. B. ein Komparator nach L. MICHAELIS für p_H-Messungen) mit drei Bohrungen zur Durchsicht wird in den beiden äußeren Bohrungen mit geeigneten Röhrchen beschickt, welche zwei verschiedene Grenzlösungen enthalten; der Gehalt dieser Grenzlösungen soll nur etwa 10 bis 20% voneinander abweichen. Die mittlere Bohrung des Schaublocks wird mit einem Mischrohr versehen, welches im oberen Teil eine birnenförmige Erweiterung trägt und mit Schliffstopfen verschlossen werden kann. In dieses Mischrohr wird eine geeignete Menge der zu untersuchenden Probelösung aus einer Bürette genau eingemessen und mit Wasser, ebenfalls aus einer Bürette, so lange durch Zugabe kleiner Mengen verdünnt, bis die erhaltene Färbung eindeutig zwischen den beiden Grenzlösungen liegt. Durch erneute Zugabe der Probelösung in das Mischrohr und erneutes Verdünnen kann man mit denselben Grenzlösungen innerhalb kürzester Zeit verschiedene Meßwerte erhalten, welche bei einiger Übung nur geringfügig voneinander abweichen und einen recht sicheren Mittelwert zu errechnen gestattet.

Literatur.

ASMUS, E.: Fr. **135**, 179 (1952). — A.S.T.M.: Methods for Chemical Analysis of Metals. Am. Soc. Testing Materials, Philadelphia, 1950. — AUERBACH, F.: Absolutkolorimetrische Metallanalysen mit dem PULFRICH-Photometer, 2. Aufl. 1950, S. 23.

CAIN, J. R.: J. ind. eng. Chem. **3**, 476 (1911); **4**, 17 (1912). — CHRISTOW, S.: Fr. **125**, 278 (1943). — CULBERTSON, J. B., u. R. M. FOWLER: Steel **122**, 108 (1948).

DAVIS, H. V., u. A. BACON: J. Soc. chem. Ind. **67**, 316 (1948). — DIETRICH, K.: Metallwirtsch., Metallwiss., Metalltechn. **18**, 811 (1939). — DITTRICH, M.: Z. anorg. Ch. **80**, 171 (1913).

ENDRASS, H.: Arch. Eisenhüttenw. **15**, 447 (1941/42); durch Fr. **126**, 119 (1943). — EVANS, B. S.: Analyst **46**, 38 (1921).

GOLDENBERG, H.: Anal. Chem. **26**, 690 (1954).

HACKL, O.: Ch. Z. **1920**, 63. — HAHN, F. L., u. R. KLOCKMANN: (a) Z. angew. Ch. **43**, 993 (1930). — HAHN, F. L.: (b) Collegium **1931**, 429. — HARRISON, T. S., u. H. STORR: Analyst **74**, 502 (1949). — HAYWOOD, F. W., u. A. A. R. WOOD: Metallurgical Analysis by means of the SPEKKER-photo-electric-absorptiometer, A. HILGER, London, 1914. — HILLEBRAND, W. F.: The Analysis of Silicate u. Carbonate Rocks S. 124 (Deutsche Ausgabe: Analyse der Silikate u. Carbonatgesteine von WILKE-DÖRFURT, Leipzig 1910, S. 150). — HORN, D. W.: J. Am. chem. Soc. **35**, 253; durch Fr. **48**, 384 (1909).

JÄRVINEN, K. K.: Fr. **75**, 1 (1928).

KITSON, R. E., u. M. G. MELLON: Ind. eng. Chem. Anal. Edit. **16**, 42 (1944). — KLINGER, P., W. KOCH u. G. BLASCHCZYK: Angew. Ch. **53**, 537 (1940). — KOBSA, H.: M. **86**, 662 (1955). — KOCH, W.: Arch. Eisenhüttenw. **12**, 69 (1938/39). — KOLTHOFF, I. M., u. E. B. SANDELL: Ind. eng. Chem. Anal. Edit. **2**, 140 (1930). — KORTÜM, G.: Phys. Ch. Abt. B, **33**, 243 (1936).

LACROIX, S., u. M. LABALADE: Anal. chim. Acta **3**, 262 (1949). — LANGE, B.: Kolorimetrische Analyse, 5. Aufl., Weinheim 1956. — LEITZ, G., G.m.b.H.: Arbeitsvorschriften zur photometrischen Metallanalyse in Stahl, Eisen usw. mit dem Leifo-Photometer, 1949. — LENNARD, G. J.: Analyst **74**, 253 (1949). — LINGANE, J. J., u. J. W. COLLAT: Anal. Chem. **22**, 166 (1950). — DE LIPPA, M. Z.: Analyst **71**, 34 (1946). — LUNDELL, G. E. F., J. I. HOFFMAN u. H. A. BRIGHT: Chem. Analysis of Iron u. Steel, New York 1931, S. 288 ff.

MALZEW, W. E., u. A. L. DAWIDOW: Betriebslab. (russ.) **13**, 926 (1947). — MILES, J. W., u. D. T. ENGLIS: Anal. Chem. **27**, 1996 (1955). — MISSON, M.: Chim. Ind. 17. Congr. Paris I, 111 (1937).

PINSL, H.: Arch. Eisenhüttenw. **4**, 139 (1936).

RICHARDSON, F. W., W. MANN u. N. HANSON: J. Soc. chem. Ind. **22**, 614 (1903).

SANDELL, E. B.: Colorimetric Determination of Traces of Metals, 2. Ed., New York 1950. — SILVERTHORN, R. W., u. I. A. CURTIS: Metals and Alloys **15**, 245 (1942). — SINGER, L., u. W. A. CHAMBERS: Ind. eng. Chem. Anal. Edit. **16**, 507 (1944).

THIEL, A.: Absolutkolorimetrie, Berlin 1939, S. 90. — TONG, J. Y., u. E. L. KING: Am. Soc. **75**, 6181 (1953).
VAUGHAN, E. J.: Use of the SPEKKER-photo-electric-absorptiometer in Metallurg. Analysis, Royal Inst. of Chem., Monograph, 1941 u. 1942.
WILLARD, H. H., u. L. H. GREATHOUSE: Am. Soc. **39**, 2366 (1917). — WOOD, A. A. R.: Analyst **78**, 54 (1953).

§ 18. Sonstige colorimetrische bzw. photometrische Bestimmungsmethoden.

A. Bestimmung mit dem Dinatriumsalz der Chromotropsäure.

Prinzip. Die Methode beruht auf der starken und haltbaren kirschroten bis violetten Färbung, welche die Verbindungen des Chroms(VI) mit dem Dinatriumsalz der 1,8-Dioxynaphthalin-3,6-disulfosäure (= Chromotropsäure) in saurer Lösung liefern.

1. Verfahren nach König.

Allgemeines. Die schon früher für Farbreaktionen mit anderen Schwermetallen verwandte Chromotropsäure wurde von KÖNIG 1911 zur Bestimmung von Chrom(VI) vorgeschlagen. Das Dinatriumsalz der Säure ist in Wasser leicht löslich und kristallisiert in Nadeln oder Blättchen als 2-Hydrat. Die Lösungen müssen schwach angesäuert sein, wozu Salz-, Salpeter- oder Schwefelsäure dienen können. Zur Ausschaltung der grasgrünen Färbungen, welche Eisen(III)-verbindungen mit dem Reagens liefern, wird Zusatz von Phosphorsäure empfohlen (s. u.), die gleichzeitig auch die störenden Rotfärbungen, welche durch Uran(VI) und Wolfram(VI) hervorgerufen werden, beseitigt. Eine gelegentlich beobachtete Braunfärbung der Lösungen ist ungeklärt. KÖNIG verwandte die Methode für Pflanzenanalysen.

Arbeitsvorschrift. 5 g Trockensubstanz werden nach Veraschen in 50 ml Wasser und etwas Phosphorsäure gelöst; nach Auffüllen der Lösung auf 100 ml werden je 10 ml dieser Lösung abpipettiert und mit je 1 ml der wäßrigen 0,1 n bis 0,01 n Reagenslösungen versetzt; bei Chromgehalten über 10 mg absolut ist eine vorherige Verdünnung erforderlich. Die Lösungen werden in geeigneten Colorimeterrohren mit solchen Vergleichslösungen verglichen, die gleiche Mengen chromfreier Asche, Wasser, Phosphorsäure und Reagens enthalten.

Bemerkungen. *I.* Die qualitative *Empfindlichkeitsgrenze* beträgt 0,8 μg Chrom/10 ml; von der doppelten Menge an ist quantitative Bestimmung möglich.

II. Die *Aschen* können gelegentlich Chrom(III) enthalten, das vorher oxydiert werden muß.

2. Verfahren nach Garratt für Stähle.

Aus der Lösung des Stahls wird Eisen mit Lauge gefällt und ein dadurch auftretender Fehler kompensiert.

Reagens. 1%ige wäßrige Lösung des Dinatriumsalzes der 1,8-Dioxynaphthalin-3,6-disulfosäure.

Arbeitsvorschrift. Je nach Chromgehalt werden 0,2 bis 0,4 g Stahl in 10 ml verd. Schwefelsäure (1 + 3) (etwa 4,6 m) gelöst, nach vollendeter Lösung mit etwa 0,5 ml konz. Salpetersäure versetzt und die Lösung so lange eingeengt, bis keinerlei Salpetersäure mehr vorhanden ist. Anschließend werden 50 ml 10%ige Natronlauge und etwa 1 g Natriumperoxyd hinzugegeben, und es wird 5 Min. kräftig gekocht. Dann wird die Lösung abgekühlt, auf 200 ml aufgefüllt, 100 ml hiervon filtriert und durch Zugabe von 2 ml 85%iger Phosphorsäure und 8 ml konz. Schwefelsäure angesäuert; unmittelbar nach dem Ansäuern werden 2 ml Reagens zugegeben. Dann läßt man die Flüssigkeit mindestens 15 Min. stehen und vergleicht mit Lösungen bekannten

Gehaltes in NESSLER-Röhren; für die Vergleichslösungen werden zweckmäßig entweder chromfreie Stähle verwendet, die völlig gleichlaufend wie die Probe, jedoch mit Zusatz bekannter Dichromatmengen, behandelt werden, oder auch Stähle genau bekannten Chromgehaltes.

Bemerkungen. *I. Anwendungsbereich.* Das Verfahren ist am besten geeignet für Gehalte um 0,2% Cr und darunter; die Einwaage wird entsprechend bemessen; unterhalb 0,15% genügen 0,4 g Stahl, für höhere Gehalte 0,2 g. Für Gehalte über 0,6% ist das Verfahren weniger geeignet als andere; dagegen können Mengen bis zu 0,001% herunter durch entsprechende Vergrößerung der Einwaage noch erfaßt werden.

II. Genauigkeit. Durch die *Fällung des Eisens* wird eine bestimmte Menge Chrom zurückgehalten, die vom Verfasser auf etwa 5% der absoluten Menge geschätzt wird; er hält jedoch bei Verwendung von Stählen für die Vergleichslösungen diesen Fehler für völlig kompensierbar und gibt 19 Vergleichsanalysen an, bei denen der absolute Fehler dem Betrage nach nicht größer als —0,02% ist.

III. Salpetersäure muß aus den Lösungen restlos entfernt und deshalb die Lösung annähernd zur Trockne eingedampft werden; andernfalls tritt Braunfärbung des Reagenses ein. Deshalb werden zur Zugabe der Säure zweckmäßig Pipetten benutzt.

IV. Das *Peroxyd* muß restlos entfernt werden, da sonst beim Ansäuern Reduktion des Chroms(VI) zu Chrom(III) erfolgen kann. Hierfür sollen 5 Min. Kochens völlig ausreichen.

V. Die Zugabe der konz. *Schwefelsäure* hat u. a. den Zweck, die Lösung zu erwärmen, da die *Färbung* in der warmen Lösung schneller auftritt als in der kalten; eine Konzentration von mehr als 20% Schwefelsäure soll vermieden werden, da sonst eine Abschwächung der Farbe eintreten kann.

VI. Eisen(III) liefert mit dem Reagens eine Grünfärbung, die durch Zugabe von Phosphorsäure oder auch starkes Ansäuern mit Schwefelsäure zerstört wird; da die Resultate in Abwesenheit von Eisen aber weniger streuen, wird dessen Abtrennung bevorzugt.

VII. Molybdän und *Wolfram* stören nicht; die Zugabe von Phosphorsäure verhindert das Auftreten von störenden Trübungen durch Wolframsäure.

VIII. Vanadium ergibt mit dem Reagens eine Braunfärbung in Anwesenheit von Chrom, während reine Vanadiumlösungen hell- bis bernsteingelbe Lösungen zeigen. Bei Chrommengen zwischen 0,2 und 0,3% und in Anwesenheit von Vanadium (0,1 bis 0,2%) werden immer leicht erhöhte (0,01 bis 0,07%) Chromwerte gefunden. Ist die Größenordnung des Vanadiums bekannt und seine Menge nicht zu groß, so kann man sich helfen, indem man die Vergleichsprobe ebenfalls mit Vanadium versetzt; der dann noch auftretende Fehler in den Chromwerten ist geringer als ohne diese Maßnahme.

IX. Titan liefert ziegelrote Färbungen, die durch Flußsäure oder starke Mineralsäuren zerstört werden können. Da die Färbung sehr stark von dem Säuregrad abhängig ist, eignet sie sich nicht zur Bestimmung des Titans selber. In der Arbeitsvorschrift wird das Titan durch Fällung entfernt.

3. Verfahren nach Berger, Pirotte, Muylle und Juliard zur Mikroschnellanalyse von Stahl.

Allgemeines. Bei diesem Verfahren erübrigt sich eine absolut genaue Einwaage, da der Gehalt der zu bestimmenden Beimengungen nicht auf die Gesamtsubstanz, sondern auf den Hauptbestandteil Eisen bezogen wird. Dies erspart auch die sonst bei Mikroanalysen besonders notwendige Präzision beim Auffüllen und Abpipettieren. Lediglich die Abnahme aus der letzten Auffüllung für die Bestimmung des Eisens und der verschiedenen Beimengungen muß gleich sein, kann also auch notfalls mit einer ungeeichten Pipette erfolgen. Je nach der Färbung der erhaltenen Endlösungen werden diese mit Chromotropsäure oder Diphenylcarbazid (s. dort unter Stahlanalyse bei BERGER und Mitarbeiter) versetzt und anschließend photometriert.

Arbeitsvorschrift. Etwa 10 mg feine Stahlspäne werden in 2 ml eines Schwefelsäure-Phosphorsäure-Gemisches (mit je 7,5% der beiden Säuren) gelöst, mit 2 Tropfen Salpetersäure (D 1,2) heiß oxydiert und bis zum Abrauchen von Schwefelsäuredämpfen erhitzt. Nach dem Abkühlen und Verdünnen mit Wasser muß die wieder erhitzte Lösung klar sein. Dann wird sie nach nochmaligem Abkühlen auf etwa 10 ml verdünnt und von dieser Endlösung je 1 ml zur photometrischen Bestimmung der einzelnen Bestandteile benutzt. Für die Chrombestimmung wird 1 ml dieser Lösung mit 1 ml 0,1 n Permanganatlösung 2 Min. gekocht; nach dem Abkühlen werden 3 ml 25%ige Phosphorsäure hinzugegeben und weiterhin unter gutem Umrühren 3 ml 10%ige Harnstofflösung. Dann wird in kleinen Anteilen von je 10 Tropfen eine 0,2%ige Natriumnitritlösung, ebenfalls unter gutem Rühren bis zur endgültigen Entfärbung, hinzugegeben und die Lösung dann auf 15 ml aufgefüllt. Schließlich wird die Lösung mit 1,5 ml einer 1%igen Chromotropsäurelösung versetzt und nach 10 Min. langem Stehen im Photometer bei 460 mμ photometriert.

Bemerkung. Die Werte sollen auf 2% absolut genau sein.

B. Bestimmung mit α-Naphthylamin und Weinsäure nach van Eck.

Mit einem Reagens, das man durch Auflösen von 0,5 g α-Naphthylamin und 50 g Weinsäure zu 100 ml erhält, liefern Chromatlösungen eine deutliche Blaufärbung; diese ist stark abhängig vom Säuregrad, so daß die Anwesenheit von Mineralsäuren unzweckmäßig ist; Salpetersäure bewirkt eine starke Rotfärbung; Halogene, Wasserstoffperoxyd und Eisen(III)-chlorid sollen „nicht sonderlich" stören. Das Verfahren soll zur colorimetrischen Bestimmung beim Vergleich mit Chromatlösungen geeignet sein, welche 373,8 mg K_2CrO_4/l, entsprechend 0,1 mg Cr/ml, und 5 ml Reagens enthalten.

C. Bestimmung mit dem Natriumsalz der Diäthyldithiocarbaminsäure nach Lacoste, Earing und Wiberley.

Allgemeines. Das als Schwermetallreagens bekannte Natriumsalz der Diäthyldithiocarbaminsäure liefert nach CALLAN und HENDERSON sowie CHERNIKHOV und DOBKINA auch mit Chromatlösungen eine grüngefärbte Verbindung, welche mit organischen Lösungsmitteln extrahierbar ist. LACOSTE, EARING und WIBERLEY machten neuerdings diese Verbindung für eine quantitative photometrische Bestimmung zugänglich.

Die *Absorptionskurve*, welche zwischen 350 und 1000 mμ aufgenommen wurde, zeigt bei 450 sowie bei 580 mμ zwei deutliche Minima, dagegen bei 500 und 670 mμ zwei Maxima (Abb. 75).

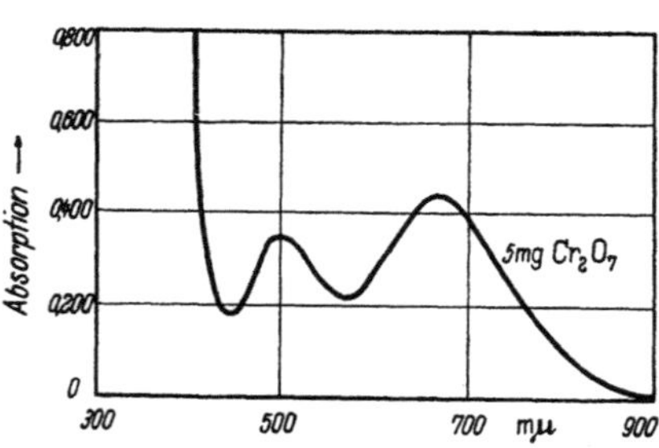

Abb. 75. Absorptionskurve des Farbkomplexes von Natriumdiäthyldithiocarbaminat und Chromat. (Nach LACOSTE, EARING und WIBERLEY.)

Arbeitsvorschrift. 5 ml der zu analysierenden Lösung werden im Scheidetrichter mit 4 ml einer 2%igen Lösung von Natriumdiäthyldithiocarbaminat und 10 ml einer auf $p_H = 6,3$ eingestellten Ammoniumacetat-Essigsäure-Pufferlösung versetzt und mit 2 mal 20 ml Chloroform extrahiert; die Chloroformextrakte werden filtriert und auf 50 ml aufgefüllt; im DU-BECKMAN-Spektrophotometer wird bei 670 mμ die Absorption nach spätestens 3 Std. bestimmt und aus einer Eichkurve der Chromgehalt entnommen.

Bemerkungen. *1.* Die zweckmäßigste *Konzentration* ist 1 mg/ml. Die grüne Färbung ist etwa 3 Std. beständig.

2. Im Gegensatz zu anderen Ionen wird bei Chromat zur quantitativen Umsetzung von 5 mg ein größerer *Überschuß* (4 ml) an Reagens benötigt.

3. Das *Maximum der Erfassung* liegt bei $p_H = 6$ und steigt von $p_H = 0$ bis zu $p_H = 6$ leicht an, während es oberhalb $p_H = 6,3$ sehr stark abfällt (Abb. 76).

4. Das *Beersche Gesetz* ist im Bereich zwischen 1 bis 8 mg $Cr_2O_7^{--}$ exakt erfüllt, so daß zur Auswertung der Meßergebnisse die Extinktionskurve (Abb. 77) dienen kann.

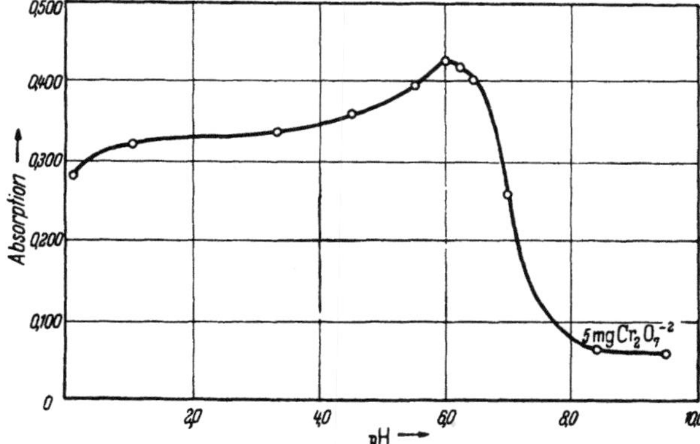

Abb. 76. p_H-Abhängigkeit des Farbkomplexes von Natriumdiäthyldithiocarbaminat und Chromat. (Nach LACOSTE, EARING und WIBERLEY.)

D. Colorimetrische und photometrische Bestimmung mit o-Aminophenyldithiocarbaminsäure.

Allgemeines. Die Methode beruht auf der orange bis roten Färbung, welche die o-Aminophenyldithiocarbaminsäure mit Chromatlösungen im mäßig sauren Gebiet liefert. Die Reaktion wurde erst kürzlich von GAGLIARDI und HAAS (a) aufgefunden und im Anschluß daran von denselben Autoren (b) zu einem Bestimmungsverfahren ausgebaut. Obwohl das Verfahren von anderer Seite noch nicht überprüft und bestätigt werden konnte, lassen sowohl die leichte Darstellbarkeit des Reagenses wie auch die beigebrachten experimentellen Unterlagen erwarten, daß es sehr gut brauchbar sein wird.

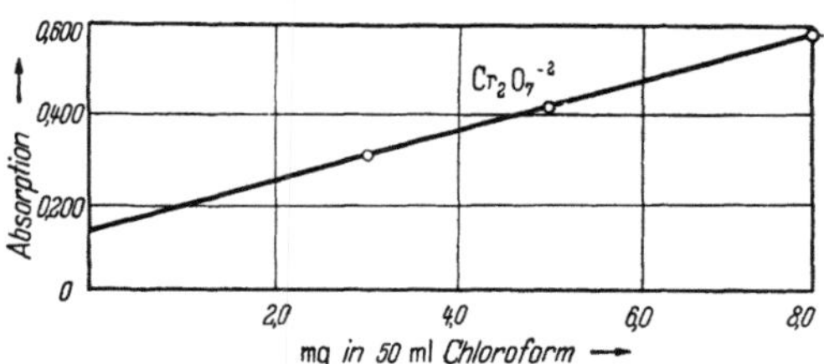

Abb. 77. Gültigkeit des BEERschen Gesetzes für den Farbkomplex von Natriumdiäthyldithiocarbaminat und Chromat. (Nach LACOSTE, EARING und WIBERLEY.)

Verfahren nach GAGLIARDI und HAAS.

Die *Herstellung des Reagenses* geschieht durch Auflösen von molaren Mengen o-Phenylendiamins und Schwefelkohlenstoffs in Alkohol-Äther (1 + 1) und durch Einleiten von Ammoniak unter Kühlen; nach 15 Min. wird das ausgefallene Ammoniumsalz abgesaugt; nach Waschen mit Alkohol und anschließend mit Äther ist das reinweiße und leicht wasserlösliche Produkt gebrauchsfertig und zeigt keine Eigenextinktion. Es wird aus dem Salz eine 0,05%ige wäßrige Lösung hergestellt. Als *Standardlösung* wird eine Kaliumchromatlösung benutzt, welche 10 μg Chrom/ml enthält.

Eine etwa notwendige Oxydation der Probelösung erfolgt nach OELSCHLÄGER.

Die zur Messung der *Absorptionskurve* verwendete Lösung enthält in 100 ml

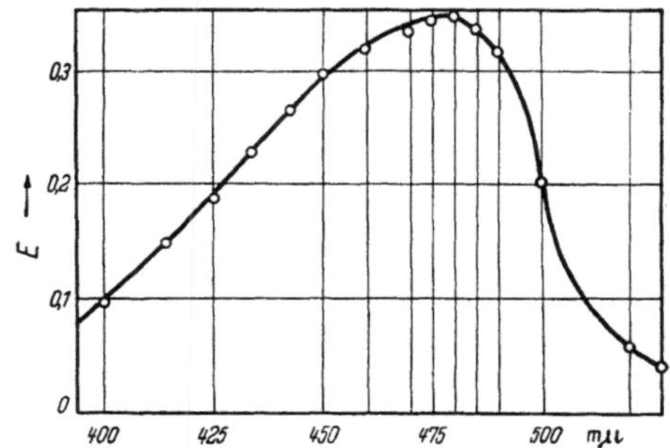

Abb. 78. Extinktionskurve des Komplexes Chromat mit o-Aminophenyldithiocarbaminsäure. (Nach GAGLINOSTI und HAAS.)

50 ml Reagenslösung, 35 ml Wasser, 5 ml n Salzsäure und 10 ml Standard-Chromat lösung, entsprechend 100 μg Chrom. Im BECKMAN-Quarzspektrophotometer mit 2-cm-Zellen wird die in Abb. 78 wiedergegebene Kurve des Farbkomplexes von Chromat mit o-Aminophenyldithiocarbaminsäure erhalten; das Maximum der Extinktion liegt also bei 480 mμ; es dient bei Vorhandensein eines geeigneten Spektrophotometers zur Messung. Man kann jedoch auch das *Lange-Colorimeter* unter Verwendung des blaugrünen Filters benutzen und erhält auch hiermit trotz der breiteren Durchlässigkeit gute Meßwerte.

Die Abhängigkeit der Extinktion von der *Säurekonzentration* geht aus den Kurven (Abb. 79) hervor; mit Ausnahme der variierten Säurekonzentrationen, wie sie aus den Ordinaten der Diagramme hervorgehen, sind die Konzentrationen der anderen Bestandteile dieselben wie oben. Als beste Konzentration für die Messung eignet sich also 0,03 bis 0,07 n Salzsäure, da in diesem Bereich die Extinktion konstant ist. Dasselbe gilt für salpetersaure und schwefelsaure Lösungen, während Essigsäure zwar ein schärferes Maximum, aber dabei eine niedere Extinktion aufweist (Abb. 80), da sie die Dithiocarbaminsäure aus dem Ammoniumsalz offenbar nicht quantitativ in Freiheit setzt. Es kommen also für colorimetrische Bestimmungen nur mineralsaure Lösungen in Frage; die geeignete Acidität erreicht man mit 50 ml Reagenslösung und 5 ml n Mineralsäure auf je 100 ml zu messende Lösung.

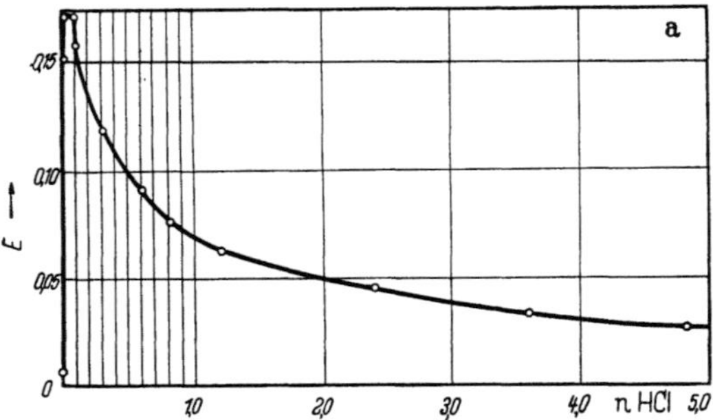

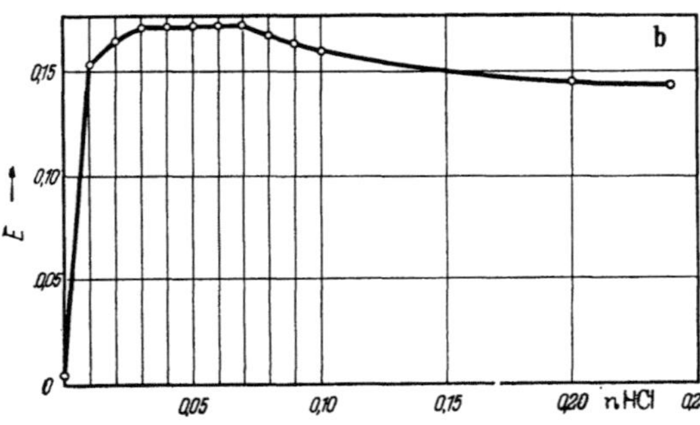

Abb. 79. Einfluß der Salzsäurekonzentration auf die Extinktion. (Nach GAGLIARDI und HAAS.)

auf je 100 ml zu messende Lösung.

Mit Mengen von 1,0 bis 10,0 ml Standardlösung, entsprechend 0,1 bis 1,0 μg Chrom in je 1 ml Meßlösung, erhält man unter den angegebenen Bedingungen eine Eichkurve, welche von einer Geraden praktisch nicht abweicht. Das LAMBERT-BEERsche Gesetz ist also in diesem Bereich erfüllt.

Die Untersuchung der Störung durch verschiedene Beimengungen erfolgt in derselben Lösung:

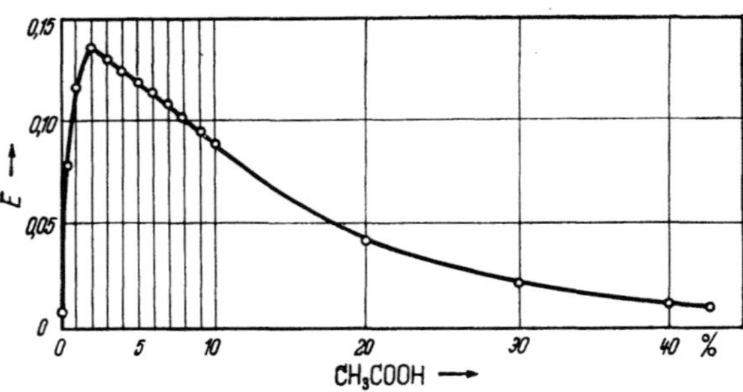

Abb. 80. Extinktionsverlauf in essigsaurer Lösung. (Nach GAGLIARDI und HAAS.)

Natrium-, Ammonium- und Kaliumchlorid unterhalb 2 g beeinträchtigen die Messung nicht; 4 g erhöhen die Extinktion um 2%. 2 g Kalium- oder Ammoniumsulfat sowie dieselbe Menge Natrium-, Kalium- oder Ammoniumnitrat erhöhen ebenfalls die Extinktion um 1%. Andere Beimengungen siehe im Original.

Keinen Einfluß auf die Farbstoffentwicklung haben die Metalle Ni, Mn, Cu, Pb, Zn, Cd, U, Mo, Ti und Erdalkalien bis zu 1000fachem Überschuß; Ag und Hg erhöhen die Extinktion um 2 bis 8%; Sb erniedrigt sie auf die Hälfte; Fe, Co und V stören.

E. Colorimetrische Bestimmung des 3wertigen Chroms.

1. Verfahren von Fogelson.

Diese Methode, welche vor allem für Schnellbestimmungen in Stahl geeignet sein soll, scheint sich nicht eingebürgert zu haben und sei daher nur kurz erwähnt. 2 g Produkt werden in 35 ml Schwefelsäure (1 + 8) (etwa 2 m) unter Ersetzen des verdampfenden Wassers bis zur vollständigen Lösung erhitzt, diese nach Abkühlen und Filtrieren auf 50 ml aufgefüllt und mit einer Standardlösung eines Stahles ähnlicher Zusammensetzung colorimetrisch verglichen.

2. Verfahren nach Kahn und Moyer zur photometrischen Schnellbestimmung in Legierungen.

Allgemeines. VREDENBURG und SACKTER haben den stabilen grünen Chrom-Phosphorsäure-Komplex zur photometrischen Messung herangezogen und die Störung durch Nickel mit geeigneten Filtern ausgeschaltet. Auf dieser Basis haben kürzlich KAHN und MOYER eine photometrische Schnellmethode für legierte Stähle und Bronzen entwickelt, mit der Gehalte zwischen 0,5 und 30% Chrom auch in Anwesenheit von Kupfer, Nickel, Molybdän und Eisen bestimmt werden können. Gegenüber anderen Methoden ist die Schnelligkeit wesentlich erhöht, die Genauigkeit voll ausreichend, der Materialaufwand sehr bescheiden. Eisen wird maskiert, Nickel in einer entsprechenden Eichkurve kompensiert, andere Störelemente in einfacher Weise entfernt (s. a. Bemerkungen).

Arbeitsvorschrift für legierte Stähle. Eine Einwaage, welche zwischen 10 und 150 mg Chrom entspricht, wird mit 10 ml konz. Salpetersäure und 10 ml konz. Salzsäure in einem Becherglas bis zur vollständigen Lösung und Zersetzung, gegebenenfalls unter weiterer Säurezugabe, erhitzt. Dann werden 10 ml 70%ige Perchlorsäure zugegeben und mit einem umgekehrten Uhrglas so bedeckt, daß die kondensierende Säure an der Becherglaswandung zurücklaufen kann. Nun wird die Lösung bis zur vollständigen Oxydation, die durch reine Orangerotfärbung zu erkennen ist, erhitzt, schnell abgekühlt und vorsichtig ohne Entfernung des Uhrglases mit 70 ml Wasser verdünnt. Dann wird sie unter gutem Nachspülen filtriert, wobei man sie bei Anwesenheit von Wolfram(VI)-oxyd oder einer mehr als 0,75% Silicium entsprechenden Menge Kieselsäure absaugen muß. Das mit den Waschwässern vereinigte Filtrat wird mit 10 ml konz. Schwefelsäure und 15 bis 30 g reinen Zinkgranalien im bedeckten Becherglas versetzt und nach etwa 15 Min. unter gutem Nachwaschen filtriert. Die vereinigten Filtrate werden nach Versetzen mit 4 ml 30%igem Perhydrol 3 Min. aufgekocht, danach mit 4 ml konz. Phosphorsäure versetzt und nach gutem Durchmischen durch ein WHATMAN-Nr. 41-H-Filter in einen 200-ml-Meßkolben filtriert; der Rückstand wird gut nachgewaschen und das Filtrat nach Abkühlen zur Marke aufgefüllt und geschüttelt. Dann wird in einer 17-mm-Küvette entweder im Brociner-Maß-Photometer oder im Lumetron Nr. 400 die Absorption bei 585 mμ gegen Wasser als Blindwert gemessen.

Arbeitsvorschrift für Bronzen. Eine Probe, welche wieder 10 bis 150 mg Chrom enthält, wird für je 2 g Einwaage unter denselben Vorsichtsmaßnahmen wie oben mit je 20 ml Salpetersäure (1 + 1) (etwa 7 m) sowie 10 ml 70%iger Perchlorsäure versetzt und bis zur vollständigen Oxydation erhitzt. Dann wird völlig wie oben verfahren; nur wird nach der Reduktion mit Zink so lange kräftig gekocht, bis das ausgefallene Kupfer in eine gut filtrierbare Form überführt ist; der anschließende Zusatz von Perhydrol ist hier überflüssig und unterbleibt. Die Messung erfolgt ebenso wie oben.

Eichkurve. Je 0,3 g eines Standardstahls mit 2,41% Chrom werden mit solchen Mengen einer Lösung von Standard-Ferrochromlösung (0,5 g Ferrochrom mit 8 g Natriumperoxyd geschmolzen, nach Abkühlen in verd. Schwefelsäure gelöst und kochend mit Permanganat oxydiert, dessen Überschuß mit Salzsäure zerstört wird) versetzt, daß je 200 ml 0 bis 200 mg Chrom vorhanden sind, und mit diesen Lösungen wird die Eichkurve aufgestellt (s. Abb. 81, Kurve 2). Unter Zusatz von 200 mg Nickel (als Sulfat aus Elektrolytnickel) wird eine zweite Kurve (Nr. 1 der Abb. 81) aufgestellt, die für nickelhaltige Legierungen verwendet wird.

Berechnung.

$$\% \text{ Cr} = \frac{\text{g Cr in 200 ml (aus der Kurve)}}{\text{Einwaage}} \cdot 100.$$

Bemerkungen. *I. Anwendungsbereich und Genauigkeit.* Bronzelegierungen mit 0,5 bis 10%, Legierungsguß mit 0,5 bis 15% und Edelstähle mit 8 bis 30% Chrom sind für das Verfahren geeignet; Wolfram wird durch Abfiltrieren des Oxyds entfernt, Kupfer als Metall; Mn, P, S, V, Ti, Sn, Zn, Al, Cd, Nb, Tl und Se stören die photometrische Messung nicht, Kobalt erst oberhalb 0,5%. Bei Eisenlegierungen mit 2 bis 4% Chrom beträgt nach 8 Beleganalysen die maximale Abweichung 0,06%, bei Gehalten von 16 bis 19% bis zu 0,37% von den amtlichen Werten, die vom amerikanischen *National Bureau of Standards* für die Standardlegierungen angegeben sind; bei selbsthergestellten Standardlegierungen mit 4,2 bis 7,1% Chrom betrugen in 12 Beleganalysen die Abweichungen gegenüber der titrimetrischen Bestimmung mit MOHRschem Salz maximal 0,06%.

II. Nickel erhöht die Absorption der Lösung; doch ist die Erhöhung bei 585 mμ in weitem Bereich unabhängig von der Nickelmenge; es genügt daher obige Eichkurve für nickelhaltiges Material (entsprechend 40% Ni bei 0,5 g Einwaage) auch für alle sonstigen Nickelgehalte.

III. Molybdän kann bei der Reduktion in die gefärbten niedrigen Wertigkeitsstufen übergehen, deren Störung durch Oxydation mit Peroxyd beseitigt wird.

IV. Eisen. Das Eisen(III)-ion wird durch die Zugabe von Phosphorsäure entfärbt.

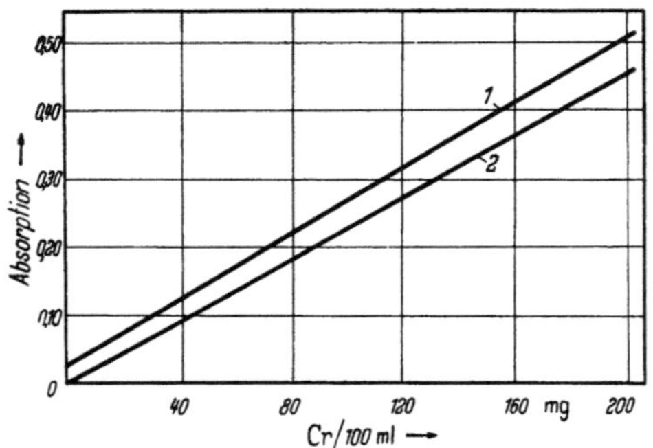

Abb. 81. Eichkurve für Chrom(III)-lösungen. (Nach KAHN und MOYER).
1 für nickelhaltiges Material, *2* für nickelfreies Material.

3. Verfahren nach Capitán-Garcia und Lachica-Garrido.

CAPITÁN-GARCIA und LACHICA-GARRIDO untersuchen im Hinblick auf die spektrophotometrische Chrom(III)-bestimmung das Absorptionsspektrum der grünen Chrom(III)-sulfatlösung und seine Beeinflussung durch anwesende Lösungspartner sowie durch die Temperatur. Die Chrom(III)-sulfatlösung besitzt zwei scharfe Absorptionsmaxima bei 590 und 420 mμ und dazwischen ein Minimum bei 495 mμ. Schwefelsäure hat in den Konzentrationsgrenzen von 2 bis 4 m keinen merklichen Einfluß auf die Extinktion bei 590 mμ; das gleiche gilt für Phosphorsäure im Konzentrationsbereich von 5 bis 7 m. Bei höheren Säurekonzentrationen machen sich bathochrome Effekte und Verschiebungen der Lage des Absorptionsmaximums bemerkbar. Wenn beide Säuren gleichzeitig zugegen sind, muß die Vergleichslösung die gleichen Säuregehalte besitzen wie die zu analysierende Probe. In dem Bereich 19 bis 50° C ist die Extinktion unabhängig von der Temperatur. Die Farbe ist mehrere Stunden beständig, das BEERsche Gesetz ist im Konzentrationsbereich 0 bis 3000 ppm Cr erfüllt. Ca, Mg, K, Na, Mn(II) stören die Chrombestimmung nicht. Dichromationen sind bei 590 mμ bis zur Konzentration 0,5 n $Cr_2O_7^{2-}$ ebenfalls ohne störende Wirkung. Als maximale Abweichungen vom Sollwert bei der Chrombestimmung wurden $+4,3$ bzw. $-5,4\%$ festgestellt.

F. Bestimmung als Farbkomplex der Äthylendiamintetraessigsäure.

1. Verfahren nach Přibil und Klubalova zur Bestimmung in Stahl.

Allgemeines. Der intensive purpurfarbene Komplex, den Chrom(III) mit Komplexon II (= freie Äthylendiamintetraessigsäure) bildet, soll nach den Verfassern in seiner Stabilität so unabhängig von den verschiedenen Reaktionsbedingungen sein, daß er damit für die colorimetrische Bestimmung besonders gut geeignet und den meisten anderen colorimetrischen Verfahren zur Bestimmung kleiner Mengen überlegen ist. Störende Elemente, wie Kupfer, Eisen usw., die ebenfalls Farbkomplexe bilden, werden vorher als Hydroxyde in alkalischer Lösung vom oxydierten Chrom abgetrennt, das anschließend durch Komplexon selbst wieder reduziert wird.

Arbeitsvorschrift. Eine geeignete Probemenge wird in Salzsäure gelöst und Wolfram sowie Molybdän durch mehrfaches Einengen abgeschieden. Der Eindampfrückstand wird mit Wasser ausgezogen und die Hydroxyde der störenden Metalle durch Zugabe von Kalilauge und Perhydrol gefällt und diese Fällung gegebenenfalls (s. Bemerkungen) noch 2mal wiederholt. Zu einem aliquoten Teil der vereinigten Filtrate dieser Fällungen gibt man 5 ml einer 5%igen Lösung von Komplexon II sowie 2 ml einer 0,1%igen Mangansulfatlösung und neutralisiert, falls notwendig, mit Salzsäure. Zur Reduktion und Entwicklung des Farbkomplexes wird die Lösung dann 5 Min. gekocht und nach Abkühlen auf 100 ml aufgefüllt; die colorimetrische Messung erfolgt im Lange-Colorimeter mit Grünfilter bei etwa 550 mμ in Zellen von 34 mm Schichtdicke.

Bemerkungen. *I. Erfassungsgrenze und Genauigkeit.* Die Erfassungsgrenze liegt bei 0,1 mg in 100 ml Lösung. Die Genauigkeit ist für verschiedene Bereiche aus nebenstehender Tab. 24 zu entnehmen.

Tabelle 24. *Cr-Bestimmung durch Komplexon II.*

Stahl Nr.	Chromgehalt %	Bestimmung Nr.	Gef. Chrom %	Differenz %
I	1,00	1	1,03	+0,03
		2	1,03	+0,03
		3	0,95	—0,05
II	4,30	1	4,19	—0,11
		2	4,10	—0,20
		3	4,33	+0,03
III	4,20	1	4,30	+0,10
		2	4,14	—0,06
		3	4,11	—0,09
IV	0,17	1	0,16	—0,01
		2	0,164	—0,006
		3	0,162	—0,008

II. Fällung. Bezüglich der Möglichkeit des Einschlusses bzw. der Adsorption von Chromat bei der alkalischen Hydroxydfällung vergleiche man Überführung in Chrom(VI).

III. Reduktion. Die Reduktion des Chromats mit einem Überschuß des Reagenses soll die am besten reproduzierbaren Werte ergeben.

2. Verfahren nach Gotô und Kobayashi.

Bei gleichzeitiger Anwesenheit von Kobalt(II) und $Cr_2O_7^{2-}$ entsteht mit Komplexon III violette Färbung, die einer Verbindung $(Co.EDTA)_7 \cdot Cr_2O_7$ zukommen soll. 5 ml zu untersuchende Dichromatlösung werden mit 5 ml 0,01 m Komplexon-III-Lösung, 5 ml 0,01 m Kobaltsulfatlösung und 5 ml 2 n Essigsäure versetzt und nach 2 Min. bei 558 mμ gemessen; die dem Beerschen Gesetz folgende Eichkurve wurde mit Dichromat- und Kobaltlösungen bekannten Gehalts für einen Bereich von 5 bis 30 μg Chrom und 10 bis 80 μg Kobalt/ml aufgestellt. Eisen(III), Nickel und Kupfer stören, andere Ionen weniger.

3. Verfahren nach Fernández-Cellini und Alonso-Valiente.

Allgemeines. Fernández-Cellini und Alonso-Valiente beschreiben eine *spektrophotometrische Methode zur Bestimmung von Chrom(III)* auf Grund der Reaktion mit Komplexon III. Chrom(III) gibt mit Komplexon III in saurem Medium violett-, in alkalischem Medium blaugefärbte Komplexverbindungen. Das Absorptionsspektrum des beständigeren, violetten Chelats besitzt zwei Maxima, eines bei 396 mμ, das andere besonders intensive Maximum bei 538 mμ. Dieses wird für die Chrombestimmung benutzt. Das BEERsche Gesetz ist im Konzentrationsbereich 1 bis 5 μg Cr(III)/ml erfüllt. Man arbeitet am besten im p_H-Bereich 1,5 bis 4. Bei über 4 hinausgehenden p_H-Werten nimmt die Absorption rasch ab.

Arbeitsvorschrift. Man bringt die zu untersuchende Lösung, die bis zu 100 μg Cr/ 15 ml enthalten soll, auf $p_H = 2$ bis 4, fügt 2 ml Komplexonlösung (13,3 g im Liter) zu, erhitzt, hält 10 Min. im Sieden und verdünnt nach dem Abkühlen auf 15 ml. Die Extinktionsmessung bei 538 mμ erfolgt in 5-cm-Küvetten gegen Wasser. Der Chromwert wird einer gleichartig gewonnenen Eichkurve entnommen.

G. Bestimmung in Form der Trioxalatochrom(III)-säure.

Allgemeines. Nach UEBERBACHER und DRÖSCHER liefern Chromsalzlösungen beim Kochen mit einem Überschuß von Oxalsäure die intensiv blauviolett gefärbte Trioxalatochrom(III)-säure: $H_3[Cr(C_2O_4)_3]$. Da deren Färbung in einem für das menschliche Auge stärker empfindlichen Spektralbereich liegt, sollen sich ihre Lösungen für eine einfache, visuell colorimetrische Auswertung besser eignen als die gelbgefärbten Chromatlösungen. Die Verfasser haben nachgewiesen (vgl. Tab. 25), daß die 12 wichtigsten, im Bereich der technischen Chromgerbung vorkommenden Chromsalze sich sämtlich in den Komplex überführen lassen und dabei für den gleichen Chromgehalt auch praktisch gleiche Extinktionen liefern. Wenn man einen Überschuß von etwa 10 Mol Oxalsäure je Mol Chrom zur Anwendung bringt, so gelingt es, auch vorher stark komplexe Chromsalze sowie Chromate in den Oxalatkomplex zu überführen.

Tabelle 25. *Cr-Bestimmung nach Ueberbacher und Dröscher.*

Brühen	S_{43} E	S_{47} E	S_{50} E	S_{53} E	S_{57} E	S_{61} E	S_{72} E	S_{75}[1] E[2]
1. 0% basisches Chromsulfat . .	1,435	0,578	0,415	0,921	1,292	0,656	—	—
2. 30% basisches Chromsulfat (Soda), sofort bestimmt . . .	1,442	0,572	0,411	0,925	1,300	0,654	—	—
3. 30% basisches Chromsulfat (Soda), 24 Std. gekocht . . .	1,430	0,573	0,412	0,925	1,294	0,652	—	—
4. 40% basisches Chromsulfat (Soda), sofort bestimmt . . .	1,430	0,580	0,399	0,918	1,301	0,660	—	—
5. 40% basisches Chromsulfat (Soda), 24 Std. gekocht . . .	1,434	0,573	0,410	0,915	1,292	0,656	—	—
6. 30% basisches Chromsulfat (NaOH), 24 Std. gekocht . .	1,440	0,582	0,415	0,913	1,290	0,650	—	—
7. 30% basisches Chromchlorid (Soda), 24 Std. gekocht . . .	1,430	0,585	0,416	0,910	1,280	0,645	—	—
8. Dichromat	1,430	0,592	0,397	0,929	1,312	0,662	—	—
9. Trioxalatonatriumchromiat(III)	1,415	0,573	0,390	0,901	1,285	0,645	—	—
10. 30% basischer Chromalaun (Soda), maskiert mit Formiat, 3 Mol/1 Cr	1,432	0,569	0,398	0,913	1,301	0,652	—	—
11. 30% basischer Chromalaun (Soda), maskiert mit Citrat, 3 Mol/ 1 Cr, 3 Std. gekocht	1,440	0,582	0,407	0,909	1,310	0,660	—	—
12. 30% basischer Chromalaun (Soda), maskiert mit Glykokoll, 1 Mol/1 Cr, 3 Std. gekocht. .	1,444	0,569	0,399	0,925	1,280	0,645	—	—

[1] Spektralfilter S.
[2] Extinktion E. Die aus dem Original übernommenen Striche der beiden letzten Tabellenspalten bedeuten E = 0.

Die *Absorptionskurve* ist in Abb. 82 wiedergegeben (Konzentration: 1 g Chrom je Liter; Schichtdicke der Küvette = 1 cm) und wurde im ZEISSschen Stufenphotometer mit Hilfe der zugehörigen Spektralfilter aufgenommen. Die Verfasser haben bereits festgestellt, daß sich das Verfahren auch für Chromleder anwenden läßt. Später haben HERFELD und SCHUBERT alle Verfahren des Aufschlusses von Leder und der anschließenden Chrombestimmung in den Aufschlußlösungen einer ausführ-

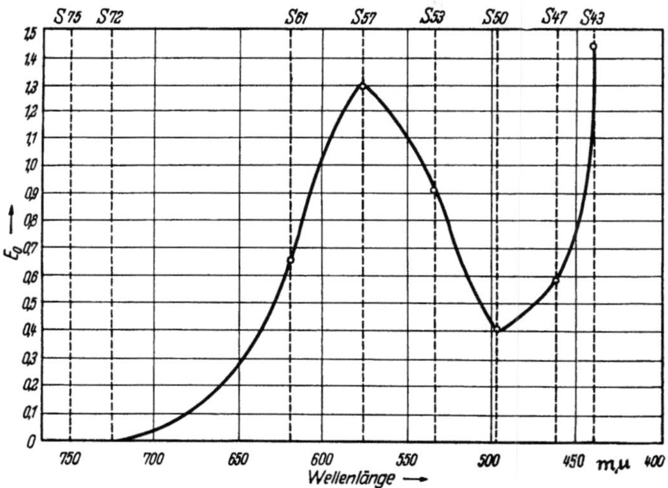

Abb. 82. Extinktionskurve des Trioxalatochromkomplexes. (Nach UEBERBACHER und DRÖSCHER.)

lichen Prüfung unterzogen (vgl. Bestimmung in Leder und Catgut) und dabei die Arbeitsvorschrift entsprechend den besonderen Erfordernissen der Lederanalyse noch verbessert.

Verfahren nach UEBERBACHER und DRÖSCHER.

Arbeitsvorschrift. 2,75 g Chromleder werden mit 5 g Oxalsäure und etwa 100 ml Wasser 5 Min. gekocht, nach Zugabe von etwas Kaolin nochmals aufgekocht und nach Abkühlen filtriert; das Filtrat wird nach gründlichem Auswaschen des Rückstandes auf 100 ml aufgefüllt. Der Farbvergleich erfolgt in dieser Auffüllung gegen Lösungen, die ebenso aus Dichromat und überschüssiger Oxalsäure hergestellt sind.

Bemerkungen. *1. Anwendungsbereich.* Das Verfahren ist erprobt an 12 verschiedenen Chromverbindungen (s. Tab. 25); auf Chromleder läßt es sich nur dann anwenden, wenn nicht Farbstoffe oder andere Beimengungen die colorimetrische Bestimmung unmöglich machen.

2. Meßbereich. Für die colorimetrische Vergleichsmessung können Konzentrationen zwischen 0,3 und 2,5 g Cr/l verwendet werden; die günstigste Konzentration beträgt 0,3 bis 0,5 g/l.

3. Das Lambert-Beersche Gesetz wird im Bereich zwischen 0,25 und 1,0 g Cr/l bei Verwendung des Filters S 57 exakt erfüllt, wie aus der angegebenen geradlinigen Eichkurve hervorgeht.

4. Rückstand. Ein beim Aufschluß von Leder gegebenenfalls auftretender Rückstand wird zweckmäßig nach dem Abfiltrieren zusätzlich mit 5 ml Salpetersäure aufgeschlossen.

5. Anwendung. Für die Anwendung dieses Verfahrens sowie sonstiger speziell für die Untersuchung von Leder ausgearbeiteter Methoden vergleiche man den § 27: Bestimmung in Leder und Catgut.

H. Colorimetrische Bestimmung durch Nachchromen von gefärbter Wolle nach Spencer.

Allgemeines. Bekanntlich zeigen Wollgewebe, welche mit sauren Farbstoffen angefärbt sind, beim „Nachchromen" nicht nur eine Erhöhung der Echtheit der Färbung, sondern auch eine Farbvertiefung. Das „Nachchromen" erfolgt durch Behandeln in verd. Dichromatlösung, welche mit Schwefelsäure angesäuert ist. SPENCER entwickelte auf dieser Basis eine quantitative, colorimetrische Bestimmungsmethode. Als besonders günstiger Farbstoff erwies sich Seriochromblau R (Nr. 164 nach SCHULTZ). Die mit diesem Farbstoff nach untenstehender Vorschrift angefärbte Wolle zeigt eine purpurne Farbe mit einem leicht blauen Stich. Durch das „Nachchromen" tritt eine kräftige Farbvertiefung nach Marineblau auf.

Anfärben der Wolle. In einem Erlenmeyerkolben werden 0,1 g Natriumsulfat und 0,02 g Schwefelsäure (= 5 bzw. 1% des Gewichtes der eingesetzten Wolle) mit etwa 40 ml Wasser verdünnt, 2 g feingemahlene Wollflocken hinzugegeben und durch kräftiges Schütteln die gründliche Benetzung der Fasern bewirkt. Nach Zugabe von 20 ml Farbstofflösung, welche 100 mg Seriochromblau R in 200 ml Wasser gelöst enthält, wird die Flüssigkeit kräftig gerührt und 30 Min. auf der vollen Temperatur des Dampfbades gehalten. Anschließend wird der Rückstand in einem BÜCHNER-Trichter auf Papier abgesaugt, säurefrei gewaschen und getrocknet.

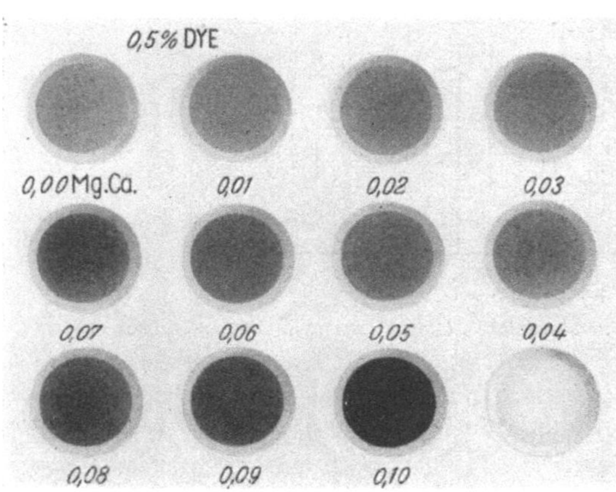

Abb. 83. Farbstandard. (Nach SPENCER.)

Farbstandard. Durch Auflösen von 0,2829 g Kaliumdichromat in Wasser und Auffüllen auf 100 ml wird zunächst eine Lösung mit 1 mg Cr/ml hergestellt. Aus dieser Lösung wird durch weiteres Verdünnen eine Arbeitslösung hergestellt, welche je ml 0,01 mg Chrom enthält. Nun gibt man in 10 Bechergläser je 50 ml Wasser, 3 ml n Schwefelsäure und 0,1 g der gefärbten und getrockneten Wolle. Letztere wird wieder durch kräftiges Rühren gründlich benetzt. Dann werden in die 10 verschiedenen Bechergläser solche Mengen von obiger Dichromat-Arbeitslösung gegeben, daß man eine aufsteigende Skala von 0,01 bis 0,1 mg Chromgehalt je Gesamtlösung erhält. Im bedeckten Glas werden diese Mischungen dann bei der vollen Temperatur des Dampfbades 20 bis 30 Min. unter gelegentlichem Rühren erhitzt; anschließend wird der Rückstand durch Absaugen auf dem BÜCHNER-Trichter filtriert, gewaschen, getrocknet und schließlich auf eine Tüpfelplatte verbracht, in deren Vertiefungen die Wollproben mit etwas Amylacetat angeschlämmt werden. Wie aus Abb. 83 zu ersehen ist, zeigen die einzelnen Proben eine dem Chromgehalt proportionale Farbvertiefung nach Dunkelblau.

Arbeitsvorschrift. Bei Proben unbekannten Chromgehaltes werden Chrom, Eisen und Aluminium zunächst als Hydroxyde gefällt. Nach Filtrieren über einen mit Asbestpolster versehenen GOOCH-Tiegel und Nachwaschen des Niederschlages wird dieser zusammen mit dem Asbest in ein Becherglas verbracht, mit 30 ml Wasser und 3 ml n Natronlauge sowie nach gutem Durchmischen noch mit 5 ml Wasserstoffperoxydlösung versetzt. Dann läßt man die Flüssigkeit 30 Min. stehen und erhitzt sie anschließend auf dem Dampfbad bis zur Zersetzung des Peroxydes. Nach

Absaugen des Asbestes und der ungelöst gebliebenen Hydroxyde wird das Filtrat mit 3 ml überschüssiger n Schwefelsäure versetzt, unter kräftigem Rühren 0,1 g der gefärbten und getrockneten Wolle hinzugegeben und das Gemisch im bedeckten Becherglas auf dem Dampfbad 20 bis 30 Min. erhitzt. Nach Absaugen und Waschen wie oben wird die Wolle getrocknet und der Chromgehalt durch Vergleich der Wolle mit obiger Skala ermittelt.

Bemerkungen. *1. Anwendungsbereich.* Bei Herstellung des Farbstandards mit Lösungen von Cr(III)-Salzen, welche nach der Arbeitsvorschrift oxydiert werden, erhält man eine identische Skala, so daß also für die Bestimmung sowohl Cr(III)-Salze wie Chromatlösungen verwendet werden können. Bei letzteren erübrigt sich naturgemäß die in der Arbeitsvorschrift verwendete Fällung und Oxydation.

2. Spezifität. Molybdän-, Wolfram-, Vanadium- und Permangansäure in Mengen, welche 1 mg Chrom äquivalent sind, bewirken ebenso wie Eisen(II)-sulfat, Mangan(II)-sulfat und Chromalaun keinerlei sichtbare Farbveränderung, stören also die Bestimmung des Chromates nicht.

I. Photometrische Bestimmung als Perchromsäure in Lösung von Essigester nach Glasner und Steinberg.

Allgemeines. Gute Löslichkeit und Beständigkeit der Perchromsäure in Essigester dienten bereits BROOKSHIER und FREUND als Grundlage einer Abtrennung des Chroms

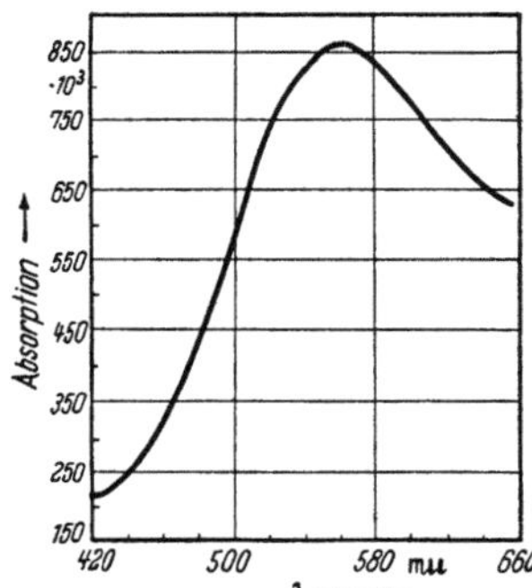

Abb. 84. Absorption der Essigesterlösung von Perchromsäure. (Nach GLASNER und STEINBERG.)

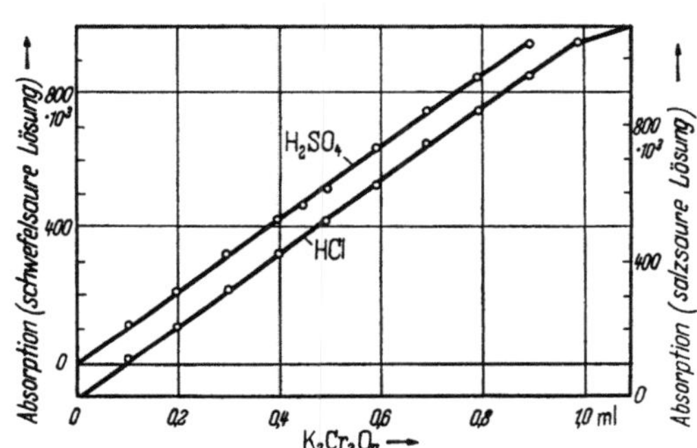

Abb. 85. Gültigkeit des BEERschen Gesetzes bei Essigesterlösungen von Perchromsäure (0,1 n, ausgeschüttelt aus den sauren Lösungen). (Nach GLASNER und STEINBERG.)

von Vanadium (s. d. S. 242). Die von diesen festgestellten optimalen Bedingungen wurden von GLASNER und STEINBERG bestätigt. Diese verwenden nun die blaue Lösung der Perchromsäure in Essigester direkt zur photometrischen Messung. Das Absorptionsspektrum (s. Abb. 84) zeigt eine einzelne Bande mit einem Maximum bei 580 mµ (gemessen im Unicam-Spektrophotometer SP.350; das mit BECKMAN-DU-Gerät ermittelte breitere Spektrum zeigt noch zwei schwächere Banden bei 300 und 750 mµ und keine Auflösung der Hauptbande). Abb. 85 zeigt, daß die Absorption der Dichromatmenge proportional, damit also das LAMBERT-BEERsche Gesetz erfüllt und die Absorption unabhängig davon ist, ob aus schwefel- oder salzsaurer Lösung extrahiert wurde. Bekannte Mengen zwischen 53 und 266 µg werden mit 99,2 bis 100,8% wiedergefunden, während die Aufarbeitung derselben Lösungen nach BROOKSHIER und FREUND nur 95,9 bis 97,1% ergibt.

Arbeitsvorschrift. Die Abmessung der Lösungen erfolgt in Mikrobüretten. 5 ml der chromathaltigen, wäßrigen Lösung werden mit 6 ml Essigester versetzt, auf 10° gekühlt, dann Wasserstoffperoxyd zugegeben und 30 Sek. kräftig geschüttelt. Nach dem Absitzen wird ein aliquoter Teil der blauen Esterlösung entnommen und in das Photometerrohr überführt, wo seine Absorption gegen reines Lösungsmittel bestimmt wird.

Literatur.

BERGER, A., J. PIROTTE, R. MUYLLE u. A. JULIARD: Bl. Soc. chim. Belg. **59**, 465 (1950). — BROOKSHIER, R. K., u. H. FREUND: Anal. Chem. **23**, 1110 (1951).

CALLAN, T., u. J. HENDERSON: Analyst **54**, 650 (1929). — CAPITÁN-GARCIA, F., u. M. LACHICA-GARRIDO: An. Real Soc. españ. Física Quím., Ser. B, **52**, 237 (1956); durch Fr. **154**, 366 (1957). — CHERNIKHOV, J., u. B. DOBKINA: Betriebslab. (russ.) **15**, 1143 (1949).

ECK, VAN, P. N.: Chem. Weekbl. **12**, 6 (1915).

FERNÁNDEZ-CELLINI, R., u. E. ALONSO-VALIENTE: An. Real Soc. españ. Física Quím., Ser. B, **51**, 47 (1955); durch Fr. **148**, 231 (1955/56). — FOGELSON, E.: Betriebslab. (russ.) **2**, 33 (1933); durch Chem. Abstr. **29**, 2112$_5$ (1935).

GAGLIARDI, E., u. W. HAAS: (a) Mikrochim. A. **1955**, 506; (b) Fr. **147**, 321 (1955). — GARRATT, F.: J. ind. eng. Chem. **5**, 298 (1913). — GLASNER, A., u. M. STEINBERG: Anal. Chem. **27**, 2008 (1955). — GOTÔ, H., u. J. KOBAYASHI: Sci. Rep. Tôhoku (Imp. Univ.), Ser. A, **6**, 551 (1954); durch Fr. **151**, 449 (1956).

HERFELD, A., u. R. SCHUBERT: Collegium **1940**, 194.

KAHN, M. D., u. F. J. MOYER: Anal. Chem. **26**, 1371 (1954). — KÖNIG, P.: Ch. Z. **35**, 277 (1911).

LACOSTE, R. J., M. H. EARING u. ST. E. WIBERLEY: Anal. Chem. **23**, 871 (1951). — LANGE, B.: Kolorimetrische Analyse, Weinheim 1956.

OELSCHLÄGER, W.: Fr. **145**, 81 (1955).

PŘIBIL, R., u. J. KLUBALOVA: Coll. Czechoslov. Chem. Comm. **15**, 42 (1950); durch E. G. BROWN: Metallurgia **49**, 101 (1954).

SCHULTZ, G.: Farbstofftabellen (1914). — SPENCER, G. C.: Ind. eng. Chem. Anal. Edit. **4**, 245 (1932).

UEBERBACHER, E., u. K. TH. DRÖSCHER: Collegium **1939**, 433.

VREDENBURG, R. M., u. E. A. SACKTER: Canad. Chem. Process Ind. **34**, 119 (1950).

§ 19. Gasometrische Bestimmung.

A. Gasometrische Bestimmung von Chromat mittels Wasserstoffperoxyd.

Allgemeines. Läßt man auf eine schwefelsaure Chromatlösung Wasserstoffperoxyd einwirken, so entsteht kurze Zeit eine Blaufärbung durch Chromperoxyd. Dieses zersetzt sich unter Sauerstoffentwicklung, wobei das Chrom zur 3wertigen Stufe reduziert wird. Der Bruttoverlauf der Reaktion erfolgt nach der Gleichung:

$$K_2Cr_2O_7 + 5H_2O_2 + 4H_2SO_4 \longrightarrow K_2SO_4 + Cr_2(SO_4)_3 + 9H_2O + 4O_2.$$

Durch Messen des Sauerstoffvolumens ist eine Chromatbestimmung möglich. Eine derartige Methode wurde zuerst von BAUMANN beschrieben, welcher zeigte, daß die obige Reaktion stöchiometrisch verläuft. In neuerer Zeit modifizierte COUTURE die gleiche Methode, indem er an Stelle von Wasserstoffperoxyd eine Mischung von Natriumperborat und Dinatriumhydrogenphosphat verwendete.

1. Arbeitsvorschrift nach Baumann. 10 bis 50 ml der nicht zu konzentrierten chromhaltigen Probe bringt man mit 10 ml Schwefelsäure (1 + 5) (etwa 3 m) in den weiten Raum einer WAGNERschen Flasche (Abb. 86). Diese besteht aus einem etwa 200 ml fassenden Gasentwicklungsgefäß, an dessen Boden ein Bechergläschen von etwa 60 ml Inhalt angeschmolzen ist. Die Flasche ist mit durchbohrtem Gummistopfen, mit Glasrohr und Absperrhahn versehen und steht mit einer Gasbürette in Verbindung. In das eingeschmolzene Bechergläschen gibt man 5 bis 10 ml käufliches Wasserstoffperoxyd (wahrscheinlich

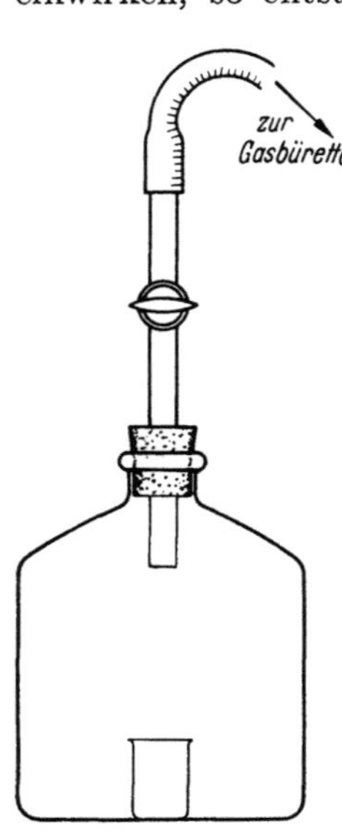

Abb. 86. Entwicklungsflasche. (Nach WAGNER.)

3%ig!). Nachdem das Entwicklungsgefäß 10 bis 15 Min. in Wasser von Raumtemperatur gestanden hat, vereinigt man die beiden Lösungen durch Umschütteln und fängt den sich bildenden Sauerstoff zur Messung in einer graduierten, mit Wasser von Raumtemperatur umgebenen Gasbürette auf. Das abgelesene Gasvolumen wird auf Normalbedingungen reduziert.

1 g CrO_3 liefert unter Normalbedingungen 447,8 ml O_2 [1].

Bemerkungen. *I. Genauigkeit.* Sieben von BAUMANN angeführte Beleganalysen zeigen bei CrO_3-Gehalten von 20 bis 80 mg eine maximale Abweichung von $+0,5\%$.

II. Störungen. An Stelle von Schwefelsäure kann auch Salzsäure verwendet werden. Höhere Konzentrationen geben aber infolge Chlorentwicklung fehlerhafte Resultate. Größere Mengen von Salpetersäure bedingen zu niedrige Werte. Essigsäure und Bernsteinsäure stören nicht; dagegen beeinträchtigen andere organische Substanzen, die durch Chromsäure oxydiert werden — z. B. Alkohol, Zucker, Oxalsäure, Weinsäure —, eine genaue Bestimmung.

III. Anwendungen der Methode. Nach BAUMANN kann man die Methode auch heranziehen, um Sulfat über Bariumchromat sowie Blei, Calcium und Wismut über die entsprechenden Chromate zu bestimmen.

2. Arbeitsvorschrift nach Couture. In den weiten Raum einer WAGNERschen Flasche, an die eine Gasbürette angeschlossen ist, gibt man 20 ml Natriumperborat-Natriumphosphat-Lösung (15 g Natriumperborat und 15 g Dinatriumhydrogenphosphat werden in 500 ml Wasser gelöst und unter Umrühren langsam mit 10%iger Schwefelsäure zu 1000 ml verdünnt), anschließend 5 ml einer Dichromatlösung von bekanntem Chromatgehalt; man mischt langsam und schüttelt dann bis zum Aufhören der Gasentwicklung (3 bis 5 Min.). Nach einigen Minuten liest man die Menge des entwickelten Sauerstoffs ab. Darauf gibt man 5 ml der zu untersuchenden Chromatlösung zu und verfährt genau wie vorher angegeben.

Bemerkungen. *I. Genauigkeit.* Die nach dieser Methode erhaltenen Ergebnisse stimmen mit denen der jodometrischen Bestimmung gut überein.

II. Anwendungsbereich. Das Verfahren soll sich für eine rasche Chrombestimmung in Erzen, Legierungen und technischen Chromverbindungen eignen. Bei der Überführung des Chroms der Ausgangsmaterialien in Chromat kann an Stelle der Peroxydschmelze auch die Behandlung der vorhandenen Lösung durch Natronlauge und Wasserstoffperoxyd angewandt werden. Zur Vertreibung des überschüssigen Peroxydsauerstoffs dampft man die erhaltene Chromatlösung ein, nimmt mit Wasser auf, filtriert, säuert das Filtrat mit Schwefelsäure an und kocht kurze Zeit. Die abgekühlte Lösung bringt man in einem Meßkolben auf ein bestimmtes Volumen.

III. Ein *Vorteil der Methode* ist die Unabhängigkeit von der Eigenfärbung der zu untersuchenden Lösung, z. B. bei der Bestimmung von Chromat- neben Chrom(III)-ionen. Geringe Mengen von Eisen(III) stören nicht.

B. Gasometrische Bestimmung von Chromat mittels Zink und Säure nach Schulze.

Diese gasometrische Bestimmung sowie die unter C hat nur historisches Interesse. SCHULZE reduziert Chromsäure mit einer bekannten Menge Zink und Säure und mißt die dabei entstandene Menge Wasserstoff. Aus dem Wasserstoffdefizit berechnet er den Chromgehalt. Bei Anwendung von Schwefelsäure wird zur Berechnung die Reduktion von Chrom(VI) zu Chrom(III), beim Arbeiten mit Zink und Salzsäure die Reduktion zu Chrom(II) zugrunde gelegt. SCHULZE bevorzugt die Verwendung von Schwefelsäure.

Im Gegensatz zu den Ergebnissen des genannten Autors hat ZIMMERMANN und später auch GLASMANN nachgewiesen, daß Chrom(III)-salze durch Zink bei Gegenwart von Schwefelsäure zu Chrom(II)-salzen reduziert werden.

---

[1] Nach BAUMANN, welcher alte Atomgewichte benutzte, liefert 1 g CrO_3 445,3 ml O_2.

C. Gasometrische Bestimmung von Chromat mittels Oxalsäure nach Vohl.

Die Umsetzung von Chromat und Oxalsäure, welche in saurer Lösung unter Bildung von Kohlendioxyd vonstatten geht, wurde von VOHL zur Chromatbestimmung herangezogen, indem die entstandene Menge CO_2 ermittelt wurde. Die Methode wurde in der gleichen Weise durchgeführt wie das von FRESENIUS und WILL beschriebene Verfahren zur Gehaltsbestimmung von *Braunstein*.

Literatur.

BAUMANN, A.: Z. angew. Ch. 1891, 135.
COUTURE, M.: Ann. Chim. appl. 22, 680 (1932); durch Fr. 104, 133 (1936).
FRESENIUS, R., u. H. WILL: durch R. FRESENIUS: Anleitung zur quantitativen chemischen Analyse, Bd. 2, 1896, S. 380.
GLASMANN, B.: Fr. 43, 506 (1904).
SCHULZE, F.: Fr. 2, 305 (1863).
VOHL, H.: A. 63, 398 (1847).
ZIMMERMANN, CL.: A. 213, 322 (1882).

§ 20. Polarographische Bestimmung.

Allgemeines. Chrom kann polarographisch durch die Redoxstufe Cr(III)/(II), durch die Abscheidungsstufe Cr(II)/(0) oder durch die Reduktionsstufe Cr(VI)/(III) ermittelt werden, und zwar aus sauren, neutralen und alkalischen Lösungen. Beinahe in allen Fällen kommt es aber zu Überdeckungen mit den Stufen anderer Metalle (z. B. Titan, Vanadium, Eisen), so daß für die meisten analytischen Zwecke, insbesondere für die Stahlanalyse, nur die Reduktion des Chromats in alkalischer Lösung übrigbleibt. Trotzdem wird für spezielle Untersuchungen, z. B. für die Untersuchung von galvanischen Bädern oder bei der Chrombestimmung in Calciummetall, auch die Auswertung der Cr(III)/(II)- und der Cr(II)/(0)-Stufe gelegentlich herangezogen.

Chromate geben in 0,1 bis 1 n Natronlauge eine gut ausgebildete Stufe, deren Halbwellenpotential bei —0,85 Volt, gemessen gegen die gesättigte Kalomelelektrode, liegt. Eine solche Lösung ist für eine quantitative Bestimmung am besten geeignet. Der Diffusionsstrom ist der Konzentration an Chrom(VI) direkt proportional und stimmt in seiner Größe gut mit dem Wert überein, der sich aus der ILCOVICschen Gleichung bei einem Austausch von drei Elektronen berechnet. Die polarographische Reduktion verläuft gemäß:

$$CrO_4^{--} + 4H_2O + 3e \longrightarrow Cr(OH)_3 + 5OH^-,$$

bzw.

$$CrO_4^{--} + 2H_2O + 3e \longrightarrow CrO_2^- + 4OH^-,$$

wobei die zweite Reaktion in stark alkalischem Milieu, worin Chromhydroxyd merkbar löslich ist, vorherrscht.

THANHEISER und WILLEMS fanden, daß der Diffusionsstrom des Chroms(VI) beträchtlich absinkt, wenn eine Natronlaugekonzentration von 1 n überschritten wird.

Wie LINGANE und KOLTHOFF zeigten, erhält man in neutraler Kaliumchloridlösung bei sehr niedrigen Chromatkonzentrationen auch die Cr(III)/(II)- und Cr(II)/(0)-Stufen. Die Cr(VI)/(III)-Reduktion erfolgt in solchen Lösungen in zwei Teilstufen bei —0,3 und —1,0 Volt, wobei mit steigender Chromatkonzentration die Höhe der zweiten Teilstufe auf Kosten der ersten zunimmt; zu erklären ist dies durch die Bildung eines Chrom(III)-chromatfilmes auf der Tropfenoberfläche, der die weitere Chromatreduktion erst beim Potential der zweiten Teilstufe zuläßt.

Die in Abb. 87 dargestellten Polarogramme zeigen die Reduktion von Cr(VI) in n NaOH(I) sowie die in zwei Teilstufen verlaufende Reduktion eines Cr(III)-

salzes in n KCl als Grundlösung (II). Die Cr(II)/(0)-Stufe, welche theoretisch genau
im Verhältnis 2 : 1 zur Cr(III)/(II)-Stufe stehen müßte, ist meist etwas mehr als
doppelt so hoch wie die erste Stufe, weil sich zu jener eine Entladung der durch
Hydrolyse vorhandenen H-Ionen addiert. In saurer Lösung wird die Cr(II)/(0)-
Stufe durch die H-Stufe überlagert.

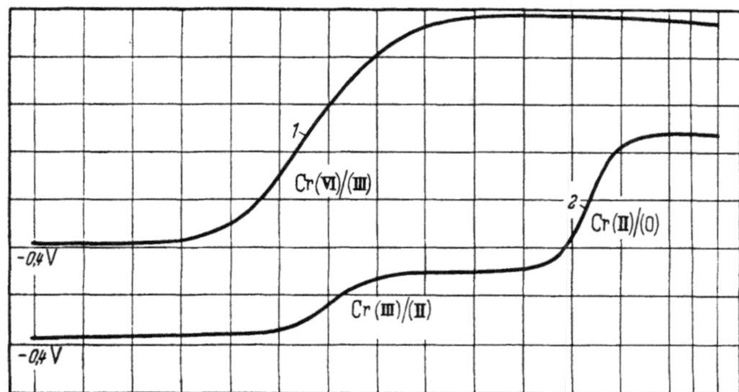

Abb. 87. Polarographische Reduktion von Chrom(VI) und Chrom(III). Aufgenommen vom Bearbeiter (H. G.).
Kurve *1*: 0,001 m K₂Cr₂O₇ in NaOH; E = ¹/₁₀₀₀,
Kurve *2*: 0,001 m KCr(SO₄)₂ · 12 H₂O in n KCl; E = ¹/₅₀₀.

Bestimmungsverfahren.

A. Bestimmung von Chrom bei der Stahlanalyse.

Allgemeines. v. STACKELBERG, KLINGER, KOCH und KRATH führen das Chrom
durch einen Aufschluß mit Natriumperoxyd in Chromat über und polarographieren
die eisenfreie, wäßrige Lösung der Schmelze bei —0,78 Volt. Nach THANHEISER und
WILLEMS nimmt man das Lösen der Probe und die Überführung in Chrom(VI)
mit Perchlorsäure vor, trennt jedoch vor der Bestimmung des Chroms das Eisen
mittels Natronlauge ab und polarographiert ebenfalls die alkalische Lösung. Die
üblichen Legierungskomponenten, auch die neben Chromat in Lösung befindlichen
Elemente Wolfram, Vanadium und Molybdän stören bei diesen Verfahren nicht.
Eine Überprüfung beider Methoden mit Stahlproben, welche nach maßanalytischen
Verfahren untersucht worden waren, fiel sehr zufriedenstellend aus. YONEZAKI und
MIURA veröffentlichen eine den vorstehenden Methoden sehr ähnliche Chromschnell-
bestimmung für die Untersuchung von Eisen und Stahl. Eine vereinfachte Arbeitsweise geben BESSON und BUDENZ für Cr–Ni–Co-Stähle an, die darauf beruht, daß
man in der perchlorsauren Lösung des Stahls das Chromat unmittelbar bestimmt;
hierbei sollen die in geringer Menge vorhandenen Chlorionen, ferner Eisen und die
üblichen Legierungsbestandteile mit Ausnahme von Vanadium und wahrscheinlich
Wolfram nicht stören. In derselben Lösung der Probe können Nickel und Kobalt
nach dem Neutralisieren mit Bariumcarbonat und Zugabe einiger Tropfen Pyridin
polarographiert werden.

Arbeitsvorschrift nach v. Stackelberg, Klinger, Koch und Krath. 0,2 g Probegut in Form von Spänen löst man in einem Porzellantiegel in wenig Salzsäure (1 + 1)
(etwa 6 n) auf der Heizplatte, oxydiert mit Salpetersäure (D 1,4) und dampft bis zur
Trockne ein. Den Rückstand schließt man mit 4 g Natriumperoxyd auf und laugt die
erkaltete Schmelze in einem 200-ml-Becherglas mit heißem Wasser aus. Ist das Probegut gut pulverisierbar, so kann es sofort aufgeschlossen werden. Die Lösung enthält
alles Chrom in Form von Chromat. Zum Polarographieren wird die Lösung in einem
Meßkolben auf 100 ml aufgefüllt und umgeschüttelt. Von der Lösung werden, ohne

vom Niederschlag abzufiltrieren, 10 ml unter Zugabe von 0,5 ml einer 1%igen Colloresinlösung als Maximumunterdrücker in einen Elektrolysenbecher pipettiert. Die so vorbereitete Lösung wird darauf in einen Thermostaten von 30° gebracht. Nach 3 bis 4 Min. kann die polarographische Aufnahme von —0,6 Volt an gemacht werden.

Arbeitsvorschrift nach Thanheiser und Willems. 0,1 bis 0,2 g Probe werden in 2 bis 4 ml 60%iger Perchlorsäure gelöst und bis zum kräftigen Rauchen erhitzt. Nach Abkühlen der Lösung verdünnt man die Lösung mit 10 ml Wasser und kocht sie einige Zeit zur Vertreibung von freiem Chlor. Die abgekühlte Lösung wird mit 2 n Kaliumhydroxydlösung neutralisiert und dann in 20 ml 4 n Natronlauge, welche 25 Tropfen 30%iges Wasserstoffperoxyd enthält, eingegossen. Nach Zugabe von etwas Graphit zur Vermeidung von Siedeverzügen wird die Lösung 10 Min. bis zum Siedepunkt erhitzt. Nach Abkühlen führt man sie in einen 50-ml-Meßkolben über und füllt sie nach Zugabe von 1 ml 0,5%iger Gelatinelösung zur Marke auf. Ein aliquoter Teil der klaren, überstehenden bzw. filtrierten Lösung wird polarographiert.

Arbeitsvorschrift nach Yonezaki und Miura. 0,1 g der Probe wird in 10 ml HCl (1 + 1) (etwa 6 n) gelöst; bei der Analyse von Roheisen und Kohlenstoffstahl wird eine geringe Menge von konz. HNO_3 zugegeben. Bei Spezialstählen mit geringem Wolframgehalt wird die Probe in 4 ml $HClO_4$ (60%) gelöst. Nach dem Auflösen wird die Lösung mit NaOH alkalisch gemacht und Chrom mit 1 ml H_2O_2 (30%) zu Chromat oxydiert. Danach wird jene 5 Min. erhitzt, um überschüssiges H_2O_2 zu zersetzen, und mit H_2O auf 50 ml verdünnt. 4 bis 5 ml dieser Lösung werden nach Zusatz von 4 Tropfen 1%iger Gelatinelösung (mit Thymol sterilisiert) und durch Entlüften mit H_2 (5 Min.) polarographiert. Die Durchführung einer Temperaturkorrektur ist möglich.

Arbeitsvorschrift nach Besson und Budenz. Man löst 1 g Stahl unter Erwärmen in 15 ml Perchlorsäure (D 1,62) und 1 ml Salpetersäure (D 1,4), erhitzt bis zum Entweichen weißer Dämpfe, verdünnt nach dem Erkalten mit 50 ml Wasser und kocht 5 Min.; man füllt nach neuem Erkalten auf 100 ml auf. 5 bis 20 ml dieser Lösung (5 ml bei Cr-Gehalten über 5%, 20 ml bei Gehalten unter 1%) werden mit 5 ml 80%iger Phosphorsäure und 10 ml 0,5%iger Gelatinelösung versetzt, worauf man auf 50 ml verdünnt, zwischen + 0,15 und —0,20 Volt polarographiert und aus der Stufenhöhe das Chrom bestimmt.

B. Bestimmung von Chrom in Aluminiumlegierungen.

Allgemeines. MILLS und HERMON haben gezeigt, daß die polarographische Bestimmung von Chrom in Aluminiumlegierungen in alkalischer Lösung nur einwandfrei möglich ist, wenn berücksichtigt wird, daß die Stufenhöhe eine lineare Funktion der Natronlaugekonzentration ist und daß zur Unterdrückung der Maxima mindestens 1,2 ml 0,55%iger Gelatinelösung je 25 ml zugesetzt werden müssen. Zur Vermeidung von Fehlanalysen ist die Vorbehandlung der Metallprobe ausschlaggebend.

Arbeitsvorschrift nach Mills und Hermon für Legierungen mit weniger als 0,25% Kupfer. 0,25 g Probe werden, notfalls unter Kühlen, mit 5 bis 7 ml Säuregemisch (konz. Salzsäure, konz. Salpetersäure und Wasser im Volumenverhältnis 5 : 3 : 2) übergossen und nach Beendigung der Reaktion mit 8,5 ml 12,5%iger Schwefelsäure versetzt. Dann wird die Flüssigkeit bis zum Auftreten von Schwefelsäuredämpfen eingeengt, mit 10 ml Wasser abermals abgedampft und mit Wasser auf 10 ml aufgefüllt. Nach Zugabe von 3,0 ml 5%iger Natriumpersulfatlösung wird 1 bis 2 Min. leicht gekocht. Zu genau 7,7 ml 40%iger Natronlauge wird dann die heiße, oxydierte Chromlösung unter stetem Umschwenken tropfenweise zugefügt und auf 25 ml ergänzt. Die Mischung wird zusammen mit Filterflocken in 5 Min. zum Sieden gebracht, 1 bis 2 Min. gekocht und dann filtriert. Filtrat und Waschwasser sollen 40 ml nicht übersteigen. Dann wird das gesamte Filtrat auf 18 bis 20 ml eingeengt (Zusatz von Siedeperlen). Die Lösung wird mit 1,5 ml 15%iger Natriumsulfatlösung, die 15 ml

0,5%ige Gelatinelösung in 100 ml enthält, versetzt, anschließend mit Wasser in ein 25-ml-Meßkölbchen übergeführt und nach Durchmischen zwischen $-0,2$ und $-1,2$ Volt polarographiert.

Arbeitsvorschrift nach Mills und Hermon für Legierungen mit mehr als 0,25% Kupfer. 0,25 g Probe werden mit 5 bis 6 ml 50%iger Salpetersäure übergossen; dann werden 8,5 ml 12,5%ige Schwefelsäure zugegeben. Das Ganze wird bis zum Auftreten von Schwefelsäuredämpfen eingeengt. Nach Abkühlen wird die Lösung auf 30 ml verdünnt, mit 2 Tropfen konz. Salpetersäure bis zur vollständigen Auflösung gekocht und auf 25 ml eingeengt. Die warme Lösung wird sodann an der Platinnetzelektrode (25 ml Durchmesser, 18 mm hoch) mit 2 Amp. bei 4 bis 5 Volt elektrolysiert. Danach wird wiederum bis zum Auftreten von Schwefelsäuredämpfen eingeengt und weiter, wie oben beschrieben, verfahren.

Bemerkungen. *Genauigkeit und Anwendungsbereich.* Chromgehalte zwischen 0,1 und 0,5% werden nach diesem Verfahren zuverlässig erfaßt. Ni (2%), Mg (3%), Fe (0,6%), Si (1,3%), Ti (0,2%), Mn (0,75%), Zn (7%), Pb Sn und Sb als übliche Verunreinigungen stören die Analyse nicht.

C. Bestimmung kleiner Chromgehalte in Calciummetall.

Allgemeines. Um sehr geringe Chromgehalte in Calciummetall zu bestimmen, geben STAGE und BANKS eine Vorschrift an, bei welcher unter Verwendung des aus dem Metall entstehenden Calciumchlorids als Leitsalz 3wertiges Chrom noch in Konzentrationen von 10^{-5} m bestimmt werden kann. Unter den Bedingungen der Verfasser, die auf Vorarbeiten von LINGANE und PECSOK zurückgreifen, erhält man ein Polarogramm mit nur einer Stufe bei $-1,0$ Volt, die aber der Chromkonzentration direkt proportional ist.

Ein ähnliches Problem, nämlich die Bestimmung metallischer Verunreinigungen, u. a. auch von Chrom, in Calciummetall, bearbeiten REYNOLDS, SHALGOSKY und WEBBER (a) unter Heranziehung eines RANDLES-Kathodenstrahlpolarographen. Die Chrombestimmung ist jedoch nur indirekt durchführbar, da bei den vorliegenden Arbeitsbedingungen der Chrom-, Nickel- und Bleigehalt in seiner Gesamtheit erfaßt wird. In späteren Arbeiten der gleichen Autoren (b) wird jedoch eine direkte Chrombestimmung in hydroxylammoniumchloridhaltiger Calciumchloridlösung beschrieben, die auch bei Gegenwart nicht zu großer Mengen Nickel durchführbar ist.

Arbeitsvorschrift nach Stage und Banks. 4 g Ca-Metall werden in Wasser vorsichtig in das Hydroxyd übergeführt und mit einem Minimum konz. Salzsäure zum Chlorid umgesetzt. Die Lösung wird auf 50 bis 60 ml verdünnt und nach Zugabe von etwa 0,2 g Sulfanilsäure mit Ammoniak genau auf $p_H = 3,7 \pm 0,1$ eingestellt. Die Lösung wird auf 100 ml aufgefüllt. 10 ml hiervon werden 35 Min. lang mit Stickstoff belüftet und dann polarographiert. Gelatine darf nicht zugesetzt werden, da sie die Chromstufe beeinflußt. Der hohe Ca-Gehalt verhindert bereits das Auftreten störender Maxima.

Bemerkungen. *1. Genauigkeit.* Die besten Resultate werden erhalten, wenn die Stufenhöhe zwischen 20 und 75 mm liegt, was in der Regel durch entsprechend gewählte Empfindlichkeiten leicht eingerichtet werden kann. Die Analysen werden am zweckmäßigsten durch Vergleich mit Eichkurven ausgeführt. Der Fehler beträgt bei 10 bis 250 Teilen Chrom je 10^6 Teile Calcium maximal 10%.

2. Einfluß des p_H-Wertes. Das Polarogramm ist äußerst empfindlich auf Schwankungen des p_H-Wertes. Von einer ganzen Reihe geprüfter Puffersubstanzen erwies sich allein die Sulfanilsäure als geeignet, da sie die Chromstufe nicht beeinflußte.

D. Bestimmung von Chrom in Titanlegierungen.

Allgemeines. Die polarographische Methode von MIKULA und CODELL beruht darauf, die Hauptmenge des Titans schon in schwefelsaurer Lösung hydrolytisch

abzuscheiden und das restliche Titan unter Zuhilfenahme von Eisen als Spurenfänger vor der polarographischen Bestimmung des Chromats zu entfernen.

Arbeitsvorschrift nach Mikula und Codell. In einem Platintiegel werden 0,1 g
Legierung mit 25 mg chromfreiem Eisen versetzt und mit 5 ml 20%iger Schwefelsäure sowie 15 bis 20 Tropfen Flußsäure (48%), wenn nötig, unter Erwärmen gelöst.
Nach Zugabe von 2 bis 3 Tropfen Salpetersäure erhitzt man bis zum Entweichen
von Schwefelsäuredämpfen und anschließend noch 2 bis 3 Min. Nach Erkalten
führt man die Sulfate mit Wasser in ein 250-ml-Becherglas über und erhitzt bei
einem Volumen von etwa 100 ml 5 Min. zum Sieden, wobei das Titan hydrolysiert. Man versetzt die Lösung mit 5 ml 0,25%iger Silbernitratlösung, etwa 1 g
Ammoniumpersulfat und kocht sie 10 bis 15 Min. zur Zerstörung des überschüssigen
Oxydationsmittels.

1. Arbeitsweise bei Abwesenheit von Mangan. Bei Abwesenheit von Mangan,
d. h. wenn die Lösung bei der vorstehenden Behandlung nicht rosa geworden ist,
verfährt man wie folgt: Die erkaltete Lösung wird mit 4 n NaOH neutralisiert, bis
das Eisenhydroxyd gerade ausgefallen ist. Anschließend fügt man 20 ml 4 n NaOH,
welche 25 bis 30 Tropfen 30%iges Wasserstoffperoxyd enthält, hinzu und kocht
nach Zugabe von etwas Graphit (Siedesteinchen!) so lange, daß etwa 15 bis 20 ml
Lösung zurückbleiben. Man kühlt die letztere, führt sie in einen 50-ml-Meßkolben
über, gibt 1 ml 0,5%ige Gelatinelösung hinzu und füllt sie mit Wasser zur Marke
auf. Ein Teil der klaren, überstehenden Lösung wird nach 10 Min. langem Durchleiten von Stickstoff im Spannungsbereich —0,5 bis —1,6 Volt polarographiert.
Die Auswertung erfolgt mittels einer Eichkurve.

2. Arbeitsweise bei Gegenwart von Mangan. Hat sich bei Anwesenheit von
Mangan nach dem Verkochen des überschüssigen Persulfats die Lösung rosa gefärbt,
so erhitzt man nach Zugabe von 1 ml konz. Salzsäure nochmals 10 Min. zum Sieden.
Dann filtriert man vom Niederschlag ab, den man einige Male mit heißem Wasser
auswäscht. Das Filtrat wird in der Hitze mit 4 n NaOH bis zur bleibenden Fällung
versetzt. Man gibt 20 ml Ammoniak und 20 ml gesättigtes Bromwasser zu, kocht
etwa 3 bis 4 Min., filtriert und wäscht den Niederschlag mit warmer 2%iger Ammoniaklösung aus. Nachdem das Filtrat 10 bis 15 Min. gekocht hat, versetzt man es
mit 20 ml 4 n NaOH, welche 25 bis 30 Tropfen 30%iges Wasserstoffperoxyd enthält,
kocht 10 Min. und filtriert nochmals. Nach dem Auswaschen des Niederschlages
mit Wasser dampft man das Filtrat nach Zugabe von etwas Graphit auf etwa 20 ml
ein und verfährt genauso weiter, wie bei Abwesenheit von Mangan beschrieben
wurde.

Bemerkungen. *Genauigkeit und Anwendungsbereich.* Die Methode wurde für
Titanlegierungen ausgearbeitet, die außerdem noch Kupfer, Nickel, Kobalt und
Mangan enthalten. Wie die Verfasser an synthetischen Mischungen zeigten, können
Chromgehalte von 0,05 bis 20% mit großer Genauigkeit bestimmt werden.

E. Bestimmung von Chrom in Stauben und Nebeln.

Allgemeines. Eine mikropolarographische Bestimmungsmethode für Chrom in
Stauben und Nebeln haben URONE, DRUSCHEL und ANDERS (vgl. auch § 29) ausgearbeitet und in mehr als 1000 Betriebsanalysen bereits angewendet. Als Standard-
bedingungen wurde eine Tropfzeit von 5,6 Sek. gewählt und ein Capillardurchmesser,
durch den 1,06 mg Hg je Sekunde in n NaOH-Lösung bei offenem Stromkreis fließen.
Alle Lösungen werden vor dem Polarographieren 15 Min. mit reinstem Stickstoff
durchgespült.

Die Verfasser führten die Untersuchungen derart durch, daß sie auf Filtern, in
Wasser bzw. n Natronlauge oder gar durch elektrische Abscheider Proben sammelten,
die möglichst 5 μg Chrom enthielten. Je nach Wunsch wird sämtliches Chrom oder
unlösliches neben in Wasser löslichem Chromsalz getrennt bestimmt.

Arbeitsvorschrift nach Urone, Druschel und Anders. Lösungen. Die chromhaltige Lösung wird mit n Natronlauge neutralisiert und nach Zugabe von etwas überschüssiger Lauge mit 1 ml 30%igem Wasserstoffperoxyd je 150 bis 175 ml Lösung in der Hitze oxydiert. Sodann wird sie zur Trockne eingedampft. Nach Abkühlen wird der Rückstand mit 10 ml n Natronlauge aufgenommen und gegebenenfalls zentrifugiert. Das Polarogramm der klaren Lösung zeigt bei $-0,85$ Volt, gemessen gegen die gesättigte Kalomelelektrode, die Chromatreduktionsstufe.

Niederschläge werden auf einem Filter gesammelt. Das Filter wird bei nicht mehr als 550° C verascht. Der Rückstand wird sorgfältig mit 100 bis 200 mg eines Gemenges von 4 Teilen MgO und 1 Teil Na_2CO_3 gemischt und im Platintiegel 10 Min. auf 825 bis 850° C erhitzt. Nach Abkühlen werden 10 ml n Natronlauge zugegeben. Nach 30 Min. wird zentrifugiert und die klare Lösung polarographiert.

Bemerkungen. *1. Genauigkeit.* Die untere Nachweisgrenze liegt bei 0,2 μg Chrom je Milliliter Endlösung. Ein Vergleich mit Analysen nach bekanntem chemischem Verfahren zeigt, daß die Fehler der Chrombestimmung innerhalb $\pm 4\%$ liegen.

2. Einfluß anderer Stoffe. Die Natronlaugekonzentration muß möglichst konstant gehalten werden, da sie die Größe des Diffusionsstromes deutlich beeinflußt. Schwefel- und Salpetersäure stören im Polarogramm kaum, ebenso Phosphorsäure bei Chromgehalten unter 50 mg. 10 bis 100 mg Salzsäure erniedrigen den Diffusionsstrom, Perchlorsäure bei allen Konzentrationen. Natriumsalze gewöhnlicher Säuren stören sehr wenig, Pb-, Zn-, Cd-Salze jedoch erheblich. Co, Fe, Mn und Ni stören nur dadurch, daß ihre Niederschläge Chrom adsorbieren können.

F. Bestimmung von Chrom und Zink nebeneinander in Chromanodbädern.

Allgemeines. Von SPÁLENKA wurde eine einfache Methode der gleichzeitigen polarographischen Bestimmung von Cr(III) und Zn ausgearbeitet, um Bäder zur anodischen Chromatisierung von Zink (Chromanodbäder), bei denen mit fortschreitender Betriebsdauer der Chromgehalt absinkt und der Zinkgehalt ansteigt, zu überwachen. Die Analyse wird in ammoniakalischer Lösung durchgeführt. Unter diesen Bedingungen verursacht das Chrom zwei Stufen bei $-1,46$ [Cr(III)/(II)] und $-1,74$ Volt [Cr(II)/(0)], die mit für den vorliegenden Fall hinreichender Genauigkeit im Verhältnis 1:2 stehen. Die Cr(III)/(II)-Stufe wird bei Anwesenheit von Zink durch die Zn-Stufe überlagert (Abb. 88). Um die Höhe der Zn-Stufe zu bestimmen, ist die Hälfte der zweiten Cr-Stufe von der ersten, d. h. von der Summe (Zn-Stufe plus 1. Cr-Stufe), abzuziehen.

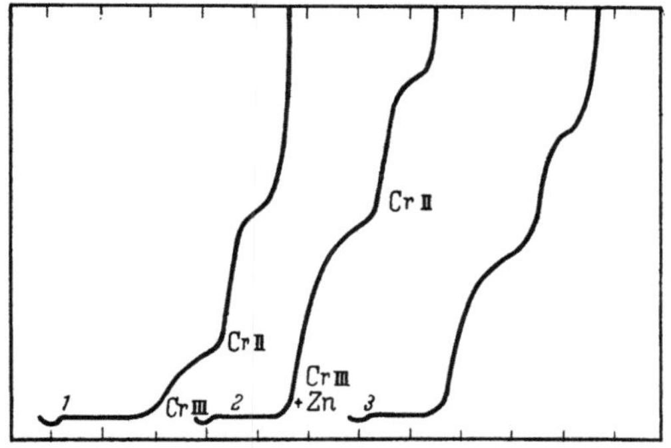

Abb. 88. Polarographische Bestimmung von Cr und Zn nebeneinander. (Nach SPALENKA.)

Kurve *1*: Vergleichslösung (nur Cr); E = $^1/_{200}$;
Kurve *2*: Die gleiche Vergleichslösung mit einem geringen Zn-Zusatz; E = $^1/_{200}$;
Kurve *3*: Probe enthaltend 5,14 g Cr und 4,77 g Zn; E = $^1/_{200}$.

Arbeitsvorschrift nach Spálenka. Man pipettiert genau 1 ml des Bades in ein 50-ml-Meßkölbchen ab, fügt 4 ml HCl (1 + 1) (etwa 6 n) zu und rührt nach der weiteren Zugabe von 2 ml gesättigter Na_2SO_3-Lösung um. Nach dieser Reduktion des 6wertigen Chroms zu 3wertigem fügt man noch 5 ml Gelatinelösung (0,5 g Gelatine und 3 ml konz. HCl in 100 ml) zu, rührt die Lösung um und versetzt sie mit 15 ml NH_3 (1 + 1) (etwa 8 m). Nach dem Abkühlen füllt man sie bis zur Marke mit Wasser auf und mischt gut um. Die so erhaltene klare hellviolette Lösung wird offen an der Luft im Spannungsbereich $-0,8$ bis $-1,7$ Volt bei geeigneter Galvanometerempfindlichkeit polarographiert.

Die Auswertung erfolgt mit einer in gleicher Weise vorbereiteten Vergleichslösung mit bekanntem Zink- und Chromgehalt.

Bemerkungen. *1. Genauigkeit.* Beleganalysen werden nicht mitgeteilt, jedoch sollen nach Angaben des Verfassers die nach vorstehender Methode erhaltenen Zinkwerte mit denen identisch sein, welche nach vorhergehender Abscheidung des Chroms als Bleichromat und anschließender polarographischer Zinkbestimmung erhalten werden.

2. Störende Stoffe. Nitrate wirken bei der Bestimmung sehr störend; die benutzten Reagenzien dürfen daher keine Nitrationen enthalten.

G. Bestimmung von Chrom und Eisen nebeneinander.

Allgemeines. Nach PERKINS und REYNOLDS lassen sich Chrom(VI) und Eisen(III) nebeneinander polarographisch bestimmen, wenn in alkalischer Mannitlösung und mit einer auf 6 bis 7 Sek. verlängerten Tropfzeit ($m^{2/3} \cdot t^{1/6}$ = etwa 2) gearbeitet wird (Abb. 89). Das Verfahren ist geeignet, in technischen Lösungen den Gesamteisengehalt sowie 6- und 3 wertiges Chrom — letzteres indirekt — zu ermitteln.

Arbeitsvorschrift nach Perkins und Reynolds für Chrom(VI). Ein geeigneter aliquoter Teil der Probelösung wird in einem 25-ml-Meßkölbchen mit 5 ml m Mannitlösung und 8 ml m Kalilauge vermischt und mit Wasser zur Marke aufgefüllt. Nach 5 Min. langem Durchleiten von Stickstoff polarographiert man im Spannungsbereich —0,2 bis —1,0 Volt gegen die Bodenelektrode. Die Stufenhöhe bei etwa —0,65 Volt entspricht dem Chrom(VI)-gehalt.

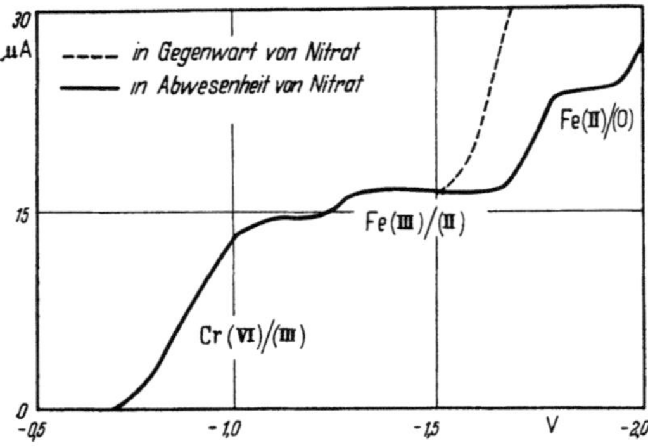

Abb. 89. Polarographische Bestimmung von Chrom(VI) und Eisen(III) nebeneinander in alkalischer Mannitlösung. (Nach PERKINS und REYNOLDS.)

Arbeitsvorschrift nach Perkins und Reynolds für Gesamtchrom und -eisen. Ein zweiter aliquoter Teil der Originallösung wird mit 5 ml Wasser, 1 ml n Salpetersäure und 0,5 g Kaliumbromat vermischt und im Vakuum bis auf 1 ml eingedampft. Die Operation wird nach Zugabe von 5 ml Wasser wiederholt, so daß sämtliche Bromdämpfe vertrieben sind, sämtliches Eisen als Eisen(III)-ion und Chrom als Chromat vorliegt. Es wird mit 5 ml Wasser verdünnt, wie zuvor mit Mannitlösung und Kalilauge vermischt, auf 25 ml aufgefüllt und dann ebenfalls nach Durchlüften mit Stickstoff im Spannungsbereich —0,2 bis —1,4 Volt polarographiert. Gemessen werden die Chromatstufe bei —0,65 und die erste Eisenstufe bei —1,05 Volt.

Tabelle 26. *Bestimmung von Cr und Fe nach Perkins und Reynolds.*

Nitratkonzentration [m]	Gegeben [μg/ml]			Gefunden [μg/ml]		
	Cr(VI)	Cr(III)	Fe	Cr(VI)	Cr(III)	Fe
1	32	40	136	31	39,5	133
2	72	64	104	70	65,5	102
0	64	16	32	64	15	29
4	56	24	96	56,5	25	98,5
2	40	48	120	42	48	120
8	16	80	104	16,5	81	103,5
4	32	32	80	34	33	83
1	96	0	112	93,5	2	114,5
0	0	82	48	0	82	44

Die Auswertung erfolgt mit Eichpolarogrammen von Lösungen, die entsprechende Mengen Chrom und Eisen wie die Analysenlösung enthalten.

Bemerkungen. *1. Genauigkeit* siehe Tab. 26.

2. Störungen bei der Auswertung. Sofern der Eisengehalt nicht wesentlich über dem an Chrom liegt, tritt eine gewisse gegenseitige Störung der Stufen ein, da sie ziemlich benachbart liegen. In diesem Fall wird die Auswertung der Summe beider Stufen und in einem zweiten Polarogramm bei erhöhter Empfindlichkeit die Bestimmung der dann besser getrennten Eisenstufe empfohlen.

Die Chrom- und Eisenstufen lassen sich besser trennen, wenn mit einem Kathodenstrahlpolarographen nach REYNOLDS und DAVIS gearbeitet wird. Die Stufen liegen dann bei —0,55 bzw. —0,75 Volt.

3. Einfluß von Nitrat. Nitrat stört die Analyse nicht. Da jedoch bei Anwesenheit von Nitrat bei —1,54 eine katalytische Wasserstoffstufe auftritt (MEITES), muß auf eine Auswertung der an sich konzentrationsempfindlicheren zweiten Eisenstufe (vgl. Abb. 89) verzichtet werden.

Literatur.

BESSON, J., u. R. BUDENZ: Bl. **1953**, 725; durch Fr. **141**, 437 (1954).

KOLTHOFF, I. M., u. J. J. LINGANE: Polarography, Vol. II (1952).

LINGANE, J. J., u. I. M. KOLTHOFF: Am. Soc. **62**, 40, 852. — LINGANE, J. J., u. R. L. PECSOK: Am. Soc. **71**, 425 (1949).

MEITES, L.: Am. Soc. **73**, 4115 (1951). — MIKULA, J. J., u. M. CODELL: Anal. Chem. **27**, 729 (1955). — MILLS, E. C., u. S. E. HERMON: Metallurgia **44**, 326 (1951); durch Fr. **136**, 132 (1952).

PERKINS, M., u. G. F. REYNOLDS: Analyst **78**, 480 (1953).

REYNOLDS, G. F., u. H. M. DAVIS: Analyst **78**, 314 (1953). — REYNOLDS, G. F., H. I. SHALGOSKY u. T. J. WEBBER: (a) Anal. chim. Acta **10**, 192 (1954); (b) **13**, 494 (1955).

SPÁLENKA, M.: Metallwirtschaft **23**, 44, 346. — v. STACKELBERG, M.: Polarographische Arbeitsmethoden, Berlin 1950. — v. STACKELBERG, M., P. KLINGER, W. KOCH u. E. KRATH: Techn. Mitt. KRUPP, A.: Forschungsber. **2**, 59 (1939); Arch. Eisenhüttenw. **13**, 249 (1939/40). — STAGE, D. V., u. CH. V. BANKS: Anal. chim. Acta **4**, 551 (1950).

THANHEISER, G., u. J. WILLEMS: Arch. Eisenhüttenw. **13**, 73 (1939).

URONE, P. F., M. L. DRUSCHEL u. H. K. ANDERS: Anal. Chem. **22**, 472 (1950).

YONEZAKI, S., u. Y. MIURA: Research Paper Nr. 10 (C) (1952); durch LEYBOLD: Pol. Berichte **1**, 564 (1952/53).

§ 21. Spektralanalytische Bestimmung.

Allgemeines. Zur spektralanalytischen Chrombestimmung läßt sich die Anregung durch die Flamme, den Bogen und den Funken verwenden. Die Ausführung der Bestimmungen und die benutzten Geräte und Instrumente sind, wie bei jeder analytischen Bestimmung, von Fall zu Fall verschieden. Man wird im Prinzip für jede spezielle analytische Aufgabe eine Vorschrift ausarbeiten müssen, wobei die Lehr- und Handbücher über die allgemeinen Möglichkeiten Auskunft geben können. Bei Chromgehalten bis zu 20% läßt sich meist eine relative Genauigkeit von etwa 5% erreichen (KAYSER). Allerdings muß die Probe einen sehr genauen Durchschnitt der zu untersuchenden Substanz darstellen und vollkommen homogen sein, was besonders bei Legierungen zu beachten ist. Entsprechend der Analysengenauigkeit empfiehlt sich die spektralanalytische Bestimmung besonders bei einem Gehalt um und unter 1%, jedoch auch bei höheren Gehalten, wenn man schnelle Bestimmungen und Serienbestimmungen auszuführen hat.

Als empfindlichste Spektrallinien des Chroms werden folgende Wellenlängen (A) angegeben:

2835,6; 2843,3; 3578,7; 3593,5; 3605,3; 4254,3; 4278,8; 4289,7; 5204,5; 5206,1; 5208,4.

A. Bestimmung in Eisen, Stahl und Eisenlegierungen.

1. Bestimmung in hochlegierten Stählen nach Mišarin und Suchenko.

MIŠARIN und SUCHENKO bestimmen Chrom neben Mn, Ni, Si, Mo, Ti und V in *hochlegierten Stählen* mit einem ISP-22-Spektrographen bei einer Spaltbreite von 0,01 mm und mit einem Funken als Lichtquelle ($C = 0,0\,\mu$F, $U = 12$ kV, primärer Strom $= 2$ Amp.). Die stabförmige, 200 bis 250 g schwere Probe wird am Ende zu einer Fläche von $25 \cdot 30$ mm^2 geschliffen. Als Gegenelektrode dient ein 9 mm starker, halbsphärisch geschliffener Stab aus Armco-Eisen. Der Elektrodenabstand beträgt 2,5 mm, die Einbrennzeit 2 Min. Bei einer Plattenempfindlichkeit von 2 bis 3° nach H und D wird 15 Sek. belichtet. Bei einer Cr-Konzentration von 18 bis 25% wird mit dem Linienpaar Cr II 3147,2/Fe 3154,2 der Gehalt mit $\pm 10\%$ Fehler bestimmt; mit dem Linienpaar Cr 2853,2/Fe 2828,6 beträgt der Fehler $\pm 2,3\%$.

2. Bestimmung in Chrom-Nickel-Stahl nach Eeckhout.

EECKHOUT bestimmt in *Chrom-Nickel-Stahl* (8/18) Chrom unter Verwendung des PFEILSTICKER-Wechselstromabreißbogens mit einem HILGER-Mediumspektrographen nach dem Verfahren der Lösungsanalyse auf Kohleelektroden (SCHEIBE-RIVAS). Die Ausführung erfolgt nach den Standardmethoden. Zur Cr-Bestimmung wird das Linienpaar Cr 2905,50/Fe 2872,33 ausgewertet.

3. Bestimmung in Ferrochrom nach Korz und Kozlova.

KORZ und KOZLOVA bestimmten den Chromgehalt von *Ferrochrom* mit der Linie 5409,8 mit $\pm 0,7\%$ Differenz zur chemischen Analyse. Eine Probe von 57,1% Cr-Gehalt dient als Standardprobe; zur Aufnahme der Eichkurve werden 5 bis 6 weitere Proben benötigt. Die Funkenstrecke beträgt 2 mm; als konstantes Element dient Stabkupfer.

4. Bestimmung in Eisen nach Malamand.

In Eisen wird nach MALAMAND Chrom bei Gehalten von 10 bis 50% mit den Linien Fe II 2599,39/Cr II 2677,15 und Ag I 3280,68 bestimmt, indem die Probe parallel zur optischen Achse gegenüber einer Silberelektrode verfunkt wird.

5. Bestimmung in Eisen nach Scheibe.

Zur Chrombestimmung in *Eisen* nach SCHEIBE wird 0,01 ml der Probelösung auf beide, 1 Min. lang vorgefunkten Spektralkohlen (5 mm Durchmesser) getropft. Eichsubstanzen von ähnlicher Zusammensetzung werden ebenso behandelt. Die Aufnahmebedingungen sind: ohne zugeschaltete Selbstinduktion 275 m Wellenlänge, $C = 3000$ cm, Dämpfungswiderstand $= 0$, $U = 12$ kV, Belichtungszeit 60 Sek., primäre Stromstärke 1,0 Amp., Elektrodenabstand 2 mm; die 1. Aufnahme wird nach 140 Sek., die 2. nach 210 Sek. gemacht. Die Auswertung erfolgt photometrisch. Bei 1,02% Cr in Eisen betrug der Höchstfehler bei 4 Aufnahmen $+ 2,4\%$, der mittlere $- 0,4\%$.

6. Bestimmung in niedriglegierten Stählen nach Rossi und Intonti.

Nach ROSSI und INTONTI werden *niedriglegierte Stähle* mit einem FEUSSNERschen Funkenerzeuger, Typ II, einem ZEISS-Spektrographen Qu 25 und einem ZEISSschen Spetrallinienphotometer analysiert. Die Stahlelektroden mit ebener Oberfläche werden gegenüber von Aluminiumstiftelektroden (Durchmesser 3,5 mm) verfunkt. Mit homogenen Testproben und mit dem Stufenkeil werden die Eichkurven aufgenommen; das Linienpaar Fe I 2689,2/Cr II 2677,16 dient zur Bestimmung. Bei reproduzierbarem Arbeitsgang und kontrastreicher Entwicklung betragen die Abweichungen etwa 3%.

7. Bestimmung in legierten Stählen nach Suchenko.

Nach SUCHENKO läßt sich Chrom in *legierten Stählen* visuell photometrisch bei einem Cr-Gehalt von 0,2 bis 2% mit etwa 15 bis 20% Genauigkeit in 10 bis 20 Min. bestimmen (in Aluminiumlegierungen erreicht die Genauigkeit ± 5 bis 10%).

8. Bestimmung in Gußeisen nach Riley.

Nach RILEY werden zur Spektralanalyse von *Gußeisen* kleine kubische Blöcke gegossen, an einer eingekerbten Stelle durchbrochen, an der Bruchstelle angeschliffen und dann mit einem kegelförmig angespitzten Graphitstab als Gegenelektrode verfunkt. Zur Anregung dient ein ungesteuerter, kondensierter Funke ohne Selbstinduktionen.

9. Bestimmung in niedriglegiertem Stahl nach Isaev.

Zur lokalen Spektralanalyse von *wenig legiertem Stahl* läßt man nach ISAEV zwischen einer zugespitzten Ag-Elektrode und einer eben geschliffenen Fläche des Probestückes einen Funken von 0,3 mm Länge übergehen; man nimmt das Spektrum kontinuierlich auf einer beweglichen Platte auf, so daß nach 3 Std. ein 70 mm breites Spektrum erhalten wird, das man graphisch nach Arbeitsdiagrammen auswertet.

B. Bestimmung in Nichteisenmetallen.

1. Bestimmung in Aluminium nach Török.

TÖRÖK bestimmt die *Verunreinigungen in Aluminium und seinen Legierungen*, indem er rasch abgekühlte Elektroden von 3,5 mm Durchmesser mit ebener Stirnfläche in 2 mm Abstand entweder mit einem FEUSSNER-Funken ($U = 22$ kV, $C = 3300$ pF, $L = 0,8$ m Henry, $1/2$ Min. Vorfunkezeit) oder einem selbstzündenden Abreißbogen ($U = 110$ Volt, 50 Perioden, Kurzschlußstrom von 25 Amp., Verhältnis von Brenn- zur Abkühlzeit $= 1 : 6$, Bogenzahl $= 130$ je Minute, keine Vorbogenzeit) anregt. Beim Bogen werden das Linienpaar Cr I 3593,5/Al I 3479,8, beim Funken Cr I 2677,2/Al I 2652,2 ausgewertet.

2. Bestimmung in Aluminium-Zink-Mangesiumlegierungen nach Nuciari.

NUCIARI bestimmt Chrom in *Aluminium-Zink-Magnesium-Legierungen* neben Zn, Mg, Cu, Fe, Si, Mn und Ti. Er arbeitet mit einem ZEISSschen Q 24-Spektrographen, einem FEUSSNER-Funken ($U = 12$ kV, $L = 800000$ cm, $C = 3000$ cm) und belichtet nach einer Vorfunkzeit von 2 Min. auch ebensolange. Ausgewertet wird das Linienpaar Al I 2652,2/Cr I 2677,2.

3. Bestimmung in Reinstaluminium nach Pohl.

Zur *Spurenbestimmung von Chrom in Reinstaluminium* (zusammen mit Cd, Co, Cu, Fe, Mn, Ni, Pb, Zn, Ca, Mg, Ti) empfiehlt POHL (a) folgende

Arbeitsvorschrift. 1 g Probespäne werden nach und nach mit 15 ml 25%iger Natronlauge in einem 250-ml-Quarzkolben gelöst, mit 150 ml bidestilliertem Wasser verdünnt (wenn die Lösung unklar ist, muß filtriert und der Rückstand aufgeschlossen werden) und mit 3 ml Thalliumlösung ($= 3$ mg Tl$^+$) als Spurenfänger versetzt. Nach Zugabe von 5 ml Thioacetamidlösung wird die Lösung 3 Min. lang zum Sieden erhitzt und nach dem Abkühlen mit einem Platin- oder Porzellanfilterstäbchen in eine Saugglocke filtriert. Der Niederschlag wird dreimal mit je 3 bis 5 ml 1%iger Ammoniumnitratlösung gewaschen, anschließend in einem Quarzspitzröhrchen mit einigen Tropfen Salpetersäure gelöst und schließlich nach Zugabe des Bezugselementes mit einem Oberflächenstrahler eingedampft. Zur Berücksichtigung der Verunreinigungen in den Reagenzien wird gleichzeitig ein Blindversuch durchgeführt. Die Trockenrückstände werden, wie unten beschrieben, auf Kohleelektroden gebracht. — Zur Aufnahme der Eichkurven bringt man in eine Reihe von Quarzspitzröhrchen je 0,3 ml einer 1%igen Thallium(I)-lösung und je 50 μl einer 0,1%igen Aluminiumlösung (= 50 μg Al) sowie 20 μl einer 0,001%igen Berylliumlösung (= 0,2 μg Be) als Bezugselement, wenn mit einem FEUSSNER-Funken und dem ZEISSschen Spektrographen für Chemiker gearbeitet wird (wird mit einem Bogen oder einem Spektrographen mit größerer Dispersion gearbeitet, empfiehlt sich ein linienreicheres Bezugselement). Zu diesen Lösungen setzt man abgestufte Mengen einer 0,01%igen Lösung des zu bestimmenden Elementes hinzu, und zwar von 500 μl (= 50 μg Me) bis 5 μl (= 0,5 μg Me), was bei der Spurenanalyse von 1 g Al-Konzentrationen von 0,005 bis 0,00005% an Verunreinigungen entspricht. Auch diese Proben werden wie oben eingetrocknet und dann mit wenig destilliertem Wasser auf die vorgeheizten (95° C) Spektralelektroden gebracht, deren Spektren zuvor aufgenommen worden sind, um ihre Verunreinigungen bestimmen zu können.

4. Bestimmung in Wismut und Wismut-Blei-Legierungen nach Delaney und Owen.

DELANEY und OWEN untersuchten *Wismut und eutektische Wismut-Blei-Legierungen auf Spuren* mit Hilfe der von FELDMAN vorgeschlagenen Arbeitstechnik der porösen Elektrode. Als obere positive Elektrode dient eine poröse Graphitelektrode von etwa 3,8 cm Länge und 6 mm Durchmesser, die mit einer 3 mm weiten, bis auf 1,2 mm Entfernung vom unteren Ende ausgeführten Bohrung versehen ist, auf deren Boden die Probelösung aufgetropft wird. Nach dem Auftropfen wird sofort gegenüber einer Graphitelektrode von 3 mm Durchmesser angefunkt und nach dem Durchsickern der Probelösung (rotes Aufleuchten) belichtet. Das Spektrum wird einem Funkenerzeuger der High Presicion Source Applied Research Laboratories (60 Volt Primärspannung, kondensierter Funke) und einem 3-m-BAIRD-Spektrographen (50 μ Spaltbreite) auf einem EASTMAN-Spektrum-Analysis-Film Nr. 1 im Bereich von 2480 bis 3700 Å aufgenommen. Die Linienschwärzung wird mit einem A. R. L.-Projektion-Comparator-Densitometer gemessen. Die Eich- und Probelösungen enthalten gleiche Konzentrationen des bzw. der Grundelemente sowie des als Bezugselement dienenden Platins. Zur Cr-Analyse dienen die Linien Cr 3011,6, 2766,5, 3593,5 und 3605,3 Å, als Bezugslinien Pt 2659,5, 2929,8, 2998,0. In Lithium lassen sich die Verunreinigungen ähnlich bestimmen, wenn man die Probe in destilliertem Wasser oder Alkohol löst und nur den Rückstand analysiert.

5. Bestimmung in Wolfram nach Gentry und Mitchell.

GENTRY und MITCHELL bestimmen die *Verunreinigungen in Wolfram*, indem sie zunächst die Substanz in WO_3 überführen und hiervon 0,2 g mit ebensoviel Grundgemisch aus 93,9 Teilen Graphitpulver, 6 Teilen AgCl und 0,1 Teil $Co(NO_3)_2$ im Achatmörser verreiben. 40 mg des Gemisches werden in die 9 mm tiefe und 3 mm weite Höhlung einer Graphitelektrode (8 mm Durchmesser) gebracht, die als Anode in 4 mm Abstand unter eine zugespitzte Graphitelektrode in das Funkenstativ gespannt wird. Mit einem 10-Amp.-Gleichstromlichtbogen wird angesetzt und auf einer ILFORD-Thinfilm-Half-Tone-Platte mit dem großen LITTROW-Spektrographen im Bereich von 2700 bis 4100 Å das Spektrum aufgenommen. Der Bogen steht 38 cm vom Spalt und wird im Kollimatorobjekt abgebildet. 5 Sek. nach der Zündung wird 25 Sek. lang belichtet. Im Bereich von 0,001 bis 0,05% wird die Chromkonzentration mit + 5 und — 10% Genauigkeit bestimmt. Das Linienpaar Cr 3021,57/Co 3072,34 wird ausgewertet.

6. Bestimmung in Nickellegierungen nach Suchenko und Mladenceva.

SUCHENKO und MLADENCEVA verwenden zur *Chrombestimmung in Nickellegierungen* einen zugespitzten Ni-Stab (8 mm Durchmesser) als untere Elektrode in

1,8 mm Abstand und den gewöhnlichen Funken ($C = 3000$ mm, $U = 12\,000$ Volt, Transformatorleistung $\pm 0,6$ kW, ohne Selbstinduktion) zur Anregung. Bei einem Spektrographen mittlerer Dispersion (Typ Q 24) betrug der mittlere arithmetrische Fehler $\pm 5\%$.

C. Bestimmung in sonstigen Materialien.

1. Bestimmung in Krackkatalysatoren nach Key und Hoggan.

KEY und HOGGAN bestimmen in *Krackkatalysatoren* Cr, Fe, Ni, V und Na. Der feingepulverte Kieselsäure-Tonerde-Katalysator wird nach 2 stündigem Erhitzen auf etwa 560° C im Exsiccator abgekühlt. Synthetische Katalysatoren werden hierauf mit Lithiumcarbonat, Graphit (SPL) und Leitelement nach Vorschrift gemischt und zu Scheibenelektroden von etwa 1,25 cm Durchmesser gepreßt; natürliche Kontaktsubstanzen dagegen werden zunächst nur mit Graphit und Leitelement gemischt, in ein Platinschiffchen gebracht und 5 Min. lang in einer Gasflamme erhitzt; der Gewichtsverlust wird nach dem Abkühlen durch Graphitpulver ausgeglichen und das Lithiumcarbonat hinzugegeben. Nach sorgfältigem Homogenisieren werden ebenfalls Preßlinge hergestellt. Sowohl das Leitelement Kobalt als auch die zur Herstellung der Vergleichsproben erforderlichen Verunreinigungen werden als Nitratlösungen gleichmäßig auf Graphitpulver verteilt und durch Glühen fixiert. Für synthetische Katalysatoren ist das Mischungsverhältnis Katalysator : Lithiumcarbonat : Graphit 1 : 1 : 4, für natürliche 1 : 1 : 1; das Gewicht der Scheibenelektroden betrug 1 g bzw. 0,930 g, die Kobaltmenge je Elektrode 1,6 bzw. 0,19 mg. — Der Funken wird erzeugt mit der High Precision Source ($C = 0,007\,\mu$F, $H = 360\,\mu$H); der Elektrodenabstand beträgt 3 mm, die Vorfunkzeit 20 Sek., die Belichtungszeit 120 bzw. 90 Sek. Aufgenommen wird mit dem 2-m-ARL-Gitterspektrographen (Dispersion etwa 1 Å/mm) im Spektralbereich von 2400 bis 4900 Å bei Verringerung der Intensität durch Filter und Gitterabdeckung auf dem Spektrum-Analysis-Film Nr. 2, der anschließend mit dem D8-Entwickler entwickelt wird. Das Linienpaar Cr 2835,6/ Co 2627,6 wird zur Cr-Bestimmung ausgewertet. Die Ergebnisse sind mit $\pm 10\%$ reproduzierbar. Die Analyse dauert etwa 3 Std.

2. Bestimmung in Gesteinen und Bodenproben nach Pohl.

POHL (b) bestimmt die *Spurenelemente in Gesteinen und Bodenproben* nach extraktiver Anreicherung spektralanalytisch; auch Stahl und Eisen lassen sich ähnlich untersuchen. 1 bis 2 g Probe werden (bei Bodenproben nach Veraschung mit Salpetersäure) nach BERZELIUS aufgeschlossen (Schwefelsäure zuerst zusetzen, um Chromverluste zu verhüten!). Der Rückstand wird in 25 ml 6,5 n Salzsäure + 5 Tropfen Wasserstoffperoxyd durch Erhitzen auf etwa 100° C gelöst und nach dem Abkühlen mit weiteren 25 ml 6,5 n Salzsäure in einen Schütteltrichter übergespült; die Lösung wird 4 mal mit etwa 30 ml Äther extrahiert und anschließend auf dem Wasserbad unter Zusatz von 1 ml Salpetersäure eingeengt (Lösung I). Nach Zusatz von 25 ml n Salzsäure wird aus den vereinigten Ätherextrakten der Äther verdampft, die Lösung mit weiteren 25 ml n Salzsäure in einen Schütteltrichter gespült, mit 3 ml 20%iger Ammoniumrhodanidlösung versetzt und mit festem Natriumdithionit im Überschuß reduziert. Dann wird die Lösung 3 mal mit Äther extrahiert und der Extrakt zur Lösung I gegeben. Nach dem Abdestillieren des Äthers wird der Rückstand, um das Rhodanid zu zerstören, unter häufigem Zusatz von Salpetersäure abgedampft, 2 Min. lang mit 5 ml Salpetersäure und etwas Kaliumperchlorat gekocht und schließlich auf dem Sandbad eingetrocknet. Nach dem Anfeuchten mit verd. Salzsäure wird der Rückstand in 300 ml Wasser unter Erhitzen gelöst. Die abgekühlte Lösung wird mit 30 ml 10%iger Ammoniumtartratlösung versetzt und mit Salzsäure bzw. Ammoniak auf $p_H = 3,5$ bis 4 eingestellt. Nach der Zugabe von 2 ml einer 3%igen wäßrigen Ammoniumpyrrolidindithiocarbaminatlösung schüttelt man sie mit 20 ml Chloroform aus. Die Reagenszugabe und das Ausschütteln wiederholt man, bis die Chloroformphase farblos bleibt. Mit verd. Ammoniak (2 + 3) (etwa 6 m) wird dann ein p_H-Wert von 8 bis 9 eingestellt und die Lösung nach Zugabe von 2 ml Carbaminatreagens mit je 20 ml 0,01%iger Dithiozonlösung (in Chloroform) ausgeschüttelt, bis die Chloroformphase unverändert grün bleibt. Die vereinigten Chloroformextrakte werden nach dem Abdestillieren des Chloroforms in eine Quarzschale gebracht, mit 10 ml 0,1%iger Berylliumlösung versetzt, verascht und die Asche nach dem Lösen und Auffüllen auf 0,1 ml spektrographiert. Bei 1 g Einwaage wird noch 1 g Chrom erfaßt und mit dem Linienpaar Cr II 2843,3/Be 2650,9 bestimmt unter Verwendung des ZEISSschen Spektrographen für Chemiker, dem FEUSSNERschen Hochspannungsfunken und dem Registrierphotometer nach KIPP und ZONEN. Nach der transformierten SEIDELschen Schwärzungskurve wird der Gehalt berechnet. Neben Chrom lassen sich gleichzeitig Ag, Cd, Co, Cu, Mn, Mo, Ni, Pb, Bi, Pd, Sn, Zn bestimmen.

3. Bestimmung in Wasser nach Wilska.

WILSKA bestimmte die *Spurenelemente im Wasser* nach folgender

Arbeitsvorschrift. 10 ml Probe werden im Quarzglas auf 0,5 ml eingedampft, mit Platinlösung versetzt und auf 1 ml bidestilliertem Wasser aufgefüllt (Platinkonzentration = 0,003%). Die Lösung wird zum Teil in eine Porous-Cup-Elektrode nach FELDMAN eingefüllt. Diese wird 60 Sek. lang vorgefunkt, mit weiterer Lösung gefüllt, und schließlich wird, wenn die gesamte Lösung aufgegeben ist, 180 Sek. lang belichtet. Zur Aufnahme dienen KODAK-Scientific-Platten III O, die 5 Min. im KODAK-D-19-B-Entwickler bei 18° C behandelt werden. Die Leitproben werden auf der gleichen Platte aufgenommen und enthalten neben der Platinlösung abgestufte Mengen der Spurenelemente sowie die Grundsubstanzen entsprechend der Analyse. Das Linienpaar Cr 2835,6/Pt 2646,9 wird ausgewertet.

4. Bestimmung in Organen nach Alekseeva und Belozerskaja.

ALEKSEEVA und BELOZERSKAJA bestimmten *Chrom in Organen* von Kaninchen. Die Proben werden bei 105° getrocknet und bei 450° C verbrannt. 20 mg Asche werden auf die untere, mit einer Vertiefung versehenen und mit Collodium bestrichenen Kohleelektrode gebracht, die gegenüber einer zweiten Kohleelektrode in 2 mm Abstand in einem Wechselstrombogen von 5 Amp. verbrannt wird. Zwischen der Lichtquelle und dem 50 cm entfernten, 0,005 mm weiten Spalt befindet sich ein sphärischer Kondensor. Die 7° nach H und D empfindlichen Platten werden 60 Sek. belichtet und nach der Methode der drei Standards ausgewertet. Diese bestehen aus einem Gemisch der Calcium-, Kalium-, Natrium- und Magnesiumphosphate und -chloride entsprechend der Zusammensetzung der untersuchten Asche; sie werden in je 20 mg Anteilen auf den Kohleelektroden mit Dichromatlösung versetzt, entsprechend 0,1, 0,01 und 0,001% Cr-Gehalt. Zur Herstellung der Eichskala werden die Standards mehr als 70mal aufgenommen. 0,001% Chrom in der Asche lassen sich bestimmen, 0,0001% nachweisen.

5. Allgemeine Spurenanreicherung aus verschiedenen Materialien nach Heggen und Strock.

HEGGEN und STROCK führten eine spektrographische *Spurenanalyse nach Anreicherung* durch. 30 bis 50 g Substanz werden nach dem Lösen — nötigenfalls nach Zerstörung der organischen Substanz mit Hilfe von Salpeter-Schwefelsäure bzw. Salpeter-Schwefel-Perchlorsäure — mit 5 mg Indium und einer 5%igen Oxychinolinlösung in 2 n Essigsäure versetzt. Nach dem Einstellen auf $p_H = 1,8$ werden 45 ml 2 n Ammoniumacetatlösung hinzugefügt und mit Ammoniak bzw. Essigsäure auf

$p_H = 5,2$ gestellt. Durch Zugabe von 0,2 g Tannin (in 2 ml 2 n Ammoniumacetatlösung gelöst) und 0,02 g Thionalid (in 2 ml Eisessig gelöst) werden die Spurenelemente vollständig gefällt. Der Niederschlag wird gewaschen, verascht, gewogen und mit Indiumoxyd und Kohlepulver so gemischt, daß die Mischung 12,1% In_2O_3 und 66,66% Kohlepulver enthält. Die Mischung wird in einem 4 mm tiefen und 1,6 mm weiten Krater einer Kohleelektrode von 3,5 mm Durchmesser eingefüllt. Als Kathode des Gleichstrombogens dient eine 4,7 mm starke und 25,4 mm lange Kohleelektrode. Nach 10 Sek. langem Vorheizen mit 5,5 Amp. wird mit 6 Amp. 20 Sek. länger belichtet, als zur Verdampfung der Probe nötig ist bei der Aufnahme mit einem LITTROW-Gerät und der Auswertung des Linienpaares. Indium 2932,6/ Cr 2835,6 erreicht im Konzentrationsbereich von 10^{-3}% nur einen Fehler von 20%.

6. Bestimmung in Carbidfällungen nach Veselovskaja und Korickaja.

Zur Bestimmung von *Chrom in Carbidfällungen* mischen VESELOVSKAJA und KORICKAJA die Probe im Verhältnis 3 : 97 mit Kupferpulver 5 Min. lang unter Reiben; sie pressen 1 g der Mischung mit 3,5 t/cm² Druck in Matrizen zu Briketts (6 mm Höhe, 7 mm Durchmesser) und funken diese gegenüber einer 5 mm starken, zugespitzten Kohleelektrode im Abstand von 2,5 mm 5 Min. lang ab. Mit einem Mikrophotometer wird das Linienpaar Cr 2830,47/Cu 2824,37 ausgemessen.

7. Bestimmung in Kobaltoxyd nach McClure und Kitson.

MCCLURE und KITSON bestimmten die *Verunreinigungen in Kobaltoxyd* (Ca, Ba, Cu, Li, Fe, Mn, Cr, Al und Ni). Eine United-Carbon-Products-Elektrode (UCP) höchster Reinheit, Typ 102, mit einer 2,4 mm tiefen Bohrung wird mit der Probe gefüllt und gegenüber einer (UCP)-Elektrode vom Typ 100 in 3 mm Abstand mit einem Gleichstromlichtbogen von 10 Amp. (Spec-Power-Unit) in 70 cm Abstand vom Spalt abgebrannt. Das Spektrum wird bei 180 Sek. Belichtungsdauer mit einem 2,5-m-JARRELL-ASH-Spektrographen mit vorgeschaltetem Stufensektor bei 10 μ Spaltbreite im Bereich von 1000 bis 3800 Å in zweiter Ordnung, auf zwei 10 inch-SA-1-Platten und im Bereich von 5000 bis 6700 Å in erster Ordnung auf einer EASTMAN-I-N-Platte aufgenommen. Die Schwärzung wird mit einem JARRELL-ASH-Densitometer 200 gemessen und die Linienpaare nach dem CHURCHILL-Verfahren ausgewertet. Als Testsubstanzen wird reinstes Oxyd Co_3O_4 mit den Grundlösungen gemischt, im VYCOR-Tiegel nach dem Eindampfen 1 Std. auf 500° C erhitzt, fein gerieben und gemischt. Für Chrom läßt sich das Linienpaar Cr 2726,5/Co 2760,0 im Bereich von 0,03 bis 3% mit ±20% Genauigkeit auswerten.

Literatur.

ALEKSEEVA, M. V., u. V. I. BELOZERSKAJA: Hyg. u. Sanitätswes. (russ.) **1953**, H. 5, 53; durch Fr. **144**, 457 (1955).
CHURCHILL, J. R.: Ind. eng. Chem. Anal. Edit. **16**, 653 (1944).
DELANEY, J. C., u. L. E. OWEN: Anal. Chem. **23**, 577 (1951); durch Fr. **138**, 51 (1953).
EECKHOUT, J.: Anal. chim. Acta **3**, 377 (1949).
FELDMAN, C.: Anal. Chem. **21**, 1041 (1949); durch Fr. **138**, 51 (1953).
GENTRY, C. H. R., u. G. P. MITCHELL: Metallurgia **46**, 47 (1952); durch Fr. **138**, 50 (1953).
HEGGEN, G. E., u. L. W. STROCK: Anal. Chem. **25**, 859 (1953); durch Fr. **145**, 191 (1955).
ISAEV, N. G.: Betriebslab. (russ.) **8**, 1010 (1949); durch Fr. **131**, 120 (1950).
KAYSER, H.: Arbeitsgemeinschaft f. Forschung des Landes Nordrhein-Westf., Bd. II, Heft 9. — KEY, C. W., u. G. D. HOGGAN: Anal. Chem. **24**, 1921 (1952); durch Fr. **142**, 207 (1954). — KORZ, P. D., u. A. V. KOZLOVA: Betriebslab. (russ.) **8**, 937 (1949); durch Fr. **132**, 114 (1951).
MALAMAND, F.,: C. r. Acad. Sci. (Paris) **232**, 236 (1951); durch Fr. **137**, 359 (1952/53). — McCLURE, J. H., u. R. E. KITSON: Anal. Chem. **25**, 867 (1953); durch Fr. **146**, 209 (1955). — MIŠARIN, G. I., u. K. A. SUCHENKO: Betriebslab. (russ.) **16**, 1256 (1950); durch Fr. **140**, 125 (1953).
NUCIARI, T.: Alluminio **18**, 476 (1949); durch Fr. **142**, 208 (1954).
POHL, F. A.: (a) Fr. **142**, 19 (1954); (b) **141**, 81 (1954).

RILEY, R. V.: Spectrochim. Acta 4, 93 (1950); durch Fr. 133, 365 (1951). — ROSSI, C., u. R. INTONTI: Spectrochim. Acta 5, 77 (1952); durch Fr. 141, 43 (1954).

SCHEIBE, G., u. A. RIVAS: Angew. Ch. 49, 445 (1936). — SUCHENKO, K. A.: Betriebslab. (russ.) 5, 757 (1936); durch C. 108, I, 1204 (1937). — SUCHENKO, K. A., u. O. I. MLADENCEVA: Betriebslab. (russ.) 8, 946 (1949); durch Fr. 132, 115 (1951).

TÖRÖK, T.: Acta Chim. Acad. Sci. Hung. 1, 288 (1951); durch Fr. 138, 363 (1953).

VESELOVSKAJA, I. M., u. V. G. KORICKAJA: Betriebslab. (russ.) 16, 632 (1950); durch Fr. 136, 315 (1952).

WILSKA, S.: Acta chem. scand. 5, 1368 (1951); durch Fr. 138, 49 (1953).

§ 22. Trennungsmethoden.

Allgemeines. Für die analytische Praxis besitzen die Trennungsverfahren im allgemeinen nur untergeordnete Bedeutung, da heute genug schnell auszuführende Verfahren existieren, welche die Chrombestimmung ungestört *neben* den meisten Elementen auszuführen gestatten. Dieses ist zumindest in der Stahlanalyse der Fall, in der mittels verschiedener Methoden die Chrombestimmung in Gegenwart sämtlicher wichtiger Legierungskomponenten ohne Trennungsoperationen durchführbar ist, in vielen Fällen sogar mit einer gleichzeitigen Bestimmung des Begleitelementes kombiniert werden kann. So sei nur auf die gleichzeitige Bestimmung von Chrom, Mangan und Vanadium, Chrom, Molybdän und Vanadium oder von Chrom und Eisen, die an vielen Stellen dieses Buches beschrieben wurde, hingewiesen. — Größerer Wert ist den Trennungen dagegen beizumessen, wenn es sich z. B. um die Abtrennung des Chroms zwecks Bestimmung von in Lösung verbleibenden Elementen handelt.

A. Verfahren zur Abtrennung des Chroms von verschiedenen Metallen bzw. Metallgruppen.

1. Überführung des Chroms in die Chromatstufe und Abscheidung der Fremdelemente als Hydroxyde.

I. Oxydation in alkalischer Lösung.

Allgemeines. Ein sehr gebräuchliches Trennverfahren ist die Überführung des Chroms in die 6wertige Oxydationsstufe und Abscheidung der Begleitelemente als Hydroxyde. Folgende Metalle lassen sich auf diese Weise abtrennen: Eisen, Aluminium, Titan, Nickel, Kobalt, Zirkon, Hafnium, Thorium, Beryllium und Mangan. Zink wird zweckmäßig als Carbonat gefällt. Voraussetzung für eine quantitative Trennung ist das Vorliegen des gesamten Chroms in der 6wertigen Form. Als Oxydationsmittel werden im wesentlichen Wasserstoffperoxyd in Gegenwart von Natronlauge, ferner Natriumperoxyd und auch Brom in natronalkalischer Lösung angewandt. Die Oxydation in Gegenwart von Kalilauge ist nicht so zu empfehlen, da sich das Kaliumchromat schlechter auswaschen läßt. In ammoniakalischer Lösung bleibt die Oxydation unvollständig (TAVERNE). Aluminium geht zunächst als Aluminat in Lösung und kann entweder durch Einleiten von Kohlendioxyd oder, ähnlich wie Beryllium, nach dem Ansäuern mit Salpetersäure durch Ammoniak abgeschieden werden. Die Metallhydroxyde besitzen ein starkes Adsorptionsvermögen, so daß meistens Chromat zurückgehalten wird. Für die nachfolgende maßanalytische Bestimmung des Chroms im Filtrat ist eine Zerstörung des überschüssigen Oxydationsmittels unbedingt erforderlich. Die vollständige Entfernung des Broms gelingt schon durch Kochen bei Einhaltung eines bestimmten p_H-Wertes (KURTEN-ACKER) oder durch etwas Phenol bzw. KCNS. Wasserstoffperoxyd läßt sich weitgehend durch Nickelsalze zerstören (vgl. § 3, Abschnitt C 8).

Arbeitsvorschrift nach Schulek und Dózsa. Abtrennung von Eisen (und Nickel). Etwa 50 ml einer schwefelsauren Lösung, welche 0,1 bis 35 mg Chrom und 300 mg

Eisen, bzw. 150 mg Eisen und 150 mg Nickel, enthält, werden mit 2 bis 10 ml frisch gesättigtem Bromwasser versetzt. Dann fügt man so viel 30%ige Natronlauge hinzu, bis das Gemisch nicht mehr nach Brom riecht. Hierzu sind etwa 5 bis 10 ml Lauge erforderlich. Die $Fe(OH)_3$ bzw. $Fe(OH)_3$ und Ni_2O_3 enthaltende Flüssigkeit wird nun bis zum beginnenden Sieden erhitzt, dann sofort abgekühlt und durch ein mit Wasser befeuchtetes Faltenfilter gegossen. Das Abflußrohr des Trichters ist mit einem etwa 4 cm langen Gummischlauch versehen, der durch einen Quetschhahn verschlossen werden kann. Nachdem die Chromat und Hypobromit enthaltende Flüssigkeit abgetropft ist, wird der auf dem Faltenfilter befindliche Niederschlag 3 mal mit je 10 ml Wasser nachgewaschen. Nun schließt man den Quetschhahn und gießt auf den Niederschlag 30 bis 40 ml siedend heiße 10%ige Schwefelsäure. Der Niederschlag, der von der Säure ganz bedeckt sein muß, löst sich leicht. Die Lösung läßt man in einen 100-ml-Stehkolben zurückfließen und wäscht mit wenig Wasser nach. Nun oxydiert man wieder mit der entsprechenden Menge Bromwasser und Natronlauge und wiederholt die Trennung. Ist die Menge des Chroms größer als 6%, so muß die beschriebene Umfällung noch ein drittes Mal wiederholt werden.

Bemerkungen. *a) Vollständigkeit der Trennung.* Eine vollständige Trennung des Chroms von Eisen und Nickel in Form von Chromat ist nur selten durch eine einmalige Oxydation zu erreichen. Sie muß in den meisten Fällen wiederholt werden. Diese Vorsichtsmaßnahme wird durch die starke Okklusion des Chrom(III)-hydroxyds durch das Eisenhydroxyd notwendig. SCHULEK und DÓZSA halten es für erforderlich, bei einer nochmaligen Oxydation das ausgefällte Eisenhydroxyd von der Chromatlösung zu trennen. Eine zweimalige Oxydation, ohne zu filtrieren — wie sie JÄRVINEN (a) empfiehlt —, führt zu schlechten Ergebnissen. Die Oxydation wird durch Erhitzen stark beschleunigt. Bei Gegenwart von Nickel ist ein längeres Kochen zu vermeiden, da sonst die Bromatbildung sehr gefördert wird. Wie die Beleganalysen zeigen, läßt sich das Chrom nach diesem Verfahren recht genau bestimmen. Es ist jedoch zu berücksichtigen, daß nur bei sehr kleinen Chrommengen (0,03 bis 0,06%) eine einmalige Trennung zum Erfolg führt. Bei einem Chromgehalt bis zu 6% ist eine zweimalige Oxydation und bei einem Gehalt bis zu 12% sogar eine dreimalige Oxydation erforderlich, um eine vollständige Trennung zu erreichen. Die zahlreichen Beleganalysen für Chrom-Eisen-Gemische weisen eine sehr gute Übereinstimmung mit der Theorie auf. Bei einem Chromgehalt von 0,03 bis 12% macht sich die Abweichung im Durchschnitt erst in der 2. Dezimalstelle hinter dem Komma bemerkbar (z. B. gef.: 5,77% Cr; theor.: 5,78% Cr; gef.: 0,118% Cr; theor.: 0,116% Cr im Verhältnis zum Eisen). In Gegenwart von Nickel läßt sich Chrom nach dem angegebenen Verfahren nur dann bestimmen, wenn im Gemisch nicht mehr als 0,6% Chrom vorhanden sind.

b) Oxydationsmittel. Die Menge des angewandten Bromwassers richtet sich nach dem Chromgehalt. Bei niedrigen Prozentsätzen nimmt man 2 bis 5 ml, bei einem höheren Chromgehalt (5 bis 10%) oxydiert man mit 8 bis 10 ml Bromwasser. Für die 2. und 3. Oxydation werden entsprechend geringere Mengen zugesetzt.

c) Trennung bei Gegenwart von Nickel. Bei Anwesenheit von Hypobromit wird das Nickel als Ni_2O_3 gefällt, welches in Schwefelsäure unter Sauerstoffentwicklung löslich ist. Hierdurch wird die Autoxydation des Hypobromits zu Bromat begünstigt. Man muß daher die vereinigten Filtrate mit etwa 15 ml 50%iger Schwefelsäure stark sauer machen und zum Sieden erhitzen, damit das Bromat zersetzt wird. Bei dieser Operation wird ein kleiner Teil des Chromats durch die anwesenden Bromidionen reduziert. Es ist daher erforderlich, die gut abgekühlte Lösung einer nachträglichen Oxydation zu unterwerfen. Man versetzt sie mit 1 bis 2 ml frisch gesättigtem Bromwasser, macht mit 30%iger Natronlauge alkalisch und erhitzt zum Sieden. In die abgekühlte Lösung gießt man nun 5 ml 5%ige Phenollösung und bestimmt dann das Chrom jodometrisch.

d) Änderung der Arbeitsvorschrift. Der Unterschied in der Arbeitsweise nach TREADWELL (b) besteht im wesentlichen darin, daß der Zusatz an Brom (bzw. Perhydrol) in umgekehrter Reihenfolge vorgenommen wird. TAVERNE oxydiert bei der Chrom-Mangan-Trennung zunächst mit 10 ml 3%igem Wasserstoffperoxyd und fällt dann mit einem Gemisch von 20 ml Natronlauge (200 g NaOH im Liter) und 20 ml 3%igem Wasserstoffperoxyd. Bei Verwendung von Natriumperoxyd gibt man zwei kleine Löffel des Oxydationsmittels in die vorher alkalisch (mit Na_2O_2) gestellte Lösung, kocht auf und läßt den Niederschlag längere Zeit absitzen *(Chemikerausschuß des Vereins Deutscher Eisenhüttenleute).*

II. Oxydation mit Ammoniumpersulfat und Fällung mit Ammoniak.

Allgemeines. Die Oxydation zu Chromat kann auch mit Ammoniumpersulfat erfolgen. Hierbei bleiben die Begleitelemente zunächst in Lösung und werden dann mit Ammoniak abgeschieden. Ein Zusatz von Silbernitrat begünstigt den Reaktionsverlauf (PHILIPS). Das überschüssige Silber wird durch Natriumchlorid entfernt. Die Trennungsmöglichkeiten sind die gleichen wie bei dem Verfahren mit Brom bzw. Natriumperoxyd. Eine vollständige Trennung wird meistens erst nach mehrmaligem Umfällen erzielt.

Arbeitsvorschrift nach v. Knorre (a). Die Chrom, Eisen und Aluminium als Sulfate enthaltende Lösung wird in der Kälte mit so viel Ammoniumpersulfat (p. a.) versetzt, daß für die Oxydation des Chroms(III) ein 2- bis 3facher Überschuß vorliegt. Ist das Eisen als Eisen(II)-salz in der Lösung, muß die Persulfatmenge entsprechend größer gewählt werden. Man säuert dann mit so viel verd. Schwefelsäure an, daß beim nachfolgenden Erhitzen keine Abscheidung von basischem Eisen(III)-salz stattfinden kann. Nun verdünnt man die Flüssigkeit mit Wasser auf etwa 300 ml und erhitzt sie 6 bis 10 Min. zum Sieden. Waren ursprünglich größere Mengen freier Schwefelsäure vorhanden, stumpft man mit etwas Ammoniak ab. Zu der auf 50° abgekühlten Flüssigkeit gibt man nochmals Ammoniumpersulfat, und zwar etwa die Hälfte der zuerst angewandten Menge. Nachdem man noch 20 ml Schwefelsäure (D 1,16 bis 1,18) hinzugefügt hat, erhitzt man die Lösung zum zweiten Male auf Siedetemperatur (15 bis 20 Min.). Dann kühlt man sie ab und macht sie deutlich ammoniakalisch. Bei Anwesenheit von Aluminium ist ein Überschuß von Ammoniak durch Erwärmen zu beseitigen. Die Hydroxyde des Eisens und Aluminiums werden abfiltriert und sorgfältig mit heißem Wasser nachgewaschen. Bei Eisenmengen über 0,1 g Fe_2O_3 läßt sich das CrO_4-Ion aus dem Niederschlag durch Auswaschen kaum vollständig entfernen. Man löst daher die Hydroxyde in verd. Schwefelsäure und kocht die Lösung 10 bis 15 Min. unter Zusatz von Ammoniumpersulfat. Anschließend wird wieder mit Ammoniak gefällt. Um eine sichere Trennung des Chroms vom Eisen und Aluminium zu erreichen, kann die Umfällung und Oxydation noch ein drittes Mal wiederholt werden. In den angesäuerten Filtraten bestimmt man das Chromat maßanalytisch oder nach vorhergehender Reduktion mit Natriumhydrogensulfit gravimetrisch als Cr_2O_3.

Bemerkungen. *a) Genauigkeit.* Die Trennung ist vollständig [v. KNORRE (a); VAN PELT].

b) Arbeitsweise bei Gegenwart von Zink und Mangan. Mangan ist zusammen mit dem Eisen im Niederschlag, während Zink als Zinkat in Lösung ist. Die Trennung von Chromat kann durch Reduktion zu Cr(III) und Fällung des letzteren als Hydroxyd erfolgen (VAN PELT).

c) Alkalischer Aufschluß. Wenn Chromverbindungen mit Alkalien (Soda, Ätznatron) bei hohen Temperaturen (600 bis 1000°) geschmolzen werden, gehen sie in leichtlösliche Alkalichromate über. Die Umsetzung ist quantitativ, wenn das Schmelzmittel im Überschuß angewandt und die Reaktion in gut oxydierender Atmosphäre ausgeführt wird. Ein Zusatz an Natriumnitrat erleichtert die Oxydation. Sehr ge-

bräuchlich ist auch die Verwendung von Natriumperoxyd oder von Gemischen an
Na_2O_2 und Na_2CO_3 bzw. K_2CO_3. Beim Behandeln der Schmelze mit Wasser geht das
gebildete Chromat in Lösung und kann so von einer ganzen Reihe von Elementen getrennt werden. Im Rückstand befinden sich: Eisen, Titan, Zirkon, Hafnium, Thorium,
seltene Erden, Nickel und Kobalt. Bei Anwesenheit von genügend Carbonat werden
Zink, Beryllium, Magnesium und die Erdalkalien ebenfalls gefällt. Mit dem Chromat
zusammen in Lösung gehen Aluminium, Molybdän(VI), Wolfram(VI), Vanadium(V),
Arsen(V), Antimon(III), Silicium und Phosphor. Bei hohem Carbonatgehalt der
Lauge ist das Uran praktisch vollständig im Filtrat. Da das Chromat von den Niederschlägen stark adsorbiert wird, ist meistens eine Umfällung notwendig.

Einzelheiten über das Aufschlußverfahren: vgl. § 24, A.

2. Trennung durch Abscheidung des Chroms als Hydroxyd.

Das Chrom läßt sich über die Hydroxydfällung von einer ganzen Reihe von
Metallen abtrennen. Hierzu gehören Kupfer, Zink, Mangan, Nickel, Kobalt, Uran,
ferner das Magnesium und die Erdalkalien. Die Trennung beruht auf dem unterschiedlichen Hydrolysegrad der betreffenden Metallsalze etwa gemäß folgendem
Schema:

$$MeCl_3 + 3\,H_2O \rightleftharpoons Me(OH)_3 + 3\,HCl.$$

Es stellt sich ein Gleichgewicht ein, welches bei Cr(III) mehr nach der rechten
Seite verschoben ist, während die Metallsalze der Monoxyde kaum hydrolysiert sind.
VAN PELT hat den Hydrolysegrad einiger Metallsalze bestimmt und gefunden, daß
$CrCl_3$ zu 40%, $MnCl_2$ zu 10% und $ZnCl_2$ fast überhaupt nicht hydrolysiert ist. Wenn
man die freie Säure bindet, z. B. durch Ammoniak, kann eine Abscheidung des Chroms
erfolgen, während zur Fällung der „Monoxyde" der p_H-Wert noch nicht ausreichend
ist. Obwohl das Verfahren vielfach zur Trennung vorgeschlagen worden ist, ist es
nach neueren Erkenntnissen nicht immer zuverlässig. So halten RÂY und CHATTO-
PADHYA eine Trennung von Cr und Co für nahezu unmöglich, da die kritischen
p_H-Werte, bei denen die Hydroxyde ausfallen, zu nahe beieinander liegen. Auch
durch einen Zusatz von Ammoniumchlorid bleibt die Trennung unvollständig. Nimmt
man dagegen die Fällung mit Pyridin vor, so bleiben die Monoxyde (Mn, Co, Ni)
nahezu quantitativ in Lösung, da sie wahrscheinlich mit dem Pyridin unter Komplexbildung reagieren. Desgleichen ist beim Uran eine befriedigende Trennung möglich,
wenn man die Abscheidung des Hydroxydes $Cr(OH)_3$ mit Ammoniumcarbonat vornimmt. Das Uran bleibt als Komplex in Lösung. Bei der Fällung des Chroms(III)
mit Ammoniak werden gewöhnlich wechselnde Mengen der 2 wertigen Metalle mitgerissen, da der Neutralpunkt lokal überschritten wird. Eine allmähliche und gleichmäßige Annäherung an den Neutralpunkt läßt sich erreichen, wenn man mit hoch-
verdünntem, gasförmigem Ammoniak fällt. Nickel und Kobalt werden von Chromhydroxyd leichter mitgerissen als Zink und Mangan. Dagegen ist Mangan gegen
Luftsauerstoff empfindlich und kann als manganige Säure mit ausgefällt werden.
Es gelingt, den Fehler etwas zu vermindern, wenn man aus noch deutlich saurer
Lösung die Hauptmenge des Chroms fällt, abfiltriert und hierauf im Filtrat nach
erneuter Zugabe von Ammoniumsalz den Rest des Chromoxyds abscheidet.

Die Prüfung der Niederschläge auf vorhandene basische Salze zeigt, daß Sulfate
in weit größerer Menge als Chloride in den Niederschlag gehen. Aus Sulfatlösungen
gefällte Niederschläge haben eine mehr sandige Beschaffenheit und haften nicht an
der Glaswand; beim Waschen verlieren sie SO_4^{--} und werden schleimig. Mit Sicherheit ist eine Abtrennung des Chroms nur von Zn, Cu, U und ferner von den Erdalkalien und Magnesium möglich. Liegen die Komponenten in ungünstigen Mengenverhältnissen vor, sind Umfällungen erforderlich. Ebenfalls als Hydroxyde werden
folgende Metalle mit ausgefällt: Eisen, Aluminium, Titan, Beryllium, Zirkon (Hafnium), Thorium und die seltenen Erden.

3. Trennung durch Elektrolyse mit der Quecksilberkathode.

Allgemeines. Die elektrolytische Abscheidung einer großen Anzahl von Elementen an Quecksilberkathoden ist ein oft untersuchtes und seit Jahrzehnten häufig angewandtes, analytisches Verfahren, über das bereits mehrere zusammenfassende Berichte in der Literatur vorliegen. In diesem Zusammenhang wird auf die Arbeiten von BÖTTGER sowie GRAHAM und MAXWELL als auch LUNDELL und HOFFMAN besonders hingewiesen. Die Abscheidung des Chroms aus schwefelsaurer Lösung ist von BOCK und HACKSTEIN untersucht worden. In Übereinstimmung mit anderen Autoren sind sie zu dem Ergebnis gekommen, daß sich das Chrom unter Einhaltung bestimmter Bedingungen quantitativ an der Quecksilberkathode niederschlägt. Das Verfahren ist also durchaus geeignet, Cr von einer Reihe von Metallen zu trennen, die bei der Elektrolyse in Lösung bleiben. Hierzu gehören folgende Elemente: Al, Ti, Zr, Hf, Th, Sc, Y, V, U, W, Be, Mg, die Erdalkalien und Alkalien. Desgleichen bleiben Phosphorsäure und Borsäure in Lösung. Aus schwefelsaurer Lösung werden außer Cr noch folgende Metalle quantitativ abgeschieden: Fe, Co, Ni, Mo, Cu, Zn, Ga, Ag, Cd, In, Sn, Au, Hg, Tl, Bi. Es gibt ferner eine Reihe von Elementen, die an der Quecksilberkathode nur unvollständig niedergeschlagen werden. Hierzu gehört z. B. das Blei, welches z. T. an der Anode als PbO_2 abgeschieden wird. Ferner das Arsen, welches sich zum Teil als Arsenwasserstoff verflüchtigt. Beim Antimon ist die Abscheidung auch unvollständig; es bleibt als Metall in der Lösung suspendiert bzw. bildet flüchtigen Antimonwasserstoff. Ähnlich ist es beim Osmium, wobei etwas Oxyd OsO_4 gebildet wird. Se, Te und Re werden nur unvollständig abgeschieden. Es tritt eine Reduktion zu den Elementen Se und Te auf, die als Niederschlag in der Lösung ausfallen. Mangan wird teilweise an der Kathode und an der Anode (als MnO_2) abgeschieden; ein Teil bleibt als Permanganat in Lösung.

Einige Metalle, wie z. B. Cu, Fe, Zn, Cd, Sn, In, Tl und Bi, lassen sich bei verhältnismäßig hoher Schwefelsäurekonzentration (6 n) noch quantitativ aus der Lösung entfernen, während andere, wie z. B. Cr, Ga, Co und Ni, nur aus etwa 0,1 n H_2SO_4-Lösung vollständig abgeschieden werden können. Nach Untersuchungen von BOCK und HACKSTEIN ist jedoch ein Trennverfahren, welches auf der Variation der Schwefelsäurekonzentration beruht, nicht sicher genug. Es treten Störungen auf, wodurch die Trennung unvollständig bleibt. Eine quantitative Trennung läßt sich beim Chrom mit Sicherheit nur von solchen Elementen erreichen, die unter keinen Umständen abgeschieden werden.

Verschiedene Formen der Quecksilberkathode. Die Brauchbarkeit von Quecksilber als Kathodenmaterial ist durch eine Reihe eingehender Untersuchungen erwiesen. Kathoden aus Quecksilber sind dann dem Platin überlegen, wenn es sich bei der Abscheidung um Metalle handelt, die dazu neigen, an festen Kathoden in schwammiger oder grobkristalliner Form auszufallen oder sich mit dem Platin zu legieren. Voraussetzung für die Anwendbarkeit von Hg-Kathoden ist die genügende Löslichkeit des betreffenden Metalls in Quecksilber. Da hier andere Abscheidungspotentiale wie an der Platinkathode wirksam sind, werden infolge der auftretenden Überspannung unedle Metalle bis zum Zink bereits in saurer Lösung quantitativ abgeschieden. Man unterscheidet verschiedene Formen der Quecksilberkathode, die im folgenden kurz angedeutet werden:

Starre Quecksilberkathode. Man versteht darunter Elektroden aus Messingdrahtnetz, die mit Quecksilber bedeckt sind. PAWECK hat als erster derartige Elektroden benutzt, und zwar in Gestalt scheibenförmiger Netze von 6 cm Durchmesser. Zwei solcher Netze sind im Abstand von 12 mm an einem Draht von 1 mm Durchmesser befestigt. An Stelle der Netze sind später solche der üblichen Zylinderform getreten. Als Anode dient eine durchlöcherte Platinelektrode oder eine Platinspirale. Sie werden zur Beschleunigung der Abscheidung in rotierende Bewegung versetzt.

Flüssiges Quecksilber als Kathode. BAUMANN-Zelle. Für die Abscheidung eines Metalls unter Bildung eines flüssigen Amalgams sind größere Mengen von Quecksilber notwendig. Man benutzt hierzu zylindrische Gefäße mit einem Durchmesser von 3 bis 4,5 cm und einer Höhe von 7 bis 8 cm aus starkwandigem *Jenaer* Glas. Sie sind so eingerichtet, daß sie bequem auf die analytische Waage gestellt werden können. Durch einen Platindraht, der am Boden durch die Wandung geführt ist, wird der Strom zugeleitet. Das äußere Ende ist zu einer Schlinge geformt, in die der Zuleitungsdraht eingehängt wird. Das Gefäß besitzt eine Ablaßvorrichtung für das Quecksilber, um die Elektrolyse durch Abstellen des Stroms nicht zu unterbrechen, wenn die Abscheidung eines bestimmten Elementes erfolgt ist. Die Apparatur ist besonders zur Ausführung von Trennungen geeignet.

MELAVEN-Zelle. Sie besteht aus einem zylindrischen Gefäß (Durchmesser 3 bis 4 cm) mit konischem Boden, das mittels eines Schlauches und über einen Zweiwegehahn mit dem mit Quecksilber gefüllten Niveaugefäß so gestellt ist, daß das Quecksilber 2 bis 3 cm hoch im Elektrolysengefäß steht. Nach beendigter Elektrolyse wird der Quecksilberspiegel durch Senken des Niveaugefäßes erniedrigt, bis das Quecksilber das obere Ende der Hahnbohrung erreicht; durch Drehen des Zweiwegehahnes um 180° kann jetzt die Flüssigkeit in ein anderes Gefäß abgelassen werden. Als Anode dient eine Platinspirale oder ein Platindrahtnetz. Der Kathodenanschluß besteht aus einem Kupferdraht oder aus einem unten im Niveaugefäß eingeschmolzenen Platindraht.

CAIN-Zelle. Das Elektrolysiergefäß gleicht in seiner äußeren Form einem Scheide- bzw. Tropftrichter. In den unteren Teil des Gefäßes (200 bis 300 ml Inhalt) ragt ein Rohr von etwa 2 mm Durchmesser (Abb. 90). Die Zelle wird bis zu 1 mm unter den Rand des Rohres *A* mit Quecksilber gefüllt, wobei auch das Innenrohr *A* vollständig mit Quecksilber ausgefüllt ist. Als Kathode dient ein Platindraht, der in die Glaswand eingeschmolzen ist; die Anode besteht aus einem Platindrahtnetz oder aus einer Spirale; sie wird durch die obere Öffnung des Gefäßes eingeführt. Nach Beendigung der Elektrolyse läßt man die Flüssigkeit zusammen mit dem im Rohr *A* befindlichen Quecksilber über ein Filter ab (Abb. 90).

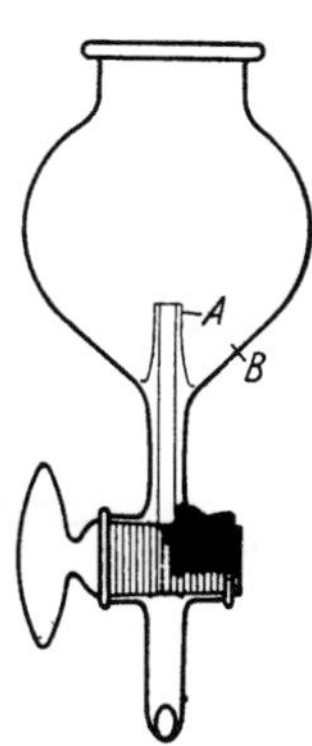

Abb. 90. Elektrolysiergefäß. (Nach CAIN.)

Löffelkathode nach MOLDENHAUER. Das Quecksilber befindet sich in einem löffelartigen Glasgefäß, das in die Flüssigkeit eingehängt wird. In einem daran befindlichen Stiel ist der stromzuführende Platindraht eingeschmolzen. Der Löffel besitzt ein Gewicht von etwa 10 g und wird mit etwa 4 ml Hg ($\sim$55 g) beschickt. Als Anode dient ein rechteckiges Platinblech von 1 cm Kantenlänge, das in ein starkes Glasrohr eingeschmolzen ist. Die Stromzuführung erfolgt im Innern des Rohres, welches außerdem mit einem Rührwerk in Verbindung steht. Die Elektroden sind in einem Becherglas von etwa 100 ml Inhalt untergebracht. Das Elektrolytvolumen beträgt 40 bis 50 ml. Die Metallabscheidung erfolgt bei 60 bis 80° und bei einer Stromstärke von 2 Amp.

Rotierende Quecksilberkathode nach TUTUNDŽIĆ. Eine ausführliche Beschreibung dieser Elektrodenform wird in dem Abschnitt über elektroanalytische Chrombestimmung gegeben (vgl. § 1 C).

I. Verfahren nach Bock und Hackstein. Allgemeines. Das Chrom läßt sich quantitativ aus schwefelsaurer Lösung an der Quecksilberkathode abscheiden, wenn die Säurekonzentration entsprechend gering, d. h. etwa 0,1 n ist. Diese Beobachtung wird von CHIRNSIDE und Mitarbeitern und von ETHERIDGE bestätigt. Liegt das Chrom als Dichromat vor, bereitet die elektrolytische Abscheidung an der Hg-Kathode Schwierigkeiten, da zunächst unter Säureverbrauch Chrom(III)-sulfat gebildet wird, welches hydrolysiert und als Hydroxyd ausfällt. Ferner bildet sich auf der Quecksilberoberfläche ein fein verteilter, schwarzer Niederschlag, der mit Chrom(III)-lösungen nicht auftritt. Die gleiche Feststellung machen PARKS und Mitarbeiter. Es ist daher zweckmäßig, das Chrom(VI) vorher zu reduzieren. Nach einer Elektrolysendauer von 4 Std. in einer 0,2 n schwefelsauren Lösung beträgt der in Lösung verbliebene Chromanteil [Cr(III) und Cr(VI)] 0,13 mg bei einer Ausgangsmenge von 1 g Cr. Er verringert sich nach 8 Std. auf 0,01 mg. Bei höheren Säurekonzentrationen ist die Abscheidung unvollständig, desgleichen bei der Elektrolyse von Verbindungen des 6wertigen Chroms. Die Abscheidungsgeschwindigkeit verringert sich stark mit der Konzentration des elektrolysierten Chroms. Man arbeitet daher mit nicht zu verdünnten Lösungen, d. h. etwa 1000 mg Cr auf 150 ml Lösung. Die Ausscheidung wird günstig beeinflußt durch eine große Hg-Oberfläche sowie durch Rühren der Lösung und des Quecksilbers.

Apparatur. Das Elektrolysengefäß besteht aus zwei Bechergläsern a und b (vgl. Abb. 91) von 400 bzw. 100 ml Inhalt (Geräteglas G 20, weite Form), die unten durch ein Glasröhrchen c von 4 mm Durchmesser miteinander verbunden sind. Die

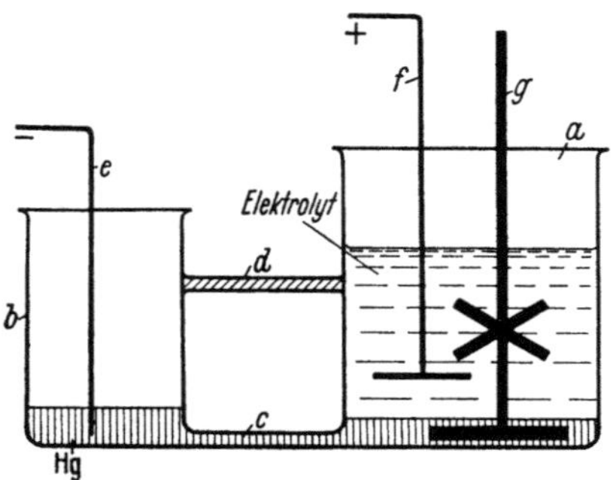

Abb. 91. Apparatur zur Elektrolyse an der Quecksilberkathode. (Nach BOCK und HACKSTEIN.)

Stabilität dieses Doppelgefäßes ist durch eine Glasbrücke d erhöht. Das Becherglas a dient zur Aufnahme des Elektrolyten, b nur als Vorratsgefäß für das Quecksilber nach Beendigung der Elektrolyse. Zu Beginn jedes Versuches wird gereinigtes Quecksilber eingefüllt, bis der Boden beider Bechergläser bedeckt und das Röhrchen c vollständig mit Hg angefüllt ist. Dabei muß das ganze Gerät vollkommen trocken sein. Befinden sich Wassertröpfchen an der inneren Wand des Röhrchens c, so tritt hier während der Elektrolyse Gasentwicklung auf, die zum Abreißen des Hg-Fadens und zur Unterbrechung der Elektrolyse führt. Das Quecksilber dient als Kathode und ist durch einen Pt-Draht e mit der Stromquelle verbunden. Als Anode wird ein Pt-Draht f von etwa 35 cm Länge und 0,08 mm Durchmesser am Ende zu einer waagerecht liegenden Spirale von 30 mm Außendurchmesser aufgewickelt. Nach dem Einfüllen der zu elektrolysierenden Lösung in das Becherglas setzt man noch einen Doppelrührer g aus Glas ein, der mit zwei Paar um 90° versetzter Flügel im Abstand von 40 mm versehen ist. Die ganze Anordnung befindet sich zur Kühlung in einem kleinen wasserdurchflossenen Blechkasten. Das Becherglas a wird mit einem Uhrglas bedeckt. Während der Elektrolyse spült man dieses gelegentlich mit Wasser ab, wodurch verspritzte Anteile der Lösung zurückgespült und auch die Zersetzungsverluste des Elektrolyten ausgeglichen werden.

Die Stromquelle besteht aus einem kleinen Regeltransformator mit angeschlossenem Trockengleichrichter (PHYWE, Göttingen), der einen pulsierenden Gleichstrom liefert; der Stromkreis enthält ein Voltmeter und ein Amperemeter.

Nach Beendigung der Elektrolyse wird der Rührer entfernt und das ganze Gefäß einschließlich Kühlkasten ohne Stromunterbrechung so weit gekippt, daß der größte Teil des Quecksilbers in das Gefäß b fließt. Dann unterbricht man die Elektrolyse durch Zugabe von 0,5 ml CCl_4 und verstärkt die Neigung, bis CCl_4 sich weitgehend in dem Verbindungsröhrchen c befindet (Abb. 92). Nunmehr wird die Lösung abgehebert und schließlich in einer Quarzschale zur Trockne gedampft.

Auf diese Weise kann mit Sicherheit ein Wiederherauslösen abgeschiedener Elemente aus dem Quecksilber bei Beendigung der Elektrolyse verhindert werden. Als weitere Vorteile des Gerätes sind die einfache Herstellungsmöglichkeit, eine große Quecksilberoberfläche und das Fehlen von Hähnen zu erwähnen. Infolge der großen Hg-Menge ist ein Quecksilberwechsel normalerweise nicht notwendig. Besonders sorgfältige Untersuchungen lassen sich selbstverständlich auch in Quarzgeräten gleicher Form durchführen.

Abscheidungsbedingungen. Die folgenden Bedingungen werden bei allen Elektrolysen in schwefelsaurer Lösung konstant gehalten. Hg-Menge: 600 g; wirksame Oberfläche der Kathode: 50 cm²; Oberfläche der Anode: 8,5 cm²; Stromstärke: 5 Amp. (durch Nachregeln der Spannung während der Elektrolyse konstant zu halten; höhere Stromstärken werden wegen erheblicher Wärmeentwicklung nicht angewandt); Stromdichte an der Kathode: 0,1 Amp./cm²; Stromdichte an der Anode: 0,59 Amp./cm²; Abstand zwischen Anode und Kathode: 8 mm (in Anlehnung an die Angaben von PARKS, JOHNSON und LYKKEN); Elektrolytvolumen: 150 ml; Rührgeschwindigkeit: 120 U/min; Temperatur: 20 bis 23° C; die Spannung liegt je nach der Schwefelsäurekonzentration zwischen etwa 5 und 15 Volt.

Bemerkungen. *a) Genauigkeit.* Chrom geht bei der Elektrolyse einer Cr(III)-lösung vollständig in das Quecksilber; liegt eine Cr(VI)-lösung vor, so bleibt es teilweise elementar im Elektrolyten suspendiert.

b) Störende Elemente. Die Anwendung der Methode ist nicht zu empfehlen in Gegenwart von Ge, As, Sb, Te, Mn und Re (sowie Os und Ru). Liegen gleichzeitig Ammoniumsalze vor, so bildet sich störendes NH_4-Amalgam, wenn die Säurekonzentration wesentlich kleiner als 0,1 n ist. Durch Temperaturerhöhung kann diese Störung ausgeschaltet werden. Noch nicht vollständig geklärt ist der Einfluß anderer Anionen als SO_4^{--}, wie z. B. ClO_4^-, PO_4^{---} und F^-, auf den Abscheidungsvorgang.

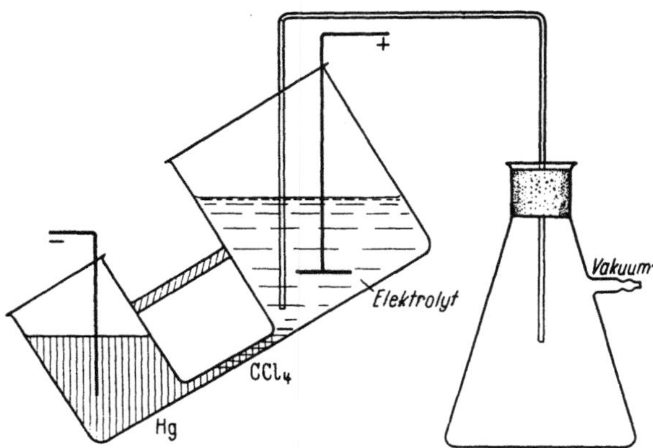

Abb. 92. Abhebern des Elektrolyten nach beendeter Elektrolyse. (Nach BOCK und HACKSTEIN.)

c) Quecksilberreinigung. Nach den Elektrolysen versetzt man die Amalgame in einer Saugflasche mit dem doppelten Volumen einer 10%igen $HgNO_3$-Lösung, die mit HNO_3 schwach angesäuert ist. Dann wird die Flasche mit einem Stopfen verschlossen, durch den ein bis unter die Hg-Oberfläche reichendes Glasrohr geführt ist. Durch Anschließen des seitlichen Ansatzes an eine Wasserstrahlpumpe wird nun 4 Std. lang ein kräftiger Luftstrom durchgesaugt, so daß das Amalgam und die $HgNO_3$-Lösung in starker Bewegung sind. Diese Operation wird mit neuer $HgNO_3$-Lösung wiederholt. Dann gießt man die wäßrige Phase ab, löst die graue bis schwarze Schicht an der Hg-Oberfläche, die die Hauptmenge des zu entfernenden Metalls enthält, mit 2 mal 50 ml konz. Salzsäure, wäscht mit Wasser nach und trocknet das Quecksilber in einer Schale auf dem Sandbad bei 150° C. Schließlich wird es noch in einer kontinuierlich arbeitenden Apparatur nach v. ANGERER im Vakuum destilliert. Der Gehalt an nichtflüchtigen Verunreinigungen beträgt nunmehr im ungünstigsten Falle 0,002%.

Eine schnelle Reinigung wird auch erzielt, wenn man das verbrauchte Quecksilber mit einer warmen Mischung von verd. Schwefelsäure (10%ig) und etwas Perhydrol behandelt. Man dekantiert mit Wasser, trocknet mit Filtrierpapier und saugt nochmals durch.

II. Verfahren nach Klinger. Die *Apparatur* besteht aus einem Niveaugefäß und dem Elektrolysengefäß, das etwa 300 ml faßt und dessen Boden durch eine Quecksilberkathode gebildet wird. Der Quecksilberspiegel der Kathode ist durch Heben

und Senken des Niveaugefäßes verstellbar und kann bis in den Weg I des Doppel-
weghahnes (Bohrung etwa 3 mm Durchmesser) gesenkt werden (Abb. 93). Als Anode
dient eine Platinrühranode; man kann auch eine stehende Platinanode verwenden
und durch diese einen Glasrührer einführen. Die Rühranode soll so angeordnet sein,
daß sie mindestens bis zur Hälfte in die Analysenlösung eintaucht. Im unbenutzten
Zustand ist dafür zu sorgen, daß das Quecksilber im Elektrolysengefäß nur bis zum
Zweiwegehahn geht und durch diesen abgesperrt ist. Zur Füllung mit der zu elektrolysierenden Lösung wird der Zweiwegehahn so gestellt, daß beide Wege I und II geschlossen sind.

Arbeitsvorschrift. Nach Füllung schaltet man den Strom ein und öffnet den
Zweiwegehahn zur Zuführung des Quecksilbers durch Weg I. Der Quecksilberspiegel
wird so eingestellt, daß der gesamte Querschnitt des Elektrolysengefäßes, wie aus
der Abb. 93 ersichtlich, bedeckt ist. Dann läßt
man die Rühranode so stark laufen, daß sich
die Flüssigkeit in lebhafter Bewegung befindet.
Man elektrolysiert 1 Std. bei 2 Amp. (ungefähr 12 Volt), steigert die Stromstärke auf
3 Amp. und elektrolysiert zwei weitere Stunden mit dieser Stromstärke. Bei hohem
Chromgehalt ist dann eine weitere Erhöhung
der Stromstärke auf 4 Amp. zu empfehlen.
Nach beendeter Analyse stellt man unter
Ausfluß II ein 400 ml fassendes Becherglas.
Dann senkt man das Niveaugefäß, bis das
Quecksilber im Elektrolysengefäß gerade im
Hahn verschwindet. Der Strom bleibt noch
eingeschaltet. Dann wird der Hahn um 180°
gedreht und die Lösung fließt durch den
Weg II in das Becherglas ab; die Rühr-
elektrode und das Gefäß werden mit dest.
Wasser mehrfach abgespült.

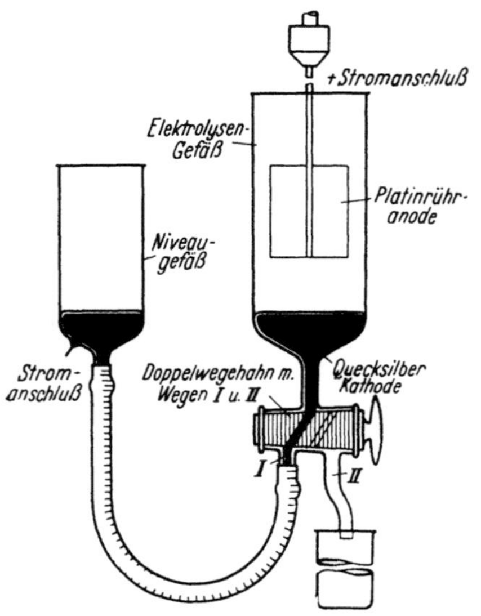

Abb. 93. Elektrolysiereinrichtung. (Nach KLINGER.)

Nach dem „Schiedsverfahren" beträgt die
Stromstärke 4 Amp. bei einer Quecksilberoberfläche, die den Raum von 40 ml ein-
schließt; die dazu notwendige Spannung beträgt etwa 13 Volt und hängt vom Bad-
widerstand ab. Für eine genügende Menge Quecksilber muß gesorgt werden, da
sonst durch die Amalgambildung die Kathode nicht genügend freies Quecksilber
enthält und dadurch die vollständige Abscheidung der eingangs genannten Metalle
stark verzögert würde. Bei einer Einwaage von 2 g genügen 50 ml Quecksilber bei
einer Kathodenoberfläche, die den Raum von 40 ml einschließt. Bei einer größeren
Einwaage muß das Quecksilber öfter erneuert werden.

Elektrolytlösung. Die Lösung wird tropfenweise mit Ammoniak versetzt, bis eine
bleibende Trübung in der Lösung vorhanden ist. Darauf gibt man 5 bis 8 Tropfen
konz. Schwefelsäure hinzu, so daß die Lösung wieder klar wird. Die ursprünglich
schwach grünlich gefärbte Lösung nimmt jetzt eine schwach gelbe Farbe an, darf
aber nicht braunstichig aussehen.

III. Mikrochemische Arbeitsvorschrift nach Klinger, Koch und Blaschczyk. Etwa
10 bis 100 mg der Probe werden im Platintiegel mit etwas Schwefelsäure (1 + 3) (etwa
4,6 m) und Salpetersäure (D 1,4) in Lösung gebracht und diese bis zum Rauchen der
Schwefelsäure eingeengt. Unter Zugabe von etwas Kaliumhydrogensulfat wird der
Rückstand daraufhin mehrmals kräftig bis zur Rotglut erhitzt, damit auch das in
Form der Oxyde vorliegende Material restlos aufgeschlossen wird. Der Tiegelinhalt
wird in Wasser aufgenommen und die Lösung mit Natronlauge so lange versetzt,

bis eine bleibende Fällung von Eisenhydroxyd entsteht. Durch Zugabe von 8 ml konz. Schwefelsäure wird die nötige Säurekonzentration hergestellt und in der in Abschnitt b) beschriebenen Apparatur etwa $^1/_2$ Std. elektrolysiert.

4. Abscheidung von Eisen, Nickel und Mangan bei der Elektrolyse von Ferrolegierungen.

Allgemeines. Nach einem älteren Verfahren von GINO GALLO gelingt der Aufschluß einer Ferrolegierung auf elektrolytischem Wege, wenn man in einer schwach alkalischen Kaliumchloridlösung bei 80 bis 85° arbeitet. Das gesamte Chrom geht als Chromat in Lösung, während Eisen, Nickel und Mangan als Hydroxyde ausfallen.

Arbeitsvorschrift. Man unterwirft eine 15%ige, schwach alkalische Kaliumchloridlösung der Elektrolyse, wobei als Kathode ein Platindraht verwendet wird, während die betreffende Legierung als Anode dient. Auf je 0,1 g Metall entfallen 50 ml der Kaliumchloridlösung, außerdem auf je 100 ml der Lösung 2 ml 20%ige Kalilauge. Mit einem Strom von 0,5 Amp. und 8 bis 10 Volt kann 1 g Legierung in 4 Std. zersetzt werden. Das Chrom geht in Lösung, Fe, vorhandenes Nickel und Mn fallen als Hydroxyde aus. Um eine Reduktion des Chromats durch Wasserstoff an der Kathode zu verhindern, umgibt man den Platindraht mit einem Tondiaphragma. Nach beendeter Elektrolyse erhitzt man die Lösung zusammen mit dem Niederschlag zum Sieden und füllt nach dem Erkalten auf ein bestimmtes Volumen auf. Das Chrom wird dann gravimetrisch oder maßanalytisch (jodometrisch) bestimmt. In der gleichen Probe können Fe, Ni und Mn sowie S und P bestimmt werden.

B. Trennung von den Metallen der Ammoniumsulfidgruppe.

1. Trennung von Eisen.

I. Zuverlässige Trennungsverfahren.

Die Trennung der beiden Metalle Cr und Fe gelingt am besten, wenn man das Chrom zu Chromat oxydiert und das Eisen als Eisen(III)-hydroxyd abscheidet. Die Oxydation kann sowohl mit Natriumperoxyd als auch mit Brom oder Wasserstoffperoxyd in alkalischer Lösung oder aber auch durch Schmelzen mit überschüssigem Alkali (vgl. A) erfolgen.

II. Weitere vorgeschlagene Trennungsverfahren.

a) Fällung als Eisen(III)-phosphat nach Järvinen (b). Allgemeines. Bekanntlich wird vom Eisenhydroxydniederschlag immer etwas Chromat zurückgehalten, so daß eine nochmalige Umfällung erforderlich ist. Die Adsorption von Chromat läßt sich weitgehend zurückdrängen, wenn man das Eisen als Phosphat ausfällt. Man oxydiert das Chrom zunächst in alkalischer Lösung zu Chromat und löst das Eisen(III)-hydroxyd wieder auf, um Fe dann mit Ammoniumphosphat zu fällen.

Arbeitsvorschrift. Zu 100 bis 200 ml einer Lösung, die etwa 0,1 g Cr und Fe enthält, gibt man 1 bis 2 ml Brom und läßt dann unter Schütteln 2 n Natronlauge im Überschuß einlaufen. Nach $^1/_4$ Std. wird der Niederschlag in möglichst wenig Salzsäure gelöst und die Lösung dann wieder langsam alkalisch gemacht. Sie wird einige Zeit auf dem Wasserbad erwärmt; nach dem Ansäuern und Verdünnen auf etwa 200 bis 300 ml wird das Brom fortgekocht. Als Reagens benutzt man feuchtes Kaliumjodid-Stärkepapier. Zu der heißen Lösung setzt man eine dem Eisen äquivalente Menge (10 bis 20 ml) 2 n Ammoniumphosphatlösung und fällt tropfenweise mit konz. Ammoniak. Die gekühlte Lösung füllt man auf 200 bis 500 ml auf und filtriert sie. Die Hälfte des Filtrats säuert man stark mit Schwefelsäure an, so daß etwa 5 ml konz. Säure auf 100 ml entfallen, und titriert kalt mit 0,1 n $Na_2S_2O_3$-Lösung unter Kaliumjodidzusatz. 1 ml entspricht 1,7337 mg Cr. In dem Niederschlag, den man nicht auszuwaschen braucht, bestimmt man dann das Eisen.

Bemerkungen. *Genauigkeit.* An Hand von mehreren Beleganalysen beweist JÄRVINEN die Vollständigkeit seiner Trennmethode. Es wird praktisch kein Chromat von den Niederschlägen absorbiert. Bei zu großen Niederschlagsmengen ist eine zweimalige Oxydation erforderlich. HASLAM und MURRY halten die Oxydation des Chroms(III) mit Natriumhypobromit selbst in doppelter Ausführung nicht für vollständig genug, wenn Eisen in beträchtlichen Mengen vorhanden ist. Das im Alkaliüberschuß unlösliche Eisen(III)-hydroxyd hält hartnäckig Chromoxyd zurück und entzieht es auf diese Weise der Oxydation.

Die Anwesenheit von Zn, Ni, Co und Mn stören den Trennungsgang nicht. Desgleichen kann auch Phosphorsäure zugegen sein. Mäßige Mengen an Salpetersäure (5 bis 10 ml 2 n Säure) wirken nicht störend auf den Analysengang (Aluminium wird mitgefällt).

b) Fällung mit Nitroso-β-naphthol nach v. Knorre (a). Allgemeines. Aus einer salzsauren Lösung läßt sich das 3wertige Eisen durch Nitroso-β-naphthol quantitativ abscheiden, während das Chrom(III) in Lösung bleibt. Eine vollständige Trennung der beiden Metalle ist nur in der Kälte zu erreichen, da beim Erwärmen auch bei Gegenwart von Salzsäure das Chromnitrosonaphthol mitfällt. Die Abscheidung des Eisens ist erst nach einer Wartezeit von 8 bis 16 Std. vollständig. Da die Bestimmung des Chroms im Filtrat mit Schwierigkeiten verbunden ist (z. T. Oxydation durch Nitrosonaphthol zu Chromsäure), empfiehlt es sich, in einem aliquoten Teil nur das Eisen und in einem anderen die Summe von Chrom und Eisen zu bestimmen.

Arbeitsvorschrift. 50 ml einer Eisenalaunlösung, welche 0,3290 g Fe_2O_3 enthält, und 50 ml einer Chromalaunlösung mit 0,2772 g Cr_2O_3 werden gemischt und mit Essigsäure und 5 ml Salzsäure (D 1,12) versetzt. Dann läßt man in die kalte Flüssigkeit eine essigsaure Lösung von 3 g Nitroso-β-naphthol einlaufen. Nach 8stündigem Stehen wird das schwarze Nitrosonaphtholeisen in der Kälte abfiltriert. Der feuchte Niederschlag wird getrocknet und zu Fe_2O_3 verglüht. Im Filtrat reduziert man etwa gebildetes Chromat mit Natriumhydrogensulfit und fällt dann das Chrom(III) mit Ammoniak als Hydroxyd. Es wird gravimetrisch als Cr_2O_3 bestimmt.

Genauigkeit. Nach den angeführten Beleganalysen ist die Trennung recht genau. Die in der Arbeitsvorschrift eingesetzten Eisenoxyd- und Chromoxydmengen werden bis auf $\pm$ (0,2 bis 0,8) mg wiedergefunden. Die Methode ist jedoch infolge der langen Fällungsdauer sehr zeitraubend.

c) Fällung mit Kupferron. Allgemeines. BILTZ und HÖDTKE fällen aus einer schwefelsauren Eisen(III)-salzlösung quantitativ das Eisen mit Nitrosophenylhydroxylamin (Kupferron) aus. Der Gehalt an freier Schwefelsäure kann bis zu 20 Vol.-% betragen; die Fällung erfolgt bei Raumtemperatur. TREADWELL (b) empfiehlt das Abscheidungsverfahren, um das Eisen von Chrom abzutrennen, welches als Chrom(III)-salz in Lösung bleibt.

Arbeitsvorschrift. Die etwa 200 ml betragende Cr(III)- und Fe(III)-Lösung wird mit so viel Schwefelsäure versetzt, daß der Gehalt an freier Säure etwa 12% beträgt. Dann läßt man bei Raumtemperatur eine 6%ige wäßrige Kupferronlösung langsam einfließen. Das Eisen wird in Form eines rotbraunen, flockigen Niederschlages abgeschieden. Das Ende der Fällung ist an dem Auftreten eines weißen, feinkristallinen Niederschlages von Nitrosophenylhydroxylamin zu erkennen. Das Fällungsmittel wird im Überschuß angewandt. Auf 0,1 g Fe entfallen 0,833 g Kupferron in Form des Ammoniumsalzes. Man filtriert dann den Niederschlag durch ein Papierfilter unter leichtem Saugen, wäscht mit 2 n Salzsäure, dann mit Wasser, später mit ammoniakhaltigem Wasser und zum Schluß wieder mit Wasser aus. Der Niederschlag wird vorsichtig verascht und dann verglüht.

Genauigkeit. Das Eisen wird vollständig abgetrennt; die gefundenen Eisenwerte differieren von den theoretischen um etwa 0,1 bis 0,2 mg.

d) Fällung mit Ammoniumsulfid oder Schwefelwasserstoff. TREADWELL (b) schlägt zur Abtrennung des Eisens die Fällung mit Ammoniumsulfid in Gegenwart von Ammoniumtartrat vor. An Stelle von Ammoniumsulfid kann man auch Schwefelwasserstoff verwenden.

e) Fällung mit Magnesiumoxyd. In essigsaurer Lösung läßt sich Eisen durch Fällung mit Magnesiumoxyd abtrennen (WARREN).

f) Trennung über die Metallchloride. Die Chloride dieser Metalle zeigen gegenüber Wasser ein unterschiedliches Verhalten. Chrom(III)-chlorid ist in Wasser unlöslich, während sich Eisen(III)-chlorid leicht löst. BOURION und DESHAYES benutzen diese Unterschiede in der Löslichkeit für die Trennung der Metallchloride. Man erhitzt die Metalloxyde zusammen mit dem gleichen Volumen Ammoniumsulfat im Chlorstrom. Auf diese Weise wird eine poröse Masse erhalten, die leichter von einem Gemisch an Chlor und Schwefelmonochlorid angegriffen wird (Temperatur 200 bis 650°). Durch eine anschließende Wasserbehandlung wird das leicht lösliche Eisenchlorid von dem unlöslichen Chromchlorid getrennt. Auf Grund der mitgeteilten Analysenergebnisse scheint die Trennung nicht vollständig zu sein.

g) Trennung durch Elektrolyse. Bereits CLASSEN (a) (1881) hat die Trennung der beiden Metalle auf elektrolytischem Wege empfohlen. Später ist sie dann im Zusammenhang mit der Chrom-Nickel-Trennung von ROUSSEAU überprüft worden. Die Abscheidung von Eisen ist vollständig.

h) Trennung von Eisen(II). α) Fällung mit Zinkoxyd. Aus einer Chrom(III)-salzlösung läßt sich das Chrom mit einer Zinkoxydaufschlämmung quantitativ abscheiden, wenn das Fällungsmittel im Überschuß angewandt wird. Bei der Fällung, die sowohl in der Hitze als auch in der Kälte ausgeführt werden kann, stellt sich ein p_H-Wert von 5,5 ein. Das Chrom läßt sich auf diese Weise von Eisen(II) trennen; es muß allerdings dafür gesorgt werden, daß der Luftsauerstoff ferngehalten wird, um eine Oxydation zu Fe(III) zu verhindern, welches sonst als Hydroxyd mitfallen würde. Außer Chrom und Eisen(III) werden durch Zinkoxyd noch folgende Metalle quantitativ gefällt: Ti, Zr, Al. Zum Teil abgeschieden werden: Cu, Mo, V, W, Ta und Nb. Nickel, Kobalt und Mangan bleiben in Lösung. Phosphorsäure und Kieselsäure werden als Phosphat bzw. Silicat mitgefällt. Das Verfahren ist für die Stahlanalyse von Bedeutung, um die Sesquioxyde von der Hauptmenge des Eisens zu trennen (vgl. Bd. IVb, S. 124).

β) Fällung mit Bariumcarbonat. REINITZER und CONRATH fällen das Chrom(III) mit einer Bariumcarbonataufschlämmung als Hydroxyd, um es vom 2wertigen Eisen zu trennen. Die Abscheidung des Niederschlags kann durch Einleiten von Kohlendioxyd stark beschleunigt werden (Dauer der Fällung etwa 15 Min.). Es läßt sich praktisch nie ganz vermeiden, daß infolge Oxydation etwas Eisen(III)-hydroxyd mitgefällt wird. Vollständig abgeschieden werden außerdem Aluminium und Titan. In Lösung bleiben Mn(II), Ni(II), Co(II). Das Verfahren wird in der Stahlanalyse angewandt, um das Chrom für die nachfolgende maßanalytische Bestimmung (mit Permanganat) abzutrennen.

i) Trennung von Eisen(II) in Anwesenheit von Vanadium. Allgemeines. Nach BERL und LUNGE wird etwa vorhandenes Vanadium durch Bariumcarbonat mitgefällt. Zur weiteren Trennung der beiden Metalle schließt man die Oxyde mit einem Soda-Salpeter-Gemisch auf. Nach der Reduktion des Chromats mit etwas Alkohol in schwach saurer Lösung fällt man Cr(III) in Gegenwart von Ammoniumphosphat aus und bestimmt es nach einer der üblichen Methoden. Im Filtrat des Chromphosphatniederschlags kann das Vanadium mit Quecksilber(I)-nitrat gefällt und als V_2O_5 gravimetrisch bestimmt werden.

Arbeitsvorschrift. Die Metallsalzlösung (Fe muß in 2wertiger Form vorliegen) wird durch einen Kohlendioxydstrom vor Luftoxydation geschützt. Man neutralisiert sie mit Sodalösung bis zur Bildung eines geringen Niederschlags, den man vorsichtig mit etwas Salzsäure wieder löst. Dann verdünnt man sie mit ausgekochtem Wasser und gibt zu der erkalteten Lösung aufgeschlämmtes Bariumcarbonat in geringem Überschuß hinzu und läßt 24 Std. stehen. Der Niederschlag wird dann abfiltriert, mit kaltem Wasser gewaschen, getrocknet und verascht. Den Glührückstand schließt man mit 5 g Soda-Salpeter-Gemisch (15 + 1) auf und zieht die Schmelze mit Wasser aus. Nach dem Ansäuern des Filtrates reduziert man die Chromsäure mit Alkohol und dampft zur Trockne. Der Rückstand wird in wenig Salzsäure und Wasser gelöst und mit etwas Salz $KClO_3$ versetzt, um niedere Vanadiumoxydationsstufen in Vanadiumsäure überzuführen. Dann fügt man etwas Ammoniumphosphatlösung hinzu und fällt das Chrom mit Ammoniak aus.

Vollständigkeit der Trennung. Es werden geringe Mengen an Vanadium bei der Chromfällung mitgerissen.

2. Trennung von Nickel.

I. Abscheidung des Chroms.

Das Chrom kann in Gegenwart von Nickel als Oxydhydrat abgeschieden werden. Als Fällungsreagens werden Ammoniumnitrit, Pyridin oder gasförmiges Ammoniak verwendet (vgl. § 1, Teil A, 3/4). Eine quantitative Trennung ist meistens nur durch mehrmaliges Umfällen zu erreichen.

II. Abscheidung des Nickels.

Folgende Verfahren sind gebräuchlich:

a) Oxydation zu Chromat und Abtrennung des Nickeloxyds (vgl. Abschnitt § 16, B 6 IX).

b) Fällung als Nickelsulfid in Gegenwart von Wein- oder Citronensäure (vgl. Bd. IV B, S. 130).

c) Elektrolytische Abscheidung des Nickels in Gegenwart von Eisen.

Allgemeines. Die Trennung des Nickels vom Chrom wird in Gegenwart von Ammoniumoxalat und überschüssigem Ammoniak durchgeführt. Die beiden Metalle werden in Form ihrer Sulfate bei 80 bis 90° elektrolysiert. Hierbei scheidet sich das Nickel vollständig ab, während das Chrom in Lösung bleibt oder höchstens in Spuren zusammen mit dem Nickel niedergeschlagen wird (ROUSSEAU).

Ist gleichzeitig noch Eisen in der Lösung vorhanden, ist die Durchführung der elektrolytischen Trennung in der oben geschilderten Weise nicht möglich, da das Eisen durch überschüssiges Ammoniak ausgefällt wird. ROUSSEAU setzt dem Elektrolyten Citronensäure zu, wodurch das Eisen in Lösung gehalten wird. Die Trennung gelingt dann ganz glatt, wenn man wie üblich mit einem Zusatz an Ammoniumoxalat und mit einem Ammoniaküberschuß arbeitet. Nickel und Eisen werden auf der Kathode niedergeschlagen, während das Chrom in Lösung bleibt und nach einer der üblichen Methoden bestimmt wird. Die weitere Trennung von Nickel und Eisen ist von der jeweiligen Eisenmenge abhängig. Ist sehr viel Eisen vorhanden, wird die vorher gewogene Elektrode als Anode geschaltet und in schwefelsaurer Lösung elektrolysiert. Das Eisen geht vollständig in Lösung und kann manganometrisch erfaßt werden. Aus der Differenz ergibt sich der Nickelgehalt. Bei Anwesenheit geringer Eisenmengen werden die elektrolytisch abgeschiedenen Metalle in Salpetersäure gelöst und in der Lösung das Eisen gravimetrisch oder maßanalytisch bestimmt. Bei der Elektrolyse tritt eine geringfügige Kohlenstoffbildung durch Zersetzung der organischen Säuren auf. Der Kohlenstoff scheidet sich in Form dunkelbrauner Flocken an den Elektroden ab und muß bei der Auswaage berücksichtigt werden.

Arbeitsvorschrift nach Rousseau. Man löst 0,5 g bis 1 g der Chrom-Eisen-Nickel-Legierung in 50 ml 20%iger Schwefelsäure und erhitzt bis zum Auftreten weißer Dämpfe. Nach dem Erkalten fügt man vorsichtig 100 ml Wasser hinzu, kocht einige

Zeit, um die Sulfate aufzulösen, filtriert die Lösung von der Kieselsäure ab und wäscht den Rückstand gut aus.

In dem Filtrat werden 5 bis 6 g Citronensäure gelöst. Dann gibt man noch 35 g Ammoniumoxalat hinzu und verdünnt mit Wasser auf 250 ml. Nach der Neutralisation mit Ammoniak versetzt man die Lösung noch mit 25 ml Ammoniak im Überschuß und erhitzt, bis sich die gebildeten Salze gelöst haben. Die Flüssigkeit wird dann bei einer Spannung von 6 bis 8 Volt und einer Stromstärke von 5 bis 8 Amp. elektrolysiert. Die Badtemperatur wird auf 80 bis 90° gehalten. Von Zeit zu Zeit prüft man mit einem Papierstreifen gegen Dimethylglyoxim, ob das Nickel vollständig aus der Lösung entfernt ist. Beim Ausbleiben der Rotfärbung kann die Elektrolyse abgebrochen werden.

Dann wird die Elektrode mit den abgeschiedenen Metallen mit Wasser und Alkohol bzw. Äther gewaschen, getrocknet und gewogen. Desgleichen wird die Anode gereinigt. Die weitere Aufarbeitung richtet sich nach dem Eisengehalt der Legierung.

Bei Anwesenheit von *viel* Eisen polt man um, d. h. die Elektrode mit den niedergeschlagenen Metallen wird als Anode geschaltet. Dann elektrolysiert man bei 2 bis 4 Volt in einer etwa 15%igen Schwefelsäure. Wenn die Metalle vollständig in Lösung gegangen sind, unterbricht man die Stromzuführung und wäscht die Elektroden mit Wasser. Die Elektrolytlösung wird dann durch ein doppeltes Filter gegossen, um die geringen Mengen an gebildetem Kohlenstoff zurückzuhalten und gewichtsmäßig zu erfassen. Nach dem Verdünnen auf ein bestimmtes Volumen bestimmt man in einem aliquoten Teil das Eisen(II) mit Kaliumpermanganat. Um gebildetes Eisen(III) zu reduzieren, gibt man vor der Titration etwas Zink zu.

Bei Anwesenheit von *wenig* Eisen verfährt man so, daß man die an der Kathode abgeschiedenen Metalle in konz. Salpetersäure löst und auf ein bestimmtes Volumen einstellt. In einem aliquoten Teil der Lösung wird das Eisen als Fe_2O_3 gravimetrisch oder maßanalytisch mit Titan(III)-chlorid bestimmt. Die Eisen- und Kohlenstoffmengen werden von dem Gesamtgewicht der abgeschiedenen Metalle abgezogen und hieraus der Nickelgehalt berechnet.

Um sich von der Vollständigkeit der Trennung zu überzeugen, ist es zweckmäßig, die Elektrolytflüssigkeit auf etwa vorhandenes Eisen und Nickel zu untersuchen.

Aus schwach ammoniakalischer Lösung kann man das Nickel mit Dimethylglyoxim ausfällen, während das Eisen im Filtrat als Sulfid nachgewiesen wird.

Bemerkungen. *α) Genauigkeit.* Das Nickel wird praktisch vollständig abgeschieden; in der Elektrolytflüssigkeit wird im Höchstfalle 1 mg Nickel wiedergefunden. Bei z. B. 500 mg Ni in der Ausgangslösung beträgt die Auswaage nach der Elektrolyse 501 mg Ni. Die Fehlergrenze liegt bei den Nickelwerten um etwa 0,3%. Ähnlich sind die Ergebnisse beim Eisen; hier kann in keinem Falle Eisen in der Lösung nachgewiesen werden. Das Chrom wird gar nicht oder höchstens nur spurenweise abgeschieden.

β) Anwendungsbereich. Diese Methode läßt sich auch auf kobalthaltige Chrom-Eisen-Legierungen anwenden. Die Resultate sind gut; jedoch nimmt die Elektrolyse beim Kobalt mehr Zeit in Anspruch als beim Nickel.

γ) Trennung bei Anwesenheit von geringen Manganmengen. Ist außer Nickel und Eisen noch Mangan zugegen, erfolgt der elektrolytische Trennungsgang in der soeben beschriebenen Weise. Das Mangan scheidet sich an der Kathode ab, jedoch bleibt ein geringer Teil in der Elektrolytflüssigkeit gelöst. Das Mangan wirkt nicht nachteilig auf die Vollständigkeit der Trennung der übrigen Metalle.

3. Trennung von Aluminium.

I. Zuverlässige Trennungsverfahren.

a) Abscheidung des Aluminiums als Hydroxyd. Vor der Fällung des Aluminiums muß das gesamte Chrom als Chromat vorliegen. Die Oxydation des Chroms kann mit Natriumperoxyd sowie Brom und Natronlauge oder Ammoniumpersulfat (vgl. Teil A) in wäßriger Lösung erfolgen. Aber auch der alkalische Aufschluß in oxydierender Atmosphäre ist sehr gebräuchlich. Liegt das Aluminium als lösliches Aluminat vor, wird es mit Ammoniak nach dem Ansäuern oder sofort durch Einleiten von Kohlendioxyd gefällt. Beim Arbeiten mit Ammoniak ist ein Überschuß zu vermeiden, da sonst wieder etwas Aluminium in Lösung geht. Der Hydroxydniederschlag adsorbiert hartnäckig Chromat, so daß zur vollständigen Trennung eine Wiederholung der Fällung erforderlich ist.

b) Trennung durch Elektrolyse mit der Quecksilberkathode. Das Chrom läßt sich elektrolytisch unter Verwendung einer Quecksilberkathode trennen. Die Abscheidung des Chroms ist quantitativ, wenn es als Cr(III) vorliegt. Chromationen beeinträchtigen die Vollständigkeit der Trennung (Näheres im Abschnitt A, S. 310).

II. Weitere vorgeschlagene Trennungsverfahren.

a) Fällung mit Ammoniumphosphat nach Järvinen (b). Das Verfahren ist das gleiche wie bei der Abtrennung von Eisen. Die Arbeitsvorschrift auf S. 315 kann sinngemäß auch für die Aluminiumfällung angewandt werden. Durch die Anwesenheit von Zn, Ni, Co, Salpeter- und Phosphorsäure wird der Trennungsgang nicht gestört.

b) Hydrolyse des Natriumaluminats durch Bromwasser. Allgemeines. JAKÓB hat festgestellt, daß bei der Einwirkung von Brom auf eine alkalische Natriumaluminatlösung das Aluminium als Hydroxyd ausfällt. Die Reaktion vollzieht sich in der Wärme oberhalb 60° gemäß folgender Gleichung:

$$6\,Al(OH)_2ONa + 3\,H_2O + 3\,Br_2 \longrightarrow 6\,Al(OH)_3 + NaBrO_3 + 5\,NaBr.$$

Der dabei erzeugte Niederschlag fällt in einer sehr kompakten Form aus. Hierbei wird gleichzeitig das Oxydationspotential des Broms mitbenutzt, um das Chrom(III) in das Chrom(VI) überzuführen.

Arbeitsvorschrift. Etwa 100 ml einer Lösung der beiden Metallsalze, welche keinen größeren Säureüberschuß enthalten soll, werden in einem Erlenmeyerkolben von 250 bis 300 ml Inhalt mit 20%iger reiner Natriumhydroxydlösung so lange versetzt, bis sich der gebildete Niederschlag wieder auflöst. Ein größerer Alkaliüberschuß ist hierbei zu vermeiden. Darauf fügt man zu der kalten Lösung anteilweise gesättigtes Bromwasser, bis die vorher grüne Lösung die gelbe Färbung einer Chromatlösung annimmt. Oft fällt das Bromwasser im Anfang einen Chromhydroxydniederschlag, welcher aber bald oxydiert wird und sich wieder auflöst. Diese Lösung, welche jetzt Aluminat, Chromat und einen Überschuß an Natronlauge enthält, wird bis zum Sieden erhitzt und das Aluminiumhydroxyd durch weiteren Zusatz an Bromwasser gefällt. Damit der Niederschlag in einer möglichst kompakten Form anfällt, ist die Flüssigkeit dauernd auf Siedetemperatur zu halten. Das Aluminiumhydroxyd enthält noch beträchtliche Mengen an mitgerissenem Chromat. Man reinigt den Niederschlag durch Dekantieren in der Hitze mit ammoniumnitrat- und ammoniakhaltigem Wasser. Das Auswaschen auf dem Filter erfolgt ebenfalls mit Wasser, dem vorher Ammoniumnitrat und Ammoniak zugesetzt werden.

Bemerkungen. *α) Genauigkeit.* Nach JAKÓB soll die Trennung des Chroms von Aluminium durch eine einzige Fällung möglich sein. Bei angewandten Al_2O_3- und Cr_2O_3-Mengen von etwa 0,1 bis 0,2 g sind Abweichungen bis zu 0,3 mg vorhanden.

β) Störende Stoffe. Zink und Magnesium werden mitgefällt. Bei Gegenwart der Ionen von Schwefel-, Bor- und Phosphorsäure ist das gefällte Aluminiumhydroxyd mit diesen stark verunreinigt. Weinsäure, Oxalsäure und Zucker wirken auf die Reaktion störend ein.

c) Trennung über die Metallchloride. In Analogie zur Chrom-Eisen-Trennung benutzen BOURION und DESHAYES die unterschiedliche Löslichkeit der Metallchloride zur Abtrennung des Aluminiums. Das Verfahren ist auf S. 317 kurz angedeutet; jedoch dürfte die Methode kaum Bedeutung haben. Das Aluminiumoxyd ist durch Spuren Chromoxyd stets grün gefärbt.

d) Fällung des Aluminiums mit Oxychinolin. Durch Kaliumcyanid wird Chrom unter Komplexbildung in Lösung gehalten, so daß eine Abtrennung des Aluminiums mit Oxychinolin in Gegenwart von Weinsäure möglich ist (HECZKO).

4. Trennung von Titan.

I. Gebräuchliche Trennungsverfahren.

a) Fällung als Titanoxydhydrat. Voraussetzung für die Vollständigkeit der Trennung ist der völlige Ausschluß von 3wertigem Chrom. Das gesamte Chrom muß als Chromat vorliegen. Falls eine Oxydation erforderlich ist, arbeitet man mit Natriumperoxyd, mit Brom in natronalkalischer Lösung oder mit Ammoniumpersulfat in Gegenwart von Silbernitrat (vgl. Teil A). Im letzteren Falle wird das Titan mit Ammoniak gefällt. Bei der Oxydation im alkalischen Medium scheidet sich das Titanoxydhydrat direkt ab. Man muß aber dann einige Zeit kochen, um das überschüssige Peroxyd zu zerstören, da sonst die Fällung nicht vollständig ist. Ähnlich wie beim Eisen und Aluminium ist auch hier eine mehrmalige Wiederholung der Oxydation und der Fällung erforderlich, wenn eine quantitative Trennung erreicht werden soll. Der Niederschlag wird mit 1,5%iger Sodalösung gewaschen (JOHNSON).

b) Trennung durch Schmelzen mit Alkalicarbonat. Beim Schmelzen von Titanverbindungen mit überschüssigem Natriumcarbonat bei hohen Temperaturen (etwa 1000°) entstehen Alkalititanate, die beim Behandeln mit Wasser unter Abspaltung von Alkali zersetzt werden. Es bleibt schließlich unlösliches Titanoxydhydrat zurück. Das Chrom wird hierbei in Chromat übergeführt. Die Oxydation kann durch Zugabe von Natriumnitrat (etwa 25% der Carbonatmenge) erleichtert werden. Der wäßrige Auszug enthält das Ion CrO_4^{--} und keine oder nur ganz geringe Spuren an Titan. Sie bewegen sich in der Größenordnung von 0,01 bis 0,05 mg TiO_2/100 ml (vgl. dieses Handbuch, 3. Teil, Bd. IVb, S. 131). Ist neben Titan noch Eisen vorhanden, so geht überhaupt kein Titan in Lösung. Dagegen kann keinesfalls eine Kaliumcarbonatschmelze für die Trennung benutzt werden, da hierbei stets Titan in Lösung geht. Das Auswaschen des Rückstandes kann mit 1%iger Sodalösung oder mit Ammoniumnitratlösung erfolgen.

Bei Anwesenheit von *Niob* und *Tantal* geht beim Ausziehen der Schmelze mit Wasser ein erheblicher Teil des Titans mit in Lösung. Er soll nach Untersuchungen von SCHOELLER und DEERING bis zu 60% des gesamten Titans betragen.

c) Trennung durch Elektrolyse. Eine vollständige Abtrennung des Chroms von Titan läßt sich auf elektrolytischem Wege erreichen, wenn man mit einer Quecksilberkathode arbeitet. Nähere Einzelheiten über die elektrolytische Abscheidung des Chroms siehe im Abschnitt A, S. 310.

II. Weitere vorgeschlagene Trennungsverfahren.

a) Fällung des Titans durch Hydrolyse nach Moser. Allgemeines. Die Hydrolyse des Titans ist noch in Lösungen, die etwa 0,05 n an Wasserstoffionen sind [MOSER und IRÁNYI (a)], vollständig. Diese Konzentration wird von einem Gemisch an Chlorid und überschüssigem Bromat geliefert, da überschüssige Wasserstoffionen nach der Gleichung:

$$2\,BrO_3^- + 10\,Cl^- + 12\,H^+ = Br_2 + 5\,Cl_2 + 6\,H_2O$$

gebunden werden. Die Reaktion verläuft in der Kälte langsam, in der Hitze dagegen schnell. Entsprechend dem Verbrauch an Wasserstoffionen hydrolysiert das Titan, bis schließlich alles Titan in Titanhydroxyd übergegangen ist. Der erreichte p_H-Wert liegt bei 1,7 bis 2,0. Chrom(III) bleibt unter diesen Bedingungen vollständig in Lösung, so daß eine befriedigende Trennung der beiden Metalle erreicht wird.

Arbeitsvorschrift. Zuerst bestimmt man die Summe von TiO_2 und Cr_2O_3 durch Glühen vor dem Gebläse bis zum gleichbleibenden Gewicht. Die gewogenen Oxyde werden im Platintiegel durch Schmelzen mit der sechsfachen Menge Natriumcarbonats unter Zusatz von etwas Kaliumnitrat aufgeschlossen. Die erkaltete Schmelze wird in verd. Salzsäure gelöst und die Lösung mit Natronlauge (Methylorange) neutralisiert. Nun fügt man langsam unter Umrühren 20 ml Salzsäure $(1 + 10)$ (etwa 1,1 n) zu und läßt die Flüssigkeit kalt bis zur Klärung stehen; dann gibt man 1 g K_2SO_4 und 1,5 g $KBrO_3$ zu, bringt die Flüssigkeit auf 200 ml und erhitzt sie im bedeckten Becherglas 20 Min. zum Sieden, wodurch sich das Dioxyd $(TiO_2 \cdot H_2O)$ in dichter Form abscheidet. Dasselbe wird heiß filtriert, mit heißem Wasser gewaschen, auf dem Gebläse geglüht und als TiO_2 gewogen. In dem angesäuerten Filtrat verkocht man das Brom, reduziert Cr(VI) durch Zusatz von Alkohol, neutralisiert und setzt so viel Essigsäure zu, daß die Lösung 2% davon enthält; man fällt Cr(III) nach MOSER und SINGER (b) mit 10%iger Tanninlösung in einem Teil der Lösung.

Bemerkungen. *α) Genauigkeit.* Bei angewandten Chromoxydmengen von 0,06 bis 0,24 g differieren die Werte nur um 0,2 bis 0,4 mg gegenüber der Theorie.

β) Trennung in Gegenwart anderer Elemente. Genauso wie Chrom verhalten sich Al, Ni, Co, Zn, U und Be bei der Trennung. Desgleichen bleiben die Erdalkalien in Lösung. Falls Chrom in wesentlich größeren Mengen als Titan vorliegt, muß die Fällung wiederholt werden. Ist gleichzeitig Zirkon anwesend, wird Titan nicht quantitativ ausgefällt; die Trennung bleibt unvollständig. Ähnliche Störungen werden durch Eisen hervorgerufen (vgl. dieses Handbuch, Bd. IV b, S. 30).

b) Fällung des Titans mit Sulfosalicylsäure. Allgemeines. Dieses für die Trennung des Titans von Eisen und Aluminium von MOSER und IRANYI angegebene Verfahren macht davon Gebrauch, daß Titan in neutraler bis schwach ammoniakalischer Sulfosalicylsäurelösung nicht ausfällt, dagegen in stärker ammoniakalischer Lösung gefällt wird, während Al, U, Cr, Ni, Co, Mn und Zn vollständig in Lösung bleiben.

Arbeitsvorschrift. Man schließt die Oxyde aus TiO_2 und Cr_2O_3 mit $KHSO_4$ auf, löst die Schmelze in kalter verd. Schwefelsäure $(1 + 5)$ (etwa 3 m), gibt 50 ml Sulfosalicylsäurelösung (3 g in 200 ml H_2O) und so viel Ammoniumcarbonat oder Ammoniak zu, daß der Farbumschlag [bei Cr(III) nach Graugrün und bei Cr(VI) nach Gelbgrün] eintritt. Nach dem Aufkochen fällt jetzt das Dioxyd $(TiO_2 \cdot H_2O)$ aus, das filtriert und mit heißem Wasser ausgewaschen wird. Im Fällungsgefäß hängengebliebene Reste löst man in Salzsäure, verdünnt die Lösung, fällt mit Ammoniak und vereinigt die Fällung mit dem Hauptniederschlag, der nach dem Glühen reinweiß sein muß. Wenn die geglühte Titansäure gefärbt ist, wiederholt man die Bestimmung bei doppelter Fällung. Das im Filtrat befindliche Chrom fällt man am besten essigsauer in einem Teil der Lösung mit 10%iger Tanninlösung.

Genauigkeit. Die Abweichung bei den Cr_2O_3-Werten beträgt maximal 0,5%.

c) Fällung des Titans mit Tannin und Antipyrin. Allgemeines. Diese von MOSER und BLAUSTEIN für die Fällung von Wolfram entwickelte Methode läßt sich auch auf das Titan übertragen. Es kann auf diese Weise von Chrom getrennt werden. W, Zr und Th fallen unter diesen Bedingungen mit aus.

Arbeitsvorschrift. Die höchstens 0,1 g TiO_2 als Sulfat und die Sulfate oder Chloride von Fe(III), Al und Cr(III) enthaltende Lösung wird mit Ammoniak versetzt, bis die Flüssigkeit gerade danach riecht. Die entstandene Trübung nimmt man mit 10 ml konz. Schwefelsäure weg, gibt 40 ml 10%ige Gerbsäurelösung zu, füllt mit Wasser auf 400 ml auf, wodurch die Schwefelsäurekonzentration annähernd n wird. Dann gibt man in der Kälte unter Umrühren so lange 20%ige Antipyrinlösung zu, bis alles Titan als orangeroter, grobflockiger Niederschlag abgeschieden ist und nach weiterem Zusatz von Antipyrin nur noch eine weiße, käsige Ausscheidung erfolgt. Darauf erhitzt man unter Umrühren zum Sieden, entfernt die Flamme, fügt 40 g Ammoniumsulfat zu und bringt die Fällung unter Kühlen mit kaltem Wasser und öfterem Umrühren rasch zum Zusammenballen. Jetzt filtriert man sie unter schwachem Saugen durch ein Papierfilter mit untergesetztem Platinkonus und wäscht sie mit einer Flüssigkeit aus, die auf 100 ml Wasser 5 g Schwefelsäure (D 1,84), 10 g Ammoniumsulfat und 1 g Antipyrin enthält. Das Filtrat prüft man durch tropfenweisen Zusatz von Antipyrinlösung auf Vollständigkeit der Fällung; es darf kein orangeroter, sondern nur noch ein weißer Niederschlag entstehen. Filter samt Niederschlag trocknet man in einer Platinschale vor und erhitzt es dann zur Vermeidung des Überschäumens vorsichtig erst im Luftbad mit aufgelegter, durchlochter Glimmerplatte höher und nach beendigter Dampfentwicklung über einem Teclubrenner so lange auf Rotglut, bis die Kohle vollständig verbrannt ist. Bei Gegenwart von Alkaliionen, die der Niederschlag stark adsorbiert, zieht man den Glührückstand mit salzsäurehaltigem, heißem Wasser aus, filtriert ihn durch ein kleines Filter, bringt dieses in die Schale zurück, verascht nochmals und glüht bis zur Gewichtskonstanz.

Genauigkeit. Die mit 0,01 bis 0,11 g TiO_2, 0,04 bis 0,09 g Fe_2O_3, 0,03 bis 0,09 g Al_2O_3 und 0,02 bis 0,42 g Cr_2O_3 ausgeführten Analysen stimmen auch hier sehr gut.

d) Sonstige Trennungsmöglichkeiten. Eine Abtrennung des Titans kann ferner durch Fällung mit Kupferron (Bd. IV b, S. 34) oder mit p-Oxyphenylarsinsäure (Bd. IV b, S. 41) erfolgen. Umgekehrt kann Chrom in Gegenwart von Titan als Bleichromat in perchlorsaurer Lösung quantitativ gefällt werden (Bd. IV b, S. 95). Schließlich ist noch eine Trennung über das flüchtige Chromylchlorid möglich (Bd. IV b, S. 157). Die Trennung durch Fällung von Ti mit Guanidincarbonatlösung in Gegenwart von Cr(VI) ist nur quantitativ, wenn das Chrom in nicht viel größerer Menge als Ti vorliegt; meistens enthält der Titanniederschlag noch Spuren an Chrom [JÍLEK und KOTA (a)].

5. Trennung von Mangan.

I. Abscheidung des Mangans mit Ammoniumpersulfat nach MAJDEL.

Allgemeines. Aus einer schwach sauren Mangan(II)-salzlösung läßt sich das Mangan als MnO_2 mit Ammoniumpersulfat quantitativ ausfällen. Diese Reaktion ist zuerst von DITTRICH und HASSEL für die Trennung des Mangans von anderen Elementen vorgeschlagen worden. Später hat dann MAJDEL ein spezielles Trennverfahren für Chrom und Mangan entwickelt. Das Chromat bleibt in Lösung und kann leicht durch Auswaschen vom Mangan(IV)-oxydniederschlag getrennt werden.

Arbeitsvorschrift. Die Mn(II) und Cr(III) enthaltende Lösung wird mit Ammoniak bis zur beginnenden Trübung neutralisiert. Dann gibt man 25 ml 3 n Schwefelsäure und darauf 20 bis 25 ml Ammoniumpersulfatlösung, die 200 g $(NH_4)_2S_2O_8$ je Liter enthält, hinzu und verdünnt auf 250 ml. Die Lösung wird 15 Min. zum Sieden erhitzt. Das Mangan scheidet sich als $MnO(OH)_2$ ab und kann durch Filtration von der Chromatlösung getrennt werden. Das Chromat läßt sich leicht auswaschen.

Bemerkungen. *a) Genauigkeit.* Die Trennung ist vollständig (MAJDEL). JENSEN hat durch Sorptionsmessungen festgestellt, daß nur 0,05 mg Chrom vom Manganniederschlag zurückgehalten werden. VAN PELT findet Differenzen bis zu 1 mg bei der Auswaage der Oxyde.

b) Störende Stoffe. Chlor- und Nitrationen wirken störend; sie müssen vorher durch Abrauchen mit Schwefelsäure entfernt werden. Desgleichen müssen vorher Pb, Ba und Sr wegen Sulfatbildung abgeschieden werden. Bi, Sn, Sb und Ti stören ebenfalls, da die Verbindungen dieser Elemente leicht hydrolysieren.

II. Abscheidung des Mangans mit Wasserstoffperoxyd nach TAVERNE.

Allgemeines. Wenn man in der Hitze auf eine Chrom(III)- und Mangan(II)-salzlösung eine natronalkalische Wasserstoffperoxydlösung einwirken läßt, wird das Chrom(III) zu Chromat oxidiert, während das Mangan als Mangan(IV)-oxydhydrat abgeschieden wird. Dieses Trennverfahren ist bereits von JANNASCH empfohlen und später von TAVERNE weiter ausgebildet worden.

Arbeitsvorschrift. Die zu untersuchende Chrom(III)- und Mangan(II)-lösung, welche vorher mit 10 ml 3%igem Wasserstoffperoxyd versetzt wird, läßt man aus einem Tropftrichter langsam in ein Gemisch von 20 ml Natronlauge (200 g NaOH im Liter) und 20 ml 3%igem Wasserstoffperoxyd eintropfen. Hierbei wird gut gerührt. Dann spült man mit Wasser nach und erhitzt die Lösung 30 Min. zum Sieden. Das Chrom ist dann vollständig in Chromat übergegangen, und das Mangan setzt sich als Mangan(IV)-oxydhydrat ab. Nach dem Erkalten filtriert man und bestimmt im Filtrat das Chrom jodometrisch. Das im Niederschlag vorhandene Mangan wird als $MnSO_4$ erfaßt.

Bemerkungen. *a) Genauigkeit.* Es ist sehr zweifelhaft, daß mit einer einmaligen Fällung eine vollständige Trennung erreicht wird.

FRIEDHEIM und BRÜHL sowie FALCO halten die Trennung nicht für vollständig, da trotz wiederholter Fällung immer etwas Chromat vom Niederschlag zurückgehalten wird. Nur bei Anwesenheit von sehr geringen Manganmengen ($< 0,05$ g) ist die Trennung quantitativ.

b) Abänderung der Arbeitsvorschrift. KASSNER oxydiert mit Natriumperoxyd, welches er in kleinen Anteilen der Lösung zusetzt.

III. Fällung des Chroms als Hydroxyd mit Ammoniumnitrit nach JÄRVINEN (a)

vgl. § 1, Abschnitt A 3.

IV. Weitere vorgeschlagene Trennverfahren.

CORNELIUS schließt die Chrom-Mangan-Verbindungen alkalisch auf, löst die Chromatmanganatschmelze in viel Wasser und scheidet dann mit Natriumnitrit in der Hitze das Mangan(IV)-oxydhydrat ab. Das Chrom liegt im Filtrat als Chromat vor und kann als solches jodometrisch oder nach der Reduktion zu Chrom(III) gravimetrisch bestimmt werden. DEDERICHS arbeitet ähnlich; er schließt die Sulfate mit wenig NaOH und Na_2O_2 auf und fällt das Mangan mit Na_2O_2.

Die Umsetzung zwischen Kaliumpermanganat und Ammoniak unter Bildung von unlöslichem Mangan(II)-manganit benutzte HERSCHKOWITSCH zur Trennung des Chromats von Permanganat. Das 6wertige Chrom wird von Ammoniak nicht angegriffen; dagegen ist die Reduktion von Permanganat bei Anwesenheit von Ammoniumsalzen und reichlichem Ammoniaküberschuß quantitativ. Der Niederschlag wird abgetrennt, zunächst mit 5%iger Ammoniumsulfat- oder -nitratlösung und dann mit heißem Wasser gewaschen. Die Abtrennung des Mangans ist bei Gegenwart von 0,3 bis 2,3 g $K_2Cr_2O_7$ vollständig.

6. Trennung von Zink.

I. Abscheidung von Chrom als Hydroxyd.

Eine sichere Trennung der beiden Metalle läßt sich über die Chromhydroxydfällung erreichen. Als Fällungsmittel kommen Ammoniak, Ammoniumnitrit, Hexamethylentetramin und Kaliumjodidjodat in Betracht (vgl. § 1, Teil A).

II. Abscheidung des Zinks.

a) Mit Schwefelwasserstoff aus tartrathaltiger oder weinsaurer Lösung (vgl. Bd. IVb, S. 130) oder aus essigsaurer Lösung nach BAUBIGNY.

b) Als Oxychinolat nach BERG (a).

Man fällt mit o-Oxychinolin in natronalkalischer Lösung bei einer Konzentration von 15 bis 20 ml überschüssiger 2 n Natronlauge auf je 100 ml Gesamtvolumen. Der Natriumtartratzusatz beträgt 2 bis 5 g. Bei Chrommengen von 0,08 bis 0,16 g und bei einem Zinkgehalt von 0,01 bis 0,06 g ist die Fällung des Zinks quantitativ. Abweichungen bis zu 1,5 mg sind möglich.

c) Weitere Abscheidungsmöglichkeiten.

Zink kann als Carbonat in Gegenwart von Chromat gefällt oder elektrolytisch abgeschieden werden [CLASSEN (b)].

7. Trennung von Kobalt.

Über Trennungsmöglichkeiten der beiden Metalle liegen in der Literatur keine ausführlichen Angaben vor. Es dürften im wesentlichen dieselben Verfahren wie beim Nickel in Frage kommen.

JÄRVINEN (a) z.B. trennt das Chrom durch Fällung mit Ammoniumhydroxyd ab (vgl. § 1, Teil A). ROUSSEAU und auch CLASSEN (b) weisen darauf hin, daß die Abscheidung des Kobalts auf elektrolytischem Wege nicht ganz vollständig ist.

8. Trennung von Uran.

Zur Abtrennung des Chroms von Uran sind folgende Verfahren vorgeschlagen worden:

I. Fällung des Chroms(III) mit Ammoniumcarbonat nach TREADWELL (b).

Prinzip. UO_2^{++} läßt sich mit Ammoniumcarbonat als Carbonatkomplex $[UO_2(CO_3)_3^{----}]$ in Lösung halten, während Cr(III) unter diesen Bedingungen als Hydroxyd abgeschieden und auf diese Weise von Uran getrennt werden kann.

Arbeitsvorschrift. Die 200 bis 300 ml betragende, möglichst neutrale Lösung wird in der Kälte mit Kohlendioxyd gesättigt und dann tropfenweise mit Ammoniak neutralisiert. Hierauf fügt man noch 2 bis 3 g $(NH_4)_2CO_3$ in wenig Wasser hinzu und erwärmt auf dem Wasserbad. UO_2^{++} bleibt als Komplex in Lösung, während das Chrom als Hydroxyd ausfällt. Da der Niederschlag noch erhebliche Mengen an UO_2^{++} adsorbiert, wird er nach dem Auswaschen mit heißem Wasser in 2 n Salzsäure wieder gelöst und die Fällung mit Ammoniumcarbonat wiederholt. Im Filtrat kann UO_2^{++} nach Vertreibung des Kohlendioxyds mit Ammoniak als Ammoniumuranat gefällt werden. Die Bestimmung des Chroms erfolgt nach einer der üblichen Methoden.

II. Elektrolytische Abscheidung des Chroms an der Quecksilberkathode

vgl. Teil A.

III. Fällung von UO_2^{++} mit Kupferron nach TREADWELL (b).

Liegt das Uran in 4wertiger Form oder in einer niederen Oxidationsstufe vor, kann es quantitativ mit einer 6%igen Kupferronlösung aus einer 2- bis 8%igen schwefelsauren Lösung als $U(C_6H_5N_2O_2)_4$ gefällt werden (HOLLADAY und CUNNINGHAM). Der Niederschlag wird mit einer Lösung von 5%iger Schwefelsäure und 1,5 g Kupferron/l ausgewaschen. Ist bei der Fällung mehr als 8% Schwefelsäure zugegen, wird das Uran nicht vollständig abgeschieden.

IV. Weitere Trennverfahren.

CLASSEN (b) scheidet das Uran elektrolytisch als Hydroxyd in Gegenwart von Ammoniumoxalat ab. Das Chrom wird zu Chromsäure oxidiert und bleibt in Lösung. Für die quantitative Trennung ist es erforderlich, die Elektrolyse bis zur vollständigen Zersetzung der Oxalsäure fortzuführen. Die elektrolysierte Flüssigkeit kocht man bis zur Zerstörung des gebildeten Ammoniumhydrogencarbonats; dann versetzt man sie mit wenig Ammoniak und läßt sie etwa 6 Std. stehen. In der von Uran befreiten Flüssigkeit wird das Chrom gewichtsanalytisch bestimmt.

Nach einem älteren Verfahren von DITTE (1878), welches wohl nur noch historische Bedeutung besitzt, werden die Hydroxyde der drei Metalle (Cr, Fe und U) aus ihren Salzlösungen mit Ammoniak gemeinsam gefällt. Nach dem Auswaschen führt man die Hydroxyde durch Glühen in die Oxyde über und bestimmt ihr Gewicht. Jetzt reduziert man das Oxydgemisch in einem Porzellanschiffchen mit Wasserstoff bei Rotglut, wobei Fe_2O_3 in metallisches Eisen übergeht, während Cr_2O_3 unverändert bleibt. Das Uranoxyd (nach Ansicht des Verfassers ein Gemisch von U_3O_4 und U_4O_5) wird zu UO reduziert. Nachdem man wieder gewogen hat (Summe von Fe, UO und Cr_2O_3), wird im Chlorwasserstoffstrom bei Rotglut das Eisen als $FeCl_2$ verflüchtigt. Man läßt dann in Gegenwart von Wasserstoff erkalten und wägt die zurückbleibenden Oxyde UO + Cr_2O_3. Durch Behandlung des Rückstandes mit Salpetersäure geht das Uran in Lösung, während Chromoxyd gravimetrisch bestimmt wird. Aus der Differenz ergeben sich die Gewichtsmengen der einzelnen Oxyde.

DITTE kontrolliert die Analysenresultate durch eine maßanalytische Bestimmung des übergegangenen Eisen(II)-chlorids. Außerdem fällt er das Uran mit Ammoniak und bestimmt es gewichtsmäßig.

Die mitgeteilten Beleganalysen zeigen Abweichungen von höchstens 1 mg gegenüber der Theorie.

9. Trennung von Beryllium.

I. Abscheidung des Berylliums.

a) Gebräuchliche Verfahren. Man führt das Chrom durch Anwendung geeigneter Oxydationsmittel (z. B. Ammoniumpersulfat und Silbernitrat) in wäßriger Lösung in Chromat über und fällt das Beryllium mit Ammoniak. Die Trennung ist meistens erst nach mehrmaliger Wiederholung vollständig. Nimmt man die Oxydation im Schmelzfluß in Gegenwart von Soda vor (WUNDER und WENGER; WENGER und WÄHRMANN), bleibt Berylliumoxyd beim Auslaugen der Schmelze ungelöst zurück und kann vom Chromat getrennt werden. Vorhandenes Eisen wird als Oxyd mit abgeschieden, während Aluminium als Aluminat in Lösung geht.

b) Fällung durch Guanidiniumcarbonat. Prinzip. Nach JÍLEK und KOTA (b) läßt sich das Beryllium von Chrom(VI) durch Ausfällen mit Guanidiniumcarbonat abtrennen.

Arbeitsvorschrift. Die Fällung des Berylliums erfolgt mit 4%iger Guanidiniumcarbonatlösung in Gegenwart von 50 ml Ammoniumtartratlösung (42,5 g Weinsäure, neutralisiert mit NH_3 auf Methylrot und mit Wasser auf 2 l verdünnt) und 2,5 ml 40%igem Formalin. Das Gesamtvolumen beträgt 250 ml. Der Niederschlag entsteht innerhalb von 15 bis 30 Min. Man läßt ihn dann 12 Std. nach der Fällung stehen und wäscht ihn mit 200 ml Waschflüssigkeit, welche folgende Zusammensetzung hat: Auf 250 ml entfallen 150 ml 4%ige Guanidiniumcarbonatlösung, 50 ml Ammoniumtartratlösung und 2,5 ml 40%iges Formalin.

Genauigkeit. Die Trennung ist sehr vollständig; die Berylliumoxydwerte weichen von der Theorie um 0,1 bis 0,2 mg ab.

II. Abscheidung des Chroms.

a) Durch Elektrolyse mit der Quecksilberkathode, vgl. Abschnitt A, S. 310.

b) Durch Fällung mit Tannin nach Moser und Singer. Allgemeines. Chrom(III)-salze sind z. T. hydrolysiert und bilden eine disperse Lösung von Chrom(III)-hydroxydsol. Sie geben mit Tannin (Gerbsäure) eine grüngefärbte schwerlösliche Adsorptionsverbindung, deren Abscheidung auch aus 2%iger Essigsäure quantitativ ist. Beryllium bleibt unter diesen Bedingungen in Lösung, so daß eine Trennung auf diesem Wege erreicht werden kann. Sie ist aber nur bei nochmaliger Wiederholung der Fällung vollständig.

Arbeitsvorschrift. Die annähernd neutralisierte Lösung beider Metalle wird mit 30 bis 40 g Ammoniumacetat sowie 20 bis 25 g Ammoniumnitrat versetzt und auf 400 bis 500 ml verdünnt. Dann fügt man je 100 ml Lösung 1,5 ml 80%ige Essigsäure hinzu, erhitzt zum Sieden und läßt unter Rühren eine 10%ige Gerbsäurelösung zutropfen, bis die Fällung vollständig ist. Der Niederschlag wird abfiltriert, anschließend in einigen Millilitern verdünnter, heißer Schwefelsäure gelöst und mit Wasser säurefrei gewaschen. Man neutralisiert mit Ammoniak und wiederholt die Fällung. Der Chrom(III)-gerbsäurekomplex wird frei von SO_4^{--} gewaschen und unter Zusatz von etwas Salpetersäure verglüht. Im Filtrat kann Beryllium bestimmt werden.

Bemerkungen. *α) Genauigkeit.* Die Beleganalysen zeigen Abweichungen von etwa 0,2 mg Cr_2O_3 bzw. BeO bei einer angewandten Menge von etwa 0,03 bis 0,14 g der Oxyde.

β) Störende Elemente. Folgende Metalle werden unter diesen Bedingungen mitgefällt: Fe, Al, Sn, Ti, Zr, Th, V und W.

10. Trennung von Gallium.

Allgemeines. Bei dem üblichen Gruppentrennungsgang wäre Gallium in die Ammoniak- bzw. Ammoniumsulfidgruppe einzuordnen. Da das Gallium im allgemeinen von den Niederschlägen hartnäckig zurückgehalten wird, verfährt man so, daß man das Gallium ausfällt und das Chrom in Lösung hält. Die in der Literatur vorliegenden Angaben über Trennungsmöglichkeiten sind sehr spärlich, und man kann sich fast nur auf Analogieschlüsse in bezug auf die Aluminium-Gallium-Trennung beschränken (Bd. III, S. 576).

Verfahren nach Moser und Brukl. Das Gallium wird mit Kupferron abgeschieden.

Arbeitsvorschrift. Die neutrale, 0,01 bis 0,3 g Gallium und beliebig viel Chrom enthaltende Lösung wird mit 2 n H_2SO_4 auf 200 bis 300 ml verdünnt und bei gewöhnlicher Temperatur mit einer 6%igen, wäßrigen Lösung von Kupferron versetzt, so daß auf 0,1 g Ga 1 g Kupferron entfällt. Es entsteht ein weißer, flockiger Niederschlag. Oberhalb 30° bildet sich ein an den Glaswänden festhaftender Klumpen, der sich mit einem Glasstab zu einem kristallinen Brei zerdrücken läßt. Man filtriert und saugt ihn unter Anwendung von einem Platinkonus ab. Ist das Filtrat trübe, unter Umständen erst nach 1 stündigem Stehen, so wird noch etwas Reagens zugesetzt und nochmals durch dasselbe Filter abgesaugt. Der Niederschlag wird mit 2 n H_2SO_4 chlorfrei gewaschen, im Porzellantiegel verascht und als Ga_2O_3 gewogen.

Bemerkung. Ammoniumsalze, Chlor- und Sulfationen stören nicht.

11. Trennung von Indium.

I. Abscheidung des Indiums durch Hydrolyse.

Allgemeines. Im normalen Trennungsgang fällt das Indium mit Ammoniak oder Ammonsulfid aus. MOSER und SIEGMANN trennen das Indium von Chromat durch Hydrolyse in Gegenwart von Kaliumcyanat. Das Indiumhydroxyd wird quantitativ ausgefällt.

Arbeitsvorschrift. Die schwach saure Lösung, die 3 wertiges Indium und 6 wertiges Chrom enthält, wird mit 10%iger Kaliumcyanatlösung versetzt, bis sich Methylorange gelb färbt. Beim Erhitzen zum Sieden fällt gut filtrierbares Indiumhydroxyd aus. Im Filtrat kann das Chrom nach vorangehender Reduktion mit Alkohol als Hydroxyd abgeschieden werden.

Genauigkeit. Auch bei einem Verhältnis von Cr : In = 500 : 1 genügt eine einmalige Fällung zur Erzielung einer sauberen Trennung. Die Analysenresultate zeigen beim In_2O_3 Abweichungen von 0,1 mg bei einer angewandten Cr_2O_3-Menge von 0,01 bis 13,0 g.

<h3 align="center">II. Abscheidung des Indiums durch Schwefelwasserstoff.</h3>

Das Indium kann mit Schwefelwasserstoff aus tartrathaltiger oder weinsaurer Lösung abgeschieden werden (vgl. Bd. IV b, S. 130).

12. Trennung von Zirkonium und Hafnium.

Allgemeines. Durch Schmelzen der Oxyde mit Soda oder mit Natriumperoxyd lassen sich die beiden Metalle von Chrom trennen. Die Oxydation zu Chromat kann durch Zugabe von etwas Kaliumnitrat beschleunigt werden. Das Zirkoniumoxyd wird größtenteils in Alkalizirkonat übergeführt. Durch Behandlung der Carbonatschmelze mit Wasser zersetzt sich das in Wasser unlösliche Zirkonat unter Bildung von alkaliärmeren Verbindungen; beim Auswaschen mit Wasser bleibt schließlich unlösliches Zirkoniumoxydhydrat zurück, welches hartnäckig Alkali durch Adsorption zurückhält. Die Chromatlösung ist praktisch zirkoniumfrei oder enthält höchstens 0,1 mg ZrO_2 je Schmelze (CLAASSEN und VISSER). Etwa vorhandenes Eisen bleibt im Rückstand, während Aluminium mit in Lösung geht (WUNDER und JEANNERET).

Auf nassem Wege erfolgt eine ähnliche Trennung durch wiederholte Fällung mit Natriumhydroxyd oder Peroxyd. Auch mit Ammoniak läßt sich das Zirkonium aus einer Chromatlösung abtrennen; jedoch wird ein chromfreies Zirkoniumoxyd nur durch mehrmaliges Umfällen erhalten.

Als sehr brauchbar hat sich auch die Abtrennung des Chroms durch Elektrolyse an der Quecksilberkathode erwiesen; das Verfahren ist besonders zur Abscheidung größerer Chrommengen geeignet (Teil A, S. 310). Schließlich kann das Chrom von Zirkonium durch Abdestillieren als Chromylchlorid getrennt werden (HOFFMAN und LUNDELL).

Abscheidung von Zirkonium mit p-Chlor- oder p-Brommandelsäure. In der Stahlanalyse besitzt das von KLINGENBERG vorgeschlagene Fällungsverfahren mit p-Chlor- oder p-Brommandelsäure eine gewisse Bedeutung. Der Chromstahl wird in Perchlorsäure, die je 1 Tropfen konz. Salpeter- und Salzsäure enthält, durch Erhitzen gelöst. Nach dem Filtrieren und Auswaschen wird der Rückstand mit $KHSO_4$ aufgeschlossen und der salzsaure Auszug mit dem ersten Filtrat vereinigt. Aus der Flüssigkeit scheidet man das Zirkonium mit einer 0,1 n Lösung von Chlor- oder Brommandelsäure unter Erwärmen ab. Der Niederschlag enthält je 1 Zr vier Reste der p-Brommandelsäure. Er wird mit Wasser gut ausgewaschen und kann zur Zirkoniumbestimmung entweder bei 100° getrocknet oder bei 1000° C zur ZrO_2 verglüht werden.

Weitere Trennungsmöglichkeiten von 3 wertigem Chrom seien kurz angedeutet: Fällung des Zirkoniums mit seleniger Säure, Arsensäure, Phenylarsinsäure, p-Oxyphenylarsinsäure, n-Propylarsinsäure, p-Amidophenylarsinsäure, als Phosphat oder durch Fällung mit Kupferron. Von Cr(VI) gelingt die Trennung durch Fällung mit p-Oxyphenylarsinsäure. Nähere Einzelheiten über die zuletzt genannten Abscheidungsmöglichkeiten sind dem Bd. IV b dieses Handbuches zu entnehmen.

13. Trennung von Thorium.

<h3 align="center">I. Abscheidung des Thoriums.</h3>

Die Fällung des Thoriums mit Oxalsäure in Anwesenheit von geringen Mengen an Chrom(III)-salzen bereitet keine Schwierigkeiten, da die Chrom(III)-ionen durch das Oxalat komplex gebunden werden. Ist viel Chrom zugegen, muß ein entsprechend großer Überschuß an Oxalsäure angewandt werden. EWING und BANKS weisen durch

Beleganalysen nach, daß Thorium in Gegenwart von 1 g Chrom quantitativ gefällt werden kann. Durch spektroskopische Untersuchungen sind jedoch immer geringe Chrommengen im Thoriumoxyd festzustellen. Die Methode geht verhältnismäßig rasch vonstatten.

II. Abscheidung des Chroms.

a) An der Quecksilberkathode, vgl. Teil A, S. 310.

Das Verfahren ist zur Trennung der beiden Metalle sehr geeignet.

b) Durch Destillation als Chromylchlorid nach EWING und BANKS (vgl. Bd. IVb, S. 462).

14. Trennung von den seltenen Erden.

Die Abtrennung der seltenen Erden kann durch Fällung mit Oxalsäure erreicht werden. Chrom(III) bleibt als Oxalatkomplex in Lösung. Liegt das Chrom in 6 wertiger Form vor, kann die Abscheidung auch durch Behandlung mit 0,5- bis 1%iger Natriumhydroxydlösung erfolgen (vgl. Bd. III, S. 715). Da der Niederschlag sehr viel Chromat adsorbiert, ist eine Umfällung oder Reinigung über das Oxalat notwendig. Eine quantitative Trennung gelingt auch auf elektrolytischem Wege mit Hilfe der Quecksilberkathode; vgl. Teil A, S. 310.

C. Trennung von den Metallen der Schwefelwasserstoffgruppe.

1. Trennung von Arsen, Antimon und Wismut.

Über die Trennung des Chroms von den oben angeführten Metallen sind in der zugänglichen Literatur keine besonderen Angaben enthalten. Jedoch dürften folgende, im einzelnen nicht näher untersuchte Verfahren anwendbar sein: Fällung der Metalle aus stark saurer Lösung mit Schwefelwasserstoff als Sulfide; Abtrennung des Arsens durch Destillation oder Abscheidung als metallisches Arsen und schließlich durch Fällung mit Ammoniummolybdat. Für die Chrom-Arsen-Trennung kommt noch die Fällung als Chromhydroxyd in Betracht, wobei das mit abgeschiedene Arsen anschließend durch Verglühen entfernt wird. Beim Wismut dürfte die Trennung auch noch auf elektrolytischem Wege möglich sein.

2. Trennung von Zinn, Cadmium und Quecksilber.

I. Von Zinn.

Nach einem älteren Verfahren von PUSCHIN gelingt die Trennung der beiden Metalle durch Elektrolyse in Gegenwart von Oxalsäure. Die salzsaure, mit Brom oxydierte Lösung wird vorher mit Ammoniak neutralisiert. Dann setzt man 25 ml einer kalt gesättigten Ammoniumoxalatlösung und 100 ml einer ebensolchen Lösung von Oxalsäure hinzu und beginnt mit der Elektrolyse der auf 200 bis 250 ml verdünnten Lösung (Spannung = 2,5 bis 4,0 Volt, Stromstärke = 1,2 bis 5,0 Amp./dm^2).

Die Trennung über die Fällung mit Schwefelwasserstoff ist nicht näher untersucht, desgleichen die Abscheidung des Chroms mit Natronlauge als Hydroxyd. Für Trennzwecke könnte noch die bei 400 bis 500° flüchtige SnJ_4-Verbindung herangezogen werden, die sich durch Erhitzen von SnO_2 mit Ammoniumjodid herstellen läßt.

II. Von Cadmium.

Für die Trennung der beiden Metalle sind folgende Verfahren möglicherweise verwendbar: Abscheidung des Cadmiums durch Schwefelwasserstoff — durch o-Oxychinolin in Gegenwart von Alkalitartrat —, als cadmiumjodwasserstoffsaures Naphthochinolin oder als Cadmium-Thioharnstoffreineckat (vgl. Bd. IIb, S. 285, 292 und 298). Nach älteren Veröffentlichungen gelingt die Trennung durch Elektrolyse. SMITH setzt der Elektrolytflüssigkeit Natriumphosphat sowie Phosphorsäure zu und scheidet das Cadmium an der Kathode ab. KOLLOCK und SMITH arbeiten mit einer

Quecksilberelektrode in schwefelsaurer Lösung bei 3,5 bis 4,0 Volt und 2 bis 3 Amp. Bei einem Gehalt von 0,25 g Cadmium und 0,1 g Chrom in der Lösung ist die Elektrolyse nach 25 Min. beendet.

III. Von Quecksilber.

Außer zwei älteren Veröffentlichungen aus den Jahren 1886 und 1898 sind in der Literatur keine näheren Angaben über die Chrom-Quecksilber-Trennung vorhanden. Jedoch dürften folgende Wege in Frage kommen: Fällung des Quecksilbers als HgS, Reduktion von Quecksilbersalzen zu Metall, Abscheidung als Hg_2Cl_2 und Trennung durch Elektrolyse. Schließlich könnte die Flüchtigkeit aller Quecksilberverdindungen für Trennzwecke herangezogen werden. CLASSEN und LUDWIG scheiden das Quecksilber aus salpetersaurer Lösung elektrolytisch ab; JANNASCH und ALFFERS reduzieren es mit Hydroxylamin zu metallischem Quecksilber.

Arbeitsvorschrift nach Jannasch und Alffers. 0,3 g Quecksilber(II)-chlorid und 0,3 g Kaliumchromat werden in 50 ml ganz verdünnter Salzsäure gelöst. Man erwärmt auf 80° und gibt 3 g Oxalsäure hinzu. Dann fällt man mit einer Lösung von 5 g Hydroxylamin in 40 ml Wasser Hg als Metall aus. Durch Filtrieren wird es von Chrom getrennt.

3. Trennung von Kupfer.

Über die Trennung der beiden Metalle auf elektrolytischem Wege liegen nur zwei ältere Veröffentlichungen vor. CLASSEN (b) scheidet das Kupfer aus einer ammonium-oxalathaltigen Lösung an der Kathode ab, während SMITH in Gegenwart von Natriumphosphat und Phosphorsäure elektrolysiert. Die Trennung über die Fällung mit Schwefelwasserstoff ist nicht näher untersucht. Dagegen läßt sich das Chrom durch Ammoniak in Gegenwart von Hydroxylamin quantitativ von Kupfer als Hydroxyd abtrennen (vgl. § 1).

4. Trennung von Blei und Silber.

Die Trennung der beiden Metalle von Chrom ist nicht näher untersucht. Eine Möglichkeit ist in der Sulfidfällung sowie in der elektrolytischen Abscheidung gegeben. Beim Blei kann vielleicht auch die Schwerlöslichkeit des Sulfates für Trennzwecke benutzt werden.

5. Trennung von den Platinmetallen.

Sollte der verhältnismäßig seltene Fall eintreten, daß eine Trennung des Chroms von den Platinmetallen erforderlich ist, so verfährt man zweckmäßig so, daß man zunächst das Chrom abscheidet und das Platinmetall in Lösung hält. Es ist nicht ratsam, die Platinmetalle durch Reduktionsmittel oder mit Spezialreagenzien zu fällen, weil diese Fällungen nie ganz vollständig sind und immer unedle Metalle mitreißen. Durch Erhitzen mit Natriumnitrit führt man die Platinmetalle in die beständigen komplexen Nitrite über und fällt das Chrom durch Hydrolyse unter Einhaltung einer ganz bestimmten Alkalität (GILCHRIST).

Die Chromfällung ist bei einem p_H-Wert von 10 (Farbumschlag von Thymolblau von Gelb nach Blau) vollständig. Die Komplexverbindungen von Pt, Rh und Ir sind auch bei $p_H = 12$ bis $p_H = 14$ noch beständig, während der Pd-Komplex bei $p_H = 10$ zu zerfallen beginnt. Wegen der starken Eigenfärbung der Lösung bestimmt man den p_H-Wert durch Tüpfeln gegen eine 0,01%ige Indicatorlösung. Osmium und Ruthenium lassen sich auch durch Destillation ihrer Tetroxyde abtrennen.

6. Trennung von Vanadium.

I. Verfahren nach DEISS.

Allgemeines. Gemische von Chrom und Vanadium lassen sich dann am genauesten analysieren, wenn man die Metalle zunächst voneinander trennt und dann jeden

Stoff einzeln in reiner Lösung bestimmt. Die bisher benutzten Trennungsreaktionen, welche in der Regel auf einer Fällung auf nassem Wege beruhen, sind meistens unsicher und sehr zeitraubend. CAMPBELL und WOODHAMS versuchen diese Mängel dadurch abzustellen, daß sie die Oxyde des Chroms und des Vanadiums im bedeckten Platintiegel in Gegenwart von Holzkohle mit Soda aufschmelzen. Hierbei geht das Vanadium in wasserlösliches Vanadat über, während das Chromoxyd unverändert zurückbleibt. Durch Behandeln der Schmelze mit Wasser gelingt dann die Trennung der beiden Metalle; jedoch läßt sich hierbei nicht vermeiden, daß etwas Chromat in Lösung geht. Die Trennung ist daher nicht vollständig, außerdem wird auch der Platintiegel stark angegriffen. DEISS verbessert das Verfahren insofern, als er den Aufschluß in Gegenwart eines Leuchtgasstromes durchführt, den er während des Schmelzvorganges durch den durchbohrten Tiegeldeckel einleitet. Er verwendet an Stelle des Platintiegels einen Nickel- oder Eisentiegel. Nach dem Herauslösen der Schmelze wäscht er das unlösliche Chromoxyd mit 3%iger Sodalösung aus. Im Filtrat befinden sich stets geringe Mengen an reduzierenden Stoffen, die zunächst mit Permanganat oxydiert werden müssen. Dann bestimmt man das Vanadat nach vorhergehender Reduktion.

Arbeitsvorschrift. Das Gemisch der Oxyde wird im Nickel- (oder Eisen-) Tiegel mit Soda vermengt. Der Tiegel wird mit einem durchlochten Deckel bedeckt, durch dessen Öffnung während des Erhitzens sowie während des darauffolgenden Abkühlens der Schmelze Leuchtgas eingeleitet wird. Der ROSE-Tiegel wird mit einer kräftigen Gebläseflamme erhitzt, so daß alles Natriumcarbonat zum Schmelzen kommt. Nach 10 bis 15 Min. kühlt man ab und löst die Schmelze mit Wasser heraus. Der Rückstand wird abfiltriert und mit 3%iger Sodalösung gewaschen. Das farblose Filtrat enthält alles Vanadium als Vanadat. Nach dem Ansäuern mit Schwefelsäure erhitzt man die Lösung und setzt etwas Permanganat hinzu, um reduzierende Stoffe zu zerstören. Dann reduziert man in der üblichen Weise mit schwefliger Säure und titriert das Vanadium mit Permanganat bei 60 bis 80°. Der Filterrückstand, der alles Chrom enthält, wird im Nickeltiegel verascht und mit Natriumperoxyd aufgeschlossen. Nach dem Auflösen der Schmelze bestimmt man das Chromat nach einer der bekannten, zuverlässigen Methoden.

Anwendung. Das Verfahren hat sich bei der Untersuchung von chrom- und vanadiumhaltigen Legierungen aufs beste bewährt.

<h2 style="text-align:center">II. Verfahren nach BRIEFS.</h2>

Prinzip. Aus einer Vanadatlösung läßt sich das Vanadium in der Siedehitze vollständig ausfällen, wenn man eine Aufschlämmung von Zinkoxyd in Wasser zusetzt. Aus einer Chromatlösung erfolgt unter diesen Bedingungen keine Abscheidung. Dieses unterschiedliche Verhalten der beiden Metalle bildet die Grundlage für das Trennverfahren.

Arbeitsvorschrift. Die Chromat und Vanadat enthaltende, mit wenigen Tropfen verd. H_2SO_4 angesäuerte Lösung wird im 400-ml-Becherglas auf etwa 200 bis 250 ml verdünnt und zum Sieden erhitzt. Man fügt zu der heißen Lösung so viel aufgeschlämmtes Zinkoxyd, daß es den Boden des Becherglases als dicke Schicht bedeckt und kocht 10 Min. lang. Da der sich schnell absetzende Niederschlag meistens durch etwas Chromat schwach gelblich gefärbt ist, so wird er nach dem Filtrieren über ein Weißbandfilter und Auswaschen mit kaltem H_2O in das Fällungsgefäß zurückgespült und in möglichst wenig verd. H_2SO_4 gelöst. Die Lösung wird nach dem Verdünnen auf 200 ml wieder, wie oben beschrieben, gefällt und 10 Min. lang gekocht, wodurch ein nunmehr chromfreier, leicht bräunlich gefärbter Niederschlag erhalten wird, den man filtriert und kalt auswäscht. In den beiden vereinigten Filtraten bestimmt man das Chrom titrimetrisch mit $FeSO_4$ und $KMnO_4$ (am besten bei 35°). Der das Vanadium enthaltende Niederschlag wird in das Becherglas zurückgespült, in verd. H_2SO_4 gelöst, die Lösung nach dem Überspülen in einen hohen Erlenmeyerkolben mit 30 ml konz. H_2SO_4 und etwa 0,2 g reiner kristallisierter Oxalsäure versetzt. Hierauf erhitzt man im CO_2-Strom bis zum Entweichen weißer Dämpfe. Die reinblaue Lösung verdünnt man nach dem Abkühlen auf etwa 400 ml und titriert sie bei 60° mit $KMnO_4$-Lösung.

Bemerkung. Die Trennungsmethode liefert sehr gute Ergebnisse und dauert einschließlich der nachfolgenden Titrationen etwa $1^1/_2$ Std. Die besten Ergebnisse erhält man bei einer doppelten ZnO-Fällung.

III. Verfahren nach JÍLEK und VICOVSKÝ.

Aus einer Alkalivanadat- und Chromatlösung scheidet sich beim Zusatz einer essigsauren Chinolinlösung ein Niederschlag ab, der beim Glühen in V_2O_5 übergeht. Cr(VI) bleibt vollständig im Filtrat und kann nach der Reduktion mit SO_2 zu Cr(III) als Cr_2O_3 bestimmt werden.

IV. Verfahren nach SCOTT.

100 ml der neutralisierten Lösung des Chromats und Vanadats werden mit 15 ml Eisessig und hierauf mit H_2O_2 versetzt. Man kocht einige Minuten, wobei das gesamte Chrom in die Chrom(III)-stufe übergeführt wird. Das nicht angegriffene Vanadat wird mit Bleiacetat gefällt und durch Filtration von Chrom(III) getrennt.

V. Abscheidung des Chroms an der Quecksilberkathode

vgl. Abschnitt A.

VI. Abtrennung des Chroms als Chromylchlorid.

NICOLARDOT führt das Chrom durch Oxydation mit Kaliumchlorat in Gegenwart von konz. Schwefelsäure in die leicht flüchtige Chromylchloridverbindung über, welche durch Destillation im Luft- oder Salzsäurestrom abgetrennt wird.

VII. Trennungsmöglichkeit bei Gegenwart großer Eisenmengen.

Sind neben Chrom und Vanadium noch große Eisenmengen vorhanden, wie z. B. im Ferrochrom, behandelt man nach NICOLARDOT die Probe mit Salzsäure und Salpetersäure bzw. Chlorsäure. Beim Eindampfen zur Trockne und längerem Erhitzen bildet sich eine unlösliche, komplexe Eisenverbindung, welche das Vanadium quantitativ zurückhält, während das Chrom aus dem Rückstand unter Zusatz von Ammoniumsulfat mit Wasser herausgelöst werden kann.

Über eine weitere Chrom-Vanadium-Trennung in Gegenwart von Eisen(II) siehe auch Teil B 1, S. 317.

7. Trennung von Wolfram.

I. Durch Abscheidung des Chroms an der Quecksilberkathode

vgl. Abschnitt A.

II. Verfahren nach MOSER und BLAUSTEIN.

Allgemeines. Die Grundlage des Verfahrens bildet die Fällung der Wolframsäure mit Tannin und Antipyrin aus einem Gemisch von Wolframat und Chrom(III)-salz. Mit Tannin allein ist die Abscheidung nicht quantitativ; ein geringer Teil der Wolframsäure bleibt in Lösung. Mit Antipyrin oder Chinchonin kann man den Tannin-Wolframsäure-Komplex vollständig ausfällen. Eine zweimalige Fällung ergibt chromfreie Wolframsäure. Beim Mischen der ammoniakalischen Ammoniumparawolframatlösung mit der Chrom(III)-salzlösung entsteht ein Niederschlag; er verschwindet aber beim Verdünnen der Lösung auf 200 bis 300 ml fast vollkommen.

Arbeitsvorschrift. Das Gemisch der Lösung von Ammoniumwolframat und Chrom(III)-chlorid wird auf 200 bis 300 ml verdünnt, mit 4 bis 5 ml konz. Schwefelsäure und 10 g Ammoniumsulfat je 100 ml der Lösung versetzt und zum Sieden erhitzt. Darauf setzt man die entsprechende Menge 10%iger Tanninlösung zu, kocht auf und läßt den Niederschlag auf dem Wasserbad absitzen und dann erkalten. Zu der kalten Lösung setzt man 1 bis 1,5 g Antipyrin in 10%iger Lösung zu und rührt fortgesetzt während 5 bis 10 Min., wodurch ein Ankleben des Niederschlages an die Gefäßwände verhindert wird. Da der Niederschlag bei einmaliger Fällung noch chromhaltig ist, löst man ihn nach dem Filtrieren in heißem Ammoniak und gibt zu der Lösung verd. Schwefelsäure im Überschuß, worauf die Tannin-Wolframsäure-Verbindung sofort ausflockt. Man erhitzt jetzt zum Sieden, fügt noch etwas Ammoniumsulfat und Tanninlösung hinzu und bewirkt die Restfällung der Wolframsäure mit Antipyrin.

Der Niederschlag wird durch ein Weißbandfilter filtriert und mit einer kalten Flüssigkeit ausgewaschen, die 5 ml konz. Schwefelsäure, 50 g Ammoniumsulfat und 2 g Antipyrin im Liter gelöst enthält. Nach dem Trocknen führt man den Niederschlag durch Veraschen im Porzellantiegel und Glühen in Wolfram(VI)-oxyd (WO_3) über. Die Bestimmung des Chroms erfolgt im Filtrat durch Fällung mit Tannin. Man verfährt hierbei so, daß man zunächst mit Ammoniak neutralisiert, dann mit Essigsäure ansäuert und in Gegenwart von Ammoniumacetat fällt.

III. Verfahren nach v. KNORRE (b).

Eine Trennung des Wolframats vom Chromat ist möglich, wenn man die Wolframsäure mit Benzidin ausfällt. Vor der Fällung muß entweder die Wolframsäure durch Erhitzen mit Salzsäure in die Metawolframsäure übergeführt werden oder aber man setzt Hydroxylammoniumchlorid zu, um die oxydierende Wirkung der Chromsäure auf Benzidin auszuschalten.

8. Trennung von Thallium.
I. Abscheidung von Chrom(III).

In Gegenwart von Thallium fällen MOSER und REIF (vgl. § 1, Teil A 3) Chrom(III) durch Hydrolyse mit Ammoniumnitrit. Das Verfahren ist besonders zur Abtrennung des Chroms von großen Thalliummengen geeignet.

II. Abscheidung des Thalliums.

MOSER und BRUKL fällen das Thallium als Chromat. Das vorhandene Chrom(III) wird durch Sulfosalicylsäure komplex gebunden und bleibt in Lösung. Die Abscheidung des Thalliums ist auch noch bei Chrommengen von 0,2 g quantitativ. Eine weitere Trennungsmöglichkeit besteht in der Fällung als Thallium-Thioharnstoff-Anlagerungsverbindung (MAHR und OHLE) und als Sulfid in Gegenwart von Wein- oder Citronensäure (Bd. IV b, S. 130).

D. Trennung von den Alkali- und Erdalkalimetallen.
1. Zuverlässige Verfahren.

In der analytischen Praxis wird nur selten eine Trennung von den obengenannten Metallen notwendig sein, da sie bei den meisten gebräuchlichen Chrombestimmungsmethoden nicht störend wirken. Will man aber doch das Chrom aus irgendeinem Grunde abtrennen, wird man es zweckmäßig als Chromhydroxyd abscheiden. Hierbei ist darauf zu achten, daß die Niederschläge sehr hartnäckig Alkali adsorbieren; außerdem darf keine Kohlensäure in der Lösung vorhanden sein, da sonst die Erdalkalicarbonate mitgefällt werden. Vom Chromhydroxydniederschlag werden meistens geringe Mengen an Erdalkalien adsorbiert, so daß eine Umfällung erforderlich ist. Sehr zweckmäßig ist auch die Trennung auf elektrolytischem Wege mit Hilfe der Quecksilberkathode (vgl. Abschnitt A). Das Chrom wird in metallischer Form abgeschieden, während die Alkali- und Erdalkalimetalle in Lösung bleiben.

2. Weitere vorgeschlagene Trennverfahren.

I. Abscheidung des Strontiums als Nitrat.

Arbeitsvorschrift nach Willard und Goodspeed. Die Metallchloride, -perchlorate oder -nitrate dampft man zur Trockne, löst den Rückstand in 10 ml Wasser und fällt $Sr(NO_3)_2$ unter Umrühren mit 26 ml 100%iger Salpetersäure. Nach $^1/_2$ stündigem Stehen filtriert man es durch einen GOOCH-Tiegel, wäscht 10 mal mit je 1 ml 80% iger Salpetersäure.

Genauigkeit. Bei einer angewandten Menge von 61,8 mg Sr und etwa 500 mg Cr beträgt der Fehler 0,1 bis 0,5 mg.

II. Abscheidung des Magnesiums mit o-Oxychinolin (Oxin).

Arbeitsvorschrift nach Berg (b). Man fällt das Magnesium in tartrathaltiger, natronalkalischer Lösung. Die magnesiumhaltige Lösung wird so vorbereitet, daß in je 100 ml etwa 3 g Natriumtartrat und 15 bis 20 ml 2 n Natronlauge enthalten sind. Die Analysenlösung wird dann in der Kälte mit 2% iger alkoholischer Oxinlösung versetzt, auf etwa 60° erwärmt, um den Niederschlag kristallinisch zu machen, und nach dem Erkalten filtriert. Zum Waschen dient zunächst kaltes, schwach alkalisches Wasser mit 1% Natriumtartrat, bis das Filtrat farblos ist. Dann wird mit kaltem, reinem Wasser nachgewaschen.

E. Besondere Trennverfahren.

1. Bestimmung von Chrom(III) neben Chrom(VI).

Allgemeines. Über die cerimetrische Bestimmung von Chrom(III) neben Chrom(VI) siehe auch § 14, Teil A. Bei der Betriebskontrolle der elektrolytischen Chrombäder werden die beiden Wertigkeitsstufen auf jodometrischem Wege ermittelt (siehe § 3, Teil C 9).

Verfahren nach CHATTERJI.

Zuerst bestimmt man das Dichromat durch Titration gegen Eisen(II)-sulfatösung; dann oxydiert man eine abgemessene Menge der ursprünglichen Lösung in der oben beschriebenen Weise mit Mangan(IV)-oxydhydrat, füllt nach dem Filtrieren und Auswaschen auf ein bestimmtes Volum auf und stellt den Wert der erhaltenen Lösung gegen Eisen(II)-sulfat fest. Der Unterschied der beiden Titrationen entspricht dem vorhandenen Chrom(III)-salz.

2. Bestimmung von Chromat neben Dichromat.

Man bestimmt zunächst in einer gesonderten Probe den Gesamtchromgehalt. Zu einem aliquoten Teil der Lösung gibt man eine genau gemessene Menge n Natronlauge und titriert den Überschuß mit eingestellter Salzsäure unter Verwendung von Phenolphthalein als Indicator zurück. Durch Differenzbildung ergibt sich der Gehalt an Mono- und Dichromat *(Chromlaboratorium der Farbenfabriken Bayer)*. Das Verfahren kann insofern modifiziert werden, als man vor der Titration mit 0,1 n HCl Chromat als unlösliches Bariumchromat abscheidet und abfiltriert (vgl. § 2, Teil C 7). Der genaue Dichromatgehalt einer Lösung läßt sich auch noch potentiometrisch durch Titration mit Lauge bestimmen, wenn man die Alkalilösung vorlegt und mit der Probelösung titriert. Die Summe aus Chromat und Dichromat ergibt sich aus der Titration mit einer Silbernitratlösung an der Silberelektrode (vgl. § 11, Teil B).

3. Bestimmung von Dichromat neben Permanganat.

Über die Bestimmung von Dichromat neben Permanganat siehe auch § 9, Teil C 6.

I. Verfahren nach CHATTERJI.

Das Permanganat wird durch Zugabe einer Mischung von $MnSO_4$ und $ZnSO_4$ in unlösliches Mangan(IV)-oxydhydrat übergeführt und entfernt. Statt des Salzes $ZnSO_4$ kann auch ein lösliches Salz von Mg, Ca oder Sr benutzt werden.

Man titriert zunächst eine $FeSO_4$-Lösung von bekanntem Wirkungswert mit dem Gemisch von Permanganat und Dichromat, wobei der Endpunkt sich leicht durch das Auftreten einer bleibenden schmutzigen Rotfärbung zu erkennen gibt. Man erhält so den gesamten Eisenwirkungswert der Mischung. Nun werden 20 oder 25 ml der ursprünglichen Mischung langsam und unter beständigem Umschütteln mit einer heißen Lösung von $MnSO_4$ und $ZnSO_4$ versetzt, bis die rötliche Färbung des Permanganats verschwunden ist. Zur Sicherung der vollständigen Zersetzung des Permanganats gibt man einen kleinen Überschuß der Sulfatlösung hinzu. Nach dem Filtrieren des Mangan(IV)-oxydhydratniederschlags wird mit heißem Wasser, das mit ein wenig verd. H_2SO_4 angesäuert ist, gründlich ausgewaschen und das Filtrat nebst Waschwässern auf ein bekanntes Volum gebracht. Durch direkte Titration mit der eingestellten Eisen(II)-sulfatlösung bestimmt man den Gehalt der im Filtrat enthaltenen Dichromatlösung.

II. Verfahren nach LAL VAISH und PRASAD.

In einer Mischlösung von Kaliumdichromat und Kaliumpermanganat wird zuerst die Summe des aktiven Sauerstoffes durch Titration mit Eisen(II)-sulfat bestimmt. Anschließend scheidet man in einem 2. Teil der Lösung das Mangan ab und titriert das zurückbleibende Dichromat.

Zur Entfernung des Permanganats wird die Lösung mit festem Natriumcarbonat deutlich alkalisch gemacht und dann mit Wasserstoffperoxyd versetzt, bis alles Mangan als Dioxyd gefällt ist und die überstehende Flüssigkeit rein gelb erscheint. Nach dem Filtrieren und Auswaschen des Niederschlages wird das Filtrat zur Zerstörung des überschüssigen Wasserstoffperoxyds gekocht. Nach dem Abkühlen säuert man mit verd. Schwefelsäure an und titriert mit Eisen(II)-sulfatlösung [Kaliumhexacyanoferrat(III) als Indicator]. Nach den Beleganalysen gelingt die Trennung vollkommen, auch wenn zu 25 ml 0,2 n $K_2Cr_2O_7$-Lösung bis zu 60 ml 0,1 n $KMnO_4$-Lösung zugegen sind.

4. Bestimmung von Chrom(III) neben Permanganat nach Chatterji.

Prinzip. Das Chrom(III)-salz wird mit einem besonders präparierten Mangan(IV)-oxydhydrat zu Chrom(VI) oxydiert. Nach dem Filtrieren wird der Oxydationswert gegenüber einer eingestellten Eisen(II)-sulfatlösung gemessen. In einem aliquoten Teil des Filtrats bestimmt man nach der Entfernung des Permanganats mit Zink- und Mangansulfat (vgl. Abschnitt 3, I) das Chromat maßanalytisch. Die Differenz zwischen den beiden Titrationen ergibt den Permanganatgehalt.

Herstellung des Mangan(IV)-oxydhydrats. Man erhitzt eine Lösung von reinem Salz $MnSO_4$ in einer großen Porzellanschale nach Zugabe einiger Gramm von KNO_3 oder $NaNO_3$ und läßt unter kräftigem Umrühren eine Lösung von $KMnO_4$ zutropfen, bis ein sehr geringer Überschuß von letzterem vorhanden ist. Der Niederschlag wird filtriert, mit heißem H_2O elektrolytfrei gewaschen und bei 40 bis 45° getrocknet; die dunkelbraune Substanz wird in verschlossener Flasche aufbewahrt.

Arbeitsvorschrift. Man kocht 20 oder 25 ml der Lösungsmischung nach Zugabe von etwa 1 g des Oxyds MnO_2 und einiger Tropfen verd. H_2SO_4 2 bis 3 Min. lang, filtriert, wäscht den Niederschlag aus und füllt Filtrat und Waschwässer zu einem bestimmten Volumen auf. Der Eisenwirkungswert dieses Filtrates wird durch Titration gegen eine eingestellte Eisen(II)-sulfatlösung gefunden. In einer anderen abgemessenen Menge von 20 oder 25 ml zersetzt man das Permanganat mit einer heißen Lösung von Zink- und Mangansulfat, bis die Färbung des letzteren verschwunden ist; man gibt noch einen geringen Überschuß der Sulfatlösungen zu, ferner noch etwa 0,5 g des Mangan(IV)-oxydhydrates und kocht wenige Minuten lang [gewöhnlich genügt das bei der Zersetzung des Permanganats gefällte Oxyd MnO_2 zur Oxydation des Chrom(III)-salzes; doch ist es besser, einen Überschuß des Oxydationsmittels zuzusetzen]. Nach dem Filtrieren, Auswaschen und Auffüllen auf ein bestimmtes Volumen erhält man den Eisenwirkungswert des Filtrates und damit den Gehalt der Chrom(III)-salzlösung durch Titration gegen die eingestellte Eisen(II)-sulfatlösung.

5. Trennung der Chromsäure von Chlorsäure, Bromsäure und Salpetersäure.

Allgemeines. Bei der Oxydation von Chrom(III) zu Chrom(VI) mit Chlor- oder Bromwasser in Gegenwart von Natronlauge entstehen gleichzeitig Chlorat und Bromat, welche die nachfolgende maßanalytische Bestimmung des Chromats stören. Nach einem älteren Verfahren (VOHL) können die Salze der Halogensauerstoffsäuren durch thermische Zersetzung entfernt werden. KURTENACKER empfiehlt die Zerstörung des Bromats durch Kochen mit Kaliumbromid und -hydrogensulfatlösung, nachdem vorher die Lösung mit Schwefelsäure angesäuert worden ist. Nach Untersuchungen von JANDER soll aber in geringem Umfang Chromat mit Bromid und Hydrogensulfat reagieren, so daß die nachfolgende Chromattitration ungenau wird. Außerdem ist das Verfahren nur auf die Zerstörung der Bromsäure begrenzt.

Verfahren nach Jander. JANDER benutzt die Schwerlöslichkeit des Bleichromats, um die Chromsäure von den Halogensauerstoffsäuren und von der Salpetersäure abzutrennen. Nach dem Abfiltrieren des Niederschlags mit Hilfe eines „Membranfilters" bringt er das Bleichromat mit Salzsäure wieder in Lösung. Das Chromat wird mit einer eingestellten Eisen(II)-ammoniumsulfatlösung reduziert und der Überschuß mit einer bekannten Chromatlösung zurücktitriert, wobei man Kaliumhexacyanoferrat(III) als Tüpfelindicator verwendet. Bei der Titration von Chromat und Eisen(II)-salz ist es gleichgültig, ob in schwefelsaurer oder in salzsaurer Lösung gearbeitet wird. Das Chromat wird auch von n Salzsäure bei längerem Erwärmen nicht reduziert, worauf GRÖGER schon hingewiesen hat.

Arbeitsvorschrift. 25 ml einer 0,1 n Chromatlösung, welche z. B. 2,5 g Natriumchlorat enthält, werden mit 20 ml n Natriumacetatlösung und einigen Tropfen verd. Essigsäure versetzt. Dann verdünnt man sie mit Wasser auf etwa 100 ml, erhitzt zum Sieden und läßt aus einer Bürette tropfenweise eine 0,1 n klar filtrierte Bleiacetatlösung einlaufen. Zweckmäßig nimmt man einen kleinen Überschuß von der Fällungslösung. Nach dem Abkühlen der Flüssigkeit filtriert man das Bleichromat über ein „Membranfilter", wäscht es aus und spült es in ein Becherglas über. Dann wird es unter Erwärmen mit 100 ml n Salzsäure in Lösung gebracht und diese auf 250 bis 300 ml mit Wasser verdünnt. Nach dem Abkühlen reduziert man sie mit einem Überschuß an Eisen(II)-ammoniumsulfatlösung und titriert das überschüssige Eisen(II) mit einer eingestellten Chromatlösung zurück, wobei man Kaliumhexacyanoferrat(III)-lösung als Tüpfelindicator verwendet.

Bemerkungen. *I. Genauigkeit.* Wie JANDER durch Beleganalysen zeigen kann, ist die Abtrennung des CrO_4-Restes von anderen oxydierend wirkenden Säureresten, wie BrO_3^-, ClO_3^-, NO_3^-, und die nachfolgende maßanalytische Chromatbestimmung recht genau. Die Abweichungen von der Theorie sind gering; sie betragen 0,04 bis 0,1%. Die über das Bleichromatverfahren erhaltenen Werte sind etwas niedriger als die bei einer direkten Titration der Chromatlösung ermittelten.

II. Der Einfluß der Bleiionen. Das Titrationsergebnis wird durch die Anwesenheit von Blei in keiner Weise beeinflußt. Bleisulfat fällt erst aus, wenn das gesamte Chrom in der 3 wertigen Verbindungsstufe vorliegt, meist sogar erst lange nach beendeter Titration, wenn die Lösungen noch einige Zeit stehengeblieben sind. Es besteht also keine Gefahr, daß das ausfallende Bleisulfat Chromat mit einschließt.

III. Kontrollbestimmungen. Die nach der oben angegebenen Arbeitsvorschrift erhaltenen Ergebnisse werden auf einem etwas anderen Wege nachgeprüft. Jeweils 100 ml der 0,1 n Chromatlösung werden mit Äthanol und konz. Salzsäure zu Chrom(III) reduziert und anschließend mit Chlor- bzw. Bromwasser in Gegenwart von Natronlauge wieder oxydiert. Nach dem Ansäuern mit Essigsäure trennt man das Chromat als unlösliches Bleichromat ab und ermittelt den Chromgehalt im Niederschlag jodometrisch nach BUNSEN-FARSOE (vgl. § 3, Teil B). Die Ergebnisse weichen kaum von denjenigen Vergleichswerten ab, die erhalten werden, wenn man in der Ausgangslösung das Chromat direkt maßanalytisch bestimmt. Die Differenz beträgt bei der Titration im Mittel 0,01 ml der 0,05 n Thiosulfatlösung. Die angewendete Menge waren 25 ml der auf 250 ml verdünnten Lösung.

Literatur.

ASHBROCK, D. S.: Am. Soc. **26**, 1383 (1904).

BAUBIGNY, H.: C. r. **108**, 236; durch Fr. **32**, 611 (1893). — BAUMANN, P.: Methoden der analytischen Chemie; durch W. BÖTTGER: Physikalische Methoden der analytischen Chemie, Bd. 2 (1949). — BERG, R.: (a) Fr. **71**, 181 (1927); (b) Die analytische Verwendung von Oxychinolin (Oxin) und seine Derivate. Die chemische Analyse, Bd. **34** (1938). — BERL-LUNGE: Chemisch-technische Untersuchungsmethoden, Bd. II, Teil 2, S. 1401, 1153 (1932). — BILTZ, H., u. O. HÖDTKE: Z. anorg. Ch. **66**, 426 (1910). — BOCK, R., u. K.-G. HACKSTEIN: Fr. **138**, 339 (1953). — BÖTTGER, W.: Physikalische Methoden der analytischen Chemie, Bd. 2 (1949). — BOURION, F., u. A. DESHAYES: C. r. **156**, 1769 (1913); durch Fr. **59**, 245 (1920). — BRIEFS, H.: Stahl Eisen **42**, 775 (1922); durch Fr. **62**, 70 (1923).

CAIN, J. R.: Ind. eng. Chem. **3**, 467 (1911); durch W. BÖTTGER: Physikalische Methoden der analytischen Chemie, Bd. 2 (1949). — CAMPBELL, F. H., u. E. L. WOODHAMS: Am. Soc. **30**, 1233; durch Schiedsverfahren. — CHATTERJI, N. G.: Chem. N. **123**, 232 (1921); durch Fr. **64**, 228 (1924). — Chemikerausschuß des Vereins deutscher Eisenhüttenleute: Schiedsverfahren, Analyse der Metalle, Bd. 1. — CHIRNSIDE, R. C., L. A. DAUNCEY u. P. M. C. PROFFITH: Analyst **68**, 175 (1943); durch Fr. **138**, 356 (1953). — CLAASSEN, A., u. J. VISSER: R. **61**, 103 (1942); durch Handbuch Bd. IVb, S. 262. — CLASSEN, A.: (a) B. **14**, 2771 (1881); durch Fr. **22**, 419 (1883); (b) B. **14**, 1627 (1881); durch Fr. **24**, 247, 255 (1885). — CLASSEN, A., u. R. LUDWIG: B. **19**, 323 (1886). — CORNELIUS, W.: Pharm. Z. **58**, 427; durch Fr. **53**, 299 (1914).

DEDERICHS, W.: Pharm. Z. **58**, 446; durch Fr. **53**, 299 (1914). — DEISS, E.: Z. angew. Ch. **38**, 796 (1925). — DITTE, A.: C. r. **85**, 281; durch Fr. **17**, 96 (1878). — DITTRICH, M., u. C. HASSEL: B. **35**, 3266 (1902).

ETHERIDGE, A. T.: Analyst **67**, 9 (1942); durch Fr. **138**, 356 (1953). — EWING, R. E., u. CH. V. BANKS: Anal. Chem. **20**, 233 (1948); durch Handbuch, Bd. IVb, S. 462.

FALCO, F.: Ar. **247**, 431 (1909); durch Fr. **84**, 354 (1931). — FRIEDHEIM, C., u. E. BRÜHL: Fr. **38**, 681 (1899).

GILCHRIST, R.: Chem. Reviews **32**, 277, 325 (1943); durch Handbuch, Bd. VIIIb, S. 99. — GINO GALLO: Atti Accad. Lincei **16**, I, 58; durch Fr. **48**, 380 (1909). — GRAHAM, R. P., u. J. A. MAXWELL: Chem. Reviews **46**, 471 (1950); durch Fr. **138**, 357 (1953). — GRÖGER, M.: Z. anorg. Ch. **108**, 268 (1919).

HASLAM, J., u. W. MURRY: Analyst **59**, 609 (1934); durch Fr. **104**, 134 (1936). — HECZKO, T.: Ch. Z. **58**, 1032 (1934). — HERSCHKOWITSCH, M.: Fr. **59**, 11 (1920). — HOFFMAN, J. I., u. G.E.F. LUNDELL: J. Res. Nat. Bureau of Standards **22**, 465 (1939); durch Handbuch, Bd. IVb, S. 281. — HOLLADAY, J. A., u. T. R. CUNNINGHAM: Trans. Am. electrochem. Soc. **43**, 329 (1923); durch Fr. **66**, 295 (1925).

JÄRVINEN, K. K.: (a) Fr. **66**, 81 (1925); (b) Fr. **75**, 1 (1928). — JAKÓB, W.: Fr. **52**, 654 (1913). — JANDER, G.: Fr. **61**, 160 (1922). — JANNASCH, P.: Praktischer Leitfaden der Gewichtsanalyse 1897, S. 47; durch Fr. **84**, 354 (1931). — JANNASCH, P., u. F. ALFFERS: B. **31**, 2383 (1898). — JENSEN, K. A.: Fr. **86**, 438 (1931). — JÍLEK, A., u. J. KOTA: (a) Fr. **89**, 350 (1932); (b) Coll. Trav. chim. Tchécosl. **4**, 412 (1932); durch Handbuch, Bd. IVb, S. 157. — JÍLEK, A., u. V. VICOVSKÝ: Chem. Listy **26**, 16 (1932); durch Fr. **98**, 143 (1934). — JOHNSON, C. M.: Iron Age **132**, 16 (1933); durch Handbuch, Bd. IVb, S. 136.

KASSNER, O.: Ar. **232**, 229 (1894); durch Fr. **84**, 354 (1931). — KLINGENBERG, J. J.: Anal. Chem. **21**, 1509 (1949); **24**, 1861 (1952); durch Fr. **141**, 72 (1954). — KLINGER, P., W. KOCH u. G. BLASCHCZYK: (a): Angew. Ch. **53**, 537 (1940); durch Handbuch, Bd. IVb, S. 344; KLINGER, P. (b): Arch. Eisenhüttenw. **13**, 21 (1939). — v. KNORRE, G.: (a) Z. angew. Ch. **16**, 1097 (1903); durch Fr. **48**, 291 (1909); (b) Fr. **47**, 337 (1908). — KOLLOCK, L. G., u. E. F. SMITH: Am. Soc. **29**, 805 (1907); durch Fr. **48**, 294 (1909). — KURTENACKER, A.: Fr. **52**, 401 (1913).

Lal Vaish, B., u. M. Prasad: Analyst 58, 148 (1933); durch Fr. 104, 132 (1936). — Lundell, G. E. F., u. J. I. Hoffman: Outlines of Methods of Chemicals Analysis, New York 1938; durch Fr. 138, 357 (1953).

Mahr, C., u. H. Ohle: Fr. 115, 256 (1938/39). — Majdel, J.: Fr. 81, 14 (1930). — Melaven, A. D.: Ind. eng. Chem. Anal. Edit. 2, 180 (1930); durch W. Böttger: Physikalische Methoden der analytischen Chemie, Bd. 2. — Moldenhauer, W., K. F. A. Ewald u. O. Roth: Z. angew. Ch. 42, 331 (1929). Moser, L.: M. 53, 39 (1929); durch Fr. 88, 437 (1932). — Moser, L., u. W. Blaustein: M. 52, 351 (1929); durch Fr. 85, 191 (1931). —Moser, L., u. A. Brukl: M. 47, 667 (1926). — Moser, L., u. E. Irányi: M. 43, 679 (1923); durch Fr. 64, 444 (1924). — Moser, L., K. Neumayer u. K. Winter: M. 55, 85 (1930); durch Fr. 93, 213 (1933). — Moser, L., u. L. Reif: M. 52, 346 (1929). — Moser, L., u. F. Siegmann: M. 55, 14 (1930); durch Fr. 93, 129 (1933). — Moser, L., u. J. Singer: (a) M. 48, 684 (1927); durch Fr. 89, 350 (1932); M. 48, 677, 681 (1927); durch Fr. 93, 300 (1933); (b) M. 48, 673 (1927).

Nicolardot, P.: C. r. 138, 810; durch Fr. 48, 292 (1909).

Parks, Th. D., H. O. Johnson u. L. Lykken: Anal. Chem. 20, 148 (1948); durch W. Böttger: Physikalische Methoden der analytischen Chemie, Bd. 2. — Paweck, H.: Z. El. Ch. 5, 221 (1898). — van Pelt, G.: Bl. Soc. chim. Belg. 28, 101, 138 (1914). — Philips, M.: Stahl Eisen 27, 1146 (1907). — Puschin, N.: J. Russ. phys.-chem. Ges. 38, 764; durch Fr. 48, 294 (1909).

Rây, P., u. A. K. Chattopadhya: Z. anorg. Ch. 169, 99 (1928). — Reinitzer, B., u. P. Conrath: Fr. 68, 114 (1926). — Rousseau, E.: Chim. Ind. 13, 199 (1925).

Schoeller, W. R., u. E. C. Deering: Analyst 52, 625 (1927); durch Handbuch, Bd. IVb, S. 131. — Schulek, E., u. A. Dózsa: Fr. 86, 81 (1931). — Scott, W. W.: Berl-Lunge, Bd. II, 2. Teil, S. 1154. — Smith, E. F.: Am. Ch. 12, 329; durch Fr. 31, 205 (1892).

Taverne, H. J.: Chem. Weekbl. 20, 210 (1923); durch Fr. 84, 354 (1931). — Treadwell, W. D.: (a) Lehrbuch der analytischen Chemie; (b) Tabellen der quantitativen Analyse 1947. — Tutundžic, P. S.: Z. anorg. Ch. 202, 297 (1931).

Vohl: durch B. Fresenius: Quantitative chemische Analyse 1875, Bd. I, S. 246.

Warren, H. N.: Chem. N. 60, 187; durch Fr. 29, 445 (1890). — Wenger, P., u. J. Währmann: Ann. Chim. anal. [2] 1, 337 (1919); durch Fr. 68, 58 (1926). — Willard, H. H., u. E. W. Goodspeed: Ind. eng. Chem. Anal. Edit. 8, 414 (1936); durch Handbuch, Bd. IIa, S. 364. — Wunder, M., u. B. Jeanneret: Fr. 50, 733 (1911). — Wunder, M., u. P. Wenger: Fr. 51, 470 (1912).

F. Das Verhalten der Chromverbindungen auf Ionenaustauschern und die hierauf beruhenden Trennungsmöglichkeiten.

Allgemeines. Die Tendenz zur Komplexbildung beim Chrom(III)-ion einerseits und das starke Oxydationspotential des Chromations andererseits sind die Ursachen dafür, daß die Ionenaustauscher im Gegensatz zu ihrer breiten Anwendung für Bestimmung und Trennung vieler anderer Kationen und Anionen erst in jüngster Zeit auch für die Analyse des Chroms herangezogen wurden. Besonders ausführlich wurde der gesamte Chemismus der Ionenaustauscher von Samuelson untersucht; in seinem Buch „Ion Exchangers in Analytical Chemistry" macht er zum Verhalten des Chroms zahlreiche Angaben unter Hinweis auf eigene Originalabhandlungen; da diese jedoch größtenteils in schwedischen Zeitschriften erschienen, sind sie schwer zugänglich und für die meisten Fachgenossen nicht lesbar, so daß sie hier aus obigem Buch zitiert werden.

Chrom(III)-salze, wie -halogenide, -chlorat, -perchlorat und -nitrat, verhalten sich an gewöhnlichen Kationenaustauschern normal, so daß im Ablauf der in der H-Form vorliegenden und mit Chrom(III)-salzlösung beschickten Austauscher durch Titration der freigesetzten Säure der Salzgehalt bestimmt werden kann (Samuelson, S. 121). Die bei Eisen(III)-salzen durch Hydrolyse auftretenden Schwierigkeiten werden hier nicht beobachtet; auch schwächere Komplexe wie das Hexaaquo-chrom(III)-ion verhalten sich wie Lösungen des Chroms(III), so daß also das Chrom quantitativ auf dem Austauscher verbleibt. Auch das violette Sulfat verhält sich noch derartig (Samuelson, S. 123). Dagegen wird mit den komplexen, grünen Sulfaten und besonders den Phosphaten die Bindung des Chroms an den Austauscher unvollständig, so daß ein erheblicher Teil des komplex gebundenen Chroms die Säule durchläuft (Samuelson, S. 124). Bei Mischungen anderer Chromsalze mit Phosphorsäure beobachtet man dagegen normales Verhalten, es sei denn, daß man durch vorheriges Erhitzen Komplexbildung bewirkt.

Ob aus anionischen Komplexen Bindung des Chroms an Kationenaustauscher erfolgt, ist von den Konzentrationsverhältnissen sowie der Art von Komplex und Austauscher abhängig; z. B. wird aus dem Komplex des Salzes $Na[Cr(C_2O_4)_2]$ ein Teil des Chroms kationisch gebunden, ohne daß diese Reaktion quantitativ zu gestalten wäre (SAMUELSON, S. 129), während in anderen Fällen quantitative Bindung von Chrom(III) aus anionischen Komplexen beobachtet wird. Komplexe Kationen mit anionischen Liganden, welche im allgemeinen auf dem Kationenaustauscher quantitativ gebunden werden, können anschließend infolge Ersatzes eines Liganden durch das Austauscheranion zersetzt werden; da hierdurch ihre Löslichkeit beträchtlich verändert werden kann, sind zur Vermeidung dieser Reaktion kürzestmögliche Aufgabe- und Eluierzeiten zu wählen. Weitere Angaben über das Verhalten verschiedener komplexer Chromsalzlösungen siehe SAMUELSON, S. 253 bis 255.

Von D'ANS und Mitarbeitern wurden die folgenden Komplexe untersucht: Pentamminaquochrom(III)-chlorid $[Cr(NH_3)_5H_2O]Cl_3$ liefert im Anionenaustauscher eine rote Lösung, deren Titration mit Säure befriedigende Werte ergibt. Dagegen sind die freien Basen der Salze $[Cr(H_2O)_6]Cl_3$ und $[Cr(H_2O)_4Cl_2]Cl$ über den Anionenaustauscher nicht zu erhalten, da sie wahrscheinlich unter Abscheidung von $Cr(OH)_3$ zerfallen. Im Ablauf sind weder Chrom noch Chlor nachweisbar.

Auch an Anionenaustauscher können geeignete Anionen des 3wertigen Chroms gebunden werden, so z. B. das Thiocyanatanion $[Cr(CSN)_6]^{3-}$ an einen schwach basischen Anionenaustauscher; jedoch gelingt es auch bei Verwendung von 5 n Salzsäure nur, einen geringen Teil des gebundenen Chroms zu isolieren, offenbar, weil Sekundärreaktionen zwischen Komplex und Austauscher stattfinden (SAMUELSON, S. 97).

Bei Chromatlösungen ist wegen der Empfindlichkeit vieler Austauscher gegen Oxydationsmittel Vorsicht angebracht. Nach älteren Angaben werden die Austauscher auch von verdünnten Chromatlösungen angegriffen (SAMUELSON, S. 74). Arbeitet man jedoch mit einem Kationenaustauscher in der Ammoniumform, so kann man auch Chromatlösungen gefahrlos von Kationen befreien und erhält im Auslauf nur Ammoniumion neben Chromat (SAMUELSON, S. 76).

Die Aufnahme des Chromations durch Anionenaustauscher kann z. B. zur Trennung des Chroms vom Nickel dienen (SAMUELSON, S. 157). Auch bei diesem weiter unten wiedergegebenen Verfahren wird nach dem Eluieren mit Lauge noch mit Säure eluiert, um gegebenenfalls reduziertes Chrom mit zu erfassen.

Einzelne Bestimmungsverfahren.

Über eine für alle Ionenaustauscherverfahren besonders zweckmäßige Säulenform vergleiche man unten bei KLEMENT.

1. Alkalimetrische Bestimmung von Chromat und Dichromat an Anionenaustauschern nach D'Ans, Blasius, Guzatis und Wachtel.

Prinzip. Wegen der Schwierigkeiten, Chromat und Dichromat an normalen Kationenaustauschern acidimetrisch exakt zu bestimmen (s. jedoch folgenden Abschnitt!), verwendeten die Verfasser mit Erfolg Anionenaustauscher in der OH-Form zur alkalimetrischen Bestimmung.

Arbeitsvorschrift. 40 bis 50 g der handelsüblichen Chloridform von „Permutit ES" oder „Dowex 2" oder „Amberlite IRA 400" werden in einer Säule von 25 mm Durchmesser und 250 mm Länge durch Aufgabe von 1,2 bis 1,6 l n Natronlauge bei einer Geschwindigkeit von 8 bis 10 ml je Minute in die OH-Form überführt, wobei gegen Ende auf Abwesenheit von Chlorid zu prüfen ist; anschließend wird so lange mit einer Geschwindigkeit von 15 ml nachgewaschen, bis der Ablauf mit einem Tropfen n Salzsäure Methylorangeumschlag ergibt. Die Aufgabe der Lösungen, welche bis zu 200 mg Kaliumchromat oder -dichromat enthalten können, kann mit Geschwindigkeiten bis zu 10 bis 12 ml/Min. erfolgen; anschließend wird mit 300 bis 350 ml Wasser nachgewaschen; in den vereinigten Abläufen wird dann die frei gewordene Kalilauge titriert und die entsprechenden Äquivalente Chromat errechnet.

Bemerkungen. *I. Genauigkeit.* 150 bis 200 mg Mono- oder Dichromat werden mit einem Fehler $<1\%$ wiedergefunden.

II. Beständigkeit des Austauschers. Die OH-Form ist trotz etwa auftretender Verfärbung ohne Beeinträchtigung der Kapazität $1^1/_2$ Jahre unverändert haltbar, wenn sie in verschlossener Säule unter Wasser aufbewahrt wird. Nach Angabe der Autoren soll „Lewatit 35" für das Verfahren weniger geeignet sein als die oben angeführten Austauscher.

2. Acidimetrische Bestimmung von Chromat am Kationenaustauscher nach Hartler und Samuelson.

Allgemeines. Im „Dowex 50" liegt nach BAUMAN und Mitarbeitern ein sulfoniertes Styrol-Divinylbenzol-Harz vor, bei dem das Fehlen phenolischer OH-Gruppen eine wesentlich bessere Beständigkeit gegenüber Oxydationsmitteln bewirkt, als sie bei Phenolharzen vorhanden ist. Diese Tatsache benutzten HARTLER und SAMUELSON, um die Kalisalze einer Reihe von Säuren mit hohem Oxydationspotential, welche bisher dieser Methode nicht exakt zugänglich waren, in einfacher Weise zu bestimmen.

Arbeitsvorschrift. In einer Säule von 9,8 mm Durchmesser und 130 mm Länge wird der in 0,12 bis 0,30 mm Korngröße vorliegende Austauscher „Dowex 2" mit 4 n Salzsäure in die H-Form überführt und neutral gewaschen. Die Aufgabe erfolgt in etwa 0,05 m Lösung und kann zusammen mit dem anschließenden Auswaschen in 10 Min. beendet sein. Im Ablauf erfolgt die Titration der frei gewordenen Säure mit 0,1 n Natronlauge gegen Methylrot.

Bemerkungen. *I. Genauigkeit.* Der relative Fehler beträgt dem Betrage nach bei den genannten Auslaufzeiten nicht mehr als $-0,12\%$. Bei bis zu 60 Min. verlängerten Zeiten tritt ebenfalls kein Verlust durch etwaige Redoxreaktionen ein.

II. Sonstiges. Auch Chlorat, Bromat, Jodat sind demselben Verfahren zugänglich, nicht jedoch Permanganat.

Trennungen.

3. Trennung von Chrom, Mangan, Eisen und Nickel durch Kationenaustauscher nach Rjabčikov und Osipova.

Allgemeines. Die von LUR'E und FILIPPOVA durchgeführte Trennung von Nickel und Chromat am Anionenaustauscher in ammoniakalischer Lösung führt zwar selbst bei einem Nickel-Chrom-Verhältnis von 60 : 1 noch zum Ziel, hat aber den Nachteil, daß gelegentlich eine Reduktion des Chromats auftreten kann, wobei dann noch mit Säure nacheluiert werden muß (SAMUELSON, S. 157). Die russischen Autoren gehen dagegen immer nur von Lösungen des Chroms(III) aus und verwenden seine und die Komplexbildungsreaktionen des Eisens für die gegenseitige Abtrennung. Eisen(III) liefert mit Pyrophosphat ein von $p_H = 3$ bis 4 aufwärts beständiges und einen Austauscher in H- oder Na-Form unverändert durchlaufendes komplexes Anion, während die als Kationen vorhandenen Metalle festgehalten werden und anschließend mit Säure eluiert werden können; der Chrom-Pyrophosphat-Komplex ist erst bei $p_H = 7$ beständig. Dagegen bildet Chrom(III) beim Erwärmen mit Rhodanid ein sehr beständiges, durch den Kationenaustauscher durchlaufendes Anion $[Cr(SCN)_6]^{3-}$. Der entsprechende Eisenkomplex ist so wenig beständig, daß er beim Durchgang durch den Austauscher in Na-Form aufgespalten wird, das Eisen also auf der Säule bleibt.

I. Zur Trennung des Chroms(III) von Eisen(III) oder Mangan(II) oder Nickel(II) wird die neutrale Lösung mit Kaliumrhodanid erwärmt, über einen in der Na-Form vorliegenden Kationenaustauscher gegeben und das im Filtrat enthaltene Chrom auf beliebige Weise bestimmt; die zweite Komponente wird mit 4 n Salzsäure oder bei Mangan(II) mit 10%iger Schwefelsäure eluiert.

II. Trennung des Chroms(III) von Eisen(III). Die Lösung wird mit Natriumpyrophosphat ($Na_4P_2O_7$) bei $p_H = 3$ bis 4 versetzt und auf den in der Na-Form vorliegenden Austauscher gegeben; Eisen wird im Filtrat bestimmt; Chrom wird mit 4 n Salzsäure eluiert.

III. Trennung des Chroms(III) von Mangan(II). Die Lösung wird ebenfalls mit Natriumpyrophosphat bei $p_H = 7$ versetzt und über den Austauscher in Na-Form gegeben; im Filtrat wird das Chrom, in dem mit 10%iger Schwefelsäure erhaltenen Eluat das Mangan bestimmt.

IV. Trennung von Eisen, Chrom und Mangan. Der Lösung wird zuerst bei $p_H = 4$ Pyrophosphat zugegeben; sie wird auf den Austauscher gegeben und im Filtrat Eisen, in dem mit 4 n Salzsäure erhaltenen Eluat Chrom und Mangan erhalten. Dieses Eluat wird zur Trockne eingedampft und der Rückstand in 5%iger Ammoniumrhodanidlösung warm aufgenommen; nach Durchlaufen der Säule liegt Chrom im Filtrat vor, Mangan wird wie oben eluiert und die Einzelbestandteile in bekannter Weise bestimmt.

4. Trennung von Molybdän und Chrom durch Kationenaustauscher nach Klement.

Allgemeines. Das für die Abtrennung des Molybdäns von Kupfer, Blei, Chrom, Nickel, Eisen und Vanadium erprobte Verfahren vermeidet die sonst kaum zu umgehende Fällung des Molybdäns als Sulfid; es liefert schnelle und zuverlässige Trennungen auf Grund der Tatsache, daß die Kationen an einem Kationenaustauscher in der H-Form gebunden werden; zur Vermeidung des Ausfallens von Molybdänsäure auf der sauren Säule wird das Molybdat durch Zusatz von Citronensäure komplex gebunden und erscheint quantitativ im Durchlauf. Während das Verfahren auch schon für einige Legierungen, Erze u. dgl. Verwendung finden kann, wurde die Trennung vom Chrom einstweilen nur an Modellgemischen untersucht. Die Molybdatlösung erfordert dazu eine besondere Vorbereitung; Chrom muß in Chrom(III) in perchlorsaurer Lösung übergeführt werden, worin keine Minderbefunde infolge Komplexbildung wie gegebenenfalls in salz- oder schwefelsaurer Lösung auftreten können.

Apparatur. Für die einfachsten Säulenformen, welche überall zu improvisieren sind, sei auf SAMUELSON, S. 79ff., verwiesen. Eine verbesserte Arbeitsweise führte KORTÜM ein (Abb. 94), während die von KLEMENT verwendete Säule noch weitere Verbesserungen aufweist (Abb. 95); als Zulaufrohr dient zur Verkleinerung des toten Volumens eine Capillare. Die Schliffe gestatten, den Vorratstrichter A entweder bei B auf das Zulaufrohr oder bei C auf die Säule zu setzen. Normalerweise tritt die Lösung auf dem Wege BD von unten ein, ebenso wird das Waschwasser geleitet. Dagegen wird zum Eluieren von oben nach unten gearbeitet, das Eluat also bei E abgelassen. Gegenüber der Kippsäule (WICKBOLD) werden so weniger Eluiersäure und Waschwasser benötigt, so daß auch der Zeitbedarf geringer ist. Das bei E angebrachte Rohr vermeidet ein auch nur teilweises Leerlaufen der Austauscherschicht. Die Säule wird in bekannter Weise mit verd. Säure in die H-Form übergeführt.

Vorbereitung und Aufgabe der Molybdänlösungen. 20 g Ammoniummolybdat und 80 g Citronensäure werden in 400 ml Wasser gelöst und der Gehalt gravimetrisch nach BERG bestimmt. Die Lösung mit etwa 150 bis 250 mg Molybdän wird auf etwa 50 ml gebracht und mit einer Geschwindigkeit von 2 bis 3 ml/Min. auf die Säule, wie oben beschrieben, gebracht. Dabei läßt man bei F entsprechend dem Leervolumen so viel Flüssigkeit abtropfen, bis die Molybdatlösung erscheint, bei den obigen Abmessungen etwa 15 ml. Nun wird der Durchlauf in einem Meßkolben

von 250 ml aufgefangen und die Säule so lange mit Wasser gewaschen, bis der Meßkolben zur Marke gefüllt ist. Nach Durchmischen wird hiervon ein aliquoter Teil
mit 25 bis 50 mg Molybdän entnommen, falls notwendig, auf ein kleineres Volumen
eingedampft und darin das Molybdän mit Oxin bestimmt. — Die am Austauscher
gebundenen Kationen werden nach Umsetzen des Trichters auf Schliff C mit Eluiersäure (Art und Konzentration der Säure hängen von den zu eluierenden Kationen
ab) bei einer Geschwindigkeit von etwa 1 bis
2 ml/Min. eluiert; dann wird mit 100 ml Wasser
nachgewaschen und das Metall im sauren Eluat
in bekannter Weise bestimmt. Nach Umsetzen
des Einfülltrichters wird
noch mit 100 ml Wasser
nachgewaschen; der Aus-
tauscher ist dann für eine
neue Bestimmung bereit.

*Arbeitsweise bei gleich-
zeitiger Anwesenheit von
Chrom und Molybdän
(Modellversuch).* Eine
gemessene Menge einer
eingestellten Kaliumdi-
chromatlösung wird mit
1 ml Perhydrol und 1,5 ml
40%iger Perchlorsäure
versetzt und die Lösung
nach Abklingen der Re-
aktion bis zum Auftreten
von Perchlorsäuredämp-
fen auf dem Wasserbade
eingedampft. Nach dem
Abkühlen wird die Mo-
lybdat-Citronensäure-
Lösung zugesetzt und
die Mischung nach Ver-
dünnen auf 50 ml auf den
Austauscher gebracht,
wobei das Molybdän wie
oben im Auslauf er-

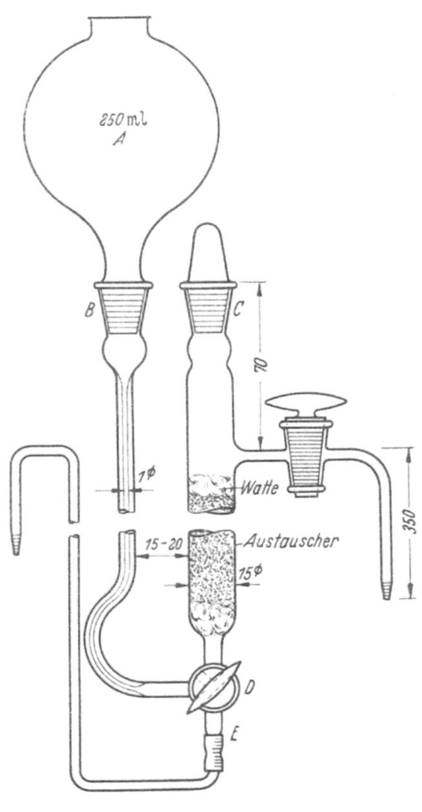

Abb. 94. Austauschvorrich-
tung für die Wofatitbehand-
lung. (Nach Kortüm.)

Abb. 95. Austauschersäule für quantitative Trennungen. (Nach Klement.)

scheint. Das quantitativ gebundene Chrom wird durch 4 n Salzsäure eluiert und
nach Oxydation maßanalytisch bestimmt.

Bemerkungen. *I. Genauigkeit.* Zwei Beleganalysen zeigen bei den Chromwerten Abweichungen von —0,17 und —0,34% bei insgesamt 53 bzw. 158 mg
Chrom; bei 233 mg Molybdän —0,23%.

II. Stahlanalyse. Obwohl nur die beiden vorstehenden Analysen von zwei Modellgemischen zahlenmäßig belegt werden, sollen auch chromhaltige Stähle demselben
Verfahren zugänglich sein.

III. Austauscher. Für die Erfordernisse der perchlorsauren Lösung kommt nur
„Dowex 50" in Frage; sowohl „Amberlite IR 120" als auch „Wofatit F"[1] liefern in
perchlorsaurer Lösung sehr ungenaue Chromwerte.

---

[1] An Stelle der früher unter der Handelsbezeichnung „Wofatit" von der I. G. Farben-
industrie A.-G. hergestellten Produkte wird heute von den Farbenfabriken Bayer A.-G., Leverkusen, ein Sortiment von Austauschern unter der Handelsbezeichnung „Lewatit" in den
Handel gebracht.

5. Trennung des Molybdäns von Chrom und Eisen an Kationenaustauschern nach Šemjakin, Charlamov und Micelovskij.

Allgemeines. Im Gegensatz zum vorstehenden Verfahren wird hier die saure Lösung der Eisen-Chrom-Molybdän-Legierung über den nicht näherbeschriebenen Kationenaustauscher Sulfokohle Marke K geleitet und das (nur adsorptiv gebundene ?) Molybdän mit Lauge eluiert, wobei die anderen Metalle gebunden bleiben. Als Säule dient eine 100-ml-Bürette, die, unten mit Glaswolle versehen, zunächst mit Wasser und dann unter den bekannten Vorsichtsmaßnahmen mit feuchter Sulfokohle, Marke K, gefüllt wurde.

Arbeitsvorschrift. Von der Legierung werden 0,2 g in 30 ml Salzsäure $(1+1)$ (etwa 6 n) und 1 bis 2 ml konz. Salpetersäure gelöst, bis fast zur Trockne eingedampft; der Rückstand wird in 7 ml konz. Salzsäure unter leichtem Erwärmen aufgenommen und nach Verdünnen auf 50 ml mit einer Geschwindigkeit von 4 ml/Min. über den Austauscher gegeben; dieser wird dann mit Wasser bis zur neutralen Reaktion des Filtrates gewaschen. Durch das gewaschene Filter wird dann 3%ige Natronlauge geleitet; Molybdän wird zu Beginn als Molybdänblau bei $p_H = 2,5$ bis $3,0$ ausgeschieden; bei alkalischer Reaktion wird das Filtrat gelb, wobei über dem Austauscher 2 bis 3 ml Lauge verbleiben müssen. Die Kolonne wird nun 4 mal mit je 20 ml Wasser gewaschen; die vereinten Lösungen werden mit konz. Schwefelsäure bis zur sauren Reaktion versetzt, weitere 3 ml der gleichen Säure im Überschuß zugegeben; danach wird so viel 0,1 n Kaliumpermanganatlösung zugegeben, daß nach Erreichen der beständigen Rosafärbung 2 bis 3 Tropfen im Überschuß vorhanden sind. Man engt die Lösung auf 60 bis 70 ml ein, gibt 5 ml konz. Schwefelsäure zu, kühlt ab, reduziert im JONES-Reduktor und titriert die reduzierte Molybdänlösung mit 0,05 n Permanganatlösung. — Die Methode gibt Werte, die mit den Ergebnissen der Bleimethode gut übereinstimmen; die Differenz beträgt $-0,08$ bis $-0,25\%$.

6. Trennung des Chroms vom Bor nach Martin und Hayes.

Allgemeines. Für die Abtrennung des Bors als Methylester von einer großen Anzahl die Borbestimmung störender Kationen ist ein erheblicher Aufwand erforderlich, der mit Kationenaustauschern vermieden werden kann; Chromat muß ebenso wie etwa vorhandenes Vanadat oder Permanganat vorher reduziert werden.

Arbeitsvorschrift. Die chromathaltige, etwa 0,7 n salzsaure Lösung wird in der Hitze mit 3%igem Wasserstoffperoxyd versetzt, 5 Min. am Rückfluß gekocht, bis zum beendeten Farbumschlag mit Zinn(II)-chloridlösung und zusätzlich mit 5 Tropfen Überschuß versetzt; sie wird auf eine Austauschersäule gegeben, welche entweder „Dowex 50" oder „Amberlite IR 100" in der H-Form enthält; dann wird mit 200 ml Wasser nachgewaschen und in den vereinigten Durchläufen nach Neutralstellen und Zugabe von Invertzucker das Bor mit Lauge in bekannter Weise acidimetrisch bestimmt.

Über die quantitative Bestimmung des auf dem Austauscher gebundenen Chroms werden keine Angaben gemacht, doch dürfte damit zu rechnen sein, daß es, ähnlich wie bei der obenstehenden Methode von KLEMENT, durch Eluieren mit Säure quantitativ erfaßbar ist.

7. Trennung des Kobalts vom Chrom und anderen Legierungselementen in Stählen nach Dean.

Austauschersäule. Über eine auf nicht adsorbierender Baumwolle ruhende 5 bis 6 cm hohe Aluminiumoxydschicht läßt man m Perchlorsäure bis zur deutlich sauren Reaktion des Ablaufes laufen und wäscht sie neutral. Gegenüber den übrigen Metallen wirkt die Säule als Anionenaustauscher, läßt also die Kationen durch; dagegen wird überschüssiges Nitroso-R-Salz und seine innerkomplexe Kobaltverbindung quantitativ zurückgehalten; ersteres kann mit m Salpetersäure, der Komplex mit m Schwefelsäure nacheinander getrennt eluiert werden.

Arbeitsvorschrift. 0,5 g Stahl werden in 5 ml 12 n Perchlorsäure und 10 ml Wasser gelöst und unter Kochen mit 1 ml 15 m Salpetersäure oxydiert. Dann raucht man die filtrierte Lösung mit 5 ml Perchlorsäure ab, verdünnt mit 20 ml Wasser, setzt 5 ml 3%iges Wasserstoffperoxyd hinzu und kocht einige Minuten zur Reduktion von Dichromat und Permanganat und zur Zersetzung des überschüssigen Peroxydes. Nach Zugabe von 5 ml 1%iger, wäßriger Nitroso-R-Salzlösung, Einstellen mit 4 n Ammonacetatlösung auf $p_H = 5,0$ bis 5,5 und nach Kochen wird je Milliliter Acetatlösung 0,5 ml Perchlorsäure (12 m) zugegeben; mit einer Geschwindigkeit von 15 bis 20 ml/Min. läßt man die Flüssigkeit durch die Aluminiumoxydsäule laufen. Die anderen Metalle befinden sich im Durchlauf; der Kobaltkomplex wird wie oben angegeben eluiert und colorimetrisch bestimmt.

8. Trennung des Chroms von den übrigen Bestandteilen von Kesselspeisewässern nach McCoy.

Austauscher. Der Kationenaustauscher „Amberlite IR 100" und der Anionenaustauscher „Amberlite IRA 400", beide analysenrein von der Firma Rohm & Haas Co., Philadelphia, lieferbar, werden in üblicher Weise durch Waschen und Dekantieren zwecks Entfernung mechanischer Verunreinigungen und anschließend durch Behandlung mit Salzsäure (1 + 4) (etwa 2,5 n) und Neutralwaschen vorbereitet sowie in die H- bzw. Cl-Form überführt.

I. Abtrennung von anderen Anionen. 200 ml der Wasserprobe werden mit konz. Salzsäure gegen Lackmus neutralisiert, 2 Tropfen Säure im Überschuß zugegeben und mit 0,2 g Hydroxylammoniumchlorid gut verrührt; nach kurzem Stehen wird in ein trockenes Becherglas filtriert und die Kationenaustauschersäule 3mal mit je 10 ml der reduzierten Lösung durchspült, um eine Verdünnung mit dem vorher in der Säule vorhandenen Wasser zu vermeiden. Dann erst wird ein aliquoter Teil der Probe durch die Säule gegeben und in dem in einem trockenen Gefäß gesammelten Durchlauf, welcher frei von Chrom ist, die Bestimmung der Anionen nach bekannten Verfahren durchgeführt.

II. Zur *Abtrennung von Calcium und Magnesium* wird zunächst in einer 200-ml-Probe durch Zugabe von einigen Plätzchen Ätzkali und etwa 0,2 g Natriumperoxyd das gesamte Chrom unter Kochen in Chromat überführt; durch 10 Min. langes Kochen wird der Peroxydüberschuß zerstört, die Lösung nach Erkalten mit Salzsäure neutralisiert und ebenfalls mit 2 Tropfen Überschuß versetzt. Nach Auffüllen auf 200 ml wird sie, wie oben beschrieben, jetzt jedoch über den Anionenaustauscher in der Chloridform filtriert, welcher das gesamte Chromat zurückhält. Im Durchlauf können dann Calcium und Magnesium, z. B. mit Komplexon, ohne Schwierigkeiten titriert werden.

Literatur.

D'Ans, J., E. Blasius, H. Guzatis u. U. Wachtel: Ch. Z. **76**, 811 (1952).

Bauman, W. C., J. R. Skidmore u. R. H. Osman: Ind. eng. Chem. **40**, 1350 (1948). — Berg, R.: Die chemische Analyse, Bd. 34: Das Oxin, S. 71, Stuttgart 1938.

Dean, J. A.: Anal. Chem. **23**, 1096 (1951).

Hartler, N., u. O. Samuelson: Anal. chim. Acta 8, 130 (1953).

Klement, R.: Fr. **136**, 17 (1952). — Kortüm, G., M. Kortüm-Seiler u. B. Finckh: Die Chemie **58**, 37 (1945).

Lur'e, Yu. Yu., u. N. A. Filippova: Betriebslab. (russ.) **14**, 159 (1948).

Martin, J. R., u. J. R. Hayes: Anal. Chem. **24**, 182 (1952). — McCoy, J. W.: Anal. chim. Acta **6**, 259 (1952).

Rjabčikov, D. I., u. V. F. Osipova: Doklady Akad. Nauk SSSR (russ.) (N. S.) **96**, 761 (1954). Samuelson, O.: Ion Exchangers in Analytical Chemistry, Stockholm u. New York 1952. — Šemjakin, F. M., I. P. Charlamov u. E. S. Micelovskij: Betriebslab. (russ.) H. 9, 1124 (1950).

Wickbold, R.: Fr. **132**, 324 (1951).

G. Trennungsmöglichkeiten durch Chromatographie und Verteilung.

1. Adsorptionschromatographie. Die chromatographische Abtrennung des Chroms sowohl als Chrom(III)-ion als auch in Form des Chromats von zahlreichen anderen Anionen und Kationen ist von SCHWAB und Mitarbeitern (a, b und c) beschrieben worden (vgl. auch Teil II dieses Handbuches, Bd. VI, S. 186); es finden hierfür Mikrorohre, gefüllt mit Aluminiumoxyd (nach BROCKMANN standardisiert), nach HESSE Verwendung. Die graugrünen Chromzonen, welche sich sowohl aus der schwach salpetersauren Lösung des Aquokomplexes wie auch aus der natronalkalischen Lösung des durch Tartratzusatz erhältlichen Tartratkomplexes bilden, werden mit Ammoniumsulfidlösung entwickelt und dabei verstärkt; Chromatlösungen auf derselben Säule in möglichst neutraler Lösung ergeben eine Trennung in Chromat- und Dichromation; letzteres zeigt beim Entwickeln mit Silbernitratlösung eine intensivere Rotbraunfärbung als das Chromat. Trotz guter Trennungen und Nachweisbarkeitsgrenzen scheint das Verfahren bisher nicht für quantitative Bestimmungen herangezogen worden zu sein.

2. Die kontinuierliche, **elektrochromatographische Trennung** von Silber- und Chromationen gelingt nach SATO, NORRIS und STRAIN quantitativ, wenn man das Silberchromat (0,03 m) in m Ammoniaklösung über einen 60 · 60 cm² großen, durch Glasplatten gehaltenen Filterpapierbogen mit 270 ml/Std. von oben laufen läßt und seitlich 260 Volt, entsprechend 55 mAmp. anlegt. Nähere Einzelheiten dieses zunächst nur methodisch wichtigen Verfahrens, das in die Praxis der quantitativen Analyse noch keinen Eingang gefunden hat, vergleiche man im Original.

3. Auch die **Papierchromatographie** hat noch keine allgemein anwendbaren, quantitativen Bestimmungsverfahren entwickelt; doch scheint die Abtrennung des Chroms von anderen Ionen auch hier im Prinzip gelöst zu sein. ROMANO zerstört in beliebigen Gemischen zunächst die organische Substanz und zerlegt dann nach klassischen Methoden mit Schwefelwasserstoff usw.; Chrom wird dabei im Filtrat der Schwefelwasserstoffgruppe neben Aluminium, Eisen und Uran mit Ammoniumchlorid und Ammoniak gefällt. Diese Fällung wird nach Überführung in die Chloride ebenso wie die der anderen Gruppen papierchromatographisch getrennt; dabei wird Schleicher-und-Schüll-Papier Nr. 597 und ein Lösungsmittelgemisch von Aceton-Glyzerin-Salzsäure (90 + 5 + 5) bei 65% Feuchtigkeit in der Entwicklungskammer verwendet; anschließend erfolgt die Entwicklung des Chroms(III), welches unter den angegebenen Bedingungen einen R_f-Wert von etwa 0,21 hat, mit Diphenylthiocarbazid. Empfindlichkeit, Schnelligkeit und Spezifität der Methode sollen sehr gut sein.

Neue Effekte in der papierchromatographischen Trennung anorganischer Ionen erzielten LACOURT, SOMMEREYNS und WANTIER dadurch, daß zur Entwicklung und zur Sättigung des Kammerraumes unterschiedliche Lösungsmittel verwendet werden. Die gut reproduzierbaren und durch Ausschneiden, Eluieren und weiteres Aufarbeiten vorzüglich auswertbaren Chromatogramme lassen für 10 bis 15 μg-Mengen neue günstige Trennungsmöglichkeiten zu. Die mit Hilfe von Methyläthylketon- und konz. Salzsäure (95 + 5 Vol.) als Raumsättigungs- und Aceton-Salzsäure (95 + 5) als Entwicklungsmittel durchgeführte Trennung des Molybdäns und Siliciums vom Bor, wobei letzteres in Mengen von ~10 μg mit einer Genauigkeit von 2,5% quantitativ erfaßt werden kann, läßt sich auf die Trennung von Molybdän, Chrom und Vanadium nicht ohne weiteres übertragen. Diese für Spezialstähle interessante Trennung wurde neuerdings von LACOURT und Mitarbeitern ausführlich untersucht; wegen der genau festgelegten experimentellen Einzelheiten soll diese Methode hier kurz angeführt werden; zwar ist die völlige Trennung des Chroms vom Molybdän und dessen quantitative Bestimmung erstmalig durch direkte Titration auf dem Papier gelungen; die ähnlich einfache Bestimmung des Chroms steht aber noch aus. Als günstigste Arbeitsbedingungen für die Trennung gelten: genau mit Mikrobüretten gemessene Tropfen von 0,01 ml, entsprechend etwa 10 μg Molybdän und etwa gleichen Mengen von Chrom und Vanadium, werden auf Whatman-Papier Nr. 4 entweder mit Aceton-Chloroform und konz. Salzsäure (71+20+9) oder mit Aceton-Salzsäure (95+5) absteigend entwickelt; die Raumsättigung erfolgt dagegen entweder mit 2-Butanon und Chloroform (1+1) oder mit 2-Butanon allein, welche beide jeweils 5% konz. Salzsäure enthalten. Nach 170 bzw. 60 Min. Entwicklungszeit werden auf einem Teil der Bahn durch Besprühen mit Oxinlösung die Flecken sichtbar gemacht; im nicht besprühten Rest der Bahn wird das Molybdän nach Herausschneiden und Extrahieren oder Veraschen in bekannter Weise, z. B. photometrisch nach ELLIS und OLSON, bestimmt. Am schnellsten aber erfolgt die Bestimmung, wenn man die von EVANS vorgeschlagene Titration mit Bleinitrat unmittelbar auf dem Papier vornimmt; das Papier wird 10 Min. Ammoniakdämpfen ausgesetzt, mit einer Infrarotlampe kurz getrocknet und dann mit Wasser, etwas Pufferlösung und Indicatorlösung (Diphenylcarbazid) behandelt (Einzelheiten s. Original); bei der anschließenden Titration mit Bleinitratlösung aus einer Mikrobürette erhält man bei Reagensüberschuß einen scharfen Umschlag, der eine Genauigkeit von $\pm$3,5% auf etwa 10 μg Molybdän erreichen läßt.

Die papierchromatographische Trennung der verschiedenen Wertigkeitsstufen von Chrom (Cr^{2+}, Cr^{3+}, CrO_4^{2-}) erreicht BIGHI (a) nach der für Eisen, Quecksilber und Kupfer mitgeteilten Methode [BIGHI (b)]. Man benutzt Whatman-Papier Nr. 1 und zur aufsteigenden Entwicklung in inerter (N_2)-Atmosphäre das von POLLARD, McOMIE und ELBEIH benutzte System Butylalkohol/Essigsäure/Acetessigester/Wasser (50 + 10 + 5 + 35) bei einer Laufzeit von 24 Std. (20° $\pm$2° C). Die R_f-Werte sind für Cr^{2+} 0,23, für Cr^{3+} 0,75 und für CrO_4^{2-} 0,10. Bei absteigender Entwicklung in inerter Atmosphäre mit dem Lösungsmittelgemisch Butanol/Acetessigester/Wasser (50 + 5 + 35) betragen die R_f-Werte für Cr^{2+} 0,12, für Cr^{3+} 0,57 und für CrO_4^{2-} 0,07. Zum Sichtbarmachen dient Chromotropsäure unter Betrachtung in filtriertem UV-Licht. Beim Auftragen der Tüpfel am Startpunkt ist jeder vor dem nächsten völlig zu trocknen.

4. Verteilung. Während die Rhodanide einer größeren Anzahl von 2- und 3wertigen Metallen einen so günstigen Verteilungskoeffizienten aufweisen, daß sie mit Äther praktisch quantitativ aus ihrer wäßrigen Lösung entfernt werden können, verbleibt Chrom unter denselben Umständen praktisch restlos im Wasser (BOCK). Die darauf beruhende Möglichkeit der Abtrennung des Chroms von den obengenannten Metallen wurde bisher noch nicht für ein quantitatives Trennungsverfahren herangezogen. Dagegen sind die günstigen Verteilungskoeffizienten, welche die Perchromsäure in organischen Lösungsmitteln gegenüber Wasser aufweist, schon zu Trennungen herangezogen worden. BROOKSHIER und FREUND trennen das Chrom durch Ausschütteln der wäßrigen, mit H_2O_2 versetzten Lösung bei p_H=1,7 und +10° C mit Essigester von allen Störelementen, insbesondere Vanadium, ab. Sehr ähnlich verfahren GLASNER und STEINBERG, welche die erhaltene blaue Lösung der Perchromsäure in Essigester unmittelbar photometrieren (s. „Sonstige colorimetrische und photometrische Bestimmungsmethoden", S. 278), während die zuerst genannten Verfasser diese durch Ausschütteln mit Lauge wieder in Chromat überführen. Neuestens hat TROICKIJ die optimalen Bedingungen für die Extraktion der Perchromsäure mit Äther ermittelt; Säure- und Wasserstoffperoxydgehalt der Lösungen müssen zwischen 0,1 und 0,5, am besten bei 0,15 bis 0,25% liegen; Salzsäure ist besser geeignet als Schwefelsäure. Im Gegensatz zu den vorzüglichen Ausbeuten bei Ausschütteln mit Essigester (s. o.) liegen diese bei Äther nur zwischen 65 und 98%.

Literatur.

BIGHI, C.: (a) Ann. Chimica **45**, 1087 (1955); (b) **45**, 532 (1955); durch Fr. **154**, 366 (1957). — BOCK, R.: Fr. **133**, 110 (1951). — BROOKSHIER, R. K., u. H. FREUND: Anal. Chem. **23**, 1110 (1951).

ELLIS, R., u. R. V. OLSON: Anal. Chem. **22**, 328 (1950). — EVANS, B. S.: Analyst **64**, 1 (1939).
GLASNER, A., u. M. STEINBERG: Anal. Chem. **27**, 2008 (1955).
HESSE, G.: Angew. Ch. **49**, 315 (1936).
LACOURT, A., GH. SOMMEREYNS, A. STADLER-DENIS u. G. WANTIER: Mikrochemie **40**, 268 (1953). — LACOURT, A., GH. SOMMEREYNS u. G. WANTIER: Mikrochemie **39**, 396 (1952).
POLLARD, F. H., J. F. W. McOMIE u. I. I. M. ELBEIH: Nature **163**, 292 (1949); durch Fr. **154**, 366 (1957).
ROMANO, C.: Boll. Soc. ital. Biol. sperim. **26**, 604 (1950).
SATO, T. R., W. P. NORRIS u. H. H. STRAIN: Anal. Chem. **24**, 776 (1952). — SCHWAB, G.-M., u. K. JOCKERS: (a) Angew. Ch. **50**, 546 (1937); Naturwiss. **25**, 44 (1937); SCHWAB, G.-M., u. A. N. GHOSH: (b) Angew. Ch. **52**, 666 (1939); SCHWAB, G.-M., u. G. DATTLER: (c) Angew. Ch. **50**, 691 (1937).
TROICKIJ, K. V.: Z. anal. Chim. (russ.) **9**, 51 (1954).

§ 23. Bestimmung in Eisen, Stahl und Eisenlegierungen.

Allgemeines. Ein gemeinsamer Zug aller praktisch wichtigen Methoden der Chrombestimmung in Eisen und Stahl ist die Überführung des Chroms in die 6wertige Stufe. Die Art der Umwandlung und die Bestimmung des Chroms(VI) kann jedoch nach verschiedenen Methoden durchgeführt werden; sie richtet sich jeweils nach der chemischen Zusammensetzung des zu untersuchenden Materials.

Von den im Abschnitt „Überführung des Chroms in verschiedene Wertigkeitsstufen" angegebenen Möglichkeiten, eine Umwandlung in Chrom(VI) zu erreichen, haben nur die folgenden Verfahren für die Stahl- und Eisenanalyse Bedeutung erlangt.

An weitaus erster Stelle stehen die Methoden, welche die Überführung in die 6wertige Stufe in saurem Medium vornehmen, weil hierbei die Hauptkomponente Eisen in Lösung bleibt, wodurch der weitere Arbeitsgang sehr vereinfacht wird. Das wichtigste dieser Verfahren bewirkt die Oxydation zu Chrom(VI) durch Persulfat bei Gegenwart von Silberionen. Ferner sind zu nennen die Oxydation mit Kaliumpermanganat, Kaliumbromat, Kaliumchlorat, Natriumwismutat und in immer steigendem Maße mit Perchlorsäure.

Die Oxydation zu Chromat in alkalischem Milieu wird entweder auf nassem Wege mittels Natronlauge-Kaliumpermanganat bzw. Natronlauge-Wasserstoffperoxyd oder in der Schmelze mit Natriumperoxyd vorgenommen. Nachteilig bei diesen Verfahren ist die Ausbildung eines großen Eisenhydroxydniederschlages.

Alle Methoden, welche die Oxydation zu Chrom(VI) auf nassem Wege vornehmen, setzen voraus, daß sich die Untersuchungssubstanz bereits in Lösung findet. Für die Auflösung finden, je nach Art des Materials, Schwefelsäure, Salzsäure, Salpetersäure, Phosphorsäure, Perchlorsäure bzw. variierende Mischungen derselben Verwendung. Das Oxydationsverfahren im Schmelzfluß mit Natriumperoxyd (oder anderen alkalischen Schmelzmitteln) führt unmittelbar das im Untersuchungsmaterial vorhandene Chrom in lösliches Chromat über, weshalb diese Methode vor allem bei der Untersuchung säureresistenten Materials von Nutzen ist. Die Bestimmung des gebildeten Chromats erfolgt bei größeren Gehalten wohl immer maßanalytisch, oft potentiometrisch, letzteres vor allem dann, wenn gleichzeitig noch andere Legierungselemente, wie Vanadium, Molybdän und Mangan, bestimmt werden sollen. Gehalte unter 1% lassen sich zwar noch maßanalytisch bestimmen; jedoch sind in diesem Bereich besser optische, besonders photometrische Methoden am Platze, die auch für mittlere Chromgehalte geeignet sind. Die polarographische Bestimmung ist für kleine und mittlere Gehalte ebenfalls sehr geeignet, hat jedoch im Eisenhüttenlaboratorium bisher nur vereinzelt Eingang gefunden.

Gravimetrische Methoden der Chrombestimmung dürften für die Eisen- und Stahlanalyse heute ihre Bedeutung verloren haben. Das gleiche gilt für alle Arbeitsweisen, die eine Abtrennung des Eisens mittels Ausäthern oder anderer Verfahren vorschreiben.

Von den maßanalytischen Verfahren sind die ferrometrischen Methoden am wichtigsten, vor allem dann, wenn nur die Chrombestimmung im Material interessiert. Bei der gleichzeitigen Ermittlung von Legierungselementen können Titrationen z.B. mit Zinn(II), Chrom(II) oder Arsen(III) zweckmäßig sein. Die jodometrische Methode hat für säurelösliches Material keine Bedeutung, da Eisen stört, sofern nicht besondere Maskierungsmittel, z.B. Ammoniumfluorid oder Komplexon (§ 3, C, S. 52), verwendet werden. Gelegentlich findet sie bei der Analyse von Ferrochrom Anwendung, wenn man vorher einen Schmelzaufschluß vorgenommen und dadurch Eisen abgetrennt hat.

Das Auffinden der für den jeweils vorliegenden Fall zweckmäßigsten Untersuchungsmethode wird wesentlich erleichtert, wenn man beachtet:

1. die Größenordnung der zu erwartenden Chromgehalte (vgl. hierzu „Eignung der wichtigsten Verfahren"),

2. das Verhalten des Materials gegen Aufschlußmittel, besonders gegen Säuren (vgl. hierzu „Auflösung des Untersuchungsmaterials"),

3. die Möglichkeit, eine gleichzeitige Bestimmung von Legierungskomponenten mit der Chrombestimmung vorzunehmen (vgl. hierzu auch „Eignung der wichtigsten Verfahren").

Da die verschiedenen Methoden der Chrombestimmung in den entsprechenden Abschnitten, meistens unter „Anwendungen", eingehend behandelt wurden, wird im folgenden lediglich auf dieses Kapitel verwiesen.

A. Bestimmung von mittleren und größeren Chromgehalten.
1. Maßanalytische Methoden.

In Materialien, in denen *nur die Chrombestimmung* interessiert, ist die Anwendung eines der im § 4, A, 2, beschriebenen Verfahren am einfachsten. Wenn ein Aufschluß mit Säure zum Ziel führt, was meist der Fall sein wird, nimmt man die Überführung in Chrom(VI) am einfachsten mit Ammoniumpersulfat-Silbernitrat oder Perchlorsäure vor. Bei Ferrochrom ist der oxydierende Schmelzaufschluß sicherer. In vanadiumfreiem Material kann man an Stelle von Kaliumpermanganat mit Dichromat zurücktitrieren (§ 4, B); ebenfalls ist die direkte Bestimmung möglich (§ 5, D, 1). Über jodometrische Bestimmung in Ferrochrom und Eisen vgl. § 3, C.

Bei gleichzeitiger Bestimmung von Vanadium ist die direkte ferrometrische Bestimmung angebracht, und zwar mit Redoxindicatoren (§ 5, D, 2, I) oder mit elektrometrischer Indizierung (§ 5, D, 2, II). Diese Methoden eignen sich auch zur gleichzeitigen Bestimmung von Cr, V, Mn, Ce (§ 5, D, 3).

Zur Cr-Bestimmung neben Vanadium ist weiterhin die Titration mit arseniger Säure zu empfehlen; vgl. § 6, A, 1, I, a) und § 6, C.

Zur Bestimmung neben Molybdän eignet sich die potentiometrische Titration mit Zinn(II)-chlorid (§ 7) oder mit Chrom(II)-salzlösung (§ 9).

Zur gleichzeitigen Bestimmung von Chrom und Wolfram ist die potentiometrische Fällungstitration mit Bariumchlorid geeignet (§ 11, B, 1).

2. Optische Methoden.

Die optische Bestimmung des Chroms(III) (§ 18, E) spielt ebenso wie diejenige des Chroms(VI) mit verschiedenen Reagenzien (§ 18) eine untergeordnete Rolle; dagegen wird für mittlere Gehalte bis herab zu 0,1% die direkte Bestimmung als Chromat oder Dichromat (§ 17, C, 2) wegen ihrer einfachen Ausführung gern herangezogen. Am elegantesten sind die Verfahren, welche die Probe in Perchlorsäure lösen, Begleitelemente durch Komplexbildner tarnen und auch bei legierten Stählen unmittelbar photometrieren (z.B. ASMUS, § 17, C). Die älteren Methoden gehen vorzugsweise von einer alkalischen Chromatlösung aus, weil dadurch eine Abtrennung von Eisen erreicht wird.

3. Polarographische Methoden. Vgl. § 20.

4. Spektralanalytische Methoden. Vgl. § 21.

B. Bestimmung von kleinen und kleinsten Chromgehalten.

Optische Methoden stehen an erster Stelle. Obwohl die Bestimmung als Dichromat bis herab zu Gehalten von 0,01% (vgl. WOOD, § 17, C) zuverlässige Werte geben soll, wird man im allgemeinen in diesem Konzentrationsbereich die Diphenylcarbazidmethode (§ 16, D, 6) heranziehen. Auch hier ist die früher übliche Abtrennung des Eisens meist verlassen und durch Maskierung ersetzt worden. Bei photometrischen Methoden (vgl. hierzu auch § 16, B, unter ,,Störende Stoffe'') genügt schon die Auswahl einer genügend selektiven Wellenlänge, um Störungen durch Eisen zu vermeiden.

§ 24. Bestimmung des Chroms in Chromerzen und Schlacken.

A. Analyse des Chromeisensteins.

Zusammensetzung und Eigenschaften von Chromeisenstein. Der Chromeisenstein — auch Chromit oder Chromerz genannt — ist das Ausgangsmaterial für sämtliche Chromverbindungen. Er bildet unregelmäßige, bisweilen linsenförmige Ausscheidungen in Olivingesteinen oder in den aus ihnen hervorgegangenen Serpentinen. Der reine Chromeisenstein ist eisen- oder pechschwarz mit braunem Stich; er kristallisiert regulär und besitzt die Idealformel $FeO \cdot Cr_2O_3$. Die Dichte liegt zwischen 4,0 und 4,8; die Härte wird mit 5,5 bis 6,0 angegeben.

Die natürlich vorkommenden Chromerze besitzen im allgemeinen nicht die ideale Zusammensetzung des Eisenchromits. FeO ist teilweise durch MgO und Cr_2O_3 durch Al_2O_3 oder Fe_2O_3 ersetzt. Der Chromoxydgehalt schwankt zwischen 30 und 57%. Die Erze kommen in derben, stückigen oder auch sandigen Massen in den Handel. Aufbereitete Erze bestehen häufig aus kleinen regulären Kriställchen von glänzend schwarzer Farbe. Zu den Hauptbestandteilen gehören außer den obengenannten Metalloxyden noch Kieselsäure und geringe Mengen an Vanadium. Ferner können noch folgende Beimengungen vorhanden sein: CaO, MnO, NiO und Sulfide. Hier die Zusammensetzung eines Chromerzes aus Transvaal (Südafrika): 44,0% Cr_2O_3; 25,05% FeO; 2,80% SiO_2; 10,9% MgO; 16,62% Al_2O_3 und 0,21% Vanadium (ULLMANN). Der Glühverlust beträgt im Durchschnitt 1 bis 3%.

1. Aufschluß von Chromeisenstein.

Allgemeines. Für den Aufschluß von Chromeisenstein kommen grundsätzlich zwei Verfahren in Betracht: I. das oxydierende Schmelzen mit Alkalien und II. das saure Verfahren, nach dem das Erz in Säuren, wie z. B. Perchlorsäure, Schwefelsäure und Phosphorsäure, gelöst wird. Ähnlich wie im Fabrikationsprozeß besitzt das alkalische Aufschlußverfahren die weitaus größere Bedeutung. In beiden Fällen muß die Probe vor dem Aufschluß gut pulverisiert (Achatreibschale) und bei 110° C getrocknet werden.

I. Alkalische Schmelze.

Allgemeines. Beim oxydierenden Schmelzen von Chromeisenstein mit überschüssigem Alkali entstehen wasserlösliche Alkalichromate. Die Oxydation von Chrom(III) zu Chrom(VI) ist nur dann vollständig, wenn genügend Sauerstoff zugegen ist. Man nimmt deshalb für den Aufschluß solche Schmelzmittel, die Sauerstoff abgeben, wie z. B. Natriumperoxyd oder Gemische von Natriumcarbonat mit

Natriumnitrat oder Natriumperoxyd. Die Reaktionstemperatur richtet sich nach dem angewandten Schmelzmittel; beim Arbeiten mit Soda ist sie verhältnismäßig hoch (900 bis 1100°); mit Ätznatron oder Natriumperoxyd erfolgt der Aufschluß schon bei tieferen Temperaturen.

Beim Auslaugen der Schmelze mit Wasser geht das Chromat zusammen mit dem Aluminat, Vanadat und Silicat in Lösung. Das Eisen liegt als unlösliches Oxyd vor; desgleichen bleiben Calcium, Mangan und Magnesium im Rückstand. Die Hydroxyde adsorbieren erhebliche Mengen an Chromat. Für die maßanalytische Bestimmung des Chroms säuert man die gesamte Aufschlußlösung an, so daß alle vorliegenden Metalle zusammen mit dem Chromat in Lösung gehen. Da oft noch geringe Mengen an 3wertigem Chrom vorhanden sind, ist eine Nachoxydation mit Ammoniumpersulfat, Wasserstoffperoxyd oder Kaliumpermanganat zweckmäßig. Es kommt mitunter vor, daß der Aufschluß nicht ganz vollständig ist. In diesem Fall muß mit den ungelöst gebliebenen Anteilen die Schmelze wiederholt werden.

a) Aufschluß mit Natriumperoxyd. Allgemeines. Für den Aufschluß von Chromeisenstein wird in fast allen modernen Standardwerken der quantitativen Analyse die Schmelze mit Natriumperoxyd empfohlen. Das Schmelzmittel wird im Überschuß angewandt; der Aufschluß erfolgt bei Rotglut und dauert etwa 20 Min. Als Tiegelmaterial wird im allgemeinen Eisen oder Nickel verwendet. Aber auch Tiegel aus Platin, Silber oder Porzellan sind gebräuchlich. Das Aufschlußverfahren ist schon lange bekannt; es wird zum ersten Male von CLARK beschrieben. SANITER arbeitet mit einem geringen Zusatz von Bariumperoxyd; das Mischungsverhältnis von Na_2O_2 zu BaO_2 ist 4 zu 0,75. Da von reinem Natriumperoxyd der Platintiegel stark angegriffen wird, schlägt LUCCHÈSE eine Mischung aus gleichen Teilen Soda und Peroxyd vor. Zur Vermeidung der Korrosion kann man auch mit Natrium-Kaliumcarbonat verdünnen. MÜLLER prüft ein Gemisch von 4 Teilen Na_2O_2 und 6 Teilen KOH aus; er erzielt damit einen vollständigen Aufschluß. Nach BERL-LUNGE nimmt man auf 5 Teile Na_2O_2 3 Teile $(Na_2CO_3 + K_2CO_3)$. BERTHET schmilzt das Erz mit Na_2O_2 auf und führt dann den Aufschluß unter Zusatz von Soda zu Ende. Im allgemeinen nimmt man für den Aufschluß etwa die 10fache Menge Peroxyd; MEHLIG arbeitet mit einem 20fachen Überschuß. Der Natriumperoxydaufschluß wird noch von folgenden Autoren empfohlen: BRADDOCK und ROGERS; CUNNINGHAM und McNEILL; DITTLER; BRYANT und HARDWICK; FRANKE und DWORZAK; TOMARCHIO; SPECHT.

Arbeitsvorschrift nach Berl-Lunge. Zur Ausführung werden in einem mittelgroßen Eisenblechtiegel etwa 0,2 g Chromeisenstein, der äußerst fein gepulvert und am besten durch ein feines Sieb gesiebt ist, mit etwa 3 g Natriumperoxyd gemischt, unter sehr gelindem Erwärmen zunächst zum Zusammensintern und erst dann bei langsamer Temperatursteigerung zum Schmelzen gebracht. Mehrfach wird der Tiegel dabei umgeschwenkt. Dieser Aufschluß dauert 15 bis 20 Min.

Die Schmelze wird in einem mit einem Uhrglas bedeckten 400 ml fassenden Becherglas mit 150 ml heißem Wasser aus dem Tiegel gelöst. Um dabei eine Reduktion von Chromat durch das Eisen des Tiegels zu verhindern, wird ein wenig Kaliumpermanganat hinzugesetzt und die violette Farbe nach Beendigung des Kochens durch einige Tropfen Alkohols entfernt. Die Lösung wird kurze Zeit gekocht, dann bei Zimmertemperatur mit Kohlendioxyd gesättigt und filtriert. Das Filter mit dem ausgewaschenen Niederschlag wird in dem benutzten Eisentiegel naß verascht und der geringe Rückstand mit etwa 1 bis 2 g Natriumperoxyd wieder verschmolzen. Man behandelt die zweite Schmelze wie die erste, neutralisiert die vereinigten Lösungen annähernd mit Salpetersäure, kocht sie in einer Porzellankasserolle stark ein, wobei ein Rest Aluminium ausfällt, und filtriert sie nochmals.

Arbeitsvorschrift nach Tomarchio. Die Probe, die vorher bei 105° getrocknet wurde, schließt man in einem Nickeltiegel mit 3 g Natriumperoxyd bis zum Auftreten der roten Farbe auf. Dann kühlt man ab, setzt noch etwas Peroxyd hinzu und erhitzt nochmals 5 Min. im Schmelzfluß. Dann wird die Schmelze mit kochendem Wasser ausgelaugt, die Lösung 10 Min. zum Sieden erhitzt und mit 50%iger Schwefelsäure angesäuert. Nach dem Auffüllen auf 500 ml läßt man die Oxyde absitzen, filtriert 200 ml ab und bestimmt das Chrom mit MOHRschem Salz und Permanganat.

Arbeitsvorschrift nach Berthet. Man mischt eine Chromitprobe von 0,5 g in feinst gepulvertem Zustand mit 5 bis 6 g Peroxyd und erhitzt im Nickeltiegel zunächst einmal diese Mischung allein auf Dunkelrotglut, dann ein zweites Mal unter Zusatz von etwas Soda. Die Schmelze wird in Wasser gelöst, die Lösung mit 1 g Natriumperoxyd und mit etwas Ammoniumcarbonat versetzt, 20 Min. zum Sieden erhitzt und filtriert. Das Filtrat wird nach Zugabe von 20 g Ammoniumnitrat fast zur Trockne eingedampft, der Rückstand mit heißem Wasser aufgenommen und zur Abtrennung von Siliciumdioxyd und Aluminiumoxyd abermals filtriert. Chrom- und Sulfation sind im Filtrat, Siliciumdioxyd, Eisen, Mangan, Aluminium, Nickel, Calcium und Magnesium in den vereinigten Niederschlägen auf übliche Weise zu bestimmen.

b) Aufschluß mit Alkalicarbonat. Allgemeines. Im Vergleich zum Natriumperoxydaufschluß wird das Tiegelmaterial nicht so stark angegriffen. Die Aufschlußzeiten sind aber wesentlich länger. Ein vollständiger Aufschluß ist meistens nur dann möglich, wenn gleichzeitig ein Oxydationsmittel zugesetzt wird, CHRISTOMANOS schließt das Erz mit Soda auf und setzt dann nach 5 Min. etwa 0,2 g Natriumnitrat hinzu. O'NEILL arbeitet in Gegenwart von Kaliumchlorat. GENTH dagegen hält diese Methode für nicht vollständig. KINNIKUTT und Mitarbeiter schlagen Bariumperoxyd als Oxydationsmittel vor, während KAYSER ein Gemisch von Natriumcarbonat und Calciumhydroxyd verwendet. Durch den Kalk lockert sich die Schmelze auf, so daß der Luftsauerstoff besser zutreten kann.

Arbeitsvorschrift nach Duparc und Leuba. Man schließt 0,3 g feinst geriebenes Mineral durch mindestens 8stündiges Erhitzen mit Soda im Platintiegel auf. Die Schmelze wird in Wasser und Salzsäure gelöst, zur Trockne verdampft und die Kieselsäure abfiltriert. Im Filtrate scheidet man Eisen, Chrom und Aluminium durch Fällung mit Ammoniak ab, verglüht den Niederschlag und bestimmt das Gewicht der Oxyde. Dann schließt man sie wieder mit Soda auf und filtriert das bei der Behandlung mit Wasser ungelöst bleibende Eisenoxyd ab. Das Filtrat wird mit Salpetersäure genau neutralisiert und die Tonerde mit Ammoniak abgeschieden, wobei jeder Überschuß des letzteren zu vermeiden ist. Durch wiederholte Fällung erhält man die Tonerde völlig chromfrei. Im Filtrat kann sodann das Chrom als Bleichromat oder nach der Reduktion als Chromoxyd bestimmt werden.

Bemerkung. Die Vollständigkeit des Aufschlußverfahrens wird von DITTLER (b) angezweifelt.

c) Aufschluß in Gegenwart von Borax. Allgemeines. Borax wird meistens im Gemisch mit Soda zusammen verwendet. HART macht z. B. eine Boraxschmelze und trägt dann die Erzprobe ein. Später setzt er noch Natriumnitrat und Soda zu. Nach DITTMAR und auch nach PERL sind Mischungen von Soda und Borax folgender Zusammensetzung geeignet: 2 Teile Borax und 3 Teile Soda bzw. 1 Teil Borax und 3 Teile Soda. FIEBER schließt zunächst mit der 6fachen Menge Kalium-Natriumcarbonat auf und führt dann die Schmelze nach Zugabe der 6fachen Menge Borax zu Ende. TODOROVIĆ sowohl PERL als auch EMERSON schließen mit einer Mischung von Borax und Kalium-Natriumcarbonat auf.

Arbeitsvorschrift nach Nydegger. 0,5 g gepulvertes Erz, bei welchem weitgehendes Pulverisieren nicht erforderlich ist, werden in einem Platintiegel mit 5 g des Boraxflusses bei nicht dicht aufliegendem Deckel auf einer starken Bunsenflamme geglüht, bis am Boden des Tiegels keine Körnchen mehr wahrgenommen werden. Öfteres Schwenken des Tiegels fördert den Aufschluß, der nach 1 bis 2 Std.

vollständig ist. Nach dem Erkalten wird die Schmelze in einem Becherglas in 300 bis 400 ml Wasser unter Zusatz von 4 ml konz. Schwefelsäure gelöst und die Lösung mit 0,2 g Kaliumpersulfat gekocht, wodurch die kleine, noch als Chromoxyd vorhandene Menge Chrom oxydiert und das im Chromeisenstein fast stets enthaltene Mangan als Dioxyd abgeschieden wird. Zur Zerstörung des überschüssigen Persulfats wird das Kochen 30 bis 40 Min. fortgesetzt und die Lösung hierauf filtriert. Im Filtrat wird die Chromsäure am einfachsten durch Titration mit Eisen(II)-sulfatlösung bestimmt.

Arbeitsvorschrift nach Perl und Stefko. 0,5 g oder 1 g feinst geriebene Probe werden 5 bzw. 8 Std. im Platintiegel mit einem Gemisch von 3 Teilen Kalium-Natriumcarbonat und 1 Teil Boraxglas mäßig geglüht. Die Schmelze wird mit verd. Schwefelsäure aufgenommen und auf 1 l gebracht. Ein aliquoter Teil der Lösung wird mit Permanganat oxydiert und das Chrom durch Titration entweder jodometrisch oder mittels Eisen(II)-sulfatlösung bestimmt. Die Oxydation mit Permanganat muß in jedem Falle vorgenommen werden, da die Resultate sonst zu niedrig ausfallen. Der Rest der Lösung kann zur Bestimmung anderer Elemente dienen.

Arbeitsvorschrift nach Fieber. Man erhitzt 0,5 g feingepulvertes Mineral mit der 6fachen Menge Kalium-Natriumcarbonat 10 Min. lang im Platintiegel, läßt erkalten und beendet den Aufschluß durch Schmelzen mit der 6fachen Menge Borax. Hierbei erhitzt man erst kurze Zeit über der Flamme des Teclubrenners, dann $^3/_4$ Std. über dem Gebläse. Bei entsprechend langem Glühen genügt auch die Flamme eines großen Teclubrenners statt des Gebläses. Ist der Aufschluß noch nicht beendet, so gibt man noch etwas Kalium-Natriumcarbonat hinzu.

d) Aufschluß mit Ätzalkalien. Allgemeines. Nach Schwarz läßt sich der Chromeisenstein mit Ätzalkali aufschließen, wenn man später noch etwas Kaliumchlorat zusetzt. Arbeitet man ohne Oxydationsmittel, ist der Aufschluß nicht vollständig; eine Wiederholung ist notwendig (Pellet). Beide Autoren verwenden einen Silbertiegel. Morse arbeitet in einem Eisentiegel und nimmt nur Ätzalkali (6 bis 10 g KOH je 0,5 g feingepulvertes Erz). Thompson führt den Aufschluß in einem Nickeltiegel durch. Burghardt setzt Kohle zu, während Vekšin den Zusatz von Magnesiumoxyd empfiehlt.

Arbeitsvorschrift nach Brunck und Höltje. Durch Schmelzen mit Natriumhydroxyd allein läßt sich Chromeisenstein nicht aufschließen, dagegen quantitativ bei Zugabe eines Oxydationsmittels, wie Natriumchlorat oder besser Natriumnitrat. Ersteres greift den Nickeltiegel in beträchtlichem Maße an; dieser muß somit durch einen Silbertiegel ersetzt werden. Natriumnitrat überzieht dagegen die Nickeloberfläche mit einer festhaftenden dünnen Oxydschicht, wobei nur Spuren von Nickel in Lösung gehen. Im einzelnen verwendet man zum Aufschluß von 0,5 g Chromeisenstein 4 g Ätznatron und 2 g Natriumnitrat, die zunächst geschmolzen werden; auf die erstarrte, noch warme Schmelze gibt man die feingepulverte Substanz und erhitzt bis zum Beginn der Sauerstoffentwicklung, etwa 30 Min. lang, auf 400 bis 450° C.

e) Sonstige Verfahren. Calvert schlägt für den Aufschluß ein Gemisch von Natronkalk und Salpeter vor. Blodget arbeitet mit einer Schmelze, die aus 1 Teil Kaliumchlorat und 4 Teilen Natronkalk besteht. Nach Ansicht von Muller ist dieses Verfahren unvollständig; von 0,3905 g Cr_2O_3 werden nur 0,3769 g wiedergefunden.

Für schwer zersetzliche Verbindungen empfiehlt Warunis folgenden Weg: Etwa 0,3 g feingepulverte Substanz werden im Silbertiegel mit 4 g Na_2O_2 und 0,5 g KNO_3 innig gemischt und mit 4,5 g des Oxydationsgemisches überschichtet. Man erhitzt zunächst vorsichtig, später auf helle Rotglut, wobei die Schmelze mit einem Silberdraht gerührt wird.

DONATH verwendet Bariumperoxyd für den Aufschluß. Er arbeitet mit einem 5fachen Überschuß und löst das gebildete Bariumchromat in verd. Salzsäure. Nach Abscheidung des Bariums als Sulfat bestimmt er das Chrom maßanalytisch. Die Vollständigkeit des Aufschlusses wird von KINNICUTT angezweifelt, der selbst ein Gemisch von Natriumcarbonat und Bariumperoxyd vorschlägt.

II. Saure Aufschlußverfahren.

Allgemeines. Die sauren Verfahren haben in der analytischen Praxis nicht die Bedeutung wie die Schmelzen mit Alkalien. Nur bei bestimmten Erzsorten sind sie mit Erfolg verwendbar. Oft ist der Aufschluß unvollkommen, und die Werte fallen etwas zu niedrig aus (FURNESS).

a) Aufschluß mit Perchlorsäure und Schwefelsäure-Phosphorsäure. Allgemeines. Nach WILLARD und GIBSON lassen sich fein pulverisierte Chromite mit 70%iger siedender Perchlorsäure aufschließen. Nach 60 bis 90 Min. ist der Aufschluß beendet. Die Perchlorsäure ist in verd. Lösung sehr beständig und wird von gewöhnlichen Reduktionsmitteln nicht angegriffen. Beim Erhitzen verliert sie Wasser und erreicht eine Konzentration von 70 bis 72%. Diese Säure destilliert bei 203° unter Zersetzung:

$$4\,HClO_4 = 2\,Cl_2 + 7\,O_2 + 2\,H_2O.$$

Das Chlor ist ein gutes Oxydationsmittel; jedoch wird vorhandenes Mangan(II) nicht angegriffen. Nur bei Gegenwart von Phosphorsäure geht es in die höhere Wertigkeitsstufe über. Daher muß vor der Chromtitration Mn(III) mit verd. HCl reduziert werden. SMITH (a) ist der Ansicht, daß sich das Chromerz beim Lösen in Perchlorsäure mit einer Schutzschicht von Chromsäure überzieht und sich so dem weiteren Aufschluß entzieht. Er empfiehlt daher, das Erz vorher in einem Gemisch von Schwefel- und Phosphorsäure zu lösen und dann mit Perchlorsäure zu oxydieren. CUNNINGHAM schließt mit Perchlorsäure und Schwefelsäure auf. Er weist jedoch darauf hin, daß bei nicht vollständigem Lösen der Erzprobe eine Schmelze mit Soda und Borax bei 1100° erfolgen muß. USSATENKO verwendet zum Lösen der Erzprobe Schwefelsäure sowie Phosphorsäure und oxydiert vor der Chrombestimmung mit Ammoniumpersulfat.

α) *Verfahren nach Smith (a). Prinzip.* Das Chromerz wird mit einem Gemisch von Phosphor- und Schwefelsäure in Lösung gebracht, anschließend bei 215° C mit Perchlorsäure oxydiert. Nach der Behandlung der Lösung mit Kaliumpermanganat titriert man das Chrom(VI) mit eingestellter Eisen(II)-sulfatlösung unter Anwendung von Ferroin als Indicator.

Arbeitsvorschrift. Das fein pulverisierte Chromerz wird 2 Std. bei 105 bis 110° C getrocknet. 100 bis 150 mg der Probe bringt man dann in einen sauberen, trockenen Erlenmeyerkolben (500 ml) und fügt 10 ml eines Gemisches an 8 Teilen 95%iger Schwefelsäure und 3 Teilen 85%iger Phosphorsäure hinzu. Hierbei wird kräftig geschüttelt, um ein Zusammenballen und Festkleben der Probe am Boden des Gefäßes zu verhindern. Nun setzt man einen Rückflußkühler auf und erhitzt allmählich auf Siedetemperatur, wobei man so lange für eine gute Durchmischung sorgt, bis das Erz vollständig gelöst ist. Es wird noch weitere 5 Min. erhitzt. Die Lösung nimmt eine graugrüne Farbe an und ist bis auf kleine Mengen Kieselsäure völlig klar.

Nach dem Abkühlen setzt man 12 ml der Oxydationslösung hinzu. Sie besteht aus 2 Teilen 72%iger Perchlorsäure und 1 Teil dest. Wasser. Man führt ein kleines ANSCHÜTZ-Thermometer, welches an einem Platindraht aufgehängt ist, in die Flüssigkeit ein. Dann erhitzt man sie auf 215° C und hält diese Temperatur 5 Min. lang. Man unterbricht das Erhitzen kurze Zeit und fügt 60 bis 70 mg feinpulverisiertes Kaliumpermanganat hinzu. Es wird gut geschüttelt, damit sich das Permanganat zersetzt. Nach dem Abkühlen läßt man vorsichtig 125 ml Wasser zufließen. Das Thermometer und der Rückflußkühler werden entfernt und 25 ml verd. Salzsäure (1 + 3) (etwa 3 n) sowie einige Siedesteinchen hinzugesetzt. Man kocht bis zur Zersetzung des Permanganats und des Mangan(IV)-oxyds. Hierbei entweicht Chlor. Nach dem Abkühlen gibt man 40 ml verd. Schwefelsäure $(1+1)$ (etwa 9 m) hinzu und titriert mit 0,05 n Eisen(II)-sulfatlösung unter Verwendung von Ferroin als Indicator.

Bemerkungen. *aa) Genauigkeit.* Bei 8 Beleganalysen wird ein Durchschnittswert von 36,96% Cr_2O_3 gefunden. Die Streuung ist gering (0,05%). Der garantierte Wert der Standard-Erzprobe liegt bei 36,96% Cr_2O_3. Ein Vanadiumgehalt von 0,08% ist berücksichtigt. Wenn die Probe vor der Analyse nicht getrocknet wird, liegen die Chromoxydwerte tiefer: 36,75%, 36,78% und 36,79%.

bb) Einfluß der Korngröße. Falls beim Aufschluß das Erz nicht vollständig gelöst ist, muß die Probe noch feiner gemörsert werden.

β) Verfahren nach Ussatenko. Der Aufschluß erfolgt mit einem Gemisch von Phosphor- und Schwefelsäure.

Arbeitsvorschrift. 0,25 g Chromit werden in einem Erlenmeyerkolben (100 ml) mit 10 ml H_3PO_4 und 3 bis 5 ml konz. H_2SO_4 versetzt, erhitzt und 3 bis 5 Min. lang gekocht. Nach etwa 10 Min. wird die Lösung in einen Erlenmeyerkolben von 750 ml gebracht, mit etwa 300 ml heißem Wasser verdünnt; es werden 1 bis 2 Tropfen einer 50%igen $MnSO_4$-Lösung zugegeben und die Flüssigkeit bis zum Sieden erhitzt. Darauf wird sie mit 5 ml einer 1%igen $AgNO_3$-Lösung und 3 bis 4 g Ammonium-persulfat versetzt und bis zur Rosafärbung erwärmt. Es werden 5 ml einer 5%igen NaCl-Lösung zugegeben, und die Lösung wird bis zum Verschwinden der Rosa-färbung gekocht. Dann erhitzt man noch weitere 10 Min. zum Sieden. Die Lösung wird unter fließendem Wasser auf Zimmertemperatur abgekühlt, mit einem Über-schuß einer titrierten MOHRschen Salzlösung versetzt, gut durchgeschüttelt und der Überschuß mit Permanganat zurücktitriert.

γ) Verfahren nach Dietz. Das Chromerz wird in einem Gemisch aus gleichen Teilen Phosphor- und Perchlorsäure gelöst und das gebildete Chromylchlorid durch Destillation abgetrennt (vgl. § 30).

b) Weitere Aufschlußverfahren. Allgemeines. Die Vollständigkeit des Aufschlusses nach STORER mit Salpetersäure und Kaliumchlorat wird von CLARKE angezweifelt. CLARKE selbst sowie HAGER benutzen eine Schmelze von Alkalifluorid und Kalium-hydrogensulfat. CAESER schließt nur mit Bisulfat auf. SELL verwendet an Stelle des neutralen Kaliumfluorids das saure Salz zusammen mit Kaliumhydrogensulfat. JANNASCH schließt das Chromerz mit Tetrachlorkohlenstoff bei heller Rotglut auf. Nach $^3/_4$ Std. ist die Reaktion beendet; das Chrom befindet sich zusammen mit dem Eisen und Aluminium in der Vorlage. Schließlich sei noch auf die Aufschluß-methoden im Bombenrohr hingewiesen, wobei MITSCHERLICH mit verd. Schwefel-säure arbeitet, während SMITH (b) Bromwasser einsetzt.

Arbeitsvorschrift nach Sell. Das Chromerz wird mit der 10fachen Menge eines Gemisches aus 2 Äquivalenten $KF \cdot HF$ und 1 Äquivalent $KHSO_4$ zum Schmelzen erhitzt. Dann fügt man noch einen Überschuß an $KHSO_4$ hinzu und erhitzt noch-mals. Nach dem Erkalten löst man die Schmelze in Wasser und etwas Schwefel-säure; man bestimmt nach der Oxydation mit $KMnO_4$ das Chrom jodometrisch.

2. Chrombestimmung im Chromeisenstein (Chromit).

Allgemeines. Der vollständige Aufschluß des Untersuchungsmaterials ist die Vor-aussetzung für die quantitative Erfassung des Chroms. Von den zahlreichen vor-geschlagenen Schmelzmitteln hat sich das Natriumperoxyd am besten bewährt. Das saure Aufschlußverfahren (z. B. mit Perchlorsäure) wird nur in besonderen Fällen angewandt. Das als Chromat vorliegende Chrom wird fast ausschließlich maß-analytisch bestimmt, wobei man entweder mit chemischer oder elektrochemischer Indizierung arbeitet. Für die Endpunktanzeige verwendet man häufig Tüpfel- oder Redoxindicatoren. Sehr gebräuchlich ist die Reduktion mit Eisen(II)-ammoniumsulfat. Wendet man die Maßlösung im Überschuß an, wird mit einer eingestellten Dichromat- oder Permanganatlösung zurücktitriert (vgl. § 5 und § 4). Das jodometrische Bestimmungsverfahren ist mehr und mehr durch die Eisen(II)-ammoniumsulfatmethode verdrängt worden (vgl. § 3, Teil A, S. 43 und Teil C, S. 52).

I. Verfahren nach BRYANT und HARDWICK.

Allgemeines. Der Chromeisenstein wird mit der 10fachen Menge an Natriumperoxyd aufgeschlossen. Nach dem Auslaugen der Schmelze mit Wasser zerstört man das überschüssige Peroxyd durch Kochen. Die Nachoxydation kann entweder mit Ammoniumpersulfat und Silbernitrat oder mit Kaliumpermanganat in geringem Überschuß erfolgen. Das Chromat wird mit einer eingestellten Eisen(II)-ammoniumsulfatlösung reduziert. Anschließend wird mit einer 0,1 n Kaliumdichromatlösung unter Verwendung von Bariumdiphenylaminlösung als Indicator zurücktitriert.

Arbeitsvorschrift. 0,5 g fein zerriebene und getrocknete Probe werden in einem Nickeltiegel von 40 ml Inhalt mit 5 g Natriumperoxyd durch 5 Min. langes Schmelzen wie üblich aufgeschlossen. Die Schmelze bringt man nach dem Abkühlen in ein Becherglas mit 100 ml Wasser. Dann kocht man 10 Min., um das Peroxyd zu zerstören. Nach Entfernen und Abspülen des Tiegels erwärmt man die Lösung mit 120 ml verd. Schwefelsäure (1 + 3) (etwa 4,6 m), bis der Niederschlag gelöst ist. Die Flüssigkeit wird in einem 1-l-Erlenmeyerkolben auf 500 ml verdünnt und mit 5 ml konz. Salpetersäure (D 1,42) versetzt.

a) Nachoxydation mit Ammoniumpersulfat. Man gibt 5 g des Oxydationsmittels und 25 ml einer 1%igen Silbernitratlösung sowie einige Siedesteinchen hinzu und erhitzt 15 Min. lang zum Sieden, um den Persulfatüberschuß zu zerstören. Die etwas abgekühlte Lösung versetzt man mit 20 ml verd. Salzsäure (1 + 3) (etwa 3 n) und kocht wieder 15 Min. zur Beseitigung des Chlors. Nach dem Abkühlen werden 100 ml 0,1 n Eisen(II)-ammoniumsulfatlösung, 25 ml konz. Phosphorsäure (D 1,75) sowie 5 Tropfen 0,3%ige wäßrige Bariumdiphenylaminsulfonatlösung zugegeben. Anschließend wird mit 0,1 n Kaliumdichromatlösung zurücktitriert.

Bemerkungen. α) *Genauigkeit.* Es werden im Mittel 36,96% Cr_2O_3 gefunden. Der garantierte Wert der Probe beträgt 36,97% Cr_2O_3. Die Abweichung bei einer Analysenserie von 20 Bestimmungen ist im äußersten Falle 0,16%. Wird der Vanadiumgehalt berücksichtigt, so ergibt sich ein Wert von 36,92% Cr_2O_3. Die in der Aufschlußlösung gelegentlich auftretende Trübung besteht überwiegend aus Mangan(IV)-oxyd, welches nur eine Spur Chromoxyd (0,0001 g) enthält.

β) *Die Maßflüssigkeiten.* Die Stärke der Eisen(II)-ammoniumsulfatlösung ist so zu bemessen, daß bei Zugabe von 100 ml ein Überschuß von 1 bis 5 ml bleibt, der mit eingestellter Dichromatlösung aus einer 10-ml-Bürette zurückgemessen wird. Die Dichromatlösung soll ein wenig schwächer als die Eisen(II)-salzlösung sein (zur Einstellung werden jeweils 100 ml der Lösungen genommen und durch Titration aus einer 10-ml-Bürette der Endpunkt bestimmt). Für die Standard-Kaliumdichromatlösung wird eine 100-ml-Pipette und eine 10-ml-Bürette verwendet. Bei einem Gehalt von 25% Chrom im Erz werden beispielsweise die Konzentrationsverhältnisse so gewählt, daß die Lösungen 0,074 n an Dichromat und 0,075 n an Eisen(II)-ammonsulfat in 5%iger Schwefelsäure sind.

γ) *Störung der Titration durch Vanadium.* Die im Chromeisenstein vorhandenen geringen Mengen an Vanadium wirken störend. da das in der Aufschlußlösung vorliegende Vanadat durch Eisen(II)-salz reduziert wird, aber von Dichromat bei der Rücktitration nicht mehr oxydiert wird. Der Vanadiumgehalt muß gesondert bestimmt werden (z. B. colorimetrisch), und der Wert wird bei der Chromberechnung berücksichtigt. Erfahrungsgemäß ist die Vanadiummenge geringer, als 1 ml einer 0,1 n Vanadatlösung entsprechen würde. In diesem Zusammenhang wird darauf hingewiesen, daß Vanadium nicht stört, wenn die Rücktitration des überschüssigen Eisen(II)-ammonsulfats mit Permanganat in Gegenwart von Nitroferroin [5-Nitro-1,10-phenanthrolineisen(II)-sulfat] als Indicator vorgenommen wird. Man arbeitet bei Raumtemperatur in 3 bis 4 n schwefelsaurer Lösung. Da die letzten Anteile Permanganat recht langsam reagieren, ist bei Zusatz der letzten 0,5 ml der 0,1 n Lösung jedesmal 5 Min. zu warten (FURNESS).

δ) *Entfernung von Wasserstoffperoxyd.* Im allgemeinen wird das überschüssige Wasserstoffperoxyd durch Aufkochen zerstört. Man kann es nach TROMP aber auch dadurch beseitigen, daß man die Lösung mit Mangan(II)-sulfatlösung behandelt und den gebildeten Braunstein abfiltriert.

ε) *Überprüfung des Verfahrens an synthetischen Chromeisenstein-Gemischen.* HARD-WICK stellt durch Vermischen von Metalloxyden mit Kaliumdichromat verschieden zusammengesetzte synthetische Chromeisenstein-Gemische her und bestimmt nach dem Natriumperoxydaufschluß das Chromat in der oben angegebenen Weise. Die Beleganalysen zeigen durchschnittlich eine Abweichung von 0,1 mg Cr_2O_3; das eingesetzte Kaliumdichromat entsprach 0,2399 g Cr_2O_3.

b) Nachoxydation mit Permanganat in geringem Überschuß. Die mit Schwefelsäure angesäuerte Aufschlußlösung wird mit 5 ml konz. Salpetersäure versetzt und erwärmt, bis der Niederschlag gelöst ist. Dann verdünnt man in einem 1-l-Erlenmeyerkolben mit Wasser auf 500 ml. Nun werden 1 bis 2 ml 0,1 n Kaliumpermanganatlösung zugefügt. Die Farbe der Lösung wird deutlich dunkler. Man erhitzt 5 Min. zum Sieden, kühlt dann ab und läßt 20 ml verd. Salzsäure (1 + 3) (etwa 3 n) zufließen. Nach Zugabe einiger Siedesteinchen kocht man noch 15 Min. zur Zerstörung von Permanganat, von Mangan(IV)-oxyd und zur Vertreibung des Chlors. Die abgekühlte Lösung wird mit 100 ml 0,1 n Eisen(II)-ammoniumsulfatlösung versetzt und der Überschuß mit 0,1 n Kaliumdichromatlösung, wie oben beschrieben, zurücktitriert.

Bemerkungen. α) *Genauigkeit.* Der Durchschnittswert für Chromoxyd liegt etwas höher als nach der ersten Methode: 37,03% Cr_2O_3 (garantierter Wert 36,97%). Der höhere Wert ist, wahrscheinlich auf die nicht ganz vollständige Entfernung des Chlors zurückzuführen. Wenn man das Auskochen verlängert, kommt man zu konstanten Werten von 36,97% Cr_2O_3. Die einzelnen Bestimmungen differieren kaum untereinander; die größte Abweichung ist 0,04%. Unter Berücksichtigung eines Vanadiumgehaltes von 0,08% ergibt sich ein Chromoxydwert von 36,93%.

β) *Für die vollständige Zerstörung des Permanganats bzw. des Mangan(IV)-oxyds* ist es zweckmäßig, das Erhitzen mit verd. Salzsäure um weitere 10 Min. zu verlängern, bis die Lösung vollkommen klar ist. Dann kocht man noch weitere 15 Min. zur Vertreibung der letzten Chlorspuren.

γ) Verwendet man für die *Nachoxydation zu hohe Permanganatkonzentrationen,* fallen die Resultate um 1 bis 2% zu hoch aus.

δ) Die *Anwesenheit von Arsensäure* stört nicht.

II. Verfahren nach SPECHT.

Arbeitsvorschrift. 1 g des vorbereiteten und getrockneten Erzes wird im Eisentiegel mit 6 bis 8 g Natriumperoxyd gut gemischt und bei bedecktem Tiegel mit kleiner Flamme eingeschmolzen, anschließend noch $1/4$ Stde. mit verstärkter Flamme im Schmelzen gehalten. Nach Erkalten der Schmelze legt man den Tiegel in eine $1/2$-l-Kasserolle, bedeckt mit einem großen Uhrglas und bringt durch den Ausguß vorsichtig Wasser in die Kasserolle. Ist die erste lebhafte Reaktion vorüber, so wird nach und nach noch Wasser hinzugefügt; es wird erwärmt und schließlich gekocht, bis die Gasentwicklung aufgehört hat. Dann läßt man die Flüssigkeit erkalten, nimmt Tiegel und Deckel heraus, spült beide ab und säuert mit 120 ml verd. Schwefelsäure an. Hierbei würde nicht aufgeschlossenes Erz neben etwa vorhandenem Mangan (als MnO_2) ungelöst bleiben. Ist dies der Fall, so wird der Rückstand abfiltriert, nach Veraschen des Filters im Eisentiegel mit etwas Natriumperoxyd aufgeschlossen und die Lösung dieser Schmelze nach Ansäuern mit Schwefelsäure der Hauptlösung hinzugefügt. Die schwefelsaure Lösung wird jetzt mit Eisen(II)-sulfatlösung unter Tüpfeln mit Kaliumhexacyanoferrat(III)-lösung titriert. Hier wird Mangan, wenn es vorhanden ist, mitbestimmt.

Bemerkungen. *a)* Um eine *Störung durch Mangan* auszuschalten, wird die austitrierte Lösung zur Oxydation des Chrom(III)-salzes nach Zusatz von 5 Tropfen 0,1 n $AgNO_3$-Lösung mit 10 g Ammoniumpersulfat gekocht, bis keine Gasentwicklung mehr stattfindet und die Lösung rein gelb, bei Anwesenheit von Mangan gelbrot geworden ist (Permanganatbildung). Man gibt jetzt zur Zerstörung des Permanganats 20 ml Salzsäure (5 ml verd. Salzsäure + 15 ml Wasser) hinzu, kocht, läßt erkalten und titriert wieder mit Eisenlösung wie vorhin. Stimmen die beiden Titrationen mit Eisen(II)-salzlösung nicht überein, so ist der Verbrauch bei der zweiten Titration maßgebend.

b) Die Indicatorlösung enthält 3,5 g Kaliumhexacyanoferrat(III) im Liter Wasser gelöst.

III. Verfahren nach FRANKE.

Der Chromeisenstein wird mit der 8fachen Menge Natriumperoxyd im Porzellantiegel aufgeschlossen. Nach dem Herauslösen der Schmelze säuert man mit verd. Schwefelsäure (1 + 4) (etwa 3,7 m) an und filtriert in einen 500-ml-Meßkolben. Das gebildete Chromat wird maßanalytisch nach zwei verschiedenen Methoden bestimmt; einmal durch Reduktion mit Eisen(II)-sulfat und Rücktitration des überschüssigen Eisens(II) mit Permanganatlösung. Der andere Weg ist die Umsetzung mit Kaliumjodid und Bestimmung der Jodmenge mit Natriumthiosulfat.

Bemerkungen. *a)* Bei der *Bestimmung mit Eisen(II)-sulfat und Permanganat* weist DITTLER (a) darauf hin, daß es zweckmäßig ist, mit dem empirischen Faktor 0,3105 oder mit dem etwas höheren FRESENIUSschen Faktor von 0,3109 zu arbeiten, wenn der Gehalt an Chromoxyd nicht mehr als 60 bis 65% beträgt. Der Faktor 0,3163 für eine Lösung, die genau 1 g $KMnO_4$ in 100 ml enthält, darf dagegen nicht für die Analyse von Chromeisenstein angewendet werden.

b) Bei der *jodometrischen Bestimmung* muß vorher das Eisen(III)-hydroxyd vollständig entfernt werden. Gegebenenfalls ist die Lösung bis zur Trockne einzudampfen und dann zu filtrieren.

c) Die *Genauigkeit* liegt bei $\pm$ 0,2%.

IV. Weitere Verfahren.

Zur Chrombestimmung schließt CUNNINGHAM eine Probe des Erzes mit der 8fachen Menge an Natriumperoxyd im Eisentiegel auf und löst die Schmelze in 200 ml Wasser. Nach dem Ansäuern mit 60 ml Schwefelsäure (1 + 1) (etwa 9 m) und 5 ml Salpetersäure wird mehrere Minuten lang gekocht, bis alles Eisen in Lösung gegangen ist. Nun setzt man 20 bis 25 ml einer 0,5%igen Silbernitratlösung, 1 oder 2 Tropfen konz. Permanganatlösung (25 g $KMnO_4$/l) und 3 bis 5 g Ammoniumpersulfat hinzu und kocht 5 Min. Nach Zugabe von 20 ml einer 10%igen Natriumchloridlösung wird noch weitere 10 Min. erhitzt, bis die Manganverbindungen ($KMnO_4$ und MnO_2) vollständig zersetzt sind. Zur abgekühlten Lösung gibt man 3 ml Phosphorsäure (D 1,725) und titriert mit Eisen(II)-sulfat- und Permanganatlösungen.

MAYR und BURGER schließen ebenfalls mit Natriumperoxyd auf und fällen nach der Abtrennung des Eisens das Chromat mit Quecksilber(I)-nitrat. Das im Überschuß angewandte Fällungsmittel wird mit Ammoniumoxalat potentiometrisch zurücktitriert (siehe auch § 2).

3. Gesamtanalyse von Chromeisenstein.

I. Arbeitsvorschrift nach van Royen und Grewe (Chemikerausschuß des Vereins Deutscher Eisenhüttenleute).

a) Kieselsäure. 1 g der getrockneten Probe wird mit 8 g Natriumcarbonat im Platintiegel gut gemischt, mit etwas Natriumcarbonat überschichtet, dann über einem Teclubrenner oder einem Gebläse erhitzt und etwa 3 Std. im Schmelzfluß gehalten. Die Schmelze wird in einer Porzellanschale in stark verd. Salzsäure gelöst, die salzsaure Lösung eingedampft; der Rückstand wird im Trockenschrank bei 130° 1 Std. erhitzt, mit Salzsäure aufgenommen und filtriert. Das Filtrat wird zusammen mit dem Waschwasser nochmals eingedampft. Die Filter mit der Kieselsäure der ersten Abscheidung und des Filtrates werden dann zusammen in einen Platintiegel gebracht und die Kieselsäure in der normalen Weise durch Abrauchen mit Flußsäure und Schwefelsäure bestimmt.

Platinabscheidung. Der beim Abrauchen der Kieselsäure hinterbliebene Rückstand wird mit etwas Natriumkaliumcarbonat aufgeschlossen, in verd. Salzsäure gelöst und die Lösung zur Hauptlösung gegeben. Durch Einleiten von Schwefelwasserstoff in die siedende Lösung wird das Platin als Sulfid ausgefällt und abfiltriert.

b) Trennung der Erdalkalien von den Metallen der Ammoniumsulfidgruppe. α) Fällung mit Ammoniumsulfid. Die vom Platinsulfid befreite Lösung wird bis zur Vertreibung des Schwefelwasserstoffs gekocht, mit Salpetersäure (D 1,4) oxydiert, in einen Erlenmeyerkolben gespült und mit 10 g Ammoniumchlorid (reinst) versetzt. Hierauf wird die Lösung zuerst mit kohlensäurefreiem Ammoniak abgestumpft; alsdann werden Aluminium, Chrom, Eisen und Mangan mit kohlensäurefreiem Ammoniumsulfid heiß gefällt. Man läßt dann die Lösung kurz aufkochen. Darauf verschließt man den Kolben lose mit einem Korkstopfen, läßt ihn über Nacht stehen, filtriert durch ein Blaubandfilter und wäscht den Niederschlag mit ammoniumsulfidhaltigem Wasser aus. Der Niederschlag auf dem Filter wird in Salzsäure gelöst und die Fällung in der gleichen Weise wiederholt.

β) Fällung mit Ammoniak. Man fügt zu der durch Kochen und Oxydieren mit Salpetersäure von H_2S befreiten Lösung 10 g Ammoniumchlorid (reinst) und dann allmählich, fast tropfenweise, möglichst kohlensäurefreies Ammoniak in mäßigem Überschuß hinzu, erhitzt so lange zu gelindem Sieden, bis freies Ammoniak fast nicht mehr zu bemerken ist. Bekanntlich fällt unter diesen Umständen anfangs leicht etwas Magnesia, auch wohl eine kleine Menge von Calciumcarbonat mit der Tonerde nieder; durch das Kochen mit Ammoniumchlorid lösen sich aber die mitgefällten alkalischen Erden wieder (FRESENIUS).

Der Niederschlag wird nach dem Absitzen einmal mit ammoniumnitrathaltigem siedendem Wasser dekantiert und, da er sehr voluminös ist, auf zwei Weißbandfilter gebracht. Nach dreimaligem Auswaschen mit heißem ammoniumnitrathaltigem Wasser wird er mit heißer, verd. Salzsäure auf den Filtern gelöst. Die durch die Filter laufende salzsaure Lösung wird im gleichen Becherglase aufgefangen, in dem die erste Fällung vorgenommen wurde. Aus den Filtern wird mit verd. Salzsäure und siedendem Wasser jede Spur der Metallsalze ausgewaschen.

Die Fällung mit Ammoniak wird dann unter erneuter Zugabe von 10 g Ammoniumchlorid in gleicher Weise wiederholt. Das Filtrat, das Mangan enthalten kann, wird mit 5 ml Bromwasser versetzt und gekocht, wobei das vorhandene Mangan sich als Mangan(IV)-oxydhydrat abscheidet. Nach kurzem Absitzen wird der Niederschlag abfiltriert, mit heißem Wasser ausgewaschen und zusammen mit dem Niederschlag der Hydroxyde verascht.

γ) $Cr_2O_3 + Fe_2O_3 + Al_2O_3 + Mn_3O_4$. Der Niederschlag der Ammoniumsulfidfällung wird mit heißer Salzsäure (1 + 2) (etwa 4 n) vom Filter gelöst und die Lösung in einem 300-ml-Meßkolben aufgefangen. Bleibt ein Teil des Niederschlages durch die Salzsäurebehandlung auf dem Filter ungelöst, so wird das Filter in einen Porzellantiegel gebracht, verascht, der Rückstand mit Salzsäure aufgenommen und zur Hauptlösung gegeben. Nach dem Auffüllen bis zur Marke entnimmt man 75 ml, gibt diese in einen 500-ml-Erlenmeyerkolben und fällt unter Zugabe von 5 g Ammoniumchlorid mit kohlensäurefreiem Ammoniumsulfid, Eisen, Aluminium, Chrom und Mangan. Der Kolben wird mit einem Korkstopfen lose verschlossen; nach etwa 4 stündigem Stehen filtriert man den Niederschlag durch ein Blaubandfilter und wäscht ihn mit warmem Wasser aus, dem man etwas Ammoniumsulfid zugesetzt hat. Der Niederschlag wird im Porzellantiegel in der Muffel verascht, auf dem Gebläse bis zur Gewichtskonstanz geglüht und gewogen.

c) Zur Bestimmung von *Eisen* nimmt man weitere 75 ml aus dem Meßkolben und bestimmt darin das Eisen nach dem Titan(III)-chloridverfahren.

d) Die *Chrombestimmung* geschieht nach der Arbeitsweise von PHILIPS. 100 ml der Lösung der Hydroxyde im Meßkolben werden in ein 400-ml-Becherglas gebracht, mit Schwefelsäure-Phosphorsäure versetzt [320 ml Schwefelsäure $(1+1)$ (etwa 9 m) $+$ 80 ml Phosphorsäure (85%) $+$ 600 ml Wasser], mit 10 ml Salpetersäure $(1+2)$ (etwa 5 m) oxydiert und bis zum Abrauchen eingeengt. Nach Erkalten nimmt man sie mit Wasser vorsichtig auf, verdünnt sie mit heißem Wasser auf etwa 300 ml, versetzt sie mit 5 ml Silbernitrat (1%) und erhitzt sie zum Sieden. Man gibt weitere 20 ml 15%ige Ammoniumpersulfatlösung zu, nach Entstehen der Rotfärbung 5 ml 5%ige Kochsalzlösung und kocht 10 Min. lang. Nach dem Abkühlen wird die Lösung mit 50 ml Eisen(II)-sulfatlösung (50 g $FeSO_4$ + 800 ml H_2O + 900 ml H_2SO_4 vom spez. Gew. 1,81) versetzt, deren Überschuß mit Kaliumpermanganat zurücktitriert wird. Die Kaliumpermanganatlösung ist über Eisen(II)-sulfat auf eine Kaliumdichromatlösung eingestellt, die in 1 ml 0,002 g Chrom enthält, d. h. 5,6569 g $K_2Cr_2O_7$ in 1 l.

e) Zur *Manganbestimmung* wird 1 g getrocknete Probe mit Flußsäure und Schwefelsäure abgeraucht, der Abrauchrückstand mit 8 g Natriumkaliumcarbonat aufgeschlossen und in Salzsäure gelöst. Die Bestimmung des Mangans geschieht dann in der üblichen Weise nach VOLHARD-WOLFF.

f) Das *Aluminiumoxyd* ergibt sich aus der Differenz zwischen der Summe von Cr_2O_3, Fe_2O_3, Mn_3O_4 und Al_2O_3 und der Summe von Cr_2O_3, Fe_2O_3 und Mn_3O_4.

g) Calcium. Die Filtrate der Ammoniumsulfidfällungen bzw. der Ammoniakfällungen werden vereinigt und der Schwefelwasserstoff nach Ansäuern mit Essigsäure ausgekocht. In der schwach essigsauer gemachten Lösung wird der Kalk mit Ammoniumoxalat in der Siedehitze gefällt. Nach 4 stündigem Stehen in der Wärme wird das Calciumoxalat abfiltriert, oxalatfrei gewaschen, mit Schwefelsäure $(1+4)$ (etwa 3,7 m) gelöst und mit Kaliumpermanganat titriert.

h) Magnesium. Im Filtrat der Calciumfällung wird das Magnesium mit Ammoniumphosphat und Ammoniak abgeschieden.

Berechnung. Alle Werte sind auf geglühte Substanz umzurechnen.

II. Arbeitsvorschrift nach dem Chemikerausschuß des Vereins Deutscher Eisenhüttenleute (Schiedsverfahren).

a) Chrom. Nach dem Aufschluß mit Natriumperoxyd kann die Bestimmung jodometrisch (vgl. § 3) oder potentiometrisch mit Eisen(II)-sulfat (vgl. § 5) erfolgen.

b) Gesamteisen. Je nach der Höhe des Eisengehaltes werden 0,5 bis 2 g Chromerz in einem Alsinttiegel mit 20 g eines Gemisches von Natriumperoxyd und Natriumkaliumcarbonat im Verhältnis von 1 : 1 aufgeschlossen. Anfangs wird mit kleiner Flamme angeschmolzen; dann steigert man die Temperatur allmählich, bis die Masse bei Rotglut in Fluß ist, und glüht noch ungefähr 5 Min. Die erkaltete Schmelze wird in einem Liter-Becherglas mit Wasser gelaugt, der Aufschlußtiegel abgespritzt, die gelöste Schmelze mit etwas Natriumperoxyd versetzt, der überschüssige Sauerstoff verkocht und das Volumen im Becherglas auf etwa 600 ml gebracht. Man läßt die Lösung über Nacht stehen, damit etwa vorhandene Eisensäure sich in Eisen(III)-hydroxyd umsetzen kann. Nach dem Filtrieren wird der Niederschlag mit sodahaltigem Wasser chromfrei gewaschen, in Salzsäure $(1+1)$ (etwa 6 n) gelöst, die Lösung verdünnt und ammoniakalisch gemacht. Die dabei entstandene

Fällung filtriert man ab, löst sie wieder mit Salzsäure und titriert mit Kaliumpermanganat oder Titan(III)-chlorid.

Nach einem weiteren Verfahren kann obiger, mit Wasser zersetzter Schmelzaufschluß, nachdem sämtliches Chrom in Chromat übergeführt ist, in Schwefelsäure gelöst und das Eisen mit Ammoniak gefällt werden. Zur Entfernung von Chromresten löst man den Niederschlag nochmals mit Schwefelsäure vom Filter, oxydiert das 3wertige Chrom mit Kaliumchlorat und fällt erneut mit Ammoniak.

Größere Mengen von Kieselsäure sind vorher durch Eindampfen abzuscheiden; dabei entstandenes Chrom(III)-salz ist in Chromat überzuführen.

c) Kieselsäure. Ist das Erz durch verd. Schwefelsäure in Lösung zu bringen, so dampft man bei einer Einwaage von 1 bis 2 g bis zum Rauchen ein, wobei darauf zu achten ist, daß sich keine unlöslichen Chromsalze abscheiden; man nimmt nach dem Abkühlen den Rückstand mit Wasser und etwas Salzsäure auf, erhitzt die Lösung und filtriert. Zeigt sich nach dem Veraschen im Platintiegel die Kieselsäure stark verunreinigt, schließt man sie mit Natriumkaliumcarbonat auf, löst die Schmelze, dampft mit Salzsäure ein und scheidet im weiteren die Kieselsäure in üblicher Weise ab. Sie muß auf Reinheit geprüft werden.

Falls das Erz nicht in Schwefelsäure löslich ist, wird es in einem möglichst siliciumfreien Eisen- oder Nickeltiegel mit Natriumperoxyd und etwas Natriumkaliumcarbonat aufgeschlossen und die Schmelze in einem Becherglas, welches mehr als die zur Neutralisation des Alkalis benötigte Menge an Schwefelsäure (1 + 4) (etwa 3,7 m) enthält, gelöst. Nun fügt man so viel konz. Schwefelsäure hinzu, daß ein Überschuß von etwa 30 ml davon vorhanden ist, und bringt die Lösung in einer Porzellanschale zum Rauchen. Dann verdünnt man sie auf ungefähr 800 ml, gibt etwas Salzsäure hinzu, kocht auf, filtriert und bestimmt die Kieselsäure in üblicher Weise. Enthält das Erz größere Mengen Kieselsäure, so wird mit dem Filtrat das Abrauchen wiederholt.

Bei beiden Verfahren ist darauf zu achten, daß nicht durch zu weit gehendes Abrauchen unlösliche Chromsulfate gebildet werden.

Den Schmelzaufschluß kann man natürlich auch mit Salzsäure lösen, worauf die Lösung zur Trockne gedampft und die Kieselsäure durch Erhitzen auf 135° unlöslich gemacht wird.

Durch einen Blindversuch ist der durch Tiegel und Chemikalien eingebrachte Gehalt an Kieselsäure zu ermitteln und in Abzug zu bringen.

d) Calcium und Magnesium (aus dem Aufschlußrückstand). Man schließt 1 g Erz im Reinnickeltiegel durch Schmelzen mit reinem Natriumperoxyd und Natriumcarbonat (1 + 1) auf, laugt die Schmelze in einem Becherglas mit 300 ml Wasser aus, versetzt die Lauge mit etwas Natriumperoxyd, kocht und läßt den Rückstand absitzen. Dann wird er filtriert und das Filter mit sodahaltigem Wasser chromfrei ausgewaschen. Der Rückstand, der sämtliches Calcium und Magnesium enthält, wird mit warmer Salzsäure (1 + 1) (etwa 6 n) in einem 800-ml-Becherglas gelöst. Man dampft, falls das Erz viel Kieselsäure enthält, zur Trockne ein und scheidet sie auf diese Weise ab. Dann verdünnt man das Filtrat auf etwa 300 ml, fügt 10 g festes Ammoniumchlorid hinzu und fällt nach Zugabe von etwas Wasserstoffperoxyd mit carbonatfreiem Ammoniak in geringem Überschuß. Nach kurzem Aufkochen und einiger Wartezeit wird filtriert und das Lösen und Fällen noch zweimal wiederholt. Enthält das Erz Mangan, so ist dieses durch Zusatz von einigen Millilitern Bromwasser abzuscheiden. Die vereinigten Filtrate werden auf 400 ml eingedampft und mit Oxalsäure in geringem Überschuß versetzt. Dann erhitzt man sie zum Sieden, setzt so viel Ammoniak hinzu, daß 1 bis 2 ml davon im Überschuß vorhanden sind, und fällt das Calcium unter Zugabe von Ammoniumoxalat aus. Da sich geringe Mengen von Calcium erst nach längerer Zeit ausscheiden, bleibt die Lösung über Nacht stehen; man filtriert dann und wäscht mit etwas ammoniumoxalathaltigem und anschließend mit heißem Wasser aus. Die weitere Bestimmung des Calciums kann nun auf gewichts- oder maßanalytischem Wege erfolgen.

Zur Ermittlung des Magnesiumgehaltes verwendet man das Filtrat von der Oxalatfällung, in dem nach einer starken Zugabe von Ammoniak mit Ammoniumphosphat gefällt wird.

e) Nickel. 2 bis 3 g Chromerz schließt man im nickelfreien Eisentiegel in üblicher Weise auf. Die Schmelze wird mit Wasser ausgelaugt, aufgekocht und der Rückstand, der alles Nickel enthält, abfiltriert. Nach gutem Auswaschen löst man ihn mit Salzsäure (1 + 1) (etwa 6 n) und bringt bei hohem Siliciumgehalt die Kieselsäure durch Eindampfen zur Abscheidung. Hat man sie abfiltriert, fügt man zum Filtrat 10 g Weinsäure und 30 g Ammoniumchlorid hinzu, macht schwach ammoniakalisch. erwärmt und fällt das Nickel bei 60 bis 70° mit Diacetyldioxim. Nach der Fällung muß die Lösung noch schwach ammoniakalisch sein, anderenfalls setzt man noch tropfenweise verd. Ammoniak zu. Da der Niederschlag meist mit etwas Eisen verunreinigt ist, wird er nach dem Filtrieren und Auswaschen mit heißer verd. Salzsäure vom Filter gelöst und aus der klaren Lösung unter Zusatz von etwas Weinsäure nochmals gefällt. Man filtriert ihn durch einen gewogenen Glas- oder Porzellanfiltertiegel, trocknet und ermittelt das Gewicht.

f) Schwefel. 2,5 g feinst gepulvertes Material werden in einem Reinnickeltiegel mit etwa 10 g Natriumperoxyd und 5 g Natriumkaliumcarbonat aufgeschlossen. Dabei ist zu beachten, daß die schwefelhaltigen Flammengase nicht in die Schmelze eindringen. Deshalb setzt man den Tiegel zweckmäßig in die gut passende Öffnung einer größeren Asbestplatte. Die erkaltete Schmelze wird mit wenig Wasser gelaugt, die Lauge ausgekocht und in einem 500-ml-Meßkolben aufgefüllt. Nach dem Filtrieren versetzt man 400 ml (= 2 g Einwaage) mit Salzsäure im Überschuß und reduziert das Chrom auf einer nicht zu warmen Heizplatte mit etwa 5 ml Alkohol. Bei vollständiger Reduktion hat die Lösung eine bläulichgrüne Färbung angenommen. Nun neutralisiert man sie mit Ammoniak, versetzt sie mit 1 ml Salzsäure (D 1,19) im Überschuß, erwärmt sie zum Sieden und fällt mit heißer Bariumchloridlösung (1 + 10) bei tropfenweisem Zusatz. Die Fällung bleibt auf einer bis etwa 40° erwärmten Heizplatte zum Absitzen längere Zeit stehen. Hat man filtriert, wird der Niederschlag mit schwach salzsäurehaltigem Wasser ausgewaschen und mit dem Filter im Platintiegel verascht.

Da das Bariumsulfat meist etwas verunreinigt ist, muß es umgefällt werden. Man schließt es daher mit etwas Soda auf, laugt die Schmelze mit Wasser aus, filtriert den Niederschlag, wäscht ihn mit sodahaltigem Wasser aus und säuert das Filtrat mit Salzsäure schwach an. Hat man das Kohlendioxyd verjagt, fällt man wiederum mit Bariumchlorid. Das gewogene Bariumsulfat ist durch Abrauchen mit Fluß- und Schwefelsäure von etwa vorhandener Kieselsäure zu befreien.

Um geringe Mengen Sulfat leichter zur Fällung zu bringen, empfiehlt sich der Zusatz einer abgemessenen Menge verd. Schwefelsäure von bekanntem Gehalt [0,2 ml Schwefelsäure (D 1,84) auf 1000 ml; davon werden 20 oder 25 ml nach der Reduktion des Chromates zugesetzt]. Erforderlich ist es auch, um bei Gehalten unter 0,03% S eine vollständige Fällung zu erzielen, die abgemessenen 400 ml der Chromatlösung auf 150 bis 100 ml einzudampfen.

Die oben beschriebene Reduktion des Chromates ist bei allen Gehalten an Schwefel, wie Versuche in den Laboratorien von KRUPP, Essen, und vom Elektrowerk Weisweiler gezeigt haben, nicht nötig; die Fällung des Bariumsulfates ist auch in Chromatlösungen quantitativ.

Bei der Bestimmung des Schwefels sind die Ergebnisse eines Blindversuches abzusetzen.

III. Arbeitsvorschrift nach Specht. *a) Chrom.* Die Bestimmung erfolgt nach dem Aufschluß mit Natriumperoxyd durch Titration mit Eisen(II)-sulfatlösung unter Tüpfeln mit Kaliumhexacyanoferrat(III)-lösung (vgl. Teil B).

b) Kieselsäure, Eisen, Aluminium, Mangan, Calcium und Magnesium. 0,5 g des vorbereiteten Erzes werden im offenen, schräggestellten Platintiegel mit 8 g Soda gemischt und über einem Teclubrenner oder dem Gebläse aufgeschlossen. Die Dauer der Schmelze ist lange: bei einem guten Teclubrenner 8 Std., bei Verwendung eines Gebläses 3 Std. Nach Erkalten laugt man die Schmelze in der Kasserolle mit kaltem Wasser aus, entfernt den Tiegel, filtriert und wäscht den Rückstand mit 1%iger Sodalösung. Man erhält einen Rückstand R und ein Filtrat B. Der unlösliche *Rückstand R* mit Filter wird in die Kasserolle zurückgebracht. Man fügt vorsichtig verd. warme Salzsäure hinzu und hält die Flüssigkeit einige Zeit warm. Der Tiegel wird ebenfalls mit warmer Salzsäure behandelt, um alle Schmelzreste zu entfernen. Diese Salzsäure wird mit der Säure in der Kasserolle vereinigt. Nach Behandlung mit der Säure wird filtriert und das Filtrat in einer blauen Porzellanschale gesammelt (= Filtrat A). Meistens wird durch die Behandlung mit verd. Salzsäure alles gelöst; doch werden die Filter in dem für den Aufschluß benützten Platintiegel verascht und ein Rückstand nochmals mit wenig Soda aufgeschlossen. Man behandelt den Aufschluß, wie oben beschrieben, vereinigt das wäßrige Filtrat B mit dem ersten und das salzsaure Filtrat A (von der Behandlung des Filters herrührend) mit dem ersten Filtrat A. Ein nochmaliger Sodaaufschluß ist nicht nötig.

Das salzsaure Filtrat A enthält wenig Kieselsäure und wenig Aluminium, aber Eisen, Mangan, Calcium und Magnesium. Man scheidet die Kieselsäure ab und verascht lediglich. Das Filtrat der Kieselsäure, das etwa 200 ml betragen soll, wird mit 0,5 g Hydroxylammoniumchlorid p. a. versetzt, zum Kochen gebracht und heiß mit Schwefelwasserstoff gesättigt. Der Schwefelwasserstoff wird verkocht und gefälltes Platinsulfid abfiltriert. Im Filtrat werden Eisen, Aluminium und Mangan nach Neutralisation mit Ammoniaklösung und nach Versetzen mit festem Ammoniumchlorid mit Ammoniaklösung in Gegenwart von Perhydrol gefällt. Der Niederschlag wird filtriert, verascht und geglüht. Die Oxyde werden gewogen.

Man schließt die Oxyde durch eine Pyrosulfatschmelze auf und löst die Schmelze in Wasser unter Zusatz von verd. Schwefelsäure. Die Lösung wird aufgefüllt, und in aliquoten Teilen der Lösung werden Eisen nach REINHARDT-ZIMMERMANN und Mangan colorimetrisch mit Perjodat bestimmt.

Eisen wird als % FeO angegeben. Der Prozentgehalt FeO, multipliziert mit 1,111, ergibt % Fe_2O_3. Aus der Summe der Oxyde, vermindert um den Gehalt an Fe_2O_3 und Mn_3O_4, erhält man den Al_2O_3-Gehalt, der meist gering ist.

Die Bestimmungen von Calcium und Magnesium folgen im Filtrat der Ammoniakfällung; angegeben werden % CaO und % MgO.

Filtrat B enthält praktisch die gesamte Kieselsäure und Aluminium neben Chrom. Man säuert das Filtrat vorsichtig mit Salzsäure an, verkocht Kohlendioxyd und scheidet die Kieselsäure mit Salzsäure ab. Man verascht die Kieselsäure in dem zuerst benutzten Platintiegel. Die Verarbeitung der Kieselsäure ist die übliche, ein Rückstand nach Verflüchtigen mit H_2F_2 muß bei der Bestimmung der Gesamtsumme der Oxyde (Eisen, Aluminium, Mangan) berücksichtigt werden. Aluminium wird im Filtrat der Kieselsäure nach Oxydation von Cr(III) mit Perhydrol durch doppelte Fällung vom Chrom getrennt und bestimmt. Die Auswaage ist Al_2O_3, zu der die geringe Menge Al_2O_3 von Filtrat A zugezählt werden muß. Angegeben wird % Al_2O_3.

c) Vanadium. Für die Bestimmung des Vanadiums wird das Chromerz mit Natriumperoxyd aufgeschlossen. In der schwefelsauren Schmelzlösung kann die geringe Menge Vanadium potentiometrisch ermittelt werden. Bei 1 g Einwaage ist der Verbrauch an 0,1 n $KMnO_4$-Lösung etwa 0,5 bis 0,7 ml.

d) Glühverlust. 1 g Erz wird im gewogenen Platintiegel kräftig bis zur Gewichtskonstanz geglüht.

IV. *Arbeitsvorschrift nach Cunningham.* *a)* Die Bestimmung des *Chroms* erfolgt nach dem Aufschluß mit Natriumperoxyd durch Titration mit Eisen(II)-sulfat und Permanganat (vgl. Teil 2).

b) Eisen und Aluminium. Eine sehr fein gepulverte und gut getrocknete Probe wird in einer Kasserolle mit Schwefelsäure (1 + 4) (etwa 3,7 m) und Überchlorsäure (D 1,54) aufgeschlossen. Der Aufschluß muß vollständig sein und darf keine Rückstände (z. B. Quarz aus dem Erz) enthalten. Sind Rückstände vorhanden, wird eine neue Probe mit einer Mischung von Na_2CO_3 und gepulvertem geschmolzenem Borax im Platintiegel bei 1100° aufgeschlossen. Die abgekühlte Schmelze wird in HCl (1 + 4) (etwa 2,5 n) gelöst und nach Zugabe von H_2SO_4 (1 + 1) (etwa 9 m) auf etwa 40 ml eingeengt. Die überschüssige Borsäure wird durch Zugabe von Methanol und konz. HCl sowie durch langsames Einengen der Lösung bis zum Auftreten von SO_3-Nebeln entfernt. Nach Verdünnung der Lösung mit etwas Wasser und Reduktion von Cr(VI) zu Cr(III) durch schweflige Säure wird sie aufgekocht, bis alle Salze gelöst sind. Die unlösliche Kieselsäure wird durch Filtration und Waschen des Niederschlages mit heißem Wasser abgetrennt und der Niederschlag anschließend im Platintiegel verascht und ausgewogen. Nach Abrauchen von SiO_2 mit H_2SO_4 und Flußsäure wird nochmals gewogen und der Gehalt an SiO_2 ermittelt. Ein gegebenenfalls im Tiegel verbleibender Rückstand wird mit wenig Kaliumpyrosulfat aufgeschmolzen, in verd. HCl gelöst und zum Filtrat der SiO_2-Abscheidung gegeben.

Das Gesamtfiltrat wird nun zur Oxydation von Fe(II) zu Fe(III) mit wenig HNO_3 (D 1,42) versetzt und nach Zugabe von NH_4Cl und aschefreien Papierschnitzeln ganz schwach ammoniakalisch gemacht. Nach kurzem Aufkochen (höchstens 1 bis 2 Min.) läßt man den Niederschlag absitzen, filtriert und wäscht ihn 10- bis 12mal mit einer heißen 2%igen NH_4Cl-Lösung. Nach nochmaligem Umfällen werden die beiden Filtrate vereinigt und für die Bestimmung von Ca und Mg zurückgestellt.

Der Hydroxydniederschlag wird in heißer Schwefelsäure (1 + 4) (etwa 3,7 m) gelöst und nach Abkühlung das Eisen und Titan durch Kupferron gefällt. Der Niederschlag wird abfiltriert, mit kalter 10%iger Schwefelsäure gewaschen und im Porzellantiegel schwach geglüht. Nach Lösung der entstandenen Oxyde in konz. HCl wird das Eisen nach REINHARDT-ZIMMERMANN bestimmt. Ist eine Bestimmung des Titans ebenfalls gefordert, dann werden die Oxyde mit Kaliumpyrosulfat aufgeschlossen und nach Lösen der Schmelze in H_2SO_4 (1 + 4) (etwa 3,7 m) das Titan colorimetrisch bestimmt, während das Eisen nach einer erprobten Methode ermittelt wird. Das Filtrat aus der Kupferronfällung wird mit HNO_3 versetzt und eingeengt. Zur Oxydation von Cr(III) zu Cr(VI) und zur Zerstörung von überschüssigem Kupferron wird Kaliumchlorat in kleinen Anteilen zugegeben, bis die Farbe der Lösung von Grün nach Gelbrot wechselt. Nach Verdünnen der Lösung mit Wasser und nach Zugabe von NH_4Cl wird Al mit NH_4OH aus ganz schwach ammoniakalischer Lösung gefällt und die Lösung kurz (1 bis 2 Min.) aufgekocht. Der Niederschlag wird abfiltriert, 10- bis 12mal mit heißer 2%iger NH_4Cl-Lösung gewaschen, nochmals wie oben umgefällt und anschließend bei 1100° verascht. Er enthält das gesamte Aluminiumoxyd, eine sehr geringe Menge an Cr_2O_3 und das gesamte Oxyd P_2O_5, das im Erz vorhanden ist. Der Phosphorgehalt des Erzes ist gewöhnlich so gering, daß er vernachlässigt werden kann, während das Chrom nach Aufschluß des Glührückstandes mit Na_2CO_3 colorimetrisch durch Vergleich mit einer Na_2CrO_4-Standardlösung ermittelt wird und nach Umrechnung als Cr_2O_3 von der Gesamtauswaage abgezogen wird.

c) Kalk und Magnesium. Aus den vereinigten Filtraten der Fe–Al-Fällung werden zunächst Ca, Mg und, falls vorhanden, Mn mit Ammoniumphosphat und Ammoniak aus schwach ammoniakalischer Lösung gefällt (SiO_2 kann in geringen Mengen mitfallen). Der Niederschlag wird nochmals umgefällt und nach Auswaschen mit kalter, 2,5%iger Ammoniaklösung bis zur Gewichtskonstanz bei 1000 bis 1050° geglüht. Nach Auflösung in verd. heißer Salzsäure (1 + 4) (etwa 2,5 n) wird die unlösliche Kieselsäure abfiltriert und nach Waschen mit heißem Wasser verascht. Das Filtrat wird mit H_2SO_4 (1 + 1) (etwa 9 m) versetzt, bis zum Auftreten von SO_3-Nebeln abgeraucht, mit wenig Wasser und viel absolutem Alkohol versetzt; der Niederschlag von $CaSO_4$ wird nach 2 bis 3 Std. abfiltriert und mit 80%igem Alkohol phosphorsäurefrei gewaschen. Nach Lösen des Calciumsulfats in heißer, 10%iger Salzsäure wird Ca mit Oxalsäure aus schwach ammoniakalischer Lösung gefällt, geglüht und auf $Ca_3(PO_4)_2$ umgerechnet.

In dem alkalischen Filtrat wird nach Abrauchen bis zum Auftreten von SO_3-Nebeln und Auflösen des Rückstandes in HNO_3 (D 1,135) das Mangan nach der Wismutatmethode bestimmt und auf $Mn_2P_2O_7$ umgerechnet.

Nach Abzug der Mengen an SiO_2, $Ca_3(PO_4)_2$ und $Mn_2P_2O_7$ von der Gesamtauswaage wird Mg als $Mg_2P_2O_7$ gefunden und auf MgO umgerechnet.

V. *Arbeitsvorschrift nach Dittler (b).* 0,5 g feinpulverisiertes Chromerz wird mit der 10fachen Menge Natriumperoxyds im Silbertiegel aufgeschlossen. Die Schmelze wird mit Wasser behandelt; nach dem Übersättigen mit Salzsäure filtriert man das abgeschiedene Silber und Silberchlorid ab. Das Filtrat wird zur vollständigen Reduktion des Chromats mit etwas Wasserstoffperoxyd zur Trockne verdampft; die dabei erhaltene Kieselsäure wird nach der Wägung fluoriert. Den Fluorierungsrückstand schließt man mit Soda und etwas Salpeter auf. Die Schmelze löst man in verd. Salzsäure und reduziert das Chromat mit etwas Wasserstoffperoxyd. Nun wird die Lösung zum Sieden erhitzt, um den Überschuß an H_2O_2 zu zerstören. Man fällt dann die geringen Anteile an Tonerde, Chrom- und Eisenoxyd. Der Niederschlag wird gelöst und mit der Hauptlösung vereinigt. Aus dieser Lösung wird die Summe der drei Sesquioxyde durch doppelte Fällung mit Ammoniak nach TREADWELL abgeschieden. In den vereinigten Filtraten bestimmt man in bekannter Weise Calcium, Magnesium und etwa dabei vorhandenes Mangan. Die Sesquioxyde werden im ROSE-Tiegel verascht, im Wasserstoffstrom geglüht und dann gewogen. Darauf zerreibt man den Glührückstand in einer Achatschale und schließt in einem Silbertiegel erneut mit der 10fachen Menge Natriumperoxyds auf. Beim Lösen der Schmelze mit Wasser bleibt Eisen (und zum Teil Mangan) ungelöst. Nach dem Auswaschen wird der Niederschlag in Salzsäure gelöst und durch Filtration von Silberchlorid getrennt. Das Eisen kann dann mit Permanganat nach REINHARDT-ZIMMERMANN titriert werden. Im Filtrat wird etwaiges Manganat durch Wasserstoffperoxyd zersetzt; der Manganniederschlag wird abfiltriert. Im Filtrat bestimmt man nach Zerstören des Wasserstoffperoxyds durch Kochen das Chromat maßanalytisch. Der Aluminiumgehalt ergibt sich aus der Differenz.

Bemerkungen. Es ist zweckmäßig, die *Chrombestimmung* in einer besonderen Einwaage von 0,2 bis 0,5 g zu wiederholen. Den oben beschriebenen Trennungsgang empfiehlt DITTLER auch für die Analyse *chromhaltiger Silicate.*

VI. *Arbeitsvorschrift nach Fresenius und Hintz.* Im Gegensatz zu den heute gebräuchlichen Verfahren erfolgt der Chromerzaufschluß im Chlorstrom. Die aus dem Jahre 1890 stammende Arbeitsvorschrift dürfte für die analytische Praxis kaum noch Bedeutung haben. Aus Gründen der Vollständigkeit soll sie im folgenden kurz angeführt werden.

a) Bestimmung der Metalle. 5 g Chromerz werden in ein Porzellanschiffchen eingewogen und in einem Glasrohr unter Erhitzen mit trockenem Chlorgas behandelt.

Geeignete Vorlagen nehmen die gebildeten Reaktionsprodukte auf. Nach einer gewissen Reaktionszeit leitet man an Stelle von Chlor einen Wasserstoffstrom durch die Apparatur, um das entstandene Chrom(III)-chlorid teilweise in $CrCl_2$ überzuführen. Das Chromsalz wird hierdurch wasserlöslich. Der im Schiffchen verbleibende Rückstand besteht aus Chrom- und Eisenverbindungen, ferner Mangan(II)-chlorid und Kohlenstoff. Man zieht ihn mit Wasser aus und schließt den ungelöst gebliebenen Teil nochmals im Chlor- bzw. Wasserstoffstrom auf.

Die sublimierten Metallchloride löst man mit Wasser bzw. verd. Salzsäure und vereinigt die Lösungen mit dem Inhalt der Vorlagen und der Flüssigkeit, die beim Ausziehen des Chlorierungsrückstandes erhalten wird. Sollte sich nach längerem Stehen ein feiner Niederschlag absetzen, so filtriert man ihn ab und schließt den Rückstand mit Soda und Kaliumchlorat auf (SiO_2). Den wasserlöslichen Teil der Schmelze vereinigt man mit der Hauptlösung. Nach dem Abstumpfen mit Natriumcarbonat leitet man bei 70° C Schwefelwasserstoff ein und fällt vorhandenes Kupfer, Blei, Arsen, Antimon usw. als Sulfide aus. Das Filtrat enthält im wesentlichen Chrom und Eisen. Man scheidet jetzt durch Eindampfen die Kieselsäure (gegebenenfalls TiO_2) ab und oxydiert die Lösung mit Chlorwasser, um Fe(II) in Fe(III) überzuführen. Nach der Neutralisation mit Natriumcarbonat fällt man mit einer Aufschlämmung von Bariumcarbonat die Oxydhydrate von Eisen und Chrom. Im Filtrat befinden sich Zink, Mangan, Nickel und Kobalt, die später als Sulfide abgeschieden werden können. Den Eisen- und Chromniederschlag bringt man wieder in Lösung, trennt das mitgelöste Barium als Sulfat ab und dampft in einer Porzellanschale zur Trockne ein. Den Rückstand schließt man mit einer Mischung von Na_2CO_3 und $KClO_3$ auf. Beim Behandeln der Schmelze mit Wasser geht das gebildete Chromat in Lösung und kann von dem Eisen(III)-oxyd getrennt werden, welches gesondert bestimmt wird. In der wäßrigen Lösung wird nach dem Ansäuern das Aluminium abgeschieden und dann das Chrom als Oxydhydrat gefällt und als solches gewogen. Hierbei kann vorhandene Phosphorsäure mit ausfallen, die bei der Auswaage berücksichtigt werden muß.

b) Bestimmung von Kohlenstoff, Phosphor und Schwefel. 5 g Chromeisenstein werden, wie unter a) beschrieben, im Chlorstrom aufgeschlossen. Den Rückstand im Porzellanschiffchen wäscht man gut aus und führt den Kohlenstoff durch Behandlung mit Chromsäure und Schwefelsäure in Kohlendioxyd über. Die CO_2-Bestimmung ergibt die Gesamtkohlenstoffmenge. In den Vorlagen befinden sich Schwefel und Phosphor in Form von Schwefel- und Phosphorsäure. Nach Entfernung der Kieselsäure scheidet man das Sulfat mit Bariumchloridlösung ab und errechnet aus der Bariumsulfatmenge den Schwefelgehalt. Im Filtrat des Bariumniederschlages wird die Phosphorsäure mit Ammoniummolybdat gefällt.

Will man den als Graphit vorliegenden Kohlenstoff gesondert erfassen, behandelt man 10 g feinpulverisierte Probe längere Zeit so lange teilweise mit Salzsäure, bis das gesamte Chrom und Eisen in Lösung gegangen ist. Der ungelöst gebliebene Graphit wird abfiltriert, gründlich ausgewaschen und der Kohlenstoffgehalt wie oben bestimmt. Durch Differenzbildung ergibt sich die chemisch gebundene Kohlenstoffmenge.

VII. Verfahren nach Rikkert. Im Gegensatz zu den bisher beschriebenen Verfahren erfolgen Abscheidung und Bestimmung der meisten Metalle auf elektroanalytischem Wege. Die quantitative Analyse soll mit einer einzigen Einwaage möglich sein. Die Erzprobe, die neben Eisen noch Titan, Aluminium, Nickel, Kobalt und Vanadium enthalten kann, wird in einem Salpeter-Schwefelsäure-Gemisch gelöst und am folgenden Tage abgeraucht. Im Rückstand bestimmt man mit H_2SO_4 und HF die vorhandene Kieselsäure. Man löst ihn dann in Salz- und Schwefelsäure, filtriert gegebenenfalls und führt die Salze in die Oxalate über, die dann der Elektrolyse unterworfen werden. An der Kathode werden Fe, Ni, Co und Mn abgeschieden. Cr und V bleiben in Lösung. Al und Ti können durch Ausfällen abgetrennt werden.

B. Untersuchung chromhaltiger Schlacken.

Allgemeines. Unter Schlacken versteht man die bei der Erzeugung und Verarbeitung des Roheisens und Stahls anfallenden Nebenprodukte. Sie sind bei den Temperaturen der Roheisen- und Stahlerzeugung flüssig, bei gewöhnlichen Temperaturen aber fest. Nach ihrer chemischen Zusammensetzung teilt man sie in folgende Gruppen ein: Silicatschlacken (mit über 20% SiO_2), Phosphatschlacken (Ersatz der Kieselsäure durch Phosphorsäure) und Oxydschlacken, welche hauptsächlich Eisen- und Manganoxyd neben wenig SiO_2 ($<15\%$) und P_2O_5 enthalten. Außer den soeben angeführten Bestandteilen können in den Schlacken noch Tonerde, Kalk, Mangnesia, Titansäure, Alkalien sowie Schwefel- und Kohlenstoffverbindungen vorkommen, deren Mengenverhältnisse je nach Herkunft stark schwanken. Beim Erschmelzen legierter Stähle fallen sogenannte „Sonderschlacken" an, die außerdem noch Wolfram, Chrom, Vanadium, Molybdän, Nickel und Kobalt enthalten können. Durch die Anwesenheit dieser Elemente wird der Analysengang erheblich beeinflußt. Wegen der Unlöslichkeit der Chromoxyde, Wolframoxyde usw. führt der Säureaufschluß selten zum Erfolg. Im allgemeinen ist der alkalische Aufschluß gebräuchlich. Die Chrombestimmung wird in einer besonderen Einwaage vorgenommen, und zwar nach dem jodometrischen, potentiometrischen oder nach dem Eisen(II)-sulfatverfahren. Auf die Bestimmungsverfahren der übrigen Bestandteile soll hier nicht näher eingegangen werden. Genaue Arbeitsvorschriften über die Gesamtanalysen der verschiedensten Schlacken sind dem Handbuch für das Eisenhüttenlaboratorium, Bd. I, zu entnehmen.

Arbeitsvorschriften.
1. Jodometrisches Verfahren.

Je nach dem zu erwartenden Chromgehalt werden 1 bis 2 g feinst gepulverte Schlacke in einem Porzellan- oder chromfreien Eisentiegel mit der 8 fachen Menge eines Gemisches von 1 Teil Natriumkaliumcarbonat und 3 Teilen Natriumperoxyd innig gemischt und zunächst über kleiner, dann über starker Flamme einige Minuten unter Umschwenken im Schmelzfluß aufgeschlossen. Die erkaltete Schmelze wird in einem bedeckten Becherglase mit etwa 200 ml siedend heißem Wasser übergossen; die Lösung wird zur Zerstörung der letzten Reste von Natriumperoxyd kurz aufgekocht und in einen 1-l-Meßkolben gespült. Sollte die Lösung durch Manganat grün gefärbt sein, so gibt man eine Messerspitze voll Natriumperoxyd zur Umwandlung des Manganats in Mangan(IV)-oxyd hinzu. Hat man einen Eisentiegel benutzt, so ist es notwendig, die Lösung beim Kochen mit etwas Kaliumpermanganat zu versetzen, dessen Überschuß durch einige Tropfen Alkohol zerstört und dieser durch Kochen vertrieben wird. Nach dem Abkühlen auf 20° wird die Lösung bis zur Marke aufgefüllt, gut gemischt und durch ein trockenes Faltenfilter in ein trockenes Becherglas filtriert. 500 ml Filtrat werden in einen 1-l-Erlenmeyerkolben gebracht. Nach Zusatz von 1 g Kaliumjodid wird mit Schwefelsäure (1 + 3) (etwa 4,6 m) angesäuert und mit 25 ml der gleichen Säure im Überschuß versetzt. Die Lösung wird mit Natriumthiosulfatlösung nach Zusatz von Stärke als Indicator titriert.

In *vanadiumhaltigen Schlacken* würde diese Arbeitsweise leicht zu unrichtigen, höheren Chromergebnissen führen. Das Vanadium muß deshalb abgetrennt werden. 750 ml Filtrat werden etwas eingeengt, mit Salzsäure angesäuert und mit Natriumcarbonat alkalisch gemacht. Nach Zugabe eines größeren Kaliumpermanganatüberschusses wird die Lösung gekocht, wodurch das Vanadium als Manßanvanadat ausgefällt wird. Das überschüssige Kaliumpermanganat wird durch etwas Alkohol reduziert. Nach dem Verkochen des Alkohols wird die Lösung mit Rückstand in einen 750-ml-Meßkolben gespült, bis zur Marke aufgefüllt und durch ein trockenes Filter in ein trockenes Gefäß filtriert. In 500 ml des Filtrats wird dann das Chrom wie oben titriert.

2. Eisen(II)-sulfatverfahren.

Bis zum Vorliegen des Filtrats ist der Gang der gleiche wie beim jodometrischen Verfahren.

500 ml Filtrat werden in einen 1-l-Erlenmeyerkolben gebracht und unter Rühren mit Schwefelsäure stark sauer gemacht. Sodann gibt man einen Überschuß der Eisen(II)-sulfatlösung hinzu und titriert mit Kaliumpermanganat bis zum Farbumschlag. Die Gegenwart von Vanadium stört die Chrombestimmung nach diesem Verfahren nicht, weil das reduzierte Vanadium durch Kaliumpermanganat wieder oxydiert wird. Da die Oxydation des Vanadium(IV)-salzes mit Kaliumpermanganat in der Kälte etwas langsamer vonstatten geht, darf mit der Titration erst aufgehört werden, wenn der violette Umschlagsfarbton nicht mehr verschwindet.

3. Potentiometrisches Verfahren.

1 bis 2 g feingepulverte Schlacke werden, wie beim jodometrischen Verfahren beschrieben, geschmolzen und ausgelaugt. Die Lösung wird darauf, ohne zu filtrieren, abgekühlt und mit Schwefelsäure $(1 + 3)$ (etwa 4,6 m) bis zur sauren Reaktion versetzt. Man spült nun die gesamte Lösung in einen 500-ml-Meßkolben und füllt sie bis zur Marke auf. Zum Nachwaschen und Auffüllen des Kolbens wird Schwefelsäure $(1 + 4)$ (etwa 3,7 m) verwendet. Da das aus der Schlacke stammende ungelöste Mangan(IV)-oxyd sich mit Eisen(II)-sulfat umsetzen würde, wird es durch ein trockenes, dichtes Filter abfiltriert. 250 ml Filtrat werden darauf mit einer Eisen(II)-sulfatlösung bis zum Auftreten des Potentialsprunges titriert.

Enthält die *Schlacke gleichzeitig Vanadium*, so erhitzt man die austitrierte Lösung auf 70° und titriert darauf das Vanadium allein mit Kaliumpermanganatlösung bis zum Auftreten des Potentialsprunges. Der auf diese Weise oder in einer Sondereinwaage ermittelte Vanadiumgehalt ist durch 2,9388 zu dividieren und von dem aus dem Eisen(II)-sulfatverbrauch erhaltenen Chromwert in Abzug zu bringen.

4. Schlacken aus der Chromnickelstahlfabrikation.

Arbeitsvorschrift nach Krolewetz.

I. Kieselsäure, Aluminiumoxyd, Gesamteisen, Calcium-, Magnesium- und Mangan(II)-oxyd.

1 g der fein gepulverten Schlacke wird im Nickeltiegel mit 5 g K_2CO_3 + Na_2O_2 $(1 + 1)$ gemischt, mit weiteren 5 g der Mischung überdeckt und geschmolzen. Die Schmelze kocht man mit Wasser unter Zusatz von 2 bis 3 g Na_2O_2 aus und filtriert. Zum Filtrat gibt man je 750 ml 20 bis 30 g Ammoniumnitrat und kocht dann bis zu einem Siedepunkt von 160 bis 180° C ein; man verdünnt mit Wasser auf 200 bis 250 ml und filtriert. Den aus Kieselsäure und Tonerde bestehenden Filtrationsrückstand löst man zusammen mit dem zuerst erhaltenen Schmelzrückstand in Salzsäure und dampft zur Abscheidung der Kieselsäure ein. Diese wird nochmals im Platintiegel mit $KNaCO_3$ geschmolzen und wie vorher abgeschieden. Die vereinigten Filtrate der Kieselsäure teilt man. In der einen Hälfte der Lösung wird das Mangan nach VOLHARD mit Permanganat titriert. Zur zweiten Hälfte gibt man Ammoniak im Überschuß und kocht nach Zusatz von etwas Bromwasser 10 bis 15 Min. und filtriert. Die Fällung wird wiederholt. Der aus $Fe(OH)_3$, $Al(OH_3)$, MnO_2 nebst P_2O_5 bestehende Niederschlag wird geglüht und gewogen, dann in Salzsäure gelöst und das Eisen nach ZIMMERMANN-REINHARDT mit Permanganat titriert. Die Tonerde nimmt man aus der Differenz. In die vereinigten, ammoniakalischen Filtrate leitet man zur Abscheidung des Nickels Schwefelwasserstoff ein, filtriert nach Ansäuern mit Essigsäure und bestimmt im Filtrat CaO und MgO in der üblichen Weise.

II. Chrom.

Eine besondere Einwaage wird in der oben angegebenen Weise mit K_2CO_3 und Na_2O_2 aufgeschlossen. Die Schmelze zieht man mit Wasser aus, filtriert, säuert das Filtrat mit Schwefelsäure an und titriert das Chromat mit MOHRschem Salz. Bei weniger als 1% Cr genügt das Schmelzen mit K_2CO_3 allein.

III. Zweiwertiges Eisen.

Eine weitere Probe bringt man mit Schwefelsäure unter Zusatz von Flußsäure in Lösung und titriert darin das Eisen(II) mit Permanganat.

IV. Phosphor und Sulfation.

1 bis 2 g Einwaage schließt man mit konz. Salzsäure auf, verdampft unter Zusatz von etwas Kaliumchlorat und filtriert die Kieselsäure ab. Das Filtrat versetzt man mit Ammoniak, filtriert den Niederschlag ab und löst ihn wieder auf. Man bestimmt den darin enthaltenen Phosphor und fällt im Filtrat nach dem Ansäuern mit Salzsäure die Schwefelsäure mit Bariumchlorid. Hochchromhaltige Schlacken müssen mit Na_2O_2 oxydierend geschmolzen werden.

Bemerkungen. Die im korrosionssicheren Stahl vorhandenen Oxyde von Si, Al, Cr (und Ti) bleiben bei der Behandlung der Stahlprobe mit Schwefelsäure $(1 + 3)$ (etwa 4,6 m), die bestimmte Zusätze von HNO_3 (D 1,20) enthält, in unlöslicher Form zurück.

JOHNSON filtriert den Rückstand ab und entfernt daraus das Kieselsäuregel durch Auskochen mit Natriumcarbonat. Der Rückstand wird geglüht, gewogen und die Kieselsäure durch Fluorieren bestimmt. Ist der Rückstand ungefärbt, so besteht er nur aus Al_2O_3 $(+ TiO_2)$; anderenfalls schmilzt man ihn mit Na_2CO_3 und $NaNO_3$ und bestimmt das Chrom colorimetrisch. Die Bestimmung von TiO_2 ist in dem Referat nicht angegeben; sie wird aber von dem Verfasser beschrieben, der auch mitteilt, daß der Löseprozeß durch Verwendung von Salzsäure und Wasserstoffperoxyd beschleunigt wird.

5. Bestimmung von Schlackeneinschlüssen in Silicium- und Chromstählen.

Nach SOLOTAREW führt die Anwendung der Elektrolyse zu einem Niederschlag, der zusammen mit den Einschlüssen auch Carbide enthält; bei stark chromhaltigen Stählen sondern sich außerdem noch dünne metallische Schuppen ab. Die Schlackenanteile werden von den Carbiden gereinigt, worauf Kieselsäure, Eisen(II)- und (III)-oxyd, Aluminium- und Chromoxyd und die Komponenten Eisen(II)-oxyd und Mangan(II)-oxyd sowie Calcium- und Magnesiumoxyd bestimmt werden können. Die Feststellung des Sulfidgehaltes erfolgt durch eine Schwefelbestimmung im Gesamtniederschlag.

6. Schnellbestimmung von Martinschlacke nach Dubinski.

Der Analysengang zerfällt im wesentlichen in vier Abschnitte. In einer Einwaage werden Chrom und Mangan bestimmt, indem Chrom(III)-oxyd durch Überchlorsäure zu Chromsäure oxydiert und mit Eisen(II)-sulfat titriert wird; darauf wird das Mangan nach LANG und KURTZ titriert. In einer zweiten Probe werden Eisen-, Aluminium- und Chromoxyd zusammen mit der Phosphorsäure durch Pyridin abgeschieden. Nach der Ausfällung des Mangans durch Brom werden im Filtrat Calcium und Magnesium bestimmt. Im Filtrat von der Kieselsäureabscheidung werden Eisen und Mangan gemeinsam gefällt und bestimmt. Die geglühten Oxyde des Eisens, Aluminiums und Chroms werden aufgeschlossen; in der Lösung wird die Phosphorsäure bestimmt und das Aluminium aus der Differenz berechnet.

Literatur.

BERL-LUNGE: Bd. II/2. — BERTHET, M.: Monit. Produits chim. 18, 3 (1936); durch Fr. 111, 365 (1937/38). — BLODGET-BRITTON, J.: Chem. N. 21, 266; durch Fr. 18, 499 (1879). — BRADDOCK-ROGERS, K.: Chem. N. 140, 305 (1930); durch C. 101, II, 1407 (1930). — BRUNCK, O., u. R. HÖLTJE: Angew. Ch. 45, 331 (1932); durch Fr. 94, 340 (1934). — BRYANT, F. J., u. P. J. HARDWICK: Analyst 75, 12 (1950). — BURGHARDT, C. A.: Chem. N. 61, 260; durch Fr. 30, 226 (1891).

CAESER: Ber. dtsch. kerem. Ges. 16, 515 (1935); durch C. 107, I, 120 (1936). — CALVERT, F.: Dingl. J. 125, 466; durch Fr. 18, 499 (1879). — *Chemikerausschuß des Vereins deutscher Eisenhüttenleute*: Schiedsverfahren, Bd. I, S. 150 (1942). — CHRISTOMANOS, A.: B. 10, 10, 344 (1877); durch Fr. 17, 249 (1878). — CLARK, J.: Soc. 63, 1079; durch Fr. 34, 593 (1895). — CLARKE, F. W.: Chem. N. 17, 232; durch Fr. 7, 463 (1868). — CUNNINGHAM, TH. R., u. J. R. McNEILL: Ind. eng. Chem. Anal. Edit. 1, 70 (1929).

DIETZ, W.: Angew. Ch. 53, 409 (1940); durch Fr. 126, 311 (1943). — DITTLER, E.: (a) Z. angew. Ch. 39, 279 (1926); durch Fr. 84, 447 (1931); (b) Z. angew. Ch. 41, 132 (1928); durch Fr. 84, 447 (1931). — DITTMAR, W.: Dingl. J. 221, 450; durch Fr. 18, 500 (1879). — DONATH, ED.: Dingl. J. 263, 243; durch Fr. 29, 596 (1890). — DUBINSKI, A. P., L. S. SAIKIN u. W. D. PONOMAREW: Betriebslab. (russ.) 7, 93 (1938); durch Fr. 124, 231 (1942). — DUPARC, L., u. A. LEUBA: Ann. Chim. anal. 9, 201; durch Fr. 48, 382 (1909).

EMERSON McIVOR, R. W.: Chem. N. 82, 97; durch Fr. 48, 383 (1909).

FIEBER, R.: Ch. Z. 24, 333; durch Fr. 48, 383 (1909). — FRANKE, A., u. R. DWORZAK: Z. angew. Chem. 39, 642 (1926); durch Fr. 71, 192 (1927). — FRESENIUS, R.: Anleitung zur quantitativen chemischen Analyse 1875, Bd. I, S. 559. — FRESENIUS, R., u. E. HINTZ: Fr. 29, 28 (1890). FURNESS, W.: Analyst 75, 2 (1950).

GENTH, F. A.: Chem. N. Nr. 137, 32 (1862); durch Fr. 1, 497 (1862).

HAGER, H.: Untersuchungen, Bd. 1, S. 163; durch Fr. 18, 500 (1879). — HARDWICK, P. J.: Analyst 75, 9 (1950). — HART, P.: J. pr. 67, 320; durch Fr. 18, 499 (1879).

JANNASCH, P., u. H. HARWOOD: J. pr. 97, 93 (1918); durch Fr. 61, 250 (1922). — JOHNSON, C. M.: Iron Age 132, 24, 60, 62 (1933); durch Fr. 104, 144 (1936).

KAYSER, R.: Fr. 15, 187 (1876). — KINNICUTT, L. P., u. G. W. PATTERSON: J. anal. Chem. 3, 132; durch Fr. 29, 596 (1890). — KROLEWETZ, S. M.: Chem. J. Ser. B (russ.) 7, 636 (1934); durch Fr. 104, 143, (1936).

LANG, R., u. F. KURTZ: Z. anorg. Ch. 181, 111 (1929); durch Fr. 81, 227 (1930). — LUCCHÈSE, L.: Ann. Chim. anal. 9, 450; durch Fr. 48, 383 (1909).

MAYR, C., u. G. BURGER: M. 53/54, 493 (1929); durch Fr. 82, 90 (1930). — MEHLIG, J. P.: J. chem. Educat. 13, 324 (1936); durch Fr. 111, 366 (1937/38). — MITSCHERLICH, A., u. F. C. PHILIPS: Fr. 12, 189 (1873). — MORSE, H. N., u. W. C. DAY: Am. Chem. J. 3, 163; durch Fr. 22, 83 (1883). — MULLER, J. A.: Bl. [4] 5, 1133 (1909); durch Fr. 63, 348 (1923).

NYDEGGER, O.: Z. angew. Ch. 24, 1163 (1911); durch Fr. 51, 64 (1912).

O'NEILL, CH.: Chem. N. Nr. 123, 199 (1862).

PELLET: Le Technologiste, 19. 6. 1880; durch Fr. 22, 83 (1883). — PERL, L., u. V. STEFKO: Stahl Eisen 24, 1373; durch Fr. 48, 382 (1909). — PHILIPS, M.: Stahl Eisen 27, 1164 (1907); durch Fr. 48, 305 (1909).

RIKKERT, I. J.: Betriebslab. (russ.) 5, 593 (1936); durch Fr. 118, 31 (1939/40). — VAN ROYEN, H. J., u. H. GREWE: Arch. Eisenhüttenw. 4, 17 (1930); durch Fr. 89, 141 (1932); vgl. auch BERL-LUNGE, Bd. II/2, S. 1159.

SANITER, E. H.: Iron and Steel Institute; durch Ch. Z. 19, 1657; durch Fr. 36, 686 (1897). — SCHWARZ, H.: A. 69, 212; durch Fr. 22, 83 (1883). — SELL, W. J.: Fr. 20, 113 (1881). — SMITH, G. F., u. C. A. GETZ (a): Ind. eng. Chem. Anal. Edit. 9, 518 (1937); SMITH, E. F. (b): Am. J. Sci. Arts, 3. Serie, 15, 198; durch Fr. 17, 514 (1878). — SOLOTAREWA, N. W.: Betriebslab. (russ.) 6, 679 (1937); durch Fr. 124, 231 (1942). — SPECHT, F.: Quantitative anorganische Analyse in der Technik. — STORER, F. H.: Am. J. Sci. [2] Bd. 48, 190 (1869); durch Fr. 18, 499 (1879).

THOMPSON, P. F.: Soc. chem. Ind. Victoria (Proc.) 32, 699 (1932); durch Fr. 98, 260 (1934). — TODOROVIĆ, K. N., u. V. M. MITROVIĆ: Bl. Soc. chim. Yougoslavie 5, 219 (1936); durch Fr. 109, 438 (1937). — TOMARCHIO, G.: Metallurgia ital. 27, 21 (1935); durch C. 106, I, 3451 (1935). — TREADWELL, F. P.: Kurzes Lehrbuch der analytischen Chemie, Bd. II, S. 87 (1923). — TROMP, F. J.: J. chem. metallurg. Min. Soc. South Africa 36, 1 (1935); durch C. 107, I, 1061 (1936).

ULLMANN: Encyclopädie der technischen Chemie, Bd. 5, S. 560 (1954). — USSATENKO, JU. I.: Betriebslab. (russ.) 7, 532 (1938); durch C. 110, I, 2463 (1939).

VEKŠIN, P.: Russ. Bergjournal 4, 437; durch Fr. 48, 381 (1909). — VOLHARD-WOLFF: Stahl Eisen 11, 377 (1891); durch TREADWELL: Lehrbuch der analytischen Chemie, Bd. II.

WARUNIS, TH. S.: Fr. 51, 480 (1912). — WILLARD, H. H., u. R. C. GIBSON: Ind. eng. Chem. Anal. Edit. 3, 88 (1931); durch Fr. 92, 287 (1933).

ZIMMERMANN-REINHARDT: Ch. Z. 13, 323 (1887); durch H. u. W. BILTZ: Ausführung quantitativer Analysen.

§ 25. Analyse einiger technisch wichtiger Chromverbindungen.

(Im wesentlichen nach SPECHT.)

A. Chromsäure (Chrom, Natrium, Eisen, Sulfat, Feuchtigkeit).

In einem geschlossenen Wägegläschen wägt man etwa 100 g Substanz ab, spült die Einwaage mit dest. Wasser in einen 2-l-Meßkolben und füllt zur Marke auf.

Arbeitsvorschrift zur Gehaltsbestimmung. 100 ml der Auffüllung werden in einen 500-ml-Meßkolben übergeführt und wiederum aufgefüllt. In einem aliquoten Teil führt man nach Zugabe von Schwefelsäure die Chrombestimmung mit Eisen(II)-sulfat aus, entweder potentiometrisch (vgl. § 5, B), gegen einen Redoxindicator (vgl. § 5, A) oder nach der Tüpfelmethode (vgl. § 5, C). Das letztere Verfahren hat sich in verschiedenen Industrielaboratorien für Austauschanalysen eingebürgert. Die Chrombestimmung kann auch jodometrisch erfolgen (vgl. § 3), am besten mit 20 ml der Auffüllung und 0,1 n Natriumthiosulfatlösung, welche gegen Kaliumdichromat eingestellt wurde.

1. Natrium. Hierfür werden 50 ml der auf 2 l aufgefüllten Lösung in einen 250-ml-Meßkolben gebracht und mit 10%iger Bariumchloridlösung vorsichtig so lange versetzt, bis wenig Bariumchlorid im Überschuß vorhanden ist. Man gibt jetzt 10%ige Ammoniaklösung zu, bis die Lösung schwach alkalisch ist, erwärmt, kühlt daraufhin ab und füllt auf 250 ml auf. Man filtriert durch ein dickes Faltenfilter und nimmt vom Filtrat 200 ml, die mit einigen Tropfen n Salzsäure angesäuert werden. Dann wird das überschüssige Barium mit Schwefelsäure gefällt und filtriert. Man sammelt das Filtrat in einer geräumigen Porzellanschale und wäscht den Niederschlag säurefrei aus. Das Filtrat wird zunächst eingeengt, darauf die Ammoniumsalze abgeraucht, der Rückstand mit Wasser und Salzsäure gelöst und die Lösung filtriert. Das Filter wird säurefrei ausgewaschen und das Filtrat, das in einer gewogenen Platinschale gesammelt wird, wird jetzt mit wenig Schwefelsäure eingedampft; der Rückstand wird abgeraucht und schließlich unter Zusatz von Ammoniumcarbonat geglüht und ausgewogen. Die Auswaage ist Natriumsulfat. Man rechnet sie auf Natriumoxyd um.

2. Eisen. 200 ml der auf 2 l aufgefüllten Lösung werden mit wenig Ammoniak versetzt, erwärmt und filtriert. Der ausgewaschene Hydroxydniederschlag wird in Salzsäure gelöst und nochmals mit Ammoniak in Gegenwart einiger Tropfen Perhydrol so lange umgefällt, bis das Filtrat farblos abläuft. Der chromfreie Eisenhydroxydniederschlag wird nach bekannten Methoden weiterverarbeitet; am zweckmäßigsten ist eine anschließende optische Bestimmung, z. B. mit Rhodanid oder α,α'-Dipyridyl (SPECHT, S. 132).

3. Sulfat. Man bringt 200 ml der auf 2 l aufgefüllten Lösung in einen 1-l-Erlenmeyerkolben, setzt zur Reduktion 25 ml konz. Salzsäure und 25 ml Äthylalkohol hinzu und erwärmt auf dem Wasserbade. Nach Beendigung der Reduktion wird die Lösung auf 750 ml verdünnt, etwa 10 Min. gekocht, mit 20 ml 10%iger Bariumchloridlösung versetzt und in üblicher Weise als Bariumsulfat bestimmt.

4. Feuchtigkeit. Die Feuchtigkeit bestimmt man durch Trocknen einer Einwaage bei 120° C im Trockenschrank.

B. Natriumdichromat (Chrom, Chlor, Sulfat, Unlösliches).

Arbeitsvorschrift zur Gehaltsbestimmung. 60 g Probe werden in Wasser gelöst und im Meßkolben auf 2 l aufgefüllt. In einem aliquoten Teil führt man die Chrombestimmung ferrometrisch oder jodometrisch durch.

1. Sulfat wird genau wie bei Chromsäure bestimmt.

2. Chlorid. 10 g Einwaage löst man in einem 1-l-Becherglas in 500 ml Wasser und säuert mit 20 bis 25 ml Salpetersäure an. Darauf wird mit 0,1 n Silbernitratlösung Silberchlorid gefällt und unter Schütteln zum Zusammenballen gebracht.

Es darf auf weiterem Silbernitratzusatz keine Trübung mehr entstehen. Die Verarbeitung des Silberchlorids erfolgt in bekannter Weise; die Auswaage an Silberchlorid rechnet man auf Natriumchlorid um.

3. Unlösliches. 50 g Chromat werden im 1-l-Becherglas in 500 ml Wasser gelöst und erwärmt. Ein unlöslicher Rückstand wird durch einen getrockneten und gewogenen Filtertiegel filtriert und mit warmem Wasser ausgewaschen, bis der Rückstand im Tiegel chromatfrei ist. Dann wird der unlösliche Rückstand mehrere Stunden bei 105° C im Trockenschrank getrocknet.

C. Kaliumdichromat und Ammoniumdichromat.

Die Bestimmung des Chromgehaltes sowie der Verunreinigung erfolgt sinngemäß wie vorstehend beschrieben wurde.

D. Chromalaun (Chrom, Eisen, Sulfat, Kalium, Unlösliches).

1. Arbeitsvorschrift zur Gehaltsbestimmung. 1 g Alaun wird in schwach schwefelsaurer Lösung mit Silbersulfat-Persulfat oxydiert, der Persulfatüberschuß durch Kochen beseitigt und das Chrom(VI) in der üblichen Weise mit 0,2 n Eisen(II)-sulfatlösung entweder elektrometrisch oder unter Verwendung eines Redoxindicators titriert.

I. Eisen. Für die betriebsmäßige Kontrolle des Eisengehaltes wird das Eisen in Gegenwart des Chroms(III) unter optischer Kompensation der Eigenfärbung nach der Rhodanidmethode photometrisch bestimmt.

II. Unlösliches. 50 g Alaun löst man in heißem destilliertem Wasser, filtriert die Lösung durch Glasfritte 1 G 4, wäscht den Rückstand mit heißem Wasser aus und trocknet ihn 1 Stde. bei 110° C.

III. Sulfat. 0,5 g Alaun löst man in Wasser, neutralisiert mit verd. Ammoniak, säuert mit 25 ml Essigsäure (1 + 1) an und fällt in der Hitze mit 20 ml heißer 10%iger Bariumchloridlösung. Die weitere Verarbeitung erfolgt in der üblichen Weise.

IV. Kalium. 2 g Chromalaun löst man in heißem, mit Salzsäure angesäuertem Wasser und fällt die Schwefelsäure mit Bariumchloridlösung in der Hitze aus; man läßt den Niederschlag 1 Stde. stehen, filtriert ihn ab und fällt im Filtrat Chrom(III) nebst Bariumüberschuß mit Ammoniumcarbonat aus; den Niederschlag und die Lösung füllt man nach Abkühlen im 500-ml-Meßkolben zur Marke auf. 250 ml Filtrat dampft man in der Platinschale ein, raucht die Ammoniumsalze vorsichtig ab, löst den Rückstand in wenig Wasser und erhitzt ihn mit 10 ml Perchlorsäure einige Minuten zum Rauchen. Nach dem Erkalten setzt man 20 ml Alkohol zu und filtriert das Kaliumperchlorat durch „G 4", wäscht mit perchlorsäurehaltigem Alkohol, zum Schluß mit reinem Alkohol aus. Das Trocknen des Niederschlags erfolgt 1 Std. bei 130° C.

2. Arbeitsvorschrift zur Gehaltsbestimmung durch Oxydation mit Perchlorsäure nach LICHTIN und anschließende jodometrische Titration.

1 g kristallisierter Alaun oder die entsprechende Menge Alaunlauge wird in einem mit einem abgesprengten Trichter bedeckten Erlenmeyerkolben von 100 ml Inhalt mit 5 ml Wasser und 5 ml 60%iger Perchlorsäure unter dem Abzug erhitzt. Wenn die Lösung auf ungefähr die Hälfte eingedampft ist, tritt die Reaktion ein, und die Farbe der Flüssigkeit geht von Chromgrün nach Chromatorange über. Man erhitzt weitere 5 Min., läßt auf Zimmertemperatur abkühlen, gibt 40 bis 50 ml Wasser zu, bringt die Flüssigkeit nochmals zum Kochen und erhält darin 2 Min. bis zur vollständigen Vertreibung des Chlors (Prüfung mit KJ-Stärke-Papier). Die Chromatlösung wird in einen 150-ml-Kolben übergespült, mit Ammoniak im geringen Überschuß versetzt und aufgekocht. Eisen und Aluminium fallen als Hydroxyde aus; diese werden abfiltriert und ausgewaschen; im Filtrat wird nach dem Ansäuern mit Salzsäure das Chromat jodometrisch bestimmt.

E. Chromoxyd

(Chrom, Schwefel, Kieselsäure, Eisenoxyd und Aluminiumoxyd, Glühverlust).

0,5 g Chromoxyd schließt man im Alsint-Tiegel durch Schmelzen mit 4 bis 5 g Natriumperoxyd auf, löst die Schmelze in Wasser und zerkocht den Natriumperoxyd-überschuß (etwa $^1/_2$ Stde.). Man säuert die Lösung mit Schwefelsäure an [etwa 10 ml Schwefelsäure $(1+1)$ (etwa 9 m) als Überschuß] und titriert mit 0,2 n Eisen(II)-sulfatlösung entweder elektrometrisch oder unter Verwendung eines Redoxindicators (Diphenylamin, Ferroin).

1. Gesamtschwefel. 5 g Chromoxyd schließt man im Nickeltiegel mit etwa 15 g Natriumperoxyd auf, löst die Schmelze in Wasser, säuert mit 60 ml konz. Salz-säure an, gibt 20 ml Methanol zu und kocht 30 Min. Dann setzt man 0,5 g Hydroxyl-ammoniumchlorid p. a. zu, neutralisiert mit verd. Ammoniak, säuert mit 25 ml Essigsäure $(1+1)$ an, kocht bis zur Lösung und filtriert. Zum Filtrat gibt man 20 ml heiße, 10%ige Bariumchloridlösung und läßt über Nacht stehen. Die weitere Verarbeitung geschieht in der üblichen Weise.

2. Glühverlust. 2 g Chromoxyd glüht man im Porzellantiegel 20 Min. vor dem Gebläse.

3. Kieselsäure. 10 g Chromoxyd werden im 250-ml-Becherglas mit 10 ml dest. Wasser befeuchtet und mit 50 ml einer Schwefelsäure-Perchlorsäure-Mischung $(1+4)$ versetzt. Man erhitzt die Flüssigkeit langsam auf dem Sandbad unter öfterem Um-rühren, bis die Temperatur 200 bis 250° C erreicht hat. Nun kühlt man sie rasch ab, verdünnt sie mit Wasser, erwärmt bis zur vollständigen Lösung der ausgeschie-denen Chromsäure und filtriert durch Blaubandfilter. Nach gründlichem Auswaschen mit heißem Wasser verascht man das Filter im Platintiegel und ermittelt den Kiesel-säuregehalt in der üblichen Weise durch Abrauchen mit Flußsäure.

4. Eisenoxyd, Aluminiumoxyd. Das Filtrat der Kieselsäurebestimmung wird mit Silbersulfat-Ammoniumpersulfat oxydiert, der Persulfatüberschuß durch Kochen beseitigt und die Lösung auf $p_H = 6$ bis 6,5 neutralisiert. Man läßt den Niederschlag 2 bis 3 Std. absitzen, filtriert ihn durch Weißband, wäscht ihn mit schwach ammon-nitrathaltigem Wasser aus und verascht ihn im Platintiegel. Man erhält die Summe aus Eisenoxyd und Aluminiumoxyd. Den Glührückstand schließt man mit Kalium-pyrosulfat auf, löst die Schmelze in Wasser und füllt die Lösung auf 250 ml im Meß-kolben auf. In einem aliquoten Teil bestimmt man das Eisenoxyd photometrisch nach einer der bekannten Methoden (Rhodanid-, Dipyridyl- oder Sulfosalicylsäure-methode). Das Aluminiumoxyd erhält man als Differenz aus der Summe der Oxyde durch Abzug des photometrisch bestimmten Eisenoxydgehaltes.

Literatur.

LICHTIN, J. J.: Ind. eng. Chem. Anal. Edit. 2, 126 (1930); durch Fr. 84, 448 (1931).
SPECHT, F.: Quantitative anorganische Analyse in der Technik.

§ 26. Bestimmung in organischen Substanzen, insbesondere in Blut, Urin und Leichenteilen.

Allgemeines. Schon POMEROY (1883) war bekannt, daß zur Chrombestimmung in organischen Substanzen diese vorher zerstört werden müssen, wozu dieser Autor die Soda-Salpeter-Schmelze verwandte; die anschließende Reduktion des Chroms(VI) mit Nitrit zu Chrom(III) und dessen Fällung mit Ammoniak, um eine chromfreie Lösung zur Bestimmung anderer Ionen zu erhalten, dürfte aber heute kaum mehr Anwendung finden. Der von KAHANE und Mitarbeitern durchgeführte Aufschluß mittels eines Gemisches von Salpeter-, Schwefel- und Perchlorsäure führt, wie auch

HOFFMAN und LUNDELL festgestellt haben, sogar in Abwesenheit von Chlorid zu merklichen Chromverlusten infolge Verflüchtigung von Chromylchlorid; diese lassen sich durch Kondensation und Aufarbeitung der abgehenden Dämpfe vermeiden, wodurch die Arbeitsweise allerdings kompliziert wird. Die von MILLER empfohlene Zerstörung mit Schwefel- und Salpetersäure sowie die anschließende Schmelze mit Natriumperoxyd bleibt bemerkenswerterweise in der umfangreichen Übersicht „Bestimmung von Metallen in organischen Verdingungen" von BELCHER, GIBBONS und SYKES die einzige zitierte Methode. Im allgemeinen dürfte dieses Vorgehen ebenso wie der Aufschluß mittels Perchlorsäure bzw. ihrer Gemische unter gewissen Vorsichtsmaßnahmen ebenso wie für spezielle Anwendungen in der Analyse von Leder und Abwasser (vgl. diese Abschnitte), bei denen der wichtigste Teil der Vorbereitungen in der Zerstörung der organischen Substanz unter Vermeidung von Chromverlusten besteht, auch für sonstige organische Substanzen geeignet sein. So weichen auch die unten wiedergegebenen Verfahren von LÜHRIG, von BOLIN, KING und KLOSTERMAN sowie von SCHÜRCH, BARBORIAK und FINDRIK im Prinzip kaum von den obigen ab; bei den von diesen Autoren eingesetzten, großen Probemengen bzw. bei den erheblichen Chromgehalten spielen die möglichen Fehlerquellen nur eine unbedeutende Rolle. Dagegen erfordern die modernsten, besonders für Zwecke der Gewerbehygiene ausgearbeiteten Methoden eine Erfassungsgrenze bis herunter zu $10^{-6}\%$; in diesem Bereich sind naturgemäß reproduzierbare Analysenwerte nur dann erhältlich, wenn an jede einzelne Stufe eines Verfahrens die schärfsten Maßstäbe angelegt werden; bei den hier zu bestimmenden, geringen Mengen kommt ferner als einzige Bestimmungsform der Diphenylcarbacid-Farbkomplex in Frage, während die vorstehend zitierten Verfasser sich noch der direkten Chromatcolorimetrie bedienen können. URONE und ANDERS, SALTZMAN und schließlich CAHNMANN und BISEN haben das Ziel einer zuverlässigen Mikrobestimmung kleinster Gehalte in tragbaren Einwaagen mit verschiedenen Aufarbeitungsmethoden (s. u.) erreicht.

A. Verfahren nach Lührig für Leichenteile.

100 bis 300 g Leichenteile werden mit wenigen Millilitern einer gesättigten Lösung von Natriumcarbonat und Natriumnitrat verrührt, vorsichtig eingeengt und verascht; der Rückstand wird mit Soda-Salpeter geschmolzen, in Wasser aufgenommen und ein hierbei noch verbleibender geringer Rückstand nochmals durch dieselbe Schmelze aufgeschlossen. Die vereinigten Aufschlußlösungen werden nach Auffüllen mit solchen Kaliumchromatlösungen colorimetrisch verglichen, die durch Einwaage von Kaliumchromat und Behandeln dieser Einwaage nach dem beschriebenen Aufschlußverfahren hergestellt worden sind. Zum Vergleich eignen sich am besten Konzentrationen von 2 bis 5 mg K_2CrO_4/100 ml.

B. Verfahren nach Bolin, King und Klosterman für Faeces und Nahrungsmittel.

Allgemeines. Das physiologisch unbedenkliche, reine Chromoxyd wird als sogenannte Indexsubstanz bei der Untersuchung von Verdauungsvorgängen an Versuchstieren eingesetzt und nach diesem oder dem anschließend beschriebenen Verfahren in den Futtermitteln und Fäkalien bestimmt.

Arbeitsvorschrift. 100 bis 500 mg der gesiebten Probe, die 1 bis 5% Cr_2O_3 enthält, werden in einem trocknen, bei 100 ml kalibrierten KJELDAHL-Kolben mit 5 ml eines Oxydationsgemisches versetzt, das man durch Lösen von 10 g Natriummolybdat in 150 ml Wasser und Zufügen von 150 ml konz. Schwefelsäure sowie von 200 ml 70- bis 72%iger Perchlorsäure erhält. Man erhitzt mit einem Mikrobrenner, bis die Lösung klar ist, kühlt sie etwas ab, fügt 50 ml Wasser hinzu und füllt bei Zimmertemperatur im KJELDAHL-Kolben auf 100 ml auf. Nach Absitzen der Kieselsäure colorimetriert man mit 440 mμ Filter gegen Wasser.

Als *Colorimeter* wird ein photoelektrisches EVELYN-Gerät verwendet.

Die *Eichkurve* wird mit bekannten, zwischen 10 und 120 μg/ml liegenden Mengen Cr_2O_3 aufgestellt; sie ist unabhängig davon, ob von Cr_2O_3 oder Dichromat ausgegangen wird. Das LAMBERT-BEERsche Gesetz gilt in diesem Bereich, wenn die Durchlässigkeit 30% nicht überschreitet.

Bemerkungen. *1. Anwendungsbereich und Genauigkeit.* Wegen der mit dem Perchlorsäureaufschluß verbundenen Gefahren dürfen nicht mehr als 500 mg eingesetzt werden. Unter diesen Bedingungen wurden von den Verfassern an mehreren tausend Proben keine Störungen bei ausreichender Genauigkeit festgestellt. Zur quantitativen Erfassung ist ein wiederholtes Ausspülen des Kolbenhalses mit nochmaligem, anschließendem Erhitzen erforderlich. Das Verfahren wurde an Fäkalien und Futtermitteln mit bekannten Chromzusätzen getestet.

2. Der Zeitbedarf soll nicht mehr als 10 Min. betragen.

3. Oxydationsgemisch. Der Zusatz von Molybdat soll eine stark beschleunigende Wirkung haben.

C. Verfahren nach Schürch, Barboriak und Findrik für Futter- und Kotasche.

Die Untersuchung dient der Überprüfung des von SCHÜRCH, LLOYD und CRAMPTON angegebenen Verfahrens.

Arbeitsvorschrift. Die Futter- oder Kotasche wird mit Natriumperoxyd geschmolzen, die Schmelze in Wasser aufgenommen und die Extinktion der Lösung bei 420 bis 440 mμ gemessen.

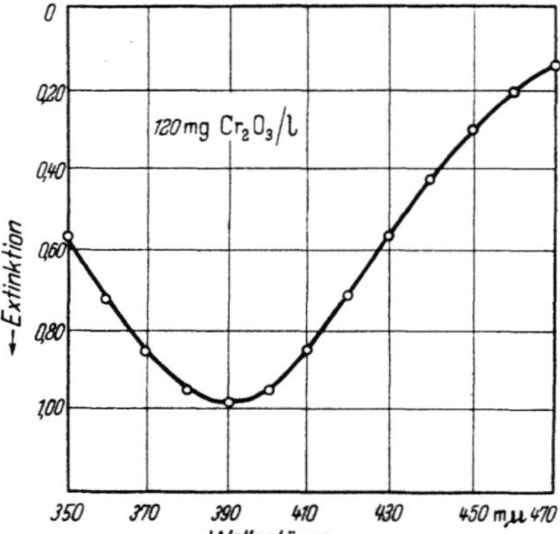

Abb. 96. Absorptionsspektrum einer Chromatlösung aus geschmolzenem Chromoxyd (120 mg Cr_2O_3/l). (Nach SCHÜRCH, BARBORIAK und FINDRIK.)

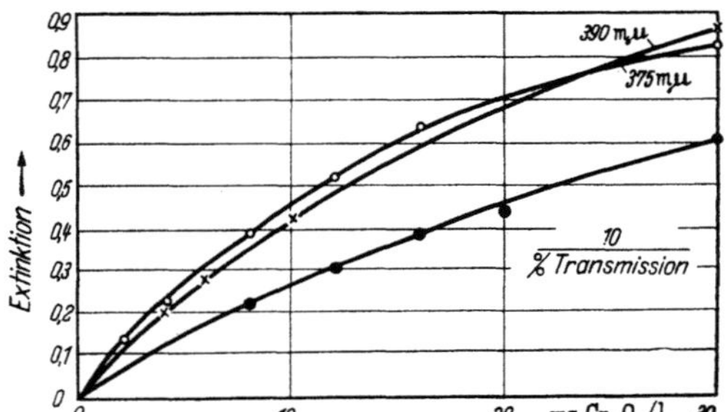

Abb. 97. Beziehungen zwischen Extinktion bzw. dem reziproken Wert der Lichttransmission und der als Chromoxyd ausgedrückten Chromkonzentration. (Nach SCHÜRCH, BARBORIAK und FINDRIK.)

Bemerkungen. *1. Anwendungsbereich und Genauigkeit.* Für die Genauigkeit vergleiche man die folgenden Bemerkungen; die Anwendung erfolgt zweckmäßig nur für den Spezialzweck der Bestimmung von Chromoxyd in den vorliegenden Aschen.

2. Absorptionskurve. Während DANSKY und HILL mit dem BECKMAN-Spektralphotometer das Absorptionsmaximum bei 375 mμ finden, geben SCHÜRCH und Mitarbeiter hierfür den Bereich 380 bis 400 mμ an (Abb. 96).

3. Das Lambert-Beersche Gesetz soll nach DANSKY und HILL bei 375 mμ gültig sein. Verfasser finden dagegen weder bei 375 noch bei 390 mμ eine geradlinige Beziehung zwischen Extinktion und Chromkonzentration (Abb. 97); im Bereich von 0 bis 14 mg Cr_2O_3/l ist jedoch ein annähernd geradliniger Verlauf feststellbar. Es wird empfohlen, bei 390 mμ zu messen und eine Eichkurve zu verwenden.

D. Verfahren nach Urone und Anders für Blut, Gewebe und Urin.

Allgemeines. Eine erhebliche Anzahl älterer Verfahren (vgl. 40 Zitate im Original) wird insbesondere bezüglich der verwendeten Aufschlußverfahren einer kritischen Betrachtung unterzogen. Wegen möglicher Chromverluste scheiden der Aufschluß mit Perchlorsäure, wegen der Reduktionsgefahr des Chroms(VI) durch Peroxyd in saurer Lösung die mit Peroxyden und Persulfat arbeitenden Aufschlußverfahren und schließlich wegen der möglichen Einwirkung des überschüssigen Oxydationsmittels auf den Farbkomplex und der Schwierigkeiten ihrer restlosen Entfernung eine Anzahl anderer Oxydantien aus (vgl. hierzu auch Allgemeines zu diesem § 26 und zur Bestimmung mit Diphenylcarbacid, Bestimmung in Wasser und Abwasser sowie Bestimmung in Leder). Die Größenordnung der zu bestimmenden Gehalte läßt nur den Diphenylcarbacid-Farbkomplex als Bestimmungsform zu. Wegen der leichten Entfernung der Hydroxyde des Eisens und anderer Metalle ist alkalisches Milieu bei der Vorbereitung wünschenswert, so daß Verfasser für Blut und Gewebe die schon von JÄRVINEN, von HELLER und KRUMHOLZ sowie von MILLER verwandte Oxydation mit Brom in alkalischer Lösung bevorzugen, wobei der Überschuß mit Phenol leicht zu entfernen ist. Für Urin dagegen ist wegen der bei der alkalischen Oxydation entstehenden Salzmenge die saure Oxydation zweckmäßiger. Da andere Oxydationsmittel auch in saurem Medium Mängel aufweisen, verwandten Verfasser hierzu Natriumwismutat, das bisher nur für die Oxydation von Mangan Anwendung gefunden hat (BLUM sowie CUNNINGHAM und COLTMAN).

Reagenzien. 1. Standardchromatlösung. 0,2829 g $K_2Cr_2O_7$ p. a. werden mit doppelt destilliertem Wasser zu 1 l aufgefüllt; 1 ml entspricht 100 μg Chrom; weitere Verdünnungen mit 10 und 1 μg Cr/ml werden durch Verdünnen dieser Standardlösung mit doppelt destilliertem Wasser hergestellt.

2. Bromoxydationslauge; 6 ml gesättigtes Bromwasser je 100 ml n Natronlauge.

3. Phenollösung. Aus frisch destilliertem Phenol und doppelt destilliertem Wasser wird eine 1,2%ige Lösung hergestellt, die in brauner Flasche aufbewahrt werden muß.

4. Diphenylcarbazid; 0,25%ige Lösung in Aceton und doppelt destilliertem Wasser (1 + 1).

5. Verd. Schwefelsäure; 25 vol.-%ig in doppelt destilliertem Wasser, frei von reduzierenden Bestandteilen.

6. Salpetersäure (D 1,42) redestilliert;

7. Destilliertes Wasser. Gewöhnliches destilliertes Wasser enthält zwar normalerweise kein Chrom, jedoch gelegentlich freies Chlor, organische Bestandteile oder andere flüchtige Substanzen; deshalb wird zweckmäßig frisch doppelt destilliertes Wasser während des Analysenganges verwendet.

Geräte und Apparatur. Alle Glasgeräte werden mit starker Säure, am besten Königswasser, gespült und mit destilliertem Wasser nachgespült. Chromschwefelsäure ist grundsätzlich zu vermeiden; ebenso sollen die Gefäße, welche für Produkte mit hohem Chromgehalt benutzt werden, nicht für niedrige Chromgehalte verwandt werden.

Die Messungen erfolgen in 1-cm-Zellen des BECKMAN-DU-Quarz-Spektrophotometers bei 540 mμ mit einer Schlitzbreite von 0,04 mm.

Arbeitsvorschrift für Blut oder Gewebe. Hiervon nimmt man 10 bis 20 g und übergießt sie in einem 100- oder 150-ml-Becherglas mit 2 bis 3 ml konz. Schwefelsäure und 10 ml konz. Salpetersäure. Man erhitzt vorsichtig, bis alles in Lösung gegangen ist, steigert dann die Temperatur bis zum Entweichen von Schwefelsäuredämpfen und läßt etwas abkühlen; man setzt noch 5 ml Salpetersäure zu und erhitzt wieder, bis die Schwefelsäure abraucht. Dies muß gegebenenfalls ein drittes Mal wiederholt werden, wenn sehr viel organische Substanz vorhanden ist. Dann bringt man die Flüssigkeit zur Trockne und erhitzt den Rückstand im Muffelofen ¹/₂ Stde. auf 550°. Der rötlichweiße Ascherückstand wird unter Erwärmen mit 1 ml konz. Salzsäure und 2 ml Salpetersäure gelöst. Dann verdampft man die Lösung wieder vollkommen, setzt 25 ml Wasser und schließlich 2 ml Bromlauge zu. Man hält sie ¹/₂ Stde. unter gelegentlichem Rühren im schwachen Sieden, verdampft sie dann auf ungefähr 4 ml, zentrifugiert und überführt die überstehende Flüssigkeit, deren Volumen nach dem Nachspülen 8,5 ml nicht überschreiten soll, quantitativ in einen 10-ml-Meßkolben. Dann säuert man sie mit 0,5 ml Schwefelsäure an, so daß die Lösung 0,2 bis 0,3 n wird, setzt 0,5 ml Phenollösung und nach gutem Durchschütteln 0,5 ml Diphenylcarbazidlösung hinzu und mißt die Farbe bei 540 mμ oder man vergleicht colorimetrisch mit vorher hergestellten Vergleichslösungen.

Arbeitsvorschrift für Harn. Hiervon nimmt man 50 bis 100 ml, die mit 5% ihres Volumens an konz. Salpetersäure versetzt werden. Man läßt sie nach gründlichem Durchmischen mindestens 2 Std. stehen, entnimmt eine 50 ml Urin entsprechende Menge, gibt 5 ml konz. Salpetersäure hinzu, erhitzt im bedeckten Glas vorsichtig bis zur Klärung der Lösung und dann langsam sehr vorsichtig bis zur Trockne; nach Abkühlen gibt man nochmals 2 bis 3 ml Salpetersäure zu, dampft die Lösung wieder im bedeckten Glas ein und erhitzt zum Schluß offen 20 Min. auf 550°. Nach Abkühlen gibt man 2 ml Salpetersäure und 2 Tropfen konz. Phosphorsäure zu, erhitzt die Lösung langsam im bedeckten Glas, so daß die kondensierenden Säuredämpfe die Becherglaswände abspülen können, spült diese anschließend mit 10 bis 15 ml Wasser ab und dampft nach gutem Durchmischen und völligem Lösen ohne Sieden sorgfältig zur Trockne ein. Nach gutem Eintrocknen wird der Rückstand nochmals 10 Min. im Muffelofen erhitzt, abgekühlt, mit 5 ml Wasser und 1 ml Schwefelsäure versetzt und bis zur völligen Lösung umgeschwenkt. Dann werden 50 mg Natriumwismutat zugegeben; nach gutem Durchmischen wird die Lösung 20 Min. auf dem Wasserbad erhitzt und die Flüssigkeit, deren Volumen nach Abkühlen und Umspülen in Zentrifugengläser 9,5 ml nicht überschreiten soll, zentrifugiert und die überstehende Lösung sorgfältig in einen 10-ml-Meßkolben dekantiert. Dann setzt man 0,5 ml Diphenylcarbazidlösung zu und mißt nach Auffüllen auf genau 10 ml wie oben.

Blindwerte werden mit chromfreiem Urin ebenso hergestellt.

Die *Eichkurve* ersieht man aus Tab. 27.

Tabelle 27. Colorimetrische Chrombestimmung in Harn.

	μg Chrom gegeben									
	0	0,10	0,20	0,50	0,80	1,00	2,00	5,00	8,00	10,0
Blut	0,009	0,017	0,026	0,048	0,071	0,082	0,158	0,362	0,610	0,755
	0,010	0,019	0,024	0,045	0,068	0,083	0,160	0,367	0,600	0,745
Urin	0,011	...	0,025	0,045	0,066	0,085	0,155	0,360	0,605	0,720
	0,013	...	0,026	0,047	0,070	0,080	0,151	0,355	0,595	0,730

Die Tab. 27 gibt die Extinktionen von nach der Arbeitsvorschrift behandelten Blut- (10 ml) und Urinproben (50 ml) mit bekannten Chromzusätzen wieder. Abb. 98 zeigt die hiernach erhaltenen Standardkurven nach Abzug des durchschnittlichen Blindwertes von 0,01, und zwar eine Kurve für Blut und eine Kurve für Urin, ferner eine Kurve für reines Chromat in 0,2 n Schwefelsäure. Die Abweichungen, welche vermutlich auf unbekannten störenden Substanzen in den biologischen Flüssigkeiten oder auf geringen Chromverlusten während der Verarbeitung beruhen, halten sich in erträglichen Grenzen und werden durch Verwendung der Eichkurven *2* und *3* weitgehend kompensiert.

Bemerkungen. 1. *Anwendungsbereich und Genauigkeit.* Bei mehr als 1000 Proben von Blut, Urin und den verschiedensten Körperorganen wurden mit 0,1 bis 30 g Einwaage für Blut und Gewebe und für 10 bis 100 ml Urin einwandfreie Werte von bis zu 3 µg/10 g Blut, bis zu 450 µg/10 g Gewebe und bis zu 35 µg/100 ml Urin gefunden; die normalen Werte betragen 0,5 bzw. 1 bzw. 5 µg. Der bei Knochen und Knorpeln beim Aufschluß auftretende Calciumphosphatniederschlag kann die Oxydation beeinträchtigen; für diese beiden Organe bedarf das Verfahren noch einer Verbesserung. Eine Versuchsreihe an gesunden Geweben mit bekannter Chromzuwaage zeigt, daß von 0 bis 2 µg/10 g 91 bis 104% wiedergefunden werden, un-abhängig, ob Chromat oder Chrom(III)-salz eingesetzt wird. Nach dem Extinktionskoeffizienten (s. d.) sollte die Empfindlichkeitsgrenze etwa 0,002 µg betragen; praktisch liegt sie bei etwa 0,005 µg.

2. *Aufschlußsäure.* Einige Organe können so heftig mit Salpetersäure reagieren, daß sie zweckmäßig zunächst bis zur beginnenden Verkohlung nur mit Schwefelsäure und dann erst mit Salpetersäure zusätzlich behandelt werden. Katalysatoren, wie Selen u. dgl., werden wegen der denkbaren Störungen für unzweckmäßig gehalten.

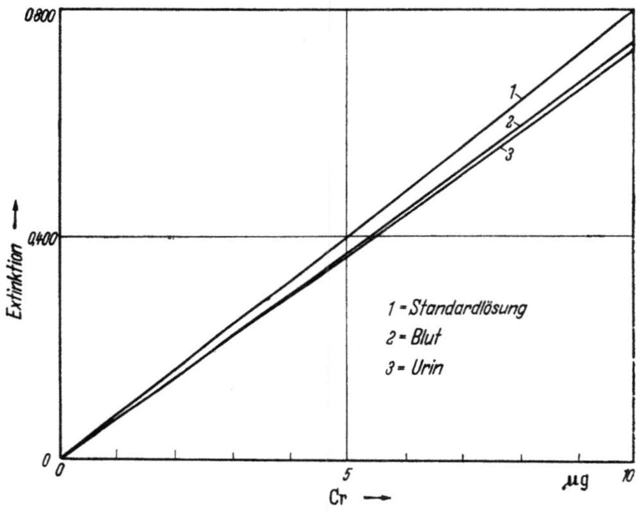

Abb. 98. Eichkurve für Standardlösungen. (Nach Urone und Anders.)
1 ohne Zusatz, *2* in Blut, *3* in Urin.

3. *Veraschen* bei 550° kann in Bechergläsern aus gutem Geräteglas durchgeführt werden, wenn man das Abkühlen genügend langsam, z. B. auf einer heißen Heizplatte, vornimmt.

4. *Asche.* Bei stärkerer Verfärbung der Asche ist der Aufschluß unvollständig und muß wiederholt werden.

5. *Bromüberschuß.* Nach Zentrifugieren und Ansäuern muß noch ein Überschuß von Brom erkennbar sein.

6. *Metallhydroxyde.* Die abzentrifugierten Metallhydroxyde sollen möglichst quantitativ in den Zentrifugenröhrchen verbleiben; übergespülte Spuren des Niederschlags beeinträchtigen die Bestimmung nicht.

7. *Zeitbedarf.* Bei Arbeiten in Serie, Vorbereitung am Nachmittag und Beginn des Aufschlusses auf leicht erwärmter Heizplatte über Nacht können von einer Person am nächsten Tag 20 Proben bewältigt werden.

8. *Beersches Gesetz.* Wie die Eichkurven zeigen, ist es bis 10 µg Cr je 10 ml Meßlösung erfüllt.

9. *Extinktionskoeffizient.* Aus der Eichkurve errechnet sich ein molarer Extinktionskoeffizient von $8,32 \cdot 10^4$ (vgl. jedoch unten bei Cahnmann und Bisen). Er nimmt mit der Zeit, am stärksten bei den aus Urin erhaltenen Meßlösungen, ab (s. Abb. 99), so daß diese nach spätestens 5 Min., die Lösungen aus Blut nach spätestens 20 Min. gemessen werden müssen. Da diese Abnahme bei reinen Vergleichslösungen wesentlich geringer ist (s. Abb. 99), beruht er vermutlich auf Verunreinigungen unbekannter Art, vielleicht auch auf Spuren von beim Dekantieren übergespültem Wismutat.

10. *Natriumwismutat.* Die Oxydation hiermit soll bezüglich Menge, Zeit, Temperatur und Acidität nicht wesentlich verändert werden; die Entfernung des Überschusses, falls nicht durch Zentrifugieren möglich, soll durch Mikrofiltration ebenso sorgfältig ausgeführt werden. Chloride und Fluoride müssen abwesend sein.

11. Das *Eintrocknen der Urinproben* muß zur Vermeidung der Bildung von störenden Polyphosphaten (vgl. unten SALTZMAN) sehr sorgfältig nach Vorschrift geschehen.

12. *Diphenylcarbazid und Färbung.* Bei zu starker Färbung der Endlösung kann die Lösung unter Beachtung der Acidität und Reagenskonzentration verdünnt werden; im Interesse größerer Genauigkeit ist jedoch ein neuer Ansatz mit entsprechender Auffüllung zweckmäßig, beim Urin wegen der konstanten Salzkonzentration unbedingt notwendig. Die Reagenslösung kann auch in Alkohol hergestellt werden. Da das mit Phthalsäureanhydrid nach EGE und SILVERMAN stabilisierte Reagens noch nicht übernommen wurde, muß die Lösung täglich erneuert werden.

13. *Sonstige Störungen.* Da bei Einhaltung der angegebenen Bedingungen Verflüchtigung von Chrom nicht auftreten soll, beruhen Fehlresultate unter Umständen auf unvollständiger Oxydation. Die gegebenenfalls störende Salz- und Salpetersäure werden bei Einhaltung der Vorschrift restlos entfernt. Störendes Eisen wird bei Blut entfernt, bei Urin ist seine Menge unbedeutend. Etwaiges, bei der Oxydation entstehendes Permanganat kann durch Natriumazid ausgeschaltet werden. Bei Vorliegen von Vanadium bis zu einem Chrom-

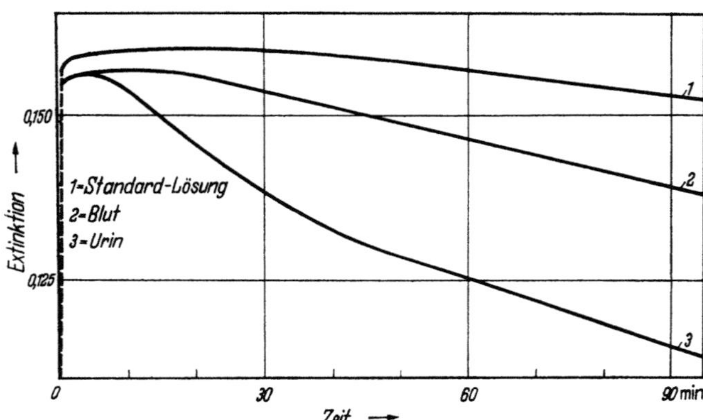

Abb. 99. Abnahme der Absorption (je 2 µg Cr/10 ml Endlösung) für reine Standardlösungen (*1*), Blut (*2*), Urin (*3*). (Nach URONE und ANDERS.)

Vanadium-Verhältnis von 1 : 10 genügt eine Wartezeit von 10 Min. nach Zugabe des Reagenses, um den Vanadiumfarbkomplex verschwinden zu lassen; bei größeren Mengen ist Extraktion des Oxinates mit Chloroform nach SANDELL erforderlich. Für alle Störungen vergleiche man auch die beiden folgenden Verfahren.

E. Verfahren nach Saltzman für Spurenbestimmung in Urin und anderem.

Allgemeines. Der Verfasser hält die Verwendung von Persulfat und Peroxyden wegen der zweifelhaften Entfernung der Überschüsse für ungeeignet bei den hier zu bestimmenden Mengen in der Größenordnung von 1 µg; auch mit Wismutat (s. oben) soll man wegen der schnellen Farbabschwächung schlecht arbeiten können. Dagegen gestattet die von ihm verwendete Oxydation mit Permanganat in 0,5 n schwefelsaurer Lösung, die auf AGNEW bzw. EVANS zurückgeht, eine gute Dosierung und mit Azid eine bequeme und unbedenkliche Entfernung des überschüssigen Oxydationsmittels. Durch Verwendung eines Phosphatpuffers gelingt eine Stabilisierung der Farbe der Meßlösung.

Reagenzien. 1. Salpetersäure konz., redestilliert;

2. Kaliumpermanganatlösung, 0,1 n: 3,16 g werden gelöst und auf 1000 ml aufgefüllt, nach mehrtägigem Stehen gegebenenfalls abdekantiert.

3. Natriumazidlösung; 5 g auf 100 ml aufgefüllt;

4. Schwefelsäure, 0,5 n;

5. Natriumhydrogensulfatlösung; 20 g zu 50 ml aufgefüllt;

6. Diphenylcarbacidlösung. 10,0 g Phthalsäureanhydrid werden in 175 ml redestilliertem 95%igen Alkohol unter Erwärmen gelöst und nach Abkühlen mit einer Lösung von 0,625 g Diphenylcarbazid in etwa 50 ml Alkohol versetzt und mit Alkohol auf 250 ml aufgefüllt (s. a. Bemerkung).

7. Phosphatpuffer. 138,00 g $(NaH_2PO_4 + H_2O)$ werden mit doppelt destilliertem Wasser auf 250 ml zu einer 4 m Lösung aufgefüllt.

8. Standarddichromatlösung. 0,2263 g Kaliumdichromat zu 1000 ml gelöst (80 μg Cr/ml). Eine Arbeitslösung mit 2 μg Cr/ml wird durch Verdünnen von 5 ml auf 200 ml erhalten.

9. Standard-Chrom(III)-lösung. 5 ml Dichromatlösung (80 μg/ml) werden mit 15 mg Natriumsulfit und 0,5 ml Salpetersäure reduziert, vorsichtig zur Trockne eingeengt, was mit 0,5 ml Säure wiederholt wird; der Rückstand wird mit 1 ml Salpetersäure aufgenommen und auf 200 ml gebracht. Die Lösung enthält 2 μg Cr/ml, ist einige Tage stabil und muß auf Abwesenheit von Chrom(VI) geprüft werden.

10. Doppelt destilliertes Wasser muß zur Herstellung aller Lösungen und für alle Operationen nach der Oxydation verwendet werden.

11. Waschsäure, aus 50 ml konz. Salpetersäure, 150 ml konz. Salzsäure und 200 ml Wasser hergestellt.

Apparatur und Geräte. Zur Messung wird das BECKMAN-DU-Spektralphotometer bei einer Spaltbreite von 0,02 mm und mit 22 · 175 mm Reagensgläsern verwendet. Für die Veraschung ist Borsilicatglas geeignet. Alle verwendeten Glasgeräte werden nur mit der Waschsäure (s. o.) gereinigt und dürfen niemals mit Chromschwefelsäure in Berührung kommen.

Arbeitsvorschrift zur allgemeinen Anwendung. Die Probe bzw. ihre Asche wird in 10 ml Schwefelsäure gelöst, mit 0,5 ml Permanganatlösung versetzt und bei bedecktem Becherglas 20 Min. auf dem Wasserbad erhitzt. Bei verschwindender Rosafärbung fügt man jeweils noch Permanganat zu, um einen leichten Überschuß aufrechtzuerhalten. Man setzt dann Natriumacidlösung unter stetem Umschwenken tropfenweise (alle 10 Sek. 1 Tropfen) bis zur Zerstörung der bräunlichen Farbe zu. Nach Abkühlung und gegebenenfalls nach Filtration wird die Lösung in einen 25-ml-Meßkolben überführt, und es wird 1 ml Diphenylcarbazidlösung zugefügt. Dann läßt man jene zur Entwicklung der Farbe 1 Min. stehen, gibt 2,5 ml Phosphatpuffer hinzu und füllt mit doppelt destilliertem Wasser auf. Die Ablesung erfolgt innerhalb 30 Min. bei 540 mμ gegen Wasser. Ein Blindversuch läuft nebenher.

Arbeitsvorschrift für Urin. Man verdampft nach URONE und ANDERS 50 ml Urin im PHILLIPS-Becher auf dem Wasserbad zur Trockne, gibt 1 ml Salpetersäure zu, erhitzt die Lösung auf der Heizplatte bis zur beendeten Reaktion, kühlt sie und wiederholt diese Behandlung mit etwa 0,5 ml Anteilen Salpetersäure bei allmählich gesteigerter Temperatur (400° C), bis reinweiße Asche erhalten wird; hierzu genügen etwa 10 ml Salpetersäure. Zur Zerstörung der das Chrom maskierenden Polyphosphate und zum Spülen der Kolbenwände erhitzt man 1 bis 2 Min. mit 2 ml Salpetersäure, ohne die Säure abzudampfen, verrührt mit 10 ml Wasser und verdampft die Lösung auf dem Wasserbade (nicht auf der Heizplatte!), bis der Rückstand gerade erstarrt. Dann verfährt man wie oben angegeben.

Die *Eichkurve* wird mit Chrom(III)-lösungen zwischen 0 und 16 μg Chromgehalt hergestellt, welche dem vollständigen Verfahren der Arbeitsvorschrift unterworfen werden. Die Abweichung der so erhaltenen Kurve (Abb. 100, Kurve *2*) von der mit reiner, unbehandelter Dichromatlösung erhaltenen (Kurve *1*) ist äußerst geringfügig. Der Verlust durch die gesamte Vorbereitung liegt also unter 1%, bei Urinproben (Kurve *3*) unter 2% und wird durch Verwendung der empirischen Kurven *2* und *3* kompensiert; die Ablesung aus der Eichkurve erfolgt mit der abgelesenen, um die Extinktion des Blindwertes verminderten Extinktion der Analysenlösung.

Bemerkungen. 1. *Anwendungsbereich und Genauigkeit.* Außer der speziellen Anwendung für Urin können auch Luft (s. Bestimmung in Gasen und Dämpfen), Wasser, Blut u. a. nach diesem Verfahren untersucht werden. Bei Blut verwendet man aber wegen der günstigen Abtrennung des Eisens den Aufschluß mit Bromlauge nach URONE und ANDERS (s. o.). Die Erfassungsgrenze liegt bei 0,03 μg Cr in 25 ml. Genauigkeit vgl. oben bei Eichkurve.

2. *Beersches Gesetz.* Die obigen Eichkurven zeigen, daß dieses zwischen 0 und 16 μg Cr erfüllt ist.

3. *Säurekonzentration.* 0,5 n Schwefelsäure ist am besten für die Permanganatoxydation geeignet, da dieses hierin noch genügend beständig ist und andererseits noch kein Oxyd ausfällt.

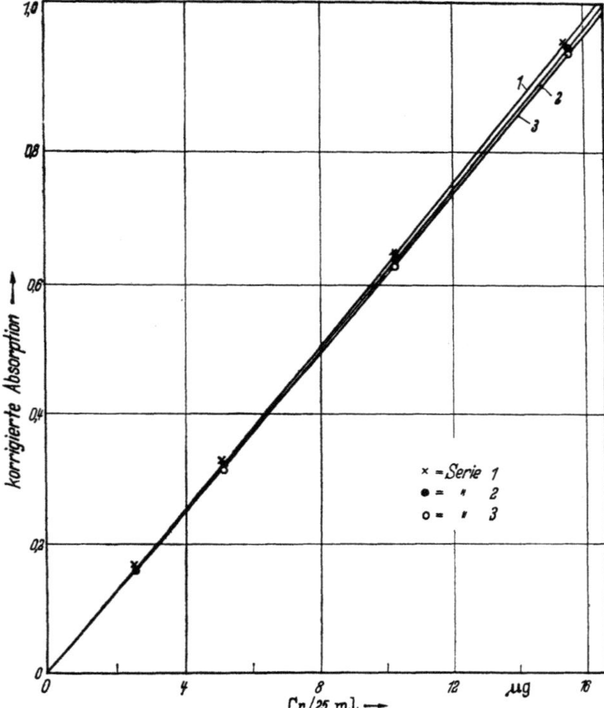

Abb. 100. Gültigkeit des BEERschen Gesetzes für verschiedene Eichlösungen (s. Text!). (Nach SALTZMAN.)

4. *Natriumazid.* Wenn die Dosierung des Permanganats sorgfältig vorgenommen wurde, so genügen zur Entfernung des Überschusses wenige Tropfen Azidlösung; ein Überschuß sollte vermieden werden, da sonst zuwenig Chrom gefunden werden kann. 1 bis 2 Tropfen Überschuß ergeben auch nach 20 Min. Erhitzens noch 100%ige Chromerfassung.

5. *Bodensatz im Urin.* Falls der Urin einen Satz enthält, so wird er von diesem abdekantiert, der Rückstand durch Behandeln mit einigen Tropfen konz. Salpetersäure in Lösung gebracht und mit der Hauptmenge vereinigt. Eine bei manchen Urinen nach der Oxydation auftretende Trübung ist auch bei Ersatz der Schwefelsäure durch Perchlorsäure ($KClO_4$!) nicht zu verwenden und muß abfiltriert werden.

6. *Urinveraschung.* Die bei der Veraschung entstehenden Polyphosphate werden durch die Salpetersäure nach dem Aufnehmen wieder zu Orthophosphat hydrolysiert. Da die erneute Bildung von Polyphosphat nach: $2\,NaH_2PO_4 \to Na_2H_2P_2O_7 + H_2O$ bei 110° 17,9 Torr und bei 150° bereits 750 Torr Wasserdampfpartialdruck aufweist, ist das folgende Eindampfen bei möglichst niedriger Temperatur nur auf dem Dampfbad vorzunehmen.

7. *Puffer.* Die für die Polyphosphathydrolyse unentbehrliche Salpetersäure schädigt die Ausbildung des Farbkomplexes, was durch den Puffer beseitigt wird; zweckmäßig wird dieser nach dem Reagens zugegeben.

8. Die *Reagenslösung* ist nach EGE und SILVERMAN hergestellt und bei Aufbewahrung im Eisschrank einige Monate haltbar; sie muß aber zweckmäßig häufiger neu standardisiert werden.

9. *Beständigkeit der Färbung.* Innerhalb 30 Min. ist ein Nachlassen der Färbung in den meisten Fällen nicht feststellbar; das anschließende Absinken erfolgt
ebenfalls infolge Stabilisierung durch den Phosphatpuffer sehr langsam; bei Urinproben verläuft der Farbabfall schneller; jedoch liegt der Fehler auch hier bei Ablesen innerhalb 30 Min. unter 1%.

10. *Störende Metalle.* Falls Eisen, Molybdän und Kupfer bzw. Vanadium in
störenden Mengen vorhanden sind, können sie nach Gentry und Sherrington bzw.
Sandell durch Chloroformextraktion der Oxinate bei $p_H = 4$, Eisen auch durch
Sodafällung, entfernt werden (vgl. jedoch „Allgemeines" zur Bestimmung mit
Diphenylcarbazid). Am besten bei Anwesenheit von Eisen, wie z. B. im Blut, dürfte
die Oxydation mit Bromlauge (Urone und Anders, s. o.) sein. Quecksilber kann
durch Kochsalzzusatz beseitigt werden.

11. *Sonstiges.* Zweckmäßig vergleiche man auch vorstehende bzw. folgende Vorschriften mit zugehörigen Bemerkungen nach Urone und Anders bzw. Cahnmann
und Bisen.

F. Verfahren nach Cahnmann und Bisen zur Mikrobestimmung in Blut.

Allgemeines. Zur Erfassung von 10^{-5} bis 10^{-6}% Chrom, entsprechend einer
Fehlergrenze von $\pm 0,05 \mu$g Chrom/ml Meßlösung, welche die Genauigkeit der beiden
vorstehenden Verfahren noch übertrifft, werden die Arbeitsbedingungen in einigen
Teilen weiter präzisiert. Als Aufschlußmittel, welches auch vorhandenen Chromit
sicher erfaßt, wird nach der nassen oder trockenen Veraschung noch Schmelze mit
Carbonat-Chlorat verwendet.

Reagenzien. 1. Doppelt destilliertes Wasser wird aus einfach destilliertem Wasser,
welches in einer Vollglasapparatur destilliert wurde, nach Zusatz von etwas alkalischer Permanganatlösung und nach Eindampfen auf etwa $^3/_4$ des ursprünglichen
Volumens durch sorgfältiges Destillieren ohne Überspritzen ebenfalls in Vollglasapparatur hergestellt. Dieses wird für alle Operationen verwendet.

2. Standarddichromatlösung. 1 ml einer aus 2,828 g $K_2Cr_2O_7$ p. a. je 1000 ml mit
doppelt destilliertem Wasser hergestellten Lösung wird mit demselben Wasser auf
100 ml gebracht; 1 ml entspricht 10μg Chrom.

3. Salpetersäure (D 1,4), sorgfältig redestilliert;

4. Salzsäure; destilliertes Wasser mit Chlorwasserstoff gesättigt;

5. Wasserstoffperoxyd, 30%ige Lösung;

6. wäßriges Ammoniak, aus 28- bis 29%iger, reiner Lösung durch Verdünnen
mit 4 Vol. Wasser hergestellt;

7. Carbonatgemisch, aus gleichen molaren Teilen von gut getrocknetem Natrium-
und Kaliumcarbonat gemischt;

8. Kaliumchlorat;

9. Kochsalzlösung; 0,3%ig in doppelt destilliertem Wasser;

10. Schwefelsäure, 25 vol.-%ig; zur Zerstörung organischer Substanz wird die
heiße Säure bis zur schwachen bleibenden Rosafärbung tropfenweise mit Permanganatlösung versetzt.

11. Diphenylcarbazidlösung nach Ege und Silverman. 10,0 g Phthalsäureanhydrid werden in 175 ml redestilliertem, 95%igen Alkohol unter Erwärmen gelöst
und nach Abkühlen mit einer Lösung von 0,625 g Diphenylcarbacid in etwa 50 ml
Alkohol versetzt und mit Alkohol auf 250 ml aufgefüllt (s. a. Bemerkungen oben
bei Saltzman).

Photometer. Es wird das Beckman-DU-Spektrophotometer mit 1-cm-Küvetten
und 0,03 mm Spaltbreite benutzt; die Küvettenkorrektur wird nach Caster vorgenommen. Alle Messungen erfolgen bei 543 mμ.

Glasgeräte werden nach Waschen mindestens 15 Min. in einem Gemisch aus konz. Salpetersäure, konz. Salzsäure und Wasser (1: 3 : 4 Vol.) belassen; beschädigte Geräte, die nach Möglichkeit nicht verwendet werden sollen, müssen mehrere Stunden in der Säure verbleiben.

Eichkurve. Zu chromfreiem Blut werden mit einer GILMONT-Ultramikrobürette steigende Mengen obiger Dichromatlösung gegeben und diese Blutproben nach der Arbeitsvorschrift aufgearbeitet. Nach Abzug der Extinktion des mit chromfreiem Blut erhaltenen Blindwertes werden die abgelesenen Extinktionen gegen den Chromgehalt aufgetragen (Abb. 101). Bei Blutproben unbekannten Gehalts wird die Extinktion einer nach der gesamten Arbeitsvorschrift behandelten Blindprobe von der abgelesenen Extinktion abgezogen und mit dem korrigierten Wert der Gehalt aus der Eichkurve entnommen. Bei Verwendung neuen Reagenses, spätestens alle zwei Jahre, sollte eine neue Eichkurve hergestellt werden (DAVIS und BACON).

Arbeitsvorschrift. 1 bis 2 ml Blut kann man trocken veraschen; bis 30 ml müssen durch nasse Veraschung verarbeitet werden. Zur Trockenveraschung wird 1 ml Blut im Platintiegel auf dem Dampfbad eingedampft, bei 100 bis 110° C getrocknet und dann bedeckt im Muffelofen auf 250 bis 525° C erhitzt. Schließlich wird die Temperatur von 525 bis 540° C 40 Min. lang (bei 2 ml länger) eingehalten. Zur nassen Veraschung setzt man im KJELDAHL-Kolben mit Glasperle 3 ml Salpetersäure zur Probe zu, nach einigem Stehen 0,5 ml H_2O_2, läßt einige Minuten stehen und erhitzt dann sehr vorsichtig, bis die Säuredämpfe verschwinden und die Lösung klar geworden ist. Dann erwärmt man sie unter dauernder

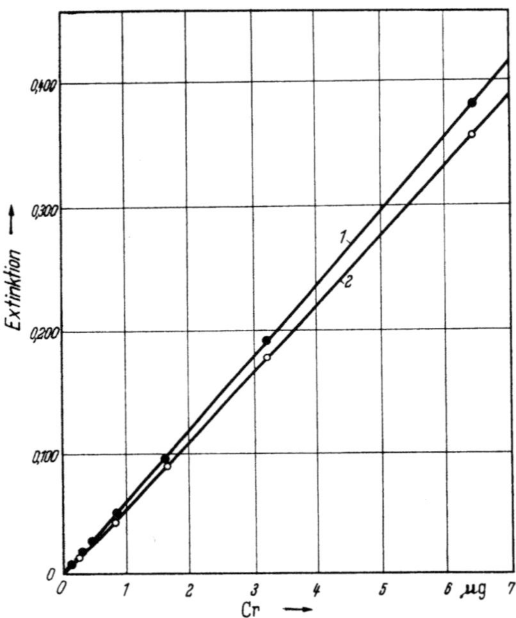

Abb. 101. Eichkurve für reine Dichromatstandardlösung (*1*) und Blut mit bekannten Dichromatmengen (*2*). (Nach CAHNMANN und BISEN.)

Beobachtung und Einsetzen eines Trichters in die Kolbenöffnung. Schließlich dampft man noch mal mit 1 ml Salpetersäure ab und erwärmt den Rückstand in einem Muffelofen über Nacht auf 500° C, läßt ihn abkühlen, raucht dann zweimal mit 1 ml Salpetersäure ab, gibt 6 ml konz. Salzsäure und 3 Tropfen H_2O_2 zu und dampft die Lösung nach Verschwinden von Chlor und Nitrosylchlorid wieder ein. Zum Schluß wird sie zum Abspülen der Kolbenwände nochmals mit 1 ml Salzsäure erhitzt, mit Wasser ausgespült und in einem Platintiegel eingedampft. Zum Rückstand der trocknen Veraschung gibt man 1 ml Wasser, 200 mg Natriumkaliumcarbonat und 20 mg Kaliumchlorat. Nach der nassen Veraschung wird die Asche mit 1 ml Ammoniakwasser statt mit reinem Wasser aufgenommen. In beiden Fällen dampft man bei 100° C vorsichtig zur Trockne, trocknet den Rückstand bei 120° C und schmilzt ihn schließlich im Muffelofen bei 400 bis 750° C; man hält 10 Min. bei 750° C. Die erkaltete Schmelze wird heiß in 1 ml doppelt destilliertem Wasser aufgenommen, in ein graduiertes 15-ml-Zentrifugenglas gebracht, dreimal mit 1 ml Wasser nachgespült und zentrifugiert. Anschließend wird die überstehende Flüssigkeit abdekantiert und der Eisenhydroxydniederschlag einmal mit 1 ml Wasser und einmal mit 2 ml Kochsalzlösung durch weiteres Zentrifugieren gewaschen. Die vereinigten abdekantierten Flüssigkeiten werden dann mit 0,5 ml Schwefelsäure angesäuert, zur Entfernung des frei gewordenen Kohlendioxyds umgeschüttelt, mit 0,5 ml Diphenylcarbacidlösung versetzt und auf 10 ml aufgefüllt. Dann wird innerhalb von 5 bis 15 Min. gegen einen ebenso nach der gesamten Arbeitsvorschrift behandelten Blindwert bei 543 mμ gemessen (s. Eichkurve).

Bemerkungen. 1. *Anwendungsbereich und Genauigkeit.* Nach dem Verfahren können zwischen 1 und 30 ml Blut eingesetzt und bis herab zu $5 \cdot 10^{-9}$ g Chrom/ml der Meßlösung festgestellt werden, wozu neben sorgfältigster Einhaltung der Vorschrift auch die Beachtung der folgenden Bemerkungen notwendig ist. Bekannte, zum Blut zugesetzte Mengen Chroms werden unabhängig davon, ob dies als Dichromat, Alaun oder Chromit vorliegt, zu 93 bis 94% wiedergefunden, wenn sie der gesamten Arbeitsvorschrift unterworfen werden. Während also reine Dichromat-lösungen, direkt mit Reagens umgesetzt, die Kurve *1* (Abb. 101) liefern, wird der Verlust von 6 bis 7% bei der Aufarbeitung durch Verwendung der Eichkurve (s. d.) kompensiert. Die Standardabweichung für Mengen von 0,2 bis 3,2 μg in 1 bis 10 ml Blut beträgt bei nasser Veraschung $\pm$ 0,05, bei trockner Veraschung $\pm$ 0,06 μg.

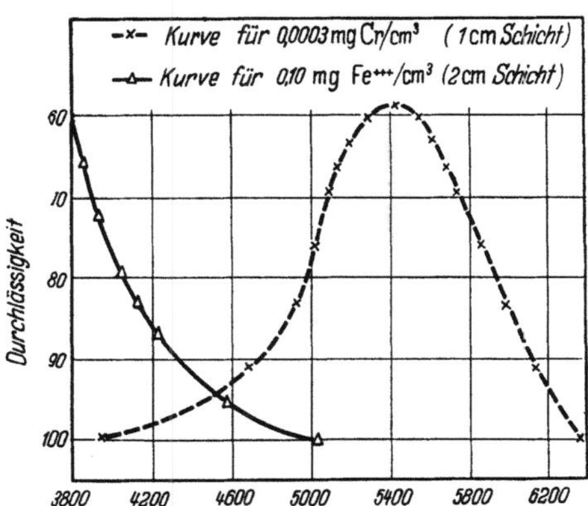

Abb. 102. Durchlässigkeit des Chrom- und des Eisen-Diphenylcarbazid-Komplexes. (Nach DINGWALL, CROSEN und BEANS.)

2. *Veraschung.* Die normalerweise erhaltene, flockige, rötliche Asche kann Kohlepartikel enthalten; da diese die vollständige anschließende Oxydation beeinträchtigen können, müssen sie durch weiteres Erhitzen entfernt werden. Dabei muß das Überschreiten von 550° vermieden werden, da sonst die flockige Asche sintert und dann das restlose Veraschen noch schwieriger wird.

3. *Aufschlußsäure.* Salpetersäure ist sowohl der Perchlorsäure (Chromylchlorid-verflüchtigung) wie der Schwefelsäure (schwieriges Einengen) vorzuziehen, muß jedoch zur Vermeidung zu heftiger Reaktion gut überwacht werden. Zwar kann so die gesamte Substanz verascht werden; jedoch spart die Verwendung der Muffel Säure und Zeit. Da Nitrat bei der Schmelze in störendes Nitrit übergehen würde, wird durch die Salzsäurebehandlung alle Salpetersäure entfernt.

4. *Peroxyd* wird bei der nassen Veraschung zugegeben, weil es u. a. durch Reduktion des Chroms die Bildung von flüchtigem Chromylchlorid verhindert.

5. *Schmelze.* Nitrathaltige Schmelzen sind ungeeignet (s. o.); das gut geeignete Natriumperoxyd greift alle Tiegelmaterialien zu stark an. Die von DINGWALL und Mitarbeitern (b) verwendete Bicarbonat-Chloratschmelze greift wegen der hohen Schmelztemperatur (etwa 800°) Platintiegel an und wird daher durch die bei 700° schmelzende obige Mischung ersetzt. Diese schließt auch Chromit völlig auf, so daß mit diesem eine mit der obigen Eichkurve (Abb. 101, Kurve *2*) identische Kurve erhalten wird.

6. *Eisen.* DINGWALL und Mitarbeiter (a u. b) glaubten 1934 nachgewiesen zu haben, daß oberhalb 500 mμ der Eisen-Diphenylcarbacid-Komplex nicht mehr absorbiert und belegten dies durch Abb. 102. CAHNMANN und BISEN finden jetzt aber, wahrscheinlich infolge wesentlich verbesserter Meßtechnik, in Übereinstimmung mit DAVIS und BACON, daß die 1 ml Blut entsprechende Menge von 520 μg Eisen noch bis herauf zu 570 mμ eine meßbare Extinktion aufweist (Abb. 103), durch die bei 543 mμ noch die Anwesenheit von 1 μg Chrom vorgetäuscht werden kann. Da bei

der Maskierung des Eisens mit Phosphorsäure gelegentlich Fehlwerte auftreten wählten Verfasser die alkalische Schmelze; der dabei ausfallende Oxydniederschlag soll nur so geringe Mengen Chrom adsorbieren, daß diese vernachlässigt werden können. Im übrigen wird dieser Fehler durch Verwendung von Blut für die Eichkurve praktisch vollkommen kompensiert.

7. *Reagens und Färbung.* Das Reagens soll sich im Eisschrank etwa 1 Monat halten, muß bei Verfärbung aber neu hergestellt werden. Der Einfluß seiner Menge auf die Geschwindigkeit der Farbausbildung geht aus Abb. 44 S. 227 hervor (vgl. auch „Allgemeines" zur Bestimmung mit Diphenylcarbazid).

8. Der p_H-*Wert der Meßlösung* soll in Übereinstimmung mit zahlreichen Bearbeitern der Diphenylcarbazidmethode bei 1,5 bis 1,6 liegen, da unter $p_H = 1$ die Farbe schnell ausbleicht, über $p_H = 2$ diese sich zu langsam entwickelt.

9. *Extinktionskoeffizient.* Der aus den Eichkurven errechnete molare Koeffizient für 543 mμ beträgt in guter Übereinstimmung mit EGE und SILVERMAN sowie ROWLAND $3,11 \cdot 10^4$; andere

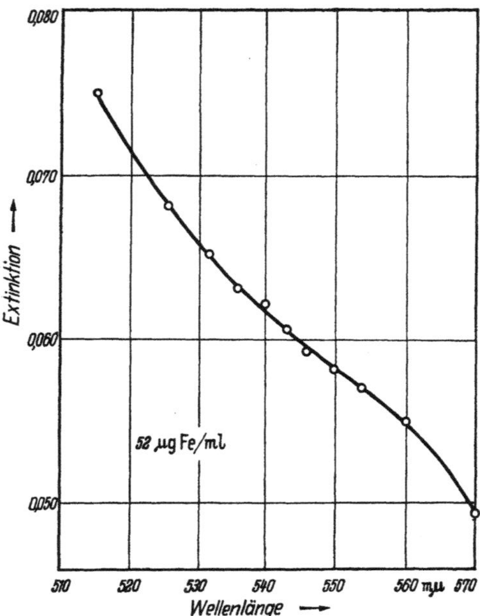

Abb. 103. Absorptionsspektrum des Eisen-Diphenylcarbazid-Komplexes. (Nach CAHNMANN und BISEN.)

von DINGWALL und Mitarbeitern sowie von URONE und ANDERS gefundene Werte dürften wahrscheinlich auf Qualitätsschwankungen des Reagenses beruhen.

G. Verfahren nach Grogan, Cahnmann und Letheo zur Mikrobestimmung in verschiedenen biologischen Materialien.

Allgemeines. Für einige biologische Materialien, wie sie im Rahmen toxikologischer bzw. gewerbehygienischer Untersuchungen in großer Anzahl analysiert werden müssen, sind die vorstehenden drei Verfahren noch nicht in allen Einzelheiten geeignet. Für die Bewältigung von täglich 60 Proben durch eine Person wurden die bekannten Methoden entsprechend modifiziert, wobei durch die Abwesenheit größerer Eisenmengen und säureunlöslicher Chromverbindungen entsprechende Vereinfachungen möglich waren.

Reagenzien. 1. Salpetersäure wird einfach oder doppelt destilliert, bis der mit 5 ml durchgeführte Blindwert genügend niedrig ist.

2. Salzsäure. Doppelt destilliertes Wasser wird unter Eiskühlung mit Chlorwasserstoff gesättigt, welcher vorher destilliertes Wasser, konz. Schwefelsäure und eine Trockeneisfalle durchströmt hat.

3. Schwefelsäure; 12,5 vol.-%ige Lösung in doppelt destilliertem Wasser; reduzierende Substanzen werden durch tropfenweise Zugabe 1%iger Kaliumpermanganatlösung zu der heißen Säure bis zur bleibenden schwachen Rosafärbung entfernt.

4. Kaliumdichromatlösung; mit doppelt destilliertem Wasser hergestellt, entsprechend 100 µg Chrom in 1 ml.

5. Kaliumchromat- und Chromacetatlösung; aus den p. a. Salzen werden 0,2 m Lösungen hergestellt und jodometrisch genau eingestellt.

6. Chromalaunlösung; 0,1 g/Liter enthaltend, ebenfalls jodometrisch eingestellt.

7. Diphenylcarbazidlösung; in Abwandlung der Angaben von CAHNMANN und BISEN wird die heiße alkoholische Lösung des Phthalsäureanhydrids zu dem festen Diphenylcarbacid gegeben. Destilliertes und doppelt destilliertes Wasser, Wasserstoffperoxyd, Phenollösung und Bromlauge sind dieselben wie oben bei URONE und ANDERS bzw. CAHNMANN und BISEN.

Geräte und Apparatur. Alle Operationen vor der Farbentwicklung werden am zweckmäßigsten in 25-mm-Reagensgläsern aus Borsilicatglas durchgeführt. Diese werden nach gründlicher Reinigung noch 1 bis 2 Std. in Königswasser (mit Wasser 1 : 1 verdünnt) gelegt und dann mit destilliertem und doppelt destilliertem Wasser gespült. — p_H-Messungen erfolgen mit BECKMAN-p_H-Meter, Modell G, alle spektrophotometrischen Bestimmungen mit BECKMAN-DU-Spektrophotometer und 1-cm-Corex-Küvetten.

Arbeitsvorschrift. Die Probe, welche nicht über 5 μg Chrom enthalten soll, wird zur Reduktion des Chroms mit 0,5 ml Salpetersäure und 2 bis 4 Tropfen Wasserstoffperoxyd versetzt; man läßt sie 20 bis 30 Min. stehen, erhitzt sie dann auf dem Wasserbad und schließlich auf offener Flamme; bei Anwesenheit von reichlich organischer Substanz muß diese Behandlung wiederholt werden, bis eine weiße oder leicht gelbe Asche erhalten wird. Unter Abspülen der Wände und Erwärmen wird die Asche in 4 bis 5 ml doppelt destilliertem Wasser, gegebenenfalls unter Zugabe von einigen Tropfen Salpetersäure oder Salpetersäure-Salzsäure (3 + 1), gelöst, die anschließend durch Erhitzen wieder größtenteils entfernt werden. Nach Zugabe von 0,5 ml Bromlauge wird sie dann im Wasserbad 10 bis 20 Min. erwärmt. Nach Abkühlen wird Schwefelsäure so lange tropfenweise hinzugegeben, bis der optimale p_H-Wert von 1,3 bis 1,7 erreicht ist. Die von freiem Brom etwas gefärbte Lösung wird unter Nachspülen in einen Meßkolben überführt; es wird mit 0,5 ml Phenollösung das Brom weggenommen, 1 ml Reagenslösung zugegeben, die Lösung aufgefüllt und durchmischt; die Absorption wird im Photometer bei 543 mμ und einer Spaltbreite von 0,025 bis 0,030 mm durch mehrmaliges Ablesen innerhalb von 2 bis 10 Min. bestimmt.

Bemerkungen. 1. *Anwendungsbereich.* Es wurden Urine, Filterpapierstreifen, Pufferlösungen, menschliches Plasma und andere Proteinlösungen analysiert; die Flüssigkeitsmengen liegen zwischen 10 μl und 10 ml. Außer den genannten halten Verfasser auch die Untersuchung von anderen biologischen Materialien und Produkten der Lederindustrie für möglich. Für Plasma oder Serum kommen sowohl nasse wie auch trockne Veraschung in Frage. Urin wird besser naß verascht, da die trockne Veraschung eine schlechtlösliche Asche liefert. Auch bei anderen Materialien ist für die Wahl der Veraschung die Eigenschaft der erhaltenen Asche, insbesondere deren Löslichkeit, wesentlich. Durch Aufsaugen der Proben in chromfreies Filterpapier kann u. U. auch bei sonst schwierig veraschbaren Produkten eine flockige, leicht lösliche Asche erhalten werden.

2. *Genauigkeit.* Sowohl bei Einsatz von Chrom(III)-salzen wie bei Chromaten werden von 0,5 bis 6 μg, die zu Pufferlösungen oder destilliertem Wasser zugegeben werden, mindestens 95%, bei Plasma 94 bis 101% der zugegebenen Menge Chrom wiedergefunden. Auch bei Urin, Papier, Eieralbumin und Plasma werden keine ungünstigeren Werte erhalten.

3. *Veraschung.* Da hierbei durch Spritzen, Verpuffung oder unvollständige Veraschung Verluste auftreten können, ist sorgfältigste Ausführung erforderlich. Durch entsprechende Vorsicht kann auch das Auftreten von festbackender oder geschmolzener Asche, welche erhebliche Schwierigkeiten bei der Lösung verursacht, vermieden werden. Bei schlecht löslichen, insbesondere durch trockne Veraschung erhaltenen Aschen müssen diese vor der Oxydation mit Säure oder durch Stehen über Nacht mit Wasser befeuchtet werden, um die Löslichkeit zu verbessern.

4. *Phosphate.* Bei Anwesenheit von Phosphorsäure werden bei trockner Veraschung oberhalb 300° schwarze Flecken in der Asche beobachtet, die sich als säureunlöslich erweisen und zu Minderbefunden an Chrom in den Lösungen führen. Da das fehlende Chrom nach Aufschluß in den Flecken gefunden wird und die Flecken nur bei gleichzeitiger Anwesenheit von Chrom und Phosphorsäure auftreten, handelt es sich wahrscheinlich um eine von NESS, SMITH und EVANS beschriebene, unlösliche, amorphe Verbindung.

5. Die *Oxydation* ist mit Bromlauge in 5 Min. vollständig bei Abwesenheit von Mineralsalzen, bei deren Anwesenheit 10 bis 20 Min. genügen.

6. *Reagens.* Die verbesserte Herstellung führt zum Auskochen von Sauerstoff aus dem Alkohol und damit zu besserer Haltbarkeit. Mit 0,5 ml ist der Überschuß im allgemeinen groß genug; bei stark aschehaltigen Urinen mit Gehalten über $2\,\mu g$ können jedoch Minderbefunde auftreten, so daß 1 ml Reagenslösung empfohlen wird. Die Farbentwicklung kann auch in anderen Fällen durch zuviel Asche beeinträchtigt werden; durch Verdünnung der Meßlösung oder Erhöhung des Reagensüberschusses ist dies vermeidbar. Die höchste Farbtiefe wird 5 Min. nach Reagenszugabe erreicht und läßt innerhalb einer halben Stunde nicht merklich nach.

Literatur.

AGNEW, W. J.: Analyst 56, 24 (1931).

BELCHER, R., D. GIBBONS u. A. SYKES: Mikrochemie 40, 76 (1953). — BLUM, W.: Am. Soc. 34, 1379 (1912). — BOLIN, D. W., R. P. KING u. E. W. KLOSTERMAN: Science 116, 634 (1952).

CAHNMANN, H. J., u. R. BISEN: Anal. Chem. 24, 1341 (1952). — CASTER, W. O.: Anal. Chem. 23, 1229 (1951). — CUNNINGHAM, T. R., u. R. W. COLTMAN: Ind. eng. Chem. 16, 58 (1924).

DANSKY, L. M., u. F. W. HILL: J. Nutrit. 47, 449 (1952). — DAVIS, H. C., u. A. BACON: J. Soc. chem. Ind. 67, 316 (1948). — DINGWALL, A., u. H. T. BEANS (a): Amer. J. Cancer 16, 1499 (1932). — DINGWALL, A., R. G. CROSEN u. H. T. BEANS (b): Amer. J. Cancer 21, 606 (1934).

EGE, J. F., u. L. SILVERMAN: Ind. eng. Chem. Anal. Edit. 19, 693 (1947). — EVANS, B. S.: Analyst 46, 38, 285 (1921).

GENTRY, C. H. R., u. L. G. SHERRINGTON: Analyst 75, 17 (1950). — GROGAN, C. H., H. J. CAHNMANN u. E. LETHCO: Anal. Chem. 27, 983 (1955).

HELLER, K., u. P. KRUMHOLZ: Mikrochemie 7, 220 (1929). — HOFFMAN, J. I., u. G. E. F. LUNDELL: J. Res. Nat. Bureau of Standards 22, 465 (1939).

JÄRVINEN, K. K.: Fr. 75, 1 (1928).

LÜHRIG, H.: Z. öffentl. Ch. 25, 75 (1919).

MILLER, C. C.: Soc. 1943, 72. — MILLER, C. F.: Chemist-Analyst 25, 5 (1936).

NESS, A. T., R. E. SMITH u. R. L. EVANS: Am. Soc. 74, 4685 (1952).

POMEROY, C. T.: Am. Chem. J. 5, 41 (1883).

ROWLAND, G. P.: Ind. eng. Chem. Anal. Edit. 11, 444 (1939).

SANDELL, E. B.: Ind. eng. Chem. Anal. Edit. 8, 336 (1936). — SALTZMAN, B. E.: Anal. Chem. 24, 1016 (1952). — SCHÜRCH, A., J. BARBORIAK u. M. FINDRIK: Mitt. Geb. Lebensmitteluntersuch. Hyg. 45, 66 (1954). — SCHÜRCH, A., L. E. LLOYD u. E. W. CRAMPTON: J. Nutrit. 41, 629 (1950).

URONE, P. F., u. H. K. ANDERS: Anal. Chem. 22, 1317 (1950).

§ 27. Bestimmung in Leder und Chromgerbbrühen sowie in Katgut, Gelatine und Agar-Agar.

Allgemeines. Während die in der Gerberei eingesetzten Chromsalze und ihre Lösungen, die Chrombrühen, häufig nach beliebigen Methoden ohne besondere Vorbereitung analysiert werden können, erfordert die Analyse der gebrauchten, stark mit organischer Substanz verunreinigten Brühen meist energische Aufschlußmethoden, wie sie für das Leder selbst notwendig sind; auch geht das Bestreben dahin, die in den gleichen Laboratorien analysierten Produkte Leder und Brühen möglichst gleichartigen Analysenmethoden zu unterwerfen. Auf die eigentlichen Bestimmungsmethoden wird in diesem Abschnitt meist nur kurz hingewiesen, da die ausführliche Besprechung den diese enthaltenden Abschnitten vorbehalten bleiben

muß. Ferner wird auf die Bestimmung verschiedener Kennzahlen von Brühen, wie
Basizitätszahl, Verolungsgrad, Bindungsart der Säurereste u. a., hier nicht eingegangen und für diese auf die entsprechenden Spezialwerke verwiesen (BERL-
LUNGE und BERGMANN-GRASSMANN; vgl. auch SPECHT). Dagegen erscheint es zweckmäßig, die verschiedenen Aufschlußverfahren in diesem Abschnitt zusammenzufassen. In klaren Brühen kann die Oxydation meist in einfacher Weise erfolgen;
Natriumperoxyd nach ALDEN dürfte der Mischung aus Lauge und Wasserstoffperoxyd gleichwertig sein und für viele Zwecke genügen; bei stärkeren Verunreinigungen verfährt man mit Permanganat (SCHORLEMMER). Eine etwaige Störung der
Chromattitration durch Eisen wird durch dessen Maskierung beseitigt, indem man
entweder nach BARNEBEY reichlich Phosphorsäure oder nach LITTLE und COSTA
Ammoniumfluorid zusetzt; am zweckmäßigsten jedoch dürfte die gleichzeitige Bestimmung von Eisen und Chrom nach BERGMANN und MECKE (s. u.) sein; diese ziehen
auch Perchlorsäure zum schnellen Aufschluß des Leders und gebrauchter Brühen
heran. Dabei umgeht man die Isolierung der Lederasche, die allerdings zur weiteren
Charakterisierung des Leders häufig gern bestimmt wird. Die Verwendung von Perchlorsäure bringt ferner den Übelstand mit sich, daß oberhalb von etwa 200° die
Gefahr der Verflüchtigung von Chromylchlorid besteht. Um diese zu vermeiden,
ist die sorgfältige Einhaltung der entsprechenden Vorsichtsmaßnahmen notwendig.
Durch Mischung mit Salpetersäure und Schwefelsäure sowie durch Zusatz von
Katalysatoren kann man die Oxydationsgeschwindigkeit bei verschiedenen Temperaturen wesentlich beeinflussen [SMITH (a)]. Die Flüchtigkeit des Chromylchlorids
kann andererseits dazu dienen, das Chrom durch Destillation quantitativ von den
anderen anorganischen Bestandteilen abzutrennen und diese im Rückstand ohne
Störung durch Chrom zu bestimmen (s. u.). Wegen der geschilderten Schwierigkeiten
des Perchlorsäureaufschlusses wird neuerdings wieder von dessen Verwendung abgeraten.

Für die meisten Bestimmungsverfahren ist die Entfernung des überschüssigen
Oxydationsmittels, besonders des Peroxyds, von wesentlicher Bedeutung, worauf
besonders deshalb zu achten ist, weil die Eiweißabbauprodukte der Brühen auf
Peroxydüberschuß stabilisierend wirken können. Auch in diesen Fällen kann wieder
nach BERGMANN und MECKE gearbeitet oder nach FEIGL und Mitarbeitern durch
Zusatz von Nickelnitratlösung das Peroxyd katalytisch zerstört werden.

HERFELD und SCHUBERT führten vor 15 Jahren einen ausführlichen Vergleich
zwischen den damals bekannten verschiedenen Aufschluß- und Bestimmungsmethoden im Leder durch. Da auch die neueren, seitdem veröffentlichten Methoden
keine wesentlichen prinzipiellen Abweichungen von den damals bekannten zeigen,
dürften die Ergebnisse dieser Vergleichsuntersuchung auch heute noch gültig sein.
Aus diesem Grunde sind sie unten ausführlich wiedergegeben. Sie schließen auch
die hier nicht mehr beschriebene Methode des Aufschlusses mit Oxalsäure von UEBER-
BACHER und DRÖSCHER ein, welche unter den colorimetrischen Methoden ausführlich wiedergegeben ist.

Die als Katgut in der Chirurgie verwandten Darmsaiten erfordern naturgemäß
wegen ihrer ähnlichen Beschaffenheit eine dem Leder gleichartige Behandlung, so
daß die für beide Materialien angegebenen Methoden gegebenenfalls auch auf das
andere Material übertragbar sind. Schließlich ordnet sich hier auch ein für Gelatine
und Agar-Agar angegebenes Verfahren ein.

A. Verfahren nach Rossi.

Allgemeines. Zur Bestimmung von Chrom im Leder schließt Rossi das Leder mit
einem Gemisch aus Salpeter- und Schwefelsäure auf, gibt Perhydrol hinzu, oxydiert
die Lösung mit Ammoniumperoxydisulfat bei Gegenwart von Ag⁺ zu Chromat und

titriert sie jodometrisch. Die Analyse, bei der die Alkalischmelze vermieden wird, kann in 3 Std. durchgeführt werden.

Arbeitsvorschrift. Zur Einwaage von 1 g gibt man in einem KJELDAHL-Kolben 15 ml einer Mischung aus gleichen Teilen konz. Salpeter- und Schwefelsäure und erwärmt gelinde. Wenn die Flüssigkeit braun geworden ist, läßt man sie abkühlen und erhitzt sie mit 5 ml Perhydrol zum Sieden. Wird die Lösung dabei nicht grün, so muß ein zweites Mal H_2O_2 zugegeben werden. Um Cr^{3+} zu oxydieren, fügt man 5 ml einer 2%igen Silbernitratlösung und 10 ml einer $(NH_4)_2S_2O_8$-Lösung (400 g/l) hinzu und erhitzt wieder zum Sieden. Nach $1/2$ Stde. läßt man die Flüssigkeit abkühlen, fällt Ag^+ mit 10 ml konz. Salzsäure und filtriert nach dem Absitzen. Das Filtrat versetzt man mit 10 ml einer 10%igen KJ-Lösung und titriert mit 0,1 n Thiosulfatlösung gegen Stärke als Indicator.

B. Verfahren nach Schorlemmer.

Die nachstehende Arbeitsvorschrift gilt für nicht zu stark verunreinigte Chromsalze, -brühen und -rückstände sowie für Lederaschen. Bei stärker verunreinigten Produkten wird zweckmäßig die Oxydationsmethode abgeändert (vgl. Bemerkung).

Arbeitsvorschrift. Die zu untersuchende Substanz wird in Wasser gelöst und auf $1/2$ l aufgefüllt; hiervon werden 50 ml so lange mit n Natronlauge versetzt, bis der anfängliche Chromhydroxydniederschlag wieder in Lösung gegangen ist. Dann werden 10 bis 20 ml 3%iges Wasserstoffperoxyd hinzugegeben, zur Entfernung des Überschusses aufgekocht und die Lösung nach dem Ansäuern mit Schwefelsäure auf 250 ml aufgefüllt. Die Titration des Chromats geschieht nach bekannten Methoden, entweder mit Kaliumjodid und Thiosulfat oder mit Eisen(II)-sulfat und Permanganat oder schließlich mit MOHRschem Salz.

Bemerkung. *Unlösliche Bestandteile.* Bei solchen Lederaschen und Chromrückständen, die in Säure schwer oder unlöslich sind, wird die Asche zunächst mit der 5- bis 6fachen Menge eines Gemisches aus gleichen Teilen Natriumcarbonat und Magnesiumoxyd innig gemischt und bis zur reinen Gelbfärbung der Schmelze aufgeschlossen; anschließend wird die Schmelze in Wasser aufgenommen und nach Ansäuern wie oben untersucht. Bei Vorliegen von starken organischen Verunreinigungen in der Salzlösung wird am besten in alkalischer Lösung unter Kochen durch allmählichen Zusatz von Kaliumpermanganatlösung bis zur bleibenden Rosafärbung oxydiert, anschließend vom Manganoxydniederschlag abfiltriert und wiederum wie oben verfahren.

C. Verfahren nach Brard.

Die Verwendung einer Mischung von Salpeter- und Perchlorsäure nach KAHANE und BRARD gestattet ein äußerst schnelles Arbeiten.

Arbeitsvorschrift. Eine Lederprobe von etwa 0,5 g wird in einem 100-ml-Pyrex-Glaskolben mit 15 ml einer Salpetersäure-Perchlorsäure-Mischung übergossen, die aus 10 ml Perchlorsäure (D 1,61) und 5 ml Salpetersäure (D 1,39) hergestellt ist. Bei schnellem Angriff des Leders wird sehr vorsichtig erhitzt; nach Abtreiben der Salpetersäure beginnt die Einwirkung der Perchlorsäure unter starker Gasentwicklung, wobei das Erhitzen vermindert wird; die Zerstörung ist in wenigen Augenblicken beendet. Nach Beendigung der Zerstörung wird die Lösung wieder stärker erhitzt und nach Auftreten der Dichromat-Rotfärbung noch 1 Min. weitergekocht. Nach Erkalten gibt man 40 bis 50 ml Wasser hinzu und kocht nochmals 5 Min. zur Entfernung etwa noch vorhandenen Chlors auf. Nach Abkühlen wird die Probe mit einem Überschuß von eingestellter Lösung von MOHRschem Salz bis zur Entfärbung versetzt und der Eisen(II)-überschuß in üblicher Weise mit Permanganatlösung zurücktitriert.

Bemerkungen. 1. *Genauigkeit.* Bei Gehalten von 1 bis 2% Chrom und Einwaagen von 0,5 g betragen die maximalen Abweichungen 2 bis 3% relativ.

2. *Chromverluste.* Durch Blindversuche mit bekannten Chrommengen wurde sichergestellt, daß die beim Aufschluß durch Verflüchtigung möglichen Verluste an Chrom sich in solchen Grenzen halten, daß die angegebene Genauigkeit nicht in Frage gestellt ist; z. B. waren bei einer Einwaage von 35 mg nur 0,001% Verflüchtigungsverlust feststellbar.

3. Der *Zeitbedarf* beträgt lediglich etwa 20 Min.

4. *Chlor.* Das nach dem Aufschluß in der Oxydationslösung gegebenenfalls noch vorhandene Chlor wird nach dem Verdünnen mit Wasser durch Aufkochen entfernt. Ob die für normale Zwecke angegebene Zeit von 5 Min. hierzu ausreichend ist, kann gegebenenfalls durch Prüfung der Dämpfe mit Kaliumjodidstärkepapier leicht festgestellt werden.

D. Verfahren nach Bergmann und Mecke.

Allgemeines. Im Gegensatz zu BRARD verwenden BERGMANN und MECKE Perchlorsäure ohne weiteren Zusatz, indem sie das von LICHTIN für reine Chromlösungen angewandte Oxydationsverfahren mit 70%iger Perchlorsäure abwandeln und die Verluste von Chromylchlorid während der Oxydation durch entsprechende Maßnahmen vermeiden. Die für Leder angegebene Vorschrift läßt sich leicht auch auf Chrombrühen u. dgl. anwenden (s. Bemerkung 1, Anwendungsbereich). Der Aufschluß wird ferner verwendet für Brühen und Leder, welche nur Eisen und kein Chrom enthalten; dabei wird zweckmäßig vor dem Aufschluß etwas Dichromat hinzugegeben, welches beschleunigend wirkt. Das Verfahren ist so ausgearbeitet, daß in derselben Endlösung Chrom und Eisen hintereinander bestimmt werden können; diese in Anlehnung an SARVER und KOLTHOFF ausgearbeitete Methode ist unten ebenfalls aufgeführt. Beide Arbeitsweisen wurden von MERCK für Leder und gebrauchte Brühen übernommen. Ein etwas später von SMITH und SULLIVAN angegebenes Verfahren verwendet ein Gemisch von Schwefelsäure und Perchlorsäure; der von diesen Autoren angewandte Zusatz von etwas Osmium- oder auch Vanadiumoxyd soll den Aufschluß wesentlich beschleunigen.

Arbeitsvorschrift. 1 bis 6 g Leder, je nach Chromgehalt, werden in einem 300-ml-KJELDAHL-Kolben mit etwa 15 ml Perchlorsäure versetzt und sehr vorsichtig erhitzt. Die Temperatur wird so langsam gesteigert, daß die Bildung von dunklen Krusten und jede Verpuffung vermieden wird. Dann setzt man einen kleinen Kolben in den Hals des KJELDAHL-Kolbens und erhitzt bis zum Entweichen von weißen Dämpfen weiter, bis schließlich alle organische Substanz zerstört ist und die Lösung rein grün erscheint. Zur Oxydation des Chroms wird sie dann bis zum Sieden erhitzt; jedoch wird nach Umschlagen der grünbraunen Farbe in Gelbrot sofort das Erhitzen unterbrochen, um Verluste an Chromylchlorid zu vermeiden. Nach dem Erkalten wird die Flüssigkeit in 70 ml Wasser gegossen und das gebildete Chlor verkocht. Nach Abkühlen und gegebenenfalls nach Auffüllen werden Chrom und Eisen folgendermaßen bestimmt.

Die Lösung wird etwa n an Salzsäure gestellt und mit 7 bis 8 Tropfen Indicatorlösung (0,17 g Diphenylamin in 100 ml konz. Schwefelsäure) sowie mit etwa $^{1}/_{5}$ ihres Volumens an 25%iger Phosphorsäure versetzt. Dann titriert man sie mit 0,1 n Eisen(II)-ammoniumsulfatlösung bis zum Umschlag von Blau nach Grün. Nun wird sie unter Zerstörung des Indicators zum Sieden erhitzt; in der Hitze wird tropfenweise Zinn(II)-chloridlösung (250 g $SnCl_2$ in 200 ml konz. HCl gelöst, mit Wasser auf 2 l verdünnt) zugegeben, bis die Lösung von Gelb über Gelbgrün umgeschlagen ist. Nach 2 Min. gibt man 10 ml gesättigte Sublimatlösung hinzu. Nach Abkühlen und Zugabe von Indicator wird das Eisen mit 0,1 n Dichromatlösung bis zum Umschlag titriert, welcher jetzt von Grün nach Blau erfolgt. Bei der Berechnung ist das vorher bei der Chromattitration zugesetzte Eisen zu berücksichtigen.

Bemerkungen. *1. Anwendungsbereich.* Die Einwaage richtet sich sowohl nach dem Chromgehalt wie auch nach der Vorbehandlung des Leders. Es können alle Ledersorten verarbeitet werden. Bei stark gefettetem Leder werden auf nur 1 g 15 ml Säure angewandt und besonders vorsichtig und langsam erhitzt. Brühen werden nach der Arbeitsvorschrift verarbeitet, wobei man die Einwaage nach dem Chromgehalt richtet und weniger Säure als beim Leder benötigt. Während CAMERON und ADAMS nur wenig verunreinigte Leder und Brühen verarbeiten konnten, ist nach obiger Vorschrift auch der Aufschluß von stark verunreinigten Produkten durchführbar.

2. Perchlorsäure. Der Aufschluß gelingt mit technischer 60%iger Säure, die wesentlich wohlfeiler als reine 70- bis 72%ige Säure ist; in Zweifelsfällen dürfte sich ein Blindwert empfehlen.

*3. Andere anorganische Bestandteile. Barium*haltige Leder können wie üblich aufgeschlossen werden; jedoch wird nach der Oxydation durch Zugabe von etwas Schwefelsäure und Abfiltrieren das Barium entfernt und gegebenenfalls bestimmt. Ebenso kann *Kieselsäure* nach der Oxydation und dem Verkochen abfiltriert und gegebenenfalls bestimmt werden.

4. Titration, vgl. hierzu a. a. O. dieses Bandes.

E. Verfahren nach American Leather Chemists Association.

Allgemeines. Das Komitee zur Modernisierung von Analysenmethoden der *American Leather Chemists Association* (a) hat 1947 folgenden Vorschlag zur Bestimmung von Chrom und Eisen als Beginn einer Reihe von Arbeitsvorschriften zur colorimetrischen Bestimmung aller mineralischen Lederbestandteile ausgearbeitet. Unter Hinweis auf früher veröffentlichte Aufschlußmethoden der *American Leather Chemists Association* (b) wird davon abgeraten, die Oxydation mit Perchlorsäure beim Leder selbst vorzunehmen, und eine Veraschung bevorzugt, zumal diese die Zuverlässigkeit der colorimetrischen Bestimmungsmethoden nicht beeinträchtigt. Für 1 bis 2 g Leder ist im allgemeinen eine Auffüllung auf 200 bis 250 ml zweckmäßig, in der die Hauptbestandteile Chrom und Eisen wie folgt nach SANDELL bzw. FORTUNE und MELLON bestimmt werden.

1. Reagenzien zur Chrombestimmung.

1. Verdünnte Phosphorsäure; 10 ml 85%ige Phosphorsäure werden zum Liter aufgefüllt.

2. Pufferlösung von $p_H = 1{,}6$; 250 ml 0,2 n KCl-Lösung werden mit 0,2 n HCl und Wasser so zum Liter aufgefüllt, daß p_H von 1,6 erreicht wird, wozu gewöhnlich 150 ml Säure gebraucht werden.

3. Diphenylcarbazidlösung; 0,25%ig in Aceton-Wasser (1 + 1); täglich frisch herzustellen und vor Licht zu schützen.

4. Standarddichromatlösung. Kaliumdichromat p. a. wird bei 105° getrocknet und 0,2828 g des getrockneten Produktes zu einem Liter mit Wasser aufgefüllt; 1 ml enthält 0,1 mg Chrom und kann gegebenenfalls weiter verdünnt werden.

Arbeitsvorschrift für Chrom. Eine Probe, welche 5 bis 100 μg Chrom enthält, wird in einem 100-ml-Meßkolben mit 15 ml Phosphorsäure, 25 ml Pufferlösung sowie 4 ml Diphenylcarbacidlösung gemischt und nach Auffüllen auf 100 ml kräftig durchgeschüttelt. Nach 30 Min. wird die Färbung entweder mit einem Spektrophotometer bei 540 mμ oder mit einem Colorimeter und einem geeigneten Filter, wie z. B. Corning Sextant Grünfilter oder Wratten-Filter Nr. 61-N, gemessen, wobei als Blindwert die Reagenzien dienen.

2. Reagenzien zur Eisenbestimmung.

1. Hydroxylaminlösung; 10 g Hydroxylammoniumchlorid werden mit Wasser zu 100 ml gelöst.

2. Natriumacetatpufferlösung; 27,2 g kristallisiertes Natriumacetat werden mit Wasser auf 100 ml zu einer 2 m Lösung aufgefüllt.

3. o-Phenanthrolinlösung; 0,1%ige Lösung in dest. Wasser; zur schnellen Lösung kann sie auf 80° erwärmt werden; die Lösung ist beständig.

4. Standardeisenlösung. 1 g Elektrolyteisendraht wird in Königswasser gelöst und nach Verkochen der nitrosen Gase mit dest. Wasser auf 1 l verdünnt; die Lösung enthält 1 mg Fe/ml und wird, falls erforderlich, weiter verdünnt.

5. Jedes verwendete Wasser muß völlig eisenfrei sein.

Arbeitsvorschrift für Eisen. Eine Probe, welche 10 bis 600 μg Eisen enthält, wird in einem 100-ml-Meßkolben durch Zugabe von 1 ml Hydroxylaminlösung reduziert; dann wird so viel Pufferlösung zugegeben, daß ein p_H-Wert von etwa 4,0 erreicht wird. Anschließend wird die Lösung auf etwa 75 ml verdünnt, mit 5 ml Phenanthrolinlösung (bei Gehalten oberhalb 400 μg Fe 10 ml) versetzt und auf 100 ml aufgefüllt; nach Durchmischen wird sie entweder im Spektrophotometer bei 508 mμ oder in einem photoelektrischen Colorimeter gemessen unter Verwendung von solchen Filtern, deren Durchlässigkeitsmaximum zwischen 480 und 520 mμ liegt, z. B. Wratten Nr. 53.

Bemerkungen. *I. Eisen* stört bei der Chrombestimmung, wird jedoch durch die Phosphorsäure maskiert. Eisenmengen unter 2 mg/ml bewirken nur Fehler, welche unter 1% des Chromwertes liegen, d. h., Eisen kann in der 20fachen Menge des Chroms vorhanden sein; die 50fache Menge bedingt einen um bis zu 5% zu niedrigen Chromwert.

II. Vanadium, Molybdän und *Quecksilber* stören die Bestimmung, sind jedoch als Bestandteile des Leders unwahrscheinlich; falls notwendig, werden sie nach SANDELL entfernt.

III. Dichromat stört die Eisenbestimmung bis zu dem 10fachen Betrag des Eisens mit einem Fehler von weniger als 1%. Die 20fache Chrommenge bewirkt Eisenfehler von 2%; für höhere Chrom-Eisen-Verhältnisse wird die Abtrennung des Chroms durch Verflüchtigung als Chromylchlorid empfohlen (s. *g*). Die Abtrennung des Eisens durch Ammoniak ist im allgemeinen zu umständlich.

IV. Chrom(III)-verbindungen stören bis zum 25fachen Überschuß bei der photometrischen Bestimmung nicht; beim visuellen Vergleich sind Mengen über dem 10fachen des Eisens störend.

V. Wismut und *Silber* müssen abwesend sein; *Nickel* und *Wolfram* stören nur bei erheblichem Überschuß.

VI. Komplexbildende Ionen sind besonders störend, wenn sie vor der Reduktion anwesend sind; aus diesem Grunde erfolgt die Zugabe von Natriumacetat erst nach der Reduktion des Eisens.

Andere störende Anionen kommen im allgemeinen im Leder nicht vor.

VII. Die *Verflüchtigung des Chroms* erfolgt nach SMITH. 1 bis 2 g Leder werden verascht und die Asche im 250-ml-Kolben mit 20 ml 70%iger Perchlorsäure versetzt und das Chrom durch Kochen oxydiert. Nach beendeter Oxydation wird festes Natriumchlorid in kleinen Anteilen zugegeben und das rote Chromylchlorid (Vorsicht, toxisch!) durch weiteres Erhitzen abgetrieben. Vor jeder Zugabe von Salz wird zweckmäßig kräftig erhitzt, um etwa reduziertes Chrom wieder zu oxydieren; zu demselben Zweck wird, falls nötig, die Perchlorsäure ergänzt. Für 50 mg Chrom sind nicht mehr als 3 g Natriumchlorid und insgesamt 30 ml Perchlorsäure erforderlich. Unter genauer Einhaltung dieser Bedingungen sowie bei gelegentlichem Abspülen der Kolbenwände gelingt praktisch die quantitative Verflüchtigung des Chroms; von 50 mg verbleiben nicht mehr als 1 μg.

VIII. Genauigkeit. Die Beleganalysen, welche an verschiedenen Ledersorten mit Gehalten zwischen 0,3 und 3,3% Chrom sowie 0,03 bis 1,3% Eisen sowohl colorimetrisch als auch zum Vergleich titrimetrisch ausgeführt wurden, zeigen für Chrom mit maximal 0,1% Abweichung der Mittelwerte nur geringfügige Abweichungen zwischen beiden Methoden und noch geringere innerhalb derselben Methode. Beim Eisen sind diese mit 0,05% absolut, bei geringen Gehalten z. T. relativ beträchtlich; sie beruhen nach Ansicht der Verfasser jedoch auf der Unzuverlässigkeit der titrimetrischen Eisenbestimmung für derart niedrige Gehalte.

F. Verfahren nach Wenger und Monnier zur Mikroschnellbestimmung in Leder.

Allgemeines. Wegen der Ausführung der Endbestimmung dürfte das Verfahren im allgemeinen weniger exakte Ergebnisse liefern, jedoch wegen der Verwendung von Schwefelsäure an Stelle von Perchlorsäure gewisse Vorteile haben, besonders dort, wo es auf schnell greifbare Ergebnisse ankommt.

Arbeitsvorschrift. 0,5 g geraspeltes Leder werden mit 10 bis 15 ml Oleum im Kolben 15 Min. erwärmt, mit 10 ml konz. Salpetersäure versetzt und dann in einem Porzellantiegel zur Trockne verdampft. Dann wird die zum Ausspülen des Kolbens benutzte Schwefelsäure (2 + 1) (etwa 12 m) zugegeben und ebenfalls verdampft. Nun wird der Rückstand in 100 ml Wasser aufgenommen und nach bekannten Methoden oxydiert. Von der anfallenden Chromatlösung wird in einem Mikroröhrchen von 8 cm Länge und 4 mm Durchmesser zur Reagenslösung so viel hinzugesetzt, daß eine gut vergleichbare Färbung erhalten wird, und mit Standardlösungen bekannten Gehaltes verglichen.

G. Verfahren nach Weiß, Siler und Buechler zur colorimetrischen Mikrobestimmung in Katgut.

Allgemeines. Für höhere Anforderungen an Schnelligkeit und geringen Materialverbrauch ist das früher von SMITH (b) angegebene titrimetrische Verfahren mit 1 bis 2 g Einwaage unzureichend. Die von SCHULDINER und CLARDY nachgewiesenen und durch umständliche apparative Hilfsmittel (Kondensation der abgehenden Dämpfe) zu vermeidenden Chromverluste infolge Verflüchtigung von Chromylchlorid beim Erhitzen mit Perchlorsäure wurden von WEISS und Mitarbeitern dadurch vermieden, daß unterhalb der Siedetemperatur der 70- bis 72%igen Perchlorsäure bei genau (200 ± 2)° C gearbeitet wird, wobei die Oxydation noch quantitativ verläuft. Die niedrige Einwaage hat neben dem geringen Materialverbrauch auch den Vorteil einer schnellen Aufschließbarkeit.

Reagenzien. 1. Pufferlösung, $p_H = 1{,}6$; 250 ml 0,2 n KCl-Lösung und 150 ml 0,2 n Salzsäure werden auf 1000 ml aufgefüllt.

2. Reagenslösung. 0,25 g Diphenylcarbazid werden in Aceton-Wasser (1 + 1) gelöst; die Lösung wird zweckmäßig täglich frisch zubereitet.

Arbeitsvorschrift. Etwa 3 bis 4 mg Material werden in einem Reagensglas (12 · 75 mm) vorsichtig mit 2 Tropfen konz. Schwefelsäure und 4 Tropfen konz. Salpetersäure erhitzt, bis Verkohlung eintritt. Nach dem Abkühlen gibt man 1 Tropfen 30%igen Wasserstoffperoxyds zu, erhitzt zum Sieden, kühlt ab und gibt nochmals 1 Tropfen Wasserstoffperoxyds zu. Gewöhnlich muß diese Operation bis zur vollständigen Lösung dreimal durchgeführt werden. Anschließend verbleibt die Probe noch eine halbe Stunde auf der Heizplatte, um die Reste Wasserstoffperoxyd zu zerstören. Man läßt abkühlen, gibt 2 Tropfen 70- bis 72%ige Perchlorsäure zu und taucht das Reagensglas 15 Min. tief in ein Temperaturbad von (200 ± 2)° C. Hierauf kühlt man es rasch, spült die Lösung mit etwa 10 ml Wasser in ein 25-ml-Meßkölbchen, kocht einige Minuten, um das frei gemachte Chlor zu entfernen; man kühlt ab, setzt 1 Tropfen konz. Phosphorsäure, 10 ml Pufferlösung und 1 ml Diphenylcarbazidlösung zu und füllt zur Marke auf. Zur Farbentwicklung wartet man 15 Min. und mißt dann die Lichtdurchlässigkeit in einem Colorimeter.

Eichkurve. Zu ihrer Herstellung dienen Chromatlösungen mit Chromgehalten von 0,0036 bis 0,0108 mg, die man mit einem Überschuß an Natriumthiosulfat reduziert und dann wie oben beschrieben weiterbehandelt. Man mißt sie gegen gleichartig behandelte Blindlösungen.

Bemerkungen. 1. *Anwendungsbereich.* Die obige Einwaage ist geeignet für Gehalte von 0,15 bis 0,25% Chrom, wie sie normalerweise in den Darmsaiten (Katgut) vorkommen.

2. *Genauigkeit.* Die Abweichungen vom Mittelwert sollen 1,7% betragen; chromfreies Produkt liefert mit dem Blindversuch identische Ergebnisse.

H. Verfahren nach Hughes für Gelatine und Agar-Agar.

Allgemeines. Dieses unterscheidet sich in Aufschluß und Bestimmung nicht wesentlich von den besprochenen Verfahren für Leder und Katgut. Die gelegentliche Anwesenheit von Silbersalzen in den Produkten macht es jedoch erforderlich, sie zunächst naß zu verbrennen, das entstandene Chromat zu reduzieren, das Silber als Chlorid zu fällen und die Lösung nochmals aufzuoxydieren.

Arbeitsvorschrift. 5 g Gel werden durch Erhitzen mit 3 ml konz. Schwefelsäure und tropfenweise Zugabe von 100 ml Wasserstoffperoxyd oder von 60%iger Perchlorsäure zerstört; die klare Lösung wird auf 50 ml verdünnt und das Chromat durch Zutropfen einer gesättigten Natriumsulfitlösung reduziert; die Silberionen werden durch Salzsäure ausgefällt und der Silberchloridniederschlag durch Zentrifugieren oder Filtrieren abgetrennt. Das Filtrat einschließlich des Waschwassers wird auf ein Volumen von 10 ml eingedampft, zu der Lösung 3 ml konz. Schwefelsäure gegeben und bis zum Auftreten von weißen Dämpfen erhitzt. Nunmehr läßt man einige Tropfen Wasserstoffperoxyds zutropfen, erhitzt wieder bis zum Auftreten weißer Dämpfe, läßt die Lösung abkühlen und verdünnt sie auf 50 bis 100 ml. Ein aliquoter Teil dieser Lösung, der nicht mehr als 0,05 mg Chrom als Dichromat enthalten soll, wird dann colorimetrisch mit Diphenylcarbazid bestimmt.

Für eine beabsichtigte Bestimmung des Silbers wird dieses aus obiger Lösung mit Dithizon extrahiert und anschließend nach JELLEY colorimetrisch bestimmt.

J. Vergleich der Brauchbarkeit verschiedener Verfahren für Aufschluß und Bestimmung nach Herfeld und Schubert.

Allgemeines. Die von diesen Verfassern 1940 vorgenommene kritische Überprüfung einiger Verfahren dürfte mit ihren Ergebnissen und Folgerungen für alle vorstehend aufgeführten Verfahren, einschließlich der später veröffentlichten, von Wichtigkeit sein, da sie an Hand zahlreicher Beleganalysen die Fehlerquellen aufzeigt. Die nach verschiedenen Methoden für den Aufschluß (1, I bis III) erhaltenen Lösungen wurden, soweit möglich, nach den verschiedenen Bestimmungsmethoden (2, I bis V) analysiert; die nach 1, III erhaltene Aufschlußlösung gestattet nur die dafür spezifische Bestimmung 2, V, so daß diese beiden nur miteinander und nicht wie die übrigen mit allen anderen Methoden kombiniert wurden.

1. Aufschlüsse. I. Oxydationsschmelze. 5 g Chromleder werden verascht, die Asche mit einem Gemisch aus 5 Teilen Natriumcarbonat, 3 Teilen Kaliumcarbonat und 2 Teilen Kaliumchlorat sorgfältig durchmischt und vor dem Gebläse bis zum Vorliegen einer klaren orangeroten Schmelze erhitzt ($^1/_2$ bis $^3/_4$ Stde.). Nach dem Abkühlen wird diese in Wasser gelöst, von unlöslichen Oxyden abfiltriert und auf 250 ml aufgefüllt.

II. **Mit Perchlorsäure nach** SMITH und SULLIVAN werden 2 g Chromleder mit 15 ml Perchlorsäure-Schwefelsäure (2 Vol. 70- bis 72%ig + 1 Vol. konz.) übergossen und nach Zugabe von 5 ml konz. Salpetersäure in Langhalskölbchen mit kleiner Flamme auf 185 bis 205° erhitzt, bis die Substanz völlig zerstört und die Farbe in Orange umgeschlagen ist, wozu etwa 30 Min. benötigt werden. Starkes Erhitzen unter Auftreten von Dämpfen an der Kolbenöffnung ist grundsätzlich zu vermeiden. Nach dem Farbumschlag wird die Flüssigkeit noch einige Minuten erhitzt und dann durch Eintauchen des Gefäßes in kaltes Wasser (Quarzkolben!) abgekühlt, um teilweise Reduktion bei langsamem Abkühlen zu vermeiden. Nach 5 Sek. wird sie mit 30 bis 40 ml Wasser verdünnt und durch Aufkochen alles Chlor vertrieben, mit 1 ml 85%iger Phosphorsäure versetzt und auf 200 ml aufgefüllt.

III. **Mit Oxalsäure** a) nach UEBERBACHER und DRÖSCHER (s. „Sonstige colorimetrische bzw. photometrische Bestimmungsmethoden"). Bei dieser Arbeitsweise wird häufig auch bei verlängerter Kochdauer kein vollständiger Aufschluß erhalten; daher wird diese Methode zweckmäßig folgendermaßen abgeändert.

b) 3 g Chromleder werden mit 5 g Oxalsäure und 5 ml konz. Salpetersäure sowie 50 ml Wasser 15 Min. gekocht, mit Kaolin versetzt, nochmals aufgekocht und nach Abkühlen, Filtrieren und Auswaschen auf 100 ml aufgefüllt.

2. Die folgenden **Bestimmungsmethoden** des Chroms werden nur kurz angeführt. Für ihre ausführliche Kritik muß auf die entsprechenden Abschnitte verwiesen werden.

I. **Jodometrische Bestimmung** durch Titration des in salzsaurer Lösung aus Kaliumjodid frei gemachten Jods mit 0,1 n Thiosulfatlösung.

II. **Mit Permanganat und Eisen(II)-ammoniumsulfat.** 25 ml Eisen(II)ammoniumsulfatlösung (40 g/l und 15 g konz. Schwefelsäure) werden unter nochmaligem Zusatz von 10 ml Schwefelsäure mit 0,1 n Permanganatlösung eingestellt und diese Einstellung bei Gebrauch täglich wiederholt. Die gleiche Menge Eisen(II)-ammoniumsulfatlösung wird mit entsprechenden Mengen der aus den Aufschlüssen erhaltenen Chromatlösungen bis zum Umschlag von reinem Grün nach Grau titriert, welcher am besten bei schnellem Titrieren in Porzellanschalen zu erkennen ist. Der Chromgehalt ergibt sich aus der Differenz dieser Titration und der Einstellung.

III. **Mit Eisen(II)-ammoniumsulfat nach** ACKERMANN. Die nach den Aufschlüssen erhaltene Chromatlösung wird mit 10 ml konz. Schwefelsäure angesäuert, mit 100 ml Wasser, 2 bis 3 ml Phosphorsäure (D 1,7) und 2 Tropfen Diphenylaminlösung versetzt und mit 0,1 n Eisen(II)-ammoniumsulfatlösung titriert; diese ist gegen 0,1 n Permanganat oder reinstes Kaliumdichromat eingestellt. Der Umschlag erfolgt von Schmutziggrün über Tiefblau nach Hellgrün.

IV. **Mit Permanganat und Eisen(II)-sulfat nach** WILLARD und YOUNG. 25 ml Aufschlußlösung werden mit 100 ml Wasser und 10 ml konz. Schwefelsäure versetzt, mit 25 ml 0,1 n Eisen(II)-sulfatlösung und 2 bis 3 Tropfen 0,025 n Ferroinlösung versetzt und mit 0,1 n Permanganat bis zum Umschlag von Rosa nach Hellgrün titriert, welcher ebenfalls in Porzellanschalen am besten zu erkennen ist. Ein Blindwert der Eisen(II)-sulfatlösung wird gleichzeitig in derselben Weise bestimmt, so daß die Differenz den Wert für die Berechnung des Chroms ergibt.

V. **Colorimetrische Bestimmung als Trioxalatochrom(III)-säure** (UEBERBACHER und DRÖSCHER).

Die drei Aufschlußverfahren wurden auf 12 verschiedenen Ledersorten mit deutlich verschiedenen Chromgehalten angewandt und die nach den Aufschlußverfahren 1, I und II erhaltenen Lösungen nach den vier titrimetrischen Methoden, die nach 1, III erhaltene nach der zugehörigen colorimetrischen Methode 2, V untersucht. Die Ergebnisse sind in untenstehender Tab. 28 zusammengefaßt und zeigen, daß die Übereinstimmungen der vier Titrationsmethoden beim Aufschlußverfahren 1, I wesentlich besser als beim Perchlorsäureverfahren 1, II sind.

Tabelle 28. *Chrombestimmungen im Leder.*

Aufschluß nach	1, I				1, II				1, IIIa	1, IIIb
Bestimmung des Chroms nach	2, I	2, II	2, III	2, IV	2, I	2, II	2, III	2, IV	2, V	2, V
Leder 1	3,20	3,14	3,29	3,19	3,22	2,83	3,04	3,04	3,33	2,92
Leder 2	3,20	3,24	3,34	3,24	3,56	3,44	3,34	3,64	3,33	3,02
Leder 3	4,38	4,40	4,50	4,40	4,68	4,45	4,51	4,65	5,00	4,59
Leder 4	2,61	2,63	2,63	2,58	2,81	2,73	2,23	2,13	2,92	2,50
Leder 5	2,40	2,38	2,46	2,33	2,32	2,36	2,23	2,36	2,50	2,09
Leder 6	4,23	4,30	4,15	4,33	4,26	4,04	4,04	4,25	4,59	4,17
Leder 7	1,57	1,51	1,57	1,49	1,46	1,27	1,37	1,43	1,43	1,43
Leder 8	1,52	1,51	1,51	1,42	1,71	1,68	1,52	1,60	1,14	1,43
Leder 9	1,38	1,37	1,42	1,32	1,67	1,52	1,40	1,92	1,25	1,25
Leder 10	1,97	1,97	2,02	1,89	1,95	2,02	1,82	1,92	2,10	2,00
Leder 11	2,36	2,28	2,43	2,28	1,95	2,02	2,02	1,86	2,10	2,20
Leder 12	2,36	2,41	2,38	2,34	2,15	1,82	2,02	2,02	1,90	2,08

Zwar hat die Schmelze der Asche den Nachteil, daß hierzu in Serienbestimmungen viele Platintiegel verwandt werden müssen und diese etwas angegriffen werden, während der Perchlorsäureaufschluß Zerstörung und Oxydation in einem schnelleren Arbeitsgang verbindet; die Abweichungen sind aber beim Perchlorsäureaufschluß infolge Verflüchtigung von Chromylchlorid nach unten und aus ungeklärten Gründen nach oben so groß, daß nach Möglichkeit bei höheren Ansprüchen an Genauigkeit auf den Perchlorsäureaufschluß verzichtet werden sollte. Die Ergebnisse nach Aufschluß 1, IIIa und 1, IIIb und die anschließende colorimetrische Bestimmung zeigen derart große Schwankungen, daß dieses Verfahren als ungeeignet bezeichnet werden muß. Darüber hinaus ist es auch nur auf ungefärbte Leder anwendbar und verursacht selbst bei diesen infolge unbefriedigenden Aufschlusses häufig Schwierigkeiten.

Zusammenfassend wird also festgestellt, daß die am besten reproduzierbaren Zahlen für den Chromgehalt in Ledern dann erhalten werden, wenn man die Lederasche durch alkalische Oxydationsschmelze aufschließt und in der so erhaltenen Lösung nach beliebigen titrimetrischen Verfahren das Chrom bestimmt.

Literatur.

Ackermann, W.: Collegium **1932**, 828. — Alden, F. W.: J. Am. Leather Chem. **1**, 174 (1906).

Barnebey, O. L.: Am. Soc. **39**, 604 (1917). — Bergmann-Grassmann: Handbuch der Gerbereichemie und Lederfabrikation, Bd. II, 2. Teil: Mineralgerbung, und Bd. III: Zurichtung und Prüfung des Leders. — Bergmann, M., u. F. Mecke: Collegium **1933**, 609. — Berl-Lunge, Bd. V, S. 1512 ff. — Brard, D.: Ann. Chim. anal. [3] **17**, 317 (1935).

Cameron, D. U., u. R. S. Adams: J. Am. Leather Chem. **28**, 274 (1933).

Feigl, F., K. Klaufer u. L. Weidenfeld: Collegium **1929**, 593. — Fortune, W. B., u. M. G. Mellon: Ind. eng. Chem. Anal. Edit. **10**, 60 (1938).

Herfeld, A., u. R. Schubert: Collegium **1940**, 194. — Hughes, E. B.: Analyst **60**, 309 (1935).

Jelley, E. E.: J. Soc. chem. Ind. **51**, 191T (1932); durch Fr. **92**, 277 (1933).

Kahane, E., u. D. Brard: Bl. Soc. Chim. biol. **16**, 710 (1934).

Lichtin, J. J.: Ind. eng. Chem. Anal. Edit. **2**, 126 (1930); durch Fr. **84**, 448 (1931). — Little, E., u. J. Costa: J. ind. eng. Chem. **13**, 228 (1921); durch Fr. **63**, 356 (1923). — Lollar, R. M.: (a) J. Am. Leather Chem. **42**, 180 (1947); (b) **40**, 342 (1945).

Merck, E.: Chemisch-technische Untersuchungsmethode für die Lederindustrie, Darmstadt 1937.

Rossi, J. R.: Chim. analytique **37**, 161 (1955); durch Fr. **150**, 58 (1956).

Sandell, E. B.: Ind. eng. Chem. Anal. Edit. 8, 336 (1936). — Sarver, L. A., u. I. M. Kolthoff: Am. Soc. **53**, 2906 (1931). — Schorlemmer, K.: Collegium **1917**, 345, 371. — Schuldiner, S., u. F. B. Clardy: Ind. eng. Chem. Anal. Edit. **18**, 728 (1946). — Smith, F. W. (a): Ind. eng. Chem. Anal. Edit. **10**, 360 (1938); Smith, G. F. (b): Ind. eng. Chem. Anal. Edit. **18**, 257 (1946). — Smith, G. F., u. V. R. Sullivan: J. Am. Leather Chem. **30**, 442 (1935); durch

Fr. 114, 317 (1938). — SPECHT, F.: Quantitative anorganische Analyse in der Technik, Verlag Chemie 1953.
UEBERBACHER, E., u. K. TH. DRÖSCHER: Collegium 1939, 433.
WENGER, P. E., u. D. MONNIER: Chim. analytique 34, 63 (1952); durch Fr. 139, 311 (1953).
— WEISS, H. V., V. E. ZILER u. P. R. BUECHLER: Anal. Chem. 23, 797 (1951). — WILLARD.
H. H., u. PH. YOUNG: Ind. eng. Chem. Anal. Edit. 6, 48 (1934).

§28. Bestimmung in Wasser und Abwasser.

Allgemeines. Die Bestimmung des Chroms in Wasser und Abwasser hat erst in den vergangenen zwei Jahrzehnten Bedeutung erlangt. Da es sich ferner fast durchweg um die Bestimmung sehr kleiner Mengen handelt, werden hierzu ausschließlich die colorimetrischen Verfahren herangezogen. Bei den sonstigen Verunreinigungen von Abwässern handelt es sich in der Mehrzahl der Fälle um unbekannte organische Verbindungen. Wegen ihrer reduzierenden Eigenschaften kann deshalb das Chrom häufig in Wasser in Form von Chrom(III)-verbindungen vorliegen oder während der Aufarbeitung in diese übergehen. Es ist daher zur Bestimmung des Gesamtchroms durchweg eine vorherige Oxydation der Probe erforderlich. Wie insbesondere HANSEN (vgl. unten) festgestellt hat, kann dabei die Wahl des geeigneten Oxydationsmittels von ausschlaggebender Bedeutung sein. Dieser Verfasser hat auch nachgewiesen, daß die von LICHTIN vorgeschlagene Oxydation mit Perchlorsäure, welche auch in den früheren amerikanischen Standardverfahren Aufnahme gefunden hat, nicht in allen Fällen geeignet ist. Auch bei Verwendung von Wasserstoffperoxyd oder Natriumperoxyd als Oxydationsmittel fand HANSEN häufig zu niedrige Chromwerte. Neben den Störungen, welche die genannten Oxydationsmittel bei der eigentlichen colorimetrischen Bestimmung verursachen können (vgl. § 16, Colorimetrische und photometrische Bestimmung mit Diphenylcarbazid), dürfte für die Fehlwerte in erster Linie die mangelhafte Oxydation in Gegenwart von reichlich organischer Substanz verantwortlich sein. HANSEN hat diese Schwierigkeiten dadurch beseitigt, daß er den Eindampfrückstand des Wassers in der Schmelze mit Soda-Salpeter restlos oxydiert. Bei den übrigen Verfahren dürfte nicht in allen Fällen gewährleistet sein, daß das ursprünglich vorhandene Chrom quantitativ oxydiert wird und gleichzeitig während der Oxydation keine Chromverluste durch Verflüchtigung (beim Perchlorsäureverfahren) auftreten. Soweit also deren Ausschaltung nicht restlos gewährleistet ist, empfiehlt sich von Fall zu Fall die Überprüfung dieser Fehlerquelle. Für einfache Verhältnisse jedoch, wie insbesondere wenig verunreinigte Brauch- und Abwässer, können auch die übrigen Verfahren ohne Bedenken herangezogen werden. Die Beseitigung der überschüssigen Oxydationsmittel, welche besonders für das Diphenylcarbazidverfahren wichtig ist, wird in allen Arbeitsvorschriften genügend beachtet.

A. Verfahren nach Lapin, Hein und Sorin.

Prinzip. Die Oxydation erfolgt hier mit Perhydrol, das anschließend durch Aufkochen mit Kupferoxyd restlos beseitigt wird. Als Besonderheit des Verfahrens ist der Farbvergleich mit 0,01 n Kaliumpermanganatlösung zu erwähnen.

Arbeitsvorschrift. 100 ml des zu untersuchenden Wassers werden mit 5 ml 20%iger Natronlauge, etwas Soda und 1 ml 30%igem Perhydrol 15 Min. zum Sieden erhitzt; nach dem Abkühlen werden 0,1 g Kupferoxyd hinzugegeben und zur Zersetzung des Peroxyds nochmals 10 Min. erhitzt; man filtriert und neutralisiert mit Phosphorsäure (D 1,3) gegen Kongopapier, dann wird die Lösung auf 100 ml aufgefüllt, 1 ml alkoholische Diphenylcarbazidlösung hinzugegeben und nach 5 Min. die erhaltene Färbung durch Vergleich mit 0,01 n Kaliumpermanganatlösung colorimetrisch bestimmt.

Bemerkung. *Anwesenheit von Quecksilber und Molybdän.* Unter den Bedingungen der Arbeitsvorschrift können die beiden Metalle eine störende Färbung hervorrufen. Diese Störung wird bei Quecksilber durch Zusatz von Kochsalz, bei Molybdän durch Maskierung mit Oxalsäure beseitigt.

B. Verfahren nach den amerikanischen Standardmethoden (nach deutscher Übersetzung von 1951) und nach den Deutschen Einheitsverfahren.

Allgemeines. Diese verwenden die Oxydation mit Perchlorsäure nach LICHTIN (vgl. Bemerkungen). Durch getrennte Bestimmung des ursprünglich vorhandenen Chromats in der unvorbehandelten Probe sowie eine zweite Chromatbestimmung in der oxydierten Probe ist aus der Differenz auch die Bestimmung der Chrom(III)-verbindungen möglich.

Apparatur. Es werden entweder NESSLER-Zylinder, ein DUBOSCJ-Colorimeter oder photoelektrische Filter bzw. Spektrophotometer verwendet.

Reagenzien. 1. Perchlorsäure, 60%ig;

2. verdünnte Ammoniaklösung (1 + 1) (etwa 8 m);

3. schwefelsaure Diphenylcarbazidlösung; 0,2 g Diphenylcarbacid werden in 100 ml Alkohol gelöst und, mit 400 ml 1 : 9 verdünnter Schwefelsäure gemischt, im Eisschrank aufbewahrt.

4. Schwefelsäure (1 + 1) (etwa 9 m);

5. Kaliumchromat-Vergleichslösung; 0,3738 g K_2CrO_4 werden zu 1 l gelöst und 10 ml dieser Lösung wiederum zu 1 l aufgefüllt. 1 ml Lösung entspricht 1 μg Chrom.

Arbeitsvorschrift. Bestimmung des Gesamtchroms. 5 ml Perchlorsäure werden in einem Erlenmeyerkolben, der mit einem kurzen Stieltrichter bedeckt ist, zu 50 ml Probe gegeben und bis zum Auftreten weißer Dämpfe erhitzt; nach dem Erkalten werden 25 ml Wasser zugegeben; es wird wieder 2 Min. gekocht und nach Erkalten mit verdünntem Ammoniak neutralisiert; ein etwa ausgefallener Niederschlag wird abfiltriert, das Filtrat mit verd. Schwefelsäure schwach angesäuert und mit Wasser auf 50 ml verdünnt. Hierzu werden im NESSLER-Zylinder 2,5 ml der Reagenslösung gegeben und die Flüssigkeit nach Mischen und 5 Min. Wartens colorimetrisch mit Vergleichslösungen verglichen oder im Photometer gegen einen Blindversuch bei 500 mμ gemessen.

Bestimmung des Chroms(VI). Das Chrom(VI) wird getrennt bestimmt, indem 50 ml Probe mit 2,5 ml Reagens genau wie oben nach der Filtration behandelt werden.

Bemerkungen. 1. *Anwendungsbereich.* Die Bestimmung mit Diphenylcarbacid eignet sich nach Angabe der Deutschen Einheitsverfahren nur für Mengen unterhalb 2 mg Cr/l. Für diese Bestimmung ist das Deutsche Einheitsverfahren, welches keinen Aufschluß vornimmt, indentisch mit dem amerikanischen. Für Mengen oberhalb 2 mg Cr/l wird die direkte colorimetrische Bestimmung als Chromat empfohlen (vgl. unten).

2. Die *Empfindlichkeit* beträgt 0,015 mg Cr/l.

3. Die Angabe der *Ergebnisse* (nach Deutschen Einheitsverfahren) erfolgt in mg Chromation je Liter.

4. *Perchlorsäure.* Nach HOFFMAN und LUNDELL sowie nach KAHANE und BRARD können beim Aufschluß mit Perchlorsäure Chromverluste durch teilweise Verflüchtigung auftreten. Durch entsprechende Umänderung der Apparatur können diese Verluste vermieden werden, was allerdings die Methode ziemlich umständlich gestaltet. Eine andere Möglichkeit zur Verhinderung dieser Chromverluste besteht darin, die Behandlung bei genau 200° vorzunehmen (vgl. WEISS und Mitarbeiter, S. 392). Bei dieser Temperatur ist einerseits eine restlose Oxydation gewährleistet, welche bei tieferen Temperaturen nicht sicher ist, und andererseits die Verflüchtigung

von Chromylchlorid einwandfrei vermieden. Für nicht allzu geringe Gehalte dürfte es im allgemeinen genügen, wenn man, wie in der Arbeitsvorschrift vorgesehen, mit einem bedeckten Erlenmeyerkolben während des Erhitzens arbeitet.

5. Das Aufkochen der Lösung nach Verdünnen mit Wasser bezweckt die *Entfernung* der letzten Spuren von bei der Oxydation entstandenem Chlor. In Zweifelsfällen ist es zweckmäßig, durch Einbringen eines Kaliumjodidstärkepapiers in die Dämpfe die Abwesenheit von Chlor sicherzustellen.

6. *Niederschlag.* Der nach dem Neutralisieren mit Ammoniak ausfallende Niederschlag kann aus Eisen(III)- und anderen Metallhydroxyden bestehen. Gegebenenfalls ist zu berücksichtigen, daß bei größeren Mengen von Niederschlag die Gefahr der Okklusion oder Adsorption von Chrom besteht.

7. *Acidität.* Die Angabe, daß mit verd. Schwefelsäure schwach angesäuert werden soll, dürfte zwar im allgemeinen genügen; sicherheitshalber empfiehlt es sich aber, die Lösung 0,2 n an Säure einzustellen, da diese Acidität allgemein als die günstigste für das Diphenylcarbacidverfahren anerkannt ist (vgl. Bestimmung mit Diphenylcarbacid).

8. *Meßbereich.* Die heutigen Kenntnisse über das Diphenylcarbacidverfahren (s. dort) lassen es empfehlenswerter erscheinen, die Messung in der Nähe von $550\,m\mu$ vorzunehmen. Beim visuellen colorimetrischen Vergleich liegen die günstigsten Meßkonzentrationen zwischen 5 und $400\,\mu g$ Cr/l.

9. *Störende Ionen.* Die gewöhnlich im Wasser vorkommenden Ionen stören nicht, nur Eisen in Mengen über 1 mg/l. Bei der Bestimmung des Gesamtchroms wird das Eisen nach der Oxydation durch Ammoniak ausgefällt, stört also nicht. Bei der Bestimmung des ursprünglich vorhandenen Chromats (s. oben) ist gegebenenfalls auf die Anwesenheit größerer Mengen von Eisen zu achten.

C. Verfahren nach Zimmermann.

Apparatur. Durch Verwendung des PULFRICH-Photometers mit den zugehörigen S-Filtern für die visuelle Messung oder des *Elko* mit den entsprechenden SE-Filtern für die photoelektrische Messung ist praktisch absolute Photometrie möglich. Die Halbwertsbreite der wirksamen Durchlässigkeitskurve für die unten verwendeten Filter S 42 E und S 55 E beträgt nur 24 bzw. 22 mμ. Die geringe Durchlässigkeit von nur 1,8 bzw. 1,2% bei der günstigsten Wellenlänge ist bei Verwendung der genannten Photometer ohne Belang.

Reagens. Diphenylcarbacidlösung, 1%ig in Aceton.

1. Arbeitsvorschrift zur direkten colorimetrischen Bestimmung als Chromat (für Mengen von mehr als 0,1 mg absolut). 20 ml der zu untersuchenden Lösung werden mit Natronlauge, 20%ig, versetzt, bis die Lösung soeben neutral ist. Dann gibt man 5 ml gesättigtes Bromwasser und 1 ml Natronlauge zu und kocht auf, bis das überschüssige Brom verjagt ist. Gegebenenfalls nach Filtration wird das Filtrat mit dem Waschwasser mit 1 ml Schwefelsäure, 20%ig, angesäuert und nochmals aufgekocht. Nach dem Abkühlen bringt man die Lösung auf 50 ml. 20 ml dieser Lösung werden mit 0,2 ml 20%iger Schwefelsäure versetzt und je nach Stärke der Färbung entweder in 5-cm-Schicht oder in 0,1-cm-Schicht mit dem Filter S 42 E photometriert.

Das LAMBERT-BEERsche Gesetz ist unter den genannten Meßbedingungen genügend streng erfüllt, so daß aus der Extinktion direkt der Chromgehalt berechnet werden kann.

Berechnung.

$$\left.\begin{array}{l} \text{mg Chrom} = E_{(5\ cm)} \cdot 0{,}888 \\ \text{oder mg Chrom} = E_{(0{,}1\ cm)} \cdot 35{,}3 \end{array}\right\} \text{(Filter S 42 E)}.$$

Bemerkung. *Farbintensität.* Da das LAMBERT-BEERsche Gesetz nur im oben genannten Bereich hinreichend genau gilt, müssen Lösungen, deren Farbintensität in den Bereich einer 1-cm-Schicht fallen würde, entsprechend verdünnt und in der 5-cm-Schicht gemessen werden.

2. Arbeitsvorschrift zur photometrischen Spurenbestimmung (unter 0,1 mg) mit Diphenylcarbazid. 20 ml der Auffüllung nach α) werden mit 0,2 ml 20%iger Schwefelsäure und 0,4 ml Reagens versetzt und gegen eine Vergleichslösung aus 20 ml Wasser und denselben Mengen Reagens und Säure im Spektralbereich von 550 mµ, also mit Filter S 55 E oder Hg 546 (Quecksilberlampe), unter Verwendung von 5-, 1- oder 0,1-cm-Küvetten gemessen. Das LAMBERT-BEERsche Gesetz ist in dem genannten Meßbereich ebenfalls gültig; lediglich mit der 0,1-cm-Küvette darf ein Extinktionswert von etwa 0,3 nicht überschritten werden; andernfalls muß man sich wieder mit Verdünnungen helfen.

Berechnung.

$$K \cdot 0{,}0300 = \text{mg Cr (nur bis } K = 3); \text{ Filter Hg 546;}$$
$$K \cdot 0{,}0312 = \text{mg Cr (nur bis } K = 1); \text{ Filter S 55 E;}$$
$$\left(K = \text{Extinktionsmodul} = \frac{E}{\text{cm}}\right).$$

D. Verfahren nach den „Deutschen Einheitsverfahren zur Wasseruntersuchung" für Gesamtchrom oberhalb 2 mg Cr/l.

Allgemeines. Für die Bestimmung gelösten Chromats unterhalb 2 mg vergleiche man oben bei den amerikanischen Standardmethoden. In der folgenden Vorschrift wird das Gesamtchrom nach Aufschluß des Eindampfrückstandes durch Soda-Salpeterschmelze bestimmt.

Arbeitsvorschrift. 100 ml oder mehr der Probe werden in einer Platinschale zur Trockne gedampft. Der Rückstand wird mit 1,5 g Soda-Salpetermischung geschmolzen. Bei Anwesenheit von Chromionen färbt sich die Schmelze durch gebildetes Chromat gelb. Der Rückstand der Schmelze wird mit Wasser aufgenommen und gegebenenfalls filtriert. Das Filtrat wird in einem Colorimeterrohr zu 50 ml aufgefüllt. In einem zweiten Colorimeterrohr versetzt man 40 ml dest. Wasser mit 10 ml 10%iger Sodalösung und titriert mit einer Chromatvergleichslösung (hergestellt durch Lösen von 0,3738 g Kaliumchromat zu 1 l) auf Farbgleichheit.

1 ml verbrauchte Chromatlösung entspricht 0,1 mg Cr. Bei Berechnung ist die angewandte Wassermenge zu berücksichtigen.

Zur Angabe der Ergebnisse werden auf 0,1 mg/l abgerundete Zahlen angegeben. Beispiel: „Gesamt-Chrom(Cr): 4,3 mg/l." Bei Millivalangabe entspricht 1 Millival CrO_4^{--} 58,0 mg.

E. Verfahren nach Hansen.

Allgemeines. Für die allgemeingültigen Feststellungen dieses Verfassers über verschiedene Oxydationsmittel vergleiche man die Einleitung dieses Abschnittes. Die störungsfreie Oxydation wird durch Schmelze des Eindampfrückstandes mit Soda-Salpeter erreicht, das dabei gebildete Nitrit durch Kochen mit Kaliumchlorat in saurer Lösung entfernt. Für die getrennte Bestimmung des ursprünglich im Wasser vorhandenen Chromats wird ein früher von GRAHAM angegebenes Verfahren verwendet, bei dem durch ausfallendes Zinkhydroxyd als Sammler sowohl störende Metallhydroxyde wie auch sonstige Trübungsstoffe entfernt werden.

Reagenzien. 1. Natriumcarbonat-Kaliumnitrat (1 + 1);
2. Kaliumchloratlösung, 1%ig;
3. 4 n Schwefelsäure;
4. Diphenylcarbazidlösung; 0,25%ig in Aceton-Wasser (1 + 1);

5. Standarddichromatlösung: 0,2829 g $K_2Cr_2O_7$ werden zu 1 l gelöst; 1 ml entspricht 0,1 mg Cr; für die Vergleichslösungen werden geeignete Mengen dieser Lösung mit 5 ml 4 n Schwefelsäure versetzt und mit Wasser auf 100 ml gebracht.

Arbeitsvorschrift zur Bestimmung des Gesamtchroms. 50 bis 100 ml Abwasser werden in einer Nickelschale anteilsweise unter Zusatz von 1 g Soda-Salpeter vorsichtig eingedampft, anschließend über freier Flamme erhitzt und schließlich im elektrischen Ofen 1 Stde. bei 500 bis 550° C geschmolzen. Nach Abkühlen kocht man die Schmelze 3 mal mit je 15 ml Wasser aus, filtriert und wäscht den Rückstand sorgfältig 3 mal mit je 5 ml Wasser nach; die Filtrate werden quantitativ in eine 50° warme Mischung von 20 ml Kaliumchloratlösung und 7,5 ml Schwefelsäure gebracht, 5 Min. gekocht und nach Abkühlen in ein NESSLER-Glas überführt; sie werden mit Wasser auf 100 ml verdünnt und mit 1 ml Diphenylcarbazidlösung versetzt. Vergleichslösungen werden aus der Standarddichromatlösung unter Zusatz von 5 ml Schwefelsäure und Verdünnen auf 100 ml hergestellt. Nach 10 Min. wird abgelesen.

Arbeitsvorschrift zur Bestimmung des Chroms(VI). Man versetzt 100 ml Abwasser mit 1 ml 50%iger Zinksulfatlösung sowie 2 Tropfen 1%iger, alkoholischer Phenolphthaleinlösung und läßt 10%ige Natronlauge bis zu schwacher Rotfärbung eintropfen. Nach Filtration in einen 125-ml-Meßkolben und nach Auswaschen des Niederschlags mit 10 bis 15 ml Wasser gibt man 5 ml 4 n Schwefelsäure zu und ergänzt mit Wasser auf 125 ml. Zur Bestimmung entnimmt man 100 ml dieser Lösung und colorimetriert wie oben beschrieben. Das Ergebnis ist mit 1,25 m zu multiplizieren (Auffüllung!).

Bemerkungen. 1. *Anwendungsbereich.* Die Vorschrift gestattet die Bestimmung sowohl des Gesamtchroms wie des Chromats auch in stark verschmutzten, industriellen und städtischen Abwässern. Da die abfiltrierbaren Trübungsstoffe ebenfalls Chrom enthalten können, ist bei der Angabe des Ergebnisses der Zusatz wichtig, ob in filtriertem oder unfiltriertem Wasser gearbeitet wurde.

2. *Genauigkeit.* Nach einigen Beleganalysen, welche an chromfreien Abwässern mit bekannten Chromzusätzen ausgeführt wurden, beträgt bei Gehalten zwischen 0,05 und 0,35 mg/l die maximale Abweichung 0,02 mg.

3. *Konzentration.* Im Interesse einer möglichst bequemen und genauen Vergleichsablesung soll die Konzentration der Meßlösungen zweckmäßig 0,3 mg Cr/l nicht überschreiten.

F. Verfahren der amerikanischen „Standard Methods for the Examination of Water, Sewage and Industrial Wastes" 1955.

Allgemeines. Obwohl die vorstehend wiedergegebenen Methoden einschließlich des älteren amerikanischen Verfahrens, abgesehen von den für den Aufschluß mit Perchlorsäure fallweise bestehenden Bedenken, normalen Anforderungen im allgemeinen genügen werden, sei auch dieses neueste amerikanische Verfahren noch wiedergegeben; es bietet den Vorteil der Abtrennung von vorhandenen, störenden Verbindungen des Kupfers, Eisens, Vanadiums und Molybdäns, läßt aber die Verwendung von Perchlorsäure noch offen.

Prinzip. Nach Abrauchen mit Salpetersäure und Schwefelsäure (oder Perchlorsäure) zur Zerstörung der organischen Substanz werden aus einem Teil der Aufschlußlösung Eisen, Vanadium und Molybdän, die mit Diphenylcarbazid gefärbte Verbindungen liefern, als Kupferrate extrahiert. Die schwache, durch Quecksilber in schwach saurer Lösung hervorgerufene Färbung beeinflußt die Chrombestimmung nicht merklich. Die Lösung wird dann mit Persulfat in Gegenwart von Silber als Katalysator oxydiert und zur sicheren Vervollständigung der Oxydation des Chroms noch Permanganat hinzugegeben.

Die Permanganatfärbung wird durch Kochen mit Salzsäure zerstört. Die Zugabe von Diphenylcarbazid bewirkt die Bildung der charakteristischen, rotvioletten Färbung, deren Intensität photometrisch bei 540 mμ bestimmt wird; diese ist mindestens 2 Std. beständig. Ein Blindwert wird zur Kompensation der etwa in den Reagenzien vorhandenen Chromspuren verwendet. Bei längerem Stehen können die Diphenylcarbazidlösungen eine zu Fehlresultaten beitragende Verfärbung zeigen, welche durch Gebrauch frischer Lösungen vermieden wird.

Die *Anwendung* des Verfahrens gibt genaue Resultate für Chromkonzentrationen zwischen 0,01 und 0,12 mg in Lösungen, welche gleichzeitig 2,5 mg von jedem der folgenden Ionen enthalten können: Ag, Hg(II), Pb, Bi, Cu(II), Cd, As(V), Sb(V), Sn(IV), Al, Fe(III), Mn(II), Ni, Co, Zn, Ca, Sr, Ba, Mg, Na, K, NH_4, PO_4 und organische Bestandteile wie z. B. Tartrat.

Apparatur. Colorimetrische Ausrüstung. Eine der beiden folgenden ist erforderlich: a) Spektrophotometer zum Gebrauch bei 540 mμ; b) Filterphotometer mit einem Grünfilter, das bei 540 mμ maximale Durchlässigkeit aufweist.

Reagenzien. 1. Salpetersäure, konz.;

2. Schwefelsäure, konz.;

3. Salzsäure, konz.;

4. Phosphorsäure, 85%ig;

5. Kupferronlösung; 5 g $C_6H_5N(NO)ONH_4$ werden in 100 ml Wasser gelöst.

6. Chloroform;

7. Silbernitratlösung, etwa 0,1 n; 1,7 g $AgNO_3$ werden in 100 ml Wasser gelöst.

8. Ammoniumpersulfat;

9. Kaliumpermanganatlösung, etwa 0.1 n: 3,2 g $KMnO_4$ in 1000 ml Wasser gelöst.

10. Diphenylcarbazidlösung; 0,5 g Reagens werden in 100 ml Aceton-Wasser (1 + 1) bei Bedarf frisch gelöst.

11. Verd. Schwefelsäure; 1 Teil konz. Schwefelsäure wird vorsichtig zu 3 Teilen Wasser gegeben.

12. Standardchromlösung. 0,141 g $K_2Cr_2O_7$ werden in Wasser gelöst und zu 1 l verdünnt; 10 ml dieser Lösung werden zur Herstellung der Eichkurve auf 100 ml verdünnt: 1 ml entspricht 0,005 mg Cr.

Herstellung der Eichkurve. 2 bis 20 ml der Standardlösung mit 0,01 bis 0,10 mg Cr werden in verschiedene Scheidetrichter gegeben und genau nach folgendem Absatz behandelt; die Absorption wird gegen die Chromkonzentration aufgetragen.

Arbeitsvorschrift. 1. Ein aliquoter Teil der Aufschlußlösung mit 0,01 bis 0,10 mg Cr wird im Scheidetrichter im Eisbad abgekühlt; gleichzeitig wird chromfreies, destilliertes Wasser als Blindwert ebenso behandelt.

2. Entfernung von Kupfer, Eisen, Vanadium und Molybdän. 5 ml Kupferronlösung werden hinzugegeben, kräftig geschüttelt und unter gelegentlichem Umschwenken 1 Min. im Eisbad belassen. Die Lösung wird 3mal mit je 5 ml Chloroform extrahiert und die vereinigten Extrakte in einem anderen Scheidetrichter mit 5 ml Wasser gewaschen. Das Waschwasser wird mit der extrahierten Lösung vereinigt und die Chloroformschicht verworfen.

3. Die Lösung wird in ein 250-ml-Becherglas überführt und der Scheidetrichter mit wenig Wasser nachgewaschen, das Waschwasser zur Lösung gegeben und diese auf etwa 100 ml gebracht.

4. Nach Zugabe von 5 ml Silbernitratlösung und 0,5 g Persulfat wird die Lösung vorsichtig zum Sieden erhitzt. Falls die Lösung beim Kochen durch Kupferronspuren dunkel gefärbt wird, werden nach Abkühlen nochmals 0,5 g Persulfat zugegeben, und es wird nochmals langsam erhitzt; dies wird so lange wiederholt, bis nach 1 bis 2 Min. dauerndem Erhitzens keine Dunkelfärbung mehr auftritt.

5. Zur warmen Lösung wird tropfenweise Permanganatlösung bis zur bleibenden Rosafärbung gegeben, mindestens 5 Min. gekocht und die Zugabe von Permanganat so lange wiederholt, bis die Lösung nach dem Kochen rosa gefärbt bleibt.

6. Zu der schwach kochenden, rosa Lösung werden 5 Tropfen Salzsäure gegeben und 3 Min. weitergekocht; falls die Rosafärbung dann nicht verschwunden ist, wird nach Zugabe von weiteren 2 Tropfen Salzsäure nochmals 2 Min. gekocht und diese Behandlung bis zur Entfärbung wiederholt, wobei das Volumen der Lösung nicht unter 75 ml sinken soll.

7. Die auf Zimmertemperatur abgekühlte Lösung von mindestens 75 ml wird zentrifugiert oder filtriert; hierzu wird ein Glasfiltertiegel mit Asbestpolster benutzt; Filtrierpapier oder sonstige organische Substanz muß vermieden werden. Das Filter wird 2 mal mit 5 ml Wasser nachgewaschen und die Waschwässer mit dem Filtrat vereinigt.

8. Filtrat und Waschwässer werden in einen 100-ml-Meßkolben gebracht und 1 ml Diphenylcarbazidlösung zugegeben; mit Wasser wird zur Marke aufgefüllt und gut durchmischt.

9. Nach 5 Min. wird in einem Spektrophotometer bei 540 mμ oder in einem Filterphotometer mit Grünfilter die Absorption gemessen und die Absorption des ebenso behandelten Blindwertes als Korrektur abgezogen.

Berechnung.

$$\text{mg/l Cr} = \text{abgelesene mg Cr} \cdot \frac{1{,}000}{\text{Einwaage}} \cdot \frac{100}{\text{ml der Auffüllung}}.$$

Literatur.

Deutsche Einheitsverfahren zur Wasseruntersuchung, Verlag Chemie 1954.
GRAHAM, J.: J. Am. Water Works Assoc. **35**, 159 (1943).
HANSEN, A.: Fr. **134**, 427 (1951/52). — HOFFMAN, J. I., u. G. E. F. LUNDELL: J. Res. Nat. Bureau of Standards **22**, 465 (1939).
KAHANE, E., u. D. BRARD: Bl. Soc. Chim. biol. **16**, 710 (1934).
LAPIN, L. N., W. O. HEIN u. A. P. SORIN: Z. Hygiene **117**, 171 (1935). — LICHTIN, J. J.: Ind. eng. Chem. Anal. Edit. **2**, 126 (1930).
Standard Methods for the Examination of Water and Sewage; ins Deutsche übersetzt von F. SIERP. München 1951 (Die amerikanischen Einheitsverfahren zur Untersuchung von Wasser und Abwasser). — *Standard Methods for the Examination of Water, Sewage and Industrial Wastes*. 10. Edit., New York 1955.
WEISS, H. V., V. E. SILER u. P. R. BUECHLER: Anal. Chem. **23**, 797 (1951).
ZIMMERMANN, M.: Photometrische Metall- und Wasseranalysen, Stuttgart 1954.

§ 29. Bestimmung in Dämpfen, Gasen und Stauben.

Allgemeines. Die in Verchromungsbädern an beiden Elektroden entwickelten Gase können in Form feiner Nebel oder Spritzer alle Bestandteile der Flüssigkeit, besonders die gewerbehygienisch bedenkliche Chromsäure, mitführen. Auch in anderen Industrien kann der Chromgehalt von Gasen, Dämpfen und Stauben von gewerbehygienischem Interesse sein. SAYERS, DALLA VALLE und YANT sowie verschiedene amtliche amerikanische Stellen (s. JACOBS) geben übereinstimmend 0,1 mg CrO_3 im Kubikmeter als wahrscheinliche zulässige Grenzkonzentration bei Dauereinwirkung an. Da die Untersuchung der Gase usw., insbesondere bei der Probenahme, eine spezifische Technik erfordert, werden die diesbezüglichen Verfahren in diesem Abschnitt gesondert behandelt.

Probenahme. Da für die Gewerbehygiene vorzugsweise die Bestimmung von Chromsäure bzw. ihren Salzen erforderlich ist, kommt man in der Mehrzahl der Fälle mit einfachen Geräten zur Probenahme, wie z. B. einer gewöhnlichen Waschflasche mit Glasfritte, aus. Dem gleichen Zweck können auch die besonders in Amerika häufig verwendeten „impinger" dienen; deren Prinzip geht aus Abb. 104 hervor; vor der Öffnung des Gaseinleitungsrohres, die zur Beschleunigung des Gasstroms möglichst eng gehalten ist, befindet sich eine als Prallblech wirkende Glasplatte, die bei Arbeiten ohne Flüssigkeitsfüllung die Abscheidung kleinster flüssiger und fester Partikel aus dem Gasstrom bewirkt. Eine Reihe gleichartig wirkender und ähnlich gebauter Geräte findet sich bei Jacobs. Für die Bestimmung von Chromsäure (z. B. Urone, Druschel und Anders) wird immer eine Füllung mit Wasser, verdünnter Lauge oder Sodalösung verwendet. Silverman und Ege zitieren die Angabe von Zhitkova, wonach mit der Filtrierpapiermethode bei Verchromungsbädern Spuren von Chromverbindungen erfaßt werden, welche anderen Methoden nicht mehr zugänglich sind. Vorrichtungen für die Filterpapierprobenahme bestehen lediglich aus einem Büchner- oder ähnlichem Trichter mit darauf festgehaltenem Filterpapier geeigneter Beschaffenheit (z. B. Whatman Nr. 42 oder Eaton-Dikeman Nr. 623—026) und sind leicht zu improvisieren; sie werden auch von Silverman und Ege (s. u.) verwendet. Auch besondere elektrostatische Staub- und Rauchprobenehmer, wie z. B. von Urone, Druschel und Anders genannt, können verwendet werden, sind aber wahrscheinlich in den meisten Fällen wegen der guten Absorbierbarkeit der Chromsäure vermeidbar. Zur Verwendung von Wattefiltern vgl. unten Akatsuka und Fairhall. Die Förderung der Gase erfolgt mit einfachen Gummibällen, Vakuumpumpen, Injektoren u. dgl., welche gleichzeitig eine Mengenmessung des Gasstroms ermöglichen (vgl. Jacobs).

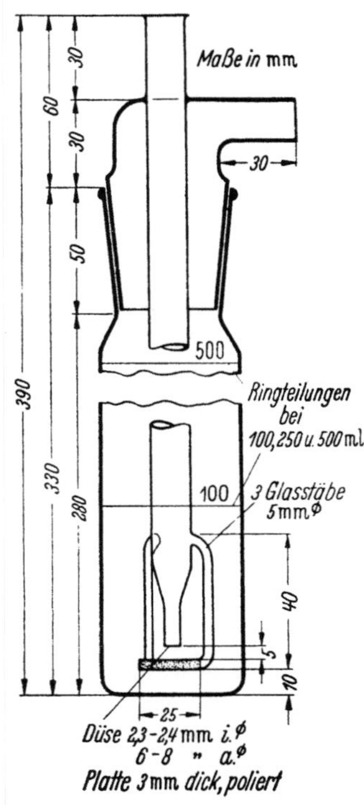

Abb. 104. Impinger.

Die Verfahren.

Allgemeines. Soweit bei genügend großen Gehalten die klassischen Bestimmungsmethoden, insbesondere die jodometrische Titration, in Frage kommen, kann nur auf die entsprechenden Abschnitte verwiesen werden. Ausführliche Aufnahme finden hier nur die Verfahren, welche speziell für die Analyse von Gasen bzw. Dämpfen oder Stauben ausgearbeitet sind. Das Verfahren von Urone, Druschel und Anders verwendet ausschließlich die polarographische Bestimmungsmethode und wird daher dort abgehandelt; seine für die spezielle Vorbereitung der Probe interessierenden Angaben sind in diesem Abschnitt zitiert. Das gleiche gilt für das Verfahren von Saltzman, das u. a. auch für Blut u. dgl. geeignet ist und dort ausführlich behandelt wird.

A. Verfahren nach Saltzman.

Das Filterpapier, auf welchem sich das nach einer der oben genannten Probenahmen aus der zu untersuchenden Luft angereicherte Chromat befindet, wird mit 0,25 ml einer 40%igen Natriumhydrogensulfatlösung versetzt und dann anteilsweise mit je 0,5 ml konz. Salpetersäure auf der Heizplatte im Phillips-Becher erhitzt, bis keine Veränderung mehr eintritt. Die nach Abdampfen der Salpetersäure erhaltene Asche wird genau nach der von Saltzman gegebenen Vorschrift (s. Bestimmung in Blut usw., S. 379) weiterbehandelt und zum Schluß der Diphenylcarbazidkomplex photometrisch bestimmt.

26*

Bemerkungen. *1. Natriumhydrogensulfatzusatz* ist zur Vermeidung von Minderbefunden erforderlich, da er die Bildung von unlöslichen Chromoxyden verhindert.

2. Chromit wird, falls vorhanden, durch die obige Behandlung nicht in Lösung gebracht und muß durch 30 Min. Schmelzens mit Magnesiumoxyd-Natriumcarbonat $(4+1)$ bei 900° im Platintiegel aufgeschlossen werden.

B. Verfahren nach Bloomfield und Blum.

Allgemeines. Das Verfahren geht zurück auf die schon von VOGEL bzw. WILDENSTEIN beschriebene intensive Farbreaktion, welche von kleinsten Chromspuren in einer verdünnten Lösung des Blauholzfarbstoffes Hämatoxylin hervorgerufen wird. Ohne Anspruch auf sehr große Genauigkeit erheben zu können, besitzt es den Vorzug der schnellen und äußerst einfachen Bestimmung kleinster Mengen.

Arbeitsvorschrift. 5 ml der alkalischen Absorptionslösung werden mit 1 Tropfen Methylrotlösung versetzt und mit Essigsäure bis zu schwacher Gelbfärbung ($p_H = 6$) angesäuert. Nach Zugabe von 1 Tropfen einer 1%igen wäßrigen Hämatoxylinlösung wird zum Sieden erhitzt und die bei Anwesenheit von Chrom entstehende, deutliche Violettfärbung mit auf gleiche Weise aus derselben Hämatoxylin- und bekannten Chromatlösungen hergestellten Standardlösungen verglichen.

Bemerkungen. *Anwendungsbereich und Genauigkeit.* Nach dem Zitat bei JACOBS sollen zwar nur 10 μg in 5 ml nachweisbar sein; doch scheint die Angabe von VOGEL 1 : (5 · 10⁸) glaubwürdiger, da ohne diese Genauigkeit das Verfahren uninteressant wäre.

C. Verfahren nach Akatsuka und Fairhall.

Dieses gestattet die Bestimmung aller Chromverbindungen, welche in Stäuben, Nebeln usw. vorkommen können, auf Filtern gesammelt, dann oxydiert und in bekannter Weise bestimmt werden.

Arbeitsvorschrift. Die Luft bzw. das zu untersuchende Gas wird durch ein Glasrohr geleitet, welches zwei mit etwas Glycerin angefeuchtete Wattebäusche enthält; die Gasmenge wird in beliebiger Weise gemessen; drei Liter dürften im allgemeinen genügen. Die Watte wird bei schwacher Dunkelrotglut verascht und die Asche nach Abkühlen in verd. Salzsäure unter leichtem Erwärmen gelöst. Zur Entfernung der Salzsäure wird diese Lösung unter Zusatz von Salpetersäure 2- bis 3mal zur Trockne eingeengt, der Rückstand wieder in verd. Salpetersäure aufgenommen und mit Kalilauge leicht überneutralisiert; nun werden 5 ml konz. Wasserstoffperoxyd zugegeben, erhitzt und der Peroxydüberschuß durch weiteres Kochen zerstört; etwa ausgefallene Metallhydroxyde werden jetzt abfiltriert und nach Wiederaufnehmen in verd. Salpetersäure nochmals ebenso unter Alkalischstellen und Oxydation mit Peroxyd ausgefällt; gegebenenfalls dient eine dritte Oxydation und Umfällung der Entfernung der letzten Chromspuren aus den unlöslichen Metallhydroxyden. Die vereinigten Filtrate werden mit Essigsäure neutralisiert, ein leichter Überschuß zugegeben und durch Zugabe von Bleiacetatlösung alles Chrom als Bleichromat gefällt. Der abfiltrierte und gut gewaschene Niederschlag wird in verd. Salzsäure aufgenommen und die Lösung in einem Meßkolben zur Marke aufgefüllt. Je nach dem Chromgehalt und den verfügbaren Geräten wird sie nun gegen eine Standardchromatlösung, die mit derselben Salzsäure auf denselben p_H-Wert eingestellt wird, in einem Colorimeter oder in 50-ml-NESSLER-Röhren zum Vergleich gemessen. Bei geringeren Gehalten werden die Analysen- sowie die Standardlösungen ähnlicher Gehalte mit 1 ml einer 0,1%igen Lösung von Diphenylcarbazid in 7,5%iger Essigsäure versetzt, nach gründlichem Mischen und 15 Min. Stehenlassens wird durch Vergleich der Gehalt bestimmt, wobei für 50-ml-NESSLER-Röhren der günstigste Bereich bei 3 bis 10 μg je 50-ml-NESSLER-Rohr, das Optimum bei 7 μg liegt.

Bemerkungen. *1. Unlösliches.* Bei zu hoher Veraschungstemperatur kann beim Aufnehmen in Salzsäure unlösliches Material zurückbleiben; dieses muß dann durch Natriumperoxydschmelze aufgeschlossen werden.

2. Bei Anwesenheit von *Phosphorsäure* wird bei der Bleiacetatzugabe auch Bleiphosphat gefällt, das jedoch den weiteren Analysenverlauf nicht stört.

3. Sonstiges. Bezüglich aller sonstigen für die Bestimmung mit Diphenylcarbazid festzulegenden, optimalen Bedingungen vgl. man den § 16, Bestimmung mit Diphenylcarbazid, insbesondere dessen Abschnitt B, Allgemeines.

D. Verfahren nach Silverman und Ege zur Schnellbestimmung von Chromsäure in Luft.

Allgemeines. Die für den Gewerbehygieniker besonders wichtige ortsunabhängige Schnellbestimmung gelingt erst mit diesem Verfahren. Hierbei können im Interesse

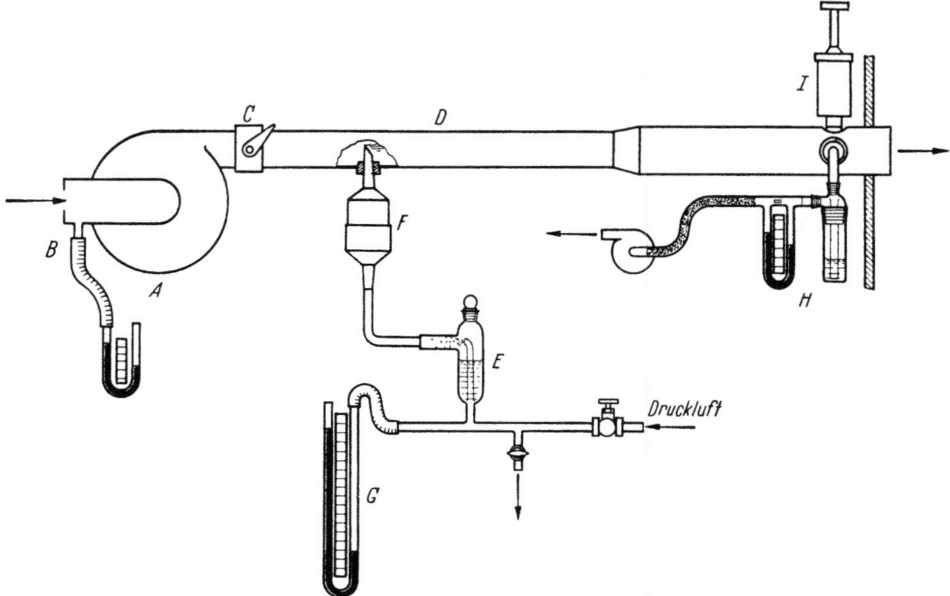

Abb. 105. Apparatur. (Nach AKATSUKA und FAIRHALL.)

der Schnelligkeit nur kleine Luftmengen mit einer Handpumpe über ein geeignetes Filter getrieben werden. Die Reaktion der dabei erhaltenen geringen Mengen mit Diphenylcarbazid ist empfindlich genug, um unmittelbar auf dem Filterpapier eine Färbung zu ergeben; jedoch waren die bekannten Reagenszubereitungen nicht stabil genug, um die Herstellung von damit imprägnierten Papieren mit genügender Haltbarkeit zu ermöglichen. Das zu diesem Zweck von EGE und SILVERMAN entwickelte, phthalsäurehaltige Reagens erfüllt diese Forderungen einschließlich der für das Optimum der Farbausbildung erforderlichen sauren Reaktion. Die Schaffung beständiger Vergleichsfärbungen vereinfacht ebenfalls die Methode.

Reagenspapier. Rundfilter von 38 mm Durchmesser aus EATON- und DIKEMAN-Papier Nr. 623 (0,026 inch stark) werden mit der Reagenslösung getränkt, welche durch Lösen von 4 g Phthalsäureanhydrid und 0,25 g Diphenylcarbazid in 95%igem Alkohol zu 100 ml und Zugabe von 20 ml Glycerin erhalten wird. Die so getränkten Filter werden getrocknet und unter Licht- und möglichstem Luftabschluß aufbewahrt. Während sie an Licht und Luft in wenigen Tagen durch Verfärbung unbrauchbar werden, können sie andernfalls länger als ein halbes Jahr haltbar bleiben.

Eichung und Farbstandard. In der Apparatur (Abb. 105) wird ein Luftstrom bekannten Chromsäuregehaltes erzeugt; Gebläse *A* liefert einen bei *B* gemessenen und bei *C* regulierbaren Luftstrom in das 3 m lange 5-Zoll-Rohr *D*; dieser wird seitwärts mit einem Nebenstrom beladen, welcher aus bei *G* regulierter Preßluft besteht, die sich im Zerstäuber *E* mit einer 25%igen Chromsäurelösung beladen und in den verkitteten filterfreien Büchner-Trichtern *F* von mitgerissenen Grobteilen reinigen kann. Die bei *H* mit einem „impinger" oder bei *I* mit Handpumpe auf Filterpapier entnommenen Proben ergeben bei konstanten Strömungsgeschwindigkeiten und konstantem Flüssigkeitsstand in *E* Gehaltsschwankungen von nicht mehr als 5%. Durch Regulierung beider Teilströme und der Beladung können mit der Apparatur Konzentrationen zwischen 0,001 und 10 mg je m³ eingestellt werden.

Die auf den Reagenspapieren erzeugten rotvioletten bis purpurnen Flecken sind zwar mindestens 4 Std. beständig, sollten aber 5 bis 10 Min. nach beendeter Probenahme abgelesen werden, da sie dann am farbstärksten sind.

In einer gleichteiligen Mischung von Methylviolett 2 B und basischem Fuchsin wurde eine Farbstoffmischung gefunden, mit deren verdünnten Lösungen Filterpapiere getränkt werden und, zwischen Glasscheiben aufbewahrt, einen Dauerstandard liefern; für den praktischen Gebrauch sind solche Anfärbungen zweckmäßig, welche Gehalte von 1,5, 3,7 und 7,4 mg Chromsäure in 10 m³ entsprechen, da in diesem Bereich die Farbveränderung praktisch proportional der Konzentration verläuft.

Bemerkungen. *1. Genauigkeit.* Beim Vergleich der mit einem „impinger" photometrisch (Ege und Silverman) erhaltenen mit den Werten, die man nach vorstehender Schnellmethode erhält, zeigt diese für Konzentrationen unter 3,3 mg Abweichungen zwischen + 0,4 und — 0,8 mg, bei höheren Konzentrationen solche von etwa — 20%. Für gewerbehygienische Untersuchungen dürfte diese Genauigkeit in den meisten Fällen genügen.

2. Zeitbedarf. Eine Einzelbestimmung kann in 6 Min. beendet sein, bei Serienbestimmungen kann die Zeit noch erheblich eingeschränkt werden.

3. Wirksamkeit der Filter. Die angegebenen Filter halten unter den obigen Arbeitsbedingungen mindestens 99% der durchgehenden Chromsäure fest.

4. Störungen. Die sonstigen in der Luft von Galvanisierungsbetrieben vorkommenden Verunreinigungen stören nicht; lediglich Ammoniak bewirkt in extrem hohen Konzentrationen (10 bis 20%) eine Rosafärbung der Papiere.

Literatur.

Akatsuka, K., u. L. T. Fairhall: J. industrial Hyg. **16**, 1 (1934).
Bloomfield, J. J., u. W. Blum: U. S. Pub. Health Service, Reprint 1245 (1928).
Ege, J. F., u. L. Silverman: Ind. eng. Chem. Anal. Edit. **19**, 693 (1947).
Jacobs, M. B.: The Analytical Chemistry of Industrial Poisons, Hazards, and Solvents. 2. Edit., New York 1949, S. 766.
Saltzman, B. E.: Anal. Chem. **24**, 1016 (1952). — Sayers, R. R., J. M. Dalla Valle u. W. P. Yant: Ind. eng. Chem. **26**, 1251 (1934). — Silverman, L., u. J. F. Ege: J. ind. Hyg. Toxicol. **29**, 136 (1947).
Urone, P. F., M. L. Druschel u. H. K. Anders: Anal. Chem. **22**, 472 (1950).
Vogel, A.: Neues Repertorium für Pharm. von Buchner (1863); durch Fr. 2, 390 (1863).
Wildenstein, R.: Fr. 1, 328 (1862).
Zhitkova, A. S.: Service to industry, Box 133, Hartfort 1936.

§ 30. Bestimmung nach Verflüchtigung als Chromylchlorid.

Allgemeines. Schon Nicolardot hat die Behandlung einer nach Chloratschmelze erhaltenen, chloridhaltigen Chromatlösung mit konz. Schwefelsäure und anschließendes Erwärmen auf 60° im Chlorwasserstoffstrom dazu benutzt, um ein Gemisch von Chrom- und Vanadiumverbindungen von Chrom zu befreien und im Rückstand das Vanadium ohne Störung zu bestimmen. SMITH gelang es, mit einem Gemisch von Perchlorsäure und Salzsäure sowie Zugabe von festem Kochsalz das Chrom zu über 99%, selbst bei Gehalten bis zu 25% Chrom, destillativ abzutreiben und im Rückstand nach Persulfatoxydation Mangan störungsfrei zu bestimmen. Auch andere Verfahren (z. B. CROALL), welche sich der Verflüchtigung des Chromylchlorids bedienen, verfolgen meist nur den Zweck, das Chrom mehr oder weniger quantitativ abzutreiben, um die Bestimmung der zurückbleibenden Elemente in Abwesenheit von Chrom durchführen zu können. Lediglich die unten ausführlicher wiedergegebenen Verfahren fangen das abgehende Chromylchlorid quantitativ auf und verwenden das Destillat zur Bestimmung. Dabei erreicht allein DIETZ eine quantitative Verflüchtigung des Chroms, welches in der Vorlage ebenfalls quantitativ aufgefangen und nach Reoxydation bestimmt wird. Die beiden anderen Verfahren bedienen sich in erster Linie der Perchlorsäure als Oxydationsmittel und vermeiden die bei deren Verwendung schon von LICHTIN sowie WILLARD und GIBSON beobachteten Verluste durch Kondensation und Analyse der abgehenden Dämpfe.

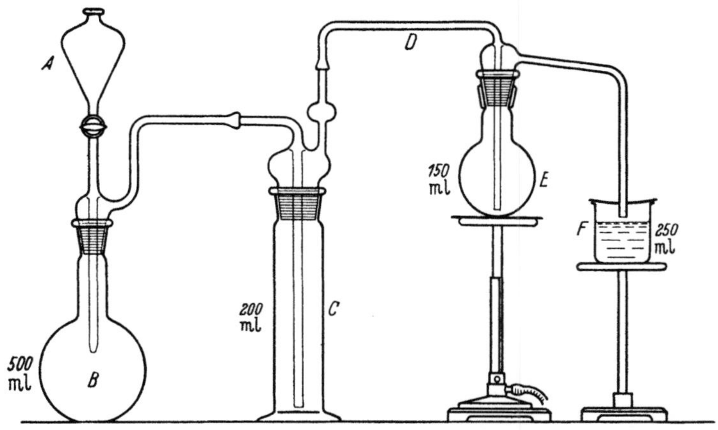

Abb. 106. Apparatur. (Nach A. S. T. M.)

Ohne Angabe eines Bestimmungsverfahrens wird in A. S. T. M. eine für das quantitative Abtreiben des Chromylchlorids geeignete *Apparatur* angegeben (Abb. 106).

In den vorsichtig erhitzten Kolben *B* tropft aus dem Tropftrichter *A* Salzsäure, deren Dämpfe dann in der Waschflasche *C* mit Schwefelsäure getrocknet und in den die Probe, in Perchlorsäure gelöst, enthaltenden Kolben *E* geleitet werden, welcher auf 205 bis 225° gehalten wird, bis die Entwicklung roter Chromylchloriddämpfe beendet ist; diese werden in der wassergefüllten Vorlage *F* absorbiert.

A. Verfahren nach Dietz für Stähle, Legierungen und Chromeisenstein.

Allgemeines. Das schon bei 117° C siedende Chromylchlorid, CrO_2Cl_2, ist durch überschüssigen Chlorwasserstoff leicht reduzierbar, so daß zu seiner quantitativen Bildung bei genügend hohen Temperaturen gearbeitet werden muß, wobei die Perchlorsäure stark oxydierend wirkt; hierzu ist außer der 70- bis 72%igen Säure vom Kp. 203° auch die technische 60%ige Säure zu verwenden. Das im Destillat z. T. reduzierte Chrom bedarf einer Reoxydation, die am zweckmäßigsten und sicher verlustlos mit Peroxyd in alkalischem Gebiet, in dem auch dessen Überschuß zerstört wird, erfolgt.

Apparatur (Abb. 107). Kolben und Vorlage (PÉLIGOT-Rohr) bestehen aus *Jenaer* Glas. Das Einleitrohr kann gegebenenfalls zur Temperaturkontrolle ein kleines Thermometer aufnehmen und trägt deshalb das mindestens 1 mm weite Gasaustrittsloch seitlich. Das Ableitungsrohr muß so weit sein, daß die Probe dadurch in den Kolben gebracht werden kann; Einleit- und Ableitungsrohr sind zweckmäßig 9 mm weit. Bei geringen Einwaagen, also hohen Chromgehalten, genügt ein Kolbeninhalt von 100 ml; hier kann auch die Kugel des Ableitungsrohres wegfallen; für größere Einwaagen ist zweckmäßig ein Kolben von 150 ml Inhalt und mit Kugel im Ableitungsrohr zu verwenden. Der Kolben steht in einer durchlochten Asbestplatte und wird nur an der Spitze erhitzt. Das PÉLIGOT-Rohr hat drei Kugeln von je etwa 100 ml Inhalt und enthält unterhalb des Schliffes *B* eine Ausbauchung, in der die Farbe des Kondensats beobachtet werden kann; es ist in kaltes Wasser eingetaucht und trägt auf dem Ende noch ein mit Schliff versehenes und mit feuchten Glasperlen gefülltes Röhrchen, dessen offenes Ende in den Abzug führt (Chlor!). Das auf dem Schliff *A* aufgesetzte Tropfgefäß soll so ausgebildet sein, daß die Tropfenfolge gut beobachtet werden kann. Der Hahn ist für Feinregulierung eingerichtet, während der durch den seitlichen Stutzen eingeleitete Luftstrom über eine Waschflasche als Blasenzähler läuft und durch einen Schraubquetschhahn reguliert wird. Alle Schliffe werden mit Phosphorsäure geschmiert.

Vorbereitung der Probe. Eine Einwaage, welche etwa 25 mg Chrom enthält, wird soweit wie möglich zerkleinert und durch die Öffnung *B* in den Destillationskolben gebracht; dann werden durch *A* 10 ml Phosphorsäure (D 1,3) und anschließend 10 ml 60%ige Überchlorsäure hinzugegeben und bei zusammengesetzter Apparatur mit schwachem Luftstrom zur Vermeidung des Siedeverzuges vorsichtig zum Lösen erwärmt. Nach beendeter

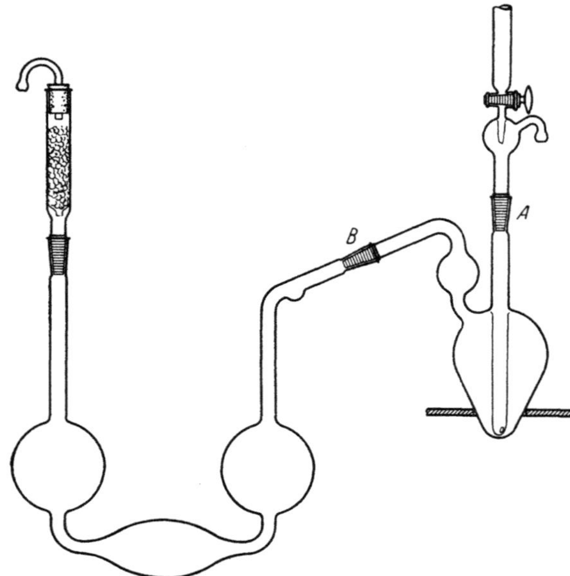

Abb. 107. Destillationsapparat. (Nach DIETZ.)

Lösung werden noch 20 ml derselben Überchlorsäure nachgegeben und die Temperatur langsam auf 200° gesteigert. Bei der anschließenden Destillation läßt man konz. Salzsäure mit etwa 8 bis 10 Tropfen in der Minute unter ruhigem Sieden der Perchlorsäure eintropfen und destilliert so lange weiter, bis das Kondensat farblos geworden ist. Gibt man nun erneut etwas Salzsäure hinzu, so bleibt das Destillat dann farblos, wenn bereits alles Chrom übergegangen ist. Andernfalls muß die Destillation mit Salzsäure noch fortgesetzt werden. Nach beendeter Destillation wird das Kondensat in einen KJELDAHL-Kolben überspült und zur Entfernung des Chlors 10 Min. kräftig gekocht. Nach dem Abkühlen wird 30%ige Natronlauge zunächst im Unterschuß zugegeben und nach nochmaligem Abkühlen ein Überschuß von 5 bis 10 ml Lauge so schnell zugegeben, daß eine klare Lösung erhalten wird. Diese Lösung wird mit etwa 0,5 g Natriumperoxyd versetzt, langsam erwärmt, dann 1 Min. im Sieden gehalten und nach Zugabe von 1 g Kaliumjodid 10 Min. kräftig gekocht. Nach guter Kühlung wird sie mit kalter Salzsäure (1 + 1) (etwa 6 n) so versetzt, daß noch keine Jodfarbe auftrifft, dann nochmals gut gekühlt und mit weiteren 25 ml Salzsäure angesäuert. Nun wird sie auf etwa 200 ml gebracht, und es wird nach 1 Min. mit 0,04 n Natriumthiosulfatlösung das ausgeschiedene Jod in bekannter Weise titriert.

Bemerkungen. *1. Anwendungsbereich.* Das Verfahren ist für verschiedene Stähle, sonstige Legierungen und Chromeisenstein in gleicher Weise geeignet. Die Zugabe von Phosphorsäure hat den Zweck, auch Wolfram und Molybdän in Lösung zu halten. Für aluminiumhaltige Legierungen ist das Verfahren wegen der Bildung von unlöslichem Aluminiumperchlorat weniger geeignet. Wegen der Bildung von schwerlöslichen Sulfaten des Eisens und Chroms ist die gleichzeitige Verwendung von Schwefelsäure beim Lösen zu vermeiden.

2. Genauigkeit. Die Kurve (Abb. 108) zeigt, daß für die Verflüchtigung von 25 mg Chrom mindestens 22 Min., bei Anwesenheit von Eisen sogar 50 Min. erforderlich sind, wenn mindestens 99,5% des vorhandenen Chroms übergetrieben werden sollen. Eine größere Anzahl von Beleganalysen zeigt bei Gehalten zwischen 0,6 und 71,5% sehr gute Übereinstimmung mit den nach anderen Methoden erhaltenen Werten. Da die hiernach erhaltenen Werte fast durchweg höher liegen als die anderer Methoden, dürfte die Genauigkeit dieses Verfahrens diejenigen der anderen übertreffen.

3. Oxydation des Destillates. Die Arbeitsbedingungen werden so gewählt, daß kein Chromhydroxyd ausfallen kann, weshalb der letzte Laugenzusatz rasch und in der Kälte erfolgt; sollte trotzdem eine Trübung durch Hydroxyd erfolgen, so ist diese durch einen geringen Säureüberschuß wieder fortzunehmen und die Zugabe von Lauge zu wiederholen. Die Entfernung des überschüssigen Peroxydes erfolgt durch alkalische Verkochung in Gegenwart von Kaliumjodid.

4. Eisen. Unter extremen Bedingungen, wie zu hoher Temperatur, zu hohem Eisengehalt oder zu niedrigem Flüssigkeitsvolumen, können geringe Eisenmengen in das Destillat gelangen; mögliche Störungen der Titration hierdurch werden durch Maskierung des Eisens mit etwas Ammoniumfluorid vor dem Ansäuern beseitigt, wozu 0,2 g ausreichend sind.

5. Mangan. Von diesem Metall sollen gelegentlich Spuren mit ins Destillat gelangen, wo sie jedoch unter den gegebenen Bedingungen die Bestimmung nicht beeinträchtigen.

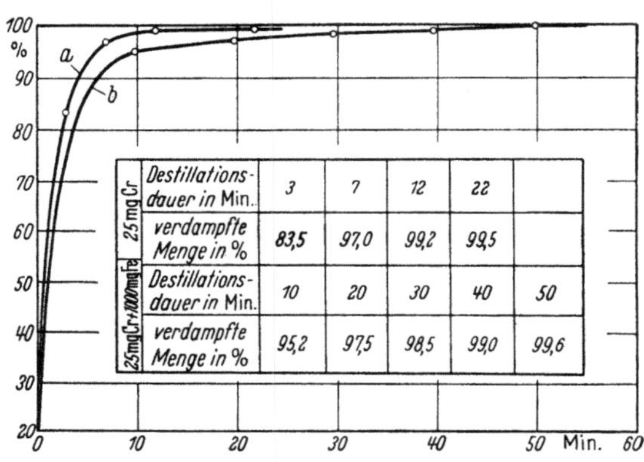

25 mg Cr	Destillations-dauer in Min.	3	7	12	22	
	verdampfte Menge in %	83,5	97,0	99,2	99,5	
25 mg Cr + 1000 mg Fe	Destillations-dauer in Min.	10	20	30	40	50
	verdampfte Menge in %	95,2	97,5	98,5	99,0	99,6

Abb. 108. Verflüchtigung von Chrom bei der Destillation (a = 25 mg Cr; b = 25 mg Cr + 1000 mg Fe). (Nach Dietz.)

B. Verfahren nach Ewing und Banks zur gleichzeitigen Bestimmung von Thorium und Chrom.

Allgemeines. Die gleichzeitige Bestimmung von Thorium und Chrom erfolgt nach vorheriger Oxydation des letzteren. Hierfür ist Peroxyd unzweckmäßig, da beim Ansäuern wieder Chrom reduziert wird, vermutlich infolge Bildung eines beim Kochen beständigen und beim Ansäuern Wasserstoffperoxyd frei machenden Thoriumperoxydes. Die Oxydation mit Ammoniumpersulfat scheidet wegen der Bildung von unlöslichem Thoriumsulfat aus. Unter Berücksichtigung der obengenannten Schwierigkeiten ist die Oxydation mit Perchlorsäure am besten geeignet. Zur Bestimmung des Thoriums wird die Probe, wie unten bei der Chrombestimmung angegeben, gelöst und das Chrom durch Einleiten von Chlorwasserstoff weitgehend abgetrieben; im Rückstand wird dann das Thorium mit Oxalsäure in bekannter Weise gefällt.

Arbeitsvorschrift zur Chrombestimmung. Eine Einwaage des Produktes, welche 70 bis 75 mg Chrom entspricht, wird in dem Erlenmeyerkolben der umstehenden

Apparatur (Abb. 109) in 10 bis 15 ml konz. Salpetersäure (D 1,42) und 5 bis 10 Tropfen einer 2%igen Kieselfluorwasserstoffsäurelösung gelöst; bei zusammengesetzter Apparatur und einer Vorlage von etwa 75 ml Wasser, in welches das Kühlrohr einige Millimeter eintaucht, wird mit 25 ml 60%iger Perchlorsäure bis zur vollständigen Oxydation erhitzt. Dann wird der Inhalt der Vorlage mit demjenigen des Erlenmeyerkolbens vereinigt, zur Entfernung des Chlors 20 Min. erhitzt und nach Abkühlen mit einem Überschuß von 0,1 n Eisen(II)-sulfatlösung versetzt; dieser wird nach Zugabe von 1 bis 2 Tropfen Ferroinlösung in bekannter Weise mit Tetrasulfatocersäure zurücktitriert.

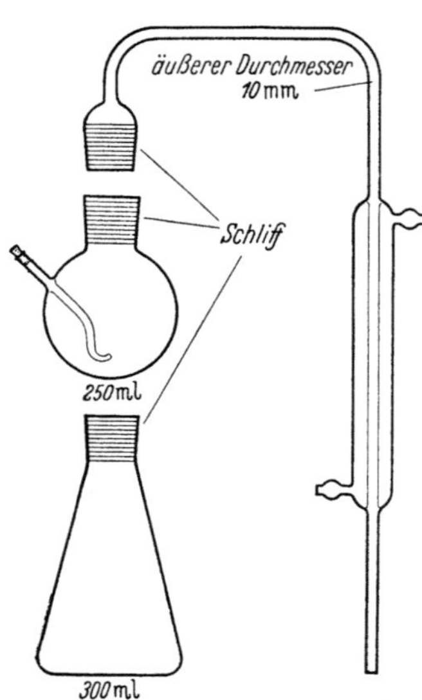

Abb. 109. Apparatur. (Nach EWING und BANKS.)

C. Verfahren nach Schuldiner und Clardy zur Bestimmung des Chromgehaltes von Stählen.

Allgemeines. Zur Vermeidung der Chromverluste wird die Oxydation in untenstehender Apparatur (Abb. 110) vorgenommen. Die Abmessungen des Luftkühlers müssen eingehalten werden, damit das Wasser aus der Vorlage nicht zurücksteigen kann. Der Kühler taucht etwa 6 mm in das vorgelegte Wasser ein. Wegen der Explosionsgefahr bei Verwendung von Gummi dürfen zur Verbindung der einzelnen Teile nur Schliffe benutzt werden.

Arbeitsvorschrift. Eine Probe von etwa 0,2 g Stahl wird in dem Kolben mit 10 ml Salzsäure (D 1,19) und 15 ml 1 : 1 verdünnter Salpetersäure erhitzt, bis sie gelöst ist. Die Lösung wird mit 25 ml 70- bis 72%iger Perchlorsäure versetzt und auf einer elektrischen Heizplatte weitererhitzt, bis die Säure zu rauchen beginnt. Bevor die Oxydation des 3wertigen Chroms beginnt — die Lösung muß klar grün sein —, wird der Kühler angeschlossen. Das Erhitzen wird fortgesetzt, bis der Kolben frei von Säurenebeln ist und kondensierte Perchlorsäure an den Wandungen zurückfließt. Währenddessen soll der Kolben gegen jeden kalten Luftstrom geschützt sein, um ein Ansaugen des vorgelegten Wassers in den Kühler zu vermeiden.

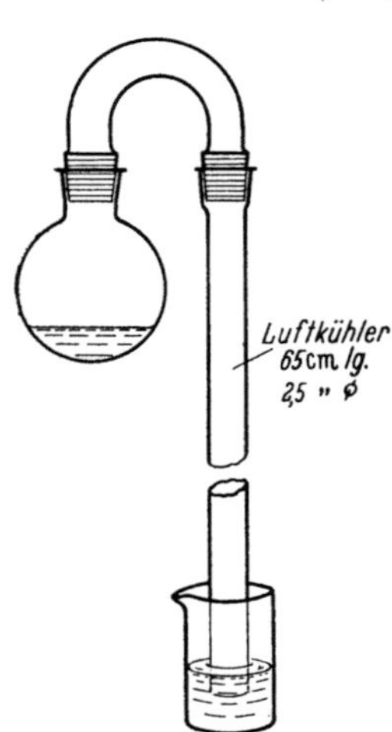

Abb. 110. Apparatur nach SCHULDINER und CLARDY.

Nach Beendigung der Oxydation wird der Heizstrom abgestellt, und 2 bis 3 Min. später werden die Schliffverbindungen gelöst. Der Kolben wird zunächst an der Luft und dann in Wasser rasch gekühlt. U-Bogen und Kühler werden in das als Vorlage benutzte Becherglas ausgespült und alle Lösungen in dem Ansatzkolben vereinigt. Das gebildete Chlor wird durch erneutes Erhitzen entfernt, die Lösung wieder gekühlt und das 6wertige Chrom unmittelbar ferrometrisch titriert (vgl. PETZOLD).

Genauigkeit. Die Beleganalysen der Verfasser zeigen, daß bei Einhaltung ihrer Arbeitsweise 100% des vorhandenen Chroms wiedergefunden werden, wobei je nach Art des Erhitzens etwa 1 bis 10% des Chroms sich in der Vorlage befinden können

Literatur.

A. S. T. M.: Methods for Chemical Analysis of Metals; Am. Soc. Testing Materials. Philadelphia 1950.

CROALL, G.: Metallurgia **42**, 99 (1950).

DIETZ, W.: Angew. Ch. **53**, 409 (1940).

EWING, R. E., u. CH. V. BANKS: Anal. Chem. **20**, 233 (1948).

LICHTIN, J. J.: Ind. eng. Chem. Anal. Edit. **2**, 126 (1930).

NICOLARDOT, P.: C. r. **138**, 810 (1904).

PETZOLD, W.: Die Cerimetrie. Verlag Chemie, Weinheim 1955.

SCHULDINER, S., u. F. B. CLARDY: Ind. eng. Chem. Anal. Edit. **18**, 728 (1946). — SMITH, F. W.: Ind. eng. Chem. Anal. Edit. **10**, 360 (1938).

WILLARD, H. H., u. R. C. GIBSON: Ind. eng. Chem. Anal. Edit. **3**, 88 (1931).